Systemintegration in Industrie 4.0 und IoT

Wolfgang Babel

Systemintegration in Industrie 4.0 und IoT

Vom Ethernet bis hin zum Internet und OPC UA

 Springer Vieweg

Wolfgang Babel
Babel Management Consulting
Weil der Stadt, Deutschland

ISBN 978-3-658-42986-7   ISBN 978-3-658-42987-4   (eBook)
https://doi.org/10.1007/978-3-658-42987-4

Die Deutsche Nationalbibliothek verzeichnet diese Publikation in der Deutschen Nationalbibliografie; detaillierte bibliografische Daten sind im Internet über https://portal.dnb.de abrufbar.

Planung/Lektorat: Reinhard Dapper, Dr. Alexander Grün
Springer Vieweg ist ein Imprint der eingetragenen Gesellschaft Springer Fachmedien Wiesbaden GmbH und ist
ein Teil von Springer Nature.
Die Anschrift der Gesellschaft ist: Abraham-Lincoln-Str. 46, 65189 Wiesbaden, Germany

Das Papier dieses Produkts ist recycelbar.

Geleitwort

Mit erneuter Freude schreiben wir stolz das Vorwort zum zweiten Buch von Dr. Wolfgang Babel im hochaktuellen Themenkomplex Industrie 4.0 und IoT. Dr. Babel war sehr erfolgreich über 40 Jahre in der automatisierungstechnischen Industrie in bedeutenden Positionen tätig und hat dort die Entwicklung der Automatisierungstechnik bis hin zu den heutigen Industrie 4.0 Ansätzen mit entsprechenden Kommunikations- und Sensortechniken entscheidend mitgeprägt. Seinen überbordenden Erfahrungsschatz in diesem Kontext stellt er nun seit zwei Jahren den Studierenden des Karlsruher Instituts für Technologie zur Verfügung. Mit seinem neuen Buch können nun nicht nur Karlsruher Studierende an seinem Wissen partizipieren, sondern darüber hinaus alle Interessierten vom Studierenden bis zum Professor und insbesondere auch alle Praktiker.

Dr. Babel thematisiert insbesondere auch die aktuellen Hype Themen Künstliche Intelligenz und Internet der Dinge und stellt sie im historischen Kontext der Entwicklung der Automatisierungstechnik da. Er moniert zurecht die häufige Verwendung der Begriffe in den Medien, ohne den entsprechenden Hintergrund zu vermitteln. Mit diesem Buch möchte er beitragen an dieser Stelle Abhilfe und notwendige Transparenzen zu schaffen.

Industrie 4.0, Industrie 5.0., IoT, IIoT, Ethernet, Internet sind Themen, die sich in den letzten 50 Jahren entwickelt haben und die entscheidend sind für die methodische Umsetzung von geeigneten Automatisierungsansätzen in der Systemintegration, um in einem Technologiestandort und auch Hochlohnland wie Deutschland erst die entsprechenden Wertschöpfungsketten generieren zu können. Im vorliegenden Buch beschreibt Dr. Babel äußerst fundiert, historisch motiviert und global einordnend die gesamte digitale Systemintegrationsmethodik, mit Schwerpunkten auf den Konzepten moderner Kommunikationstechnik mittels effizienter Realisierungen und heutigen Technologien.

Wir freuen uns sehr dieses Buch als eine einzigartige Sammlung, verständliche Dokumentation und umfassende Übersicht modernster Ansätze, Methoden und Technologien für eine erfolgreiche System- und Produktintegration anzukündigen, als eine sehr wertvolle Grundlage für unsere Studierenden auf dem Gebiet des Systems Engineering

und aus der Perspektive der Automatisierungs- und Kommunikationstechnik Das Text-
buch von Herrn Dr. Wolfgang Babel ist ein hervorragender Ausgangspunkt für zudem
die Entwickler neuer netzwerkfähiger Hardware/Software Systemlösungen und auch für
potenzielle Benutzer solcher komplexer Systeme.

Prof. Dr.-Ing. Dr.h.c. Jürgen Becker
Prof. Dr.rer.nat. Wilhelm Stork
Institut für Technik und Informationsverarbeitung
(ITIV) am KIT- Karlsruher Institut für Technologie
Karlsruhe im Februar 2024

Danksagung

Mein Dank gilt den Herren Professoren Prof. Dr.rer.nat. Wilhelm Stork, Leiter des Forschungsbereiches Mikrosystemtechnik und Optik sowie Prof. Dr.-Ing. Dr. h.c. Jürgen Becker, Leiter des Instituts für Technik und Informationsverarbeitung (ITIV) am KIT, die mich mit lebhaften und informativen Diskussionen sowie vielfältigen Fachmaterial hinsichtlich KI und Hardware tatkräftig unterstützt sowie das Manuskript fachlich begleitet haben und die mich als Lehrbeauftragten für dieses Thema an das KIT berufen haben. Weiterhin danke ich Beiden für ihr brillantes und fundiertes Vorwort zu diesem Buch

Insbesondere danke ich den Firmen AIM Systems GmbH, Beckhoff Automation GmbH & Co. KG (Beckhoff), Belden Inc. (Belden), Emerson Process Management GmbH & Co. OHG (Emerson), Endress + Hauser, Hitachi High-Tech Analytical Science, KROHNE Messtechnik GmbH (KROHNE), Knick Elektronische Messgeräte GmbH & Co. KG (Knick) und SIEMENS für die Bereitstellung ihrer ausgezeichneten Bildmaterialien und Fachunterstützung.

Weiterhin möchte ich mich bei meiner Grafikerin Frau Sylvia Mauch bedanken für das exzellente Design der Bilder und die sorgfältige Korrektur der Bildtexte sowie Frau Dr. Julia Schneider und Herrn Kleinn von Menold Bezler für den rechtlichen Beistand bezüglich Veröffentlichungsrechte und Vertragsgestaltung in jeglicher Hinsicht.

Besonderen Dank aber meiner Frau Margret für das Korrekturlesen des nicht ganz einfach zu lesenden Manuskriptes und ihren anregenden Diskussionen, meinem Sohn Thomas für die Hilfe bei Literaturrecherchen und Korrektur des Manuskriptes. Ein ganz außerordentlicher Dank gebührt aber meiner Tochter Christine für die Unterstützung ‚Alles rund um den Rechner', die Diskussion der Grafiken und die fachliche Korrektur des umfangreichen Manuskriptes.

Inhaltsverzeichnis

Über den Autor

Wolfgang Babel hat als zweifach promovierter Elektroingenieur über 40 Jahre Berufserfahrung in den Konzernen DIEHL, Endress+Hauser, Belden Inc., KROHNE, Fischer Gruppe sowie der Babel Management Consulting sammeln können.

Schwerpunkte seiner Karriere sind Industrie 4.0, Automatisierung, Kommunikationsstrukturen, Feldbussysteme, Künstliche Intelligenz (KI), Einsatz von Künstlichen Neuronalen Netzwerken (KNN), Mustererkennungsverfahren, Bildverarbeitung, Sensortechnologien in nahezu allen Wellenlängenbereichen für hochauflösende Sensorsysteme sowie Sensoren im niederen Kostenbereich (Low Cost Sensoren), Echtzeitsysteme vom 94 GHz MMW System, über Spektrometrie bis hin zum Terahertz-System. Weiterhin beschäftigte er sich in vielen Anwendungen und Entwicklungen hardware- und softwaremäßig mit Ultra Low- Power Signalverarbeitung und deren Resistenz gegenüber EMV und Umwelteinflüssen.

Von 1983 bis 1993 war er bei DIEHL als Entwicklungsingenieur und in leitenden Funktionen verantwortlich für Algorithmen-, Hardware- und Software-Entwicklung sowie Multisensorik-Anwendungen. Dazu gehörten vor allem hochtechnologische Echtzeitsysteme für Radar-, Radiometrie und Infrarotsysteme sowie hochauflösende Bilderkennung und Spektrometrie.

1993 folgte die technische Geschäftsführung bei der Bildverarbeitungsfirma Autronic. Echtzeitalgorithmen für die Mustererkennung bei Inline-Anwendungen in der Lederindustrie, der Transportbranche sowie Medizintechnik gehörten zu seinen Aufgaben.

Von 1993 bis 2007 hat er bei Endress + Hauser zur Weiterentwicklung der Analysenmesstechnik innerhalb des Konzerns als Entwicklungsleiter und Geschäftsführer sowie als Miterfinder und Umsetzer der Memosens-Technologie wesentlich beigetragen. Schwerpunkt war es die Analysenmessgeräte mit standardisierten Schnittstellen in die Welt der Automatisierung zu integrieren.

Zudem brachte er bei Endress + Hauser als Geschäftsführer von Process Solution und Mitglied des Vorstandes das Systemgeschäft und den Lösungsverkauf voran. Dazu gehörte u. a. der Technologietransfer eines Leit- und Assetmanagement-Systems von smar (Brasilien) als Basis für das heutige Automatisierungsgeschäft des Konzerns.

Als Mitglied des Vorstands gestaltete er aktiv in den Anfängen die Gremien PACT-ware und FDT/DTM™ und somit die Standardisierung der heutigen Automatisierung entscheidend mit.

Von 2007 bis 2009 hat er als Board-Mitglied von Belden Inc. (USA) und Hauptge-schäftsführer in der Firma Hirschmann entscheidend für die Weiterentwicklung der Kup-fer- und Lichtwellenleitertechnologie, sowie der Switchtechnologie und PoE beigetra-gen. Auch das Vertriebsnetz EMEA unter Einbezug der damals neuen Funktechnologie (WLAN / Wi-FI) wurde von Wolfgang Babel mit aufgebaut.

2009 gründete er die Babel Management Consulting und berät seitdem Firmen in Sensortechnologie und Connectivity unter dem Aspekt der Automatisierung.

Von 2011 bis 2015 hat er bei KROHNE die Analysenmesstechnik inklusive des globa-len Vertriebes aufgebaut sowie die Vermarktung und Integration der Analysen-Produkte in das Portfolio der KROHNE Gruppe arrangiert. Ein besonderer Aspekt war dabei die Integration der Messstellen unter den Standards der Automatisierung.

Als Miterfinder des SMARTPAT gelang es zum ersten Mal einen pH-Sensor für die Analysen-Messtechnik zu entwickeln, der mit einem 4...20 mA HART 7 Feldbus direkt an fast jede marktübliche SPS unter Ex- wie Nicht-Ex Bedingungen angebunden werden konnte. Dieser Sensor erfüllte auch die Schnittstellen aller handelsüblichen Gateways und Prozessanschlüsse.

Von 2015 bis 2019 war er als CEO der mehr als 20 Firmen umfassenden Fischer Gruppe in der Schichtdickenmessung und Materialanalyse tätig. Zu seinen Aufgaben gehörten die Einführung des Themas Inline- und Online- Automatisierung hinsichtlich Entwicklung und weltweitem Vertrieb, die Etablierung des Lösungsgeschäftes unter Einbezug von prädiktiver Wartung sowie die Entwicklung Automatisierung eines Tera-hertz-Systems für den Automotive-Bereich. Unter seiner Leitung wurde die Integration der elektromagnetischen Schichtdickenmessung inklusive von Funkverfahren zur Anbin-dung an Handys (Androit und iOS), PC's mittels WLAN und Bluetooth in einen Sensor mit ca. 120 mm × 150 mm miniaturisiert und in den Markt eingeführt. Neben diesen Aufgaben strukturierte er den Konzern neu und führte eine globale Matrixorganisation ein.

Während seiner Laufbahn war er weltweit in unterschiedlichsten Industrien tätig. Zahlreiche Automatisierungsprojekte wurden von ihm begleitet und verantwortet. Dazu gehörten u. a. Automotive, Solar-, Halbleiter und Elektronikindustrie, Galvanik, Um-welt, alternative und konventionelle Energien, Schiffsbau, Flugzeugbau, Bergbau, Pulp & Paper, Chemie, Oil & Gas, Pharmazie sowie Gebäudeautomation.

Wolfgang Babel lebt in Weil der Stadt und berät mit der Babel Management Consul-ting seine Kunden mit dem Fokus auf:

- Einsatzmöglichkeitern von KI
- Automatisierungs- und Lösungsgeschäft:
- Industrie 4.0, China 2025, Internet of Things (IoT)

- Organisationsaufbau für Kernprozesse (Marketing, Vertrieb & Service, F&E   Produktion & Logistik)
- Globale Vertriebs- und Marketingstrukturen
- Interim Management für 1. und 2. Führungsebene
- Innovations- und Produktstrategie sowie Produkt-Roadmaps
- Mustererkennung: Expertensysteme, Neuronale Netzwerke
- Prädiktive Wartung
- Erschließung neuer Märkte, Wettbewerbsanalyse
- Logistik & Produktion – Smart Manufacturing

Einleitung, warum dieses Buch

1

Dieses Lehrbuch Systemintegration in Industrie 4.0 und IoT ist auf Basis meiner Vorlesung am KIT Systemintegration sowie auf der Fortschreibung der Technologie von der 1. Auflage Industrie 4.0, China 2025, IoT – Der Hype um die Welt der Automatisierung entstanden.

In der ersten Auflage ging es unter anderem auch um die globale Wirtschaft und deren Zusammenhänge insbesondere in Verbindung von China (Wandel durch Handel), von dem Deutschland wirtschaftlich stark abhängig ist. Seit dem 24.2.2022, nach dem Angriff von Russland auf die Ukraine, mussten wir erkennen, dass wir auch von Russland eine hohe Abhängigkeit hinsichtlich Öl und Gas hatten.

Mitten in diesen beiden Krisen sprechen wir von Industrie 4.0, Internet of Things (IoT), Künstlicher Intelligenz, Digitalisierung und deren Gefahren und betreiben eine Schlagwortpolitik mit Halbwissen, die zum Teil schon bedenklich ist. Wir tun mittlerweile oftmals so, als ob KI das Allheilmittel für Alles sei, was definitiv nicht so ist. Wir stellen moderne voll automatisierte Fertigungsstraßen, wie zum Beispiel im Automotive als den Fortschritt bedingt durch Industrie 4.0 dar, obwohl diese Fertigungsstraßen mit einem hohen Automatisierungsgrad schon lange vor Industrie 4.0 existierten und das Internet integriert hatten. Wir nutzen das Internet in allen Facetten, obwohl wir Billionen von Daten produzieren, die wir fast nicht mehr handhaben können. Wir ringen nach Digitalisierung im sozialen, politischen sowie in industriellen Bereichen, obwohl wir nicht richtig wissen, was sich dahinter verbirgt. Cyber Physical Systems und Systemintegration reihen sich ebenfalls in diese Reihe von hochtrabenden Schlagwörtern, ohne oftmals viel hinterfragt zu werden.

Die grundlegende Frage ist jedoch, was steckt hinter diesen Begriffen ‚Künstliche Intelligenz‘, ‚Digitalisierung‘, ‚IoT‘, ‚Industrie 4.0‘, usw. und welche Rolle spielen sie in der Automatisierung. Welche wirtschaftlichen Aspekte gilt es bei einer Systemintegration

W. Babel, *Systemintegration in Industrie 4.0 und IoT,*
https://doi.org/10.1007/978-3-658-42987-4_1

in Industrie 4.0 und IoT zu berücksichtigen und zu beachten? Was ist neu und was war schon seit Jahrzehnten da? Darunter fallen auch Ethernet, Internet und WLAN.

Fundiertes Wissen zu diesen Themen wird im Zuge von politischen Unruhen für Deutschland immer wichtiger, um als viertgrößte Wirtschaft in der Welt seine Position zu halten bzw. mehr Unabhängigkeit von Dritten zu erlangen. Automatisierung und hochintegrierte Systeme sind ein Schlüssel hierzu. Nur ein Beispiel hierzu: Heute bezieht Deutschland mehr als 70 % seiner Energie vom Ausland. Gleichzeitig proklamieren wir erneuerbare Energien, Ausstieg aus fossilen Brennstoffen, E-Mobilität, Digitalisierung und IT, hohen Automatisierungsgrad. Woher soll die Energie für alle diese ambitionierten Vorhaben stammen?

Lieferengpässe, Preissteigerungen wurden zur Realität. Die deutsche Wirtschaft wird durch die hausgemachte Energiepolitik von Dritten dirigiert. Viele Unternehmen fliehen regelrecht ins Ausland. Beispielsweise verkaufte Viessmann am 26.4.2023 sein Wärmepumpengeschäft für 12 Mrd. an den US-Konzern Carrier Global [1]. Nach den Solarzellen und den Windradkomponenten sind die Wärmepumpen die dritte Energiekomponente für erneuerbare Energien, die ins Ausland abwanderten. Am Beispiel der Solarzellen, bei denen man mittlerweile zu mehr als 98 % von China abhängig ist, muss man wissen, dass diese Technologie noch vor 15 Jahren eine Domäne von Deutschland war. Durch Putins Krieg gab es bei uns Mangel an Erdöl und Gas. Die Stromerzeugung stand unter massivem Druck.

Dennoch hielt Deutschland an erneuerbaren Energien fest: Ausbau von Windrädern und Solarfeldern sowie ein Kohlestopp in 2035. Das letzte Atomkraftwerk ging am 16. April 2023 vom Netz, obwohl wir eine Energiekrise hatten und obwohl in anderen europäischen Ländern Atomkraft als nachhaltig definiert wurde. Auf der Weltklimakonferenz 2023 war Atomenergie beispielsweise das zentrale Zukunftsthema, zu dem sich u. a. für USA, Frankreich, GB, China und 20 andere Staaten bekannten.

Dabei ist die Energie für Deutschland als Technologiestandort besonderes wichtig: Technologische Führung heißt auch hocheffiziente automatisierte Systeme und Systemintegration bei effizienten Automatisierungen. Dabei ist IT eine wichtige Komponente, die aber zunehmend in den nächsten Jahrzehnten ebenfalls immer mehr an Energie benötigt. Umso schlimmer ist es, dass wir uns von Dritten in diesem Sektor zunehmend abhängig machen. Besonders der starke Ruf nach immer mehr Digitalisierung erfordert seinen Preis: Laut einer Studie des Bitkom e. V. machten Rechenzentren und kleinere IT-Installationen in Unternehmen 2020 bereits rund drei Prozent des gesamten deutschen Stromverbrauchs aus, was etwa 16 Mrd. Kilowattstunden entspricht. Server sind Stromverbraucher Nummer eins in der IT.

Rechenzentren sind aber das Herzstück der Unternehmens-IT und einer der relevantesten Faktoren für das Gelingen des Digitalisierungsprozesses in Deutschland. Zum Vergleich: Der benötigte Strom im Verkehrssektor entsprach in 2020 etwa zwei Prozent des Jahresverbrauchs. Dabei entfielen 2016 noch rund 39 % des Stromverbrauchs auf Server, waren es 2020 schon 42 % oder 6,6 Mrd. Kilowattstunden. An zweiter und dritter Stelle stehen Kühlung und Speicher, relativ wenig Strom wird für die Netzwerkprozesse selbst verbraucht [2].

Industrie 4.0, Industrie 5.0., IoT, IIoT, Ethernet, Internet, haben seit mehr als 50 Jahren Einzug gehalten in unsere Welt der Informationstechnologie und beinhalten einen technologischen Ansatz rund um die Automatisierung und die Wertschöpfungskette.

Automatisierungspyramide und Open Systems Interconnection (OSI) Modell spielen in Industrie 4.0 und IoT eine zentrale Rolle hinsichtlich der effizienten vertikalen und horizontalen Kommunikation von Maschine und Systemen. Jeder spricht mit jedem und die Kommunikation ist völlig transparent, so das Motto von Industrie 4.0. Ein Fokus davon sind Bussysteme und Feldbusse. An dieser Stelle möchte ich auch auf den 50. Geburtstag in 2023 von Ethernet hinweisen, dem heute am meisten verbreiteten Kommunikationsprotokoll. Ethernet, das aktuell immer noch relativ unbekannt ist, obwohl es auch die Basis für Internet und WLAN ist.

Ob Homeoffice oder Fabrik, ob Prozessindustrie oder private Haushalte, gut funktionierende Rechnernetzwerke sind das A&O, basierend auf Ethernet als Hauptkommunikationskomponente für Local Area Networks (LAN).

Internet (IoT) und Industrie 4.0 sind ebenso wenig trennbar wie Internet und Ethernet. Alle haben den Nenner Künstliche Intelligenz (KI), welche immer mehr zum Hype wird. Alles und jeder benutzt KI, ohne sich dabei im Klaren zu sein, worum es sich handelt: Ängste entstehen und werden zu Marketingzwecken auch gezielt geweckt. Erst neulich stellte man in 2023 im Abendfernsehen vor, dass nun die KI auch in der Wehrtechnik genutzt wird, obwohl KI dort schon seit mehr als 50 Jahren eingesetzt wird. Es fiel sogar der Begriff ‚kriegsführende KI': Und auch beim Verleih des deutschen Innovationspreis 2023 kam von der deutschen Politik die Aussage, KI gab es ja 2014 noch nicht!

Alle Schlagwörter wie Industrie 4.0, IoT, KI, Domain, Website, Cloud, Cyber Physical Systems', IoT (Internet of Things), Cyber Security, Digitalisierung, Wertschöpfungserhöhung, intelligente Maschinen (Smart Machines), Intelligente Benutzeroberflächen (Intelligent User Interfaces), Selbstlernende Maschinen (Selfoptimizing Machines), Zustandsüberwachung von Maschinen (Condition Monitoring), virtuelle Maschinen (Virtuel Machines), Intelligente Fertigung (Smart Factory), Fertigungsmanagementsysteme (Manufacturing Execution System – MES), Netzwerksicherheit sind Bestandteile der Systemintegration in Industrie 4.0 und IoT, und sind evolutionäre Technologien, die sich im Laufe seit mehr als 50 Jahren entwickelt haben. Nur sollte man wissen, dass diese Begriffe miteinander in Verbindung stehen, insbesondere wenn man von einer Systemintegration spricht.

Das Bedenkliche ist dabei, dass die Schlagwörter jeder so interpretiert, wie er sie gerade glaubt zu verstehen. Somit erhebt sich die Frage, ist die Systemintegration in Industrie 4.0 und IoT etwas Neues oder die evolutionäre Technologieentwicklung der letzten 50 Jahre? Auch gehören zu einer einwandfreien Systemintegration neben den Kommunikationsmitteln auch die Anforderungen an das Produkt selbst. Damit sind speziell die Umweltanforderungen gemeint, für die ein Produkt oder eine automatisierte Komponente entwickelt werden muss.

Bei allem Technikwissen sollte man nicht vergessen, dass die erste Mondlandung bereits am 21. Juli 1969 war. Diese selbst war in meinen Augen eine technische Meisterleistung, was Systemintegration, Kommunikation, Elektronik, Software & Algorithmen, Mechanik, Antriebstechnik und Materialbelastung anbelangte. Beeindruckend kann man das im Raumfahrtzentrum Cape Canaveral nachvollziehen [3]. Viel umweltrobuste Satelliten mit hochintegrierter Elektronik und intelligenter SW wurden seit den 70er Jahren bis heute in den Weltraum verbracht. 1971 startete die NASA die erste Sonde, Mariner 9, die den Mars dauerhaft umkreist. Und alles, was sich heute so um das Thema Industrie 4.0 darstellt, beruht auf diesen grundlegenden Technologien, wie oben aufgezählt. Alles waren Systemintegrationen mit höchsten technischen Ansprüchen.

Im Jahr 1969 proklamierte man die dritte industrielle Revolution und ordnete dieser die Mikroelektronik und die PC-Welt zu. Ab 1971 nahm diese mit der Einführung des ersten Mikrokontrollers von Intel richtige Konturen an.

Zu diesem Zeitpunkt begann auch das Zeitalter von IT und somit von Ethernet und Internet, basierend auf dem ALOHAnet und insbesondere dem ARPANET als grundlegende Vernetzungstopologie. Das ARPANET (Advanced Research Projects Agency Network) war ein Computernetzwerk und wurde ursprünglich im Auftrag der US Air Force ab 1968 von einer kleinen Forschergruppe unter der Leitung des Massachusetts Institute of Technology und des US-Verteidigungsministeriums entwickelt. Es gilt als der Vorläufer des heutigen Internets.

Die dritte Industrielle Revolution in den 60ern hatte seine Vordenker schon im 18. Jahrhundert. Charles Babbage gilt mit seinem Buch ‚Analytical Engine‘ als Vordenker des individuell programmierbaren Computers [4].

Der deutsche Ingenieur Konrad Ernst Otto Zuse entwickelte mit dem Rechner ‚Z3‘ im Jahr 1941 (!) den ersten funktionsfähigen Computer der Welt – er war programmgesteuert, frei programmierbar und vollautomatisch.

Das Schlagwort Industrie 4.0 wurde von der Politik geschaffen und wird auch als ‚Fabriken im Wandel‘ bezeichnet. Aber dieses Thema gibt es schon seit mehr als 150 Jahren, nämlich seit der ersten industriellen Revolution. Es sei die Frage erlaubt: Hat die Menschheit sich nicht schon seit jeher um eine Erhöhung der Wertschöpfung, verbesserte Produktionsabläufe, geringe Lagerbestände, bessere Margen gekümmert und das im Einklang mit den zur Verfügung stehenden Technologien?

Insbesondere dachte ich aber bei all dem Trubel um KI und Industrie 4.0 und IoT auch an Salvador Allende, der bereits 1970 das sozialistische Cybersyn-Projekt (spanisch: Proyecto Synco) in Auftrag gab. Entwickler war der Engländer Stafford Beer, der 1971 dem Staatspräsidenten von Chile seinen von der Kybernetik gesteuerten Idealstaat vorstellte. S. Beer hatte bereits 1959 den Bestseller ‚Kybernetik und Management‘ veröffentlicht. Dabei ging es um modernste Kommunikationsmethoden, Informationen direkt von der Produktionsfront zu erhalten, um Lieferengpässe, Überproduktionen und andere Probleme zu erkennen, um dann mit entsprechenden Gegenmaßnahmen zu reagieren. Gefüttert wurde das dezentrale ‚Expertensystem‘ (KI) mit den Daten aus den in Chile verstaatlichten Branchen Energie, Kupfer, Stahl, Petrochemie, Fischfang und Transport. Das sogenannte ‚Cybernetz' bestand schon damals aus ca. 500 Knoten (Fernschreiber), welche die Software, die auf einer IBM 360/50 installiert war, online fütterten (siehe Retro Ausgabe 1.2018: das Cybersyn-Projekt) [5].

Übrigens, ebenfalls im Jahr 1970 begann auch das Zeitalter der modernen Robotik. Mercedes Benz war eine der ersten Firmen, die in ihrer Produktion Schweißroboter von KUKA einsetzten. Auch hier war Systemintegration von hoher Bedeutung.

Nicht zu vergessen ist dabei auch die Entwicklung des Programms ‚Safeguard' der Amerikaner aus dem Jahr 1970, ein Programm zur Abwehr von sowjetischen und chinesischen Interkontinentalraketen [6].

‚Safeguard' umfasste zwei Datenverarbeitungssysteme für die integralen Bestandteile des Perimeter Acquisition Radar zur Warnung eines Raketenangriffes und auch zur Vorhersage vorläufiger Flugbahnen von bedrohenden Raketen sowie das Missile Site Radar zum Abfangen bedrohlicher Raketen. Beides waren computergesteuerte Phased-Array-Radarsysteme [7]. Das Kontrollsystem (Central Logic and Control (CLC)) bestand aus einem 10-Wege-Multiprozessor Design, das 10 bis 20 MIPS (Millionen Anweisungen pro Sekunde) leisten konnte. Schon damals arbeitete man zur Berechnung der Flugbahnen (Trajektorien) von eigenen wie von fremden Flugkörpern mit vielen prädiktiven Algorithmen [6].

Wie schon gesagt, jetzt sind Künstliche Intelligenz, Industrie 4.0, IoT (Internet) und prädiktive Wartung die Schlagworte aller Innovationen unter Verwendung aller Technologien, die sich bereits vor mehr als 50 Jahren entwickelt haben. Alle heute angewendeten Technologien basieren auf der immensen Leistungssteigerung in Software- und Hardwareentwicklungen sowie enormen Miniaturisierungen der elektronischen und mechanischen Komponenten.

Wie rasant die Entwicklung und Miniaturisierung von Hardware (HW) voranschritt zeigt das Beispiel des Motorola 68040 μ-Controllers von 1990 (Motorola 68030 im Jahr 1986), der bereits in der Lage war, 40 MIPS (Mega Instruction Per Second) zu leisten. Im Jahr 1969 galten jedoch schon 20 MIPS als großartig. Bemerkenswert ist, dass bereits im ‚Safeguard-Projekt' die Softwareentwicklung (für kritische Teile der SW in der Hochsprache Safeguard Nike-X), Dies Softwareentwicklung war das größte und umfangreichste Teilprojekt bei der Systemintegration im Gesamtprojekt war.

Mit diesem Programm wird aber auch klar, welchen Vorsprung die wehrtechnischen Programme gegenüber den zivilen Programmen hatten. Ich erlebte diesen Sachverhalt bei einer renommierten US-Firma über mehr als zwei Jahre aktiv mit, als es um einen Technologietransfer eines hochauflösenden Puls-Doppler-Radars im 94 GHz ging [8, 9] und die Entwicklung eines FMCW Dauerstrichradar im 35 GHz Frequenzband (Frequency-Modulated-Continuous-Wave Radar) [10] zur Abstandsmessung und Mustererkennung von Fahrzeugen ging. Persönlich sehe ich diese Entwicklungen in den frühen 80er Jahren als die Grundlage für die heute verfügbaren Abstandsradars im Automotive. KI-Algorithmen waren schon damals selbstverständlich!

Generell lässt sich sagen, dass viele moderne Anwendungen ihren Ursprung jeweils in der Wehrtechnik hatten. So entstand auch das Internet durch die ‚USA-Wehrtechnik', getrieben durch der DARPA (Defense Advanced Research Projects Agency) [11].

In 1973 entstand das Ethernet. Mit der Entwicklung des Ethernets wurde auch der Grundstein für das heutige Internet gelegt. Internet ist ein Bestandteil des Ethernet Frames ist, wie wir noch sehen werden. Offiziell startete das Internetzeitalter bereits in 1990, als das Internet für die kommerzielle Nutzung freigegeben wurde. Bis 1990 war das Internet nur dem amerikanischen Militär und einigen Universitäten zugänglich. Kevin Ashton's Proklamation ‚Internet of Things' verschaffte dem Internet einen weiteren Durchbruch.

Ethernet selbst wurde am Xerox Palo Alto Research Center (PARC) entwickelt und lehnte sich am gemischten ALOHAnet an, das auch Funkstrecken von Insel zu Insel umfasste. Robert Metcalfe bezeichnete 1973 in einem Memo zwei Strecken als Telephone Ether und Radio Ether.

Mit diesem Lehrbuch möchte ich zeigen, wie eine moderne Systemintegration in der heutigen Technologie durchzuführen ist und nachhaltige Ergebnisse liefert.

Maßgeblich dafür sind die Ansätze von Industrie 4.0 und IoT und die Kommunikationsvernetzungen. Auch geht es mir darum die gängige Schlagwortpolitik zu hinterleuchten und die Zusammenhänge zur realen Technik aufzuzeigen und in einen seriösen Kontext zu bringen. Besonders liegt mir u. a. daran, das Thema KI zu vertiefen, dass in jeder Systemintegration eine wesentliche Rolle spielt.

‚Was ist Internet? ‚Wie funktioniert Internet?' Wie steht Ethernet im Zusammenhang mit Internet?'

Besonders liegt mir darin, die Geschichte der Automatisierung mit ihren Systemintegrationen mit allen ihren Facetten zu beleuchten und darzustellen. Moderne Vernetzungstopologien und Kommunikationsstrukturen basierend auf Ethernet spielen dabei eine ebenso wichtige Rolle wie umweltgerecht und robuste Produkte.

Weiterhin möchte ich einen Überblick ab den 70er Jahren geben, wie sich die Systemintegration in der heutigen Industrie 4.0 (seit 2014) und IoT, IIoT seit ihren Anfängen mit der 3. Industriellen Revolution entwickelt hat, basierend auf zunehmender Hardware- und Softwareleistungen.

Bestandteil für die Systemintegration in Industrie 4.0 und IoT sind mathematische Algorithmen vom einfachen PID-Regler und Kalman-Filter [12] für Zustandsschätzungen (prädiktive Wartung) bis hin zu KI-Entwicklungen, Kommunikationstopologien und Protokollstacks wie Ethernet TCP/IP mit den Internetprotokollen IPv4 und IPv6. Wie sind die Feldbusse aufgebaut für eine standardisierte Kommunikation zwischen Mensch und Maschine oder von Maschine zu Maschine. Schwerpunkte sind dabei die auf dem Ethernet basierten Feldbusse EtherNet/IP, PROFINET, EtherCAT, Modbus TCP, WLAN/Wi-Fi. Alle Ethernetsysteme und Feldbusse beruhen auf dem Interconnection Systems Model (OSI) beruhen. Ebenso zeige ich auf, welche Anforderungen an Robotik und Produktentwicklungen bezüglich Umweltbedingungen gestellt werden. Diese Themen sind für eine Systemintegration von Messtechnik und Automatisierungskomponenten ebenso wichtig wie die Kommunikationsprotokolle selbst.

Dabei werden Staukontrolle und Flusskontrolle auf gängigen Ethernet TCP/IP-Kommunikationsverbindungen eingehend erklärt. Als Datentransport auf Ethernet -Netzwerken werden das Transportation Control Protocol und das User Datagram Protocol als paketvermittelnde Kommunikation im Zusammenwirken mit dem Ethernet II Frame (heute gängiges Ethernetprotokoll) gezeigt.

Natürlich lässt sich ein gewisser Tiefgang in einem so umfangreichen Thema nicht vermeiden. Ich habe jedoch versucht diese Zusammenhänge verständlich zu beschreiben, sodass das Buch vielen weiterhelfen kann.

Künstliche Intelligenz KI und Digitalisierung sind bei einer Systemintegration von hoher Bedeutung und werden in diesem Buch auch eingehend besprochen, vor allem unter dem Aspekt Ängste abzubauen.

Da ich diese Entwicklung in der IT, Kommunikation und Automatisierung in meinem beruflichen Werdegang miterleben durfte und teilweise mitgestalten konnte, liegt es mir auch daran, meine Erfahrungen zu diesem Thema an dieser Stelle weiterzugeben.

Alle zugehörigen Grundlagen, Begriffe und deren Funktionalität sowie ihre aufeinander aufbauenden geschichtlichen Zusammenhänge möchte ich in diesem Buch im Sinne einer profunden Systemintegration in anschaulicher Weise aufzeigen.

Ich möchte, dass Ihnen das Buch weiterhilft, die Themen Industrie 4.0, KI, IoT, Ethernet TCP/IP sowie Internet richtig einordnen zu können und Sie zum anerkannten Experten dieses sehr heterogenen und oftmals lebhaft diskutierten Themas macht.

Es sei noch erwähnt, dass aufgrund unterschiedlicher Vertriebsarten des Buches in Form von einzelnen Kapiteln usw. einige Informationen redundant hinterlegt sind, um einen geschlossenen Eindruck der jeweiligen Kapitel zu vermitteln.

Literatur

1. Lars Hofmann, HR, Tagesschau, 26.4.2023 9:05 Uhr
2. Florian Zandt, Server sind Stromverbraucher Nummer eins in der IT; 27.7.2022; Digitalisierung in Deutschland https://de.statista.com/infografik/27846/stromverbrauch-von-deutschen-rechenzentren-und-kleineren-it-installationen-pro-jahr/#:~:text=Diese%20Verlagerung%20auf%20digitale%20Prozesse%20hat%20ihren%20Preis%3A,Stromverbrauchs%20aus%2C%20was%20etwa%2016%20Milliarden%20Kilowattstunden%20entspricht; Letzter Zugriff am 11.10.2023
3. TURN ON: 50 Jahre Mondlandung: Diese Technik wurde 1969 genutzt; aktualisiert 25.07.2019, https://www.turn-on.de/tech/topliste/50-jahre-mondlandung-diese-technik-wurde-1969-genutzt-501238 letzter Zugriff 11.10.2023
4. industrie-wegweiser, 18. Dezember 2020: Industrie 1.0 bis 4.0 – Industrie im Wandel der Zeit; https://industrie-wegweiser.de/von-industrie-1-0-bis-4-0-industrie-im-wandel-der-zeit/ Letzter Zugriff am 11.10.2023
5. Retro Ausgabe 1.2018: das Cybersyn-Projekt
6. https://www.srmsc.org/; Letzter Zugriff am 11.10.2023
7. All-Electronic.de: ENTWICKLUNG VON PHASED-ARRAY-RADARSYSTEME VEREINFACHEN, 30.05.2018; Plug-&-Play-Antennen-Chip; Plug-&-Play-Antennen-ChIPhttps://www.all-electronics.de/abkuerzungsverzeichnis/; letzter Zugriff 11.10.2023

8. Pulse   Doppler   Radar: http://user.engineering.uiowa.edu/~ece195/2006/docs/Doppler.pdf;
    Letzter Zugriff am 11.10.2023

9. Britannica: Pulse Doppler radar; https://www.britannica.com/technology/pulse-Doppler-radar;
    Letzter Zugriff am 11.10.2023

10. radarturoial.eu: Frequenzmoduliertes Dauerstrichradar (FMCW Radar) https://www.radartu-
    torial.eu/02.bASIC%E2%80%99s/Frequenzmodulierte%20Dauerstrichradarger%C3%A4te.
    de.html; Letzter Zugriff am 11.10.2023

11. Annie Jacobsen: The Pentagon's Brain: An Uncensored History of DARPA, America's Top-
    Secret Military Research Agency. Little, Brown and Company, New York 2015, ISBN
    9780316387699.

12. R. E. Kalman: A New Approach to Linear Filtering and Prediction Problems (= Transaction
    of the ASME, Journal of Basic Engineering). 1960, S. 35–45 (unc.edu [PDF; abgerufen am
    24. März 2017]); http://www.cs.unc.edu/~welch/kalman/media/pdf/Kalman1960.pdf; Letzter
    Zugriff 11.10.2023

Geschichte der Automatisierung

2

1950 begann die Entwicklung von mechanischen Steuerungen hin zu elektrischen Steuerungen. Ab diesem Zeitpunkt wurde verstärkt mit Erforschung und der Entwicklung neuer elektronischer Schaltkreise und Halbleitertechnologien begonnen.

Die dritte und vierte industrielle Revolution werden eingehend behandelt.

2.1 Geschichte der Automatisierung von der Antike bis heute

Genaugenommen ist Automatisierung schon in der Antike aufgetreten [1]. Die Griechen verehrten die Göttin Automatia (selbstständiges Handeln).

Vielen ist aus dem Physikunterricht noch die Erfindung Heron's [2] von Alexandrien ‚die Dampfkugel' bekannt, die genau genommen der eigentliche Ursprung für die Dampfmaschine ist.

Ebenso seien die Automatentheater der Antike aufgeführt [3].

Basierend auf Heron's Dampfmaschinenexperimente entwickelte 1616 Giovanna Branca [3] eine kleine Dampfmaschine, indem austretender Dampf ein Schaufelrad antrieb.

Im Mittelalter waren es die automatischen Uhren mit Figurenspiele. Die grundlegende Idee hierzu kam aus der Antike.

Bereits in der Renaissance (Übergang vom Mittelalter zur Neuzeit 17.–19. Jahrhundert und im Barock (ca. 17 Jahrhundert) eroberten erste Automaten die Fabriken. Ab 1784 gab es mechanische Webstühle mit Dampf und Wasser angetrieben.

Ab dem Jahr 1830 begann das Zeitalter der Dampflokomotiven: Kolbendampfmaschine, atmosphärische Dampfmaschine, Niederdruck-, Hochdruckdampfmaschine, Verbunddampfmaschine, waren die Innovationen im 19. Jahrhundert.

© Der/die Autor(en), exklusiv lizenziert an Springer Fachmedien Wiesbaden GmbH, ein Teil von Springer Nature 2024
W. Babel, *Systemintegration in Industrie 4.0 und IoT,*
https://doi.org/10.1007/978-3-658-42987-4_2

Als Geburtsstunde der Automatisierung galt jedoch die Einführung des Fließbandes. Henry Ford griff die Idee einer Fließbandproduktion bei Westinghouse auf und 1913 wurde das Model T [4] in einer solchen Produktionsart gefertigt.

Ab 1950 begann die Entwicklung von mechanischen Steuerungen hin zu elektrischen Steuerungen. Ab diesem Zeitpunkt wurde verstärkt mit Erforschung und der Entwicklung neuer elektronischer Schaltkreise und Halbleitertechnologien begonnen.

Schon im Jahr 1953 begann die Geschichte der modernen Robotik. Und wieder hatten die Amerikaner die Nase vorn: ‚Unimat hieß' der erste Roboterarm, erfunden von Engelberger und George.

Die Blütezeit der Roboterentwicklung fand bereits in den 70er Jahren statt. KUKA brachte seinen ersten Schweißroboter 1973 heraus. Dieser Roboter wurde bei Daimler eingesetzt und löste das Problem vom amerikanischen Unimat, der nicht für hohe Lasten ausgelegt war.

Die Automatisierung der Automobilbranche mit Robotern geschah in kürzester Zeit [5]. In diesem Zeitraum übernahmen auch die Japaner im Robotergeschäft die Marktführerschaft.

Im Jahr 1953 erfolgte die Patentanmeldung von SIEMENS von einer speicherprogrammierbaren Steuerung (SPS) mit dem Markennamen ‚SIMATIC'. SIMATIC wurde zum Inbegriff (Synonym) für die Automatisierung in Europa [1].

Ab 1967 begann das Zeitalter der speicherprogrammierbaren Steuerungen (SPS). Deutschland schreckte aber wieder einmal technologisch gesehen vor einer Realisierung aufgrund des Risikos einer funktionell unerprobten Technik zurück.

SIEMENS wollte zu Beginn gleich wieder ein ‚perfektes System schaffen' (Hoch modular, für alle Anwendungen einsetzbar), was nicht gelang.

So kam es, dass 1969 der Amerikaner Richard E. Morley die erste SPS demonstrierte. Serienreif wurde die SPS schließlich durch die Firmen Modicon und Allen Bradley (1985 von Rockwell Automation übernommen) [6] gemacht. Im Gegensatz zu Deutschland setzten die Amerikaner bei ihrer SPS Entwicklung weniger auf Modularität, sondern auf einfachste Strukturen und Abläufe!

1973 kam schließlich SIEMENS mit der SIMATIC S3 [7–9] auf den Markt. Dabei sprach Rolf Hahn von SIEMENS von einem relativ komplexen Baugruppenprogramm, sodass jeder Anwender seine individuelle SPS zusammenstecken konnte [1].

Ganz im Gegensatz dazu, nutzten die Amerikaner die Einfachheit der SPS Struktur (siehe Abschn. 6.2.2), was SIEMENS erst einige Jahre später gelang. Problem bei allen speicherprogrammierbaren Steuerungen (SPS) waren die geringen internen Speichermöglichkeiten. Stattdessen waren teure Magnetbänder an der Tagesordnung.

Ethernet wurde ebenfalls in den siebziger Jahren aus der Taufe gehoben. 1973 startete Ethernet, basierend auf dem ALOHAnet. 1976 begann die Ethernet Arbeitsgruppe IEEE 802 [10, 11] die Arbeiten zur Ethernet Standardisierung. Ethernet wurde am Xerox Palo Alto Research Center (PARC) [12] entwickelt. Die erste Version arbeitete mit 3 Mbit/s und war somit deutlich schneller als serielle Verbindungen, mit denen man bis dahin Rechner und Terminals verbunden hatte. 1976 veröffentlichten Metcalfe und sein Assistent David Boggs einen Artikel mit dem Titel Ethernet: Distributed Packet-Switching For Local Computer Networks. Das Patent 4063220 wurde 1977 erteilt.

Parallel dazu begannen auch die Arbeiten zum Internet, das auf dem militärischen ARPANET aufbaute. 1990 begann mit Abschaltung des ARPANET das Internetzeitalter und 1999 wurde das Internet durch das Werk von Kevin Ashton ‚Internet of Things (IoT)' weltweit populär.

Ab den 90ern gingen die Entwicklungen in Software und Hardware rasant voran. Immer mehr Rechenleistung und Softwaresprachen entstanden: Fortran, C, C++, STEP für SPS, um nur einige Beispiel zu nennen.

Auch die Speichermedien verbesserten sich kontinuierlich.

In 1989 brachte die Firma Beckhoff die erste PC-basierten freiprogrammierbaren SPS unter dem Betriebssystem MS-DOS (Microsoft Disk Operating System) auf den Markt. MS-DOS war dabei Microsofts erstes Betriebssystem für x86-PCs und weiterhin ebenso das Referenzsystem für PC-kompatible DOS-Systeme. Die Hardwareanbindung erfolgte über einem der ersten Feldbusse, mit Lightbus.

Bereits ab den achtziger Jahren waren Automatisierungen in allen Branchen basierend auf KI-Methoden (Siehe Kap. 4: Künstliche Intelligenz) zu finden. Hinzu kamen ab diesem Zeitpunkt in der Automatisierung verstärkt die Mustererkennungsmethoden, Fuzzy-Logik (Unscharfes Wissen), KI, Künstliche Neuronale Netzwerke (KNN) und prädiktive Wartung (Predictive Maintenance).

Bis Mitte der achtziger Jahre waren die Programmierhochsprachen bis hin zum C++ bereits im Einsatz.

Das OSI-7-Schichten Modell oder OSI Referenzmodell (Open Systems Interconnection Model) legte 1983 die Grundlage für alle Bussysteme sowie -Protokollstacks und trug entscheidend für die Definition der Automatisierungspyramide in 1985 bei, welche die Grundlage der heutigen Automatisierungstechnologie ist.

In den neunziger Jahren begann das intensive Harmonisierungsbestreben: Gremien, wie die PROFIBUS-Nutzerorganisation (PNO) oder HART Communication Foundation (HCF) und viele andere, wurden ins Leben gerufen. Das Zusammenwirken von Feldgeräten der Messtechnik und Aktoren mit den Feldbussen wurde zur großen technischen Herausforderung. Wir werden im weiteren Verlauf des Buches viel darüber erfahren.

Somit gab es schon mindestens seit den achtziger Jahren die populäre ‚Industrie 4.0' in der Praxis:

Schon zu diesem frühen Zeitpunkt kamen Vernetzungstechnologien und Vernetzungstopologien in der Datenkommunikation zum Einsatz, die sich im Laufe der Zeit kontinuierlich zu unterschiedlichsten Netzwerk-Topologien, Informations- und Bussystemen weiterentwickelten.

Alle diese Systeme hatten schon immer zum Ziel, die Anlagen und Fabriken zu vernetzen, dezentrale Informationen von Sensoren kaskadenmäßig zu verdichten (zentralisieren) und auf den Prozessschaubildern im Kontrollraum oder in der Leitwarte darzustellen, zu beobachten und zu kontrollieren. Und umgekehrt galt es vom Kontrollraum aus, aufgrund der zur Verfügung stehenden Informationen, die Prozesse in der Anlage und Fabrik remote zu steuern oder zu regeln. Dieser Sachverhalt ist auch heute nach wie vor derselbe und geht bis hin zur stringent standarisierten und globalen Kommunikation über Clouds: Weltweit vernetzte Fabriken, Gebäude und Prozesse in der Industrie sind bereits seit Jahren vor Industrie 4.0 selbstverständlich geworden.

Wie gesagt, niemand sprach in den 80ziger Jahren von Industrie 4.0, IoT, Made in China 2025. Fünfzig Jahre zurückblickend, kann ich mich noch gut an mein erstes Praktikum bei einem renommierten Kraftwerkshersteller erinnern, bei dem ich unter MS-DOS einen Kraftwerksprozess mit den zugehörigen Pumpen und Ventilen programmierte. Diese Grafikoberfläche und Bediensoftware wurden damals für den Kontrollraum entwickelt.

Die Technik in der Automatisierung entwickelte sich seitdem permanent fort und niemand machte vor ca. 20–50 Jahren ein großes Aufsehen diesbezüglich.

Blickt man genauer hin und ist man sich selbst gegenüber kritisch, so handelte es sich hier eigentlich schon immer um die mittlerweile populäre ‚Industrie 4.0' oder die sogenannte vierte industrielle Revolution, nur benutzte damals niemand dieses Hype-Schlagwort.

Wie aus Abb. 2.1 ersichtlich gab es die Automatisierung genaugenommen schon vor der ersten industriellen Revolution, bei der sich der Mensch den Dampf und das Wasser

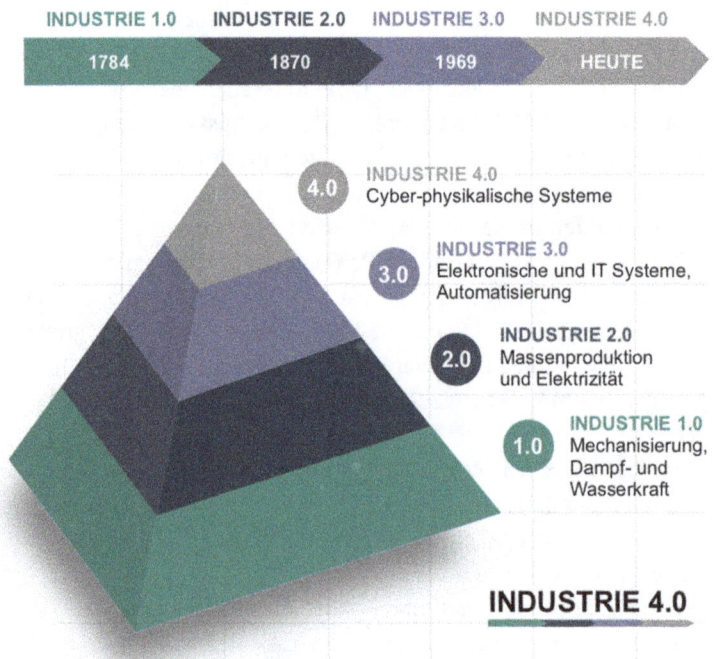

Abb. 2.1 Die vier industriellen Revolutionen

zunutze machte, um die Maschinen zu betreiben. Auch die zweite industrielle Revolution bediente sich der Automatisierung um Produktionslinien verkettet für Massenproduktion zu nutzen. In der dritten industriellen Revolution seit 1969 kam die IT hinzu, gefolgt von Industrie 4.0 mit globaler Vernetzung, dem ‚Cyber Physical System' und der Kommunikation. Künstliche Intelligenz (KI) ist einer der Hauptbestandteile von Industrie 4.0. KI hat mittlerweile einen starken Anteil an Automatisierungslösungen. Unter das Thema KI fällt auch thematisch die Vorhersagende Wartung (Predictive Maintenance).

Die Systeme haben jedoch schon immer aufgrund voranschreitender Technik in allen Bereichen an Komplexität zugenommen. Insofern wurde mit Industrie 4.0 vielleicht einem Trend Rechnung getragen, der das Thema Automatisierung fokussierte und wieder besser zur Geltung brachte, aber im Grunde aus meiner Sicht nicht viel Neues bedeutet.

Generell gibt es heute kaum eine Industrie, die nicht von Automatisierung und somit von Industrie 4.0, China 2025 und IoT betroffen ist. Alle Industrien, wie in Abb. 2.2 dargestellt, sind heute in dieses Thema mehr oder weniger stark involviert!

Ab 2013 wurde der Begriff Industrie 4.0 publiziert und einhergehend galt: Wer Industrie 4.0 sagt meint IoT (Internet of Things). Und wer IoT sagt meint Internet. Internet heißt aber auch Ethernet TCP/IP. Alle Begriffe sind eng miteinander verbunden.

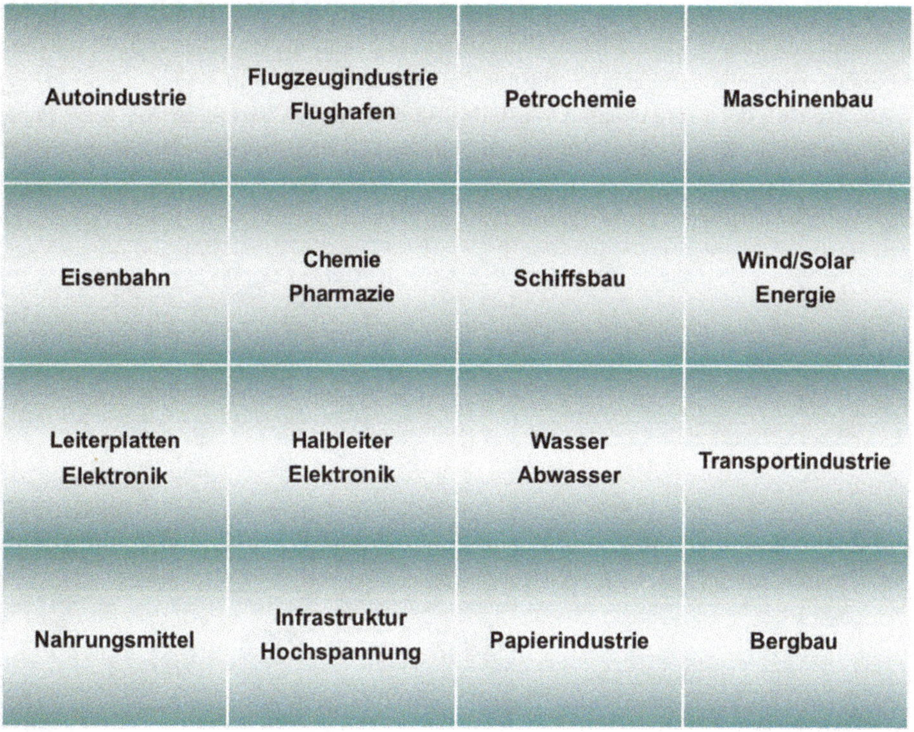

Autoindustrie	**Flugzeugindustrie Flughafen**	**Petrochemie**	**Maschinenbau**
Eisenbahn	**Chemie Pharmazie**	**Schiffsbau**	**Wind/Solar Energie**
Leiterplatten Elektronik	**Halbleiter Elektronik**	**Wasser Abwasser**	**Transportindustrie**
Nahrungsmittel	**Infrastruktur Hochspannung**	**Papierindustrie**	**Bergbau**

Abb. 2.2 Einige Schlüsselindustrien – Industrie 4.0 und IoT, IIoT (Industrial Internet of Things)

Wie hat und wie wirkt sich Industrie 4.0 und IoT heute auf die Automatisierungs-technik aus und welche Netzwerktopologien haben sich in diesem Zusammenhang zeit-mäßig entwickelt, angefangen vom Ethernet über die Feldbusse bis hin zu OPC UA und dem globalen Cloud Computing.

Abb 2.3 zeigt die Zusammenhänge und die Themen, die im Rahmen dieses Lehrbuchs zur Systemintegration Industrie 4.0 und IoT behandelt werden.

Industrie 4.0 macht technische Aussagen zur Automatisierungstechnik und referen-ziert diese über die 5 Kommunikationsebenen der Automatisierungspyramide.

Die Automatisierungspyramide definiert die vertikale und horizontale Kommunika-tion innerhalb einer Fabrik aber auch global über das Cloud Computing und OPC UA (Open Platform Interconnection Unified Architecture). Für die Kommunikationsschnitt-stellen werden das Ethernet TCP/IP, das Internet und die gängigen Feldbussysteme wie z. B. PROFINET, EtherCAT, EtherNet/IP, Modbus TCP, CC-Link, IO-Link, OPC UA sowie WLAN/Wi-Fi, die auf Ethernet basieren, eingesetzt (siehe Kap. 10).

Alle oben genannten Kommunikationsprotokolle haben den gemeinsamen ‚Protokoll-stack' Open Systems Interconnection Model (OSI).

Feldgeräte und Speicherprogrammierbare Steuerungen (SPS) müssen Je nach branchenspezifischen Einsatz gewissen Umweltbedingungen genügen, die in der ‚Umweltpyramide' zusammengefasst sind.

Die globale Kommunikation basiert auf dem Internet (IoT) (siehe Kap. 3) mit den Internetprotokollen IPv4 und IPv6. Beide Protokolle sind in den Ethernet II Frame ein-gebunden, ebenso wie die Transportprotokolle TCP und UDP (Kap. 8).

Die meisten der Komponenten von Industrie 4.0 wenden Verfahren von Künstlicher Intelligenz (KI), Künstlichen Neuronalen Netzwerken und Predictive Maintenance an,

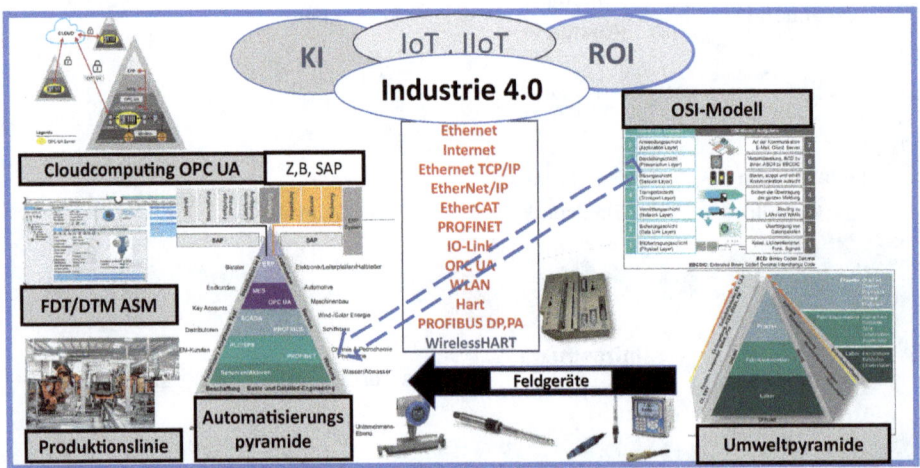

Abb. 2.3 Technische Zusammenhänge der Systemintegration in Industrie 4.0 und IoT

deren Systemintegration eine wichtig Rolle hinsichtlich von dezentralen Implementierungen einnehmen.

IoT ist in diesem Zusammenhang wie bereits ausgeführt nichts ‚Weltbewegendes' Neues, sondern schon seit 1990 existent, als das Internetzeitalter begann. Das Internet ist die Fortschreibung einer Ingenieurwissenschaft im Rahmen von Informatik, Elektrotechnik und Mechatronik und den damit zusammenhängenden modernen Netzwerktopologien und Kommunikationsstrukturen sowie der Entwicklung von intelligenter Sensorik, welche seit mehr als 50 Jahren in der Evolution ist aktuell ist.

IoT bedeutet standardisierte Netzwerktopologien, die sich auf der Automatisierungspyramide aus dem Jahre 1985 und dem OSI Modell von 1983 basierend entwickelt haben.

Interessant ist in diesem Zusammenhang die Abhängigkeit zwischen RFID als Basis von IoT und den heutigen intelligenten Sensoren, die wir näher diskutieren werden.

Wie strukturiert sich IoT technologisch gesehen vom Top-level der Automatisierungspyramide bis hinunter in die Ebene der intelligenten Sensoren. Welche Kommunikations- und Netzwerkstrukturen bis hin zu Industrie 4.0 befinden sich unter dem Schlagwort IoT oder Allesnetz. Diese Themen sind Gegenstand des Lehrbuches.

In diesem Zusammenhang werden die horizontalen und vertikalen Kommunikationsstrukturen, gemäß des OSI Modell und der Automatisierungspyramide in Verbindung mit IoT aufgezeigt und wie Sie heute in modernen Industrieanwendungen Eingang gefunden haben.

Dabei kommt den durchgängigen standardisierten vertikalen und horizontalen Kommunikationsstrukturen von der Fabrik-/Feldebene mit ihren Sensoren und Aktoren, der SPS-Ebene, dem SCADA/HMI (Supervisory Control and Data Acquisition), SCADA bedeutet die ‚Überwachung, Steuerung und Datenerfassung/ Schnittstelle Maschine/Mensch),dem MES (Manufacturing Execution System) und dem ERP-System (Enterprise Resource Planning-System) eine besondere Bedeutung zu: Innerhalb der einzelnen Kommunikationsebenen, zwischen den einzelnen Ebenen sowie die globalen Kommunikationsstrukturen zwischen weltweiten Fabriken via Cloud spielen dabei die wichtige Rolle.

Von hoher Bedeutung ist IoT auch für die heutigen weltweiten Wartungsmodelle (Predictive Maintenance) für Maschinen- und Fabrikanlagen. Alle industriellen Messgeräte und Sensoren müssen je nach Einsatzort und Industrie speziellen Anforderungen genügen, um den reibungsfreien Ablauf in der automatisierten Produktion in hohem Maße zu garantieren.

Es wird konkret ein Beispiel aus der Solarzellenproduktion aufgezeigt, wobei auch die globale Kommunikation mit OPC UA näher erläutert wird.

Zusammenfassend möchte ich den richtigen technischen Ansatz vermitteln, wie IoT heute im Zusammenhang mit all den anderen Technologien eingesetzt wird und was die wesentlichen Merkmale einer Systemintegration von Industrie 4.0 und IoT sind. Da IoT bereits 1999 publiziert und von Industrie erst 2016 aufgegriffen wurde, wird dieses Thema im Kap. 3 behandelt.

Persönlich habe ich diese Entwicklung der Automatisierung seit Beginn meines Studiums 1978 miterlebt und war über mein gesamtes Berufsleben hinweg in vielen unterschiedlichen Gebieten der in den in Abb. 2.2 aufgezeigten Industrien der Automatisierung tätig.

Deswegen möchte ich noch einmal betonen, dass mir daran gelegen ist, meine Erfahrungen in diesem Buch einzubringen und an alle Leser weiterzugeben. Insbesondere möchte ich die Leser auch in die Lage versetzen, dass sie den Hype Industrie 4.0 als Experten richtig einordnen zu wissen und in der Lage sind, bei Diskussionen zu diesem Thema fachlich aktiv mitwirken zu können.

Literatur

1. Reinhard Kluger, Ines Stotz: Die Geschichte der Automatisierung: Mit zündenden Ideen in die Zukunft 1.8.2018/Elektrotechnik/Automatisierung/Vogel. https://www.elektrotechnik.vogel. de/die-geschichte-der-automatisierung-mit-zuendenden-ideen-in-die-zukunft-a-736560/; Letzter Zugriff am 12.11.2023
2. Aurel Stodola: Die Dampfturbinen; Springer, 1910, S.1 (archive.org)
3. Manuela Rausch: Heron von Alexandria: Die Automatentheater und die Erfindung der ersten antiken Programmsteuerung. ISBN 978-3-8428-8632-2. https://www.diplomica-verlag.de/ge-schichte_24/heron-von-alexandria-die-automatentheater-und-die-erfindung-der-ersten-antiken-programmsteuerung_154823.htm; Letzter Zugriff am 12.11.20213
4. George H.Damman: Illustrated History of Ford; Crestline Publishing, Sarasota FL 1970, ISBN 0-912612-02-9
5. Angela Unger: Die Geschichte der Robotertechnik begann 1954; 18.Mai 2017 NEXT (robo-tic.html). https://www.ke-next.de/robotik/die-geschichte-der-robotertechnik-begann-1954-108. html/; Letzter Zugriff am 12.11.2023
6. Allen Bradley; Allen-Bradley, Rockwell. https://www.rockwellautomation.com/en-us/com-pany/about-us.html; Letzter Zugriff am 12.11.2023
7. Hans Berger: Automatisieren mit SIMATIC; 5.überarbeitete und erweiterte Auflage, 2012, ISBN 978-3-89578-386-9
8. Hans Berger: Automatisieren mit SIMATIC S7 -1200. 2. überarbeitete und erweiterte Auflage, 2013, ISBN 978-3-89578-384-5
9. Hans Berger: Automatisieren mit SIMATIC S7 -400 im TIA Portal. 2012, ISBN 978-3-89578-403-3
10. Overview and Guide to the IEEE 802 LMSC. IEEE 802. September 2004, S.3, abgerufen am 20. Oktober 2017 (englisch). https://grouper.ieee.org/groups/802/802%20overview.pdf; Letzter Zugriff am 12.11.2023
11. Elektronik Kompendium: IEEE 802; https://www.elektronik-kompendium.de/sites/net/0509111. htm/; Letzter Zugriff am 12.11.2023
12. PARC: PARC Geschichte; EIN VERMÄCHTNIS DER ERFINDUNG DER ZUKUNFT; https://www.parc.com/about-parc/parc-history/; Letzter Zugriff am 12.11.2023

Industrie 4.0 und IoT– Zusammenhänge

Wie bereits gesagt ist IoT eng mit Industrie 4.0 und der momentanen Automatisierung verbunden.

‚Wer Industrie 4.0 sagt meint IoT' ist eine der Kernaussagen zu Industrie 4.0 und IoT. Wer IoT sagt, meint aber auch Ethernet. Die drei Themengebiete sind eng miteinander verbunden, wie wir im weiteren Verlauf des Buches lernen werden.

Damit ist insbesondere der Aspekt angesprochen, dass alle Maschinen, Menschen, Sensoren (RFID), Roboter miteinander kommunizieren und Informationen zur gegenseitigen Unterstützung sowie Optimierung von Prozessen austauschen und dabei global über das Internet verbunden sind. Seit 2013 wird für die Automatisierungstechnik der Begriff Industrie 4.0 geprägt. Deswegen seien an dieser Stelle zunächst die Grundsätze von Industrie 4.0 besprochen.

3.1 Geschichte von Industrie 4.0

Industrie 4.0 war 2013 die Bezeichnung für ein Zukunftsprojekt zur umfassenden Digitalisierung der industriellen Produktion, um sie für die Zukunft besser zu rüsten.

Der Begriff geht zurück auf die Forschungsunion der deutschen Bundesregierung und ein gleichnamiges Projekt in der Hightech-Strategie der Bundesregierung Deutschland. Die industrielle Produktion soll mit moderner Informations- und Kommunikationstechnik weltweit verzahnt werden. Die Automatisierung soll vorangetrieben werden. Die technische Grundlage sind intelligente und digital vernetzte Systeme, mit denen eine selbstorganisierte Produktion möglich werden soll: Menschen, Maschinen, Anlagen, Logistik und Produkte kommunizieren und kooperieren in der Industrie 4.0 direkt miteinander, insbesondere über das Internet. Durch die Vernetzung soll es möglich werden, nicht mehr nur einen Produktionsschritt, sondern eine ganze Wertschöpfungskette

W. Babel, *Systemintegration in Industrie 4.0 und IoT,*
https://doi.org/10.1007/978-3-658-42987-4_3

zu optimieren. Das Netz soll zudem alle Phasen des Lebenszyklus des Produktes einschließen – von der Idee eines Produkts über die Entwicklung, Fertigung, Nutzung und Wartung bis zum Recycling [1]. IoT zielt in diesem Zusammenhang darauf ab, dass alle Maschinen, Anlagen, Logistik und Produkte mit den Menschen direkt kommunizieren und somit die Wertschöpfungskette enorm optimiert.

Abb. 3.1 zeigt die Hauptaspekte von Industrie 4.0 in einer Zusammenfassung, die hauptsächlich die Vernetzung aller Sensoren Maschinen und Fabriken basierend auf Internet zum Inhalt hat, was die Grundidee von Kevin Ashton aus dem Jahr 1999 für IoT war.

Von der Geschichte her wurde der Begriff Industrie 4.0 im Zusammenhang mit IoT von Henning Kagermann, Wolf-Dieter Lukas und Wolfgang Wahlster geprägt [1]. Im Jahr 2011 wurde Industrie 4.0 auf der Hannovermesse HMI proklamiert. Im Oktober 2012 wurden der Bundesregierung Umsetzungsempfehlungen übergeben.

Am 14. April 2013 wurde auf der Hannover-Messe der Abschlussbericht mit dem Titel Umsetzungsempfehlungen für das Zukunftsprojekt Industrie 4.0 des Arbeitskreises Industrie 4.0 vorgelegt. Der Arbeitskreis stand unter dem Vorsitz von Siegfried Dais (Robert Bosch GmbH) und Henning Kagermann (acatech).

Es kam in der Arbeitsgruppe Industrie 4.0 zu einem Zusammenschluss der Branchenverbände Bitkom, VDMA und ZVEI. Die Plattform Industrie 4.0 wurde weiter ausgebaut und steht inzwischen unter der Leitung der Bundesministerien für Wirtschaft und Energie (BMWi) sowie Bildung und Forschung (BMBF).

Industrie 4.0 und IoT haben zur Aufgabe Mensch, Maschinen und Produkte direkt miteinander intelligent zu vernetzen: ‚Die vierte industrielle Revolution hat begonnen‘, so sinngemäß das Bundesministerium für Wirtschaft und Energie [2, 3].

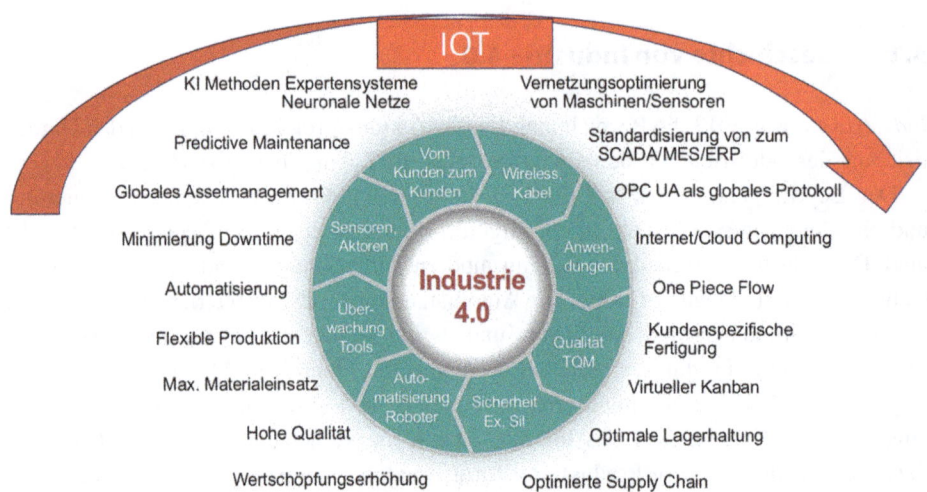

Abb. 3.1 IoT und Industrie 4.0 – Prozesse und deren Zusammenhänge

3.2   Inhalte und Forderungen von Industrie 4.0

Wie in Abb. 3.1 gezeigt, geht es bei Industrie 4.0 um den Prozess ‚Vom Kunden zum Kunden', komplett vernetzt und automatisiert mit standardisierten Schnittstellen und Interfaces, basierend auf Internet-Kommunikation.

Diese Vernetzungstopologien können mit Kupferkabeln, Lichtwellenleiter und/oder Funkstrecken realisiert werden, solange sie den Standards genügen.

Dabei werden alle Kommunikationsebenen zwischen Fabrik/Feld bis hin zum ERP-System (Enterprise Resource Planning-System) eingeschlossen, sowohl innerhalb einer lokalen Fabrik als auch im globalen Umfeld.

Es sollen für den Informationsaustausch alle Anwendungen z. B. innerhalb einer eine Trinkwasseraufbereitungsanlage, einer Öltankfarm oder eine Automobilproduktion vernetzt sein. Alle Maschinen, Roboter, Anlagenteile sind miteinander verbunden kommunizieren und greifen ineinander.

Alle Prozesse müssen hohe Qualitätsanforderungen erfüllen, und zwar über alle Teilprozesse und -bereiche als auch global. Oft wird an dieser Stelle das Total Quality Management (TQM) angeführt. Dabei bedeutet TQM die Qualität der Prozesse über alle Firmenbereiche wie Marketing, Sales, Entwicklung, Controlling IT, HR, Produktion, Logistik und geht weit über den Begriff der Qualitätssicherung im herkömmlichen Sinn hinaus.

Sicherheitsaspekte sind oberstes Gebot und müssen die Sicherheit des Menschen mit hoher Wahrscheinlichkeit garantieren. Hierzu sind die Vorschriften für Produkte für explosionsgefährdete Umgebungen (EX-Schutz) strikt einzuhalten, sowie die Produkte unter sicherheitsrelevanten Anforderungen, den sogenannten Safety Integrity Levels (SIL) zur Sicherheit des Menschen zu entwickeln.

Ebenso von Bedeutung sind die Sicherheitsvorschriften IP-Schutzarten (Ingress Protection) für das Zusammenwirken zwischen Umwelt, Produkten und Mensch.

Alle Prozesse sollen automatisiert werden und den Menschen bei der Arbeit unterstützen. Automatisieren meint die Verkettung der Produktionsprozesse mit Robotern und die komplette Vernetzung, übergreifende Kommunikation sowie den Datenaustausch untereinander. Nicht jede Automatisierung macht Sinn und es muss im Sinne des Return on Investment (ROI) entschieden werden, wo Automatisierung Sinn macht und wo nicht. Die Amortisation der Kosten sollte maximal 2–3 Jahre dauern.

Für die Prozesskontrolle und den effizienten Ablauf sind entsprechende Hardware- und Software-Tools sowie intelligente Sensoren und Aktoren inline/online in den Prozessen integriert, die Daten in Echtzeit errechnen und an übergeordnete Stellen weiterleiten, welche wiederum die Prozesse online korrigieren, regeln und steuern (Mensch).

Die Sensoren und Aktoren führen Echtzeitregelungen über i. d. R. Speicherprogrammierbare Steuerungen (SPS) zur Güte der gesamten Prozess- und Automatisierungskette durch.

Im Detail werden die Maschinen und Sensoren untereinander im Sinne der besten Effektivität vernetzt, gesteuert, überwacht und kontrolliert

Die Vernetzung erfolgt dabei gemäß der Automatisierungspyramide (1985) über 5 Ebenen, von den Sensoren im Feld über die Ebene der speicherprogrammierbaren Steuerungen (SPS) in den Kontrollraum (SCADA System) und von da zum übergeordneten Fertigungssystem (MES-System -Manufacturing Execution System) bis hin zur Unternehmensebene (ERP-System).

Global gesehen wird als standardisierte Vernetzungstopologie und Kommunikation zunehmend OPC UA (Open Platform Communication Unified Architecture) und Internet eingesetzt. Dies gilt sowohl innerhalb von Fabriken sowie auch für deren globalen Vernetzungen. Bei OPC UA handelt es sich um eine Client Server Struktur. Dabei ist der OPC UA Client meistens in der SCADA-Ebene etabliert und die zugeteilten Sensoren und Aktoren als Server in der Feldebene.

OPC UA steht in unmittelbarem Zusammenhang mit dem Ethernet, dem Internet und dem Cloud Computing und ist heute der beste Standard für horizontale und vertikale Kommunikation. OPC UA ist im OSI Modell in der Anwendungsschicht (Schicht 7) angesiedelt und nutzt Internet (Protokolle IPv4 und IPv6) und Ethernet TCP/IP.

Von den Fertigungsprozessen in den Fabriken steht One Piece Flow (Fertigungsaspekt) als Optimierungskriterium für effiziente und kostenoptimale Fertigungsabläufe im Fokus.

Dieser Aspekt gewinnt insbesondere im Hinblick auf zunehmende kundenspezifische Fertigungen immer mehr an Bedeutung, da eine hohe Flexibilität entscheidend für die Gewinnoptimierung ist.

Logistisch gesehen sind für die optimale Lagerhaltung virtuell nachgeführte Kanban's im Zusammenspiel mit physischen Kanban-Systemen von hoher Bedeutung. Die Interfaces zwischen beiden Kanban's werden permanent optimiert.

Virtuelle und physikalische Kanban-Systeme stehen im direkten Zusammenhang mit optimaler Lagerhaltung im Hinblick auf kurze Fertigungszeiten und geringen Lagerkosten.

Unmittelbar im Zusammenhang stehen logistisch die Optimierung der Lieferkette, die Minimierung die Fertigungszeiten und somit die Erhöhung der Wertschöpfungskette, welches das treibende Element einer jeden Fertigung seit der ersten Industriellen Revolution ist.

Dass die Qualität hier die bedeutende Stellschraube für Kosten ist im Hinblick auf Ausschuss und Anlagenstillstand ist seit der ersten industriellen Revolution selbsterklärend.

Ebenso ist kostenmäßig der Materialeinsatz von extremer hoher Bedeutung. Denn jedes auf Lager liegende und nicht benutzte Material ist totes Kapital, das man in den Fabriken gut anderweitig nutzen könnte.

Je höher der Automatisierungsgrad, desto mehr kann der Mensch unterstützt werden. Allerdings erhöht sich mit der Automatisierung einer Produktion auch unter Umständen der Service und die Stillstandzeiten, die stetig im Auge behalten werden müssen. In diesem Punkt liegen u. U. die Erfolge einer Produktion. Es sei betont, dass nicht jeder Automatisierungsschritt Sinn macht. Die ROI-Kosten (Return on Investment) sind dabei der entscheidende Faktor.

Die Stillstandzeiten sind bei modernen Fertigungen von immenser Tragweite. Hier müssen die Fertigungsprozesse zwischen automatisierten und manuellen Arbeitsschritten optimiert werden, damit diese ‚Downtimes' so gering wie möglich gehalten werden können. Entsprechende Wartungskonzepte sind bereits bei der Planung und Erstellung einer Fertigungslinie von Beginn an zu definieren.

Je mehr die Automatisierung und die Globalisierung voranschreiten, desto mehr müssen globale Konzepte für die Wartung und die Instandhaltung von globalen vernetzten Fertigungsstraßen zur Anwendung kommen. Die Ersatzteilhaltung spielt hier eine ebenso zentrale Rolle wie die globale Multiplizierung der Fertigungslinien.

Ein besonderer Aspekt von Industrie 4.0 kommt dem Assetmanagement, der Predivitve Maintenance und der Künstlichen Intelligenz (KI) inklusive den Künstlichen Neuronalen Netzwerken (KNN) zu. Dezentralisierung der Intelligenten Verfahren von KI und KNN ist eines der Hauptthemen von Industrie 4.0. KI steht seit 2022 wieder im Fokus und jeder benutzt es als Schlagwort.

Im Sinne des globalen Assetmanagement kommen der vorhersagenden Wartung von Maschinen und Anlagen immer größere Bedeutung zu. Letztlich kommen für alle diese modernen Systeme für Produktion und Wartung in zunehmendem Maße Methoden der künstlichen Intelligenz zum Einsatz. Neuronale Netzwerke und Expertensysteme [1] sind ein typischer Vertreter dieser modernen Mustererkennungsalgorithmen zur Vermeidung von Stillständen der Produktionslinie.

Für Industrie 4.0 ist unter allen diesen Aspekten die standardisierte horizontale Kommunikation innerhalb eines Levels der Automatisierungspyramide zwischen Maschinen, Messsystemen und Fertigungslinien als auch die vertikale Kommunikation zwischen allen Komponenten einer integrierten Systemlösung vom Feld bis hin zum ERP-System sowie die Basis aller Kommunikation zwischen den Sensoren und Maschinen von entscheidender Bedeutung. Fehlerfreies Interagieren und reibungsloses Ineinandergreifen von Aktionen und Reaktionen sind das oberste Ziel: Genau diese grundlegenden Aufgaben hat das Internet of Things oder das ‚Allesnetz' im Zusammenhang einer Systemintegration in Industrie 4.0 zum Inhalt.

3.3 Einordnung von Industrie 4.0

Seit circa 6–8 Jahren ist aus meiner Sicht bei uns die bewährte und tradierte Technologie unter dem Schlagwort Industrie 4.0 in Verbindung mit dem Internet of Things (IoT) der große ‚Renner' geworden und die Evolution des Fortschrittes ist kontinuierlich vorangeschritten.

Wie oben aufgezeigt, soll die Forschungsplattform 4.0 die industrielle Produktion mit moderner Informations- und Kommunikationstechnik durch intelligente Systeme digital standardisieren und vernetzen mit dem Schwerpunkt Internet: In diesem Sinn sollen Menschen, Sensoren, Maschinen, Roboter, Anlagen, Logistik und Produkte direkt miteinander über das Internet kommunizieren und kooperieren. Genau genommen geht es dabei darum, die gesamte Wertschöpfungskette über den Produktlebenszyklus zu verbessern und zu optimieren oder im Vertrieb den optimalen Lösungsverkauf auch ‚Consultative Value Selling' zu realisieren. In diesem Zusammenhang besteht auch der unmittelbare Bezug zu Predictive Maintenance. Die uneingeschränkte Kommunikationsfähigkeit von Sensoren mit dem Internet ist die Voraussetzung für IoT und Industrie 4.0.

Es sei hervorgehoben, dass sich diese Forderungen von Industrie 4.0 und IoT in der Systemarchitektur der Automatisierungspyramide, die seit 1985 (!) definiert ist, wiederfinden. Und auch die Feldbusse und Bussysteme, basierend auf dem OSI Modell (als Protokollstack Ethernet TCP/IP) von 1984 sind seit Jahren die grundlegenden standardisierten Kommunikationsprotokolle.

Ich selbst erinnere mich noch an die ersten Vorträge von Firmen nach der Proklamation von Industrie 4.0, dass man nun alles vernetzen kann und den Menschen nicht mehr bräuchte. Man sah plötzlich die all umfassende Lösungen ohne Menschen in der Automatisierungskette: Anstelle des Menschen traten selbstlernende Roboter, die den Menschen ablösen, ‚Smarte Fabriken' ohne Eingriffe von Menschen. Weltweite autonome Vernetzung von Systemen. Aus meiner Sicht: Welch ein Fortschritt oder auch vielleicht welch ein Irrtum [4]!

Ich führte viele Fachdiskussionen in diese Richtung und ich kann es nur immer wieder wiederholen: Bei dem Programm Industrie 4.0 oder die sogenannte vierte industrielle Revolution handelt es sich einfach ausgedrückt, lediglich um eine vernetzte industrielle Produktion mit moderner standardisierter Informations- und Kommunikationstechnologien basierend auf den Grundgedanken von IoT und RFID [5–7] die zur Aufgabe hat die Wertschöpfungskette zu optimieren und das Life Cycle Management von Anlagen und Fabriken in weltweiter Vernetzung zu verbessern.

Die meisten der Paradigmen von Industrie 4.0 zielen auf die Erhöhung der Wertschöpfungskette, wie wir bereits seit dem Mittelalter durch Edmund Heinen [8] kannten. Hierzu sei ein Beispiel gegeben, wie heute GuV– und Projektplanungen erstellt werden.

3.4   Beispiel einer Planung zur Simulation der Wertschöpfungskette

Vieles was Industrie 4.0 proklamiert, insbesondere die Erhöhung der Wertschöpfung, war betriebswirtschaftlich seit jeher das A&O. Dies möchte ich anhand des folgenden Beispiels erläutern. Das Beispiel steht im unmittelbaren Zusammenhang mit der Systemintegration hinsichtlich Automatisierungslösung und geforderter Profitabilität in Abhängigkeit des erzielbaren Marktpreises.

Geplant ist die Entwicklung einer neuen Plattform für Röntgengeräte für die Materialanalyse entsprechend Abb. 3.2. Berücksichtigt in der Reihenfolge der Geräte sind in den

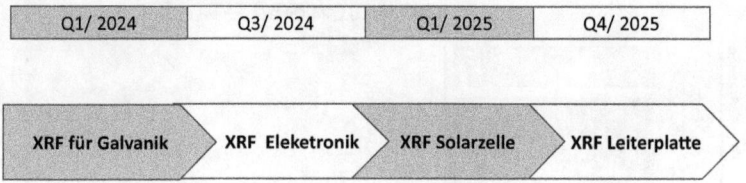

Abb. 3.2 Planung einer Produktplattform für Materialanalyse.

Abb. 3.3 Wesentliche
Parameter für die Simulation
einer GuV zur Ermittlung des
ROI

	Wachstum pro Quartal	Verkaufspreis pro Lösung	F&E Invest Kosten
XRF Galvanik	18%	150.000 €	2.500.000 €
XRF Elektronik	20%	300.000 €	900.000 €
XRF Solar	22%	280.000 €	900.000 €
XRF Leiterplatte	15%	250.000 €	1.200.000 €

einzelnen Geräten mehrfach verwendete Komponenten, die Marktdringlichkeit und der Entwicklungszeitraum.

Das am häufigsten verkaufte Analysegerät ist in der Galvanik, gefolgt von der Elektronikbranche, Solarindustrie und Leiterplattenindustrie. Vorhandene Teilkomponenten sind Bestandteil der Entwicklung.

Gemäß Abb. 3.2 soll das Analysegeräte für die Galvanik ab Q3/24 verkauft werden. Ab Q1/25 soll das Analysegerät für die Branche Elektronik vertriebsbereit sein. Ab Q1/25 folgt dann das Gerät für die Solarzellenbranche und ab Q4/25 das Analysegerät für die Leitplattenindustrie (PCB: Printed Circuit Board). Alle Geräte werden in Form von Gesamtlösungen vermarktet und in automatisierte Produktionslinien integriert, konzipiert (basic und detailed Engineering) und automatisiert.

Abb. 3.3 zeigt beispielsweise die wesentlichen Kenngrößen für die Ermittlung einer GuV im Zusammenhang mit Abb 3.2. Die Zahlen Vom Wachstum kommen vom Engineering/Vertriebsbereich ebenso wie der im Markt erzielbare Verkaufspreis der Lösung.

Beim Wachstum sind Lösungen, Teillösungen, Komponenten und Routineservicekosten und das laufende Geschäft berücksichtigt.

Tab. 3.1 zeigt basierend auf Abb. 3.2 und Abb. 3.3 das Umsatzwachstum für neu in den Markt eingeführte Geräte und Serviceleistungen innerhalb der ersten drei Jahre.

Tab 3.1 Beispiel Umsatz von gemäß den Angaben von Abb. 3.2 und 3.3

		Q1/24		Q3/24		Q1/25		Q3/25		Q1/26		Q3/26	
XRF Galvanik	18%	0	0	600.000 €	708.000 €	835.440 €	985.819 €	1.163.267 €	1.372.655 €	1.619.732 €	1.911.284 €	2.255.316 €	2.661.272 €
XRF Elektronik	20%	0	0	0 €	0 €	600.000 €	720.000 €	864.000 €	1.036.800 €	1.244.160 €	1.492.992 €	1.791.590 €	2.149.908 €
XRF Solar	22%	0	0	0 €	0 €	0 €	280.000 €	341.600 €	416.752 €	508.437 €	620.294 €	756.758 €	923.245 €
XRF Leiterplatte	15%	0	0	0 €	0 €	0 €	0 €	0 €	0 €	0 €	500.000 €	575.000 €	661.250 €
Umsatz Lösungen		0 €	0 €	600.000 €	708.000 €	1.435.440 €	1.985.819 €	2.368.867 €	2.826.207 €	3.372.330 €	4.524.570 €	5.378.664 €	6.395.676 €
Service in % vom Umsatz	10%	0 €	0 €	60.000 €	70.800 €	143.544 €	198.582 €	236.887 €	282.621 €	337.233 €	452.457 €	537.866 €	639.568 €
Umsatz gesamt		0 €	0 €	660.000 €	778.800 €	1.578.984 €	2.184.401 €	2.605.753 €	3.108.827 €	3.709.563 €	4.977.027 €	5.916.531 €	7.035.243 €

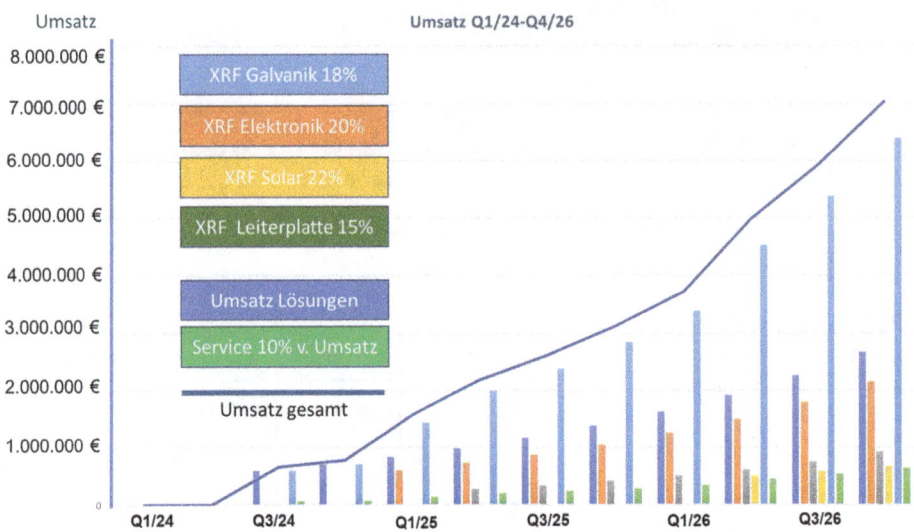

Abb. 3.4 Umsatz für Lösungsverkauf von Q1/24-Q4/26

Tab. 3.2 Typische Kosten in einer Produktionsfirma

		Q1/24				Q1/25				Q1/26			
Engineering/Produktion	35%	0€	591.653€	231.000€	272.580€	552.644€	764.540€	912.014€	1.088.090€	1.298.347€	1.741.959€	2.070.786€	2.462.335€
Vertriebskosten	10%	0€	0€	66.000€	77.880€	157.898€	218.440€	260.575€	310.883€	370.956€	497.703€	591.653€	703.524€
F&E Invest		1.250.000€	1.250.000€	450.000€	450.000€	900.000€	300.000€	300.000€	300.000€	300.000€	0€	0€	0€
lfd. F&E Kosten	10%	0€	0€	66.000€	77.880€	157.898€	218.440€	260.575€	310.883€	370.956€	497.703€	591.653€	703.524€
Verwaltungskosten	5%	0€	0€	33.000€	38.940€	78.949€	109.220€	130.288€	155.441€	185.478€	248.851€	295.827€	351.762€
Kosten gesamt		1.250.000€	1.841.653€	846.000€	917.280€	1.847.390€	1.610.641€	1.863.452€	2.165.296€	2.525.738€	2.986.216€	3.549.918€	4.221.146€

Abb. 3.4 zeigt unter den Annahmen von Abb. 3.2 und 3.3 den Umsatz der ersten 3 Jahre.

Abb. 3.4 zeigt die grafische Darstellung des Umsatz vom Lösungsverkauf von Tab. 3.1.

Nächster Punkt, den es zu monitoren gilt, sind die Kosten.

Tab. 3.2 zeigt die anfallenden Kosten für Engineering/Produktion, Vertrieb, F&E Investitionskosten für die neue Geräteplattform, F&E laufende Kosten und Verwaltungskosten. Beispielhaft liegen die Engineeringkosten bei 35 % des Umsatzes, die Vertriebskosten bei 10 %. Die Vertriebskosten von 10 % liegen gegenüber dem reinen Produktverkauf mit ca. 30 % relativ niedrig, da der meiste Aufwand in den Engineeringkosten wiederzufinden ist.

Laufende F&E Kosten von ca. 10 % sind bei Lösungen das Update von SW und Komponentenverbesserungen. Gute erkennbar sind die zeitlichen Aufteilungen der F&E Investitionskosten gemäß den Annahmen aus Abb. 3.2 für die einzelnen Analyseprodukte, die für die Lösungen eingesetzt werden. Beispielsweise sind die 2,5 Mio € für das Galvanikgeräte auf Q1/24 und Q2/24 aufgeteilt.

Grund für die kurzes Entwicklungsdauer ist, dass in die Plattform bereits vorhandene Komponenten der Vorgängerserie mit verwendet wurden.

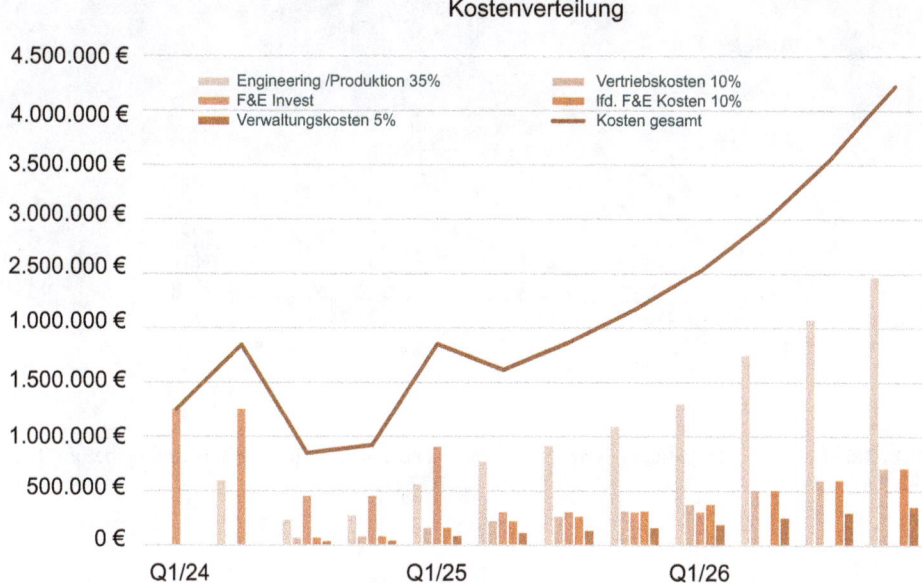

Abb. 3.5 Kostenblock der GuV für die Entwicklung des Multiplattformkonzeptes- Nicht berücksichtigt sind die Abschreibungen der Investitionskosten

Für die Verwaltungskosten wurden 5 % vom Umsatz angesetzt.

Die angegebenen Beträge beziehen sich auf das Plattformkonzept! Abb. 3.5 zeigt die Kosten für die Entwicklung der Plattform gemäß Abb. 3.3.

Tab. 3.3 den Umsatz zeigt basierend auf den gemachten Annahmen.

(inklusive Service mit 10 % vom Umsatz) die anfallenden Kosten, den EBT (Gewinn vor Steuer) und den Return on Investment (ROI).

Abb. 3.6 zeigt die Ergebnisse von Tab. 3.3 in grafischer Darstellung.

In diesem Fall beträgt der ROI ca. 2 Jahre, was in der Regel für Analysemessgeräte tolerierbar ist. Typisch für den ROI ist der ‚Badewannenverlauf‘ durch die in Vorleistung zu gehenden Investitionskosten.

Dennoch wird man als Geschäftsleitung permanent danach optimieren um den ROI zu verkürzen. Hierzu setzt man die Hebel für alle Parameter einer GuV, die aus allen Blöcken der Kosten und des Engineerings bestehen in Bewegung.

Die Erhöhung der Wertschöpfungskette ist eine der Hauptforderungen von Industrie 4.0

Tab. 3.3 Umsatz, Kosten, EBT und ROI

	Q1/24				Q1/25				Q1/26			
Umsatz	0 €	0 €	660.000 €	778.800 €	1.578.984 €	2.184.401 €	2.605.753 €	3.108.827 €	3.709.563 €	4.977.027 €	5.916.531 €	7.035.243 €
Kosten	1.250.000 €	1.250.000 €	846.000 €	917.280 €	1.847.390 €	1.610.641 €	1.863.452 €	2.165.296 €	2.525.738 €	2.986.216 €	3.549.918 €	4.221.146 €
Gewinn	-1.250.000 €	-1.250.000 €	-138.480 €	-138.480 €	-268.406 €	573.760 €	742.301 €	943.531 €	1.183.825 €	1.990.811 €	2.366.612 €	2.814.097 €
ROI	-1.250.000 €	-2.500.000 €	-2.686.000 €	-2.824.480 €	-3.092.886 €	-2.519.126 €	-1.776.825 €	-833.294 €	350.531 €	2.341.342 €	4.707.955 €	7.522.052 €

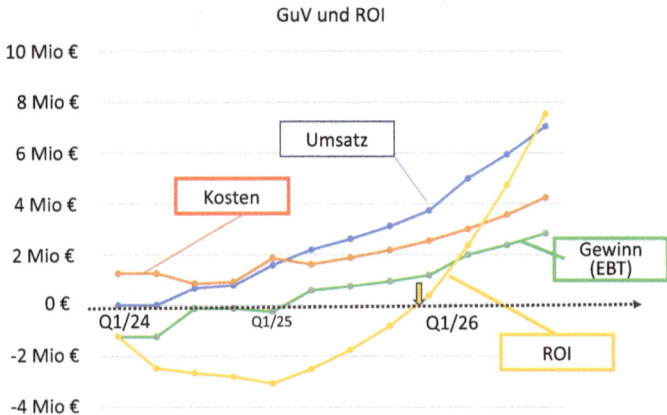

Abb. 3.6 Return on Investment Berechnung basierend auf Umsatz, EBT (Earning before Tax) und Kosten

3.5 Lösungsgeschäft in der Automatisierung oder ‚Consultative Value Selling' oder ‚Value added Selling'

Nachdem in den vorangegangenen Abschnitten und Kapitel näher auf Industrie 4.0 und ihre Anforderungen eingegangen wurde, wird in diesem Abschnitt der Lösungsverkauf oder das ‚Consultative value selling' erläuert.

Denn wenn man von Systemintegration in Industrie 4.0 und IoT spricht, so gehört dieser Abschnitt im Detail dazu. Auch im Lösungsgeschäft ist der ROI das fokussierende Element: Sowohl der Kunde als auch der die Lösung vertreibende Hersteller und Systemintegrator müssen für eine win-win Situation die relevanten Kompromisse schließen. Was dabei im Einzelnen zu berücksichtigen ist wird im Folgenden erläutert.

Seit langer Zeit waren die Produktionslinien in vielen Industrien wie z. B. Leiterplattenherstellung, Solarzellenherstellung, galvanischen Betrieben, Chemie-Prozessanlagen, Oil & Gas-Anlagen, Kläranlagen, Trinkwasseraufbereitungsanlagen (Abb. 2.2) in hohem Maße automatisiert.

Was über lange Zeit hinweg nicht in automatisierten Anlagen und Prozessen integriert war, sind die optischen, chemischen und physikalischen Qualitätskontrollen gewesen: Bildverarbeitungssysteme, Spektrometer, Röntgengeräte, Terahertzsysteme und viele mehr. Selbst heute steckt man in vielen Bereichen noch in den Anfängen, was diese Art der Automatisierung betrifft. Die Qualitätskontrolle zu automatisieren ist sicher eine der Hauptaufgaben in Industrie 4.0, auch im Zusammenhang mit der Maßgabe in die Sensoren und und in die Aktoren Ethernet-Feldbusse zu integrieren, dazu gehört auch der Ethernet TCP/IP Protokollstack.

Wirtschaftlich gesehen sind es gerade die Online-/Inline-Qualitätskontrollen welche die Kosten einer Produktion oder eines Prozesses entscheidend senken können. Das zeitnahe Erfassen und Auswerten von Daten und die direkte Steuerung der Prozesse ist ein effizientes Mittel in der Produktion für Kostensenkungen. Dieses Mittel konnte lange Zeit nicht genutzt werden, da man die Größen zur Regelung der Prozessparameter im Labor ermitteln musste. Die Analysenmesstechnik lag vom Reifegrad weit hinter den übrigen Automatisierungsmodulen und somit hinter den Möglichkeiten einer Systemintegration.

Deshalb wurden bei der Analysenmesstechnik für die Qualitätskontrolle in der Fabrik- und Prozessautomation zunächst Offlinesysteme entweder im Labor oder direkt neben den Produktionsbändern eingesetzt (Statistische Prozess Kontrolle).

Trotz einer zunehmenden Inline-Integration ist die 100 % Qualitätskontrolle oftmals aufgrund physikalischer oder chemischer Randbedingungen nicht immer möglich: Entweder sind oder waren die Geräte nicht robust genug oder die physikalischen Bedingungen wie Beleuchtungszeit und Verweilzeit der Messsysteme/Sensorik auf dem Messobjekt oder dem Prüfling konnten nicht mit der Dynamik des Systems in Einklang gebracht werden, d. h. die eingesetzten Messsysteme sind teilweise bezüglich Messdatenerfassung und Verarbeitungszeit immer noch zu langsam gegenüber den laufenden Produktionslinien oder ablaufenden Prozessen.

Als typisches Beispiel sei die Schichtdickenmessung mittels Röntgenfluoreszenzverfahren in der Solarzellenherstellung, Steckerkontakt- oder Leiterplattenherstellung (PCB) genannt: Für Schichtdicken im Bereich 10 µm oder darunter muss für eine entsprechende Auflösung das Muster von 1 s bis z. T. 30 s oder länger mit Röntgenstrahlung bestrahlt werden. Bei Bandgeschwindigkeiten während der Produktion von 1 m/min bis 10 m/min korreliert dabei die notwendige Bestrahlungszeit nicht mit den vorbeilaufenden Solarzellen- oder Leiterplattenpanels (Siehe auch Abschn. 10.7.7). Selbst mit dem Band mitlaufende Sensoren zur Erhöhung der Beobachtungszeit erfüllen oftmals nicht die Anforderungen an Genauigkeit, da sie durch entsprechende Vibrationen der Messmusters nicht exakt messen können.

Weiterhin ist taktile oder berührende Messtechnik in der Materialanalyse (siehe Abb. 3.7) oft nicht möglich, da die Produktionsbänder nicht getaktet sind oder angehalten werden können. Ganz allgemein sei auch gesagt, dass der Trend heute immer mehr weg geht von der taktilen Messetechnik hin zur kontaktlosen Messtechnik.

Vergleichbare Problematiken für Schichtdickenmessung und Materialanalyse gibt es in der Goldanalyse, im Lackierbereich bei der Automobilproduktion und in den galvanischen Betrieben bezüglich der Kontakt-Steckerproduktionen.

Dennoch bringt eine Inline-Qualitätskontrolle, die nicht 100 % prüft, immer noch Vorteile gegenüber der Offline-Qualitätskontrolle, da der Prozess nicht unterbrochen werden muss und relativ zeitnah die Fehlerquellen erkannt werden. Dabei sind die Ansätze dahingehend, dass die Qualitätskontrolle durch Aus- und Einphasen der Panels oder der Prüflinge im Takt der laufenden Produktion automatisch realisiert wird.

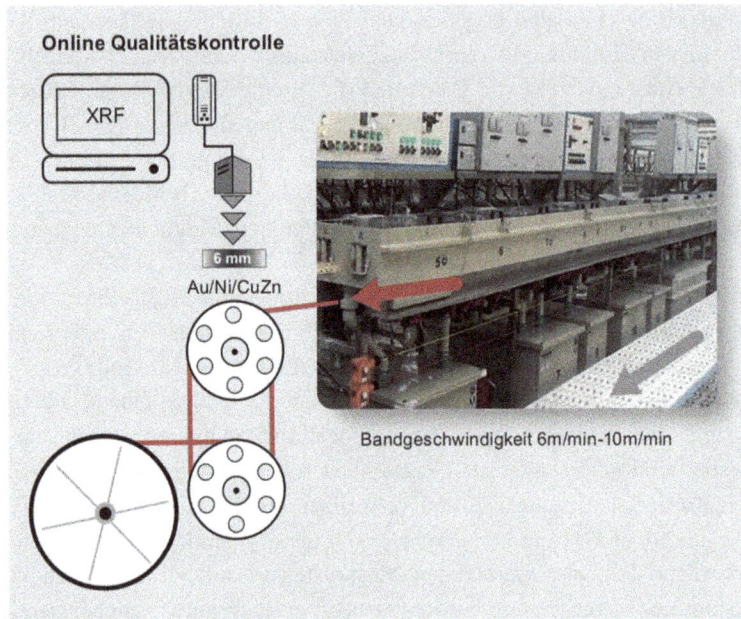

Abb. 3.7 Inline -Qualitätskontrolle für Schichtdickenmessung in einer Galvanik

Wie leicht einsehbar ist, erfordert der Übergang von der Offline-Qualitätskontrolle im Labor hin zu Online- und Inline-Technologien die Erarbeitung einer geeigneten System-lösung mit entsprechender Integration des Qualitätsmoduls in die Produktionsanlage des Kunden. Diese Lösung muss im Zusammenwirken mit dem Kunden erarbeitet werden. Das heißt neben dem Produktverkauf z. B. eines Röntgenfluoreszenzgerätes handelt es sich hier im Speziellen um die Erarbeitung einer Systemintegration auf die Anlage des Kunden zugeschnittenen Lösung.

Wie bereits eingangs dieses Abschnittes erwähnt, wird hier auch vom Lösungsverkauf gesprochen. Das moderne Schlagwort für Lösungs- und Applikationsverkauf wird heute oftmals als ‚Consultative Value Selling' oder ‚Value added Selling' bezeichnet. Hierü-ber gibt es zahlreiche Literatur, welche diese B2B Vertriebsmethode beschreiben [9] Im Grunde ist es eine neue Art des Verkaufens, die weit über den Produktverkauf hinaus-geht und ein hohes Maß an übergreifendem Wissen vom Vertriebsmitarbeiter erfordert. Bedingt durch diesen Sachverhalt sind Produktvertrieb und Lösungsvertrieb oft in ge-trennten Organisationen wiederzufinden.

Jede Lösung in der Automatisierung, insbesondere auch die Qualitätskontrolle, er-fordert den in Abb. 3.8 aufgezeigten Ablauf, der zum Gelingen eines Projektes stringent eingehalten werden muss!

Dabei beinhaltet gemäß Abb. 3.8 der Lösungsverkauf (Consultative Value Selling) fol-gende Schritte:

Abb. 3.8 Notwendige
Abfolge des Lösungsverkaufes

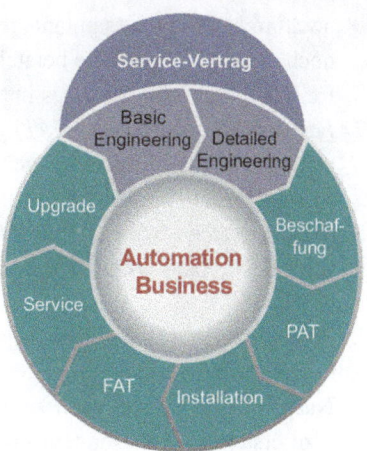

1. *Basic Engineering oder Erarbeitung der grundlegenden Lösung* mit dem Kunden. Bereits an dieser Stelle müssen die späteren Servicerandbedingungen mit einbezogen werden. Denn je nach geforderter maximaler Anlagenstillstandszeit ('Downtime') seitens des Anwenders variieren die Serviceleistungen erheblich.

2. *Detailed Engineering* oder detaillierte Erstellung der Lösung bis hin zum Schaltschrankbau und Stromlaufplänen. R&I-Fließschema (Rohrleitungs- und Instrumentenfließschema in der Anlagen- und Verfahrenstechnik) [10] und P&ID (Piping and Instrumentation Diagram) [11] sind ebenfalls Bestandteile des Detailed Engineering.

3. Der *Vertrag* und der *Servicevertrag* müssen erstellt werden. Dabei ist die Aufteilung der Kosten von wichtiger Bedeutung. Typisch sind z. B. 25 % bei Auftragserteilung, 30 % bei erfolgten *PAT (Preliminary Acceptance Test beim Hersteller)*, 35 % bei erfolgtem *FAT (Factory Acceptance Test oder Werksabnahme beim Kunden)*, 10 % nach einem zu definierendem Zeitraum x. Ferner müssen hier die vertraglichen Abnahmepunkte für die unterschiedlichen Testphasen sehr genau definiert werden.
   Das Designreview erfolgt zwischen Kunde und Hersteller nach definierten vertraglichen Kriterien.

4. *Beschaffung oder Procurement:* Der Hersteller des Messsystems beschafft alle notwendigen Bauteile, Baugruppen und baut die Anlage funktionsfähig bei sich in der Fabrik auf.

5. *Preliminary Acceptance Test (PAT)* oder vo*rläufiger Abnahmetest:* Der Kunde nimmt die Anlage nach den im Vertrag definierten Kriterien beim Hersteller als 'vorläufig' ab.

6. *Installation:* Nach Abnahme wird die Anlage beim Hersteller abgebaut und zum Kunden verschickt sowie beim Kunden wieder aufgebaut. Beim Kunden erfolgt die eine offizielle Übernahme des Equipments.
   Es folgt der Final Function Test (FFT) oder Finaler Funktionstest des firmenspezifischen Automatisierungsmoduls auf der Anlage beim Kunden. Die Prüfung findet

noch *nicht* in der Gesamtanlage statt, sondern es wird nach dem Transport zunächst noch einmal das einzelne herstellerspezifische Modul auf Gesamtfunktion und Fehlerfreiheit hin geprüft, bevor es in die Produktionsstraße integriert wird.

7. *Factory Acceptance Test (FAT) genannt oder der endgültige Test:* Die spezifische Lösung wird in der Gesamtanlage mit allen Automatisierungskomponenten nach vertraglich definierten Kriterien zwischen Herstellern und Kunden abgenommen.
8. Beginn der Phase des vertraglich definierten Service.
9. Ende des Lebenszyklus sowie Upgrade der Automatisierungsanlage.

Da in einem Automatisierungsprojekt in der Regel neben dem Generalunternehmer viele Zulieferer mitwirken, ist die Vertragsgestaltung eine relative komplizierte Angelegenheit.

Nach meinen Erfahrungen sind einige Verhandlungszyklen notwendig, um den Vertrag zu erstellen. Insbesondere in China und Indien ist die Vertragserstellung ein mühsames Thema. Bei der Vertragsgestaltung spielen die Haftungsrisiken eine dominante Rolle. Besonders unter dem Aspekt von Ausfallzeiten der Produktionslinie durch den Stillstand des gelieferten Messsystem-Moduls in der Gesamtanlage werden sehr lange Verhandlungen geführt. Ich kann nur Jedem empfehlen, der in diese Verhandlungen involviert ist, hier sehr akribisch vorzugehen: Die Stillstandkriterien und die auftretenden Fehlerbilder der Anlage oder der Produktionslinie müssen im Vertrag sehr genau definiert werden.

Dies trifft für nahezu alle Industrien zu, wie z. B. Automobilindustrie, Leiterplattenherstellung (PCB: Printed Circuit Boards), Solarzellenherstellung, Steckerherstellung in den galvanischen Betrieben und Assemblagen, Tablettenherstellung in der Pharmazie, Herstellung von Chemikalien.

Es müssen besonders intensiv und aufmerksam die Verpflichtungen seitens des Herstellers und dem Anwender der Messtechnik definiert und vereinbart werden. Oftmals geraten an diesem Punkt die Projekte in massive Verzögerungen, da man wenig Kompromisse auf beiden Seiten zulassen möchte. Um einen Eindruck zu geben, wie vielfältig die Vertragsgestaltung ist, sei eine grobe Gliederung einer Vertragsstruktur für einen Automatisierungsvertrag gegeben.

Typische Punkte in einem Vertrag für ein Automatisierungsprojekt sind (Vertragspunkte) folgende:

- Präambel
- Terminologie
- Vertragsziele
- Ziele von Lieferung, Leistung und Dienstleistungen
- Technik, System
- Kommunikation gemäß Kundenschnittstellen
- Besprechungsabfolge und Demonstration nach definierten Kriterien des Equipments für Käufer

- Assemblierung und Installation unter Zeitplangesichtspunkten
- Sicherheitskriterien für Equipment
- Bestandteile und Module des Equipments
- Anforderungsprofil seitens des Käufers
- Projektplan mit Meilensteinen und Abnahmekriterien
- Designreview
- Planung, Entwicklung, Produktion und Lieferung des Equipments
- Zertifizierungen des zu entwickelnden Moduls (CE, UL, SIL, etc.)
- Anwendungsbereiche des Equipments (Umwelt, Stressbedingungen)
- Dokumentation (Lieferumfang, Servicehandbuch, Betriebsanleitung)
- Preliminary Acceptance Test (PAT)
- Final Function Test (FFT), Abnahmekriterien des Automatisierungsmoduls beim Hersteller.
- Factory Acceptance Test (FAT), Definition und Abnahmekriterien für die Gesamtabnahme der Anlage beim Kunden mit allen Herstellern unterschiedlicher Komponenten
- Lieferung zum Kunden (Termine, Fracht)
- ‚Equipment Übernahme Test' für dauerhaften Betrieb in der Gesamtanlage
- Lieferdatum
- Servicebedingungen!
- Vertragliche Strafen bei Projektverzug, Nichtfunktionalität nach Spezifikation (WICHTIG!); Begrenzung der Haftbarmachung
- Trainingsleistungen und -umfang für den Kunden
- Garantie und Instandhaltungsbedingungen
- Preis, Raten der Bezahlung
- Patente, Exklusivität
- Geheimhaltung
- Regelungen für Unterlieferanten
- Bezahlungsgarantie, Rücklagen, Bürgschaften
- Versicherungen
- Ort der Gerichtsbarkeit

Neben dem eigentlichen Vertrag sind auch die Serviceverträge bei einem Automatisierungsprojekt von zentraler Bedeutung, die ebenso intensiv verhandelt werden müssen.

Der Servicevertrag und dessen Bedingungen muss bei einem Automatisierungsprojekt parallel zum Hauptvertrag verhandelt werden und bis zum eigentlichen Vertragsabschluss nach dem detaillierten Engineering (Detailed Engineering) ebenfalls unterzeichnungsreif sein.

Im Wesentlichen beinhaltet der Servicevertrag viele der bereits oben aufgeführten Vertragspunkt. Hinzukommen im Servicevertrag die folgenden wichtigen Punkte:

- Serviceumfang
- Servicekonzept
- Serviceantwortzeiten
- Preisgestaltung
- Vertragsdauer
- Preisänderungen und Verpflichtungen

Die Hauptpunkte bei den Serviceverhandlungen sind die Forderungen des Kunden bezüglich der Anlagen-/Maschinen-Stillstandzeit (Downtime) im Fehlerfall und den damit zusammenhängenden Servicekonzepten.

Man muss beachten, dass mit dem Abschluss des Servicekonzepts unmittelbar das Ersatzteilkonzept festgelegt wird. D. h. es kann aufgrund kurzer geforderter Anlagen-Stillstandzeiten der Fall sein, dass Ersatzteile auf der Anlage des Kunden gelagert werden müssen. Im Extremfall kann dies bis zum permanenten Aufenthalt eines Servicetechnikers vom Hersteller in der Fabrik des Kunden gehen. Dies war bei mehreren internationalen Firmen in meiner Vergangenheit der Fall, speziell in der Chemie, im Halbleiter- und im Automotive-Bereich.

Je mehr die Messtechnik für den Inline-Betrieb ausgelegt werden muss, desto höher ist der Beratungsaufwand. Die Vorgehensweise beim beratenden Verkauf oder Consultative Value Selling sei im nächsten Abschnitt anhand eines Beispiels näher ausgeführt.

3.5.1 Schichtdickenmessung als Beispiel zum Lösungsverkauf oder ‚Consultative Value Selling‘ in der Automatisierung

Für das Zustandekommen eines Automatisierungsgeschäftes ist das Basic Engineering entscheidend. Hier geht es unter anderem für den Kunden um die ROI- (Return On Investment) Betrachtung, d. h. wann amortisieren sich die Kosten des Anwenders für ein Automatisierungsprojekt. Erfahrungsgemäß möchte der Kunde in der Regel spätestens nach maximal 1–2 Jahren seine Investitionskosten wieder eingespielt haben. Dieselbe Zielsetzung hat der Hersteller des Analysemessgerätes und des Lösungsverkauf, wie wir in Abschn. 3.4 gesehen haben.

Wie beratender Verkauf oder ‚Consultative Value Selling‘ im Automatisierungsgeschäft funktionieren kann, sei hier am Beispiel der Produktion von Steckerkontakten (Reel to Reel Anwendung) in der Galvanik (siehe Abb. 3.7) erklärt.

Firmen wie Tyco Elektronik, Amphenol, FCI, Molex und viele andere mittelständische Unternehmen haben für die Herstellung von Beschichtungen ihrer Steckerkontakte, wie z. B. Gold auf Nickel auf Zink (Schreibweise Au/Ni/Zn) oder Gold auf Nickel auf Kupfer-Zink (Schreibweise: Au/Ni/CuZn) ihre eigenen galvanischen Fabriken.

Die Beschichtung erfolgt in nacheinander verketteten ‚Bädern‘, teilweise in bis zu 20 Becken oder mehr, aufgeteilt in Beschichtungs- und Reinigungsbecken. Viele dieser galvanischen Betriebe werden heute noch manuell nachgeregelt, was einen immensen Arbeitsaufwand bedeutet.

Generell wird die Güte von Fertigungsprozessen in allen Industrien bezüglich des Prozessfähigkeitsparameter C_p oder C_{pK} optimiert [12–14]

$$C_p = (O_{GW} - U_{GW})/(6*\sigma) > 1.33 \tag{3.1}$$

oder

$$C_{pK} = \min(\mu - U_{GW}, O_{GW} - \mu)/(3*\sigma) \tag{3.2}$$

C steht für Capability, p für process und K [15] für Katajori (japanisch), d. h. ‚Bias‘. Der C_p-Wert gibt das Verhältnis der vorgegebenen Toleranz zur Prozessstreuung an, der C_{pK} beinhaltet auch die Lage des Mittelwertes zur vorgegebenen Toleranzmitte. Liegt der Prozessmittelwert C_p in der Mitte des Toleranzbereiches so ist $C_p = C_{pK}$, ansonsten ist $C_{pK} < C_p$. Je höher C_{pK} ist, desto sicherer befindet sich der Prozess (Produktion) innerhalb der Spezifikation. Beide Werte C_{pK} und C_p lassen sich nur dann berechnen, wenn U_{GW} und O_{GW} gegeben ist.

Früher wurde ein C_{pK} von mindestens 1 gefordert, d. h. der Abstand der nächstgelegenen Toleranzgrenze beträgt mindestens 3 σ- Mittlerweile wird oft ein C_{pK}-Wert von 2,0 d. h. 6σ gefordert. Daraus resultiert auch der Six Sigma Prozess.

Diese Beziehungen gelten generell *nur* für *normalverteilte Merkmale*. Obwohl dem nicht immer so ist, werden diese Annahmen zur Vereinfachung bei der Fehlerstatistik und statistischen Aussagen in der Industrie häufig zugrunde gelegt.

Bezogen auf einen Fertigungsprozess für eine Beschichtungsdicke und den tolerierbaren Ausschuss, z. B. bei Steckkontakten die Beschichtung von Gold auf Nickel auf Kupfer (Grundwerkstoff), ist O_{GW} dabei die obere zulässige Grenze und U_{GW} die untere zulässige Grenze für die Schichtdicke des Goldes: Diese Grenzwerte sind für den Ausschuss entscheidend.

Abb 3.9 zeigt eine typische statistische Schichtdickenmessung für Gold im Bereich [40 μm, 60 μm]

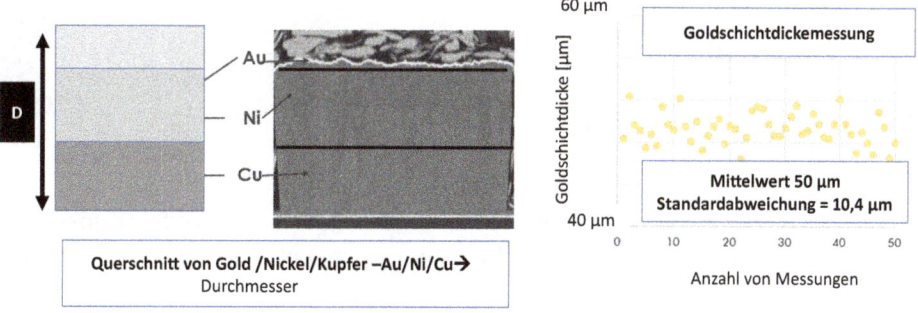

Abb. 3.9 Typische Messung für Goldbeschichtung von Steckerkontakten

Die Messwerte sind in diesem speziellen Fall nahezu normalverteilt.

Deshalb seien an dieser Stelle die grundlegenden Eigenschaften der Gauß-Verteilung oder normalverteilte Merkmale ausgeführt [16].

Hat eine stetige Zufallsvariable x hat eine Normalverteilung mit dem Erwartungswert μ und der Varianz σ^2,

wobei gilt

$$-\infty < \mu < \infty, \ \sigma^2 > 0$$

Diese Zufallsvariable (Messwert) wird oft auch geschrieben als

$$x \sim N_1(\mu, \sigma^2)$$

so ist die Wahrscheinlichkeitsdichte für die Zufallsvariable x gegeben durch [17, 18]:

$$f(x|\mu, \sigma^2) = \frac{1}{\sqrt{2\pi\sigma^2}} e^{-1/2[(x-\mu)/\sigma]^2} \quad -\infty < x < \infty \tag{3.3}$$

Der Graf dieser Dichtefunktion ist glockenförmig und allein durch die Parameter μ und σ^2 beschrieben. μ ist das Symmetriezentrum, der auch den Erwartungswert, den Median und den Modus der Verteilung darstellt. Die Varianz von x ist σ^2. Die Gauß'sche Glockenkurve hat die Wendepunkte bei $x = \mu \pm \sigma$.

Die Wahrscheinlichkeitsdichte einer gaußverteilten Zufallsvariable hat kein bestimmtes Integral, das in geschlossener Form lösbar ist, sodass alle Wahrscheinlichkeiten numerisch berechnet werden müssen. Die Wahrscheinlichkeiten selbst können mithilfe einer Standardnormalverteilungstabelle errechnet werden, die eine Standardform verwendet Dabei nutzt man die Tatsache, dass die lineare Transformation [18].

Die Wahrscheinlichkeiten können mithilfe einer Standardnormalverteilungstabelle berechnet werden, welche die in Abb. 3.10 gezeigte Standardform für 4 σ verwendet. Zugrunde gelegt ist dabei, dass die lineare Transformation eine normalverteilten Zufallsvariablen.

$$Y = ax + b, \quad \text{mit } a, b \text{ sind Konstanten mit } a \neq 0, \tag{3.4}$$

zu einer neuen Zufallsvariable, die ebenfalls wieder normalverteilt ist. Konkret heißt das, wenn

$$x \sim N_1(\mu, \sigma^2) \rightarrow, a^2 \ N_1(a\mu + b, a^2\sigma^2)$$

Als Folgerung ergibt sich für die Zufallsvariable Z

$$Z = 1/\sigma(x - \mu) \sim N_1(0, 1)$$

Z wird auch standardnormalverteilte Zufallsvariable genannt. Diese Standardnormalverteilung ist somit gegeben durch die Normalverteilung mit den Parametern $\mu = 0$ und $\sigma^2 = 1$

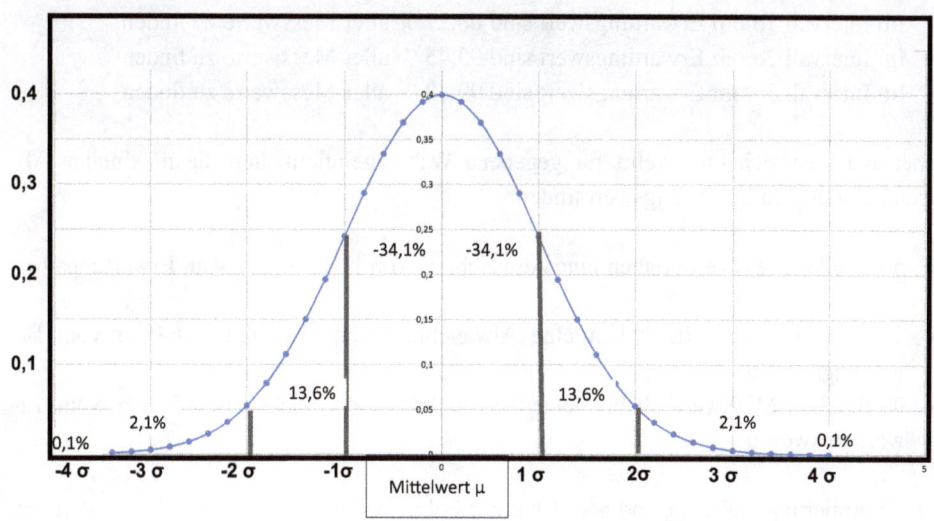

Verteilungsfunktion der normierten Verteilungsdichtefunktion

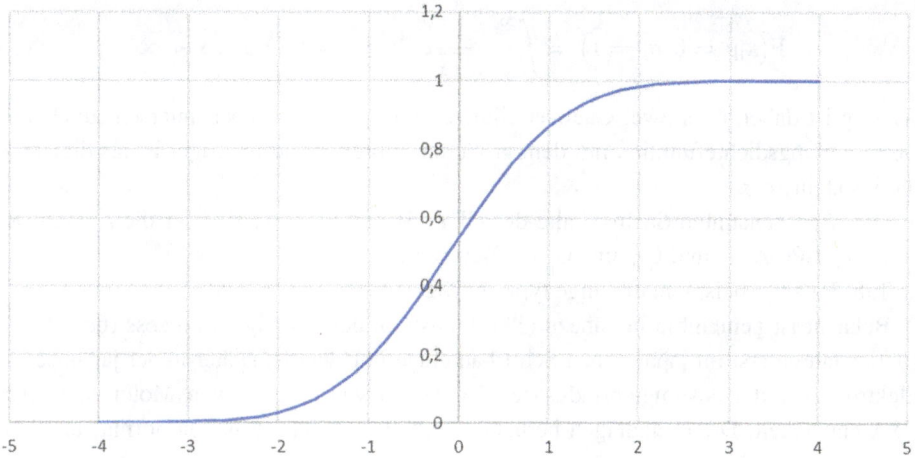

Abb. 3.10 Dichtefunktion einer standardnormalverteilten Zufallsvariabeln gemäß Gl. (3.5) und deren Verteilungsfunktion gemäß Gl. (3.6)

$$f\left(x|\mu = 0, \sigma^2 = 1\right) = \frac{1}{\sqrt{2\pi}} e^{-1/2\,(x)^2} \quad \infty < x < \infty \tag{3.5}$$

Die Standardnormalverteilung von Gl. (2.5) ist die Basis vieler statistischer Tabellenwerke.

Die Standardabweichung σ beschreibt die Breite der Normalverteilung. Die Halbwertsbreite einer Normalverteilung ist ungefähr das -fache (genau √2 ln2) der Standardabweichung. Es gilt näherungsweise:

- Im Intervall 1σ om Erwartungswert sind 68,27 % aller Messwerte zu finden
- Im Intervall 2σ om Erwartungswert sind 95,45 % aller Messwerte zu finden
- Im Intervall 3σ om Erwartungswert sind 99,72 % aller Messwerte zu finden

ebenso lassen sich umgekehrt für gegebene Wahrscheinlichkeiten die maximalen Abweichungen vom Erwartungswert finden:

- 50 % aller Messwerte haben eine Abweichung von höchstens σ vom Erwartungswert μ
- 90 % aller Messwerte haben eine Abweichung von höchstens 1,645 σ vom Erwartungswert μ
- 99 % aller Messwerte haben eine Abweichung von höchstens 2,576 σ vom Erwartungswert μ

Die Normierung auf $\mu = 1$ und $\sigma^2 = 1$ hat zur Folge, das die Fläche unter der Gaußkurve, also die Verteilungsfunktion $F((x|\mu = 0, \sigma^2 = 1) = 1$ ist und somit der Wahrscheinlichkeit 100 % entspricht.

$$F\left(x|\mu = 0, \sigma^2 = 1\right) = \int_{-\infty}^{\infty} \frac{1}{\sqrt{2\pi}} e^{-1/2\,(x)^2} = 1 \quad \infty < x < \infty \tag{3.6}$$

Wichtig ist dabei, dass zwei Gaußverteilungen mit gleichen μ aber unterschiedlichen σ die Verteilungsdichtefunktion mit dem größerem σ breiter und niedriger ist als diejenige für das kleinere σ.

Die oben genannten Sachverhalte der Gl. (3.5) und (3.6) werden für die Ausschussgrenzen, σ-Prozesse und C_{pK} und C_p zur Berechnung verwendet.

Tab. 3.4 zeigt beispielhaft einige typische Werte für C_{pK}, ppm und σ.

Bekannt ist gemeinhin in nahezu allen Industrien der Six Sigma Prozess (6σ), der in 1970er Jahren erst im japanischen Schiffbau eingeführt wurde, später in der japanischen Elektronik- und Konsumgüterindustrie. Six Sigma wurde 1987 von Motorola in den USA entwickelt. Die Grundlagen beruhen ebenfalls auf der Basis von normalverteilten Prozessen in der Fertigung.

Große Popularität erlangte der Six-Sigma-Ansatz durch Erfolge bei General Electric (GE) eingeführt durch Jack Welch.

Heute arbeiten zahlreiche Großunternehmen mit Six Sigma – nicht nur in der Fertigungsindustrie, sondern auch im Dienstleistungssektor. Viele dieser Unternehmen erwarten von ihren Lieferanten Nachweise über Six-Sigma-Qualität in den Produktionsprozessen. Mehr als zwei Drittel (69 %) der Unternehmen nutzen Six Sigma zur Prozessverbesserung, während nur ein Drittel (31 %) die Methode zur Neuentwicklung von Prozessen einsetzt [19–22].

Wie gesagt, die Streuung der Schichtdickenwerte in einem derartigen Prozess und vielen anderen Prozessen sind oftmals normalverteilt und die oben angegebenen Beziehungen sind gültig.

Tab. 3.4 Zusammenhänge zwischen C_{pK}, ppm und σ

C_{pK}	ppm	σ
0,5	133614	
0,67	45500	
0,79	20000	
0,9	6933	
1	2699	3σ
1,3	95	
1,33	66	4σ
1,42	20	
1,5	3,4	
1,6	2	
1,67	0,6	5σ
2	0,002	6σ

Sollten die Messwerte (Zufallsvariable) *nicht normalverteilt,* sein müssen die Beziehungen nach DIN 22514-2 angewendet werden, in der die allgemeinen Berechnungen für alle Verteilungsmodelle [13] definiert sind.

Wie gesagt, der Wert C_{pK} für normalverteilte Messwerte wird aus dem Mittelwert μ und der zugehörigen Standardabweichung σ sowie dem oberen Grenzwert O_{GW} als auch dem unteren Grenzwert U_{GW} berechnet. Oft wird für die Prozessgüte der $C_{pK} = 1$ gefordert, d. h. der Abstand der nächstgelegenen Toleranzgrenze vom Prozessmittelwert beträgt minimal 3σ.

Heute fordert man in der Regel für die nächstgelegene Toleranzgrenze zum Prozessmittelwert 4 * σ, was dem Zahlenwert 1,33 entspricht (siehe Tab. 3.4) [14]. Dies bedeutet in diesem Fall erlaubt man, um bei unserem Steckerkontaktbeispiel zu bleiben, bei einer Anzahl von 1.000.000 Messungen bis maximal 66 Toleranzüberschreitungen, was 66 Teile Ausschuss bedeutet.

Je nach Forderung für die obere und untere Grenze der Schichtdicke ergibt sich somit die geforderte Güte des Prozesses, die unmittelbar im Zusammenhang mit einem tolerierbaren Ausschuss steht.

Sehr ausführlich werden diese Sachverhalte in der oben aufgeführten Literatur behandelt.

Zusammengefasst sei gesagt, ohne weiter auf die Mathematik einzugehen, dass je nach Anforderungen an den Prozess eine theoretische Beschichtungsdicke in µm oder mm für einen tolerierbaren Ausschuss ausgerechnet werden kann.

Das Einfahren eines Beschichtungsprozesses für die Steckerkontakte kann je nach geforderter Güte des Prozesses unter Umständen mehrere Tage dauern.

Im eingeschwungenen Produktionsprozess ist die Qualitätskontrolle der beschichteten Bänder mit Steckkontakten von Bedeutung. Denn jeder Prozess hat mehr oder weniger Driften, die um den Sollwert schwanken und dementsprechend nachjustiert werden müssen.

Für die Qualitätskontrolle werden dabei unterschiedliche Methoden angewendet und jeder Hersteller hat seinen eigenen Qualitätsprozess.

Ziel einer jeden Qualitätskontrolle ist es, den Prozess bei Abweichung wieder auf den Sollwert zurück zu regeln.

Oft genug habe ich erlebt, dass diese Regelung heute in vielen galvanischen Betrieben immer noch manuell durch Einstellung der Potentiometer an den verschiedenen Galvanisierungs- und/oder den zwischengelagerten Reinigungsbecken geschieht. Es ist leicht einsehbar, welches Fingerspitzengefühl oder Knowhow die ausführenden Operatoren haben müssen.

Für die Qualitätskontrolle gibt es dabei unterschiedliche Methoden:

Einige Hersteller unterziehen ca. 5–20 Samples (z. B. Steckerkontakte) am Anfang und am Ende der Rolle (,Reel') einer Qualitätskontrolle. Diese Firmen haben ihre Beschichtungsprozesse relativ gut im Griff, zumal auf die Rollen oft 250 m bis 1000 m beschichtetes Steckerkontaktband aufgespult werden. Sollte am Ende die Qualität nicht stimmen, werden die Rollen in vielen Fällen entsorgt, was ein großer Kostenfaktor ist! Diese Vorgehensweise habe ich mehrmals in Indien und China erlebt. Deswegen haben diese mittelständischen Firmen in Indien und China oft nur kurze Bänder bis maximal 50 m produziert. Dennoch ist bei einem 50 m Band der Verlust an Gold immer noch relativ hoch, falls es entsorgt werden muss!

Einige Hersteller habe ich gesehen, welche die Sampleentnahme (Prüfling) am Ende der Inline-Beschichtung in sogenannten Pufferstationen durchführen. Das gepufferte Band wird erst dann aufgerollt, wenn die Qualitätsprüfung erfolgt ist. D. h. die Pufferlänge steht in Korrelation zur Zeit der Qualitätskontrolle und des in dieser Zeit produzierten Bandes. Dadurch wird der eigentliche Prozess nicht unterbrochen.

Wieder andere Hersteller, die erst am Ende messen, geben bei der Beschichtung ein gewisses Maximum vor, dass über dem theoretischen Grenzwert liegt, um den Ausschuss in Grenzen zu halten. Dabei fiel mir auf, dass insbesondere kleinere Firmen wesentlich mehr zusätzliche Schichtdicke vorgeben als die Marktführer, die ihre Prozesse relativ gut unter Kontrolle haben.

Bei *allen oben angewendeten Verfahren* zur Schichtdickenbestimmung habe ich jedoch bei allen Herstellern erlebt, dass sie die Schichtdicke des Golds gegenüber dem theoretischen Wert erhöht haben, um auf Nummer sicher zu gehen.

Somit können die Hersteller in der Regel sicherstellen, dass die unteren Toleranzgrenzen auf alle Fälle eingehalten werden. Nicht selten stellen dabei die Hersteller ihren Prozess auf +25 % (!) vom theoretischen Sollwert ein, d. h. bei einem theoretischen Schichtdickenwert von 4μm–40,0 μm beschichten sie mit 5 μm 50,0 μm, um die Qualität sicherzustellen.

Viele der genannten großen Hersteller haben heute die Automatisierung der Qualitätskontrolle im Fokus und kommen selbst mit Anforderungen für die Automatisierung zum Hersteller. Kleinere Firmen hingegen müssen in der Regel erst von der Automatisierung überzeugt werden.

Ob nun großer oder kleiner Hersteller, für alle ist der ROI (Return on Investment) der entscheidende Parameter, ob eine Investition getätigt wird oder nicht.

Genau auf diesen Punkt zielt das ‚Consultative Value Selling' oder ‚ Added Value Selling'im Basic Engineering ab.

Bleiben wir bei unserem Beispiel der Schichtdickenmessung, der ‚Reel to Reel' Anwendung, Beschichtung von Gold auf einem Grundmaterial.

Im ersten wichtigen Schritt geht es darum mit dem Kunden festzulegen, welche Forderungen an den Automatisierungsprozess gestellt werden. Im zweiten Schritt geht es darum, wie die Lösung aussehen könnte und was die Automatisierungslösung kosten wird. Im letzten Schritt geht es dann um den ROI.

Im ersten Schritt des Basic Engineering ist deshalb ein Fragebogen mit dem Kunden zu erarbeiten bzw. auszufüllen. Bezüglich des Beispiels zeigt Abb. 3.11 eine Möglichkeit eines Fragebogens, ohne dabei den Anspruch auf Vollständigkeit zu erheben.

Gemäß Abb. 3.11 gilt insbesondere, die vorhandene Automatisierungslösung, z. B. Bandgeschwindigkeit, Beschreibung des Prüflings (Sample) bezüglich Größe und Prüfpattern, Geometrie der Werkzeugträger, Art der Bandfortbewegung zu diskutieren. Ebenso spielen die Anforderungen für die Ergebnisse der gewünschten Qualitätskontrolle eine wesentliche Rolle. Handling-Systeme (Roboter) und Messgeräteeigenschaften stehen hier im Fokus.

Den Anforderungen des Kunden ist die Leistungsfähigkeit des möglichen Messinstruments des Herstellers gegenüberzustellen: Einbausituation (verfügbarer Platz), Bandgeschwindigkeit. Geometrie der Proben und Produkte des Kunden, gewünschte Messanzahl pro Probe sind gegenüber der notwendigen Auflösung (Bestrahlungszeit im Falle des Röntgenfluoreszenzverfahrens) hinsichtlich der Genauigkeit und Wiederholbarkeit sind aufeinander abzustimmen und letztlich entscheidend für die mögliche Lösung bei vorgegebenen Kosten.

Eine weitere entscheidende Größe für den Prozess des Kunden ist seine akzeptierte Zeit des Anlagenstillstands (Downtime) im Fehlerfall und seine geforderte zeitliche mittlere Fehlerhäufigkeit (MTBF: Mean Time Between Failures). Der Stillstand einer Anlage kann in der Automatisierung je nach Anwendung (Offline, Online, Inline) typischerweise

Firmenangaben				Addresse Kunden	
Kundenprojekt				Straße	
Vertriebsmanager				Stadt	
Projektmanager				Land	
Projektleiter Kunde				Tel.:	
Herstellenangaben				Kundenangaben (Beispiele)	
Systemdaten				Anforderung (Beispiele)	Maßangaben
System/Gerät für Automatisierung					
Fragen zur Erarbeitung der Lösung					
Gewünschte Betriebsart					
	Offline			Offline	
	Online			Online	
	Inline			Inline	
Abgaben zur Automatisierung					
Bandgeschwindigkeit der Anlage				2-8	m/min
Bandbetrieb	kontinuierlich			z.B Steckerproduktion	
	getriggert			Intervall zwischen Samples	sec
Spannungsversorgung				380V, 3 Phasen, 50Hz	
geforderte Messgenauigkeit	Sample-Beschreibung			Stecker........	µm, % ,
Anzahl von Samples pro Panel				12	Samples/Panel
Geometrie von Panel / Prüfsample	Kreis / Scheibe	ja	nein	Durchmesser	mm
	Rechteck	ja	nein	l x b x h	mm x mm x mm
	sonstige	ja	nein	Beschreibung	
Länge in Bandrichtung				1-1000	mm
Breite 90 Grad zur Bandrichtung				1-1000	mm
Werkzeugträger Band					mm x mm
Magazine Typ, bei Offline	Hersteller		TYP		Dimensionen
Einbausituation L x B x H					mm x mm x mm
Handlingsystem					
	Mehrachsen-Roboter	ja	nein	TYP/Firma	
	Dimensionen / Gewicht				mm x mm x mm
	Positioniergenauigkeit			10	plus/minus µm
	3-D System	ja	nein		
	Dimensionen / Gewicht				mm x mm x mm
	Positioniergenauigkeit			10	plus/minus µm
	Ansaug-Unit	ja	nein	Typbeschreibung	
Übergabegeschwindigkeit				2-10	Panels /min
Zykluszeit				2-6	Proben /min
Bei Inline : Messintervall				2-50	Objekte /min
Abstand der Panels				100	mm
Umgebungsbedingungen					
	Klimatisiert	ja	nein		
	Temperatur			10-60	Grad C
	rel. Luftfeuchte			20-80	%
	korrosive Luft	ja	nein	Stoff: z.B Chlor	mg/l
Vernetzung/Kommunikation					
SPS		ja	nein	z.B S7/Siemens	
SCADA System		ja	nein	z,B Schneider Elektr.	
MES System		ja	nein	z.B Rockwell	
ERP System		ja	nein	z.B SAP	
Busanbindung an MES/SCADA				PROFIBUS DP	
Busanbindung an Feld/SPS				PROFINET	
Busanbindung	Sonstiges		Typ	z.B EtherNet/IP	
HMI	Firma /Customized			customized	
Cusotomized Anbindung		ja	nein	Beschreibung	
Finanzen					
Budget				z.B.180.000 Euro	
ROI				1-2 Jahre	

Abb. 3.11 Beispiel eines typischen grundlegenden Fragebogens für Automatisierung-Lösungen (beliebig erweiterbar)

von 0,1 h bis 48 h oder mehr betragen. Beides sind für den Hersteller entscheidende Faktoren, nach denen er sein Servicekonzept mit dem Kunden ausarbeiten und verhandeln muss. Je nach Kundenanforderung kann es wie bereits erwähnt notwendig sein, die

Ersatzteile in der Fabrik des Kunden vorzuhalten oder ob ein Servicemann vom Hersteller permanent im Unternehmen des Kunden präsent sein muss oder nicht.

Nicht selten stehen die harten Anforderungen des Kunden im Widerspruch zur Leistungsfähigkeit des Gerätes der Hersteller und die Erarbeitung von Kompromissen sind notwendig.

Es gibt viele Beispiele für Automatisierungsanlagen, bei denen die 100 %-Inline-Qualitätskontrolle nicht möglich ist und trotzdem muss eine Lösung gefunden werden. Der Kompromiss könnte sein, dass man beispielsweise batchweise prüft oder die Qualitätskontrolle nur für jedes x-te Muster oder Prüfobjekt Inline durchführt. Ein Beispiel hierfür ist die Solarzellenprüfung in Abschn. 10.7.7.

Bezüglich der Gegebenheiten kann man dann eine Simulation für den ROI erstellen, wie sie für die Reel to Reel-Anwendung in Abb. 3.7 gezeigt ist.

Im Beispiel Abb. 3.12 ist gezeigt, wie eine Reduktion des eingestellten Schichtdickensicherheitswert von 60 µm (siehe oben) auf den theoretischen geforderten Wert von 50 µm bei den gegebenen Parametern der Galvanikproduktion (Bandgeschwindigkeit, Arbeitszeit pro Jahr im Schichtbetrieb etc.) bei einem gegebenen Goldpreis von 51.000 €/kg zu einer Einsparung von 273.973 € führt. Sind die Kosten für die Automatisierungsanlage von ca. 250.000 € gegeben, erhält man bereits einen ROI nach etwa einem Jahr.

Ein weiterer Aspekt für solche Berechnungen kann das Driftverhalten bei Beschichtungsprozessen sein, die üblich sind.

Abb. 3.13 zeigt hierzu das passende Beispiel zu den gegebenen Daten von Abb. 3.12 für eine Beschichtungsdrift von 10 µm pro Stunde.

In Abb. 3.13 ist im rechten Bild eine typische Messdatenerfassung dargestellt und im linken Bild die zugehörige Simulation für eine Drift von 10 µm/Stunde. Regelt man

Breite der Goldbeschichtung	Eing.	6,00 mm				
Theoretischer Wert Schichtdicke Gold	Eing.	0,0500 mm				
Sicherheitwert Schichtdicke Kunde	Eing.	0,0600 mm	Differenz	+		0,0010 mm
Bandgeschwindigkeit Anlage	Eing.	600,00 cm/min				
			Schichten / Tag	Schicht in Stunden	Tage/Jahr	
Produktionsdauer/Jahr in Stunden		4.800,00 hr/a	Eing. 3	8	200	
Goldpreis	Eing.	51.000,00 Euro/kg	Stand:			
Golddichte		19,30 g/cm³				
Volumen Gold		622.080,00 cm³				
Gewicht Gold		32,23 kg				
Verbrauchtes Gold in EURO		1.643.838,34 Euro				
Theorie verbrauchtes Gold		518.400,00 cm³				
Einsparung Gold in Volumen		103.680,00 cm³				
Eingespartes Gold		5,37 kg				
Einsparung Gold pro Jahr		**273.973,06 Euro**				
Kosten der Anlage (Vertrag)		250.000,00 Euro				
ROI		0,91 Jahre				

Abb. 3.12 Beispiel einer ROI-Berechnung für eine Schichtdickenmessung ‚Reel to reel'

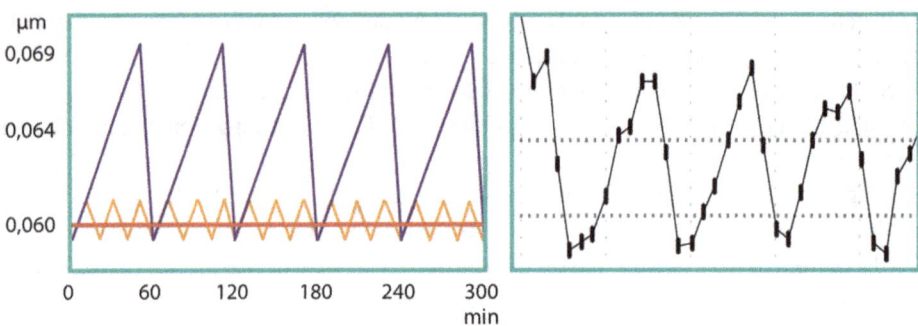

Abb. 3.13 Driftverhalten und seine Auswirkungen auf die Materialkosten

nun alle 20 min, was nur durch Automatisierung möglich ist (rote Linie) anstelle 60 min (blaue Linie) für die manuelle Qualitätskontrolle, so kann durch die automatisierte Beschichtung bereits eine Einsparung von ca. 7 % des Goldpreises erreicht werden.

Durch Inline-Automatisierung kann man deswegen nahezu den theoretischen Sollwert fahren und es gilt dann die in Abb. 3.12 aufgezeigte Kostenersparnis.

Sollte man keine Automatisierung durchführen, sondern lediglich eine manuelle Qualitätskontrolle durchführen, so verteuern sich die Goldkosten bis zu 10 %–20 % gegenüber der auf den theoretischen Sollwert geregelten Automatisierung (siehe Abschn. 3.5.1; Prozessfähigkeitsparameter).

Es sollte weiterhin nicht unerwähnt bleiben, dass in galvanischen Betrieben die Luft oft chlorhaltig ist. Dementsprechend muss das Messgerät konstruktiv geschützt werden. Diese Maßnahmen haben erheblichen Einfluss auf die Kosten.

Im weiteren Verlauf des Basic Engineerings müssen für die Automatisierung die Schnittstellen zu den übergeordneten Systemen bekannt sein, denn hier muss das Messgerät im Inline- aber auch Online-Betrieb kompatibel (synchron) zur SPS arbeiten und die Datenübertragung in die höheren Ebenen wie SCADA- oder MES-System berücksichtigt werden (Abschn. 6.2) Automatisierungspyramide).

Zusammengefasst wird an diesem Beispiel einigermaßen verständlich, wie komplex ein Lösungsgeschäft sein kann. Deswegen sind für diese Art des Vertriebes spezielle Mitarbeiter systemseitig mit einem breit aufgestellten Wissen und Erfahrung notwendig.

Wichtig ist aus meiner Erfahrung heraus, dass bei der Realisierung einer Automatisierung mit dem Kunden realistische Zeiträume von vornherein fixiert werden. Man darf sich nicht verleiten lassen, dem Kunden uneingeschränkt bezüglich seiner zeitlichen Anforderungen nachzugeben.

Meiner Erfahrung nach sind Projekte im Lösungsgeschäft (ab 200.000 € aufwärts) komplexe Aufgabenstellungen und erfordern deswegen mindestens Zeiträume von 6 Monaten bis zu 12 Monaten, gegebenenfalls mehr. Alles andere ist sehr ambitioniert.

Es sei an dieser Stelle noch einmal explizit darauf hingewiesen, dass die Serviceverträge bereits in der Phase des Basic Engineerings und des Detailed Engineerings mit definiert werden müssen, um während des Projektes Irritationen auf beiden Seiten zu vermeiden.

Hier gilt es besonders im chinesischen Markt u. a. die Barriere hinsichtlich der Serviceverträge zu überwinden, da dort Service noch immer als ‚schmutzig' angesehen oder mit schlechter Produktqualität verbunden wird. Oft erlebte ich wie Servicekosten bei den dort ansässigen Firmen einfach nicht verrechnet wurden, nur um das Gesicht nicht zu verlieren.

3.5.2 Typische Kenngrößen für das Lösungsgeschäft

Nachdem wir nun ein typischen Beispiel eines Added Value Selling kennengelernt haben, werden an dieser Stelle typische Richtwerte für Projekte von Lösungsgeschäften angegeben.

Zunächst interessiert der Verkaufspreis in Relation zu den Herstell- und Engineering-kosten. Hierzu gibt Tab. 3.5 Aufschluss.

Es wird normalerweise davon ausgegangen, dass die Margen beim Lösungsverkauf für einen Messkopf/Sensor normalerweise Herstellungskosten * Faktor 4 betragen.

Zukaufteile wie SPS oder Gateways werden in der Regel mit dem Faktor 1,3 bis maximal 1,8 an den Kunden weiter verechnet.

Die Engineering-Stunden werden mit ca. 100 € bis 130 € verrechnet.

Ein typisches Gesamtsystem in einer vollautomatisierten Version wird für 250.000 €–450.000 € angeboten.

Dabei sollte die Marge des Gesamtsystem im Bereich von 20 % bis 30 % liegen.

Innerhalb dieser Grenzen sollte man sich bewegen um das Projektgeschäft gewinn-bringend zu gestalten.

Tab. 3.6 zeigt ein typisches Angebot für ein Systemgeschäft für einen XRAY-Scanner-

Voraussetzung für dieses Angebot ist die Duplizierung einer vorhandenen Produk-tions-Linie. Die Arbeiten erfolgen gemäß der Abb. 3.8 ‚Lösungsverkauf'.

Tab. 3.5 Kosten und Verkaufspreis einer Lösung - Generelle Richtwerte

Firmenspez. Messkopf für Materialanalyse	Hertstellkosten	*4
Zukaufteile	Einkaufspreis	*1,3 bis * 1,8
Engineering Kosten in x Stunden	e.g 100€/hr.	* 100 €/hr
Marge	von Verkaufspreis	20%-30%
Summe für Komplettsystem inkl. Systemintegration		250.000 € - 500.000€

Tab. 3.6 Typisches Angebot einer Systemintegration für automatische Qualitätsmessung in der PCB-Industrie/Solarzellenfertigung

Pos	Beschreibung	Menge	Preis pro Einheit	Summe
1	Messkopf XRAY Scanner für Solarpanels. Der Scanner besteht aus XRAY Messkopf an einer Traverse montiert und einer automatischen Ladestatioon der Panels vom Fließband , 12 Monate Garantie	2 Stck	500.000 €	1.000.000 €
2	Messkopf XRAY Scanner als Ersatzteil, da Ausfallzeit (downtime < 3 Hrs. rt	1 Stck	60.000 €	60.000 €
3	Installation und Comissioning von 2 Sytemen	16 Tage		
4	Equipment Übergabetest von 2 Systmen	8 Tage		
5	Factory Acceptance Test von 2 Systemen	8 Tage		
6	Operator training des Kunden	20 Tage		
	Summe Engineering/Service inkl. Garantieleistung	52 Tage	140 €	58.240 €
8	Verpackungskosten und Frachtksoten	2 Stck	10.000 €	20.000 €
	Summe 2 Systme, Engineering/Servic-Kosten, 12 Montae Garantie			1.138.240 €
9	Erweiterte Garantie auf 36 Monate	1 Stck	25.000 €	25.000 €
	Summe gesamt mit erweiterter Garantie			1.163.240 €

Tab. 3.7 Typischer Zeitplan und Meilensteine für ein Automatisierungsprojekt

Meilensteine einer Systemintegration in der Galvanik mit Transfer nach China	in Wochen
Design-Festschreibung nach Preliminary Design Phase	3
Beschaffúng der Hauptkompoenten und Assemblage beim Hersteller	24
Preliminary Acceptance Test (PAT)	2
PAT durchgeführt und akzeptiert	1
Fracht nach China Seehafen	5
Transport zum Kunden	1
Installation bei Kunden	2
Abnahme beim Kunden der Systemkomponente 'Qualitätskontrolle'	2
Final Function Test	2
Integration der Systemkomponenten in die Gesamtanlage	3
Training des Personals vor Ort	3
Factory Acceptance Test (FAT	10
Summe in Wochen	58

Tab. 3.7 zeigt den Zeitplan mit Meilensteinen für eine Systemintegration einer automatisierten Lösung für die Qualitätskontrolle z. B. in der Galavanik aus Abb 3.7.

Eingerechnet in den Meilensteinplan ist ein Transfer per Schiff nach China, die Zeitdauer durch den Zoll in China und der Transport zum Kunden (ca. 6 Wochen). Es ergibt sich in diesem Beispiel eine Dauer von 58 Wochen. Diese Zeitdauer ist für Automatisierungsprojekte mit einhergehender Systemintegration notwendig, um das Projekt zur Zufriedenheit des Herstellers und des Kunden abzuwickeln. Kunden versuchen meisten diesen Zeitplan zu reduzieren, was aber meiner Erfahrung nach nicht möglich ist.

Tab. 3.8 Empfohlene Zahlungsbedingungen

Zahlungsbedingungen (Terms of Payment)	
Nach Auftrag	30-40%
Nach dem Design Festschreibung	10-20%
Nach Fracht zum Kunden	20%
Nach Assemblage beim Kunden	20-10%
Nach Final acceptance Test	20-10%

Deswegen sollte man sich vertraglich auf der sicheren Seite befinden um Konventional-strafen zu vermeiden.

Um das Gesamtlösungsgeschäft profitabel zu gestalten, empfehlen sich die in Tab. 3.8 angegebenen Zahlungsbedingungen.

Es empfiehlt sich eine hohe Anzahlung bei Auftragseingang, um das Geschäft möglichst ohne Zuzahlung realisieren zu können. Ein Anzahlung von mindestens 30 % sollte dabei verhandelt werden. Empfehlenswert ist bis zur Assemblage der Automatisierungs-lösung beim Kunden ca. 70–80 % erhalten zu haben um die eigene Vorleistungen kosten-mäßig minimal zu halten. Die Garantiezeit sollte erst nach dem Factory Acceptance Test in Kraft treten, da erfahrungsgemäß der FAT oft mehrere Wochen dauern kann. Aus-geschlossen werden sollten Beschädigungen aufgrund Transport, sorgloser Handhabung oder Fehlbedienung sein. Es ist darauf zu achten, dass die Antwortzeiten des Services nur garantiert werden können, aufgrund eines Servicevertrages. Ebenso muss geregelt sein, dass ein Service und/oder eine Reparatur nur durch autorisiertes Personal vom Her-steller durchgeführt werden kann.

Literatur

1. Wolfgang Babel: Industrie 4.0, China 2025, IoT; Springer Vieweg Verlag, ISBN 978-3-658-34717-8; ISBN 978-3-658-34717-5 (ebook); 2021.
2. H.Kagermann, W.-D. Lukas, W.Wahlster; Industrie 4.0: Mit dem Internet der Dinge auf dem Weg zur 4. industriellen Revolution. In: VDI Nachrichten , April 2011.
3. BMBF/Forschung: Industrie 4.0; https://www.bmbf.de/de/zukunftsprojekt-industrie-4-0-848.html/; Letzter Zugriff 12.10.2023.
4. Sendler Ulrich (2016): Industrie 4.0 grenzenlos; Berlin, Heidelberg: Springer Berlin Heidel-berg.
5. H.-J.Bullinger, M.ten Hompel (Hrsg.): Internet der Dinge. Springer, Berlin 2007.
6. C.Engemann, F.Sprenger: Internet der Dinge: Über smarte Objekte, intelligente Umgebungen und technische Durchdringung der Welt.Transcript. Bielefeld 2015, ISBN 978-3-8376-3046-6.
7. Digital Pioneers: Radio Frequency Identification Internet der Dinge. https://t3n.de/magazin/in-ternet-dinge-radio-frequency-identification-rfid-219434/2/; Letzter Zugriff 1am 11.10.2023.

8. Edmund Heinen: Einführung in die Betriebswirtschaftlehre, 1985, S. 30, Gabler 9., verbesserte Auflage.
9. CAS Mittelstand: ASmartCompany of CAS Software AG: Vertrieb 4.0 In fünf Etappen zu mehr Erfolg in der Kundenbeziehung. https://www.cas-mittelstand.de/index.php?id=25077&msclkid=d916faae07931dad7dada50c93993285; Letzter Zugriff am 10.10.2023.
10. Thomas Bindel, Dieter Hofmann: R&I Fließschema, Übergang von DIN 19227 zu DIN EN 62424, Springer Vieweg. https://www.buecher.de/shop/steuerungs-und-regelungstechnik/ri-fliessschema/bindel-thomas-hofmann-dieter/products_products/detail/prod_id/47079753/; Letzter Zugriff am 10.10.2023.
11. Alan S Morris (9 March 2001). Measurement and Instrumentation Principles. Butterworth-Heinemann. pp. 328. ISBN 978-0-08-049648-1.
12. Stephan Lunau (Hrsg.), Olin Roenpage, Christian Staudter, Renata Meran, Alexander John, Carmen Beernaert: Six Σ+Lean Toolset: Verbesserungsprojekte erfolgreich durchführen 2., überarbeitete Auflage. Springer, ISBN 3-540-46054-3.
13. Norm DIN ISO 22514-2:2015: Statistische Verfahren im Prozessmanagement – Fähigkeit und Leistung – Teil 2: Prozessleistungs- und Prozessfähigkeitskenngrößen von zeitabhängigen Prozessmodellen.
14. Norm DIN ISO 3534-2:2013: Statistik – Begriffe und Formelzeichen – Teil 2: Angewandte Statistik.
15. Process Capability (Cp, Cpk) and Process Performance (Pp, Ppk) – What is the Difference? – iSixΣ. 26. Februar 2010, https://www.isixσ.com/tools-templates/capability-indices-process-capability/process-capability-cp-cpk-and-process-performance-pp-ppk-what-difference/; Letzter Zugriff am 13.10.2023.
16. Horst Rinne:*Taschenbuch der Statistik.* 4. Auflage. Harri Deutsch, Frankfurt am Main 2008,ISBN 978-3-8171-1827-4, Teil B, Kap. 3.10.1: *Eindimensionale Normaverteilung*, S. 298–306.
17. Catherine Forbes, Merran Evans, Nicholas Hastings, Brain Peacock (Hrsg.): *Statistical Distributions.* 4. Auflage. Wiley & Sons, Hoboken 2011, ISBN 978-0-470-39063-4, Kap. 33: *Normal (Gaussian) Distribution*, S. 143–148.
18. Studyflix: Dichtefunktion; https://studyflix.de/statistik/stetige-dichtefunktion-und-verteilungsfunktion-1080; Letzter Zugriff am 13.10.2023.
19. Mikel Harry, Richard Schroeder: Six Sigma. Prozesse optimieren, Null-Fehler-Qualität schaffen, Rendite radikal steigern, Campus Verlag, 2000, ISBN 978-3-59336551-0.
20. Peter S. Pande, Robert P. Neuman, Roland R. Cavanagh: Six Sigma erfolgreich einsetzen. Marktanteile gewinnen, Produktivität steigern, Kosten reduzieren, mi, 2001, ISBN 978-3-47838960-0.
21. George Eckes: The Six Sigma Revolution. How General Electric and Others Turned Process Into Profits, John Wiley & Sons, New York 2001, ISBN 0-471-38822-X.
22. Kjell Magnusson, Dag Kroslid, Bo Bergman: Six Sigma umsetzen. Die neue Qualitätsstrategie für Unternehmen, 2. Aufl., Hanser Verlag, 2003, ISBN 3-446-22295-2.

Künstliche Intelligenz (KI)

4

Künstliche Intelligenz (KI) ist innerhalb Industrie 4.0 eine Schlüsseltechnologie für autonome Produktionsprozesse sowohl lokal als auch global über die Cloud in Verbindung von OPC UA. Sie kann aus Mustern oder wiederkehrenden Zuständen Ableitungen vornehmen und ist relevant in der Produktionsplanung, bei der Maschinensteuerung und auch in der Logistik (intern wie extern). KI bringt ein enormes Optimierungspotenzial und Qualitätssteigerungen in der Produktion und hilft, die anfallenden und ermittelten Daten in den Produktionsprozessen effektiv zu nutzen. Das bedeutet KI dient zur intelligenten Verzahnung der verschiedenen Prozesse miteinander, sodass sie autark ablaufen können.

4.1 Künstliche Intelligenz heute

Soweit zur Definition von KI – doch wie sieht die Realität aus?

Künstliche Intelligenz (KI), Künstliche Neuronale Netzwerke (KNN) sowie Industrie 4.0 und IoT sind heute in aller Munde und hängen auch unmittelbar miteinander zusammen. Besonders Industrie 4.0 und KI werden oftmals in einem Atemzug genannt. Alles wird in den Medien heute als künstliche Intelligenz verkauft. Das geht vom autonomen Fahren, der Spracherkennung und Übersetzungen bis hinunter zum Kaffeeautomaten und dem Rasierapparat. Fast ein Jeder, der dieses Schlagwort nicht vermarktet, glaubt etwas zu verpassen.

Ein wesentlicher Schwerpunkt in Industrie 4.0 und IoT bildet die künstliche Intelligenz.

© Der/die Autor(en), exklusiv lizenziert an Springer Fachmedien Wiesbaden GmbH, ein Teil von Springer Nature 2024
W. Babel, *Systemintegration in Industrie 4.0 und IoT*,
https://doi.org/10.1007/978-3-658-42987-4_4

Künstliche Intelligenz weckt aber heute zunehmend ‚KI-Ängste' wie niemals zuvor. In den letzten Monaten häufen sich Warnungen vor den potenziellen Gefahren von KI. Es wird der KI mittlerweile nachgesagt, dass sie so gefährlich wie ein Atomkrieg und globale Pandemien sei. Das geht aus dem Zentrum für KI-Sicherheit hervor. Diese Meinung vertreten wichtige Akteure der KI-Branche, unter anderem Sam Altman, Chef des ChatGPT Erfinders OpenAI [1]. Oder eine andere Meldung vom 14.6.23 ARD Text P 108, 19:47:43: EU Parlament: Striktere KI Regeln mit dem Inhalt, das EU- Parlament hat sich auf ein Gesetz zu Künstlicher Intelligenz (KI) geeinigt.

Hochriskante KI-Systeme sollen demnach verboten werden. Damit sprach sich eine größere Mehrheit der Abgeordneten für ein Verbot von Gesichtserkennung in Echtzeit aus. Doch was ist nun Echtzeit – nsec, msec, sec?

Eine weitere Schlagzeile ist ‚Künstliche Intelligenz verursacht Massenarbeitslosigkeit'. Dieser Konsens weitet sich rasant aus. Abhishek Gupta des Montrela AI Ethics Institutes hält das für die realistischste, unmittelbarste und vielleicht dringlichste existenzielle Bedrohung [1].

KI wird auch als das Instrument für militärische Wettbewerbe unter den Nationen gesehen. David Krueger, KI-Experte und Assistenzprofessor an der Universität Cambridge, wünscht sich zwar mehr konkrete Szenarien stellt aber fest, dass es immer schwierig sei, das existenzielle Risiko der KI mit einem gewissen Grad an Sicherheit zu benennen.

Die Liste für derartige Schlagzeilen wird immer größer.

Dabei sind sich die ‚Experten' bei weitem nicht einig, wie sie KI definieren sollen und was hinter KI steckt. Die Aussagen sind vage und die Hauptrisiken werden nicht eindeutig benannt. Vielleicht liegt ja gerade darin der Charme von KI.

Einig sind sich die ‚Experten' darüber, dass diese Technologie potenzielle Gefahren für die Menschheit birgt, ohne diese weiter auszuführen. CEO's von namhaften Firmen fangen an, über die Nutzung von KI zu sprechen und breiten Pläne aus, dass KI die Einstellung von Mitarbeitern ersetzen kann. Vor circa 5 Jahren hätte niemand solche Thesen aufgestellt und wenn, dann wurde er nicht ernst genommen. Mittlerweile herrscht vielerorts eine Voreingenommenheit gegenüber KI, obwohl die Begründungen vieles im Unklaren lasse. Hauptsache ist, man kann sagen alles ist KI.

Und genau darin liegt eines der Hauptprobleme KI richtig einzuschätzen und zu interpretieren.

So wundert es auch nicht, dass es in Politik, Industrie und Wissenschaften unterschiedliche Definitionen für KI gibt, denn jeder verwendet das Kofferwort so, wie es in seine strategischen Überlegungen am besten hineinpasst.

Doch was verbirgt sich unter diesem Kofferwort KI und warum wurde KI zum Hype? Was kann KI und was kann es nicht? Was sind die Lösungsansätze für KI. All das versucht dieses Kapitel auf einfache und logische Weise näherzubringen.

Um diesen Hype zu entmystifizieren und die Ängste von Künstlicher Intelligenz abzubauen veranlasste mich, dieses Kapitel intensiv innerhalb Industrie 4.0 darzulegen.

4.2 Die Geschichte von KI

In diesem Abschnitt wird die Geschichte der Künstlichen Intelligenz (KI) vorgestellt, die auf das Jahr 1748 zurückgeht, in dem Julien Offray de la Mettre in seinem Werk ‚L'Homme Machine' die Konstruktion einer Maschine beschreibt, die menschliche Fähigkeiten oder die Automation des menschlichen Denkens besitzt.

Abb. 4.1 zeigt die Geschichte der Künstlichen Intelligenz in einer Zusammenfassung.

Im 19. Jahrhundert kam ein entscheidender Beitrag zur KI von Allen Newell und Herbert A. Simon mit ihrer Formulierung ihres Werkes ‚Physical Symbol System Hypothesis: oder Hypothese des physikalischen Symbolsystems mit der Kernaussage bezüglich KI: Ein physikalisches Symbolsystem verfügt über die notwendigen und hinreichenden Mittel für allgemeines intelligentes Handeln, d. h. ein physikalisches Symbolsystem (auch ‚formales System' genannt) nimmt physikalische Muster (Symbole), kombiniert sie zu Strukturen (Ausdrücken) und manipuliert sie (mithilfe von Prozessen), um neue Ausdrücke zu erzeugen [2–4].

Die eigentliche Gründungsveranstaltung der Künstlichen Intelligenz fand dann schließlich 1956 am Dartmouth College in New Hampshire bei einem Workshop mit dem Titel ‚Dartmouth Summer Project on Artificial Intelligence' von John McCarthy, Marvin Minsky, Nathaniel Rochester und Claude Elwood Shannon statt [5].

1960 gab es KI in Form der Spracherkennung auf einem IBM Großrechner mit 5000 Wörtern und 1987 setzte Texas Instruments (TI) im Rahmen von KI den CHIP TMS 320C17 (Digitaler Signalprozessor) zur automatischen Spracherkennung ein, die sehr gut

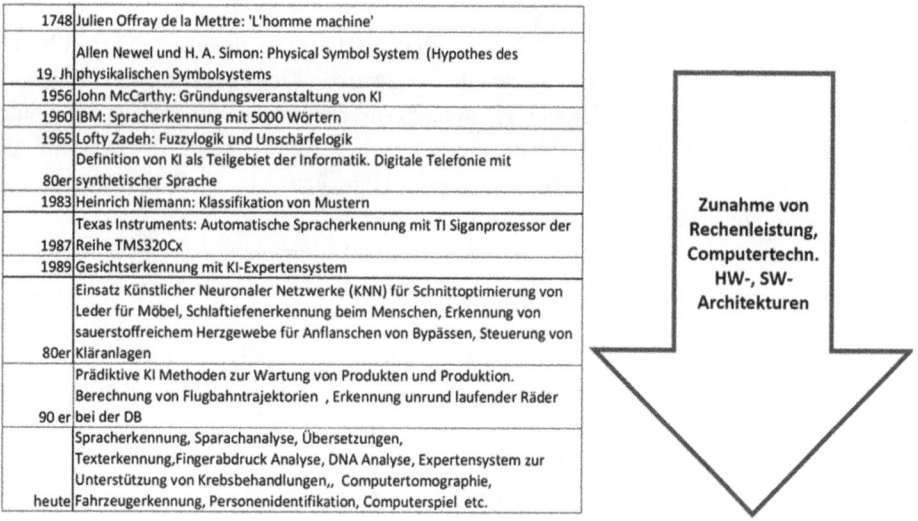

Abb. 4.1 Geschichte der Künstlichen Intelligenz (KI)

funktionierte. Der TMS320C1x war ein 16-Bit-Festkomma-DSPs der ersten Generation. Alle Prozessoren dieser Serie sind codekompatibel mit dem TMS320C10 [6].

Dragon hieß das damals auf dem PC einsetzte Softwarepaket zur Spracherkennung.

1965 veröffentlicht Lofti Aliasker Zadeh von der Universität Berkeley seine Fuzzy Logic, die als eine der wichtigsten statistischen KI-Methoden gilt [7].

Bereits in den 80er Jahren war KI ein richtiger Hype, Expertensysteme waren das große Schlagwort (evolutionäre Algorithmen). Quasi Alles konnte man nun offensichtlich mit Expertensystemen lösen. Menschen sollten durch Roboter ersetzt werden und menschliche Fähigkeiten besitzen und vieles mehr. Zum damaligen Zeitpunkt wurde KI als Teilgebiet der Informatik angesehen. Es wurde versucht den allgemeinen Problemlöser (oder ‚General Problem Solver') zu finden. Nachdem dieses Vorhaben nicht gelang, spezialisierte man sich auf Expertenteilsysteme, die den Menschen bei seiner Arbeit unterstützen sollten. Dies war ein erster Rückschlag für die Euphorie zu den Expertensystemen.

Bereits in den 80ern gab es ein Gesichtserkennung-System mit einem Expertensystem. Die Verarbeitung erfolgte im Sekundenbereich auf einem Großrechner.

Leider waren die Aussagen und Fakten zu KI und Expertensystemen zu euphorisch und weit entfernt von der Realität. Es fehlten damals Rechner- und Softwareleistungen um ‚menschliche Probleme' abarbeiten zu können. Und so wunderte es nicht, dass der Begriff KI wieder verschwand.

Die Wissenschaft arbeitete jedoch weiter hart am KI-Thema.

Ebenfalls in den 80ern gab es bereits digitale Telefonie mit synthetischer Sprache, basierend auf KI-Verfahren.

Heinrich Niemann veröffentlichte bereits 1983 seine heute noch wertvollen Theorien und Verfahren zur Mustererkennung [8].

Mustererkennung, Polynomklassifikatoren, Statistische Klassifikatoren, Nearest Neighbour Klassifikation, Künstliche Neuronale Netzwerke, Mustermerkmale, Signalvorverarbeitung, adaptive Schwellwertdetektoren, Lernverfahren waren damals wie heute die wissenschaftlichen und ingenieursmäßigen Fachbegriffe, die seit 2018 allesamt zusammengefasst wieder unter dem Begriff KI zum Hype geworden sind, und welche zusätzlich durch Industrie 4.0 gestützt werden.

In den späten 80ern und 90ern waren dann Klassifikationsmethoden mit Künstlichen Neuronalen Netzwerken das große Thema. Typische Aufgaben hierfür waren:

- optimale Schnittoptimierung von Leder bezüglich der Artefakte in Kuhhäuten für Schuhsohlen, Lederbezüge für Sessel
- Schlaftiefenerkennung bei Menschen zur Narkotisierung
- Fahrzeugerkennung jeglicher Art
- Bypassoperation an gut durchblutenden Herzgeweben
- Steuerung der Sauerstoffeintragung in Kläranlagen
- Prädiktive Wartung in der Produktion
- Trajektorien-Berechnungen von Flugkörpern

Oft wird KI mit Maschinenlernen identifiziert, was aber, wie wir noch sehen werden, nur ein Teilgebiet von KI ist. Jedes Maschinenlernen ist KI, aber nicht jede KI ist Maschinenlernen. Doch die anderen Teilgebiete wie Computervision und evolutionäre Algorithmen haben ebenfalls eine Menge mit Lernverfahren zu tun und überlappen mit den anderen Teilgebieten. Sozusagen ist im allgemeinen Sinn alles KI, was mit Lernen zu tun hat.

In Verbindung mit immer leistungsfähigeren μ-Controllern, Speicherchips und komplexeren Softwarestrukturen entstanden und entstehen momentan neue Dimensionen in der Echtzeit-Signalverarbeitung und Echtzeit-Regelung. Eine Gesichtserkennung erfolgt mittlerweile im msec-Bereich.

Mit diesem Sachverhalt nahm dann auch wieder der Begriff KI im Jahr 2018 neue Fahrt auf, denn man konnte mittlerweile durch die fast unbegrenzte Verfügung von Rechenleistung und Datenmengen wieder die alten Hoffnungen von KI aufblühen sehen. Wir reden heute wieder über KI, obwohl die Wenigsten es anwenden oder wissen, was damit verbunden ist. Es muss einem bewusst sein, dass jede KI-Methode ein Lernverfahren mit unterschiedlichen Anwendungen ist.

Heute gibt es z. B. das KI-System Watson in Japan zur Diagnose und Unterstützung von Krebsbehandlung (200.000.000 eingelernte Datensätze) oder Neuronale Netzwerkerkennung von Röntgenfluoreszenzspektren in der Materialanalyse (ca. 200.000 eingelernte Datensätze). Wie daraus ersichtlich, spielen die Datensätze zum Einlernen eine wichtige Rolle. Die Daten für das Einlernen sind das A&O, ohne die keine KI funktioniert. Dabei spielt die statistische Zusammensetzung der Daten eine entscheidende Rolle – ein Expertensystem, das für Japaner eingelernt wurde, funktioniert nicht automatisch für Amerikaner oder Europäer.

Heute ist wieder alles KI: Spracherkennung, Übersetzungen, Medizin-Datenbänke, Fingerabdrucks- und DNA-Analysen, Gesichtserkennung, Aktenanalyse, Computerspiele, Fahrzeugidentifizierung, GPS usw. Mittlerweile rückt der KI Begriff in den Fokus, dass er den Menschen supportet. Dies ist besonders in der Medizin der Fall.

4.3   Künstliche Intelligenz und Lernverfahren

4.3.1   Definition von Künstlicher Intelligenz

Jetzt haben wir schon viel über KI gesprochen. Interessant ist nun wie die KI definiert und strukturiert ist.

Zunächst sei hervorgehoben: Es gibt keine eindeutige Definition von KI.

KI ist ein Kofferwort, unter dem sich jeder so seinen eigenen Reim macht oder anders ausgedrückt, wir haben einen Koffer auf dem groß ‚KI' steht, aber keiner weiß, was wirklich in dem Koffer ist. Aufgelistet sind in Tab. 4.1 die fünf wesentlichen Definitionen von KI.

Tab. 4.1 Wesentliche Definitionen von KI

Bitkom e.V. und Deutsches Forschungszentrum für künstliche Intelligenz   Künstliche Intelligenz ist die Eigenschaft eines IT-Systems   Künstliche Intelligenz ist ein Teilgebiet der Informatik   (Spektrum der Wissenschaft, Lexikon der Neurowissenschaften)
Microsoft Corp.   Künstliche Intelligenz (KI) sind Technologien zur Ergänzung und Unterstützung von die menschlichen Fähigkeiten im Sehen, Hören, Analysieren, Entscheiden und Handeln
EUROPÄISCHES PARLAMENT   Künstliche Intelligenz ist die Fähigkeit einer Maschine, menschliche Fähigkeiten wie logisches Denken, Lernen, Planen und Kreativität zu imitieren
Starke KI   umfasst Computersysteme, die in Augenhöhe mit den Menschen die Arbeit zur Erledigung schwieriger Aufgaben übernehmen Computersysteme
Schwache KI   umfasst Anwendungsprobleme, die konkret zu erledigen sind.   Unterstützung von menschlichem Denken bei technischen Anwendungen.

Beim Begriff ‚KI' kommt es sehr auf die Interessenslage und Blickrichtung an. So definiert die Bitkom e. V. und das deutsche Forschungszentrum die ‚KI als Eigenschaft eines IT Systems', das analysieren, entscheiden und handeln kann [9].

Für Microsoft Corp. [10] ist KI eine Technologie zur Unterstützung des Menschen hinsichtlich seiner Fähigkeiten zu hören, sehen, analysieren, entscheiden, assoziieren und handeln.

Die Politik hingegen sieht KI als Fähigkeit einer Maschine, um denken, lernen, planen und kreatives Handeln zu initiieren.

Rein wissenschaftlich wird KI als Teilgebiet der Informatik gesehen.

Wie gesagt, gibt es keine einheitliche Definition, sondern es kommt auf die Blickrichtung und Interessen einzelner politischer und wissenschaftlicher Gruppen an.

Mittlerweile wird beispielsweise auch zwischen der ‚starken KI' und der ‚schwachen KI' unterschieden [11]. Die ‚starke KI 'umfasst dabei Computersysteme, die in Augenhöhe mit den Menschen die Arbeit zur Erledigung schwieriger Aufgaben übernehmen.

Die ‚schwache KI' hingegen umfasst Anwendungsprobleme, die konkret zu erledigen sind. Diese Art von KI ist heute die am häufigsten eingesetzte KI. Diese Form von KI beruht ausschließlich auf den vom Menschen eingelernten Regeln.

Fakt ist, dass bei allen KI-Systemen die Mustererkennung zugrunde liegt und dass alle KI-Systeme eingelernt werden müssen oder bedingt selbst lernende Systeme umfassen. Hierzu muss man sich sehr viele Gedanken zu den verwendeten Merkmalen machen. Lernverfahren sind das A&O der KI. Jede KI-Methode ist nur so gut, wie die ihr zugrunde gelegte Merkmalsbasis und mit dem zugehörigen richtigen Lernverfahren gekoppelt.

KI-Methoden müssen mit Unsicherheiten und wahrscheinlichkeitsbasierten Informationen umgehen.

Und hier stoßen wir wieder auf die seit langen bekannten klassischen Erkennungsmethoden, wie sie auch bei der KI-Strukturierung verwendet werden [8]:

- Künstliche Neuronale Netzwerke
- wissensbasierte Expertensysteme
- Polynom-Klassifikatoren
- Bayes-Klassifikatoren
- Nearest Neighbour Klassifikatoren
- Maximum-Likelyhood-Klassifikatoren
- Assoziative Maps

usw.

4.3.2   Grundsätzliche Lernverfahren für KI

Grundsätzlich gilt, dass alle Klassifikations-Verfahren einem Entscheidungsnetzwerk, wie oben aufgelistet, eingelernt werden müssen. Das Einlernen von statistisch verteilten Merkmalen ist das Essenzielle bei KI.

Alle KI-Klassifikatoren *müssen* eingelernt werden. Dabei gibt es drei grundsätzliche Lernverfahren, welche auf die Güte der KI- Verfahren entscheidenden Einfluss haben. Ein Beispiel hierfür ist das bereits erwähnte KI-System Watson zur Krebs- Diagnose, das in Japan verwendet wird zur Unterstützung von Krebsdiagnose und Krebsbehandlung. Eingelernt wurden diesem System ca. 200.000.000 Datensätze. Allerdings funktioniert es eben nur gut in Japan. Will man das System in Amerika oder Europa einsetzen, muss die Lerndatenbasis erheblich erweitert werden. Möchte man für Materialanalyse mit Röntgenstrahlung ebenfalls auf KI-Basis verwenden, so sind mehrere 100.000 Röntgenspektren mit mindestens je 2048-4096 Spektrallinien einzulernen.

Bereits an dieser Stelle wird klar, dass KI-Systeme sehr aufwendig in der Entwicklung sind und der Mensch sicherlich der entscheidende Faktor für den Erfolg eines KI-Systems ist. Zunächst geht es um die Auswahl der einzulernenden Muster, bevor man das KI-System einlernen kann.

Für das Einlernen eines KI-Systems gibt es entsprechend Abb. 4.2 drei grundsätzliche Einlernverfahren.

Überwachtes Lernen (Supervised Learning)
Datenvorgabe ist der ‚LKW‘ und der ‚Nicht LKW‘
→ Der Mensch sitzt daneben und krorrigiert jedes Falschergebnis
→ Der Klassifikator bringt ein Ergebnis, wird aber korrigiert, wen es falsch ist

---

Unüberwachtes Lernen (unsupervised Learning)
Datenvorgabe ist der ‚LKW‘ und die ‚Nicht LKW
→Aufgabe : Finde alle LKW's
→ Mensch sitzt nicht daneben und korrigiert nicht!
→ Finde automatisch minimalen Fehler bezüglich aller Falschentscheidungen bez. des LKWs

---

Verstärkendes Lernen (Reinforced Learning)
Datenvorgabe ist der ‚LKW‘ und ‚Nicht LKW‘
→Aufgabe: Finde n LKW's und höre erst auf , wenn du diese n LKW's gefunden hast
→ Dauer sehr lange. Da in der Regel immer eine gewisse Anzahl von Falschentscheidungen toleriert werden muss

---

Abb. 4.2 Grundsätzliche Lernverfahren für KI Systeme [12, 13]

Überwachtes Lernen

Das überwachte Lernen ist dabei das heute am häufigsten angewendete Verfahren.
Die Datenvorgabe ist zum Beispiel die Klasse von ‚LKW's‘ und die Klasse von ‚Nicht-LKW's‘, also PKW's, Traktoren, Straße, Leitplanken, Bäume usw
d. h. beim überwachten Lernen werden die Daten dem Klassifikator vorgegeben.
Das funktioniert folgendermaßen:

- Muster 1 → das ist ein LKW
- Muster 2 → das ist kein LKW
- Muster 3 → das ist ein Traktor
- Muster 4 → das ist ein PKW
- Muster 5 → das sind Bäume oder Leitplanken

usw.

d. h. man unterscheidet die Klasse der ‚LKW's‘ von der Klasse der ‚Nicht-LKW's‘. Das heißt der Klassifikator bringt nun ein Ergebnis, das vom Menschen direkt korrigiert wird, wenn es falsch ist. In diesem Fall sitzt der Mensch neben dem Computer und korrigiert jedes falsche Ergebnis, das der Klassifikator erzeugt [12].

Unüberwachtes Lernen

Die Datenvorgabe ist die Klasse der ‚LKW's und die Klasse der ‚Nicht LKW's‘.
Die Aufgabe lautet: Finde alle ‚LKW's‘. Das heißt, finde den minimalen Fehler bezüglich aller Falschentscheidungen für alle ‚LKW's‘ und ‚Nicht-LKW's‘.
In diesem Fall sitzt der Mensch nicht daneben und korrigiert.

Natürlich müssen auch hier die Klassenmuster vorgegeben werden, denn woher sollte der Klassifikator wissen, wie ein ‚LKW' oder ein ‚Nicht LKW' aussieht.

Verstärkendes Lernen

Vorgegeben sind wieder die Klassen der ‚LKW's' und der ‚Nicht-LKW's'.

Die Aufgabe lautet nun: Finde 100 LKW und höre erst auf, wenn du alle LKW gefunden hast.

Bei schlecht gewählten Merkmalen kann es passieren, dass nicht alle LKW's gefunden werden können und man muss sich mit einer Einschränkung der Auffindung von ‚m LKW's' (in diesem Fall m < 100) zufrieden geben.

Dieses Lernverfahren dauert am längsten, da in der Regel eine gewisse Anzahl von Falschentscheidungen toleriert werden muss (siehe auch Lernverfahren) und die Komplexität der Aufgabe zu berücksichtigen ist.

Die Grenzen zwischen den Lernverfahren sind fließend und werden oft in einer Kombination angewendet.

4.4   Struktur von KI und Klassifikatoren

Nachdem wir mittlerweile einiges über KI-Verfahren, KI-Strukturen und Lernverfahren erfahren haben, kommen wir in diesem Kapitel zur allgemeinen Struktur von KI.

Abb. 4.3 zeigt die klassische Struktur der Künstlichen Intelligenz.

KI wird zunächst in die drei klassischen KI-Lernverfahren eingeteilt:

- ‚Maschinenlernen'
- ‚Lernen von Symbolen'
- ‚Evolutionäre Algorithmen'

Das Maschinenlernen unterteilt sich wiederum in ‚statistische Lernverfahren' und ‚Deep Learning' (vertiefte Lernverfahren) auf.

Statistische Klassifikatoren sind beispielsweise Bayes-, Maximum Likelyhood-Entscheidungsstrukturen, Nearest Neigbour-Klassifikator oder Clusteranalysen und auch Polynom-Klassifikatoren.

Beispielsweise ist der *Nearest Neighbour-Klassifikator* eine nichtparametrische Klassifikationsmethode, mit der ein Pixel, Muster oder Segment nach der relativen Mehrheit der umliegenden Nachbarn klassifiziert wird. Der Nearest Neighbour Klassifikator ist die definierte Anzahl der Nachbarn bei der Abstimmung.

Der *Bayes-Klassifikator* geht auf den englische Mathematiker Thomas Bayes zurück. Der Klassifikator ordnet jedes Objekt oder Muster derjenigen Klasse zu, zu der es mit der größten Wahrscheinlichkeit gehört oder bei deren Einordnung die wenigsten Kosten

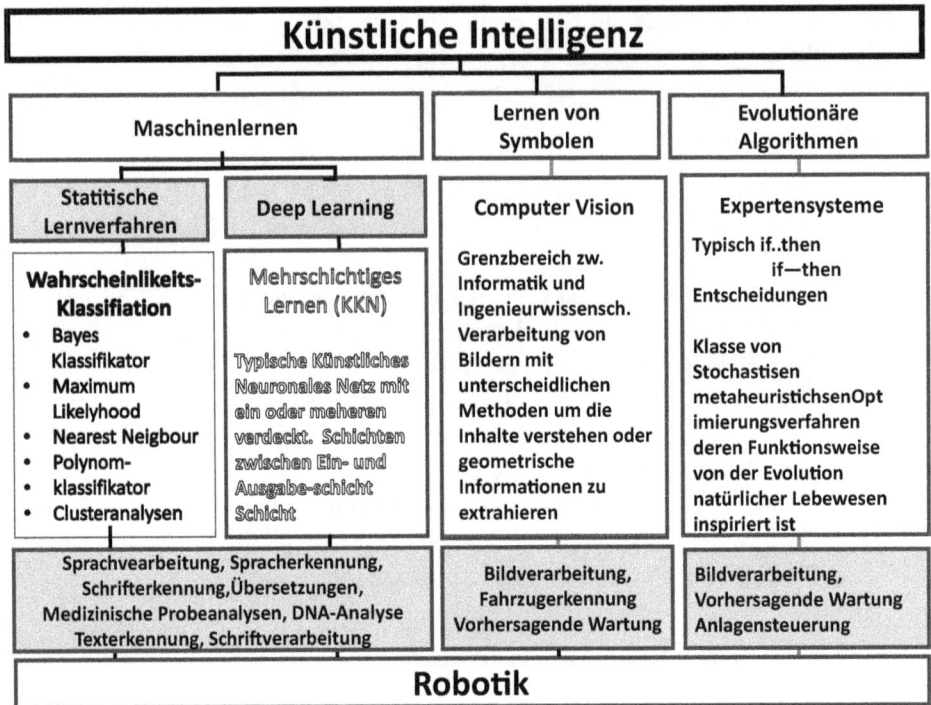

Abb. 4.3 Struktur von KI

durch Falschentscheidungen entstehen. Es handelt sich um eine mathematische Funktion, die jedem Merkmalspunkt eines Merkmalsraums eine Klasse zuordnet. Wir werden dies noch anhand eines Beispiels sehen.

Typisch für ‚*Deep Learning*' sind *Künstliche Neuronale Netzwerke* mit Ein- und Ausgabeschicht und mindestens einem verdeckten Layer. Heutzutage verwendet man diese Netzwerke auch für die Bilderkennung. Somit schafft man auch einen Bezug zur Computervision, der zweiten Kategorie der KI-Lernverfahren.

Bei der Computervision geht es im Wesentlichen um die Verarbeitung von statischen und bewegten Bildern und um die Extraktion von geometrischen Informationen. Die Bilder können von optischen Kameras, UV- oder Infrarot-Kameras, Röntgen-Spektrometern, Röntgenaufnahmegeräten, MMW- und Radiometrie-Aufnahmen, Sonarsensoren und vielen anderen Sensoren stammen.

Die dritte Kategorie der KI sind Evolutionäre Algorithmen, die bei Expertensystemen zum Einsatz kommen. Typisch für Expertensysteme sind die Entscheidungsbäume mit hunderten bis tausende ‚if….then'- Bedingungen. Diese Klasse von stochastischen und metaheuristischen Optimierungsverfahren versucht quasi die Evolution natürlicher Lebewesen nachzuempfinden. Typisch hierfür sind die Entscheidungsbäume, wie sie in der Ahnenforschung oder in der Medizintechnik als Diagnoseunterstützung auftreten.

Alle Lernverfahren werden in unterschiedlichster Weise eingesetzt, wie z. B. in der Sprachverarbeitung, Schriftverarbeitung, Texterkennung, Übersetzungen, medizinische Probeanalysen, Bildverarbeitung, Analgensteuerungen (z. B. Endassemblagen von Automobilen oder Kläranlagen), autonomes Fahren, Robotik, Flugbahntrajektorien, GPS.

Die gesamten Verfahren resultieren letztlich im Einsatz in der modernen Robotik in nahezu allen Industrieanlagen.

Eines sei noch einmal klar herausgestellt: Ob nun statistische Lernverfahren, Deep Learning-Verfahren bei neuronalen Netzwerken, Lernen von Symbolen oder evolutionäre Algorithmen, sie alle funktionieren nur so gut, wie die Ihnen eingelernte Datenbasis ist.

Die Künstliche Intelligenz benötigt eine gute und wohl überlegte große Datenbasis zum Einlernen. Es sei betont, dass dieses Definieren und Datensammeln für die Datenbasis eine der schwierigsten und zeitaufwendigsten Aufgabenfelder in der KI ist. Eine KI-Methode einmal soeben einzusetzen, das funktioniert nicht. Das Verselbständigen der KI sehe ich persönlich nicht. Denn auch die sogenannte, selbstlernende KI 'funktioniert auf der Algorithmen-Entwicklung des Menschen.

Im Folgenden wenden wir uns den Beispielen, wie die zuvor angesprochenen KI-Verfahren oder Klassifikationsverfahren praktisch angewendet werden.

4.5 Maschinenlernen – Statistische Lernverfahren und der Bayes-Klassifikator

In diesem Abschnitt gehen wir auf die statistischen Lernverfahren näher ein, insbesondere auf die Themen Datenreduktion und Merkmalsextraktion.

4.5.1 Signalverarbeitung und Mustererzeugung als Vorstufe von KI-Maschinenlernen

Nachdem wir nun die KI- Struktur gelernt haben, die auf den unterschiedlichen Lernverfahren beruht, behandeln wir ein Beispiel für den Bayes-Klassifikator und dessen Eigenschaften.

Bevor wir etwas klassifizieren können, brauchen die statistischen Klassifikatoren erst einmal geeignete Merkmale, die es zu finden gilt.

Generell ist, wie in den vorhergehenden Einheiten bereits ausgeführt, jede KI-Methode nur so gut wie ihre das Objekt beschreibenden Merkmale.

Abb. 4.4 zeigt die typische Vorverarbeitung der Daten und die Merkmalsgewinnung für die Klassifikation mit statistischen Klassifikatoren.

Zunächst sind die Sensoren entscheidend für die zeitlichen Signale. Das können bildgebende Verfahren oder Sensoren sein, die EINDIMENSIONALE sIGNATUREN erzeugen. Diese von den Sensoren erzeugten Muster (eindimensional oder mehrdimensional) werden immer einer Signalvorverarbeitung für die Daten- und

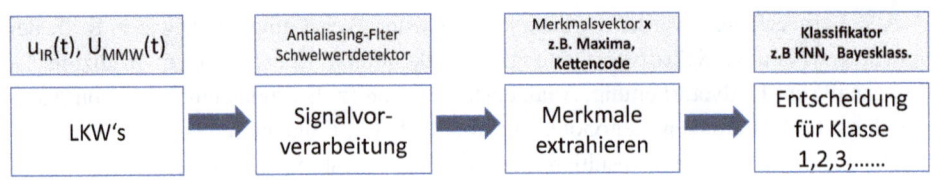

Abb. 4.4 Prinzipielle Signalverarbeitung von Mustern

Abb. 4.5 Zeitsignale von
einem Radar- und IR-System
beim Scan eines LKW'S

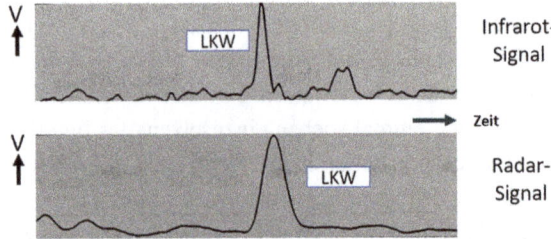

Informationsreduktion unterzogen. Das kann der Antialiasingfilter (Tiefpass) oder eine andere Art der Filterung, z. B. Hochpass (Kantendetektion) sein. Danach erfolgt die Wandlung vom analogen Signal in das digitale Signal. Diese Signale werden normalerweise mit einem adaptiven Schwellwertdetektor verarbeitet, der sich auf die wesentlichen Informationen im Zeitsignal konzentriert. Aus den oberhalb der Detektorschwelle Signalinformation werden die Merkmale extrahiert. Diese Merkmale werden dem KI-Klassifikator eingelernt.

Im weiteren wird die Klassifikation mit einem Bayes- Klassifikator anhand eines einfachen Beispiels mit den Klassen ‚LKW' und ‚Nicht-LKW' aufgezeigt.

Zunächst benötigt man entsprechende Sensoren. Für die Erkennung der ‚LKW's' werden in diesem Beispiel Infrarot- und Radar- Zeitsignale oder -Signaturen verwendet. Dabei unterscheiden sich die Zeitsignale je nach Scan der Sensoren über den LKW in verschiedenen Umgebungen und Positionen. Auch Falschobjekte (also ‚Nicht-LKW') werden dabei mitausgewertet.

Diese Zeitsignale werden gemäß Abb. 4.5 zunächst einer Filterung zur Unterdrückung von Rauschanteilen unterworfen. Typisch hierfür sind analoge Antialiasingfilter und/oder digitale Filter mit endlicher Impulsantwort (FIR-Filter, englisch: Finite Impulse Response Filter).

Danach erfolgt die Verarbeitung der Signaturen mit einem adaptiven Schwellwertdetektor, der sich auf das Wesentliche in der Signatur oder dem Bild konzentriert, siehe Abb. 4.6.

Der adaptive Schwellwertdetektor ist meist ein rekursives oder nichtrekursives Filtersystem, das seine Parameter über ein definiertes Fenster aus Mittelwert und Streubreite errechnet [12].

Abb. 4.6 Signalverarbeitung
– Vorverarbeitung und
adaptiver Schwellwertdetektor

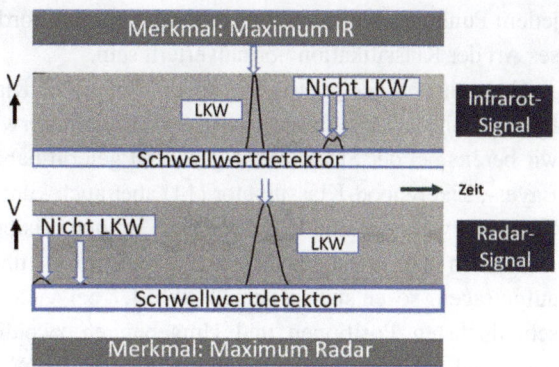

Erst jetzt erfolgt die Merkmalsextraktion für alle über dem Schwellwert liegenden Anteile. Merkmale, die über dem Schwellwert liegen können in diesem einfach gehaltenen Beispiel folgende sein:

- Maxima, Minima
- Integral
- Größte Steigung
- Kleinste Steigung
- Wendepunkte
- Momente 1. und 2. Ordnung
- Fourieranalyse
- Kettencodierung
- Anzahl von Minima und Maxima

usw.

Bei der Merkmalsextraktion sollte darauf geachtet werden, dass die gewählten Merkmale von zwei zu unterscheidenden Klassen und innerhalb einer Klasse möglichst nichts miteinander zu tun haben – der Signalverarbeitungsexperte sagt dazu auch ‚unkorrelierte Merkmale‘. Sind Merkmale komplett unkorreliert, so kann eine 100-prozentige Trennung der Klassen erfolgen. Weiter sollten die Merkmale von der Bewegung und Lage der ‘LKW’s‘ möglichst unabhängig sein und sich von der jeweiligen Umgebungsklasse ‚Nicht LKW‘ unterscheiden.

4.5.2   Beispiel KI-Bayes-Klassifikator

Ein **Bayes-Klassifikator,** benannt nach dem englischen Mathematiker, ist ein aus dem Satz von Bayes hergeleiteter Klassifikator. Er ordnet jedes Objekt der Klasse zu, zu der es mit der größten Wahrscheinlichkeit gehört oder bei der durch die Einordnung die wenigsten Kosten entstehen. Formal handelt es sich um eine mathematische Funktion, die jedem Punkt eines Merkmalsraums eine Klasse zuordnet. Die Merkmale müssen für dieses Art der Klassifikation normalverteilt sein.

Erst mit den geeigneten Merkmalen kann der Klassifikator eingelernt werden. Häufig wird hierfür das überwachte Lernverfahren verwendet. Klassifikatoren können, wie wir bereits bei der Strukturierung von KI gelernt haben, statistische Klassifikatoren, also Bayes-, Likelyhood-Klassifikator [14] aber auch künstliche neuronale Netze (KNN) sein. Ebenso anwendbar sind Verfahren der Computervision und Evolutionäre Algorithmen.

Werden alle erzeugten Maxima von Infrarot- und Radar-Signaturen gegeneinander aufgetragen, so entstehen gemäß Abb. 4.7 bei vielen Scans über den ‚LKW' in unterschiedlichsten Positionen und Umgebungen zweidimensionale Merkmalsverteilungen bestehend aus Mustermerkmalen der Klasse ‚LKW' und Mustermerkmalen der Klasse ‚Nicht- LKW'. Diese Verteilungen sollten in der Regel Gauß verteilt sein.

Alle diese Mustermerkmale werden nun dem Klassifikator bezüglich ‚LKW' und ‚Nicht-LKW' solange eingelernt, bis er den LKW in allen Positionen und Umgebungen mit einer minimalen Falschrate klassifiziert. In Abb. 4.7 gibt es null Falschklassifikationen, da die Merkmalsverteilungen keine Überlappung haben.

Sind die Merkmale für die Klasse ‚LKW' und die Klasse ‚Nicht-LKW' normalverteilt, also Gaußverteilung, so ist der Bayes-Klassifikator der optimale Klassifikator für die Entscheidung.

Bei nicht überlappenden Verteilungen der Merkmale kann eine 100 % Klassifikation erfolgen.

Dies ist aber selten die Realität. Der häufigste Fall sind überlappende Merkmalsverteilungen gemäß Abb. 4.8.

Bei überlappenden Merkmalsverteilungen legt der Bayes-Klassifikator die Entscheidungsgrenze durch die Schnittpunkte der beiden Verteilungen fest und garantiert somit, dass es die wenigsten Falschentscheidungen ergibt.

Die Verarbeitung und das Lernen sind Kochrezepte von KI und KI wird umso besser, je ausgewählter die (Zu)Daten sind. Heute können KI-Methoden sehen, hören, riechen und schlussfolgern. Bedingung hierfür sind gut ausgewählte Sensorkombinationen und eingelernte Datenbasen mit entsprechenden dedizierten Merkmalen.

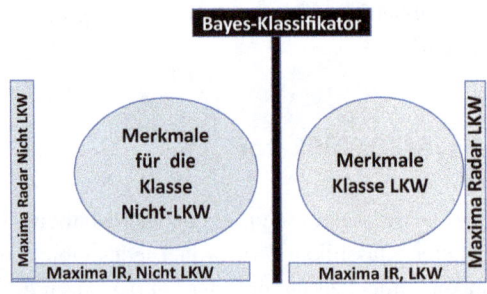

Abb. 4.7 Merkmalsverteilungen für ‚LKW's und ‚Nicht LKW's'

Abb. 4.8 Überlappende
Merkmalsverteilungen

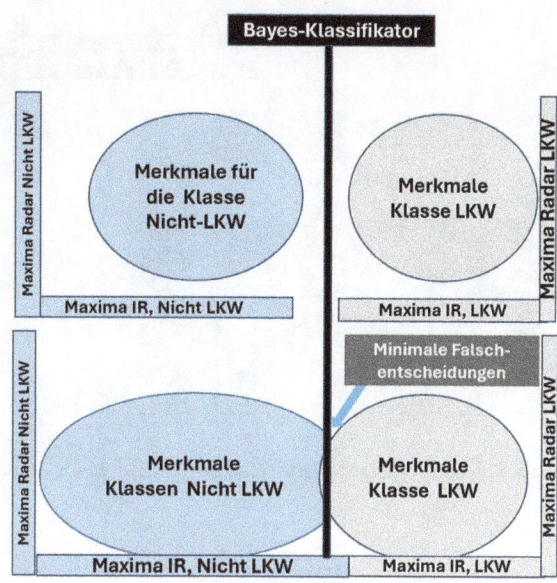

4.6 Beispiel zur KI-Bildverarbeitung und Merkmalserzeugung – Lernen von Symbolen

Anhand eines hochauflösenden Kamerabildes wird prinzipiell und in vereinfachter Weise die Signalverarbeitung gezeigt, wie man beispielsweise zur Gewinnung von translations- und rotationsinvarianten Merkmalen gelangt.

Der erste Schritt ist dabei in der Regel beispielhaft eine Datenreduktion wie in Abb. 4.9 gezeigt. Anhand des Beispiels wird ein 512×512 Bildmatrix auf eine Bildmatrix von 12×12 Pixel reduziert (Auflösungsreduktion). Dieses Bild unterwirft man einer Kantendetektion und einer adaptiven Schwellwertdetektion. Anhand des so reduzierten 12×12 Pixel-Bildes muss nun ein Merkmal erzeugt werden, so dass der LKW unabhängig von der Lage im Bild ist.

Ein häufig angewendetes Verfahren in der Bildverarbeitung für diese Problemstellung ist die Kettencodierung, d. h. die Folge der Richtungen wird entlang der Kontur ab einem beliebigen Startpunkt ermittelt [15, 16].

Diese Vorgehensweise erfolgt folgendermaßen:

Die Erzeugung des Kettencodes, der rotations- und translationsinvariant ist, führt man in drei Schritten aus:

Schritt 1 in Abb. 4.10:

Folge entlang den Richtungen des normierten Richtungsdiagramms der Kontur ab einem beliebigen Startpunkt.

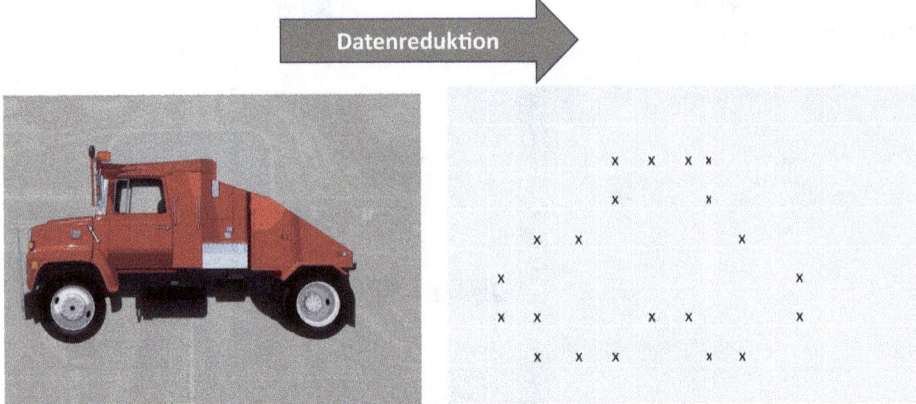

Abb. 4.9 Beispielhafte Datenreduktion für Bilder als Signalvorverarbeitung

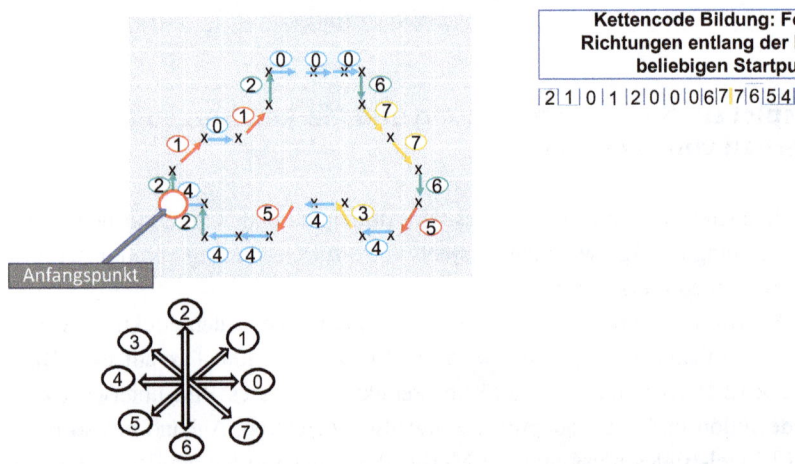

Abb. 4.10 Kettencode beginnend beim markierten Punkt (Anfangspunkt beliebig)

Schritt 2 (siehe Abb. 4.11):

Zur Erreichung der Unabhängigkeit des LKW's von seiner Lage im Bild bildet man die erste Differenz der Anzahl der Richtungen, die zwei aufeinanderfolgende Elemente des Codes trennt. Durch dieses Verfahren, das mathematisch fundiert ist, erhält man die sogenannte Rotationsinvarianz.

Schritt 3 (siehe Abb. 4.11):

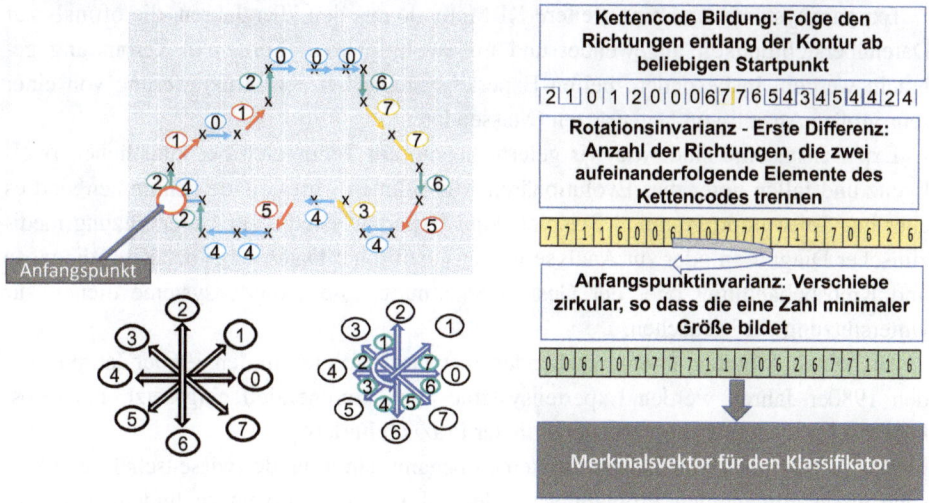

Abb. 4.11 Erzeugung des rotations- und translations-unabhängigen Kettencodes

Für die des Kettencodes unabhängige Lage vom Anfangspunkt liefert die Mathematik die Lösung, indem wir den differenzierten Kettencode so lange zirkular verschieben, bis die Sequenz eine Zahl minimaler Größe bildet. In unserem einfachen Beispiel ist dies die Sequenz, die mit 006…beginnt.

Dies ergibt ein anfangspunktnormiertes und rotationsinvariantes Merkmal für den LKW.

Dieses Merkmal ‚Kettencode' wird normalerweise für alle ‚LKW's' und alle 'Nicht LKW's' in unterschiedlichsten Positionen und unterschiedlichsten Umgebungen ermittelt. Die so erstellte Merkmalsbasis wird dem Klassifikator eingelernt.

Man beachte, dass aus dem 512×512 Bild ein Merkmal mit nur 21 Werten generiert wurde.

Anhand dieses Beispiels ist leicht vorstellbar, welchen Aufwand ein Gesamtszenario erfordert, um die richtigen Messungen zu definieren, durchzuführen und auszuwerten bis man zu normierten Merkmalsverteilungen der Klassen ‚LKW' und ‚Nicht-LKW' gelangt, die einem KI- Klassifikator eingelernt werden können.

Weiterhin ist erkennbar wie aufwendig die Signalvorverarbeitung und die Erzeugung von translations- und rotationsinvarianten Merkmalen ist, um letztlich eine gute KI-Klassifikation durchführen zu können. Oder anders ausgedrückt die Vorverarbeitung von Daten ist genauso wichtig wie die Klassifikation selbst.

4.7 Beispiel eines KI-Expertensystems – Evolutionäre Algorithmen

In diesem Kapitel besprechen wir ein einfaches Expertensystem aus der KI-Kategorie ‚Evolutionäre Algorithmen. Es wird die prinzipielle Funktionsweise eines Expertensystems erläutert [17, 18].

Expertensysteme sind eine weitere KI-Methode aus den 70er Jahren, die oftmals zur Datenübersichtlichkeit angewendet und mit evolutionärem Lernen in Verbindung gebracht werden. Insbesondere helfen Expertensysteme bei der Strukturierung von einer sehr großen Anzahl von Datensätzen (Massendaten).

Expertensysteme sind, wie wir gelernt haben, ein Teilbereich der künstlichen Intelligenz und fallen unter die ‚Evolutionären Algorithmen'. Im Grunde genommen sind es aber nur Softwareprogramme. Beispiele sind Expertensysteme zur Unterstützung medizinischer Diagnosen oder zur Analyse wissenschaftlicher Daten – bei der Krebsdiagnose und Krebsbehandlung oder der Gesichtserkennung. Die Expertensysteme dienen zur Unterstützung der Menschen.

Die ersten Arbeiten an entsprechender Software erfolgten in den 1960er Jahren. Seit den 1980er Jahren werden Expertensysteme auch kommerziell eingesetzt. Ich selbst habe die Entwicklung dieser Systeme in der Praxis miterlebt.

Das Aufkommen von Expertensystemen begann damit als der wissenschaftliche Versuch einen allgemeinen Problemlöser (General Problem Solver) zu finden, nicht gelang. Man hatte zunächst versucht, mittels allgemeiner Problemlösungsansätze zu einem System zu gelangen, das unabhängig vom jeweiligen Problembereich Lösungen finden sollte. Es stellte sich jedoch schnell heraus, dass ein ‚General Problem Solver' nicht realisierbar war.

Wissen in einer Wissensbasis zu generieren, einzuordnen und zu klassifizieren war Aufgabe der menschlichen Experten. Die typische Algorithmik hierfür sind die ‚if… then' Entscheidungen. Expertensysteme können aus mehreren 100.000 ‚if…then' Entscheidungen bestehen.

Expertensysteme reproduzieren aber nicht nur den Inhalt der Wissensbasis, sondern sind auch in der Lage, aufgrund ihrer Wissensbasis zu weiteren Schlussfolgerungen zu gelangen.

Die Güte eines Expertensystems lässt sich daran messen, in welchem Maße das System überhaupt zu Schlussfolgerungen in der Lage ist und wie fehlerfrei es dabei vorgeht.

Ein einfaches Beispiel hierzu ‚Wer erhält eine Betriebsrente' wird besprochen (siehe Abb. 4.12):

Nehmen wir an, dass gem. Abb. 4.12 verschiedene Mitarbeiter verschiedene Positionen innerhalb einer Firma innehaben.

Wolfgang und Thomas sind Business-Unit-Leiter. Wolfgang hat die Business-Unit Leitung seit 3 Jahren und Thomas seit 8 Jahren.

Johann ist seit 3 Jahren Geschäftsführer.

Oliver ist Hauptabteilungsleiter mit 7 Jahren Betriebszughörigkeit, Anne ist Hauptabteilungsleiterin mit 6 Jahren Betriebszugehörigkeit und Erich ist seit 3 Jahren Hauptabteilungsleiter.

Das ergibt die in Abb. 4.12 gezeigte Wertetabelle.

Betriebliche Altersversorgung sollen nun alle diejenigen Mitarbeiter bekommen, die den ‚Titel/Position Geschäftsführer' oder deren ‚Betriebszugehörigkeit mehr als 6 Jahre' beträgt.

Expertensysteme seit 1975 - oftmals zur Datenübersichtlichkeit angewendet

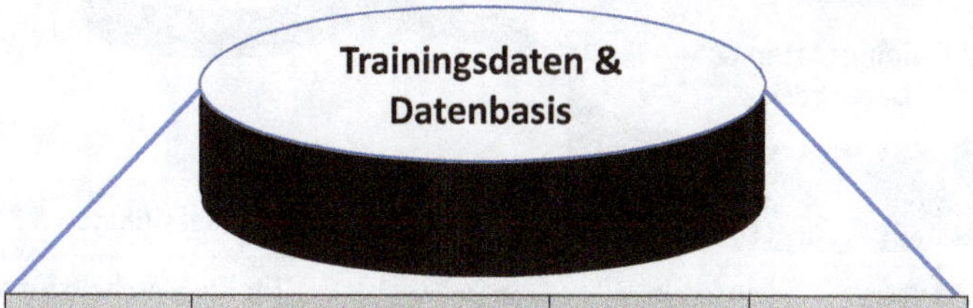

Trainingsdaten & Datenbasis

Name	Titel/Position	Berufsjahre	Betriebsrente
Wolfgang	BU-Leiter	3	
Thomas	BU- Leiter	8	
Johann	Geschäftsführer	3	
Oliver	Hauptabteilungsleiter	7	
Anne	Hauptabteilungsleiter	6	
Erich	Hauptabteilungsleiter	3	

Abb. 4.12 KI-Expertensystem ‚Wer erhält Betriebsrente'

Die Entscheidungsregel im Expertensystem für diesen Sachverhalt regelt der formalisierte Klassifikator:

If ‚Titel' = 'Geschäftsführer
OR ‚Berufsjahre' >6
then Betriebliche Altersversorgung = ‚ja'
Wendet man diese Regel auf die Tabelle an, so bekommen Thomas, Johann und Oliver gemäß Abb. 4.13 eine betriebliche Altersversorgung.

Normale wissensbasierte Systeme beinhalten viele tausend Entscheidungen und Regeln dieser Art, die sich in einer Baumstruktur widerspiegeln. Auch die Stammbaumverfolgung in der Ahnenforschung ist letztlich ein Expertensystem.

Ein sehr bekanntes Expertensystem ist das von IBM entwickelte Programm ‚Dr. Watson'. Dieses wird verstärkt in der Medizin für Diagnose und Behandlung von Krankheiten eingesetzt. Das Expertensystem kommt global immer häufiger zur Anwendung. Ein Beispiel davon ist die Krebsforschung. Doch eines muss bei aller Euphorie bewusst sein, um das Lernen und Aufstellen der Regeln kommt kein Anwender herum. Infolgedessen, gibt es nicht nur Erfolge sondern auch Enttäuschungen bezüglich ‚Dr. Watson' in der Fachliteratur zu verzeichnen!

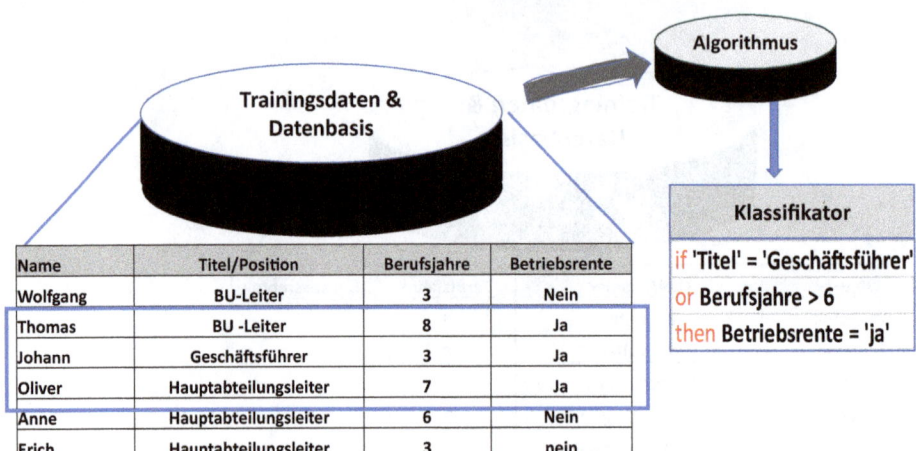

Abb. 4.13   KI-Expertensystem – Entscheidungsstruktur, Wer bekommt Betriebsrente

4.8   KI und Künstliche Neuronale Netzwerke

In diesem Kapitel wird die Modellbildung des Künstlichen Neuronalen Netzwerkes basierend auf dem Gehirn aufgezeigt. Dabei verlief die Geschichte des Künstlichen Neuronalen Netzwerkes nahezu parallel zur KI-Entwicklung.

4.8.1   Geschichte der Künstlichen Neuronalen Netzwerke (KNN)

Seit 1943 befasste man sich schon sehr intensiv mit den Künstlichen Neuronalen Netzwerken und deren Lernverfahren. Die Idee, das menschliche Neuron als Modell darzustellen existierte bereits seit der Veröffentlichung von McCulloch & W. Pitts ‚Threshold Logic Neuron'. Das Mc. Culloch-Pitts-Neuronenmodell [19] ist das einfachste Modell der Neuroinformatik überhaupt. Künstliche Neuronale Netze aus McCulloch-Pitts-Zellen können ausschließlich binäre Signale verwenden. Jedes einzelne Neuron kann als Ausgabe nur eine 1 oder eine 0 erzeugen.

Diese Struktur wurde von B. Widrow und & M.E. Hoff wieder aufgegriffen und optimiert. Es entstand das ADALINE (Adaptive Linear Neuron oder später Adaptives Linear Element) [20]. Weitere Optimierungen und Verbesserungen führten bis 1992 zum; ‚Verallgemeinertes McCullouch-Pitts-Neuronenmodell mit Schwellendynamik' von H. Szu, G. Rogers [21].

Wichtige Schritte bei der Entwicklung der neuronalen Netzwerke waren deren Lernverfahren.

Ziel bei den Künstlichen Neuronalen Netzwerken ist, das menschliche Gehirn zu modellieren. Hier gelang P. Werbos 1974 mit dem Backpropagation Algorithmus ein entscheidender Durchbruch [22, 23]. Dieser Algorithmus ist auch heute noch die Grundlage in vielen Anwendungen für das Optimieren von Neuronalen Netzwerken. Auch 1985 wurde dieser Algorithmus von D. Parker aufgegriffen und weiter optimiert.

1987 bewies R. Hecht Nilson die Allgemeingültigkeit eines 3-lagigen Neuronalen Netzwerkes [24, 25]. Es besagt vereinfacht, dass jedes Klassifikationsproblem mit einem verdeckten Layer gelöst werden kann.

Ein Jahr zuvor (1986) wurde von D. Rumelhart, G.F.Hinton und R.J. Williams das Multilayer Netzwerk veröffentlicht [30]. Bereits zu diesem Zeitpunkt wurde von Künstlicher Intelligenz (KI)) gesprochen.

Tab. 4.2 fasst das zeitliche Geschehen der Neuronalen Netzwerke zusammen.

Ziel bei den Künstlichen Neuronalen Netzwerken ist es das menschliche Gehirn zu modellieren.

Dabei geht es im weitesten Sinne darum, die Eigenschaften des menschlichen Gehirns, das aus 86 Mrd. Neuronen (Nervenzellen) und 100 Billionen Dendriten/Synapsen besteht, zu modellieren.

Als Dendriten/Synapsen bezeichnet man die Stellen einer neuronalen Verknüpfung, über die Nervenzellen oder Neuronen in Kontakt zu anderen Zellen stehen. Dies können Sinneszellen, Muskelzellen oder Drüsenzellen sein. Synapsen dienen der Übertragung und Erregung von Informationen von den Dendriten auf die Neuronen und können aber auch Veränderungen und Information speichern.

Tab. 4.2   Geschichte der Künstlichen Neuronalen Netzwerke

1943	Mc. Culloch & W. Pitts	Threshold Logic Neuron
1949	D. Hebb	Neuron Learning Rule
1957	A.N. Kolmogorov	Function Representation Theorem
1959	F. Rosenblatt	Perceptron
1960	B. Widrow & M.E. Hoff	Widrow Hoff Leraning Rule ADALINE
1967	S.Amari	Theorem of Adaptive Pattern Classification
1968	S.Grossberg	Instar, Outstar Avalanche ART
1969	M. Minsky & S . Papert	Theory of Perceptron
1970	J.A. Anderson	Associative Memory
1974	T. Kohonen	Associative Memory
1974	P.Werbos	Error Back Propagation (PhD Thesis)
1980	Fukushima	Neocognitron
1982	J.J. Hopfield	Stochastic Binary Net
1982	T. Kohonen	Kohonen Feature Map
1983	S. Kirkpatrick C. Gelatt, M Vecchi	Stimulated Annealing
1984	J.J. Hopfield	Deterministic Graded Hopfield Net
1985	D. Parker	Error Back Propagation (Rediscovery)
1985	D.H. Ackley, G. Hinton	Boltzmann Machine
1986	D. Rumelhart, G.F. Hinton, R.J. Williams	Multilayer Perceptron
1987	R. Hecht Nilson	Generality of Three Layer Network

Die prinzipielle Idee hinter Künstlichen Neuronalen Netzwerken (KNN) oder Artificial Neural Network (ANN) ist, dass man versucht das menschliche Gehirn in einer Art Modell abzubilden, das insbesondere auf die Verbindungsvielfalt der Synapsen eingeht.

Diese grundlegenden Ideen stammen, wie bereits gesagt aus dem Jahr 1943 von Mc Culloch & W. Pittson mit ‚Threshold Logic Neuron' und D. Hebb aus dem Jahr 1949 mit seiner Publikation ‚Neuron Learning Rule'.

1959 veröffentlichte R. Rosenblatt das ‚Perceptron', die eigentliche Geburtsstunde der neuronalen Netzwerke.

Bei der Modellbildung hat gemäß Abb. 4.14 jedes J-te Neuron w_N gewichtete Verbindungen (Dendriten) mit anderen N Neuronen der vorhergehenden Schicht. Die gewichteten $w_{i,\ i=1...N}$ und aufsummierten Eingänge des J-ten Neurons mit den anderen N Neuronen führen bei Überschreitung eines vorgegebenen Schwellwerts, beschrieben durch die Aktivierungsfunktion sgn (d(x)) zur ‚Zündung' des Neurons J. Das J-te Neuron leitet bei ‚Zündung' sein Ergebnis bildhaft gesprochen über das Axon zu den nächsten I Neuronen der folgenden Schicht mit entsprechend gewichteten Dendriten weiter. Die Verkettung von N Eingangsneuronen mit I Neuronen in der ersten verdeckten Schicht (1. Hidden Layer) und mit den J Neuronen der zweiten verdeckten Schicht (2. Hidden Layer) usw., führt modellhaft zu einem Künstlichen Neuronalen Netzwerk (KNN). Abb. 4.15 zeigt beispielhaft ein Neuronales Netzwerk mit N Neuronen der Eingangsschicht, J Neuronen des verdeckten Layers und m Ausgang Neuronen. Das Netzwerk hat N*I+I*JGewichte [26]

Als Schwellwertfunktion zur ‚Zündung' wird häufig die Sigmoid Funktion entsprechend Abb. 4.16 verwendet, wobei d(**x**) die Netzwerkstruktur des neuronalen Netzwerkes ist. Die Sigmoidfunktion ist differenzierbar, was für den Lernalgorithmus (Backpropagation-Algorithmus) zwingend notwendig ist.

$$\text{sgn}[d(\mathbf{x})] = 1/\{1 + \exp[-d(\mathbf{x})]\} \tag{4.1}$$

Das Künstliche Neuronale Netzwerk nimmt im einfachsten Fall Eingabedaten und ordnet sie auf einen Ausgangswert ab. Das gesamte Netzwerk liest die Eingabewerte, z. B. eines

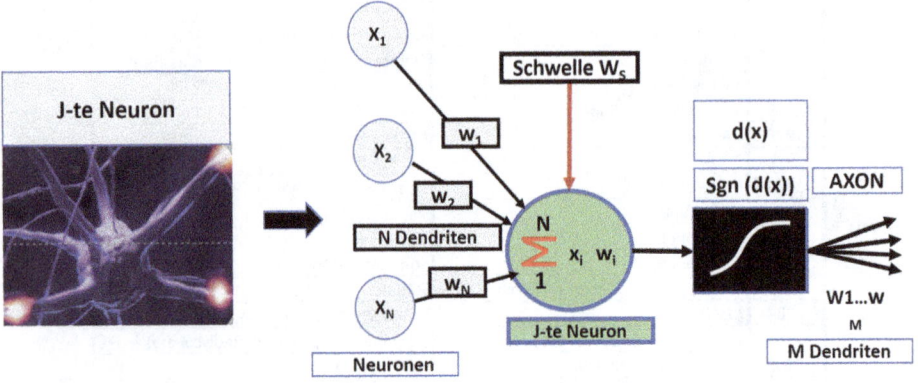

Abb. 4.14 Modellbildung eines Neurons

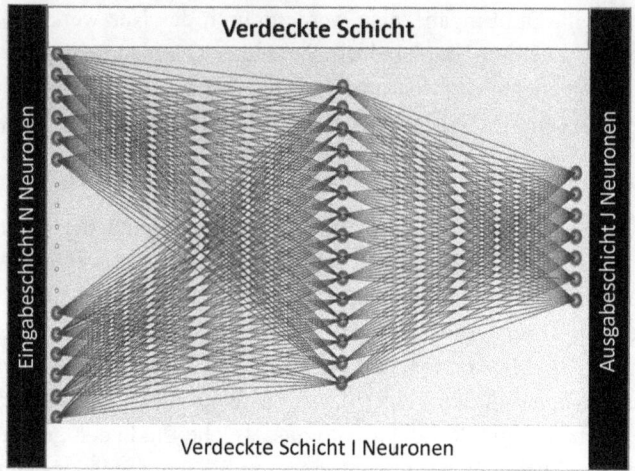

Abb. 4.15 Neuronales Netzwerk mit N Eingangsneuronen, I Neuronen im verdeckten Layer und J Ausgangsneuronen

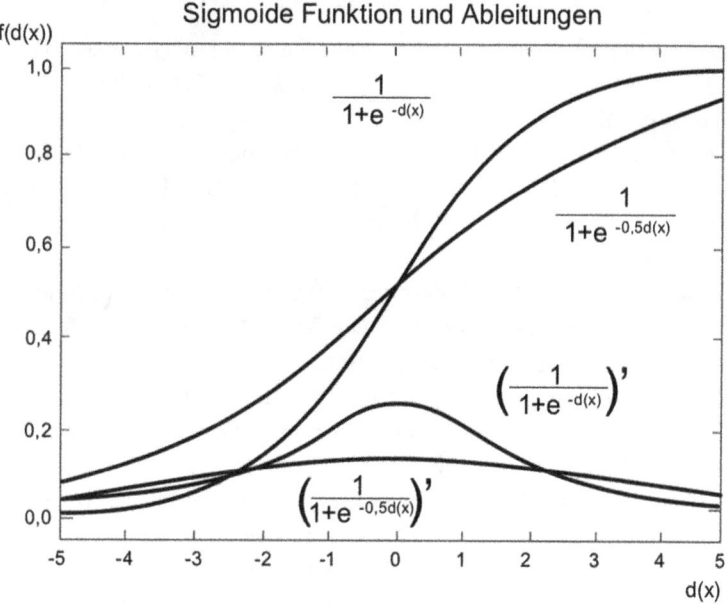

Abb. 4.16 Schwellwertfunktion d($\mathbf{x}$) – Sigmoide Funktion

Röntgenspektren, ein. Die Eingabedaten werden durch das Netzwerk mit N*I+I*J von Gewichten gefiltert. Die Gewichte sind die Parameter des Neuronalen Netzwerkes. Bezieht man die Biasgewichte der Neuronen bei der Optimierung mit ein, so hat man für ein vollständiges verknüpftes Künstliches Neuronales Netzwerk n Gewichte, wobei

$$n = N * I + I * J + J + I = I(N + 1) + J(I + 1) \qquad (4.2)$$

ist [26]. Man erahnt bereits an dieser Stelle wie umfangreich die Optimierung eines Netzwerks ist. Beispielsweise sind für Röntgenspektren pro Messwert bis zu N=4096 Spektralanteile pro Spektrum als Eingangswerte vorhanden.

Die Methode zur Optimierung dieser Gewichte geschieht mit dem Backpropagation Algorithmus [22, 23]. Man nimmt den Ausgangsfehler (Sollwert-Istwert) des Neuronalen Netzes und rechnet diesen Fehler durch das Netz rückwärts auf den Eingang zurück. Bildlich gesehen ermittelt der Algorithmus, welche Pfade den größten Einfluss auf die Ausgabe haben. Dieses Prinzip nennt man den Backpropagation-Algorithmus. Der Backpropagation-Algorithmus ermittelt, welche Wege einen größeren Einfluss auf die endgültige Antwort haben, und ermöglicht es, Verbindungen zu stärken oder zu schwächen, um eine gewünschte Vorhersage zu erreichen [26].

1974 veröffentlichte P.Werbos seine PhD-Thesis den ‚Error Back Propagation'-Algorithmus, der bis heute für mehrlagige neuronale Netzwerke als Lernverfahren verwendet wird.

Über verschiedenste Zwischenstufen (Associative Map, Kohonen Feature Map) wurde im Jahr 1986 von D. Rumelhart, G.F. Hinton und R.J. Williams das Multilayer Perceptron oder das Künstliche Neuronale Netzwerk vorgestellt.

Dieses Mehrschichtenmodell mit einer Eingangs- und Ausgangsschicht sowie mindestens einer verdeckten Schicht − von D. Rumelhart, G.F. Hinton und R.J. Williams im Jahr 1986 vorgestellt − ist die Basis für komplexe Mustererkennungsverfahren und Bewegtbildanalysen.

Durch seine hohe Nichtlinearität dauert das iterative Einlernen von Neuronalen Netzwerken oft wochenlang für eine Problemlösung. Wie schnell es geht, dafür ist die Datenbasis und die Startbelegung der Gewichte entscheidend.

Auch die KI-Prädiktion (siehe Abschn. 4.10), die heute in Industrie 4.0 eine besondere Rolle in der Produkt- und Anlagenwartung spielt, muss gut durchdacht sein: Um ein Produkt oder eine Anlage zu entwickeln, die in gewissem Rahmen die nächste Wartung vorhersagen kann, bedarf es einer gründlichen Überlegung. Es gilt klar zu definieren, was will ich vorhersagen, welche Sensoren muss ich dabei in das Produkt oder die Anlage zusätzlich einbauen, welche Messdaten benötige ich. Was müssen die Vorhersagen mit einem hohen Vertrauensintervall gewährleisten. Welches Netzwerkmodell, vom Filter bis hin zum Künstlichen Neuronalen Netzwerk, verwendet man, um eine Prädiktion auf bestehende Datensätze zu ermöglichen. Das alles geht nicht von heute auf morgen und ist sehr aufwendig. Es dauert eben seine Zeit, dass ein Prädiktor mit hoher Wahrscheinlichkeit funktioniert.

4.8.2   Normierung für die Eingangsdaten und die Gewichte

Für das Funktionieren des Lernverfahrens unter Berücksichtigung der sigmoiden Funktion müssen die Eingangswerte normiert und die Gewichte aus einem gewissen Wertebereich sein. Dabei gibt es viele Varianten. Erfahrungsgemäß hat sich bei Einsatz der sigmoiden Funktion die Anfangsbelegung $\mathbf{w}(0)$ der Gewichte aus dem Intervall $[-0{,}5,\ 0{,}5]$ und die Normierung der N Eingangsvektoren auf die jeweils größte Komponente aller in die Optimierung einbezogenen Merkmalsvektoren

$$\mathbf{x}^{[N}1] = \mathbf{x}/\max\left(x_{\mu}\right)(\mu = 1\ldots\ldots\ldots\mathrm{M});\qquad\qquad(4.3)$$

N_1 bedeutet die Normierungsart 1; M ist die Gesamtanzahl aller bezüglich eines Klassifikationsproblems vorhandenen Merkmalskomponenten.

Als weitere Variante hat sich die Normierung aus dem Intervall $[-1,+1]$ als günstig erwiesen [26].

4.9   Lernverfahren für Künstliche Neuronale Netzwerke – Backpropagation Algorithmus

4.9.1   Generelles zum Lernverfahren

Im Folgenden wird aufgezeigt, wie ein zweilagiger Polynomklassifikator (Netzwerk ohne verdeckte Schicht), das ADALINE [20] oder ein mehrlagiges Künstliches Neuronales Netzwerk (KKN) prinzipiell mit dem Backpropagation-Algorithmus mittels dem Gradienten-Abstiegsverfahren eingelernt wird.

Zum Einlernen verwendet man für mehrlagige Netzwerke das sogenannte ‚Backpropagation of Error-Verfahren' bzw. auch ‚Fehlerrückführungs-Verfahren'.

Das Verfahren gehört zum überwachten Lernen. Dabei rechnet das Verfahren den Fehler vom Ausgang des Neuronalen Netzwerkes oder auch des Polynomklassifikators auf den Eingang des Netzwerkes zurück und ändert pro Iterationsschritt die Gewichte so lange, bis der Fehler zwischen Eingang und Ausgang minimal wird. Mathematisch erfolgt diese Minimierung in der Regel mit dem Gradienten-Abstiegsverfahren.

Für die effiziente Klassifikation von Bildern oder Mustern ist eine Merkmalsextraktion empfehlenswert, die im Merkmalsvektor x zusammengefasst werden

Dieser Schritt diente in den Anfängen der Mustererkennung dazu, die Datenmengen zu reduzieren. Wichtig für die Auswahl der Merkmale ist deren Trennbarkeit in Bezug auf die zu entscheidenden Klassen. Merkmale sind üblicherweise, statistisch verteilt, z. B. Lognormalverteilung, Gaußverteilung oder andere Verteilungen.

Je größer die Korrelation zwischen Merkmalen der Zielklasse und der Nichtzielklasse ist, desto weniger ist ein Problem klassifizierbar. Umgekehrt gilt, je weniger korreliert die Merkmale der Klassen sind, desto besser ist das Problem klassifizierbar (Siehe Abschn. 4.5)

Die Auffindung einer optimalen Entscheidungsstruktur d(**x**) eines Neuronalen Netzwerkes für alle Merkmalsvektoren x und den zugehörigen Klassen y^t, findet nach dem mittleren minimalen Fehlerquadrat statt. Die Gewichte **w** in einer Entscheidungsstruktur d(**x**) zu einer Trennung von Mustern **x** werden in jedem Iterationsschritt um Δ **w** solange optimiert, bis der mittlere quadratische Fehler minimal zwischen den Sollwerten und den Istwerten der Klassen durch die Entscheidungsstruktur des Modells unter Einbeziehung aller Merkmale ein Minimum erreicht. Die Einbeziehung aller Merkmale geschieht durch die Erwartungswertbildung. Dies macht Sinn, da es sich beim Lernen um ein statistisches Verfahren handelt.

$$E\{[y^t - d(\mathbf{x})]^2\} \overset{!}{=} \min \tag{4.4}$$

An dieser Stelle wird auch klar, warum für das Einlernen eine differenzierbare

Funktion sgn [d(**x**)] benötigt wird. Denn die oben aufgezeigte Gleichung muss differenziert werden und bezüglich des Wertes ‚0' gelöst warden

Als Startset für die Gewichte $\mathbf{w}_{start}$ oder **w**(0) am Beginn der Optimierung werden normierte zufällige gleichverteilte Gewichte aus dem Intervall $[-0.5, 0.5]$ oder $[-1, +1]$ verwendet (siehe Abschn. 4.8.2). Die Merkmalsvektoren werden normalerweise auf die maximale Merkmalskomponente aller Merkmalsvektoren optimiert

4.9.2 Lernverfahren des ADALINE's mit linearer Übertragungscharakteristik

Im Gegensatz zum ADALINE mit linearer Übertragungscharakteristik (Polynomklassifikator), das geschlossen gelöst werden kann, ist das Einlernen der mehrlagigen KNN-Netzwerke jedoch aufgrund der verdeckten Schichten und den nichtlinearen Entscheidungsstrukturen (Sigmoid-Funktionen) nur iterativ (d. h. inkrementale Nachjustierung der Gewichte) möglich und sehr zeitaufwendig. Beide Verfahren werden im folgenden aufgezeigt. Polynom-Klassifikatoren haben den Vorteil, dass sie ein lineares mathematisches Verhalten haben und schnell zur Lösung führen. Viele Mustererkennungsaufgaben sind mit Polynomen 2. Ordnung lösbar.

Die folgenden gemachten Ausführungen zu Optimierungen sind zunächst für zweilagige Netzwerke ohne verdeckte Schicht mit linearer Übertragungscharakteristik und einem Ausgangsneuron (ADALINE) gültig. Anschließend behandeln wir den Backpropagation Algorithmus als Lernverfahren für mehrlagige Netzwerke mit nichtlinearer Übertragungscharakteristik im Neuron in seinen wesentlichsten Ansätzen.

Beziehen wir uns wieder auf das Beispiel in Abschn. 4.5.1. Trägt man hier die Merkmale von Infrarotsensor und Radar des ‚LKW's' und der ‚nicht LKW's' in Diagramm auf, so erhält man beispielsweise die Darstellung aus Abb. 4.17

Die allgemeine Trennfunktion für ein Polynom 2.Grades lautet hierfür:

$$d(\mathbf{x}) = w_0 + w_1\mathbf{x}' + \mathbf{x}'^T w_2 \mathbf{x}' \tag{4.5}$$

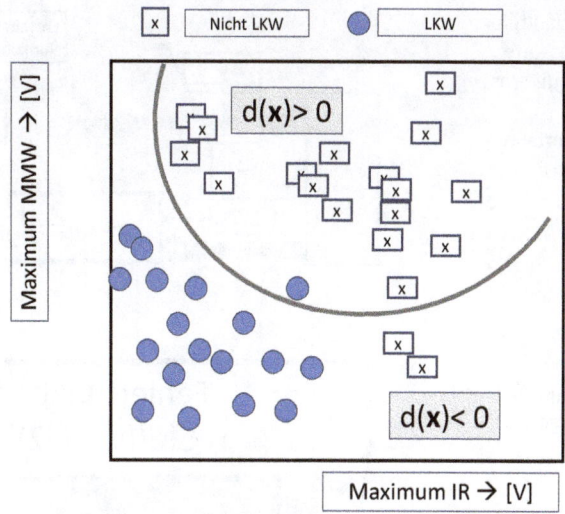

Abb. 4.17 Zweiklassenproblem Klasse ‚LKW' und Klasse ‚Nicht LKW'

wobei gilt

$$\mathbf{x} \rightarrow \mathbf{x}' = \left[1, x_1 \ldots x_N, x_1^2, x_1 x_2, \ldots . x_1 x_N, x_2^2, x_2 x_3, \ldots x_2 x_N, \ldots, x_N^2\right]^T$$

Die Voraussetzung, dass $d(\mathbf{x}) = \mathbf{x}^T\mathbf{w}$ eine lineare Funktion des Merkmalsvektors $\mathbf{x}$ ist nicht so eingeschränkt, wie es zunächst scheint, indem man das Verfahren auf beliebige Potenzen von x_1, x_2, … x_N an. Das bedeutet, man hat neben den linearen Termen auch die quadratischen Terme berücksichtigt und erhöht dadurch die Flexibilität der Entscheidungsstruktur. Wie in Gl. (4.5) dargestellt, wird hierzu der Merkmalsvektor $\mathbf{x}$ in den erweiterten Merkmalsvektor $\mathbf{x}'$ transformiert [26].

Das Blockschaltbild für die Entscheidungsstufe von Gl. (4.5) ist in Abb. 4.18 gezeigt. Die Entscheidungsstufe beim ADALINE ist demzufolge die Signumfunktion

$$\text{sign } d(\mathbf{x}) = \begin{cases} 1 & \text{für } d(\mathbf{x}) \geq 0 \\ 1 & \text{für } d(x) < 0 \end{cases} \tag{4.6}$$

4.9.3   Das Gradientenabstiegsverfahren

Um die Mystik von neuronalen Netzwerken etwas mehr zu entschärfen, sei die prinzipielle Optimierung gemäß Abb. 4.18 und 4.19 erläutert. Es sei gesagt, dass es hierum geht, ein Gefühl für die Optimierung zu gewinnen und vor allem, dass die gesamte Mathematik bezüglich der Optimierung keine Fragen oder Verselbständigungen im Netzwerk zulässte.

Dazu betrachten wir für den 1-dimensionalen Fall das Gradientenabstiegsverfahrens mit linearer Übertragungscharakteristik. Das Gradientenabstiegsverfahren ist das A&O für Optimierung der zweilagigen und mehrlagigen Neuronalen Netzwerke. Deshalb betrachten wir zunächst dieses Verfahren etwas näher (B.Widrow & M.E. Hoff- Widrow Hoff Learning Rule ADALINE [20]):

Abb. 4.18 Blockschaltbild
für die Entscheidungsstufe
d(x) – Polynomklassifikator
2. Ordnung und
Gradientenabstiegsverfahren

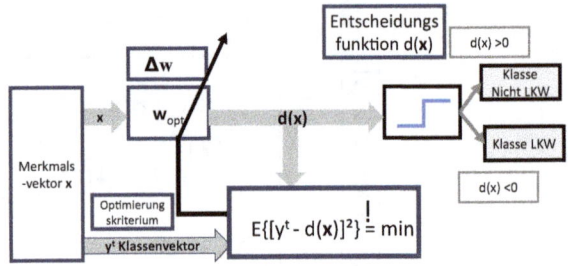

Abb. 4.19 Typische
MSE-Fehlerfläche für
einen zweielementigen
Linearkombinierer ADALINE
→ siehe Gl. (4.5)

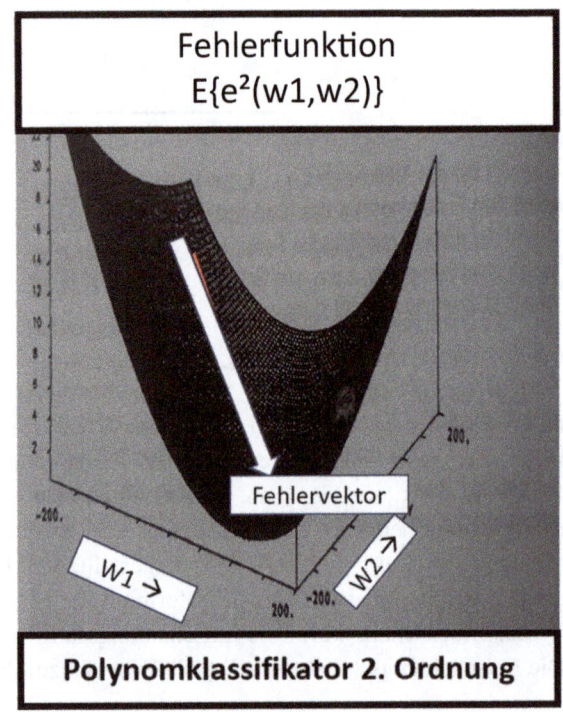

Zunächst gilt [26]:

$$\mathbf{w}(k+1) = \mathbf{w}(k) + \Delta\mathbf{w}(k) \tag{4.7}$$

Dieses Verfahren wird gemäß Abb. 4.18 solange ausgeführt, bis ein optimaler Gewichtsvektor $\mathbf{w}_{opt}$ erreicht ist. Minimiert wird bei obenstehender Gleichung der mittlere quadratische Fehler, d. h. mit $d(\mathbf{x}) = \mathbf{x}^T\mathbf{w}$

$$e^2 = \left(y^t - d(\mathbf{x})\right) = \left(y^t - \mathbf{x}^T\mathbf{w}\right)^2 = \left(y^t\right)^2 - 2\,y^t\mathbf{x}^T\mathbf{w} + \mathbf{w}^T\mathbf{x}\mathbf{x}^T\mathbf{w} \tag{4.8}$$

Da es sich bei den Merkmalsvektoren um stochastische Größen handelt, ist es sinnvoll den Erwartungswert des Fehlers zu bilden, d. h. in diesem Fall wird der mittlere quadratische Fehler bezüglich *aller* vorhandenen Merkmalsvektoren einer Stichprobe von Gl. (4.9) gebildet:

$$E\{e^2\} = E\left\{\left(y^t - \mathbf{x}^T\mathbf{w}\right)^2\right\} = E\left\{\left(y^t\right)^2\right\} - 2E\{y^t\mathbf{x}\}^T\mathbf{w} + \mathbf{w}^T E\{\mathbf{x}\mathbf{x}^T\}\mathbf{w} \qquad (4.9)$$

Dabei definiert man die Kreuzkorrelation zwischen Sollantwort y^t und Merkmalsvektor $\mathbf{x}$ als Vektor **P**:

$$\mathbf{P}^T = E\{y^t\mathbf{x}\}^T = E\{y^t, y^t x_1, y^t x_2 \ldots\ldots\ldots y^t x_N\} \qquad (4.10)$$

Des Weiteren wird die Autokorrelationsmatrix des Merkmalsvektor $\mathbf{x}$ als Matrix **R** definiert:

$$\mathbf{R} = E\{\mathbf{x}\mathbf{x}^t\} = \begin{bmatrix} 1 & x_1\ldots\ldots x_N \\ x_1 & x_1 x_1\ldots\ldots x_1 x_N \\ x_N & x_N x_1\ldots\ldots x_N x_N \end{bmatrix} \qquad (4.11)$$

R ist eine reelle symmetrische und positiv definite Matrix.
Mit diesen Definitionen schreibt sich Gl. (4.12):

$$E\{e^2\} = E\left\{\left(y^t\right)^2\right\} - 2\,\mathbf{P}^T\mathbf{w} + \mathbf{w}^T\mathbf{R}\mathbf{w} \qquad (4.12)$$

Beim mittleren quadratischen Fehler entsprechend Gl. (4.12) handelt es sich um eine quadratische Funktion der Gewichte und eine konvexe hyperparabolische Fehleroberfläche, die nie negativ wird.

Abb. 4.19 zeigt eine typische Fehlerfläche für die Fahrzeugerkennung in Abschn. 5.1. Die Berechnung der Mean Square Error (MSE)-Fehlerfläche wurde für ein ADALINE mit linearer Übertragungscharakteristik durchgeführt. Die Gewichte w_{12} und w_2 wurden in diesem Beispiel im Bereich [−200, 200] variiert.

Im Falle einer linearen Entscheidungsfunktion $d(\mathbf{x})$ lässt sich das globale Minimum geschlossen angeben, indem man Gl. (4.9) nach dem Gewichsdvektor **w** differenziert und fordert:

$$\delta\, E\{e(k)^2\}/\delta\mathbf{w}(k) = \mathbf{0} = -2\mathbf{P} + 2\mathbf{R}\mathbf{w}_{opt} \qquad (4.13)$$

Dadurch erhält man für die Optimierung des Polynomklassifikators und somit des ADALINE's mit linearer Übertragungscharakteristik als geschlossene Lösung für den optimalen Gewichtsvektor wopt die Wiener Hopf-Beziehung [27, 28];

$$\mathbf{w}_{opt} = \mathbf{R}^{-1}\mathbf{P} \qquad (4.14)$$

Voraussetzung für die Wiener-Hopf Gleichung ist, dass die Matrix $\mathbf{R}$ nichtsingulär ist. In der Praxis wird die Berechnung von $\mathbf{R}^{-1}$ nicht durchgeführt, sondern es wird das Gleichungssystem $\mathbf{Rw} = \mathbf{P}$ gelöst.

Dennoch stellt die Lösung dieses Gleichungssystems bei sehr großen Dimensionen des Merkmalsvektors $\mathbf{x}$ und des Gewichtsvektors $\mathbf{w}$ oftmals ein numerisches Problem dar.

Deshalb wählt man auch für die linearen Verfahren (Polynomklassifikator) häufig die iterative Methode des Gradientenabstiegsverfahrens.

Beim Gradientenabstiegsverfahren wird die Änderung des Gewichtsvektors $\mathbf{w}(k+1)$ gemäß Abb. 4.18 zum Iterationsschritt $k+1$ gegenüber $\mathbf{w}(k)$ zum Iterationsschritt k entsprechend dem negativen Gradienten von $E\{e^2\}$ durchgeführt:

$$w(k+1) = w(k) + \eta * (-\nabla(k)) \tag{4.15}$$

wobei

$$\nabla(k)^{\mathrm{T}} = [\frac{\delta\, E\{e(k)^2\}}{\delta \mathbf{w}(k)}]^{\mathrm{T}} = [\frac{\delta\, E\{e(k)^2\}}{\delta \mathbf{w}_0(k)}, \frac{\delta\, E\{e(k)^2\}}{\delta \mathbf{w}_1(k}\frac{\delta\, E\{e(k)^2\}}{\delta \mathbf{w}_N(k)}] \tag{4.16}$$

Abb. 4.20 veranschaulicht die Negation des Gradienten für den eindimensionalen Fall: Falls das aktuelle Gewicht oberhalb des optimalen Gewichtsvektor $\mathbf{w}_{opt}$. so ist der Gradient positiv und das Gewicht muss verkleinert werden. Ist das aktuelle Gewicht unterhalb des optimalen Gewichts $\mathbf{w}_{opt}$, so ist der Gradient negativ und das Gewicht muss vergrößert werden.

Die iterative Methode erhält man letztlich durch folgende Auswertung von Gl. (4.15):

$$\begin{aligned} w(k+1) &= w(k) + \eta * (-\nabla(k)) = \\ &= w(k) + \eta * [-\delta\, E\{e(k)^2\}/\delta w(k)] = \\ &= w(k) + \eta * [-2E\{e(k) * \delta\, e(k)/\delta w(k)\}] = \\ &= w(k) + \eta * [-2E\{e(k) * \delta(y^t - d(x(k))/\delta w(k))\}] \end{aligned} \tag{4.17}$$

Setzt man in Gl. (4.16) die lineare Entscheidungsfunktion [26]:

$$d(\mathbf{x}(k)) = \mathbf{w}(k)^{\mathrm{T}}\mathbf{x}$$

so folgt mit

$$\delta\, y(k)/\delta w(k) = \mathbf{0} \text{ und } \delta\, d(\mathbf{x}(k))/\delta\, w(k) = \mathbf{x} \tag{4.18}$$

$$w(k+1) = w(k) + \eta * 2E\{e(k)\mathbf{x}\} \tag{4.19}$$

Die Konvergenz des Gradientenabstiegsverfahrens bei iterativer Optimierung nach (4.18) ist dann sicher gestellt, wenn die Bedingung:

$$0 < \eta < 2/\lambda_{max} \tag{4.20}$$

eingehalten wird [26].

Abb. 4.20 Änderung des Gewichtes Δw in Relation zum negativen Gradienten

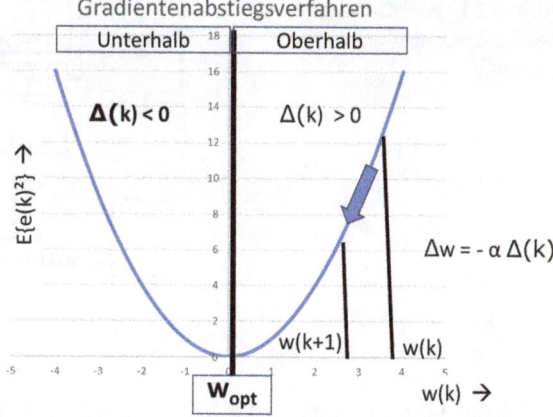

λ_{max} ist dabei der größte Eigenwert der Autokorrelationsmatrix **R**. Die Herleitung der Stabilitätsbedingung und von λ_{max} in Gl. (4.20) sind ausführlich in [27, 29] behandelt und wird deshalb an dieser Stelle nicht weiter vertieft.

4.9.4 Der Backpropagation-Algorithmus

Es sei vorweggenommen, dass neuronale Netzwerke und deren Lernverfahren keine Mystik enthalten, sondern rein auf klarer mathematischen Funktionen beruhen! Somit entbehren viele KI- Statement jeglicher Grundlage und müssen keine Ängste wie eingangs beschrieben hervorrufen!

In diesem Abschnitt wird der Backpropagation-Algorithmus als Lernverfahren für mehrlagige Neuronale Netzwerke in seinen Grundzügen erläutert. Der Backpropagation -Algorithmus basiert ebenfalls auf der in Gl. (4.15) , (4.16) und Gl (4.17) angegebenen iterativen Methode. Voraussetzung für den Backpropagation Algorithmus ist eine stetige differenzierbare Übertragungscharakteristik im ADALINE, wie sie im Abb. 4.16 gezeigt ist [30].

Beim Gradientenabstigsverfahren erfolgt die Berechnung des Korrrekturvektors Δ**w** gemäß Abb. 4.21

Historisch gesehen wurde die *nichtlineare* Übertragungscharakteristik im ADALINE aus Gründen von verbesserten Adaptionsmöglichkeiten eingeführt, ohne dabei zunächst die Bedeutung für ein Lernverfahren für mehrlagige Neuronale Netzwerke zu erkennen. Erst Rumelhart erkannte die Bedeutung dieses Ansatzes hinsichtlich eines Lernverfahrens für mehrlagige Netzwerke und entwickelte die in 1986 erweiterte Delta-Regel oder den Backpropagation-Algorithmus [30]. Das Wesentliche dieser Lernregel ist, dass es nur durch eine stetige und differenzierbare Nichtlinearität möglich ist, den Fehler am Netzwerkausgang durch das Netzwerk hindurch über die verdeckten Schichten an den Eingang des Netzwerkes zurückzurechnen (backprobagieren).

Abb. 4.21 Blockschaltbild
des Backpropagation-
Algorithmus

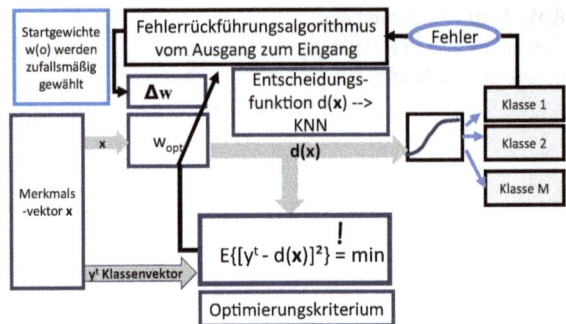

Dieses Lernverfahren stellte historisch den Durchbruch der Künstlichen Neuronalen Netzwerke dar!

Auch hier möchte ich die Herleitung in ihren wesentlichen Zügen vorstellen, um den Gehalt dieses Buches zu vervollständigen. Die mathematischen Grundlagen und Formeln sind bei der Systemintegration bezüglich der Partitionierung in den verschiedenen Kommunikationslevel im Feld bis hin zum Kontrollraum von Bedeutung.

Zugrunde gelegt ist das dreilagige Netzwerk aus Abb. 4.22.

Wie in Abb. 4.16 bereits gezeigt wird in diesem Fall die sigmoide Funktion

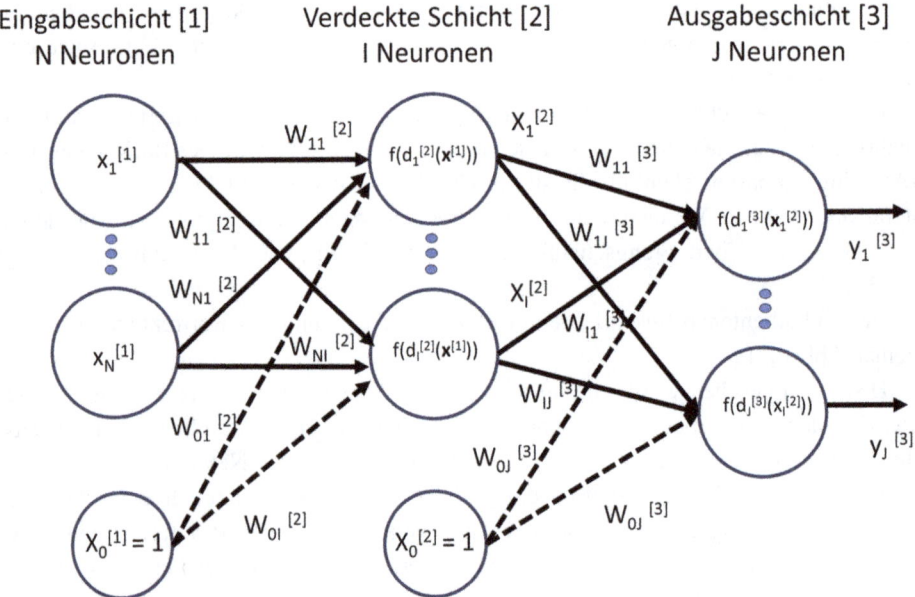

Abb. 4.22 Dreilagiges neuronales Backpropagation-Netzwerk mit sigmoiden Funktion aus Abb. 4.16

$$f(x) = 1/\left(1 + e^{-x}\right) \tag{4.21}$$

Verwendet Dabei ist die Übertragungscharakteristik im j-ten Neuron der Ausgabeschicht gegeben durch:

$$f\left(d_j^{[3]}\left(\mathbf{x}^{[2]}\right)\right) = y_j^{[3]} = \frac{1}{1 + e^{-g \ dj[3](x[2])}} \quad j = 1, 2, \ldots .I \tag{4.22}$$

Mit

$$d_j^{[3]}\left(x^{[2]}\right) = \sum_{i=1}^{I} w_{ij}^{[3]} x_i^{[2]} + w_{0j}^{[3]} \tag{4.23}$$

Hier bestimmt g als weiterer Optimierungsparameter die Steilheit der sigmoiden Funktion. In Abb. 4.16 ist g = 0.5 und g = 1.0 gezeigt.

Die Entscheidungsfunktion für die Schicht 2 ist gegeben durch:

$$f\left(d_i^{[2]}\left(\mathbf{x}^{[1]}\right)\right) = x_j^{[2]} = \frac{1}{1 + e^{-g \ di[2](x[1])}} \quad j = 1, \ldots .I \tag{4.24}$$

mit

$$d_i^{[2]}\left(x^{[1]}\right) = \sum_{n=1}^{N} w_{ni}^{[2]} \mathbf{x}_n^{[1]} + w_{0i}^{[2]} \tag{4.25}$$

Ferner besitzt das Netzwerk mit dem Biasgewicht die folgende Anzahl von Gewichten:

$$N = NI + IJ + I + J = I(N + 1) + J(I + 1) \tag{4.26}$$

Im Folgenden wird die Herleitung des Backpropagation-Algorithmus für die simoide Funktion gezeigt. Dabei hat das Netzwerk aus Abb. 4.22 N Eingangsneuronen, I Neuronen in der verdeckten Schicht und J Ausgangsneuronen.

Die Ableitung der sigmoiden Funktion nach der Entscheidungsfunktion.
$f(d_j^{[3]}(\mathbf{x}^{[2]})$ ist gegeben durch:

$$f'\left(d_j^{[3]}\left(\mathbf{x}^{[2]}\right)\right) = \frac{\delta y_j^{[3]}}{\delta \ d_j^{[3]}\left(\mathbf{x}^{[2]}\right)} = y_j^{[3]}\left(1 - y_j^{[3]}\right) \tag{4.27}$$

Der mittlere quadratische Fehler am Ausgang des Netzwerkes in der Ausgabeschicht ist wie folgt definiert:

$$E\{e^2\} = E\{\sum_{j=1}^{J} \left(y_j^t - y_j^{[3]}\right)^2\} \tag{4.28}$$

Der Wert y_j^t ist bei Anlegen eines Merkmalsvektors $\mathbf{x}$ an den Netzwerkeingang der geforderte Ausgabewert des Neurons j, $y_j^{[3]}$ ist der tatsächliche Ausgabewert des Neurons j. Dabei ist bei die Erwartungswertbildung über die verschiedenen zu den Merkmalsvektoren gehörenden quadratischen Fehler zu erstrecken.

Die Ableitung des mittleren quadratischen Fehlers e im j-ten Neuron in der Ausgabeschicht nach der Entscheidungsfunktion $d_j^{[3]}(\mathbf{x}^{[2]})$ ist gegeben durch:

$$E\{\frac{\delta e^2}{\delta \, d_j^{[3]}\left(\mathbf{x}^{[2]}\right)}\} = E\{e\frac{\delta e}{\delta \, d_j^{[3]}\left(\mathbf{x}^{[2]}\right)}\} \quad j = 1, 2, \ldots, J \qquad (4.29)$$

Jede der Ableitungen gibt prinzipiell an, wie empfindlich der quadratische Gesamtfehler am Ausgang des Netzwerkes bezüglich der Änderungen der linearen Entscheidungsfunktion $d_j^{[3]}(\mathbf{x}^{[2]})$ des einzelnen ADALINE Element j ist.

Die Gl. (4.27) in Gl. (4.28) eingesetzt ergibt, beispielsweise für das erste Element j in der Ausgabeschicht:

$$E\{\frac{\delta e^2}{d_1^{[3]}\left(\mathbf{x}^{[2]}\right)}\} = E\{\frac{\delta\left[\left(y_1^t - y_t^{[3]}\right)^2 + \ldots + \left(y_J^t - y_J^{[3]}\right)^2\right]}{\delta \, d_1^{[3]}\left(\mathbf{x}^{[2]}\right)}\}$$

$$= E\{\frac{\delta[\left(y_1^t - y_1^{3]}\right)^2}{\delta \, d_1^{[3]}\left(\mathbf{x}^{[2]}\right)}\} \qquad (4.30)$$

Allgemein gilt somit für die Ableitung des quadratischen Fehlers im j-Neuron:

$$E\{\frac{\delta e^2}{\delta \, d_j^{[3]}\left(\mathbf{x}^{[2]}\right)}\} = E\{\frac{\delta[\left(y_j^t - y_j^{[3]}\right)^2}{\delta \, d_j^{[3]}\left(\mathbf{x}^{[2]}\right)}\} \quad j = 1, 2, \ldots, J \qquad (4.31)$$

Die Durchführung der Ableitung von $(y_j^t - y_j^{[3]})^2$ nach $d_j^{[3]}(\mathbf{x}^{[2]})$ in Gl. (4.31) ergibt:

$$E\{\frac{\delta e^2}{\delta \, d_j^{3]}\left(\mathbf{x}^{[2]}\right)}\} = -2 \, E\{\left(y_j^t - y_j^{[3]}\right)\frac{\delta \, y_j^{[3]}}{\delta \, d_j^{[3]}\left(\mathbf{x}^{[2]}\right)}\}$$

$$= 2 \, E\{\left(y_j^{[3]} - y_j^t\right)\frac{\delta \, y_j^{[3]}}{\delta \, d_j^{[3]}\left(\mathbf{x}^{[2]}\right)}\} \qquad (4.32)$$

Gl. (4.27) in Gl. (4.32) eingesetzt, ergibt schließlich:

$$E\{\frac{\delta e^2}{\delta \, d_j^{[3}\left(\mathbf{x}^{[2]}\right)}\} = 2 \, E\{\left(y_j^{[3]} - y_j^t\right)y_j^{[3]}\left(1 - y_j^{[3]}\right)\} \quad j = 1, \ldots, J \qquad (4.33)$$

Zusammengefasst bedeutet dies für die Ableitung des quadratischen Fehlers nach der linearen Entscheidungsfunktion $d_j^{[3]}(\mathbf{x}^{[2]})$ die Multiplikation des doppelten Fehlers mit der

Ableitung der sigmoiden Funktion bezüglich der linearen Entscheidungsfunktion $d_j^{[3]}$ $(\mathbf{x}^{[2]})$.

Für den Gradienten der Fehlerfunktion bezüglich des Gewichtes $w_{ij}^{[3]}$ folgt unter Anwendung der Kettenregel und mit Gl. (4.33):

$$E\{\frac{\delta e^2}{\delta\, d_j^{[3]}\left(\mathbf{x}^{[2]}\right)}\,\frac{\delta\, d_j^{[3}\left(\mathbf{x}^{[2]}\right)}{w_{ij}^{[3]}}\} = E\{\frac{\delta e^2}{\delta\, d_j^{[3}\left(\mathbf{x}^{[2]}\right)}x_i^{[2]}$$

$$= 2\,E\left\{\left(y_j^{[3]} - y_j^t\right)y_j^{[3]}\left(1 - y_j^{[3]}\right)x_j^{[2]}\right)\right\}$$

(4.34)

Die Empfindlichkeit des quadratischen Fehlers am Ausgang des Netzwerkes bezogen auf die Änderungen der Entscheidungsfunktion $d_i^{[2]}$ $(\mathbf{x}^{[1]})$, $i = 1,2.\dots.. I$ im ADALINE-Element in der verdeckten Schicht wird beschrieben durch:

$$E\{\frac{\delta e^2}{\delta\, d_i^{[2]}\left(\mathbf{x}^{[1]}\right)}\} = 2E\{\frac{\delta e}{\delta\, d_i^{[2]}\left(\mathbf{x}^{[1]}\right)}\}\quad j = 1,\dots,J$$

(4.35)

Unter Anwendung der Kettenregel und der Tatsache, dass sich der Gesamtfehler am Netzwerkausgang aus der Summe der Fehler an den Ausgängen von J einzelnen Neuronen zusammensetzt, folgt:

$$E = \{\frac{\delta e^2}{\delta\, d_i^{[2]}\left(\mathbf{x}^{[1]}\right)}\} = E\{\frac{\delta e^2}{\delta\, d_1^{[3]}\left(\mathbf{x}^{[2]}\right)}\,\frac{\delta\, d_1^{[3]}\left(\mathbf{x}^{[2]}\right)}{\delta\, d_i^{[2]}\left(\mathbf{x}^{[1]}\right)} + \dots + \frac{\delta e^2}{\delta\, d_J^{[3]}\left(\mathbf{x}^{[2]}\right)} - \frac{\delta\, d_J^{[3]}\left(\mathbf{x}^{[2]}\right)}{\delta\, d_j^{[2]}\left(\mathbf{x}^{[1]}\right)}\} =$$

$$= E\{\sum_{j=1}^{J}\frac{\delta e^2}{\delta\, d_j^{[3]}(\mathbf{x}^{[2]})}\,\frac{\delta\, d_j^{[3]}(\mathbf{x}^{[2]})}{\delta\, d_i^{[2]}\left(\mathbf{x}^{[1]}\right)}\}$$

(4.36)

Setzt man die Entscheidungsfunktion des j-ten Elements der Ausgabeschicht gemäß Gl. (4.23) und (4.36.) ein, so erhält man:

$$E\{\frac{de^2}{d\left[d^{[2]}\left(\mathbf{x}^{[1]}\right)\right]} = E\sum_{j=1}^{J}[\frac{\delta e^2}{\delta\, d_j^{[3]}\left(\mathbf{x}^{[2]}\right)}\,\frac{\delta[\sum\limits_{\mu=1}^{I} w_{\mu j}^{[3]}x_{\mu j}^{[2]} + w_{oj}^{[3]}]}{\delta\, d_i^{[2]}\left(\mathbf{x}^{[1]}\right)}]\}$$

(4.37)

Da gilt:

$$\frac{\delta[\sum\limits_{\mu=1}^{I} w_{\mu j}^{[3]}x_{\mu}^{[2]} + w_{0j}^{[3]}]}{\delta[d^{[2]}(\mathbf{x}^{[1]})]} = \frac{\delta x_i^2}{\delta\, d_i^{[2]}\left(\mathbf{x}^{[1]}\right)}w_{ij}^{[3]}$$

(4.38)

Folgt für Gl. (4.37):

$$E = \{ \frac{de^2}{d[d_i^{[2]}(\mathbf{x}^{[1]})]} \} = E\{ \sum_{j=1}^{J} [\frac{\delta\,e^2}{\delta\,d_j^{[3]}(\mathbf{x}^{[2]})}\,w_{ij}^{[3]}\,\frac{\delta\,\mathbf{x}^{[2]}}{\delta\,d_i^{[2]}(\mathbf{x}^{[1]})}]\} \} \qquad (4.39)$$

Für den Gradienten der Fehlerfunktion des Gewichtes $w_{ni}^{[2]}$ ($n = 1,\ldots,N$; $i = 1,\ldots,I$) folgt mit Gl. (4.25):

$$d_i^{[2]}(\mathbf{x}^{[11]}) = \sum_{n=1}^{N} w_{ni}^{[2]}x_n^{[1]} + w_{0i}^{[2]}$$

$$E\{ \frac{de^2}{d\left(d_i^{[2]}(\mathbf{x}^{[1]})\right)}\,\frac{\delta\left(d_i^{[2]}(\mathbf{x}^{[1]})\right)}{\delta\,w_{ni}^{[2]}} \} = E\{ \frac{de^2}{d\left(d_i^{[2]}(\mathbf{x}^{[1]})\right)}x_n^{[1]} \} \qquad (4.40)$$

Ergänzend ist anzumerken, dass für zweilagige Netzwerke die Beziehung in Gl. (4.34) in Verbindung mit dem Lernparameter η die Gewichtskorrektur für das einzelne ADALINE mit nichtlinearer Übertragungscharakteristik liefert. Wobei für diesen Fall $x_i^{[2]}$ zweckmäßiger als $x_n^{[1]}$ bezeichnet wird. Die Bedeutung der Formeln liegt darin, dass es möglich ist, einen am Ausgang des Netzwerkes auftretenden Fehler auf alle die im Netzwerk befindlichen Neuronen (insbesondere auf die Neuronen der verdeckten Schicht) umzurechnen.

Soweit die Herleitung des Backpropagation-Algorithmus, der zweifelsohne eine gewisse Komplexität aufweist. Es ist mir besonders daran gelegen, noch einmal hervorzuheben, dass es sich bei den KI-Neuronalen Netzwerken und dem Deep Learning um transparente Mathematik handelt und keinen Anlass für irgendwelche Spekulationen gibt, geschweige denn etwas Mystisches aufweist.

4.9.4.1 Konvergenzverhalten des Backpropagation-Algorithmus

In Abb. 4.19 haben wir eine typische MSE-Fehlerfläche für einen zweielementigen Linearkombinierer – ADALINE – von Gl. (4.5) gesehen.

Abb. 4.23 zeigt anhand der Fahrzeugerkennung aus Abschn. 4.5 die Klassifikation durch ein Neuronales Netzwerk mit einem verdeckten Layer oder auch dreilagigem Backpropagation-Netzwerk mit der sigmoiden Funktion gemäß Abb. 4.16 verwendet.

Deutlich ist die Komplexität der Fehlerfläche im Gegensatz zu Abb. 4.19 zu erkennen. Eine geschlossene Analyse des Konvergenzverhaltens ist durch die nichtlineare Übertragungscharakteristik im Neuron nicht mehr möglich.

Shynk und Roy [31] haben versucht, für zweilagige Netzwerke mit nichtlinearen Übertragungscharakteristika in den Neuronen Konvergenzaussagen zu treffen. Dabei wird in ihren Darlegungen deutlich, wie schwierig dieses Bestreben ist. Fehlerflächen wie in Abb. 4.23 dargestellt sind, führen bei der Anwendung des normalen Gradientenabstiegsverfahren unter Verwendung von Gl. (4.34) und (4.40) zur Verminderung der

Abb. 4.23 MSE-Fläche (Mean Square Error) für ein dreilagiges Backpropagation-Netzwerk bezüglich der Gewichte $w_{11}^{[2]}$ und $w_{12}^{[2]}$

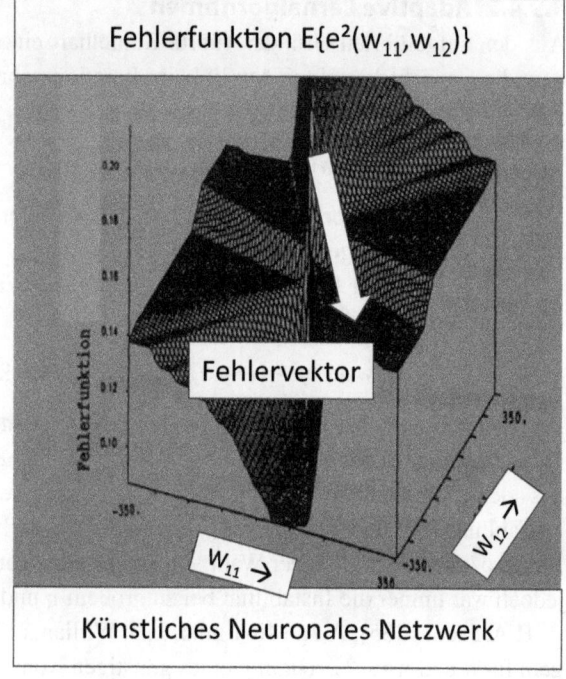

Konvergenzgeschwindigkeit. Ein Grund für die Verlangsamung der Konvergenz ist dadurch bedingt, dass das Gradientenabstiegsverfahren nicht direkt zum absoluten Minimum führt. Bei den komplexen Fehlerflächen der Backpropagation-Netzwerke kommt erschwerend hinzu, dass in flachen Teilabschnitten der Fehlerflächen die Ableitung des Fehler sehr gering ist. Demzufolge ist bei einer konstanten Gewichtsänderung, bedingt durch den Lernparameter η, die Fehlerabnahme auch sehr gering und es bedarf bildlich gesehen oft einer großen Anzahl von Iterationen, bis man das flache Stück der Fehlerfläche überschritten hat. Ein weiteres Problem ist die Wahl eines zu großen Lernparameters η zur Überwindung der flachen Teilabschnitte der Fehleroberfläche.Hier passiert es häufig, dass an den Übergängen von den flachen zu den steilen Abschnitten der Fehlerfläche das gesuchte Minimum übersprungen wird und dadurch die optimale Konvergenz verhindert wird. Ferner sind für die Optimierung sehr tief eingeschnittene Täler (lokale Minima) ein Problem. Hier kommt es häufig vor, dass man in ein lokales Minimum der Fehlerfläche konvergiert, in dem keine brauchbare Lösung für das Klassifikationsproblem existiert.

Deshalb sind für die Beschleunigung der Konvergenz und zur Vermeidung von lokalen Minima, adaptive Lernalgorithmen von besonderem Interesse, die ausführlich in [26] nachzulesen sind. Oftmals muss man bei der Optimierung einen neuen Gewichtssatz anwenden und die Optimierung von Neuem beginnen.

4.9.4.2 Adaptive Lernalgorithmen

Aus den aufgeführten Gründen führte Rumelhart einen Momentenfaktor α [30] ein, mit dem die Gewichtskorrektur $\Delta\mathbf{w}(k)$ beim Iterationsschritt k folgendermaßen durchgeführt wird:

$$\Delta\mathbf{w}(k) = -\eta\, E\{\delta e(k)^2/\delta\, \mathbf{w}(k)\} + \alpha\Delta\mathbf{w}(k-1) \tag{4.41}$$

Dabei wird im Iterationsschritt zum aktuellen Gradienten der mit α gewichtete Gradient aus den vorausgegangenen Iterationen berücksichtigt.

Widrow und Lehr [32] verwendeten einen modifizierten Ansatz der Gl. (4.41) für die Gewichtskorrektur:

$$\Delta\mathbf{w}(k) = -(1-\alpha)\,\eta\, E\{\delta e(k)^2/\delta\mathbf{w}(k)\} + \alpha\Delta\mathbf{w}(k-1) \tag{4.42}$$

Der Sinn dieses Ansatzes war, dass man η nicht verringern musste falls am α vergrößerte [32]. Beide Autoren stellen in Übereinklang mit meinen Erfahrungen jedoch in [32] fest, dass der Momentenparameter in den meisten Fällen keine Verbesserung bringt.

Fahlman [33] und Tesauro [34] zeigten die Auswirkungen auf die Beschleunigung des Lernprozesses bezüglich der Wahl von verschiedensten Werten für α und η. Das Problem jedoch war immer die Instabilität bei zu großem η und α.

R.A. Jacobs [35], A.A. Minal und R.D. Williams [36] leiteten einige heuristische Regeln für α und η zur Erzeugung eines günstigen Konvergenzverhaltens her.

Shynk und Roy [37] untersuchten die Stabilität bei Verwendung eines Momentenfaktors und kamen zu dem Schluss, dass Instabilitäten für α nahe 1 auftraten.

Sato machte in [38] eingehende Untersuchungen zum Momentenparameter und fand für die Anzahl der erforderlichen Iterationen K_L zur Lösung eines Klassifikationsproblems die Beziehung:

$$K_L \sim (1-\alpha)/\eta \tag{4.43}$$

Dies bedeutet die Iterationszahl K_L zur Lösung eines Klassifikationsproblems nimmt linear mit dem Momentenparameter α und umgekehrt proportional zur Lernrate η ab.

R.A. Jacobs [39] leitete aus der Analyse des Konvergenzverhaltens für das Gradientenabstiegsverfahren für ein Perceptron heuristische Anforderungen her, die das Konvergenzverhalten beschleunigen können. Dabei sollen die Gewichte ihren eigenen Lernparameter haben und die Lernrate soll bezüglich der aktuellen Fehlerfläche angepasst werden.

Ferner gab er Regeln an, wie die Lernparameter in Bezug zum aktuellen Gradienten angepasst werden sollen. Es sei erwähnt, dass im Falle unterschiedlicher Lernparameter für jedes Neuron kein reines Gradientenabstiegsverfahren durchgeführt wird. Im Hinblick auf seine heuristischen Anforderungen interpretierte Jacobs die von Rumelhart in Gl. (4.41) und von Widrow in Gl. (4.42) angegebenen Lernregeln, die den Momententerm α enthalten. Die wichtigste seiner heuristischen Lernregeln ist die sogenannte Delta-Delta Regel. Dabei wird in jedem Lernschritt neben der Gewichtskorrektur auch der Lernparameter korrigiert:

$$\mathbf{w}(k+1) = \mathbf{w}(k) - \eta(k+1)E\{\delta e(k)^2\}/\delta \mathbf{w}(k) \tag{4.44}$$

Es gibt noch vieles über Lernverfahren, wie zum Beispiel das Newton Verfahren und dessen Varianten [26] in der Literatur nachzulesen. Ich habe mich hier auf das Notwendigste beschränkt, um die Zusammenhänge des Backpropagation-Algorithmus aufzuzeigen und um das Thema KI unter reellen Aspekten darzustellen.

4.10   Prädiktive Wartung oder Predictive Maintenance in Industrie 4.0

Voraussetzungen, Vorgehensweise und Verfahren für die Vorhersagende Wartung werden oftmals mit den Künstlichen Neuronalen Netzwerken durchgeführt.

Jeder von uns kennt heute prädiktive Wartung in seinem persönlichen Umfeld, wie zum Beispiel beim Auto. Sobald das Auto zum Service kommt, werden aus dem Autoschlüssel alle wesentlichen Motor- und Betriebsdaten ausgelesen und jeder Servicetechniker kann sofort erkennen, wie der Fahrer mit seinem Auto im vergangenen Serviceintervall umgegangen war. Basierend darauf stellt er eine Diagnose, was zu tun ist.

Ein weiteres Beispiel: Bereits 2000 km vor dem eigentlichen Servicedatum wird dieser angekündigt. Ebenso geschieht das bei Öl- oder Bremsflüssigkeitswechsel oder beim AddBlue. Dabei wird in der Vorhersage das individuelle Fahrverhalten für die Prädiktion einbezogen.

Prädiktive Algorithmen als Teilgebiet der vorhersagenden Wartung haben heute in allen Technologien Einzug gehalten [40]. Prädiktion beginnt bei der linearen Extrapolation der linearen Regression, geht über den bekannten alpha-beta-Tracker (GPS-Positionsbestimmung im Auto) [41], dem Kalman Filter bis hin zu Künstlichen Neuronalen Netzwerken mit mehrfachen verdeckten Schichten („Hidden Layers"). Typische Fragestellungen, die man vorhersagen will, sind: Wohin muss ein Fahrzeug steuern? Was passiert demnächst in der Anlage oder der Maschine? Wie lange läuft das Gerät noch einwandfrei? Welche Ersatzteile muss ich wann vorhalten?

Viele der Vorhersagen basieren auf Ereignissen, die auf der Vergangenheit beruhen.

Die einzelnen Stufen für die Prädiktion sind dabei:

- Die Datenerfassung
- Das Reporting (Was ist in der Anlage, was ist im Produkt geschehen, warum wird es passieren, was ist das Optimum)
- Die Analyse der Daten (wann, wer, was, wie)
- Das Monitoring (was passiert momentan in der Anlage, im Produkt)
- Die eigentliche Prädiktion (Vorhersage)

Mathematisch gesehen handelt es sich dabei einfach ausgedrückt, um extrapolierte Regressionen, die im einfachsten Fall eine optimale Gerade nach dem mittleren minimalen Fehlerquadrat durch die über die Zeit erfassten Messpunkte legt und somit mit hoher Wahrscheinlichkeit die Vorhersage treffen können.

Prädiktive Wartung bietet auch den Vorteil, dass z. B. nicht nur ein bestimmtes Objekt in einem Signal oder Bild erkannt wird (Mustererkennung), sondern auch anhand einer ganzen Serie von aufeinanderfolgenden Signalen und Bildern mit einer gewissen Vertrauenswürdigkeit statistisch vorhergesagt werden können, welche Signale oder Reaktionen als nächstes folgen werden.

D. h. aber auch, dass die dahinterstehenden Systeme laufend nachgelernt werden müssen, wobei jeder Lernzyklus die Stabilität des Prädiktors wiederum erhöht.

Abb. 4.24 zeigt in einer Übersicht wie vorhersagende (prädiktive) Algorithmen oder Klassifikatoren in der Industrie entwickelt werden.

Gemäß Abb. 4.24 werden zwei Phasen unterschieden: Das Offline-Lernverfahren und der Online-Betrieb mit eingelernten Algorithmen.

Prinzipiell muss beim Lernprozess definiert werden, was vorhergesagt werden soll.

Dementsprechend sind die Messpunkte für die entsprechenden Eckpunkte der Prädiktion zu definieren und welche Messdaten hierfür benötigt und aufbereitet werden müssen.

Die Daten sind zu erfassen (Aufzeichnung) und müssen ausgewertet werden. Es müssen Merkmale zur Charakterisierung der gewünschten Zustände gefunden werden, die

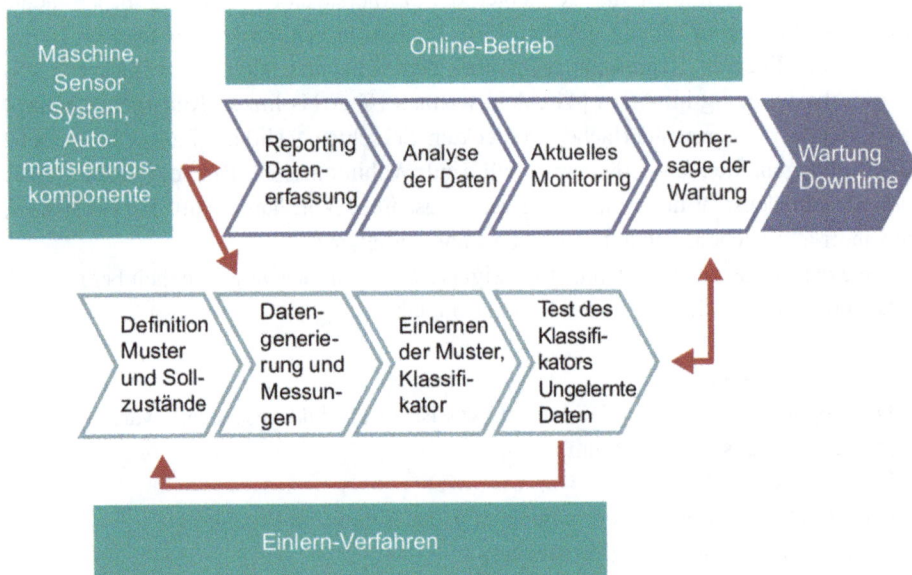

Abb. 4.24 Funktionsweise der prädiktiven Wartung – Offline einlernen, Online auswerten

mittels Klassifikator trennbar sind und den prädiktiven Eckpunkten zugewiesen werden können. Die Merkmalsextraktion ist heute aufgrund der hohen zur Verfügung stehenden Rechenleistungen nicht unbedingt mehr nötig, dennoch aber empfehlenswert.

Mit den Mustern oder Merkmalen wird der Klassifikator offline eingelernt und bezüglich seiner Funktionalität überprüft. Bei Künstlichen Neuronalen Netzen kann das oftmals Stunden oder Tage dauern, bis die iterativen Lösungen zufriedenstellend sind.

Danach wird der Klassifikator an ungelernten Daten getestet, die in der Prädiktion zu erwarten sind. Sollte der Klassifikator den Anforderungen nicht entsprechen, so wird er mit zusätzlichen Mustern nachgelernt oder eine andere Entscheidungsfunktion gewählt. Dieser Vorgang ist der eigentliche ‚Zeitfresser' in der Entwicklung eines Prädiktors.

Genügt er den Ansprüchen so wird der Prädiktionsalgorithmus in die Hardware des Messystems oder der Maschine implementiert. Das Gerät ist fertig für den Produktionseinsatz.

Im Onlinebetrieb werden die Muster in Echtzeit verarbeitet und liefern das Ergebnis (Prädiktion). Die aktuell erfassten Daten werden dabei für das weitere Nachoptimieren des Prädiktors (Klassifikators) gespeichert. Diese Daten werden dann kontinuierlich zum Nachlernen des Algorithmus im Offline-Betrieb verwendet.

Der Prädiktor wird mit zunehmender Datenmenge immer robuster und ‚treffsicherer' in seinen Ergebnissen. Neu ermittelte Parameter für den Prädiktor werden auf das in der Produktion befindliche Gerät heruntergeladen und im weiteren Betrieb Inline oder Online angewendet.

Es sei ausdrücklich darauf hingewiesen, dass die Entwicklung solcher Systeme bei aller Euphorie nur so gut funktioniert, wie die zugrunde liegende Datenbasis ist. Das heißt in der Tat, man muss sich vorher genau überlegen, was das System leisten soll. Diese Vorgehensweise ist bei allen Industrien, ob Medizin oder Automotive spielt dabei keine Rolle,

Die Entwicklung erfordert relativ gesehen einen hohen Zeitaufwand, denn im Vorbeigehen funktioniert die Entwicklung eines derartigen Prädiktionssystems nicht.

Wie bereits oben angeklungen, werden heute zunehmend prädiktive ‚cruise control' Algorithmen speziell auch bei Automobilfirmen und Flugzeugen eingesetzt.

Dabei werden beispielsweise im Auto seit der Einführung von Bussystemen an den CAN Bus [12] viele Sensoren angeschlossen: Ultraschallsensoren, Temperatur- und Infrarotsensoren, Kameras und Infrarotkameras, Beschleunigungssensoren, Radarsensoren und andere Sensoren.

Die Informationen von diesen Sensoren werden an die Zentraleinheit (CPU) übertragen. Dort werden die Informationen in Echtzeit ausgewertet und entsprechende Steuer- und Kontrollfunktionen eingeleitet: Abstand, Geschwindigkeitskontrolle, Einhaltung von Fahrbahnmarkierungen, Personenerkennung, Antischlupf und vieles mehr. Alle diese Verfahren benutzen Korrelationsverfahren und prädiktive Algorithmen, basierend auf KI-Methoden (Expertensysteme, Künstliche Neuronale Netzwerke usw.).

Diese Algorithmen finden auch im modernen Assetmanagement oder in der Prozessregulierung Anwendung:

Ob in der Fabrikautomation durch Druck-, Durchfluss-, Temperaturmessung, optische Sensoren zur Steuerung von Fertigungsprozessen oder in der Prozessautomation zur Regelung des Sauerstoffgehaltes im biologischen Klärbecken sowie zur Neutralisation in industriellen Wasseraufbereitungen, überall werden dieselben Verfahren und Algorithmen eingesetzt.

Nicht von ungefähr beschäftigen sich deshalb mittlerweile viele Unternehmen seit mehr als 20 Jahren mit diesen prädiktiven Regel-Verfahren und jeder stattet seine Produkte und Geräte mit entsprechender Software, Hardware und Algorithmik aus. Auch ein Umstand der evolutionär zu sehen ist und technologisch in Industrie 4.0 nichts wesentlich Neues darstellt.

Neueste Gerätegenerationen, Automaten, Maschinen und Antriebe werden mit zusätzlichen Sensoren ausgerüstet, welche die unterschiedlichsten Parameter, wie z. B. die Temperatur- und Druckdaten, die Luftfeuchtigkeit, die mechanischen Beanspruchungen wie Drehzahl, Querbeschleunigungen und vieles mehr erfassen, um daraus letztlich eine Aussage über den Anlagen- und Gerätezustand zu treffen. Insbesondere wird versucht vorherzusagen, welches Gerät welchen Service und vor allem wann erfordern wird.

Ein weiterer Zweck dieser Messungen und Prädiktionen dient mittlerweile auch zur Überwachung der Produkthaftung: Wie oft werden Aussagen getroffen, das Gerät geht nicht mehr, die Qualität ist schlecht und Ähnliches.

In vielen Fällen handelt es sich oftmals um den Betrieb der Geräte außerhalb der zulässigen Toleranzgrenzen und Spezifikationen. Und dann sind wir wieder beim oben bereits erwähnten Fall vom Auto: Garantie-, Gewährleistungs- und Serviceansprüche können über die aufgezeichneten Kontrolldaten verifiziert werden.

4.10.1 Beispiel prädiktive Wartung bei Schichtdickenmessgeräten

Ein weiteres Beispiel, wie prädiktive Algorithmen entwickelt werden, sei bei Geräten zur Schichtdickenmessung und Materialanalyse erklärt.

Schichtdickenmessungen von Lackierungen, Legierungen und Materialanalysen werden unter anderem mit dem Röntgenfluoreszenzgeräten wie z. B. in Abb. 4.25 gezeigt und durchgeführt. Das wartungsintensivste Bauteil beim Röntgenfluoreszenzgerät ist die Röntgenröhre.

Die Lebensdauer der Röntgenröhre ist abhängig von:

- Anwendung (z. B. Goldmessung oder Gold auf Kupfer)
- Bestrahlungszeiten der Proben
- Anzahl der Ein- und Ausschaltvorgänge der Röhre
- Verwendete Leistung (bis 4 kV bis 60 kV)
- Blindstrom (Maß für die Evakuierung der Röhre)
- Effektive Betriebsdauer
- Betriebstemperatur
- Außentemperatur
- Umgebungsfeuchtigkeit

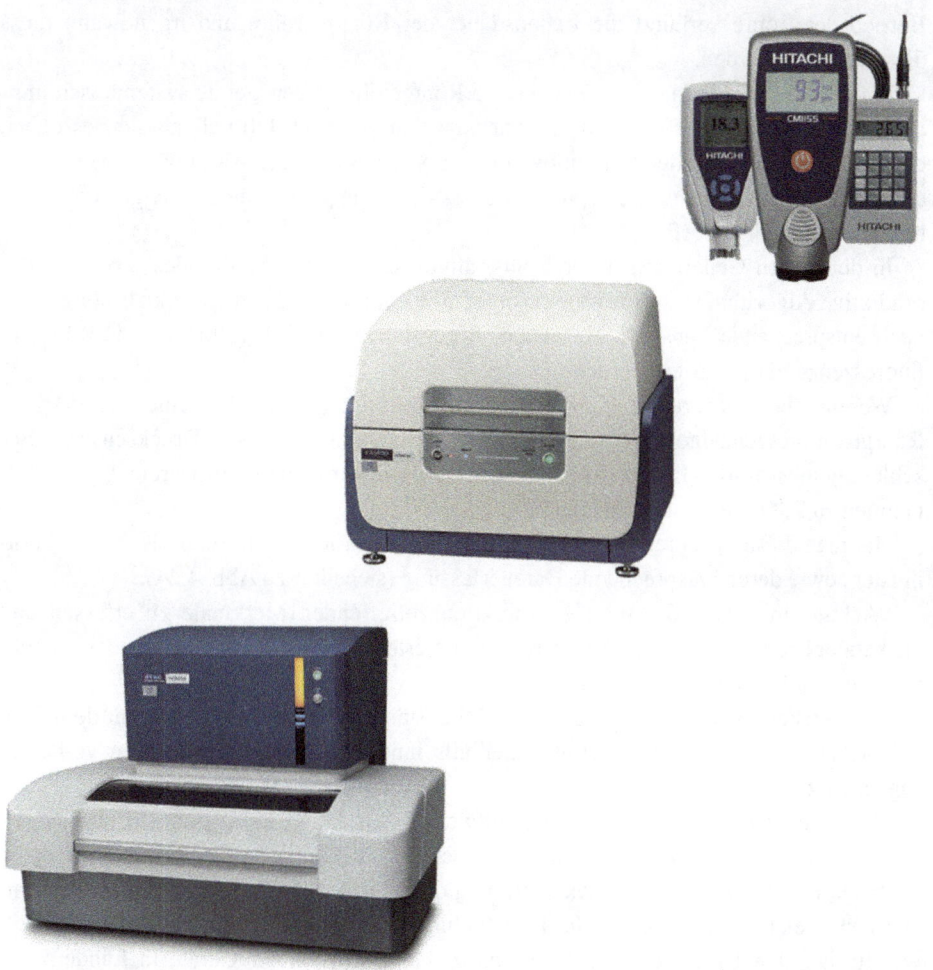

Abb. 4.25   Schichtdickenmessgeräte für Leiplattenfertigung und RoHS FT160 und für wie Prozess- und Qualitätskontrolle von Zement oder Schlacken EA1400; Taktile Messtechnik US, Magnetisch-induktiv. (*Quelle* © images courtesy of Hitachi High-Tech Corporation)

- Temperaturschwankungen
- Transport und Installation (Vibrationen)

Überseetransporte zählen zu den häufigsten Ausfallerscheinungen dieser Geräte: Durch z. B. zu hartes Aufsetzen der Transportpalette oder zu hohe Vibrationen bei der Luft- und/oder Seefracht.

Diese Ursachen haben Einfluss auf die Lebensdauer der Röntgenröhre und bestimmen die Zeit, wann die Röhre getauscht wird und das Gerät neu kalibriert werden muss. Bildlich gesehen heißt das: Jede Toleranzüberschreitung des Datenblattes oder der normale

Betrieb der Röhre verkürzt die Lebensdauer der Röntgenröhre und irgendwann muss diese erneuert werden.

In der Regel werden heute deswegen die Röntgenfluoreszenzgeräte systematisch mindestens einmal pro Jahr nach einem Wartungsplan gewartet. Oftmals passiert es dabei, dass die Wartung entweder nicht notwendig ist oder dass vor der Wartung der Worst Case eintritt und das Gerät aufgrund von Überbeanspruchung oder nicht sachgerechter Behandlung ungeplant ausfällt.

In den neuen Generationen der Röntgenfluoreszenzgeräte werden deshalb zukünftig prädiktive Algorithmen zur Wartungsvorhersage eingesetzt. Dazu ist jedoch nötig, dass auch entsprechende Sensorik, Hardware, Algorithmen und SW (HMI) in das Röntgenfluoreszenzgerät integriert werden.

Wesentliche Sensoren zur Erfassung der Zustandsgrößen für einen prädiktiven Röntgenfluoreszenzalgorithmus sind z. B. Temperatursensor, Drucksensor, Beschleunigungssensor, Luftfeuchtigkeitssensor, Hardware- und softwaremäßige Maßnahmen zu Zählratenbestimmungen.

Hat man diese Sensoren integriert, erfolgt die Definition der Datenbasis für die Lernmuster sowie deren entsprechende Datenerfassung (siehe hierzu Abb. 4.24).

Wichtig sind dabei die für die Prädiktion zutreffenden Merkmale zu erfassen und zu katalogisieren. Den Mustern werden definierte Sollzustände bezüglich der zu entscheidenden Prädiktion zugewiesen.

Anschließend werden die Muster und Sollzustände einem Klassifikator mit dem Ziel, beispielsweise das nächste Wartungsintervalls innerhalb gegebener Grenzen vorherzusagen, eingelernt.

Das Einlernen selbst ist einer der aufwendigsten Entwicklungsschritte. Zur Stabilisierung der Prädiktion müssen im laufenden Einsatz immer wieder neue Messdaten nachgelernt werden. Unter Berücksichtigung der oben aufgeführten Punkte ist leich einzusehen, welcher Aufwand für die Entwicklung eines funktionierenden Prädiktors notwendig ist. Denkt man auch noch an den globalen Einsatz der Geräte in Ländern mit unterschiedlichsten klimatischen Bedingungen, so wird einem das Ausmaß der notwendigen Entwicklungsarbeiten erst recht deutlich.

Genau daran scheitern heute oft kleinere mittelständische Unternehmen, die sich zum Teil vorstellen, die Prädiktion so im ‚Vorbeigehen' zu erledigen. Genau das funktioniert aber nicht!

4.11   Zusammenfassung von KI

In dem Kapitel ‚Künstliche Intelligenz ' ging es darum, ein klareres Bild über KI zu schaffen und welche Rolle KI innerhalb Industrie 4.0 bezüglich einer Systemintegration hat sowie ein tiefergehendes Verständnis von KI und seinen Möglichkeiten zu erwerben.

Folgende Themen wurden behandelt:

- Künstliche Intelligenz und ihre Geschichte
- Definition von Künstlicher Intelligenz
- Struktur von KI und Klassifikatoren
- Signalverarbeitung und Mustererzeugung als Vorstufe von KI-Maschinenlernen
- Beispiel zur KI-Bildverarbeitung
- Beispiel eines KI-Expertensystems
- KI und Künstliche Neuronale Netzwerke
- Lernverfahren für Neuronale Netzwerke
- Backpropagation Algorithmus
- Adaptive Lernalgorithmen
- Beispiel und Voraussetzungen für vorhersagende Wartung oder Predictive Maintenance

Dabei wurde ausgehend von der Geschichte der KI und deren Strukturierung bis hin zu Klassifikationsmethoden von Künstlichen Neuronalen Netzwerken (KNN) und deren Lernverfahren dargestellt. Es wurden typische Beispiele für die drei Säulen – Maschinenlernen, Lernen von Symbolen, Evolutionäre Algorithmen – der Künstlichen Intelligenz erläutert. Zur Verdeutlichung wurden die Beispiele relativ einfach gehalten, dennoch ist eine gewisse Komplexität nicht zu vermeiden. Anhand der Lernverfahren wird aufgezeigt, dass die gesamte KI-Thematik komplett auf stringenter Mathematik beruht und es keinen Anlass gibt daraus einen Hype zu machen und vor allem Ängste hervorzurufen, die auf emotionalem Halbwissen beruht. Alles was klassifiziert und eingelernt wird basiert auf menschlichem Wissen, insofern sind auch lernende Algorithmen nur der Denkarbeit des Menschen zu verdanken.

Zusammengefasst heißt das: Weg mit dem KI-Hype und hin zur richtigen Handhabung und Einordnung dieses so wichtigen und populären Themas, so dass Sie zum geschätzten Gesprächspartner im beruflichen und privaten Umfeld werden.

Literatur

1. Beatrice Nolan, 18.Jun 2023 Home>Wirtschaft >Internationaler Business> die drei größten Ängste vor künstlicher Intelligenz- und was dran ist
2. Newell & Simon 1976, S. 116 und Russel & Norwig 2003 S. 18
3. Newell, Allen; Simon, H. A. (1963),GPS: Ein Programm, das menschliches Denken simuliert, in Feigenbaum, E.A.; Feldman, J. (Hrsg.), Computer und Denken, New York: McGraw-Hill
4. . Newell, Allen; Simon, H. A (1976), Computer Science as Empirical Inquiry: Symbols and Search, Mitteilungen der ACM, 19 (3): 113–126, https://doi.org/10.1145/360018.360022
5. J. McCarthy, Dartmouth College, M. L. Minsky, Harvard University, N. Rochester, I.B.M. Corporation C.E. Shannon, Bell Telephone Laboratories; EIiN VORSCHLAG FÜR DIE DARTMOUTH SOMMER-FORSCHUNGSPROJEKT ÜBER KÜNSTLICHE INTELLIGENZ, 31. August 1955; Dieses Dokument wurde mit dem LaTeX2HTML-Übersetzer Version 96.1 (5. Februar 1996) erstellt Copyright © 1993, 1994, 1995, 1996, Nikos Drakos,

Computer Based Learning Unit, University of Leeds. Die Befehlszeilenargumente waren: la-tex2html dartmouth.tex. Die Übersetzung wurde initiiert von John McCarthy am Wed Apr 3 19:48:31 PST 1996

6. Texas Instruments: Chip TMS320C1x, 16-Bit-Festkomma-DSPs der ersten Generation. Alle Prozessoren dieser Serie sind codekompatibel mit dem TMS32010

7. *McNeill, Daniel; Freiberger, Paul (25. Februar 1993).* Fuzzy-Logik: Die Entdeckung einer revolutionären Computertechnologie – und wie sie unsere Welt verändert. Prüfstein-Bücher. ISBN 978-0671738433. LCCN 92042631. OCLC 894862117. OL 1737492M – *über* Internet Archive.

8. Heinrich Niemann: Klassifikation von Mustern ISBN 978-3-824-47517-7 (1983)

9. Kai Pascal Beerlink Referent Künstliche Intelligenz Bitkom e. V.: Künstliche Intelligenz im Bitkom auf einen Blick;

10. https://www.microsoft.com/de-de/ai/ai-platform; Letzter Zugriff am 11.7.23

11. THWS Künstliche Intelligenz Schwache vs. Starke KI – eine Definition; Technische Hoch-schule Würzburg-Schweinfurt (thws.de), Letzter Zugriff am 11.7.23

12. Wolfgang Babel, Industrie 4.0, China 2025, IoT, Springer Vieweg, ISBN 978-3-658-34717-8

13. Karl Walter Bonfig und 10 Mitautoren: SENSORIK, Band 7; Neuro-Fuzzy; expert Verlag, ISBN 3-8169-1172-2

14. Daniel Binggeli; Puzzle ITC, 21. November 2016: Machine Learning: Einsatz von Bay-es'schen Klassifikatoren

15. Praktikumsversuch Mustererkennung: A. Fenske und H. Burkhardt; https://www. bing.com/search?q=Kettencode&form=ANSPH1&refig=9bf9cdf375a14019aa-c1ef5bb4a862c2&pc=ENTPSP; Kettencode – Suchen (bing.com); Letzter Zugriff am 12.7.2023

16. B. Bassmann and P. W. Besslich. Konturorientierte Verfahren in der digitalen Bildver-arbeitung. Springer-Verlag, Berlin, 1989.

17. bigdata-insider.de Was ist ein Expertensystem? 25. Apr. 2019 Expertensysteme arbeiten mit Künstlicher Intelligenz. https://www.bigdata-insider.de/was-ist-ein-expertensystem-a-819539; Letzter Zugriff am 16.11.2023

18. Computer Weekly; Was ist Expertensystem? – Definition von WhatIs.com; https://www.com-puterweekly.com/de/definition/Expertensystem; Letzter Zugriff am 12.7.23

19. Warren McCulloch und Walter Pitts: Ein logisches Kalkül der Ideen, die der nervösen Aktivi-tät immanent sind. In: Bulletin of Mathematical Biophysics, Bd. 5 (1943), S. 115–133, ISSN 0007-4985

20. B. Widrow: An adaptive ‚ADALINE' Neuron using Chemical ‚Memistors', technical Report 1552-3; *17. October 1960*

21. H. Szu, G. Rogers, Juli 1992; Verallgemeinertes McCullouch-Pitts-Neuronenmodell mit Schwellendynamik, https://doi.org/10.1109/IJCNN.1992.227119, Quelle: IEEE Xplore; Kon-ferenz: Neuronale Netze, 1992. IJCNN., Internationale Gemeinsame Konferenz zum Thema Band 3

22. Werner Kinnebrock: Neuronale Netze: Grundlagen, Anwendungen, Beispiele. R. Oldenbourg Verlag, München 1994, ISBN 3-486-22947-8

23. Jürgen Schmidhuber: Deep learning in neural networks: An overview. In: Neural Networks. 61, 2015, S. 85–117. ArXiv

24. VUGAR E. ISMAILOV Abstract. In 1987A THREE LAYER NEURAL NETWORK CAN REPRESENT ANY MULTIVARIATE FUNCTION VUGAR E. ISMAILOV Abstract. In 1987; https://arxiv.org/pdf/2012.03016.pdf; Letzter Zugriff am 14.7.2023

25. Detelf Nauck, Frank Klawonn, Rudolf Kruse: Neuronale Netze und Fuzzy-Systeme; Grund-lagen des Konnektionismus, Neuronaler Fuzzy-Systeme und der Kopplung mit wissens-

basierten Methoden, Springer Vieweg-Verlag, 1994; Neuronale Netze und Fuzzy-Systeme: Grundlagen des Konnektionismus, Neuronaler Fuzzy-Systeme und der Kopplung mit wissensbasierten Methoden|SpringerLink; Letzter Zugriff am 16.11.2023

26. Wolfgang Babel: Einsatzmöglichkeiten neuronaler Netze in der Industrie, Mustererkennung anhand überwachter Lernverfahren mit Beispielen aus Verkehrs- und Medizintechnik; Expert Verlag, 1997 ISBN 3-8169-1404-7

27. B. Widrow, S.D. Stearns: Adaptive Signal Processing; Englewoof Cliffs, NJ-Prentice-Hall, 1985

28. N. Wiener; Extrapolation, Interpolation and Smoothing of Stationary Time Series, with Engineering Aopplications. New York: Wiley 1949

29. R, Unbehauen; Systemtheorie; 5. Auflage; R. Oldenburg Verlag, München Wien 1990

30. D.E. Rumelhart, G.E. Hilton, R.J. Williams; Learning Internal Representations by Error Backpropagation. In D.E Rumelhart and J.L. McClelland editors, Parallel Distributed Processing, vol. 1, ch 8,The MIT Press, Cambridge, MA, 1986

31. S. Roy, J.J Shink: Analysis of Momentum LMS Algorithm; IEEE Trans. Neural Network, Vol. 1, No. 3, Sept. 1990

32. B. Widrow, M.A. Lehr: 30 Years od adaptive Neural Networks; Perceptron, MADALINE, and Backpropagation Porceedings oft he IEEE, Vol. 78, NO. 9, 9/90

33. S.E. Fahlmann: Faster Learning Variations on Back-Propagation: An Empirical Study. Proc. of the 1988 Connectionist Models Summer School pp. 38–51, Morgan Kaufman, San Mateo, CA, 1988

34. G.Tesauro, B. Janssens: Scaling Relationships in Backpropagation Learning. Vomplex Systems, vol. 2, pp. 39–44, 1988

35. R.A. Jacobs: Increase Rates of Convergence Through Learning Rate Adaption. Neural Networks, vol. 1, pp. 229–307, 1988

36. A.A. Minal, R.D. Williams: Back-propagation Heuristics: A study oft he Extended Delta-Bar-Delta Algorithm. Proc. of the IJCNN-90-San Diego, vol. I, pp. 595–600, 1990

37. J.J. Shynk, S. Roy: THE LMS ALGORITHM WITH MOMENTUM UPDATING; Proc. Of ISCAS'88, pp. 2651–2654, 1988

38. Sato: Ann Analytical Study of the Momentum Term in a Backpropagation Algorithm, Proceedings of the 1991 International Conference of Artificial Neural Networks, (ICANN-91 Espoo, Finland, 24.28 Jube, 1991, Volume 1)

39. R.A. Jacobs: Increased Rates of Convergence Through Learning Rate Adaption, Neural Networks, Vol. 1, pp. 295–307, 1988

40. How Much Does Predicitve Maintenance Save You Money? https://www.oemupdate.com/feature/how-predictive-maintenance-saves-money; Letzter Zugriff am 16.11.2023

41. Paul Balzer: 22.12.2015, Motorblock; https://www.cbcity.de/alpha-beta-filter-der-kleine-bruder-vom-kalman-filter; Letzter Zugriff am 16.11.2023

Internet of Things – IoT

5

Mit IoT (IIoT) ist insbesondere der Aspekt gemäß Industrie 4.0 angesprochen, dass alle Maschinen, Menschen, Sensoren (RFID), Roboter miteinander kommunizieren und Informationen zur gegenseitigen Unterstützung sowie Optimierung von Prozessen austauschen und dabei global über das Internet verbunden sind.

Unter IoT versteht man oftmals zahlreiche moderne Geräte, die sich über das Internet einbinden lassen. Hierzu gehören Heizungen und Lichtschalter, Autos und Garagentore sowie diverse Haushaltsgeräte, die sich im Rahmen von Smart Home von überall her steuern und bedienen lassen. Einige Geräte können auch den Nutzer warnen, zum Beispiel wenn sich die Temperatur im Haus oder in der Wohnung merklich verändert. Bevor Sie nach Hause kommen, können Sie die Heizung oder das Licht von unterwegs anschalten.

Das ‚IIoT' oder industrielle Internet of Things ist unter den gleichen Randbedingen ebenfalls auf das Internet fokussiert und wurde von der deutschen Industrie eingeführt. In Industrie 4.0 versteht man hier die Überwachung und Steuerung von Funktionen in der Produktion, Fertigungsstandorten und der mit dem Internet vernetzten Fertigung. Die Steuerung muss nicht vor Ort, sondern kann auch aus der Ferne erfolgen. Es lassen sich detaillierte Daten in Echtzeit gewinnen, verarbeiten und auswerten. Die Transparenz einer ganzen Lieferkette kann sichergestellt werden. Hierfür werden Fahrzeuge, Container, Kisten oder Paletten mit automatischen Identifikationsketten ausgestattet (RFID). Des Weiteren kann über das IIoT eine GPS-fähige Verbindung hergestellt werden, die jederzeit die aktuellen Positionen anzeigen und die Wegstrecken verfolgen kann. IoT und IIoT haben die komplette Internetvernetzung gemeinsam [56].

Seit 2013 wird für die Automatisierungstechnik der Begriff Industrie 4.0 und mit ihm IIoT (Industrial Internet of Things) geprägt. Zunächst wird der Überblick über IoT (IIoT) gegeben. Im weiteren Verlauf werden im Zusammenhang mit dem Ethernet-Protokoll die Internetprotokolle IPv4 und IPv6 besprochen.

© Der/die Autor(en), exklusiv lizenziert an Springer Fachmedien Wiesbaden GmbH, ein Teil von Springer Nature 2024
W. Babel, *Systemintegration in Industrie 4.0 und IoT,*
https://doi.org/10.1007/978-3-658-42987-4_5

5.1   Geschichte von IoT und IIoT

IoT [1, 2] oder heute auch IIoT (Industrielles IoT oder Allesnetz) war lange vor Industrie 4.0 das Thema für Vernetzungs- und Kommunikation- Strukturen. Selbst wenn einige Themen bezüglich des Datenschutzes und der Datenerfassung (auch bei autonomen Fahrzeugen) bei IoT kritisch zu sehen sind, beinhaltete die damalige IoT-Strategie schon die nun ‚wiederbelebten' Ideen von Industrie 4.0 und ‚Made in China 2025'.

Das Internet of Things (IoT) oder das ‚Allesnetz' stammt von Kevin Ashton aus dem Jahre 1999 [3, 4] und tauchte somit weit vor Industrie 4.0 auf.

IoT wurde in Anlehnung an das Internetzeitalter proklamiert. IoT ist zusammengefasst ein Sammelbegriff für Technologien für eine globale Informationsinfrastruktur, die es erlaubt, physische und virtuelle Gegenstände, d. h. Maschinen, Computer, Sensoren, Systeme miteinander über das Internet zu vernetzen. Das ‚Allesnetz' ist somit in der Lage, plattformunabhängig mittels Informations- und Kommunikationsstrukturen zusammenzuarbeiten. Heute wird es in Industrie 4.0 bezüglich der Automatisierung auch oft als IIoT (Industrielles Internet of Things) bezeichnet. Das Internet ermöglicht die Nutzung von Internetdiensten wie WWW, E-Mail und FTP (File Transfer Protocol). Dabei kann sich jeder Rechner mit jedem anderen Rechner verbinden. Der Datenaustausch zwischen den über das Internet verbundenen Rechnern erfolgt über die technisch normierten Internetprotokolle. Die Technik des Internets wird durch die RFCs (Request for Comments) der Internet Engineering Task Force (IETF) beschrieben. Ein wichtiger Aspekt ist, dass Local Area Networks (LANs) über Internet miteinander verbunden werden.

Die Verbreitung des Internets hat zu umfassenden Änderungen in vielen Lebensbereichen geführt. Es war Basis zu einem Modernisierungsschub in vielen Wirtschaftsbereichen sowie zur Entstehung neuer Wirtschaftszweige. Auch hat das Internet einen grundlegenden Wandel des Kommunikationsverhaltens nach sich gezogen und eine neue Welt der Mediennutzung geschaffen.

Der Begriff vom Internet der Dinge kam zwar erstmals 1999 auf, die Ursprünge des IoT gehen jedoch bereits zurück ins Jahr 1968 und sind eng verknüpft mit dem Ethernet, wie wir sehen werden.

Denn bereits im Jahr 1968 hat Richard („Dick") Morley erstmals sogenannte Programmable Logic Controller (PLC) oder Speicherprogrammierbare Steuerungen (SPS) entworfen – als spezielle Industriecomputer zur Steuerung von Fertigungsprozessen in Industriemaschinen. Das bedeutet, auch damals gab es schon eine vernetzte Fertigung.

Wie in meinem Buch ‚Industrie 4.0, China 2025, IoT' Springer Vieweg, ISBN 978-3-658-34717-8 ausführlich beschrieben, zeigt Abb. 5.1 die wesentlichen Meilensteine der Geschichte bezogen auf IoT und IIoT.

Hinsichtlich IoT sind bei den vernetzten SPS und deren implementierten Funktionen, Interaktionen zwischen Menschen und beliebig vernetzten Maschinen, Robotern, Computern und Fertigungslinien in Kombination möglich.

Diese Art der Kommunikation, so schon damals Morley, kann den Menschen bei seinen Tätigkeiten entscheidend unterstützen: Seitdem ermöglichen immer kleiner wer-

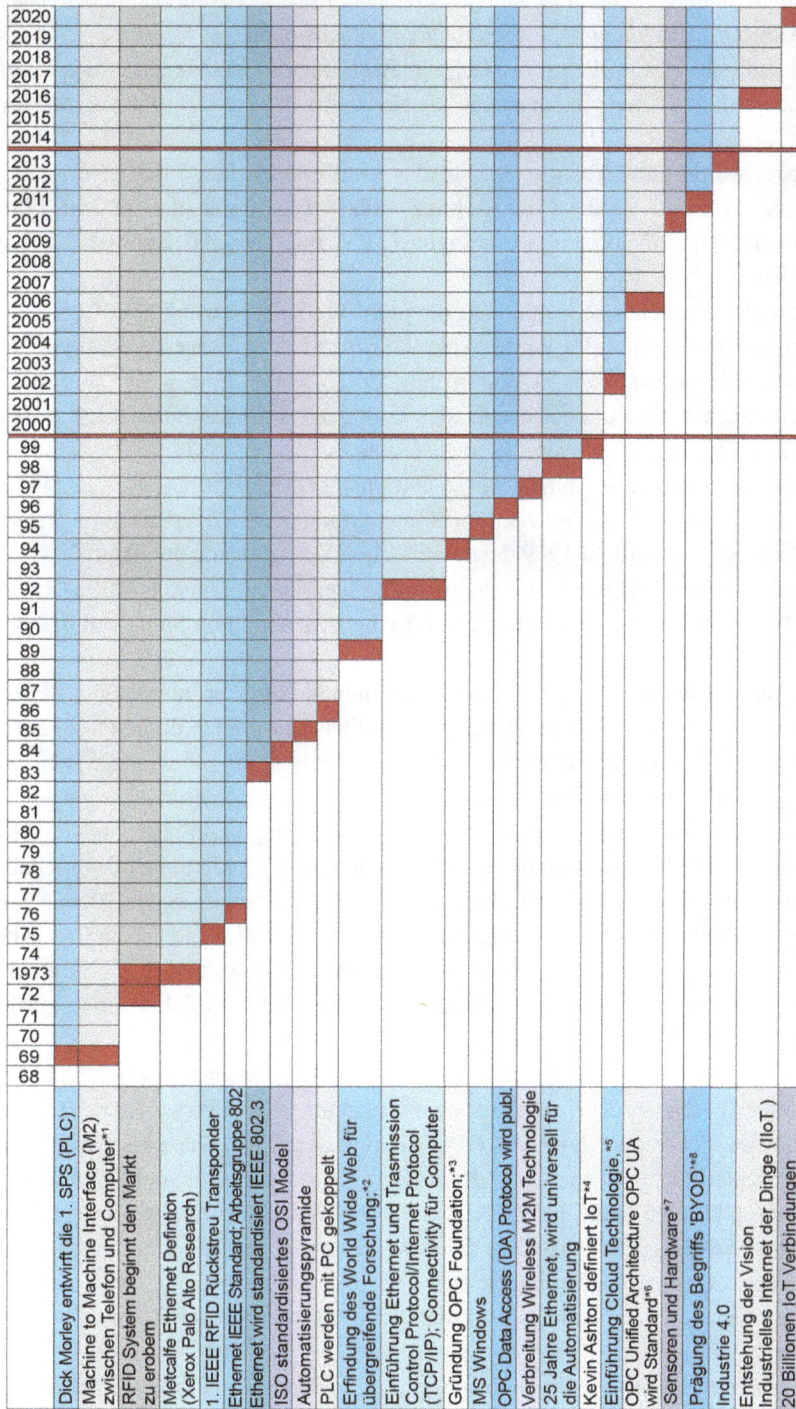

Abb. 5.1 Geschichte von IoT und IIoT [4, 5]

dende Computer zunehmend mehr Leistung bei gleichem Platzbedarf und erlauben heute bereits eine Vernetzung in kaum noch vorstellbaren Dimensionen.

Später bildeten die PLC (SPS) eine wichtige Basis für die Maschine-zu-Maschine-Vernetzung auch M2M-Vernetzung genannt, wie sie bereits theoretisch 1968 von Morley definiert war.

In der Praxis wurde diese Theorie (M2M) allerdings erst im Jahr 1983 angewendet, als der Ethernet-Standard für die Computernetzwerke definiert war und im Jahr 1986 erstmals Speicherprogrammierbare Steuerungen (SPS) mit Personal Computer (PCs) vernetzt wurden.

Den entscheidenden Schub jedoch erhielt die umfassende Vernetzung aller Geräte im Jahr 1989 mit der Konzeption des World Wide Webs durch Tim Berners-Lee sowie der Einführung des Internet-Protokolls TCP/IP im Jahr 1992.

Beides zusammen bildete die entscheidenden Grundlagen für das Internet und somit auch für IoT und IIoT in der heutigen Automatisierung.

Bis zur Idee des Internet of Things war es dann nicht mehr weit: Die Erfindung des Begriffs für ein Netzwerk aller möglicher übers Internet miteinander verbundenen Geräte und „Dinge" wurde dann im Jahr 1999 durch den Briten Kevin Ashton publiziert.

In diesem Zusammenhang wurde die automatische Identifikation mittels RFID (Radio Frequency Identification) [6, 7] als Grundlage für eine Vernetzung im Sinne von IoT gesehen.

RFID war nur ein Vorläufer von IoT, da die Kommunikation über Internet gemäß den Definitionen von Kevin Ashton fehlte. Allerdings erfüllten Sensoren in der Feldebene der Automatisierung (z. B. Automotive in der Fertigung in Verbindung mit den SPS oder im Fahrzeug) schon lange vor der Einführung des Internets die Anforderungen einer kompletten Vernetzung. Durch Erfassen von Zuständen, Auswertung und Einleitung von Aktionen via Aktoren erfüllten sich schon damals wesentliche Anforderungen des im Jahr 1999 proklamierten IoT. Hinzu kommt, dass auch das Internet bereits in den 70ern seine Anfänge parallel zur Ethernet Entwicklung hatte. Generell war die Idee von IoT im Jahr 1999 u. a. automatisch Informationen von Prozessen in der Umwelt oder Fabrik zu erfassen, miteinander zu verknüpfen und dem Internetnetzwerk für die lokale und globale Weiterverarbeitung zur Verfügung zu stellen.

Durch das Internet können solche Informationen weltweit zwischen lokalen und globalen Standorten (LANs) und Produktionslinien ausgetauscht und verwertet werden, so wie es bereits heute über die Cloud und OPC UA realisiert wird. Die zwischen Standorten ausgetauschten Daten können vom Benutzer z. B. zur Früherkennung durch prädiktive Wartung oder zum rechtzeitigen Austausch von Maschinenersatzteilen zur Verhinderung eines Ausfalls von Fertigungslinien ausgewertet werden. Sie können auch zur Verbesserung der Fabrikbedingungen oder Prozessabläufen herangezogen werden. Heute spricht man von ‚prädiktiver Wartung' oder ‚Predictive Maintenance' (siehe Abschn. 4.10).

In einem weiteren Schritt können digitale Services als Teil des IoT die Parametrierung der Geräte erleichtern und verbessern.

Es bleibt festzuhalten, dass mit der Einführung der Cloud Technologie in 2003 und von OPC UA in 2007 das IoT zum globalen Vernetzungswerkzeug auf Internetbasis wurde.

In 2020 umfasste das IoT – je nach Studie und Schätzung – zwischen 18 und 22 Mrd. Maschinen, Smartphones, Computer und sonstige Geräte. Laut Studie des US-Marktforschers Strategy Analytics sollen bis 2025 weitere 10 Mrd. hinzukommen [4].

Wichtig bei IoT sind für Teilnehmer, die im IoT integriert sind [7, 2]:

- Standardisierung der Komponenten und vorhandene Dienste im IoT
- Einführung einer einfachen, sicheren und generellen Netzwerkanbindung für alle Geräte mit mindestens einem µ-Controller
- Reduktion der Gerätekosten, Inbetriebnahme-Kosten, Anschlusskosten, Wartungskosten
- Entwicklung von kostenarmen, automatisierten (bis hin zu autonomen) digitalen Services im Netzwerk durch Vorteile der Netzbenutzung

Das IoT unterscheidet sich von der ‚Selbststeuerung logistischer Prozesse‘, die u. U. keine Internetstrukturen verlangen. Dennoch werden in der Forschung und Entwicklung fast immer beide Konzepte verknüpft.

Tatsache ist, dass IoT und Industrie 4.0 unmittelbar zusammenhängen, insbesondere ist das Internetprotokoll in seinen Versionen IPv4 und IPv6 in Industrie 4.0 ein prägendes Kommunikationsprotokoll. Beide Internetprotokolle werden wir ausführlich in Kap. 8 besprechen. Mit den Internetprotokollen kommt automatisch Ethernet hinzu, das in den meisten Fällen als Protokollframe für Internet dient.

Eines ist aber meines Erachtens. von hoher Bedeutung: Bereits vor 2000 hatte IoT den Ansatz, Information so weit wie möglich zu streuen, damit die Nutzung überall dort möglich wird, wo sie nützlich ist und bei Problemlösungen hilft. Ein Ansatz, der auch in Industrie 4.0 wiederzufinden ist.

5.2   Radio Frequency Identification – RFID

RFID war vom Gedanken her bezüglich intelligenter Sensorik ein Vorläufer des IoT, wenngleich ihm das Internet fehlte. Dennoch sei noch einmal in diesem Abschnitt etwas näher auf RFID eingegangen, da RFID zusammen mit der Internetkommunikation das IoT im Sinne von Kevin Ashton heute in vielen Automatisierungsanwendungen zum Einsatz kommt [5]. RFID-Systeme werden in der Feldebene der Automatisierung häufig eingesetzt. Aber auch im täglichen Leben ist wie wir sehen werden RFID eine dominante Technologie.

RFID bedeutet „Identifizierung mit Hilfe elektromagnetischer Wellen". RFID bezeichnet eine Technologie für Sender-Empfänger-Systeme zum automatischen und berührungslosen Identifizieren und Lokalisieren von Objekten und Lebewesen mit Radiowellen.

5.2.1   Geschichte von RFID

Interessant ist, dass die ersten RFID-Anwendungen bereits Ende des Zweiten Welt-
krieges im Luftkrieg zwischen Großbritannien und Deutschland eingesetzt wurden.
Dort diente ein Radar zur Freund-Feind-Erkennung [8, 9]. In den Flugzeugen und Pan-
zern waren Transponder und Leseeinheiten angebracht, um zu erkennen, ob die zu be-
schießende Stellung oder die anfliegenden Flugzeuge anzugreifen waren oder nicht. Bis
heute werden weiter entwickelte RFID-Systeme in den Armeen eingesetzt. Einmal mehr
setzte die Wehrtechnik die technologischen Akzente. Harry Stockman gilt als derjenige,
der die Grundlagen von RFID mit seiner Veröffentlichung „Communication by Means of
Reflected Power" im Oktober 1948 gelegt hat [9].

Anfang der 1970er Jahre wurde beispielsweise als eine von vielen proprietären
Lösungen die „Siemens Car Identification", kurz SICARID, entwickelt. Damit war
es möglich, zunächst Eisenbahnwagen und später Autoteile in der Lackiererei eindeutig zu identifizieren. Auch heute ist das noch eine aktuelle Aufgabenstellung in
Industrie 4.0.

Eingesetzt wurden diese Systeme es bis in die 1980er Jahre. Die Identifikationsträger
waren Hohlraumresonatoren, die durch das Eindrehen von Schrauben einen Datenraum
von 12 bit abdecken konnten. Abgefragt wurden sie durch eine lineare Frequenzrampe.
Diese Hohlraumresonatoren können als erste rein passive und elektromagnetisch abfrag-
bare Transponder betrachtet werden.

Ebenfalls In den 1970er-Jahren wurden die ersten einfachsten kommerziellen Vorläufer der RFID-Technik auf den Markt gebracht. Es handelte sich dabei um elektronische Warensicherungssysteme (Electronic Article Surveillance, EAS). Durch Prüfung auf
Vorhandensein der Kennung kann bei Diebstahl ein Alarm ausgelöst werden. Die Systeme basierten auf Hochfrequenztechnik bzw. niedrig- oder mittelfrequenter Induktions-
übertragung. Heute sind solche Systeme in Verbindung mit dem Internet gängig.

Der erste passive Rückstreu-Transponder (Backscatter-Transponder) der heute noch
verwendeten Bauart mit eigener digitaler Logikschaltung wurde 1975 kurz vor der Ether-
net-Einführung in einem IEEE-Dokument vorgestellt.

Das Jahr 1979 brachte zahlreiche neue Entwicklungen und Einsatzmöglichkeiten für
die RFID-Technik. Ein Schwerpunkt lag dabei auf Anwendungen für die Landwirtschaft,
wie beispielsweise Tierkennzeichnung, z. B. für Brieftauben, Kühe und Haustiere.

Transponder 125 kHz -seit 1980

Transponder wurden zu Beginn der Entwicklung um 1980 zunächst vorwiegend als „LF
125 kHz passive" produziert und eingesetzt. Danach waren ISOCARD- und CLAMS-
HELL-Card-Bauformen aus dem LF-125-kHz-Bereich die weltweit am häufigsten verwendeten Bauformen im Bereich Zutrittskontrolle und Zeiterfassung.

Des Weiteren wurden Bauformen in der 125-kHz Technologie produziert, die im
Autoschlüssel als Wegfahrsperre eingebaut sind oder als Implantate, Pansenboli oder

Ohrmarken zur Identifikation von Tieren dienen. Zudem gibt es die Möglichkeit zur Integration in Nägel oder PU-Disk-TAGs zur Palettenidentifikation, in Chipcoins (Abrechnungssysteme z. B. in öffentlichen Bädern) oder in Chipkarten (Zutrittskontrolle).

Im Bereich elektronischer Fahrscheine, elektronischer Geldbörse oder elektronischer Ausweise findet die 13,56-MHz-Mifare- bzw. -ICODE-Technologie nach Standards wie ISO 15693 Anwendung. Die Transponderchips werden unter anderem von NXP Semiconductors hergestellt. In diesem Bereich gibt es auch spezielle Transponder, die direkt in metallischen Objekten wie z. B. metallische Werkzeugen eingesetzt werden können. Der Aufbau basiert auf einem Wickelkörper für die Antennenspule und Träger für den Transponderchip.

Um den Transponder vor äußeren mechanischen Einflüssen und chemischen Medien zu schützen und für eine Einpressung in eine Lochbohrung mit 4 mm Durchmesser ausreichend haltbar zu machen, sind entsprechende Gehäuseformen verfügbar. Diese Transponder, die ebenfalls im 13,56-MHz-Band arbeiten, können allerdings aufgrund der abschirmenden Wirkung der metallischen Umgebung nur im Nahbereich ausgelesen werden.

Es ist dabei allgemein notwendig, das Auslesegerät und die Antennenspule in Form eines ca. 4 mm dicken Stiftes direkt auf den Transponder zu halten [10].

Gefördert wurde die Anwendung der RFID-Technik seit den 1980er Jahren besonders durch die Entscheidung mehrerer amerikanischer Bundesstaaten sowie Norwegens, RFID-Transponder im Straßenverkehr für Mautsysteme einzusetzen. In den 1990-ern kam die RFID-Technik, wie beispielsweise der E-ZPass, in den USA verbreitet für Mautsysteme zum Einsatz. Die E-ZPass Interagency Group besteht aus 38 Behörden und Einrichtungen in 16 US-Bundesstaaten die den Anwendern einen genormten Transponder zur automatischen Abrechnung der Maut zur Verfügung stellen.

In den 90er folgten neue Systeme für elektronische Schlösser, Zutrittskontrollen, bargeldloses Zahlen, Skipässe, Tankkarten, elektronische Wegfahrsperren und so weiter [9–11].

1993 wurde das Mautsystem die Technologie des E-ZPass auch in Südostasien (Singapore) eingesetzt.

Mit dem Grundsatzpapier von Ashton im Jahr 1999 wurde mit Gründung des Auto-ID-Centers am MIT die Entwicklung eines globalen Standards zur Warenidentifikation eingeläutet. Mit Abschluss der Arbeiten zum Electronic Product Code (EPC) wurde das Auto-ID Center 2003 geschlossen [12]. Gleichzeitig wurden die Ergebnisse neu gegründete EPCglobal Inc. übergeben. Die EPCglobal Inc. wurde von Uniform Code Council(UCC) und EAN International (heute GS1 US) gegründet. Die EPCglobal ist eine GS1-Initiative zur Entwicklung branchenorientierter Standards für den Electronic Product Code™ (EPC), mittels von Radio Frequency Identification (RFID). Ziel ist es die globale Sichtbarkeit von Artikeln (EPCIS) in den schnelllebigen, informationsreichen Handelsnetzwerken von heute zu ermöglichen.

Im Rahmen der Automatisierungstechnik und Zielsetzungen ist es im Jahre 2006 Forschern des Fraunhofer Instituts für Fertigungstechnik und Angewandte

Materialforschung (IFAM) in Bremen erstmals gelungen, temperaturunempfindliche RFID-Transponder in metallische Bauteile aus Leichtmetall einzugießen. Durch diese Verfahrensentwicklung ist es möglich, die herkömmlichen Methoden zur Produktkennzeichnung von Gussbauteilen durch die RFID-Technologie zu ersetzen und die RFID-Transponder direkt während der Bauteilherstellung im Druckgussverfahren in das Bauteil zu integrieren.

Tab. 5.1 gibt eine tabellarische Zusammenfassung der RFID-Historie.

Tab. 5.1 Historie von RFID

Anfang 1970 bis in die 80er	„Siemens Car Identification", kurz SICARID, wurde entwickelt. Damit war es möglich, zunächst Eisenbahnwagen und später Autoteile in der Lackiererei eindeutig zu identifizieren
1970er	Die ersten einfachsten kommerziellen Vorläufer der RFID-Technik auf den Markt gebracht. Es handelte sich dabei um elektronische Warensicherungssysteme (engl.Electronic Article Surveillance). Technik: Hochfrequenztechnik bzw. niedrig- oder mittelfrequenter Induktionsübertragung.
1975	Erster passiver Rückstreu-Transponder (Backscatter-Transponder) der heute noch verwendeten Bauart mit eigener digitaler Logikschaltung, kurz vor der Ethernet-Einführung in einem IEEE-Dokument vorgestellt
1979	Zahlreiche neue Entwicklungen und Einsatzmöglichkeiten für die RFID-Technik. Ein Schwerpunkt lag dabei auf Anwendungen für die Landwirtschaft, wie beispielsweise Tierkennzeichnung, z.B. für Brieftauben, Kühe und Haustiere
1980	„LF 125 kHz passive Transponder werden produziert und eingesetzt: ISOCARD- und CLAMSHELL-Card-Bauformen aus dem LF-125-kHz-Bereich sind die weltweit am häufigsten verwendeten Bauformen im Bereich Zutrittskontrolle und Zeiterfassung.
1980-1990	Bauformen produziert, die im Autoschlüssel eingebaut sind (Wegfahrsperre) bzw. als Implantate, Pansenboli oder Ohrmarken zur Identifikation von Tieren dienen. Zudem gibt es die Möglichkeit zur Integration in Nägel oder PU-Disk-TAGs zur Palettenidentifikation, in Chipcoins (Abrechnungssysteme z. B. in öffentlichen Bädern) oder in Chipkarten (Zutrittskontrolle).
80er	Starke Förderung der Technologie durch einige Bundesstaaten von USA und Norwegens
	Implantate, Pansenboli oder Ohrmarken zur Identifikation von Tieren dienen. Zudem gibt es die Möglichkeit zur Integration in Nägel oder PU-Disk-TAGs zur Palettenidentifikation, in Chipcoins (Abrechnungssysteme z. B. in öffentlichen Bädern) oder in Chipkarten (Zutrittskontrolle).
	Integration in Nägel oder PU-Disk-TAGs zur Palettenidentifikation,
	Integration in Chipcoins (Abrechnungssysteme z. B. in öffentlichen Bädern) oder in Chipkarten (Zutrittskontrolle).
ab 1985	13,56-MHz-Mifare- bzw. -ICODE-Technologie nach Standards wie ISO 15693 : (Transponderchips von NXP Semiconductors): Einsatz in Elektronischen Fahrscheinen, elektronische Geldbörsen oder elektronischer Ausweise.
	13,56-MHz-Mifare- bzw. -ICODE.- Spezielle Transponder, die direkt in . metallische Werkzeugen eingesetzt werden können. Der Aufbau basiert auf einem Wickelkörper für die Antennenspule und Träger für den Transponderchip.
1990er	Einführung der Mautsysteme auf Basis RFID: E-Zpass, der seit 1993 in USA und SEA zum Einsatz kam
1993	Einführung von Maudsystemen (E-Zpass) ind Nordosten der USA und Singapore
1999	Ashton läutete 1999 mit Gründung des Auto-ID-Centers am MIT die Entwicklung eines globalen Standards zur Warenidentifikation ein. Mit Abschluss der Arbeiten zum Electronic Product Code (EPC) wurde das Auto-ID Center 2003 geschlossen.
2006	Fraunhofer-Instituts für Fertigungstechnik und Angewandte Materialforschung (IFAM) in Bremen: Erstmals Eingießen von temperaturunempfindliche RFID-Transponder in metallische Bauteile aus Leichtmetall.

5.2.2   Technik von RFID und Integration ins Internet

Nachdem wir in der Geschichte von RFID schon einige technische Details angesprochen haben, erfolgt an dieser Stelle eine nähere Ausführung zur Technik von RFID.

Ein RFID-System besteht gemäß Abb. 5.2 technologisch aus einem Transponder (Funketikett), der sich am oder im Objekt bzw. Lebewesen befindet und einen spezifischen Code enthält. Weiterhin gehört zu einem RFID-System ein Lesegerät, das die Information des Transponders ausliest. Jeder kennt solche Systeme, wenn er beispielsweise durch die Ladentüren vieler Geschäfte geht und der Transponder am Kleidungsstück nicht abgemacht wurde: Das System schlägt Alarm. Bei einem passiven System strahlt das Lesegerät eine hohe Energie aus, mit welcher der Transponder versorgt wird.

Mittlerweile können RFID-Transponder so klein wie ein Mandarinen- oder Apfelkerne sein und bei Haustieren oder beim Menschen implantiert werden.

Die Vorteile der RFID-Technik ergeben sich aus der Kombination der geringen Größe, der unauffälligen Auslesemöglichkeit und dem geringen Preis der Transponder (teilweise im Cent-Bereich). Zum Beispiel kosten AZDelivery 20 X RFID Chips mit 13,56 MHz Transponder weniger als 6,50 €.

Seit November 2010 haben die neu eingeführten Personalausweise in Deutschland einen RFID-Transponder.

Die Kopplung zwischen Transponder und Lesegerät geschieht durch erzeugte magnetische Wechselfelder in geringer Reichweite oder durch hochfrequente Radiowellen.

Beim RFID-System werden nicht nur die Daten übertragen, sondern auch die Transponder mit Energie versorgt. Zur Erreichung größerer Reichweiten werden aktive Transponder mit eigener Stromversorgung eingesetzt, die jedoch mit erheblich höheren Kosten verbunden sind – Beispielsweise Verkehrsleitsysteme auf Autobahnen.

Integration von RFID in Industrie 4.0 und Internet
Das Lesegerät enthält eine Software, die den spezifischen Leseprozess steuert. Das Lesegerät hat auch eine RFID-Middleware, die Schnittstellen zu weiteren EDV-Systemen

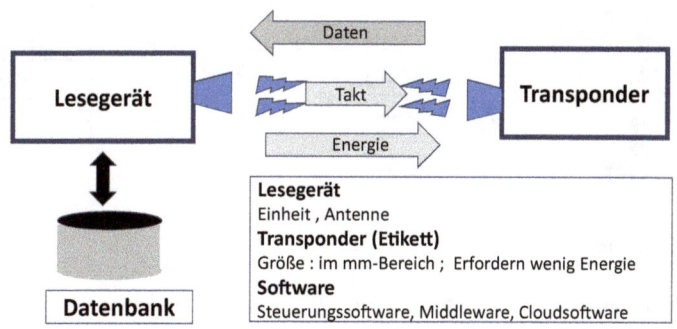

Abb. 5.2 RFID-System

bereitstellt. Heute kommunizieren derartige RFID-Systeme über das Internet. Abb. 5.3 zeigt hierzu eine typische Integration eines RFID-Systems in Industrie 4.0 und IoT.

Die entsprechenden Chips sind in der Automatisierung beispielsweise an Werkzeugträger, Werkstücken und Transporthaltern angebracht. Alle diese unterschiedlichen Gegenstände haben im Sinne IoT eine eindeutig zugewiesene Internetadresse und sind somit vielerorts voll in die von Kevin Ashton definierte IoT Welt integriert.

Die RFID-Transponder unterscheiden sich zunächst je nach Übertragungsfrequenz, Hersteller und Verwendungszweck voneinander. Der Aufbau eines RFID-Transponders sieht prinzipiell eine Antenne, einen analogen Schaltkreis zum Empfangen und Senden (Transceiver) sowie einen digitalen Schaltkreis und einen permanenten Speicher vor. Der digitale Schaltkreis ist bei vielen Modellen ein kleiner Mikrocontroller in Verbindung mit internetfähigen Bussystemen, z. B. PROFINET, EtherCAT, EtherNet/IP, Ethernet und die Internetprotokolle IPv4 oder IPv6 ist (siehe hierzu Abb. 5.2 und 5.3).

RFID-Transponder verfügen über Speicher, die mindestens einmal beschrieben werden können. Der Speicher enthält damit die unveränderliche Identität des RFID-Transponders. Werden mehrfach beschreibbare Speicher eingesetzt, können während der Lebensdauer weitere Informationen abgelegt werden.

Nach Anwendungsgebiet unterscheiden sich die sonstigen Kennzahlen, wie z. B. Taktfrequenz, Übertragungsrate, Lebensdauer, Kosten pro Einheit, Speicherplatz, Lesereichweite und Funktionsumfang.

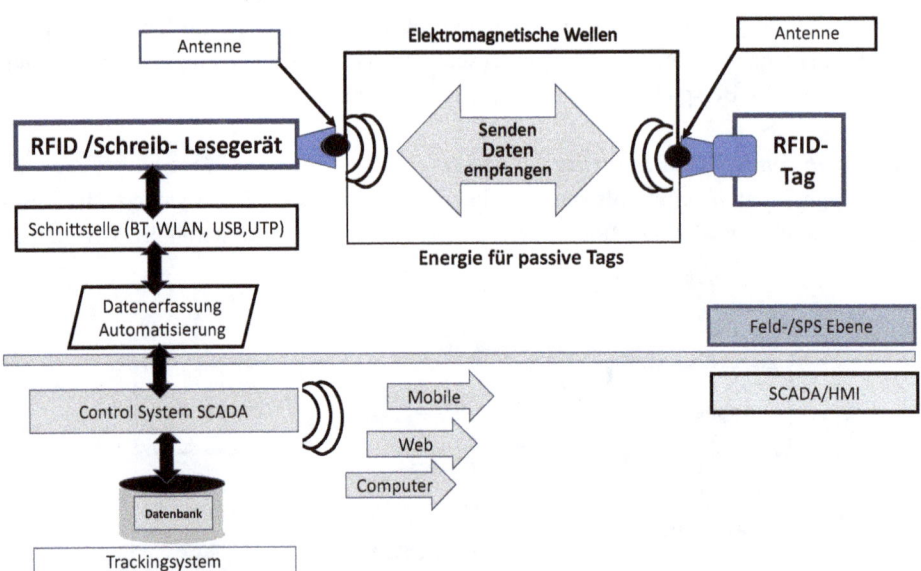

Abb. 5.3 Systemintegration RFID in Industrie 4.0 und IoT – Feldebene -SPS-Ebene-SCADA-System

5.2.3   Funktionsweise von RFID

Energieversorgung

Es werden passive und aktive Transponder unterschieden. Das deutlichste Unterscheidungsmerkmal ist dabei die Art der Energieversorgung für die RFID-Transponder. Abb. 5.4 zeigt die wesentlichen Unterschiede von passiven, semi-aktiven und aktiven RFID-Systemen.

Passive RFID-Transponder

Passive RFID-Transponder versorgen sich aus den Funksignalen des Lesegerätes. Mit einer Spule als Empfangsantenne wird durch Induktion ähnlich wie in einem Transformator ein Kondensator aufgeladen, der es ermöglicht, die Antwort in Unterbrechungen des Abfragesignals zu senden. Das erlaubt einen empfindlicheren Empfang des Antwortsignals, ungestört von Reflexionen des Abfragesignals von anderen Objekten. Bis allerdings genug Energie für ein Antwortsignal bereitsteht, vergeht eine Latenzzeit. Die geringe Leistung des Antwortsignals beschränkt die mögliche Reichweite. Aufgrund der geringen Kosten pro Transponder sind typische Anwendungen jene, bei denen viele Transponder gebraucht werden – beispielsweise zur Auszeichnung von Produkten oder zum Identifizieren von Dokumenten. Oft geschieht das mit Reichweiten von lediglich wenigen Zentimetern, um die Zahl der antwortenden Transponder klein zu halten.

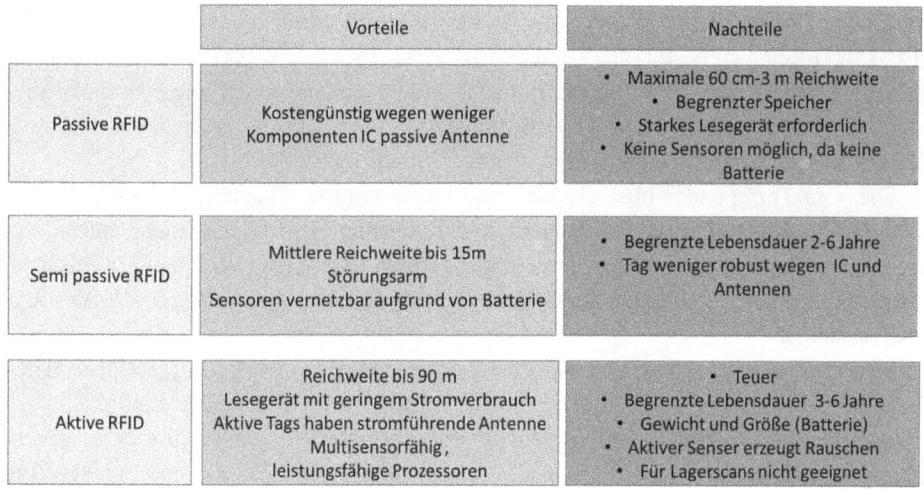

Abb 5.4 Unterschiede von passiven, semi-aktiven und aktiven RFID-Systemen

Aktive RFID-Transponder

Aktive RFID-Transponder mit eigener Energieversorgung ermöglichen höhere Reichweiten, geringere Latenzen, einen größeren Funktionsumfang, etwa eine Temperaturüberwachung von Kühltransporten, verursachen aber auch erheblich höhere Kosten pro Einheit. Deswegen werden sie dort eingesetzt, wo die zu identifizierenden oder zu verfolgenden Objekte selbst teuer sind, z. B. bei wiederverwendbaren Behältern in der Containerlogistik (für See-Container bisher nur vereinzelte Einführung, noch keine weltweit wirksame Übereinkunft) oder bei Lastkraftwagen im Zusammenhang mit der Mauterfassung.

Batteriebetriebene Transponder befinden sich meist im Schlafmodus und senden keine Informationen aus, bevor sie nicht durch ein spezielles Aktivierungssignal aktiviert (getriggert) werden. Das erhöht die Lebensdauer der Energiequelle auf Monate bis Jahre.

Die aktiven RFID-Transponder nutzen ihre Energiequelle sowohl für die Versorgung des Mikrochips als auch für das Erzeugen des modulierten Rücksignals. Die Reichweite kann – je nach zulässiger Sendeleistung – einige Kilometer betragen.

Semi-aktive RFID-Transponder

Semi-passive RFID-Transponder sind sparsamer, denn sie besitzen keinen eigenen Sender, sondern modulieren lediglich ihren Rückstreukoeffizienten. Die Reichweite ist abhängig von Leistung und Antennengewinn des Senders und auf maximal 100 m reduziert. Die anderen Vorteile gegenüber passiven Transpondern bleiben erhalten.

Die Übertragung der Ident-Information erfolgt bei Systemen, die nach ISO 18000-1 ff.. genormt sind, folgendermaßen: Das Lesegerät (Reader), das je nach Typ ggf. auch Daten schreiben kann, erzeugt ein hochfrequentes elektromagnetisches Wechselfeld, dem der RFID-Transponder ausgesetzt wird. Die ISO/IEC 18000-1:2004 [13] definiert die Parameter, die in jeder standardisierten Luftschnittstellendefinition der ISO/IEC 18000-Reihe zu bestimmen sind. Die Teile von ISO/IEC 18000 enthalten die spezifischen Werte für die Definition der Luftschnittstellenparameter für eine bestimmte Frequenz oder einen bestimmten Typ von Luftschnittstellen, anhand derer die Konformität (oder Nichtkonformität) mit ISO/IEC 18000-1:2004 festgestellt [13].

Die vom Transponder über die Antenne aufgenommene Hochfrequenzenergie dient während des Kommunikationsvorganges als Stromversorgung für den Transponder-Chip. Bei aktiven Tags kann die Energieversorgung durch eine eingebaute Batterie erfolgen. Bei semi-aktiven Tags übernimmt die Batterie lediglich die Versorgung des Mikrochips im Transponder.

Der so aktivierte Mikrochip im RFID-Tag decodiert die vom Lesegerät gesendeten Befehle. Die Antwort codiert und moduliert das RFID-Tag in das eingestrahlte elektromagnetische Feld durch Feldschwächung im kontaktfreien Kurzschluss oder gegenphasige Reflexion des vom Lesegerät ausgesendeten Feldes. Damit überträgt das Tag seine Seriennummer, weitere Daten des gekennzeichneten Objekts oder andere vom Lesegerät abgefragte Information. Wichtig ist, dass das Tag selbst also kein Feld erzeugt, sondern nur das elektromagnetische Sendefeld des Lesegerätes beeinflusst.

Frequenzbänder LW, MW, HF, UHF, SHF

Die RFID-Tags arbeiten gemäß Tab. 5.2 bei definierten zugelassenen RFID Frequenzen mit *ISM-Bändern* (**I**ndustrial, **S**cientific, **M**edical), die europaweit oder international freigegeben:

Bei passiven Tags ist die Beleuchtungsfeldstärke durch die Lesegeräte etwa um den Faktor 1000 höher als die Sendefeldstärke aktiver Tags (Empfang durch Lesegeräte). Die Frequenz der reflektierten Welle ist die Sendefrequenz des Lesegerätes.

Frequenzbeeinflussung Reflexion/gerichtete bzw. ungerichtete Streuung (Backscatter): Die Frequenz der reflektierten Welle ist die Sendefrequenz des Lesegerätes. Es gibt Dämpf*ung*smodulation, wobei durch den Transponder das Feld beeinflusst werden kann.

Der häufigste Anwendungsfall ist die induktive Nahfeldkopplung. Eine kapazitive Kopplung ist seltener. Mit der induktiven Kopplung erfolgt auch die Energieübertragung über das Nahfeld der Spulen (Ferritantennen) des Lesegerätes und im Transponder. Diese Kopplung ist bei Frequenzen von 135 kHz (ISO 18000-2) und 13,56MHz (ISO 18000-3) sowie für 13,56 MHz NFC (ISO 22536) üblich [13].

Elektromagnetische Dipolfelder für die Fernfeldkopplung: Datenübertragung und oft auch die Energieversorgung erfolgen meistens über Dipolantennen oder Spiralantennen. Diese Kopplung ist üblich bei Frequenzen von 433 MHz (ISO 18000-7), bei 868 MHz (ISO 18000-6) und bei 2,45 GHz (ISO 18000-4).

Tab. 5.2 RFID-Tag-Frequenzen und typische Applikationen

Langwelle (LF)	Mittelwelle	Kurzwelle (HF)	UHF	SHF
125 kHz	375 kHz	13,65 MHz	Europa	2,45 GHz
134 kHz	500 kHz		865-869 MHz	5,80 GHz
250 kHz	625 kHz		USA und Asien	
	750 kHz		950 MHz	
	875 kHz			
	0,5-0,8m passiv			
0,5-0,7m	0,5-0,9m	0,5-0,6m (passiv)	3-9m	>10m (aktiv)
Tieridentifizierung, Gegenstände mit hohem Wassergehalt	Identifizierungsaufageben	Zugangskontrollen aller Arten	Lager- und Logistikbereich	Fahrzeugidentifizierung und Fahrzeugerkennung

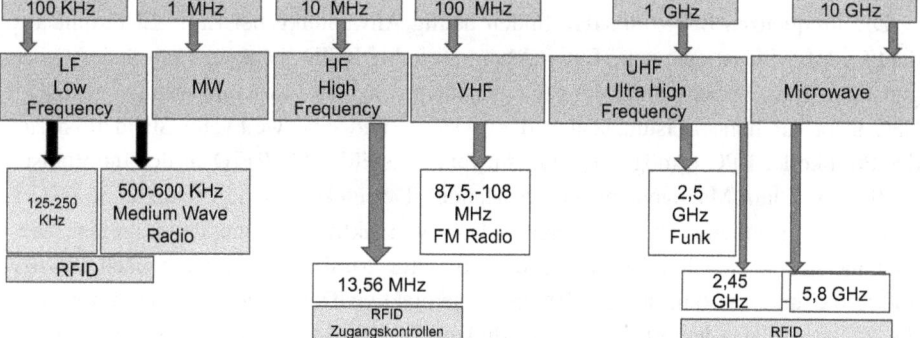

Langwellen LW (30 kHz–500 kHz)

LF eignet sich für eine geringe bis mittlere Reichweite (≤ 1 m) bei geringer Datenrate. Erkennungsraten von 35 Transpondern pro Sekunde für bis zu 800 Transpondern im Antennenfeld sind möglich.

LF (Low Frequency oder Niederfrequenz)-Transponder sind etwas teurer in der Anschaffung, jedoch sind die Schreib-Lese-Geräte relativ günstig. Dies verschafft den LF-Trasnponder Kostenvorteile, sofern relativ wenige Transponder, jedoch viele Schreib-Lese-Geräte benötigt werden. Die LF-Systeme kommen mit hoher (Luft-feuchtigkeit und Metall zurecht und werden in vielfältigen Bauformen angeboten. Besonders in Industrie 4.0 ist der Einsatz diese LF-Transponder sehr häufig. LF- Transponder werden ebenso für Zugangskontrollen, Wegfahrsperren und Lagerverwaltung (häufig 125 kHz) verwendet. Einige LF-Versionen eignen sich auch für den Einsatzfall in explosions-gefährdeten Bereichen und sind ATEX-zertifiziert [5].

Mittelwellen MW (375 kHz–875 kHz)

MW arbeitet im Bereich geringer bis mittlerer Reichweite. Die Funktionsweise erfolgt vorwiegend über induktive Kopplung.

Kurzwellen KW (SW) (3 MHz–30 MHz)

HF hat eine kurze bis mittlere Reichweite sowie eine mittlere bis hohe Übertragungs-geschwindigkeit. Sie sind jedoch in der mittleren bis hohen Preisklasse angesiedelt, insbesondere für Lesegeräte mit Reichweiten größer 10 cm. Es gibt günstige Lesegeräte für kurze Reichweite. In diesem Frequenzbereich arbeiten die sog. Smart Tags meistens bei 13,56 MHz.

HF-Transponder oder HF-Tags verwenden Lastmodulation, das heißt, sie verbrauchen durch Kurzschließen einen Teil der Energie des magnetischen Wechselfeldes. Dies kann das Lesegerät, theoretisch aber auch ein weiter entfernter Empfänger, detektieren. Die Antennen eines HF-Tags sind eine Induktionsspule mit mehreren Windungen.

UHF-Wellen (433 MHz, 850 MHz–950 MHz)

Im UHF kommen sehr hohe Frequenzen bei **433 MHz** zur Anwendung. Ein Anwender ist z. B. das DoD (Department of Defense).

Die Frequenzen **850–950 MHz** finden häufig Anwendung bei EPC (Electronic Product Code). EPC ist eine neue Entwicklungsstufe bei RFID-Systemen, mit äußerst preis-günstigen Tags. Dabei beträgt der Preis bei entsprechender Stückzahl weniger als 0,15 €. EPC steht für hohe Leistungsdaten des Systems und eine weltweite Standardisierung der Protokolle. EPC ermöglicht neue Anwendungsfelder für RFID in der Intralogistik, im Supply Chain Management und im Handel. Der elektronische Produktcode EPC ist dabei ein wesentliches Element einer Vielzahl von Aktivitäten und Technologien. Diese Systeme haben eine hohe Reichweite (2–6 m für passive Transponder nach ISO/IEC 18000-6 C und von 6 m und bis 100 m für semiaktive Transponder). Weiterhin besitzen diese Systeme eine hohe Lesegeschwindigkeit. In Industrie 4.0 werden sie z. B. im Bereich der manuellen, halbautomatischen, automatisierten Warenverteilung mit Paletten und Container-Identifikation (Türsiegel, License-Plates) und zur Kontrolle von einzelnen Versand- und Handelseinheiten eingesetzt. Typische Frequenzen sind 433 MHz, 868 MHz (Europa), 915 MHz (USA), 950 MHz (Japan). Durch ihren geringen Preis werden sie inzwischen auch dauerhaft auf Produkten für den Endverbraucher wie zum Beispiel Kleidung eingesetzt, ihre Reichweite von mehreren Metern verursacht jedoch manchmal falsche Lesungen durch die Leser, zum Beispiel durch Reflexionen [14, 15].

UHF-Tags arbeiten zum Übermitteln im elektromagnetischen Fernfeld der Antwort: Das Verfahren nennt man modulierte Rückstreuung. Die Antennen sind meist lineare, gefaltete oder spiralige Dipole, der Chip sitzt in der Mitte zwischen den linearen oder mehrfach gewinkelten Dipolarmen des RFID-Tags. Es gibt auch UHF-Tags ohne solche Antennen, deren Reichweite ist jedoch extrem kurz.

SHF-Wellen Mikrowellen-Frequenzen (2,4–2,5 GHz, 5,8 GHz und darüber)

SHF-Systeme werden für kurze und mittlere Reichweiten und nur für semi-aktive Transponder im Entfernungsbereich von 0,5 m bis 6 m mit höherer Lesegeschwindigkeit eingesetzt, d. h. sie werden für Fahrzeuganwendungen wie z. B. PKW in Parkhäusern, Waggons in Bahnhöfen, LKW in Einfahrten sowie für alle Fahrzeugtypen an Mautstationen) angewedet. Als aktive Transponder werden sie für Reichweiten >10 m eingesetzt.

Die freigegebenen Frequenzen für *Low* Frequency (LF)- und UHF-Tags unterscheiden sich regional für Asien, Europa und Amerika und sind von der ITU (International Telecommunication Union) koordiniert.

Die UHF- oder SHF-Technik ist wesentlich komplexer ausgelegt als die LF- oder HF-Technik. Aufgrund ihrer Schnelligkeit können UHF- und SHF-Tags (Super High Frequency) bei einer Passage erheblich längere Datensätze übertragen.

Man unterscheidet UHF- oder LF – und HF-Tag/Transponder

Ein handelsüblicher passiver UHF-Tag ist mit dem NXP-Chip nach ISO/IEC 18000–6 C ausgerüstet und verbraucht ungefähr 0,35 Mikroampere an Strom. Die Energie dafür liefert das elektromagnetische Feld des Lesegerätes (Readers). Da die Intensität quadratisch mit der Entfernung abnimmt, muss das Lesegerät entsprechend stark senden, üblicherweise verwendet man hier zwischen 0,5 und 2 W EIRP-Sendeleistung. EIRP (Equivalent Isotropically Radiated Power) ist die maximal erlaubte Sendeleistung in Deutschland.

Semi-aktive Tags kommen für die gleiche Reichweite mit einer Sendeleistung von 0,005–0,02 W aus.

Probleme in der Anwendung

Es kann zu verschiedensten Problemen kommen, wenn der RFID-Transponder direkt an einem Erzeugnis sitzt, das elektromagnetisch schlecht mit dem ausgewählten Tag verträglich ist. Um elektromagnetische Anpassungsprobleme zu umgehen, werden in der Logistik u. a. sogenannte Flap- oder Flag-Tags eingesetzt, die im rechten Winkel vom gekennzeichneten Artikel abstehen und so einen größeren Abstand von diesem haben.

Der Leseerfolg (Lesequote) einer RFID-Lösung kann von einer Vielzahl von Fehlern beeinflusst werden (Tag defekt, elektromagnetische Störeinflüsse, Bewegung in der falschen Richtung, zu schnell oder zu dicht nacheinander, usw.).

5.2.4   Bauformen und Baugrößen von RFID-Systemen

Im Rahmen der Internetkommunikation und Automatisierung werden 13,56-MHz-Transponder nach ISO 15693 in Miniaturausführung mit <3 mm Durchmesser und 3 mm Länge eingesetzt.

Die in Schrauben zentrisch eingepressten Miniaturtransponder (13,56 MHz) haben ebenfalls die oben genannten Ausmaße.

Abb. 5.5 zeigt Beispiel für derartige Transponder.

Passive RFID Tags für 13,56 MHz nach ISO 15693 haben eine Größe von ca. 2 mm * 2 mm * 3 mm. Erkennbar neben der kupferfarbenen Spule und Ferritkern der angelötete RFID-Chip. Links sind RFID-Tags in kleinen Kunststoffgehäuse vergossen zu sehen.

Dabei bestehen die Transponder aus:

- Einem Mikrochip mit einem Durchmesser von ungefähr 1–3 mm
- Die Antenne ist meistens in Form einer Spule ausgeprägt. Bei Miniaturtranspondern beträgt der Durchmesser der Antennen oft nur wenige Millimeter, bei Anwendungen mit größeren Reichweiten kommen Antennendurchmesser von bis zu einem halben Meter vor
- Einem Träger oder Gehäuse, das die Transponderelektronik vor Umgebungseinflüssen schützt
- Bei aktiven und semi-aktiven Transpondern einer Energiequelle, meist eine Batterie. Bei passiven Transpondern erfolgt die Energieversorgung über die Antenne von außen

Entscheidend für die Baugröße sind die Ausmaße der Antenne und das Gehäuse. Der Mikrochip wird mit <1mm^2 klein gefertigt. Bis auf die Antenne werden alle benötigten elektronischen Bauelemente im Mikrochip integriert.

Die Form und Größe der Antenne ist abhängig von der Frequenz bzw. Wellenlänge und der Spulengröße (Anwendung). Die Reichweite von passiven Transpondern ist von

Abb. 5.5 Bauformen für Transponder 13,56 MHz. Verfasser: WDWD; Eigenes Werk; Literatur: BY-SA 3.0; File:RFID Tags ISO15693.jpg; Erstellt: 17. August 2012

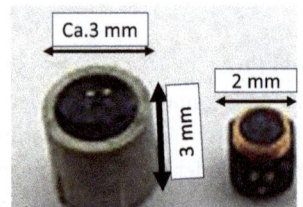
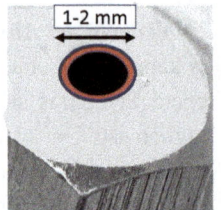

der Frequenz, der Antennen- oder Spulengröße abhängig. Die Reichweite sinkt sowohl bei UHF als auch bei HF mit kleineren Antennen rapide ab.

Je nach Reichweite in verschiedensten Applikationen werden Transponder in unterschiedlichen Bauformen, Größen und Schutzklassen [5] angeboten.

Aktive RFID-Transponder können, in der Containerlogistik die Größe eines Buches besitzen. Demgegenüber ist es heute auch möglich, passive RFID-Transponder zu fertigen, die flach genug sind, um in Geldscheinen oder Papier eingelassen zu werden. Die kleinsten bekannten Versionen sind mit 0,023 Millimetern [14] deutlich kleiner als ein Haardurchmesser (0,04.-,12 mm) und mit bloßem Auge kaum sichtbar.

5.2.5   Verschlüsselung, Modulations- und Kodierungsverfahren bei RFID-Systemen

Für komplexe Anwendungen können Verschlüsselungsmodule oder externe Sensoren wie z. B. GPS in den RFID-Transponder integriert sein.

Heute im Internetzeitalter arbeiten immer mehr RFID-Transponder aufgrund der geforderten Datensicherheit mit Verschlüsselungen. Internetmäßig gesehen erfolgt diese Verschlüsselung in der Anwendungsschicht (Darstellungsschicht) des OSI Modells [5].

Die RFID-Sende-Empfangseinheiten unterscheiden sich in Reichweite, Funktionsumfang der Kontrollfunktionen und im Aussehen. Auf diese Weise ist es möglich, sie direkt in Regale oder Personenschleusen (z. B. bei der Zugangssicherung und in Toreinfahrten) zu integrieren. Heute ist das alles Internetfähige Technik.

Es herrscht bezüglich der unterschiedlichen Geräten und Etiketten im Rahmen der verschiedenen Normen (ISO/IEC-Standards ISO/IEC 18000-x) vollständige Kompatibilität. Es werden jedoch immer noch neue proprietäre Lösungen vorgestellt, die von diesen Standards abweichen und zum Teil auch nicht gleichzeitig in einer Nachbarschaft verwendet werden können. Prinzipiell treffen wir dort das gesamte Szenario, wie es auch bei den Feldbussen [5] lange üblich war, an.

Die älteren Typen der RFID-Transponder sendeten ihre Informationen gemäß der Norm ISO/IEC 18000 im Klartext. Neuere Modelle verfügen zusätzlich über die Möglichkeit, ihre Daten verschlüsselt zu übertragen oder Teile des Datenspeichers nicht jedem Zugriff zu öffnen. Bei speziellen RFID-Transpondern, die beispielsweise zur Zugriffskontrolle von externen mobilen Sicherheitsmedien dienen, werden die RFID-Informationen bereits nach AES-Standard mit 128-Bit verschlüsselt übertragen [5].

RFID-Modulationsverfahren und Leitungscodierung
Eingesetzt werden die in Industrie 4.0 gängigen Modulationsverfahren [5]:

- Amplitude Shift Keying (ASK): verwendet beim *proximity and vicinity coupling*
- Frequency Shift Keying (FSK, 2 FSK): verwendet beim *vicinity coupling*
- Phase Shift Keying (PSK, 2 PSK): verwendet beim *close coupling*

- Phasenjittermodulation, (PJM): statistisches Modulationsverfahren und in ISO/IEC 18000-3 für die Anwendung bei RFIDs genormt. Die Phasenjittermodulation wird bei RFID-Systemen dann eingesetzt, wenn sehr viele RFIDs in räumlicher Nähe fast zeitgleich ausgelesen werden sollen

Die Leitungscodierung („encoding") [5] legt zwischen Sender und Empfänger fest, wie die digitalen Daten so umcodiert werden, um bei der Übertragung möglichst optimal an die Eigenschaften des Übertragungskanals, in diesem Fall der Funkstrecke, angepasst zu sein. Die meistverwendeten Kanalcodierungsverfahren im RFID-Bereich sind:

- Biphase-Mark-Code und der dazu invertierte Biphase-Space-Code
- Pulsphasenmodulationen in Kombination mit dem RZ-Code
- Manchester-Code
- Miller-Code (Digitale Frequenzmodulation, abgekürzt FM, auch Delay-Code)

Antikollisions- oder Multi-Zugangsverfahren (Anti-Collision)

Auch die RFID-Übertragung muss Kollisionen vermeiden im gleichen Maß wie es heute bei Ethernet der Fall ist. Ethernet entwickelte hier spezielle Protokolle wie z. B. das CSMA/CD Protokoll (Carrier Sense Multiple Access/ Collision Detection); siehe Abschn. 8.1.5) [5]. Diese Protokolle werden bei modernen Systemen in Industrie 4.0 durch Switches ersetzt [5]. Beim RFID sind Antikollision ebenfalls SW-Algorithmen die den Tags ermöglichen, gleichzeitig zu kommunizieren ohne sich gegenseitig zu stören. Diese Antikollisionsverfahren regeln die Einhaltung der Reihenfolge bzw. Abstände der Antworten, beispielsweise durch zufällig verteiltes Senden dieser Responses, sodass der Empfänger jedes Tag einzeln auslesen kann. Die Leistung der Antikollisionsverfahren wird in der Einheit „Tags/s" gemessen. Es gibt vier Grundarten für Antikollisions- oder Multi-Zugangsverfahren [5]:

- Space Division Multiple Access (SDMA): Abstände, Reichweite, Antennenart und Positionierung werden eingestellt
- Time Division Multiple Access (TDMA): die Zugangszeit wird zwischen den Teilnehmern aufgeteilt
- Frequency Division Multiple Access (FDMA): verschiedene Frequenzen werden verwendet
- Code Division Multiple Access (CDMA)

Typische Antikollisionsverfahren im RFID-Bereich sind [5]:

- Slotted ALOHA: eine Variante des ALOHA-Verfahrens aus den 1970er-Jahren (Aloha Networks, Hawaii). Aloha war die Inspiration für das Ethernet-Protokoll und ist ein TDMA-Verfahren (Time Division Multiple Access), ein Multiplexverfahren der Nachrichtenübertragung

- Adaptive Binary Tree: Dieses Verfahren verwendet eine binäre Suche, um einen bestimmten Tag in einer Masse zu finden
- EPC UHF Class I Gen 2: ist ein Singulationsverfahren

Es ist erkennbar wie ein RFID-System vom Aufbau und der Wirkungsweise den Kommunikationsstrukturen von Industrie 4.0 respektive dem OSI Modell sehr ähnlich sind [5].

Identität
Die RFID-Transponder/Tags müssen eindeutig gekennzeichnet sein, damit der Empfänger die Antworten und Anforderungen (Responses/Requests) aller Tags erkennen kann [16]. Im Internet ist diese Eigenschaft durch die eindeutige IP-Adresse geregelt.

Unterscheidungsmerkmale von RFID-Systemen
Mindestmerkmale eines RFID-Systems sind:

- Ein Nummernsystem für RFID-Tags und für die zu kennzeichnenden Gegenstände
- Eine Verfahrensbeschreibung für das Kennzeichnen und für das Beschreiben und das Lesen der Kennzeichen
- Ein an Gegenständen oder Lebewesen angebrachtes RFID-Tag, das elektronisch und berührungslos eine seriell auszulesende Information bereitstellt
- Ein dazu passendes RFID-Lesegerät

Viele Tags unterstützen ebenso eine oder mehrere der folgenden Operationen:

- Die Tags können über einen sogenannten „kill code" oder z. B. durch ein Magnetfeld permanent deaktiviert werden
- Die Tags erlauben ein einmaliges Schreiben von Daten
- Die Tags können mehrmals mit Daten beschrieben werden
- Antikollision: Die Tags wissen, wann sie warten oder Anfragen beantworten müssen
- Sicherheit: Tags können ein verschlüsseltes geheimes Passwort verlangen, bevor sie kommunizieren

Datenstrom-Betriebsarten
RFID kann im Duplexbetrieb oder sequentiell Daten mit dem Lesegerät austauschen. Es wird unterschieden wie beim Ethernet [5]:

- full duplex system (FDX)
- half duplex system (HDX)
- sequential system (SEQ)

Speicherkapazität

Die Kapazität des beschreibbaren Speichers eines RFID-Chips reicht von wenigen Bit bis zu mehreren KBytes.

1-Bit-Transponder sind beispielsweise in Warensicherungsetiketten verbaut und lassen nur die Unterscheidung „da" oder „nicht da" zu.

Der Datensatz desTransponders wird bei dessen Herstellung fest in ihm als laufende eindeutige Zahl oder bei dessen Applikation als nicht einmalige Daten (z. B. Chargennummer) abgelegt. Moderne Tags können auch später geändert oder mit weiteren Daten beschrieben werden.

Beschreibbare Transponder

Es gibt auch beschreibbare Transponder. Diese verwenden derzeit meist folgende Speichertechnologien:

- nicht-flüchtige Speicher (Daten bleiben ohne Stromversorgung erhalten, daher geeignet für induktiv versorgte RFID):
  - EEPROM (Electrically Erasable Programmable Read-Only Memory)
  - FRAM (Ferroelectric Random Access Memory)
- flüchtige Speicher (benötigen eine ununterbrochene Stromversorgung, um die Daten zu behalten):
  - SRAM (**Static Rrandom Access Memory**)

5.2.6   Einsatzgebiete von RFID mit entsprechenden Applikationen

Tab. 5.3 zeigt die Verbreitung und Haupteinsatzgebiete von RFID in einer Statistik von 1944 bis 2005 [16].

Die genaue Verbreitung nach Anwendung sieht wie folgt aus: Kumuliert wurden in den Jahren von 1944 bis 2005 insgesamt ca. 2,4 Mrd. RFID-Chips verkauft.

Im Jahr 2005 wurden 565 Mio. Hochfrequenz-RFID-Tags (nachISO/IEC 14443) abgesetzt, was insbesondere auf die erhöhte Nachfrage im Logistik-Bereich zurückzuführen ist [17].

Für das Jahr 2006 erwartete man einen weltweiten Absatz von 1,3 Mrd. RFID-Tags [18].

Da RFID seit Jahren eine bestimmende Technologie in der Feldebene darstellt und insbesondere auch in Industrie 4.0 eine wichtige Komponente ist, sind in Tab. 5.4 exemplarisch die wichtigsten Einsatzgebiete mit ihren Fakten gezeigt.

Im Jahr 2005 wurden 565 Mio. Hochfrequenz-RFID-Tags (nach ISO/IEC 14443) abgesetzt, was insbesondere auf die erhöhte Nachfrage im Logistik-Bereich zurückzuführen ist.

Tab. 5.3 Verbreitung von RFID von 1944 bis 2005

Einsatzgebiet	Stück; akkum.1944-2005
Transport/Logistik/Automotive	1.000.000.000
Sicherheit/Banken/Fiannzen	670.000.000
Konsumgüter/Handel	230.000.000
Freizeit	100.000.000
Wäschereien/Reinigungen	75.000.000
Bibliotheken	70.000.000
Fertigung/Industrie	50.000.000
Landwirtschaft/Tierkennzeichnung	45.000.000
Gesundkeitswesen	40.000.000
Luftfahrt	25.000.000
Post/UPS/DHL	12.000.000
Militär	3.000.000
Sonstige	80.000.000
Summe	**2.400.000.000**

Für das Jahr 2006 erwartete man einen weltweiten Absatz von 1,3 Mrd. RFID-Tags [18, 46]. Unter anderem wegen der zunehmenden Vereinheitlichung von RFID-Lösung SAW-Tagen sowie dem gewachsenen Austausch der Interessenten untereinander mussten Marktforscher ihre Prognose für das Marktwachstum im Jahr 2007 um 15 % senken. So wurde erwartet, dass man im Jahr 2007 mit rund 3,7 Mrd. US-Dollar für RFID-Services und -Lösungen weniger Umsatz machte [47]. Diese Prognose traf jedoch nicht ein.

In industriellen Anwendungsfällen stellen die Kosten für die Chips und deren zu erwartende Degression nicht den entscheidenden Faktor dar. Viel mehr ins Gewicht fallen Installationskosten wie Verkabelungen, Steckdosen, Übertrager und Antennen, die in konventioneller Handwerksleistung installiert werden und bei denen deswegen kaum eine Kostenreduktiondegression zu erwarten ist.

Bei Wirtschaftlichkeitsvergleichen von RFID zum Barcode waren und blieben es diese Infrastrukturkosten, die durch die erwartbaren Rationalisierungserträge eines RFID-Systems nicht auszugleichen waren [48, 49].

Die Kosten für die Transponder (also die RFID-Chips) liegen zwischen 35 € pro Stück für aktive Transponder in kleinen Stückzahlen und absehbar 5 bis 10 Cent pro Stück für einfache passive Transponder bei Abnahme von mehreren Milliarden [50, 51].

Tab. 5.4 Einsatzgebiete von RFID mit den wichtigsten Fakten [19–45];

Applikationen	Fakten und Hintergründe
Logistik	Einsatzgebiete quer durch alle Branchen. Hoffnung auf verbesserte Überwachung im Personen und Warenverkehr. Kosten sind in der Feldebene bez. RFID überschaubar.
Fahrzeugidentifiaktion wie z.B in Sinagpore	e-Plate Nummernschilder identifizieren sich automatisch an Lesegeräten --> Mautsysteme, Geschwindigkeitsmessungen und Wegprofile sind möglich . GB hat in 2006 50.000 Kennzecihen mit RFID Funkchips ausgestattet um Gültigkeit von Versicherungsschutz und Zulassung zu kontrollieren. Seit 2006 sind in USA sind Waggons und Loks mit einem 25x5x1cm großen RFID Tag ausgestattet [19].
Elektronische Betstandsdokumentation	Die Automotive Industrie verwendet RFID für automatisierte Bestandsdokumentation von Versuchsfahrzeugen und Prototypentteilen
Bankknoten	2003: EZB hat mit Hitachi über eine Integration von RFID Transpionder in Euronoten verhandelt. Auf dem μ-Chip (0,16mm² x 0,064 mm dick) ist eine 38-stellige Ziffernfolge (128 Bit) implementiert. Hohe Fälschungssicherheit gespeichert. [20,21] Hohe Fälschungssicherheit, aber aufgrund von Kosten noch nicht eingeführt [21][22]
Mastercard, VISA, American Express usw.	Kreditkarten mit Funkbezahlsystem [22] erlauben auch Identifizierung. Das unbemerkte Auslesen und Abbuchen wird durch ein Limit oder einen Maximalbetrag begegnet.
Identifizierung von Personen	Seit 1. November 2005 sind in deutschen Reisepässen und ab 2010 in Deutschen Personalauswiesen RFID-Chips implementiert. Der Schweizer Pass ist seit 1-3-2010 mit RFID-Chip versehen [23]. Nov 2004 genehmigte die FDA den Einsatz des Verichip am Menschen [25]. Transponder von Applied Digital Solution wird unter der Haut implantiert. --> Lebenswichtige Informationen Alternative sind Patientientenarmbänder PDA (Personal Digital Assistant) [25]
Identifizeirung von Tieren	Seit den 1979ern Einsatz von Transpondern bei Nutztieren. Bei Zoo- und Haustieren werden Implantate nach ISO/IEC 11784 und IEC 11785 verwendet. ISO 134,2 kHz ist internationaler Standard in der Nutzteiridentifikation und für Implantate füe Haustiere [26]. 125 khZ ist International für Zootierhaltung, Meeresschildkröten, Nutztiererfassung.
Medizin	RFID Einsatz für Echtheitsmerkmale für Medikamente. FDA Empfehlung (U.S. Food and Drug Administration); Transport von Temperaturempfindlichen Medikamenten--> Verletzung der Transportbedingungen oder falsche Medikamente
Abfüllanlagen und Schlauchbahnhöfe	RFID dient zur sicheren Prozesssteuerung von elektronischen Umfüll-- und Füllvorgängen. Die RFID Antenne befindet sich in der anlagenseitigen Kupplungshälfte, der Transponder in der beweglichen Kupplungshälfte. Alle Daten werden kontaktlos mittels Induktion übertragen
Leiterplatten mit RFID Tags	Einsatz für die Rückvervolgung von Leiterplatten und Bauteilen[28]. Heute noch vielerorts mit Barcode.
Applikationen	Fakten und Hintergründe
Leiterplatten mit RFID Tags	Einsatz für die Rückvervolgung von Leiterplatten und Bauteilen[27]. Heute noch vielerorts mit Barcode.
Containerverkehr	RFID als Siegel entweder als semiaktive Tag nach ISO/IEC 17363. Ab 2007 mehrfach oder einmalig verwendet.
Automobile Wegfahrsperre im Autoschlüssel	Der Transponder wird beim Einstecken ins Zündschloss über eine Lesespule ausgelesen und ist mit dem abgespeicherten Code als ergänzende Schlüsselelement. Es wird hierzu ein Crypto-Trasnponder eingesetzt, dessen Inhalt nicht manipulierbar ist. Diese Diebstahlsicherung ist sehr teuer: 100 €
Kontaktlose Chipkarten	In China und USA sind heute berührungslose und wiederaufladbare Chipkarten im Einsatz. Marktführer für das Ticketing ist NXP (ehemals Philips). In Europa wird diese Technologie für Eingangs- und Zutrittskontorlle eingesetzt: 125 kHz-Technologie von Hitag, Miro . Bei Bundesligavereinen kommt ebenfalls diese Technologie zum Einsatz (Leverkusen, VFL Wolfsburg. Große Skigebiete nutzen in ihren Tickets Transponder als kontaktlosen Skipass. Golfverband nutzt seit 2016 in mehr als 240000 Tickets den Mifare Chip als Transponder
Mode	Levi's Jeans, C&A, Adler, Decathlon integrieren RFID in ihre Waren [28-35]
Waren und Bestandsmanagement	Medienverbuchung und Sicherung durch RFID. --> Wiener-, Münchner-, Hamburger Bibliotheken, Uni Graz, Berlin, KIT--> Medien sind mit RFID ausgestattet
Lebensmittel, Handelsware und Verbrauchsgüter	Metro, Rewe, Tesco und Walmart verwenden teilweise RFID bei der Kontrolle des Warenflusses. Es gibt Datenschutzbedenken. In China ist das RFID Prinzip durchgängig in der Handelskette BingoBox realisiert [36].
Positioonsbestimmung in der Automatisierung von Transportfahrzeugen	In der Automatisierung werden Transportsysteme mit in den Boden eingelassenen Transpondern gesteuert. Es werden ausschließlich vorgegebene Routen befahren

Tab. 5.4 (continued)

Applikationen	Fakten und Hintergründe
Müllentsorgung	In Kitzbühel und Kufstein seit 1993 ein auf RFID basiertes Müllentsoregugssystem für die Volumenmessung. Alle Transponder sind seit 1993 im Einsatz. Es ist das System AEGID Trovan ID200 125kHz [37] . In Celle werden Mülltonnen sei 1993 mit Transpondern ausgestattet [38] . Dabei werden alle Restmüll- Bio und Papiertonnen damit augestattet. Dabei werden die Leerungen als Basis der Berechnungen herangezogen. In Bremen und Dresden ist für die gebührenpflichtige Müsllentsorgung ebenfalls mit RFID Technologie im Einsatz. --> Die Müllfahzeuge erfassen das Gewicht der Lehrung mit Waagen und ermitteln die Menge über RFID Cips . In Gb wurden hunderttausende von Mülltonen ohne Wissen der Bürger mit RFID Transpondern versehen. Damit will man das Recycling-Verhalten erfassen [40]
Zeiterfassung	Transponder befinden sich am Schuh oder bei Wettkämpfen in der Startnummer eines Athleten oder sind an Fahrrädern angebracht. Als Terminals werden die Ankunfts- und Abgangszeiten verwendet.
Rettungs- und Einsatzkräfte	Bei Feuerwehren und Rettungsdiensten werden RFID Transponder verwendet, um Personen zu erkennen und die Ausgabe von Kleidung und Schutzausrüstung sowie Zubehör an zentraller Stelle zuzuteilen. Transponder auch als Konpfform an Kleidungsstücken möglich, was zu einer Vereinfachung der Verwaltung führt..
Führerscheine	RFID Transponder ohne die gesetzliche Ausweispflicht zu verletzen. Abfrage der Tauglichkeit für die Führung von bestimmten fahrzeugen
Ladehilfsmittel	mit integrierten Transpondernnach ISO/IEC 18000-6C an , z.B. Holzpaletten, Plastikpaletten und Kleinlastträger [40-42].
Flughäfen	Seit 2020 sind die meisten Flughäfen flächendeckend mit Lesegeräten für die in den Gepäckanhängern integrierten RFID-Chips [43] mit Personendaten wie Name und Geschlecht des Besitzers ausgestattet. Damit soll der Gepäckverlust verringert und das Gepäck besser erfasst werden. Seit 2016 werden In Las Vegas, Hong Kong, Mailand-Malpensa, Lissabon, Aalborg war 2017 die RFID-Technik zusätzlich zu den Barcodes bereits eingeführt worden [44,45]. Plan ist bei 2024 alle Flughäfen weltweit mit RFID Technologie auszustatten.

5.2.7   Normen zu RFID

Bei der RFID-Technik gibt es mittlerweile zahlreiche Normen, die den Einsatz von RFID streng reglementieren. Tab. 5.5 zeigt beispielhaft einige Branchen und deren vielfältige Normierungen. Dabei sind nur die wichtigsten Normen aufgeführt.

5.2.8   Technische Begrenzungen, Risiken und Nachteile der RFID-Technik

Ein RFID-Kennzeichen ist ein offenes individuelles Kennzeichen. Im Zusammenhang mit Bedenken zu RFID-Chips wird daher von „Spychips" gesprochen [52].

Die Einschränkung der RFID-Technik liegt an der technisch nutzbaren Reichweite und an der ausgewählten festen Information zu erkennen. RFID-Chips liefern keine Information über die genaue Position, die Richtung und die Geschwindigkeit, sondern liefern nur die Identität des Kennzeichens ohne weitere Information über den Träger des Kennzeichens.

Tab. 5.5 Branchen und deren Normen (Beispiele)

Automobil Industrie	
VDA 5000	Grundlagen für den RFID-Einsatz in der Automobilindustrie
VDA 5501	RFID Einsatz im Behältermanagement
VDA 5509	Auto/ID-RFID Einsatz und Datentransfer zur Verfolgung von Bauteilen und weiteren Komponenten in der Automobilentwiklung
VDA 5510	RFID zur Verfolgung von Teilen und Baugruppen
VDA 5520	RFID-Einsatz in der Fahrzeugdistri
Müllentsorgung	
ISO 11784/11785	aller Art
BDE VKI	
Tieridentifizierung	
ISO 11784, ISO 11785: FDX, HDX,SEQ	Haustier, Zootiere
Kontaktlose RFID-Systeme	
ISO 14223	advanced Transponders
ISO/IEC 10536	close coupling Smartcards (Reichweite bis 1 cm)
ISO/IEC 14443	proximity coupling Smartcards (Reichweite bis 10 cm)
ISO/IEC 15693	vicinity Smartcards (Reichweite bis 1 m)
ISO/IEC 10373	Testmethoden für Smartcards
DIN 69873/ISO 69873	Datenträger für Werkzeuge und Spannzeuge; Maße für Datenträger und deren Einbauraum
Container -Identifizeirung	
ISO 10374	Container -Identifizeirung im Logistikbereich
ISO 10374.2	Fracht Container-Automatische Erkennung, License plate
ISO 17363	Supply Chain application of RFID – Freight Containers, shipment tag
ISO 18185:	„Freight Container – Electronic Seals" das sog. eSeal (elektronische Siegel)
VDI 4470	Diebstahlsicherung für Waren (EAS)
Supply Chain	
VDI 4472	Anforderungen an Transpondersysteme zum Einsatz in der Supply Chain (Blatt 1 bis Blatt 12)
Verwaltung	
ISO/IEC 18000	Verwaltung- Information Technology-Radio Frequency Identification for item management (part 1 - part 7)
ISO/IEC 15961	AIDC RFID Data Protocol – Application interface
ISO/IEC15962	AIDC RFID Data Protocol – Encoding Rules

Jedoch erhält man Ortsinformationen durch den indirekten Standort des Lesegerätes. An tragbaren Gegenständen angebrachte und so von Personen mit sich geführte RFIDs sind eine Gefahr für die informationelle Selbstbestimmung, da die ausgelesenen Daten bei Kenntnis des Zusammenhangs personenbeziehbar sind (siehe unten). In dieser Hinsicht gleichen RFID einem eingeschalteten Mobiltelefon, dessen Standort ungefähr anhand der nächstgelegenen Funkzelle ermittelt werden kann. Aufgrund der vergleichsweise geringen Reichweite von wenigen Metern bei passiven RFID-Chips ist die Standortbestimmung in dem Moment des Auslesens aber wesentlich genauer, sogar noch genauer als bei ziviler Nutzung von GPS. Anhand strategisch geschickter Platzierung von mehreren Lesegeräten an diversen Verkehrs-Knotenpunkten, Engpässen, Türen und dergleichen ließe sich auch ein zeitlich und räumlich relativ genaues Bewegungsprofil erstellen. Dabei besteht die Gefahr für die informationelle Selbstbestimmung insbesondere aus dem Umstand, dass viele RFID versteckt angebracht sind, der Träger also nicht weiß, dass er sie mitführt, in Kombination mit einem völlig unbemerkten Auslesevorgang.

Ein weiterer Nachteil kann die Gefahr des Verlustes von Informationen sein.

Weiterhin ist die Integration zusätzlicher, nicht dokumentierter Speicherzellen oder Transponder denkbar. Für den Verbraucher wird ein RFID-Transponder so zur Black Box, weshalb manche eine lückenlose Überwachung des gesamten Produktionsprozesses fordern.

Gegen Angriffs- bzw. Schutzszenarien kann man versuchen zu verhindern, dass die RFID-Transponder ihre Energie erhalten. Dazu kann man beispielsweise wie beim Handy die Batterie herausnehmen oder die RFID-Transponder in einen Faradayschen Käfig stecken. Ebenso kann eine Abschirmung aus magnetisierbaren Materialien wie Eisen oder μ-Metall (Nickel-Eisen Legierungen) bei tiefen Frequenzen verwendet werden. Bei hohen Frequenzen über 1 MHz genügt ein Umwickeln mit dünner Alufolie. Siehe hierzu später auch Maßnahmen zum EMV Schutz, Abschn. 6.3.4.

Im Röntgenbild kann man die Spulen erkennen und den Draht durchtrennen, was zum Ausfall des Transponders führt. Weiterhin ist die Induktivität einer Spulenantenne meistens mit einem integrierten Kondensator auf die Arbeitsfrequenz abgestimmt (Schwingkreis). Durch Überkleben mit Alufolie wird die Resonanzfrequenz sehr deutlich erhöht und die Reichweite entsprechend verringert.

Ebenso wirksam ist ein elektromagnetischer Impuls auf den Transponder, der diesen mit Antenne zerstört und unbrauchbar macht.

Aufwendige Maßnahmen zur Störung der RFID Technik sind gegeben durch:

- Aussendung eines Störsignals
- Mehrere hundert RFID-Transponder in einem Gehäuse: Alle Chips antworten bei einem Lesegerät
- Ausmachen von RFID Signalen wie beim Telefon
- Manipulation von RFID Informationen; sind verhinderbar durch Verschlüsselungsmethoden
- Manipulation durch Viren (siehe IEEE Conference of Pervasive computing 2006 *(Percom)* in Pisa stellten Wissenschaftler um Andrew S. Tanenbaum eine Methode vor, wie mit Hilfe von manipulierten RFID-Chips die Back-end-Datenbanken von RFID-Systemen kompromittiert werden können [17]

In einer amerikanischen JAMA-Studie [54] wurde 2008 nachgewiesen, dass viele Messungen in der Diagnose durch die Ausstrahlung der elektromagnetischen Felder der RFID-Systeme verfälscht wurden. Geräte der Medizintechnik, die in jeder gut ausgestatteten Intensivmedizin-Station vorhanden sind, reagierten unterschiedlich empfindlich mit Messwert-Verzerrungen. In einer Entfernung von einem Zentimeter bis sechs Metern kam es bei 34 von 123 Tests zu einer Fehlfunktion der medizinischen Geräte [55]. In 22 Fällen wurden diese Störungen als gefährlich beurteilt, weil Beatmungsgeräte ausfielen oder selbstständig die Atemfrequenz veränderten, weil Infusionspumpen stoppten oder externe Schrittmacher den Dienst versagten, weil ein Dialysegerät ausfiel oder der EKG-Monitor eine nicht vorhandene Rhythmusstörung anzeigte [55, 56]. Hier sind wir wieder beim Thema EMV angelangt, das wir in Abschn. 6.3.4 eingehend besprechen.

Entsorgung

Heute macht man sich umfangreiche Gedanken zum Entsorgen der Chips was nicht so einfach ist, da die Demontage für sortenreines Altglas, Altpapier oder Kunststoff nicht einfach machbar ist. Derzeit gibt es keine Regeln zur Entsorgung der Transponder als Elektronikschrott beim Masseneinsatz wie beispielsweise bei Supermarktartikeln. Unter anderem wird an neuen Materialien (z. B. auf Polymerbasis) geforscht, was zur weiteren Senkung der Herstellungskosten sowie der Erschließung neuer Einsatzgebiete (z. B. in Ausweisen und Kleidung eingearbeitete Transponder) dienen soll [53].

Ein weiterer Punkt ist der Ressourcenverbrauch von RFID-Transpondern. Edelmetalle gehen mit ihnen auf Deponien und in Müllverbrennungsanlagen verloren. Obwohl ein einziger Transponder nur eine geringe Menge Edelmetall enthält, würde durch eine große Anzahl von Chips (z. B. in Lebensmittelverpackungen) der Ressourcenverbrauch erheblich steigen [53].

5.3   Zusammenfassung IoT und RFID

In Kap. 5 haben wir die Grundlagen und Geschichte des Internet of Things kennengelernt. Es ist offenbar, dass IoT eine jahrelange Entwicklung hinter sich hat und das im Zusammenhang mit IoT die Radio Frequency Identification (RFID) eine wesentliche Rolle gespielt hat. Wesentliche Faktoren dabei waren die Kommunikation und die Verknüpfung von Sensoren für die Feldebene der Automatisierungspyramide. Details hierzu werden wir in den nächsten Kapiteln eingehend besprechen. Das IoT spielt für die Systemintegration eine wichtige Rolle in der Kommunikation. IoT ist in Industrie 4.0 die tragende Kommunikationsstruktur und das wesentlichste Element der systemübergreifenden horizontalen und vertikalen Kommunikation, die seit Beginn des Internetzeitalters selbstverständlich geworden ist.

Die wesentlichen Punkte für IoT sind dabei, wie gezeigt:

- Standardisierung der Komponenten und Dienste im IoT
- Einführung einer einfachen, sicheren und generellen Netzwerkanbindung für alle Geräte mit mindestens einem µ-Controller
- Reduktion der Gerätekosten, Inbetriebnahme-Kosten, Anschlusskosten, Wartungskosten
- Entwicklung von kostenarmen, automatisierten (bis hin zu autonomen) digitalen Services im Netzwerk durch Vorteile der Netzbenutzung

RFID als wesentliche Sensoren seit den 70er Jahren für die spätere Internetanbindung und Kommunikationsschnittstelle für viele Anwendungen kann in drei Sensortypen zusammengefasst werden:

- Passive Tags unterstützen keine Sensoren und Speicher und haben nur eine kurze Reichweite von maximal 0,2 m bis 1 m
- Semi-aktive Tags haben eine mittlere Reichweite bis maximal 15 m und können sehr günstig sein. Sie sind in der Lage Sensoren und Speicherbausteine zu unterstützen.
- Aktive Tags erfüllen viel Funktionen, sind aber volumenmäßig groß, teuer und schwer an Gewicht. Sie unterstützen einfache und komplexe Sensorsysteme und sind häufig quasi als typische Sensorsysteme in der Automatisierungstechnik vorzufinden.

Literatur

1. H.-J.Bullinger, M. ten Hompel (Hrsg.): Internet der Dinge. Springer, Berlin 2007
2. C. Engemann, F. Sprenger: Internet der Dinge: Über smarte Objekte, intelligente Umgebungen und technische Durchdringung der Welt. Transcript. Bielefeld 2015, ISBN 978-3-8376-3046-6
3. Oracle: Was versteht man unter „Internet der Dinge" (IoT)?|Oracle Deutschland. https://www.oracle.com/de/internet-of-things/what-is-iot/; Letzter Zugriff am 17.10.2023
4. Autor: Michael Kroker: Die Geschichte des Internet of Things vom Programmable Logic Controller 1968 bis heute; 16. Februar 2018. https://blog.wiwo.de/look-at-it/2018/02/16/die-geschichte-des-internet-of-things-vom-programmable-logic-controller-1968-bis-heute/; Letzter Zugriff am 17.10.2023
5. Wolfgang Babel: Industrie 4.0, China 2025, IoT; Springer Vieweg Verlag, ISBN 978-3-658-34717-8; ISBN 978-3-658-34717-5 (ebook); 2021
6. Digital Pioneers: Radio Frequency Identification Internet der Dinge. https://t3n.de/magazin/internet-dinge-radio-frequency-identification-rfid-219434/2/; Letzter Zugriff am 16.10.2023
7. Tommy Weber: RFIDGRUNDLAGEN, Das RFID Informationsportal. https://www.rfid-grundlagen.de/; Letzter Zugriff am 18.10.2023
8. M. Handley: Why the Internet only just works (PDF; 205 kB) BT Technology Journal, Vol 24, No 3, July 2006
9. AIM Global: Shrouds of Time – The History of RFID oder Shrouds of Time – The History of RFID (Memento vom 8. Juli 2009 im Internet Archive) Harvey Lehpamer: *RFID Design Principles, Second Edition.* 2nd ed. Artech House
10. Miniaturisierte HF-Transponder in metallischer und rauher Umgebung (Nicht mehr online verfügbar). Ehemals im Original, abgerufen ab 28. November 2014
11. Bundestag: Funkchips-Die Radio Frequency Identification (RFID) (Mementovom 11. Dezember 2009 im Internet Archive), 24. Mai 2007
12. Auto-ID Center (Memento vom 14. April 2004 im Internet Archive)
13. ISO: ISO/IEC 18000-1:2008; Erscheinungsdatum 2008-07, 2. Auflage, 48 Seiten, Technischer Ausschuss: ISO/IEC JTC 1/SC 31 Automatische Identifikations- und Datenerfassungstechniken
14. Micro Lang: RFID Chips- Ein Sicherheitsrisiko? In heise online. 27. März 2019, abgerufen am 11-September 2020
15. Funketiketten steuern die Fertigung-RFID-Systeme nach dem EPCglobal-Standard erobern die Produktion. SIEMENS A&D Kompendium 2009/2010, abgerufen am 20. Oktober 2010
16. RFID Tag sales in 2005- How many and where. IDTechEx, 21. Dezember
17. SCM – Es funkt im RFID-Markt. CIO Online, 25. September 2006. https://www.cio.de/a/es-funkt-im-rfid-markt,827357; Letzter Zugriff am 10.8.23
18. Der RFID-Boom hat gerade erst begonnen. Computerwoche, 24. Juli 2006. https://www.computerwoche.de/a/der-rfid-boom-hat-gerade-erst-begonnen,579177; Letzter Zugriff am 10.8.23

Tab. 5.4 Literaturstellen [19–45]:

19. World Geographic Channel: The Largest Rail Yards In The World – Freight Trains History youtube.com, Video 42:49 min, A&E Television Networks, 2006, 9. Juni 2016, abgerufen am 6. Februar 2017. (Englisch) – (38:48–40:04) RFID Intermodal and Rail Tag an den Seiten von Waggons und Loks in Nordamerika, Bahngesellschaft BNSF, USA

20. Hitachi: μ-Chip – The World's Smallest RFID IC. Stand: August 2006

21. Süddeutsche: Funk Bezahlsystem, 19. Juni 2011

22. NFC-Technik: Kontaktlos mit Karte oder Handy zahlen – so funktionierts; 15.03.2022. https://www.test.de/Kontaktlos-bezahlen-per-Funk-mit-Karte-zahlen-so-funktionierts-5082480-0/; Letzter Zugriff am 18.10.2023

23. Schweizerische Eidgenossenschaft: Pass 10 (biometrischer Pass, E-Pass) (Memento vom 15. November 2017 im Internet Archive) In: admin.ch, abgerufen am 23. Dezember 2020

24. heise online: Patientenidentifikation mit RFID-Chips. 27. August 2006↑

25. RFID-Einsatz im Gesundheitswesen (PDF, 634 kB)

26. ISO 134,2 und der proprietäre historische 125-kHz-RFID-Standard (Memento vom 14. Oktober 2007 im Internet Archive) (englisch)

27. RFID Journal: http://www.rfidjournal.com/article/articleview/2032/1/1/; Letzter Zugriff am 10.8.23

28. heise online: Erste RFID-Markierungen auf Levi's Jeans. 28. April 2006; Letzter Zugriff am 10.8.23

29. Vgl. C. Goebel, R. Tröger, C. Tribowski, O. Günther, R. Nickerl: RFID in the Supply Chain: How to obtain a positive ROI. The case of Gerry Weber. In: Proceedings of the International Conference on Enterprise Information Systems (ICEIS). Mailand 2009

30. Vgl. J. Müller, R. Tröger, R. Alt, A. Zeier: Gain in Transparency vs. Investment in the EPC Network – Analysis and Results of a Discrete Event Simulation Based on a Case Study in the Fashion Industry. In: Proceedings of the 7th International Joint Conference on Service Oriented Computing. SOC-LOG Workshop, Stockholm 2009

31. Vgl. RFID Journal: Gerry Weber sews in RFID's Benefits; Letzter Zugriff am 10.8.2023

32. C&A startet RFID-Projekt an fünf Standorten. Pressemitteilung C&A vom 1. Juni 2012 (pdf), abgerufen am 27. Januar 2014

33. ADLER trifft Vorentscheidung über RFID-Einsatz. https://ixtenso.de/technologie/adler-trifft-vorentscheidung-ueber-rfid-einsatz.html; Letzter Zugriff am 18.10.2023

34. Adler platziert RFID-Hardware in Modemärkten (Memento vom 24. April 2014 im Internet Archive). Meldung des EHI Retail Institute e. V. vom 26. März 2014, abgerufen am 23. April 2014; Letzter Zugriff am 10.8.2023

35. Decathlon Sees Sales Rise and Shrinkage Drop, Aided by RFID. RFID Journal, 7. Dezember 2015; Letzter Zugriff am 10.8.2023

36. Verrücktes China: Der Supermarkt ohne Personal, Pro7 Galileo, Staffel 2018, Episode 93, 3. April 2018; Letzter Zugriff am 10.8.2023

37. Eine Tiroler Spezialität, Müllmengenmessung in Liter, ist Geschichte (1993–2015); Letzter Zugriff am 10.8.2023

38. ZA Celle – FAQ (Memento vom 25. Juni 2013 im Internet Archive); Letzter Zugriff am 10.8.2023

39. hda:Briten empört: 500.000 Mülltonnen heimlich verwanzt. In: Spiegel Online. 27. August 2006,abgerufen am 12. April 2020; Letzter Zugriff am 10.8.2023

40. Vgl. MM Logistik: Erste RFID-Tauschpalette aus Holz 2012; Letzter Zugriff am 10.8.2023

41. Vgl. VDA 5501: RFID im Behältermanagement der Supply Chain 2008; Letzter Zugriff am 10.8.2023

42. Vgl. RFID im Blick: Der Palette auf der Spur mittels RFID (Memento vom 5. Januar 2014 im Internet Archive) 2009; Letzter Zugriff am 10.8.2023

43. Christiane Oelrich, dpa: Verlorene Koffer beim Flug: Airlines wollen Gepäck mit RFID-Chip markieren. In: Spiegel Online. 2. Januar 2019; Letzter Zugriff am 10.8.2023

44. https://www.deutschlandfunknova.de/beitrag/rfid-technik-koffersuche-am-flughafen; Letzter Zugriff am 10.8.2023

45. https://www.golem.de/news/funkstandard-airlines-wollen-rfid-fuer-bessere-gepaeckver-folgung-nutzen-1901-138475.html; Letzter Zugriff am 10.8.2023

46. RFID-MARKTGRÖSSE & ANTEILSANALYSE – WACHSTUMSTRENDS & PROGNO-SEN (2023–2028). https://www.mordorintelligence.com/de/industry-reports/global-rfid-mar-ket; Letzter Zugriff am 10.8.2023

47. Marktforscher sieht 2007 weniger RFID-Wachstum. silicon.de, 11. August 2006; Letzter Auf-ruf am 10.8.23

48. Mira Schnell: Einsatzmöglichkeiten der RFID-Technologie innerhalb der Materiallogistik am Beispiel der Fahrzeugfertigung der Ford-Werke GmbH in Köln. FH Aachen, Aachen 2006

49. Michael Tegelkamp: Möglichkeiten des RFID-Einsatzes im internen Warenfluss eines mittel-ständischen Süßwarenherstellers. FH Aachen, Aachen 2005

50. Kosten laut RFID-Basis.de; Letzter Zugriff am10.8.23

51. Kosten laut RFID-Journal.de (Memento vom 3. Oktober 2011 im Internet Archive); Letzter Zugriff am vom 10.8.23

52. Katherine Albrecht und Liz McIntyre: SPYCHIPS – How Major Corporations and Govern-ment Plan to Track Your Every Move with RFID. Veröffentlicht von Nelson Current, A Subsi-diary of Thomas Nelson, Inc., 501 Nelson Place, Nashville, TN, USA, 205; Letzter Zugriff am 10.8.23

53. heise-online: Studie: Massenhafter RFID-Einsatz könnte Recycling verschlechtern. https://www.heise.de/news/Studie-Massenhafter-RFID-Einsatz-koennte-Recycling-verschlech-tern-193593.html; Letzter Zugriff am 18.10.2023

54. JAMA Network: Elektromagnetische Interferenzen durch Radiofrequenzidentifikation, die potenziell gefährliche Zwischenfälle in medizinischen Geräten für die Intensivpflege ver-ursachen; 25. Juni 2008. https://jamanetwork.com/journals/jama/fullarticle/182113; Letzter Zugriff am 18.10.2023

55. Aerzteblatt.de: Studie: RFID-Etikette können medizinische Geräte empfindlich stören; Mitt-woch, 25. Juni 2008. https://web.archive.org/web/20100709072050/http://www.aerzteblatt.de/v4/news/news.asp?id=32821; Letzter Zugriff am 18.10.2023

56. thyssenkrupp: IoT vs. IIoT: Was sind eigentlich die Unterschiede? https://www.thyssenkrupp-materials-iot.com/de/blog/iot-vs.-iiot:-was-sind-eigentlich-die-unterschiede; Letzter Zugriff am 16.11.2023

Die Automatisierungspyramide von 1985 – Grundlegende Struktur in IoT und Industrie 4.0

6

Wer über Systemintegration in Industrie 4.0 und IoT sowie globale Kommunikationsstrukturen spricht, muss wissen, dass die wesentliche Grundlage für diese Themen die Automatisierungspyramide von 1985 ist. Diese definiert die Kommunikationsschnittstellen durchgängig von der Feldebene (Fabrik) bis hinauf zum Unternehmenssystem und deren internationalen globalen Kommunikationsaustausch. Weiter definiert sie auch die Funktionalitäten innerhalb der einzelnen Schichten, wie z. B. der Feldebene oder der SPS-Ebene.

6.1 Geschichte und Normierung der Automatisierungspyramide

Der Begriff Automatisierungspyramide [1] stammt aus den achtziger Jahren und umfasste zunächst die Ein- und Ausgabeebene (I/O) zwischen Feld-Ebene, SPS-Ebene und SCADA-Ebene (Kontrollraum). Die Automatisierungspyramide war grundlegend für die Automatisierung und die Mensch-Maschine-Schnittstelle, auch Human Machine Interface (HMI) oder Grafical User Interface (GUI) genannt.

Später kamen die MES-Ebene (Manufacturing Exekution System) und ERP-Ebene (Enterprise Resource Planning) hinzu. Heute ist im Zusammenhang mit Industrie 4.0 das Internet das häufigste weltweite Kommunikationsprotokoll (IoT) für die Welt umspannenden LANs (Local Area Networks. Das Internet, integriert in das Ethernet und dessen Einbettung in die globale Kommunikationsstruktur ist wesentlich für Industrie 4.0. Den zugehörigen Protokollstack (OSI Model) werden wir eingehend im Kap. 8 behandeln: ~~Ethernet II Frame~~ Ethernet II Frame (Ethernetprotokoll), Internetprotokolle IPv4 und IPv6 sowie die Transportprotokoll TCP und UDP.

Die Automatisierungspyramide [1] ist die gängige Vernetzungs- und Kommunikationstopologie von 1985 innerhalb von Industrie 4.0 und dem IoT (Allesnetz von Kevin Ashton von 1999). Die Automatisierungspyramide ist die Topstruktur von IoT/IIoT und definiert das Zusammenwirken von intelligenten Sensoren im Feld/Fabrik bis hin zur Unternehmensführung, z. B. durch SAP. Die Automatisierungspyramide von 1985 (!) basiert auf dem OSI Modell von 1983/1984, das wiederum die grundlegenden Strukturen der Bussysteme und Feldbusse sowie den Protokollstack Ethernet TCP/IP definiert. Genaugenommen ist das OSI Modell der Protokoll-Stack für die Systemintegration für alle Ethernet basierten und nicht Ethernet basierten Kommunikationsprotokolle.

Die klassische IoT- oder Kommunikations- oder Automatisierungspyramide ist durch die IEC 62264 [2–5] genormt und umfasst die oben beschriebenen fünf verschiedenen Ebenen (engl.: Level 1… 5) der Kommunikation. Dabei handelt es sich um eine internationale Normenreihe, die von der IEC (International Electrotechnical Commission) erarbeitet wurde und die Integration von Unternehmens-EDV und Leitsystemen definiert.

Die Norm für die Netzwerktopologien wurde von der IEC erarbeitet. Basis der Norm ist die ISA-95 Spezifikation [6]. Die Norm ISA-95 ist gültig für die Integration von Unternehmens- und Betriebsleitebene in die Automatisierung.

Die Geschichte und die Spezifika der Automatisierung stehen eng im Zusammenhang mit IoT und Industrie 4.0. Aufgrund massiv zunehmender Datenmengen und Datenstrukturen musste es zwangsläufig zu einer Strukturierung der Kommunikation führen.

Mit Einführung der *μ-Controller* und *Signalprozessoren (DSP: Digitale Signalprozessoren)* den frühen siebziger Jahren kamen zunehmend intelligente Sensoren und die speicherprogrammierbaren Steuerungen in die Automatisierung, mit denen immer mehr Fertigungsprozesse gesteuert und geregelt wurden. Das heißt, es wurden analoge Sensoren entwickelt, die ihre Signale in der Regel zunächst an einen analogen Messwertaufnehmer (Transducer), Messwertumformer oder Transmitter (Intelligenz) übertrugen, dort ausgewertet und dann mittels dem weltweit standardisierten *4…20 mA Signal in die Leitwarte weitergeleitet haben.* Später wurden diese Signale quasidigital mittels dem Feldbus 4…20 mA HART und WirelessHART an die speicherprogrammierbaren Steuerungen (SPS) übertragen.

Mit fortschreitender Entwicklung des digitalen Zeitalters wurden die analogen Spannungs- und die Stromsignale digitalisiert (A/D Wandler). Die digitale Regelungstechnik folgte der analogen Regelungstechnik.

Mit fortschreitender Technologie wurden seit ca. 25 Jahren die Informationen gem. Abb. 6.1 von den Sensoren zur SPS mit ihren I/O Modulen (Feldebene) und von da zum SCADA/HMI-System, sowie weiter über das MES-System bis zum ERP-System in unterschiedliche Kommunikationsprotokolle gewandelt und übertragen: z. B. Ethernet TCP/IP, PROFINET, EtherNet/IP, EtherCAT, Modbus TCP, OPC UA, um nur einige zu nennen. Ab 1990 stieg die Kommunikation zunehmend mit dem Internetprotokoll IPv4, später IPv6. Beide Internetprotokolle nutzen in den meisten Anwendungen den Ethernet II Frame.

Die SPS wurde von Beginn an zur ,Sammelstelle' vieler intelligenter Sensoren, die für einen Produktionsprozess ausgewertet wurden. In der SPS wurde bei Abweichungen gegenüber Sollwerten die Regelungen in den Prozessen automatisch durchgeführt. Dabei

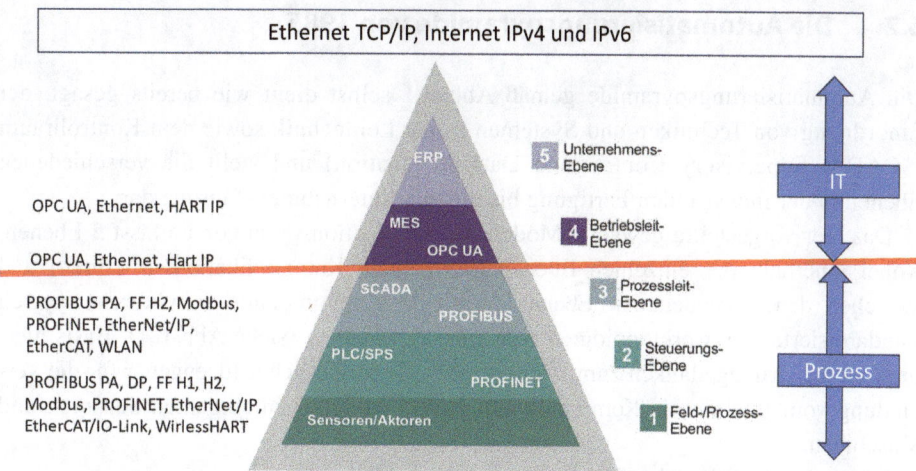

Abb. 6.1 Die Automatisierungspyramide als Basis Netzwerktopologie in Industrie 4.0 und IoT

wurden Stellglieder, Ventile und Motoren für Verfahrensprozesse so geregelt, dass der Prozess bei Abweichungen kontinuierlich wieder auf den Sollwert zurückgeführt wurde.

Diese einfachste Arte der Steuerung und/oder Regelung wurde im Laufe der Zeit immer mehr ausgebaut und perfektioniert. Heute finden Regelungen mit PID-Filtern, Kalman-Filtern, KI-Methoden, Künstlichen Neuronalen Netzwerken oder Neuro-Fuzzy [7] statt. Einfache Algorithmen wurden durch prädiktive, intelligente Auswerte- und Regelungs-Algorithmen abgelöst. Echtzeitfeldbusse für Regelungen wie PROFIdrive oder SERCO I-III [7] entstanden.

Dies alles führte zu den in der Automatisierungspyramide definierten Netzwerk-Topologien. Diese Vorgehensweise findet seit Jahren Anwendung bei der Vernetzung von der Fabrik- oder in der Prozessindustrie bis hin zum Firmenmanagement. Die Kommunikation und deren Strukturen wurden immer durchgängiger und transparenter (z. B. SAP).

Die Struktur der Automatisierungspyramide ist übrigens ein fester Bestandteil von Industrie 4.0 und IoT (IIoT, Ethernet TCP/IP). Dabei handelt es sich um eine Kommunikationsstruktur, die jede Ebene mit sich sowie auch mit den nächsthöheren und darunterliegenden Ebenen (Schichten oder Leveln) verbindet. Man spricht in diesem Zusammenhang von horizontaler und vertikaler Kommunikation, die mit standardisierten Feldbussen und Bussystemen (Netzwerkprotokollen) per Definition arbeitet.

Mehr als 25 Automatisierungspyramiden existieren heute in der Literatur und variieren in Anzahl der Ebenen und Benennungen [7]. Zum Teil entfallen je nach Priorität des Sachverhaltes die oberen oder die unteren Ebenen bzw. sind zusammengefasst.

In den Anfängen gab es auch noch die CIM-Pyramide (Computer-Integrated Manufacturing) welche die oberen 3 Level beinhaltete. Seit den frühen 90er Jahren sind jedoch *alle* Ebenen oder Level in der Automatisierungspyramide zusammengefasst.

6.2   Die Automatisierungspyramide von 1985

Die Automatisierungspyramide gemäß Abb. 6.1 selbst dient wie bereits gesagt, der Einordnung von Techniken und Systemen in der Leittechnik sowie dem Kontrollraum (SCADA: Supervisory Control and Data Acquisition) und stellt die verschiedenen Ebenen in der industriellen Fertigung bis hin zur Unternehmensführung dar.

Das hier vorgestellte gewählte Modell der Automationspyramide umfasst 5 Ebenen, wobei innerhalb der einzelnen Ebenen (horizontale Kommunikationsstrukturen) und zwischen den verschiedenen Ebenen (vertikale Kommunikationsstrukturen) typisch standardisierte Netzwerktopologien zum Einsatz kommen (siehe Abb. 6.1). Basis hierfür sind die Grundgedanken zum IoT von 1999 als wesentlicher Ideengeber für die Verbindung vom Internet als Kommunikationsmittel zwischen intelligenten Sensoren und Maschinen.

Es werden die folgenden fünf Ebenen unterschieden:

1. Feldebene mit intelligenten Sensoren und Maschinen
2. SPS Ebene mit Speicherprogrammierbaren Steuerungen und I/O's, an welche die Sensoren und Aktoren der Feldebene zur Steuerung und Regelung angeschlossen werden
3. SCADA/HMI Ebene (SCADA/Human Machine Interface) oder Kontrollraum, in der die Überwachung der Anlagen, Maschinen, Sensoren und die Vorgaben für die Regelungen erfolgen
4. MES Ebene (Manufacturing Execution System) für die Echtzeit-Produktion und Überwachung der Prozessparameter
5. ERP Ebene, steuert die Prozesse vom ‚Kunden zum Kunden'

Dabei unterscheidet man oftmals noch zwischen der IT Ebene, zu der das ERP und MES-System gehören und der Prozess Ebene, zu der das SCADA, die SPS und die Feldebene zugeordnet wird.

Es sei betont, dass alle Ebenen im Sinne von IoT kommunikationsfähig sind.

Die standardisierten vertikalen und horizontalen Kommunikationsverbindungen sind die Ethernet basierten Feldbusse wie z. B. EtherCAT, EtherNet/IP, PROFINET, Modbus TCP, CC-Link, WLAN, OPC UA. Alle diese Feldbusse nutzen Ethernet TCP/IP oder Ethernet UDP/IP.

Weitere Feldbusse wie z. B. 4...20 mA HART, PROFIBUS DP und PROFIBUS PA, FF basieren nicht auf dem Ethernet, Alle diese Feldbusse oder Bussysteme haben jedoch als Basis ebenfalls das OSI Modell von 1984 [7]. Seit Einführung des Ethernet APL im Jahre 2019 sind die nicht auf dem Ethernet basierenden Feldbusse am Abnehmen, da das Ethernet als Basistechnologie stark im Vormarsch ist.

Im folgenden gehen wir auf die fünf Ebenen (Schichten oder Level) der Automatisierungspyramide im Detail ein und sprechen über die Anforderungen in den einzelnen Ebenen.

6.2.1   Die Feldebene: Sensoren und Aktoren

Die 1. Ebene ist die *Feldebene* und umfasst die branchentypischen Vorrichtungen wie Sensoren/Sensorsysteme jeglicher Art, Motoren, Ventile, Stellglieder (Aktoren). Dabei handelt es sich um schnelle, einfache und automatische Datensammlung, Daten-reduktion, Auswertung und Weiterleitung an die SPS-Ebene. Über Eingabe- und Aus-gabemodule (I/O) werden die Sensoren und Aktoren mit der SPS-Ebene verbunden und in der Regel auch mit Energie versorgt. Allerdings ist bis heute auch noch das Vierleiter-prinzip verbreitet, bei dem die Datenweiterleitung zur SPS und die Energieversorgung der Transmitter oder Messgeräte vor Ort separat mit je zwei Drähten gehandhabt werden. Dies trifft insbesondere für die Analysenmesstechnik zu.

Interessant ist die Geschichte der Feldebene. Denn getrieben durch die Problematik, bei den Anforderungen an die Messtechnik unter dem Aspekt vom Labor ins Feld waren viele der Sensoren, insbesondere für die Qualitätssicherung sozusagen das letzte Glied in der Automatisierungskette.

In diesem Zusammenhang wiederum waren technologisch die Parameter der Ana-lysenmesstechnik hinter den physikalischen Parametern (Druck, Füllstand, Tempera-tur, Durchfluss) zu sehen. Einfache Sensoren in der Fabrikautomation waren mit vielen Komponenten der Automatisierung schon eingeführt, bevor die Prozessautomatisierung mit ihren hohen Anforderungen an Sensoren bezüglich Umwelt und Verarbeitung so richtig durchstartete.

Es sei betont, dass alle Sensoren und Aktoren der Prozessmesstechnik prinzipiell einen ähnlichen Verlauf hinsichtlich der Automatisierung genommen hatten: Zunächst im Feld als ‚Stand-alone-Geräte' vor Ort; dann als analoge Verdrahtung ins Leitsystem, ge-folgt von ersten Digitalisierungen der Messwertumformer, aber immer noch mit analoger Kommunikation in die Leitwarte.

Später folgten die Kompaktsensoren mit digitaler Kommunikation, vom 4…20 mA HART bis hin zum PROFIBUS PA, Fieldbus Foundation FF H1, PROFIBUS DP, Ether-Net/IP, PROFINET (löst den PROFIBUS DP konsequent ab), EtherCAT, Modbus TCP, CC-Link, WLAN/Wi-Fi. Die genannten Feldbusse basieren alle auf dem Ethernet (siehe Kap. 10).

Jede dieser Entwicklungsstufen war historisch gesehen begleitet durch:

- Leistungsstärkere Elektroniken
- Komplexe Softwarearchitekturen und -sprachen
- Höhere Miniaturisierung
- Höhere Sicherheitsanforderungen an die Umwelt
- Explosionsgefährdete Umgebungen und Handhabung
- Schnellere Datenübertragungsraten
- Komplexere Auswertealgorithmen

Diese Abfolge lässt sich sehr durchgängig für die pH-Sensorik [8] aufzeigen, die in der Umwelttechnik, Energie, Chemie, Pharmazie, Nahrungsmittelindustrie, Bergbau, Energiewirtschaft und Holzindustrie und nahezu allen Industrien eingesetzt wird. Die pH Messtechnik steht hier ebenso als Beispiel für die Realisierung von harten Umgebungsbedingungen in der Prozessindustrie. Weiterhin ist die pH Messtechnik ein typisches Beispiel für die Qualitätssicherung, da diese in der Automatisierung in der Regel der letzte Realisierungsschritt bezüglich der Komplexität ist. pH-Messungen waren eine der am meisten kritischen Messungen in der Analysenmesstechnik, da sie aufgrund ihres hochohmigen Messverfahrens sehr empfindlich gegenüber Umwelt (Temperatur und Feuchtigkeit) und EMV ist.

6.2.1.1 Entwicklung der Sensoren in der Analysenmesstechnik im Hinblick auf die Automatisierung

Die pH-Messtechnik [8] steht beispielhaft für alle Sensoren der Analysenmesstechnik und den physikalischen Parametern im Zusammenhang mit dem Thema ‚Vom Labor ins Feld'.

Geschichtliche Einordnung
Zwei Probleme waren in der Prozessautomatisierung ab 1980 zu bewältigen:

- Die Robustheit und Umweltverträglichkeit der pH-Messtechnik gegenüber Feuchte, Temperatur und anderen Umwelteinflüssen wie EMV oder Einsatz in explosionsgefährdeten Umgebungen
- Die Feldbus-Kommunikation mit einer SPS. Ab den 50ern wurde mittels dem analogen 4…20 mA-Signal [9] kommuniziert (Beginn 1950!), es folgten 4…20 mA, HART [10, 11], PROFIBUS PA [12] und PROFIBUS DP [13] andere Feldbusse [14]

Die Entwicklungen für die Automatisierung der pH-Messstellen in der Prozesstechnik sei anhand von Abb. 6.2 erläutert.

Die pH-Messung hatte aufgrund ihrer Physik (hochohmige Messung) über fast ein Jahrhundert Probleme mit Feuchtigkeitsproblemen zu kämpfen. Besonders kritisch war dabei die Steckerverbindung zwischen Sensorstecker und Kabelkupplung.

Deswegen wurde die pH-Messung auch erst relativ spät direkt im Prozess installiert, wie beispielsweise am Belebungsbecken einer Kläranlage oder in einer Neutralisation in der chemischen Verfahrenstechnik.

Während die physikalischen Messparameter wie Druck, Füllstand, Durchfluss und Temperatur als Kompaktversionen, d. h. Auswerte- und Kommunikationselektronik waren kompakt in einem Gehäuse untergebracht und in der Regel direkt mit dem Sensor mechanisch fest verbunden, relativ früh ab ca. 1960–1970 am Ort der Messung aufgestellt wurden, war dies für die Flüssigkeitsanalyse, insbesondere für die pH-Messtechnik und Leitfähigkeitsmessung, erst ungefähr 10–15 Jahre später der Fall.

In den Anfängen waren die Sensoren analog und gaben Strom und Spannung wie z. B. der pH Sensor, zunächst an den Messwertumformer weiter, der ohne weitere Ver-

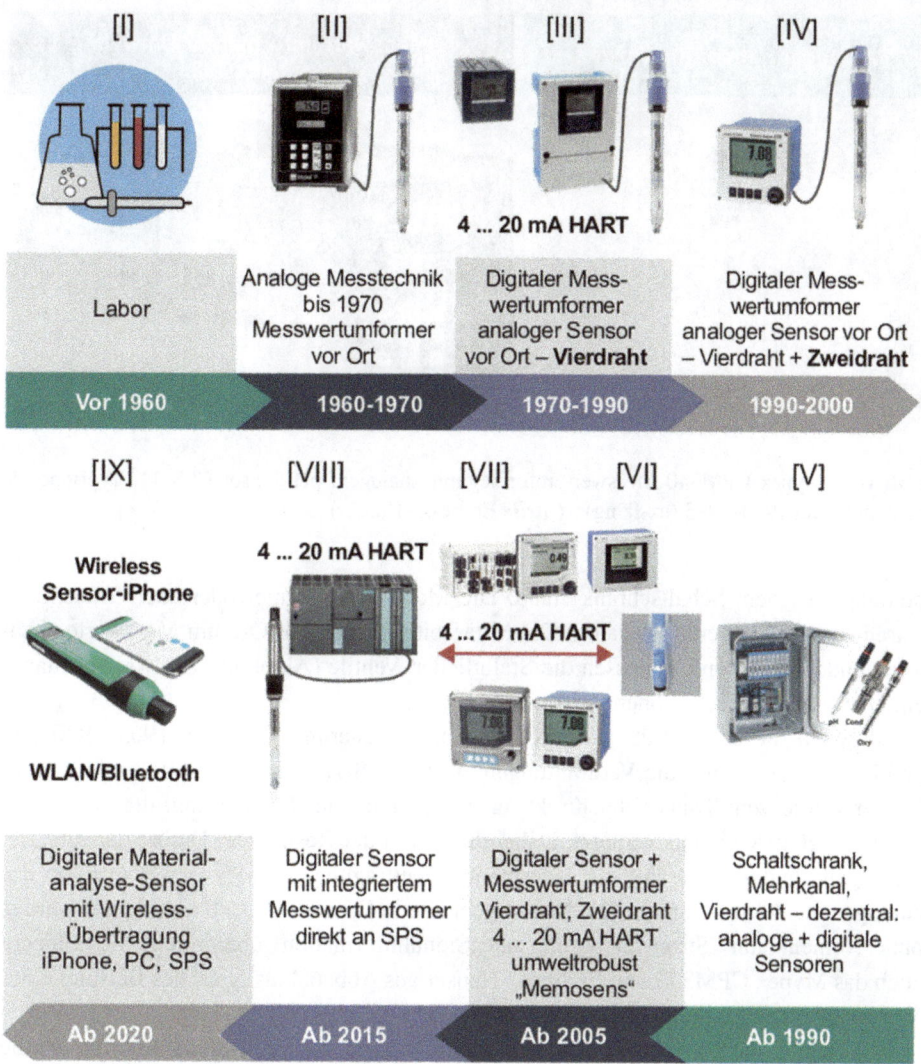

Abb. 6.2 Geschichte der Automatisierung für pH-Messtechnik. [I] *Quelle:* Sylvie Mauch, HeimatSeiten, Web-& Grafikdesign. *Quellen [II]–[IV]* Endress + Hauser: [II] Mypex CPM 340 4-Draht, Liquisys 4-Draht, Liquiline 2-Draht 4…20 mA. [III] Liquisys Schalttafeleinbau- und Feldgerät. [IV] 2-Draht und 4-Draht 4…20 mA Liquiline. [V] State of the Art' Schaltschrank – Hutschienenanbindung von Sensoren. *Quelle* Knick Elektronische Messgeräte GmbH & Co.KG. [VI] Memosens-Technologie mit Liquiline 4…20 mA HART und Liqui line Mehrkanal. *Quelle* Endress + Hauser. [VII] CM44P Hutschienengeräte mit Memosenstechnologie. *Quelle* Endress + Hauser. [VIII] SMARTPAT 4…20 mA HART 7 – *Quelle* KROHNE– an SPS – *Quelle* SIEMENS– Abb. 4.6 zeigt den Ausschnitt des unverän derten Originals. [IX] Materialanalyse mit Handyanbindung. *Quelle Picosens* GmbH

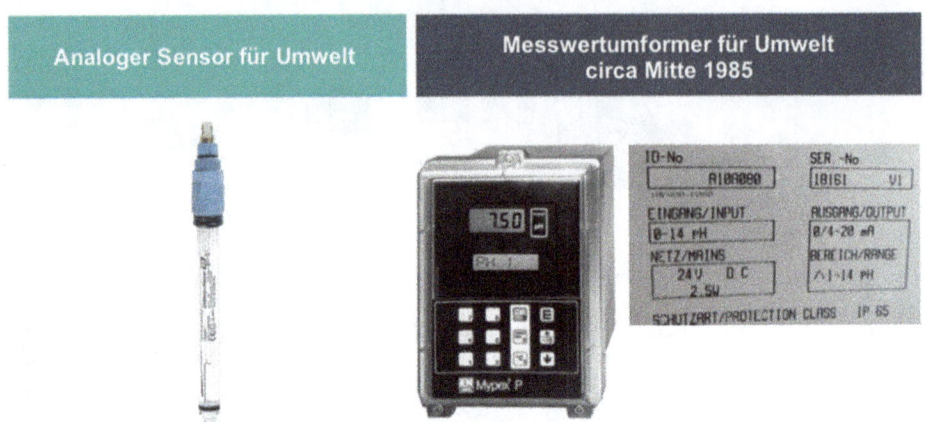

Abb. 6.3 Mypex CPM340 Messwertumformer mit analogem pH-Sensor CPS 11. Typische pH Messstelle um 1980–1985 (ex-fähig). (*Quelle* Endress + Hauser)

bindung zu einem Schaltschrank stand. Die Messwertumformer oder auch Transmitter waren zu Beginn ebenfalls analog. Die Mitarbeiter gingen vor Ort, um Messwerte abzulesen und öffneten und schlossen die Stellglieder, Ventile (Aktoren) nach wie vor manuell. Dies erforderte sehr hohen Personaleinsatz.

Als dann die ersten SPS in der Prozessautomatisierung, ab Mitte 1965–1970 eingeführt wurden, waren die Verdrahtungen zu der SPS zunächst ebenfalls analog: Jeder Sensor wurde vom Transmitter direkt mit mindestens vier Drähten mithilfe des klassischen 4…20 mA-Signals vernetzt. Dabei dienten in der Regel zwei Drähte der Energieversorgung und zwei Drähte zur Informationsübertragung des Messwertes in Form des analogen 4…20 mA-Signals. Die Messergebnisse in Form des 4…20 mA-Signal wurden ohne Nomenklatur (Stromversorgung und Signalinformation) übermittelt. Siehe hierzu auch das Mypex CPM340 von Endress + Hauser aus Abb. 6.3 als typisches Beispiel eines Vierdrahtgerätes für die pH-Messung.

Mit Beginn der Einführung von Leitwarten wurden die Stellmaßnahmen für Ventile und Stellglieder durch pneumatische und/oder elektrische Regeleinrichtungen remote vorgenommen. Die Werte der pH Messung wie auch aller übrigen Parameter wurden üblicherweise analog in die Werte in Form des 4…20 mA Signals in die Leitwarte übertragen.

Bei der Einführung von Leitwarten (Kontrollräumen) wurde jeder Sensor (Durchfluss, Druck, Füllstand, Temperatur, pH-Messung, Leitfähigkeit, Sauerstoff usw.) vom Messwertumformer und jeder Aktor einzeln in die Warte verkabelt. Für jeden Sensor und zugehörigem Aktor wurden je zwei Drähte verkabelt, d. h. es mussten hunderte von Kabeln in die Leitwarte verlegt werden sowie hunderte von analogen Bedien- und Beobachtungssystemen installiert werden.

Jeder Sensor und jeder Aktor hatten ihre analoge Anzeige und ggfs. seinen eigenen Schalter. Ich erinnere mich hier noch gut an die Leitwarte einer kleineren Kläranlage in Baden-Württemberg in den achtziger Jahren, wo der Leitstand von analoger Messtechnik überfüllt war. Der Leitstand war sehr groß und nur einem Insider transparent.

Durch die Einführung der µ-Controller im Jahre 1970 begann dann die uns vertraute elektrische Automatisierung. Dabei ging es speziell bei der pH-Messung wie auch bei den anderen physikalischen Messparametern zunächst primär darum, die analogen Messwerte im Messwertumformer oder Transmitter mittels A/D Wandlung für die Digitale Auswertung aufzubereiten und am Display des Messwertumformers anzuzeigen.

Abb. 6.3 zeigt hierfür ein Beispiel einer Vierdraht-pH-Messung mit digitaler Auswertung und Anzeige (Mypex).

Ab ca. 1985 begann man verstärkt mit der Entwicklung der Zweidrahttechnologie. D. h. die 0…4 mA-Signale wurden zur Versorgungsenergie des gesamten Messgerätes verwendet. Die 4…20 mA wurden zur Signalübertragung wie bisher verwendet, darüber hinaus wurde zusätzlich ein Wert zwischen 21,5 mA bis 22 mA als Fehlersignal verwendet. Dieser Trend war eine Herausforderung für alle Messtechnikhersteller. Die physikalischen Parameter kamen relativ schnell mit den ersten Lösungen von Zweidrahtgeräten, während die Analysenmesstechnik je nach Parameter 5–10 Jahre aus oben besagten Gründen hinterher war.

So ab den 85er Jahren erfolgte für die Übertragung vom digitalen Kompaktsensor (Messwertumformer- und Sensorelektronik) in Form eines 4…20 mA-Signals zur Leitwarte (Kontrollraum). Hierfür wurde das im Messwertumformer errechnete digitale Signal wieder D/A in ein 4…20 mA-Signal gewandelt. Dies galt für Zweidrahtgeräte ebenso wie für Vierdrahtgeräte. D. h. für die pH Messung: Die analoge pH-Spannung wurde zunächst von der pH-Elektrode zum Messwertumformer (Transmitter, Messwertumformer) übertragen und A/D gewandelt. Es erfolgte die Berechnung des pH-Wertes mit dem µ-Controller, der im Display angezeigt wurde. Der berechnete pH-Wert wurde dann wieder D/A gewandelt und in die Leitwarte übertragen. Durch diese Art der Verarbeitung kam es häufiger zu Fehlern und Ungenauigkeiten. Insbesondere die Verbindung zwischen pH-Elektrode und Messwertumformer war sehr störanfällig [8] gegenüber Feuchte und EMV. Doppelt geschirmte Kabel waren notwendig, um das Problem EMV einigermaßen in den Griff zu bekommen. Diese Probleme wurden bei den physikalischen Parametern in der Regel durch die Kompaktmessstelle umgangen. Die 4…20 mA-Signale wurden mit Beginn der Digitalisierung der Leitstellen (Kontrollraum) erneut A/D gewandelt und in festverdrahteten Steuereinheiten (Vorläufer der SPS), später der SPS berechnet, die wiederum entsprechend Aktoren am Ort des Geschehens bedienten.

Ab ca. 1980 wurden auch die Leitwarten zunehmend sukzessive digitalisiert. Das Bedienpersonal wurde entlastet und die Anlagen konnten besser instrumentiert und optimiert werden.

Bis in die 90er Jahre wurden in großen Klär- und Wasseraufbereitungsanlagen bzw. Kraftwerksanlagen und anderen Industrien eine Vielzahl von Schaltschränken und Großrechner in der Leitwarte installiert.

Durch Einführung der ersten Workstations in den frühen 80er Jahren und der Personal Computer (PC) in der zweiten Hälfte der 80er Jahre begann in den Leitwarten kleinerer Industrieanlagen die Digitalisierung bzw. die Umrüstung größeren Industrieanlagen. Die Übersicht und der Aktionsradius des Bedienpersonals nahm seit Mitte der 80er Jahre dadurch immens zu.

Hinzu kamen verbesserte Visualisierungssysteme, welche erhebliche Verbesserungen für die Handhabung der Automatisierung mit sich brachten. Es wurden nun so viele Signale, wie möglich in die Warte übertragen, da die Informationsflut durch die steigende Leistungsfähigkeit der Computer immer besser verarbeitet werden konnte.

Für die pH-Messung in einer industriellen Kläranlage hieß das beispielsweise, dass die ersten Neutralisationen von sauren oder basischen Abwässern auf den neutralen Wert pH 7 automatisch geregelt werden konnten. Die Flexibilität wuchs, dennoch: Wenn der Zentralrechner ausfiel, stand die Anlage komplett still.

Mit Einführung von Workstations und PC's wurden ab ca. 1985 auch dezentrale Systeme eingeführt. Immer kostengünstiger wurden die Systeme aufgrund der sinkenden Preise im Halbleitermarkt. Auch für die Messstellen der pH-Messtechnik und allen anderen Messparmetern wurden aufgrund dieses Sachverhaltes die Messwertumformer in den neunziger Jahren erheblich kostengünstiger.

Die dezentralen Systeme ab 1987 wurden durch die stetige Preisabnahmen von Komponenten und Teilsystemen zunehmend lukrativer. Die Zeit der großen Zentralsteuerungen war vorbei. Zunehmend wurden die zentralen Steuerungen aufgelöst und entsprechend den Applikationen in dezentrale Teilsysteme vor Ort verlagert. Die Schaltschränke vor Ort wuchsen in ihren Dimensionen gewaltig an. In der Folgezeit war man deswegen gezwungen auch in den Schaltschränken befindliche Komponenten der Automatisierungstechnik zu miniaturisieren: I/O's, SPS und Messwertumformer für die Sensoren und Aktoren, alles wurde miniaturisiert und robuster entwickelt.

Ein Grund für immer größere Schaltschränke war auch, dass die Messwertumformer wegen ihrer immer noch relativ geringen Schutzarten der Messgeräte (<IP45) in Schaltschränken zusammengefasst werden mussten. So hatten die ‚Schalttafel -Messwertumformer' (96 mm × 96 mm oder 48 mm × 96 mm) eine Schutzart IP54 von der Frontseite gesehen, aber kleiner als IP54 für das Elektronikgehäuse. Dieses Problem konnte man sehr gut anhand der Analysenmesstechnik nachvollziehen, bei der Sensor und Auswerteelektronik immer noch getrennt waren und die Schalttafeleinbaugeräte aufgrund ihrer geringen Schutzart in den Schaltschrank eingebaut werden mussten.

Eine typische Dezentralisierung sei hier für eine industrielle/kommunale Kläranlage aufgezeigt, die sich grob in die folgenden dezentralen Prozesse aufteilen lässt:

1. Neutralisation von Industrieabwässern
2. Regenüberlauf
3. Hebewerk, Rechen/Sandfang
4. Vorklärbecken
5. Biologische Reinigung (Belebungsbecken)

6. Nachklärung/Auslauf
7. Schlammfaulturm/Eindicker

Jeder dieser Prozesse wurde dezentral in einem Schaltschrank zusammengefasst.

Der Vorteil war, dass alle Steuerungen anwendungsspezifisch vor Ort vorgenommen wurden und nur die relevanten Messwerte und Sollparameter zwischen SCADA/HMI und den SPS-Einheiten im Schaltschrank ausgetauscht wurden.

Weiter hatte die Dezentralisierung schon einmal per se den großen Vorteil, dass bei Ausfall eines Teilprozesses nicht sofort die gesamte Anlage stillstand. In der zeitlichen Abfolge der Instrumentierung von Industrieanlagen fand eine Trennung zwischen Visualisierung im Kontrollraum und der Steuerung vor Ort durch die SPS statt, die wiederum die dezentralen anlagenspezifischen Steuerungen durchführte und ihre Sollwerte aus dem Kontrollraum erhielt. Ein weiterer Vorteil war die unmittelbare Anpassung an den Prozess. Im Beispiel der Kläranlage wurden die aufwendigen halbautomatischen Messungen Phosphat, Nitrat und Ammonium im Auslauf in einem ,Messhaus', wie es Abb. 6.4, untergebracht.

Für die Übertragung zwischen den Sensoren und Messwertumformer war jedoch zunächst nach wie vor das 4…20 mA-Signal dominant. Von der SPS zur SCADA-Ebene kommunizierten ab ungefähr 1990 mehrere Recheneinheiten über verschiedene Bus-Systeme, wie z. B. über 4…20 mA HART, PROFIBUS FMS [15], später PROFIBUS DP [13, 14]. EtherNet/IP [16]. Wie gesagt, durch die Dezentralisierung wurde Redundanz

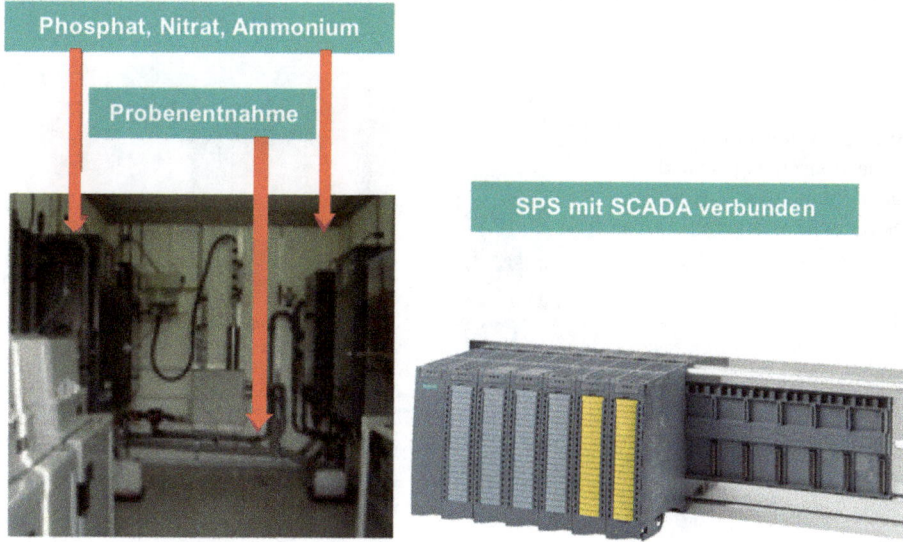

Abb. 6.4 Mögliche dezentrale Steuerung im Kläranlagenauslauf – Messung Phosphat Nitrat, Ammonium. (*Quelle* SIEMENS (rechtes Bild SPS))

geschaffen und der Ausfall eines Systems stoppte nicht die gesamte Anlage: Die An-
lagenverfügbarkeit stieg an.

Damit waren die ersten automatisierten Anlagen im Sinne der Automatisierungspyramide, die 1985 veröffentlicht wurde, vom Feld bis hin zum SCADA/MES-Level
realisiert. Allerdings wurden dadurch die Bussysteme so beansprucht, dass die Anlagen-
größe wiederum sehr schnell limitiert wurde. Ab Mitte der 90er konnten die Kosten
durch standardisierte PC-Architekturen und PC-Software weiter gesenkt werden. Ethernet [17] und auf Ethernet basierte Bussysteme (z. B. PROFINET) kamen zwischen den
dezentralisierten Systemen vermehrt zum Einsatz.

Ab 1995 erfolgte dann die Busvernetzung für die physikalischen Parameter neben
dem 4…20 mA HART Signal mit dem echtzeitfähigen PROFIBUS DP. Allerdings noch
nicht für die Analysenmesstechnik.

Bezogen auf die Automatisierung der pH-Messtechnik wurde für die Kosten- und
Platzminimierung in den neunziger Jahren der erste analog-digital ASIC für einen pH-
Messwertumformer entwickelt.

Weiterhin wurde in diesem Zeitraum auch mit Automatisierungsbestrebungen in der
pH-Reinigung und der pH-Kalibration von den renommierten Firmen der Messtechnik
als dezentrale Messsysteme vor Ort begonnen.

Abb. 6.5 zeigt hierzu ein auf dem neuesten Stand der Technik basierendes Mess-
system zur pH-Elektrodenreinigung und -kalibrierung, welches meistens auch in einem
dezentralen Messhaus (Abb. 6.4) untergebracht war.

Erst ab ca. 1997 wurde begonnen, in der Analysenmesstechnik die ersten Zweidrahtgeräte mit 4…20 mA HART (Highway Addressable Remote Transducer) für die Flüssigkeitsanalyse (pH, Sauerstoff, Leitfähigkeit, Trübung, Chlor usw.) zu entwickeln. Zu die-

Abb. 6.5 Automatische
pH-Elektrodenreinigung und
–kalibrierung. (*Quelle* Knick
Elektronische Messgeräte
GmbH & Co.KG)

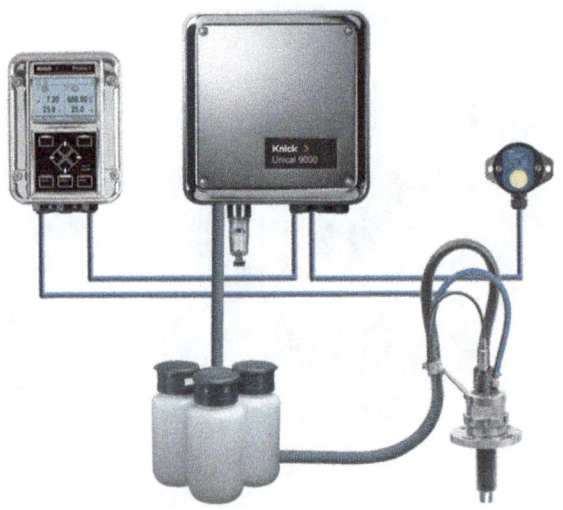

sem Zeitpunkt nutzten die physikalischen Parameter (Druck, Füllstand, Durchfluss, Temperatur) diesen Feldbus bereits 5 Jahre früher. HART selbst wurde in den 1980er Jahren von der Firma Rosemount (Emerson) [18] für deren Feldgeräte Druck und Füllstand etc. entwickelt. 1989 wurde der HART-Standard durch die HART Communication Foundation (HCF) [19, 20] publiziert.

Bemerkenswert ist in diesem Zusammenhang, dass der Feldbus HART erst seit 2007(!) ein Teil der Feldbus-Norm IEC 61158 [21] wurde. (Siehe auch Kap. 7 Feldbusse und Kommunikationsprotokolle).

Es war damals ein enormer Aufwand, die neue Zweidraht-Transmittergeneration mit HART für die Flüssigkeitsanalyse einzuführen, um den Gleichschritt zu den physikalischen Parametern zu erreichen; d. h. die Implementierung der Analysenmessgeräte in die universellen Vernetzung-Topologien zu SPS/SCADA- und MES-Ebenen.

Für diese neue Art der Vernetzung von Analysenmessgeräte kamen zwei weitere Aspekte hinzu: Während die physikalischen Parameter wie bereits ausgeführt, in der Regel sehr kompakt gebaut waren, und direkt das 4...20 mA-Signal oder 4...20 mA HART-Signal an die SPS oder das SCADA-System lieferten, musste bei den Analyseparametern gemäß Abb. 6.6 immer noch ein Transmitter oder Messwertumformer zwischen SPS und Sensor (pH, Leitfähigkeit usw.) zwischengeschaltet werden. Zum damaligen Zeitpunkt war der pH-Sensor mit 14 mm Durchmesser einfach zu klein und man wagte sich erst ab ca. dem Jahr 2000 daran, die Elektronik für die pH-Elektroden zu miniaturisieren.

Hinzu kam gerade beim hochohmigen pH-Sensor, dass alle auf dem Markt erprobten Steckersysteme nicht verhindern konnten, dass in die Steckverbindung Feuchte eindrang und somit die Leistungsfähigkeit des Sensors nicht unter allen Umweltbedingungen gegeben war.

Im Jahr 2000 wurde versucht, die Steckkontakte aus PFA und PEEK zu designen, doch der uneingeschränkte Erfolg blieb aus. Das Problem der Feuchtigkeit im hochohmigen Stecksystem konnte nicht zufriedenstellend gelöst werden.

Ab 2001 begannen die Entwicklungen der neuen pH-Generationen in zwei Schritten. Im *ersten Schritt* wurde das Problem der Hochohmigkeit des pH-Sensors durch die Firma Endress + Hauser und im *zweiten Schritt* die Transmitterthematik durch die Firma KROHNE gelöst.

Zwischen diesen beiden *Breakthroughs* in der Analysenmesstechnik lag noch die Miniaturisierung der Transmitter als Hutschienenmodule. Möglich wurde die bahnbrechenden Entwicklungen in der Analysenmesstechnik durch den Einsatz von miniaturisierten ‚Low Power'-Bauteilen der Größe 1,02 mm × 0,5 mm und durch eine neue Generation von ‚Low Power'-Prozessoren (siehe unten).

Erster Schritt: Lösung des Feuchtigkeitsproblems beim pH-Sensor- Memosens [22]
Im Jahr 2001 begann man im ersten Schritt durch die nun vorhandenen kleinen elektronischen Bauteile und ‚Low Power' μ-Controller die Elektronik der Energieübertragung und Informationsübertragung in den pH-Sensor zu integrieren. Dabei wurde das mechanische

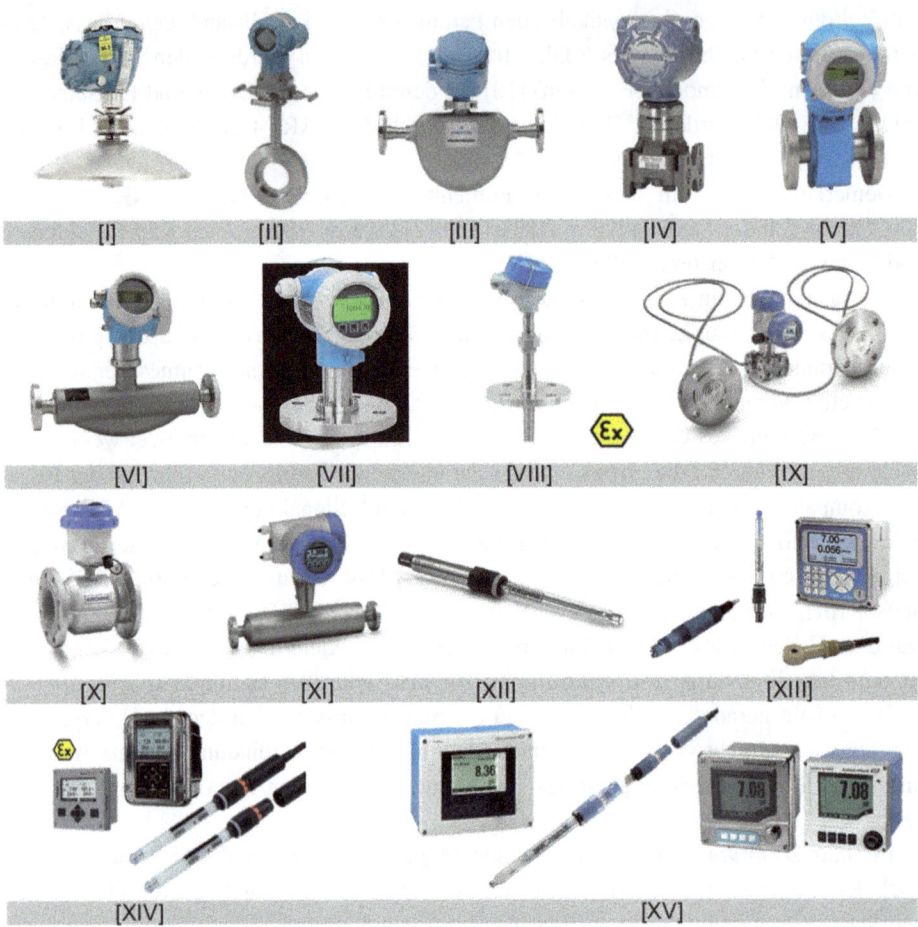

Abb. 6.6 Parameter in der Prozesstechnik. *Quelle* Courtesy Emerson Electric Co and affilia-ted – [I] Füllstand: Rosemount™ 5900S Radarpegelmessgerät. [II] Durchfluss: Rosemount ™-2051cfc-wireless-orifice-plate-flowmeter. [III] Durchfluss: Micro Motion ELITE CMFS040M Co-riolis Meter, 3/8 (DN10), 316L Edelstahl. [IV] Druck: Rosemount™ 3153K Nuklear-Qualifizierter Drucktransmitter. [XIII] pH-Messung: Rosemount™ Model 56, Dual Channel und Rosemo unt™ Hx338: Dampf Sterilisierbarer & autoklavierbarer pH-Sensor Rosemount™ 228: Induktive Leit-fähigkeit sowie Rosemount-3900-and-3900vp-sensor-1-white-end pH Elektrode. *Quelle* En-dress + Hauser – [V] Durchfluss: Promag P300. [VI] Durchfluss Coriolis: Promass F 200. [VII] Druckmessung: Cerabar PMC71B. [XV] Analysenmesstechnik: Liquiline 4…20 mA HART, 2 Draht und pH- Messung mit Memosens sowie Liquiline CM44, 4-Kanal. *Quelle* Knick Elektro-nische Messgeräte GmbH & Co. KG – [XIV] Transmitter Stratos Multi und Protos II + Memosens alterna tive pH-Elektrode. *Quelle* KROHNE. [VIII] Temperaturmessung TRA-TF55. [IX] Druck: OPTIBAR_DS_capillary. [X] Durchfluss: WATERFLUX_3070_C_IP6. [XI] Durchfluss: OPTI-MASS_1400

Steckersystem durch ein induktives Steckersystem (Kabelkupplung und Elektrodensteckkopf) ersetzt. Über dieses Interface wurde die Energie vom Messwertumformer in den
Sensor eingekoppelt. Weiterhin erfolgte im Steckersystem auf einem quasi Modbus-Protokoll die induktive Datenübertragung von Mess- und Kalibrierdaten bidirektional.

Das mehr als 70 Jahre alte Problem des Verlustes der Hochohmigkeit durch Eindringen von Feuchte in das mechanische Steckersystem war somit gelöst und der unabhängige Einsatz von Sensoren und Transmittern war möglich, indem die Kalibrierdaten des spezifischen pH-Sensor im Sensorspeicher mitgeführt wurden. Bei der Verbindung eines beliebigen Sensors mit einem beliebigen Transmitter, wurden dessen
Kalibrierdaten in den Messwertumformer hochgeladen und zur Auswertung der Messdaten verwendet. Aus dem analogen Sensor wurde eine digitale pH-Elektrode und mit
ihr ein komplett neues Geschäftsmodell, was die Wartung und Handhabung der Sensoren
betraf.

Durch die neue, moderne und hochrobuste pH-Messung (Umweltverträglichkeit)
waren nun alle Anforderungen für die Automatisierung erfüllt. Es war ein ‚Breakthrough' für Sensoren der Flüssigkeitsanalyse durch die Firma Endress + Hauser:
pH-Sensoren und deren sicherer Einsatz in Prozessapplikationen unter allen Umweltbedingungen.

Die Funktionsweise des Steckersystems Endress + Hauser Memosens sei noch einmal
etwas genauer in Abb. 6.7 erklärt.

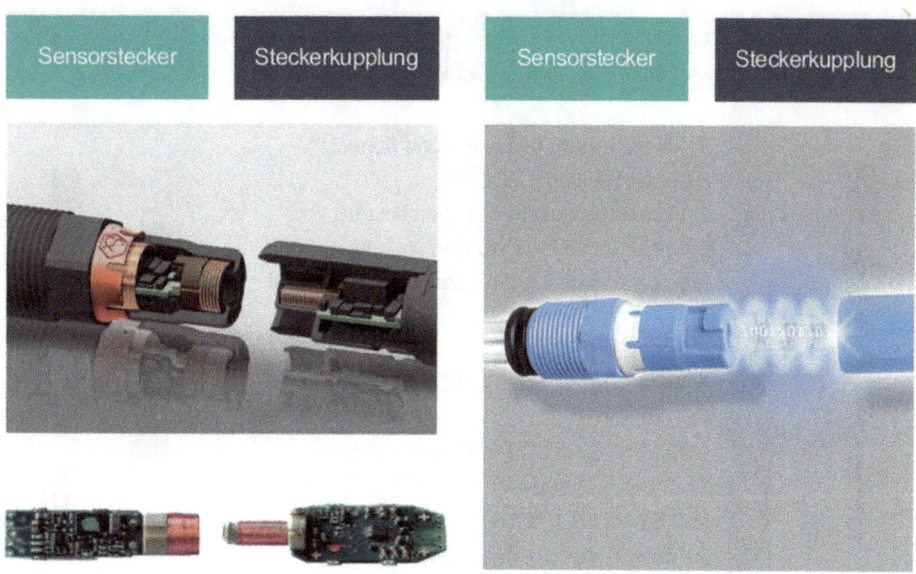

Abb. 6.7   Induktiv gekoppelter pH Sensor für Energie- und Datenübertragung. *Quelle* Knick
Elektronische Messgeräte GmbH & Co.KG – alternative Memosenstechnologie (links). *Quelle* Endress + Hauser – Memosens (rechts)

Das Sensorstecker-System besteht aus einer Vierdrahtlösung zwischen dem Messwertumformer und dem Sensor: Zwei Leitungen dienten für die Energieübertragung und zwei Leitungen für die bidirektionale digitale Informationsübertragung via Modbus-ähnlichem Protokoll.

Der pH-Elektrodenstecker und Steckerkupplung besaßen je einen 8-Bit PIC µ-Controller (Firma *Microchip Technology Inc.*), die Platinen für Steckkopf und Kupplung waren je ca. 4 cm x 1 cm groß und es waren ungefähr je 100 Bauelemente im Elektrodensteckkopf und in der Steckerkupplung. Die meisten Bauteile im Elektroden-Steckkopf und in der Stecker-Kupplung hatten die Größe 0402 (1,02 mm × 0,5 mm).

Die Sensor-Kalibrierdaten und wichtige Herstellungsdaten des Sensors wurden wie bereits oben ausgeführt im Elektroden-Steckkopf gespeichert. Somit wurde eine neue Art der Kalibrierung möglich, die den Sensor vom Messwertumformer unabhängig machte.

Bedingt dadurch führte das neue Servicekonzept und die Lagerhaltung sowohl beim Kunden und als auch beim Hersteller zu großen Kosteneinsparungen.

Die Weiterentwicklung der Technologie wurde rasant vorangetrieben und es folgten die ersten Memosens-Sensoren für pH und Leitfähigkeit für den Einsatz in explosionsgefährdeten Umgebungen, welche insbesondere in der Chemie erforderlich waren.

Abb. 6.8 vermittelt einen Eindruck, wie vielfältig die Ex- Zulassungen waren (siehe auch Abschn. 6.3.6). Heute nutzen einige Hersteller von pH-Messstellen diese damals sensationelle Errungenschaft, die von Endress + Hauser patentiert ist.

Ex Sensoren für Analysenmesstechnik

Nicht-Ex
Ex-Bereich Zone 0, Zone 1 und Zone 2
Ex-freier Bereich; LABS-frei
Lackbenetzungsstörende Substanzen
Ex-freier Bereich + EAC Kennzeichnung
Inverkehrbringen in die Eurasische Wirtschaftsunion

Ex-Bereiche
ATEX/NEPSI II 1G
ATEX/NEPSI II 3G Ex ic IIC T3/T4/T6
FM IS NI
CSA IS NI Ex ia IIC Te/T4/T6
CL.I. Div 1, Group A-D
IEC Ex ia T3/T4/T6/Ga
Ex-freier Bereich + EAC Kennzeichnung
EAC Ex, 0Ex ib IIC T3/T4/T6 Ga x

Abb. 6.8 Ex-pH Sensor (rechts) und Ex-Leitfähigkeitssensor und Ex-Sauer Stoffsensor (links) – siehe Abschn. 3.1.6. (*Quelle* Knick Elektronische Messgeräte GmbH & Co. KG)

Die Memosens-Sensoren für pH und Leitfähigkeit wurden in großem Stil in den Jahren 2004–2006 auf den Markt gebracht, nachdem das Memosens-Prinzip eine harte Einführungsphase in den verschiedensten Industrien über einen Zeitraum von knapp 3 Jahren hinter sich hatte.

Die physikalischen Parameter (Druck, Temperatur, Füllstand, Durchfluss) hatten zu diesem Zeitpunkt (ca. 2005) bereits in ihren Messstellen die PROFIBUS PA und FF H1 Protokollanbindung implementiert.

In der Analysenmesstechnik arbeitete man zu diesem Zeitpunkt noch mit Hochdruck an der 4...20 mA HART-Schnittstelle und erst danach an der PROFIBUS PA- und der FF H1-Lösung. 4...20 mA HART und die beiden Feldbusse sind Ex-fähige, d. h. für explosionsgefährdete Bereiche geeignete Feldbussysteme.

Mitte 2006–2008 waren dann die Analysemessstellen mit diesen Ex-fähigen Bussystemen ebenfalls im Markt verfügbar. Ab 2007 entstanden bei den unterschiedlichen Firmen im Sinne der Kostenreduzierung und Effizienzsteigerung für die Automatisierung ganze Plattformkonzepte, so wie beispielsweise Abb. 6.9 zeigt.

Trotz aller positiven Gegebenheiten des Memosens-Konzeptes: Es blieb in der Analysenmesstechnik immer noch der Messwertumformer, der die Signale auswerten musste und an die SPS und die Leitwarte weiterleitete. Somit war man noch nicht ganz auf dem Stand der physikalischen Kompakttransmitter.

Erst mit der Einführung von Hutschienengeräten in Zusammenhang mit der SPS konnte man gegenüber den bis dahin üblichen Messwertumformern einen entscheidenden Schritt in Richtung Kostenreduktion erzielen. Diese Hutschienenmodule wurden 2010 entwickelt und auf den Markt gebracht (Endress+Hauser und Knick Elektronische Messgeräte GmbH & Co. KG). Dennoch waren diese Module herstellerabhängige (DIN-Rail) Produkte und keine gängigen I/O's für die SPS. Im Grunde war der Messwertumformer als Hutschienengerät realisiert.

Abb. 6.10 zeigt die Miniaturisierung der Transmitter für die Analysenparameter pH, Leitfähigkeit und Sauersoff auf Basis von Memosens als Hutschienenmodule.

Der Durchbruch in der Analysenmesstechnik bezüglich Integration des Transmitters gelang der Firma KROHNE im Jahr 2016 mit einem pH-Sensor und einem konduktiven Leitfähigkeitssensor: Die Sensoren konnten direkt an die handelsüblichen I/O's der SPS angebunden werden: Die pH-Auswertung und das 4...20 mA HART Kommunikationssignal waren komplett im Steckkopf des pH-Sensors integriert und es wurde kein Transmitter mehr als Bindeglied zur SPS benötigt Abb. 6.11. Spezielle Hutschienen(-Transmitter) für pH- und Leitfähigkeitsmodule, wie in Abb. 6.10 dargestellt, waren nicht mehr nötig.

Um die direkte Anbindung des pH-Sensors an die SPS zu gewährleisten, war es nötig, die Transmitterelektronik auf eine 9,0 cm × 1,0 cm große Platine zu miniaturisieren inklusive der auf der Platine integrierten Kommunikationsschnittstelle 4...20 mA HART 7 Feldbus.

Die beidseitig bestückte Leiterplatte enthielt mehr als 200 Bauteile, teils in den Größen 0201 (0,6 mm x 0,3 mm) und 01.005 (0,4mmx0,2 mm). Diese Integration stellt eine bis dahin noch nie realisierte Leistung im Abschnitt der Analysemesstechnik dar.

Abb. 6.9 Alternatives ‚Memosens Plattformkonzept'. (*Quelle* Knick Elektronische Messgeräte & Co. KG)

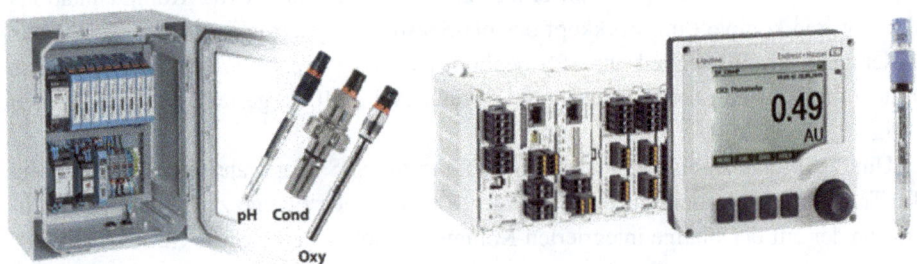

Abb. 6.10 Analysenmesstechnik: Hutschienen- Transmitter für den Schaltschrank. *Quelle* Knick Elektronische Messgeräte GmbH & Co. KG (linkes Bild). *Quelle* Endress + Hauser (rechtes Bild)

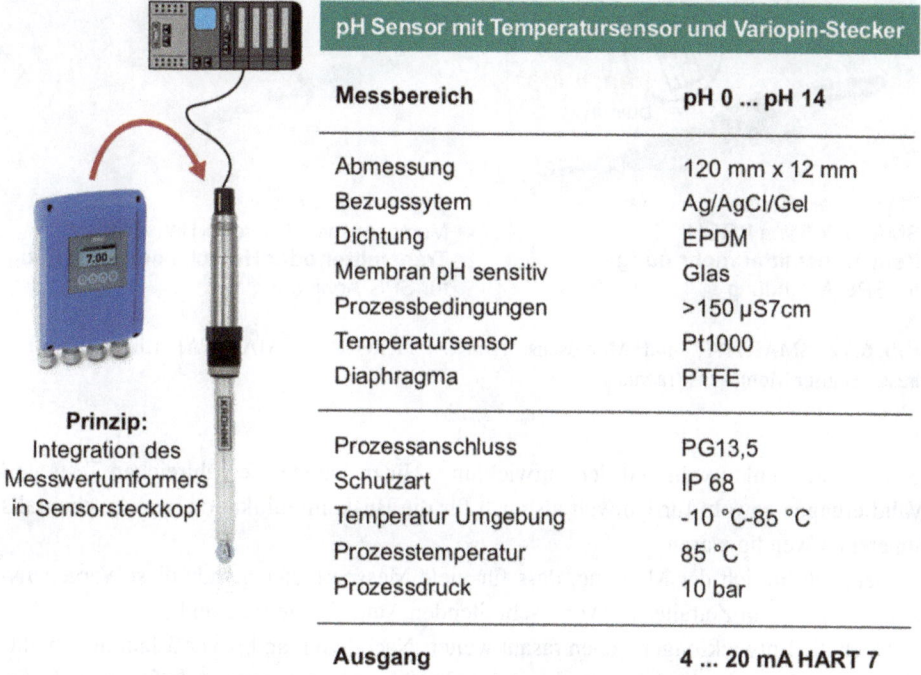

pH Sensor mit Temperatursensor und Variopin-Stecker	
Messbereich	**pH 0 … pH 14**
Abmessung	120 mm x 12 mm
Bezugssytem	Ag/AgCl/Gel
Dichtung	EPDM
Membran pH sensitiv	Glas
Prozessbedingungen	>150 µS7cm
Temperatursensor	Pt1000
Diaphragma	PTFE
Prozessanschluss	PG13,5
Schutzart	IP 68
Temperatur Umgebung	-10 °C-85 °C
Prozesstemperatur	85 °C
Prozessdruck	10 bar
Ausgang	**4 … 20 mA HART 7**

Prinzip:
Integration des
Messwertumformers
in Sensorsteckkopf

Abb. 6.11 SMARTPAT, erster pH Sensor mit 4…20 mA HART 7 Signal direkt an die SPS anschließbar. (*Quelle* KROHNE)

In vergleichbarer Technik folgte dann ein konduktiver Leitfähigkeitssensor, ebenfalls von der Firma KROHNE ca. 1 Jahr [23] später.

In diesem Zusammenhang spielten die Miniaturisierung der µ-Controller für die Entwicklung von Feldgeräten wie z. B. die Ultra-low-power Prozessoren, ARM-Cortex-M33 32 Bit MCU+FPU der Firma STMicroelectronic [24] eine wesentliche Rolle. Beispielhaft wurden Prozessoren dieser Art bei der Miniaturisierung der Materialanalysesensoren ab circa 2015 eingesetzt.

Die unmittelbare Anbindung der Sensoren an die SPS/SCADA/HMI-Systeme über die entsprechenden handelsüblichen I/O's oder standardisierte Feldbusse war ein Breakthrough in der Analysenmesstechnik. Es ist zu erwarten, dass die Integration von weiteren Busprotokollen in naher Zukunft vorangetrieben wird.

Abb. 6.12 zeigt zum Abschluss dieses Abschnitt noch einmal den Memosens- und SMARTPAT- pH-Sensor im Vergleich.

Beide Entwicklungen, Memosens und SMARTPAT, habe ich jeweils persönlich über Jahre hinweg in der Entwicklung und Vermarktung begleitet. Die Umweltbedingungen, die Ex-Fähigkeit, die Miniaturisierung, die Vergussthematik waren in beiden Projekten

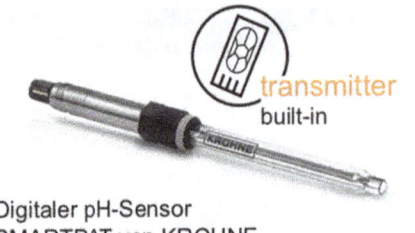
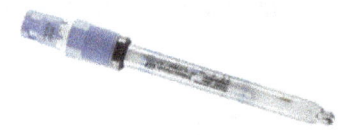

Digitaler pH-Sensor
SMARTPAT von KROHNE
Kein Transmitter mehr nötig
für SPS-Anbindung

Digitaler pH-Sensor
Memosens von Endress+Hauser
Transmitter oder Hutschienengerät nötig
für SPS-Anbindung

Abb. 6.12 SMARTPAT und Memosens. (*Quellen:* KROHNE SMARTPAT (links) und Endress + Hauser Memosens (rechts))

große Knackpunkte während der Entwicklung. Hinzu kamen die zahlreichen Tests und Validierungen sowohl für Umwelt als auch für die Buskommunikation, welche ebenfalls äußerst aufwendig waren.

Dennoch bin ich der Meinung, dass für viele Messparmeter gerade diese Vorgehensweisen typisch im Zeitalter der voranschreitenden Automatisierung sind.

Doch die Entwicklungen gehen rasant weiter: Nachdem man bis vor 3 Jahren Schichtdicken vorwiegend mit elektromagnetischen Verfahren gemessen hat, befassen sich Firmen zunehmend mit berührungsloser photothermischer Schichtdickenmessung, die für Inline- und Online-Messungen bestens geeignet sind.

Einsetzbar ist diese Technologie z. B. beim Korrosionsschutz, bei Farblackierungen, Pulverlacke, Klarlacke oder funktionalen Oberflächenbeschichtungen auf allen Kunststoffen, Elastomeren, Keramiken, Verbundstoffen und Metallen. Die Methode basiert auf thermooptischer Interferenz, die seit vielen Jahren bekannt ist. Der photothermische Effekt, der seit ca. 1880 bekannt ist, basiert auf dem Effekt, dass Materialien optische Strahlung absorbieren und in Wärme umwandeln können. Hierzu ist ein Inline-Messsystem der Firma AIM Systems GmbH in Abb. 6.13 gezeigt.

Meiner Erfahrung zu Folge gehört im Zeitalter von Industrie 4.0 und Automatisierung den berührungslosen Sensorverfahren für Inline- und Online-Anwendungen die Zukunft. Besonders sind dabei Verfahren von Bedeutung, die das Anhalten von Produktionsbändern vermeiden. Dazu gehören u. a. Online-Röntgenfluoreszenzgeräte für die Materialanalyse und Schichtdickenmessung, die schon mehrere Jahrzehnte im Einsatz sind. Diese Verfahren besitzen allerdings eine starke Abhängigkeit von Prozessbedingungen und der Stoffzusammensetzung. Organische Schichten sind aufgrund der geringen spezifischen Dichte relative schwierig zu messen. Wegen der ionisierenden Strahlung verlieren diese Verfahren immer mehr Akzeptanz im Markt.

Abb. 6.13 Photothermische Inline-Schichtdickenmessung eines Gleitlacks auf Gummi. Fördergeschwindigkeit etwa 30 m/min. Die Messung erfolgt weitgehend unabhängig von Vibrationen, Abstand, Winkel und Rau heit. (*Quelle* AIM Systems GmbH)

6.2.2 Die SPS-Ebene (Speicherprogrammierbare Steuerungen)

Die 2. Ebene in der Automatisierungspyramide ist die *Steuerungs- oder Regelungsebene.* Sie beinhaltet die Steuerungs- und Regelungselemente wie speicherprogrammierbare Steuerungen (SPS) oder auch engl.: Programmable Logic Controller (PLC). SPS-Steuerungen regeln oder steuern die Maschinen, Antriebe, Ventile, Pumpen und Sensoren. Die SPS wird heute frei programmiert und ist dadurch sehr universell einsetzbar.

SIEMENS gelang der Durchbruch von speicherprogrammierbaren Steuerungen erst im Jahr 1979 mit der SIMATIC S5, wie sie in Abb. 6.14 gezeigt ist. Die frei programmierbare SPS hat sehr schnell die Vorgänger, die ,festverdrahteten',

Abb. 6.14 SIMATIC S5 mit STEP 5 – Durchbruch in der Automatisierungstechnik. *Quelle* Autor: Raizy; Titel: Siemens S5-95U; URL: https://de.wikipedia.org/ wiki/Simatic#/media/ Datei:Siemens_S5-95U.jpg; letzter Zugriff 13.2.2021; Lizenzvermerk: CC BY-SA 3.0, letzter Zugriff 13.2.2021; Abb. 6.14 zeigt den Ausschnitt des unveränderten Originals

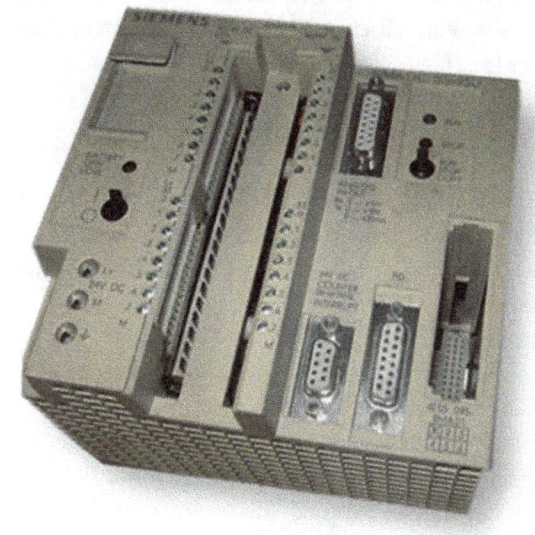

verbindungsprogrammierten Steuerungen (VPS), die seit April 1958 auf den Markt waren, abgelöst.

6.2.2.1 Geschichte der SPS – Speicherprogrammierbare Steuerung

Ab ca. 1950 wurde verstärkt mit der Entwicklung neuer elektronischer Schaltkreise und Halbleitertechnologien begonnen. Darunter fiel auch die Anmeldung der ‚SIMATIC' von SIEMENS im Jahr 1953 [25]. SIMATIC wurde zum Synonym für die Automatisierung. Ab 1967 begann das Zeitalter der speicherprogrammierbaren Steuerungen (SPS). Dabei waren Richard E. Morley (Modicon) und Odo J. Struger (Allan Bradley) die Väter der SPS.

Am Anfang der Entwicklungen war der Speicher die limitierende Größe einer SPS, denn man musste sich in der Regel mit 1 kbyte Code zufriedengeben. Dies reichte aber in vielen Anwendungen nicht aus. So wurden als Speichermedium in den Anfängen der SPS häufig Magnetbänder eingesetzt, die sehr teuer waren. Aus diesem Grunde verlief vor allem in Deutschland die Verbreitung der SPS sehr zögerlich.

Beispielsweise schreckte Deutschland in den 60er Jahren u. a. deswegen nicht zum ersten Mal technologisch gesehen vor einer Realisierung zurück, da das Risiko und die Kosten einer funktionell unerprobten Technik sehr hoch eingeschätzt wurden. Um eine Größenordnung anzugeben: Ein vernünftiges Speichermedium hätte damals ca. 20.000 € gekostet, die SPS in Summe ca. 100.000 € [26].

Serienreif wurden die SPS durch die Firmen Modicon und Allen Bradley gemacht. 1973 kam SIEMENS endlich mit der SIMATIC S3 [27, 28] auf den Markt. Dabei sprach Rolf Hahn von SIEMENS zunächst von einem Baugruppenprogramm, sodass jeder Anwender seine individuelle SPS modular zusammenstecken konnte. Ganz im Gegensatz zu diesem komplexen Ansatz nutzen die Amerikaner die Einfachheit der SPS Struktur, was den Deutschen erst in der nächsten Generation der SPS gelang. Heute sind SIEMENS im europäischen Markt und Allen Bradley im amerikanischen Markt die Marktführer [5].

6.2.2.2 Funktionsweise der SPS

Wie eine SPS arbeitet:

Eine Speicherprogrammierbare Steuerung erfasst über die Eingangsbaugruppen die Zustände der angeschlossenen Sensoren z. B. den Zustand eine Sauerstoff- oder pH-Sensors. Die Signale werden vom SPS-Programm, welches der Mitarbeiter geschrieben hat, verarbeitet.

Im letzten Schritt steuert die SPS über die Ausgangsbaugruppen die Aktoren an. Dies können sein Pumpen, Schütze oder Stellglieder.

Eine SPS arbeitet nach dem *EVA-Prinzip* (Eingabe-Verarbeitung-Ausgabe).

Eine SPS besteht aus CPU sowie Eingangs- und Ausgangsbaugruppen (I/O-Baugruppen). An die Eingangsbaugruppen werden die Sensoren verkabelt. Lichtschranken,Näherungsschalter.und Taster. Liefert ein Sensor ein 24 V Signal, leuchten die LED's am entsprechenden Eingang grün. Auch die Aktoren werden entsprechend verdrahtet, Schütze für Motoren, Schalter, Ventile und Meldeleuchten (Grün, gelb, rot).

Wird ein digitaler Ausgang angesteuert leuchte die LED ebenfalls grün.

Die SPS ist in Module aufgeteilt.

Am Anfang sind weder Eingänge noch Ausgänge aktiv.

Sind Sensoren angeschlossen, so wird das durch grüne LEDs angezeigt. Der SPS Ablauf ist wie folgt:

1. SPS ‚fotografiert' die Signalzustände; d. h. die SPS macht eine Momentaufnahme der Eingänge. Diese Momentaufnahme werden in den internen SPS Speicher abgelegt und zwar als das Prozessabbild der Eingänge. Mit diesen Signalzuständen arbeitet die SPS jetzt:

2. Sollte sich der Zustand des Sensors ändern, so ignoriert das die SPS. Für den kompletten Zyklus der SPS, der oftmals im ms-Bereich liegt, wird das Prozessabbild der Eingänge verwendet.

3. Es beginnt die Programmverarbeitung der SPS. Dabei wird mit dem Organisationsbaustein OB1 begonnen. Die SPS arbeitet das Programm dieses OB1-Bausteins ab. Dies können Anweisungen sein, aber auch weitere Programmierbausteine z. B. FC1 sein. Wird der FC1 (Unterprogramm zum Ausführen eines Algorithmus 1) aufgerufen, springt die SPS in den Baustein FC1, arbeitet das Programm ab und springt danach zurück in den OB1-Baustein Der OB1 ruft nun das nächste Netzwerk auf, zum Beispiel ein Funktionsbaustein FC2 (weiteres Unterprogramm). Die SPS springt in diesem Baustein und arbeitet das zugehörige das Programm ab. Danach geht es zurück in den Organisationsbaustein OB1.

4. Die Ausgänge werden noch nicht angesteuert, solange das Programm OB1 läuft. Es leuchten noch keine LED's am Ausgang auf.

5. Wird in der SPS ein Ausgang angesteuert wird das Ergebnis zunächst im *Prozessabbild der Ausgänge* abgelegt.

6. Die SPS durchläuft das gesamte Programm: Immer dann, wenn ein Ergebnis für Ausgang ansteht, wird diese intern zunächst im Prozessabbild der Ausgänge abgelegt.

7. Erst am Ende des Organisationsbausteins OB1, gilt das Programm als vollständig abgearbeitet.

8. Die SPS nimmt dann das Prozessabbild und transferiert es auf die Ausgangsbaugruppen. Erst dann werden die Ausgänge angesteuert und die LEDs leuchten

9. Das Programm im Main Baustein OB1 wird nacheinander von oben nach unten abgearbeitet.

10. Nach der Transferierung auf die Ausgangsbaugruppen ist der Zyklus der SPS abgearbeitet und eine neue Zustandserfassung kann von vorne beginnen. (Beginn wieder bei 1.)

Die Zykluszeit ist die Gesamtzeit zur Abarbeitung des Main-Bausteine. Diese liegt i. d. R. im Millisekundenbereich.

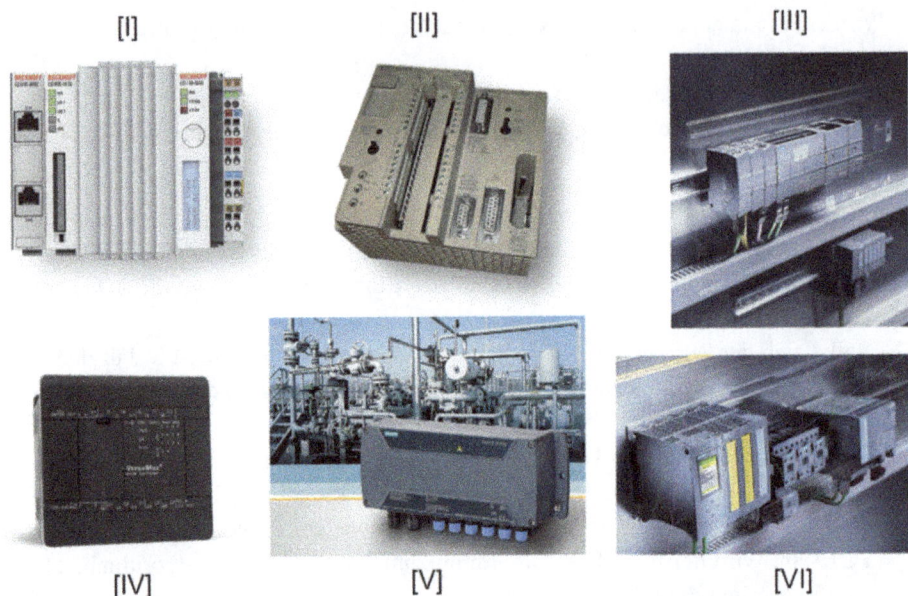

Abb. 6.15 Unterschiedliche speicherprogrammierbare Steuerungen (SPS). [I] Controller CX 1020-000x-CX1100 002. *Quelle* Beckhoff Automation GmbH & Co. KG. [II] Siemens S5-95U; *Quelle* Autor: Raizy; Titel Siemens S5-95U URL: https://de.wikipedia.org/wiki/Simatic#/media/ Datei:Siemens_S5-95U.jpg; letzter Zugriff am 10.12.2023; Lizenzvermerk: CC BY-SA 3.0, mons. org/licenses/by-sa/3.0/deed.en/ letzter Zugriff 13.2.2021 [III] PLC1 CPU1214C Controller für PROFIBUS und PROFINET. *Quelle* SIEMENS. [IV] Versamax-Controller. *Quelle* Courtesy Emerson Electric Co and affiliated Emerson – [V] SIMATIC AFDiSD Controller für PROFIBUS PA. *Quelle* SIEMENS. [VI] SIMATIC S7-1500. *Quelle* SIEMENS

Wie bereits angesprochen ist die SPS das Bindeglied zwischen der Feldebene und dem SCADA (Kontrollraum). Abb. 6.15 zeigt einige typische SPS-Vertreter von weltweiten Marktführern.

Abb. 6.15 [II], [III], [VI] Abb. 6.15 zeigen Ausschnitte der unveränderten Originale

Eine SPS besitzt generell eine CPU (Central Processor Unit), einen Kernspeicher und ein Betriebssystem. Die SPS hatte In den Ursprüngen einen Kernspeicher mit nur 1 kbyte und man war dadurch in den Anwendungen sehr eingeschränkt.

Es wurden externe, teure Magnetbänder als Speichermedium beingesetzt. Heute besitzt die SPS mehrere Mbyte Kernspeicher, ein Betriebssystem (Firmware) und eine Basissoftware (z. B. STEP 7), die eine wortweise Verknüpfung, d. h. bitweise UND-Verknüpfung, bitweise ODER-Verknüpfung und bitweise Exklusiv-ODER-Verknüpfung, von E/A (I/O) Signalen erlaubt. Mehr dazu im Folgeabschnitt.

Die SPS ist charakterisiert durch mehrere Ein- und Ausgänge (I/Os) sowie Interfaces zu SCADA/MES mit unterschiedlichen Busprotokollen, z. B. PROFINET, EtherNet/IP,

EtherCAT, Modbus TCP, CC-Link, IO-Link, PROFIBUS PA, PROFIBUS DP usw., das heißt die SPS ist das Bindeglied zwischen der Feldebene und dem SCADA (Kontrollraum). An den I/O Modulen (Eingangs-/Ausgangsmodulen) werden die Sensoren, z. B. Temperaturfühler (PT100, PT1000, NTC), Druck-, Füllstands-, Durchflusssensoren, Endschalter, Lichtschranken, pH Sensoren, Leitfähigkeitssensoren, Schichtdickenmesswerte über Feldbusse oder andere Interfaces angeschlossen. An den Ausgängen werden die Aktoren, z. B. Schütze, elektrische Ventile, Antriebssteuerungen, Drehzahl- und Schrittmotoren-Steuerungen usw., über Feldbusse oder andere Interfaces angeschlossen.

Das SPS-Programm legt die Interaktionen zwischen Ein- und Ausgängen fest. D. h. es finden Soll-/Istwert-Vergleiche statt. Die Sollwerte werden in der Regel vom SCADA/MES-System vorgegeben. Oftmals sind SCADA und SPS-System zusammengefasst.

In den Anfängen wurde die SPS gemäß dem sogenannten Kontaktplan (oder engl.: Ladder Diagramm) [29] programmiert.

Der Kontaktplan ist einem Stromlaufplan sehr ähnlich ist.

Richard E. Morley grenzte die SPS dadurch zu den Computern ab. Die SPS wurde in binärem Code programmiert. Im Laufe der Zeit entwickelten sich Hochsprachen, die sehr komplexe Befehlsfolgen ermöglichen bis hin zur STEP 7, die heute in Europa als Marktführer gilt.

Der eigentliche Durchbruch der SPS fand im Jahr 1984 statt, als eine einheitliche Programmiersprache existierte und angewendet wurde. Definiert wird die Programmiersprache für die SPS in der DIN EN 61131-3:2014-06 [30, 31]. Die DIN EN 61131-3 (auch IEC 1131 bzw. 61131) ist die einzig weltweit gültige Norm für Programmiersprachen von speicherprogrammierbaren Steuerungen!

Parallel zur SPS entwickelten sich die Hardwaresysteme mit eigener Intelligenz sowie μ-Controller, Signalprozessoren, FPGA's (Field Programmable Gate Array) und ASIC's (Application-Specific Integrated Circuit) mit immer größeren Speichermedien.

Schließlich konnte die SPS mit den Kontaktplänen (engl.: Ladder Diagrammen), den Stromlaufplänen und den Funktionsplänen mit den in DIN- und IEC-Normen festgelegten Funktionssymbolen programmiert werden. In der Automatisierung haben sich heute fünf Programmiersprachen etabliert, die alle in der DIN EN 61131-3 (IEC 61131) ab 2003 [30] spezifiziert sind.

Vom Einsatz und Verarbeitungsablauf her betrachtet, laufen die meisten SPS-Module seit jeher zyklusorientiert (siehe Abschn. 6.2.2.2), als Eingabe – Verarbeitung – Ausgabe, dem sogenannten EVA Prinzip (engl.: IPO, Input-Processing-Output). Dabei kontrolliert das Betriebssystem der SPS den ablaufenden Zyklus. Typische Zykluszeiten liegen bei 100 μs bis 10 ms.

Weiterhin gibt es zyklische arbeitende SPS, die mit Unterbrechungen arbeiten. D. h. beim Statuswechsel eines Sensors, wird ein Alarm (Interrupt) an das Betriebssystem gemeldet. Das aktuelle Programm wird zu diesem Zeitpunkt eingefroren, ein spezielles Anwendungsprogramm wird aufgerufen und abgearbeitet, danach wird das eigentliche Programm fortgesetzt. Ca. 5 % der SPS sind ereignisgesteuert und objektorientiert. Die

Regel ist, dass alle von den Sensoren gemeldeten Status abgearbeitet werden müssen. Speziell die Objektorientierung wird u. a. zur Visualisierung verwendet [30].

Wie überall in der Automatisierung haben die Technologiefortschritte in der Miniaturisierung, Umweltrobustheit und Zertifizierungen über die Jahre entsprechend den technischen Möglichkeiten und Voraussetzungen zugenommen. So haben die Hersteller in den letzten Jahren auch die SPS- und Automatisierungskomponenten stetig miniaturisiert, um beispielsweise Platz im Schaltschrank zu gewinnen oder robuster gegen die Umwelteinflüsse zu werden. Es hat sich auch der Begriff Busklemmen oder der intelligenten Reihenklemme eingebürgert, die unterschiedliche Ein- und Ausgangssignale verarbeiten kann. Im Gegensatz zur klassischen Reihenklemme verfügt die Busklemme über eine smarte Elektronik.

Im Jahr 1989 kam Beckhoff [32] mit der ersten PC-basierten freiprogrammierbaren SPS unter DOS auf den Markt. Die Hardwareankopplung erfolgte ebenfalls im Jahr 1989 über einen der ersten Feldbusse, dem Lightbus [33].

Seit den 90er Jahren kamen immer mehr Feldbussysteme zum Einsatz und die Verdrahtungskomplexität nahm ab. Bis dahin waren die Verdrahtungen der SPS zunächst analog pro Element mit mindestens zwei Drähten ausgeführt.

In den späten 90er Jahren begann man die SPS auch durch den PC (Soft-SPS) abzulösen. Es gab SoftPLC's [34], Slot-PLC's und embedded Systeme. Eine Soft-SPS oder SoftPLC besteht in der Automatisierung aus einem Industrie-PC oder einem Embedded-PC, einer SPS-Software und den E/A-Bausteinen (I/O) oder Feldbus-Erweiterungen wie z. B. Busklemmen. Bei einer Slot-SPS handelt es sich um eine PCI-Steckkarte (Peripheral Component Interconnect). Diese ist ein Bus-Standard zur Verbindung von Peripheriegeräten mit dem Chipsatz eines Prozessors (z. B. ein PC. Eine Slot-SPS wird beispielsweise eingesetzt, um eine schnelle und effektive Datenübertragung zwischen der SPS und einer Anwendungssoftware zu ermöglichen. Gegenüber der SoftPLC ist sie unabhängig vom Betriebssystem [35].

Dennoch muss gesagt werden, dass heute immer noch mehr als 90 % aller Anwender bei Automatisierungslösungen nach wie vor die klassische SPS benutzen.

Auch für die SPS, galten in der Automatisierung seit jeher dieselben Anforderungen wie bei allen anderen Komponenten hinsichtlich Umweltrobustheit, Schutzarten, Ex- Anforderungen, CE-Tauglichkeit, Funkzulassungen usw. (siehe Abschn. 6.3.4.2). Als Beispiel seien hier die IP-Schutzarten der SPS erwähnt, beginnend bei IP20 (Schaltschrank) bis hin zu IP67 im freien Feld. Die Firma Pilz brachte beispielsweise in diesem Zusammenhang erst 2017(!) die erste SPS mit IP67 auf den Markt [36].

In der Netzwerk-Topologie wird zunehmend Intelligenz in die SPS verlagert: So übernimmt aktuell die SPS auch die Visualisierung (HMI: Human Machine Interface) sowie Alarmaktionen und Data Logging als Grundlage für prädiktive Anlagenwartung im nächsthöheren Kommunikationslevel, dem SCADA/HMI.

Weiterhin erfolgt mittlerweile in der vernetzten Fabrik auch die Datenhaltung von Fertigungsständen oder Lagerbeständen in der SPS mit direkter Anbindung an den

Tab. 6.1 Ausgewählte Hersteller von Systemen für I/O, SPS, SCADA/HMI, MES, Feld- und Bussystemen

ABB	HITACHI	Rexroth
AMETEC	Honeywell	RICHTER
B&R	hp	Rockwell AUTOMATION
BALLUFF	ifm	Rosemount
BECKHOFF	KEYENCE	SAMSON
BELDEN	Lumberg	SICK
binder	MITSUBISHi MOTORS	SIEMENS
CONTRINEX	MOELLER	Telemecanique
Endress+Hauser	molex	TURCK
EATON	MURR ELEKTRONIK	VIPA
EMERSON	OMRON	WAGO
FANUC	Panasonic	Yokogawa
FESTO	PEPPERL+FUCHS	Allen Bradley
HARTING	PHOENIX CONTACT	und viele andere
Belden / Hirschmann	PILZ	

MES-Level. Somit wird der Unterschied zwischen SPS, SCADA/Prozessleitsystem und MES immer geringer!

Erwähnenswert ist auch, dass bereits ab 1984 bis 1990 in der Automatisierung verstärkt die Mustererkennungsmethoden, KI, Künstliche Neuronale Netzwerke und Predictive Maintenance in allen Kommunikationsebenen zum Einsatz kamen, die zum Teil auch schon in der SPS hardwaremäßig implementiert sind.

Zusammengefasst gibt es mittlerweile viele Hersteller von I/O's, SPS und SCADA/HMI-Systemen. Tab. 6.1 zeigt einige bekannte Hersteller dieser Komponenten und Systeme, ohne den Anspruch auf Vollständigkeit zu haben. Bleibt zu erwähnen, dass viele der gezeigten Hersteller auch die entsprechenden Feldbusse, Bussysteme und Kommunikationsprotokolle unterstützen, die in Kap. 10 eingehend besprochen werden.

Für mich steht fest, dass die SPS auch zukünftig eine Schlüsselkomponente in der Automatisierung sein wird. Aufgrund ihrer Robustheit, Technologie- und Sicherheitstechnik und mit ihrer zunehmenden Leistungsfähigkeit ist sie momentan auch aus ‚Industrie 4.0' nicht wegzudenken, selbst wenn man es manchmal anders hört!

6.2.2.3 Programmierung der SPS

Wie bereits im vorigen Abschnitt ausgeführt, wurde in den Anfängen die SPS gemäß dem sogenannten Kontaktplan (KOP oder engl.: Ladder Diagramm programmiert, welcher einem Stromlaufplan sehr ähnlich ist.

Abb. 6.16 zeigt einen typischen Stromlaufplan. Es handelt sich dabei gemäß IEC-Norm-EN 61131-3 [30] um eine genormte grafische Programmiersprache, die für Verknüpfungssteuerungen geeignet ist.

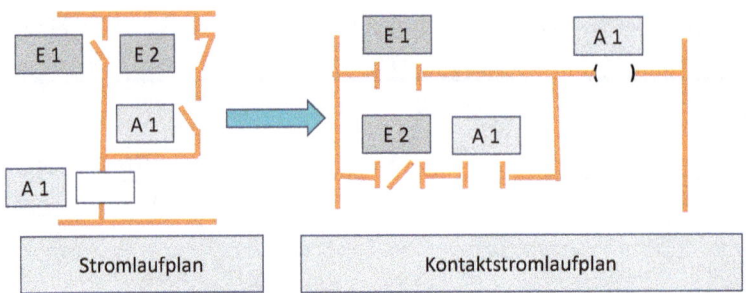

| Stromlaufplan | Kontaktstromlaufplan |

Abb. 6.16 Stromlaufplan und Kontaktstromlaufplan für die Programmierung einer SPS

Werden die Elemente E_1 und E_2 in Reihe geschaltet, so bedeutet dies eine UND-Verknüpfung.

Werden sie parallel geschaltet, so ist dies eine ODER-Verknüpfung.

Ein Strich durch das Element bedeutet eine Negierung des Elements.

Eingänge E_μ werden dabei als zwei vertikale parallele Linien dargestellt, Ausgänge dagegen als gegenüberliegende gebogene Linien.

Im oben angeführten Beispiel lautet die Formulierung:

Ausgang A1 = Eingang1 OR NOT Eingang2.

In fast allen modernen KOP-Sprachen sind aber auch Funktionsblöcke verfügbar, die weit über die eigentliche Verknüpfungssteuerung hinausgehen.

In Abb. 6.17 ist ein Beispiel eines Kontaktplan für die Maximumsuche

Ist die Variable *IstWert* größer als *MaxSp* (Maximum-Speicher), wird *IstWert* als neues Maximum übernommen.

Richard E. Morley grenzte die SPS dadurch zu den Computern ab. Die SPS wurde in binärem Code programmiert.

Der Durchbruch gelang der SPS, wie bereits gesagt, im Jahr 1984, als eine einheitliche Programmiersprache existierte und angewendet wurde.

Definiert wird die Programmiersprache für die SPS in der DIN EN 61131-3:2014-06 [29, 30]. Die DIN EN 61131-3 (auch IEC 1131 bzw. 61131) ist *die einzig weltweit gültige Norm für Programmiersprachen von speicherprogrammierbaren Steuerungen!*

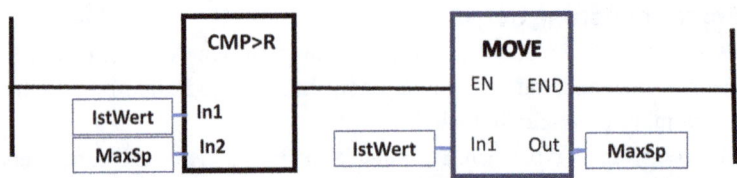

Abb. 6.17 Beispiel eines Kontaktplans für die Maximumsuche

In der Automatisierung haben sich heute fünf Programmiersprachen etabliert, die alle in der DIN EN 61131-3 (IEC 61131) ab 2003 [29] spezifiziert sind.

Die 5 Programmiersprachen sind dabei

- Kontaktplan
- Funktionsplan
- Graph
- Anweisungsliste
- Structured control language

Die bekanntesten Softwareprodukte, die diese Programmiersprachen zur Verfügung stellen sind CoDeSys [37] und STEP 7 sind. Beides Softwarepakete in kompletter Form dienen der Steuerung für Anlagen und Maschinen.

Für komplexere Programmstrukturen, insbesondere Analogwertberechnungen, ist Strukturierter Text SCL nach Norm EN 61131-3 oft besser geeignet.

Im Folgenden werden einige Beispiel zur Programmierung einer SPS Hochsprache gezeigt.

If-Anweisung in Hochsprache

Mit IF-Anweisungen lassen sich Anweisungen programmieren, die von Bedingungen abhängig sind. Die Bedingungen werden der Reihe nach geprüft. Ist Bedingung 1 der IF-Anweisung wahr, wird die Bedingung des ELSIF Zweiges nicht mehr überprüft. Abb. 6.18 zeigt die zugehörige Programmierung.

Ein weiteres Beispiel zur Programmierung einer SPS in Hochsprache ist das.

CASE-Statement

Mit einem CASE-Statement lassen sich mehrere bedingte Anweisungen programmieren, die alle von der gleichen Bedingungsvariable abhängig sind. Nimmt die Bedingungsvariable keinen der angegebenen Werte an, wird der ELSE-Zweig ausgeführt.

Abb. 6.19 zeigt die Programmierung der SPS in Hochsprache für die Case Bedingung.

Als weiteres Beispiel sei gemäß Abb. 6.20 das FOR-Statement gezeigt.

Abb. 6.18 If Anweisungen
für SPS in Hochsprache

```
IF Anweisungen

IF Bedingung1 THEN
Anweisung 1;
ELSEIF Bedingung 2
THEN
Anweisung 2;
ELSEIF
Anweisung3;
END_IF
```

Abb. 6.19 Programmierung
in Hochsprache der Case
Bedingung

```
CASE Anweisungen

CASE Bedingungsvariable OF
1 : Anweisung1;
2:  Anweisung2;
3: Anweisung3;
ELSE Anweisung4;
END_CASE;
```

Abb. 6.20 FOR-Statement –
Programmierung einer SPS in
Hochsprache

```
FOR Anweisungen

FOR i := 0 TO 499 BY 1 DO
   Zahl := Zahl +1;
   D[i]  := Zahl;
END_FOR;
```

Abb. 6.21 REPEAT-
Statement Programmierung
einer SPS In Hochsprache

```
REPEAT Anweisungen

REPEAT
   Anweisung;
UNTIL Bedingung
END_REPEAT;
```

Mithilfe von FOR -Schleifen lassen sich wiederholende Vorgänge programmieren. Dabei wird die Anweisung in der Schleife so oft wiederholt, bis die Variable i den Endwert überschreitet. Bei jedem Schleifendurchlauf wird die Variable um eine Schrittweite erhöht. Im Codebeispiel wird ein Array mit 500 Plätzen beschrieben.

Ebenso häufig kommt bei der Programmierung von SPS das REPEAT-Statement.

Abb. 6.21 zeigt die entsprechende Programmierung.

REPEAT Statement ist einem WHILE Statement sehr ähnlich. Der Unterschied zu einer WHILE Schleife liegt darin, dass die Abbruchbedingung erst nach dem Ausführen der Schleife überprüft wird Siehe auch C++: do{ }/while().

6.2.2.4 Programmiersprache STEP 7 für SPS

Wenn man über Automatisierung und Programmiersprachen spricht, darf STEP 7 (*ST*euerungen *E*infach *P*rogrammieren) [25, 38, 39] nicht fehlen.

STEP 7 ist, wie z. B. Fortran, eine strukturierte Programmiersprache.

STEP 7 ist in der Automatisierungstechnik insbesondere für Speicherprogrammierbare Steuerungen die Programmiersprache schlechthin. STEP 7 ist die Programmiersprache der SIMATIC-S7-Familie der SIEMENS, die mittlerweile so gut wie ein Standard ist. STEP 7 ist der Nachfolger von STEP 5 für die SIMATIC-S5-Controller, die heute noch immer die am meisten verbreitete SPS ist.

Die Geschichte der SIMATIC S7 (STEP 7 ist die Programmiersprache) begann im Februar 1995 unter Windows 3.11.

Die Version S7-400 lief unter Windows 95.

Die Version 3.2 lief ab Mai 1999 unter Windows NT. Es folgte in 2000 die Version S7-5.1, lauffähig unter Windows 95, Windows 98 und Windows NT.

Version S7-5.2 lief unter Windows XP. Im Jahr 2004 erfolgte das Lizenzkonzept für S7. Bis 2006 kamen 4 verschiedene Service Pakete auf den Markt, um zum Beispiel unterschiedliche Sprachen wie chinesisch und japanisch zu unterstützen.

Seit 2010 läuft STEP 7 auch unter Windows XP (32 Bit). Im August 2010 wurde STEP 7 in der Version 5.5 unter Windows 7 - 64 Bit lauffähig.

Seit 2017 läuft STEP 7 auch unter Windows 10 Pro und Enterprise sowie MS Windows Server.

Im Juni 2009 wurde eine neue STEP 7 Generation eingeführt. Zur Messe in Nürnberg ‚SPS/IPC/DRIVES 2017‘ stellte SIEMENS die Version 12 und die neue SIMATIC S7-1500 als Teil des ‚Totally Integrated Automation‘ Portals (TIA) [39] vor.

Die Geschichte der STEP 7 zeigt, wie umfangreich eine Softwareentwicklung bezogen auf ein Betriebssystem ist und welche kontinuierliche Anstrengung es bedeutet, mit der permanenten wachsenden Technik Schritt zu halten. Natürlich zeigt dieses Beispiel auch, dass die Betriebssystemhersteller ebenso versuchen durch stetige Innovation ihre Marktanteile zu sichern und sich gegenseitig abzugrenzen.

Die Programmiersprache STEP 7 basiert auf dem Standard IEC 61131-3. Die IEC 61131-3 [40] ist Teil der offenen internationalen Norm IEC 61131 für speicherprogrammierbare Steuerungen und in der Version des Jahres 2013 veröffentlicht und gültig.

Diese Norm umfasst folgend Bausteine:

- *Funktionsbausteinsprache (FBS)*
- *K*ontaktplan (KOP)
- Anweisungsliste (AWL)
- Strukturierter Text S7-SCL (Structured Control Language)
- Grafisch programmierbare Ablaufsprache S7-Graph
- S7-HiGraph
- S7-Continuous Function CHART (CFC)

Die letzten beiden Optionen erleichtern das Arbeiten mit der S7 erheblich.

Die Programme in der Anweisungsliste (AWL) entsprechen der herkömmlichen Assemblerprogrammierung.

‚AWL' und der strukturierte Text ‚SCL S7' gehören beide zu den textbasierten Programmiersprachen. Alle anderen Module sind grafikorientiert. Das Erlernen der S7 Programmierung ist aufgrund er grafischen Module nicht schwierig.

Mittlerweile gibt es viele Engineering-Tools sowohl für die Diagnose und Simulation als auch für die Parametrierung von Regelkreisen.

SIMATIC Controller, die mit S7 programmiert sind, haben die gleiche Datenbasis wie die Bedien- und Beobachtungsgeräte sowie I/O-Geräte, was ein großer Vorteil ist für Installation, Inbetriebnahme und Bedienung ist. SIEMENS vermarktet diesen Sachverhalt als ‚Totally Integrated Automation'.

Mittlerweile gibt es von der Firma Saia-Burgess Electronics mit der Saia PCD Serie xx7 und der Firma VIPA mit der Serie SPEED 7 kompatible Steuerungen für die SIMATIC S7. Dennoch empfinde ich persönlich, dass SIEMENS mit der S7 das am meisten abgerundete Konzept besitzt.

In 2023 präsentierte SIEMENS auf der SPS-Drive Messe die neu virtuelle SPS SIMATIC S7-1500V. Diese basiert auf den Funktionen SIMATIC S7-1500 SPS und ist unabhängig von deren Hardware. Die virtuelle SPS kann ähnlich einer App heruntergeladen werden und in die IT-Umgebung direkt integriert werden. Auf diese Weise können ungenutzte Potenziale der Digitalisierung genutzt werden.

6.2.3   Die SCADA Ebene (Supervisory Control and Data Acquisition)

Die 3. Ebene der Automatisierungspyramide ist die *Prozessleitebene*, die auch oftmals als Kontrollraum oder Leitwarte bezeichnet wird. Diese wird im englischen auch SCADA-Level (Supervisory Control and Data Acquisition-Level) genannt.

Der SCADA Level ist in der Automatisierungspyramide die Verbindung zwischen dem MES und der SPS- Ebene [41–43]. Im amerikanischen Raum spricht man oft auch von DCS-Systemen (Distributed Control System).

Hier werden die Daten erfasst, ausgewertet sowie die technischen Prozesse überwacht und gesteuert: Bedienen und Beobachten sowie Messwertarchivierung sind die Aufgaben in dieser Ebene. Ebenso gehört zum SCADA die Datenspeicherung.

Das SCADA-System oder auch SCADA/HMI (SCADA/Human Machine Interface) spielt in der Systemintegration eine zentrale Rolle, da hier oftmals auch die OPC UA- und Cloudcomputing-Schnittstelle angesiedelt ist.

Ein SCADA/HMI ist eine Kategorie softwarebasierter Systemarchitekturen, die zur Steuerung vernetzte Daten verwendet. Ziel ist es den Bedienern eine grafische Benutzeroberfläche zur Verfügung zu stellen, die es ihnen ermöglicht, die Leistung vieler Geräte zu überwachen und Prozessbefehle und -einstellungen auszugeben. Dies kann zentral von einem dedizierten Bildschirm, dezentral von einem mobilen Gerät sowie einem beliebigen PC aus erfolgen, der über einen Webbrowser mit dem Steuerungsnetzwerk verbunden ist.

SCADA/HMI ermöglicht es den Bedienern, das Situationsbewusstsein, die Mobilität der Visualisierung jederzeit und überall und die Steuerung wichtiger Geräte zu kontrollieren, verbessern und zu steuern, wodurch eine zentrale Sicht auf den Betrieb ermöglicht wird.

Bediener, die eine neue, leistungsstarke SCADA/HMI-Software verwenden, können weniger Zeit mit der Navigation verbringen, kritische Daten schneller finden und die Produktivität steigern.

Technologische Innovationen verändern die Industrielandschaft. Zu diesen Innovationen gehören kostengünstige Sensoren, eine Hochgeschwindigkeits-Telekommunikationsinfrastruktur, die riesige Datenmengen übertragen kann, extrem hohe Rechenleistung, mobile und Touch-Schnittstellen sowie ein auf Standards basierendes offenes System für Interoperabilität. Dieses System umfasst webbasierte Technologien, Anwenderschnittstellen (Application Programming Interface (API)) für Konnektivität, maschinelles Lernen und industrielle KI.

6.2.3.1 Geschichte von SCADA

Vor der Einführung der SCADA-Systeme in den siebziger Jahren mussten in vielen Unternehmen die Steuerung und die Überwachung manuell über Tasten und Regler eingestellt werden. Im Zuge der Globalisierung und den Anforderungen zur Steigerung der Effizienz kam der Bedarf an intelligenten und remote Steuerungen auf. Zunächst automatisierte man mit Relais und Zeitgebern, wobei die Fehlerbehebung relativ schwierig war.

Mit dem Einzug der Computer verbesserten sich die Möglichkeiten zur Automatisierung (Steuern und Regeln) sehr schnell.

Mit Einführung der Mikroprozessoren und der SPS wurden die Überwachungssysteme zunehmend komplexer: Die Stunde der SCADA-Systeme war gekommen.

Heute sind es die web-basierten Anwendungen OPC UA [44] (Open Platform Communications Unified Architecture) und relationale Datenbanken (SQL: Structured Query Language) [45]. Die Einsatzgebiete werden immer größer. SCADA-Systeme liefern dabei Echtzeitdaten über den Betriebszustand ihrer Anlagen und Prozesse, auf die durch das Web überall auf der Welt zugegriffen werden kann. Durch die Aufzeichnung und Wiedergabe von Daten wird die globale prädiktive Wartung oder Instandhaltung (Predictive Maintenance), unter anderem auch eine Leitlinie in Industrie 4.0, eine stark zunehmende Rolle spielen. Für vorausschauende Wartung müssen die Geräte speziell entwickelt werden (siehe Abschn. 4.10.1).

SCADA-Systeme werden an Funktionalität in den nächsten Jahren stark zunehmen und eine immer größere Rolle in der intelligenten und smarten Fabrik und somit in der Welt der Automatisierung spielen. SCADA-Systeme bedienen sich heute schon an modernen IT-Standards. Aufgrund offener Systemarchitekturen wird der Einsatz von SCADA-Systemen immer universeller. Die Integration vom SCADA-System in ein MES- und ERP-System wird zunehmen erleichtert. Zusammen mit Cloud Anwendungen können Betriebs- und Geschäftssysteme immer effizienter vernetzt werden, der Datenaustausch wird immer einfacher.

6.2.3.2 Funktionsweise von SCADA

Das SCADA/HMI sammelt Daten von Feldgeräten, Aktuatoren und Sensoren sowie SPS (Speicherprogrammierbare Steuerungen) und anderen Steuergeräten wie z. B. Analyse-messgeräte, Durchflussmesser, Druckmessgeräte, Füllstand- und Temperaturregler. Diese Daten werden einem Bediener über eine Mensch-Maschine-Schnittstelle (HMI: Human Machine Interface) präsentiert. Das HMI ermöglicht es dem Bediener, in Echtzeit zu sehen, was in der Anlage vor sich geht, einschließlich benutzerdefinierter Alarme, Trends usw., um Entscheidungen zur Anpassung von Maschinensteuerungen oder -einstellungen zu treffen.

SCADA/HMI kann auch mit anderen Technologien verbunden werden, z. B. mit einem Datenhistoriker, um historische Trends und andere Analysen mit künstlicher Intelligenz zu ermöglichen. Tatsächlich beginnt die Grundlage mit der Erfassung industrieller Daten, der Kombination mit anderen aussagekräftigen Datenquellen für den Kontext und der Verwaltung historischer Aufzeichnungen. Es sind Daten, die in Informationen umgewandelt werden, welche die Grundlage für sinnvolle Ergebnisse bilden.

Moderne SCADA/HMI Systeme, einschließlich Datenhistorie und zentralisierter Visualisierungstechnologien, ermöglichen es den Anwendern, die Aussagekraft ihrer Daten zu evaluieren. Das Ergebnis ermöglicht durch eine hochproduktive Entwicklungs- und Visualisierungsumgebung einen optimierten Anlagenbetrieb. Es dient der verbesserten Betriebsleistung und ist ein Teil des Total Quality Management im Sinne der kontinuierlichen Verbesserung.

Ein SCADA-System ist zusammengefasst gesehen ein Computersystem, das technische Prozesse überwacht und steuert, kontrolliert. Oft wird die SCADA Ebene, wie bereits gesagt, auch als Kontrollraum oder Leitebene bezeichnet. SCADA wird immer im Zusammenhang mit der Darstellungsebene gesehen. Es wird deswegen oft vom SCADA/HMI (SCADA/Human Machine Interface oder Grafical User Interface (GUI)) [46] gesprochen. Ein SCADA-System dient auch zur Archivierung großer Datenmengen und wertet Daten mit KI (siehe Kap. 4) aus. Desweitern wird im Kotrollraum oftmals der Server für Cloud-Computing über OPC UA installiert, der Prozessdaten (Feldebene und SPS-Ebene) global versendet und verwaltet.

In der Automatisierungstechnik hat ein SCADA-System die Aufgabe mehrere Komponenten einer Anlage zu steuern oder mit diesen kommunizieren.

Typische Aufgaben des SCADA-Systems sind:

- Vernetzung von Automatisierungs- Prozessen
- Statistische Prozesskontrolle
- Daten Akquisition
- Datenspeicherung
- Kommunikation mit ERP/MES und der SPS
- Steuerung der Sicherheitssysteme
- Globale Kommunikation

SCADA-Server, die zu einem SCADA-System zusammengefasst sind, kommunizieren über serielle und/oder proprietäre Schnittstellen und Verbindungen, zunehmend jedoch über Ethernet-Netzwerke, LAN (Local Area Network), WAN (Wide Area Network) sowie Internet. Neuere Implementierungen sind über Cloud Computing (Abschn. 10.7.6) verbunden und kommunizieren mittels OPC UA (Open Platform Communications Unified Architecture; Abschn. 10.7).

Ein typisches Leitsystem (Kontrollraum) ist in Abb. 6.22 dargestellt.

Wir werden in den nächsten beiden Abschnitten sehen, dass die Übergänge zwischen MES- und SCADA-System ebenso fließend sind, wie beim ERP- und MES-System. Oftmals gibt es nur das MES-System, an das die Automatisierungslösungen in der Produktion mittels eines Feldbus- oder Bussystems angeschlossen sind. Beispiele hierfür sind PROFINET, EtherCAT, EtherNet/IP, OPC UA.

Der Terminus SCADA bezieht sich gewöhnlich auf zentrale/dezentrale Systeme, die eine spezielle gesamte Installation von mehreren Sensoren und Aktoren überwachen, visualisieren, steuern und/oder regeln. Der größte Teil der Regelung wird automatisch durch speicherprogrammierbare Steuerungen (SPS) in der SPS-Ebene der Automatisierungspyramide durchgeführt. Die Vorgabe für die zu regelnden Parameter erfolgt vom SCADA-System.

Wie ein SCADA-System prinzipiell funktioniert ist in Abb. 6.23 an einem einfachen Beispiel bezüglich Füllstand und Durchfluss gezeigt, wie es in der Praxis häufig vorkommt.

Das SCADA-System liest über die SPS 1 die Durchflusswerte und über die SPS 2 die Füllstandswerte aus und stellt sie grafisch beispielsweise im Fließbild auf dem SCADA/HMI dar. Ebenso sind im Fließbild die Sollwerte angegeben, die durch den Operator kontrolliert werden. Der Operator gibt nun die Sollwerte über Bildschirm ins SCADA-System ein und übermittelt die Sollwerte an die SPS 1 und SPS 2.

Abb. 6.22 Typischer
Kontrollraum (SCADA/HMI)

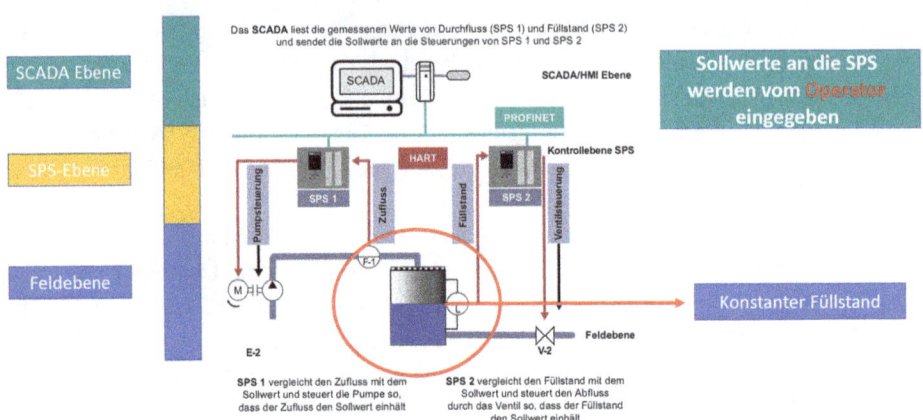

Abb. 6.23 SCADA-System und SPS

SPS 1 vergleicht kontinuierlich den gemessenen Zufluss und steuert die Pumpe E1 sodass der Zufluss den Sollwert einhält.

SPS 2 vergleicht kontinuierlich den gemessenen Füllstand mit dem Sollwert und steuert den Abfluss durch das Ventil V2 so, dass der Füllstand den Sollwert einhält.

Dieses Prinzip der Verarbeitung ist typisch für ein SCADA/SPS-System, wobei an ein dezentralisiertes System mehrere hundert bis tausend Sensoren/Aktoren angeschlossen sein können. Im Kontrollraum werden dann gesamthaft die Fließbilder für alle Fertigungslinien oder Prozesslinien dargestellt.

Allgemein ist es die Aufgabe des SCADA-Systems (Ebene 3 der Automatisierungspyramide), die Prozesse zu optimieren, indem die zur Regelung notwendigen Stellgrößen und Sollwerte in die SPS eingestellt werden. Das SCADA-System ist oftmals mit dem MES verbunden, was die Produktionsplanung, Qualitätssicherung und Dokumentation der ‚Produktion' usw. durchführt.

Abb. 6.24 zeigt ein typischen Fließbild im Kontrollraum. Typisch ist. Dass die Parameter inline im Schaubild verändert werden können.

Die Datenerfassung geschieht in der Ebene 1, der Fabrik oder dem Prozess mit Sensoren und Aktoren. In den Sensoren selbst oder in deren angeschlossenen Messwertumformern werden die Daten zunächst ausgewertet (verdichtet) und die Ergebnisse an die SPS und das SCADA-System weitergeleitet. Das SCADA System gibt die Daten an das MES und führt gleichzeitig synchron die Regelung des Prozesses durch. Die SPS stellt über I/O's (Input/Output) die Werte von Ventilen, Motoren usw. entsprechend dem Regelalgorithmus ein. Im Kontrollraum wird der Prozess durch den Menschen kontrolliert oder beobachtet. Die Daten werden in einer benutzerfreundlichen Darstellung präsentiert (HMI oder GUI) und ermöglichen es dem Menschen in den Prozess einzugreifen.

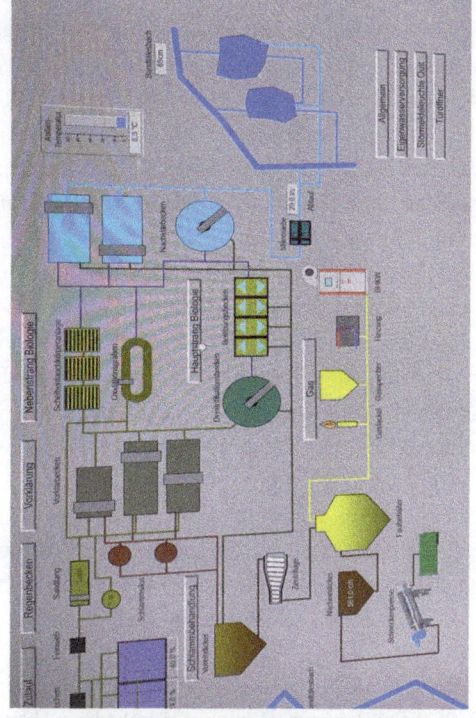

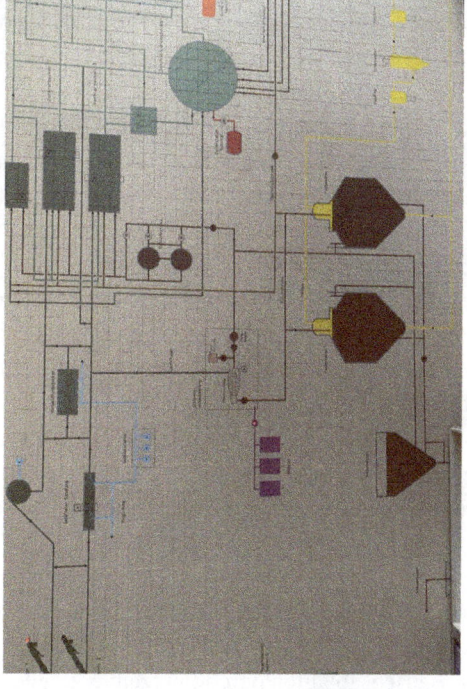

Abb. 6.24 Typische Prozessvisualisierungen im Kontrollraum

SCADA-Systeme implementieren typischerweise eine verteilte Datenbasis von verschiedenen Sensoren und Aktoren. Bei einem Sensor/Aktor spricht man auch von einem Datenpunkt, d. h. ein Datenpunkt enthält einen Ein- oder einen Ausgangswert (I/O oder E/A), der vom SCADA-System überwacht und gesteuert wird. Der Regelalgorithmus ist in der SPS Ebene angesiedelt. Die Vorgabe der Sollwerte erfolgt vom SCADA-System aus. Die Anbindungen zwischen SPS und SCADA/MES-System können auf unterschiedlichste Weise realisiert werden und hängen von der Instrumentierungsphilosophie des Herstellers von Produkten und dem Kunden ab.

Basierend auf meiner Erfahrung kann beispielsweise mit FabLink mittels einer SECS/GEM-Schnittstelle [47] ein Automatisierungsmodul (Schichtdicken-Qualitätskontrolle) in der Halbleiter-, Leiterplatten- (PCB-Printed Circuit Board) sowie in LED- (LED: Lichtemittierende Diode oder englisch: Luminiszenz-Diode) und OLED-Display- Fabriken (OLED: Organische Leuchtdiode oder englisch: Organic Light Emitting Diode) an das MES angebunden werden, ohne dass dabei ein separates SCADA-System vorhanden sein muss.

Es zeigt sich die Vielfalt der Schnittstellen und Busprotokolle, die eine standardisierte Kommunikation zwingend erfordert, um bei der Vielfalt der Verbindungen und Netzwerktopologien absolut sichere Kommunikations-Verbindungen aufzubauen. Eine Anforderung, wie wir sie auch schon bei MES-Systemen gesehen haben.

6.2.3.3 Zusammenfassung SCADA-System [48]

Mit dem modernen HMI/SCADA können Bediener durch die richtigen Schritte führen. Und Sie können Mobilität und Fernüberwachung für mehr Effizienz relisieren aktivieren. In modernen HMI/SCADA-Systemen sind Maschinen, Daten, Erkenntnisse und Maschinen im Sinne von IoT miteinander verbunden.

Das Aufkommen der Vernetzung durch IoT hat der Industrie unglaublich viele Möglichkeiten eröffnet. Heutzutage sind industrielle Maschinen und Anlagen nahtlos miteinander verbunden, um eine Fülle von Daten zu erzeugen und gemeinsam zu nutzen. Lokale Netzwerke (LAN) werden weltweit über Internet verbunden.

Bediener in Fertigungsumgebungen haben oft den Überblick über viele Geräte. HMI- und SCADA-Lösungen ermöglichen es ihnen, jeden Aspekt ihres Betriebs zentral präzise zu überwachen, zu steuern und zu visualisieren. Mit einem schnellen Blick wissen die Bediener, worauf es ankommt und welche Maßnahmen ergriffen werden müssen, um die Effizienz zu steigern und die Kosten zu senken.

HMI/SCADA bietet eine schnellere Reaktion für die Bediener und eine schnellere Entwicklung für die Ingenieure.

Zusammenfassend seien für diesen Abschnitt noch einmal die wesentlichen Vorteile einer SCADA/HMI Anwendung aufgelistet:

- Einfache Projektierung durch benutzerfreundliche Tools, grafische Vorlagen und Automatisierungslösungen
- Höhere Transparenz in Betriebsabläufen durch Echtzeitverarbeitung
- Hohe Effizienz in der Reaktion auf Echtzeitbedingungen

- Verbessertes Datenmanagement im Erfassen, Verwalten und Analysieren der Daten
- Benutzerfreundlichkeit durch HMI oder GUI Interface
- Frühe Fehlererkennung in Systemabläufen
- Fähigkeiten für vorhersagende Instandhaltung oder prädiktive Wartung
- Geringere Ausfallzeiten der Maschinen und Produktionslinien
- Einfache Integration zusammen mit MES und ERP sowie Realisierung der entsprechenden Datentransfers.
- Einheitliche Plattform im Rahmen der Automatisierung; Nutzung von Ethernet TCP/IP
- Schnittstelle für OPC UA und Cloud-Computing

- 30 % schnellere Entwicklung
- 35 % Verbesserung der Alarmauflösung
- 80 % weniger Zeit beim Navigieren
- 50 % schnellere Identifizierung kritischer Daten

Es gibt eine Vielzahl von Herstellern für SCADA/HMI-Systeme. Namhafte Hersteller sind dabei:

- ABB
- COPADATA
- Emerson
- Endress + Hauser
- InduSoft
- MIAC Automation
- Rockwell
- Scheider Electric
- Zenon

Es sei noch einmal darauf hingewiesen, dass ERP, MES und SCADA zukünftig immer mehr verschmelzen, aber mit klaren Schnittstellen der Aufgabengebiete. Der wesentlichste Punkt dabei ist aber die *gemeinsame Datenbank* für alle Systeme.

6.2.4   Die MES Ebene (Manufacturing Execution System)

Die 4. Ebene ist die *Betriebs- und Planungsebene* mit den Fertigungsmanagementsystemen. Diese Ebene wird auch als MES-Level [49, 50] bezeichnet (MES: Manufacturing Execution System). Produktionsfeinplanung, Produktionsdatenerfassung, Ermittlung der Schlüsselkennzahlen oder ‚Key Performance Indicators' (KPI), Qualitätsmanagement und Materialwirtschaft in Echtzeit sind die Hauptthemen dieser Ebene. Abb. 6.25 zeigt beispielhaft einen Teil einer Leiterplattenherstellung, die mit einem MES System bezüglich der obigen Parameter gesteuert wird. MES-Systeme spielen eine

Abb. 6.25 Leiterplattenherstellung mit MES

immer größere Rolle in der Systemintegration in Industrie 4.0. Beispielsweise werden viele Automobilproduktionen heute vollkommen durch MES gesteuert und überwacht.

Es sei an dieser Stelle gesagt, dass bis heute in vielen Fertigungen und Produktionen immer noch die Denkstruktur der achtziger Jahre hinsichtlich den Unternehmensorganisationen vorherrschend ist: Das ERP (siehe nächster Abschnitt) dominiert fast alle Funktionsbereiche eines Unternehmens und ist quasi ein Mädchen für Alles. In vielen kleineren und mittelständischen Unternehmen ist ein richtiges MES-System [50] oft gar nicht vorhanden.

Sind heute MES- und ERP-System in einer Firma vorhanden, so haben diese meistens noch getrennte Datenbanken, was die effiziente Benutzung stark einschränkt, da beide Datenbanken akkurat gepflegt werden müssen. Dies ist jedoch in den allerwenigsten Firmen der Fall.

6.2.4.1 Funktionsweise des MES und Abgrenzung zum ERP-System

MES-Systeme liegen, wenn vorhanden in einer Softwarearchitektur unterhalb des ERP-Systems. Die Informationen der MES-Systeme werden in der Regel über Workstations (z. B. UNIX, Oracle) auf Bildschirmen (Prozessschaubild) im Kontrollraum dargestellt.

In Abb. 6.26 sind die Funktionen eines MES-Systems grafisch dargestellt.

Laut Definition wird als MES oder Produktionsleitsystem eine prozessnahe, meistens in Echtzeit operierende Ebene eines mehrschichtigen Fertigungsmanagementsystems bezeichnet [50]. ERP-Systeme haben immer längere Rückmeldezeiten als MES-Systeme, Feinplanung und Maschinendatenerfassung sind nicht so ausgeprägt wie beim MES-System. Ein MES-System ist im Gegensatz zum ERP-System direkt an die dezentralen Einheiten der Prozessautomatisierung angebunden [50].

Bei der Produktherstellung kommt es heute laut Industrie 4.0 u. a. auf Termin-, Liefertreue, Flexibilität und Produktvielfalt an. Allerdings traf dieser Sachverhalt auch schon vor mehr als 40 Jahren zu!

One-Piece-Flow (logistische Fließfertigung) und kundenspezifische (customized) Produkte sind einige der Postulate in Industrie 4.0. Diese führen zu immer komplexeren Prozessen und kürzeren Produktionslebenszyklen.

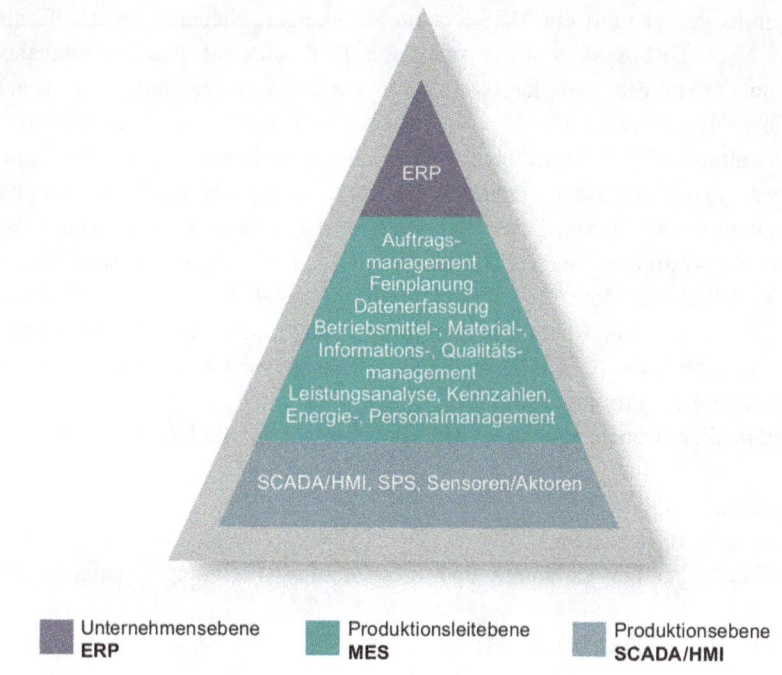

Abb. 6.26 Funktionen eines MES-Systems

Unter One-Piece-Flow [51, 52, 53] werden logistisch Fließfertigungen verstanden, bei denen die Mitarbeiter das Werkstück durch die verschiedenen Bearbeitungsgänge und unter Umständen sogar bis zu seiner Fertigstellung begleiten. Typisch Konzepte hierfür verfolgt unter anderem die Automobilindustrie.

Gruppenarbeit und ein hohes Ausbildungsniveau sind gefordert, da jeder Mitarbeiter alle Fertigungsschritte kennen muss. Wie gesagt, diese Art der Fertigung gab es aber auch schon Jahrzehnte vor der Proklamation von Industrie 4.0.

Das Konzept des One-Piece-Flow ermöglicht es auf Batchfertigung zu verzichten, wodurch Lieferzeiten verkürzt werden. Normalerweise plant das MES alle Vorgänge im Detail und fokussiert gemäß dem aktuellen Produktionsauftrag (ERP) auf Maschinendaten, Ausfallzeiten, Arbeitsanweisungen an Mitarbeiter, krankheitsbedingte Personalengpässe. Trendanalysen, Prüfmittelverwaltung, prädiktive Wartung (Predictive Maintenance).

Ein Manufacturing Execution System ist somit ein mehrschichtiges Gesamtsystem, das als Bindeglied zwischen ERP und SCADA/HMI (siehe Abschn. 6.2.3) agiert und den eigentlichen Fertigungs- bzw. Produktionsprozess in der Fertigungs- bzw. Automatisierungsebene abdeckt. Insbesondere dient das MES der fortlaufend steuernden Durchführung einer bestehenden und gültigen Planung sowie der Rückmeldung aus dem Prozess.

Wie bereits gesagt führt ein MES-System Regelungen, Steuerungen und Kontrollen gegenüber einem ERP-System in Echtzeit durch. D. h. alles das, was eine zeitnahe Auswirkung im Fertigungsprozess hat, wird durch das MES bewerkstelligt. Dazu gehören die Betriebsdatenerfassung (BDE), die Maschinendatenerfassung (MDE), DNC-Programmverwaltung (DNC: Distributed Numerical Control) bis hin zur Personaldatenerfassungen (PDE), die einen unmittelbaren Einfluss auf die Fertigungsleistung und den Fertigungsausstoß haben. DNC [54] bedeutet dabei die Einbettung von computergesteuerten Werkzeugmaschinen (CNC-Maschinen) in ein LAN (Local Area Network).

Nach VDI-Richtline 5600 [55] und Namur Arbeitsblatt NA 94 [56, 57] übernimmt ein MES neben den oben bereits aufgeführten Funktionen auch das Betriebsmittel-, Material-, Informations-, Qualitäts- und Energiemanagement sowie die kontinuierliche Leistungsanalyse der Prozesse [58].

Nahezu in allen Branchen muss ein MES heute folgende Mindestfunktionen bieten:

- Fertigungsablaufplan
- Fertigungsplanungssystem
- Hohe Flexibilität bei Varianten- und Kundenauftragsfertigung (weniger ERP-Systeme)
- Supply Chain Management (SCM)
- Ressourcenplanung und Fertigungsabläufe
- Mitlaufendes Monitoring und fortlaufende Belegungen der verwendeten Ressourcen
- Rückmeldung der Betriebsdaten
- Rückverfolgbarkeit, d. h. Produktionsnachweis, Erkennung von Produktionsfehlern, Qualitätsverbesserung, Eingrenzung bei Rückruf
- Automatisierte Rüstung von Maschinen mit Überprüfung der Rüstparameter
- Maschinenauslastung, Maschinenverfügbarkeit
- Produktausbeute FPY (First Pass Yield)

Viele MES-Systeme [58], besonders der großen Hersteller, bieten darüber hinaus:

- Verwaltung von Produktionsmitteln
- Sicherstellung von Wartungsarbeiten (Predictive Maintenance)
- Schnittstellen zur Konstruktion
- Schnittstellen zur Materialwirtschaft
- Kaufmännische Auftragsabwicklung

Vergleicht man die Aufgaben von ERP- und MES-System so ist ersichtlich, dass ERP und MES an vielen Stellen überlappen und die Grenzen heute fließend sind.

Dies bedeutet häufig, dass im ERP die Planung für die Produktion erstellt wird und dann der Produktionsplan an das MES-System übergeben wird. Das MES-System wiederum meldet den Abarbeitungsstatus der einzelnen Aufträge an das ERP-System weiter, sodass diese dort für die logistische Steuerung – z. B. dem Forecast – verwendet werden kann.

Betriebswirtschaftlich und technisch unterschiedliche Anforderungen, insbesondere die typischen Zykluszeiten für die Überarbeitung einer bestehenden Planung rechtfertigen die Trennung zwischen ERP-System und MES. Das ERP verwaltet das gesamte Unternehmen über Werke hinweg und ermöglicht eine logistische Optimierung auf übergeordneter Ebene.

Dies erfordert in der Regel keine Echtzeit. Ein MES-System hingegen monitort die einzelnen Produktionslinien wie z. B. eine Chip-Bestückungsanlage für Leiterplatten oder eine Messgeräteassemblage und muss dort neben den erforderlichen logistischen Steuerdaten auch beispielsweise technische Parameter wie die Fertigungsausbeute oder den sog. First Pass Yield (FPY), die Fertigungsauslastung usw. online erfassen, die für ein ERP-System nicht von Interesse sind.

Das MES ist somit der verlängerte Arm des ERP-Systems. Allerdings fehlen wie bereits erwähnt klare Zuweisungen von Aufgaben.

Abb. 6.27 zeigt die funktionale Aufteilung zwischen den einzelnen Ebenen der Automatisierungspyramide.

Das Interface für ERP und MES ist die ISA Richtlinie ‚ANSI/ISA-95.00.05-2007 Enterprise-Control System Integration, Part 5: ‚Business-to-Manufacturing Transaction‘ [59–61].

Entsprechend Abb. 6.27 zeigen sich in der Produktionsplanung und Auftragsannahme bis hin zur Lieferung sehr große Überlappungsbereiche zwischen ERP-System und MES [62].

Es sei noch einmal gesagt, dass das MES-System ein fertigungsnahes mehrschichtiges Fertigungsmanagementsystem oder Produktleitsystem sein muss.

Aus meiner Sicht ist der wichtigste Aspekt, dass ein MES die Führung, Lenkung, Steuerung oder Kontrolle der Produktion *in Echtzeit* sicherstellt.

Hier unterscheidet sich ein MES von allen ERP-Systemen. Ein klassisches MES umfasst sämtliche Datenerfassungen und Aufbereitungen, d. h. Betriebsdatenerfassung (BDE), Maschinendatenerfassung (MDE) und Personaldatenerfassung (PDE). Darüber hinaus werden alle Prozesse eingeschlossen, die zeitnahe Auswirkungen auf den Produktionsprozess haben können.

Bis dato wurden die Stammdaten meistens für die Produktion im ERP gepflegt. Dabei waren insbesondere nur Daten im Sinne des ERP von Relevanz. Was keine Berücksichtigung fand, war der Datenaustausch zwischen ERP und Produktionssystemen, die heute durch das MES normalerweise geregelt werden.

Die Folge ist, dass das ERP- und das MES-System heute noch oft getrennte Datenbanken haben und beide die Produktionsstammdaten jeweils für sich pflegen müssen. Diese doppelte Datenpflege ist aus meiner Sicht einer der gravierendsten Nachteile, da die doppelte Datenpflege sehr fehlerbehaftet ist. Es ist heute so, dass selbst die Pflege *einer* Datenbank immer noch zu erheblichen Fehlern führt, da der Arbeitsaufwand häufig unterschätzt wird.

Hinzukommt, dass in alten ERP-Systemen (siehe SAP R2, Infra, Baan) ein Tabellenchaos besteht, was es z. B. häufig nicht ermöglicht, einen nutzbaren Arbeitsplan zu

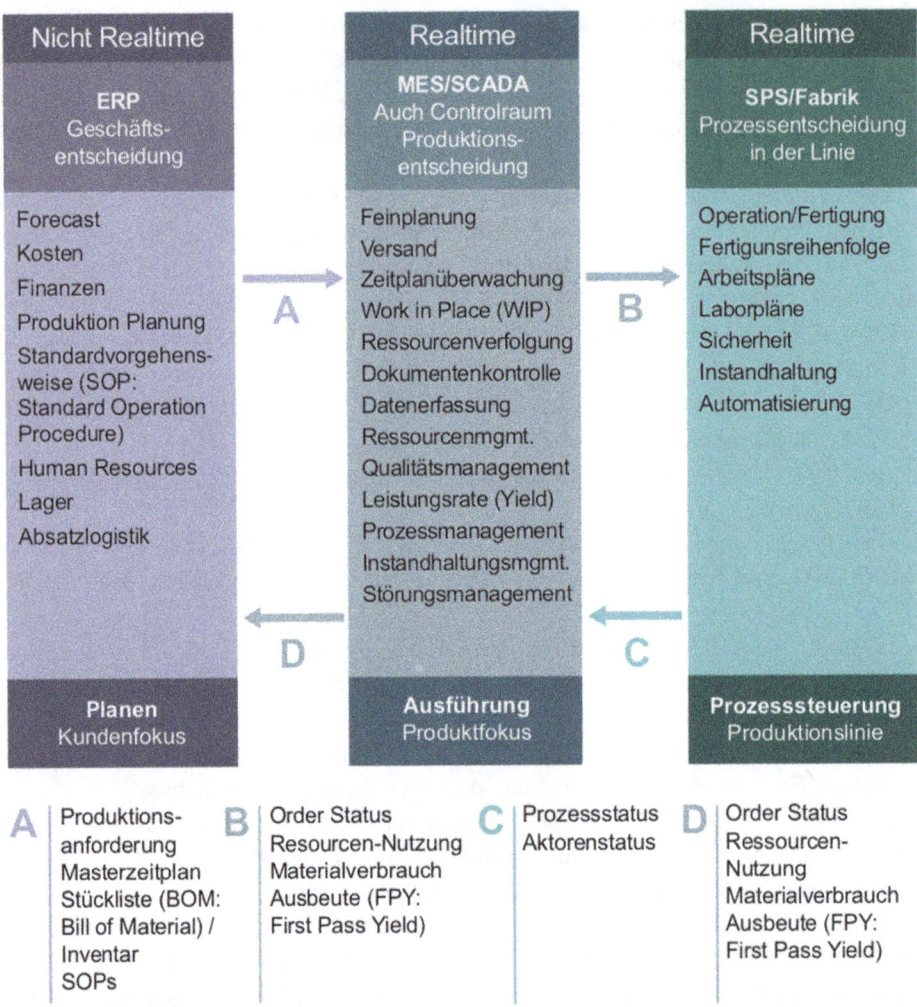

Abb. 6.27 Funktionale Aufteilung zwischen den Ebenen ERP-, MES-, SCADA- und SPS-System

erstellen. Deshalb sollte man m. E., wenn ein ERP- und ein MES-System vorhanden sind, die Produktionsdaten auch in der Produktion halten und nicht im ERP-System.

Dies ist zwar durch die ANSI/ISA-95 [61] so gefordert, wird aber oftmals nicht eingehalten. Ebenso besteht laut ISA-95 die klare Forderung, dass ein MES unabhängig vom ERP-System agieren können muss.

In USA hat man diesem Sachverhalt schon seit langer Zeit Rechnung getragen, während in Deutschland viele Firmen immer noch weitgehend am ERP ohne eindeutige Schnittstelle und Aufgabenbereiche festhängen und somit teilweise eine große Ineffizienz pflegen.

Stammdatenpflege im MES in Verbindung mit der Anbindung ans ERP ist, wie im kommenden Abschnitt des ERP-Systems anhand des SAP erläutert, eines der wichtigsten Kriterien für zukünftige kombinierte MES-ERP-Systeme. Die Verschmelzung von MES- und ERP-Systemen hat zwar bereits begonnen, ist aber zukünftig ein noch nicht ausgeschöpftes Potenzial für Kostenreduktionen und Effizienzsteigerungen.

Auch entsprechende Planungstools, die für ein mehrschichtiges Produktionssystem wichtig sind, gibt es heute immer noch nur für sehr wenige MES-Systeme. Zu sehr hatte man an den Versprechungen der ERP-Systemhersteller geglaubt, die dieses Tools schon seit langem bereitstellen wollten.

Mittlerweile gibt es jedoch Firmen wie Preactor [63] oder DUALIS [64], die derartige echtzeitfähige Planungstools für die Integration ins eigene System zur Verfügung stellen.

Für MES-Software-Systeme gibt es momentan mehr als 100 Anbieter [58], wie z. B.

- PSI Automotive & Industry GmbH
- All for ONE Group AG (auch SAP Berater)
- Atos IT Solution und Services GmbH
- BMS bvbA (PlantMaster)
- BDE Engineering GmbH (MES-System PROefficient)
- Carl Zeiss MES Solutions GmbH (ZEISS GUARDUS)
- PROXIA Software AG

Das Kriterium für ein gutes MES-System sind Einhaltung der Standards der ISA und die daraus abgeleiteten Richtlinien des VDI.

Die besten Systeme haben eine hohe Adaptionsfähigkeit an die Realtime Prozesse in der Fertigung, eine hohe Flexibilität und eine gute Standardisierung in der Kommunikationsvernetzung (Protokolle) und sind einfach zu Integrieren.

6.2.4.2 Normierungen und Verbandsaktivitäten für MES-Systeme

Als Zusammenfassung des Abschnitt MES noch einige Bemerkungen zu Verbandsaktivitäten, die doch erheblich umfangreicher sind, als man zunächst denkt.

MES-Systeme wurden erst im Jahr 2010 durch die Norm ANSI/ISA 95 normiert, was relativ spät gegenüber ihrer ersten Einführung in den Markt war.

In Deutschland sind der VDI, der ZVEI, der VDMA und die NAMUR zum Thema MES aktiv, wobei der VDMA massiv die Arbeiten des DIN NA 060-30-05 [65, 66] unterstützt. Dabei bemüht sich insbesondere der Fachausschuss MES des VDI sehr nachhaltig um die Schaffung einheitlicher Definitionen und der Bewahrung des Begriffs MES.

Der Schwerpunkt fast aller Richtlinien liegt auf dem Nutzen, die der MES-Anwender erwarten kann und welche Produktionsprozesse und Teilprozesse durch ein MES unterstützt werden. Sie ermöglichen einen einfachen und fundierten Überblick über die Wirkungsweise und die Potenziale von MES-Systemen. Die Richtlinien können als objektive neutrale Beschreibung des möglichen „Leistungsumfangs" und als Basis zur Erstellung von Lasten-/Pflichtenheften für MES dienen.

MES wird in Deutschland durch VDI 5600 und die Namur NA 94 definiert [57]. Die ISA (Standardisierungsgremium für Automatisierung) hat mehrere Standards veröffentlicht (ISA S95 und ISA 88 – Modellierung von Prozessen). Die Standardisierung wird durch die ISA im Projekt SP95 [61] vorangebracht. In der ISO ist die Automation und Integration Thema des Technischen Ausschusses (Committee) TC 184. Das SC4 des TC184 [67] behandelt Datenstrukturen, das SC5 befasst sich mit der Architektur, der Kommunikation, und Festlegungen zur Integration in der industriellen Automation und besteht aus ca. 9 laufenden aktiven Arbeitsgruppen, von der Modellierung der Unternehmen ISO 15704 [68] und ISO 19440 [69], Beschreibung der SW-Anforderungen ISO 16100 [70], Schnittstellen zur Messstellenintegration ISO 20242 [71], Diagnose und Wartung (Predictive Maintenance) für Leittechnik ISO/IEC 62264 [72], Kennzahlen für MES, Datenstrukturen ISO 15531 [73], Rahmenbedingungen für die Integration ISO 15745 [74].

Es zeigt auf, wie umfangreich und wichtig das Thema Automatisierung weltweit ist. Weiterhin sieht man aber auch anhand der Normen, wie lange es schon die Automatisierung gibt. In Deutschland wird das Thema ‚industrielle Automation' im Normenausschuss Maschinenbau (NAM) im DIN NA 060-30-05 [75] intensiv behandelt, u. a. auch getrieben durch das Thema Industrie 4.0. Die DKE, Fachbereich für Leittechnik pflegt die IEC 62624.

Mit MES befassen sich international die Verbände MESA und ‚Operations' and Maintenance Information Open System Alliance MIMOSA [76].

6.2.4.3 Zusammenfassung MES-Systeme

Meines Erachtens sollte man aus heutiger Sicht und gerade im Zeitalter der Automatisierung und von Industrie 4.0 den Übergang zu ereignisorientierten Produktionssteuerungssystem für Echtzeit forcieren und wegkommen von den reinen Abrechnungssystemen. Meines Erachtens sollte sich das ERP-System zukünftig auf Abrechnungsfunktionen und Finanzen (GuV, Bilanz, Liquidität, Cashflow) beschränken und ein qualifiziertes MES-System zur Realtime Steuerung der Produktion herangezogen werden.

Oft sind die Grenzen zwischen ERP-, MES- und SCADA-System fließend und werden deshalb in kleineren Unternehmen zusammengefasst oder nicht konsequent gelebt bzw. gepflegt.

Aber auch in größeren Firmen ist der eindeutige Trend das ERP-System und MES-System immer weiter zusammenfassen, auch unter dem Aspekt der so wichtigen Datenbankvereinheitlichung. Hier liegt ein immenses Potenzial für Kosteneinsparungen.

Wichtig ist, dass zukünftig für alle Systeme nur eine Datenbank – für ERP und MES – gepflegt werden muss!

6.2.5   Die ERP Ebene (Enterprise Resource Planning)

Die 5. Ebene der Automatisierungspyramide ist die Unternehmensebene oder der ERP-Level (Enterprise Resource Planning). Sie umfasst das System für das

Firmenmanagement vom Kunden zum Kunden. Sie ist eine wichtige Schnittstelle bei der Systemintegration, da sie über alle Prozesseinheiten der Automatisierungspyramide aktiv sein kann. Beispielsweise ist SAP, das 1971 aus der Taufe gehoben wurde, eines der bekanntesten ERP-Systeme weltweit, (siehe hierzu Abschn. 6.2.5.2).

Wichtig ist es nun, dass alle diese Ebenen über standardisierte Kommunikationsprotokolle, Bussysteme (Hardware und Software) oder Schnittstellen (Interfaces) miteinander verbunden sind. Dies trifft sowohl innerhalb einer bestimmten Ebene wie auch zwischen den jeweils darüber- und darunterliegenden Ebenen zu. Dementsprechend vielfältig sind die Produkte für jede dieser Kommunikationsebenen. Meistens sind MES- und ERP-System über Ethernet TCP/IP miteinander verbunden.

6.2.5.1 Aufgaben des ERP-Systems

Abb. 6.28 zeigt die Aufgaben eines ERP-Systems als integraler Bestanteil der Fertigungs-System Integration im Zusammenhang mit der Automatisierungspyramide.

Enterprise-Resource-Planning ist die unternehmerische Aufgabe, Ressourcen wie Kapital, Personal, Betriebsmittel, Material sowie Informationsmittel und Kommunikationstechnik, im Sinne des Unternehmens bedarfsgerecht zu planen, steuern und zu verwalten [77]. ERP ist ein integriertes System zur Steuerung der wichtigsten Prozesse im Unternehmen [78–81].

Alle Prozesse vom Verkauf, Auftragseingang, Kundenmanagement (CRM), Einkauf, Materialbedarfsplanung, Fertigungsplanung, Produktion und Lager, Lieferung und

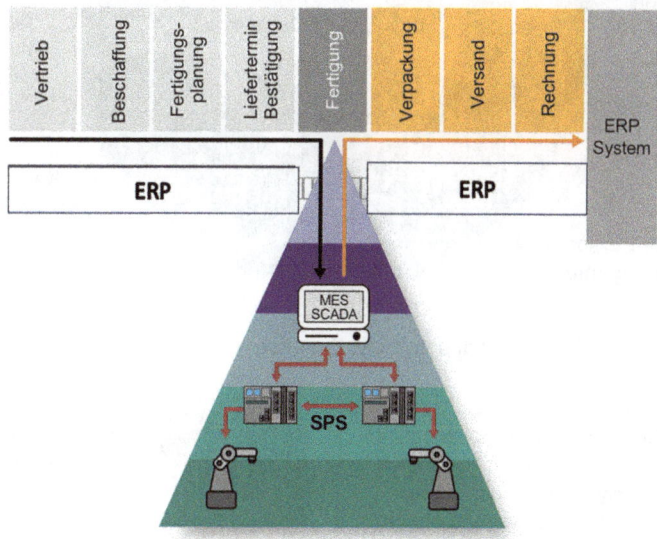

Abb. 6.28 ERP-System und Automatisierungspyramide- Systemintegration Industrie 4.0

Rechnungsstellung, Service und Finanzen greifen beim ERP auf *eine Datenbank* zu. Die entsprechenden Zugriffsrechte sind streng geregelt.

Eine der wichtigsten Aufgaben des ERP-Systems ist die Materialbedarfsplanung, die sicherstellen muss, dass alle zur Herstellung eines Produktes notwendigen Materialien an der richtigen Stelle, zur richtigen Zeit und in der richtigen Menge zur Verfügung stehen.

Abb. 6.29 fasst die Hauptaufgaben eines ERP-Systems noch einmal grafisch zusammen [81, 82].

Wie bereits beim MES-System ausgeführt, haben die Unternehmens-Ebene (ERP-Ebene) sowie die Betriebs- und Planungsebene (MES-Ebene) heute noch sehr viele Überlappungen. Zukünftig sollten deswegen für ERP- und MES-System noch eindeutigere Aufgabenbereiche definiert werden. Insbesondere haben heute ERP- und MES-

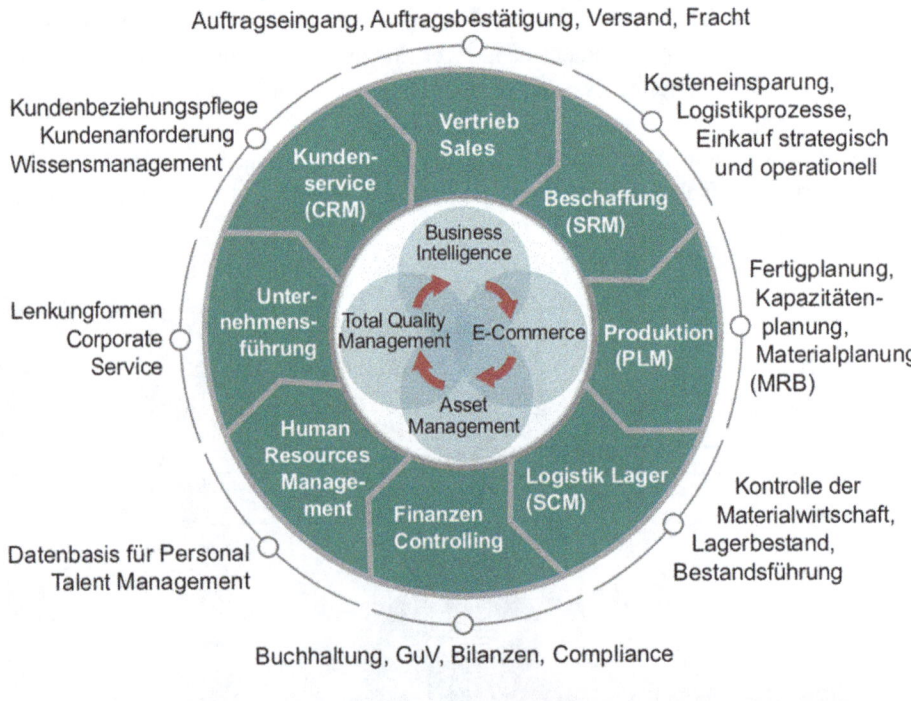

Abb. 6.29 Aufgaben und Module eines ERP-Systems am Beispiel SAP

System oftmals getrennte Datenbanken, was ich als das größte Problem einschätze: Doppelt gepflegte Datenbanken sind sehr fehlerbehaftet und enorm arbeitsintensiv.

Aktuell sind folgende bekannte ERP-Systeme [83, 84] für große Unternehmen und Konzerne auf dem Markt (es gibt jedoch noch viele andere ERP-Systeme):

- SAP S/4HANA
- Oracle ERP Cloud
- Microsoft Dynamics ERP

ERP-Lösungen für den Mittelstand sind beispielsweise:

- SAP Business All-in-One (Oft auch als ‚Business One‘ Bezeichnet
- SAP Business ByDesign
- Infor
- Microsoft mit Microsoft Dynamics NAV

Einzelheiten zu ERP-Systemen werden im Folgenden am Beispiel von SAP aufgezeigt, welches mittlerweile eine globale Marktführerschaft erlangt hat.

Ablauf im ERP-System
Funktional ist im ERP-System die Verkettung der verschiedenen Prozesse in einer Firma realisiert, wie in Abb. 6.30 dargestellt. Diese Prozessverkettung entspricht einem modernen TQM-System nach ISO 9001 [85].

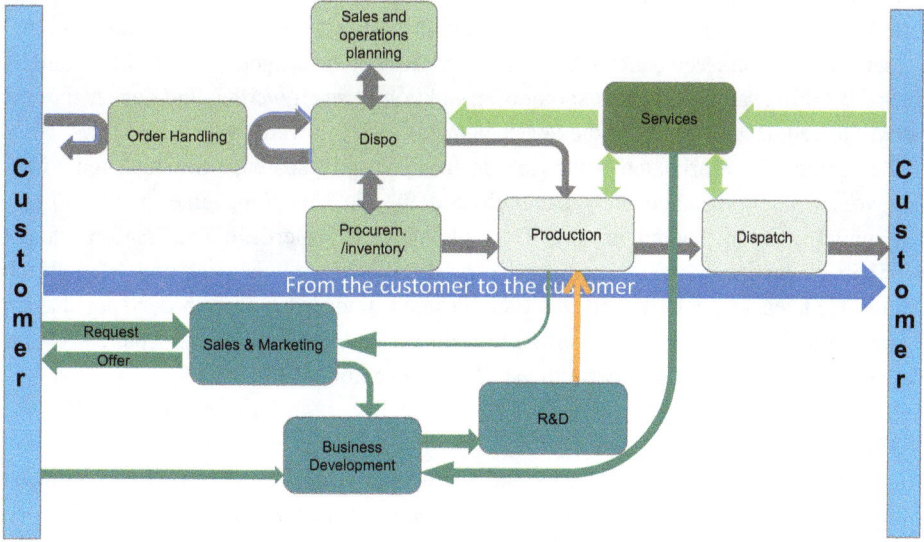

Abb. 6.30 Prozessverkettung im ERP (SAP)

Der Prozess führt vom zum Kunden und beinhaltet neben der Produktion die Verkettung von ‚Marketing/Vertrieb, ‚Business Development', ‚F&E, ‚Auftragsabwicklung','Disposition','Lagerhaltung', ‚Einkauf' ‚Produktion, ‚Versand der Ware zum Kunden' und ‚Service'

Der Prozess gemäß Abb. 6.30 läuft folgendermaßen ab:

Der Vertrieb ist beim Kunden und schließt ein neues Angebot ab. Nach Prüfung des Angebotes erteilt der Kunde den Auftrag. Dieser geht zum Auftragseingang, der den Wunschtermin überprüft. Dabei werden die Verfügbarkeit der Materialien, der Fertigungskapazitäten bezogen auf die Fertigungszeiten überprüft und darauf basierend der am frühesten mögliche Liefertermin dem Kunden genannt. Kann der Wunschtermin nicht erfüllt werden, so muss die Auftragsabwicklung mit dem Vertrieb (Kunden) den nächstmöglichen Termin mit dem Kunden diskutieren und einen Kompromiss herbeiführen. Ist der Liefertermin in Abstimmung mit dem Kunden definiert, so wird der Auftrag eingelagert, Dabei werden alle Produktionsdaten von der Materialliste bis hin zur Produktionszeit im ERP-System aktualisiert. Stücklisten werden genauso wie Baugruppen automatisch nachgezogen. Die ursprünglichen Daten für Produktion und Lagerbestand, basieren auf dem Forecast des Produktmanagements. Die Dispo lagert dann den Fertigungsauftrag offiziell in die Produktion ein. Sollten im Lagerbestand gegenüber dem Forecast Lücken entstehen, so wird automatisch der Einkauf die fehlenden Teile bezüglich Forecast und Beschaffungszeit abgleichen und die Bauteile oder Komponenten ‚Just in Time' nachordern. Das nach in die Produktion eingelagerte Produkt wird gemäß Fertigungsablaufzeiten gefertigt. Zum geplanten Fertigungszeitraum werden automatisch die notwenigen Baugruppen und Bauteile durch die Arbeitsvorbereitung an den zuständigen Arbeitsplätzen zur Verfügung gestellt. Das Produkt wird gefertigt, geprüft und verpackt und es geht in den Versand. Dort werden Baugruppen, Produkte und Bauteile kommissioniert und der Lieferschein erstellt. Die Ware wird ex works international versendet. Sollte ein versendetes Produkt einen Service benötigen so kann das ebenfalls über die Auftragsabwicklung, Dispo und Produktion geregelt werden und das entspreche benötigte Teil, Baugruppe oder die Serviceleistung geregelt werden,

Servicedaten, Markdaten, Vertriebsdaten, Fertigungsdaten, Servicedaten werden vom Produktmanagement gesammelt und für die Erstellung eines neuen Pflichten- und Lastenhefts herangezogen. Das Pflichtenheft basiert auf dem Anforderungsprofil in einem Kompromiss zwischen Vertrieb, Produktmanagement und F&E. Nach verabschiedeten Lastenheft wird das F&E Produkt gemäß den Regeln der spezifischen Firmenstrategie entwickelt. Die Fertigung, Einkauf und das Engineering spielen für das Anlegen von Stücklisten und Fertigungsplänen die zentrale Rolle.

V-Modell als Entwicklungsprozess

Als typischer Entwicklungsprozess kann das Wasserfallmodell oder V-Modell gewählt werden. Das Wasserfallmodell ist ein Klassiker unter den Entwicklungsmodellen ist. Es stammt ursprünglich aus der Softwareentwicklung, wo es als ein lineares (nicht-iteratives) Vorgehensmodell von aufeinanderfolgenden Projektphasen organisiert ist.

Besonders wichtig ist in der Definitionsphase des Entwicklungsproduktes die Fest-
legung der Kommunikations-Schnittstellen für die Systemintegration, d. h. Welche
Kommunikationsprotokolle unterstützt werden müssen, wie zum Beispiel, Ethernet TCP/
IP (Internet), PROFINET, EtherNet/IP und/oder EtherCAT usw. Dementsprechend sind
die Entwicklungsaufwände zu definieren und einzuplanen- Wie bei einem Wasserfall mit
mehreren Kaskaden „fallen" die Ergebnisse einer Stufe nach unten in die nächste und
sind dort verbindliche Vorgaben bis hin zum Prototypen. Jede Phase ist von klaren definierten Testphase mit von Beginn vorgebbaren Testroutinen begleitet.

In einem Wasserfallmodell hat jede Phase vordefinierte Start- und Endpunkte mit eindeutig definierten Ergebnissen. Das Modell beschreibt einzelne Aktivitäten, die zur Herstellung der Ergebnisse durchzuführen sind. Zu bestimmten Meilensteinen und am jeweiligen Phasenende werden die vorgesehenen Entwicklungsdokumente im Rahmen des
Projektmanagements verabschiedet. Dabei wird das zu entwickelnde Produkt in mehreren Schritten bis zum Prototypen entwickelt und nach Gesamtvalidierung der am Produkt
beteiligten Abteilungen in die Fertigung überführt.

Bei der Fertigungseinführung geht man in umgekehrter Reihenfolge identisch zur
Protypen-Entwicklung vor [86, 87]. Beim „Wasserfall wird jede Stufe des Wasserfallmodells in umgekehrter Reihenfolge durchschritten, d. h. vom Prototypen zum serien-
reifen Produkt.

Abb. 6.31 zeigt das Wasserfallmodell und das V-Modell für F&E.

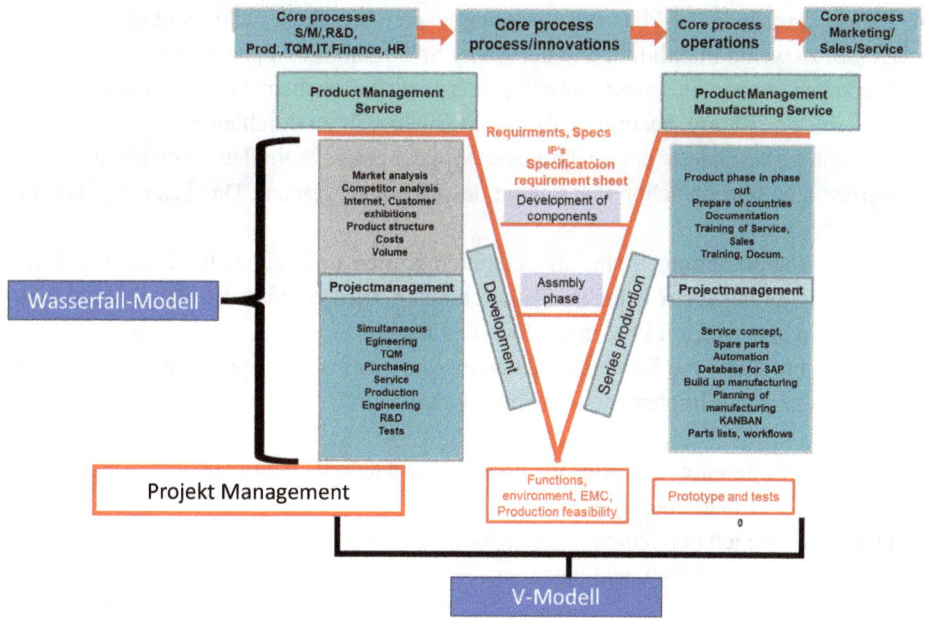

Abb. 6.31   VModell als Weiterentwicklung des Wasserfallmodells für F&E Projekte

Natürlich gibt es auch beim V-Modell vor und Nachteile, die hier kurz angesprochen werden. Aus diesem Grund gab es viele Weiterentwicklungen der Wasserfallmethode und des V-Modells [88].

Vorteile der Wasserfall-Methode (V-Modell)

In einem modernen (Software-)Unternehmen wird die agile Methode bevorzugt – nichtsdestotrotz hat auch das Wasserfallmodell seine Vorteile. Am besten eignet es sich für einfache, weniger komplexe Projekte. Es ist mit zahlreichen Vorteilen ausgestattet:

- Klare Vorgaben und gemeinsames Verständnis über das Endprodukt.
- Einfache Struktur, klar abgegrenzte Phasen mit vordefinierten Zwischenergebnissen
- Der Arbeitsumfang und die Kosten können schon zu Projektbeginn gut abgeschätzt werden
- Einfache Planung und Kontrolle. Alle Phasen werden gut dokumentiert
- Der Auftraggeber ist nur am Anfang involviert und muss sich danach nicht mit den einzelnen Schritten auseinandersetzen

Nachteile der Wasserfall-Methode (V-Modell)

In der Praxis funktioniert das Wasserfallmodell (insbesondere in der Softwareentwicklung) nur selten. Oftmals kann man die Phasen nicht so klar wie in der Theorie voneinander unterscheiden oder man muss bestimmte Abschnitte mehrmals durchlaufen.

- Klare Abgrenzung der Phasen ist bei komplexeren Projekten nicht möglich
- Es gibt zu wenig Flexibilität und nur wenig Spielraum für Anpassungen
- Nur selten können die Phasen tatsächlich reibungslos nacheinander verlaufen
- Meistens ist es nötig, bestimmte Abschnitte mehrmals zu durchlaufen
- Obwohl insbesondere länger laufende Projekte nicht komplett überschaubar sind, werden alle Schritte schon vor Beginn des Prozesses geplant. Das kann zu Änderungen führen
- Änderungsanforderungen sind mit erhöhten Kosten und mit mehr Zeitaufwand verbunden, weil der Prozess mehrmals durchlaufen werden muss. Eventuelle Fehler fallen erst in den späteren Phasen der Entwicklung auf
- Wie das Produkt beim Endnutzer ankommt und ob es überhaupt akzeptiert wird, kann man erst nach der Implementierung überprüfen

Es gab viele Weiterentwicklungen des V-Modells, wie z. B. V-Modell XT – Erweiterung des V-Modells 97 (seit 2005) [89].

Dennoch habe ich persönlich mit dem V-Model über 2 Jahrzehnte in der Regel in einfachen und komplexen Entwicklungen gute Erfahrungen gesammelt.

6.2.5.2 SAP als Beispiel für ein weltweites ERP-System und Industrie 4.0/IoT

SAP ist heute eines der bedeutendsten Warenwirtschaftssysteme (ERP) und rangiert unter den weltbesten ERP-Anbietern: SAP ist mittlerweile für große Konzerne wie auch für Mittelständler geeignet [90–92].

SAP steht für ‚Systeme, Anwendungen, Produkte (SAP)' in der Datenverarbeitung.

SAP R/2 wurde für Großrechner, SAP R/3 für Client-Server-Systeme sowie SAP S/4HANA mit SAP Business ByDesign als das Synonym für ein integriertes betriebswirtschaftliches Standardsoftwarepaket bezeichnet.

Abb. 6.28 zeigt die Aufgaben vom Kunden zum Kunden und welche Aktivitäten vom SAP im Zusammenhang mit der Automatisierungspyramide ausgeführt werden.

Da SAP eines der führenden ERP-Systeme ist und somit auch maßgebliche Auswirkungen bei Industrie 4.0 und in der Automatisierungstechnik hat, wird es hier im Detail vorgestellt.

6.2.5.3 Geschichte von SAP

Beispielhaft ist die Entwicklung von SAP bezogen auf die Automatisierung der letzten 40 Jahre, da SAP softwareseitig parallel zu den rasanten Hardwareentwicklungen mitgehalten hat und mit SAP S/4HANA heute sicherlich das innovativste ERP-System auf dem Markt hat [93, 94].

SAP war und ist somit in vielen IT-Bereichen der Vorreiter der modernen ERP-Systeme. Entscheidend hierzu beigetragen hat Hasso Plattner, dessen Leitgedanke sinngemäß stets war: ‚Wer wartet, der verliert'.

So begann die Erfolgsstory [95] von SAP mit Hasso Plattner [96], der 1968 in Karlsruhe sein Informatik-Diplom erwarb. Da er nicht promovierte ging er zu IBM nach Mannheim. Dort lernte er seine späteren Kollegen Dietmar Hopp, Claus Wellenreuther, Hans-Werner Hector und Klaus Tschira kennen. Zusammen entwickelten sie bei IBM Programme, welche die Lohnabrechnung und Buchhaltung auf den IBM-Großrechnern durchführten.

Ein Schlüsselerlebnis bezüglich einer Fehlerbehebung bei einem Kunden brachte die SAP-Gründer darauf, den Bildschirm als Ein- und Ausgabemedium zu nutzen und somit von den unbeliebten Lochkarten wegzukommen.

Später bezeichneten sie ihre Software als Realtime (Echtzeit)-System. Dies war der Grund, warum ihre Produkte bis in die späten 1990er Jahre stets ein ‚R' im Namen trugen.

Die erste Version ihrer neuen Softwareidee entstand dabei im Rechenzentrum des ersten Kunden ICI (Nylonfaserwerk der Imperial Chemical Industries).

Die Realisierung der Idee von der Software zur Abwicklung sämtlicher Geschäftsprozesse vom Kunden zum Kunden führte schließlich 1972 zur Gründung der Firma SAP GbR in Weinheim.

Schwerpunkte der ersten Entwicklung waren die Module (siehe auch Abb. 6.29) auch Controlling/Finanzen, Buchführung, Warenlogistik, Einkauf, Produktion und Lagerhaltung. Später folgten Personalwesen und TQM (Total Quality Management).

Der Vollständigkeit wegen sei gesagt, dass 1976 die ‚SAP GmbH Systeme' gegründet wurde, die ein Jahr später von Weinheim nach Walldorf umzog.

Bereits ab Anfang der 1980er Jahre wurde die Software von SAP in weiteren Sprachen angeboten.

Vier der fünf SAP-Gründer – Dietmar Hopp, Hasso Plattner, Klaus E. Tschira und Hans-Werner Hector – bildeten zur Gründungszeit den Vorstand.

SAP heute im Jahre 2023

Die SAP SE ist mit einem Umsatz von knapp 28 Mrd. € (2019) und ca. 100.000 Mitarbeitern (ca. 19.000 Mitarbeiter in der Software-Entwicklung) der größte europäische und außeramerikanische Software-Hersteller sowie der weltweit viertgrößte Software-Hersteller überhaupt.

Zum Vergleich: Der Oracle Umsatz betrug 2019 ca. 39,5 Mrd. USD und der ‚Salesforce'-Umsatz betrug 2019 13,28 Mrd. USD.

Die SAP hat weltweit ungefähr 120 Tochtergesellschaften. Das Unternehmen betreibt neben dem Entwicklungszentrum am Unternehmenssitz in Walldorf noch weitere 16 Entwicklungsstandorte in 13 Ländern, die sogenannten SAP Labs, in den USA, Brasilien, Frankreich, Kanada, Israel, Indien, Australien, Japan, der Volksrepublik China, Bulgarien, der Slowakei, Ungarn und Polen. Diese entwickeln mittlerweile auf Basis der ‚SAP S/4HANA In-Memory-Plattform'. Hier zeigt sich besonders, was für ein globales Unternehmen wichtig ist: Präsenz und Kundennähe auch insbesondere in der Entwicklung.

SAP hat heute über 350.000 Kunden, darunter viele Großunternehmen und DAX-Konzerne, und wird dabei von mindestens 12 Mio. Anwendern genutzt.

Der Marktanteil weltweit wird im ERP-Sektor mit ca. 30 %, in Deutschland größer 50 % angenommen.

Von Beginn an entwickelte SAP modulare Standardsoftware, was ein Riesenschritt in der modernen SW-Architektur bedeutete. Somit trug SAP sicherlich auch maßgeblich zu der heute in der ‚Industrie 4.0' geforderten Standardisierung bei, was wiederum die grundlegende Idee der Automatisierungs- oder Kommunikationspyramide ist.

Aus diesen damaligen sogenannten ‚Realtime-Systemen' entwickelten sich im Laufe der 1970er Jahre eine neue Art der Datenverarbeitung, die heute als Online Transaction Processing (OLTP) oder Online-Transaktions-Verarbeitung bezeichnet wird. Dabei handelt es sich um direkte interaktive Datenverarbeitung ohne Verzögerungen.

Der Begriff Realtime ist etwas verzerrend, da Auswertungen der Daten zum damaligen Zeitpunkt oft Stunden dauerten, dennoch war der Begriff bezüglich der langen Verarbeitungsgeschwindigkeiten von Wettbewerbern gegenüber SAP durchaus berechtigt.

Ein großer Vorteil der modularen SAP-Software-Architektur war, dass nun für viele Aufgaben (Auftragseingang, Materialbedarfsplanung, Produktionsplanung, Rechnungsstellung usw.) ein gemeinsames System mit nur *einer* Datenbank verwendet werden konnte.

Mit SAP R2 (1982–1991) hatte sich die ‚SAP AG' 1990 mit dem modularen Standard Software-Paket R/2 eine Monopol-Position auf dem Gebiet der kommerziellen Standardsoftware für IBM S/370-Rechner in Deutschland geschaffen: Das Softwarepaket R/2 lief damals nur auf IBM-Hardware und auf kompatiblen SIEMENS-Rechnern.

Zur CeBIT 1991 kam SAP R/3 (1992–2001) als Lösung für den Mittelstand auf den Markt. R/3 war für die damals neu angekündigte AS/400 von IBM konzipiert worden, jedoch war die IBM-Hardware mit dem neuen System überfordert.

Deshalb wich SAP auf UNIX-Workstations mit Oracle-Datenbanken aus und arbeitete im Client-Server-Prinzip. Die Ergebnisse lösten am Markt große Begeisterung aus und schnell begann das neue SAP R3 das alte SAP R2 abzulösen.

Was besonders beeindruckend ist, dass SAP durch SAP R3 den Umsatz zwischen 1991 (361 Mio. €) und 1996 (1903 Mio. €) mehr als verfünffachen konnte!

SAP R3 besteht aus den Modulen FI (Finance), CO (Controlling), MM (Materials Management), SD (Sales and Distribution), PP (Production Planning) und HCM (Human Capital Management). Diese Module bilden schwerpunktmäßig die Hauptanwendungen.

Am 3. Februar 2015 wurde SAP S/4HANA [97] an der New Yorker Börse eingeführt.

Das System war am Markt eine große Innovation, da durch die neuen Datenbankstruktur SAP S/4HANA ein ‚quasi Realtime-System' entstand.

Auch die SAP Business Suite 4 nutzt die SAP S/4HANA-Datenbank. Wichtig ist, dass SAP S/4HANA alle SAP-R/3-Lösungen unterstützt, sowie auch die Datenbanken von Oracle, Microsoft und IBM.

Die SAP-Software erfüllt alle alltäglichen Prozesse eines Unternehmens. SAP S/4HANA kommt heute im täglichen Geschäft, in Fabrik- und Industrielösungen zum Einsatz und ist im Begriff den Markt aufgrund seiner quasi Echtzeitfähigkeit (Realtime) weiter zu erobern.

SAP S/4HANA selbst gilt bis heute als größter Innovationssprung in der ERP- und somit auch in der Automatisierungswelt.

Beeindruckend ist, dass es bis heute schon mehr als 3.500 Implementierungen von SAP S/4HANA gibt. Mittlerweile gibt es allerdings von den großen Softwarehäusern wie Oracle, Microsoft und Workday Inc. im Bereich „Software as a Service" Wettbewerbsprodukte.

Die wichtigsten Module von SAP sind neben dem SAP-ERP, SAP-CRM (Customer-Relationship-Management) für erweiterte Kundenbetreuung, SAP SCM (Supply-Chain-Management) und SAP-PLM (Product-Lifecycle-Management).

Es gibt verschiedene Branchenlösungen, wie z. B. 'SAP IS-Oil' für die Ölindustrie und 'SAP für die Umwelt-Technologie Wasser-, Stromindustrie'.

Ein weiteres Produkt ist SAP-NetWeaver [98], das als Grundlage für Service-Oriented-Architecture (SOA) dient. SAP-NetWeaver bietet die Möglichkeit, Anwendungen von Drittanbietern effizient in die SAP-Lösung einzubinden und stellt dafür umfangreiche Schnittstellen auf der Ebene der Anwenderoberfläche, der Daten und der Prozesse zur Verfügung.

SAP-NetWeaver verwendet offene Standards und ermöglicht die Integration von Informationen und Applikationen von unterschiedlichen Technologien. Im Rahmen von SAP-NetWeaver werden bestimmte Java-EE- und ABAP-Anwendungen ausgeliefert. ABAP (Advanced Business Application Programming) ist eine proprietäre Programmiersprache der Softwarefirma SAP, die für die Programmierung kommerzieller Anwendungen im SAP-Umfeld entwickelt wurde. D. h. in dem Fall, dass man mit den SAP-Instruktionen nicht auskommt, kann man eigene ergänzende Software schreiben.

SAP-NetWeaver ist die Basis der SAP-Business-Suite, SAP-Business ByDesign und der SAP-NetWeaver-Composition Environment.

Durch SAP-NetWeaver unterstützte Plattformen sind: Windows -Produkte, IBM -Produkte, Linux, HP-UX Solaris. Vom SAP-NetWeaver unterstützte Datenbanken sind Microsoft SQL Server, IBM Informix Dynamic Server, SAP MaxDB Studio, IBM DB2, SAP S/4HANA, Sybase und Oracle.

Es sei an dieser Stelle hervorgehoben, wie universell und flexibel sich SAP immer wieder auf die Wettbewerbssituationen im Laufe der letzten 40 Jahre eingestellt hat.

Es gibt noch viel über SAP zu berichten, was aber den Umfang dieses Buches sprengen würde. Deshalb verweise ich auf die umfassende Literatur, die SAP in allen Einzelheiten behandelt und die ich versuchte in diesem Abschnitt auf das Wesentlichste zu fokussieren. Vielmehr möchte ich noch einmal auf meine eigenen Erfahrungen mit ERP-Systemen und im Speziellen auf SAP eingehen.

6.2.5.4 Erfahrungen mit SAP

Neben dem mächtigen *SAPS/4HANA* gibt es auch für typische Mittelständler das *SAP Business All-in-One* (2002) [99], später das Cloud-*basierte SAP-Business ByDesign* (2007) [100].

SAP Business All-in-One oder kurz ‚SAP Business One' habe ich in USA bei einer Firma in den neunziger Jahren eingeführt und sehr gute Erfahrungen im Zusammenspiel mit dem Hauptsystem in Deutschland gemacht.

SAP Business All-in-One ist für Unternehmen mit 10 bis 100 Mitarbeitern geeignet, wobei nicht alle Mitarbeiter auch Anwender sein müssen. Wichtig ist, dass die Architektur und Funktionalität keine Verbindung zur SAP-Business-Suite oder R/3 hat und somit völlig autonom arbeiten kann.

SAP Business All-in-One hat eine eigene GUI (Grafical User Interface), die unter Microsoft Windows läuft. Alle wichtigen Prozesse eines Unternehmens können abgebildet werden.

Unterstützte Datenbanken sind Microsoft SQL Server und SAP S/4HANA, wobei Letztere eine eigene, separate Installation ist.

SAP Business ByDesign [100] ist eine vollständig integrierte On-Demand-Unternehmenssoftware, die in Echtzeit Abfragen und Reports generieren kann. Als Lösung für den Mittelstand bietet diese Software die Möglichkeit einer effizienten Geschäftsprozessabwicklung mit einer durchgängigen Informationsverarbeitung. Die Software wurde am 19. September 2007 in New York offiziell vorgestellt und steht Kunden in 28

Ländern unter anderem in Deutschland, USA, Großbritannien, Frankreich, China, Indien und Südafrika zur Verfügung. Auch mit dieser Software habe ich bei einer Implementierung in Indien sehr gute Erfahrungen gemacht.

Genaugenommen habe ich seit fast 30 Jahren mit SAP-Systemen gearbeitet. Bei meiner ersten Messtechnik-Firma verwendeten wir bereits 1993 SAP R2 für die betriebswirtschaftlichen Verarbeitungen von beispielsweise Umsatz, Auftragseingang, Lagerbestandsveränderungen, GuV und Bilanzen. Aufgrund der immensen Datenmengen und der somit erforderlichen Rechenleistungen im Zusammenhang mit der Computer Architektur (Datenbank separat von der Recheneinheit) war die Aktualisierung der Daten nur über Nacht möglich. Echtzeit lag somit noch in weiter Ferne.

Mit der Einführung von SAP R3 ‚ein ERP-System ‚vom Kunden zum Kunden‘ begannen wir in unserer Firma zu Beginn 1994. Wir lösten im Jahr 1995 SAP R2 durch SAP R3 ab und starteten zum damaligen Zeitpunkt die Harmonisierung des SAP R3 Systems weltweit über alle unsere damaligen Niederlassungen.

Zu diesem Zeitpunkt entwickelte sich der Trend, dass immer mehr große Konzerne in der Chemie und Pharmazie ihre Messtechnik-Zulieferfirmen fast ‚gezwungen‘ haben SAP einzuführen, um die Ware direkt vom Hersteller bestellen zu können. Ziel in diesen Firmen war es damals die Fehlerrate in deren Logistik zu reduzieren.

Ich persönlich erlebte diesen Prozess bei einem großen deutschen Chemiekonzern mit, der von meiner damaligen Firma verlangte, umgehend in den SAP-Prozess eingebunden zu werden. Er legte uns klar dar, wenn wir es nicht tun würden, werden wir zukünftig von der ‚Vendor Liste‘ (Einkaufsliste) gestrichen. Es war zum damaligen Zeitpunkt ein enormer Aufwand die Logistik in diesem Sinn zu realisieren, aber wir schafften es.

Der schwierigste Punkt bei diesem Projekt war das Upgrade der SAP-Datenbank. Übrigens ein Punkt, der sich bis heute, wie ein roter Faden bei der SAP-Implementierung durchzieht: Das SAP (jedes ERP-System) ist nur so gut wie seine gepflegte Datenbank. Wenn dieser Punkt nicht stimmig ist, nützt das beste ERP-System der Welt nichts!

Positiv zu sehen ist, dass im Zuge der prozessorientierten Zertifizierung ISO 9000 SAP damals vielen Firmen zu einer prozessorientierten und kundenorientierten Auftragsbearbeitung verhalf. Der absolute Zwang zu einer sauberen Vorgehensweise in der Abwicklung von Geschäftsprozessen war durch das SAP gegeben.

In den letzten Jahren habe ich bei einem mittelständischen Unternehmen die Einführung des SAP S/4HANA und das Cloudbasierte SAP Business ByDesign realisiert. Die Firma hatte zu Beginn des Projektes ein veraltetes ERP-System mit getrennter Lagerhaltungssoftware. Außerdem waren im ‚Altsystem‘ die Stammdaten nur sehr rudimentär gepflegt. Die Mitarbeiter hielten sich wenig an die notwendigen ERP-Prozesse. Lieferzeiten über mehrere Monate waren zum Teil je nach Produkt die Konsequenzen.

Das schwierigste Problem bei einer Einführung eines präzis arbeitenden Warenwirtschaftssystems, egal ob SAP S/4HANA oder ein anderes ERP-System, ist nun einmal die strikte Einhaltung von drei Regeln:

Regel 1 im Umgang mit SAP

Die ERP Einführung ist umfassendes Firmenprojekt. Die Einführung eines SAP-Systems bedeutet, dass das Management hinter dem Projekt stehen muss und dies auch aktiv seinen Mitarbeitern demonstrieren muss. Die Projektmanager, Key User (Prozessverantwortliche), Berater und Mitarbeiter müssen im Abarbeiten Disziplin und Kontinuität beweisen. Dieser Punkt wird allzu häufig unterschätzt. Fehlen die Konsequenz und das Miteinander, so ist die Einführung eines ERP-Systems ein fortwährender zäher Prozess. Ebenfalls ist für die Einführung eines derartig mächtigen Systems ein konsequentes Projektmanagement erforderlich.

Regel 2 im Umgang mit SAP

Anpassung der Prozesse an SAP. Die Mitarbeiter müssen sich von den alten tradierten Prozessen lösen und sich an die SAP-Prozesse adaptieren (gewöhnen). Nur allzu bequem ist es, für seine gewohnten Prozesse einen sog. ABAP (Advanced Business Application Programming siehe oben) [101, 102] in Form einer proprietären Software zu schreiben.

Dieses Problem erlebte ich hautnah über vier Jahre in einer Firma der Messtechnik, die Baan als ERP-System nutze (ERP LN). Hajren Baan [103] war ein niederländischer Hersteller von Standardsoftware zum Enterprise-Resource-Planning. Das Unternehmen Baan existiert nicht mehr, es wurde von SSA Global übernommen, welches im August 2006 von Infor Global Solutions übernommen wurde. Die Softwarelösung Baan bestand als Infor ERP LN i fort. Jedoch gab es zwischenzeitlich einige Upgrades, die zur damaligen Version in der Firma verwendeten Version nicht mehr kompatibel waren [103].

Das Problem in der erwähnten Firma war nun, dass genau aus dem Grund der Bequemlichkeit eigene Prozesse in proprietärer Software geschrieben wurden. Es entstand eine dreistellige Anzahl von ‚ABAP's', die bei einem Releasewechsel upgedatet werden mussten. Als dann eine nicht aufwärtskompatible Version von Baan eingeführt wurde, war das Unternehmen nicht mehr in der Lage die ABAP's anzupassen.

Die Folge war, dass man bei der alten Version verblieb und die Kluft zwischen den Versionen immer größer wurde. Als Inor dann die Uraltversion nicht mehr unterstützte, war die Firma gezwungen, sich bezüglich eines neuen Systems Gedanken zu machen.

Wenn man also ein neues System plant, dann gilt immer die eiserne Regel, keine ABAP's oder wenn schon unbedingt nötig, dann diese unter die Aufsicht eines Änderungsprozesses (Change Control Board) des Managements zu stellen.

Regel 3 im Umgang mit SAP

Pflege der Stammdaten. Das größte und gravierendste Problem bei jedem ERP-System ist jedoch das Erstellen und die Pflege der Stammdaten. Im Rahmen der Einführung von SAP S/4HANA während meiner letzten Tätigkeit, waren mehr als eine Hand voll Mitarbeiter über ein Jahr fast nicht genug, um eine saubere vollständige Pflege der Datenbank zu gewährleisten. Zu sehr litt man unter den Versäumnissen der Vergangenheit.

Bei der Pflege eine ERP-Datenbank müssen die Mitarbeiter permanent harte Disziplin zeigen. Es gilt nun einmal uneingeschränkt die Regel, dass ein ERP nur so gut ist, wie seine Stammdaten und Prozesse gepflegt sind. Ist man hier nicht konsequent, so hilft das beste ERP-System nicht und man kann sich unter Umständen Millionen von Euros sparen.

Dies kann ich nachdrücklich aus eigenen gemachten Erfahrungen bestätigen. Hierbei muss man wissen, dass ein SAP-System ‚gnadenlos' den Prozess unterbricht, sobald es Unstimmigkeiten in den Daten oder in den Prozessabläufen feststellt. Und erst dann, wenn alles manuell nachjustiert oder in Ordnung gebracht ist, setzt das SAP den Prozess fort.

Weniger mit dem SAP vertraute Personen neigen in diesen Fällen häufig zur Aussage ‚Das SAP läuft nicht', was definitiv falsch ist.

Wie bereits gesagt, das Einführen eines SAP-Systems erfordert eine große Disziplin. Manchmal dauert es bis zu 4 Jahren, um ein ERP wie das SAP einzuführen und es kann je nach Größe des Unternehmens mehrere Millionen Euro kosten.

Niemand kann so genau den Return on Investment (ROI) beziffern, der durch die Einführung eines solchen Systems entsteht. Diesen Sachverhalt erlebte ich besonders während meiner Tätigkeit in USA in einem an der Börse notierten globalen Unternehmen (Umsatz: ca. 2 Mrd. USD).

Beinahe ‚krampfhaft' hing der damalige CEO an dem ROI für die Einführung des SAP's. Diesen ROI konnte man bei mehr als 30 Unternehmen weltweit einfach nicht fixieren. Seine Strategie zielte damals immer darauf ab, wie viele Mitarbeiter er durch die Systemeinführung weniger benötigte, wenn ein ERP weltweit eingeführt würde. Letztlich hatten wir dann das Bluebook für SAP geschrieben und begannen sukzessive mit der Realisierung, ohne dabei eine exakte ROI- Rechnung gemacht zu haben.

Bei der Einführung von SAP S/4HANA habe ich mich auch u. a. davon überzeugen können, wie Business All-in-One in USA relativ problemlos mit dem SAP S/4HANA System in Deutschland harmonisierte. Auch die Integration von SAP Business ByDesign in Indien war relativ problemlos, welches ich in für die Produktion 2018 einführte.

6.2.5.5 Funktionsweise von SAP und Anwendungsfehler

Die Frage ist nun, warum sich viele Firmen mit der SAP-Einführung relativ schwertun, insbesondere dann, wenn sie vorher eher sorglos mit dem einem vorhandenen ERP-System umgegangen sind. Zunächst sind einmal das A&O bei der Einführung die vorherigen Abschn. 6.2.5.4 aufgezeigten drei Regeln. Das Problem ist, trotz aller Sorgfalt bei der Einführung kann man nicht alle Gegebenheiten vorausplanen und abarbeiten. Vieles lernt man bei der SAP-Einführung erst im Tun (‚Learning by doing'). Die Einführung eines ERP-Systems ist ein kontinuierlicher Lernprozess. Deshalb muss irgendwann im Laufe der Integration entschieden werden, wann man das SAP ‚scharf' schaltet (Going Live). Bei allen meinen Erfahrungen hat sich gezeigt, dass viele Firmen aufgrund ihrer Vorgeschichte, insbesondere im ‚saloppen' Umgang mit ihren ERP-Vorsystemen dann live gehen, wenn die Stammdaten zwischen 70 %–85 % eingepflegt sind.

SAP-Einführung heißt dann in den ersten 2–3 Monaten, im Prozess ‚Going live' einen gewissen Umsatzeinbruch hinzunehmen, da sich das SAP einschwingen muss. D. h. bei jeder Unstimmigkeit hält das SAP an und die Fehler müssen nachbehoben werden. Die häufigsten Ursachen sind fehlerhafte Stücklisten, falsche Arbeitspläne (Workflows), falsche Lagerbestände, die auf diese Weise nachgepflegt werden müssen. Es ist wichtig vor dem ‚Going live-Prozess' entsprechende Lagerbestände aufzubauen, mit dem man die Umsatzeinbrüche während des Einschwingens von SAP einigermaßen kompensieren kann.

Insbesondere aber trägt bei der verzögerten Systemeinführung die unsachgemäße Behandlung der SAP-Prozesse durch Mitarbeiter bei. Hierzu ein paar Ausführungen:

Zum Steuern des täglichen Umsatzes eines Unternehmens sind in der Regel folgende Daten systemmäßig von Bedeutung:

- Umsatz
- Faktura Vorrat
- Offene Fertigungsaufträge (FAUF's)
- Offene Lieferungen
- Backlog Fertigungsaufträge [104]
- Backlog unbestätigte Kundenaufträge (KAUF's)
- Backlog Anteil- und bestätigte KAUF's
- Bei der täglichen Umsatzplanung sind alle diese Gegebenheiten zu berücksichtigen.

Abb. 6.32 gibt einen Grobüberblick über die Verzahnung der Prozesse vom Kunden zum Kunden. Bei Einführung des SAP (Going live) sind folgende Fehlerquellen möglich, die zu täglichen Umsatzeinbußen während der ersten 1–3 Monate führen können: Die Handhabung des Systems durch die Mitarbeiter, die sich erst an die SAP-Prozesse gewöhnen müssen, aber auch die generelle Sorgfältigkeit bezüglich der Datenpflege, Stammdaten wie Arbeitspläne.

Die Problemzonen der Prozessabarbeitung für die tägliche Umsatzerreichung sind eingekreist. Das Prozedere des SAP's und seine Konsequenzen seien an einem Beispiel vertieft.

Tag 1 in einem Unternehmen entsprechend Abb. 6.33

Am Tag 1 kommen Aufträge vom Kunden und werden über die Auftragsabwicklung ins SAP-System eingegeben. Es besteht zu diesem Zeitpunkt eine aktuelle Fertigungsplanung für Kalenderwoche 1 (KW 1) bis Kalenderwoche 4 (KW 4).

Fehler 1 bei Nutzung von SAP

Die Erfahrung zeigt, dass in der Übergangsphase vom alten zum neuen System der vorhandene Backlog von Fertigungs- und Kundenaufträgen oft nicht mit eingeplant wird.

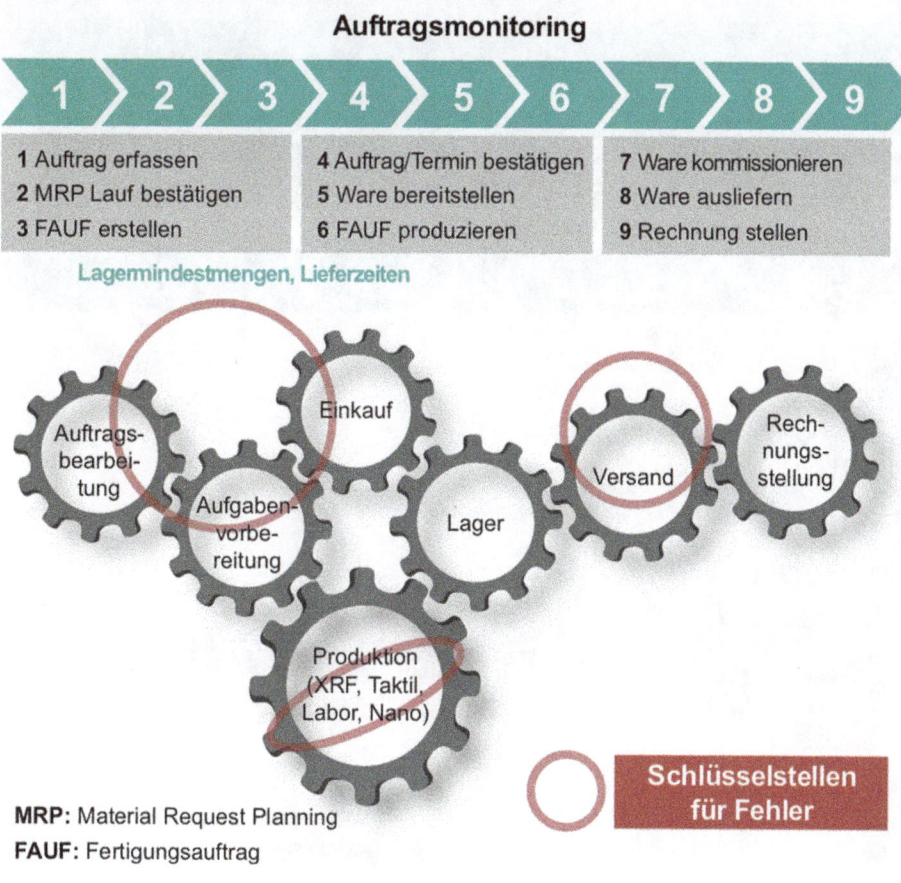

Abb. 6.32 Verzahnung der Prozesse im SAP

Fehler 2 bei Nutzung von SAP

Standardaufträge werden z. T. über Wochen nicht erfasst, was ein grundsätzliches Problem bei vielen kleineren Firmen ist.

Tag 2 in einem Unternehmen entsprechend Abb. 6.34

Über Nacht von Tag 1 auf Tag 2 erfolgt im SAP das Update, der sogenannte MRP-Lauf (Material Request Planning oder die Materialbedarfsplanung). Das System schlägt bezüglich der vorhandenen Lagerbestände und den zu Verfügung stehenden Fertigungszeiträumen (Slots) für jedes eingegebene Produkt einen Fertigungstermin entsprechend Abb. 6.35 vor.

Gefertigte Produkte werden für die Kommissionierung (Zusammenstellung von Produkten für den Versand aufgrund von Aufträgen) gemeldet und ins Lager gebracht. Neue

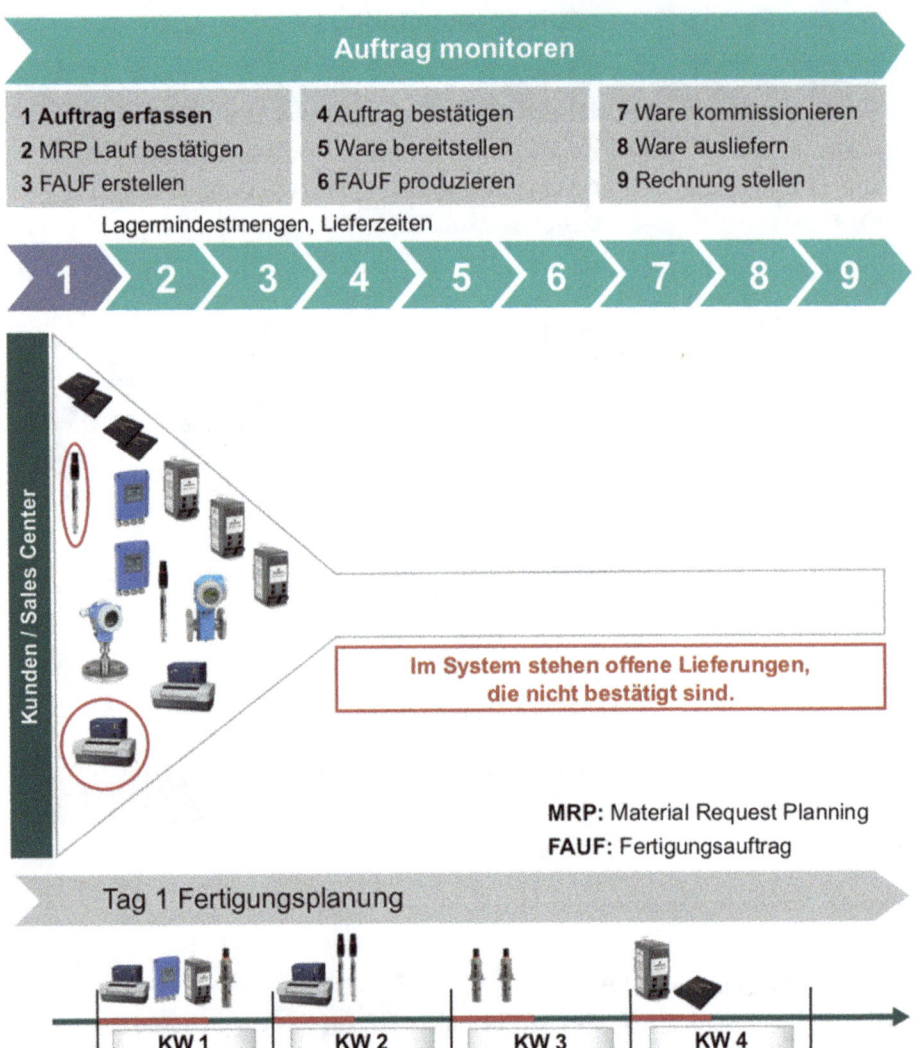

Abb. 6.33 SAP-Ablauf Tag 1: Neue Aufträge und aktueller Backlog – *Quellen* der Produkte: Beckhoff Automation GmbH & Co. KG; *Courtesy Emerson Electric Co and affiliated;* Endress + Hauser; © images courtesy of Hitachi HighTech Corporation; Knick Elektronische Messgeräte GmbH & Co. KG, KROHNE

Kundenaufträge werden eingepflegt. Hier wird deutlich, wie wichtig die korrekte Pflege der Stammdaten bezüglich Lagerbestand, Materialverfügbarkeit, Stücklisten, Fertigungsworkflow und Fertigungszeiten ist.

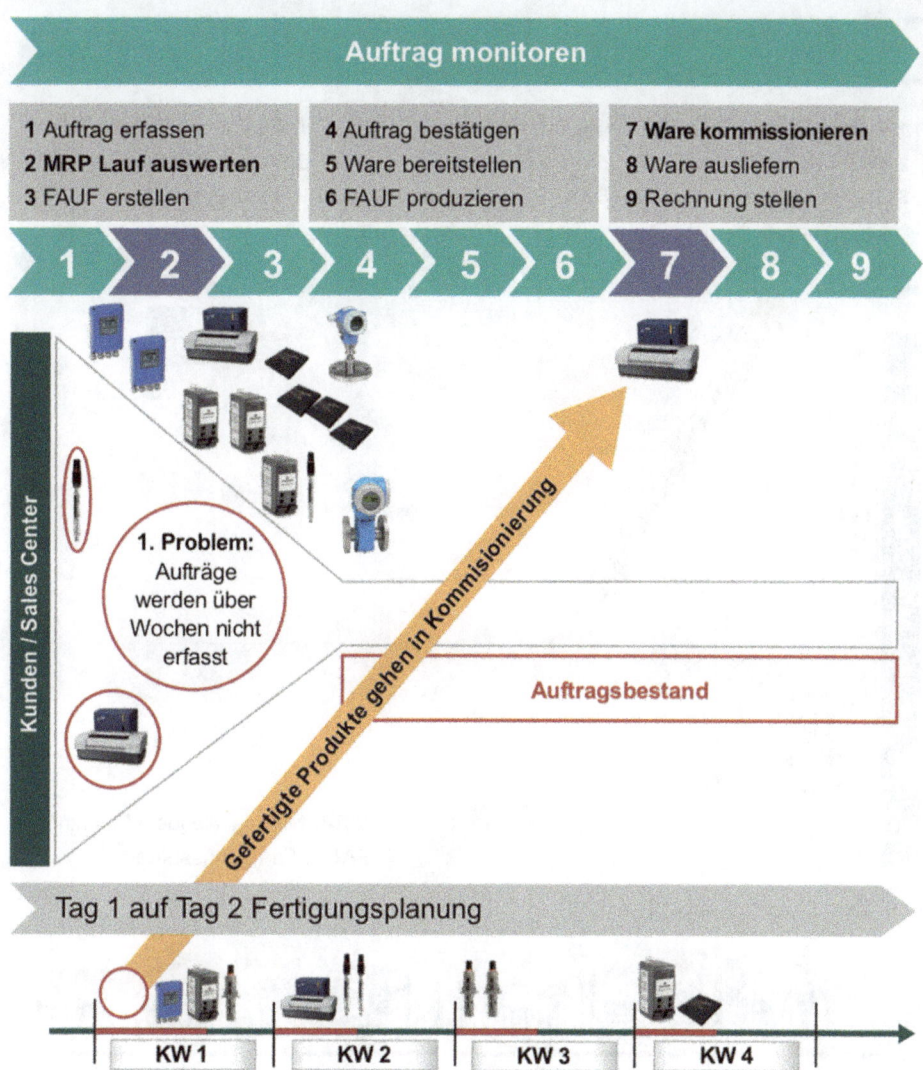

Abb. 6.34 SAP-Ablauf Tag 2: Materialbedarfsplanung oder engl.: Material Request Planning (MRP) bezüglich im System eingegebener Produkte/Aufträge – *Quellen* der Produkte: Beckhoff Automation GmbH & Co. KG; *Courtesy Emerson Electric Co and affiliated;* Endress + Hauser; © images courtesy of Hitachi HighTech Corporation; Knick Elektronische Messgeräte GmbH & Co. KG, KROHNE

Wenn an dieser Stelle etwas nicht stimmig ist und SAP erkennt das, dann stoppt das System und der Fehler muss manuell nachkorrigiert werden. Dies verursacht vor allem wie bereits mehrmals gesagt die Verzögerungen in der Einführungsphase (‚Going live').

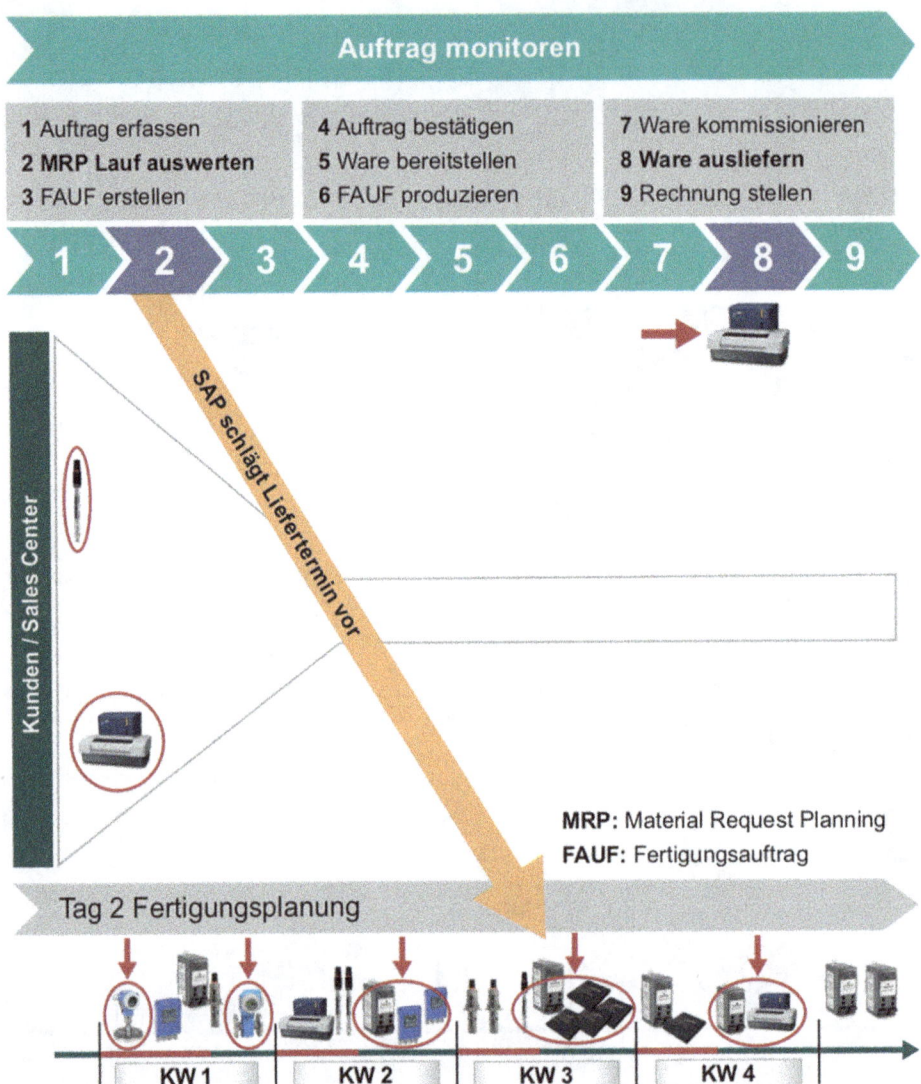

Abb. 6.35 SAP-Ablauf: SAP schlägt Liefertermine für *jedes* Produkt vor– *Quellen* der Produkte: Beckhoff Automation GmbH & Co. KG; Courtesy Emerson Electric Co and affiliated; Endress+Hauser; © images courtesy of Hitachi HighTech Corporation; Knick Elektronische Messgeräte GmbH & Co. KG, KROHNE

Fehler 3 bei Nutzung von SAP

Der wichtigste Schritt ist, dass die Produktionsplanungs- und Steuerungssystem-Gruppe (PPS) nun *sämtliche* Vorschläge vollständig abarbeiten und bestätigen muss. Geschieht das nicht, so werden entsprechend Abb. 6.36 die nicht bestätigten Produkte, neben den

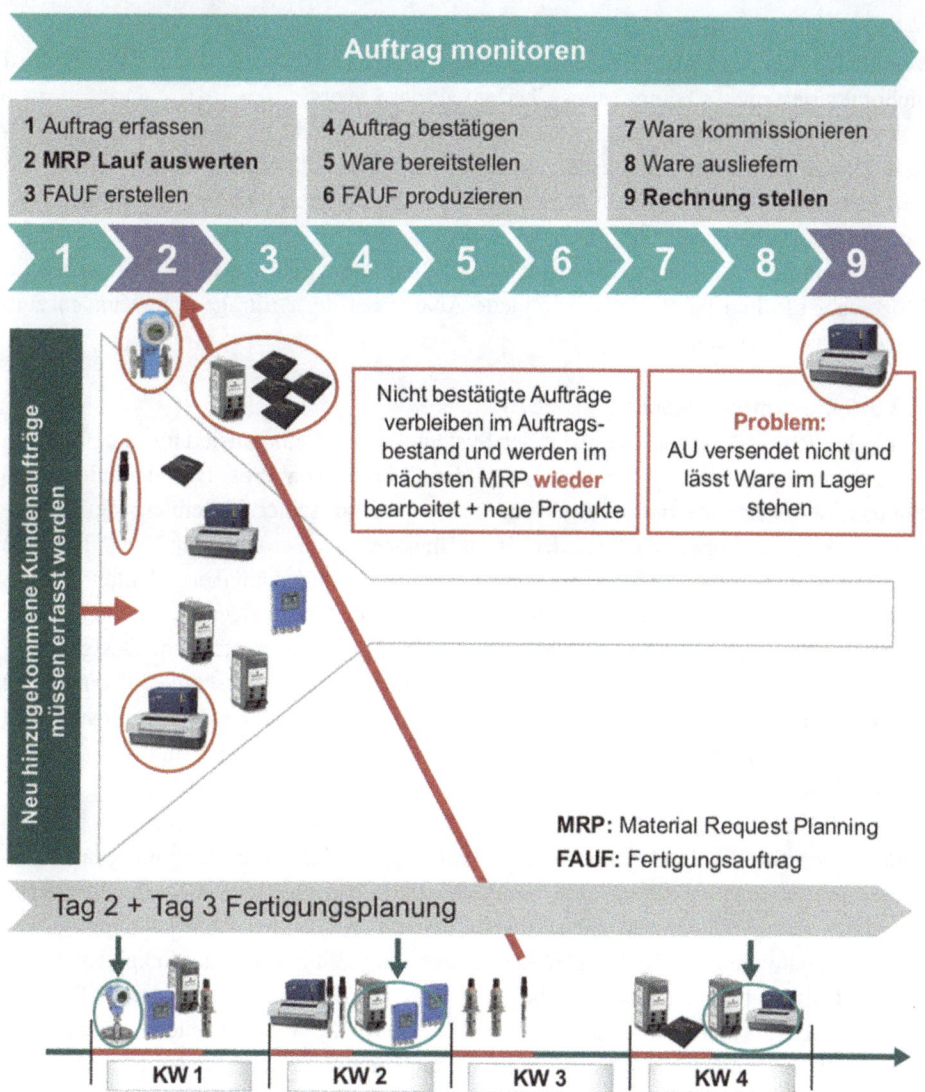

Abb. 6.36 SAP-Ablauf – *Neue Aufträge* und *nicht bestätigte Aufträge* werden im nächsten MRP (Material Request Planning) Lauf bearbeitet. *Quellen* der Produkte: Beckhoff Automation GmbH & Co. KG; *Courtesy Emerson Electric Co and affiliated;* Endress + Hauser; © images courtesy of Hitachi HighTech Corporation; Knick Elektronische Messgeräte GmbH & Co. KG, KROHNE

eingegebenen Neubestellungen, wieder in den anstehenden nächsten MRP-Lauf für den nächsten Tag mit eingebunden. Hier liegt eine der häufigsten Fehlerquellen, wenn dieses exakte Abarbeiten nicht eingehalten wird!

Fehler 4 bei Nutzung von SAP

Verpackte Ware wird nicht ausgeliefert, sondern bleibt im Lager stehen, dadurch wird nicht fakturiert und es kommt zum ‚Überlaufen' des Lagers.

Es kommt zur Fehlerkumulierung der diversen Bestände im Orderhandling, MRP-Lauf (Vorschlag), Fertigungsbestätigung, Lieferung und Faktura. Die Folge ist, dass die Fertigung außer Kontrolle gerät, der Backlog sich akkumuliert und die notwendigen Umsätze Einbrüche erleben.

Noch einmal zusammengefasst: Für ein gut funktionierendes SAP sind Stammdaten, Prozessabläufe und das tägliche komplette Abarbeiten der Aufträge vom Kunden zum Kunden das Allerwichtigste.

6.2.5.6 Zusammenfassung ERP/SAP

Wie sehr sich die Leistungsfähigkeit der Systeme in der Automatisierung in den letzten Jahrzehnten erhöht hat, gab eindrucksvoll die Festrede von Prof. Dr. hc. mult. Hasso Plattner (Aufsichtsratsvorsitzender von SAP) während seiner Verleihung der Ehrendoktorwürde im Februar 2020 wieder [105]. Sinngemäß äußerte er sich: Er wollte so ab 2005 noch einmal etwas Nachhaltiges für Unternehmensanwendungen schaffen: Vereinfachungen in der Bedienung, Rechnerarchitektur, Leistungssteigerung, Skalierbarkeit, Erweiterbarkeit und hohe Flexibilität waren für ihn damals das strategische Designziel.

Die daraus resultierenden Grundforderungen für ihn waren, dass alle Informationen permanent im Kernspeicher der Recheneinheit sein müssen und dass bei der Bearbeitung der Daten keine Zugriffe auf externe Speichermedien mehr notwendig waren!

Durch seine neue Arte der Datenbankrealisierung in Spalten anstelle Zeilen, so wie es bei IBM Oracle und Microsoft der Fall ist, schaffte H. Plattner es tatsächlich mit dem Release von SAP S/4HANA am 3.2.2015 in der ERP- Rechnerleistung ein quasi Echtzeitsystem zu schaffen [106, 107]. Sämtliche Betriebsdaten des Unternehmens stehen innerhalb weniger Sekunden nach Eingabe neuer Daten online zur Verfügung. Etwas, was es bis dato nie gab: Von Stunden der Verarbeitungszeit herunter auf Sekunden!

Die Universalität und die Modularität von SAP sieht man anhand der SAP Cloud Plattform PaaS (Platform as a Service) [108, 109], die verschiedene Systeme, z. B. Java [110], an die SAP S/4HANA Plattform anzubinden erlaubt. Dadurch können vielen Unternehmen die Datenbank- und Anwendungsservices sowie mobile Dienste in der Cloud zur Verfügung gestellt werden. PaaS ist eine umfassende Entwicklungsplattform für kundenspezifische Erweiterungen in der Fabrik sowie in der Cloud, unabhängig davon, ob es sich um SAP- oder Nicht-SAP-Produkte handelt.

Zweifelsohne hat SAP die heutige Netzwerk-Topologie in der Automatisierungspyramide, was das ERP-System anbelangt, mitgeprägt und Einfluss für die standardisierte Vernetzung innerhalb der Industrie 4.0 genommen.

Die Einführung des SAP S/4HANA (SAP Suite 4) [111] im Jahr 2015 als ERP-System war sicher ein Meilenstein in der digitalen Welt und in der Automation.

Vielleicht kommt es nicht von ungefähr, dass Firmen, speziell in China, heute SAP als Industrie 4.0 ansehen, obwohl das nicht ganz den Sachverhalt trifft. Ich habe in diese Richtung viele Diskussionen, auch auf Fachsymposien geführt.

6.2.5.7 Beispiel Smart Manufacturing, Fabrik 4.0 in der Analysen-Messtechnik im Jahre 2000

Heute wird im Rahmen von ‚Industrie 4.0' und ‚Fabrik 4.0' begeistert von ‚Smart Manufacturing' gesprochen und sehr viele Experten meinen, dass dies auch etwas ganz Besonderes oder Neues sei. Ich möchte an dieser Stelle erwähnen, dass ich persönlich bereits im Jahre 1998–2004 intensiv mit diesen Themen zugange war.

An dieser Stelle wird ein typisches Beispiel für die komplette Vernetzung und Systemintegration von der ERP-Ebene bis hin zur Produktionsebene (Feldebene) gemäß der Philosophie Industrie 4.0 und IoT erläutert.

Realisiert wurde diese vernetzte Produktionslinie bei der Firma Endress + Hauser unter meiner Regie ein automatisches Umlaufsystem für eine Messwertumformer-Assemblage. Weiterhin wurde die pH-Sensorfertigung in weiten Bereichen automatisiert.

Deshalb möchte ich hier auch ein Beispiel zeigen, nachdem wir viel über die pH-Sensoren und die zugehörigen Messwertumformer im letzten Abschnitt gesprochen haben.

Abb. 6.37 zeigt die Art dieser Fertigungen bezogen auf die Automatisierungspyramide aus dem Jahr 2000.

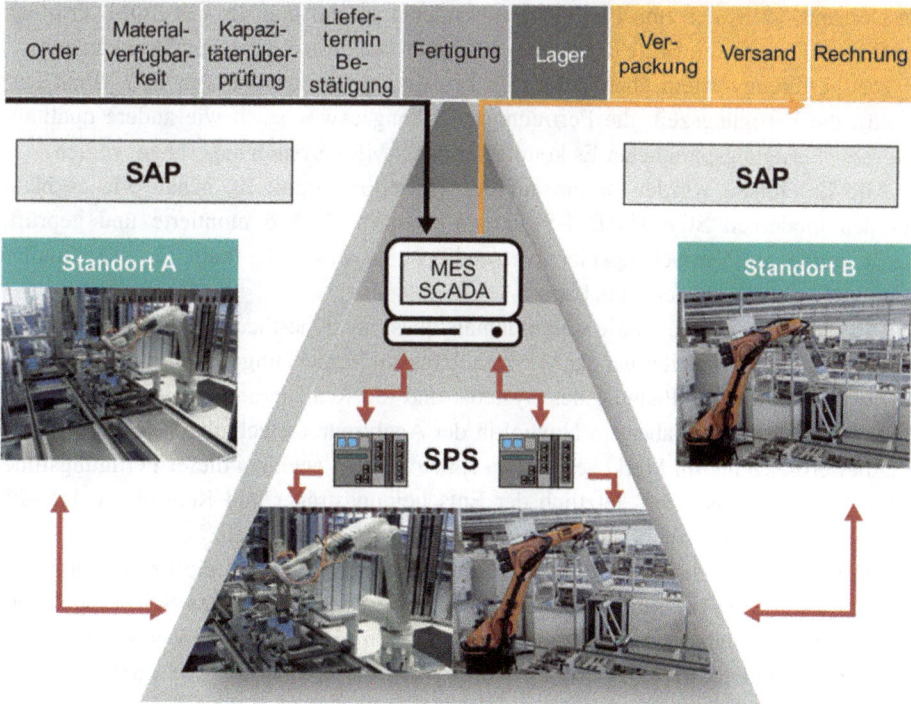

Abb. 6.37 Fabrik 4.0' im Jahr 2000. (*Quelle* **Endress** + Hauser. Abb. 6.37 zeigt die Ausschnitte der unveränderten Originale)

Es handelte sich um die Assemblage eines Zweidraht-Messwertumformers der Firma Endress + Hauser für die pH-Messtechnik. Die Daten wurden damals direkt aus dem SAP-Auftrag (SAP R3) selektiert und in das ‚Automatisierungssystem' übertragen.

Entsprechend dem Auftrag wurden zunächst die Gehäuse und Module, soweit nicht an der Fertigungsstation vorhanden, automatisch aus dem Lager der Fertigungslinie zugeführt. In der Fertigungslinie bekamen die relevanten Fertigungsstationen gemäß Bestellcode die notwendigen Fertigungsparameter, Testroutinen, Fehlerprüfkriterien und Kalibrierprozeduren über die ERP/MES/SCADA/SPS-Systeme überspielt. Der inline arbeitende Roboter setzte entsprechend dem Bestellcode die richtigen Module, Leiterplatten und Bauteile in das Gehäuse ein.

Im folgenden Arbeitsschritt wurden am einzigen manuellen Arbeitsplatz Deckel und Gehäuse montiert (Flachbandkabelverbindung und einige Verschraubungen). Der Rest der Produktionslinie war wiederum voll automatisiert. Nach der mechanischen Montage erfolgte automatisch das Aufspielen der kundenspezifischen Softwarevariante (im Ordercode integriert) und die anschließende Prüfung der Geräte. Nach erfolgten positiven Tests der Funktionalität und Einhaltung der Toleranzgrenzen wurde vollautomatisch das Typenschild mit Seriennummer und anderen gerätespezifischen Daten (z. B. Ex, CE, UL usw.) mittels ‚inline' laufendem Laser eingraviert.

Als letzter automatisierter Fertigungsschritt erfolgte das kundenspezifische ‚Printing on Demand' [112] der zum Produkt gehörenden Literatur und der CD-ROM. Printing-on-Demand gab es seit Mitte der 1990er Jahre und basiert auf der Digitaldrucktechnik.

Das Fertigungssystem überwachte den Prozess und kontrolliert den FPY (First Pass Yield), die Fertigungszeit, die Fertigungsauslastung usw. ebenso wie andere qualitätsrelevante Fertigungsparameter. Es konnte somit als MES-System angesehen werden.

Alle Ergebnisse wurden online auf dem Monitor dargestellt, genau wie es heute bei den modernen SCADA/HMI-Systemen passiert. Das so montierte und geprüfte Gerät wurde am Verpackungsplatz versandfertig gepackt oder kam für die Kundenkommissionierung zunächst ins Lager.

Diese Fertigungslinie wurde schon damals quasi als ‚One-Piece-Flow' Fertigung realisiert, d. h. der Mitarbeiter hat das Werkstück bis zur Verpackung begleitet.

Zu Beginn war die Planung des Systems und die Realisierung ein wahrer Kraftakt. Zurückblickend war es aber ein Novum in der Analysenmesstechnik, das entscheidende Wettbewerbsakzente im Markt setzte. Es sei betont, dass auch bei dieser Fertigungslinie, obwohl hoch automatisiert, letztlich der Entscheidungsträger und Kontrolleur der Mitarbeiter war, dessen Erfahrungen die Linie effizient am Laufen hielt.

Ein weiteres Highlight für mich war zum damaligen Zeitpunkt die Entwicklung und Fertigung von elektrochemischen Sensoren bei Endress + Hauser. Den Schwerpunkt bildete die hochspezialisierte industrielle Fertigung von pH-Glassensoren, wobei die Glasbaugruppen teilautomatisiert gefertigt wurden und die Kalibration und Funktionalitäts-Tests voll automatisiert durchgeführt wurden, ebenfalls in Abb. 6.37 dargestellt.

Die pH-Sensoren kamen aus der alten traditionellen handwerklichen Glasbläserkunst. In einer Teilautomatisierung innerhalb der Fertigungslinie gelang es sogar teilweise die pH-sensitive Membrankugel automatisch anzublasen. Auch in der pH–Sensoren-Fertigung spielte das SAP für die Fertigung und Auftragsabwicklung vom Kunden zum Kunden eine entscheidende Rolle wie eben zuvor in der Messwertumformer-Assemblage dargestellt.

Die Endkalibrierung und der funktionale Test wurden ebenfalls per KUKA-Roboter durchgeführt. In den Anfängen der Automatisierung 2002/2003 wurden 10 Elektroden (heute sind es 16 Elektroden) parallel automatisch in einem Werkzeugträger in die auf konstanter Raumtemperatur geregelten Flüssigkeiten pH4 und pH7 eingetaucht. Zwischen jedem Kalibrierschritt wurden die Elektroden automatisch gereinigt. Alle Kalibrierdaten wurden im Sensorkopf und in der Datenbank automatisch gespeichert. Der Seriennummern-Druck auf die Elektrode und die speziellen Kenndaten des Sensors erfolgten ebenso wie der Zertifikat-Ausdruck automatisch via Tampondruck in der Fertigungslinie. Alle statistisch relevanten Daten wurden gemonitort.

Auch der Datenaustausch zwischen den beiden Produktionsstandorten erfolgte schon zum damaligen Zeitpunkt automatisch.

Bei aller Euphorie für Industrie 4.0, Fabrik 4.0, Smart Manufacturing oder ‚Globaler Kommunikation' zeigt sich, dass solche Ansätze schon lange vor dem Hype ‚Industrie 4.0' intensiv Anwendung fanden. Das heute manches noch besser gemacht werden kann liegt eben wie schon mehrfach erwähnt an der Evolution der Automatisierung mit allen ihre Randbedingungen seit 2000.

6.3 Anforderungen an Sensoren, SPS, Gateways und Computer innerhalb der Automatisierungspyramide

Um das sichere Funktionieren aller Komponenten, Sensoren, SPS, Systeme und PC's in einer Anlage bei einer Systemintegration in Industrie 4.0 und IoT zu gewährleisten, müssen diese bestimmten Anforderungen genügen. Dabei müssen die unterschiedlichen Branchen und ihre Applikationen berücksichtigt werden. Weiterhin muss unterschieden werden, ob Geräte ‚nur' im Labor, in der Fabrikautomation oder in rauer Prozess-.und Industrieumgebung eingesetzt werden. Diese Eigenschaften der Sensoren, Komponenten und Systeme müssen dediziert hinsichtlich Robustheit und Umweltverträglichkeit entwickelt werden.

6.3.1 Randbedingungen für Sensoren, SPS und Automatisierungskomponenten

In diesem Abschnitt ist das Hauptaugenmerk auf die Automatisierung der Qualitätskontrolle gerichtet. In vielen Industrien ist die Automatisierung der Qualitätssicherung aufgrund der Komplexität der Anforderungen der letzte Schritt in aktuellen Produktionslinien. Oftmals wird die Qualitätssicherung immer noch im Labor durchgeführt.

Sehr eingehend ist dieser Sachverhalt in der Analysenmesstechnik, die mit ihren optischen und elektrochemischen Parametern in Abgrenzung zu den physikalischen Parametern wie Druck, Füllstand, Durchfluss und Temperatur steht, nachzuvollziehen. Die Sensoren und Systemkomponenten haben wir schon in den Abschn. 6.2.1 und 6.2.2 erläutert.

In diesem Abschnitt wird anhand einer ‚Komplexitätspyramide' (Abschn. 6.3.2) aufgezeigt, welche Gegebenheiten zur zeitlichen Einführung von Messgeräten in die Automatisierung aufgrund ihrer diversen technischen Komplexität geführt haben.

Die unterschiedlichen Herausforderungen von der Instrumentierung aus dem Labor heraus in die Fabrik oder in den rauen Prozess hat wiederum wie bereits gesagt, entscheidenden Einfluss auf die zeitliche Abfolge der Automatisierung und Systemintegration selbst. Alle Produkte müssen robust und umweltgerecht entwickelt werden. In diesem Zusammenhang werden folgende Themen näher besprochen:

Umweltverträglichkeit hinsichtlich elektromagnetischer Verträglichkeit (EMV) (Abschn. 6.3.4) ist heute der Fokus einer jeden Entwicklung.

Die damit verbundene CE-Kennzeichnung (Abschn. 6.3.4.1) und deren Auswirkungen auf die Produktentwicklung stehen im unmittelbaren Zusammenhang und werden eingehend diskutiert. Insbesondere wird auch auf den Zusammenhang zwischen der CE-Konformität und der Funkzulassung in Verbindung mit der EMV-Verträglichkeit eingegangen (Abschn. 6.3.4.2).

Die Schutzart IP (Abschn. 6.3.5) ist entscheidend in welchen Anwendungen Applikationen Produkte und Systeme eingesetzt werden können. Die Unterschiede und Möglichkeiten werden näher aufgezeigt. Dabei wird auch dargelegt, welche Bedingungen vom Labor ins Feld über der Zeit gesehen erfüllt werden mussten.

Ein weiterer Themenkreis ist der Explosionsschutz und die Sicherheitsanforderungen in explosionsgefährdeten und korrosiven Umgebungen (Abschn. 6.3.6). Diese weisen in den verschiedenen Ländern, wie beispielsweise in USA und Europa, große Unterschiede auf. Der Explosionsschutz ist ein zentrales Entwicklungs- und Zulassungsthema, auf das in diesem Zusammenhang näher eingegangen wird.

Ein Thema, das seit 2000 die Entwicklungen erheblich prägt, ist der funktionale Sicherheitslevel SIL (Safety Integrity Level), welcher die maximale Fehlerauftrittswahrscheinlichkeit für ein zu verbringendes Produkt vorschreibt. SIL ist heute in vier Stufen unterteilt.

Bei SIL-Entwicklungen sind Kosten und zeitliche Markteinführung entscheidende Faktoren, die es zu berücksichtigen gilt (Abschn. 6.3.7).

6.3.2   Komplexitätspyramide für die Systemintegration in Industrie 4.0 und IoT/IIoT

Die Problematik von Themen ‚vom Labor in den Prozess' und den damit verbundenen Schwierigkeiten für den Einsatz von Geräten, Sensoren und Komponenten hinsichtlich

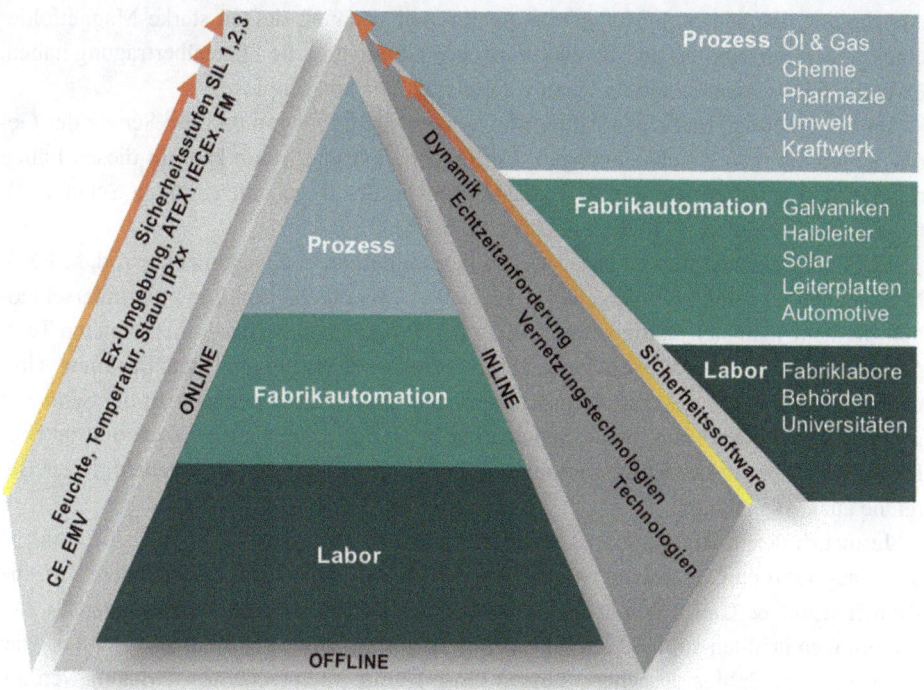

Abb. 6.38   Komplexitätspyramide bei Produkten und Automatisierungsprojekten

einer Systemintegration lässt sich ähnlich wie die diskutierte Automatisierungspyramide sehr gut in einer Komplexitäts-Pyramide entsprechend Abb. 6.38 darstellen.

Diese Pyramide stellt die Grundlage für die folgenden Ausführungen dar. Je nachdem, welche Art der Automatisierung realisiert und welche Produkte in ein System zu integrieren sind wird, gelten andere Anforderungen.

Die Automatisierungsarten Offline, Online, Inline finden im Labor, in der Fabrikautomation, in der Prozessautomation und in der Gebäudeautomatisierung statt. Zur Branche ‚Labor' zählen in der Automatisierungstechnologie nicht nur die Labore in der Fabrik und Fertigung, sondern auch Universitäten und Behörden.

Zur Fabrikautomation gehören u. a. die Halbleiter-, Elektronik- PCB-, Solarenergie und galvanische Betriebe. Ebenso zählen Automotive sowie Luft- und Raumfahrt dazu. Zum Prozess gehören die Kraftwerks- und Umweltbranche (z. B. Kläranlage und Trinkwasseraufbereitungsanlagen), die Pharmazie, die Chemie, Oil & Gas sowie der Bergbau und die Holzindustrie.

Alle Geräte und Systeme unterliegen heute der CE-Kennzeichnung. Bei der Ce-Kennzeichnung spielt die elektromagnetische Verträglichkeit oder auch EMV in der Automatisierung die wesentliche Rolle. Ausgehend vom Labor in Richtung Prozessautomation werden die EMV-Bedingungen zunehmend schwieriger. Als Beispiel sei hier die

Anbringung der Sensoren/Messgeräte am Roboter genannt, dessen starke Magnetfelder einen hohen Störeinfluss auf die elektronischen Geräte und die Datenübertragung haben. D. h. die EMV-Maßnahmen im Gerät werden zunehmend komplexer.

Im Laborbereich herrschen häufig klimatisierte Bedingungen und der Schutz der Geräte gegen Temperaturschwankungen, Luftfeuchtigkeit und Staub kann in diesen Fällen relativ klein gehalten werden, d. h. man kommt in der Regel mit geringen Schutzmaßnahmen der Geräte (z. T. IP20) aus (Abschn. 6.3.5).

EMV-Maßnahmen und Gehäuse stehen in unmittelbarem Zusammenhang, d. h. EMV Maßnahmen sind für Polymergehäuse gegenüber Metallgehäusen komplett unterschiedlich. Je mehr man sich in die Fabrik und in den Prozess begibt, desto mehr spielen Temperatur- und Feuchtigkeitsschwankungen, korrosive Dämpfe und staubbehaftete Umgebungen eine Rolle. Zwangsläufig werden zunehmend Anforderungen an die Schutzart gestellt. In der Regel sind heute Schutzarten bis IP54 in der Fabrikautomation und bis IP67 oder größer in der Prozessautomation üblich. Natürlich gibt es in jedem dieser Bereiche auch Ausnahmen.

Je mehr man in Richtung Prozessautomatisierung geht, desto häufiger trifft man explosionsgefährdete Umgebungen an (Abschn. 6.3.6). Dies gilt insbesondere für die Branchen Oil & Gas, Chemie und Pharmazie. Hier müssen die Geräte spezielle Anforderungen erfüllen so, dass ein Funke im Innern des Gerätes keine Explosion auslösen kann. Für den Explosionsschutz müssen diese Geräte entsprechend entwickelt werden. Zum Beispiel sind intrinsische Sicherheit in Europa (ATEX) und Druckkapselung in USA (FM) gefordert. ATEX und FM (Zusammengefasst in der IECEx) sind typische Zertifikate für Geräte in explosionsgefährdeten Umgebungen für Europa und USA.

Als weitere Sicherheitsanforderung müssen Geräte, je weiter man in die Prozessautomation geht, zunehmend gemäß den SIL-Anforderungen (Safety Integrity Level) entwickelt und zertifiziert werden. Heute gibt es bereits SIL 3-zertifizierte Geräte. SIL 4 -ist das nächste Ziel. Man unterscheidet 4 Stufen, wobei die Stufen 2,3 am häufigsten in der Prozessindustrie zu finden sind. Diese Zertifizierung bedingt die Ausfallmöglichkeit einer Anlage auf geringstem Niveau zu halten und die größte Sicherheit für den Menschen zu garantieren (Abschn. 6.3.7).

Für alle Entwicklungen bezüglich unterschiedlicher Automatisierungsgrade, Umweltbedingungen sowie Schutz- und Sicherheitsbestimmungen sind die Technologie, die Komplexität der Anlage (Produkte und Systeme), die Vernetzungstopologie, die Echtzeitanforderungen, und die Systemdynamik eine weitere Dimension, welche ausgehend vom Labor in Richtung Prozess immer größer wird. In allen diesen Bereichen der Automatisierung und Vernetzung spielt mittlerweile die Sicherheitssoftware in der Kommunikation eine dominante Rolle.

6.3.3 Automatisierung – Offline, Online, Inline

Bezogen auf Abb. 6.38 ist bezüglich der Automatisierungstechnologie die Definition von Offline-, Online- und Inline-Automatisierung wichtig, denn je nach Art der Automatisierung sieht die Systemintegration völlig anders aus und auch die Produkte unterscheiden sich bezüglich ihrer Robustheit und Umweltanpassung. Diese 3 Arten der Automatisierung finden im Labor, in der Fabrikautomation und in der Prozessautomation statt.

Offline Messung

Die Messung wird außerhalb einer automatisierten Linie durchgeführt. Das kann im Labor stattfinden oder das Prüfsystem kann auch direkt neben der automatisierten Produktionslinie aufgestellt sein. Beispiele sind die Feststoffmessung (Trübung) in einer Kläranlage, die Materialanalyse von Stählen oder Schichtdickenmessungen von Legierungen bis hin zu Lackmessungen im Automotivbereich. Entsprechende Messmethoden bei Schichtdickenmessung und Materialanalyse können dabei sein: Taktile, Röntgenfluoreszenzverfahren, Ultraschall, LIBS (Laser-Induced Breakdown Spectroscopy oder laserinduzierte Plasmaspektroskopie) sowie optische Messtechnik im UV- und IR- Bereich.

Bei einer automatischen Offline-Qualitätsprüfung von Leiterplatten mit Röntgenfluoreszenz können beispielsweise bis zu 100 Leiterplatten oder auch mehr in einem Magazin abgelegt und über Nacht vermessen werden.

Online Messung

Die Messung erfolgt direkt über dem laufenden Produktionsband und die Messergebnisse werden in den Kontrollraum (SCADA-System) übertragen und gemonitort (Abb. 6.22). Es besteht keine Rückkopplung des Messgerätes zur Produktionslinie. Vielmehr steuert der Mensch die Anlage aus dem Kontrollraum, durch Vorgabe der Parameter an die speicherprogrammierbare Steuerung (SPS) oder interaktiver Regelmaßnahmen (SCADA-System: Supervisory Control and Data Acquisition System). In vielen Fällen steuert der Mensch sogar immer noch vor Ort die Parameter der Produktionslinie, nur aufgrund der vom Online-Gerät angezeigten Werte. Für diese Art der Prüfung gibt es renommierte Hersteller in der Industrie, deren Geräte in der Bandgalvanik z. B. für die Steckerindustrie eingesetzt werden und dort z. B. die Gold-Nickel Beschichtung auf Kupfer analysieren. Die Regelung und Steuerung nimmt dort der Mensch direkt am Galvanikband vor.

Siehe hierzu auch Abb. 3.7; Band zu Band (Reel to Reel) Galvanik mit online Steckkontaktekontrolle.

Inline Messung

Die Messungen erfolgen bei komplett integriertem Messgerät in der Linie, d. h. das Messgerät ist im Steuer- und Regelsystem der Gesamtanlage integriert. Das Messgerät oder die Sensorik in der Feldebene (Fabrik oder Industrieprozess) ist mit der SPS verbunden. Bei Über- oder Unterschreiten der Messwerttoleranzen stoppt das Messgerät den Produktionsprozess.

Aus dem Kontrollraum werden die Steuer- und Regelparameter überwacht und ggfs. Inline modifiziert. Eine Einstellung der Parameter vor Ort durch den Menschen ist üblicherweise nicht mehr notwendig. Beispiel ist wieder die Schichtdickenmessung aus Abb. 3.7. In diesem Fall können die Geräte zur Analyse auch inline verwendet werden und direkt mit einem SPS–Interface (SoftPLC) aufgerüstet werden.

Zu beachten ist, dass für den Inline-Betrieb ausgelegte und eingesetzte Messgeräte m. E. unbedingt Serviceverträge benötigen, denn hier führen die Stillstandszeiten der Produktionslinie (Downtime) aufgrund von Fehlentscheidungen oder Messgeräteausfall unmittelbar zu Verlusten in der Produktion.

Die Leistungskennzahlen oder Key Performance Indicators (KPI), die hierfür vertraglich geregelt sein müssen, sind u. a. ‚Downtime' und ‚MTBF' (Mean Time in Between Failures). MTBF ist dabei die Zeit zwischen zwei Ausfällen (die mittlere Betriebsdauer) für produzierende Einheiten.

Doch nun zurück zur Historie: Längst waren Produktionslinien weitestgehend automatisiert und liefen mechanisch und elektrisch verkettet. Beispiele hierfür sind Automotive, Leiterplattenherstellung, Solarzellenherstellung, Leiterplattenbestückung, Abwasserreinigung, Trinkwasseraufbereitung, Tablettenherstellung, Lackherstellung, Farbenherstellung, Galvanisierungsanlagen usw.

Die Qualitätskontrolle fand aber immer noch im Labor auf Basis statistischer Prozesskontrolle (Statistical Process Control (SPC)) statt. Grund war, dass die Messungen aufgrund ihrer Komplexität für den Inline-Betrieb zu langsam waren. Zum Teil waren die Verfahren und Gehäuse aber auch zu wenig robust gegenüber den Einsatzbedingungen, um in die laufende Produktionslinie oder den Prozess integriert werden zu können.

Insbesondere traf dieser geschilderte Sachverhalt bei den Automatisierungs-bestrebungen in der Analysenmesstechnik zu: Zur Ermittlung der Parameter von Steuerungs- und Regelungseinheiten eines Prozesses jeglicher Art mussten hier noch immer vermehrt Verfahren der statistischen Prozesskontrolle (SPC) im Labor durchgeführt werden. Zum Teil konnten die Parameter zur Regelung nur durch eine zerstörende Messung der Samples ermittelt werden. Ein Beispiel hierfür ist eine Lackierstraße von Automobilen, die minimal vier Schichtendicken von unterschiedlichen Lacken und Farben beschichtet. Jede Lackschicht wird in der Regel am Ende der Lackierstraße geprüft, in dem im Labor die einzelnen Schichten z. B. chemisch abgetragen werden (Coulometrie).

Es muss erwähnt werden, dass die physikalischen Parameter, wie z. B. Durchfluss, Druck (z. B. Magnetisch induktiv, Vortex), Füllstand (z. B. Radar, Ultraschall, mechanisch) und Temperatur oder ähnliche Parameter früher in die Inline- oder Online-Automatisierung einbezogen werden konnten als die Analysenparameter mittels optischer und elektrochemischer Methoden. Diese sind, wie bereits erwähnt beispielsweise die Schichtdickenmessung mittels, Energiedispersive Röntgenfluoreszenzanalyse, LIBS, Spektrometer, Bildverarbeitende Systeme, Sauerstoff, pH, Trübung, Chlor, Feststoff, Ammonium, Nitrat, Phosphat. Denn in diesen Fällen sind die elektrochemischen Qualitätsmessungen teilweise sehr zeit- und materialaufwendig und werden deswegen noch heute bei vielen Anwendungen im Labor durchgeführt. Neben der notwendigen Beobachtungszeit einer Probe für eine geforderte Auflösung herrschen im Labor zudem auch in der Regel klimatisierte Bedingungen bezüglich Temperatur und Luftfeuchtigkeit.

Deshalb werden somit weit weniger Anforderungen an die Geräte gestellt als in der Fabrik oder im freien Feld.

Global gesehen gibt es aber viele Länder, wie z. B. Indien, Südchina und Südostasien, in denen viele Labore oftmals ebenfalls über keine Klimaanlagen verfügen. Die Messgeräte in den Werkstätten und Labors sind somit permanent Schwankungen von Luftfeuchtigkeit und Temperatur ausgesetzt und müssen dort ganz andere Anfordernisse erfüllen als in den meisten Labors in der EU oder Nordamerika. Diese Umstände trugen wesentlich dazu bei, dass sich die online-, bzw. inline- Qualitätskontrolle für die Analysenmesstechnik in den 70–80er Jahren weiter gegenüber den physikalischen Parametern verzögerte. Viele kleinere Firmen innerhalb der EU mussten hier bei ihren Produktentwicklungen von Messtechnik viel Lehrgeld bezahlen, um diesen Sachverhalt bei ihren Produkten in den Griff zu bekommen.

Auch von starker elektromagnetischer Strahlung war im Labor nicht unbedingt davon auszugehen. Deswegen wurden Messgeräte für Labors einfach spezifiziert und entwickelt, d. h. diese Geräte waren meistens nicht für die Fabrikautomation oder der Prozessautomation robust genug. Magnetfelder von Robotern, Maschinen sowie Antrieben und Stellgliedern brachten viele Analysenmessgeräte in den Anfängen der Automatisierung deswegen häufig zum Absturz.

Bezogen auf diesen oben genannten Themenkreis habe ich in den letzten 25 Jahren sehr viele Erfahrungen in Indien und Südostasien im Goldmarkt, in Galvanikfabriken sowie in Trinkwasser- und Klärwasseranalagen gesammelt: Immer wieder sind Messgeräte, die für den europäischen Binnenmarkt entwickelt wurden, zunächst in den fernöstlichen Ländern aufgrund des oben ausgeführten Sachverhaltes verstärkt ausgefallen und erzeugten permanente Servicekosten innerhalb von Garantiezeiten. Sehr viele kleine und mittlere Unternehmen, die noch immer mitten in der Globalisierung stecken zahlen hierfür auch heute noch hohe Summen an Lehrgeld.

Verfahrenstechnik, verfügbare Rechenleistung, steigende Datenübertragungsraten, Miniaturisierung, Echtzeit, Elektromagnetische Störeinflüsse, Robustheit und Umweltverträglichkeit waren maßgeblich dafür verantwortlich, dass die Online- und Inline-Qualitätskontrolle (insbesondere in der Analysenmesstechnik) in Fabriken und Prozessen relativ spät den Eingang in die Automatisierung fanden.

Generell fand die Integration der Inline- und Online-Analysenmesstechnik hinsichtlich der 100 %- Qualitätskontrolle verstärkt erst ab den 90er Jahren statt, d. h. in diesem Zeitraum wurden die Qualitätsverfahren und -messungen in zunehmendem Maße aus dem Labor in die Fabrik- und die ‚harte' Prozesswelt verlagert. Zunächst waren es in der Analysenmesstechnik die sogenannten ‚einfachen Parameter' wie pH, konduktive Leitfähigkeit, Redox, Chlor, Sauerstoff, später folgten spektroskopische Verfahren, Röntgen- und Röntgenfluoreszenzverfahren sowie bildverarbeitende Systeme.

So wurde in der Analysenmesstechnik erst ab ca. 2000 begonnen, Online- und Inline-Messungen chemischer und optischer Verfahren (z. B. optische Sensoren im UV- und NIR-Bereich) systematisch für den Prozess- und die Fabrikautomation zu entwickeln.

Um 2005 begann auf diese Weise auch der Einsatz von Spektrometern in der Umwelttechnik, nachdem diese die Schutzart IP65 erfüllten und eine entsprechende Robustheit gegenüber Temperaturschwankungen und EMV aufwiesen.

Als Beispiel sei zur Verdeutlichung das Problem anhand der Abwasserreinigung und Trinkwasseraufbereitung geschildert:

Vor der Verbringung der Messgeräte in den Prozess vor Ort dauerte es von der der Probenahme für pH, Ammonium, Phosphat, Nitrat, Chlor und Trübung usw. bis zur Auswertung oftmals Stunden, bis der biologische Prozess in einem Kläranlagen-Belebungsbecken nachgeregelt werden konnte. Es ist leicht einsehbar, dass diese Zeitverzüge auf die Qualität, Effizienz und somit auf die Kosten des Prozesses erheblichen Einfluss haben konnten. Denn häufig änderten sich zwischen Auswertung und Nachregelung des Prozesses die Umweltbedingungen so drastisch, dass die im Labor getroffene Regelstrategie nicht mehr den aktuellen Wetterverhältnissen entsprach (z. B. Abkühlung, Regen, Schnee und Gewitter usw.).

Bei der Verlagerung aus dem Labor in den Prozess, aber auch bereits für die installierten Geräte in der Fabrik- und der Prozessindustrie wurden folgende Parameter immer wichtiger:

- elektromagnetische Robustheit (EMV Verträglichkeit)
- Temperatur- und Luftfeuchtigkeitsschwankungen
- Spritzwasserfestigkeit
- Echtzeitauswertung
- Einsatz für explosionsgeschützte Umgebungen und Räume, wie z. B. auf Chemieanlagen, in der Petrochemie, in Faultürmen von Kläranlagen
- Schutzmaßnahmen zur Datenübertragung

Die Entwicklung all dieser Schutzmaßnahmen waren mit hohen Kosten verbunden.

Insbesondere mussten bei allen Geräten die Messgenauigkeit, Funktionalität und die funktionale Sicherheit unter allen Umständen und möglichen Einflüssen erfüllt werden.

Viele dieser Anforderungen im Prozess hatten die physikalischen Parameter wie Durchfluss, Füllstand, Druck und Temperatur in Anlagen bereits gelöst, während die Analysenmesstechnik selbst in den 90er Jahren diesbezüglich noch ganz am Anfang stand.

Bezogen auf alle gestellten Anforderungen wurde vor allem die Elektromagnetische Verträglichkeit (EMV) zum immer größeren Thema: Wie bereits erwähnt, Messtechnik, die nahe bei Transformatoren, Maschinen, Robotern, Pumpen, Stellglieder und Antrieben angebracht war, wurde massiv durch deren starke elektromagnetische Felder, in deren Messgenauigkeit gestört und die Geräte fielen häufig aus. Das einfachste Beispiel von elektromagnetischen Störeinflüssen hat, so meine ich, jeder von uns schon einmal beim Telefonieren unter Hochspannungsleitungen erfahren müssen, indem die Verbindung gestört oder abrupt beendet wurde.

Nichts ist schwieriger in den Griff zu bekommen als EMV-Störungen. Dies gilt für die Einstrahlung ebenso wie für die Abstrahlung. Die Entwicklung eines im hohen Maße EMV sicheren Gerätes war, ist und wird immer irgendwie eine Art ‚Sisyphus-Arbeit‘ bleiben. Ich habe das in meinen vielen Entwicklungsprojekten immer wieder erleben müssen: Immer dann, wenn ich dachte, man sei mit der Entwicklung fertig, kam ein weiteres Problem hinzu; zu vielfältig sind die Anforderungen an EMV. Das Thema wurde mit zunehmender Automatisierung und zunehmender Komplexität in der Technik immer wichtiger. Je komplexer die Technik wurde, umso mehr Aufwand musste an EMV-Maßnahmen geleistet werden.

Da EMV heute alle unsere Bereiche im Haushalt genauso wie in der Industrie betrifft, und eine wesentliche Rolle bei einer Systemintegration spielt, möchte ich im nächsten Abschnitt erläutern. Denn auch heute sind sich noch immer viele kleinere mittelständische Unternehmen nicht bewusst, was es heißt, ein Messgerät entsprechend den Normen und der Gesetzgebung unter EMV-Aspekten applikationsgerecht zu entwickeln.

6.3.4 Elektromagnetische Verträglichkeit (EMV)

Wenn man heute von EMV-Verträglichkeit spricht, ist das direkt mit der Anbringung des CE-Zeichens am Produkt verbunden. Das gilt für alle in den Verkehr gebrachten Produkte und Systeme. Die Anforderungen an die elektromagnetische Verträglichkeit (EMV) wird immer anspruchsvoller, je weiter man vom Labor über die Fabrikautomatisierung in die Prozessautomatisierung kommt. Einfach ist das einsehbar, wenn ich die Messsysteme an Robotern befestige, deren starke elektromagnetische Felder die Sensoren nicht stören dürfen.

Von der Übergangszeit in der Technik, als versucht wurde in den 90er Jahren mit eingeschränkten Normen Altgeräte CE-konform und EMV-fest nachzuentwickeln, könnte ich vieles erzählen, da es ein äußerst komplexes Thema war und auch heute noch ist.

Die Übergangszeit bis zur endgültigen gesetzlichen CE-Einführung im Jahr 1993 nutzten viele Firmen, ihre neuen Produktgenerationen zu entwickeln, da Nachentwicklungen für die meisten Altgeräte nicht möglich waren. Gemäß meinen Erfahrungen wurden damals fast 40 % aller Entwicklungsressourcen über fast ein Jahrzehnt von Firmen dafür aufgewendet, um CE-konforme Neuprodukte oder Nachentwicklungen durchzuführen.

Es ist bemerkenswert, dass auch heute, nach mehr als 25 Jahren der Einführung das CE-Zeichen bei manchen kleineren Firmen die CE-Kennzeichnung immer noch ein mitunter großes Problem darstellt und nicht zur Routine geworden ist.

Ich kann nur jedem Unternehmen dringend empfehlen, diese CE-Richtlinien bezüglich ihrer gesetzlichen Auswirkungen strikt einzuhalten! Weiterhin sei gesagt, dass man sich auch international, wie z. B. in China, Indien, usw., mittlerweile an den EU-Richtlinien orientiert und ähnliche angepasste EMV-Richtlinien länderspezifisch eingeführt hat.

Aufgrund der Brisanz der CE-Kennzeichnung seien hier noch einmal vertiefende Ausführungen zu dem in der (Automatisierungs-) Industrie so wichtigen Thema erläutert.

Bereits in den achtziger Jahren begannen die Gremienarbeiten zur EMV [113–115]. Die erste EMV-Richtlinie wurde bereits 1989 unter der Nummer 89/336/EWG [116] veröffentlicht. Diese wurde durch die Richtline 2004/108/EG ersetzt, die bis 19.4.2016 Geltung hatte. Sie wurde durch die 2014/30/EU abgelöst [117].

Die EMV (Elektromagnetische Verträglichkeit) oder EMC (Electro Magnetic Compatibility) der Messgeräte (ganz allgemein von Produkten im Haushalt und in der Industrie) betrifft die Ein- und Abstrahlung von elektromagnetischen Wellen und deren Störverhalten im Wechselspiel mit anderen Geräten.

6.3.4.1 CE-Kennzeichnung

Die Harmonisierung der EMV-Richtlinien war und ist seit ihren Anfängen ein zentrales und internationales Bestreben, nachdem es zunächst viele länderspezifische Richtlinien gab: Letztlich erfolgte die Harmonisierung der Anforderungen für die CE-Kennzeichnung oder die CE-Konformität, die erst 1993 durchgängig zur Norm eingeführte wurde.

Der Begriff CE stand 1985 in vier von neun EG-Amtssprachen für Communauté Européenne, Comunidad Europea, Comunidade Europeia und Comunità Europea, auf Deutsch ‚Europäische Gemeinschaft' (EG).

Aus diesem Grunde wurde CE in den 1980er Jahren in Deutschland rechtsförmlich mit EG gleichgesetzt und das ursprüngliche „CE-Zeichen" hieß in Deutschland EG-Zeichen. Heute verbindet man mit dem CE-Zeichen in der Automatisierungstechnik und Industrieautomation schwerpunktmäßig die Einhaltung der EMV-Richtlinien, der Maschinenrichtlinie und der Niederspannungsrichtlinie.

Wie bereits ausgeführt, wurde die CE-Kennzeichnung bis 1993 noch „CE-Zeichen [118] genannt. Diese Bezeichnung wurde für alle bereits verabschiedeten Harmonisierungsrichtlinien eingeführt und führte durch die Richtlinie 93/68/EWG [119] vom 22.Juli 1993 zur Änderung der Richtlinie 89/336/EWG (elektromagnetische Verträglichkeit) von 1989.

Mit Einführung der CE-Kennzeichnung, erklärt der Hersteller und Inverkehrbringer oder der EU-Bevollmächtigte, gemäß der Verordnung 765/2008 [111], dass das Produkt den geltenden gesetzlichen Anforderungen genügt, die in den Harmonisierungsvorschriften festgelegt sind. Seit 1994 wird das CE-Zeichen auf Produkte aufgebracht. Seit 2009, mit Inkrafttreten des Vertrages von Lissabon bestätigt der Hersteller, dass das Produkt den geltenden europäischen Richtlinien entspricht [121].

Die CE-Kennzeichnung beinhaltet aber weit mehr als nur die EMV. Im Folgenden seien deshalb auch einmal die Teilgebiete aufgeführt, auf welche die Richtlinie 93/68/EWG [121] innerhalb der Automatisierungstechnik Einfluss nimmt:

- 2006/42/EG (Maschinen)87/404/EWG (einfache Druckbehälter)
- 87/404/EWG (einfache Druckbehälter)

- 73/23/EWG (elektrische Betriebsmittel zur Verwendung innerhalb bestimmter Spannungsgrenzen) (veröffentlicht im ABl. EG Nr. L 220/1 vom 30. August 1993).
- 91/263/EWG (Telekommunikationsendeinrichtungen)
- 90/396/EWG (Gasverbrauchseinrichtungen)
- 89/686/EWG (persönliche Schutzausrüstungen)
- 92/42/EWG (mit flüssigen oder gasförmigen Brennstoffen beschickte neue Warmwasserheizkessel)
- 89/106/EWG (Bauprodukte)

Für Hersteller von Messtechnik für die Automatisierung kommen für die CE -Konformität erfahrungsgemäß insbesondere die folgenden Gesetzte oder Richtlinien in Betracht [119, 120]:

- EMVG Gesetz über die elektromagnetische Verträglichkeit von Geräten und ortsfesten Anlagen und Systemen. Das sind Produkte, die elektromagnetische Störungen verursachen können oder die durch elektromagnetische Störungen beeinträchtigt werden
- Elektro- und Elektronikgeräte-Stoff-Verordnung (ElektroStoffV); hier handelt es sich um Geräte für den Betrieb mit Wechselspannung von bis zu 1000 V oder Gleichspannung, die bis maximal 1500 V ausgelegt sind
- RoHS-Richtlinie 2011/65/EU [122] der EU zur Beschränkung der Verwendung bestimmter gefährlicher Stoffe in Elektronik und elektrischen Geräte in deutsches Recht umgesetzt. Diese Richtlinien sind gesetzlich zwingend einzuhalten! Viele Firmen waren in diesem Zusammenhang mit der Einführung des bleifreien Lötens konfrontiert. Dies ist auch heute ein noch durchaus aktuelles Problem in kleineren Firmen
- Verordnung zur Produktsicherheit (1.ProdSV)
- Produktsicherheitsgesetz (ProdSG), welches maßgeblich Einfluss auf die Befugnisse der Marktüberwachungsbehörden hat

Für die sachgerechte CE-Kennzeichnung sind folgende Schritte durchzuführen:

Schritt 1
Die Durchführung des Konformitätsbewertungsverfahren nach den Gesetzen und Verordnungen (vgl. § 3 Abs. 2 ElektroStoffV, § 17 EMVG, § 7 Abs. 2.1. ProdSV) [122] Hier stellt der Hersteller sicher, dass sein Produkt den Anforderungen entspricht. Von der EU-Kommission gibt es den sogenannten Blue Guide (vom 9. Juli 2008) zur Umsetzung der Produktvorschriften.

Schritt 2
Die Ausstellung der EU-Konformitätserklärung die für einen Zeitraum von mindestens 10 Jahren ab der Inverkehrbringung aufzubewahren ist.

Schritt 3

Die Anbringung des CE-Zeichens. Eine erfolgreiche Konformitätsbewertung wird an dem Produkt durch Anbringung des CE-Zeichens bestätigt (vgl. § 8 Abs. 2 S. 2 EMVG, § 7 Abs. 2. S. 2.1. ProdSV sowie § 12 ElektroStoffV)).

Dabei ist zu beachten, dass das CE-Zeichen gesetzlich vorgeschrieben ist und somit keine freiwilligen Angaben des Herstellers sind.

Die CE-Kennzeichnung darf prinzipiell nur durch den Hersteller angebracht werden!

Eine Konformitätsbewertung muss allen einschlägigen rechtlichen Normen entsprechen und ist zwingende Voraussetzung für die CE-Kennzeichnung.

Die CE-Kennzeichnung erfordert keine Prüfungen durch externe Institutionen. Der Hersteller muss jedoch sicherstellen, dass seine gemachten Messungen der Wahrheit entsprechen und eindeutig zu jeder Zeit bei evtl. Kontrollen reproduzierbar sind!

Tab. 6.2 zeigt zusammenfassend aus meiner Sicht und Erfahrung ein typisches Formblatt zur EMV-Prüfung, mit den in der Automatisierung und Messtechnik notwendigen Normen. Generell ist für die elektromagnetische Verträglichkeit die Richtlinie 89/336/EWG [119] maßgeblich.

- Leitungsgebundene Abstrahlung, EN 55011 [123]
- Störaussendung 30 MHz–1 GHz, EN 55011[123]
- Oberwellenströme, EN 61000-3-2 [124]
- ESD, EN 61000-4-2 [125]
- *HF-Feld, EN 61000*-4-3 [126]
- Burst (schnelle Transienten), EN 61000-4-4 [127]
- Surge (Stoßspannungen), EN 61000-4-5 [128]
- Leitungsgeführte Hochfrequenz asymmetrisch, EN 61000-4-6 [129]
- Magnetfeld, EN 61000-4-8 [130]

6.3.4.2 CE-Kennzeichnung und Funkzulassung

Da wir später bei den Kommunikationsprotokollen und -vernetzungen noch auf WLAN, sprechen kommen, sei bereits an dieser Stelle das Thema Funkzulassung im Zusammenhang mit der CE-Zulassung erläutert, die eine weitere nicht zu unterschätzende Anforderung stellt. Dies gilt insbesondere unter dem Aspekt der Industrietauglichkeit in der Automatisierungstechnik.

Für die Funkzulassung [131, 132] ist zunächst die CE-Konformität notwendig, d. h. nur wer die CE-Richtlinien erfüllt, darf seine Geräte für die drahtlose Übertragung zulassen.

Für den Vertrieb von Funkanlagen und/oder -geräte ist die EU-Richtlinie 2014/53/EU [133] maßgeblich. Diese Richtlinie wir durch das Funkanlagengesetz (FuAG) in deutsches Recht umgesetzt. Dieses Gesetz wiederum betrifft Funkgeräte oder Funk-Systeme, die bestimmungsgemäß Funkwellen für drahtlose Kommunikation ausstrahlt und/oder empfängt. Darunter fallen auch Antennen und weiteres Zubehör (vergl. § 3 Abs. 1 Nr.1 und Nr.2 FuAG) [134].

Tab. 6.2 EMV-Prüfrichtlinien in der Automatisierung– Ein Teil der CE-Konformität

PRÜFPLAN Nr.	Gerät		Serien-Nr.	Prüfphase □ □ □ Num. offen beendet			Ort, Datum	
Prüfungskriterien		**Norm EN …**	**nicht zutr.**	**Prüfung bestanden** ja / nein		**Erläuterung der Messergebnisse** Literatur / notwendige Änderung		**Nachprüfung bestanden** ja / verantwortlich
Leistungsgebundene Abstrahlung	Klasse A	55011	□	■	□	[123]		□ □
Störaussendung 30 MHz-1GHz, 2 GHz, 3 GHz	Kriterium A	55011	□	■	□	[123]		□ □
Oberwellenströme	Kriterium A	61000-3-2	■	□	□	[124]		□ □
ESD 4 kV Kontaktentladung	Kriterium A		□	■	□			□ □
8 kV Luftentladung	Kriterium A	61000-4-2	□	■	□	[125]		□ □
HF Feld (AM modulierte Strahlung) 0,0 80 GHz-1 GHz → 10 V/m; bis 2 GHz → 3 V/m; -2,7 GHz → 1 V/m	Kriterium B	61000-4-3	□	■	□	[126]		□ □
Burst (schnelle Transienten) 2 kV auf Wechsel & Gleich-spannungsleitungen	Kriterium B	61000-4-4	□	■	□	[127]		□ □
1 kV auf Eingangs- & Ausgangsleitungen	Kriterium B		□	■	□			□ □
Surge (Stoßspannungen) Wechsel- & Gleich-spannungsleitungen 1 kV Leitung gegen Erde	Kriterium B		■	□	□			□ □
2 kV Leitung gegen Leitung	Kriterium B	61000-4-5	□	□	□	[128]		□ □
Ein- /Ausgangsleitungen (>30 Ohm) 1 kV Leitung gegen Erde	Kriterium B		□	■	□			□ □
Leitungsgeführte Hoch-frequenz asymmetrisch 3 V auf Wechsel- & Gleichspannungsleitung	Kriterium A	61000-4-6	□	■	□	[129}		□ □
3 V auf Ein-/Ausgangs-leitungen (>3m)	Kriterium A		□	■	□			□ □
Magnetfeld (50/60 Hz → 30 A/m)	Kriterium A	61000-4-8	□	■	□	[130}		□ □

Es gibt viele länderspezifische Funkzulassungen. Die Zertifizierungsvorschriften und -standards variieren von Land zu Land und erfahren häufig Änderungen. In allen Ländern müssen im Bereich Funktechnologie Zertifizierungen eingeholt werden. Es gibt heute Firmen wie Cetecom [135, 136] oder 7Layers [137], die diese Funkzulassungen weltweit durchführen. Es sei gesagt, dass dies mit erheblichen Kosten für den Hersteller verbunden ist.

Voraussetzung für eine Funkzulassung ist jedoch, wie bereits gesagt, die nachgewiesene CE-Konformität speziell im Bereich der elektromagnetischen Verträglichkeit.

Es ist leicht einzusehen, dass hier eine große Komplexität vorhanden ist, die in einer gewissen Abhängigkeit der Messungen untereinander zu sehen ist und meinen Kommentar zu den eigenen Erfahrungen untermauert:

Mit zunehmend komplexer werdender Hardware, höheren Datenraten, wachsenden Software-Applikationen, größerer Miniaturisierung und höherer Leistungsfähigkeit der Elektronik (DSP, FPGA, System-on-Chip usw.), Echtzeitanforderungen, Programmierhochsprachen (Assembler, Fortran, C++, C Sharp, STEP 7), dynamischeren Systemen sowie Echtzeitsystemen erhöht sich zwangsläufig der Entwicklungsaufwand für die elektromagnetische Verträglichkeit, die mich über mein gesamtes Berufsleben in vielen Facetten hinweg begleitete und bei Entwicklungen immer ein kritischer Punkt war.

6.3.5 Schutzarten IP (Ingress Protection)

Neben der elektromagnetischen Verträglichkeit (EMV) ist bei der Systemintegration von Geräten aus dem Labor hinaus in die Fabrik oder den Prozess die Robustheit gegenüber Umgebungs- und Umweltbedingungen von entscheidender Tragweite. Dabei müssen Geräte bei Temperatur- und Feuchtigkeitsschwankungen ebenso ihre Messgenauigkeiten und Robustheit beibehalten wie bei korrosiven Umgebungen, z. B. chlorhaltiger Luft in galvanischen Betrieben. Auch die UV-Strahlung ist bei im Freien aufgestellten Geräten nicht zu unterschätzen, und so manches Kunststoffgehäuse ist den Strahlungseinflüssen nicht gewachsen, indem es rasch ausbleicht und spröde wird.

Es sei explizit darauf hingewiesen, dass insbesondere in der Analysenmesstechnik viele dieser aufgeführten Bedingungen und Gegebenheiten zu großen Verzögerungen der Sensormessstellen vom Labor hinaus in die Automatisierungsumgebungen führten.

Je weiter man in der Komplexitätspyramide gemäß Abb. 6.38 nach oben geht, desto höher werden die Anforderungen an die Geräte und an die Zertifizierungen.

Dabei spielen die Schutzarten IPxy (Ingress Protection) [138], die Zertifizierung für explosionsgefährdete Umgebungen und die Betriebssicherheit (SIL: Safety Integrity Level) eine wesentliche Rolle. Da diese Kriterien seit mehr als 50 Jahren eine immer wesentlichere Rolle in der Automatisierungstechnik spielen, möchte ich hier ein paar Ausführungen dazu machen. Insbesondere möchte ich diese unter dem Aspekt beleuchten, dass die Entwicklung umso aufwendiger wird, je höher man die Anforderungen definiert.

Die Schutzarten sind nach DIN EN 60529 [139, 140] eingeteilt. Für die Schutzart steht IPxy.

‚x' steht für den Schutz gegen Fremdkörper und Berührung, ‚y' steht für den Schutz gegen Wasser.

Kurz beschrieben gibt die Schutzart die Einsatzmöglichkeiten von Messtechnikprodukten für verschiedene Umgebungsbedingungen in allen Industrien an. Sie sind aber auch gleichzeitig ein Maß für den Schutz des Menschen. Generell gibt es Schutzarten von IP00 bis IP69K.

War man im Labor vielerorts noch mit der Schutzart kleiner IP40 zufrieden, wurden bereits in den 70er Jahren in der Automatisierungstechnik die Schutzarten IP54 und IP65 sehr schnell zur gängigen Anforderung.

Das lag vor allem daran, dass beispielsweise im Prozess (Umwelt) die Geräte zum Teil in der freien Umgebung oder wie auch beispielsweise in galvanischen Betrieben in korrosiver Umgebung eingesetzt wurden.

Vom Labor in die Fabrik oder in den Prozess bedeutete aber in der Regel: Staubschutz, Spritzwasserschutz, Korrosionsbeständigkeit.

Die Materialeigenschaften der Gehäuse von Messgeräten wurden zum zentralen Thema: Nicht jeder Kunststoff vertrug die Sonne und bleichte, wie oben bereits erwähnt, durch die UV- Strahlung aus. Nicht jeder Edelstahl war unter gewissen Umwelteinflüssen und Umgebungen in der Fabrik gegenüber Rost resistent.

Typisches Beispiel in der Fabrik: In der Galvanik für die Steckerbeschichtung (z. B. Gold (Au) auf Palladium (Pd) auf Kupfer (Cu), kurz: Au/Pd/Cu) und Kabelherstellung oder Lackierstraßen im Automotive sind Korrosion, bedingt durch Säuren (Chlorhaltige Luft), Laugen, Öle, Feuchte, Wasser, Dämpfe und unterschiedliche Temperaturen, zentrale Themen (siehe Abb. 3.7).

Messwertumformer, Sensoren und Automatisierungskomponenten mussten für den Feldeinsatz gegenüber diesen Einflüssen resistent gemacht werden, was enorme Entwicklungskosten verursachte.

Weitere Faktoren, gegen welche die Geräte geschützt werden mussten, waren das Eindringen von Fremdkörpern und Staub oder die mechanische Beanspruchung durch Stoßeinwirkungen.

Im Zuge der Automatisierungstechnik behalf man sich vor allem in den Anfängen oft damit, die Messgeräte mit geringer Schutzart (kleiner oder gleich IP40) in entsprechende Schaltschränke einzubauen, die eine höhere Schutzart (z. B. größer oder gleich IP54) hatten. Doch dies war nur als vorübergehende Lösung zu sehen. Unter dem Kostenaspekt und dem Platzbedarf waren entsprechend mit hohen Schutzarten vorhandene Geräte seit jeher bevorzugt, nur es fehlten die Mittel um diese preisgünstig herzustellen.

Deshalb war der Trend, die Messgeräte und Automatisierungskomponenten, z. B. Input/Output (I/O), SPS, Gateways, immer robuster und resistenter gegenüber allen Störeinflüssen zu entwickeln, nicht aufzuhalten:

Die Messstellen bei allen Parametern, mussten im Prozess immer näher an den Ort der Messungen installiert werden, um z. B. Sensoren mit möglichst kurzen Kabellängen zur Störeinflussreduzierung an den Messwertumformer anschließen zu können.

Ab 2000 mussten in der Analysenmesstechnik viele Messparameter gerade unter diesem Aspekt, falls möglich, nachentwickelt werden. Dabei muss auch gesagt werden, dass die Entwicklung einer speziellen Schutzart selbst wiederum unmittelbaren Einfluss auf das EMV-Verhalten hatte. Dabei galt damals die Regel: Je kürzer die analoge Verbindung zwischen Sensor und Auswerteelektronik war, umso weniger EMV-Probleme gab es:

Speziell die pH-Messtechnik litt unter diesem Problem bis ca. 2007 über Jahre hinweg (Hochohmige Messung). Ein weiteres Problem waren die Gehäuse, bezüglich Ein- und Abstrahlung. Oftmals werden heute immer noch Polymergehäuse innen metallisch bedampft oder die Schaltungen mit Alufolien umwickelt.

Ein weiterer Problemkreis ist, dass bei vielen Anwendungen in der Fabrikautomation und der Prozessmesstechnik Geräte und Systeme zunehmend unter immer härteren Umweltbedingungen noch sicherer und genauer arbeiten müssen.

Bezüglich ihres Einsatzbereiches für verschiedene Umgebungsbedingungen in der Fabrik und im industriellen Prozess werden Messwertumformer und Systeme (elektrische Betriebsmittel) mit entsprechenden Schutzarten IPxy ausgewiesen.

Normierung der IP-Schutzarten

Für die IP-Codes gibt es verschiedene deutsche und internationale Normen. Für in der Automatisierungstechnik einsetzte Produkte ist die DIN EN 60529 (VDE 0470-1):2014-09 Schutzarten durch Gehäuse (IP-Code) (IEC 60529:1989+A1:1999+A2:2013); Deutsche Fassung EN 60529:1991+A1:2000+A2:2013, früher VDE 0470-1 von Bedeutung [141].

Es gibt beliebig viele gültige Normen. Sie haben jedoch unterschiedliche Änderungsstände und Detaillierungsgrade. Deshalb ist bei der Angabe einer IP-Schutzangabe wichtig, die Bezugsnorm und das Datum der Veröffentlichung anzugeben. Da es hier beliebig viel Literatur gibt sei auf weitere Ausführungen verzichtet.

Tab. 6.3 zeigt tabellarisch die unterschiedlichen Schutzarten.

Im Hinblick auf die Automatisierung sei hier im Weiteren lediglich auf die interessierende Nomenklatur eingegangen. Es gibt die ISO 20653- und die EN 60529-Nomenklatur, die im Wesentlichen übereinstimmen [141]. Die ISO verwendet in der ersten Stelle (x) 5K und 6K gegenüber der EN Norm mit 5 und 6, sowie in der zweiten Stelle (y) 9K für Hochdruck und Dampfstrahlreinigung. Dampfstrahlanwendungen kommen beispielsweise in der Lebensmittelindustrie oder Pharmazie vor.

Es gibt wahlweise eine 3. und 4. Stelle in der Schutzart IPxyab, welche gefährliche und aktive Teile (a) bzw. Hochspannung sowie bewegte Teile und Wetterbedingungen (b)

Tab. 6.3 Nomenklatur der Schutzarten x und y nach DIN EN 60529 [141]

X	Kennziffer x: Schutz gegen Fremdkörper und Berührung		y	Kennziffer y: Schutz gegen Wasser
	Schutz gegen Fremdkörper	Schutz gegen Berührung		
0	kein Schutz	kein Schutz	0	kein Schutz
	Geschütz geg. fremde Fremdkörper	Geschützt gegen den Zugang		Schutz gegen
1	Durchmesser > 50 mm	mit Handrücken	1	Tropfwasser
2	Durchmesser > 12,5 mm	mit einem Finger	2	fallendes Tropfwasser, wenn Gehäuse bis 15 ° geneigt
3	Durchmesser >2,5mm	mit einem Werkzeug	3	fallendes Sprühwasser, bis 60° gegen die Senkrechte
4	Durchmesser > 1 mm	mit einem Draht	4	Sprühwasser von allen Seiten
5	Staub in schädlicher Menge	vollständiger Schutz geg. Berührung	5	gegen Strahlwasser
6	Staubdicht	vollständiger Schutz geg. Berührung	6	starkes Strahlwasser
			7	zeitweiliges Untertauchen
			8	dauerndes Untertauchen
			9	Wasser bei Hochdruck u. Dampfstrahlreinigung

mit einbezieht. Diese kommen aber in der Automatisierungstechnik sehr selten vor und können in der Literatur nachgelesen werden.

Vielleicht noch ein paar Worte zur Stoßfestigkeit: Früher wurde als 3. Ziffer des IP-Codes in Frankreich teilweise die Stoßfestigkeit angegeben, was heute nicht mehr häufig vorkommt. Vielmehr werden die Messtechnikgeräte nach Normen zur Vibrationsresistenz und Stoßfestigkeit (z. B. Postfalltest) entwickelt.

Mit Schwingprüfanlagen [142] sind grundsätzlich alle Arten von dreidimensionalen Schwingungsprüfungen möglich. Eigenschaften vieler elektronischer und mechanischer Baugruppen sind stark von der Umgebungstemperatur abhängig. Daher ist speziell in der Luft- und Raumfahrt sowie der Automobil- und Militärindustrie die kombinierte Prüfung von Schwingung und Klima vorgeschrieben. Prüfungen mit Kraftvektoren von 90 kN in Verbindung mit Frequenzen von 3 Hz bis 3000 Hz sind hier üblich.

Als häufige Schutzarten in der Fabrik- und Prozessautomation sind typischerweise IP54 und IP65, seltener IP67, gefordert. In Schaltschränken sind Geräte bis IP20 eingesetzt. Beim Automotive ist IP55 bis IP67 je nach Komponente gefordert. Bei Verwendungen im Katastrophenschutz, in der Wehrtechnik, offen zugänglichen Einbauorten und im Motorraum von Fahrzeugen wird IP66 bis IP69 verlangt. Teilweise sind auch Kombinationen der Schutzarten in Verwendung.

6.3.6   Explosionsgefährdete Umgebungen ATEX, FM, IECEx

Systemintegrationen und Automatisierungen in der Prozessindustrie, z. B. Chemie, Petrochemie, Oil & Gas, Bergbau aber auch auf Kläranlagen (Applikationen im Faulturm) erforderten durch Verlagerung der Messstellen vom Labor in den Prozess in zunehmenden Maße Geräte, die mit entsprechenden Zertifizierungen in explosionsgefährdeten Umgebungen eingesetzt werden konnten. Für diese Anforderungen sind in der EU insbesondere die Richtlinien 2014/34/EU [143, 144] und 94/9/EG [145] von Bedeutung.

Das Thema Schutz gegen Explosion beschäftigte schon seit jeher den Menschen. Mit Verbringung der Messstellen vom Labor in das Feld und in die Fabrik wurde das Thema immer wichtiger.

Explosionen wie 1921 in Deutschland im Stammwerk der BASF in Ludwigshafen-Oppau, bei der 561 Menschen ums Leben kamen oder 2001 in Toulouse (Explosion von 300 t Ammoniumnitrat) machen die Notwendigkeit für den Ex-Schutz deutlich. Viele Organisationen beschäftigen sich weltweit mit dem Ex-Schutz sowohl technisch als auch von der Reglementierung und Gesetzgebungen her [146, 147].

Automatisierungen, immer schneller werdende Prozesse, größere Produktionsvolumina in Chemie, Petrochemie, Oil & Gas, Bergbau aber auch im Umweltbereich auf Kläranlagen (Applikationen im Faulturm) und in der verarbeitenden Holz- und Textilindustrie erforderten durch Verlagerung der Messstellen in den Prozess in zunehmendem Maße in vielen Anwendungen den Explosionsschutz.

Seit den 70er Jahren mussten somit Messgeräte zunehmend für explosions-gefährdete Umgebungen sowie erhöhte umwelttechnische Anforderungen entwickelt und entsprechend gekennzeichnet werden.

ATEX, IEC (Europäischer Explosionsschutz nach Richtlinie 2014/34/EU) [148], FM (amerikanischer Explosionsschutz), CSA (kanadischer Explosionsschutz), UL, CSA GP (amerikanische und kanadische Sicherheitsanforderungen für Geräte), NEPSI (chinesischer Explosionsschutz) und TIIS (japanischer Explosionsschutz) sind heute gängige geforderte Ex-Zertifizierungen, nach denen Geräte geprüft werden müssen, um die Genehmigung zum Einsatz in explosionsgefährdeten Umgebungen zu erhalten.

Tab. 6.4 zeigt einige der wichtigsten Zertifizierungen [148], verdeutlicht aber auch die globale Vielfalt. Da in der Regel alle Zertifizierungen mehr oder weniger Unterschiede aufweisen, müssen sie die Geräte länderspezifisch entwickelt und zertifiziert werden. Hinzukommt, dass auch entsprechende Produktionen und Standorte, wo Ex-Geräte gefertigt werden, zertifiziert werden müssen. Alles zusammen kostet heute globalen Herstellern erhebliche Summen an Geld pro Jahr. Ich selbst habe damit reichlich Erfahrungen gesammelt: Kosten für diese Art von Zertifizierungen und Rezertifizierungen sind immer ein wichtiger und beachtlicher Budgetposten. Beispielsweise musste unsere Fabrik in USA quartalsweise bezüglich FM rezertifiziert werden.

Seit dem 30. Juni 2003 dürfen in der EU nur solche Geräte, Komponenten und Schutzsysteme für die Verwendung in explosionsgefährdeten Bereichen in den Verkehr gebracht werden, die der ATEX-Produktrichtlinie entsprechen. Bis zum 20. April 2016 war dabei noch die Richtlinie 94/9/EG (auch inoffiziell als ATEX 95 bezeichnet) gültig.

Prinzipiell werden 3 Klassen zum Explosionsschutz [149, 150] unterschieden:

- Primärer Explosionsschutz zur Vermeidung einer explosionsfähigen Atmosphäre
- Sekundärer Explosionsschutz ist die Vermeidung wirksamer Zündquellen, wie z. B. Blitzschlag, Flammen, Potentialunterschiede, elektromagnetische Aufladung usw.
- Tertiärer Explosionsschutz bedeutet Auswahl von geeigneten Betriebsmitteln zur Reduzierung der Explosionsgefahr auf das Minimum

Tab. 6.4 Internationale Institutionen für Ex-Zertifizierungen

ANSI	IEEE
ATEX	ISO
CCC	ITU
CENELEC	NEMA
Cml Ex	NIST
EAC Ex	SA US
EX	TIIS
ExNEPSI	TIIS Japan
FM Approved	UL
IECEx	

Weiterhin werden gemäß [150] die explosionsgefährdeten Umgebungen in 3 Zonen unterteilt:

- Zone 0 (Chemie Petrochemie Oil & Gas): Es ist eine explosionsfähige Atmosphäre aus Luft und brennbaren Gasen, Dämpfen oder Nebeln ständig oder über eine längere Zeit (>50 % während des Betriebes) vorhanden
- Zone 1 (häufigster Ex-Schutz in nahezu allen Branchen): Es ist gelegentlich eine explosionsfähige Atmosphäre als Gemisch aus Luft und brennbaren Gasen, Dämpfen oder Nebeln vorhanden. Maßgeblich ist eine Zeitdauer von 30 min Jahr aber geringer als 50 % des Betriebes oder gelegentlich
- Zone 2 (ist die Regel): Im Normalbetrieb tritt eine gefährliche explosionsfähige Atmosphäre als Gemisch von Luft und brennbaren Gasen sowie Nebeln nicht auf

Tab. 6.5 veranschaulicht die Einteilung in Ex-Zonen (explosionsgefährdete Zonen).

Im Laufe der globalen Industrialisierung und der Automatisierung entwickelten sich zwei wesentliche Richtungen: Der Ex(d)-Schutz und der Ex(i)-Schutz.

Der Ex(d)-Schutz (engl.: Explosion proof) wird hauptsächlich in Amerika (USA) angewendet. Die Funktionsweise beruht darauf, dass eine Explosion, die im Innern eines Gehäuses entsteht, nach außen hin keine Wirkung zeigen darf. Dicke gepanzerte Gehäuse und Verkabelungen waren die Folge.

Der Ex(i)-Schutz ‚Eigensicherheit' (engl.: Intrinsical Safe), wird schwerpunktmäßig in Europa angewendet. Es handelt sich um eine Elektronikdesign-Maßnahme.

Während meines Berufslebens erlebte ich, wie sehr die unterschiedlichen Technologien Paradigmen in den jeweiligen Erdteilen waren. Es war in den Anfängen fast unmöglich in USA ein Gerät mit Ex(i) Schutz zu verkaufen. Letztlich mussten wir als globaler Player der Messtechnik die Entwicklungen für beide Schutzarten durchführen und zulassen, was eine sehr kostspielige Angelegenheit war.

Die Eigenschaften für Ex-Geräte gemäß PTB *(Physikalisch-Technische Bundesanstalt)* [151, 152] sind:

- betriebsmäßige Funken erlaubt
- Arbeiten unter Spannung möglich
- Begrenzung von Strom und Spannung

Tab. 6.5 Einteilung in Ex-Zonen mit Wahrscheinlichkeit ihres Gefährdungspotenzials [150]

Brennbare Stoffe	Einstellung explosions-gefährdeter Bereiche	Geräte-gruppe	Gerätekategorie für Ex-Atmosphäre	Auftretende Wahrscheinlichkeit
Gase & Dämpfe	Zone 0	II	1G	ständig oder häufig
	Zone 1	II	1G oder 2G	gelegentlich
	Zone 2	II	1G oder 2G oder 3G	wahrscheinlich nicht
Stäube	Zone 20	II	1D	ständig oder häufig
	Zone 22	II	2D oder 3D	wahrscheinlich nicht

- Begrenzung von inneren und äußeren
- Induktivitäten und Kapazitäten
- Begrenzung der max. Oberflächentemperatur
- Begrenzung der max. Bauteiletemperaturen

Die Geräte müssen den Normen EN 60079-0 (allgemeine Anforderungen) und EN 60079-11 (Geräteschutz durch Eigensicherheit) [145] genügen.

Es ist zu bemerken, dass die in USA (NEC-Richtlinie, National Electrical Code) und Europa (ATEX-Richtlinie) angewendeten Normen und gesetzlichen Vorgaben unterschiedlich sind.

Der beste Eindruck, wie vielfältig dieses Thema ist, lässt sich aus einem Beispiel der Kennzeichnung in Abb. 6.39 erkennen.

Die Kennzeichnung von Geräten für den Betrieb in explosionsgefährdeten Bereichen erfolgt nach ATEX-Produktrichtlinie 2014/34/EU (siehe oben), Anhang II,1.0.5. Auch hier spielt die CE-Kennzeichnung wiederum eine Rolle.

Die in Abb. 6.39 angegebene Kennzeichnung setzt sich wie folgt zusammen:

- CE-Zeichen
- 0102 steht die Physikalisch-Technische-Bundesanstalt (PTB)
- 'Ex-Zeichen' ATEX-Logo für Explosion

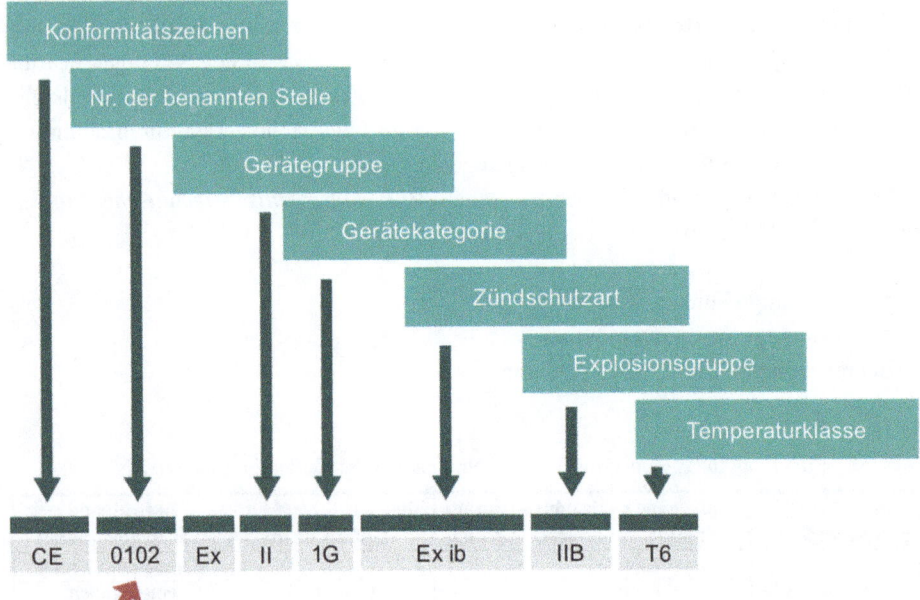

Abb. 6.39 ATEX Nomenklatur nach 2014/34/EU [153]

- Gerätegruppe ‚I' für Bergbau, ‚II' für alle anderen explosionsgefährdeten Bereiche Bereiche
- Kategorie gemäß Definition in ATEX-Richtlinie 2014/34/EU: 1G, 2G, 3G, 1D, 2D, 3D.Der Buchstabe „G" steht für Gas, „D" für Staub, jeweils 3 Level. 1G bedeutet sehr hohes Maß an Sicherheit für die Ex-Atmosphäre Gas
- Kennzeichnung entsprechend der angewendeten Normen ‚EEx'. Die Normen EN 50014 und EN 60079-0 wurden bis 12/2004 mit ‚EEx' abgekürzt. Mit der Übernahme der IEC-Norm als EN-Norm wurde nur noch ‚Ex' verwendet
- Zündschutzart, z. B. ‚i' ‚ia/ib/ic', ‚e', ‚m', ‚d' usw., Ex ib bedeutet Eigensicherheit für Zone 1 und Zone 2
- IIB bedeutet Geräte zur Verwendung in explosionsgefährdete Staub- und Gasatmosphären
- Temperaturklasse T6 bedeutet max. Oberflächentemperatur bis 85 Grad C

Die Zündschutzarten, mit denen ich in der Automatisierungstechnik zu tun hatte, sind in Tabelle Tab. 6.6 zusammengefasst. Am häufigsten begegneten mir bei meinen Entwicklungen jedoch die Schutzklassen i, d, m, e, o.

Tab. 6.7 zeigt ergänzend die unterschiedlichen maximalen Oberflächen-Temperaturklassen, die bei den Ex-Bereichen zu berücksichtigen sind. Am häufigsten fand ich in der Automatisierungstechnik die Temperaturklase T4 und T6 für Zone 0 und Zone 1 vor. In vereinzelten Fällen, besonders in der Chemie, auch die Temperaturklasse T3. Die Temperaturklasse T5 kommt so gut wie nicht vor.

Alle Geräte für Zone 1 und Zone 0 müssen explizit auf dem Typenschild ausgewiesen werden.

Tab. 6.6   Verschiedene Zündschutzarten [147]

i	Eigensicherheit (Intrinsic safe)	Die Versorgung der Elektronik wird über eine Sicherheitsbarriere geführt, die Strom und Spannung so begrenzt, dass eine Mindestzündenergie und Zündtemperatur nicht erreicht werden kann Ex ia für Zone 0 und 1, Ex ib für Zone 1 und 2 . Die in Europa häufigtse Zertifizierung
d	Druckfeste Kapselung (explosion proofed)	Zündungsauslösende Komponenten sind in einem Gehäuse eingebaut, das dem Explosionsdruck standhält und keine Explosion nach außen ermöglicht. Die in USA häufigtse Zündschutzart
o	Flüssigkeitskapselung	Teile der elektrischen Betriebsmittel, von denen eine Zündung ausgehen könnte sind meistens mit Öl umgeben. Siehe hierzu Röntgenröhren mit Hochspannungskaskade bei Schichtdickenmessgeräten
m	Vergusskapselung (encapsulation)	Mögliche Zündquellen der Elektronik sind so vergossen, dass ein Lichtbogen nicht auftreten kann. Siehe Memosens-Elektronik von Endress+Hauser und SMARTPAT-Elektronik von KROHNE
t	Schutz durch Gehäuse	Nur für Staub-Explosionsschutz. Sichere Abdichtung von Gehäusen nach EN60529
c	Konstruktive Sicherheit	Nur für nichtelektrische Geräte. Konstruktion ist so angelegt, dass durch mechanische Fehler kein Zündfunken entstehen kann
e	erhöhte Sicherheit	Funken, Lichtbogen oder Temperaturen, die als Zündquellen dienen könnten, werden durch Zusatzmaßnahmen verhindert
p	Überdruckkapselung	Das Gehäuse ist mit Zündschutzgas gefüllt. Überdruck verhindert das Eindringen von Gasgemischen zu möglichen Zündquellen im Innern des Gehäuses

Tab. 6.7 Einteilung Temperaturklassen bei Ex-Anwendungen [146, 151]

Temperatur-klasse	Maximale Temperatur (Oberfläche)	Typische Chemikalien
T1	**450°C**	Wasserstoff, Propan, Methan, CO
T2	**300°C**	Acetylen, Cyclohexan
T3	**200°C**	Schwefelwasserstoff
T4	**135°C**	Diethylether, Acetaldehyd
T5	**100°C**	kaum angewendet
T6	**85°C**	Schwefelkohlenstoff

Es muss gesagt werden, dass bei allen elektronischen Schaltungsentwicklungen für die Ex-Fähigkeit nach wie vor auch die EMV vollumfänglich erhalten bleiben muss. Ein Sachverhalt, der bei allen Entwicklungen für den explosionsgeschützten Bereich meistens zu zusätzlichen Entwicklungsschleifen von Optimierungen führt.

Ein weiterer kritischer Punkt bei allen elektronischen Entwicklungen für explosionsgefährdete Umgebungen ist der Verguss der Elektronik. Dabei spielt insbesondere der Miniaturisierungsgrad der Elektronik eine bedeutende Rolle: Nicht jeder Verguss ist für die Baugruppe Leiterplatte und Elektronik sowie Gehäuse geeignet. Zu berücksichtigen sind hierbei die Umweltbedingungen. Meiner Erfahrung gemäß verlangt es sehr viel Knowhow aber auch Fingerspitzengefühl, um beispielsweise zu vermeiden, dass bei gewissen geforderten Temperaturen die Bauteile durch die Expansion des Vergusses von der Leiterplatte gerissen werden oder die Feuchte zwischen Leiterplatte und Verguss kriechen kann.

Oft ist man aus den oben genannten Gründen zu einem zweischichtigen Verguss gezwungen, dessen Verträglichkeit untereinander eine weitere Herausforderung bezüglich Temperatur und Ausdehnungskoeffizienten ist.

Alle diese zum Teil leidlichen Erfahrungen habe ich bei einem der führenden Hersteller von Analysemesstechnik schon vor ca. 20 Jahren machen müssen. Letzten Endes ist ein Ex-fähiges Design im Zusammenhang mit der EMV eines Messgerätes immer ein ‚Trial und Error'-Vorgehen!

In Hinblick auf die Systemintegration gibt es mittlerweile vier voll Ex-taugliche Feldbusse:

- 4…20 mA HART
- PROFIBUS PA
- FF H1
- Ethernet APL

Ethernet APL ist dabei stark zunehmend da er ein Ethernetfeldbus ist. Ethernetbasierte Feldbusse haben momentan ca. 50 % Anteil an allen Feldbussen und nehmen stark zu.

6.3.7   Funktionale Sicherheit oder SIL – Safety Integrity Level

Bei zunehmender Instrumentierung und Automatisierung der Anlagen in Fabrik wie auch im Prozess rückte die Anlagensicherheit und somit die Produktsicherheit immer mehr in den Vordergrund. Seit ungefähr dem Jahr 2000 wurde zunehmend die Funktionale Sicherheit oder SIL-Zulassung (Safety Integrity Level) von Messgeräten nach IEC 61508 [154]/IEC 61511 [155] gefordert. Sie wird auch als Sicherheitsstufe oder Sicherheits-Integritätslevel bezeichnet.

SIL dient laut den genannten Normen zur Beurteilung von elektrischen, elektronischen sowie programmierbaren elektronischen Systemen hinsichtlich der Zuverlässigkeit von Sicherheitsfunktionen. Aus dem angestrebten Level ergeben sich die für die angestrebte Sicherheitsstufe die Konstruktionsprinzipien sowie Hardware- und Software-Anforderungen, die eingehalten werden müssen, damit das Risiko einer Fehlfunktion minimiert werden kann.

Tab. 6.8 zeigt die SIL-Anforderungen in tabellarischer Form. Beispielsweise darf für ‚SIL 2-Geräte' statistische gesehen, ein gefährlicher Ausfall im Mittel nur alle 10 Jahre stattfinden.

Entsprechend meiner Erfahrungen lag der Fokus der Entwicklung von SIL-Geräten zunächst wieder auf den physikalischen Parametern wie Durchfluss, Füllstand, Druck und Temperatur. Bereits 2003/ 2004 brachten bekannte Hersteller von Messtechnik und Automatisierungskomponenten ihre Produkte für die physikalischen Parameter mit SIL 2 Zertifizierung auf den Markt.

Die Analysenmesstechnik folgte zeitlich gesehen erst später und brachte die ersten SIL 2 zertifizierten Messgeräte und Sensoren ab 2007/2008 heraus. Sehr bald folgten für Druckgeräte SIL 3 zertifizierte Produkte. Mittlerweile ist SIL 4 in der Prozessmesstechnik im Fokus. Es zeigt, welche hohen Anforderungen bezüglich Sicherheit gestellt werden. Meine Erfahrungen beruhen auf der Entwicklung von SIL 2 Geräten, die für die kritischen Bereich eine mehrfache Hardware- und SW- Redundanz erfordern.

Es bleibt festzuhalten, dass alle diese Anforderungen einen erheblichen Entwicklungsmehraufwand und dementsprechend Mehrkosten gegenüber früheren Produktentwicklungen bedeuteten.

Insbesondere sind gemäß Anforderungen bei SIL-Entwicklungen die Entwicklungs-Dokumentationen extrem aufwendig: Die Entwicklung eines Zweidraht-Messwertumformers

Tab. 6.8 SIL-Level gemäß IEC 61508/IEC 61511 [154, 155]

SIL Level	Ausfall-wahrscheinlichkeit	Risikoreduktions-faktor	Wahrscheinlich-keit eines Fehlers pro Stunde.	Mittlere Zeit zwischen zwei Fehlern in Stunden (MTBF)	Mittlere Zeit zwischen 2 Fehlern in Jahren (MTBF)	Ein (1) gefährlicher Ausfall
1	10%-1%	10-100	10^{-5} bis 10^{-6}	10^{5} bis 10^{6}	Ca. 11 bis 114	in ca. 1 Jahr
2	1%-0,1%	100-1.000	10^{-6} bis 10^{-7}	10^{6} bis 10^{7}	Ca. 114 bis 1.142	in ca. 10 Jahren
3	0,1%-0,01%	1.000-10.000	10^{-7} bis 10^{-8}	10^{7} bis 10^{8}	Ca. 1.142 bis 11.416	in ca. 100 Jahren
4	0,01%-0,001%	10.000-100.000	10^{-8} bis 10^{-9}	10^{8} bis 10^{9}	Ca. 11.416 bis 14.155	in ca. 1000 Jahren

in der Analysenmesstechnik für eine SIL 2 Zertifizierung betrug ungefähr die doppelte Zeit gegenüber ohne SIL-Zertifizierung.

Zum damaligen Zeitpunkt waren wir aufgrund der Neuheit des Themas gezwungen externe Berater hinzuziehen, da die neue Thematik alle bisher praktizierten Entwicklungsmodelle, wie z. B. das V-Modell als Entwicklungsstandard [156] außer Kraft setzten und niemand mit SIL vertraut war. Es war eine intensive Lernkurve. Zertifizierungen für SIL und explosionsgefährdete Umgebungen (Ex) sind prinzipiell nur durch unabhängige Institutionen möglich.

Wie Tab. 6.4 zeigt, haben unterschiedliche Länder ihre länderspezifischen Zertifizierungen, die bei den Herstellern von SIL- und Ex-Geräten sehr viele Kosten verursachen. Jedes Land verstand es, eigene Anforderungen festzulegen und ein eigenes Geschäftsmodell zu definieren. Selbst große globale Mittelständler stöhnten um die Jahrtausendwende unter den hohen Entwicklungs- und Zertifizierungskosten. Dieselbe Problematik trifft im Übrigen auch bei den Feldbussen zu.

6.4   Zusammenfassung Automatisierungspyramide und Produktanforderungen

Für die Systemintegration in Industrie 4.0 und IoT wurde die Automatisierungspyramide von 1985 als wesentliches Strukturierungsmerkmal besprochen. Die Automatisierungspyramide verfügt über 5 Ebenen, angefangen bei der Feldebene, der SPS-Ebene, SCADA, MES und ERP-System. Alle Ebenen müssen dabei sowohl in horizontaler als auch in vertikaler Richtung den gängigen Kommunikationsstandards und Schnittstellen genügen. Entscheidend ist, für Industrie 4.0 und IoT, dabei der Aspekt, dass alle Maschinen, Menschen, Sensoren (RFID), Roboter miteinander kommunizieren und Informationen zur gegenseitigen Unterstützung sowie Optimierung von Prozessen austauschen und dabei global über das Internet verbunden sind. Für die reibungslose vertikale und horizontale Kommunikation müssen bei der Integration im Rahmen einer Automatisierungslösung die verwendeten Schnittstellen strikt eingehalten werden. Weiter müssen die zu integrierenden Produkte applikations- und umweltspezifische Bedingungen erfüllen, die beim Design bereits zu berücksichtigen sind. Das fängt wie wir gesehen haben bei den einzuhaltenden EMV Bedingungen, IP, Schutzarten an und geht bis zum EX-Schutz in explosionsgefährdeten Umgebungen.

Ein weiterer Aspekt sind die Echtzeitbedingungen unter welchen die integrierten Lösungen zum Einsatz kommen. Im nächsten Kapitel werden die wichtigen Feldbusse und Bussysteme für die vertikale und horizontale Kommunikation innerhalb der Automatisierungspyramide besprochen. Der Fokus liegt dabei auf dem Ethernet, Internet und den Feldbussen EtherNet/IP, PROFINET, EtherCAT, Modbus TCP, CC-Link, IO-Limk. WLAN und OPC UA sowie den Ethernet basierten Echtzeitfeldbussen unter Hervorhebung des jeweiligen Bezugs zum Internet. Weitere Details und Ausführungen dazu sind in [157] nachzulesen.

Literatur

1. KUNBUS, industrial communication: Kunbus GmbH: Automatisierungspyramide. Automatisierungspyramide – was ist das? https://www.kunbus.de/automatisierungspyramide; Letzter Zugriff am 14.8.23
2. IEC 62264-5 Ed. 1.0 EN:2020. Enterprise-Control System Integration-Part 6. https://www.techstreet.com/searches/20817238?searchText=%22IEC+62264-5%22; Letzter Zugriff am 18.10.2023
3. IEC 62264-1: Enterprise-control system integration – Part 1: Models and terminology (Memento vom 15. Februar 2010 im Internet Archive) (PDF 317 kB)
4. IEC 62264-2: Enterprise-control system integration – Part 2: Object model attributes (Memento vom 14. Juni 2011 im Internet Archive) (PDF 357 kB))
5. IEC 62264-3: Enterprise-control system integration – Part 3: Activity models of manufacturing operations management (Memento vom 14. Juni 2011 im Internet Archive) (PDF 329 kB)
6. ISA International Society of Automation: ISA95, Enterprise-Control System Integration. https://www.isa.org/standards-and-publications/isa-standards/isa-standards-committees/isa95; Letzter Zugriff am 18.10.2023
7. Wolfgang Babel: Industrie 4.0, China 2025, IoT; Springer Vieweg Verlag, ISBN 978-3-658-34717-8; ISBN 978-3-658-34717-5 (ebook); 2021
8. Testo: Praxis-Fibel Leitfaden zur pH-Messtechnik; http://www.pewa.de/DATENBLATT/DBL_TESTO_PH_MESSTECHNIK_FACHAUFSATZ_DEUTSCH.pdf; Letzter Zugriff am 18.10.2023
9. NAMUR – German industry standards body defining fault levels for 4–20 mA; NAMUR Arbeitsgruppen –20 mA https://www.namur.net/china/en/working-groups.html/; Letzter Zugriff am 18.10.2023
10. SAMSON: HART-Kommunikation; https://www.samsongroup.com/document/l452de.pdf/; Letzter Zugriff am 18.10.2023
11. FieldCommgroup: HART Communication Protocol. https://fieldcommgroup.org/technologies/hart/hart-technology-detail/; Letzter Zugriff 18.10.2023
12. softing: Whitepaper: Leitfaden für die Implementierung von Profibus PA-Geräten. https://industrial.softing.com/fileadmin/secure/Industrial/White_Papers/White_Papers_German/Leitfaden_f%C3%BCr_die_Implementierung_von_PROFIBUS_PA-Feldger%C3%A4ten.pdf/; Letzter Zugriff am 18.10.2023
13. Profibus Webpage. https://www.profibus.com/; Letzter Zugriff am 18.10.2023
14. Feldbusse.de: Industrielle Kommunikation im Zeitalter von Industrie 4.0; https://www.feldbusse.de/; Letzter Zugriff am 18.10.2023
15. ITWissen.info: Profibus-FMS (Profibus fieldbus message specification); Veröffentlicht: 26.03.2008; https://www.itwissen.info/Profibus-FMS-Profibus-fieldbus-message-specification.html/; Letzter Zugriff am 18.10.2023
16. EtherNet/IP: https://www.feldbusse.de/EthernetIP/ethernetip.shtml#:~:text=Das%20Ethernet%20Industrial%20Protocol%20%28EtherNet%2FIP%29%20ist%20ein%20offener,und%20in%20der%20internationalen%20Normenreihe%20IEC%2061158%20/; Letzter Zugriff am 18.10.2023
17. Elektronik Kompendium: IEEE 802.3/Ethernet Grundlagen; https://www.elektronik-kompendium.de/sites/net/0603201.htm/; Letzter Zugriff am 18.10.2023
18. Rosemount: Innovative Mess- und Analysetechnologien https://www.emerson.com/de-de/automation/rosemount/; Letzter Zugriff 18.10.2023

19. automation, HCF erweitert Vorstand; https://www.automationnet.de/hcf-erweitert-vorstand-54490/; Letzter Zugriff am 18.10.2023
20. FIELDCOMM Group:VORANTREIBEN DER DIGITALEN TRANSFORMATION IN DER PROZESSAUTOMATISIERUNG https://www.fieldcommgroup.org/; Letzter Zugriff am 18.10.2023
21. HOME/IEC-Normen/IEC 61158-1:2019: Industrial communication networks-Fieldbus specifications-Part 1: Overview an guidance fort he IEC 61158 and IEC 61784 series, Ausgabedatum: 2019-04, Edition 2.0, VDE-Artnr:248484. https://www.vde-verlag.de/iec-normen/248484/iec-61158-1-2019.html; Letzter Zugriff am 18.10.2023
22. Memosens: Das absolut sichere Stecksystem, für die pH Messung und andere Parameter. https://www.memosens.org/home.html; Letzter Zugriff am 18.10.2023
23. KROHNE: SMARTPAT; http://smartpat.krohne.com/de/orp/smartpat/; Letzter Zugriff am 19.10.2023
24. STMicroelectronics; Datenblatt STM32L552x; Ultra-low-power ARM-Cortex; file:///C:/Users/WOLFGA~1/AppData/Local/Temp/stm32l552cc-3.pdf; Letzter Zugriff am 19.10.2023
25. Hans Berger: Automatisieren mit SIMATIC; 5.überarbeitete und erweiterte Auflage, 2012, ISBN 978-3-89578-386-9
26. Reinhard Kluger, Ines Stotz: Die Geschichte der Automatisierung: Mit zündenden Ideen in die Zukunft 1.8.2018/Elektrotechnik/Automatisierung/Vogel. https://www.elektrotechnik.vogel.de/die-geschichte-der-automatisierung-mit-zuendenden-ideen-in-die-zukunft-a-736560/; Letzter Zugriff am 19.10.2023
27. Allmendinger: SIMATIC S3. https://www.allmendinger.eu/shop/de/hersteller/SIEMENS/SIMATIC/SIMATIC-s3/; Letzter Zugriff am 19.10.2023
28. automation, Ausgabe 2/2020: Die unendliche Geschichte der SPS. https://www.automationnet.de/die-unendliche-geschichte-der-sps-69723/; Letzter Zugriff am 19.19.2023
29. ALL ABOUT CIRCUITS: Ladder diagrams; https://www.allaboutcircuits.com/textbook/digital/chpt-6/ladder-diagrams/; Letzter Zugriff am 19.10.2023
30. telematika ktsu kg: Grundzüge der Programmiernorm DIN EN 61131-3. https://www.google.com/search?client=firefox-b-d&q=DIN+EN+61131-3/; Letzter Zugriff am 19.10.2023
31. Beuth publishing DIN: DIN EN 61131-3:2014-06: Speicherprogrammierbare Steuerungen-Teil 3: Programmiersprachen (IEC 61131-3:2013) Deutsche Fassung EN 61131-3:2013, Ausgabedatum:2014-06. Englischer Titel: Programmable controllers – Part3: Programming languages (IEC 61131-3:2013); German version EN 61131-3:2013. https://www.beuth.de/de/norm/din-en-61131-3/201793112/; Letzter Zugriff am 19.10.2023
32. Beckhoff: New Automation Technology. Homepage: https://www.beckhoff.de/; Letzter Zugriff am 19.10.2023
33. Beckhoff: Lightbus-Der schnelle Lichtwellenleiter-Feldbus https://www.beckhoff.de/default.asp?lightbus/default.htm?id=23563577/; Letzter Zugriff am 19.10.2023
34. ibhsoftec: SoftPLC S7-315. https://www.ibhsoftec.com/SoftPLC-315-Eng/; Letzter Zugriff am 19.10.2023
35. SPS Forum:Thema SoftPLC: https://www.sps-forum.de/sonstige-steuerungen/100880-softplc.html/; Letzter Zugriff am 19.10.2023
36. Pilz, Ostfildern , 23.11.2017: PSS67 PLC: Weltweit erste SPS-Steuerung für Sicherheit und Automation mit Schutzart IP67 – Automatisieren außerhalb des Schaltschranks. https://www.pilz.com/de-DE/company/press/messages/articles/193261/; Letzter Zugriff am 19.10.2023
37. Christ Electronic Systems; SINDEX 5.9.-7.9.2023 Halle 3 Stand 7. Ihr Partner für Touch Panels. Industrie PCs. Softwarelösungen; Smarte Touch Panels, HMI Lösungen & Industrie PCs | Christ Electronic Systems (christ-es.com); Letzter Zugriff am 15.8.23

38. Hans Berger: Automatisieren mit SIMATIC S7 -1200. 2. überarbeitete und erweiterte Auflage, 2013, ISBN 978-3-89578-384-5

39. Hans Berger: Automatisieren mit SIMATIC S7 -400 im TIA Portal. 2012, ISBN 978-3-89578-403-3

40. SIEMENS: Normerfüllung nach IEC 61131-3; https://cache.industry.SIEMENS.com/dl/files/932/8790932/att_82256/v1/norm_tab.pdf; Letzter Zugriff am 20.10.2023

41. COPADATA: Was ist SCADA? https://www.copadata.com/de/produkt/zenon-software-platform-fuer-industrie-energieautomatisierung/visualisierung-steuerung/was-ist-scada/; Letzter Zugriff am 20.10.2023

42. Joachim Schairer: Verwundbarkeit und Angriffsmöglichkeiten auf SCADA-Systeme. (PDF; 1,1 MB) VWEW-Vortrag, Fulda, 17.Oktober 2007, archiviert vom Original am 29. Juni 2016. Verwundbarkeit und Angriffsmöglichkeiten auf SCADA-Systeme. – Bing video; Letzter Zugriff am 20.10.2023

43. Olof Leps: *Der Aufbau von Betriebs- und Steuerungsanlagen.* In: *Hybride Testumgebungen für Kritische Infrastrukturen.* Springer Vieweg, Wiesbaden, 2018, ISBN 978-3-658-22613-8, S. 25–39, https://doi.org/10.1007/978-3-658-22614-5_3 (springer.com [abgerufen am 30. Dezember 2018]); Letzter Zugriff am 19.11.2023

44. Industry of Thinks: Was ist OPC UA? Definition, Architektur und Anwendung. https://www.industry-of-things.de/was-ist-opc-ua-definition-architektur-und-anwendung-a-727188/; Letzter Zugriff am 20.10.2023

45. BIGDATA INSIDER: Autor/Redakteur: Dipl.-Ing. (FH) Stefan Luber/Nico Litzel: Was ist eine relationale Datenbank? 13.09.2017. https://www.bigdata-insider.de/was-ist-eine-relationale-datenbank-a-643028/#:~:text=Was%20ist%20eine%20relationale%20Datenbank%3F%201%20Grundlagen%20und,dient%20SQL%20%28Structured%20Query%20Language%29.%20More%20items...%20/; Letzter Zugriff am 20.10.2023

46. BETWEENMATES: Unterschied zwischen SCADA und HMI – 2021 – Technologie; https://weblogographic.com/difference-between-scada-and-hmi-10237; Letzter Zugriff am 20.10.2023

47. Kontron, S&T Group: FabLink Suite. DIE UNIVERSELLE SECS/GEM- UND EDA-SCHNITTSTELLE FÜR IHRE MASCHINE. https://kontron-ais.com/produkte/maschinen-integration/fablink/; Letzter Zugriff am 20.10.2023

48. Bernard Cubizolles: Alles, was Sie über HMI/SCADA wissen müssen GE Digital. https://www.ge.com/digital/blog/everything-you-need-know-about-hmi-scada?msclkid=662364ac5db511b-0fffe00719a31b7a4&utm_source=bing&utm_medium=paid-search&utm_campaign=MFG-HORZ-REIGNITE_Atmn-GLOB-Search&utm_content=ATMN-Category-TOF&utm_term=SCADA%20Software_extension=sitelink&msclkid=662364ac5db511b-0fffe00719a31b7a4; Letzter Zugriff am 20.10.2023

49. MES Dachverband: Effizienzsteigerung mit Manufacturing Execution Systemen-MES. https://mes-dach.de/; Letzter Zugriff am 10.10.2023

50. Expertsdialog: MES&SAP für die Metallindustrie. Fachlexikon MES+Industrie 4.0. Überarbeitete und erweiterte Auflage 2020, 138 Seiten, 170 x 240 mm, Broschur ISBN 978-3-8007-5344-4, E-Book: ISBN 978-3-8007-5345-1. https://mes-dach.de/fachlexikonmes/. Das Fachlexikon können Sie als Fachbuch sowie als eBook direkt vom VDE Verlag beziehen: https://www.vde-verlag.de/buecher/475344/fachlexikon-mes-industrie-4-0.htm/; **Letzter Zugriff am 20.10.2023**

51. Liker, Jeffrey K.: The Toyota Way. New York: McGraw-Hill, 2004. – ISBN 0-07-139231-9. Letzter Zugriff am 20.10.2023

52. Sekine, Kenechi: One-Piece Flow: Cell Design for Transforming the Production Process. Cambridge Ma: Productivity Press, 1992. – ISBN 978-0915299331. Letzter Zugriff am 20.10.2023

53. Stefan Weinzierl: Lean Production; One-Piece-Flow: Beispiel aus der Praxis 29. Jan. 2018|16:31 Uhr|Aktualisiert am: 20. Mär. 2023 https://www.produktion.de/technik/one-piece-flow-beispiel-aus-der-praxis-106.html; Letzter Zugriff am 20.10.2023

54. Richard Rieger: Industrieterminals unterstützen die Armaturenfertigung, Maschinenmarkt 11/2010

55. MESKONTOR: VDI Richtlinie Fertigungsmanagementsysteme MES VDI 5600 Blatt3/ VDI 5600 Blatt 2/DIN 5600/VDI Richtlinie 5600 Download&VDI 5600 pdf- Dokumente. https://www.mes-kontor.de/leistungen/vdi-richtlinie-5600.html/; Letzter Zugriff 1am 20.10.2023

56. NAMUR: Zugriff auf NAMUR-Empfehlungen (NE) und NAMUR-Arbeitsblätter (NA). https://www.namur.net/index.php?id=63; Letzter Zugriff am 20.10.2023

57. NAMUR Homepage. Automatisierungstechnik der Prozessindustrie; https://www.namur.net/de/; Letzter Zugriff am 20.10.2023

58. MES Consult. Die heute 8 besten MES Anbieter aus dem deutschsprachigen Raum. http://www.apriso.com/library/Articles/Articles%20in%20German/MES_Management_Brief_Special_issue_2013.pdf; Letzter Zugriff 1am 20.10.2023

59. ANSI Webstore:ANSI/ISA 95.00.05-2007.Integration, Part 5: Business-To-Manufacturing Transactions. https://webstore.ansi.org/Standards/ISA/ANSIISA9500052007/; Letzter Zugriff am 20.10.2023

60. ANSI: DIN EN 62264-5:2012 DE. https://webstore.ansi.org/Standards/DIN/DINEN622642012DE-1486057/; Letzter Zugriff am 20.10.2023

61. weblink: www.isa-95.com https://isa-95.com/; Letzter Zugriff am 20.10.2023

62. Gerhard Schubert: MES (Manufacturing Execution Sytsem). http://www.gerhard-schubert.net/de/mes-manufacturing-execution-system-/31; Letzter Zugriff am 20.10.2023

63. Preactor: Planungs- und Dispositionslösungen: SIMPLAN_ Grobplanung und Feinplanung von Fertigungsprozessen mit SIMATIC. Preactor. https://preactor-aps.de/ (Partner ist SIEMENS); Letzter Zugriff am 20.10.2023

64. DUALIS: Wir machen die smarte Fabrik planbar. https://www.dualis-it.de/; Letzter Zugriff am 20.10.2023

65. VDMA 66412-11; VDMA-Einheitsblatt Entwurf, Juni 2020. Manufacturing Execution Systems – Traceability im Fertigungsbereich http://normung.vdma.org/documents/22594015/47995272/Entwurf%20VDMA%2066412-11_2020-06%20(de)_1586161316860.pdf/a1dbd1a8-db4f-48f9-4043-1b3079c361c1/; Letzter Zugriff am 20.10.2023

66. Dr.-Ing. Robert Patzke1: Interoperabilität, Schnittstelle und Standardisierung im IKTnet des BVMW; https://www.bvmw.de/fileadmin/pdf-archiv/Preko20090304RP.pdf/; Letzter Zugriff am 20.10.2023

67. ISO: Technical Committees ISO/TC 184-Automation systems and integration. https://www.iso.org/committee/54158.html/; Letzter Zugriff am 20.10.2023

68. ISO: ICS>25>25.040>25.040.01. ISO 15704:2000-Industrial automation systems-Requirements for enterprise-reference architectures and methodologies; https://www.iso.org/standard/28777.html/; Letzter Zugriff 20.10.2023

69. Beuth publishing DIN: DIN EN ISO 19440:2009-01; Unternehmensintegration- Konstrukte zur Unternehmensmodellierung (ISO 19440:2007; Englische Fassung ISO 19440:2007. Ausgabe 2009-01. https://www.beuth.de/de/norm/din-en-iso-19440/105733271#:~:text=Unternehmensintegration%20-%20Konstrukte%20zur%20Unternehmensmodellierung%20%28ISO%2019440%3A2007%29%3B,Englische%20Fassung%20EN%20ISO%2019440%3A2007.%20Englischer%20Titel/; Letzter Zugriff am 20.10.2023

70. Beuth publishing DIN: ISO 16100-1:2009-12: Industrielle Automatisierungssysteme und Integration-Profile von Leistungsmerkmalen für Fertigungssoftware-Teil 1: Rahmenwerk für

die Interoperatibilität. Ausgabedatum:2009-12. https://www.beuth.de/de/norm/iso-16100-1/125041334/; Letzter Zugriff am 20.10.2023

71. ISO: ICS>25>25.040>25.040.40: ISO 20242-5:2020; Industrial automation systems and integration-Service interface for testing applications-Part5: Application program service interface. https://www.iso.org/standard/69073.html/; Letzter Zugriff am 20.10.2023

72. Beuth publishing DIN: DIN EN 62264-1:2014-07: Integration von Unternehmenführungs- und Leitsystemen-Teil 1: Modelle und Terminologie (IEC 62264-1:2013); Deutsche Fassung EN 62264-1:2013, Ausgabedatum 2014-7. https://www.beuth.de/de/norm/din-en-62264-1/207270059/; Letzter Zugriff am 20.10.2023

73. ISO: ICS>25>25.040>25.040.40:ISO 15531-1:2004- Industrial automation systems and integration-Industrial manufacturing data- Part 1: General overview. https://www.iso.org/standard/28144.html/; Letzter Zugriff am 20.10.2023

74. Beuth publishing DIN: ISO 15745-1:2003-03: Industrielle Automatisierungssysteme und Integration-Rahmenwerk für die Integration von Applikationen in offenen Systemen- Teil 1: Grundlegende Referenzbeschreibung. Ausgabedatum: 2003-03. Englischer Titel: Industrial automation systems and integration – Open systems application integration framework – Part 1: Generic reference description. https://www.beuth.de/de/norm/iso-15745-1/64365712/; Letzter Zugriff am 20.10.2023

75. DIN: Veröffentlichungen von NA 060-30-05 AA: https://www.din.de/de/mitwirken/normenausschuesse/nam/nationale-gremien/72366/wdc-grem:din21:67537981!search-grem-details?masking=true/; Letzter Zugriff am 20.10.2023

76. MIMOSA: Open Standards for Physical Asset Management. Homepage: https://www.mimosa.org/; Letzter Zugriff am 20.10.2023

77. Jörg Becker, Oliver Vering, Axel Winkelmann: Softwareauswahl *und -einführung in Industrie und Handel. Vorgehen bei und Erfahrungen mit ERP- und Warenwirtschaftssystemen.* Springer-Verlag, Berlin/Heidelberg/New York 2007, ISBN 978-3-540-47424-1

78. Axel Winkelmann, Ralf Knackstedt, Oliver Vering: *Anpassung und Entwicklung von Warenwirtschaftssystemen – eine explorative Untersuchung.* Hrsg.: Jörg Becker. Handelstudie Nr. 3. Münster 2007 (uni-muenster.de, [PDF; 543 kB]).

79. Anja Schatz, Marcus Sauer, Peter Egri:*Open Source ERP -Reasonable tools for manufacturing SMEs.* Hrsg.: Fraunhofer IPA, MTA Sztaki. 2011 (fraunhofer.de [PDF]). https://www.ipa.fraunhofer.de/fileadmin/user_upload/Publikationen/Studien/Studientexte/Studie_Open-Source_ERP.pdf; Letzter Zugriff am 20.10.2023

80. Sebastian Vollmer, Was ist ERP? Einfach und verständlich erklärt, CHIP, 12.12.2015, https://praxistipps.chip.de/was-ist-erp-einfach-und-verstaendlich-erklaert_45047; Letzter Zugriff am 20.10.2023

81. Almajali, Dmaithan (2016). Antecedents of ERP-Systems implementation success: a study on Jordanian healthcare sector. Journal of Enterprise Information Management. 29 (4): 549–565. https://doi.org/10.1108/JEIM-03-2015-0024; Letzter Zugriff am 20.10.2023

82. Radovilsky, Zinovy (2004). Bidgoli, Hossein (ed.). The Internet Encyclopedia, Volume 1. John Wiley & Sons, Inc. p. 707. ISBN 9780471222026. https://books.google.de/books?id=ACfBmYiNaTcC&pg=PA707&redir_esc=y#v=onepage&q&f=false; Letzter Zugriff am 10.10.2023

83. ERP Führer: Eine Übersicht der ERP-Systeme. https://www.erpfuehrer.de/?keyword=erp-syste-me&matchtype=e&campain=erpfuehrer%20de&adgroup=3212360362&creative=72842743167501&network=o&device=c&extension=&search_query=erp-syste-me&engine=bing; Letzter Zugriff am 20.10.2023

84. Rubina Adam, Paula Kotze, Alta van der Merwe. 2011. Acceptance of enterprise resource planning systems by small manufacturing Enterprises. In: Proceedings of the 13th International Conference on Enterprise Information Systems, edited by Runtong Zhang, José Cordeiro, Xuewei Li, Zhenji Zhang and Juliang Zhang, SciTePress, p. 229–238

85. Norm DIN EN ISO 9001:2015-11 *Qualitätsmanagementsysteme – Anforderungen (ISO 9001:2015); Deutsche und Englische Fassung EN ISO 9001:2015*

86. Jan Friedrich, Marco Kuhrmann, Marc Sihling, Ulrike Hammerschall: *Das V-Modell XT (= Informatik im Fokus)*. Springer Berlin Heidelberg, Berlin, Heidelberg 2008, ISBN 978-3-540-76403-8. https://doi.org/10.1007/978-3-540-76404-5

87. Thomas Grechenig, Mario Bernhart, Roland Breiteneder, Karin Kappel:*Softwaretechnik.* Pearson Studium, München u. a. 2010, ISBN 978-3-86894-007-7, S. 375

88. Beatrice Predan-Hallabrin: Projektmanagement: Vor- und Nachteile der Wasserfall-Methode; Praxistipps> Freizeit und Hobby;13.09.2020 14:00 Uhr

89. DHBW Duale Hochschule Baden-Württemberg: Vorgehensmodelle (Prozessmodelle) Allg-Vorgehensmodelle_2018-09-20.pdf (kit.edu); Herunterladbar als pdf; Letzter Zugriff am 17.8.2023

90. Meissner, Gerd: *SAP – die heimliche Software-Macht. Wie ein mittelständisches Unternehmen den Weltmarkt eroberte.* 2. Auflage. Hoffmann und Campe, Hamburg 1997, ISBN 3-455-11194-7

91. Schulz, Olaf: *Der SAP-Grundkurs für Einsteiger und Anwender.* 1. Auflage. SAP PRESS, Bonn 2011, ISBN 978-3-8362-1682-1

92. SAP Webpage. https://www.sap.com/index.html; Letzter Zugriff am 20.10.2023

93. Dietmar Hopp: 2015, abgerufen am 1. März 2020

94. Hasso Plattner: Hasso Plattner kontrolliert SAP für drei weitere Jahre. In: Manager Magazin.15. Mai 2019, abgerufen am 6. September 2019.

95. SAP: Geschichte der SAP. https://www.sap.com/corporate/de/company/history.html; Letzter Zugriff am 20.10.2023

96. Idw: Ehrendoktorwürde für Hasso Plattner – Festakt am 5. Juli 2002 an der Universität Potsdam. *25.06.2002 11:13* idw, 25. Juni 2002. https://idw-online.de/de/news49845; Letzter Zugriff am 20.10.2023

97. SAP: SAP S/4HANA: Intelligent EWRP System. https://www.sap.com/products/s4hana-erp. html?btp=99ace872-73e6-49ae-9c2a-4d7953f1a636; Letzter Zugriff am 20.10.2023

98. Overview of SAP. http://www.fredshack.com/docs/sap.html; Letzter Zugriff am 20.10.2023

99. PEAK Networks: SAP Business One.; https://www.peak-networks.de/de/software/erp/sap-business-one; Letzter Zugriff am 20.10.2023

100. Julian Bradler: SAP Business ByDesign, Grundlagen, Mannheim, April 2013. https://www.dv-treff.de/docs/bradler/whitepaper-sap-business-bydesign-grundlagen.pdf; Letzter Zugriff am 20.10.2023

101. Horst Keller: ABAP, Die offizielle Referenz. Rheinwerk 2016, ISBN 978-3-8362-4109-0

102. Horst Keller, Sascha Krüger: ABAP Objects – ABAP-Programmierung mit SAP NetWeaver. Galileo Press, 2006, ISBN 3-89842-358-1

103. Infor ERP Usergroup e.V. ehemals Deutsche Baan Usergroup. https://www.infor-erp-user. com/; Letzter Zugriff amm 20.10.2023

104. InLoox: Backlog. Aufgabenmanagement leicht gemacht mit der Projektmanagement-Software InLoox. https://www.inloox.de/projektmanagement-glossar/backlog/; Letzter Zugriff am 20.10.2023

105. Prof.Dr. h.c. mult. H.Plattner: Vortrag Ehrenpromotion, KIT; 17.2.2020

106. Salt Solutions, SAP S/4HANA – die Echtzeit-ERP-Suite. https://www.salt-solutions.de/loesungen/erp-plattform/sap-s-4hana.html?pk_cid=364050169&pk_source=bing&pk_medium=cpc&pk_content=&pk_kwd=%2Bsap%20%2Bs4hana&pk_campaign=BA_L%C3%B6sungen&msclkid=e89344e94fe41d355b6b1b1cc3174ecb&utm_source=bing&utm_medium=cpc&utm_campaign=BA_L%C3%B6sungen&utm_term=%2Bsap%20%2Bs4hana&utm_content=SAP_S4_HANA; Letzter Zugriff am 20.10.2023

107. Salt Solutions: Lünendonk-Studie: Mit s/4HANA in die digitale Zukunft. https://www.salt-solutions.de/akkreditierung.html?file=75087; Letzter Zugriff am 20.10.2023

108. G. Raines und L. Pizette. Platform as a Service: A 2010 Marketplace Analysis. 2010-10, https://www.mitre.org/publications/technical-papers, Abrufdatum: 2. Juni 2012; Letzter Zugriff am 20.10.2023

109. Y. V. Natis, T. Jones, B. J. Lheureux, K. Iijima, E. Knipp und D. M. Smith. Predicts 2011: Platform as a Service: The Architectural Center of the Cloud. Gartner, 24. November 2010

110. JavaScript History; https://wiki.selfhtml.org/wiki/JavaScript/Hostory; Letzter Zugriff am 20.10.2023

111. is report: SAP revolutioniert Kernprodukt Business Suite. https://www.isreport.de/news/sap-revolutioniert-kernprodukt-business-suite/; Letzter Zugriff am 10.10.2023

112. Tim Gerber: Buch 2.0 – wie die Evolution der Digitaldrucktechnik den Buchmarkt revolutioniert. c't 03/2008, Seite 85–87

113. Adolf J.Schwab, Wolfgang Kürner: Elektromagnetische Verträglichkeit. 6., bearbeitete und aktualsierte Auflage. Springer, Berlin 2011, ISBN 978-3-642-16609-9

114. Tim Williams: EMC- Richtlinien und deren Umsetzung. Elektor, Aachen 2000, ISBN 3-89576-103-6

115. European Standards. Harmonised Standards. Webseite der Europäischen Kommission. Abgerufen am 14. September 2015; https://ec.europa.eu/growth/single-market/european-standards/harmonisedstandards/; Letzter Zugriff am 20.10.2023

116. WEKA: Produktsicherheit, CE-Richtlinien 2014/53/EU, 2014/35/EU und 2014/30/EU; https://www.weka.de/produktsicherheit/ce-richtlinien-201453eu-201435eu-und-201430eu/; Letzter Zugriff am 20.10.2023

117. Bundesnetzagentur: Inverkehrbringen von Produkten EU Richtlinie 2014/30/EU und 2014/53/EU; https://www.bundesnetzagentur.de/DE/Sachgebiete/Telekommunikation/Unterneh-men_Institutionen/Technik/InverkehrbringenvonProdukten/inverkehrbringenvonprodukten-node.html; Letzter Zugriff am 20.10.2023

118. Beschluss Nr. 768/2008/EG des Europäischen Parlaments und des Rates vom 9. Juli 2008 über einen gemeinsamen Rechtsrahmen für die Vermarktung von Produkten und zur Aufhebung des Beschlusses 93/465/EWG des Rates (Text von Bedeutung für den EWR). In: Europäische Union (Hrsg.): *Amtsblatt der Europäischen Union*. 13.August 2008; europa.eu; https://eur-lex.europa.eu/legal-content/de/TXT/?uri=CELEX:32008D0768: {abgerufen am 16.Juni 2019} Artikel R12, Absatz 3); Letzter Zugriff am 21.101.2023

119. Bayerisches Staatsministerium für Wirtschaft, Infrastruktur, Verkehr und Technologie CE-Kennzeichnung. Merkblatt zur EU-Richtlinie 93/68/EWG; file:///C:/Users/Wolfgang%20Babel/Downloads/Merkblatt%20CE-Kennzeichnung%20(2).pdf; Letzter Zugriff am 21.10.2023; https://beck-online.beck.de/?vpath=bibdata/ges/EWG_RL_89_336/cont/EWG_RL_89_336.AENDVERZ.htm; Letzter Zugriff am 19.11.2023

120. Arbeitssicherheit.de:Verordnung (EG) Nr. 765/2008 des Europäischen Parlaments und des Rates vom 9. Juli 2008; https://www.arbeitssicherheit.de/schriften/dokument/0:3416923,1.html; Letzter Zugriff am 21.101.2023

121. European Commission: Internal Market, Industry, EntrepreneurshIPand SMEs; https://ec.europa.eu/growth/single-market/ce-marking/manufacturers_en; Letzter Zugriff am 21.10.2023

122. Bundesministerium der Justiz und Verbraucherschutz, Bundesamt für Justiz : Verordnung zur Beschränkung der Verwendung gefährlicher Stoffe in Elektro- und Elektronikgeräten, (Elektro- und ElektronikgeräteStoff -Verordnung – ElektroStoffV); https://www.gesetze-im-internet.de/elektrostoffv/ElektroStoffV.pdf/; Letzter Zugriff am 21.10.2023

123. Beuth publishing DIN: DIN E1N 55011:201-05;VDE 0875-11:2018-05; VDE 0875-11:2018-05: Industrielle,2020 wissenschaftliche und medizinische Geräte – Funkstörungen – Grenzwerte und Messverfahren (CISPR 11:2015, modifiziert + A1:2017); Deutsche Fassung EN 55011:2016 + A1:2017; Englischer Titel Industrial, scientific and medical equipment – Radio-frequency disturbance characteristics – Limits and methods of measurement (CISPR 11:2015, modified + A1:2017); German version EN 55011:2016 + A1:2017; Ausgabedatum 2018-05; https://www.gesetze-im-internet.de/elektrostoffv/ElektroStoffV.pdf/; Letzter Zugriff am 21.10.2023

124. WEKA: DIN EN 61000-3-2: Elektromagnetische Verträglichkeit (EMV) Teil 3-2: Grenzwerte – Grenzwerte für Oberschwingungsströme, Geräte-Eingangsstrom 16 A je Leiter; https://www.weka.de/produktsicherheit/din-en-61000-3-2-elektromagnetische-vertraeglichkeit-emv-teil-3-2-grenzwerte-%c2%96-grenzwerte-fuer-oberschwingungsstroeme-geraete-eingangsstrom-16-a-je-leiter/; Letzter Zugriff am 21.10.2023

125. Beuth publishing DIN: DIN EN 61000-4-2:2009-12;VDE 0847-4-2:2009-12, VDE 0847-4-2:2009-12:Elektromagnetische Verträglichkeit (EMV) – Teil 4-2: Prüf- und Messverfahren – Prüfung der Störfestigkeit gegen die Entladung statischer Elektrizität (IEC 61000-4-2:2008); Deutsche Fassung EN 61000-4-2:2009; Englischer Titel: Electromagnetic compatibility (EMC) – Part 4-2: Testing and measurement techniques – Electrostatic discharge immunity test (IEC 61000-4-2:2008); German version EN 61000-4-2:2009, Ausgabedatum 2009-12; https://www.beuth.de/de/norm/din-en-61000-4-2/121631837; Letzter Zugriff am 21.10.2023

126. Beuth publishing DIN: DIN EN 61000-4-3:2011-04;VDE 0847-4-3:2011-04,VDE 0847-4-3:2011-04: Elektromagnetische Verträglichkeit (EMV) – Teil 4-3: Prüf- und Messverfahren – Prüfung der Störfestigkeit gegen hochfrequente elektromagnetische Felder (IEC 61000-4-3:2006 + A1:2007 + A2:2010); Deutsche Fassung EN 61000-4-3:2006 + A1:2008 + A2:2010; Englischer Titel Electromagnetic compatibility (EMC) – Part 4-3: Testing and measurement techniques – Radiated, radio-frequency, electromagnetic field immunity test (IEC 61000-4-3:2006 + A1:2007 + A2:2010); German version EN 61000-4-3:2006 + A1:2008 + A2:2010; Ausgabedatum 2011-04. https://www.beuth.de/de/norm/din-en-61000-4-3/137982416; Letzter Zugriff am 21.10.2023

127. Beuth publishing DIN: DIN EN 61000-4-4:2013-04;VDE 0847-4-4:2013-04, VDE 0847-4-4, 2013-04 : Elektromagnetische Verträglichkeit (EMV) – Teil 4-4: Prüf- und Messverfahren – Prüfung der Störfestigkeit gegen schnelle transiente elektrische Störgrößen/Burst (IEC 61000-4-4:2012); Deutsche Fassung EN 61000-4-4:2012; Englischer Titel: Electromagnetic compatibility (EMC) – Part 4-4:Testing and measurement techniques – Electrical fast transient/burst immunity test (IEC 61000-4-4:2012); German version EN 61000-4-4:2012 Ausgabedatum 2013-04. https://www.beuth.de/de/norm/din-en-61000-4-4/170176502; Letzter Zugriff am 21.10.2023

128. Beuth publishing DIN: DIN EN 61000-4-5:2019-03;VDE 0847-4-5:2019-03,VDE 0847-4-5:2019-03: Elektromagnetische Verträglichkeit (EMV) – Teil 4-5: Prüf- und Messverfahren – Prüfung der Störfestigkeit gegen Stoßspannungen (IEC 61000-4-5:2014 + A1:2017); Deutsche Fassung EN 61000-4-5:2014 + A1:2017; Englischer Titel: Electromagnetic compatibility

(EMC) – Part 4-5: Testing and measurement techniques – Surge immunity test (IEC 61000-4-5:2014 + A1:2017); German version EN 61000-4-5:2014 + A1:2017; Ausgabedatum 2019-03. https://www.beuth.de/de/norm/din-en-61000-4-5/298704035; Letzter Zugriff am 21.10.2023

129. Beuth publishing DIN: DIN EN 61000-4-6:2014-08;VDE 0847-4-6:2014-08,VDE 0847-4-6; 2014-08: Elektromagnetische Verträglichkeit (EMV) – Teil 4-6: Prüf- und Messverfahren – Störfestigkeit gegen leitungsgeführte Störgrößen, induziert durch hochfrequente Felder (IEC 61000-4-6:2013); Deutsche Fassung EN 61000-4-6:2014;Englischer Titel:Electromagnetic compatibility (EMC) – Part 4-6: Testing and measurement techniques – Immunity to conducted disturbances, induced by radio-frequency fields (IEC 61000-4-6:2013); German version EN 61000-4-6:2014; Ausgabedatum 2014-08. https://www.beuth.de/de/norm/din-en-61000-4-6/207261371; Letzter Zugriff am 21.101.2023

130. Beuth publishing DIN: DIN EN 61000-4-8:2010-11;VDE 0847-4-8:2010-11,VDE 0847-4-8:2010-11: Elektromagnetische Verträglichkeit (EMV) – Teil 4-8: Prüf- und Messverfahren – Prüfung der Störfestigkeit gegen Magnetfelder mit energietechnischen Frequenzen (IEC 61000-4-8:2009); Deutsche Fassung EN 61000-4-8:2010; Englischer Titel: Electromagnetic compatibility (EMC) – Part 4-8: Testing and measurement techniques – Power frequency magnetic field immunity test (IEC 61000-4-8:2009); German version EN 61000-4-8:2010;Ausgabedatum 2010–11 https://www.beuth.de/de/norm/din-en-61000-4-8/133581594; Letzter Zugriff am 21.10.2023

131. Dipl.-Ing. Hendrik Härter: ELEKTRONIK PRAXIS, Internationale Funkzulassungen kompakt; 10.2.2013; https://www.elektronikpraxis.vogel.de/internationale-funkzulassungen-kompakt-a-394168/; Letzter Zugriff am 21.10.2023

132. Carsten Schucht: FuAG Funkanlagengesetz Kommentar, C.H.Beck Verlag, ISBN 978-3-3406-73179-2; https://www.lehmanns.de/shop/recht-steuern/44893600-9783406731792-fu-ag?PHPSESSID=6o8stjljvpj5i9tchs2plhmcogiuec1h; Letzter Zugriff am 21.10.23

133. Bundesnetzagentur: Inverkehrbringen von Produkten EU Richtlinie 2014/30/EU und 2014/53/EU; https://www.bundesnetzagentur.de/DE/Sachgebiete/Telekommunikation/Unterneh-men_Institutionen/Technik/InverkehrbringenvonProdukten/inverkehrbringenvonprodukten-node.html; Letzter Zugriff am 21.10.2023

134. Carsten Schucht: FuAG Funkanlagengesetz Kommentar, C.H.Beck Verlag, ISBN 978-3-3406-73179-2; https://www.lehmanns.de/shop/recht-steuern/44893600-9783406731792-fu-ag?PHPSESSID=6o8stjljvpj5i9tchs2plhmcogiuec1h; Letzter Zugriff am 19.8.2023

135. CETECOM: Passgenaue Strategien für weltweiten Marktzugang; https://www.cetecom.com/de/; Letzter Zugriff am 19.8.2023

136. CETECOM: Elektromagnetische Verträglichkeit testen – nach internationalen Anforderungen in unseren EMV Prüflaboren; https://www.cetecom.com/de/testen/emv-pruefungen/; Letzter Zugriff am 19.8.2023

137. 7Layers: Funkprüfung, EMV Prüfung, IoT Beratung. https://www.7layers.com/de/; Letzter Zugriff am 19.8.2023

138. Brennennstuhl/Professional Line: IP-Schutzklassen-Welche ist wann nötig, IPSchutzarten nach DIN EN 60529. https://www.brennenstuhl.com/de-DE/themenwelt/sicherheit/ip-schutz-klassen-welche-ist-wann-noetig; Letzter Zugriff am 21.10.2023

139. DIN EN 60529 (VDE 0470-1):2000-09 Schutzarten durch Gehäuse (IP-Code) (IEC 60529:1989 + A1:1999); Deutsche Fassung EN 60529:1991 + A1:2000. VDE-Verlag, Berlin

140. J. Lienig, H. Brümmer: Elektronische Gerätetechnik. Springer Vieweg, 2014, ISBN 978-3-642-40961-5, S. 42–43. https://link.springer.com/book/10.1007/978-3-642-40962-2; Letzter Zugriff am19.8.2023

141. DKE VDE DIN: NORMEN.MACHEN.ZUKUNFT: DIN EN 60529 (VDE 0470-1):2014-09; Schutzarten durch Gehäuse (IP-Code) (IEC 60529:1989 + A1:1999 + A2:2013);

Deutsche Fassung EN 60529:1991 + A1:2000 + A2:2013; https://www.dke.de/de/normen-stan-dards/dokument?id=7045374&type=dke%7Cdokument#:~:text=DIN%20EN%2060529%20%28VDE%200470-1%29%3A2014-09.%20Code%29%20%28IEC%2060529%3A1989,Deutsche%20Fassung%20EN%2060529%3A1991%20%2B%20A1%3A2000%20%2B%20A2%3A2013; Letzter Zugriff am 21.10.2023

142. RMS: Schwingprüfanlagen. https://rms-testsystems.de/produkte/elektrodynamische-schwingpruefanlagen/; Letzter Zugriff am 21.10.2023

143. EUR-Lex: Richtlinie 2014/34/EU des Europäischen Parlaments und des Rates vom 26.Februar 2014 zur Harmonisierung der Rechtsvorschriften der Mitgliedstaaten für Geräte und Schutzsysteme zur bestimmungsgemäßen Verwendung in explosionsgefährdeten Bereichen (Neufassung). https://eur-lex.europa.eu/legal-content/DE/TXT/?uri=CELEX:32014L0034; Letzter Zugriff am 19.8.2023

144. 28. 1. 2000 DE Amtsblatt der Europäischen Gemeinschaften L 23/57: RICHTLINIE 1999/92/EG DES EUROPÄISCHEN PARLAMENTS UND DES RATES vom 16. Dezember 1999 über Mindestvorschriften zur Verbesserung des Gesundheitsschutzes und der Sicherheit der Arbeitnehmer, die durch explosionsfähige Atmosphären gefährdet werden können. https://eur-lex.europa.eu/legal-content/DE/TXT/PDF/?uri=CELEX:31999L0092; Letzter Zugriff am 19.8.2023

145. EUR-Lex: Richtlinie 94/9/EG des Europäischen Parlaments und des Rates vom 23. März 1994; https://eur-lex.europa.eu/legal-content/DE/TXT/?uri=CELEX:31994L0009; Letzter Zugriff am 21.10.2023

146. B. Dyrba: Kompendium Explosionsschutz. Carl Heymanns Verlag, Köln Berlin München 2013, ISBN 978-3-452-25836-6

147. Bartec: Technische Entwicklung des Explosionsschutz. https://www.bartec.de/de/safety-academy/grundlagen-explosionsschutz/; Letzter Zugriff am 21.10.2023. Bartec; Zündschutzarten: https://www.bartec.de/de/safety-academy/grundlagen-explosionsschutz/zuendschutzarten/; Letzter Zugriff am 19.10.2023

148. International Electrotechnical Commission: Spotlife on safety. https://www.iec.ch/; Letzter Zugriff am 21.10.2023

149. W. Bartknecht: Explosionsschutz: Grundlagen und Anwendung, Springer, Berlin 1993, ISBN 3-540-55464-5

150. B. Dyrba: Praxishandbuch Zoneneinteilung. Carl Heymanns Verlag, Köln Berlin München 2010, ISBN 978-3-27394-9

151. PTB Homepage. https://www.ptb.de/cms/; Letzter Zugriff am 21.10.2023

152. Jürgen Bortfeld, W. Hauser, Helmut Rechenberg (Hrsg.): *100 Jahre Physikalisch-Technische Reichsanstalt/Bundesanstalt 1887–1987. (=Forschen – Messen – Prüfen. B*and 1) Braunschweig 1987, ISBN 3-87664-140-3

153. WEKA: Produktsicherheit, CE-Richtlinien 2014/53/EU, 2014/35/EU und 2014/30/EU; https://www.weka.de/produktsicherheit/ce-richtlinien-201453eu-201435eu-und-201430eu/; Letzter Zugriff am 21.10.2023

154. IEC International Standard: IEC 61508-1:2010, Functional safety of electrical/elctronic/programmable electronic safety- related systems-Part 1: General requirements (see Functional Safety and IEC 61508,Edition 2.0, Ausgabedatum: 2010-04,VDE-Artnr.: 217177; https://www.vde-verlag.de/iec-normen/217177/iec-61508-1-2010.html; Letzter Zugriff am 21.10.2023

155. Beuth publishing DIN: DIN EN 61511-1:2019-02;VDE 0810-1:2019-02 VDE 0810-1:2019-02 Funktionale Sicherheit - PLT-Sicherheitseinrichtungen für die Prozessindustrie – Teil 1: Allgemeines, Begriffe, Anforderungen an Systeme, Hardware und Anwendungsprogrammierung (IEC 61511-1:2016 + COR1:2016 + A1:2017); Deutsche Fassung EN

61511-1:2017 + A1:2017; https://www.vde-verlag.de/iec-normen/217177/iec-61508-1-2010. html; Letzter Zugriff am 21.10.2023

156. Wolfgang Dröschel, Manuela Wiemers: Das V-Modell 97. Der Standard für die Entwicklung von IT-Systemen mit Anleitung für den Praxiseinsatz. Oldenbourg, München 1999, ISBN 3-486-25086-8

157. Wolfgang Babel: Industrie 4.0,China 2025, IoT; Der Hype um die Welt der Automatisierung; Springer Vieweg; ISBN 978-3-658-34717-8 ISBN 978-3-658-34718-5 (eBook); 2021; https:// doi.org/10.1007/978-3-658-34718-5; Letzter Zugriff am 21.10.2023

Vertikale und horizontale Kommunikation innerhalb der Automatisierungspyramide – OSI Modell

Nachdem wir uns eingehend mit den fünf verschiedenen Ebenen der Automatisierungspyramide beschäftigt haben, werden im Kap. 7 die vertikalen und horizontalen Kommunikationsstrukturen innerhalb der Automatisierungspyramide. thematisiert.

Diese sind die Grundlage für jede Systemintegration hinsichtlich IoT (Internet of Things) und Industrie 4.0.

Die Kommunikations-Strukturen werden realisiert durch Feldbusse, und Bussysteme wie z. B. Ethernet, Ethernet TCP/IP, WLAN, Internetprotokolle IPv4 und IPv6 (Internet) und den Transportationprotokollen TCP und UDP. Wichtige Feldbusse in diesem Zusammenhang sind beispielsweise die auf dem Ethernet basierenden Echtzeit- Feldbusse EtherNet/IP (EtherNet/Industrial Protocol), Ethernet APL, EtherCAT, PROFINET, Modbus TCP, CC-Link, IO-Link und OPC UA. Das Ethernet APL (Advanced Physical Layer) komplettiert Ethernet für den Einsatz in explosionsgefährdeten Umgebungen.

Im Sinne der Systemintegration müssen alle Kommunikationsstrukturen definierten Interfaces genügen, um das 100 % Funktionieren zu gewährleisten.

Weiterhin wird ein Marktüberblick über die Verteilung der Stückzahlen (Knoten) von Feldbusse (Stand Ende 2021) und Bussysteme in der Automatisierung gegeben (Abb. 7.1). Alle Feldbusse habe ich über die letzten 30 Jahre sorgfältig nachverfolgt.

Kosteneinsparungen und ROI (Return on Investment) spielen bei jeder Systemintegration die zentrale Rolle, wie wir in den Abschn. 3.4 und 3.5 bereits ausgeführt haben. Dies führte auch bei den Feldbussen sehr früh zu Berechnungen der Einsparungen durch Nutzung von Feldbussen. Die NAMUR hat hier eingehende Betrachtungen zu Installation und Sevices für Nutzung von Feldbussen gegenüber der früheren Punkt-zu-Punkt Instrumentierung gemacht. Vor- und Nachteile (Risiken) von Feldbussen werden aufgezeigt (Abb. 7.2).

Das OSI Modell (Open Systems Interconnection-Modell) wird im Detail erläutert (Abschn. 7.2). Das OSI Modell ist quasi der Protokollstack aller auf dem Ethernet ba-

W. Babel, *Systemintegration in Industrie 4.0 und IoT,*
https://doi.org/10.1007/978-3-658-42987-4_7

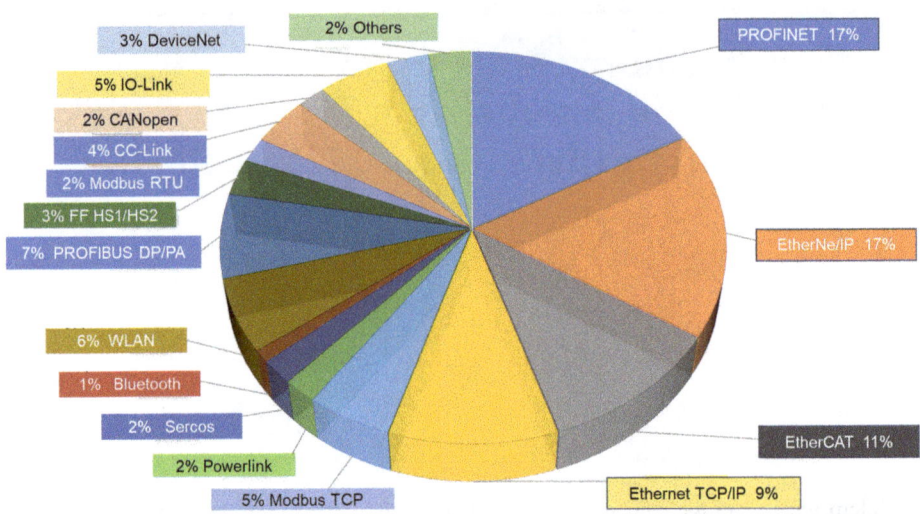

Abb. 7.1 Verteilung von Feldbussen und Bussystemen weltweit (Stand 2022) [1]

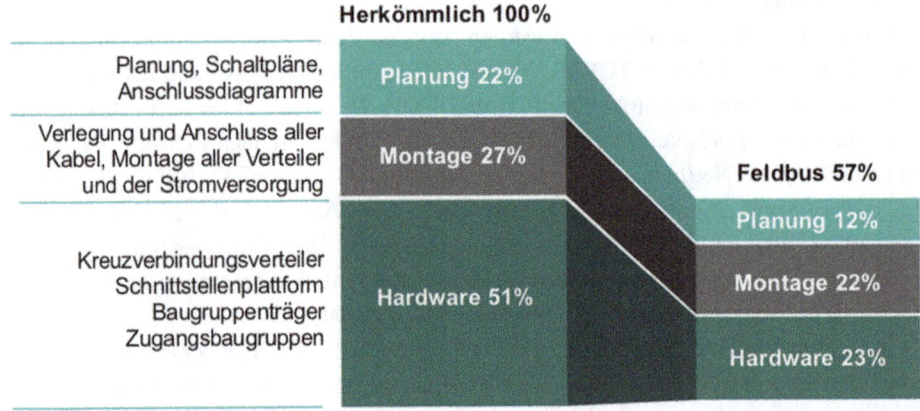

Abb. 7.2 Quelle NAMUR-AK 3.5 (2000–2007) – Studie zum Vorteil vom Einsatz von Feldbussen gegenüber herkömmlicher Instrumentierung

sierenden Feldbusse, wie EtherNet/IP, EtherCAT, PROFINET. Modbus TCP, CC-Link, IO-Link bis hin zu OPC UA und WLAN.

Das OSI Modell regelt die standardisierte Kommunikation sowohl innerhalb einer Ebene als auch zwischen den unterschiedlichen Ebenen der Automatisierungspyramide sowohl lokal als auch global über OPC UA und Cloud Computing.

Beispiele für die Kommunikationsarten, insbesondere Feldbusse und Bussysteme von der Feld-Ebene über die SPS-Ebene zur SCADA/HMI-Ebene, von da zur MES- Ebene bis hin zur und ERP-Ebene werden aufgezeigt. Basis hierfür ist das bekannte OSI Modell und die ebenso geläufige Automatisierungspyramide.

Des Weiteren werden die heute 19 heute normierten Feldbusfamilien vorgestellt (Abschn. 7.4.1).

Hierzu wird ein historischer Überblick von der Entwicklung und Normierungen der Bussysteme und der einhergehenden Gremienbildung gegeben, angefangen beim IEEE 8023 (Abschn. 7.4.2), PROFIBUS&PROFINET (PI), (Abschn. 7.4.3), ODVA (Open Device Vendor Association Inc.) (Abschn. 7.4.4), OPC Foundation (Abschn. 7.4.5), FDT/DTM^{TM} und PACTware (Abschn. 7.4.6).

Erläutert wird die Entwicklung der Gremien im Zusammenhang mit zunehmender Anzahl von Bussystemen und deren Harmonisierungsbestrebungen.

Im Einzelnen wird aufgezeigt, wie die Normierungs- und Standardisierungsgremien zwangsläufig gegründet werden mussten, um die immer weitere wachsenden Technologien noch kontrollieren zu können und zu harmonisieren. Dabei werden besonders die vorhandenen Probleme besprochen. Thematisiert werden auch die Harmonisierungen zwischen Europa und den USA.

Im Zusammenhang mit dem modernen Assetmanagement kommt dem FDT/DTM^{TM}-Konzept (Abschn. 7.4.6) eine tragende Rolle zu. FDT/DTM^{TM} ist heute die Schnittstelle in der Automatisierungstechnik zwischen Feldgeräten und Kontrollraum (Leitebene). Auf die Funktionsweise von FDT/DTM^{TM} wird ausführlich eingegangen.

7.1 Verteilung von Feldbussen und Bussysteme, Namurstudie

Im Jahr 2022 verteilten sich gemäß Abb. 7.1 die Feldbusse und Bussysteme folgendermaßen:

Es sind heute in 2023 schätzungsweise 290–310 Mio. Feldbusknoten ohne dem HART-Feldbus in der Automatisierung vorhanden. Dabei nimmt die Anzahl der Feldgeräte jährlich mit ca. 6 % der in Abb. 7.1 gezeigten Verteilung sowohl in der Fabrik als auch in der Prozessautomation zu. Nicht zu vergessen sind die immer noch vorhandenen 4…20 mA Geräte, die hier nicht eingerechnet sind und welche im Laufe der Zeit durch Feldbusse ersetzt werden. Das Industriel Ethernet (EtherNet/IP, EtherCAT, PROFINET, usw.) wächst bezüglich der neuinstallierten Knoten schneller wie die konventionellen Feldbusse PROFIBUS, HART etc.

PROFINET, als Nachfolger von PROFIBUS DP, wächst mittlerweile stärker als PROFIBUS DP und hat bereits 17 % Marktanteil, während der PROFIBUS DP weiter rückläufig ist. PROFIBUS PA hat insofern nach wie vor seine Berechtigung im Markt bezüglich eigensicherer Messknoten. Doch auch hier steht in den kommenden Jahren eine Ablösung durch den Ethernet basierten eigensicheren Layer ‚Ethernet APL‘ (Advanced Physical Layer) an.

Auch EtherCAT und POWERLINK sowie andere auf dem Ethernet basierten Feldbusse sind stark wachsend, Der Feldbus Modus TCP wächst inzwischen schneller als noch im Jahr 2019.

Das Industrial Ethernet mit EtherNet/IP (Industrial Protocol), PROFINET, EtherCAT, Modbus TCP zeigt nach wie vor das größte Wachstum aller neu installierten Knoten der Ethernet basierten Bussysteme. In Asien ist der auf dem Ethernet basierende Feldbus CC-Link stark wachsend. Zusammen genommen machen die ethernetbasierten Feldbusse ca. 66 % aller installierten Knoten aus.

Wireless-Netzwerke liegen gegenüber dem 2019 (4 %) nun bei 7 % (2022).

EtherNet/IP und PROFINET haben je 17 % Marktanteil. Beide Feldbusse sind Echtzeitfeldbusse und Internetfähig. EtherCAT hat mittlêrweile 11 % Marktanteil, während er in 2019 noch 6 % lag [2].

Der Markt für Industrielle Netzwerke wächst voraussichtlich weiter um ca. 8 %.

Wireless wächst durch WLAN 6 mit ca. 4 % pro Jahr überproportional und hat mittlerweile einen Marktanteil von 6 %.

7.1.1 Namurstudie zu Kosteneinsparungen bezüglich Systemintegration durch Bussysteme

Abb. 7.2 zeigt gemäß der *Quelle* NAMUR-AK 3.5 (2000–2007) – Studie zum Vorteil vom Einsatz von Feldbussen gegenüber herkömmlicher Instrumentierung

Welchen Vorteil die Instrumentierung mit Feldbussen gegenüber der herkömmlichen Instrumentierung hat, zeigt in Abb. 7.2. die schon vor 2000 veröffentlichte Studie der NAMUR (Quelle NAMUR-AK 3.5) [3–5]. Bemerkenswert ist, dass sich die damals prognostizierte Kosteneinsparung von ca. 40 % bis heute in etwa so bestätigt.

Für die Automatisierungsindustrie (Automatisierungspyramide [6]), insbesondere von der Feldebene bis maximal zum SCADA/HMI-System (Leitwarte) sind Echtzeit-Busse und Feldbusse für explosionsgefährdete Umgebungen von hoher Bedeutung. In diesem Sinn erfüllen HART [7, 8], PROFIBUS PA [9, 10] und FF H1 [11, 12] (Fieldbus Foundation H1) die Anforderungen in hohem Maße. Seit 2019 ist Ethernet APL hinzugekommen, das nun auch Ethernet für explosionsgefährdete Umgebungen realisiert (siehe Abschn. 9.3.3).

Ethernet-basierte Echtzeitsysteme sind in obigem Zusammenhang EtherNet/IP [13], PROFINET [14], EtherCAT [15], Modbus TCP [16] und POWERLINK [17], welcher mittelweile in EtherNet/IP (Die Zykluszeiten liegen im Bereich von im 2–3 ms) integriert ist. Diese Feldbusse haben keine Ex-Zertifizierung im eigentlichen Sinne, dennoch verfügen sie über ein hohe Sicherheitssoftware und werden heute wo immer möglich zunehmend eingesetzt.

PROFINET, EtherCAT und POWERLINK sind dabei für harte Echtzeitanforderungen geeignet (Zykluszeiten kleiner 1 ms). Wenn man von Echtzeitbus-Systemen spricht so wird heute zwischen folgenden Kategorien unterschieden (siehe auch Abb. 8.1):

- Hochdynamische, synchronisierte Prozesse, elektronische Getriebe: Zykluszeit: 1 µs bis 1 ms
- Werkzeugmaschinen, Roboter, Motion ControlZykluszeit: 50 µs bis 75 ms

- Einfache Regelungen, Großteil der Automatisierungen (pH-Messung): Zykluszeit: 1 ms bis 1 s
- Gebäudetechnik, Automationsebene einfache Prozesse, Lagersysteme: Zykluszeit: 25 ms bis >10 s

Die Einteilung dieser Kategorien erfolgt laut IAONA (Industrial Automation Open Networking Alliance) [18] in USA. Deren Ziel ist es, Ethernet umfassend in der Automatisierung zu etablieren [19].

Beachtlich ist, dass es noch im Jahr 2007 ca. 85 % Feldgeräte gab, die mit 4...20 mA- bzw. 4...20 mA HART-Kommunikation ausgerüstet waren. Ca 12 %-15 % der Geräte hatten zum damaligen Zeitpunkt von Feldbussen PROFIBUS DP und PROFIBUS PA sowie FF H1 und FF H2 implementiert [2].

Ethernet TCP/IP Bussysteme kamen in diesem Zeitraum zwischen SCADA-, MES- und ERP-Systemen häufig [20, 21] zum Einsatz.

Trotz aller Euphorie für die neuen Bussysteme wuchs im ersten Jahrzehnt von 2000 in der Automatisierung die Anzahl der digitalen Feldbusse nur sehr langsam. Zu dominant war die installierte Basis mit dem eingeführten wohlbekannten 4...20 mA-Signal und somit auch die des 4...20 mA HART Feldbusses. Der Grund war, dass sich viele Firmen scheuten, den hohen Kostenaufwand für Umrüstungen zu investieren. Dahingegen kommen die digitale Feldbusse in neuen Anlagen zum Einsatz.

Die ASIC-Entwicklungen für die Feldbusautomatisierungen begannen ca. ab 2000–2010. Sie fanden schwerpunktmäßig parallel zu den Entwicklungen der Feldgeräte mit HART, PROFIBUS, PROFINET, EtherCAT, EtherNet/IP und weitere Varianten des Ethernet mit Internet statt. Viele der ASIC-Entwicklungen wurden für die Feldgeräte (Slaves) durchgeführt. Nicht zuletzt deswegen, weil hier eine hohe Anzahl von Geräten vorhanden sind. Ein weiterer Grund für die Entwicklung von ASIC's war, dass man durch die Miniaturisierungen Platz sparte und die funktionale Sicherheit erhöht wurde. ASIC's für die Feldbusprotokolle verwendeten u. a. ARM-Prozessoren oder Intel-Prozessoren.

7.1.2 Anforderungen an Feldbusse, Vor- und Nachteile von Feldbussen

Vom Kostenaspekt waren, wie die Namurstudie konstatierte, die Feldbusse günstiger, da sie die parallelen Leitungen durch ein einziges Buskabel ersetzten. Der große Vorteil des Feldbusses ist: Mehrere I/O Module oder I/O Karten können durch ein Businterface ersetzt werden. Dadurch wird viel Platz eingespart, wodurch die Schaltschränke bei den Anwendern kleiner wurden.

Zur Vertiefung sind in Tab. 7.1 noch einmal explizit die Vorteile und Nachteile von Feldbussen gegenübergestellt.

Allerdings muss erwähnt werden, dass eine bereits installierte Anlage für den Austausch von traditioneller Kommunikation mit Feldbus sehr teuer war und kostenmäßig die Vor-

Tab. 7.1 Vor- und Nachteile von Bussystemen. (Quelle Kunbus: https://www.kunbus.de/feldbus-grundlagen.html. Letzter Zugriff am 21.10.2023 und eigene Erfahrungen)

Vorteile von Bussystemen und Feldbussen	Nachteile von Bussystemen und Feldbusse
Geringer Verkabelungsaufwand, vereinfachte Installationen. Twisted Pair oder 'Klingeldraht' möglich (Memosens, SMARTPAT)	Aufwendige Messwertumformer und Transmitter, aufwendige Verkabelung zur Leitwarte, zwischen Sensoren und Schaltschränken. Oftmals doppelt geschirmte Kabel notwendig; z.B. pH-Messtechnik
Geringerer Platzbedarf im Schaltschrank durch miniaturisierte I/Os (siehe EtherCAT Abschnitt 10.3)	höherer Preis von Feldgeräten mit Feldbusfunktionalität gegenüber 4…20 mA Signal und/oder 4..20 mA HART Geräten
Erweiterungen oder Änderungen sind durch Standardisierungen einfach durchzuführen. Kommunikationsmodule sind redundant	Welche Feldbusse sich durchsetzen ist unklar. Fehlinvestitonen in F&E sind hohes Risiko. Heute müssen alle renommierten globalen Hersteller i.d.R. viele Feldbusse unterstützen
Bessere Elektromagnetische Verträglichkeit durch Fehlerkorrekturmaßnahmen (Codierverfahren)	Feldbusse sind komplexer und erfordern höher qualifiziertes Personal (siehe auch Industrie 4.0). Vor allem in konservativen Industrien ein großes Generationsproblem
Hohe Zuverlässigkeit und bessere Verfügbarkeit durch kurze Übertragungswege	Lange Entwicklungszeiten, auch durch Zertifizierungen für Exfähigkeit und Sicherheitssoftware DeviceNet, SERCOS I bis SERCOS II etc.
Offene Feldbussysteme sind standardisiert. Datenübertragung und Geräteanschluss sind unabhängig vom Hersteller	Hersteller sind gezwungen, mehrere Feldbusse zu unterstützen, was hohe Kosten im Gremien beizutreten, was hohe Kosten bedeutet (z.T. > 10.000€ pro Feldbus /Jahr!)
Die digitale Übertragung erfordert keine Festlegung von Messbereichen bei Messumformern. Hohe Dezentralität der Applikationen im Feld einfach möglich	Beim zentralen Anbindungsprinzip kann bei einer Busstörung das Leitsystem von allen Sensoren und Aktoren lahmgelegt werden.
Komponenten verschiedener Hersteller sind kompatibel und austauschbar	In sicherheitsrelevanten Anlagen sind Redundanzbussysteme und z.T. erhöhter Softwaraufwand notwendig (Ex, SIL)

teile des Feldbusses in vielen Bereichen nicht nutzen konnte. Deswegen sah man in vielen Anlagen seitens der Betreiber lange Zeit davon ab die installierte Basis zu ändern. Das war einer der wesentlichen Gründe für den langen Fortbestand des 4…20 mA-Signals!

7.2   Das OSI Modell (Open Systems Interconnection Model)

Das OSI Modell ist die Basis für die horizontale und vertikale Kommunikations-strukturen der allermeisten Feldbusse Und Bussysteme. Es wird auch häufig als OSI-7-Schichten-Modell bezeichnet [22].

Wie bereits erwähnt, ist die Datenübertragungstechnologie (Kommunikation) der letz-ten 40–50 Jahre in der Automatisierung so alt wie die physikalischen Vernetzungstopo-logien selbst. Dabei ist das OSI-7-Schichten-Modell die Basis schlechthin für die meis-ten digitalen Übertragungsprotokolle Feldbusse und Bussysteme ebenso wie auch für die Automatisierungspyramide (siehe Abb. 6.1).

Die Entwicklung des OSI Modells, das die Referenz für Netzwerkprotokolle und Schichtenarchitekturen ist, begann bereits im Jahr 1977/1978.

1983 wurde es von der ITU (International Telecommunication Union) [23] und 1984 von der ISO (International Organization for Standardization) als Standard veröffentlicht.

Das OSI-7-Schichten-Modell gilt als der Vater aller Kommunikationsprotokolle und umfasst gemäß Abb. 7.3 sieben Schichten (engl.: Layers) mit klaren Schnittstellen und Aufgaben.

Dabei ordnet das OSI Modell die in einem Rechnernetzwerk benötigten Hardware- und Softwareteile in insgesamt sieben Schichten ansteigender Komplexität an.

Je höher eine Schicht, desto weniger interessant ist sie für den technischen Ablauf der Datenübertragung und umso mehr ist sie mit dem eigentlichen Inhalt der Daten beschäftigt. Das OSI Modell ist quasi der Protokollstack für die ethernetbasierte Kommunikation. In Kap. 8 besprechen wir in diesem Zusammenhang Ethernet TCP/IP und Ethernet UDP/IP, welche in den Schichten 1 bis 4 angesiedelt sind.

Die Prämisse beim OSI Modell ist, das die Sender- und Empfängerseite nach klaren Regeln arbeiten müssen, um fehlerfrei kommunizieren zu können. Entscheidend ist die Trennung der Schichten mittels klarer Schnittstellen im Sinne von Sicherheit, Zuverlässigkeit und Effizienz geschieht.

Jede Ebene stellt Dienste zu Verfügung, die von der darunterliegenden wie auch der darüberliegenden Schicht genutzt werden. Die 7 Schichten (7 Layers) sind wie folgt definiert [22]:

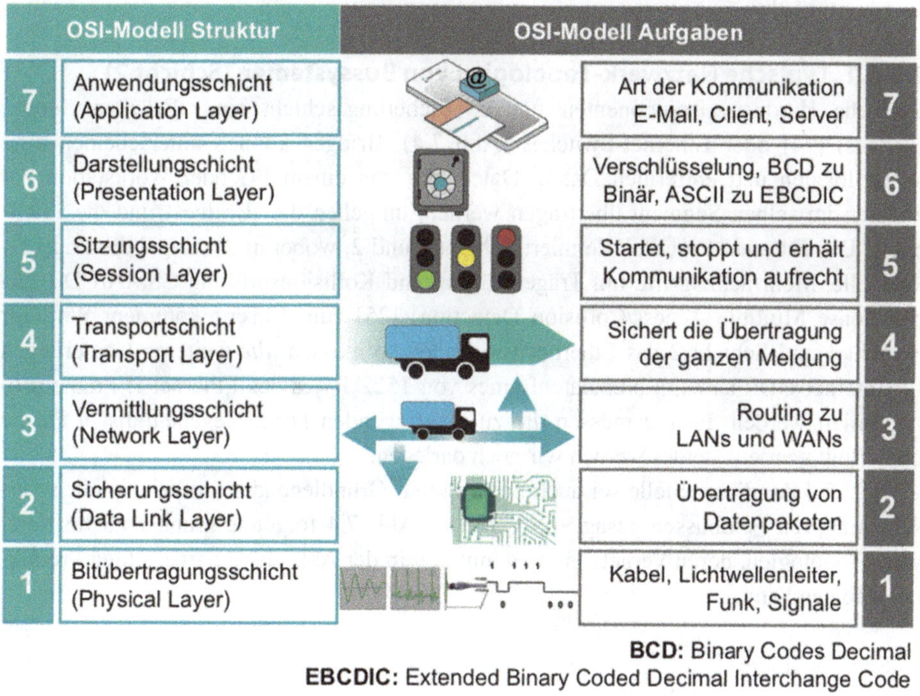

OSI-Modell Struktur	OSI-Modell Aufgaben
7 Anwendungsschicht (Application Layer)	Art der Kommunikation E-Mail, Client, Server 7
6 Darstellungsschicht (Presentation Layer)	Verschlüsselung, BCD zu Binär, ASCII zu EBCDIC 6
5 Sitzungsschicht (Session Layer)	Startet, stoppt und erhält Kommunikation aufrecht 5
4 Transportschicht (Transport Layer)	Sichert die Übertragung der ganzen Meldung 4
3 Vermittlungsschicht (Network Layer)	Routing zu LANs und WANs 3
2 Sicherungsschicht (Data Link Layer)	Übertragung von Datenpaketen 2
1 Bitübertragungsschicht (Physical Layer)	Kabel, Lichtwellenleiter, Funk, Signale 1

BCD: Binary Codes Decimal
EBCDIC: Extended Binary Coded Decimal Interchange Code

Abb. 7.3 OSI-7-Schichten-Modell (Open System Interconnection Modell)

7.2.1   Schicht 1: Bitübertragungsschicht (Physical Layer)

Die unterste Schicht ist die Hardware im eigentlichen Sinn. Auf der Bitübertragungs-schicht wird die digitale Übertragung von Bits auf einer leitungsgebundenen (Kupferkabel, Lichtwellenleiter) oder leitungslosen Übertragungsstrecke, z. B. WLAN/Wi-Fi, realisiert.

Ferner muss die Steckverbindung definiert sein. Zur Datenübertragung und Mehrfach-nutzung (Multiplexen) des Übertragungsmediums muss eine Codierung erfolgen. Typische Komponenten sind die RS-485-Baugruppen oder aber die bereits veralteten Hubs, die aus Datenkollisionsgründen so gut wie nicht mehr eingesetzt werden. Die Verbindung von mehreren Systemen erfolgt durch einen Bus, der gewissen Anforderungen erfüllen muss.

7.2.2   Schicht 2: Sicherungsschicht für Daten und Verbindung (Data Link Layer)

Ziel ist es, eine möglichst fehlerfreie Datenübertragung zu realisieren und den Zugriff auf die Bitübertragungsschicht zu gewährleisten. Dazu werden die Bitdatenströme in Blöcke oder Pakete (Frames) unterteilt und Prüfsummen im Rahmen einer Kanal-codierung hinzugefügt. Somit können fehlerhafte Blöcke erkannt und zum Teil sogar korrigiert werden.

7.2.2.1 Typische Netzwerk-Topologien von Bussystemen (Schicht 2)

Typische Hardware-Komponenten für die Sicherungsschicht sind ‚Brücken' (engl.: Bridges) [24] oder Ethernet-Switches (Abb. 7.4). Bridges können unterscheiden zwi-schen lokalen und entfernten Daten. Daten, die von einem PC oder Workstation zur anderen im selben Segment übertragen werden, umgehen die ‚Bridges' und die ‚Swit-ches'. Das Ethernet-Protokoll definiert Schicht 1 und 2, wobei in der Regel die Zugriffs-kontrolle, Mehrfachzugriffe mit Trägerprüfung und Kollisionsprüfung CSMA/CD (Car-rier Sense Multiple Access/Collision Detection) [25] zum Einsatz kommen. Wird für Schicht 1 und Schicht 2 das Ethernet verwendet, so müssen *alle* weiteren Codierungen für Internet UDP usw. im Nutzdatenframes von 1522 Bytes des Ethernet II Frame pro-grammiert werden. Hierzu müssen die zu übertragenden Daten gegebenfalls in Pakete undterteilt werden. Beides werden wir noch darlegen.

Abb. 7.4 An dieser Stelle sei auch noch einmal Grundlegendes zur prinzipiellen Ver-schaltung von Feldbussen gesagt. Es gibt nach Abb. 7.4 folgende grundsätzliche Netz-werk-Topologien, deren Vernetzung u. a. mit den in der Abbildung dargestellten Produk-ten erfolgen kann

- Sterntopologie
- Erweiterte Sterntopologie

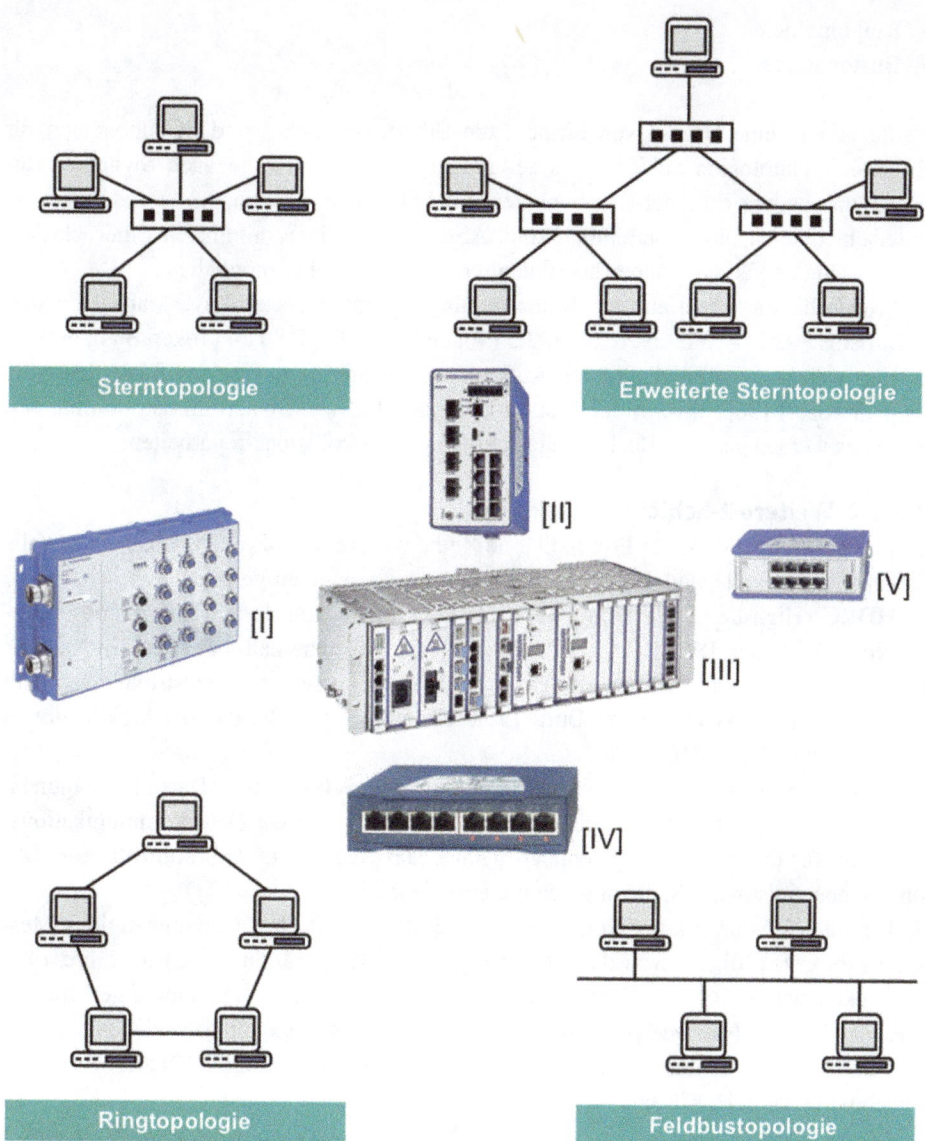

Abb. 7.4 Topologien und Ethernet-Switches Netzwerke. (Quelle Belden Inc. (Hirschmann)). [I] OS32-081602O6O6TPEPHH – Verwaltet IP67 PoE-Switch, 18 An- schlüsse, Versorgungs- spannung 48 VDC, Software L2P (Sterntopolo gien). [II] Hirschmann BRS50-8TX/4SFP Indus- trial Ethernet Switch(Sterntopologien), 8 × Ports für 10/100/1000 MBit/s. [III] DRAGON PTN komplett integriertes Ethernet-basiertes Backbone-Über tragungssystem. [IV] Spider II 8TX PoE: Switch mit 8 Ports und Power over Ethernet. [V] OZD Profi 12M G22: Ethernet Glasfaserrepeater für PROFIBUS Netz werke. Redundanz gegenüber Faserbruch (Ringtopologien)

- Ringtopologie
- Bustopologie

Heute gibt es eine Unzahl von Firmen, die Ethernet-Switches und -Komponenten für Ethernet-Technologien anbieten. Es sei gesagt, dass mittlerweile auch Switches, Repeater und andere Ethernet-Komponenten mit PoE (siehe Abschn. 9.3.1) und IP67 von unterschiedlichen Firmen erhältlich sind. Abb. 7.4 gibt einen minimalen Eindruck dessen, was in den Variationen der Instrumentierung mit Switches möglich ist.

Protokolle, die direkt auf der Bitübertragungsschicht (Physical Layer) aufsetzen sind z. B. IEEE 802.11A WLAN, IEEE 802.5 (Token Ring), IEEE 802.4 (Token Bus), usw.

Ein wichtiges Protokoll für den Aufbau von Rechnernetzen ist das STP (Spanning Tree Protocol) [26]. das Protokoll ist ein zentraler Teil von Switch-Infrastrukturen. Mit Switches werden gesamte Rechnernetze aufgebaut, die kollisionsfrei arbeiten.

7.2.2.2 Weitere 2-Schicht-Protokolle

Es gibt neben dem Ethernet-Protokoll eine Reihe von weiteren Protokollen, die ebenfalls 2-Schicht-Protokolle sind. Einige seien an dieser Stelle kurz aufgelistet:

HDLC (High-Level Data Link Control) [27] ist ein von der ISO normiertes Netzwerkprotokoll nach ISO/IEC 13239:2002 [28]. Es wird innerhalb des ISO/OSI Modells in der Sicherungsschicht angewendet. HDLC basiert in seiner Grundstruktur auf dem SDLC-Protokoll (**Synchronous Data Link Control**) von IBM, darüber hinaus gibt es das proprietäre Cisco-HDLC.

SDLC (Synchronous Data Link Control oder Synchrone Datenübertragungssteuerung) [29] ist ein herstellerspezifisches bitsynchrones Datenkommunikationsprotokoll für die bitserielle Datenübertragung. Das SDLC-Protokoll **stammt von** IBM und ist ebenfalls in der Sicherungsschicht angesiedelt,

Ein älteres Netzwerkprotokoll ist das DDCMP (Digital Data Communications Message Protocol) [30], das von der Digital Equipment Corporation (DEC) im Jahre 1974 entwickelt wurde, um die Kommunikation über Punkt-zu-Punkt-Verbindungen für das DECnet Phase I-Netzwerkprotokoll zu realisieren. Das Protokoll ist zeichenorientiert und kann synchrone und asynchrone Datenübertragung realisieren. DDCMP wird aber zunehmend durch HDCL und SDLC abgelöst.

Wir beschränken und jedoch im weiteren Verlauf auf das Ethernet gemäß IEEE 802.3 (Ursprünglich ISO/IEC 8802-2) und dem ARP Protokoll. Es ist der Standard, der die logische Verbindungskontrolle (LCC: Logical Link Control) reguliert. Es betrifft den oberen Teil der Sicherungsschicht (siehe Tab. 7.5).

7.2.2.3 ARP-Protokoll und Internet

Eine wichtige Aufgabe besitzt unter den Gesichtspunkten von IoT das Address Resolution Protocol (ARP) und wird deshalb bereits an dieser Stelle angesprochen.

Abb. 7.5 zeigt die Ansiedlung des ARP Protokoll für IPv4 im OSI Modell.

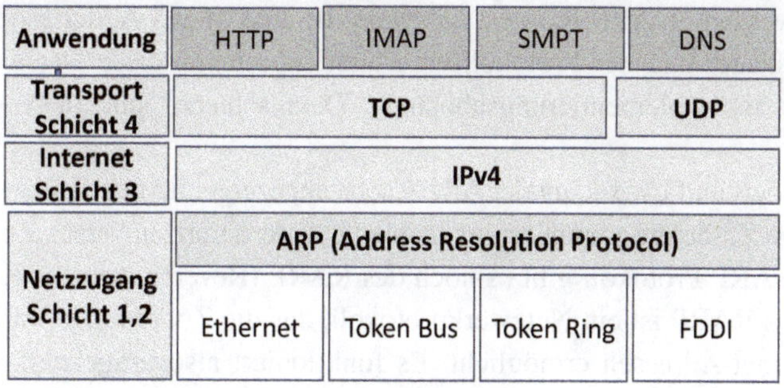

Anwendung	HTTP	IMAP	SMPT	DNS
Transport **Schicht 4**	TCP			UDP
Internet **Schicht 3**	IPv4			
Netzzugang **Schicht 1,2**	ARP (Address Resolution Protocol)			
	Ethernet	Token Bus	Token Ring	FDDI

FDDI: Fiber Distributed Data Interface
HTTP :Hypertext Transfer Protocol (HTTP, englisch für
Hypertext-Übertragungsprotokoll)
IMAP: Methode, um auf E-Mails zuzugreifen. IMAP ist die
empfohlene Methode, wenn E-Mails auf mehreren
verschiedenen Geräten, z.B. Smartphone, Laptop und
Tablet, gelesen werden
DNS:Domain-Namen-System, (DNS) ist ein
hierarchisch unterteiltes Bezeichnungssystem in einem
meist IP-basierten Netz
SMTP: Simple Mail Transfer Protocol

Abb. 7.5   Das ARP Protokoll im OSI Modell

Um die Verbindung mit dem Internet zu realisieren wird in der Sicherungsschicht das ARP (Address Resolution Protocol) [31, 32] verwendet. ARP ist somit ein wichtiges Protokoll der Sicherungsschicht, das zu einer Netzwerk-Adresse der Internetschicht die Hardware-Adresse der Netzzugangsschicht ermittelt. Diese Zuweisung wird, wenn angewendet, in den sogenannten ARP-Tabellen der beteiligten Rechner hinterlegt. Es wird fast ausschließlich im Zusammenhang mit IPv4-Adressierung verwendet; d. h. 32 Bits [33] auf Ethernet-Netzen, also zur Ermittlung von MAC-Adressen. MAC Adressen werden dabei vom Hersteller einer Ethernet-Netzwerkkarte oder eines Ethernet fähigen Gerätes zu gegebenen IP-Adressen verwendet (siehe hierzu auch Abschnitt Ethernet). Für IPv6 wird diese Funktionalität nicht von ARP, sondern durch das Neighbor Discovery Protocol (NDP) bereitgestellt. Näheres hierzu wird im Ethernet- Protokoll besprochen.

7.2.2.4 Funktionsweise des ARP-Protokoll mit Ethernet
Das ARP ist für die MAC-Adressen im lokalen Netzwerk zuständig (Ethernet). Will man Daten über die lokalen Netzwerkgrenzen hinaussenden wird das IP-Protokoll verwendet.

Eine IP-Implementierung erkennt, dass ein Paket nicht für das lokale Subnetzwerk bestimmt ist und senden es an einen lokalen Router, der sich um die Weiterleitung des Paketes kümmert. Der Router wiederum selbst hat eine lokale MAC Adresse. Die über ARP ermittelt werden kann,

Weiterhin werden im ARP-Request neben der IP- und MAC- A, der Eintragszeitpunkt, die Gültigkeitsdauer und der Protokolltyp erfasst. Wie lange diese Daten im Cache gehalten werden, ist implementierungsabhängig. Details hierzu sind in Abschn. 8.1.6 erläutert.

Unter Windows und Unix kann der ARP Cache angezeigt und manipuliert werden. Auch können mit dem Zusatzprogramm arping manuelle Anforderungen versendet werden.

Neben dem ARP Protokoll gibt es noch das RARP (Reverse Address Resolution Protocol) [34]. Das RARP ist ein Netzwerkprotokoll, das die Zuordnung von Hardware Adressen zu Internet-Adressen ermöglicht. Es funktioniert also umgekehrt wie das ARP-Protokoll. RAPR gehört zur Vermittlungsschicht der gesamten Internetprotokollfamilie.

Es zeigt noch einmal eindrucksvoll die Vielfalt und Komplexität von Kommunikationsprotokollen.

7.2.3   Schicht 3: Vermittlungsschicht (Network Layer)

Diese Schicht ist verantwortlich für das Schalten von Verbindungen und für die Weitervermittlung von Datenpaketen. Die Datenübertragung umfasst das gesamte Kommunikationsnetz über alle Schichten und schließt die Wegsuche (engl.: Routing) ein. Wichtige Bestandteile dieser Schicht sind die Bereitstellung netzwerkübergreifender Adressen (z. B. Internetadressen), das Routing und die Aktualisierung der Routingtabellen. Die Hardware auf dieser Schicht sind die bekannten Router, die jeder von seinem WLAN Router zuhause kennt!

Abb. 7.6 zeigt einen typischen Ethernetswitch/Router SPIDER 5TX, der unter die Rubrik' nicht verwalteter Industrial Ethernet DIN Rail Mount Switch' fällt, für Übertragungsraten mit 10 Mbit/sec und/100 Mbit/sec. Dieser Typ von Switch erfordert gegenüber dem verwalteten Switch keine Einstellung für die Verwendung. Der verwaltete Switch leitet automatisch den Datenverkehr weiter. D. h. Der Switch weist eine hohe Bedienerfreundlichkeit auf.

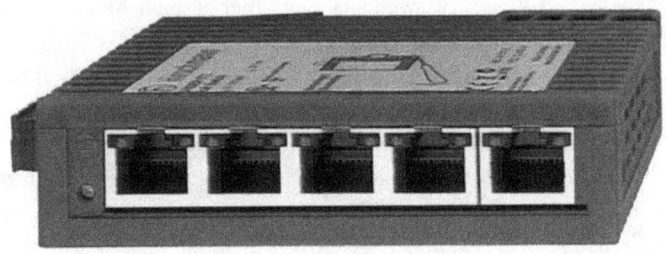

Abb. 7.6 SPIDER 5TX – Nicht verwalteter 5-Port-Switch Industrial Ethernet DIN Rail Mount Switch, Speicher- und Vorwärts-Switching-Modus, 5 x 10/100 Mbit/s, RJ45 Stecker. https://catalog.belden.com/index.cfm?event=pd&p=PF_943824002/; letzter Zugriff am 23.10.2023. (Quelle Belden Inc. (Hirschmann))

Das Internetprotokoll (Version IPv4 und IPv6) ist einer der bekanntesten Vertreter der Vermittlungsschicht. Als Netzwerkprotokoll stellt es die Grundlage des Internets dar. Das Internetprotokoll ist die normalerweise die Implementierung der Internetschicht im Ethernet II Frame. Meistens wird es mit dem Transportprotokoll in der Protokollsuite TCP/IP im Ethernet-Stack implementiert (siehe Abschn. 8.4).

Aber es gibt auch für diese dritte Schicht zahlreiche andere Protokolle, die im Zusammenhang mit dem Internet stehen. Dies sind z. B.:

IPSec (Internet Protocol Security) [35] ist eine sog. Protokoll-Suite, die eine gesicherte Kommunikation über das Internet ermöglicht. Hier zeigt sich einmal mehr, welche Bedeutung der Sicherheit in immer größerem Umfang zukommt. Wir werden diesem Sachverhalt noch häufig bei den einzelnen Bus-Protokollen begegnen.

ICMP (Internet Control Message Protocol) [36] dient in Rechnernetzwerken dem Austausch von Informations- und Fehlermeldungen über das Internet-Protokoll in der Version 4 (IPv4). Für IPv6 (Internetprotokoll Version 6) [37] existiert ein ähnliches Protokoll mit dem Namen ICMPv6.

IGPM (Internet Group Management Protocol) [38] ist ein Protokoll der Internetprotokollfamilie und dient zur Organisation von Multicast-Gruppen, d. h. Nachrichtenübertragung von einem Punkt zu einer Gruppe. Das IGMP-Protokoll benutzt wie ICMP das Internet-Protokoll (IP) und ist Bestandteil von IP auf allen Hosts, die den Empfang von IP-Multicasts unterstützen.

OSPF (Open Shortest Path First) [39] dient der Auffindung des kürzesten Verbindungsweges. Dieses Protokoll wurde von der IETF (Internet Engineering Task Force) [40] zur Verbesserung des Internets bezüglich Datensicherheit und Geschwindigkeit entwickelt.

Die englische IETF (Internet Engineering Task Force) ist eine Organisation, die sich mit der technischen Weiterentwicklung des Internets befasst. Das OSPF ist in der Richtlinie RCF 2328 [41] nach dem Algorithmus von Edsger W. Dijkstra [42] standardisiert.

X.25 ist eine von der ITU-T standardisierte Protokollfamilie [43] für großräumige Computernetze (WANs) über das Telefonnetz. Der Standard definiert die Bitübertragungsschicht, die Sicherungsschicht und die Vermittlungsschicht (Schichten 1 bis 3) des OSI Modells (siehe Datex-P).

7.2.4   Schicht 4: Transportschicht – Ende zu Ende Kontrolle (Transport Layer)

Die Hauptaufgabe ist die Segmentierung des Datenstroms und die Vermeidung von Staus auf den Übertragungsmedien. Ein Datensegment wird auf der Transportschicht zur Datenkapselung verwendet. Es enthält im Protokoll Elemente für die Steuerungsinformationen. Als Adressierung wird ein Port (eine sog. Schicht 4-Adresse) vergeben. Das Datensegment selbst wird bereits in der Vermittlungsschicht (Schicht 3) in ein Datenpaket gekapselt. Die Schicht 4 bietet somit für die anwendungsorientierten

Schichten einen einheitlichen Zugriff, ohne dabei die Eigenschaften des Netzwerkes berücksichtigen zu müssen. Es gibt 5 verschiedene Klassen unterschiedlicher Güte von einfachen bis komfortablen Multiplexmechanismen und Fehlerbehebungsverfahren.

7.2.4.1 Typische Protokolle für die vierte Schicht

Die TCP/IP-Protokollfamilie (Transmission Control Protocol/Internet Protocol) umfasst folgende Netzwerkprotokolle: Im Kern handelt es sich, wie bereits ausgeführt, um das Internet Protocol (IP), das Transmission Control Protocol (TCP), das User Datagram Protocol (UDP) und das Internet Control Message Protocol (ICMP) siehe hierzu auch Abb. 7.5.

Das TCP Protokoll segmentiert die Daten in Pakete. Die Paketvermittlung ist eine Datenübertragung in Rechner- und Verbundnetzten. Längere als vom Frame erlaubte Daten (Beim Ethernet sind das maximal 1522 Bytes, wie wir noch sehen werden) werden in einzelne Datenpakete aufgeteilt und entweder verbindungslos als Datagramm) oder über eine virtuelle Datenverbindung übermittelt. Ein Pakt enthält die Informationen

- Quelle des Pakets (MAC)
- Ziel des Paketes
- Länge des Datenteils
- Die Paketlaufnummer (Paket x, Paket x + 1 …)
- Die Klassifizierung des Pakets
- Datenteil

Bei der Paketvermittlung im Internet (paketvermittelndes Netzwerk) durchqueren die Pakete als eigenständige Einheiten das Netz und können im Vermittlungsknoten zwischengespeichert werden. D. h. die Übertragungsgeschwindigkeit ist keine Begrenzung. Allerdings kann es zu Warteschlangen führen. Jeder zu passierende Konten empfängt das Paket und leitet es an seine Ausgangsschnittstelle weiter, die aber Ziel vieler unterschiedlicher Pakete sein kann. Überlastungen sind somit möglich. Es kann zu Verzögerungen kommen aber auch zum Verlusten von Paketen, die ein erneutes erfordern, was eine zusätzliche Belastung des Netzwerkes ist. Für den Anwender ist dieser Ablauf nicht transparent: Er erhält keine Informationen. Hinzukommt, dass sich die Übertragungswege dynamisch gestalten. Das System wurde von Donald Watts Davis [44] und Leonard Kleinrock [45] in den USA entwickelt.

Das Internet, Ethernet, UDP (User Datagram Protocol) benutzt bezogen auf Datagram Nachrichten eine verbindungslose Paketvermittlung. Dabei wird jedes Paket mit einer Zieladresse, Quelladresse und den Protokoll-Nummern versehen, zusätzlich kann es mit einer Sequenznummer gekennzeichnet werden. Dies ermöglicht ohne genaue Pfadangabe zum Zielempfänger zu senden. D. h.- aber, dass viel mehr Informationen im Paket Header gespeichert werden müssen. Jedes versendete Paket kann folglich über verschiedene Wege zum Zielempfänger gelangen; d. h. aber auch, dass jedes System sehr viel mehr Aufwand leisten muss im Gegensatz zu einer verbindungsorientierten Übermittlung. Am Bestimmungsort wird die ursprüngliche Nachricht in der richtigen

Reihenfolge bezüglich der Paketfolgenummern wieder zusammengesetzt Diese virtuelle Verbindung, bekannt auch unter dem Namen virtuelle Schaltung oder Bytestrom, wird dem Endbenutzer durch das Transportschichtprotokoll wieder bereitgestellt [46].

Im Vergleich zur Leitungsvermittlung bietet die Paketvermittlung eine Reihe von Vorteilen [46]:

- Effizientere Auslastung, da eine Leitung nicht exklusiv belegt wird, sondern mehrere Nutzer bzw. Dienste gleichzeitig kommunizieren können
- Die Ressourcen können fair unter den Teilnehmern aufgeteilt werden
- Wenn es mehrere Routen vom Sender zum Empfänger gibt, kann beim Ausfall einer Vermittlungsstation der Datenstrom transparent umgeleitet werden

Die Nachteile der Paketvermittlung sind [46]:

- Da die Übertragungswege und -streckenpfade nicht festgelegt sind, kann es zur Überlastung an einzelnen Vermittlungsstationen kommen
- Die Pakete können in einer anderen Reihenfolge beim Empfänger ankommen, als sie gesendet wurden
- Es wird keine konstante Datenrate garantiert, d. h. die Datenrate kann schwanken

Verbindungsorientierte Paketvermittlung (virtuelle Leitungsvermittlung)

Im Gegensatz zur verbindungslosen Paketvermittlung wie sie das Internet im Zusammenhang mit Ethernet benutzt, wird bei der verbindungsorientierten Paketvermittlung jedes Paket mit einem Verbindungs-ID anstelle einer Adresse versehen. Diese Adressinformation wird nur an jedem einzelnen Knoten während der Phase des Verbindungsaufbaus übermittelt. Wenn nun diese Information während des Weges zum Zielempfänger angesprochen wird, erfolgt ein Eintrag in den Schalttabellen jedes betreffenden Netzknotens und die Verbindung wird geschaltet. Die Übermittlung bzw. Weiterleitung eines solchen Paketes ist sehr einfach, da nur ein „Nachschlagen" in den Schalttabellen der Knoten erforderlich ist, um die betreffende Verbindungs-ID zu ermitteln. Der dazu notwendige Paket-Header enthält wesentlich weniger Informationen (ID, Länge, Zeitstempel oder Folgenummer).

Verbindungsorientierte Protokolle sind z. B. TCP, X.25, Multiprotocol Label Switching (MPLS) und Asynchronous Transfer Mode (ATM).

Anstelle des TCP Protokolls kann auch das UDP (User Datagram Protocol) [47] verwendet werden. Das UDP ist ein minimales, verbindungsloses Netzwerkprotokoll, das zur Transportschicht der Internetprotokollfamilie gehört. UDP ermöglicht Anwendungen den Versand von Datagrammen in IP-basierten Rechnernetzen. Die Entwicklung von UDP begann 1977 für schnelle Sprachübertragung (siehe Abschn. 8.5).

SCTP (Stream Control Transmission Protocol) [48] ist ein zuverlässiges, verbindungsorientiertes Netzwerkprotokoll. Es gehört zur Transportschicht und setzt ebenfalls auf einem Paketdienst auf.

7.2.5   Schicht 5: Sitzungsschicht (Session Layer)

Diese Schicht hat als Aufgabe die Prozesskommunikation zwischen zwei Systemen sicherzustellen. Hier ist das bekannte RPC (Remote Procedure Call) [49] angesiedelt. Die Sitzungsschicht stellt somit die Dienste für einen synchronisierten Datenaustausch zur Verfügung. Maßgeblich hierfür sind die sogenannten Check Points, bei der eine durch einen Ausfall unterbrochene Kommunikation wieder aufgesetzt werden kann, ohne dass man dabei ganz von vorne beginnen zu müssen.

Ein typisches Protokoll hierfür ist das Connection Session Protocol (CSP) nach ISO/IEC 9548-1:1996 [50].

7.2.6   Schicht 6: Darstellungsschicht (Presentation Layer)

Die Darstellungsschicht setzt systemabhängige Darstellungen (wie z. B. ASCII) in eine systemunabhängige Darstellung um und ermöglicht somit den korrekten Datenaustausch zwischen zwei unterschiedlichen Systemen. Die Darstellungsschicht übernimmt ebenfalls die *Datenkompression* und die gewohnten *Datenverschlüsselungen*.

Diese Schicht stellt unter anderem sicher, dass Daten die von der Anwendungsschicht (Layer 7) eines beliebigen Systems gesendet werden, von der Anwendungsschicht eines beliebigen anderen Systems gelesen werden können.

Die Darstellungsschicht agiert quasi als ein Übersetzer (Dolmetscher). Die Normierung und Protokolle sind in der ISO 8822/X.216 (Presentation Service) und ISO 9548 (Connectionless Service) sowie im ISO 8327/X.226 (Connection oriented session protocol) [51] definiert.

7.2.7   Schicht 7: Anwendungsschicht (Application Layer)

Die Anwendungsschicht stellt einerseits Funktionen für die Anwendungen zur Verfügung und andrerseits die Verbindungen zu den darunterliegenden Schichten her. Sie steuert den Netzwerkprozess und regelt die Dienste. Zentral sind dabei die Eingabe und Ausgabe von Daten. Ein typisches Beispiel hierfür ist Google oder Bing.

7.2.8   Zusammenfassung OSI Modell

Zusammenfassend sei gesagt, dass das OSI Modell der Standard für nahezu alle Feldbus- und Bus-Protokolle ist. Wir haben das OSI Modell bereits unter dem Schwerpunkt Internet (IoT) und Ethernet erläutert. Beide Themen werden uns in Kap. 8 wieder begegnen. Ethernet TCP/IP, das wohl eines der am häufigsten verbreiteten Kommunikationsprotokolle (Protokoll Stapel) ist, basiert auf dem OSI Modell. Ethernet TCP/IP ist den meisten von uns aus Büro- und Gebäude- Automatisierung bekannt. Es wird aber auch in der Fabrik- und der Prozessautomation zwischen den oberen Schichten (Leveln) ab dem SCADA-System zum ERP-System verwendet.

Die Ethernet-Entwicklung begann 1973 bei Xerox Palo Alto Research durch Mr. Metcalfe noch vor der HART-Entwicklung von Rosemount im Jahr 1979, dem PROFIBUS DP und Modbus RTU. Zur Erinnerung: Die Standardisierung der Automatisierungspyramide war Thema von 1985. Erst 1999 erfolgte die weltweite Normierung aller Feldbusse in der IEC 61158.

Im Jahr 2005 kam das echtzeitfähige EtherNet/IP auf den Markt, bis dahin waren in der Prozessautomation HART und PROFIBUS sowie FF die einzigen Echtzeitfeldbusse.

Im Folgenden vertiefen erfolgt eine geschichtliche Einordnung der verschiedenen Feldbusse, beginnen mit dem Ethernet, dessen Entwicklung 1973 begann.

7.3   Geschichte der Bussysteme – Vom Ethernet über Internet bis hin zu OPC UA

Der Vorläufer für Internet (IoT) sowie alle Netzwerke und Feldbusse ist das ARPANET vom 29.10.1969. Es wurde zur Vernetzung von Großrechnern von Universitäten und Forschungseinrichtungen benutzt, mit dem Ziel die Rechenleistungen besser zu nutzen. Gedacht war es zunächst nur für USA, jedoch wurde es sehr schnell für die weltweite Nutzung weiterentwickelt.

Das ARPANET (Advanced Research Projects Agency Network) war ein Computernetzwerk und wurde ursprünglich im Auftrag der US Air Force ab 1968 von einer kleinen Forschergruppe unter der Leitung des Massachusetts Institute of Technology und des US-Verteidigungsministeriums entwickelt. Es gilt als der Vorläufer des heutigen Internets [52].

Diese Großrechner waren in den 70ern über Interface Message Processors vernetzt, welche die Kommunikation über Paketvermittlung übernahmen (siehe TCP) nach viele Weiterentwicklungen in den Folgejahren entstand das TCP/IP. Die Entwickler waren Vinton G. Cerf und Robert E. Kahn [53].

Die wichtigste Anwendung zu Beginn war die E-Mail. Im Jahre 1971 betrug die Datenmenge des E-Mails-Verkehrs mehr als die Datenmenge die mit anderen Protokollen des DARPANET (Telnet und FTP) übertragen wurde).

1981 wurden mit RFC 790–793 (Requests for Comments-Internets), IPv4, ICMP (Internet Control Message Protocol) und TCP spezifiziert, die bis heute die Grundlage der meisten Verbindungen im Internet sind. Die Requests for Comments (RFC) sind technische und organisatorische Dokumente zum Internet (ursprünglich ARPANET), die seit dem 7. April 1969 vom RFC-Editor herausgegeben werden.

Diese sollten nach einer knapp zweijährigen Ankündigungszeit am 1. Januar 1983 auf allen Hosts aktiv sein. Mit der Umstellung von den ARPANET-Protokollen auf das Internet Protocol IPv4 setzte sich auch der Name Internet durch. Diese Protokollumstellung in der Geschichte des Internets dauerte laut Kahn fast sechs Monate [54]. Man sollte wissen, dass die Verbreitung des Internets ist eng mit der Entwicklung des Betriebssystems Unix verbunden.

Mit dem 1984 entwickelten DNS wurde es möglich, auf der ganzen Welt Rechner mit von Menschen merkbaren Namen anzusprechen. Das DNS (Domain Name System) Protokoll basiert standardmäßig auf dem User Datagram Protocol (UDP). DNS kann aber auch über das Transmission Control Protocol (TCP) funktionieren.

Es ist ein Programm der Schicht 7 (Anwendungsschicht) Das DNS-Protokoll weist jedem Rechner im Internet eine eindeutige Adresse zu, indem es Internetadressen in eindeutige, numerische IP-Adressen umwandelt [55].

Das Internet verbreitete sich über immer mehr Universitäten und weitete sich auch über die Grenzen der USA aus. Dort fand das Usenet weite Verbreitung und wurde zeitweise zu der dominanten Anwendung des Internets. Es bildeten sich erste Verhaltensregeln und damit erste Anzeichen einer „Netzkultur".

Im Jahr 1990 beschloss die National Science Foundation der USA, das Internet für kommerzielle Zwecke nutzbar zu machen, wodurch es über die Universitäten hinaus öffentlich zugänglich wurde. Dies bedeutete den Beginn des Internetzeitalters.

Tim Berners-Lee [56, 57] entwickelte um das Jahr 1989 am CERN die Grundlagen des World Wide Web. Am 6. August 1991 machte er dieses Projekt eines Hypertext-Dienstes via Usenet mit einem Beitrag zur Newsgroup alt.hypertext öffentlich und weltweit verfügbar. Der erste Web.Server war am CERN.

Rasanten Auftrieb erhielt das Internet ab 1993, als der erste grafikfähige Webbrowser namens Mosaic veröffentlicht und zum kostenlosen Download angeboten wurde, der die Darstellung von Inhalten des WWW ermöglichte. Durch AOL und dessen Software-Suite kam es zu einer wachsenden Zahl von Nutzern und vielen kommerziellen Angeboten im Internet. AOL selbst war früher ein Unternehmen, das als AOL Inc. und ursprünglich als America Online bekannt war. Es ist ein US-amerikanisches Webportal und Online-Dienstanbieter mit Sitz in New York City.

Das Internet wurde zum wesentlichen Katalysator der Digitalen Revolution.

Mit der Verbesserung der Datenübertragungsraten und der Einführung normierter Protokolle wurde Internet-für die digitale Telefonie herangezogen. Ende 2016 nutzten in Deutschland rund 25,2 Mio. Menschen die Voice-over-IP-Technologie (VoIP) [58].

Als sich eine Verknappung des freien IP-Adressraums abzeichnete, begann die Entwicklung eines Nachfolgeprotokolls. Im Dezember 1995 wurde die erste Spezifikation von IPv6 veröffentlicht [59, 60] und seitdem in Pilotprojekten getestet, etwa im globalen Testnetzwerk 6Bone und im deutschsprachigen Raum im JOIN-Projekt. Im Februar 2011 wies die ICANN (Internet Corporation für zugewiesene Namen und Nummern) die letzten IPv4-Adressblöcke an die Regional Internet Registries zur Weiterverteilung zu. Je nach Registry werden die restlichen IPv4-Adressblöcke noch zugeteilt oder sind bereits aufgebraucht. Infolge des World IPv6 Day und World IPv6 Launch Day im Juni 2011 und Juni 2012 stieg der Anteil von IPv6 am Internetverkehr, betrug insgesamt jedoch weniger als ein Prozent [60].

Internet, Web 2.0 und die Cloud – von 2003 bis heute

Mit Social-Media-Plattformen wie Facebook, Twitter oder YouTube sowie Instergram trat das bidirektionale Austauschen von Inhalten unter den Nutzern (sogenanntem user-generated content) in den Vordergrund, allerdings jetzt auf zentralen, abgeschlossenen Plattformen und praktisch ausschließlich durch Nutzung eines Webbrowsers. Das Schlagwort Web 2.0 verweist auf die zunehmende Interaktivität, auch durch Audio- und Videoeinbindung, des Internets.

Mit der zunehmenden Verbreitung von verschiedenen mobilen Endgeräten entwickeln sich über Webseiten ausgelieferte JavaScript-Programme in Kombination mit zentral ge-hosteten Serveranwendungen und deren Speicher zunehmend zur interoperablen Alter-native zu herkömmlichen Anwendungen.

Unter dem Sammelbegriff ‚Internet der Dinge‘, das von Kevin Ashont in 1999 ver-öffentlich wurde, wurden Technologien etabliert, die den direkten Anschluss von Gerä-ten, Maschinen, Anlagen, mobilen Systemen usw. an das Internet erlaubten. Sie dienten der Interaktion dieser „Dinge" untereinander bzw. dem Fernzugriff auf sie durch den menschlichen Bediener. Diese Anschlusstechnologien umfassten einerseits Cloud-ba-sierte Dienste, andererseits geräteseitige Anbindungstechnologien und sind die Grund-lage für Industrie 4.0 wie wir bereits erfahren haben.

Bei der Entwicklung des Internet spielte auch das Ethernet eine wichtige Rolle, da das Internetprotokoll Bestandteil des Ethernetprotokoll-Stapel ist.

Ethernet und Internet, sind Arten von Netzwerken, die zur Verbindung von Compu-tern verwendet werden. Der Umfang und die Reichweite dieser beiden Netzwerke unter-scheiden sich: Ethernet ist ein lokales Netzwerk (LAN), das Computer in einem lokalen Netzwerk miteinander verbindet. Es gibt Hunderte und Tausende von Ethernet-Netzen. Das Internet (WAN) verbindet alle LAN's.

Das Internet hingegen ist ein riesiges Weitverkehrsnetz (WAN), an das sich entfernte Computer anschließen können, um auf Informationen zuzugreifen. Allerdings gibt es nur ein Internet. Wir können sagen, dass das Internet ein Netz von Netzen ist.

Abb. 7.7 zeigt tabellarisch die Geschichtliche Entwicklung zwischen Ethernet, IoT und den Feldbussen.

Die Geschichte der Datenübertragungstechnologie und der Vernetzungstopologie ist, wie bereits gesagt, seit dem Beginn der Arbeiten mit Ethernet im Jahr 1973 ein sehr altes Thema. Mit dem Ethernet entwickelte sich auch das Internet.

Im engen Zusammenhang mit dieser Entwicklung des Ethernet, Internet entwickelten sich rasant eine Reihe von Feldbussen. Bedingt waren alle Entwicklungen mit dem neuen μ-Controller Zeitalters seit ca. 1970(ca. ab 1970). Zu diesem Zeitpunkt begann die Entwicklung der ersten digitalen Feldbus-Systeme und Bussysteme [61] über die unter-schiedlichen Kommunikationsebenen der Automatisierungspyramide hinweg. Ethernet TCP/IP oder Ethernet UDP/IP ist die Basis für viele Feldbusse, wie z. B. EtherNet/IP, Et-herCAT, PROFINET, Modbus TCP, CC-link, IO-Link und OPC UA. Eingehend werden diese Feldbusse in Kap. 10 besprochen. Alle Feldbusse sind in der Anwendungsschicht

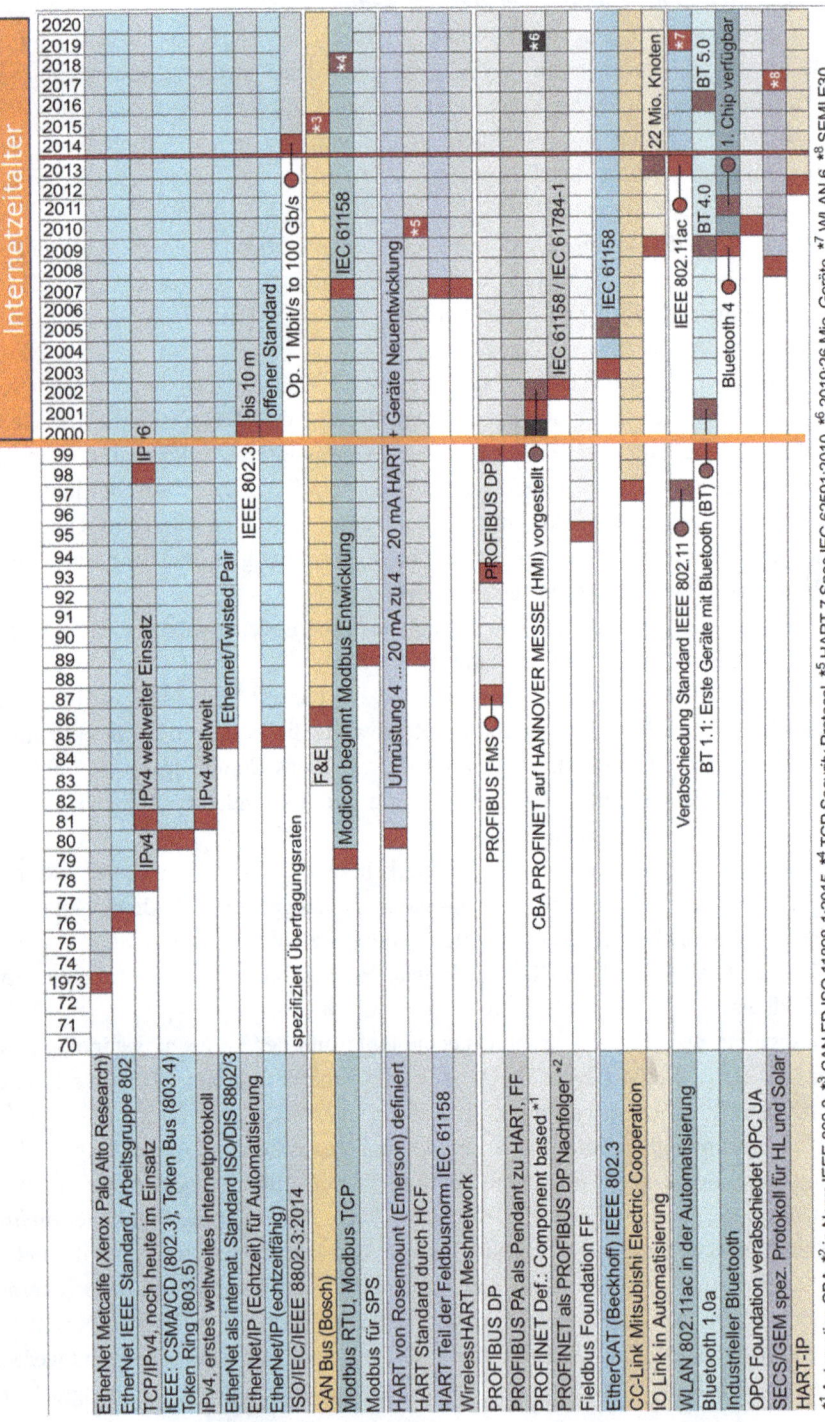

Abb. 7.7 Geschichtliche Zusammenhänge zwischen Ethernet, IoT und Feldbussen

7 des OSI Modelles angesiedelt und benutzen als Physikalische- und Sicherungsschicht das Ethernet gemäß IEEE 802.3.

Der Vorteil, wie bereits erwähnt (Siehe Tab. 7.1), eines digitalen Feldbusses oder Bussystems ist, dass mehrere Sensoren und Aktoren über dieselbe Leitung kommunizieren können. Dabei galt es zunächst bei Einführung der feldbusse und Bussysteme das Problem der Kennung für die Steuerung der Geräte zu lösen. Kurz ausgedrückt:

- Wer (Kennung)
- Was (Messwert, Befehl)
- Wann (Initiative)

innerhalb eine Bussystems sagt.

Für dieses generelle Prinzip wurden vereinfacht ausgedrückt, die normierten Bus-Protokolle definiert (siehe Abschn. 7.4.1).

Parallel zu Ethernet wurden die Feldbusse HART (seit 1980), PROFIBUS (Europa; seit 1986), Fieldbus Foundation oder FF (USA, seit 1995) sowie Modbus RTU (Nicht-EX, seit 1979) als wegweisende Feldbus-Systeme entwickelt, die keine Verbindung zu Ethernet aufwiesen.

Interessant ist, wie sich die Feldbus-Systeme in Zusammenhang mit der traditionellen Instrumentierung entwickelt haben.

Ursprünglich kommunizierten die Geräte (Sensoren und Aktoren), wie bereits im Abschn. 6.2, als Punkt-zu-Punkt-Verbindung von der ‚Feldebene‘ mit dem bekannten analogen 4…20 mA-Signal mit den I/O's der SPS-Ebene, damals zunächst noch festverdrahtete Steuerungen.

Die Anforderungen an die Kabel zur Übertragung (Schirmung usw.) der analogen Signale waren sehr hoch. Oft traf man, wie im Falle spezielle Sensoren, wie z. B. der pH-Messung, doppelt geschirmte Kabel an, um eine sichere und genaue Informationsübertragung zu gewährleisten. Bis heute werden in alten Anlagen in der Feldebene serielle Punkt-zu-Punkt-Verbindungen in Form des 4…20 mA-Signals installiert, obwohl das HART-Protokoll und viele andere Bussysteme mittlerweile seit Jahrzehnten existieren.

Dieser Umstand hat immer noch mit der seit Jahrzehnten alten installierten Instrumentierungsbasis zu tun. Allerdings werden heute, speziell bei Neuinstallationen, stark zunehmend digitale und echtzeitfähige auf Ethernet basierte Feldbusse wie z. B. EtherNet/IP, PROFINET (seit 2002 als Ersatz für PROFIBUS DP) und EtherCAT (seit 2003) eingesetzt. Die Bussysteme werden in Kap. 10 eingehend erklärt. Diese Feldbusse sind jedoch nicht für den Explosionsschutz ausgelegt. Deswegen haben HART, PROFIBUS PA und FF H1 nach wie vor ihre Berechtigung. Erst durch Ethernet APL (Advanced Physical Layer) beginnt sich das Ethernet seit 2019 auch in explosionsgefährdeten Umgebungen zu verbreiten (siehe Abschn. 9.3.3).

Wie gesagt, seit 1973 haben die Aktivitäten rund um Ethernet begonnen. Somit war Ethernet das erste Bussystem in der Industrie. Heute im Einsatz befindliche Ethernet basierte Echtzeit-Feldbusse wie EtherNet/IP, EtherCAT und PROFINET sowie die klassischen Feldbusse PROFIBUS DP, PROFIBUS PA, FF, HART und Ethernet APL werden für die Kommunikation von der Feldebene über die SPS-Ebene bis hin zu den SCADA/HMI-Systemen (Kontrollraum) eingesetzt. EtherNet/IP, EtherCAT und PROFI-NET arbeiten in der Anwendungsschicht (Layer 7 des OSI Modell) und sind direkt Internetfähig. Dies werden wir in einem der späteren Abschnitte noch eingehend besprechen HART, PROFIBUS DP, PROFIBUS PA und die amerikanischen Feldbusse FF H1 und FF HSE sind nur über Gateways an das Internet anbindbar.

Generell können aber heute alle Feldbusse und Bussysteme über ‚Gateways' oder ‚Koppler' zwischen den einzelnen Ebenen der Automatisierungspyramide miteinander kommunizieren. Schnittstellenkonform zum OSI Modell gibt es für diese ‚Gateways' zahlreiche Hersteller. Beispielsweise sind Pepperl+Fuchs, ifm, Phoenix Contact, Harting, Rockwell einige bekannte Hersteller von Vernetzungskomponenten.

Die Grundlage für Ethernet basierte Bussysteme sind das Transmission Control Protocol (TCP) und das User Datagram Protocol (UDP) und Internet Protocol (IP)- deshalb auch Ethernet TCP/IP, bereits 1978 eingeführt wurde [62]. Zu diesem Themenkreis gehörte auch das User Datagram Protocol (UDP) [63] und das Internet Control Message Protocol (ICMP) [64].

Es sei noch einmal hervorgehoben, dss es sich bei TCP/IP nicht um eine bestimmte Technik, sondern um die Gruppierung von ausgewählten Protokollen handelt (siehe Abschn. 8.6).

TCP/IP funktionieren losgelöst von der Hardware und der zugrunde liegenden Software. Unabhängig vom Betriebssystem und unabhängig vom Gerät im Netzwerk ist TCP/IP so standardisiert, dass es in jedem Kontext funktioniert. TCP/IP (seit 1978 entwickelt und seit 1981 im weltweiten Einsatz) war somit ein Riesenschritt in der standardisierten Kommunikation. TCP/IP übernimmt direkt die Kommunikation zweier Geräte in einem Netzwerk.

Das ICPM-Protokoll gehört zwar zum Internetprotokoll (IP), ist aber ein selbstständiges Protokoll, das zur Übermittlung von Statusinformationen und Fehlermeldungen für IP, TCP und UDP dient. ICPM-Meldungen werden zwischen Routern und Rechnern zum Problemaustausch von Datenpaketen ausgetauscht. Es dient somit zur Qualitätserhöhung der Übertragung.

Allen Protokollen gemeinsam ist, dass sie zu Standards bei der Kommunikation in Netzwerken geworden sind.

Die digitalen echtzeitfähigen Feldbusse wurden zunächst Ende der 80er Jahre durch Forschungsprojekte in Deutschland und Frankreich vorangetrieben. In Deutschland war es der PROFIBUS (PROcess FIeld BUS) [65–68], der offiziell seit 1989 vom Bundesministerium für Bildung und Forschung gefördert wurde.

Im Übrigen sei explizit darauf hingewiesen, dass der PROFIBUS nicht mit dem PROFINET, basierend auf dem Ethernet, zu verwechseln ist.

Bevor also die PROFIBUS Geschichte begann, war der HART-Feldbus schon mehrere Jahre im Einsatz!

In Frankreich war es der FIP (Factory Instrumentation Protocol), der ebenfalls staatlich gefördert wurde. Viele Lösungen fanden in der IEC Normung Eingang. Eine Vereinheitlichung beider Busse war jedoch nicht praktikabel. Auch die Kosten ließen keine Vereinheitlichung zu.

Das Hin und Her zwischen Frankreich und Deutschland führte in USA schließlich dazu, dass im Jahr 1995 begonnen wurde einen optimalen Feldbus für die Automatisierungs- und Prozesstechnik zu definieren: Der Foundation Fieldbus (FF) [69] war das Resultat.

Fieldbus Foundation (FF) wurde in USA stark durch die International Society of Automation (ISA) [70] vorangetrieben. Die Europäer hatten nun die Befürchtung, dass ihre Normen nicht in eine internationale Norm übernommen werden und fanden ihren Kompromiss schließlich in der CENELEC (Europäisches Komitee für elektrotechnische Normung). Diese Organisation fasste alle nationalen Normen in einer Europäischen Norm zusammen. Die Aufgaben für die Normierungen wurden zwischen den Ländern aufgeteilt.

Jedes Land brachte seinen Normenpart in die europäische Normierung ein. Die UK übernahmen beispielsweise den Part der Amerikaner und brachten den FF, DeviceNet [71] und ControlNet [72] in die Normierung ein.

Die Standardisierung der Feldbusse wurde schließlich nach vielen Hürden in der Norm IEC 61158 (Digital data communication for measurement and control – Fieldbus for use in industrial control systems) [73, 74], für die unterschiedlichen Ebenen der Automatisierungspyramide weltweit festgeschrieben und am 1.1.2000 veröffentlicht [75].

Dies geschah 27 Jahre nach dem Beginn der Arbeiten zu Ethernet und 10 Jahre nach den Arbeiten zu PROFIBUS. Hier zeigt sich deutlich, wie lange solche Technologien an Zeit benötigen, bis sie ‚marktreif‘ sind und von allen Beteiligten anerkannt und genutzt werden. Beachtenswert ist, dass die aktuelle Version der IEC 61158 seit Ende 2002 gültig ist!

Die Ansammlung dieser Normen musste jedoch für die Implementierung durch eine Gebrauchsanleitung ergänzt werden. Diese Anleitung ist die Bauanleitung IEC 61784 [76, 77], welche die Teile der Norm IEC 61158 zu einem funktionierenden System zusammenbaut.

Heute sind weltweit die größten Automatisierungskonzerne und alle wichtigen Unternehmen in dem Thema Feldbusnormierung eingebunden. Mit der im Jahre 2002 veröffentlichten Norm hat man auch Ethernet-basierte Lösungen einfließen lassen.

Bereits zu diesem frühen Zeitpunkt war erkennbar, dass Ethernet-basierte Feldbusse für die Zukunft eine sehr wichtige Rolle spielen würden. Noch im Jahr 2002 wurde die Aufgabe für eine Norm für „Echtzeit-Ethernet" definiert. Im Normenantrag waren eindeutige Kriterien, wie Ethernet auf Switch-Basis (also keine ‚Hubs‘) und Kriterien für die Echtzeit, vorgeschlagen. Hubs [78] oder Ethernet-Switches sind Geräte, die Netzknoten sternförmig verbinden (siehe auch Abb. 7.4). Ein Hub ist ein veraltetes Gerät, das heute nicht mehr eingesetzt wird, da es zu Daten-Kollisionen führen kann. Hubs wurden als Bitübertragungsschicht-Geräte (Layer 1) verwendet, während Switches in der Sicherungsschicht (Data Link Layer 2) eingesetzt werden und eine kollisionsfreie Datenübertragung gewährleisten.

In der Feldbusnorm IEC 61158 wurde die Sammlung von Ethernet-basierten Lösungen ergänzt und in die Norm IEC 61784-2 integriert.

Dennoch war die Akzeptanz dieser ‚neuen' Busse vom Feld zur SPS seitens der Industrieanwender in der Automatisierung anfangs gering. Die installierte Basis, welche als Parallelverdrahtung mit dem bekannten 4…20 mA-Signal die Geräte versorgte und die Information übertrug war noch lange Zeit das Maß der Dinge.

Die Umrüstung bei bestehenden Anlagen auf digitale Feldbusse blieb lange aus, da die Kosten einfach zu groß gewesen wären (siehe Namurstudie Abb. 7.2). Bevor man sich entschied einen reinen digitalen Feldbus einzusetzen pochte man noch lange Zeit auf den Feldbus HART.

Ich habe diese Entwicklung über fast zwei Jahrzehnte in der Chemie, Petrochemie, Pharmazie und anderen Industrien intensiv miterlebt.

Ganz anders dagegen reagierten die Hersteller der Messtechnik: Da fand in den Jahren 2003 bis 2007 ein regelrechter Hype statt, als PROFIBUS DP, PROFIBUS PA (Europa/ SIEMENS) und FF H1, FF H2 (USA/Rosemount (Emerson)) proklamiert wurden.

Dieser Hype war fast vergleichbar mit Industrie 4.0 und IoT sowie KI. Fast alle Messtechnik-Unternehmen schwärmten von der neuen Art der Kommunikation.

Viele Hersteller dachten anfangs, der digitale Feldbus ist die Kommunikationslösung schlechthin, insbesondere deswegen, weil mehrere Sensoren über ein einziges Kabel verbunden werden konnten. Was man bei den Herstellern jedoch nicht richtig gesehen hat, waren die Kosten für eine Umrüstung von traditioneller Kommunikation zu den digitalen Feldbussen. So blieben für die digitalen Feldbusse anfangs nur die Neuanlagen in der Instrumentierung.

Für jeden Hersteller war es damals beinahe schon ein Muss, alle verfügbaren Entwicklungskräfte in der Entwicklung der neuen Feldbusse zu beschäftigten. Dennoch: Der von Rosemount (Emerson) zu Beginn der achtziger Jahre entwickelte HART (Highway Addressable Remote Transducer) hielt sich hartnäckig.

Denn HART, bereits im Jahr 1989 eingeführt und standardisiert durch die HART Communication Foundation (HCF), galt als der erste industrielle Feldbus und war kompatibel zum traditionellen 4…20 mA-Signal:

Das USP (Unique Selling Proposition oder Herausstellungsmerkmal) [79] vom HART-Bus war, dass die vorhandene 4…20 mA Kommunikationsbasis auf einfache Weise kostengünstig nachgerüstet werden konnte, ohne dabei die Verdrahtungstopologien in ganzen Industrieanlagen ändern zu müssen – eine enorme Kosteneinsparung zum damaligen Zeitpunkt. Ein weiterer Vorteil war beim HART-Bus seine Ex-Fähigkeit, was insbesondere in Chemie, Petrochemie, Bergbau, Oil & Gas und Pharmazie sowie der Holzindustrie von hoher Bedeutung war.

Vorhandene Leitungen der älteren 4…20 mA Vernetzung konnten entweder direkt benutzt oder beide Systeme (HART und 4…20 mA) parallel betrieben werden. Dass HART erst seit 2007 ein Teil der Feldbus-Norm IEC 61158 wurde, erstaunt in diesem Zusammenhang einigermaßen.

Im Übrigen sei der Vollständigkeit wegen erwähnt, dass ebenfalls bereits in 1989 das offene Protokoll ‚Modbus' von der Firma Gould-Modicon [80] (seit 1996 Schneider Electric [81]) eingeführt wurde. Modbus war nicht Ex-fähig und wurde oftmals nur in Anwendungen im mittleren Schwierigkeitsbereich eingesetzt.

Der Ethernet basierte Modbus wird heute noch in einfacheren Automatisierungsaufgaben von kleineren mittelständischen Firmen eingesetzt. Zunehmend gewinnt der Modbus TCP an Bedeutung. Persönlich habe ich mit meinem Team noch im Jahr 2015 ein Modbus RTU-Protokoll für einen Chlor-Sensor in der Wasseraufbereitung definiert und umgesetzt.

7.4 Gremien und Normierungen der Feldbussysteme

Abb. 7.8 zeigt tabellarisch Normierungsaktivitäten und Gründungen der verschiedenen Gremien, angefangen beim Ethernet IEEE 802.3 bis hin zur hart IP Foundation.

Als Bus- und Kommunikationssysteme ab der SPS-Ebene zur SCADA-, MES- und ERP-Ebene wurden in der Automatisierungstechnik und Systemintegration bereits ab Beginn der 90er Jahre das Ethernet TCP/IP oder das EtherNet/IP Protokoll (Echtzeit-Ethernet) eingesetzt.

Das Problem für EtherNet/IP (EtherNet/Industrial Protocol) war, dass das Protokoll zu diesem Zeitpunkt noch proprietär war und somit lange nicht in der Industrie akzeptiert wurde.

EtherNet/IP [82, 83] wurde von Allen-Bradley (heute Rockwell Automation) in den 80er Jahren als Echtzeit-Ethernet für Automatisierung entwickelt und erst ab 2000 als offener Standard an die Open DeviceNet Vendor Association (ODVA) [84] übergeben:

1998 wurde von einem Arbeitskreis der ControlNet International (CI) [85] ein Verfahren entworfen, mit dem Ziel, das bereits veröffentlichte Applikationsprotokoll ‚Common Industrial Protocol' (CIP) auf Ethernetbasis zu konvertieren [86].

Basierend darauf wurde im März 2000 das EtherNet/IP als offener Industriestandard veröffentlicht, was den Durchbruch für EtherNet/IP bedeutete. Beteiligt waren daran die ControlNet International (CI), die Open DeviceNet Vendor Association (ODVA) sowie die Industrial Ethernet Association (IEA) [86].

Seit ca. 1994 wurden auf europäischer Seite der PROFIBUS (DP, PA) durch die PROFIBUS Nutzer Organisation (PNO) [87] und SIEMENS, auf der amerikanischen Seite der Fieldbus FF durch die Fieldbus Foundation und die Firmen Rockwell und Emerson vorangetrieben.

7.4.1 Die 19 Feldbusfamilien

Zunächst sei Einiges zu der generellen Normierung von Feldbussen ausgeführt.

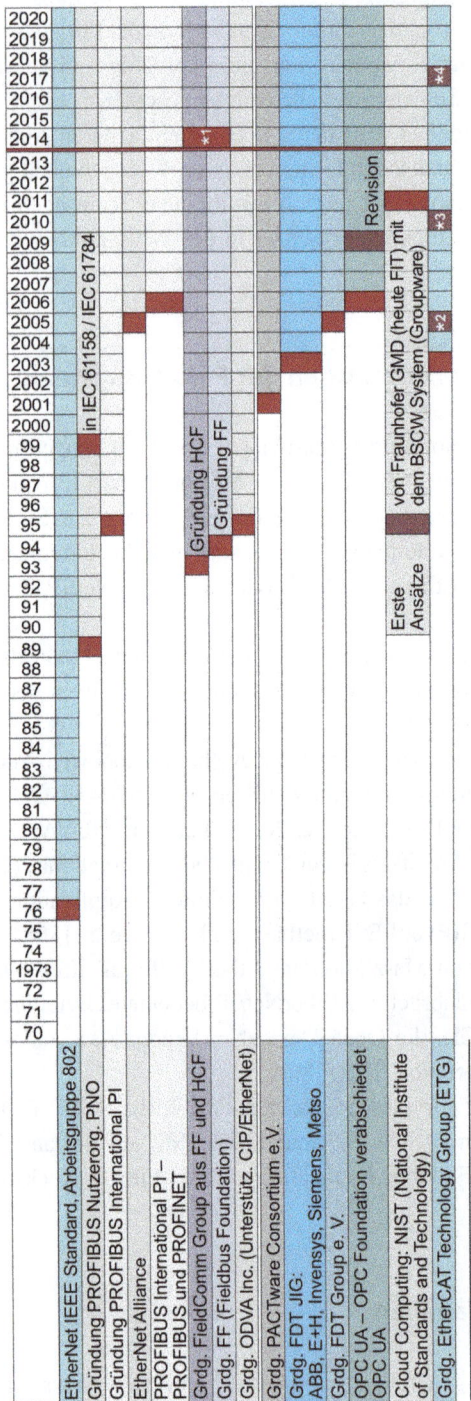

Abb. 7.8 Normierungsaktivitäten und Gründungen der Feldbusorganisationen

*1 Field Comm Group
*2 EtherCAT IEC-Norm   *3 FSoE: Fail Safe over EtherNet   *4 EtherCAT 1 G; 10 G

Die einzelnen Bussysteme in der industriellen Automatisierung (Industrie 4.0) werden entsprechend Tab. 7.2 als Communication Profile Families (CPF) in 19 Familien eingeteilt [88]. *Jede* Profil-Familie kann Feldbusse, Echtzeit-Ethernet-Lösungen, Installationsregeln und Protokolle für funktionale Sicherheit definieren.

Die Feldbusse werden in der Norm IEC 61158 genormt. Die einzelnen Feldbusse sind in der Norm IEC 61784-1 als Communication Profiles Family (CPF) geführt.

Tab. 7.2 Die 19 Feldbus-Familien gemäß Spalten ‚Seit‘, ‚Übertragungsrate‘, ‚Geräteknoten‘, ‚Verwendung, Applikation‘ eigene Ergänzungen

CPF IEC 61784-1		Name	Seit	Übertragungsrate	Geräte-knoten	Verwendung, Applikation
CPF 1		Foundation Fieldbus (FF)		1994		Prozessautomation, auch eigensicher
	V1	FF-H1 (Low Speed- Eigensicher)		1996	31.25 kbit/s	32	
	V2	FF-HSE (High Speed Ethernet)		1999	IEEE 802.3 /Power over Ethernet		
	V3	FF-H2 (High Speed)			100 Mbit/s		
CPF 2		Common Industrial Protocol (CIP)					
	V1	ControlNet		1997	5 Mbit/s		
	V2	EtherNet/IP	März 2000		10/100/1000 Mbit/s		Protokoll für meist höhere Ebenen (USA)
	V3	DeviceNet		1986	125 kbit/s, 250 kbit/s und 500	64	Can basiertes, höheres Protokoll
		PoE			10 and 100 Mbit/s		
CPF3		Profibus und Profinet-(heute 27 regionale Organisationen- 1700 Mitglieder)	1987 Initiative von 21 Firmen 13. Seit November 1989: PROFIBUS Nutzerorganisation e.V. (PNO)			PROFIBUS DP, PROFIBUS PA: Prozessautomation: Anlagenbau, Maschinenbau, Roboter (siehe Automotive)
	V1	PROFIBUS DP		1993	12 Mbit/s		
	V2	PROFIBUS PA (eigensicher)	ca. 1987-1989		31.25 kBit/s		
	V3	PROFINET CBA					
	V4	PROFINET IO Conformance Class A	Nachfolger PROFIBUS DP				
	V5	PROFINET IO Conformance Class C					
	V6	PROFINET IO Conformance Class B					
CPF 4		P-NET			76.8 kBit/s		Feldbus für Sensoren und Aktoren
CPF5		WorldFIP		1996	31.25kbit/s, 1Mbit/s and 2.5Mbit/s		franz. und ital. Feldbus, Konkurrent zu PROFIBUS
CPF6		Interbus (PHOENIX Contact)		1987	500 kBit/s bzw. 2 MBit/s		Maschinenbau, Anlagenbau für Sicherheitstechnik
CPF 7		SwiftNet					Finanzbereich
CPF 8		CC-Link (Mitsubishi Electric Corp.)		1997	10 Mbit/s	64	Industrielle Anwendungen im asiatischen Raum
CPF 9		HART	1985, seit 2007: Teil der Feldbus-Norm IEC 61158		4...20 mA mit FSK	256	Messgeräte für industrielle Applikationen, eigensicher, 4...20 mA Basis
CPF 10		VNET/IP (Yokogawa)		2004			Industrielle Anwendungen , hauptsächlich Japan
CPF 11		TCnet					Telefonie, Internet
CPF 12		EtherCAT (Ethernet for Control Automation Technology; Beckhoff)	IEC-Standard 61158; offengelegtes Protokoll; EtherCAT Technology Group wurde 2003 gegründet	> 10 kHz..100 kHz Echtzeit	256 bis 1000	Ethernet basierter Feldbus in der Fabrik- und Prozessautomation
CPF 13		Ethernet POWERLINK B&R Industrial Automation		100 Mbit/s		Ethernet basierter Feldbus für Maschinen und Anlagenbau
CPF 14		EPA (Ethernet for plant automation)	IEEE-Norm 802.3 (Ethernet) seit 1985 als Standard definiert	1, 10, 100 Mbit/s (Fast Ethernet), 1000 Megabit/s		Automatisierungstechnik generell in verschiedenen Varianten (Industrial Ethernet IE)
CPF 15		Modbus	Seit 2007 ist die Version Modbus TCP Teil der Norm IEC 61158 2007	typ: 19200 Baud		Industrie, Fabrikautomation, Prozessautomation
	V1	Modbus/TCP	siehe Modbus			
	V2	RTPS				
		Can Bus		1986			Automotive; CANopen Motion Control, Roboter , CNC Maschinen- und Anlagenbau
CPF 16		SERCOS	IEC/EN 61491 auf der Basis von Standard-Ethernet IEEE 802.3			
	V1	SERCOS I		1995	2 oder 4 Mbit/s.		
	V2	SERCOS II		1999	16 Mbit/s		
	V3	SERCOS III		2005		512	
CPF 17		RAPIRnet					
CPF 18		SafetyNET p (Pilz GmbH&Co.KG		2006	Zyklus: 16 kHz		Sicherheitsrelevante Anwendungen (Safety applications) in der Automatisierung: Fabrikautomation, Transport- und Antriebstechnik
CPF 19		MECHATROLINK (Yaskawa Corp.)					Antrieb und Roboter Applikationen
		MECHATROLINK-I			serieller Link (s.R S485) 10 Mbit/s	30	
		MECHATROLINK-II			über Ethernet 100 Mbit/s	60	

Gemäß IEC 61784-3 Industrial communication networks -profile-part3 :
Functional safety Fieldbuses - 9 unterschiedliche Protokolle: grau hinterlegt

Diese möglichen 19 Profil-Familien (CPF1 bis CPF19) sind entsprechend Tab. 7.3 in der IEC-61784 gefasst. Der Zusammenhang zwischen den Profil-Familie und der IEC-61784 [89] wird in Folgeabschnitt noch genauer erklärt.

Die echtzeitfähigen auf Ethernet basierten Feldbusse werden in der Norm IEC 61784-2 geführt (siehe Tab. 7.3).

Bezüglich Sicherheit definiert die ‚IEC 61784-3-x Industrial Communication networks-profile-part3' die Sicherheitsanforderungen. Dabei geht es um den Schutz des Menschen sowie den Einsatz in explosionsgefährdeten Umgebungen (FF, PROFIBUS PA) bis hin zum Safety-Integrity-Level 3 (SIL 3). Beispiel für einen SIL 3-Bus ist der Interbus [90].

Die entsprechend dieser Sicherheitsnorm IEC 61784-3-x definierten Feldbusse sind in Tab. 7.2 farblich hinterlegt.

Die Feldbusse im Einzelnen, werden in der Norm IEC 61158 genormt [91]. Dabei ist diese IEC gemäß den einzelnen Schichten (Layer) aufgeteilt, die prinzipiell dem OSI Modell entsprechen (siehe Abschn. 7.2).

Tab. 7.4 zeigt die Schichten (Layer) der IEC 61158 und ihre Funktionalität.

Es muss bewusst sein, dass jeder Teil der Norm IEC 61158 immer mehrere tausend Seiten umfasst und sehr intensiv für die Anwendung zu studieren ist. Darum hat man diese Teile weiter in Unterabschnitte unterteilt. In diesen Abschnitten sind die einzelnen Protokolle einfach mit einem Typ nummeriert worden. Jeder Protokolltyp hat somit bei Bedarf seinen eigenen Unterabschnitt.

Tab. 7.3 Profil-Familien entsprechend der IEC-61784

IEC 61784-1	Profile für kontinuierliche und diskrete Fertigung entprechend dem Feldbus in industriellen Kontrollsystemen
IEC 61784-2	Zusätzliche Profile für ISO/IEC 8802-3 basierte Kommunikationsnetzwerke **in Echtzeit (Realtime Systme)**
IEC 61784-3-x	Profile für System mit funktionalen Sicherheitsanforderungen in Industrienetzwerken (Functional Safe)
IEC 61784-4-x	Profile für sichere Kommunikation (Secure Communication)
IEC 61784-5-x	Installationsprofile für Kommunikationsnetzwerke in industriellen Netzwerken

Tab. 7.4 Schichten (Layer) der Norm IEC 61158 [88]

IEC 61158-1	Einführung; Spezifizierung des generischen Konzepts für Feldbusse
IEC 61158-2	PhL: Physical Layer (Physikalische Schicht)
IEC 61158-3-x	DLL: Data Link Layer Service (Datenverlinkungschicht)
IEC 61158-4-x	DDL: Data Link Layer Protocol (Übertragungsprotokollschicht)
IEC 61158-5-x	AL: Application Layer Service (Anwendungsschicht)
IEC 61158-6-x	AL: Application Layers Protocol (Anwendungsschichtprotokoll)
IEC 61158-7	Netzwerkmanagement

Was heißt das nun beispielsweise für den PROFIBUS DP, von dem weltweit noch ca. 7 % Knoten existieren: Um die Unterabschnitte der Norm zu finden muss man den Protokolltyp für die bestimmte Familie kennen (siehe Abb. 7.1).

Der PROFIBUS DP gehört entsprechend Tab. 7.2 zur Familie 3. Und hat die Version 1 (CPF3/1).

Der Protokollumfang ist in der IEC 61784-1 [89] definiert. PROFIBUS verwendet den Protokolltyp 3. Somit werden folgende Dokumente für die Protokolltypen benötigt: IEC 61158-3-3, IEC 61158-4-3, IEC 61158-5-3 und IEC 61158-6-3. Die physikalische Schnittstelle ist im gemeinsamen Dokument IEC 61158-2 unter Typ 3 festgelegt. Die Installationsvorschriften sind in IEC 61158-5-3 im Anhang A zu finden.

PROFIBUS DP kann zusammen mit der Software ‚FSPC [92] als PROFIsafe [92], der in IEC 61784-3-3 festgelegt ist, verbunden werden. Ende 2019 waren bereits mehr als 13.000.000 PROFIsafe-Knoten installiert. Die Erstinstallationen von PROFINET fanden bereits ab 2007 statt.

Es ist offenkundig, dass ein ganz schöner ‚Wust' von Normen zu berücksichtigen ist, und das für nur einen Feldbus! An diesem Beispiel wird offensichtlich, welcher Aufwand für die Implementierung eines Feldbusses notwendig ist und vor allem die damit verbundenen Kosten.

Der Vollständigkeit halber seien auch einige weitere Bussysteme außerhalb der Norm IEC 61784 in Tab. 7.5 zusammengefasst.

Auch für alle diese Bussysteme ist die Literatur ebenso umfangreich wie oben bei den CPF-Busfamilien und macht somit die Entwicklung nicht einfacher.

Persönlich möchte ich unter diesem Aspekt nur auf den Bus für die militärische Luftfahrt MIl-STD-1553 hinweisen, der besonderen Sicherheitsstandards genügen muss.

Im folgenden werden die wichtigsten Feldbusorganisation vorgestellt.

Tab. 7.5 Bussysteme, die nicht Bestandteile der Norm IEC 61784 sind

ARCNET	Echtzeitfähiger Feldbus für Automotive , Druckmaschinen und Medizintechnik
CANopen	Automotive, Aufzugstechnik, Automatisierung, Medizintechnik, Schiffselektronik
LIN-Bus	Automotive
FlexRay-Bus	Automotive
MOST-Bus	Automotive - Multimedia
MIL-STD-1553	Militärische Luftfahrt
MVB	Schienenfahrzeuge
ARINC 629	Flugzeugindustrie z.B. Einsatz in Boing 777
AS-Intreface	Anschluss Sensoren und Aktoren
BACnet Building Automation & Control Networks	Gebäudeleittechnik
LON	Gebäudeautomatisierung
DALI	Beleuchtung in Gebäudeautomatisierung
SmallCAN	Gebäudeautomatisierung
LCN Local Control Network	Gebäudeleitsystem
EIB	Europäischer Installationsbus für Gebäude
SMI	elektronische Antriebe für Jalousien
T-Bus	Landwirtschaft
VARAN	Maschinen und Anlagen- Automatisierung
FAIS-Bus	japanischer Feldbusstandard

7.4.2 IEEE 802 – Institute of Electrical and Electronics Engineers

Das Ethernet ist das älteste Bussystem und hatte seine Anfänge in ca. 1973. Die Arbeitsgruppen der IEEE 802.3 ist für die Definition und Aufrechterhaltung dieses Ethernet Protokolls zuständig [93–95] (siehe Tab. 7.6).

Seit der Einrichtung einer Arbeitsgruppe zur Definition und Einführung für den Standard eines LAN (Local Area Network) und WLAN (WirelessLAN) ist seit 1980 der Name Ethernet das Synonym für alle in der Arbeitsgruppe 802.3 vorgeschlagenen und standardisierten Spezifikationen. Die Arbeitsgruppe legt Netzwerkstandards auf den Schichten 1 und 2 des OSI-Schichtenmodell fest (Bitübertragungsschicht und Sicherungsschicht, siehe auch Abb. 7.3).

Generell ist die IEEE 802.3 eine Arbeitsgruppe und eine Sammlung von Standards, welche die Media Access Control (MAC) der physikalischen Schicht und der Datenverbindungsschicht von *kabelgebundenem* Ethernet definieren. Die Normen werden von der Arbeitsgruppe des Institute of Electrical and Electronics Engineers (IEEE) erarbeitet. Es handelt sich dabei um eine LAN-Technologie (Local Area Network). Physische Verbindungen zwischen Knoten und/oder Infrastrukturgeräten wie Hubs, Switches, Router, werden über verschiedene Arten von Kupfer- oder Glasfaserkabeln realisiert. Als Übertragungsprotokoll wurde der Ethernetframe 2 definiert, in dessen Protokoll alle höheren Ebenen der OSI-Schichten einprogrammiert werden. Große Datenmengen werden durch das TCP in Pakete eingeteilt und übertragen.

Tab. 7.6 zeigt die heute relevanten Arbeitsgruppen der IEEE bezogen auf die Bitübertragungsschicht und die Sicherungsschicht des Ethernet (gemäß OSI Modell).

Ein kurzer Überblick zum Ethernet, das wir noch eingehend in Abschn. 8.1 kennenlernen werden: Ethernet ist eine paketvermittelnde Netzwerktechnik, deren Bitübertragungs- und Sicherungsschicht des OSI-Schichtenmodells (siehe Abschn. 7.2.1 und 7.2.2) die Zugriffkontrolle und die Adressierung auf unterschiedliche Übertragungsmedien wie Kupfer- und Lichtwellenleiter definieren. Die Datenpakete kommen von den darüberliegenden Schichten wie dem TCP/IP. Mit einem Header versehen werden sie im Ethernet-Netzwerk übertragen.

7.4.2.1 Ethernet Alliance
Übergreifend wurde in 2005 die Ethernet Alliance begründet, die in 2023 das 50-jährige Bestehen von Ethernet feiert.

Tab. 7.6 Arbeitsgruppen der IEEE bezüglich Ethernet [94]

		IEEE 802.2 Sicherungsschicht (Logical Link Control)		
OSI Modell: Sicherungsschicht	**IEEE 802.1 Internetarbeitsgruppe**	**IEEE 802.1 Zugriffssteuerung (Media Access Control)**		
OSI Modell: Bitübertragungsschicht		**IEEE 802.3 Ethernet**	IEEE 802.4 Token-Bus	IEEE 802.11 WLAN

Seit 2015 veröffentlicht die Ethernet Alliance regelmäßig neue Versionen der Road-map, die der Branche eine einfache, grafische Möglichkeit bieten, sich über Ethernet-Updates und -Fortschritte auf dem Laufenden zu halten.

Die Ethernet Alliance ist ein globales und gemeinnütziges Branchenkonsortium von Mitgliedsorganisationen, die sich dem Erfolg und der Weiterentwicklung von Ethernet-Technologien widmen.

Das Konsortium bildet die Brücke zwischen den Ethernet-Standards und den End-nutzern und arbeitet hart an der Einführung und Nutzung von Ethernet-Technologien in allen Märkten.

Zu den Mitgliedern der Ethernet Alliance gehören System- und Komponenten-anbieter, Branchenexperten. Ebenso zählen Fachleute aus Universitäten und Behörden dazu. Die Mitglieder der Ethernet Alliance arbeiten zusammen, um Ethernet-Standards auf den Markt zu bringen. Sie unterstützen und initiieren Aktivitäten, die von der Ein-führung (siehe Power over Ethernet (PoE)) neuer Ethernet-Technologien über Inter-operabilitätstests bis hin zu Demonstrationen und Schulungen reichen.

7.4.3 PROFIBUS&PROFINET International (PI)

Da PROFIBUS und PROFINET heute ca. 30 % Marktanteile (siehe Abb. 7.1) haben und die Busknoten zunehmend durch das ethernetbasierte PROFINET stark ansteigen, gehört die PROFIBUS & PROFINET International (PI) zu einen der wichtigsten Gremien in der Standardisierung von Bussystemen. Hinzukommt, dass die PI mit PROFINET den Über-gang von den PROFIBUS-Feldbussen zu den echtzeitfähigen ethernetbasierten Feldbus-sen vollzogen hat ohne eine wirtschaftlichen Einbruch verzeichnen zu müssen.

Geschichte

1995 wurde PROFIBUS & PROFINET International (PI) [96] gegründet. PI ist mittler-weile der Dachverband von ca. 30 regionalen PROFIBUS-Organisationen, wie z. B. die PROFIBUS Nutzerorganisation e. V. (PNO).

Die rund 1700 Mitglieder der PI sind Hersteller und Anwender von PROFIBUS und PROFINET. Im Jahr 2006 wurde der Name mit der neuen Technologie zu PROFIBUS & PROFINET International (PI) geändert, ohne dass das Kürzel ‚PI' geändert wurde. Die PI koordiniert die Projekte der Regional PROFIBUS & PROFINET Associations (RPA).

Heute unterstützt die PI die folgenden Technologien [96]:

- PROFIBUS, das Profil für Feldsysteme
- PROFINET, Anbindung von zentraler Peripherie an den Controller mit Echtzeiteigen-schaften (PROFIBUS und PROFINET sind unabhängige Protokolle)
- Interbus (ab 2011 in die PNO integriert) [97]
- PROFIenergy, das Profil für Energiemanagement in Produktionsanlagen
- PROFIdrive, das Profil für Antriebsgeräte

- IO-Link [98], Kommunikationssystem zur Anbindung intelligenter kleiner Sensoren (z. B. Lichtschranken) und Aktoren. Wird hauptsächlich in Fabrik-Automatisierungssystemen benutzt. Der IO-Link ist in der Norm IEC 61131-9 unter der Bezeichnung ‚Single-drop digital communication interface for small sensors and actuators' standardisiert [99]
- Device Description Language (EDDL) [100] in Zusammenarbeit mit dem EDDL]Cooperation Team (ECT) [101]
- FDT/DTM™ [102] in Zusammenarbeit mit der FDT-Group [103]
- Wireless Cooperation Team (WCT) [104], bestehend aus Fieldbus Foundation (FF), die HART Communication Foundation und die PROFIBUS Nutzerorganisation e. V. (PNO), entwickelte WirelessHART

PROFIBUS DP/PA und PROFINET, welche derzeit neben HART sowie EtherNet/IP eine der wichtigsten Feldbusse/Bussysteme sind, werden hauptsächlich im europäischen Markt und in einen großen Teil von Asien eingesetzt.

7.4.3.1 Die verschiedenen PROFIBUS-Kommunikationsprotokolle und Bediensoftware- nicht auf dem Ethernet basierend

Schwerpunktmäßig werden wir noch den ethernetbasierten Feldbus PROFINET- in einen der folgenden Kapitel behandeln.

An dieser Stelle seien jedoch die wesentlichen Unterschiede der einzelnen PROFIBUS-Systeme überblicksmäßig wiedergegeben, da sie über viele Jahren das Marktgeschehen beherrschten Weiterhin wird auf die Bedientools des PROFIBUS eingegangen.

PROFIBUS DP (Dezentrale Peripherie) [66]

PROFIBUS DP ist ein echtzeitfähiger Bus der seit 2002 im Einsatz ist. Er wird zunehmend durch PROFINET abgelöst!

PROIFIBUS DP dient zur Ansteuerung von Sensoren und Aktoren durch eine zentrale Steuerung. Es stehen Diagnosemöglichkeiten im Vordergrund. Die Vernetzung von mehreren SPS-Steuerungen untereinander ist Standard.

Die Datenrate beim PROFIBUS DP kann bis 12 Mbit/s auf verdrillten Zweidrahtleitungen oder Lichtwellenleiter (Glasfaser) betragen. Der Einsatz mit Antriebsgeräten ist im Profil PROFIdrive [105] festgelegt.

PROFIBUS DP-Geräte sind verfügbar als Anschaltungen in SPS-Systemen und Prozessleitsystemen, Remote I/Os, *Frequenzumrichter*, Gateways (z. B. ASI [106], Ethernet), Lichtleiterkomponenten, redundante Komponenten, Ventilinseln, Feldgeräte (Durchfluss, Analyse), Sicherheitskomponenten, Relais, Barcode-Leser und Zubehör, z. B. SCADA-Pakete, Busmonitoren, Kabel, Verteiler, PCMCIA-Karten [107], PC-Karten, DDE-Server (Dynamic Data Exchange oder Dynamischer Datenaustausch), OPC-Server [108].

PROFIBUS PA (Prozess-Automation)

PROFIBUS PA wird am häufigsten in der Prozess- und Verfahrenstechnik zur bi-direktionalen Kommunikation zwischen Messgeräten sowie Aktoren im Feld und der SPS (PLC) oder dem SCADA/HMI (DCS) eingesetzt. PROFIBUS PA ist als eigensichere PROFIBUS Variante hauptsächlich in explosionsgefährdeten Umgebungen eingesetzt und kann bis zu 31,25 kbit/s Daten übertragen. PROFIBUS PA besitzt eine hohe EMV-Immunität und ermöglicht störungsfreie Übertragungen über lange Datenleitungen.

Über Segment-Koppler oder Gateways werden PROFIBUS PA-Geräte häufig an den PROFIBUS DP angebunden.

Durch das PA-Profil sind die wichtigsten Funktionen der Feldgeräte herstellerüber-greifend standardisiert, was ein großer Nutzen für den Anwender ist.

Für alle Sensoren und Aktoren, die mit PROFIBUS PA arbeiten, gibt es eine Profil-festlegung an die sich *alle* Hersteller halten müssen. Somit ist eine übergeordnete Verein-heitlichung im Assetmanagement gewährleistet, wie sie beispielsweise bei FDT/DTM™ und PACTware (siehe Abschn. 7.4.6) [109] realisiert ist.

PROFIBUS FMS

Der Vollständigkeit wegen sei erwähnt, dass es in den Anfängen der PNO (Profibus Nutzer Organisation) noch den PROFIBUS FMS (Fieldbus Message Specification) [110] gab, vor allem für den Einsatz in komplexen Automatisierungssystemen. Dieser wurde jedoch von PROFIBUS DP ersetzt und ist heute nicht mehr Bestandteil der inter-nationalen Feldbusnorm. Für ein generelle Markteinführung war der Bus einfach zu komplex.

PROFINET (Siehe Abschn. 10.2)

PROFINET ist der offene Industrial-Ethernet-Standard der PROFIBUS-Nutzerorganisa-tion e. V. für die Automatisierung. PROFINET nutzt TCP/IP und IT-Standards, ist echt-zeitfähig und ermöglicht die Integration von weiteren Feldbus-Systemen. PROFINET ist ein stark wachsender Feldbus. Detailliert wird auf diesen Bus in Abschn. 10.2 ein-gegangen.

PROFIBUS Bediensoftware

PROFIBUS verfügt über folgende Bediensoftware: SIMATIC PDM (SIEMENS) [111], SMART VISION (ABB Automation) [112] und Commuwin II (Endress+Hauser) [113]. Die Softwareversionen sind in unterschiedlichen Tools integriert: SIMATIC PDM ist im Leitsystem SIMATIC PCS7 integriert.

DTM (Device Type Manager, siehe Abschn. 7.4.6) ist integriert in die Engineering Tools der ABB-Prozessleitsysteme Freelance 2000 (DigiTool) [114] und Symphony Me-lody (Composer) [115].

Daneben gibt es PACTware von Pepperl+Fuchs und FDT/DTM™ von der FDT Group (siehe Abschn. 7.4.6).

Die Bediensoftware aller oben aufgeführten Systeme sind in der Regel im SCADA/ HMI integriert (Kontrollraum, Leitsystem).

PROFIBUS Verfügbarkeit

Mit PROFIBUS sind einige hundert Feldgeräte unterschiedlichster Hersteller, mit FF-Feldbus nur ca. 50–70 Feldgeräte verfügbar. Der FF H2 wurde in Jahr 2000 spezifiziert. Erste Produkte kamen im Jahr 2001 auf den Markt.

PROFIBUS PA (und FF H1) ist heute implementiert in Analysenmessgeräten (pH, Leitfähigkeit) sowie in Druck-, Differenzdruck-, Temperatur-, Durchfluss- (Vortex, Ultraschall, Masse, MID (magnetisch induktiv)), Füllstand- Messgeräten (Hydrostatisch, Ultraschall, Radar). Weiterhin ist der PROFIBUS PA integriert in Regelventile, Ventil-anschaltungen, Anschaltungen für binäre Signale und Zubehör (z. B. Kabelarten, T-Stü-cke, Verteiler, Busabschlüsse, Überspannungsschutz, Segmentkoppler).

Für FF gibt es als separate Tools das National Instruments Tool von National Intru-ments, das System 302 von Smar (Assetmangement) und die Rockwell Automation FF Configuration Software (entspricht National Instruments Tool).

7.4.4   ODVA (Open DeviceNet Vendors Association, Inc.)

Die ODVA wurde 1995 gegründet und ist eine globale Handels- und Standardent-wicklungsorganisation, deren Mitglieder Zulieferer von Geräten für industrielle Auto-matisierungsanwendungen sind. Um sich für die Mitgliedschaft in der ODVA zu quali-fizieren, müssen die Antragsteller ein Unternehmen sein, das Produkte unter Verwendung von ODVA-Technologien herstellt und verkauft [116].

Zu den ODVA-Technologien gehören das Common Industrial Protocol oder „CIP" [117] – das medienunabhängige, objektorientierte Protokoll der ODVA – sowie die ODVA-Netzwerkadaptionen von CIP – EtherNet/IP, DeviceNet, ControlNet und Compo-Net. Das Common Industrial Protocol (CIP) -ehemals Control and Information Protocol-ist ein industrielles Protokoll für industrielle Automatisierungsanwendungen [117].

Das Ziel der ODVA sind effektive und einfach zu bedienende Ethernet-Kommunikationssysteme zwischen der Feldebene und höheren Systemebenen wie z. B. SCADA, MES und ERP. Die von der ODVA angestrebte Einfachheit sind ein Fokus für zukünftige Anwendungen mit IoT, IIoT- und Industrie 4.0-Lösungen in der Prozess-industrie.

Gemäß dieser Zielsetzung wurde EtherNet/IP (EtherNet/Industrial Protocol) das Industrie-Kommunikationsprotokoll von ODVA. Es entspricht verbindlich den Forderun-gen von NAMUR.

Die ODVA steht stellvertretend für die Anpassung von EtherNet/IP an das gesamte Spektrum der Anforderungen der Prozessindustrie.

Im Rahmen dieser Zielsetzungen wurde die Prozessdiagnose der NAMUR NE 107 in EtherNet/IP integriert. Des Weiteren besitzt die ODVA Übersetzungsmechanismen für die Integration von HART- und IO-Link-Geräten in eine EtherNet/IP-Architektur.

Diese Hinzufügung von Übersetzungsdienste für HART- und IO-Link-Geräte ermöglicht es der Industrie, ihre bestehenden Investitionen zu optimieren, was angesichts des langen Produktlebenszyklus im Prozess von entscheidender Bedeutung ist.

Das Ziel von NAMUR NE 107 im EtherNet/IP Protokoll sind Diagnoseinformationen, um sicherzustellen, dass EtherNet/IP in der Lage ist kritische Prozessinformationen vom Gerät in die Cloud transferieren kann.

Von der ODVA wurde auch sichergestellt, dass EtherNet/IP effizient und stringent mit FDT-Technologie zusammenarbeitet, was den Implementierungen in der Prozessindustrie von hohem Nutzen ist.

Folglich kann EtherNet/IP in der gesamten Anlage verwendet werden, um Geräte mit einer übergeordneten Infrastruktur zu verbinden, um eine bessere Leistung für IIoT, Industrie 4.0 zu erzielen.

ODVA unterstützt die PA-DIM-Spezifikation (Process Automation Device Information Model) für Prozessautomatisierungsgeräte, die über Kommunikationsprotokolle hinweg integriert werden kann. Die Organisation, unterstützt voll die Anforderungen der NAMUR Open Architecture (NOA) und ermöglicht den Endanwendern, Gerätedaten aus der gesamten Anlage besser zu nutzen [118]. Zusammenfassend gesagt, ist PA-DIM ist eine gemeinsame Sprache zur Beschreibung von Gerätedaten, unabhängig von Protokoll, Gerätetyp oder Hersteller.

ODVA ist branchenführend bei Enhancement-Services wie: CIP Safety™, CIP Security™, CIP Sync™, CIP Energy und CIP Motion™.

7.4.5 OPC Foundation

Ein weiteres wichtiges Gremium ist die OPC unter deren Leitung das OPC UA als ein plattformunabhängiges Konzept entstand.

Die **OPC Foundation** (Open Platform Communications), früher Object Linking and Embedding for Pro Cess Control [119] ist ein Industriekonsortium, das Standards für die offene Konnektivität von industriellen Automatisierungssystemen, wie z. B. Prozesssteuerungen im Allgemeinen, erstellt und pflegt. Die OPC-Standards spezifizieren die Kommunikation von industriellen Prozessdaten, Alarmen und Ereignissen, historischen Daten und Batch-Prozessdaten zwischen Sensoren, Aktoren, Instrumenten, Steuerungen, Softwaresystemen und Benachrichtigungsgeräten.

Die OPC Foundation wurde 1994 [120] zunächst als Task Force gegründet, die aus fünf Anbietern von industrieller Automatisierung bestand: Fisher-Rosemount, Rockwell Automation, Opto 22, Intellution und Intuitive Technology [121].

Ziel war es, eine grundlegende OLE for Process Control-Spezifikation zu erstellen, die unabhängig von den vielen vorhandenen Schnittstellen einsetzbar sein musste Unter dieser Prämisse wurde von der Microsoft Corporation OLE als eine Technologie, für das Betriebssystem MS Windows entwickelt. Die Task Force veröffentlichte den OPC-Standard im August 1996.

Die OPC Foundation selbst wurde offiziell in 2006 gegründet, um die Entwicklung von Interoperabilitätsspezifikationen fortzusetzen. Sie umfasst Hersteller und Benutzer von Geräten, Instrumenten, Steuerungen, Software und Unternehmenssystemen.

Die OPC Foundation kooperiert mit anderen Organisationen, wie z. B. MTConnect (MTConnect ist ein fertigungstechnischer Standard zum Abrufen von Prozessinformationen von numerisch gesteuerten Werkzeugmaschinen), die ähnliche Missionen haben. In der OPC Foundation gibt es ähnlich wie in der IEEE 802.3 verschiedene Arbeitsgruppen, die sich um Standards und Spezifikationen kümmern [121]. Darunter fallen z. B. die folgenden Arbeitsgruppen (AG):

AG OPC-Datenzugriff
Diese Normengruppe enthält Spezifikationen für die Kommunikation von Echtzeitdaten von zu Anzeige- und Schnittstellengeräten wie Mensch-Maschine-Schnittstellen (HMI). Die Spezifikationen sind maßgeblich für das SCADA. Sie konzentrieren sich auf die kontinuierliche Kommunikation von Daten.

AG OPC-Alarme und -Ereignisse
Standards für die bedarfsgerechte Kommunikation von Alarm- und Ereignisdaten im Gegensatz zur kontinuierlichen Kommunikation in der OPC Data Access-Gruppe.

AG OPC-Stapel
Standards für die Anforderungen von Batch-Prozessen.

AG OPC-Daten eXchange
Diese Normengruppe befasst sich mit der Server-zu-Server-Kommunikation über industrielle Netzwerke. Die Standards befassen sich auch mit der Fernkonfiguration, -diagnose, -überwachung und -verwaltung (Predictive Maintenance) und sind für die globale Wartung von extremer Bedeutung (Predictive Maintenance). .

AG Zugriff auf OPC-Verlaufsdaten
Standards für die Kommunikation gespeicherter Daten.

OPC-Sicherheit
Standards für die Steuerung des Client-Zugriffs auf OPC-konforme Geräte und Systeme.

AG OPC XML-DA
Baut auf den OPC Data Access-Spezifikationen auf, um Daten in XML zu kommunizieren. Integriert SOAP und Webdienste [122].

AG Komplexe OPC-Daten

Standards für die Spezifizierung der Kommunikation komplexer Datentypen wie Binärdaten und XML-Dokumente.

AG OPC-Befehle

Standards für die Übermittlung von Steuerbefehlen an Geräte und Systeme.

AG Einheitliche OPC-Architektur

Ein völlig neuer Satz von Standards, der alle Funktionen der oben genannten Standards (und mehr) enthält, jedoch plattformübergreifende Webdienste und andere moderne Technologien verwendet.

AG OPC-Zertifizierung

Die OPC Foundation verfügt über einen gut etablierten Zertifizierungsprozess. Die OPC Foundation nennt dies das OPC Enhanced Certification Program.

Die OPC Foundation kann der steigenden Nachfrage nach zuverlässiger Funktionalität und gesicherter Interoperabilität erfüllen. Es gibt für die Selbstzertifizierung mit den ComplianceTestTool (CTT) geeignete Tools.

7.4.6 FDT/DTM™ und PACTware – Normierung der Konfiguration und Bediensoftware für den Kontrollraum

Eine weiteres wichtiges Normierungsgremium im Zusammenhang mit Feldbussen und Bedienerebene (SCADA) ist PACTware und die FDT Group, die in 2001 bzw. 2003 ins Leben gerufen wurde.

In diesem Abschnitt widmen wir uns der Geräteintegration in die industrielle Automatisierung, welche die systemweite Interoperabilität, Sicherheit und optimale Anlagenleistung gewährleistet. Dabei spielen PACTware, FDT/DTM™ [123, 124, 150] (Field Device Tool/Device Type Manager) und FDI (Field Device Integration) als herstellerübergreifendes Konzept die wesentliche Rolle.

FDT/DTM™ ermöglicht die Parametrierung von Feldgeräten verschiedener Hersteller mit nur einem Programm. FDT ist eine Softwareschnittstelle die im Detail den Datenaustausch zwischen einer Applikation und den Software-Komponenten im Feldgerät. FDT ist als internationale Norm IEC 62453 [125] und ISA 103 [126] standardisiert.

Das FDT/DTM™-Konzept kommt mittlerweile neben der Prozessautomatisierung zunehmend in der Fabrikautomatisierung zum Einsatz. Wie es zu diesem Konzept kam, sei historisch unter Einbringung meiner persönlichen Erfahrungen aufgezeigt.

Ab 2000 fand eine enorme Zunahme der Feldgeräte und auch Feldgerätehersteller mit immer neuen Bedienvarianten, -strukturen und Busanbindungen statt. Ebenso nahm die Anzahl die Hersteller von SCADA/HMI-Systemen und Leitsystemen drastisch zu.

In diesem Zusammenhang führte ich z. B. in den Jahren 2002/2003 einen Technologietransfer einer ‚Process Control and Automation Platform‘ (heute: System 302) von der brasilianischen Automation-Firma Smar, zu meinem damaligen Arbeitgeber durch [127, 128]. Aus diesem System entwickelten wir dann FieldCare [129] (für Asset- oder Anlagenmanagement, azyklische Dienste) und ControlCare [130] (für PROFIBUS und FF, zyklische Dienste) entstanden. Das ControlCare SFE 240 [130] ist heute nicht mehr in seiner ursprünglichen Form erhältlich, sondern wurde von einer neuen Version ControlCare Field Control (OPC) abgelöst. Beide Systeme sind in der Regel in der SCADA/ HMI/MES-Ebene oder im Kontrollraum angesiedelt und oft in einem Computer-System zusammengefasst.

Die stark zunehmende Automatisierung und Vernetzung in der Prozessindustrie und Fabrikautomation erforderte, wie bereits erwähnt, zu diesem Zeitpunkt immer größere und komplexere Vernetzungstopologien. Basierend auf Ethernet-Feldbussen und OPC UA wuchsen die Netzwerke immens an. Zunehmend drängten die Feldgeräteanwender aller Industrien auf eine herstellerübergreifende Bedienung – allen voran die Chemie, Petrochemie und Pharmazie.

Im Rahmen der allgemein geforderten Harmonisierung stand insbesondere die Software für die Standardisierung von Vernetzungstopologien und der Vereinheitlichung der SCADA/HMI-Ebene im Fokus. Alle Bemühungen resultierten schließlich im FDT/ DTM™ und im PACTware-Konzept.

Die Einführung von FDT/DTM™ [131] und PACTware [132] war dabei ein wesentlicher Bestandteil meiner Arbeiten von 2002 bis 2004.

Zuerst akquirierte ich bei meinem damaligen Arbeitgeber Anteile der Firma CodeWrights in Karlsruhe (weiterer Shareholder war Pepperl + Fuchs) [133, 134, 150] die PACTware (Rahmenapplikation ähnlich wie FDT) neben der Erstellung von DTM's in ihrem Portfolio hatte.

Als damaliges Steering-Committee-Mitglied im PACTware Konsortium wirkte ich an der Entwicklung eines neuen offenen Standards zur Bedienung von Feldgeräten mit.

PACTware war zu diesem Zeitpunkt bereits ein herstellerübergreifendes Konzept in der Automatisierungswelt, welches die Parametrierung zwischen unterschiedlichen Feldgeräten und den SCADA/HMI/MES-Ebenen (Kontrollraum, Leitsystem) über unterschiedliche Feldbusse von Herstellern standardisierte.

Zu diesem Zeitpunkt wurde auch mit den Arbeiten zum dem FDT/DTM™-Konzept (Field Device Tool/Device Type Manager) Konzept begonnen, das ich ebenfalls von Beginn an begleitete und das parallel zu PACTware auf internationaler Ebene entwickelt wurde. FDT/DTM™ ist heute das dominante Konzept in der Automatisierungstechnik.

Das FDT (Feldgerätewerkzeug)-Konzept ist ebenso wie PACTware ein herstellerübergreifendes Konzept in der Automatisierungswelt, welches die Parametrierung zwischen Leitsystem und Feldebene über unterschiedliche Feldbusse standardisiert.

Das Konzept erlaubt von der SCADA/HMI-Ebene den Zugriff auf jedes Feldgerät mittels einer gemeinsamen standardisierten Bedienoberfläche (HMI). Entscheidend ist dabei, dass die Parametrierung von Feldgeräten unterschiedlicher Hersteller durch *ein einziges* Programm ermöglicht wird.

Bereits ab 1998 wurde basierend auf einer Initiative des ZVEI's (Zentralverband Elektrotechnik- und Elektronikindustrie e. V.) zur Schaffung eines offenen Standards zur Integration von Feldgeräteherstellern in nahezu alle Plattformen begonnen.

Das PACTware Consortium eV. wurde noch im Nov. 2001 gegründet. Diesem Konsortium gehören heute mehr als 25 Unternehmen an. Tab. 7.7 zeigt die wesentlichen PACTware-Mitglieder.

Nach PACTware folgte Ende 2001 der offene Standard Field Device Tool (FDT) sowie der Device Type Manager FDI-DTM [135] der zuerst PROFIBUS- und HART-Protokolle unterstützte. Zunächst gab es die Arbeitsgruppen um Endress+Hauser und Metso Automation sowie ABB, SIEMENS und Invensys, deren FDT Konzepte noch unterschiedlich waren.

Anfang 2003 wurde schließlich in der industriellen Automatisierung von ABB, Endress+Hauser, SIEMENS und Metso Automation die ,FDT Joint Interest Group' (FDT JIG) [136] gegründet, an dessen Steering Committee Sitzungen ich ebenfalls einige Male teilnahm. Zunächst mussten Metso und ABB bezüglich ihrer unterschiedlichen FDT-Ansätze synchronisiert werden, bevor man richtig mit der eigentlichen Standardisierung beginnen konnte. Zu Beginn der Gründung gab es immer wieder unterschiedliche Auffassungen wie eine Standardisierung oder ein offener Standard auszusehen hat, wodurch das Vorankommen stark verzögert wurde. Zu viele einzelne firmenspezifische Interessen waren im Spiel.

Erst 2005 nach der Gründung einer rechtlich unabhängigen Organisation als gemeinnütziger Verein nach belgischem Recht, der ,FDT Group' [137], kam man entscheidend in der Definition eines offenen Standards voran. Die ,FDT Group' war ein Zusammenschluss aus Herstellern, Anwendern und Forschungseinrichtungen/Universitäten.

Seit der Gründung hält die FDT ,Association Internationale Sans But Lucrativ' (kurz: FDT AISBL) [137] das Markenrecht FDT.

Tab. 7.7 PACTware Mitglieder

BOORST Engineering	nivelco
BOPP & REUTHER MESSTECNIK	P+R electronics
bürkert	PEPPERL+FUCHS
CodeWrights	SAMSON
Foxboro	softing
KSB	Steinbeis
LOTZE SYST. TECHN.:	THORSIS
Matsushima	TURCK
Megnetrol	VEGA
Microflex	wetcon
MOORE INDUSTRIES	WIKA

Die Organisation pflegt, verwaltet und entwickelt diese Schnittstelle weiter. Die Spezifikation wird kostenfrei zur Verfügung gestellt. Heute sind mehr als 100 Organisationen Mitglieder der FDT Group. Dabei gehören der FDT Group heute weltweit Hersteller von Gebäudetechnik, Fabrikautomation und Prozessautomation an. Wie riesig dieser Verbund bereits im Jahre 2013 war, zeigt Tab. 7.8.

In der FDT-Group wurden auch die Richtlinien des DTM Style Guides (Device Type Manager) erstellt.

7.4.6.1 Funktionsweise des FDT/DTM™ Konzepts

Das FDT/DTM™-Konzept bildet die im Messgerät lauffähige embedded Software in einer Hochsprache (C++) vollständig auf dem PC ab, d. h. das Feld-Gerät läuft exakt aber auf virtueller Basis ‚abstrakt‘ auf dem PC ab.

Unmittelbar im Zusammenhang mit dem FDT/DTM™ steht die EDDL (Electronic Device Description Language): Dabei dient das Feldgerätewerkzeug (Field Device Tool) zur Geräteintegration in den Automatisierungsprozess. Die Basis des FDT wiederum ist das FDI-Gerätepaket. Im FDI-Gerätepaket sind alle standardisierten Elemente in Form der EDDL für die Beschreibung des Feldgeräts in der Anlage enthalten, d. h. das FDI-Gerätepaket enthält alle EDDL zur Verwaltung der Gerätevorgänge und User Interface Plug-in (UIP), um die komplexen Gerätefunktionen wie z. B. eine pH-Kalibration oder die Radarsignaturverläufe zu beschreiben. Somit ermöglicht die (FDI)-DTM-

Tab. 7.8 FDT User Group im Jahr 2013, Shanghai-Messe

ABB	ifak system	Rockwell Automation
EPLISENS	JIL	ROTOR
auma	KLAY INSTRUMENTS	SAMSON
azbil	KROHNE	Schneider Electric
BAUMER	KUKA Group	SICK
bürkert	KW software	SIEMENS
CHEVRON	Lange	softing
CodeWrights	M&M	SUPCON
COMSOFT	Magnetrol	Technische Univ. Dresden
DET-TRONICS	Maxonic	TOKYO KEISO
Endress+Hauser	METROVAL	TURCK
EATON	metso	VACON
elster	Microcyber	VEGA
EMERSON	MITSUBISHI ELECTRIC	WAGO
FLOWSERV	OMRON	Weidmüller
HITIS	PENTAIR	withunga
Hollysys	Pepperl+Fuchs	YOKOGAWA
Honeywell	PHOENOX CONTACT	
IBHsoftec	ProSoft	
ICS	Rexroth	

Technik die Unterstützung von FDI-Gerätepaketen in vorhandenen FDT/FRAME-fähi-gen Computern. EDDL- und UIP-Komponenten innerhalb des FDI-Gerätepakets werden wiederum von der FDI-DTM-Technologie als Device DTM interpretiert. D. h. bei FDT/FRAME-Anwendungen wirkt die FDI-DTM wie eine Device DTM.

Das FDT selbst ist zunächst eine Definition einer reinen Softwareschnittstelle nach der Norm IEC 62453 [125] und ISA 103 [126], die den Datenaustausch zwischen einer SW-Anwendung und Feldgeräten, z. B. pH- und Leitfähigkeitsmessung, Druck, Füll-stand, Durchfluss, etc., definiert. FDT ist dabei ein Interface oder eine Schnittstelle! DTM ist der Gerätetreiber.

Bei der Vielzahl von Messgeräten und Messparametern ist es wichtig, die Geräte-bedienung einfach zu gestalten. Hierzu besteht die Aufgabe verschiedene Geräte-Soft-ware DTM's (Device Type Manager) in eine gemeinsame Rahmenanwendung FDT (Frame Device Tool) zu integrieren.

Das DTM ist als eine Art Treiber zu sehen der dafür zuständig ist, die Daten/Para-meter auf dem PC's für das spezifische Feldgerät aufzuarbeiten. Weiterhin ist der Trei-ber dazu da die Felddaten der Messgeräte so aufzubereiten, dass sie auf dem PC mittels grafischer Benutzeroberfläche (HMI) ausgewertet werden können, bzw. auf die Daten und Ergebnisses des Feldgerätes entsprechend reagiert werden kann. Ein DTM wird typischerweise für eine Gerätefamilie, wie z. B. pH-Messung oder Druckmessung, usw. entwickelt. Im DTM sind alle Funktionen und Strukturen sowie die grafische Benutzer-oberfläche einer Gerätefamilie enthalten. Da normalerweise jede Firma ihre eigenen DTM's entwickelt muss sichergestellt werden, dass die Schnittstellen zur FDT (Rahmen-anwendung) und vor allem zu anderen DTM's (andere Parameter und andere Firmen) eindeutig definiert werden!

Diese Schnittstelle oder Rahmenanwendung ist heute in der Industrie vereinbarungs-gemäß FDT! In der Prozessindustrie werden die HMI durch ein Profil definiert, d. h. pH, Leitfähigkeit, Druck, Füllstand, Durchfluss und Temperatur sind durch *eine* Bedienober-fläche standardisiert.

Für mich war hier immer das Beispiel mit dem Drucker aus Abb. 7.9 hilfreich: Dru-cker (Feldgerät) und Druckertreiber (Field-Device Treiber) liefert der Hersteller. Der Trei-ber (DTM) wird z. B. unter Windows (Office Anwendungen) installiert und der Drucker (Feldgerät) kann von der grafischen Benutzeroberfläche (Bildschirm) aus bedient werden. Von der Rahmenanwendung kann somit auf beliebige Feldgeräte zugegriffen werden, so-lange diese der Schnittstelle (FDT) genügen. Durch diese Standardisierung können die DTMs in verschiedenen Rahmenanwendungen unabhängig vom System benutzt werden.

Heute werden moderne Feldgeräte remote über diese Schnittstelle diagnostiziert.

Wichtig ist, dass der DTM aus zwei Teilen besteht: der DeviceDTM oder Geräte-DTM (vergleiche Gerätetreiber eines Druckers unter Windows) und der CommDTM ('Kommunikationsprotokoll'). Der DeviceDTM wird, wie bereits gesagt, vom Geräteher-steller geliefert. Der CommDTM kann von beliebigen Herstellern geliefert werden (z. B. PACTware) [138, 139].

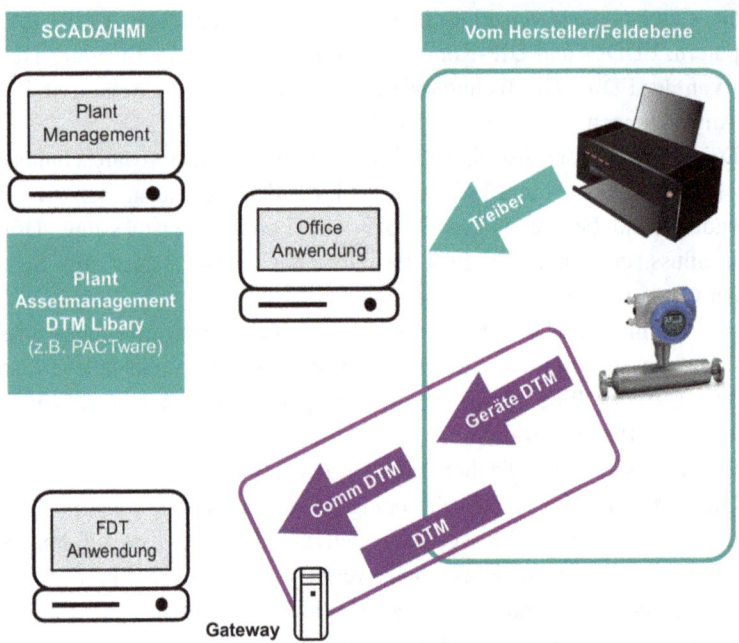

Abb. 7.9 Vergleich FDT/DTM™ mit Drucker. (Quelle KROHNE – Foto Durchflussgerät)

Ein CommDTM (Kommunikations-DTM) besteht aus Netzwerkkarten, Kopplern, Gateways und Anschlussgeräten und ermöglicht die Verbindung zu Software-Kommunikationskomponenten (siehe z. B. Datenübermittlung an einen Drucker).

Zur Sicherstellung der korrekten Ansteuerung und Datenübertragung wurde in 2004–2005 von der FDT Group ein Programm entwickelt, das die Geräte mit ihren Schnittstellen auf verschiedenen Ebenen überprüft. Es wurde im Jahr 2005 von der FDT Group ein umfangreicher Zertifizierungsprozess zur Sicherstellung von Stabilität und Interoperabilität etabliert, bei dem Rahmenapplikationen und DTM's getestet werden.

So entwickelte PACTware zum damaligen Zeitpunkt (2002 bis 2004) den DTMINSPECTOR [140], der zunächst ca. 250 verschiedene Tests für die Schnittstellen, aufgeteilt in ‚good case', ‚bad case' und Robustheit, überprüfte. Erst wenn alle Tests erfolgreich durchgeführt waren, konnte das Gerät zertifiziert werden.

Die Hersteller konnten mit dem von der DTM Group zur Verfügung gestellten Programm weitere Tests definieren und durchführen, um über die Qualität ihrer Geräte zu urteilen. Es muss jedoch betont werden, dass diese Vorgehensweise ein erheblicher Kostenfaktor war und ist, der aber aufgrund der komplexen Vernetzungsstrukturen und Gerätevielfalt aus meiner Sicht gemacht werden sollte.

Die Standardisierung in den DTM's (siehe Abb. 7.10) ist heute schon deswegen wichtig, da die Feldgeräte aufgrund der hohen Rechenleistungen immer mehr Daten und Informationen liefern. Eine einfache und standardisierte Software-Umgebung zur Wartung,

Inbetriebnahme *und* Konfiguration ist deswegen von hoher Bedeutung. Deswegen *muss* ein Standard unabhängig vom Hersteller und vom Kommunikationsprotokoll existieren. Einer der wesentlichen Gründe hierfür ist, dass die Endanwender immer in der Lage sein wollen, jeweils das beste Messgerät einsetzen zu können.

Interessant war für mich als wir in der Analysengruppe FA 7 des ZVEI zum ersten Mal diese Profile für pH und Leitfähigkeit kontrovers unter den namhaften Herstellern diskutierten. Denn nicht alle pH- und Leitfähigkeits-Messgeräte hatten dieselben Eigenschaften sowie Merkmale und dennoch musste unter der Forderung für eine Standardisierung jeder Parameter bildlich gesprochen am selben Speicherplatz und Ort der grafischen Bildschirmdarstellung untergebracht sein. D. h. jeder Hersteller musste anwenderspezifisch für die übereinstimmenden Features seiner Geräte im Vergleich mit den Geräten der Wettbewerber denselben Speicherplatz in der SW belegen. Zunächst musste damals im Gremium erarbeitet werden, welche Features im Messgerät Standard und welche ‚Nice to have' waren. Danach mussten für jeden Parameter in Abstimmung die Speicherplätze definiert werden. Es war eine höchst anspruchsvolle Aufgabe, wenn man die Interessen der unterschiedlichen Hersteller zum damaligen Zeitpunkt berücksichtigte. Ein zähes Ringen fand statt: Welche Parameter primär oder sekundär dargestellt werden sollen, wo sie abgelegt werden müssen und wie die entsprechende Grafikoberfläche auszusehen hat (siehe Abb. 7.10).

Die Forderung, dass jeder DTM unabhängig vom Hersteller in *jeder* Rahmenapplikation (FDT) eingesetzt werden konnte, hatte jedoch den entscheidenden Vorteil, dass die FDT-Technologie nicht an die Messgeräte angepasst werden musste, sondern die Hersteller mussten die Funktionalität der Messgeräte der FDT-Schnittstelle anpassen.

Für alle Geräte konnte deswegen auch *ein* Servicetool im Feld eingesetzt werden, das eine Offline-Parametrierung und Offline-Konfiguration durchführen zuließ. Der entsprechende Datensatz konnte dann erst später auf das Gerät übertragen werden.

Ich persönlich war positiv überrascht, nachdem man sich unter den Firmen auf das Profil geeinigt hatte, wie schnell die DTM's für die Analysenparameter pH und Leitfähigkeit entwickelt wurden und somit mittelfristig hohe Kosten eingespart werden konnten.

Es sei hervorgehoben, dass FDT auch für Altanalgen eingesetzt werden kann, ohne die installierten Geräte ändern zu müssen. Es muss lediglich der entsprechende Geräte-DTM und ein entsprechendes FDT-Rahmenprogramm installiert werden.

7.4.6.2 Stand der Technik

Mit der Spezifikation FDT2 stellt die FDT Group die aktuellen Forderungen der Anwender sicher. Die FDT2 ist abwärtskompatibel und lässt somit die Nutzung alter Versionen zu. D. h. FDT 1.2 × und DTM's können weiterhin genutzt werden. Somit ist der Schutz der Investitionen in Anlagen gewährleistet. Die FDT-Group stellt sicher, dass alle Versionen unterschiedlicher Versionsnummern lauffähig sind. Die FDT-Technologie basiert auf.NET-Technologien und garantiert somit die Lauffähigkeit auf unterschiedlichen Windows-Betriebssystemen. Weiterhin ist es möglich durch WPF (Windows Presentation Foundation) neue Gestaltungsmöglichkeiten, wie z. B. Fingerbedienung (Touchbedienung) in der GUI

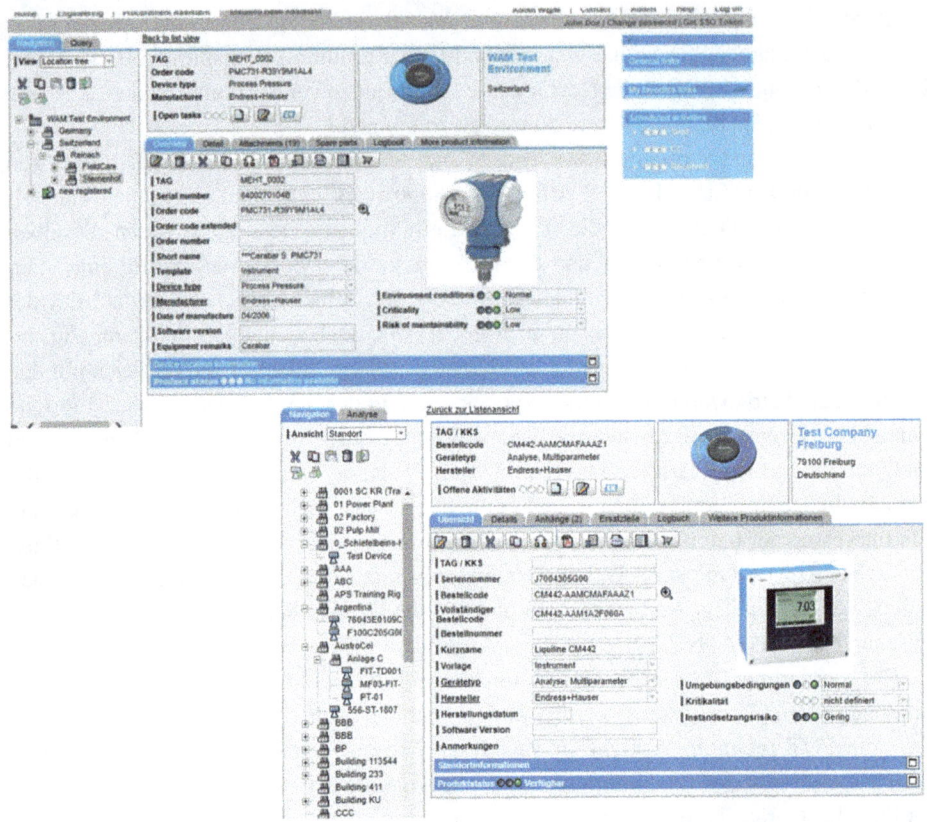

Abb. 7.10 DTM Oberflächen für Druck- und Analysenmesstechni. (Quelle Endress + Hauser)

(Grafical User Interface) anzuwenden, die Jedem von uns von Smartphones und Tablets geläufig sind. Durch die Etablierung von sog. Comment Components werden DTMs und FTD-Rahmenapplikationen verbessert. Die Gemeinsamkeiten der Core-Technologie erhöhen die Stabilität. Durch Implementierung der Spezifikation in zwei Komponenten wird die Interoperabilität sichergestellt, insbesondere dadurch, dass diese durch die FDT Group intensiv getestet werden.

In Summe sparen die Hersteller dadurch eine Menge an Kosten.

Parallel folgen die Arbeiten zu Unterstützung weiterer Standardisierungen der Kommunikationsprotokolle in FDT. Aktuell sind die Anhänge für folgende Feldbusse vorhanden: PROFIBUS DP/PA, HART, Foundation Fieldbus H1/HSE, Interbus, PROFINET, Modbus RTU/TCP/ASCII, Ethernet/IP, EtherCAT, DeviceNet, CorntrolNet, IO-Link, AS-Interface, CANopen, SERCOS III, CC-Link, ISA 100 und OPC UA.

Ein Anhang beschreibt, wie die protokollspezifische Kommunikation auf dem Feldbus softwareseitig im DTM realisiert werden muss, damit die DTMs unterschiedlicher Hersteller zusammen spielen können.

7.4.6.3 Zusammenfassung FDT/DTM™

Die Geräteintegration war und ist seit Jahren ein viel diskutiertes Thema. Die Feldgeräte von heute liefern neben den Prozessdaten immer mehr Informationen und Funktionen. Für die Anwender ist entscheidend: Eine standardisierte Systemumgebung zur zentralen Verwaltung, Inbetriebnahme, Konfiguration und Wartung aller Feldgeräte. Demzufolge musste ein geforderter Standard unabhängig von Hersteller und Kommunikationsprotokoll sein, damit für die jeweilige Anwendung das beste Gerät gewählt werden kann. Zudem muss die Lösung einen nahtlosen Datenaustausch zwischen Feldgeräten und übergeordnetem Automatisierungssystem, der SPS- und der SCADA-Ebene, sicherstellen.

Um den Betreibern von Anlagen einen langfristigen Schutz ihrer Investitionen gewährleisten zu können, kommt nur eine offene Technologie wie FDT infrage. FDT ebnet dabei den Weg zu einheitlichen Gerätetreibern. Für jedes Gerät wird zur Integration in bestehende FDT-Systeme nur ein einziger DTM benötigt. Die universelle Einsatzmöglichkeit senkt also auch die Entwicklungskosten für die Hersteller.

Das FDT/DTM™-Konzept ist demnach generell unabhängig vom Kommunikationsprotokoll, da über die CommDTM entsprechende Gateways [141] von vielen Firmen der Automatisierungstechnik [142] zur Verfügung stehen. Die Vorteile von FDT sind insbesondere, dass auf unterschiedlichen Ebenen der Automatisierungspyramide verschiedene Feldgeräte und Kommunikationsprotokolle von verschiedensten Herstellern eingesetzt werden können und dennoch nur *eine* Rahmenapplikation FDT (Schnittstelle) notwendig ist.

Weiter zeichnet das FDT/DTM™-Konzept aus, dass Wartungstools erstellt werden können, die auf allen Geräten und Systemen angewendet werden können. Hinzukommt, dass der Entwicklungs- und Wartungsaufwand einigermaßen gering ist und sich die Komplexität der Integration von Feldgeräten in Grenzen hält.

Die Konfiguration ist im FDT/DTM™-Konzept trotz hoher Gerätevielfalt innerhalb der gesamten Automatisierungspyramide denkbar einfach. FDT ist unabhängig von den eingesetzten Feldbussen.

FDT/DTM™ unterstützt heute neben den ursprünglichen Feldbussen PROFIBUS DP, PROFIBUS PA, HART und FF H1 und FF H2 (Foundation Fieldbus) auch die Busse PROFINET, EtherCAT, Interbus, DeviceNet, ControlNet, Modbus TCP/RTU/ASCII, EtherNet/IP, IO-Link, ASI- Interface [143], CANopen [144], SERCOS III [145], CC-Link [146].

Insofern ist das FDT/DTM™-Konzept mittlerweile eines der tragfähigsten Schnittstellenkonzepte überhaupt in der Automatisierungstechnik, sowohl in der Prozessautomatisierung wie auch mittlerweile in der Fabrikautomatisierung.

Wie bereits angesprochen ist heute FDT2 [147, 148] im Einsatz, das abwärtskompatibel zu den Vorgängerversionen ist. Alle DTMs und FDTs werden von der FDT Group zertifiziert, wodurch die Interoperabilität und Versionskontrolle sichergestellt wird. Dabei sollte man wissen, dass der Zertifizierungsaufwand zum Teil einige Monate dauern kann, aber bei der Vielfalt von Möglichkeiten unumgänglich ist!

Die FDT Group zählt momentan mehr als 60 Mio. Mitglieder. Leitsysteme und Feldgeräte profitieren von dem FTD/DTM™-Konzept. Fast alle Hersteller nutzen heute das Konzept und es wird mit Hochdruck an der Weiterentwicklung gearbeitet. Generische DTM's, Profil-DTM's oder herstellerspezifische DTM's zeugen von dieser Entwicklung.

Auch in der Fabrik-Automatisierung kommt zunehmend das FDT/DTM™-Konzept zum Tragen und wird ähnlich wie in der Prozessindustrie nicht mehr aufzuhalten sein. Entstanden ist das Konzept um die Jahrtausendwende und hat sich bis heute evolutionär zu einem der mächtigsten standardisierten Bedientools in der Automatisierung entwickelt.

Es muss aber nach meiner Erfahrung auch gesagt sein, dass immer noch viele kleinere und mittelständische Unternehmen der Messtechnik nichts von dieser Welt der Automatisierung wissen. Diese Unternehmen wissen auch nicht, dass ihre verkauften Geräte vom Anwender zum Teil selbst mehr oder weniger automatisierungsgerecht nachentwickelt werden. Ein Umstand, der dann in Servicefällen hochkommt und zu langatmigen Diskussionen bezüglich Produkthaftung führen kann.

7.4.7 FieldComm Group

Die FieldComm Group besteht seit 1. Januar 2015, indem sie alle Vermögenswerte der ehemaligen Fieldbus Foundation und der HART Communication Foundation zusammenführte. Sie ist führend im amerikanischen Markt [149].

Die FieldComm Group hat ihren Sitz in Austin, Texas, und ist durch ihre breite Mitgliedschaft in über 300 multinationalen Organisationen global ausgerichtet.

Die FieldComm Group ist über 30 Jahre ist in Amerika führend in der Entwicklung von Standards, Tools und Produktregistrierungen für intelligente Instrumente und Systeme für die Prozessautomatisierungsbranche.

Die Unternehmensziele sind:

Entwicklung, Verwaltung und Förderung globaler Standards für die Integration digitaler Geräte vor Ort, mobiler und Cloud-basierter Systeme.

In diesem Zusammenhang stellt die FieldComm Group Dienstleistungen für die Einhaltung von Standards und die Implementierung von Prozessautomatisierungsgeräten und -systemen, welche die Zuverlässigkeit und Interoperabilität mehrerer Anbieter ermöglichen und verbessern;

Die Gruppe ist aus der HART- und Fieldbus-Foundation entstanden. Beide Feldbusse zählten zur frühen Feldbusgeneration. Die FieldComm Group arbeitet eng mit der PI zusammen. Die Zusammenarbeit mit der PI macht Sinn, da PROFIBUS und Fieldbus denselben Physical Layer (OSI Modell) verwenden.

Die Gruppe verfolgt die Entwicklung eines einheitlichen Informationsmodells von Feldgeräten für die Prozessautomatisierung zu leiten und dabei auf den Investitionen der Industrie in die HART-, FOUNDATION-Feldbus™- und FDI-Standards® aufzubauen.

Die FieldComm Group ist eine globale, standardbasierte, gemeinnützige Mitgliedsorganisation, die sich aus den führenden Prozessendanwendern, Herstellern, Universitäten und Forschungsorganisationen zusammensetzt, um die Entwicklung, Integration und Implementierung von Kommunikationstechnologien für die Prozessindustrie zu steuern.

Die Mitgliedschaft ist für diejenigen, die sich für die Nutzung der Technologien interessieren. Zusätzlich zu den HART- und FOUNDATION Fieldbus-Kommunikationstechnologien ist die FieldComm Group für die kontinuierliche Entwicklung der FDI-Technologie (Field Device Integration) verantwortlich. Die FieldComm Group arbeitet mittlerweile, wie oben bereits angesprochen, eng mit der PI zusammen, wodurch man sich auf beiden Seiten eine weitere Beschleunigung der Kommunikationstechnologie erwartet.

Die FieldComm Group vertreibt Werkzeuge im Zusammenhang mit der Entwicklung und Implementierung der Kommunikationsprotokolle und zugehörige Servicetools. Ziel sind kommerzielle Produkte für die Prozessindustrie.

Es gibt folgende Kategorien von Tools:

- Technische Daten
- Softwareentwicklung
- Testen von Werkzeugen

Die Tools ermöglichen es allen Herstellern und Anbietern von Host-Systemen und Feldinstrumenten, branchenübliche Lösungen von Anfang bis Ende einschließlich der Konformitätstest für die Einhaltung der Standards zu implementieren. Ziel ist es den Anwendern ein hohes Maß an Sicherheit in Bezug auf die Interoperabilität von Produkten und Systemen geboten.

7.4.8   Zusammenfassung der Geschichte der Gremien und Feldbussen

Die Historie der Feldbusse und der sich etablierenden Gremien ist umfangreich und sehr heterogen. Im Laufe der letzten 30 Jahre entstanden eine Vielzahl von Bussystemen. Tab. 7.9 zeigt die wichtigsten Feldbusse und Bussysteme in einer groben Übersicht, ohne dabei den Anspruch auf Vollständigkeit zu erheben. Neben den in der IEC 61158 und IEC 61784 neunzehn normierten Feldbusfamilien gibt es eine ganze Reihe von weiteren Feldbussen, die sich in der Gebäude- und Fabrikautomation etabliert haben.

Seit Einführung der ersten Feldbusse entstand ab Mitte 2000 ein wahrer Wildwuchs von unterschiedlichsten Bussystemen. Wieviel und intensiv auch an einer Vereinheitlichung und Harmonisierung gearbeitet wurde, letzten Endes hat diese nur bedingt stattgefunden. Denn die mittleren und größeren Hersteller haben sich aus wirtschaftlicher Sicht immer mehr darauf fokussiert, ihre eigenen Bussysteme, Gateways oder Protokollumsetzer für alle Kommunikationsebenen innerhalb der jeweiligen Ebenen als auch zu den darüber liegenden Ebenen zu entwickeln und zu vermarkten. Das begründet auch die Vielfalt in den Normierungen und deren Aktivitäten. Verstärkt haben sich in den letzten

Tab. 7.9 Wichtige Feldbusse und Bussysteme im Markt

ANYBUS; Entwicklungsprojekt Anbindung an mehrere industrielle Netzwerke	MECHATROLINK; offenes Protokoll für die industrielle Automatisierung von Yaskawa
ARCNET (Attached Resource Computer Network) ; Vernetzungstechnologie für lokale Netzwerke (LANs). Definition von Kabeln für die Bitübertragungsschicht sowie Paketformate und Protokolle für die Sicherungsschicht (OSI-Modell)	MP-BUS; dient im Heizungs-, Lüftung- Klimatechnik-Bereich zur Steuerung von Stellantrieben für Klappen, Regelventile und VAV-Volumenstromregler.
ARINC (Avionik) Richtlinien für Flugzeugbus- und Datensysteme	Modbus RTU, TCP
ASI: AS-Interface für Aktor-Sensor-Schnittstelle	P-NET; multimaster- und multinetfähiges Feldbussystem für verfahrenstechnische Prozesse mit mittleren zeitlichen Anforderungen
BACnet (Building Automation and Control Networks) ist ein Netzwerkprotokoll für die Gebäudeautomation	Powerlink; Echtzeit-Ethernet, um Echtzeitdaten in der Antriebstechnik im µsec-Bereich zu übertragen.
CANopen	PROFIBUS DP
CC-Link	PROFIBUS PA
ControlNet	PROFINET
DeviceNet	PROFIsafe
enocan; batterielose Funktechnologie für Gebäude	RAPIEnet (Real-time Automation Protocols for Industrial Ethernet
WorldFIP; offenes Protokoll gemäß internationalem Feldbus Standard EN50170 zwischen Feldebene und EPS-Ebene	SafetyNET p; Standard für die ethernetbasierte Feldbus-Kommunikation in der Automatisierungstechnik mit Zykluszeiten bis 62,5 µs
IO-LINK	SERCOS
Interbus von Sensor/Aktor-Ebene in der Prozess-Automatisierung bis zu Überwachungs-PC und MES-Ebene	VARAN (Versatile Automation Random Access) Networkkabelgebundene Datennetztechnik für lokale Datennetze (LAN) mit dem Haupteinsatzgebiet im Bereich der Automatisierungstechnik
KNX (Feldbus zur Gebäudeautomation)	EtherCAT
M-BUS - Meter-Bus: Anwendung in Stromzählern, Gas- und Wasserzählern	WirelessHART
EtherNet/IP	

Jahrzehnten die Auf Ethernet basierenden Feldbusse immer mehr durchgesetzt, u. a. auch weil sie Internetfähig sind.

Besonders schlimm für die Anwender waren dabei die vielen herstellerspezifischen, unterschiedlichen Bedienermenüs und Servicemenüs (HMI oder GUI). Dies traf für alle Ebenen der Automatisierungspyramide zu.

Mir sind immer noch die endlosen Diskussionen beim Kunden, insbesondere in der Chemie, Petrochemie und Nahrungsmittelindustrie über dieses Thema gegenwärtig. Besonders blieb bei mir die Karikatur der NAMUR von einem Servicemanns, der einen ‚Munitionsgürtel' trug, welcher mit vielen Handbediengeräten bestückt war, nachhaltig im Gedächtnis hängen.

Trotz aller Bemühungen kamen die Harmonisierungsvorhaben immer wieder ins Stocken, sodass auch in den Jahren 2005 bis heute weiterhin das 4…20 mA HART-Protokoll seinen Status beibehalten konnte und in Altanlagen nur schwer zu verdrängen ist, solange diese lauffähig sind. Ein kleiner Hinweis darauf ist, dass die Firma KROHNE ihren ersten voll integrierten pH- und Leitfähigkeitssensor im Jahr 2014 zuerst für das HART 7-Protokoll entwickelte (Abschn. 6.2.1.).

Ein weiterer Grund war und ist sicher auch, dass der 4...20 mA HART ein Feldbus für explosionsgefährdete Umgebungen ist. Er ist somit seit jeher ideal für Chemie, Petrochemie, Bergbau, Pharmazie und Umwelt. Weiter kam der Positionierung von HART zugute, dass sich das ab 2007 verfügbare WirelessHART sehr früh gegenüber WLAN etablieren konnte, das erst 2013 in der Automatisierungstechnik Einzug fand.

Der Ethernet APL (Advanced Physical Layer) (siehe Abschn. 9.3.3) ist erst seit 2019 im Markt und muss sich als Ex-fähiger Feldbus erst noch bewähren. Meines Erachtens wird Ethernet APL die alten Feldbusse allmählich ablösen und besonders in Neuanlagen integriert werden, da sich die Durchgängigkeit mit Ethernet durchsetzen wird.

So war es für mich gemäß meinen Langzeitrecherchen nicht erstaunlich, dass in Summe der Anteil für Feldbusse außer HART noch im Jahr 2014 nur bei 22 %-28 % lag.

Erst innerhalb der letzten 8–10 Jahre konnte man erkennen, dass sich die digitalen Feldbusse, wie z. B. PROFIBUS PA, FF H1 (beide eigensicher), sowie die Bussysteme PROFIBUS DP, PROFINET, EtherCAT, EtherNet/IP, Modbus TCP, CC-Link, IO-Link zunehmend begannen in der Prozess- und Fabrikautomatisierung durchzusetzen, und das vor allem in neuen Industrieanlagen.

Eines ist aber ebenso klar: Seit die Vielfalt von Feldbussen und Bussystemen in der Automatisierung stark zunahm, drängten die Anwender berechtigterweise zu einer Standardisierung und Harmonisierung für Schnittstellen und Bedienbarkeit. So bildeten sich eine Abzahl von Gremien, von denen die Wichtigsten sind:

- Institute of Electrical and Electronic Enginners (IEEE 802.3)
- Ethernet Alliance
- PROFIBUS&PROFINET Inernational (PI)
- Open Device Vendor Association (ODVA)
- OPC Foundation FDT/DTM^{TM}
- PACTware
- FieldComm Group

Unter diesen Gremien gibt es viele weitere kleinere Gremien. Deswegen war die Gremienbildung von 1980 bis 2010 sehr wichtig, um eine Effizienz der Systemintegration von Feldgeräten, SPS und SCADA Systemen zu erreichen.

Dies traf sowohl für die Bedienbarkeit der Geräte im Feld-Level als auch für das Assetmanagement in der SCADA- und MES-Ebene zu. Ein entscheidender Schritt in der Standardisierung ist das FDT/DTM™-Konzept, das ab 1998 mit voller Kraft entwickelt wurde.

Pararellel zu all diesen Feldbussenaktivitäten wurde gleichermaßen intensiv am Ethernet TCP/IP und Internet weiterentwickelt. Internet hat sich mit der Version IPv6 eine neue Welt der Kommunikation erschlossen. Die auf Ethernet TCP/IP basierenden Feldbusse wie EtherNet/IP, PROFINET, EtherCAT, Modbus TCP und CC-Link wachsen mittlerweile sehr stark und erhöhen ihre Marktanteile überproportional. Durch das ebenfalls auf Ethernet beruhende OPC UA (Cloud Computing) sind der globalen Ethernet-Kommunikation fast keine Grenzen mehr gesetzt.

Literatur

1. Andreas Knoll: Studie von HMS Networks für 2022:6. Mai 2022, 20:27 Uhr|Die Marktanteile industrieller Netzwerktechniken. https://www.elektroniknet.de/automation/m2m/die-marktanteile-industrieller-netzwerktechniken.195956.html; Letzter Zugriff am 22.10.2023
2. Wolfgang Babel: Industrie 4.0, China 2025, IoT; Springer Vieweg Verlag, ISBN 978-3-658-34717-8; ISBN 978-3-658-34717-5 (ebook); 2021
3. NAMUR. https://www.namur.net/de/fokusthemen/automatisierung-modularer-anlagen.html/; Letzter Zugriff 21.8.2023
4. Softing: White Paper: Leitfaden für die Implementierung von PROFIBUS PA-Feldgeräten. https://industrial.softing.com/uploads/softing_downloads/WhitePaper_PROFIBUSPA_FieldDevice_DE.pdf; Letzter Zugriff am 21.8.2023
5. NAMUR: Zugriff auf NAMUR-Empfehlungen (NE) und NAMUR-Arbeitsblätter (NA). https://www.namur.net/index.php?id=63; Letzter Zugriff am 21.8.2023
6. Meudt, Tobias; Pohl, Malte; Metternich, Joachim: *Die Automatisierungspyramide – Ein Literaturüberblick.* Hrsg.: TU Prints. (tu-darmstadt.de [PDF]), 7.Juni 2017. http://tuprints.ulb.tu-darmstadt.de/6298/1/2017%20-%20Die%20Automatisierungspyramide%20-%20Ein%20Literatur%C3%BCberblick-2.pdf; Letzter Zugriff am 21.8.2023
7. SAMSON: HART-Kommunikation. https://www.samsongroup.com/document/l452de.pdf; Letzter Zugriff am 21.8.2023
8. FieldCommgroup: HART Communication Protocol. https://fieldcommgroup.org/technologies/hart/hart-technology-detail; Letzter Zugriff am 21.8.2023
9. softing: Whitepaper: Leitfaden für die Implementierung von Profibus PA-Geräten. https://industrial.softing.com/fileadmin/secure/Industrial/White_Papers/White_Papers_German/Leitfaden_f%C3%BCr_die_Implementierung_von_PROFIBUS_PA-Feldger%C3%A4ten.pdf; Letzter Zugriff am 21.8.2023
10. Profibus Webpage. https://www.profibus.com/; Letzter Zugriff am 21.8.2023
11. Fieldbus Foundation, Homepage. http://www.fieldbus.org; Letzter Zugriff am 21.8.2023
12. Visaya: FOUNDATION Feldbus-Kommunikationsprotokoll: Alles. Was Sie wissen müssen über H! und HSE Feldbus. https://visaya.solutions/de/article/alles-was-sie-ueber-das-kommunikationsprotokoll-foundation-fieldbus-wissen-muessen; Letzter Zugriff am 21.8.2023
13. Feldbusse.de:EtherNet/IP. https://www.feldbusse.de/EthernetIP/ethernetip.shtml#:~:text=Das%20Ethernet%20Industrial%20Protocol%20%28EtherNet%2FIP%29%20ist%20ein%20offener,und%20in%20der%20internationalen%20Normenreihe%20IEC%2061158%20/; Letzter Zugriff am 21.8.2023
14. SIEMENS: PROFINET. https://new.SIEMENS.com/global/de/produkte/automatisierung/industrielle-kommunikation/PROFINET.html; Letzter Zugriff am 21.8.2023
15. EtherCAT Technology Group: EtherCAT für die Fabrikvernetzung. https://docplayer.org/8024303-Ethercat-fuer-die-fabrikvernetzung-ethercat-automation-protocol-eap.html; Letzter Zugriff am 21.10.2023
16. Feldbusse.de: OSI Modell und Modbus -Modbus TCP. https://www.feldbusse.de/ModbusTCP/modbustcp.shtml; Letzter Zugriff am 21.10.2023

17. br-automation (ABB): Ethernet POWERLINK. https://www.br-automation.com/de-de/techno-logie/POWERLINK/; Letzter Zugriff am 21.10.2023
18. IAONA – Kriterien: INDUSTRIE-GERECHTE ETHERNET-VERKABELUNG. https://www.all-electronics.de/wp-content/uploads/migrated/article-pdf/40016/bf0d06f2b5d.pdf; Letzter Zugriff am 21.10.2023
19. automation: IAONA- was ist das? https://www.automationnet.de/iaona-was-ist-das-74843; Letzter Zugriff am 21.10.2023
20. Feldbusse.de: Ethernet TCP/IP. https://www.bing.com/search?q=Ethernet+TCP%2FIP&cvid=7698e7464d094dd286ea25cd4f9234b2&FORM=ANAB01&PC=U531; Letzter Zugriff am 21.8.2023
21. Digital Guide IONOS: TCP/IP– einfach erklärt. https://www.ionos.de/digitalguide/server/knowhow/tcpip-vorgestellt/; Letzter Zugriff am 21.8.2023
22. a) Elektronik Kompendium: ISO/OSI-7- Schichtenmodell. https://www.elektronik-kompendium.de/sites/kom/0301201.htm/; Letzter Zugriff am 21.10.2023. b) SelfLinux: Das OSI-Referenz-modell. https://www.selflinux.de/selflinux/html/osi.html/; Letzter Zugriff am 21.10.2023
23. ITU Homepage: Committed to connection the world. https://www.itu.int/en/Pages/default.aspx/; Letzter Zugriff am 22.10.2023
24. IEEE: 802.1D – MAC bridges. https://www.ieee802.org/1/pages/802.1D.html/; Letzter Zugriff am 19.8.2023
25. IEEE: 802.1D – MAC bridges. https://www.ieee802.org/1/pages/802.1D.html/; Letzter Zugriff am 21.10.2023
26. Dipl.-Ing. (FH) Stefan Luber: Was ist STP (Spanning Tree Protocol)?; IP-Insider. https://www.ip-insider.de/was-ist-stp-spanning-tree-protocol-a-664041/; Letzter Zugriff am 21.10.2023
27. RFC 4349 High-Level Data Link Control (HDLC). https://tools.ietf.org/html/rfc4349/; Letzter Zugriff am 23.10.2023
28. Beuth publishing DIN: ISO/IEC 13239: 2002-07: Informationstechnik-Telekommunikation und Informationsaustausch- HDCL-Verfahren. Englischer Titel: Information technology – Telecommunications and information exchange between systems – High-level data link control (HDLC) procedures Ausgabedatum. 2002-07. https://www.beuth.de/de/norm/iso-iec-13239/59171156/; Letzter Zugriff am 23.10.2023
29. Margaret Rouse: SDLC (Synchronous Data Link Control; ComputerWeekly.de. https://www.computerweekly.com/de/definition/SDLC-Synchronous-Data-Link-Control/; Letzter Zugriff am 23.10.2023
30. DECNET. http://decnet.ipv7.net/docs/dundas/aa-d599a-tc.pdf/; Letzter Zugriff am 23.10.2023
31. Address Resolution Protocol (arp). https://erg.abdn.ac.uk/users/gorry/course/inet-pages/arp.html#:~:text=Address%20Resolution%20Protocol%20%28arp%29%20The%20address%20resolution%20protocol,between%20the%20OSI%20network%20and%20OSI%20link-%20layer/; Letzter Zugriff am 23.10.2023
32. David. C. Plummer (DCP@MIT-MC), Network working Goup. November 1982: An Ethernet Address Resolution Protocol or Converting Network Protocol Addresses to 48.bit Ethernet for Transmission on Ethernet Hardware. https://www.ietf.org/rfc/rfc826.txt/; Letzter Zugriff am 23.10.2023
33. tutorialspoint; IPv4-Adressierung. https://www.tutorialspoint.com/de/ipv4/ipv4_addres-sing.htm#:~:text=IPv4%20-%20Adressierung%201%20Unicast%20Adressierung%20Modus.%20In,alle%20Hosts%20im%20Segment%20bestimmt.%20More%20items...%20/; Letzter Zugriff am 23.10.2023

34. Ross Finlayson, Timothy Mann, Jeffrey Mogul, Marvin Theimer: A Reverse Address Resolution Protocol; Networking Group, Computer Science Department Stanford University, June 1984. https://tools.ietf.org/html/rfc903/; Letzter Zugriff 20.8.2023

35. Naganand Doraswamy, Dan Harkins: IPSec. The new security standard for the internet, intranets, and virtual private networks. 2nd edition. Prentice Hall PTR, Upper Saddle River NJ 2003, ISBN 0-13-046189-X.

36. Internet Control Message Protocol (ICMP) Parameters. IANA, 15. Juni 2018, abgerufen am 9. Dezember 2018 (englisch). https://www.iana.org/assignments/icmp-parameters/icmp-parameters.xhtml/; Letzter Zugriff am 23.10.2023

37. Dipl.-Ing. (FH) Stefan Luber/Dipl.-Ing. (FH) Andreas Donner: Was ist IPv6?; IPINSIDER; 01.08.2018. https://www.ip-insider.de/was-ist-ipv6-a-642703/; Letzter Zugriff am 23.10.2023. Synopsys: ICMPv6 Data Sheet; Test Suite ICPMv6; Direction Server. https://www.synopsys.com/software-integrity/security-testing/fuzz-testing/defensics/protocols/icmpv6.html; Letzter Zugriff am 23.210.2023

38. Dipl.-Ing. (FH) Stefan Luber/Dipl.-Ing. (FH) Andreas Donner: Was ist IGMP (Internet Group Management Protocol)? IPINSIDER, 25.02.2020. https://www.ip-insider.de/was-ist-igmp-internet-group-management-protocol-a-905663/; Letzter Zugriff am 23.10.2023

39. Dipl.-Ing. (FH) Stefan Luber/Dipl.-Ing. (FH) Andreas Donner: Was ist OSPF (Open Shortest Path First)?; IPINSIDER, 19.2.2020. https://www.ip-insider.de/was-ist-ospf-open-shortest-path-first-a-279f8cb9b41bdda95da9f84d870642ae/. https://www.ip-insider.de/was-ist-ospf-open-shortest-path-first-a-905626/; Letzter Zugriff am 23.10.2023

40. IETF Homepage: IETF 109. https://www.ietf.org/; Letzter Zugriff am 23.10.2023

41. J. Moy: OSPF Version 2; Network Working Group; Ascend Communication Group, Inc. April 1998. https://tools.ietf.org/html/rfc2328/; Letzter Zugriff am 23.10.2023

42. Edsger W. Dijkstra: A Disciplinie of Programming (Prentice-Hall Series in Automation Computation, 1. Juni 1976

43. ITU (International Telecommunication Union): X.25: Interface between Data Terminal Equipment (DTE) and Data Circuit-terminating Equipment (DCE) for terminals operating in the packet mode and connected to public data networks by dedicated circuit. https://www.itu.int/rec/T-REC-X.25-199610-I/; Letzter Zugriff am 23.10.2023

44. John J. O'Connor, Edmund F. Robertson: Donald.html Donald Watts Davies. In: https://www.bing.com/search?pglt=41&q=MacTutor+History+of+Mathematics+archive&cvid=7e316120110c46f7a8ad02e3dce8dbce&gs_lcrp=EgZjaHJvbWUqBggAEEUYO-zIGCAAQRRg7MgQIARAAMgQIAhAAMgQIAxAAMgQIBBAAMgQIBRAAMgQIB-hAAMgQIBxAA0gEIMzU0NGowajGoAgCwAgA&FORM=ANNTA1&PC=SCOOBE; Letzter Zugriff am 22.8.2023

45. Communication Nets: Stochastic Message Flow and Design, McGraw-Hill, 1964, Dover 2007

46. M. Smouts: *Packet Switching Evolution from Narrowband to Broadband ISDN.* University of Michigan, Artech House 1992, ISBN 0-89006-542-X

47. Elektronik Kompendium: UDP – User Data Protoco. https://www.elektronik-kompendium.de/sites/net/0812281.htm/; Letzter Zugriff am 19.8.2023

48. Digital Guide IONOS: Stream Control Transmission Protocol (SCTP). https://www.ionos.de/digitalguide/server/knowhow/sctp-stream-control-transmission-protocol/; Letzter Zugriff am 23.10.2023

49. Microsoft: Remote Procedure Call; 05/31/2018. https://docs.microsoft.com/en-us/windows/win32/rpc/rpc-start-page#:~:text=Remote%20Procedure%20Call%201%20Purpose.%20Microsoft%20Remote%20Procedure,Windows%20Software%20Development%20Kit%20%28SDK%29.%20Weitere%20Artikel...%20/; Letzter Zugriff am 23.10.2023

50. ISO, ICS>35>35.100>35.100.50: ISO/IEC 9548-1:1996; Information technology-Open Systems Interconnection-Cenctionless Session protocol: Protocol specification. https://www.iso.org/standard/17293.html/; Letzter Zugriff am 23.10.2023

51. LINUXMAKER: Darstellungschicht (OSI Modell). https://www.linuxmaker.com/netzwerke/osi-referenzmodell/darstellungsschicht.html/; Letzter Zugriff am 23.10.2023[50] ISO, ICS>35>35.100>35.100.50: ISO/IEC 9548-1:1996; Information technology-Open Systems Interconnection-Cenctionless Session protocol: Protocol specification. https://www.iso.org/standard/17293.html/; Letzter Zugriff am 23.10.2023

52. Stephen Lukasik: *Why the Arpanet was built.* (Nicht mehr online verfügbar.) Georgia Institute of Technology, 2011, archiviert vom Original am 26.Mai 2021;abgerufen am 17 März 2021 (englisch)

53. Mit Vinton G. Cerf: *A Protocol for Packet Network Intercommunications.* IEEE Transactions on Communication, Vol. COM-22, Nr. 5, Mai 1974, S. 637–648

54. R. Housley: *RFC6360 –Conclusion of FYI RFC Sub-Series.* August 2011 (englisch)

55. *RFC809 – DNS over Datagram Transport Layer Security (DTLS).* Februar 2017 (englisch)

56. Tim Berners-Lee und Mark Fischetti: *Der Web-Report. Der Schöpfer des World Wide Webs über das grenzenlose Potential des Internets.* Aus dem Amerikanischen von Beate Majetschak. Econ, München 1999. ISBN 3-430-11468-3

57. *Member History: Tim Berners-Lee.* American Philosophical Society,abgerufen am 30. April 2018 (englisch, mit Kurzbiographie)

58. *Tätigkeitsbericht Telekommunikation 2016/2017.* (PDF) Bundesnetzagentur, Bonn, Dezember 2017, S. 17. https://www.bundesnetzagentur.de/SharedDocs/Downloads/DE/Allgemeines/Bundesnetzagentur/Publikationen/Berichte/2017/TB_Telekommunikation20162017.pdf?__blob=publicationFile&v=3; Letzter Zugriff am 23.8.2023;

59. S. Deering, R. Hinden: *RFC 1883 – Internet Protocol, Version 6 (IPv6) Specification.* Dezember 1995 (englisch)

60. World IPv6 Day: Final Look and „Wagon's Ho!" (Memento vom 15. August 2011 im Internet Archive). In: Arbor Networks. https://www.bing.com/search?pglt=41&q=World+IPv6+Day%3A+Final+Look+and+%E2%80%9EWagon%E2%80%99s+Ho!%E2%80%9C&cvid=38b3cf7e82d24027a0860652dd6016a1&gs_lcrp=EgZjaHJvbWUyBggAEEUYODIBBzQ2Nmo-wajGoAgCwAgA&FORM=ANNTA1&PC=SCOOBE; Letzter Zugriff am 23.8.2023

61. Elektronik Kompendium: Netzwerk Topologien. http://www.elektronik-kompendium.de/sites/net/0503281.htm; Letzter Zugriff am 23.10.2023

62. Digital Guide IONOS: TCP/IP– einfach erklärt!; 2.9.2020. https://www.ionos.de/digitalguide/server/knowhow/tcpip-vorgestellt/; Letzter Zugriff am 27.8.2023

63. Elektronik Kompendium: UDP – User Data Protoco. https://www.elektronik-kompendium.de/sites/net/0812281.htm/; Letzter Zugriff am 27.8.2023

64. Elektronik Kompendium: ICMP – Internet Control Message Protocol. https://www.elektronik-kompendium.de/sites/net/0901011.htm/; Letzter Zugriff am 27.8.2023

65. Max Felser: PROFIBUS Handbuch: Eine Sammlung von Erläuterungen zu PROFIBUS Netzwerken. Epubli, ISBN 978-3-7375-5470-1

66. Manfred Popp: Profibus-Dp/DPV1 Grundlagen, Tipps und Tricks für Anwender. Hüthig, ISBN 3-7785-2781-9

67. Christian Diedrich: PROFIBUS PA – Instrumentierungstechnologie für die Verfahrenstechnik. Oldenbourg, ISBN 3-8356-3056-3

68. Gerhard Schnell und Bernhard Wiedemann: Bussysteme in der Automatisierungs- und Prozesstechnik.Vieweg + Teubner Verlag, Wiesbaden 2008, ISBN 978-3-8348-0425-9

69. Fieldbus Foundation. http://www.fieldbus.org/; Letzter Zugriff am 23.10.2023

70. Elektronik Kompendium: ISA – Industrial Standard Architecture. https://www.elektronik-kompendium.de/sites/com/0310071.htm/; Letzter Zugriff am 23.10.2023

71. Feldbusse.de: DeviceNet – das universelle Netzwerk für die Feldebene. https://www.feld-busse.de/DeviceNet/DeviceNet.shtml/; Letzter Zugriff am 23.10.2023

72. KUNBUS: Das ControlNET. https://www.kunbus.de/controlnet.html/; Letzter Zugriff am 23.10.2023

73. VDE Verlag: IEC 61158-6-10:2019, 2019-06; VDE Nr.: 247753. https://www.vde-verlag.de/iec-normen/247753/iec-61158-6-10-2019.html/; Letzter Zugriff am 23.10.2023

74. Felser: Dokumentensammlung IEC 61158 Fieldbus. https://www.felser.ch/download/iec_61158_fieldbus.html/; Letzter Zugriff am 23.10.2023

75. Feldbusse.de: Entwicklung der Felsbusnormen. https://www.feldbusse.de/Normung/ge-schichte.shtml/; Letzter Zugriff am 23.10.2023

76. HOME/IEC-Normen/IEC 61158-1:2019: Industrial communication networks-Fieldbus specifications-Part 1: Overview an guidance fort he IEC 61158 and IEC 61784 series, Aus-gabedatum: 2019-04, Edition 2.0, VDE-Artnr:248484. https://www.vde-verlag.de/iec-nor-men/248484/iec-61158-1-2019.html/; Letzter Zugriff am 23.10.2023

77. IEC Webstore: IEC 61784-1:2019. https://webstore.iec.ch/publication/59887; Letzter Zugriff am 23.10.2023

78. Uni Leipzig: Hub. Abgerufen am 15. Mai 2019. https://www.informatik.uni-leipzig.de/~mei-ler/Schuelerseiten.dir/MSchmidt/Hub.html/; Letzter Zugriff am 23.10.2023

79. Rosser Reeves: Reality in Advertising, Knopf, New York 1961, ISBN 978-0-394-44228-0

80. KUNBUS: Modbus; Modbus – Kommunikationsprotokoll für die Industrie. KUNBUS, ab-gerufen am 9. September 2020. https://www.kunbus.de/modbus.html/; Letzter Zugriff am 27.8.2023

81. Scheider Electric Homepage: https://www.se.com/de/de/; Letzter Zugriff am 23.10.2023

82. Feldbusse.de: EtherNet/IP. https://www.feldbusse.de/EthernetIP/ethernetip.shtml#:~:text=Das%20Ethernet%20Industrial%20Protocol%20%28EtherNet%2FIP%29%20ist%20ein%20offener,und%20in%20der%20internationalen%20Normenreihe%20IEC%2061158%20/; Letzter Zugriff am 23.10.2023

83. Library Automation Direct: EtherNet/IP. Implicit vs. Explicit Messaging. https://library.auto-mationdirect.com/ethernetip-implicit-vs-explicit-messaging/; Letzter Zugriff am 23.10.2023

84. ODVA: The Common Industrial Protocol (CIP™). https://www.odva.org/Technology-Standards/Common-Industrial-Protocol-CIP/Overview/; Letzter Zugriff am 23.10.2023

85. ControlNet International (CI) Homepage: http://www.connet.com.tw/en/ Letzter Zugriff am 23.10.2023

86. KUNBUS: Warum Industrial Ethernet? Abschnitt Einheitlicher Standard. https://www.kun-bus.de/industrial-ethernet-warum-i.htm/; Letzter Zugriff am 20.10.2023

87. PROFIBUS Nutzer Organisation: PROFIBUS Nutzerorganisation e. V. (PNO). https://www.md-automation.de/buyers-guide/profibus-nutzerorganisation-ev-pno/; Letzter Zugriff am 23.10.2023

88. Feldbusse.de: Definition der Protokollfamilien. https://www.feldbusse.de/Normung/protokoll-familien.shtml; Letzter Zugriff am 23.10.2023

89. IEC Webstore: IEC 61784-1:2019. https://webstore.iec.ch/publication/59887; Letzter Zugriff am 23.10.2023

90. http://interbus.de/dl/Dok_interbus_bASIC%E2%80%99s_de.pdf/; Letzter Zugriff am 23.10.2023

91. Felser: Dokumentensammlung IEC 61158 Fieldbus. https://www.felser.ch/download/iec_61158_fieldbus.html/; Letzter Zugriff am 23.10.2023

92. a) The Knights Of Columbus: FSPC 3.55. https://fspc.software.informer.com/; Letzter Zugriff am 23.10.2023. b) PI PROFIBUS & PROFINET International seit 1989- PRO[22]. http://interbus.de/dl/Dok_interbus_bASIC%E2%80%99s_de.pdf/; Letzter Zugriff am 23.10.2023

93. OVERVIEW AND GUIDE TO THE IEEE 802 LMSC; September 2004. https://grouper.ieee.org/groups/802/802%20overview.pdf/; Letzter Zugriff am 23.10.2023

94. Elektronik Kompendium: IEEE 802.3/Ethernet Grundlagen. https://www.elektronik-kompendium.de/sites/net/0603201.htm/; Letzter Zugriff am 23.10.2023

95. IEEE Webpage. https://www.ieee.org/; Letzter Zugriff am 23.10.2023

96. PI: About PI (PROFIBUS & PROFINET International (PI)). https://www.profibus.com/pi-organization/about-pi/; Letzter Zugriff am 23.10.2023

97. PHOENIX Contact: Interbus. https://www.phoenixcontact.com/online/portal/de?1dmy&urile=wcm:path:/dede/web/main/products/subcategory_pages/INTERBUS_P-08-12-06/a20f6e69-4460-457b-9267-2aea300acd7c/; Letzter Zugriff am 23.10.2023

98. I/O-Link: IO-LinkSystembeschreibung. https://IO-Link.com/share/Downloads/At-a-glance/IO-Link_Systembeschreibung_dt_2018.pdf/; Letzter Zugriff am 23.10.2023

99. Beuth publishing DIN: DIN EN 61131-9:2015-02; VDE 0411-509:2015-02 VDE 0411-509:2015-02. Speicherprogrammierbare Steuerungen – Teil 9: Schnittstelle für die Kommunikation mit kleinen Sensoren und Aktoren über eine Punkt-zu-Punkt-Verbindung (IEC 61131-9:2013); Deutsche Fassung EN 61131-9:2013. Englischer Titel: Programmable controllers – Part 9: Single-drop digital communication interface for small sensors and actuators (SDCI) (IEC 61131-9:2013); German version EN 61131-9:2013. Ausgabedatum: 2015-02. https://www.beuth.de/de/norm/din-en-61131-9/225404745/; Letzter Zugriff am 23.1ß.2023

100. Matthias Riedl, Frank Naumann: EDDL. Electronic Device Description Language. Oldenbourg Industrieverlag, München 2011, ISBN 978-3-8356-3106-9 (englisch)

101. Automation.com: EDDL Cooperation Team expands. https://www.automation.com/en-us/articles/2009-2/eddl-cooperation-team-expands; Letzter Zugriff am 23.10.2023

102. Kunbus GmbH: FDT/DTM™. https://www.kunbus.de/FDT/DTM.html/; Letzter Zugriff am 28.8.2023

103. FDT Group Website: https://www.fdtgroup.org/; Letzter Zugriff am 23.10.2023

104. CHEManager: Keyword: Wireless Cooperation Team. https://www.chemanager-online.com/wireless-cooperation-team/; Letzter Zugriff am 23.10.2023

105. Systembeschreibung PROFIdrive. PROFIBUS Nutzerorganisation e. V. https://doczz.com.br/doc/1075774/profidrive-systembeschreibung/; Letzter Zugriff am 23.10.2023

106. Werner Kriesel, O. Madelung (Hrsg.): ASI – Das Aktuator-Sensor-Interface für die Automation. Hanser Verlag, München/Wien 1994, ISBN 3-446-17825-2, 2. Auflage 1999, ISBN 3-446-21064-4

107. Elektronik Kompendium: PCMCIA / PC-Card. http://www.elektronik-kompendium.de/sites/com/0311061.htm/; Letzter Zugriff am 23.10.2023

108. hsniederrhein.de: OLE und DDE. In: IT-Online. Hochschule Niederrhein, abgerufen am 27. September 2020

109. PACTware Consortium e. V.: Configure Automation better with PACTware. https://pactware.com/fileadmin/user_upload/Brochures/2019-03-28__PACTware-Brochure-en.PDF/; Letzter Zugriff am 23.10.2023

110. ITWissen.info: Profibus-FMS (Profibus fieldbus message specification). https://www.itwissen.info/Profibus-FMS-Profibus-fieldbus-message-specification/; Letzter Zugriff am 23.10.2023

111. SIMATIC PDM- Der Process Device Manager; Technische Broschüre 2008. https://www.automation.SIEMENS.com/w2/efiles/pcs7/pdf/00/prdbrief/kb_pdm_de.pdf/; Letzter Zugriff am 23.10.2023

112. software.informer: SMART VISION 4.3 (ABB Automation). https://smart-vision.software.informer.com/; Letzter Zugriff am 23.10.2023
113. software.informer: Commuwin 2.0; Developed by Endress + Hauser. https://commuwin.software.informer.com/; Letzter Zugriff am 18.8.2023
114. ABB Freelance 2000 Manual, Download. https://www.manualslib.com/manual/1191481/Abb-Freelance-2000.html/; Letzter Zugriff am 23.10.2023
115. ABB: Symphony Melody: (Process Control System). https://new.abb.com/power-generation/systems/power-plant-automation/melody/; Letzter Zugriff am 23.10.2023
116. ODVA. https://www.odva.org/; Letzter Zugriff am 23.10.2023
117. CIP: Common Industrial Protocol der ODVA. http://www.odva.org/Home/ABOUTODVA/PressRoom/IdentityGuidelines/tabid/211/lng/en-US/language/en-US/Default.aspx; Letzter Zugriff am 23.10.2023
118. PA-DIM: PA-DIM – OPC Stiftung (opcfoundation.org); Letzter Zugriff am 24.10.2023
119. *OPC, Was ist OPC.* https://opcfoundation.org/about/what-is-opc/; Letzter Zugriff am 28.8.2023.
120. Über OPC – OPen-Konnektivität durch Offene Standards. Kepware-Technologien; Abgerufen am 2009.03.07
121. *OPC-Stiftung. Archiviert vom* Original *am 2012-02-20*; Abgerufen am 2012.01.30
122. Erstellen von OPC-Clients für OPC-DA (Datenzugriff) – OPC Labs. www.opclabs.com; Abgerufen am 2023.03.28
123. Kunbus GmbH: FDT/DTM™. https://www.kunbus.de/FDT/DTM.html/; Letzter Zugriff am 24.10.2023
124. Yokogawa: FDT/DTM™ Framework For New Field Device Tools, 2007. https://www.yokogawa.com/de/library/resources/yokogawa-technical-reports/FDT/DTM-framework-for-new-field-device-tools/; Letzter Zugriff am 24.10.2023
125. IEC TR 62453-62:2017 – IEC-Normen – VDE VERLAG (vde-verlag.de); Letzter Zugriff am 28.8.2023
126. ISA 103, International Society of Automation; Schnittstelle für Feldgerätetool. https://www.isa.org/standards-and-publications/isa-standards/isa-standards-committees/isa103; Letzter Zugriff 24.10.2023
127. smar, Technology Companie Website. https://www.smar.com/en/; Letzter Zugriff am 28.8.2023
128. smar: Process Control and Automation Platform, System 302. https://www.smar.com/en/system302/; Letzter Zugriff am 28.8.2023
129. Endress + Hauser: FieldCare SFE 500. https://www.de.endress.com/de/messgeraete-fuer-die-prozesstechnik/software-loesungen-process-automation/geraete-konfiguration-fieldcare-sfe500/; Letzter Zugriff am 28.8.2023
130. Endress + Hauser: ControlCare: SFE 240. https://www.bing.com/search?q=E%2BH+ControlCare&qs=n&form=QBRE&sp=-1&pq=e%2Bh+controlcare&sc=0-15&sk=&cvid=9935FFCEC95E4B558C92D15E9D7ACBC3/; Letzter Zugriff am 28.8.2023
131. FDT Group: Components FDT DTM. https://www.fdtgroup.org/technology/components/FDT/DTM/; Letzter Zugriff 28.8.2023
132. Prozesstechnik Online: PACTware Consortium e. V. gegründet. https://prozesstechnik.industrie.de/allgemein/pactware-consortium-e-v-gegruendet/; Letzter Zugriff am 28.8.2023
133. Pepperl + Fuchs: PACTware. https://www.pepperl-fuchs.com/global/de/classid_163.htm/; Letzter Zugriff am 28.8.2023
134. CodeWrights homepage. https://www.codewrights.de/; Letzter Zugriff am 28.8.2023
135. FDT Group: FDI-DTM: FDI Device Packages in FDT Host. https://www.fdtgroup.org/fdi-dtm-fdi-device-packages-in-fdt-host/; Letzter Zugriff am 24.10.2023

136. ARC Advisory Group: FDT Joint Interest Group. https://www.arcweb.com/associations-and-organizations/fdt-joint-interest-group/; Letzter Zugriff am 23.10.2023

137. Elektronik Praxis: FDT Group AISBL. https://www.elektronikpraxis.vogel.de/fdt-group-aisbl-c-244339/; Letzter Zugriff am 24.10.2023

138. softing: CommDTM PROFIBUS DP-V1,. https://industrial.softing.com/uploads/softing_downloads/CommDTM_PB_DP_V1_U_DE_01.pdf/; Letzter Zugriff am 23.10.2023

139. CodeWrights: HART CommDTM; https://www.codewrights.de/de/produkt/hart-comm-dtm-fdt2/; Letzter Zugriff am 24.10.2023

140. FDT Group: FDT GROUP RELEASES DTMINSPECTOR4 TES TOOL; April 18, 2016. https://www.fdtgroup.org/fdt-group-releases-dtminspector4-test-tool/; Letzter Zugriff am 24.10.2023

141. Elektronik Kompendium, 19.11.2020: Gateway. http://www.elektronik-kompendium.de/sites/net/0901111.htm/; Letzter Zugriff am 23.10.2023

142. induux: IoT- Gateways-Hersteller: Aktuelle zu IoT-Gateways. https://www.induux.de/hersteller/iot-gateways/; Letzter Zugriff am 23.10.2023

143. Werner Kriesel, O. W. Madelung (Eds.): ASI – The Actuator-Sensor-Interface for Automation. Hanser Verlag, München/Wien 1995, ISBN 3-446-18265-9, 2. Auflage 1999, ISBN 3-446-21065-2

144. Holger Zeltwanger, CIA: CANopen. https://www.can-cia.org/can-knowledge/canopen/canopen-history/; Letzter Zugriff am 24.10.2023

145. SERCOS, the automation bus: Die Sercos Technologie: bewährt, schnell, einfach, offen: https://www.sercos.de/technologie/sercos-iii/; Letzter Zugriff am 24.10.2023

146. feldbusse.de: CC-Link. https://www.feldbusse.de/CCLink/cclink.shtml/; Letzter Zugriff am 24.10.2023

147. YOKOGAWA: Yokogawa FiledMate and Device DTM Comlpiance with FDT2. https://www.yokogawa.com/de/library/resources/media-publications/yokogawa-fieldmate-and-device-dtm-compliance-with-fdt2/; Letzter Zugriff am 24.10.2023

148. FDT Group: Scalable Integration Solutions for the New Era of Industrial Automation. https://www.fdtgroup.org/; Letzter Zugriff am 24.10.2023

149. FieldComm Group; VORANTREIBEN DER DIGITALEN TRANSFORMATION IN DER PROZESSAUTOMATISIERUNG. https://www.fieldcommgroup.org/; Letzter Zugriff am 24.10.2023

150. CodeWrights: FF CommDTM (FDT1.2). https://www.codewrights.de/de/produkt/ff-commdtm-fdt-1-2; Letzter Zugriff am 24.10.2023

Ethernet, Internet IPv4 und IPv6

8

Weitere Aspekte dieses Kapitels sind die Interfaceprotokolle ARP/Address Resolution Protocol), als Interfaceprotokoll zwischen der Sicherungsschicht und der Vermittlungsschicht. Eingehend wird die Adressvergabe im IPv4 und IPv6 mit CIDR (Classless Inter-Domain Routing) erklärt. Das Thema Sicherheit wird mit dem Protokoll IPsec innerhalb der TPC/IP Suite erläutert. Weiterhin wird ‚Mobiles Internet', wie wir es heute mit Handys ausführen, erklärt. Im ersten Abschnitt wir das Ethernet und das Industrial Ethernet gegenübergestellt.

8.1 Ethernet und Industrial Ethernet

In den vorangegangenen Kapiteln haben wir uns eingehend mit den Themen Industrie 4.0, IoT, Künstliche Intelligenz, RFID, Automatisierungspyramide und deren Kommunikationsebenen (Feld, SPS-,SCADA-,MES- und ERP-Ebene) beschäftigt. Ebenso wurden Anforderungen an Sensoren, Aktoren und Komponenten in der Prozess- und Fabrikautomatisierung besprochen. Das OSI Modell wurde als Basis für die Protokollstacks der Feldbusse besprochen. Es wurden die standardisierten 19 Feldbusfamilien vorgestellt, die für die vertikale und die horizontale Kommunikation innerhalb der Automatisierungspyramide eingesetzt werden. Ein Fokus in Kap. 7 waren unter anderem die Feldbus- und Bussysteme sowie die entsprechenden Gremien und Konsortien zur Normierung dieser Kommunikationsstrukturen von Feldbussen (wie beispielsweise Ethernet 802.3, PI, FDT/DTM-Group, OPC, ODVA, FieldComm Group), Standardisierungen wie das FDT/DTM und PACTware wurden besprochen. Alle diese Punkte sind Voraussetzungen für eine technisch einwandfreie Systemintegration innerhalb Industrie 4.0 und IoT/IIoT!

In Kap. 8 besprechen wir nun die wichtigsten Kommunikationsstrukturen zur System-integration in Industrie 4.0 und IoT. Dabei konzentrieren wir uns auf das Ethernet, Ether-net TCP/IP, Ethernet UDP/IP, das Internet mit seinen Protokollen IPv4 und IPv6 sowie auf die Transportprotokolle TCP (Transportation Control Protocol) und UDP (User Da-tagram Protocol). Dieser Protokollstapel bestehend aus Ethernet, Internet, TCP (UDP) ist allen auf dem Ethernet basierenden Feldbussen gleich.

Der Ethernet-Protokollstack oder Netzwerkstapel ist ein immer wiederkehrender Begriff. Der Protokollstack ist die konzeptionelle Architektur von Kommunikations-protokollen. Ein solcher ‚Protokollstack' ist das OSI Modell, das wir eingehend dis-kutieren. Der Protokollstapel ist bildlich dargestellt derart, dass die einzelnen Protokolle als fortlaufend nummerierte Schichten *(layers)* eines Stapels *(stacks)* übereinander an-geordnet sind. Jede Schicht benutzt dabei zur Erfüllung ihrer speziellen Aufgabe die je-weils tiefere Schicht im Protokollstapel, indem sie diese über deren Service Access Point anspricht.

Der Fokus in Kap. 8 ist der Protokollstack des Ethernet mit den Internetprotokollen IPv4 und IPv6 sowie den Transportprotokollen TCP und UDP. Dieser Protokollstapel wird von EtherNet/IP [1], PROFINET [2], EtherCAT [3] und anderen Protokollen in den darüberliegenden Anwendungen ergänzt. Bevor wir das Ethernet im Detail besprechen, sei vorab noch ein Abschnitt zu Echtzeitanforderungen von Feldbussen besprochen.

8.1.1 Echtzeitanforderungen für Feldbusse und Industrial Ethernet

Eine wesentliche Anforderung in der Prozess- und Fabrikautomation sind zwischen der Feld- und der SPS-Ebene (Speicherprogrammierbare Steuerung) die Echtzeit-anforderungen. Beim Ethernet-Standard IEEE 802.3 führt der Mechanismus zur Ver-meidung von Datenkollisionen zu unregelmäßigen Verzögerungen im Datenverkehr. Somit wird Ethernet TCP/IP in der Regel zwischen SCADA/MES- und ERP-Systemen eingesetzt. Um Echtzeit zu erreichen, sorgen die echtzeitfähigen Ethernet-Protokolle wie EtherNet/IP [1], PROFINET [2] und EtherCAT [3] dafür, dass Kollisionen mit speziel-len Methoden vermieden werden. Diese Protokolle werden überwiegend zwischen der SCADA/HMI-Ebene, der SPS-Ebene und der Feldebene eingesetzt. Für diese Art der echtzeitfähigen Kommunikation ist das Industrial Ethernet der Oberbegriff. Industrial Ethernet steht ür alle Bestrebungen, den Ethernet-Standard für die Vernetzung von Gerä-ten, die in der industriellen Fertigung eingesetzt werden, nutzbar zu machen.

Da Unternehmen üblicherweise bereits über ein Ethernet-LAN für die Vernetzung der Mitarbeiter-PCs verfügen, ist es mit Industrial Ethernet möglich, in das vorhandene LAN auch Geräte mit einzubeziehen, die für die Steuerung und Kontrolle von Produktions-prozessen benötigt werden.

Harte Echtzeit wie z. B. EtherNet/IP [1], PROFINET IRT (Isochronous Real-Time oder Isochrone Echtzeitkommunikation) [2] und EtherCAT [3], bedeutet zyklischen

Datenverkehr mit äquidistanten Zeitintervallen. Wenn diese Bedingung nicht erfüllt ist, wird eine Störung gemeldet. Das IRT-Protokoll [4] bei PROFINET ist für die Anwendungsklasse C entwickelt, d. h. für Zykluszeiten unter 1 ms und eignet sich beispielsweise bei Roboteranwendungen. Es ist zu beachten dass bei EtherNET/IP ‚IP' Industrial Protocol bedeutet.

EtherNet/IP [5] ist ein industrielles Netzwerkprotokoll, welches das Common Industrial Protocol (CIP) [6] an den Standard-Ethernet anpasst. EtherNet/IP ist eines der führenden Industrieprotokolle und wird in einer Reihe von Branchen eingesetzt, darunter Fabrik-, Hybrid- und Prozessindustrie. Die EtherNet/IP- und CIP-Technologien werden von ODVA [7], Inc. verwaltet, Die ODVA wurde 1995 gegründet, und besteht aus globalen Handels- und Normungsorganisation mit über 300 Unternehmensmitgliedern. EtherNet/IP kam im Jahre 2000 auf den Markt.

Abb. 8.1 zeigt grafisch eine Einteilung von Echtzeitanforderungen [8]

Es gilt bei Echtzeit folgendes zu unterscheiden: Für die Analysenmesstechnik z. B. pH-Messung oder Temperaturmessung reichen Zykluszeiten im zweistelligen Millisekunden-Bereich bis Sekunden-Bereich aus, während bei digitalen Regelkreisen, wie z. B. Robotern und Werkzeugmaschinen oftmals Zykluszeiten kleiner einer Millisekunde gefordert sind. Als industrielle Ethernets werden heute neben den genannten Bussystemen POWERLINK (ca. 2.–3 % siehe Abb. 7.1) sowie SERCOS III (<2 % geringer Marktanteil) im Bereich schneller Antriebssteuerungen eingesetzt [8].

Das Ethernet war ursprünglich definiert für kabelgebundene Vernetzungen mittels Glasfaserkabel oder Kupferkabel. *Ethernet* ist eine Technik, die Protokolle (Software) und Hardware (Kabel, Verteiler, Netzwerkkarten usw.) für kabelgebundene Datennetze spezifiziert. Diese waren bei Einführung für lokale Datennetze (Local Area Network

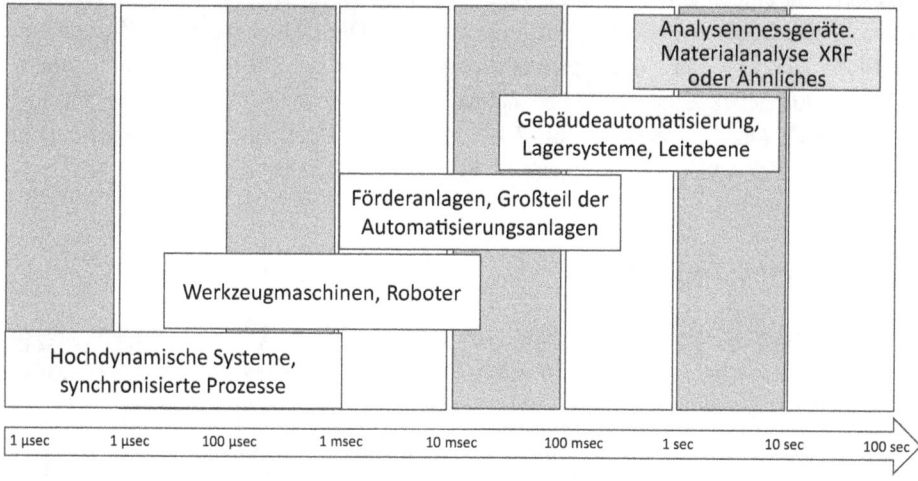

Abb. 8.1 Einteilung von Echtzeitanforderungen

(LAN)) gedacht und wurden daher auch als LAN-Technik bezeichnet. Mittlerweile umfasst Ethernet auch die WLAN-Kommunikation.

Ethernet ermöglicht den Datenaustausch in Form von Datenframes und Paketen zwischen den in einem lokalen Netz (LAN) angeschlossenen Geräten (Computer, Drucker und dergleichen). Lange Zeit hatte man dem Ethernet nachgesagt, dass es nicht echtzeitfähig sei. Seit Einführung des Industrial Ethernet hat sich dies jedoch grundlegend geändert. Dementsprechend sind die Protokolle EtherNet/IP, PROFINET und EtherCAT unter gewissen Modifikationen alle echtzeitfähig.

Eine wesentliche Anforderung in der Prozess- und Fabrikautomation sind zwischen Feld- und der SPS-Ebene die Echtzeitanforderungen. Beim Ethernet-Standard IEEE 802.3 führt der Mechanismus zur Vermeidung von Datenkollisionen zu unregelmäßigen Verzögerungen im Datenverkehr. Somit wurde Ethernet TCP/IP in der Regel zwischen SCADA/MES- und ERP-Systemen eingesetzt. Um Echtzeit zu erreichen, sorgen die echtzeitfähigen Ethernet-Protokolle wie EtherNet/IP, EtherCAT und PROFINET dafür, dass Kollisionen mit speziellen Methoden vermieden werden. Diese Protokolle werden überwiegend zwischen der SCADA/HMI-Ebene, der SPS-Ebene und der Feldebene eingesetzt.

Harte Echtzeit wie z. B. EtherNet/IP [1], PROFINET IRT (Isochronous Real-Time oder Isochrone Echtzeitkommunikation) [2] und EtherCAT [3], bedeutet gemäß Abb. 8.1 zyklischen Datenverkehr im µs- bis einstelligen ms-Bereich, mit äquidistanten Zeitintervallen. Das IRT-Protokoll [4] bei PROFINET ist für die Anwendungsklasse C entwickelt, d. h. für Zykluszeiten unter 1 ms und eignet sich beispielsweise bei Roboteranwendungen. Es ist zu beachten dass bei EtherNet/IP; ‚IP' Industrial Protocol bedeutet. EtnerNet/IP [5] ist ein industrielles Netzwerkprotokoll, das das Common Industrial Protocol (CIP) [6] an das Standard Ethernet anpasst. EtherNet/IP ist eines der führenden Industrieprotokolle in den Vereinigten Staaten und wird in einer Reihe von Branchen eingesetzt, darunter Fabrik-, Hybrid- und Prozessindustrie. Die EtherNet/IP- und CIP-Technologien werden von ODVA Inc. [7] verwaltet. Die ODVA wurde 1995 gegründet als globale Handels- und Normungsorganisation mit über 300 Unternehmensmitgliedern.

Zum industriellen Ethernet zählen neben den bereits genannten Bussystemen auch POWERLINK (ca. 2.–3 % siehe Abb. 7.1) sowie SERCOS III (geringer Marktanteil) im Bereich schneller Antriebssteuerungen [8].

8.1.2   Ethernet Geschichte

Die Geschichte vom Ethernet begann ca. 1973 bei Xerox Palo Alto Research (PARC) [9, 10] durch *Robert Melancton Metcalfe* mit der Definition und Spezifikation von Hardware und Software für kabelgebundene Datenvernetzung. Das damalige Protokoll war vom funkbasierten ALOHAnet [11] abgeleitet.

Das ALOHAnet wurde mit Mitteln der DARPA (Defense Advanced Research Projects Agency) finanziert und hatte demzufolge seinen Ursprung in der Wehrtechnik. Diese

Technologie war in den Anfängen für Lokale Datennetze LANs (Local Area Network) konzipiert. Daher steht LAN auch sehr oft für Ethernet.

Das Ziel der lokalen Netzwerke war und ist der Datenaustausch als Frames und Paketen zwischen Computern, Druckern und remote Systemen.

Ab 1976 begann die IEEE Arbeitsgruppe 802 (Institute of Electrical and Electronic Engineers) ihre Arbeiten zur Definition von Ethernet Standards. 1980/81 traten die IEEE Standards für Token Ring (802.5) [12], Token Bus (802.4) [13] und CSMA/CD (803.3) [14] in Kraft. Seit 1985 ist Ethernet weltweit standardisiert.

Mit der Weiterentwicklung des Ethernets waren auch die kontinuierliche Erhöhung der Datenraten verbunden, zunächst über Kupferkabel dann über Lichtwellenleiter (LWL) oder Fibre Optics. Inzwischen wurde Ethernet auch für den Funk (WLAN) in der Arbeitsgruppe IEEE 802.11 definiert.

1986 wurden Daten im Ethernet Format auf Vierdrahtleitungen der Kategorie CAT 3 (siehe Abschn. 9.2.8) übertragen.

Ab 1990 ist Ethernet bereits die meistverwendete LAN-Technik. Ab 1991 wurde der Standard 10BASE-T [15] für Twisted Pair-Kabel eingeführt und 1992 erfolgte die Standardisierung von 10BASE-F [16] für Lichtwellenleiter.

1995 wurde der 100 Mbit/s Standard IEEE 802.3u [17] verabschiedet. Befürworter dieses Standards waren circa 35 Firmen, unter anderem Intel, Sun und Novell. Zu diesem Zeitpunkt wurde der Standard für Wireless-LAN 802.11 [18] verabschiedet.

Weitere Standardisierungen und Konsolidierungen hatten zur Folge, dass Ethernet ab 2014 als internationaler Standard IEEE/ISO/DIS 8802/3 [19] für spezielle Übertragungsraten 1 Mbit/s bis 100 Gbit/s definiert wurde.

Im März 2019 wurde zum ersten Mal beim DE-CIX ('Deutsche Commercial Internet Exchange' ist ein Internet-Knoten in Frankfurt am Main) [20] ein 400 GBit/s-Ethernet angeboten.

Unter Industrial Ethernet im Automatisierungsbereich werden die echtzeitfähigen Protokolle EtherNet/IP, PROFINET, EtherCAT, Modbus TCP, SERCOS III und POWERLINK zusammengefasst. POWERLINK hat gemäß Abb. 7.1 ca. 2 %–3 % Marktanteil. Alle Feldbusse werden als Echtzeitsysteme im Feld über die SPS bis maximal zum SCADA/(MES)-System zum Einsatz kommen.

Bei der Entwicklung des Ethernets nehmen die Übertragungsgeschwindigkeiten stetig zu. Ethernet unterstützte auch die Einführung des ersten Lichtwellenleiters für 10 Mbit/s im Jahre 1992.

2002 gab es den ersten 10 Gbit/s Lichtwellenleiter (LWL). Mittlerweile arbeitet man am 400 Gbit/s-Ethernet. Es ist leicht einzusehen, dass mit der Geschwindigkeitserhöhung auch die Elektroniken, Softwareversionen, Materialeigenschaften einer kontinuierlichen Weiterentwicklung unterzogen sind.

Es gibt momentan für Ethernet-Bussysteme folgende Übertragungsraten:

- Fast Ethernet: 1 Mbit/s, 10 Mbit/s, 100 Mbit/s
- Gigabit Ethernet: 1000 Mbit/s

- Weitere spezifische Ethernet Varianten sind:
  2,5 Gbit/s, 10 Gbit/s, 40 Gbit/s, 50 Gbit/s, 100 Gbit/s, 200 Gbit/s, 400 Gbit/s

Die Übertragungsreichweiten gehen je nach Medium von 100 m (Kupfer) bis 70 km (Glasfaser).

8.1.3 Ethernet und OSI Modell

Der Zusammenhang zwischen Ethernet TCP/IP und dem OSI-7-Schichten-Modell ist in Abb. 8.2 dargestellt.

Folgende Abkürzungen werden in Abb. 8.2 (oben) im generellen OSI Modell benutzt:

HTTP: Hypertext Transfer Protocol (Hypertextübertragungsprotokoll)

SNMP: Simple Network Management Protocol (Einfaches Netzwerkverwaltungs-protokoll)

CIP: Common Industrial Protocol für Industrie Automation, von der ODVA unterstützt (Open DeviceNet Vendors Association, Inc.).

Implicit: I/O Scanner (Controller), I/O Adapter (Field Device)

Explicit: Client (Controller) I/O Adapter (Field Device)

UDP: User Datagram Protocol

TCP: Transmission Control Protocol

Multicast: Kommunikation von Punkt zu Gruppe

MAC: Media-Access-Control-Adresse

Die einzelnen oben aufgeführten Protokolle werden im Abschn. 8.4 ‚Ethernet TCP/IP Protokoll' näher diskutiert.

Das Internetprotokoll sowie die anderen Protokolle sind im Datenfeld des Ethernet II Frame angesiedelt, wie wir noch sehen werden. Das Datenfeld des Ethernet II Frame ist maximal 1522 Byte groß (inkl. VLAN-Tag). Neben den Headern der Protokolle werden die Nutzdaten übertragen. Größere Informationen als 1522 Byte werden durch das TCP in Pakete unterteilt und gesendet.

Durch Zusammenfassen der OSI- Sicherungsschicht und OSI-Bitübertragungsschicht (‚Physical Layer' und ‚Data Link Layer') entstand die Ethernet-Schicht (Ethernet-Layer) nach IEEE 802.3 (siehe Tab 7.6).

Die OSI-Vermittlungsschicht (Network Layer) entspricht dabei dem Internet Protocol, die OSI-Transportschicht (Transport Layer) ist das TCP (Transmission Control Protocol). TCP/IP werden in der TCP/IP Suite zusammengefasst (siehe Abschn. 8.4).

Der CIP-Stack (Common Industrial Protocol-Stack) umfasst die OSI-Applikationsschicht (Application Layer), OSI-Darstellungsschicht (Presentation Layer) und die Sitzungsschicht (Session Layer).

Die Ethernet-Bitübertragungsschicht umfasst drei Teilschichten und die Sicherungsschicht umfasst zwei Teilschichten (https://www.itwissen.info/Ethernet-Schichten-modell-Ethernet-layer-model.html).

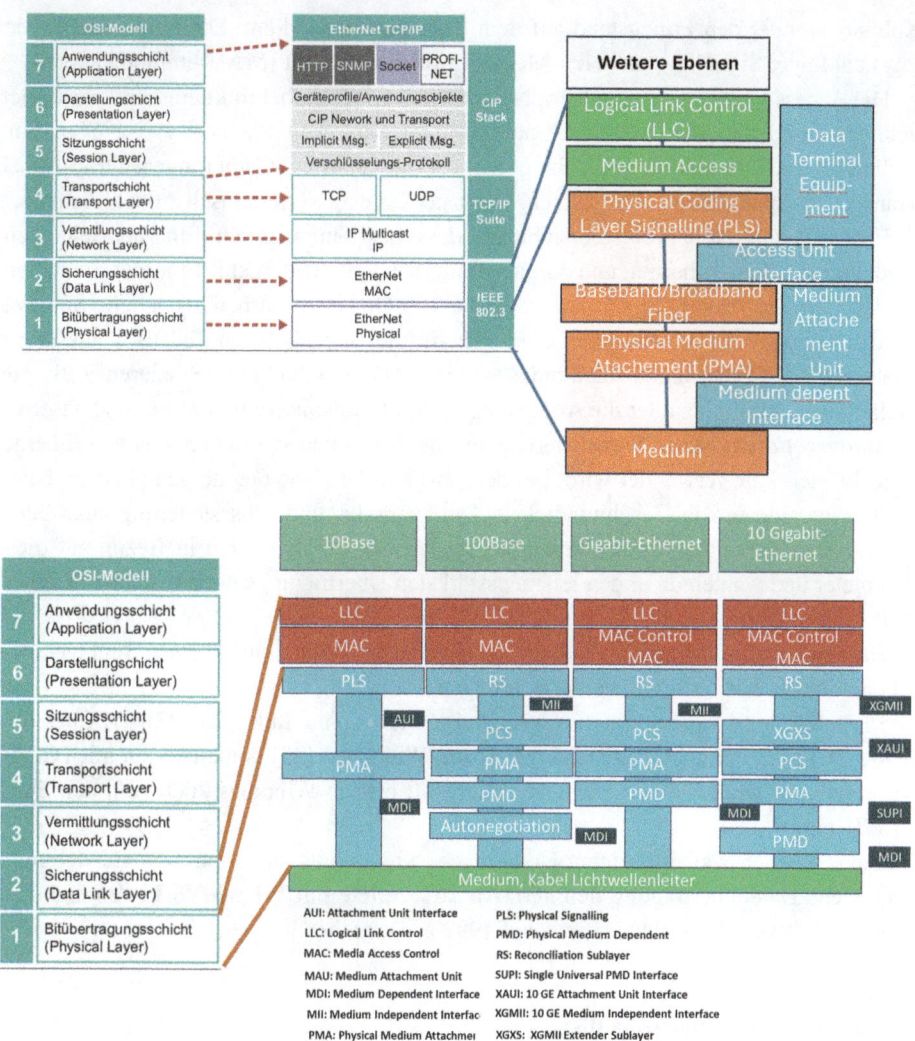

Abb. 8.2 OSI Modell und das Ethernet TCP/IP

Der Data Link Layer besteht aus dem Medium Access Control (MAC) und dem medienspezifischen Zugangsverfahren CSMA/CD sowie die Logical Link Control (LLC) für die Station-Adressierung. Die LLC bietet zu den höheren Schichten eine einheitliche Schnittstelle zum Realisieren logischer Verbindungen.

Die Bitübertragungsschicht besteht aus drei Schichten: Dem Physical Layer Signalling (PLS), der Access Unit Interface (AUI) und der Medium Attachment Unit (MAU).

Das Physical Layer Signalling unterstützt den Austausch der Daten zwischen zwei MAC-Schichten. Sie wird zur Steuerung des Zugangsverfahrens benutzt und signalisiert

Kollisionen oder den Freizustand auf dem Übertragungsmedium. Die Funktionalität der Physical Layer Signalling ist in der Medium Attachment Unit (MAU) implementiert.

Die Access Unit Interface entspricht dem Transceiver-Kabel mit dem der Transceiver, gebildet durch die Medium Attachment Unit, die mit dem Physical Layer Signalling verbunden ist. Die Medium Attachment Unit ermöglicht es, Codierungen, Drop-Kabel, Transceiver, Spannungen, Frequenzen, Datenstecker usw. systematisch zu qualifizieren.

Ebenfalls aus Abb. 8.2 ist ersichtlich, dass bei den weiteren Ethernet-Schichtenmodellen für Fast-Ethernet und Gigabit-Ethernet, das 10-Gigabit-Ethernet-Schichtenmodell oder die für 40-Gigabit-Ethernet und 100-Gigabit-Ethernet zusätzliche Sublayer für das *Autonegotiation, Reconciliation* oder für die verschiedenen 8B10B-Codierungen oder 64B66B-Codierungen verwendet werden. Diese Schichten realisieren z. B. den Wellenlängenmultiplex oder die Anpassung an Multimodefasern und Monomodefasern.

Autonegotiation ist ein Signalisierungsmechanismus und -verfahren, das von Ethernet über Twisted Pair verwendet wird, bei dem zwei verbundene Geräte gemeinsame Übertragungsparameter wie Geschwindigkeit, Duplexmodus und Flusssteuerung auswählen. Dabei teilen die angeschlossenen Geräte zunächst ihre Fähigkeiten in Bezug auf diese Parameter und wählen dann den leistungsstärksten Übertragungsmodus, den beide unterstützen (Definition Abschn. 28 von IEEE 802.3).

Der *Reconciliation* Sublayer dient zur Kollisionsvermeidung. Dieser Sublayer verarbeitet lokale/Remote-PHY-Fehlermeldungen.

Viele bekannte Kommunikationsprotokolle wie ‚Apple Talk‘ [21, 22], DECnet [23] IPX/SPX [24], oder auch NetBEUI (Microsoft Windows) [25] konkurrierten mit TCP/IP, basierend auf dem Ethernet. So setzte Microsoft erst ab Windows 2000 [26] den Stack TCP/IP ein.

Das Ethernet war in seinen Ursprüngen wie bereits erwähnt, nur für leitungsgebundene Datenübertragung definiert. Ab 2013 folgte mit WLAN/Wi-Fi das drahtlose ‚Ethernet‘, dessen Ursprünge bereits auf 1997 zurückgehen.

8.1.4 Ethernet-Protokolle

Im folgenden Abschnitt werden die 4 wichtigsten Ethernetprotokolle besprochen, wobei das wichtigste Ethernetprotokoll der Ethernet II Frame ist. Der Ethernet II Frame wird mittlerweile schätzungsweise >85 % eingesetzt. Zum Ethernet II Frame wurden entsprechende Schnittstellen und Unterscheidungskriterien aus Kompatibilitätsgründen zu den Vorgängern Novell Raw IEEE 802.3, IEEE 802.2 LCC und IEEE 802.2 SNAP entwickelt.

8.1.4.1 Ethernet II Frame

Der heute am häufigsten verwendete Ethernet Frame ist der Ethernet II Frame.

Wie bereits erwähnt, ist beim Ethernet eine minimale Framelänge von 64 Byte des Ethernet-Protokolls bei einer Übertragungsrate von 10 Mbit/s und einer maximalen Entfernung zwischen zwei Anschlüssen von maximal 2,5 km notwendig. Da das Ethernet-Protokoll eines der wichtigsten Kommunikationsprotokolle in der Industrie und im privaten Bereich ist und die Basis für mehr als 75 % der Feldbusse und Bussysteme ist, wird es in diesem Abschnitt detailliert erläutert.

Heute wird der Ethernet II Frame verwendet. Diese Version wird auch als Ethernet II Frame [27] oder DIX-Frame genannt, der 1982 durch die Firmen DEC, Intel und Xerox definiert wurde. Seit 1983 entstand der IEEE 802.3 Standard, der für Ethernet steht. Abb. 8.3 zeigt den heute am weitesten verbreitenden Ethernet II Frame nach Standard IEEE 802.3.b ‚Tagged MAC Frame' [28]. Der Standard Ethernet I ist mittlerweile veraltet!

Generell ist ein Ethernet Frame eine Datenverbindungsschicht. Verwendet wird dabei dem physikalischen Layer zugrunde liegende Bitübertragungsschicht, d. h. eine Dateneinheit transportiert auf einer Ethernet Verbindung einen Ethernet Frame Rahmen als Nutzlast [29].

Der Aufbau des Ethernet II Frame sieht gemäß Abb. 8.3 folgendermaßen aus:

Präambel

Ein Ethernet Paket startet mit *der Präambel* von 7 Byte. Jedes Byte sendet die Codierung 10101010 (mit LSB beginnend) (hexadezimal 55 = 01010101), gefolgt vom Start Frame Delimiter (SFD).

Die Präambel wurde deshalb so groß gewählt, weil sie bei der Übertragung mit Repeatern zum Teil verloren geht. Genau genommen sind heute bei modernen Geräten und Systemen die Länge der Präambel, der CSMA/CD, die minimale und maximale Framelänge nur noch wegen der Kompatibilität zur Norm notwendig. Moderne Vernetzungstopologien sind stern- oder ringförmig verbunden und verwenden synchrone Punkt-zu-Punkt-Verbindungen (Multiport-Switches). Kollisionen können somit nicht mehr stattfinden.

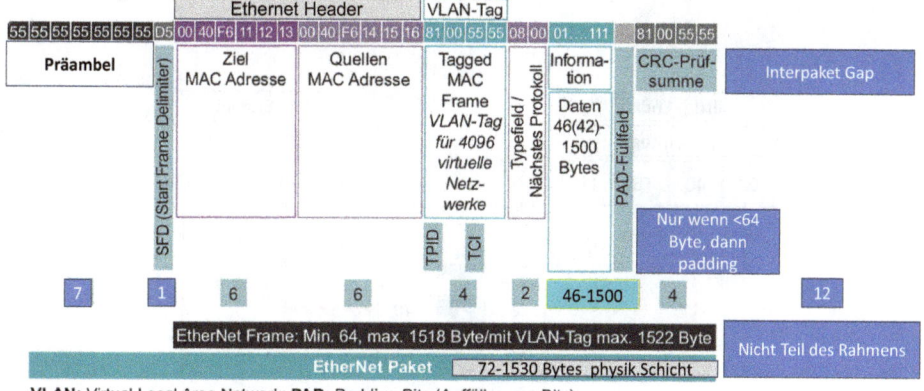

VLAN: Virtual Local Area Network; **PAD:** Padding-Bits (Auffüllen von Bits);
CRC: Cyclic Redundancy Check (Zyklische Redundanzprüfung)
TPID: Tag Protocol Identifier (2 Byte); **TCI:** Tag Control Information (2 Byte)

Abb. 8.3 Ethernet II Frame nach IEEE 802.3

Start Frame Delimiter (SFD) oder Start Of Frame (SOF)

Das Ethernet überträgt die Daten seriell und beginnt jeweils mit dem niederwertigsten Bit. Beispiel der Start Frame Delimiter SDF beträgt 0xD5 (hexadezimal)=213 (dezimal)=11010101 (binär) wird beginnend mit dem LSB (Last Significant Bit) versendet, also 10101011.

Alle ‚big-endians' [28], wie z. B. die Ziel MAC-Adresse und die Quelle MAC-Adresse, werden mit dem Byte der höheren Wertigkeit übertragen, also gemäß Abb. 8.3 und 8.4 wird die Ziel MAC-Adresse mit 0x0040F6111213 übertragen.

Beim *big-endian* Format wird gemäß Abb. 8.4 das höchstwertige Byte zuerst gespeichert, d. h. an der kleinsten Speicheradresse. Allgemein bedeutet der Begriff, dass bei zusammengesetzten Daten die größtwertige Komponente zuerst genannt wird. Beispiel hierfür ist die deutsche Schreibweise der Uhrzeit: Stunde:Minute:Sekunde.

Beim *little-endian* Format wird dagegen das kleinstwertige Byte an der Anfangsadresse gespeichert, also die kleinstwertige Komponente zuerst genannt. Beispiel ist die deutsche Datumsschreibweise: Tag.Monat.Jahr.

Abb. 8.4 verdeutlicht die Speicherbelegung bezüglich Big-endian und Little-endian.

Der *SFD (Start Frame Delimiter)* ist ein Byte, der das Ende der Präambel anzeigt. Der SFD hat die binäre Sende-Codierung von 10101011. Die ersten 8 Bytes dienen somit der Bit-Synchronisation. Das alternierende Bitmuster erlaubt eine korrekte Synchronisation auf die Bit-Abstände. Der SFD endet mit 1 statt 0 und hat die Aufgabe, das Bitmuster der Präambel zu unterbrechen und den Beginn des Frames anzuzeigen. Diese Art der Synchronisation ist notwendig für alle Geräte, die mit jedem gesendeten Frame nach einer Unterbrechung die Synchronisation wieder neu aufbauen müssen.

Heute senden Systeme eine kontinuierliche Trägerwelle, die auch eine eventuelle Übertragungspause überbrücken.

Beide, Präambel und SDF, sind Teil des Ethernetpaketes auf der physikalischen Ebene, nicht aber des Frames (Rahmen):

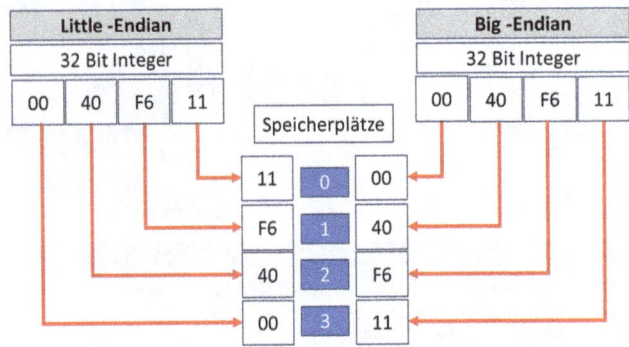

Abb. 8.4 Speicherbelegung einer Codierung bezüglich Big-endian und Little-endian

Jeder Ethernet Frame beginnt mit dem Ethernet Header, der aus der MAC-Ziel und MAC -Quelladresse besteht, gefolgt vom EtherType. Der anschließende Teil des Rahmens besteht aus Nutzlastdaten inklusive aller Header für andere Protokolle! Beispiel ist das Internetprotokoll, das ARP-Protokoll (Address Resolution Protoco)l und das TCP Protokoll, die als Bestandteile der Nutzlastdaten übertragen werden. Der Rahmen oder Frame endet mit einer Frame-Check-Sequenz CRC, die eine zyklische 32 Bit Redundanzprüfung ist, die zur Fehlerbehebung dient.

Media Access Control (MAC)-Adresse

Nach dem SFD folgt die 6-Byte (48 Bit, d. h. es gibt $2^{48} = 2{,}814749767 \times 10^{14}$ Möglichkeiten der Codierung) umfassende MAC-Ziel-Adresse, d. h. die Adresse, die die Daten empfangen soll, gefolgt von der 6 Byte (48 Bit) großen MAC-Quellen-Adresse, d. h. die Adresse, von der die Daten gesendet werden.

2 Bit der MAC-Adresse werden zur Einteilung verwendet. Das erste Bit hat hinterlegt, ob es sich um eine Unicast (0)- oder Broadcast (1)-Adresse handelt, das zweite Bit hat hinterlegt, ob die Übertragung der verbleibenden 46 Bits lokal (1) oder global (0) ist. D. h. es können 2^{46} LANs adressiert werden. Darüber hinausgehende Adressen werden durch das Internet gehandhabt.

Es ist wichtig zu wissen, dass Ethernet-Produkte eine weltweit eindeutige MAC-Adresse haben, die vom Ethernet-Konsortium *und* den Herstellern verwaltet wird.

VLAN Tag (Virtual Local Area Network)

Die Protokoll-Sicherungsschicht (Frame Data Link Layer) umfasst neben den beiden MAC-Adressen (12 Bytes) den nach IEEE 802.3.1 [30] das *optionale VLAN Tag* (4 Bytes) und den EtherType (2 Bytes). Somit variiert das Ethernet-Protokoll zwischen max. 1522 und 1518 Byte.

Das 4 Byte große optionale *VLAN Tag (802.1Q Tag)* [31] folgt nach den MAC-Adressen gemäß IEEE 802.1q [32] oder IEEE 802.1p im sogenannten ‚Tagged MAC Frame'. Dabei werden virtuelle lokale Netzwerke (Virtual Local Area Networks, VLAN) adressiert.

Abb. 8.5 zeigt das 802.1Q Tag Format (VLAN Tag) im Detail.

Tag Protokoll Kennung (TPID)

TPID ist ein 16-Bit-Feld, das auf den Wert 0×8100 festgelegt ist, um den Frame als IEEE 802.1Q- Frame zu identifizieren. Dieses Feld befindet sich an der gleichen Position wie das EtherType-Feld in nicht getaggten Frames und wird daher verwendet, um den Frame von nicht getaggten Frames zu unterscheiden.

Tag Control Informationen

Das *Tag-Control-Information (TCI)* ist ein 16-Bit-Feld, das die folgenden Unterfelder enthält:

Abb. 8.5 802.1Q Tag Format
im Detail -Tagged MAC Frame

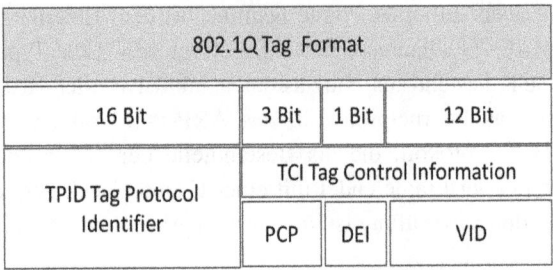

- PCP: Prioritätscodierung
- DEI: Drop-Eligible Indicator
  Anzeige für Frames, dies man
  fallen lassen kann
- VID: LAN-Identification

Priority Code Point (PCP)

IEEE 802.1Q *I.4 Datenverkehrstypen und Prioritätswert Punkt* **(PCP)**

Ein 3-Bit-Feld, das sich auf die IEEE 802.1p Class of Service (CoS) bezieht und der Frame-Prioritätsebene zugeordnet ist. Unterschiedliche PCP-Werte können verwendet werden, um verschiedene Datenverkehrsklassen zu priorisieren [33].

Drop Eligible Indikator (DEI)

DEI ist ein 1-Bit-Feld (ehemals CFI) und kann separat oder in Verbindung mit PCP verwendet werden, um Frames anzuzeigen, die bei Überlastung fallen gelassen werden können [34].

VLAN Identification (VID)

VID ist ein 12-Bit-Feld, welches das virtuelle Local Area Network angibt, zu dem der Frame gehört. Die Werte 0 und 4095 (0×000 und 0xFFF hexadezimal) sind reserviert. Alle anderen Werte können als VLAN-Kennungen verwendet werden, was bis zu 4094 VLANs ermöglicht. Der reservierte Wert 0×000 gibt an, dass der Frame keine VLAN-ID trägt. In diesem Fall gibt das 802.1Q-Tag nur eine Priorität an (in PCP- und DEI-Feldern) und wird als *Prioritäts-Tag* bezeichnet. Auf Bridges ist VID 0×001 (die Standard-VLAN-ID) häufig für ein Netzwerkverwaltungs-VLAN reserviert. Dies ist herstellerspezifisch. Der VID-Wert 0xFFF ist für die Implementierung reserviert. Sie darf nicht konfiguriert oder übertragen werden. 0xFFF kann verwendet werden, um eine Platzhalterübereinstimmung in Verwaltungsvorgängen oder beim Filtern von Datenbankeinträgen anzugeben [34].

3 Bits charakterisieren die Priorität der Übertragung (000: Niederste Priorität, 111: Höchste Priorität), 1 Bit steht für die Kompatibilität (Canonical Format Indicator: CFI) zwischen Ethernet und Token Ring [12]. Das Bit zeigt an, ob die MAC-Adresse im richtigen Format ist. Ist das DEI Bit 1 (ehemals CFI-Bit), so ist die Verbindung vorschriftsmäßig. Die restlichen 12 Bits stehen für die VLAN-ID zur Verfügung.

EtherType

Nach dem VLAN-Tag (4 Bytes) folgen 2 Bytes, die den EtherType charakterisieren und die Auskunft gibt welches Protokoll in der nächsthöheren Ebene verwendet wird. 0×0800 (siehe auch VLAN-Tag: TPID von 0×8100) steht dabei für eine IPv4 Paket. IPv4 war die Internet Protokoll Version 4, die als erste Version seit 1981 weltweit eingesetzt wurde [35].

Wichtig: Ist der VLAN-Tag mit der Kennung 0×8100 vorhanden, darf im Type Ethernet diese Kennung nicht auftauchen! 1998 definierte man das IPv6 Protokoll, das eine 128 Bit Adressierung beinhaltet.

Dabei muss man wissen, dass IPv4 (EtherType: 0×800) und IPv6 (Ethertype 0×86DD) nicht zueinander kompatibel sind. Dies ist der Grund, dass beide Protokolle noch lange nebeneinander existieren werden. Das Address Resolution Protocol (ARP) als Bindeglied zwischen dem Data Link Layer und der Internetschicht hat die EtherTyp-Kennung 0×0806. Die Codierungen für ARP und IP sind im Nutzdatenfeld angeordnet, wie wir noch sehen werden. Im Detail ist das ARP ist ein Netzwerkprotokoll, das zu einer Netzwerkadresse der Internetschicht die Hardware-Adresse der Netzzugangs-schicht (Physikalische Schicht) ermittelt und diese Zuordnung gegebenenfalls in den ARP-Tabellen aller beteiligten Rechner hinterlegt.

Einige wichtige Protokolle (nicht vollständig), die im EtherType Feld (2 Bytes) adressiert werden sind in Tab. 8.1 dargestellt.

Tab. 8.1 vermittelt einen kleinen Eindruck über die Vielfalt der heutigen Protokolle. Von besonderer Bedeutung in der Automatisierung sind dabei die Echtzeitprotokolle EtherNet/IP, EtherCAT, PROFINET, SERCOS III, und POWERLINK, die farblich in Tab. 8.1 (EtherType) hinterlegt sind.

Einige Ausführungen zum EtherType

Das EtherType-Feld im 802.3-Standard ist ein (Daten-) Längenfeld (Länge nach IEEE 802.3) [35]. Der Frame nach 802.3 ist die Vorgängerversion vom Ethernet II Frame.

Da der Empfänger wissen muss, wie der Frame zu interpretieren ist, verlangte der Standard, dass ein IEEE 802.2-Header der Länge 2 Byte folgt und den Typ angibt. Viel später genehmigten der 802.3x-1997-Standard und spätere Versionen des 802.3-Standards formell beide Arten von Einrahmungen.

Der Ethernet II Frame ist jedoch aufgrund seiner Einfachheit und seines geringeren Overheads das gebräuchlichste Protokoll in lokalen Ethernet-Netzwerken (LAN).

Damit einige Frames, die den Ethernet II Frame verwenden und einige, die die ursprüngliche Version vom 802.3-Frame verwenden, auf demselben Ethernet-Segment verwendet werden können, müssen EtherType-Werte größer oder gleich 1536 (0×0600: $0 * 1 + 0 * 16 + 6 * 256$) sein!

Dieser Wert wurde gewählt, da die maximale Länge des Nutzlastfelds eines Ethernet 802.3-Frames 1500 Bytes (0×05DC: $12 + 13 * 16 + 5 * 256$) beträgt. Wenn also der Wert des Felds größer oder gleich 1536 ist, muss es sich bei dem Frame um einen Ethernet II Frame handeln, wobei es sich bei diesem Feld um ein Typfeld handelt. Wenn es kleiner

Tab. 8.1 Codierung von gängigen Protokollen im EtherType

Codierung EtherType Hexadezimal	Protokolle
0x0800	IP Internet Protocol, Version 4 (IPv4)
0x0806	Address Resolution Protocol (ARP)
0x0842	Wake on LAN (WoL)
0x8035	Reverse Address Resolution Protocol (RARP)
0x809B	AppleTalk (EtherTalk)
0x80F3	Appletalk Address Resolution Protocol (AARP)
0x8100	VLAN Tag (VLAN)
0x8137	Novell IPX (alt)
0x8138	Novell
0x86DD	IP Internet Protocol, Vision 6 (IPv6)
0x8863	PPPoE Discovery
0x8864	PPPoE Session
0x8870	Jumbo Frames
0x8892	Real Time-Ethernet PROFINET
0x88A2	ATA over Ethernet Coraid AoE [5]
0x88A4	Real Time-Ethernet EtherCAT
0x88A8	Provider Bridging
0x88AB	Real Time-Ethernet Ethernet POWERLINK
0x88CD	Real Time-Ethernet SERCOS III
0x8906	Fibre Channel over Ethernet
0x8914	FCoE Initialization Protocol (FIP)

oder gleich 1500 ist, muss es sich um einen IEEE 802.3 Frame handeln, wobei dieses Feld ein Längenfeld ist. Exklusive Werte zwischen 1500 und 1536 sind nicht definiert [35]. Diese Konvention ermöglicht es der Software zu bestimmen, ob es sich bei einem Frame um einen Ethernet II Frame oder einen anderen ‚Ethernet Frame' gemäß IEEE 802.3-Frame handelt, was die Koexistenz beider Standards auf demselben physischen Medium ermöglicht.

Nutzdatenfeld
Nach der EtherType Codierung folgt im Frame (Byte 9 bis maximal Byte 1518) das maximal 1500 Bytes (12.000 Bit) lange Datenfeld. Das EtherType wird als big endian (siehe Abb. 8.4) Byte Folge mit dem höherwertigen Byte zuerst übertragen. Mit Header und FCS beträgt die minimale Nutzlast 42 Bytes, wenn ein 802.1Q-Tag vorhanden ist. Ist kein 802.1Q-Tag vorhanden so beträgt die minimale Nutzlast 46 Bytes. Ist die Minimale Byteanzahl kleiner als 46 Bytes so müssen sie bis 64 Bytes mit ‚0' aufgefüllt werden. IEEE Standards definieren maximal 1500 Bytes.

Es ist wichtig zu wissen, dass es auch nicht-standardisierte ‚Jumbo -Frames' [37] gibt, die aber selten zur Anwendung kommen.

PAD Feld (Padding Bits oder Auffüll-Bits)

Im Datenfeld gibt es das PAD Feld mit den Padding-Bits (Auffüll-Bits, engl.: auffüllen), das zur Auffüllung eines Ethernet Frames auf 64 Byte dient. Präambel und Start Frame Delimiter (SFD) werden beim Frame *nicht* mitgezählt, der VLAN-Tag (4 Bytes) wird mitgezählt. Würde man mit dem PAD Feld nicht auffüllen, so könnte es zu Kollisionen bei der Datenübertragung führen!

FCS Feld (Frame Check Sequence)

Das Frame Check Sequence (FCS) steht am Ende des Ethernet-Frames und ist 4 Bytes groß. Im FCS-Feld befindet sich eine 32 Bit große Prüfsumme. Die FCS wird beim Sender erstellt und an den Frame gehängt. Die Berechnung der FCS beginnt mit der Ziel-MAC-Adresse und endet mit dem PAD-Feld. Die Präambel, der Start Frame Delimiter (SFD) oder Start Of Frame (SOF) und die Frame Check Sequence (FCS) selbst sind darin nicht enthalten. Der Empfänger des Frames macht selbst eine zyklische Redundanzberechnung (CRC: Cyclic Redundancy Check) und vergleicht die beiden Werte. Stimmen diese nicht überein, geht er davon aus, dass die Übertragung fehlerhaft war und verwirft den Datenblock. Über die Funktionsweise des CRC verweise ich auf die Literatur [38–41]

IPG (Inter Package Gap)

IPG ist die Leerlaufzeit zwischen gesendeten Paketen. Nachdem ein Paket gesendet wurde, müssen mindestens 12 Byte im Leerlaufmodus übertragen werden, bevor das nächste Paket versendet werden darf.

Nachdem der Datenstrom in Form von Bits zur Verfügung steht werden einige Bits zur Codierung des Übertragungsmediums verwendet. Dabei ist die Taktrückgewinnung des Empfängers miteingeschlossen.

8.1.4.2 Weitere Ethernet-Frames

Wie schon im EtherType angesprochen gibt es unterschiedliche Ethernet-Rahmen, die bezüglich Tab. 8.2 unterschieden werden können.

- Ethernet II Frame oder Ethernet Version 2 (auch DIX-Frame, benannt nach DEC, Intel und Xerox) ist der heute am häufigsten verwendete Typ, da er direkt vom Internetprotokoll verwendet wird (siehe Abb. 8.3)
- Novell Raw IEEE 802.3 – nicht standardmäßiger Variantenrahmen [42]
- IEEE 802.2 Logical Link Control (LLC) Frame [43]
- IEEE 802.2 Subnetwork Access Protocol (SNAP) Frame [44]

Tab. 8.2 Ethernet-Frame-Differenzierung

Rahmentyp	Ethertype oder Länge	Ethertype oder Länge
Ethernet II Frame	≥ 1536	beliebig
Novell Raw IEEE 802.3	≤ 1500	0xFFFF
IEEE 802.2 Logical Link Control (LLC) Frame	≤ 1500	Andere
IEEE 802.2 Subnetwork Access Protocol (SNAP Frame	≥ ≤ 1500	0xAAAA

Die verschiedenen Rahmentypen unterscheiden sich zwar in ihren Formaten und MTU-erte (Maximum Transmission Unit), können aber auf demselben physischen Medium ko-existieren. Die Unterscheidung der Rahmentypen ist anhand der Tabelle auf der rechten Seite möglich. Alle 4 Ethernet Frame Typen können ein optionales IEEE 802.1Q-Tag enthalten. Den Ethernet II Frame haben wir oben beschrieben.

Das IEEE 802.1Q-Tag wird, falls vorhanden, zwischen der Quelladresse und den Feldern "EtherType" oder "Length" platziert. Die ersten beiden Bytes des Tags sind der TPID-Wert (Tag Protocol IDentifier) von 0×8100. Dies befindet sich an der gleichen Stelle wie das Feld „EtherType/Length" in nicht getaggten Frames, sodass ein Ether-Type-Wert von 0×8100 bedeutet, dass der Frame getaggt ist und sich der wahre Ether-Type/Length nach dem Q-Tag befindet.

Ethernet Frame Novell Raw IEEE 802.3 **[36]**
Novells "raw" 802.3-Frame-Format wurde ebenfalls nach den IEEE 802.3 Regeln des Ethernet definiert. Novell nutzte dies als Ausgangspunkt, um die erste Implementierung eines eigenen IPX-Netzwerkprotokolls (Internetwork Packet Exchange) über Ethernet zu erstellen.

Novell Raw verwendet keinen LLC-Header (Logical Link Control), sondern startet das IPX-Paket direkt nach dem Längenfeld. Dies entspricht nicht dem IEEE 802.3-Standard, aber da IPX immer FF als die ersten beiden Bytes hat, koexistiert dies in der Praxis normalerweise auf dem Kabel mit anderen Ethernet-Implementierungen. Der Novell Raw Frame wurde bis ca. 1995 verwendet. Erst mit NetWare 4.10 wurde der Rahmen durch IEEE 802 mit LCC abgelöst [36].

Ethernet Frame IEEE 802 LCC
Der Logical Link Control (LLC) wird der Schicht 2 des OSI Modells zugeordnet. Ziel des Protokolls ist die Transparenz unterschiedlicher auf MAC-Ebene eingesetzter Verfahren zur Medienzuteilung. Ursprünglich war der Frame mit LCC Kapselung ein Netzwerkprotokoll der Telekommunikation. Heute ist der LCC Header nicht mehr so häufig in Anwendung und kommt nur noch in sehr großen NetWare Installationen vor.

Einige Ethernet-Protokolle, z. B. solche, die für den OSI-Stack entwickelt wurden, arbeiten direkt auf der IEEE 802.2 LLC-Kapselung, die sowohl verbindungsorientierte als auch verbindungslose Netzwerkdienste bereitstellt. Vor dem Ethernet II Frame wurde der IEEE 802.3 LCC in der Industrie verwendet um Übersetzungsbrücken zwischen Ethernet, Token Ring und FDDI-Netzwerke (Fiber Distributed Data Interface) zu realisieren [43].

Ethernet Frame IEEE 802.2 LLC SAP/SNAP (Service Access Point/Subnetwork Access Protocol)

Es gibt einen Internetstandard für die Kapselung von IPv4-Datenverkehr in IEEE 802.2 LLC SAP/SNAP-Frames [45]. Das Protokoll wird fast nie auf Ethernet implementiert, obwohl es auf FDDI, Token Ring, IEEE 802.11 beruht. Ausnahme ist das 5,9-GHz-Band, wo es EtherType verwendet wird [46]).

Dieses Protokoll läuft auch auf anderem IEEE 802-LANs [46]. Auch das Internetprotokoll IPv6 kann über Ethernet mit IEEE 802.2 LLC SAP/SNAP übertragen werden. Allerdings kommt diese Variante kaum zum Einsatz.

SNAP wird der 2. Schicht (Sicherungsschicht) des Ethernetprotokolls zugeordnet. Das Protokoll unterstützt die Identifizierung von Protokollen anhand von Feldwerten vom Typ Ethernet. SNAP wird fast immer mit dem LLC-Protokoll benutzt. Das *SNAP* ist ein Mechanismus zum Multiplexing in Netzwerken, die IEEE 802.2 LLC verwenden, um mehr Protokolle zu unterstützen, als durch die Acht-Bit-Felder des 802.2 Service Access Point (SAP) unterschieden werden können. SNAP unterstützt die Identifizierung von Protokollen anhand von EtherType-Feldwerten.

Durch die Untersuchung des 802.2 LLC-Headers kann festgestellt werden, ob ihm ein SNAP-Header folgt. Der LLC-Header enthält zwei Bytes-Adressfelder, die in der OSI-Terminologie als Service Access Points (SAPs) bezeichnet werden. Wenn sowohl Quell- als auch Ziel-Service Access Points auf den Wert 0xAA oder 0xAB gesetzt sind, dann folgt auf den LLC-Header ein SNAP-Header. Der SNAP-Header ermöglicht die Verwendung von EtherType-Werten mit allen IEEE 802-Protokollen. Außerdem ermöglicht der SNAP Header private Protokoll-ID-Räume.

In IEEE 802.3x-1997 wurde der IEEE-Ethernet-Standard dahingehend geändert, dass die Verwendung des 16-Bit-Feldes nach den MAC-Adressen explizit als Längenfeld oder Typfeld zulässig ist.

Die AppleTalk v2-Protokollsuite auf Ethernet („EtherTalk") verwendet z. B. die IEEE 802.2 LLC + SNAP-Kapselung.

Abb. 8.6 zeigt den Protokollaufbau des Ethernet Frame IEEE 802.2 LLC SAP/SNAP

Dieses Protokoll ist im ‚IEEE 802 Overview and Architecture-Dokument' spezifiziert [47]. Auf den maximal 4 Byte 802.2 LLC Header folgt der 5-Byte-SNAP-Header. wenn der Destination-Service Access Point (DSAP) und der Source Service Access Point (SSAP) die Hexadezimalwerte AA oder AB enthalten:

Der SNAP-Header besteht aus einem IEEE *Organizationally Unique Identifier (OUI)* *[50]* mit 3 Bytes, gefolgt von einer Protokoll-ID mit 2 Bytes. Ein Organizationally Uni-

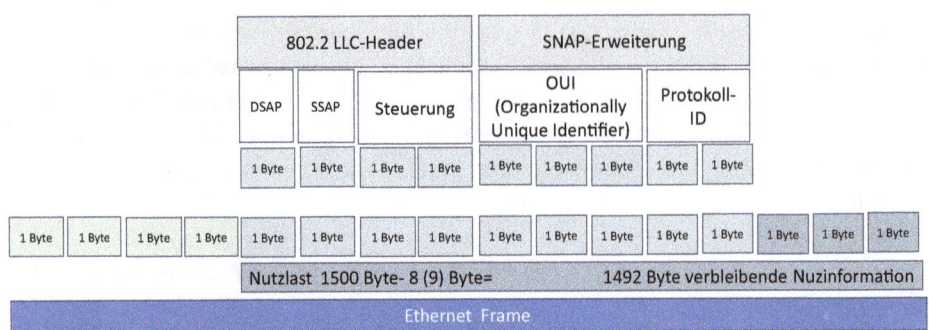

Abb. 8.6

Abb. 8.6 Einbettung des LLC/SNAP Header (9 Byte) in den Ethernet Frame

que Identifier (OUI) ist eine 24-Bit-Zahl, die einen Anbieter, Hersteller oder eine andere Organisation eindeutig identifiziert [48, 49]. Vergeben und registriert werden diese Codes von der IEEE.

Wenn die OUI Null ist, ist die Protokoll-ID der registrierte EtherType-Wert für das Protokoll, das auf SNAP ausgeführt wird. Wenn es sich bei der OUI um eine spezielle OUI für eine bestimmte Organisation handelt [50], ist die Protokoll-ID ein Wert, der von dieser Organisation dem Protokoll zugewiesen wird, das auf SNAP ausgeführt wird.

SNAP wird normalerweise mit 802.2-PDUs (Protocol Data Units) ohne nummerierte Informationen mit einem Steuerfeldwert von 3 verwendet, und die LSAP-Werte sind in der Regel hexadezimale AA, sodass der 802.2 LLC-Header für ein SNAP-Paket normalerweise AA AA 03 ist. SNAP kann jedoch auch mit anderen PDU-Typen verwendet werden.

Bei Ethernet reduzieren die 8 Bytes (9 Bytes), die von den LLC- und SNAP-Headern belegt werden, die Größe der verfügbaren Nutzlast für Protokolle wie das Internetprotokoll auf 1492 Byte im Vergleich bei der Verwendung des Ethernet II Frames. Daher werden Pakete bei Protokollen mit EtherType-Werten in der Regel mit Ethernet II Headern und nicht mit LLC Headern und SNAP Headern übertragen. Bei anderen Netzwerktypen sind die LLC- und SNAP-Header erforderlich, um verschiedene Protokolle auf der Verbindungsschicht zu multiplexen, da die MAC-Schicht selbst kein EtherType-Feld hat, sodass es kein alternatives Framing gibt, das eine größere verfügbare Nutzlast hätte. Grund für den zusätzliche Teilnetzwerk-Header war, dass man mit einem Byte (256 mögliche Werte) auskommen könnte, um alle Protokollwerte anzugeben, die Anbieter registrieren möchten. Als die Werte reserviert wurden, wurde festgestellt, dass der LLC-Header bald keine offenen Werte mehr haben würde. Die hexadezimalen AA- und AB-Werte wurden reserviert, und ein zusätzlicher Header – der SNAP-Header – wurde entwickelt. Es kann alle EtherType-Werte und mehrere Leerzeichen privater Protokollwerte unterstützen.

Gemäß IETF (Internet Engineering Task Force) RFC 1042 werden IP-Datagramme und ARP-Datagramme über IEEE 802-Netzwerke mit LLC- und SNAP-Headern übertragen, mit Ausnahme von Ethernet/IEEE 802.3, wo sie gemäß RFC 894 mit Ethernet II Headern übertragen werden [51].

8.1.4.3 Maximaler Datendurchsatz

Man kann den Protokoll-Overhead für Ethernet in Prozent angeben. Dies ist die Paketgröße einschließlich des 12 Byte langen Interpackage Gap).

$$\textbf{Protokolllänge } minus \textbf{ Overhead} = (\textbf{Paketgröße } minus \textbf{ Nutzlast})$$
$$/ \textbf{ Paketgröße} \tag{8.1}$$

Ebenso ist die Protokolleffizienz für da Ethernet angebar:

$$\textbf{Effizienz des Protokolls} = \textbf{Größe } \text{der Nutzlast} / \textbf{Paketgröße} \tag{8.2}$$

Die maximale Effizienz wird bei größter Nutzlastgröße erreicht und beträgt maximal mit VLAN Tag 1542 Byte (siehe Tab. 8.3).

Für nicht getaggte Frames ist die Paketgröße maximal 1538. In beiden Fällen ist das Protokoll ohne IP- und TCP-Header.

Es folgt aus (Gl. 8.1) ohne VLAN Tag.

$$\textbf{1500 Bytes } dividiert \; durch \textbf{ 1538 Bytes} = 97{,}53\,\% \tag{8.3}$$

Tab. 8.3 Wirkungsgrad Ethernet II Frame mit VLAN-Tag und Internet-, TCP –Headern

Präambel	7	Byte	
Start of Frame	1	Byte	
MAC Empfänger	6	Byte	
MAC Absender	6	Byte	
802.1Q Tag (opt.)	4	Byte	
EtherType	2	Byte	
IP header	20	Byte	Nutzlast
TCP Header	20	Byte	Nutzlast
Nutzlast	1460	Byte	Nutzlast
Frame Check Sequence	4	Byte	
Interpackage Gap	12	Byte	
Summe of Bytes	**1542**	**Byte**	

Der maximale Wirkungsgrad mit VLAN-TAG beträgt somit:

$$\textbf{1500 Bytes } \textit{dividiert durch } \textbf{1542 Bytes} = 97{,}28\,\% \qquad\qquad (8.4)$$

Der Durchsatz kann aus dem Wirkungsgrad berechnet werden

$$\textbf{Durchsatz} = \textbf{Effizienz } \textit{multipliziert mit } \textbf{Netto-Bitrate} \qquad\qquad (8.5)$$

Die Netto-Bitrate der Bitschicht (die Drahtbitrate) hängt ab vom Standard der Ethernet-Bitschicht ab und kann je nach gewählter Übertragungsrate 10 Mbit/s, 100 Mbit/s, 1 Gbit/s oder 10 Gbit/s betragen. Der maximale Durchsatz für 100BASE-TX Ethernet beträgt folglich 97,53 Mbit/s ohne 802.1Q und 97,28 Mbit/s mit 802.1Q.

Zur Berechnung wird nur die Nutzung des Kanals berücksichtigt, ohne Rücksicht auf die Art der übertragenen Daten, z. B. wie Nutzlast oder Overhead. Auf der physikalischen Ebene kennen der Verbindungskanal und die Geräte den Unterschied zwischen Daten- und Kontrollrahmen nicht. Die Kanalauslastung wird wie folgt berechnet:

$$\textbf{Kanalauslastung} = \textbf{Zeitaufwand für Datenübertragung}$$
$$\textbf{/ Gesamtzeit} \qquad\qquad (8.6)$$

Die Gesamtzeit berücksichtigt die Roundtrip-Zeit entlang des Kanals, die Verarbeitungszeit in den Hosts und Routern und die Zeit für die Übertragung von Daten und Bestätigungen. Die Zeit, die für die Übertragung von Daten aufgewendet wird, umfasst Daten und Bestätigungen.

8.1.5   CSMA/CD Carrier Sense Multiple Access/Collision Detection

Nachdem wir das Protokoll des Ethernets erläutert haben, gehen wir nun auf den *CSMA/CD*-Algorithmus *(Carrier Sense Multiple Access/Collision Detection)* etwas näher ein, der ein Bestandteil des Layer 2 (Sicherungsschicht oder DLL Data Link Layer ist) ist. Der Algorithmus wird für Netzwerke eingesetzt, die nicht mit Switches (siehe Abb. 7.4) verbunden sind. Die Netzwerke ohne Switches sind heute jedoch noch relativ häufig vertreten. Deshalb sei der CSMA/CD -Algorithmus näher beleuchtet.

Der Zweck des CSMA/CD ist die Verhinderung von Kollisionen. Der Begriff *CSMA/CD* [52, 53] (Mehrfachzugriff mit Trägerprüfung und Kollisionserkennung) ist ein Medienzugriffs-Protokollverfahren, das den Zugriff verschiedener Stationen (beispielsweise Computer samt ihren Netzwerkanschlüssen) auf ein gemeinsames Übertragungsmedium regelt. Auf dem gemeinsamen eingesetzten Übertragungsmedien muss gleichzeitiges Senden und Hören möglich sein, wie z. B. bei Ethernet über Koaxialkabel. CSMA/CD ist eine Erweiterung von CSMA. Verwendung findet CSMA/CD beispielsweise im Bereich der Computernetze beim PowerLAN. Für Ethernet ist er im Standard IEEE 802.3 definiert. Bei Wireless LANs WLAN; Wi-Fi) wird anstelle von CSMA/CD das Carrier Sense Multiple Access/Collision Avoidance (CSMA/CA) benutzt [54, 55].

Ethernet hat sich zum Ziel gesetzt, dass Teilnehmer innerhalb eines Netzwerkes ihre Daten mit Hochfrequenz übertragen können, ohne dabei zu kollidieren. Dabei hat jeder Netzwerkteilnehmer eine global eindeutige 48-Bit-Codierung, die als MAC-Adresse (Media Access Control-Adresse) bezeichnet ist.

Die Daten werden auf dem Medium im Basisbandverfahren und im digitalen Zeitmultiplex übertragen.

Für die kollisionsfreie Übertragung in diesen heterogenen Netzwerken wird der CSMA/CD-Algorithmus (Carrier Sense Multiple Access/Collision Detection) [56] angewendet, der auf dem ALOHA-Protokoll basiert. Kollision entsteht immer dann, wenn zwei Netzwerkteilnehmer zugleich anfangen zu senden. Nach der Erkennung einer Kollision, wurde das Senden eingestellt, eine zufällige Zeitspanne abgewartet, bis eine erneute Sender-Wiederholung stattfindet.

Wenn mit diesem Verfahren ein Computer Daten versenden will, ist folgender Ablauf einzuhalten gemäß Abb. 8.7:

1. Horchen, ob das Kabel/LWL belegt ist.
   Frei: Wenn Medium eine bestimmte Zeit frei ist, dann Senden
   Belegt: Weiteres polling (Schritt 1). Polling ist in der Informatik der Ausdruck für eine zyklische Abfrage, die den Status von Hard- oder Software oder das Ereignis einer Wertänderung ermittelt.
2. Wenn das IFS erfüllte ist dann Informationsübertragung starten und zugleich weiterhin das Medium abhören.
3. Erfolgreich gesendet ohne Kollision, dann wird das an höhere Kommunikationsschichten als erfolgreich gemeldet und die Übertragung beendet.

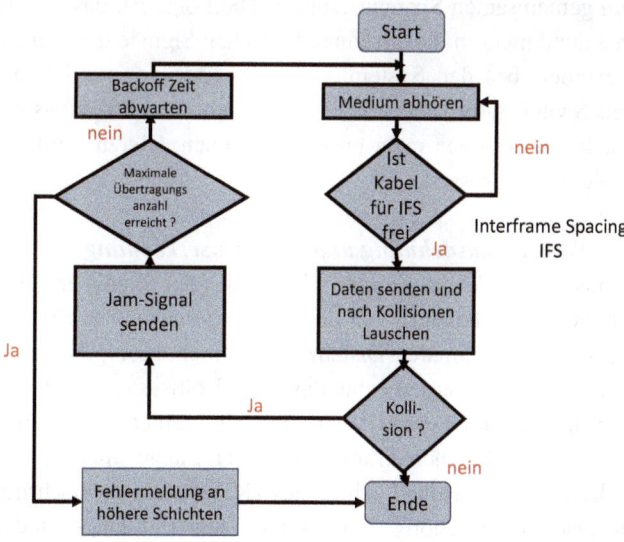

Abb. 8.7 CSMA/CD Algorithmus

4. Wird während der Übertragung eine Kollision detektiert, wird die Datenübertragung beendet und ein Jam-Signal gesendet und sicher gestellt, dass dieses Signal bei allen Netzwerkteilnehmern ebenfalls erkannt wird. Es wird mit Schritt 5 weitergemacht.
5. Leitung ist belegt; Übertragung der Anzahl der Übertragungsversuche. Ist die maximale Übertragungssignal erreicht, wird die Kommunikation abgebrochen und ein Fehlermeldung an höhere Schichten gesendet.

Zur Stattfindung einer Kollisionserkennung und Senderwiederholung muss eine Protokollmindestlänge vorhanden sein, die berechnet werden kann: z. B. ist bei einer Übertragungsrate von 10 Mbit/s und einer maximalen Entfernung zwischen zwei Anschlüssen von maximal 2,5 km (inkl. 4 Repeater) die Protokolllänge von mindestens 64 Byte zwingend notwendig: 14 Byte Header (2 Byte EtherType), 46 Byte Nutzdaten 4 Byte CRC (Cyclic Redundancy Check) [57]. Daher stammt auch die geforderte Protokolllänge des Ethernets. Dazu ein paar weitere Erklärungen:

Ethernet verwendet als Netzübertragungsverfahren eine paketorientierte Datenübertragung in Datenframes auf einem gemeinsam genutzten Medium (Kupferkabel, LWL, WLAN).

Es wird weder ein endloser Datenstrom erzeugt noch werden Zugriffe auf das Medium irgendwo zentral deterministisch gesteuert. Daher ist es möglich, dass mehrere Stationen dasselbe Medium (z. B. Koaxialkabel oder Lichtwellenleiter) zeitgleich benutzen wollen. Dadurch können gezwungenermaßen Kollisionen entstehen, welche die übertragenen Signale zerstören. Um das Zerstören von Signalen zu vermeiden, wird der CSMA/CD-Algorithmus aus Abb. 8.7 angewendet.

Von einer Kollision spricht man, wenn sich zwei oder mehrere Signale gleichzeitig auf einer gemeinsamen Leitung befinden. Dabei überlagern sich die beiden elektrischen Signale zu einem gemeinsamen Spannungspegel. Die Folge ist, dass der Empfänger das elektrische Signal nicht mehr in die einzelnen logischen Signale unterscheiden kann.

Zunehmend werden bei der Systemintegration überwiegend Punkt-zu-Punkt-Verbindungen mittels Switches verwendet, bei denen Sende- und Empfangsmedium getrennt sind und somit keine Kollisionen mehr entstehen können. Hierzu werden gepufferte aktive Verteiler (Switches) eingesetzt.

Zusammenhang: Netzwerkausdehnung und Kollisionserkennung

Eine Kollision muss speziell vom Sender erkannt werden, damit er eine Sendewiederholung durchführen kann. Abhängig von der Übertragungsrate, der Signalausbreitungsgeschwindigkeit und der maximalen Distanz der Teilnehmer ergibt sich eine minimale Framelänge, damit garantiert werden kann, dass eine Kollision den Sender noch erreicht, *bevor* er sein Paket komplett gesendet hat (und als „fehlerfrei übertragen" einstufen würde). Die Sendedauer für einen Frame minimaler Länge muss daher so dimensioniert sein, dass der maximale Round Trip Delay (RTD) nicht unterschritten wird – also die Zeit, die ein Datenpaket benötigt, vom Sender zum Empfänger und wieder zurück braucht.

Da es sich beim Ethernet um Bit-Übertragung handelt wird die RTD in Bitzeiten gemessen. um vom einen Ende des Netzes zum weitest entfernten anderen Ende des Netzes zu gelangen – und wieder zurück. Dadurch wird sichergestellt, dass eine Kollision, die erst kurz vor dem zweiten Sender auftritt (ungünstigster Fall), sich noch bis zum ersten Sender ausbreiten kann, bevor dieser das Senden beendet hat. Somit erkennt der Sender die Kollision, weiß dass sein Frame nicht richtig beim Empfänger ankommen konnte und sendet den Frame erneut.

Damit die Kollisionserkennung zuverlässig funktioniert, wurde eine maximal zulässige Netzwerkausdehnung und eine dazu passende minimale Framelänge (64 Byte) bei einem mit 10 Mbit/sec übertragenden Ethernet festgelegt. Sollen „zu kurze" Frames übertragen werden, müssen diese dazu nötigenfalls auf eine zulässige minimale Paketlänge wie z. B. die bekannten 64 Byte verlängert werden. Wären die Pakete zu klein, was die gleiche Wirkung wie ein zu großes Netz (zu hohe RTD) hätte, könnte es zu vom Sender unerkannten Kollisionen kommen und der gesamte Netzverkehr könnte beeinträchtigt werden. Solche Störungen sind tückisch, da Übertragungen bei niederer Netzlast oder auch bei bestimmten Paketgrößen normal funktionieren können. In die RTD gehen auch Repeater und Hubs ein, die messbare Verzögerungszeiten bewirken, jedoch keine „Mediums-Ausdehnung" haben.

Die zyklische Redundanzprüfung (CRC) ist ein Algorithmus zur Bestimmung eines Prüfwerts für Daten, um Fehler bei der Übertragung oder Speicherung erkennen zu können (Media Access Control-Adresse). Sollte die Datenmenge kleiner als 64 Byte sein, so müssen die Frames aufgefüllt werden (PAD-Feld).

Für das Standard Ethernet bei 10 Mbit/s ist eine maximale Segmentlänge von 100 m sowie 4 Repeatern erlaubt, d. h. die maximale Verbindung beträgt somit 500 m.

Bei höheren Übertragungsraten sind weniger Repeater erlaubt. Das ‚Collision Detection (CD) -Kontrollverfahren' gilt insbesondere für Halbduplexverfahren, d. h. nur eine Seite kann zu gegebener Zeit sprechen. Erst wenn die Daten übertragen sind, kann die andere Seite reagieren. Kommunizieren beide zur gleichen Zeit kommt es zu einer Kollision. Im Alltagsleben kann dies sehr schön bei Nachrichtenkorrespondenzschaltungen oder Sportsendungen beobachtet werden. Das Motto bei den Halbduplexübertragungen: ‚Immer erst aussprechen lassen'.

Heute wird die Kommunikation bei Ethernet im Vollduplexverfahren (gleichzeitiges Senden und Empfangen) durchgeführt, wodurch keine Kollisionen mehr möglich sind. Somit ist das Collision-Detection-Verfahren in der Norm IEEE 802.3 überflüssig geworden. Trotzdem blieb das historische Frame Format von 64 Byte beim Ethernet unverändert.

Beispiel

In einem Netz mit maximaler Ausdehnung (maximaler RoundTripDelay) sind die Stationen A und B die beiden am weitesten auseinanderliegenden Stationen. Das Medium ist frei und Station A beginnt mit der Übertragung. Bis Station B bemerkt, dass Station A sendet, dauert es genau eine halbe RoundTripDelay – die Zeit, welche die Signale von A nach B brauchen, um bis zur Station B zu gelangen. Hat nun auch Station B etwas zu übertragen und beginnt unmittelbar vor dem Eintreffen der Signale von Station A mit dem Senden – da aus Sicht von Station B die Leitung ja noch frei war. Knapp vor der Station B kommt es zur Datenkollision. Station B erkennt die Störung seiner Aussendung, sendet ein „JAM-Signal " und bricht das Senden ab. Bis jetzt auch Station A die Kollision bemerkt, dauert es noch eine weitere halbe RTD – die Zeit, welche die (ersten) Signale von Station B brauchen, um bis zur Station A zu gelangen. Damit Station A die Kollision bemerkt (und später eine Sendewiederholung initiieren kann), muss Station A also noch solange weiter senden, bis ausreichend Signale von Station B eingetroffen sind. Außerdem müssen alle Stationen, die das (Teil-)Paket von Station A empfangen haben, (rechtzeitig) durch das Jam Signal über die Kollision informiert werden. Daraus resultiert die Forderung, dass die minimale Sendedauer (~minimale Paketgröße) stets größer sein muss als die RTD (>doppelte maximale Signallaufzeit des Netzes).

Beispielberechnung für die maximale Länge von 2 Stationen

Um die maximale Ausdehnung zwischen zwei Stationen zu berechnen, bei der eine Kollisionserkennung noch gewährleistet ist, gilt:

$$2 * s_{max} = v * t_{Frame} \tag{8.7}$$

v: Signalgeschwindigkeit

t_{Frame}:   Sendedauer des Frames

v ist für elektromagnetische Wellen die Lichtgeschwindigkeit c. Medien bedingt kommt es zu einer Reduktion der Lichtgeschwindigkeit. Bei Koaxkabel beträgt dieser Faktor ca. 0,7

$$F_{reduktion} = 0,7 \tag{8.8}$$

Die Sendedauer t_{Frame} berechnet sich aus der Übertragungsdauer eines Bits, multipliziert mit der Anzahl der gesamtem gesendeten Bits und ist bei einem Ethernetframe 512 Bits (64 Bytes)+64 Bits (8 Byte: Präambel (7 Bytes)+SFD (1 Byte)). In Summe werden also für den kürzest möglichen Daten Strom eines Ethernetpaketes mit 72 Bytes=576 Bits übertragen.

Die Übertragungsdauer eines Bits hängt von der Bitübertragungsgeschwindigkeit v_{Bit} ab. Bei 10 Mbit/s dauert ein Bit 100 ns. Somit dauert der minimale Ethernetrahmen mit 576 Bits 57,6 μs.

$$
\begin{aligned}
2 * s_{max} &= v * t_{Frame} \\
&= F_{reduktion} * c * 576 \, Bit/v_{Bit} \\
&= 0,7 * 3 \cdot 10^8 \, m/sec * 576 \, Bit * 100 \cdot 10^{-9} sec/Bit \qquad (8.9) \\
&= 12,096 \, m \\
s_{max} &= \mathbf{6048 \, m}
\end{aligned}
$$

Die maximale Länge bei 10BASE5 beträgt 2500 m, bei 10BASE2nur 185 m. Die Kollisionserkennung ist gewährleistet.

DBASE5 [58]: Die maximale Länge bei 10BASE5 [58] beträgt 2500 m, Die Kollisionserkennung ist gewährleistet. 10BASE5 ist eines der ersten Ethernet-Netzwerke und arbeitet nur im Halbduplexmodus. 10BASE5 wird auch Thick Ethernet, Yellow Cable, Thicknet oder Thickwire genannt. Als Übertragungsmedium wird ein 10 mm dickes Koaxialkabel (RG-8) mit einer Wellenimpedanz von 50 Ω verwendet.

10BASE2 [59–61]: Die maximale Länge bei 10BASE2 beträgt 185 m. 10BASE2 wird auch Thin Ethernet, ThinWire oder Cheapernet genannt. 10BASE2 ist die Weiterentwicklung der Netzwerktechnologie 10BASE5 *(Thick Ethernet)*. Als Übertragungsmedium wurde ein dünnes, flexibles Koaxialkabel (RG-58) von ca. 6 mm Durchmesser benutzt.

Das Backoff-Verfahren bei Ethernet-Wartezeiten bei Datenkonflikten [62, 63]

Binary Exponential Backoff (BEB) ist ein Verfahren zur Auflösung von Staus in einer Ethernetverbindung. Die Definition ist gemäß IEEE 802.3. Bevor im Ethernet eine sendewillige Station zu senden beginnt, hört sie das Kabel ab, ob nicht gerade eine andere Station Datenverkehr hat. Ist das nicht der Fall, beginnt sie zu senden- Hat eine andere Station Datenverkehr, wartet die Station sie ab, bis das Kabel wieder frei ist, und beginnt dann ihre Daten zu übermitteln.

Wie bereits ausgeführt ist der CSMA/CD-Algorithmus in der Sicherungsschicht des OSI Modells zuzuordnen. Es wird von der Ethernetschnittstelle (z. B. Netzwerkkarte) durchgeführt, soweit diese im Halbduplex-Modus betrieben wird – das Netzwerk hat hier signaltechnisch eine Bus-Topologie.

Ethernet-Netze können auch in signal-technischer Weise als Stern-Topologie verschaltet sein, wobei die einzelnen Anschlüsse zu Punkt-zu-Punkt-Verbindungen werden. Hier kann die Schnittstelle in den Vollduplex-Modus umkonfiguriert werden. In diesem Fall wird das CSMA/CD abschaltet, da hier keine Kollisionen mehr auftreten können. Somit kann die Schnittstelle gleichzeitig senden und empfangen.

Es gibt auch vollkommen kollisionsfreie Übertragungsprinzipien wie das Token Passing, das z. B. bei ARCNET und Token Ring zum Einsatz kommt.

8.1.6   Funktionsweise des Address Resolution Protocol (ARP) mit Internet und Ethernet

Wie das ARP in der Sicherungsschicht (siehe Abb. 7.5) im Zusammenwirken mit Ethernet und Internet funktioniert, sei an dieser Stelle erklärt. Das ARP ist (siehe auch Abschn. 7.2.2.4), wie bereits gesagt das Protokoll, welches zu einer Netzwerk-Adresse der Internetschicht, die Hardware-Adresse der Netzzugangsschicht ermittelt:

In diesem Zusammenhang wird eine ARP-Anforderung mit der Medium Access Control (MAC) Adresse des anfragenden Computers als Sender IP-Adresse und der IP-Adresse des gesuchten Computers als Empfänger-IP-Adresse an alle lokalen Computer des lokalen Netzwerkes gesendet.

Die Empfänger MAC-Adresse ist dabei die Nachrichten Adresse ff-ff-ff-fff-ff-ff-ff$_{16}$ im Ethernet II Frame. Dadurch empfangen alle Computer im zuständigen lokalen Netzwerk diese ARP Anforderung. Die Ziel-MAC-.Adresse wird indessen mit 00-00-00-00-00-00$_{16}$ aufgefüllt um anzuzeigen, dass der Sender des ARP-Request die MAC-Adresse herausfinden will. Empfängt ein Computer ein solches Paket, checkt er, ob dieses Paket seine IP-Adresse als Empfänger-IP-Adresse (siehe Abschn. 8.2) enthält oder nicht. Wenn dem so ist, antwortet er mit dem Zurücksenden seiner MAC-Adresse und IP-Adresse (ARP-Reply) als Broadcast oder auch als Unicast. Der Empfänger trägt nach Empfang dieser Nachricht die Kombination von IP-Adresse und MAC Adresse in seine ARP-Tabelle (ARP-Cache) ein. Für den ARP Request und ARP-Replay wird das gleiche Format verwendet.

Darüber hinaus können alle Empfänger des ARP-Request die Kombination von IP- und MAC Adresse, die Abfrage des spezifischen Computers und ihre jeweiligen ARP-Tabellen eintragen. Mindestens der Empfänger mit der im ARP Request angefragten IP-Adresse sollte diese Eintragung vornehmen, da der ARP-Request die Vorbereitung für eine weitere Kommunikation auf höherer Protokollebene dienen kann, wofür dieser dann wiederum die Antworten ebenfalls die MAC Adresse erfordert.

Das ARP Paket schließt sich an den Ethernet-MAC-Header an. Das Typefeld im Frame wird auf 0×0806 (2054) gesetzt. Diese Nummer ist für das ARP Protokoll reserviert. Dadurch lassen sich ARP-Pakete von Pakten anderer Protokolle wie z. B. vom Internetprotokoll unterscheiden. Da das ARP sehr kurz ist, müssen im Ethernet II Frame in der Regel zwischen ARP und CRC zusätzliche Bytes aufgefüllt werden.

8.2   Internet- Protokoll IPv4

Um Daten über digitale Netzwerke zu einem Empfänger zu senden, bedarf es ebenso wie beim Paketversand die richtige Adresse. Beim Internet ist dies eine eindeutige IP-Adresse. Die Datenpakete werden genauso mit einer IP-Adresse versehen, wie man Pakete mit einer Postanschrift und Briefmarke auszeichnet. Anders als Postadressen sind ihre digitalen Pendants allerdings nicht an einen bestimmten Ort gebunden, sondern werden dem Netzwerkgerät beim Verbindungsaufbau automatisch oder manuell zugewiesen. Bei diesem Prozess spielt das sogenannte Internet Protocol (IP-Protokoll) eine dominante Rolle.

Das Internet oder Netz ist ein weltweiter Verbund von Rechnermetzwerken oder LAN's. Es ermöglicht die Nutzung von Internetdiensten wie WWW, E-Mail, Telnet (Teletype Network). Telnet ist der Name eines im Internet verbreiteten Netzwerkprotokolls. Es handelt sich um Client/Server-Protokoll basierend auf einem zeichenorientierten Datenaustausch. Dies geschieht in der Regel über eine TCP-Verbindung [64, 65], die wir noch genau in Abschn. 8.4 erläutern werden. Weitere Internetzanwendungen sind SSH, XMPP; MQTT und FTP.

Secure Shell oder SSH bezeichnet ein kryptographisches Netzwerkprotokoll für den sicheren Betrieb von Netzwerkdiensten über ungesicherte Netzwerke. Es ist im Anwendungslayer (Schicht 7) niedergelegt Layer 6 des OSI Modells wiederzufinden [66].

Das **Extensible Messaging and Presence Protocol (XMPP)** [67] ist ein offener Standard eines Kommunikationsprotokolles, welches von der Internet Engineering Task Force (IETF) als RFC 6120 [68], RFC 6121 [69] und RFC 6122 [70] veröffentlicht wurde. XMPP basiert auf dem XML-Standard und ermöglicht den Austausch von Daten. Es wird unter z. B. für Instant Messaging eingesetzt. Erweiterungen von XMPP stellen die von der XMPP Standards Foundation (XSF) veröffentlichten XMPP Extension Protocols dar. XMMP ist ebenfalls in der Anwendungsschicht programmiert [67].

MQTT (ursprünglich MQ Telemetry Transport [71, 72]) ist ein offenes Netzwerkprotokoll für Machine-to-Machine-Kommunikation (M2M), das die Übertragung von Telemetriedaten in Form von Nachrichten zwischen Geräten ermöglicht. Trotz teilweise hoher Verzögerungen oder beschränkter Netzwerke findet es in der Automatisierung trotzdem Anwendung. Entsprechende Geräte reichen von Sensoren und Aktoren, Mobiltelefonen, eingebetteten Systemen (embedded systems) in Fahrzeugen oder Laptops bis zu voll entwickelten Rechnern. Das Protokoll spielt in Industrie 4.0 eine wichtige Rolle in der Vernetzung von Maschinen.

Das **File Transfer Protocol (FTP)** oder Datenübertragungsprotokoll [73] ist ein Netzwerkprotokoll zur Übertragung von Daten über IP-Netzwerke. FTP ist im RFC 959 von 1985 spezifiziert und in der Anwendungsschicht (Schicht 7) des OSI-Schichtenmodells angesiedelt. Es wird benutzt, um Dateien vom Client zum Server hochzuladen, vom Server zum Client herunterzuladen oder clientgesteuert zwischen zwei Servern zu übertragen (File eXchange Protocol). Außerdem können mit FTP-Verzeichnisse angelegt sowie Verzeichnisse und Dateien umbenannt oder gelöscht werden. dem anderen Rechner verbinden, was den Grundsätzen von IoT und Industrie 4.0 entspricht und bei der Systemintegration eine wichtige Rolle spielt.

Der Datenaustausch zwischen allen Rechnern erfolgt über die Internetprotokolle, die standardisiert und normiert sind. Die Technik des gesamten Internets wird durch die **Request for Comments (RFC's)** definiert. Bei den *Requests for Comments* sind eine Reihe technischer und organisatorischer Dokumente zum Internet (ursprünglich Arpanet), die seit dem 7. April 1969 vom RFC-Editor herausgegeben werden. Verantwortlich für die RFC's zeichnet sich die Internet Engineering Task Force (IETF). Es gibt mittlerweile mehrere 1000 RFC's [74, 75].

Die Verbreitung des Internets revolutionierte die Welt der Technik privat, industriell und wie auch kommerziell und hatte wesentlichen Einfluss auf die Definition von Industrie 4.0 und IoT. Die weltweite Kommunikation hat sich grundlegend gewandelt. Die Erfindung des Internets wird auch oft mit der Erfindung des Buchdrucks verglichen!

8.2.1   Definition und Geschichte des Internet Protokolls

Definition IP (Interconnected Networks)

Das Internetprotokoll (IP) ist das primäre Protokoll der Internetprotokollfamilie und damit von elementarer Bedeutung für den Nachrichtenaustausch zwischen Computernetzwerken (LAN's, WLAN's). Das verbindungsloses Protokoll, das 1974 vom IEEE veröffentlicht und in RFC 791 (http://tools.ietf.org/html/rfc791) *im September 1981* als Standard spezifiziert wurde, soll in erster Linie den erfolgreichen Paketversand vom Absender zum Adressaten gewährleisten. Zu diesem Zweck gibt das Internet Protocol ein Format vor, das die Art der Beschreibung dieser IP-Datenpakete (IP-Datagram) definiert [76].

Man unterscheidet verbindungslose und verbindungsorientierte Paketvermittlung. Bei der verbindungslosen Paketvermittlung werden die einzelnen Pakete vom Quellcomputer in einer vorgegebenen Reihenfolge abgeschickt. Die Pakete können aber beim Zielcomputer in einer völlig anderen Reihenfolge ankommen.

Bei der verbindungsorientierten Paketvermittlung wird hingegen zuerst eine Verbindung zwischen Quell- und Zielcomputer aufgebaut; dann erst werden die Pakete versendet. In diesem Fall gehen die einzelnen Pakete gehen, in der Regel, beim Zielrechner in der gleichen Reihenfolge ein, wie sie zuvor vom Quellrechner verschickt wurden.

IPv4 kann auf vielen Medien aufsetzen wie z. B. auf seriellen Schnittstellen, PPP (Point-to-Point) [77] oder SLIP (Serial Line Internet Protocol) [78], Satelliten-Verbindungen usw. Im Local Area Network (LAN) ist heute fast immer das Ethernet im Einsatz, meistens wird der Ethernet II Frame benutzt. Deswegen konzentrieren wir uns im Folgenden auf das Ethernetprotokoll. Das Ethernet selbst verwaltet 6 Byte große eigene Adressen für jeweils Sensor und Empfänger einer Nachricht, der dem Internetprotokoll plus ein wahlweises VLAN-Tag (4 Byte) sowie ein Ethertype (2 Byte) der dem IP vorangestellt ist (siehe Abschn. 8.2.3).

Das *Point-to-Point Protocol (PPP)* ist in der Informationstechnologie ein Netzwerkprotokoll zum Verbindungsaufbau über Wählleitungen. Das Protokoll basiert auf High-Level Data Link Control (HDLC) und ist der Nachfolger von Serial Line Internet Protocol (SLIP) [78] sowie einer Reihe proprietärer Protokolle dieser Art. Es umfasst 4–5 Bytes.

Das *Serial Line Internet Protocol (SLIP)* bezeichnet ein Netzwerkprotokoll der Sicherungsschicht 2 des OSI Modells. Es wird verwendet, um eine IP-Netzwerkverbindung zwischen zwei Computern herzustellen, die über eine serielle Schnittstelle verbunden sind. Der Entwurf (RFC) zu SLIP stammt von 1988, der zu CSLIP von 1990. Heute ist SLIP in der Praxis weithin oder vollständig von PPP abgelöst.

Obwohl wir die Geschichte des Internet schon unter Abschn. 5.1 besprochen haben seien hier noch einmal die geschichtlichen Eckdaten für das Internet angegeben, um einen vollständigen Überblick bezüglich des Abschn. 8.1 zu wahren.

Das ARPANET (Advanced Research Projects Agency Network) wurde im Auftrag der US Air Force ab *1968* von einer Forschergruppe unter der Leitung des Massachusetts Institute of Technology und des US-Verteidigungsministeriums entwickelt. Es handelt sich dabei um ein Netzwerk zur Verbindung von Computern mit der Zielsetzung die Rechen-leistung von Großcomputer zu verbessern. Diese Großrechner waren mit Interface Message Processor verbunden, welche über eine Paketvermittlung die Kommunikation realisierten (siehe auch TCP/IP). Die Protokolle waren jedoch nur innerhalb den Softwareumgebungen zuverlässig, für die sie entwickelt wurden.

Vinton G. Cerf [79, 80] und Robert Kahn entwickelten 1973–1974 eine erste Version von paketvermittelnden Übertragungsdiensten, aus dem über etliche Weiterentwicklungen das heutige TCP/IP entstand (siehe Abschn. 8.4).

Die wichtigste Anwendung zu Beginn war die E-Mail. Bereits 1972 war die Datenmenge für E-Mails größer als alle anderen Datenmengen von Telnet und FTP zusammen, die über das ARPANET übertragen wurden.

1981 wurden RFC 790-RFC 793, IPv4 und TCP spezifiziert, die bis heute die wesentlichen Verbindungen im Internet sind. Nach einer zweijährigen Entwicklungszeit war dann IPv4 und TCP seit 1.1.1983 auf vielen Hosts aktiv. Mit der Umstellung des ARPANET-Protokoll auf das Internet-Protokoll begann sich der Begriff ‚Internet' einzubürgern. Die Protokollumstellung allein dauerte nach R. Kahn etwa 6 Monate. Dabei war die Verbreitung des Internets eng mit der Entwicklung von UNIX verbunden. Unix ist ein Betriebssystem für Computer. Es wurde bereits im August 1969 von Bell Laboratories zur Unterstützung der Softwareentwicklung entwickelt.

1984 wurde das DNS (Domain Name System) entwickelt [81]. DNS ist ein hierarchisch unterteiltes Bezeichnungssystem in einem IP-basierten Netzwerk zur Beantwortung von Anfragen zu Domain-Namen [82].

Die *NSC (National Science Foundation)* entschied 1990 das Internet für kommerzielle Zwecke zu nützen, wodurch es öffentlich und weltweit wurde [83].

Das *World Wide Web (WWW)* wurde von Tim Berners Lee am CERN 1989 entwickelt. Er machte es am 6.8.1991 das WWW als ein Hypertext-Dienstes über Usenet mit einem Beitrag zur Newsgroup alt.hypertext weltweit verfügbar [84].

Als Mosaic, der erste grafikfähige Webbrowser im Jahr 1993 auf den Markt kam, startete das Internet förmlich weltweit durch, vor allem auch durch seinen kostenlosen Download [85].

Durch *AOL (ehemals American Online)* und seiner Software-Suite wurden es immer mehr Anwender. Das Internet entwickelte sich zum Antreiber der Digitalen Revolution. Im Jahr 2000 waren es bereits 30 Mio. zahlende Mitglieder.

Mit immer besseren Datenraten und der Einführung von standardisierten Protokollen wurde die Internet-Infrastruktur für die Telefonie interessant. Bereits Ende 2016 nutzen in Deutschland ca. 25 Mio. Menschen *Voice-over IP-Technologie (VoIP)* [86].

Der Adressraum wurde immer knapper. Somit begann man 1995 mit der Entwicklung vom Internetprotokoll IPv6. Im Dezember 1995 wurde die erste Spezifikation von IPv6 veröffentlicht [87].

Das Internet Protocol Version 6 (IPv6), auch Internet Protocol next Generation (IPnG) genannt, ist ein von der Internet Engineering Task Force (IETF) seit 1998 standardisiertes Verfahren zur Übertragung von Daten in paketvermittelnden Rechnernetzen [88].

Das Protokoll wurde intensiv im globalen Netzwerk 6Bone [89, 90] und im deutschen JOINT-Projekt getestet.

Im Februar 2011 wies die ICANN (Internet Corporation for Assigned Names and Numbers) die letzten IPv4 Adressblöcke zu. Infolge des IPv6 Day und des World IPv6 Launch Day [91], im Juni 2011 und im Juni 2012 stieg die Zahl von Internet IPv6 Anwendungen drastisch an. Trotzdem betrug die Anzahl von IPv6 Nutzern immer noch weniger als 1 % aller Internetverbindungen (IPV4) [92].

Ab 2003 bis heute traten Social Media Plattformen wie Facebook, Twitter, Instagram und YouTube zum Austauschen von Inhalten von Nutzern in den Vordergrund. Allerdings waren diese Pattformen zentral und abgeschlossen und zwar durch Nutzung des Webbrowsers. Web 2.0 unter Internet hatte zunehmende Interaktivität bedingt durch Video- und Audioeinbindung.

Internet der Dinge oder IoT von Kevin Aston in 1999, wurde der direkte Anschluss von Maschinen, Robotern, Geräten, Feldprodukten, mobile Systeme, usw. an das Internet proklamiert. Diese Forderung ‚Anbindung dieser ‚Dinge' untereinander und des Fernzugriffs des Menschen als Bediener war der grundlegende Leitgedanke für Industrie 4,0 und der Systemintegrationsfaktor für Industrie und IoT sowie IIoT (Industrial Internet of Things).

8.2.2   Technik des Internets

Das Internet besteht aus vielen zusammengeschalteten Netzwerken (LANs). Darunter sind Intranets, die beispielsweise die Rechner einer Firma verbinden. Ebenso fallen darunter die Universitäts- und Forschungsnetzwerke. Die Backbones großer Netzwerke, die durch Router zu einem Netzwerk verbunden sind, können durch Glasfaserkabel oder Kupferkabel realisiert sein.

Es gibt viele Internetknoten. Dabei werden viele verschiedene Backbone, Router sowie Switches zusammengeschaltet. Es werden die Erreichbarinformationen als Basis von jeweils 2 Netzen vertraglich definiert. Technisch spricht man von Peering, also eine Bass von gegenseitiger Erreichbarkeit. Am DE-CIX in Frankfurt ist der größte dieser Austauschpunkte. Es sind dort mehr als hundert Netzwerke zusammengeschaltet. Die Möglichkeiten sind vielfältig, es ist jedoch sinnvoll, verschiedene Netzwerkknoten zu schaffen.

In der Regel kann ein Internetprovider nicht alle anderen Systeme erreichen. Der Internetprovider benötigt selbst wieder einen Provider, der den nicht selbst zugestellten Datenverkehr gegen Bezahlung zustellt. Dieser Vorgang ist verwand mit dem Peering. Nur er stellt den sog. Upstream- oder Transmitterprovider dem Kundenprovider alle über das Internet verfügbaren Informationen zur Verfügung, u. a. auch die Informationen, bei denen er selbst für die Zustellung bezahlen muss. Es gibt momentan neun große sogenannte Level-1 Provider (Tier-1 Provider), die den gesamten Datenverkehr auf Gegenseitigkeit an ihre Kunden zustellen können. Hierfür benötigen sie keinen Upstream-Provider.

Da das ARPANET möglichst ausfallsicher sein muss, wurde schon in der Planungs-phase kein Zentralrechner eingeplant. Diese Dezentralität wurde jedoch seitens der Politik nie eingehalten. Die Internet Corporation for Assigned Names and Numbers (ICANN) ist als die hierarchisch höchste Institution zuständig für IP-Adressbereichen. Diese Organisation reguliert weiter die DOMAIN NAME SYSTEMS (DNS) und eine dafür nötige Root-Nameninfrastruktur. Ferner legt die ICANN Parameter für die Inter-netprotokollfamilie, die eine weltweite Eindeutigkeit erfüllen muss. Diese Organisation untersteht dem US-Handelsministerium [93, 94].

Das Netzwerk Struktur und die Vielfältigkeit der einzelnen Systeme tragen zu einer niederen Fehlerrate oder hohen Ausfallsicherheit bei. Der Grund ist, dass zwischen zwei Nutzern meistens viele Wege der Übertragung bedingt durch Router vorhanden sind. Die Router laufen dabei durchaus unter verschiedenen Betriebssystemen. Dynamisch wird bei der Übertragung entscheiden welcher Router zum Einsatz kommt. D. h. zwei hinter-einander folgende Datenpakete können durchaus unterschiedliche Wege über unterschied-liche Router durchlaufen. Komplette Ausfälle des Internets treten aber bei aller durch-dachten Struktur dennoch auf, insbesondere regional können sie relativ häufig sein. Für diese Art der Fehler wurde der Begriff ,Letzte Meile' geprägt. Er stammt aus der ver-kabelten Telefonie: Als private Haushalte erstmals in großem Stile an das Telefonnetz an-geschlossen wurden, geschah dies über eine lokale Verteilerstelle. Von dieser Verteiler-stelle werden bei Hausanschlüssen die Daten vermehrt über Funk mit Kupferkabel ver-kabelt. Für dieses letzte Verbindungsstück, das einen Haushalt an die Verteilerstelle und somit an das Telefonnetz anschloss, wurde der Ausdruck „Letzte Meile" [95] geprägt. Tritt hier ein Fehler auf, war er nicht rasch behebbar. Wie gesagt, Internetausfälle sind jederzeit möglich. Auf der letzten Meile den Hausanschlüssen werden die Daten oft auf Kupferleitungen von Telefon- oder Fernsehanschlüssen und erhöht auch über Funk, mit-tels WLAN oder Mobilfunk, beginnend bei UMTS, gefolgt von LTE, 5G, etc. übertragen.

Das Universal Mobile Telecommunications System (UMTS) [96] war bis 2021 in Deutschland ein Mobilfunkstandard der dritten Generation (3G), mit dem deutlich hö-here Datenübertragungsraten, bis zu 42 Mbit/s mit HSPA+(High Speed Packet Access) [97] erreicht werden. Ansonsten wurde mit max. 84 kbit/s übertragen. Mit dem Mobil-funkstandard der zweiten Generation (2G), dem GSM-Standard konnte man bis zu 220 kbit/s bei EDGE übertragen, bei GPRS waren maximal 55 kbit/s möglich.

UMTS ist mittlerweile von den neueren Standards Long Term Evolution (LTE, 4G) und 5G abgelöst worden. In vielen Ländern wurde oder wird daher das UMTS-Netz zeit-nah abgeschaltet. In Deutschland geschah dies Ende 2021.

8.2.3 IPv4 Header und Ethernet II Frame

Das Internet ist eine Protokollfamilie, welche den Datentausch zwischen unterschiedlichen Computern und Computernetzwerken mit offenen Standards regelt. Im Internet-Protokoll wird die weltweite eindeutige Adressierung von angebundenen Rechnern festgelegt. Die

Kommunikation ist paketorientiert (siehe Abschn. 8.4-TCP). Es können im Internet Pakete bis maximal 65.000 Byte übertragen werden. Aufgrund der Einbettung des Internetprotokolls IPv4 in das Ethernetprotokoll werden jedoch Pakete von maximal 1500 Byte übertragen (siehe Abb. 8.3). Jedes IP Paket hat die die IP-Absender und IP- Zieladresse. Der Empfänger setzt die Pakete der Nutzdaten wieder in der richtigen Reihenfolge zusammen. Die Netzwerkprotokolle sind je nach Aufgabe den unterschiedlichen Schichten des OSI Modells zugeordnet. Die Protokolle der höheren Schichten (OSI Modell) werden inklusive aller Nutzdaten in den Nutzdaten niederer Schichten transportiert. Alle Protokolle und Standards des Internets sind in den RCF's festgelegt. Das Internet-Protokoll ist unabhängig von den Betriebssystemen und Netzwerktechnologien unterhalb der IP Schicht. Man kann dies mit ISO-Container vergleichen, wo die Ware per Flugzeug, Schiff, Bahn oder LKW transportiert werden kann. Das Internetprotokoll IPv4 hat LAN-Protokolle wie DECnet oder IPX verdrängt. Satt dessen wurden Appletalk, NetBIOS und NetWare entwickelt, die auf dem Internet als Anwendungen aufsetzen.

Zur Erläuterung

IPX war ein verbindungsloses, proprietäres Protokoll mit Routing-Fähigkeiten, das funktionell dem IP bzw. UDP entspricht. Das auf IPX aufbauende Protokoll SPX (Sequenced Packet Exchange) realisiert analog zum TCP der TCP/IP-Protokollfamilie die gesicherte, verbindungsorientierte Kommunikation [98].

DECnet ist eine Gruppe von Netzwerkprotokollen, welche die Firma *Digital* Equipment *Corporation (DEC)* im Jahr 1975 eingeführt hat, um ihre Minicomputer zu vernetzen, und die in ihrer Gesamtheit als DIGITAL Network Architecture (DNA) bezeichnet werden [99].

AppleTalk ist eine Gruppe von Netzwerkprotokollen. Sie wurde von Apple Computer Ende 1983 entwickelt, um einen einfachen Zugang zu gemeinsamen Ressourcen wie Dateien oder Druckern im Internet/Netz zu ermöglichen [22].

NetBIOS (**Net**work **B**asic **I**nput **O**utput **S**ystem) ist eine Programmierschnittstelle (API) zur Kommunikation zwischen zwei Programmen über ein lokales (Ethernet) Netzwerk [100].

NetWare ist ein in 1983 veröffentlichtes und seit 2010 nicht mehr weiterentwickeltes proprietäres Betriebssystem von Novell zum Bereitstellen von Dateien, Druckern und Verzeichnisdiensten in einem Rechnernetz [101].

Die Definition des IPv4 Protokolls ist in der ***RFC 791*** (Requests for Comments) und wurde im September 1981 definiert [102].

Bereits in den 90ern war erkennbar, dass die IP-Adressen des IPv4 aufgrund der klassenbasierten Netzwerkvergabe knapp wurden. Als kurzfristige Lösung zur effizienteren Addressvergabe wurde 1993 das Classless Inter-Domain Routing (CIDR) eingeführt [103]. Dabei beschreibt CIDR ein Verfahren zur besseren Nutzung des bestehenden 32-Bit-IP-Adress-Raumes für Internetprotokoll IPv4 (RFC 1518, RFC 1519).

1994 wurde das Network Address Translation (NAT) eingeführt, das die Internet-Adressen direkt wiederverwenden konnte. Das NAT ist generell eine Methode zum Zuordnen eines IP-Adressraums zu einem anderen, indem Netzwerkadressinformationen im IP-Header von Paketen geändert werden, während sie über ein Datenverkehrsroutinggerät übertragen werden [104]. In der Variante Network Address Port Translation (NAPT) ist eine gleichzeitige Mehrfachvariante von IP-Adressen möglich.Diese Maßnahmen reichten zunächst bis 2010 den knappen Addressraum einzudämmen. Dennoch wurde der Beschluss gefasst, ein neues Protokoll mit größerem Adressraum von 64 Bit zu entwickeln. Das zunächst entwickelte Protokoll TP/IX: Version 7 [105] wurde 1993 veröffentlicht. *The next Internet* (RFC 1475) war jedoch ein obsoleter Entwurf eines Nachfolgers zu IPv4.

Schließlich kam das Internetprotokoll IPv6 1995 auf den Markt, welches das TP/IX ablöste. IPv6 verwendete einen 128 Bit großen Adressraum. Einzelheiten darüber werden wir Abschn. 8.3 dazu erfahren. Doch zunächst gehen wir wieder auf das Protokoll IPv4 ein, dessen Implementierung in den Ethernet II Frame in Abb. 8.8 zeigt.

Der Internet-Header besteht gemäß Abb. 8.8 aus 20 Byte , welche die Nutzlast der Datenpakete auf 1480 Byte reduziert. Der *TCP-Header* besteht aus weiteren 20 Byte (siehe Abschn. 8.4.2) was die Nutzdaten weiter auf 1460 Byte reduziert.

Im Folgenden wird das Internetprotokoll IPv4 und das *DNS (Domain Name System)* erläutert.

Das Internet Protokoll sorgt dafür, dass jedem Datenpaket die wichtigen strukturgebenden Eigenschaften in der Kopfzeile vorangestellt werden und dem entsprechenden Transportprotokoll wie dem TCP zugeordnet werden. Der Header wurde für IPv6 grundlegend überarbeitet, weshalb IPv4 und IPv6 nicht zueinander kompatibel sind.

Der 20-Byte große IPv4 Header ist in Abb. 8.9 näher aufgeschlüsselt,

Der Header ist in jeweils 32 Bit Blöcke oder 4 Byte Blöcke unterteilt. Dort sind Angaben zu Servicetypen, Paketlänge, Sender- und Empfängeradresse abgelegt. Ein IP Paket muss mindestens 20 Byte Header und 8 Byte Nutzdaten bzw. Nutz- und Fülldaten enthalten. Die Gesamtlänge eines IP Pakets darf 65.535 Byte nicht überschreiten.

Jeder IPv4 Header beginnt mit einer 4 Bit langen Angabe der Versionsnummer. Des Internetprotokolls, IPv4 oder IPv6. Die nächsten 4 Bit beinhalten Informationen über die Länge der Kopfzeile (IP-Header-Länge), da diese nicht konstant ist.

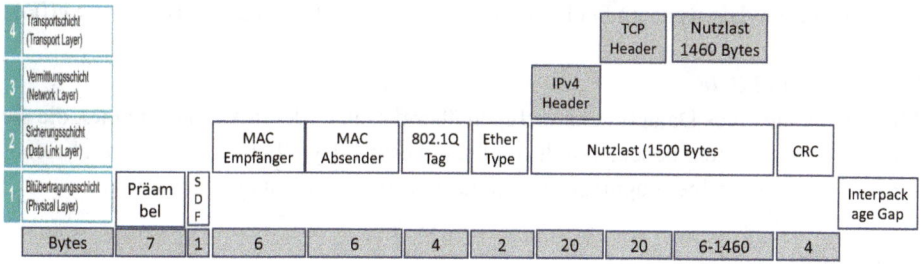

Abb. 8.8 Das Internetprotokoll IPv4 und TCP (siehe Abschn. 8.4.2) im Ethernet II Frame

Version	Kopf länge	Type of Service	Paket Gesamtlänge	Identifikation	Flags	Fragment Abstand	TTL Lebensdauer	Protokoll	Header Prüfsumme	Quelladresse	Zieladresse	Optionen
0,5 Byte	0,5 Byte	1 Byte	2 Byte	2 Byte	3 Bits	13 Bits	1 Byte	1 Byte	2 Byte	4 Bytes	4 Bytes	4 Bytes

IPv4	Bits	Byte	Erklärung
Version	4	0,5	Interprotokoll ist codiert Ipv4 oder IPv6
IHL	4	0,5	Header Länge in 32 Bit Blöcken: 5x32 bis 15x32 --> IHL = 1111
Type of Service	8	1	legt Qualität v. Service fest--> Prio von 3 Bit, Eigenschaft Übertrag. von 5 Bit
Gesamtlänge (Paket)	16	2	Enthält die Gesamtlänge des IP Paketes abzüglich der IHL sind Nutzdaten
Identification/Kennung	16	2	Der Wert wird für die Nummerierung der Datenpaket verwendet
Flags	3		Zerlegung der IP-Pakete und Verpackung--> Fragmentierung
Fragment Abstand	13	2	Ein Datagramm kann maximal in 2^{13} = 8192 Fragmente zerlegt werden; Info an Host an welche Stelle ein Fragment gehört
Lebensdauer TTL	8	1	Das Paket kann maximal 2^8= 255 sec bestehen
Protokoll	8	1	Zuweisung des Datenpaketes zum Transportprotokoll; 6-->TCP, 17--> UDP
Header Prüfsumme	16	2	Sichert die Korrektheit des IP Headers, nicht aber die der Nutzdaten
Quelladresse	32	4	Station des Senders, wo das Paket abgesendet wird
Zieladresse	32	4	Station des Empfängers für die das IP Paket bestimmt ist
Optionen	32	4	optional z.B für Diagnose
Summe Bits/ Bytes	**160**	**20**	
Summe Bytes mit Optionen	**192**	**24**	

Abb. 8.9   IPv4 Header eines Datagram im Detail

Die Gesamtlänge errechnet sich dabei immer aus diesem Wert multipliziert mit 4 Byte oder 32 Bit. Der kleinstmögliche Wert 5 steht also für eine Header Länge von

$$5 \times 32\,\text{Bit} = 160\,\text{Bit} = 20\,\text{Byte}$$

Für diesen Fall sind keine Optionen hinzugefügt. Das Maximum ist der Wert 15 bzw. 480 Bit oder 60 Byte.

Die Bit 8–15 (*Type of Service*) können Anweisungen zur Priorität und zur Behandlung des Datagrams beinhalten. In diesem Fall kann der Host-Rechner angeben, wie wichtig ihm die Punkte Zuverlässigkeit, Durchsatz und Verzögerung bei der Datenübertragung sind.

Die Gesamtlänge 16 Bit oder 2 Byte gibt an, wie groß das Datenpaket insgesamt ist, Da das Feld 16 Bit groß ist, liegt die maximale Größe bei $2^{16} - 1 = 65.635$ Byte (RCF 791). Ferner ist festgelegt, dass jeder Host-Rechner in der Lage sein, muss mindestens 576 Byte (4608 Bit) zu verarbeiten.

Ein IP-Datagram kann auf dem Weg zum Ziel-Host-Rechner von Routern und anderen Geräten beliebig fragmentiert werden, wobei die Fragmente jedoch nicht kleiner als 576 Byte sein dürfen. Die weiteren Felder des IPv4 Protokoll haben folgende Bedeutung [106]:

Identifikation (2 Byte)

Alle Fragmente eines Datagramms verfügen über dieselbe Identifikationsnummer, die sie vom Absender erhalten haben. Durch Abgleich dieses 2-Byte Feldes kann der Ziel-Rechner (Ziel-Host) einzelne Fragmente einem ganz bestimmten Datagram zuweisen.

Flags (3 Bit)

Jeder IP-Header enthält 3 Flag-Bits, die Informationen und Richtlinien zur Fragmentierung enthalten. Das erste Bit ist dabei fest reserviert und hat immer den Wert 0. Das zweite Bit namens *„Don't Fragment"* verrät, ob das Paket fragmentiert werden darf

(Bit = 0) oder nicht (Bit = 1). Das letzte, *„More Fragments"*-Bit gibt darüber Aufschluss, ob weitere Fragmente folgen (Bit = 1) oder ob das Paket vollständig oder mit dem aktuellen Fragment abgeschlossen ist (Bit = 0).

Fragment-Versatz (13 Bit)

Das Feld informiert den Zielhost darüber, an welche Stelle ein einzelnes Fragment gehört, sodass dieser Host das gesamte Datagramm wieder problemlos zusammensetzen kann. Die Länge von 13 Bit bedeutet, dass ein Datagramm maximal in $2^{13} = 8192$ Fragmente zerteilt werden darf.

Lebensdauer (Time to Live, TTL) (1 Byte) in sec

Damit ein Paket im Netzwerk nicht unendlich lang von Knoten zu Knoten wandert, wird es beim Verschicken mit der Time to Live versehen, d. h. mit einer maximalen Lebensdauer. Der RFC-Standard sieht für dieses 8 Bit Feld die Einheit Sekunden vor, die maximale Lebensdauer beträgt $2^8 = 255$ s. Für jeden passierten Netzwerkknoten (z. B. Router) wird die TTL um 1 verringert. Wird der Wert 0 erreicht, wird das Datenpaket automatisch gelöscht.

Protokoll (1 Byte)

Das Protokoll-Feld (1 Byte = 8 Bit) weist dem Datenpaket das jeweilige Transportprotokoll zu – beispielsweise stehen der Wert 6 für TCP oder der Wert 17 für das UDP-Protokoll. Beide Protokolle werden wir im nächsten Abschnitt noch detailliert kennenlernen. Die offizielle Liste aller möglichen Protokolle wird seit 2002 von der IANA (*Internet Assigned Numbers Authority*) [108] geführt und gepflegt.

Header-Prüfsumme (2 Byte)

Das 2 Byte (16 Bit) Feld ist die Prüfsumme für den Header. Dieses Checkup-Feld muss, aufgrund der schwindenden TTL pro Zwischenhalt, bei jedem Netzwerkknoten neu berechnet werden. Die Korrektheit der Nutzdaten wird aus Gründen der Effizienz nicht verifiziert.

Quell- und Zieladresse (4 Byte)

Je 4 Byte sind für die zugewiesene IP-Adresse von Ausgangs- und Zielhost reserviert. Geschrieben werden diese IP-Adressen üblicherweise in Form von 4 durch Punkte getrennten Dezimalzahlen. Die niedrigste Adresse ist dabei 0.0.0.0, die höchste 255.255.255.255 (siehe unten Abschnitt Adressvergabe).

Optionen/Padding (bis 40 Byte)

Das Optionen-Feld erweitert das IP-Protokoll um Zusatzinformationen, die im Standarddesign nicht gezogen werden. Da es sich hierbei lediglich um optionale Ergänzungen handelt, hat das Feld eine variable Länge, die allein durch die maximale Header-Länge begrenzt ist. Mögliche Optionen sind „Security",d. h. wie geheim ein Datagram ist.

„Record-Route" weist alle passierten Netzwerkknoten an, ihre IP-Adresse anzuhängen, um die Paket-Route nachvollziehen zu können. Der „Time Stamp" fügt zusätzlich den Zeitpunkt hinzu, zu dem ein bestimmter Knoten passiert wurde. Das Optionsfeld des IP-Headers enthält u. a. Informationen zu Routing-, Debugging-, Statistik- und Sicherheitsfunktionen. Dieses Feld ist optional und kann bis zu 40 Byte lang sein. Es ist immer in 32 Bit aufgeteilt und wird bei Bedarf mit Nullen aufgefüllt. Das Optionsfeld wird meistens zu Diagnosezwecken verwendet.

8.2.4   Internet-Protokoll IPV4 und Adressvergabe

Damit ein bestimmter Computer angesprochen werden kann, identifiziert ihn das Internetprotokoll mit einer eindeutigen IP-Addresse. Beim IPv4 Internetprotokoll ist dies ein 32 Bit (4 Byte)-Format, welches Dezimalzahlen *viermal* im Bereich von 0 bis 255 durch einen Punkt getrennt angibt wie z. B.:

190.250.100.200.

Es können in einem Netz maximal $2^{32} = 4.294.967.296$ Adressen vergeben werden.
Ein- und zweistellige Adressen dürfen nicht mit einer vorangestellten 0 begonnen werden um ein gleichförmiges Längenformat zu realisieren. Jede 2 Byte Adresse hat 8 Bit und somit den Wertebereich 0...255.

Vorab: Die IPv6 Version hat 128 Bit (16 Byte), die als 8 getrennte Blöcke aus je 4 hexadezimalen Ziffern angegeben werden, die jeweils durch einen Doppelpunkt getrennt sind, wie z. B.

1011:0360:6233:7a3b:1419: 0cb6:07b4:5a4b.

Die IP-Adresse teilt sich auf in den Netzanteil und den Hostanteil, wobei der Hostanteil nur *ein* Host innerhalb eines Teilnetzes sein darf.
Der Begriff Host bezeichnet einen Dienstrechner, der Teil eines Rechnernetzes ist.

Dieser Dienstrechner besitzt ein Betriebssystem und bedient Clients und Server. D. h. ein Host erbringt Dienstleistungen für andere Systeme und läuft in der Regel permanent.

Im Internet ist auch häufig die Bezeichnung „Online-Host" zu finden. Hierbei handelt es sich um einen Anbieter von meist kostenpflichtigen Fachdatenbanken und Fachinformationen im Internet. Auch diese Form von Hosts bestehen aus einem Rechenzentrum oder einem Rechnerverbund [109].

Das Protokoll IPv4 unterscheidet nicht zwischen Hosts (Endgeräte) und Routern (Vermittlungsgeräte). Jeder Computer kann gleichzeitig ein Endpunkt und/oder ein Router sein. Ein Router verbindet verschiedene Netze. Das Internet ist die Gesamtheit aller über Router verbundenen Netzwerke.

Das Internet IPv4 ist für alle LANs und WANs geeignet. Ein vom Sender gesendetes Datenpaket kann verschiedene Netzwerke zum Empfänger durchlaufen, wobei die Netzwerke durch Router verbunden sind. Durch Routingtabellen wird der Netzteil einem Zielnetzwerk zugeordnet. Jeder Router pflegt seine Routingtabellen individuell. Routingtabellen können statistisch oder dynamisch über sog. Routingprotokolle bearbeitet werden. Die Routingprotokolle dürfen auf dem Internet aufsetzen.

8.2.5   CIDR Classless Inter-Domain Routing

Das Classless Inter-Domain Routing (CIDR) ist ein Verfahren zur effizienteren Nutzung des bestehenden 32-Bit-IP-Adress-Raumes für IPv4. Es wurde 1993 eingeführt und ist definiert in RFC 1518 [110], RFC 1519 [111] und RFC 4632 [112], um die Größe von Routingtabellen zu reduzieren und um die verfügbaren Adressbereiche besser auszunutzen.

Mit CIDR entfällt die feste Zuordnung einer IPv4-Adresse zu einer Netzklasse, welche aus den ersten beiden Bits des ersten Byte die Präfixlänge der jeweiligen Netzklasse hervorging. Die Präfixlänge ist mit CIDR frei wählbar und muss deshalb beim Aufschreiben eines IP-Subnetzes mit angegeben werden. Dazu verwendet man häufig eine Netzmaske.

Bei CIDR führte man als neue Notation ein sogenanntes Suffix ein. Das Suffix gibt die Anzahl der 1 Bits in der Netzmaske an.

Die genaue Aufteilung zwischen Netz- und Hostanteil wird durch die sogenannte Subnetzmaske definiert. Die ersten 24 Bit waren ursprünglich für das Netzwerk reserviert. Die letzten 8 Bit waren für die Anzahl der Hosts reserviert.

Die Netze nach obiger Definition waren Klasse C [113] zugeteilt und hatten nur ein Oktett übrig für die Reservierung von Hosts. Somit konnten nur 254 (1-254, da 0 und 255 immer reserviert sind) Hosts beinhalten.

Die ursprüngliche Klasseneinteilung A-E erwies sich nicht als praktikabel [113]. Für viele Unternehmen ist ein Netz mit nur 254 Teilnehmern viel zu klein, aber viele tausend Hosts benötigen nur die wenigsten Netzwerke. Dies führte schließlich zu einer großen Verschwendung, da Unternehmen zwangsläufig ungenutzte Adressen vereinnahmten. Um die Bedürfnisse der Internetnutzer besser erfüllen zu können, wurde entschieden die Netzgrößen flexibler zu gestalten, die Routingtabellen in Internetroutern zu verkleinern und die Abnahme der verfügbaren IP-Adressen zu verlangsamen.

Routingtabellen liegen in einem Router und helfen den Weg zur richtigen Zieladresse zu finden. Vom Ursprung bis zum Ziel durchlaufen Datenpakete viele Knotenpunkte: Damit Router also erkennen, wie der optimale Pfad durch das Netz aussieht, wird eine entsprechende Tabelle mit Informationen gefüttert. Die Größe der Datei wächst exponentiell, wenn für jegliches mögliche Ziel ein Weg eingeführt werden muss. Da CIDR Adressen (Classless Inter Domain Routing) zu Blöcken zusammenstellt werden, müssen nicht mehr so viele Informationen in den Routingtabellen gespeichert werden. D. h.es werden also mehrere Adressen zu einer Route zusammengefasst [113]. Das Classless Inter-Domain Routing oder CDIR funktioniert also auf der Basis von Subnetzwerken.

Um eine CIDR Adresse zu bekommen, wird eine Maske über die IP-Adresse gelegt und erzeugt so ein dem Internet untergeordnetes Teilnetz. Die *Subnetzmaske* signalisiert dem Router, welcher Teil der IP-Adresse den Hosts zugeordnet ist, welches die einzelnen Teilnehmern des Netzes sind und welcher Teil das Netz bestimmt.

Statt eine Subnetzmaske hinzuzufügen, kann man eine Spezifikation durch das Classless Inter Domain Routing (CIDR) aber auch in Form von Suffixen direkt in die IP-Adresse integrieren. Das verkürzt zunächst die Darstellung. Darüber hinaus ermöglicht CIDR, neben Subnetzen auch sehr viel größerer Netzwerke (Supernetzwerke oder Supernetting) zu generieren.

Das bedeutet im Detail, dass man nicht nur ein Netz genauer unterteilen, sondern auch mehrere Netze zusammenfassen kann. Darüber hinaus gibt es auch das sogenannte ‚Supernetting' oder ‚Supernetzwerke'.

Supernetting oder Supernetzwerke

Supernetting ist für ein Unternehmen wichtig, das mehrere Standorte hat, aber alle Rechner im gleichen Netz behandeln möchte. Durch Supernetting lassen sich mehrere Netze zu einer Route zusammenfassen, weshalb die Technik auch Route Aggregation [113] (also Gruppierung von Routern) genannt wird. Das bedeutet, dass Datenpakete nur zu einem Ziel gesendet werden – unabhängig davon, an welchem Standort die Hosts sitzen. Ein wichtiger Bestandteil von CIDR ist die Variabel Length Subnet Mask (VLSM), die Subnetze mit variabler Länge ermöglicht.

Anhand der IP-Adresse ließ sich früher ablesen, zu welcher Klasse sie gehörte. So lagen die Klasse-C-Netze zum Beispiel im Adressraum gemäß Tab. 8.4 zwischen 192.0.0.0 bis 223.255.255.255. Eine Subnetzmaske – zum Beispiel 255.255.255.0 – legt sich wie eine Schablone über die IP-Adresse und bestimmt die Hosts. Im CIDR-Format steckt diese Information als Suffix in der IP-Adresse selbst. Das grundlegende Prinzip bleibt aber das gleiche: Das Suffix gibt an, welche Bits der IP-Adresse die Network-ID darstellen und damit auch automatisch, welche Bits den Bereich der Host-ID ausmachen. Zum Verständnis ist es sinnvoll, eine Subnetzmaske in ihrer binären Form zu betrachten:

255.255.255.0 ≙ 11111111 11111111 11111111 00000000

In der CIDR-Notation wäre also diese (Klasse-C-) Subnetzmaske/24, da die ersten 24 Bits den Netzteil der IP-Adresse bestimmen. Und es ist eben möglich, Bytes nicht nur komplett mit Einsen oder Nullen zu füllen, sondern mittels *Variable Length of Subnet Mask (VLSM)* auch *flexiblere Subnetze* zu erstellen. So entspricht zum Beispiel die Maske/25 dem binären Wert.

11111111 11111111 11111111 10000000

Tab. 8.4 Zuordnung der CIDR Subnetzmasken [110]

CDIR/ Suffix	Subnetzwerk (dezimal)	Nutzbare Hostadressen	Subnetzwerk (binär)	verfügbare Addressen	
/0	0.0.0.0	Adressbereiche	00000000.00000000.00000000.00000000	4294967296	2^{32}
/1	128.0.0.0	der Größe /0 bis /7	10000000.00000000.00000000.00000000	2147483648	2^{31}
/2	192.0.0.0	werden in der Praxis	11000000.00000000.00000000.00000000	1073741824	2^{30}
/3	224.0.0.0	nicht als einzelnes	11100000.00000000.00000000.00000000	536870912	2^{29}
/4	240.0.0.0	Subnetzwerk	11110000.00000000.00000000.00000000	268435456	2^{28}
/5	248.0.0.0	unterteilt	11111000.00000000.00000000.00000000	134217728	2^{27}
/6	252.0.0.0	Hosts-2 (Broadcast +	11111100.00000000.00000000.00000000	67108864	2^{26}
/7	254.0.0.0	Netzwerk abziehen)	11111110.00000000.00000000.00000000	33554432	2^{25}
/8	255.0.0.0	16.777.214	11111111.00000000.00000000.00000000	16777216	2^{24}
/9	255.128.0.0	8.388.606	11111100.10000000.00000000.00000000	8388608	2^{23}
/10	255.192.0.0	4.194.302	11111100.11000000.00000000.00000000	4194304	2^{22}
/11	255.224.0.0	2.097.152	11111111.11100000.00000000.00000000	2097152	2^{21}
/12	255.240.0.0	1.048.574	11111111.11110000.00000000.00000000	1048576	2^{20}
/13	255.248.0.0	524.286	11111111.11111100.00000000.00000000	524288	2^{19}
/14	255.252.0.0	262.142	11111111.11111100.00000000.00000000	262144	2^{18}
/15	255.254.0.0	131.070	11111111.11111110.00000000.00000000	131072	2^{17}
/16	255.255.0.0	65.534	11111111.11111111.00000000.00000000	65536	2^{16}
/17	255.255.192.0	32.766	11111111.11111111.10000000.00000000	32768	2^{15}
/18	255.255.224.0	16.382	11111111.11111111.11000000.00000000	16384	2^{14}
/19	255.255.240.0	8.190	11111111.11111111.11100000.00000000	8192	2^{13}
/20	255.255.248.0	4.094	11111111.11111111.11110000.00000000	4096	2^{12}
/21	255.255.252.0	2.046	11111111.11111111.11111000.00000000	2048	2^{11}
/22	255.255.254.0	1.022	11111111.11111111.11111100.00000000	1024	2^{10}
/23	255.255.254.0	510	11111111.11111111.11111110.00000000	512	2^{9}
/24	255.255.255.0	254	11111111.11111111.11111111.00000000	256	2^{8}
/25	255.255.255.128	126	11111111.11111111.11111111.10000000	128	2^{7}
/26	255.255.255.192	62	11111111.11111111.11111111.11000000	64	2^{6}
/27	255.255.255.224	30	11111111.11111111.11111111.11100000	32	2^{5}
/28	255.255.255.240	14	11111111.11111111.11111111.11110000	16	2^{4}
/29	255.255.255.248	6	11111111.11111111.11111111.11111000	8	2^{3}
/30	255.255.255.252	2	11111111.11111111.11111111.11111100	4	2^{2}
/31	255.255.255.254	0	11111111.11111111.11111111.11111110	2	2^{1}
/32	255.255.255.255	0	11111111.11111111.11111111.11111111	1	2^{0}

/31-Netze enthalten keine nutzbaren Host-Adressen
/31-Netze werden nach RFC 3021 für Point-to Point Verbindungen benutzt
  CISCO implementierte diese Art der Verbindung.
  Unter bestimmten Bedingungen ist es möglich , die Netz-und Broadcastaddresse
  für Hosts zu verwenden
/32 addressiert kein Subnetz sondern immer einen einzelnen Host

und dieser wiederum (in der Dotted-Decimal-Notation) 255.255.255.128; d. h. es werden 25 Bits für die Netzwerkadressen verwendet.

Im Folgenden wird die Funktionsweise des CDIR noch etwas näher betrachtet [107]: Hierfür zeigt Tab. 8.4 die Zuordnung der CIDR-Subnetzmasken.

Beispielsweise lautet die CDIR-Notation 192.0.0.0/**2**. in der binären Schreibweise.

11000000.00000000.00000000.00000000

und ist das zugehörige binäre Subnetzwerk.

Das/**2** gibt an wieviel Subnetzwerke im Netzwerk zur Verfügung stehen oder anders ausgedrückt, dass nur die ersten beiden Bits zum Netzwerkteil gerechnet werden. Die restlichen Bit sind den Hosts vorbehalten.

Eine IPv4-Addresse besteht wie gesagt aus 32 Bit. Deshalb liegen wie in Tab. 8.4 ersichtlich auch die möglichen Suffixe der CIDR-Notation von 0 bis 32.

Da die Regel ist, Gemeinsamkeiten für Subnetzwerke zu schaffen, liegt z. B. 204.104.5.1/24 im gleichen Netzwerk wie 204.104.5.6/24. Da 24 Bit zum Netzwerkteil gezählt werden, müssen auf jeden Fall 204.104.5 gleich sein, um zum gleichen Netzwerk zu zählen. Die übrigen Bit sind für die Hosts reserviert. Die im CIDR-Format Anzahl der Bit nach dem ‚/' gibt von links nach rechts die Anzahl der Stellen an die zum Netzwerkteil der IP-Adresse gehören.

Anhand der IP-Adresse lässt sich also ablesen, zu welcher Klasse A-E die Netzwerke gehörten. So liegen die Klasse-C-Netze zum Beispiel im Adressraum/24. (Klasse C). Die Klasse B Netzwerke liegen im Adressraum/16,

Eine Subnetzmaske – zum Beispiel 255.255.255.0 – legt sich wie eine Schablone über die IP-Adresse und bestimmt die Hosts. Im CIDR-Format steckt diese Information als Suffix in der IP-Adresse selbst. Das grundlegende Prinzip bleibt aber das gleiche: Das Suffix gibt an, welche Stellen (Bits) der IP-Adresse die Netzwerk-ID darstellen und damit auch automatisch, welche Bits den Bereich der Host-ID ausmachen, das bedeutet:

255.255.255.0 ≙ 11111111 11111111 11111111 00000000

Diese Nummern sind quasi das automatische Telefonbuch für den Computer zur Verwaltung des Domain Name System (DNS).

Beispiel zu einer 24 Bit-Netzwerkes Ermittlung der Netzwerkgrößen
Die ***Subnetmaske*** ist 11111111.11111111.11111111.00000000 (255.255.255.0)
Der ***Besitzer*** definiert nun den Netzteil auf 192.168.0:
Der Netzwerkteil in binärer Form lautet somit:
Netzteil in binärer Form: 11000000.10101000.00000000
Daraus folgt für die Addressverteilung:

Netzname	= 11000000.10101000.00000000.00000000 (192.168.0.0)
Erste Addresse	= 11000000.10101000.00000000.00000001 (192.168.0.1)
Letzte Adresse	= 11000000.10101000.00000000.11111110 (192.168.0.254)
Broadcast	= 11000000.10101000.00000000.11111111 (192,168.0.255)

Anzahl der zu vergebenden Addressen: $2^8 - 2 = 254$

Beispiel einer 21 Bit-Netzwerkes Ermittlung der Netzwerkgrößen

Die **Subnetmaske** ist 11111111.11111111.11111000.00000000/11 (255.255.255.0),

d. h. die 5 höchstwertigsten Bits gehören zum Netzteil, 11 Bits sind für Hosts reserviert.

Der **Besitzer** definiert nun den Netzteil auf 192.168.120.

Der *Netzteil* in binärer Form lautet: 11000000.10101000.01111000.00000000

Daraus folgt für die Adressverteilung:

Netzname	= 11000000.10101000.01111000.00000000 (192.168.120.0)
Erste Addresse	= 11000000.10101000.01111000.00000001 (192.168.120.1)
Letzte Adresse	= 11000000.10101000.01111111.11111110 (192.168.127.254)
Broadcast	= 11000000.10101000. 01111111.11111111 (192,168.127.255)

Anzahl der zu vergebenden Adressen: $2^{11} - 2 = 2046$

An dieser Stelle noch einige weitere Bemerkungen zur speziellen Berechnung der CIDR-Notation für Subnetzwerke und Supernetzwerke:

Beispiel Subnetzwerke und Suffix

Zur Bildung von Subnetzwerken darf man nicht einfach das gleiche Suffix an die IP-Adresse anhängen. Dazu muss man verstehen, was bei der binären Umrechnung geschieht. So gehören 192.160.170.5/30 und 192.160.170.9/30 nicht zum selben Netz. Der Grund hierfür ist erkennbar, wenn man beide Adressen und die entsprechende Subnetzmaske entsprechend Tab. 8.5 in binärer Form darstellt.

Es muss zwischen der IP-Adresse in binärer Form und der Subnetzwerkmaske (Suffix 30) in binärer Form eine logische UND-Verknüpfung durchgeführt werden, d. h. nur wenn an derselben Stelle ein 1 steht, wird diese auch in die binäre Netzwerkmaske übernommen.

Beide Adressen liegen also *nicht* im gleichen Netz!

Im Falle, dass die zweite Adresse 192.160.200.6/30 wäre, liegt sie im gleichen Netz.

Beispiel: IP-Adressen im Netzwerk bei vorgegebener Anzahl von Host

Berechnung der verfügbaren IP-Adressen in Abhängigkeit von der Anzahl von Hosts:

Ein Unternehmen möchte 2000 Hosts einem Netzwerk installieren. Die CIDR-Maske aus Tab. 8.4 weist auf, das wir für 2000 Hosts 11 Bit benötigen: $2^{11} = 2048$.

Es ist zu berücksichtigen, dass wiederum zwei Adressen für Broadcast und Netzwerkadresse zu subtrahieren sind. Also hat das Subnetzwerk den Suffix 21 oder/21.

Die vom Internetanbieter vergebene Nummer lautet z. B. 214.108.172.170

Gemäß Tab. 8.6 lautet die Netz-ID 214.160.168.0/21. Man hat nun zwischen dieser Adresse und der Broadcast Adresse 2046 IP-Adressen zur Verfügung. Die höchste IP-Adresse ist demnach 214.160.175.255/21.

Es sei an dieser Stelle erwähnt, dass es im Internet einige Online Rechner gibt, die den Bereich der Hostadressen ausgeben. Die Subnetzgrößen müssen jedoch immer noch selbst ermittelt werden.

Beispiel: Bildung von Supernetzwerken

Als nächstes sei ein Beispiel zu Supernetzwerken gegeben:

Ein Unternehmen hat drei Standorte und damit drei Netze und die entsprechenden Router. Es lohnt sich daraus ein Supernetzwerk zu machen. Die einzelnen Netzwerke haben hierzu die IP-Adressen 192.168.43.0, 192.168.44.0 und 192.168.45.0.

Diese Adressen der einzelnen Netzwerke werden gemäß Tab. 8.7 in binärer Form geschrieben. Es werden nun genau die Stellen übernommen, welche *alle* drei Netzwerke gemeinsam haben, die anderen werden zu 0 gesetzt.

Tab. 8.5 Ermittlung der Netz-ID bei Subnetzwerke und Suffix

IP Adresse dezimal	192	160	200	5
IP Adresse binär	11000000	10100000	11001000	00000101
Suffix /30	11111111	11111111	11111111	11111100
Net-Idm binär	11000000	10100000	11001000	00000100
	192	160	200	4

Die Netz-ID ergibt sich durch UND-Verküpfung von Binärer ID
Adresse und Subnetzwerkmaske

IP Adresse dezimal	192	160	200	9
IP Adresse binär	11000000	10100000	11001000	00001001
Suffix /30	11111111	11111111	11111111	11111100
Net-Id binär	11000000	10100000	11001000	00001000
Netz-ID dezimal	192	160	200	8

Tab. 8.6 Host- und Netzwerkanteil- Berechnung -UND-Verknüpfung

IP Adresse dezimal	214	108	171	170
IP Adresse binär	11010110	1101100	10101011	10101010
Suffix /21	11111111	11111111	11111000	00000000
Net-Idm binär	11010110	10100000	10101000	00000000
	214	160	168	0

Tab. 8.7 Supernetzwerkbildung

IP 1	192	168	43	0
	11000000	10101000	00101011	00000000
IP 2	192	168	44	0
	11000000	10101000	00101100	00000000
IP 3	192	168	45	0
	11000000	10101000	00101101	00000000
Supernet	192	168	40	0
	11000000	10101000	00101000	00000000

Es ergibt sich somit für das Supernetzwerk die ID 192.168.40.0. Für die Ermittlung der Bit der Schutzmaske, zählt man die Bit, die zur neuen IP-Adresse führt. Dies sind in diesem Beispiel 21 Bit. Folglich lautet die komplette Netz-ID 192.168.40.0/21.

Zusammenfassendes Beispiel für Netz-ID

Tab. 8.8 zeigt die Zusammenhänge in Kurzform.

Die IPv4-Adresse lautet 12.44.8.67/28, d. h. es stehen 4 Bit für die Adressen zur Verfügung. D. h. es sind 16 Internetadressen abzüglich Broadcast- und Netzwerkadresse = 14 IPv4 Internetadressen zu vergeben.

Seit der Einführung von CIDR ist das Classful Routing abgeschafft. Ein /24 Netz als Klasse C zu bezeichnen ist jedoch erhalten blieben. Dies ist in der Zwischenzeit aber falsch, da ehemalige Klasse A oder Klasse B Netze als kleinere Allokationen zugeteilt werden und man ggf. von einem Klasse C-großen spricht, obwohl es nach klassischer Notation eine Subnet eines Klasse C-Netzwerk oder Klasse B-Netzwerk ist.

8.3   Internet Protokoll IPv6

Nach der eingehenden Besprechung des Internetprotokolls IPv4 beschäftigen wir uns in diesem Abschnitt mit dem Internet IPv6 Protokoll.

Tab. 8.8 Zusammenfassendes Beispiel für die Netz-ID

Beschreibung	Berechnung im Dualsystem	Dezimale Darstellung der Adressen	Binäre Darstellung der Adressen
IPv4 Adresse	Vorgegeben und Ausgangssituation	12.44.8.67/28	00001100.00101100. 00001000.01000011
Netzmaske	Vorgegeben und Ausgangssituation	255.255.255.240	11111111.11111111.11111111.11110000
Negierte Netzmaske			00000000.00000000.00000000.00001111
Direkte Broadcast- Adresse	ODER-Verknüpfungvon IPv4 Adresse und negierter Netzmaske	12.44.8.79	00001100.00101100.00001000.01001111
Netzadresse (Netz ID)	UND-Verknüpfung der IPv4 Adresse mit Netzmaske	12.44.8.64	00001100.00101100.00001000.01000000
Position im Netz(HOST ID)	UND-Verknüpfung der IPv4 Adresse mit negierter Netzmaske	3	00000000.00000000.000000000.00000011

Adressbereich	12.44.8.64-12.44.8.79	da die erste und letzte Adresse in dem Adressbereich , jeweils für die Netz- und Broadcast Adresse reserveirt sind und kein Host angeschlossen werden kann.
IPv4 Adressen für Endgeräte	12.44.8.65- 12.44.8.78	

Die neuste Version des Internetprotokolls ist die Version IPv6. IPv6 ist ein Kommunikationsprotokoll, das ein Identifikations- und Ortungssystem für Computer in übergreifenden Netzwerken bereitstellt und den Datenverkehr über das Internet via Routern und Computern weiterleitet.

Mit der Hilfe von IPv6-Adressen werden Webseiten aufgerufen und verschiedenste Geräte miteinander vernetzt.

Bis zur Einführung von IPv6 kam ausschließlich der ältere Standard IPv4 zum Einsatz. Die klassischen IPv4-Adressen haben das folgende Format: 192.168.0.254.

Durch dieses Zahlenformat können rund 4,3 Mrd. verschiedene Adressen entstehen. Erhält jede Webseite und jedes Gerät auf der Welt jedoch eine eigene IP-Adresse, kann es irgendwann zu Doppelungen und somit auch zu Fehlern kommen.

Hier liegt der größte Vorteil von IPv6. Durch den neuen Standard sind $2^{128} = 3,4 * 10^{38}$ (340 Sextillionen) verschiedene IP-Adressen möglich. Das bedeutet gegenüber dem IPv4 Protokoll eine Vergrößerung um den Faktor 2^{96} ($\approx 7,9 \cdot 10^{28}$).

Eine IP-Adresse ist dementsprechend deutlich länger: 2001:0540:0000:0000:0231:24FF :FE80:C12C.

Die Knappheit von IP-Adressen hat die Nutzung von *Network Address Translation* (NAT) notwendig gemacht. Häufig werden in größeren Unternehmen mittels NAT viele private IP-Adressen hinter einer öffentlichen IP-Adresse gebündelt. Das sorgt zwar für mehr Sicherheit, allerdings auch häufig für technische Probleme.

Der technische Aufbau von IPv6 macht den neuen Standard deutlich effizienter. Netzwerke können die Prioritäten von Datenströmen besser erkennen, sodass die Daten im Idealfall schneller am Ziel ankommen.

IPv6 wurde auch *Internet Protocol next Generation* (IPnG) genannt.

IPv6 wurde von der *IETF (Internet Engineering Task Force)* entwickelt, um das Problem des Adressmangels vom IPv4 zu lösen. IPv6 sollte IPv4 ablösen, was jedoch heute in weiter Ferne ist!

IPv6 dient der Übertragung von Daten in paketvermittelnden Rechnernetzen wie z. B. Ethernet TCP/IP.

Im Dezember 1998 (!) wurde das Protokoll IPv6 ein Standardentwurf für die IETF. Die IETF definierte am 14.Juli 2017 das Internetprotokoll IPv6 als Standard für das Internet. Letztlich sollte IPv6 das Protokoll IPv4 ablösen [114].

IPv6 bietet auch eine Punkt-zu-Punkt Verbindung. Neben dem größerem Adressraum bietet IPv6 einen weiteren Vorteil: IPv6 erlaubt hierarchische Adresszuweisungsmethoden, welche die Routenaggregation (siehe CIDR) über das Internet erleichtern und somit Erweiterungen von Routingtabellen einschränken. Außerdem verwendet Ipv6 Multicast-Adressierung und vereinfacht viele Vorgänge in der Kommunikation.

Ipv6 versendet im Zusammenhang mit TCP oder UDP die Daten in Paketen. Gemäß dem OSI Modell werden die Steuerinformationen (Header) verschiedener Netzwerkprotokolle ineinander in den Nutzdaten des Ethernet II Frame verschachtelt, Jedes Protokoll reduziert die eigentlichen Nutzdaten des Paketes von 1500 Bytes. Beim TCP und UDP werden die Daten verbindungslos und paketweise übertragen.

Ipv6 stellt als Protokoll der Vermittlungsschicht 3 des OSI Modells im Rahmen der Internetprotokollfamilie eine über Teilnetze hinweg gültige 128-Bit-Adressierung aller im Netz beteiligten Netzwerkkomponenten, was Rechner und/oder Router sein können.

Das Protokoll Ipv6 regelt unter Verwendung eindeutiger und einmaliger Adressen den Vorgang der Paketweiterleitung zwischen unterschiedlichen Teilnetzen (Routing). Die Teilnetze können somit verschiedenen Protokollen von unteren Schichten betrieben werden, die deren unterschiedlichen physikalischen und administrativen Gegebenheiten berücksichtigen.

Wie gesagt, wird im Internet, wie bereits beim Protokoll IPv4 besprochen, auch beim Ipv6 eine eindeutige IP-Adresse für die Identifizierung und Standortbestimmung dem im Netzwerk befindlichen Gerät zugewiesen. Der Unterschied zum Ipv4 Protokoll ist, dass das Ipv6 Protokoll einen festen 40 Byte umfassenden Header besitzt und für die Adressen (Sende- und Empfänger) jeweils 128 Bit zur Verfügung stellt, was $2^{128} = 3,4*$ 10^{38} Adressen bedeutet. Aufgrund der Reservierung von Adressen für spezielle Einsatzbereiche reduziert sich die Anzahl der freien Adressen etwas, was aber der Mächtigkeit des Ipv6 keinen Abbruch tut.

8.3.1   Ipv6 Header und Ethernet II Frame

Abb. 8.10 zeigt die Einbettung des Ipv6 Headers im Ethernet II Frame im Zusammenspiel mit dem Transportation Control Protocol, auf das wir im Abschn. 8.4 näher eingehen.

In Abb. 8.11 ist der Header des Protokolls Ipv6 im Detail dargestellt.

Der Headerbereich des IPv6-Protokolls hat im Gegensatz zum IPv4 Protokoll eine feste Größe von 40 Bytes oder 320 Bits. Zusätzliche Informationen können zwischen dem 40 Bytes Header und den Nutzdaten angehängt werden. Die Erweiterungs- Kopfzeilen (Extension Header) sind mit dem Optionsfeld des IPv4 Protokolls vergleichbar und können flexibel angepasst werden. Dabei bleibt der IPv6 Header unverändert. Da-

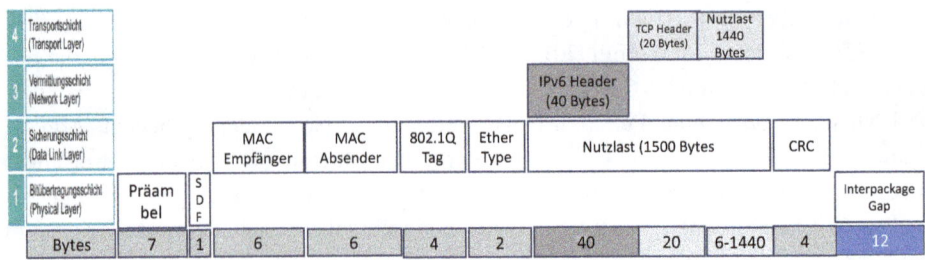

Abb. 8.10 Protokoll Ipv6 im Ethernet II Frame

Version	Traffic class	Flow Label	Nutzdatengröße	Next Header	Hop-Limit	Source Adresse	Ziel Adresse
0,5 Byte	1 Byte	2,5 Byte	2 Byte	1 Byte	1 Byte	16 Byte	16 Byte

IPv6	Bits	Byte	Erklärung
Version	4	0,5	IPv4 oder IPv6 Codierung
Traffic Class	8	1	Quality of Service: Die Bits 0–5 werden für DSCP verwendet, die Bits 6–7 für ECN. Laut IANA gilt die gleiche Zuteilung wie für IPv4 ToS.
Flow Label	20	2,5	Für QoS oder Echtzeitanwendungen verwendeter Wert. Pakete, die dasselbe Flow Label tragen, werden gleich behandelt.
Nutzdatengröße	16	2	Länge des IPv6-Paketinhaltes (ohne Kopfdatenbereich, aber inklusive der Erweiterungs-Kopfdaten) in Byte
next Header	8	1	IdentIdentifiziert den Typ des nächsten Kopfdatenbereiches, dieser kann entweder einen Erweiterungs-Kopfdatenbereich oder ein Protokoll höherer Schicht bezeichnen, wie z. B. TCP (Typ 6) oder UDP (Typ 17)
Hop-Limit	8	1	Maximale Anzahl an Zwischenschritten über Router, die ein Paket zurücklegen darf; wird beim Durchlaufen eines Routers („Hops") um eins verringert Limit werden verworfen. (TTL IPv4)
Quelladdresse	128	16	Adresse des Senders
Zieladdresse	128	16	Adresse des Empfängers
Summe Bits/ Bytes	**320**	**40**	

Abb. 8.11 Ipv6 Header im Detail [107]

durch lassen sich auch Paket-Routen bestimmen, Fragmentierungsinformationen angeben und die verschlüsselte Kommunikation IPSec realisieren [107, 115].

Eine Header Prüfsumme existiert zugunsten der Schnelligkeit und Leistungsfähigkeit nicht!

Der IP Header beginnt mit der 1/2 Byte (4 Bit) langen ***Versionsnummer des Internet Protokolls IPv6.***

Das 1 Byte (8 Bit) große ***Traffic Class*** Feld ist mit dem 'Type of service'-Feld von IPv4 gleichzusetzen. Diese 8 Bit informieren einen Ziel-Host über die qualitative Verarbeitung des Datengramms, wobei IPv4 und IPv6 dieselben Regeln haben. Die Bit 0–5 werden für DSCP (Differentiated Services Code Point) verwendet. Hinter DSCP steht DiffServ, was eine Computernetzwerkarchitektur ist, die einen Mechanismus zur Klassifizierung und Verwaltung des Netzwerkverkehrs und zur Bereitstellung von Quality of Service (QoS) in modernen IP-Netzwerken festlegt.

Die Bit 6 und 7 des Traffic Class Byte werden für ECN verwendet. Explicit Congestion Notification (ECN) ist eine Erweiterung des Internetprotokolls und des Transmission Control Protocol und wird in RFC 3168 (2001) definiert. ECN ermöglicht eine

End-to-End-Benachrichtigung über Netzwerküberlastungen, ohne Pakete zu verwerfen [116].

Das neue IPv6 und 2,5 Byte (20 Bit) lange *‚Flow Label‘-Feld‘* ermöglicht Datenströme aus zusammenhängenden Datenpaketen zu identifizieren. Damit kann man Bandbreiten reservieren und das Routing optimieren. Das Label dient u.a den Echtzeitanwendungen für Paketdienste.

Das 2 Byte (16 Bit) umfassende Feld *‚Nutzdatengröße‘ (Payload)‘* hat folgende Funktion: Das IPv6 übermittelt einen Wert für die Größe der transportierten Nutzdaten inklusive des Extension Header. Bei IPv4 musste dieser Wert separat aus der Gesamtlänge minus der Kopfzeilenlänge berechnet werden.

Das Feld *‚Next Header‘* mit 1 Byte (8 Bit) hat die selbe Funktion wie bei IPv4 zur Protokoll-Angabe und identifiziert den Typ des nächsten Kopfdatenbereichs oder ein Protokoll der höheren Schicht (OSI Modell). In diesem Feld sind auch einige Extension Headers möglich.

Mögliche Extension Headers sind beispielsweise: **Die Hop-by-Hop Option** -Typ 0- enthält Optionen, die von allen IPv6-Geräten beachtet werden müssen, die das IPv6 Datenpaket durchläuft. Siehe hierzu insbesondere Jumbograms.

- **Das Routing – Typ 43:** Beeinflussung des Weges durch das Netzwerk, das ein Datenpaket durchläuft
- **Authentification Header – Typ 51:** Enthält Daten, welche die Vertraulichkeit des Datenpaketes sicherstellen können (IPsec)
- **Encapsulating Security Payload – Typ 50:** Enthält Daten zur Verschlüsselungdes Datenpaketes (IPsec)
- **Mobility – Typ 135:** Enthält Daten für das Mobile IPv6
- **No next Header – Typ 59:** Ist ein Platzhalter, um das Ende eines Header-Stacks anzuzeigen

Das Feld **Hop-Limit** mit 1 Byte (8 Bit) definiert die maximale Anzahl der Zwischenstationen, die ein Paket zur Zieladresse durchlaufen darf. Wird diese Anzahl überschritten, so wird das Paket verworfen. Dies entspricht beim IPv4 Protokoll dem ebenfalls 1 Byte großen TTL (Time to Live). Das Feld-Hop wird bei jedem durchlaufenen Knoten um 1 reduziert.

Die **Source- und die Ziel-Adresse** machen mit je 16 Byte (je 128 Bit) den größten Anteil des IPv6 Headers aus.

Wichtig ist, dass der Host-ID -Teil einer Adresse auf 8 Byte (64 Bit) standardisiert ist! Die detaillierte Adressierungsarchitektur des IPv6 ist in RFC 4291 (IP Version 6 Addressing Architecture) [117] definiert und ermöglicht drei verschiedene Arten der Kommunikation: Unicast, Anycast, Multicast.

Die Notation zu IPv4 ist unterschiedlich, da IPv6 Hexadezimalzahlen verwendet und unterteilt diese in 8 Blöcke mit jeweils 16 Bit. Gegenüber dem IPv4, wo die Adressen durch ‚.‘ geteilt sind, werden beim IPv6 die Adressen durch ‚:‘ (Doppelpunkte) geteilt.

Tab. 8.9   IPv6 Code mit Umrechnung in binäre und dezimale Schreibweise

2002	: 0ad8	:45b2	:1414	:25ad	:a379	:5722	:7e4a
							0111.1111.0100.1010/**32330**
						0101.0111.0010.0010/**22306**	
					1010.0011.0111.1001/**41849**		
				0010.0101.1010.1101/**9645**			
			0001.0100.0001.0100/**5140**				
		0010.0101.1011.0010/**17842**					
	0000.1010.1101.0100/**2776**						
0010.0000.0000.0010/**8194**							

Ein IPv6 könnte folgendermaßen aussehen:

2002:0ad8:45b2:1414:25ad:a370:5722:7e4a

Tab. 8.9 zeigt einen typischen IPv6 Code mit Umrechnung in binäre und dezimale Schreibweise.

Es ist zu bemerken, dass es für die Umrechnungen von hexadezimal in binär und dezimal und vice versa, Rechner im Internet zur Verfügung stellen [118] z. B. https://bin-dez-hex-umrechner.de;.

Weiterhin ist zu bemerken, dass die vollständige Darstellung gekürzt werden kann, wie zum Beispiel:

2002:0ad8:0000:0000:0000:a370:5722:7e4a

wird zu

2002:ad8::a370:5722:7e4a

Das Internetprotokoll IPv6 erkennt automatisch die zwischen den beiden Doppelpunkten hexdezimalen Felder mit ‚0000'.

8.3.2   Internet Protokoll IPv6 und Adressvergabe [107]

Damit die Datagrams in ihrem Header die elementare Angabe von Ausgangs- und Zieladresse überhaupt durchführen können, müssen die Adressen zunächst an die Netzwerkteilnehmer vergeben werden. Dabei muss man zwischen internen und externen bzw. öffentlichen IP-Adressen differenzieren. Für die Kommunikation in lokalen Netzwerken, sind drei Adressbereiche reserviert [107]:

- 10.0.0.0 bis 10.255.255.255
- 172.16.0.0 bis 172.31.255.255
- 192.168.0.0 bis 192.168.255.255

Für IPv6-Netzwerke ist das Präfix „fc00::/7" vorgesehen. Adressen dieser Bereiche werden im Internet nicht geroutet und können daher in privaten Netzen oder Firmennetzwerken frei ausgewählt und genutzt werden.

Die Zuordnung einer Adresse geschieht entweder durch manuelle Eingabe oder automatisch, sobald sich ein Gerät mit dem Netzwerk verbindet. Dabei muss aber die automatische Adresszuordnung aktiviert und ein DHCP-Server im Einsatz sein. Mithilfe einer Subnetzmaske kann ein solches lokales Netzwerk darüber hinaus wahlweise in weitere Bereiche segmentiert werden.

Das Dynamic Host Configuration Protocol (DHCP) [119] ist ein Kommunikationsprotokoll in der Computertechnik. Es ermöglicht die Zuweisung der Netzwerkkonfiguration an Clients durch einen Server [120].

DHCP wurde im RFC 2131[120, 119] definiert und bekam von der Internet Assigned Numbers Authority (IANA) die UDP-Ports 67 und 68 zugewiesen. DHCP ist im OSI Modell in der Anwendungsschicht (Layer 7) angesiedelt.

Externe IP-Adressen werden den Routern automatisch vom jeweiligen Internetprovider vergeben, wenn diese sich mit dem Internet verbinden. Alle Geräte, die über einen gemeinsamen Router im Internet unterwegs sind, greifen dementsprechend auf dieselbe externe IP-Adresse zurück. Normalerweise vergeben die Provider alle 24 h eine neue Internetadresse aus einem Adressbereich, der ihnen wiederum von der IANA (Internet Assigned Numbers Authority) zugeteilt wurde [121].

Das gilt auch für die fast unendlich möglichen IPv6-Adressen, das nur teilweise für die normale Nutzung freigegeben ist. IPv6 wird nicht nur in private und öffentliche Adressen unterteilt, sondern zeichnet sich durch wesentlich vielseitigere Einstufungsmöglichkeiten in sogenannte Gültigkeitsbereiche (*Address Scopes*) aus [107]:

Diese sogenannten Address Scopes sind im Einzelnen:

- *Host-Scope:* Die Adresse 0:0:0:0:0:0:0:1 wird als Loop back Adresse bezeichnet. Diese kann ein Host dazu nutzen, um IPv6-Datagramme an sich selbst zu verschicken
- *Link-Local-Scope:* Für die IPv6-Verbindung ist es von grundsätzlicher Bedeutung, dass jeder Host über eine eigene Adresse verfügt, selbst wenn diese nur in einem lokalen Netzwerk gültig ist. Diese Link-Local-Adresse ist durch das Präfix „fe80::/10" gekennzeichnet und wird beispielsweise für die Kommunikation mit dem Standard-Router benötigt, um eine öffentliche IP-Adresse überhaupt generieren zu können
- *Unique-Local-Scope:* Hierbei handelt es sich um den bereits thematisierten Adressbereich „fc00::/7". Dieser ist n u r für die Konfiguration lokaler Netzwerke reserviert
- *Site-Local-Scope:* Der Site-Local-Scope ist ein mittlerweile veralteter Adressbereich mit dem Präfix „fec0::/10", der ebenfalls für lokale Netzwerke definiert wurde, weshalb der Standard als überholt eingestuft wurde.

- *Global-Scope:* Jeder Host, der Verbindung mit dem Internet aufbauen möchte, be-nötigt mindestens eine eigene, öffentliche Adresse. Diese bezieht er per Auto-konfiguration. Der Host greift entweder auf das SLAAC (zustandslose Adress-konfiguration) oder auf DHCPv6 (zustandsorientierte Adresskonfiguration) zurück
- *Multicast-Scope:* Netzwerkknoten, Router, Server und andere Netzwerkdienste kön-nen mit IPv6 in Multicast-Gruppen zusammengefasst werden. Jede Gruppe hat dabei eine eigene Adresse, wodurch sich mit einem einzigen Paket alle involvierten Hosts erreichen lassen. Das Präfix „ff00::/8" gibt an, dass eine Multicast-Adresse folgt

Immer wenn ein Datenpaket über TCP/IP verschickt werden soll, findet automatisch eine Überprüfung der Gesamtgröße statt. Liegt diese über der *Maximum Transmission Unit* (MTU oder *maximale Übertragungseinheit*) der jeweiligen Netzwerkschnittstelle, werden die Informationen fragmentiert, also in kleinere Datenblöcke zerlegt. Diese Auf-gabe übernimmt entweder der sendende Hostrechner der IPv6 implementiert hat oder ein zwischengeschalteter Router, der mit IPv4 läuft (IPv4). Standardmäßig wird das Paket vom Empfänger, wie wir es noch in Abschn. 8.4.3.3 sehen, wieder zusammengesetzt, wofür der Empfänger auf die im IP-Header bzw. im Extension-Header hinterlegten Fragmentierungsinformationen (IPv6) zurückgreift. In Ausnahmefällen kann das *Wieder-Zusammensetzen* auch von einer Firewall übernommen werden, wenn diese entsprechend konfiguriert ist.

Da IPv6 eine Fragmentierung generell nicht mehr vorsieht und die Fragmentierung durch einen Router nicht mehr erlaubt ist, muss das IP Paket bereits vor dem eigent-lichen Verschicken eine angemessene Größe haben. Erreichen einen Router IPv6-Da-tagramme, die über der Maximum Transmission Unit liegen, verwirft er diese und in-formiert den Absender in Form einer ICMPv6-Nachricht (Internet Control Message Protocol für die Internet Protocol Version 6) [122] des Typs 2 „Packet Too Big" Die datenverschickende Anwendung kann nun entweder kleinere, nicht fragmentierte Pakete erstellen oder eine Fragmentierung in die Wege leiten. ICMPv6-Nachrichten können als Fehlermeldungen und Informationsnachrichten klassifiziert werden. ICMPv6-Nachrich-ten werden durch IPv6-Pakete transportiert, in denen der IPv6 Next Header-Wert für ICMPv6 auf den Wert 58 gesetzt ist. Die ICMPv6-Nachricht besteht aus einem Header und der Protokollnutzlast. Anschließend wird dem IP Paket der passende Extension-Header hinzugefügt, damit der Zielhost die einzelnen Fragmente nach dem Empfang auch wieder zusammensetzen kann (siehe auch Abschn. 8.4.2 und 8.4.3 -TCP).

8.3.3   Adressaufbau von IPv6 im Detail

Nachdem wir in Abschn. 8.3.1 schon den Header des IPv6-Protokolls besprochen haben, widmen wir uns in diesem Abschnitt noch einmal detaillierter um den genauen Adress-aufbau. Wie bereits gesagt, sind die IPv6-Adressen 128 Bit lang (IPv4: 32 Bit). Dabei bilden die ersten 64 Bit des IPv6 Protokolls das sogenannte Präfix, die letzten 64 Bit bilden bis auf einige Sonderfälle einen für die Netzwerkschnittstelle eindeutigen sog. Interface-Identifier [123].

Eine Netzwerkschnittstelle kann durch mehrere IP-Adressen erreichbar sein; in der Regel ist sie dies mittels ihrer link-lokalen Adresse und einer global eindeutigen Adresse. Der selbe Interface-Identifier kann damit Teil mehrerer IPv6 Adressen sein, welche mit verschiedenen Präfixen auf die selbe Netzwerkschnittstelle gebunden sind.

Da die Erzeugung des Interface-Identifier aus der global eindeutigen MAC-Adresse (Ethernet) die Nachverfolgung von Benutzern ermöglicht, wurden die *Privacy-Extensions* (PEX, RFC 4941 [124]) entwickelt, um diese permanente Kopplung der Benutzeridentität an die IPv6-Adressen aufzuheben. Indem der Interface-Identifier zufällig generiert und regelmäßig gewechselt wird, soll ein Teil der Anonymität von IPv4 wiederhergestellt werden.

Im Privatbereich lässt sich in der IPv6-Adresse sowohl mit dem Interface-Identifier als auch mit dem Präfix allein sehr sicher auf einen Nutzer schließen. Deshalb ist aus Datenschutzgründen in Verbindung mit den Privacy Extensions ein vom Provider dynamisch zugewiesenes, z. B. täglich wechselndes Präfix wünschenswert. Dabei ist es wie oben beschrieben grundsätzlich möglich, auf derselben Netzwerkschnittstelle sowohl IPv6-Adressen aus dynamischen als auch aus fest zugewiesenen Präfixen parallel zu verwenden. Unter diesen Aspekten hat in Deutschland der Deutsche IPv6-Rat Datenschutzleitlinien formuliert, die auch eine dynamische Zuweisung von IPv6-Präfixen vorsehen [125].

Die Notation von IPv6 Adressen ist in Abschn. 2.2 von RFC 4291 beschrieben [126].

Aus dem RFC 491/Abschn. 2.2 sei noch einmal in kompakter Form das Wesentliche zu den IPv6 Adressen wiedergegeben:

Notation von IPv6 Adressen

IPv6-Adressen werden hexadezimal (IPv4: dezimal) notiert, wobei die Zahl in acht Blöcke zu jeweils 16 Bit (4 Hexadezimalstellen) unterteilt wird. Diese Blöcke werden durch Doppelpunkte (IPv4: nur Punkte) getrennt notiert. Siehe hierzu obige Beispiele.

Führende Nullen innerhalb eines Blockes dürfen ausgelassen werden, d. h.:

1db4:0000:09d5:8b2e:0000:8c2d:0080:0734

ist gleichbedeutend mit

1db4:0:95d:8b2e:9d5:0:8c2d:80:734

Ein oder mehrere aufeinander folgende Blöcke, deren Wert *0* (bzw. *0000*) beträgt, dürfen ausgelassen werden. Dies wird durch zwei aufeinander folgende Doppelpunkte angezeigt:

2002:de8:0000:0000:0000:0000:1414:67ab

ist gleichbedeutend mit

2002:de8::1414:67ab [127]

Die Reduktion darf nur einmal durchgeführt werden, das heißt, es darf höchstens eine
zusammenhängende Gruppe aus Null-Blöcken in der Adresse ersetzt werden.

D. h. die Adresse

2012:0de8:0:0:e8d6:0:0:0

darf demnach entweder zu

2012:de8:0:0:8d3::

oder

2001:de8::8d3:0:0:0gekürzt werden!

Es empfiehlt sich generell, die Gruppe mit den meisten Null-Blöcken zu kürzen.

Ebenfalls darf für die letzten beiden Blöcke (4 Bytes, 32 Bits) der Adresse die
herkömmliche dezimale Notation mit Punkten als Trennzeichen verwendet werden. So
ist ::ffff:127.0.0.1 eine alternative Schreibweise für ::ffff:7f00:1. Diese Schreibweise
wird bei Einbettung des IPv4-Adressraums in den IPv6-Adressraum verwendet.

Es gibt beim IPv6 auch den *Uniform Resource Identifier (URI)*, der in Klammern
eingeschlossen [128].

Ein *URI*, oder auch einheitlicher Bezeichner für Ressourcen besteht aus einer
Zeichenfolge, die zur Identifizierung einer abstrakten oder physischen Ressource dient.
URI's sind z. B. Webseiten, sonstigen Dateien, Aufruf von Webservices und E-Mail-
Empfängern im Internet. Der aktuelle Stand von 2016 ist als RFC 3986. publiziert.
Hierzu ein einfaches Beispiel:

http:// [1db4:0000:09d5:8b2e:0000:8c2d:0080:0734]

Diese Notation verhindert die fälschliche Interpretation von Portnummern als Teil der
IPv6-Adresse:

http:// [1db4:0000:09d5:8b2e:0000:8c2d:0080:0734]:7080/

Grundsätzliches für die Netznotation
IPv6-Netzwerke werden in der *CIDR-Notation* (siehe Abschn. 8.2.5, Tab. 8.4) auf-
geschrieben. Dazu werden die erste Adresse (bzw. die Netzadresse) und die Länge des
Präfixes in Bits getrennt durch einen Schrägstrich notiert.

Zum Beispiel steht 1db4:09d5:8b2e::/48 für das Netzwerk mit den Adressen

1db4:09d5:8b2e:0000.0000.0000.0000.0000

bis

1db4:09d5:8b2e:ffff.ffff.ffff.ffff.ffff

Die Größe eines IPv6-Netzes (oder Subnetzes) im Sinne der Anzahl der möglichen zu vergebenden Adressen in diesem Netz muss also eine Zweierpotenz sein. Da ein einzelner Host auch als Netzwerk mit einem 128 Bit langen Präfix betrachtet werden kann, werden Host-Adressen manchmal mit einem angehängten „/128" geschrieben.

8.3.4   Adress-Aufteilung und generelle Adresszuweisung beim IPv6 Protokoll

Normalerweise bekommt ein spezieller Internet Service Provider (ISP) die ersten 32 Bit oder auch weniger Bit als Netz von einer Regional Internet Registry (RIR) zugewiesen [129].

Dieser Bereich wird vom Provider weiter in Subnetze aufgeteilt. Die Länge der Zuteilung an Endkunden wird dabei dem Internetprovider überlassen; vorgeschrieben ist die minimale Zuteilung eines /64-Netzes [130].

Vor diesem Request waren auch kleinere oder größere Netzwerke an den Endkunden möglich, z. B. /48 Netze oder auch größere Netze als /48. RFC 3177 [130] Informationen über die Vergabe von IPv6-Netzen können über die Whois-Dienste [131] der jeweiligen Regional Internet Registry abgefragt werden.

Es gibt in deren *Routing Policy Specification Language (RPSL)* -Datenbanken [132] dazu inet6num- und route6-Objekte und in vielen anderen Objekttypen Attribute zur Multi-Protocol-Erweiterung (mp) mit Angabe der Address-Family zum Spezifizieren des neuen Protokolls. *RPSL* ist eine Auszeichnungssprache, die unter anderem von Internet-Providern genutzt wird, um deren Router-Einstellungen zu beschreiben.

Einem einzelnen Netzsegment wird ein 64 Bit langes Präfix zugewiesen, das mit dem 64 Bit langen Interface-Identifier die eigentliche Adresse bildet. Der Interface-Identifier kann auch aus der MAC Adresse des Ethernet bestehen. Spezifiziert ist das in der RFC 4291 [117, 126].

Auch hierzu ein Beispiel
Eine vorhandene Internet IPv6 Adresse lautet beispielsweise

1db4:0000:09d5:8b 2e:07e3:8c2d:0080:0734/64.

Diese hat den Präfix:

1db4:0000:09d5:8b2e::/64

Und den Interface Identifier

07e3:8c2d:0080:0734

Von der Regional Internet Registry (RIR) [129] wird nun dem Provider z. B. das Netz
1db4:0000:: /32 zugewiesen.

Der Provider seinerseits weist dann dem Endkunden z. B. das Netz

1db4:0000:09d5::/48 zu.

Es gibt unterschiedliche IPv6 Adressbereiche, die in RFC 4291 oder RFC 5156 [133]
definiert sind. Diese speziellen Adressen werden normalerweise in den ersten Bits angezeigt. Unicast-Adressen definieren die Kommunikation von ausschließlich 2 Netzwerkknoten.

Ein Sender zu vielen Empfängern wird durch die Multicast-Adressen realisiert.

8.3.5   Sonderadressen des IPv6/IPv4

Im IPv6 gibt es besondere Adressen, wie z.B:

::/128 (ausgeschriebenen Variante 0:0:0:0:0:0:0:0/128)

::/128 ist die nicht spezifizierte Adresse. Diese Adresse darf *keinem* Host zugewiesen
werden, sondern zeigt das Fehlen einer Adresse an. Sie wird z. B. von einem initiali-
sierenden Hostrechner als Absenderadresse in IPv6-Paketen verwendet, solange er seine
eigene Adresse noch nicht mitgeteilt bekommen hat [134]. Es können jedoch auch Server durch Angabe dieser Adresse anzeigen, dass sie auf allen Adressen des Hostrechners
lauschen.

Im IPv4 ist dies z. B. die Adresse 0.0.0.0.0/32.

Eine weitere Sonderadresse ist

::/0 (ausgeschriebene Variante 0:0:0:0:0:0:0:0/0).

::/0 bezeichnet die Standard-Route (default route), die verwendet wird, wenn in
der Routingtabelle kein Eintrag gefunden wurde. Dies entspricht im IPv4 Protokoll
0.0.0.0/0.

::1/128 (ausgeschriebene Variante0:0:0:0:0:0:0:1/128.

::1/128 ist die Adresse des eigenen Standortes, die sogenannte loopback-Adresse, die in der Regel mit dem lokalen Hostrechner im eigenen Netz verknüpft ist. Unter IPv4 wird zu diesem Zweck in der Regel 127.0.0.1/32aus dem Adressraum 127.0.0.0–127.255.255.255 verwendet, wenngleich dort also nicht nur eine IP-Adresse, sondern ein ganzes/8-Subnetz für das Loopback-Netzwerk reserviert ist.

Link-Local-Unicast-Adressen

Link-Local-Adressen [135] sind nur innerhalb abgeschlossener Netzwerksegmente gültig. Ein Netzwerksegment ist ein lokales Netz, gebildet mit Switches oder Hubs, bis zum ersten Router.

Reserviert ist hierfür der Bereich „fe80::/10fe80::/64". [136, 137] Nach diesen 10 Bits folgen 54 Bits mit dem Wert 0, sodass die Link-Local-Adressen immer das Präfix „fe80/10fe80::/64" haben. Der Aufbau ist in Tab. 8.10 dargestellt.

Link-Local-Adressen werden zur Adressierung von Knoten in abgeschlossenen Netzwerksegmenten sowie zur Autokonfiguration oder Neighbour-Discovery (Nachbar-Erkennung) genutzt.

Dadurch muss man in einem Netzwerksegment keinen Dynamic Host Configuration Protocol -Server zur automatischen Adressvergabe konfigurieren. Link-Local-Adressen sind mit APIPA-Adressen im Netz 169.254.0.0/16 vergleichbar [138].

APIPA ist die Abkürzung für Automatic Private IP Addressing. Es ist ein Feature oder Merkmal in Betriebssystemen, wie beispielsweise Windows, mit dem Computer eine IP-Adresse und eine Subnetzmaske automatisch selbst konfigurieren können, wenn ihr DHCP-Server (Dynamic Host Configuration Protocol) nicht erreichbar ist. Der IP-Adressbereich für APIPA ist 169.254.0.1 bis 169.254.255.254 [138].

Mit **65.534** verwendbaren IP-Adressen (siehe Tab. 8.4) und der Subnetzmaske **255.255.0.0.** [138].

Soll ein Gerät mittels einer dieser Adressen kommunizieren, so muss die *Zone ID* mit angegeben werden, da eine Link-Lokale-Adresse auf einem Gerät mehrfach vorhanden sein kann. Bei einer einzigen Netzwerkschnittstelle würde eine IPv6-Adresse folgendermaßen aussehen:

fe80::7645:6de2:ff:1%**1**bzw.fe80::7645:6de2:ff:1%**eth0** [138].

Unique Local Unicast fc00::/7

fc00::/7(Adressraum fc00…bisfdff…).

Tab. 8.10 Link-Local Adressen	10 Bits	54 Bits	64 Bits
	1111111010	0	Interface -ID

Für private Adressen gibt es die *Unique Local Addresses* (ULA), definiert in RFC 4193 [139].

Derzeit ist nur das Präfix fd für lokal generierte ULA vorgesehen. Das Präfix fc ist für global generierte ULA (Unique Local Addresses) reserviert. Auf das Präfix folgen 40 Bits, die als eindeutige Site-ID fungieren. Diese Site-ID ist bei den ULA mit dem Präfix *fd* zufällig zu generieren [140] und damit *wahrscheinlich* eindeutig.

Ein Beispiel: ULA wäre **fd**8e:22a7:d81c:*4321*::1. Hierbei ist **fd** das Präfix für lokal generierte ULAs. Die Adresse 8e:22a7:d81c ist ein einmalig zufällig erzeugter 40 Bit-Wert und *4321* eine willkürlich gewählte Subnet-ID.

Die Verwendung von wahrscheinlich eindeutigen Site-IDs hat den Vorteil, dass zum Beispiel beim Einrichten eines Tunnels zwischen getrennt voneinander konfigurierten Netzwerken Adresskollisionen sehr unwahrscheinlich sind. Weiterhin wird erreicht, dass Pakete, welche an eine nicht erreichbare Site gesendet werden, mit großer Wahrscheinlichkeit ins Leere laufen, anstatt an einen lokalen Host gesendet zu werden, der zufällig die gleiche Adresse hat.

Es existiert ein Internet-Draft, welcher Richtlinien für Registrare (IANA, RIR) beschreibt, konkret deren Betrieb sowie die Adressvergabe-Regeln. Allerdings ist eine derartige „ULA-Central" noch nicht gegründet [141].

Multicast Adressen ff00::/8

ff00::/8 stehen für Multicast-Adressen. Nach dem Multicast-Präfix ff00:: folgen 4 Bits für Flags und 4 Bits für den Gültigkeitsbereich (Scope).

Für die 4 Flags, die in RFC 2373 definiert sind, gibt es zur Zeit folgende Kombinationen gültig [142]:

Flags (4Bit)

0:	Permanent definierte wohlbekannte Multicast-Adressen (von der IANA zugewiesen) [143]
1:	(T-Bit gesetzt) Transient (vorübergehend) oder dynamisch zugewiesene Multicast-Adressen
3:	P-Bit gesetzt, erzwingt das T-Bit) Unicast-Prefix-based Multicast-Adressen (RFC 3306 [144])
7:	(R-Bit gesetzt, erzwingt P- und T-Bit) Multicast-Adressen, welche die Adresse des Rendez-vous-Points enthalten (RFC 3956 [145])

Gültigkeitsbereiche in der Multicastadresse (4 Bit)

Die folgenden Gültigkeitsbereiche und Adressierungen sind wie in Tab. 8.11 definiert [145]:

Die übrigen Bereiche sind nicht zugewiesen und dürfen deshalb von Administratoren benutzt werden, um weitere Multicast-Regionen zu definieren [145].

Beispiele für gängige Multicast-Adressen [146]:

ff01::1, ff02:;1: Broadcast Adressen (All Nodes)

Tab. 8.11   Adressen für Multicast und ihre Funktionalität

1 :	interface-lokal, diese Pakete verlassen die Schnittstelle nie. (Loopback)
2 :	link-lokal, werden von Routern grundsätzlich nie weitergeleitet und können deshalb das entsprechende Subnetz nicht verlassen.
4 :	admin-lokal, ist der kleinste Bereich, dessen Abgrenzung in den Routern speziell administriert werden muss.
5:	site-lokal, dürfen zwar geroutet werden, jedoch nicht vonBorder-Routern.
8:	organisations-lokal, die Pakete dürfen auch von Border-Routern weitergeleitet werden, bleiben jedoch „im Unternehmen" (hierzu müssen seitens des Routing-Protokolls entsprechende Vorkehrungen getroffen werden).
e :	globaler Multicast, der überallhin geroutet werden darf.
0 ,	reservierte Bereiche 3f

ff01::2, ff02::2, ff05::2 Adressiert Alle Router in einem Bereich (All Routers)

Global Unicast [147, 148]

Alle weiteren Adressen gelten als Global-Unicast-Adressen, denen eine besondere Rolle im Internetprotokoll IPv6 spielen. Von diesen sind jedoch wiederum bisher nur die folgenden Bereiche entsprechend Tab. 8.12 zugewiesen.

Soweit zu den wichtigsten Sonderadressen des IPv6 bzw. IPv4. Im abschließenden Abschnitt des IPv6 beschäftigen wie uns mit der Funktionalität des IPv6 Protokolls.

8.3.6   Funktionalität von IPv6

Jeder IPv6 Knoten in einem Netzwerk benötigt eine globale eindeutige Adresse [151] um außerhalb seines lokalen Segmentes kommunizieren zu können. Zur Erlangung einer solchen Adresse gibt es verschiedene Möglichkeiten:

Manuelle Zuweisung: Jeder Knoten kann durch einen Administrator mit einer IPv6 Adresse manuell eingestellt werden. Es ist eine sehr fehlerbehaftete Methode.

DHCPv6 (**The Dynamic Host Confirguration Protocol Version 6**) ist ein häufig angewendetes Protokoll für dynamische Adresszuweisung für Hostrechner. Es bedarf aber eines DHCP Servers, der nicht überall vorhanden ist und einiger zusätzliche Konfigurationsänderungen.

SLAAC (**Stateless Address Autoconfiguration Protocol**). Um eine einfachere und unkompliziertere Methode für die IPv6 Adressierung zu ermöglichen, wurde das Stateless Address Autoconfiguration Protocol (SLAAC) entwickelt. In seiner aktuellen Implementierung, wie in RFC 4862 [152] definiert, stellt SLAAC keine DNS-Serveradressen für Hosts zur Verfügung und steht derzeit erst am Anfang seiner Verbreitung.

Tab. 8.12 Weitere typische Codierungen für Multicast Anwendungen

Multicast Codierungen	Erklärungen
::/96 (96 0-Bits)	Die Codierung stand für IPv4-Kompatibilitätsadressen, welche in den letzten 32 Bits die IPv4-Adresse enthielten (dies galt nur für globale IPv4 Unicast-Adressen). Diese waren für den Übergang definiert, jedoch im RFC 4291 vom Februar 2006 für überholt (englisch deprecated) erklärt.
0:0:0:0:0:ffff::/96 (80 0-Bits, gefolgt von 16 1-Bits)	Die Codierung steht für IPv4 mapped (abgebildete) IPv6 Adressen. Die letzten 32 Bits enthalten die IPv4-Adresse. Ein geeigneter Router kann diese Pakete zwischen IPv4 und IPv6 konvertieren und so die neue mit der alten Welt verbinden.
2000::/3 (2000...bis 3fff...; was dem binären Präfix 001 entspricht)	Stehen für die von der IANA vergebenen globalen Unicast-Adressen, also routbare und weltweit einzigartige Adressen.
2001-Adressen	Diese Adressen werden an Provider vergeben, die diese wiederum an ihre Kunden weiterverteilen.
Adressen aus 2001::/32 (also beginnend mit 2001:0:)	Diese Adressen werden für den Tunnelmechanismus Teredo [153] benutzt.
Adressen aus 2001:db8::/32	Diese Adressen dienen Dokumentationszwecken, wie beispielsweise in diesem Artikel, und bezeichnen keine tatsächlichen Netzteilnehmer.
2003,240,260,261,262,280,2a0,2b0und2c beginnende Adressen	Diese Adressen werden von Regional Internet Registries (RIRs) vergeben; diese Adressbereiche sind ihnen z. T. aber noch nicht zu dem Anteil zugeteilt, wie dies bei 2001::/16 der Fall ist [150].
3ffe::/16-Adressen	Diese Adressen wurden für das Testnetzwerk 6Bone benutzt; dieser Adressbereich wurde gemäß RFC 3701[151] wieder an die IANA zurückgegeben.
64:ff9b::/96	Diese Codierung kann für den Übersetzungsmechanismus NAT64 gemäß RFC 6146 [152] verwendet werden.
2002-Präfixe	Diese Adressen deuten auf Adressen des Tunnelmechanismus 6to4 [154] hin.

SLAAC ist ein Mechanismus, der es jedem Host im Netzwerk ermöglicht, automatisch eine eindeutige IPv6 zu konfigurieren, ohne dass ein Gerät nachverfolgen muss, welche Adresse welchem Netzwerkknoten zugewiesen ist.

Zustandslos (stateless) und zustandsbehaftet bedeutet im Zusammenhang mit der Adressvergabe folgendes:

Eine zustandslose Adressvergabe bedeutet, dass kein Server den Überblick behält, welche Adressen vergeben wurden und welche Adressen für eine Vergabe zur Verfügung stehen. Auch im zustandslosen Zuweisungsszenario sind alle Knoten dafür verantwortlich, alle doppelten Adresskonflikte gemäß folgender Logik zu lösen: Gerieren sie eine IPv6 Adresse führen sie die sogenannte Duplicate Address Detection (DAD) durch. Wird die Adresse bereits verwendet, so müssen die Knoten eine neue Adresse generieren.

Bei der zustandsbehafteten Adresszuweisung bedarf es eines Gerätes (Server), das den Staus jeder Zuweisung verfolgt. Das Gerät oder der Server verfolgt die Verfügbarkeit von Adressen im Adresspool und löst doppelt Adresskonflikte.

Ein Host in einem Netz kann, der mit SLAAC (Stateless Address Autoconfiguration zustandslose Adressenautokonfiguration, spezifiziert in RFC 4862 [149, 152, 153]) arbeitet, kann vollautomatisch eine funktionsfähige Internetverbindung aufbauen.

Dazu kommuniziert er mit den für sein zuständiges Netzwerksegment zu den zuständigen Routern, um die notwendige Konfiguration zu ermitteln.

Ablauf:

Der Knoten konfiguriert sich selbst mit einer Link-Local-Adresse

Zur initialen Kommunikation mit dem Router weist sich der Host automatisch eine link-lokale Adresse zu, die z. B. bei einer Ethernet-Schnittstelle aus deren Hardware-Adresse berechnet werden kann wie in Abb. 8.12 dargestellt.

Wenn ein IPv6 Knoten mit einem IPv6 Netzwerk verbunden ist, konfiguriert er sich normalerweise automatisch mit einer verbindungslokalen Adresse. Der Hintergrund dieser lokalen Adresse ist, dem Knoten die Kommunikation auf der Schicht 3 mit anderen im lokalen Segment befindlichen IPv6-Geräten zu ermöglichen. Die am weitesten verbreitet Methode zur automatischen Konfiguration einer verbindungslokalen Adresse ist die Kombination des verbindungslosen Präfixes FE80::/64 und der EUI-Schnittstellenerkennung, die aus der MAC-Adresse der Schnittstelle generiert wird [152]. Als EUI-64 (64-Bit Extended Unique Identifier) [154] bezeichnet man ein vom IEEE standardisiertes MAC-Adressformat zur Identifikation von Netzwerkgeräten. Eine EUI-64-Adresse ist 64 Bit lang und setzt sich aus zwei Teilen zusammen:

- Die ersten 24, 28 oder 36 Bit identifizieren den Hardwarehersteller (siehe OUI).
- Die restlichen Bits dienen der Geräteidentifikation. Abb. 8.12 verdeutlich die Vorgehensweise aus einer MAC-Adresse eine IPv6 Adresse zu generieren

Hat der Ablauf in Abb. 8.12 stattgefunden, verfügt der entsprechende Knoten über eine voll funktionsfähige verbindungslose Adresse im EUI-64 Format;

Hat ein Host seine verbindungslokale Schnittstelle automatisch konfiguriert muss er sicherstellen, dass diese Adresse im lokalen Teilnetz tatsächlich eindeutig ist. Dazu muss er das Duplicate Address Detection (DAD) durchführen [155].

DAD ist ein Mechanismus, der einen speziellen Adresstyp beinhaltet, der als Multicast für angeforderte Netzwerkknoten bezeichnet wird. Bei der Konfiguration einer IPv6-Adresse tritt jeder Knoten einer Multicast-Gruppe bei, die durch die Adresse ff02::1:ffxx:xxxx. identifiziert wird, wobei xx:xxxx die letzten 6 Hexadezimalwerte in der IPv6 Unicast-Adresse sind. Daher tritt der Host für jede konfigurierte Unicast-Adresse der entsprechenden automatisch generierten Multicastgruppe mit angeforderten Knoten bei. Es spielt dabei keine Rolle, ob es sich um eine globale oder verbindungslokale Adresse handelt. Gemäß Abb. 8.12 sind die letzten 6 Hexadezimalwerte der verbindungslokalen

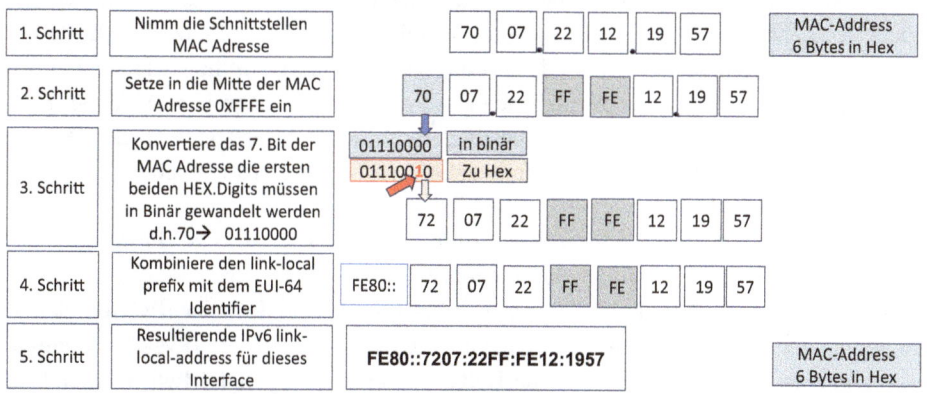

Abb. 8.12 Funktionsweise von SLAAC

Adresse 12:1957, sodass der Knoten der Multicastgruppe FF02::1:FF12:1957 beitritt. Da auf PC1 ein Windows 10 Betriebsystem ausgeführt wird kann es mit einem Standard-befehl überprüft werden. Einzelheiten hierzu sind in [154] nachzuvollziehen.

Zusammengefasst heißt das: Hat sich ein Host eine Adresse nach obigen Verfahren zugewiesen, kann er sich mittels des Neighbor Discovery Protocols (NDP) [156] bei IPv6 oder auch ICMPv6-Funktionalität auf die Suche nach den Routern in seinem Netz-werksegment machen. Zur Erklärung: Das Neighbor Discovery Protocol (NDP) beim Internetprotokoll IPv6 in der Zugangsschicht ist dabei der Ersatz für das Address Resolu-tion Protocol (ARP) des IPv4-Protokollstacks [156, 157].

Die Suche geschieht durch eine Anfrage an die Multicast-Adresse ff02::1, (siehe oben) über die alle Router *eines* Segments erreichbar sind.

Das Internet Control Message Protocol Version 6 der Internetschicht 3 im OSI Mo-dell für das IPv6 dient in Netzwerken zum Austausch von Fehler- und Informations-meldungen.

Ein Router aus dem Netzwerk versendet auf eine Multicast-Anfrage hin Information zu verfügbaren Präfixen, also Information über die Adressbereiche (Präfix), aus denen ein Gerät sich selbst Unicast-Adressen zuweisen darf. Die Datenpakete, die diese Infor-mationen tragen, werden ,Router Advertisement' genannt. Sie besitzen ICMPv6-Typ 134 (0×86) [158] und besitzen Informationen über die Lifetime, die Maximum Transmission Unit (MTU) und das Präfix des Netzwerks (siehe IPv6 Header in Abschn. 8.3.1). An ein solches Präfix hängt der Host den auch für die link-lokale Adresse verwendeten Inter-face-Identifier an.

Ebenfalls untern dem NDP Vorgang (Neighbor Discovery Protocol ist mit Duplicate Address Detection (DAD) die Vermeidung von doppelter Adressvergabe definiert [155], D. h. ein Gerät darf bei der Autokonfiguration nur nicht vergebene Adressen auswählen.

Router können bei der Vergabe von Adresspräfixen begrenzte Gültigkeitszeiten mit-geben: Valid Lifetime und Preferred Lifetime. [157] gemäß RFC 2461. Innerhalb der Valid Lifetime darf das angegebene Präfix zur Kommunikation verwendet werden; innerhalb der Preferred Lifetime soll dieses Präfix einem anderen, dessen Preferred Lifetime schon abgelaufen ist (dessen Valid Lifetime aber noch nicht), vorgezogen werden. Router ver-schicken regelmäßig ,Router Advertisements' an alle Hosts in einem Netzsegment, für das sie zuständig sind, mittels derer die Präfix-Gültigkeitszeiten aufgefrischt werden; durch Än-derung der ,Router Advertisements' können Hosts neu nummeriert werden. Sind die ,Rou-ter Advertisements' nicht über IPsec authentifiziert, ist die Herabsetzung der Gültigkeitszeit eines einem Host bereits bekannten Präfixes auf unter zwei Stunden nicht möglich.

Autokonfiguration SLAAC (Stateless Address Autoconfiguration Protocol) und DHCPv6 (Dynamic Host Configuration Protocol version 6)

DHCPv6 ist seit Juli 2003 in RFC 3315 spezifiziert und ermöglicht für IPv6 die gleiche Funktionalität wie das gegenwärtig aktuelle DHCPv4 für IPv4. Die IPv6-Autokonfigu-ration unterscheidet sich prinzipiell von DHCP beziehungsweise DHCPv6. Während bei einer Adressvergabe durch DHCPv6 (definiert in RFC 3315 [159]) von *„Stateful* Address

Configuration" gesprochen wird, was eine protokollierte Adressvergabe z. B. durch einen DHCP-Server, ist die Autokonfiguration eine „*Stateless* Address (Auto) Configuration', da Geräte sich selbst eine Adresse zuweisen. Die Adressvergabe wird dabei nicht protokolliert.

Mittels der Autokonfiguration können an die Clients keine Informationen zu Hostnamen, Domainnamen, DNS, NTP-Server mitgeteilt werden, wenn diese spezifischen Erweiterungen von NDP unterstützen. Das auf Servern lauffähige Network Time Protocol (NTP) ist ein Standard, um intelligente Endgeräte über das Internet mit einer Uhrzeit zu versorgen.

Als Alternative hat sich der zusätzliche Einsatz eines DHCPv6-Servers eingebürgert. Dieser DHCPv6 Server; dieser liefert die gewünschten Zusatzinformationen, kümmert sich dabei aber nicht um die Adressvergabe. Man spricht in diesem Fall von *Stateless DHCPv6* (vgl. RFC 3736 [160]). Dem Client kann mittels eines *Managed*-Flags in der Antwort auf eine NDP-Router-Solicitation angezeigt werden, dass er eine DHCPv6-Anfrage stellen und somit die Zusatzinformationen beziehen soll.

8.3.7 Umnummerierung und Multihoming

Ein besonderer Punkt in der Internetwelt ist die Umadressierung zwischen IPv4 und IPv6.

Unter IPv4 ist die Umnummerierung (Änderung des IP-Adressbereichs) für Netze ab einer gewissen Größe sehr problematisch, auch wenn Mechanismen wie DHCP dabei unterstützen. Speziell der Übergang von einem Provider zum nächsten Provider ohne ein „hartes" Umschalten zu einem festen Zeitpunkt ist nicht möglich. Sie ist nur dann machbar wenn das Netz für einen gewissen Zeitraum redundant ausgelegt ist. Man spricht dann vom *multihomed Netz* (Internet-Verbindungen redundant auszulegen) ist; d. h. ein Netz wird gleichzeitig von mehr als einem Provider mit Internet-Anbindung und IP-Adressbereichen versorgt. Beim Multihoming erfolgt die Anbindung ans Internet über mindestens zwei Internetdienstanbieter (Internet Service Provider). Die Umgehung des Umnummerierens unter IPv4 mittels Border Gateway Protocol (BGP) führt zwangsläufig zur Fragmentierung des Adressraums.

Der Vorgang der Umnummerierung wurde beim Design von IPv6 hingegen berücksichtigt, er wird in RFC 4076 [161] behandelt. Mechanismen wie die IPv6-Autokonfiguration helfen dabei. Der parallele Betrieb mehrerer IP-Adressbereiche gestaltet sich unter IPv6 einfacher als unter IPv4. In RFC 3484 [150, 162] wird festgelegt, wie die Auswahl der Quell- und Zieladressen bei der Kommunikation geschehen soll und wie sie beeinflusst werden kann, wenn nun jeweils mehrere zur Verfügung stehen. Das Ziel ist es dem Betreiber eines Netzwerkes den unkomplizierten Wechsel zwischen Providern oder den dauerhaften Parallelbetrieb mehrerer Provider zu ermöglichen, um damit den Wettbewerb zu fördern, die Ausfallsicherheit zu erhöhen oder den Datenverkehr auf Leitungen mehrerer Anbieter zu verteilen.

8.3.8   Mobiles IPv6

Die Codes für mobiles IPv6 sind im Feld ‚Next Header' angesiedelt (Abb. 8.11).

Internet funktioniert heute auch auf mobilen Geräten. Dafür wurde das RCF 6275 [163] definiert (Mobile IP). Mobile IP ist eine Erweiterung des IPv6-Standards.

Bei diesem Standard erfolgt eine Kommunikation unabhängig von der aktuellen Position eines Knotens, d. h. man ist unabhängig vom Ort [164].

Das bedeutet mobile IP-Endgeräte sind überall unter der gleichen IP-Adresse erreichbar – ob im Auto oder Zuhause spielt keine Rolle.

Ohne IPv6 Mobile müssten aufwendig Routing-Tabellen geändert werden. Mobile IPv6 benutzt hierzu einen Schatten-Rechner („Home Agent" [165]), der das Mobilgerät in seinem Heimnetz vertritt. Eingehende Pakete werden durch diesen Schattenrechner an die momentane Adresse („Care-of-Address") des Mobilgeräts getunnelt.

Der Home Agent bekommt die aktuelle Care-of-Address des Mobilgerätes durch „Binding Updates" mitgeteilt, die das Gerät an den Home Agent sendet, sobald es eine neue Adresse im besuchten Fremdnetz erhalten hat. Diese mobile IP ist auch für IPv4 spezifiziert; im Gegensatz zu dieser Spezifikation jedoch benötigt das Mobile IPv6 keinen Foreign Agent, der im Fremdnetz die Anwesenheit von Mobilgeräten registriert.

Die wesentlichen Routing-Charakteristiken für Mobile IPv6 sind im IPv6- Next Header Feld einige Extension Headers definiert (siehe Abb. 8.11). Unter anderem z. B. sind typische Extension Headers mit ‚Typ 43' und unter Mobility ‚Typ 135' zu finden. Ebenfalls befinden sich im Next Header Feld unter dem ‚Typ 50' und ‚Typ 51' Verschlüsslungs- und Sicherheitsroutinen angesiedelt (IPsec).

Die allermeisten IPv6-Datenpakete kommen jedoch ohne Extension Header aus. Die Größen dieser Header sind immer Vielfache von 64 Bit. Auch die Bereiche der Kopfdaten sind auf 64-Bit ausgerichtet.

8.3.9   Vergleich zwischen IPv6 und IPv4

Beide Netzwerkprotokolle verwenden Netzwerkpakete für die Übermittlung von Daten und Informationen. Dabei wurde für IPv6 wurde ein neues Datenpaket spezifiziert, um die Verarbeitung von Paketheadern durch Router zu minimieren [166].

Da sich die Header von IPv4 und IPv6 an sehr vielen Stellen unterscheiden, sind die beiden Protokolle IPv4 und IPv6 nicht kompatibel!

Dahingegen müssen die Transportprotokolle und die Programme auf der Anwendungsebene in den meisten Fällen gar nicht geändert werden, dass sie mit IPv6 zu funktionieren. Die Ausnahme bilden Anwendungsprotokolle, die Adressen auf der Internetebene benutzen! Eines dieser ist das File Transfer Protocol (FTP) und das Network Time Protokoll (NTP), bei denen das IPv6 Adressformat zu Konflikten führen könnte (vorhandene Protocolsyntax).

Der größte Vorteil von IPv6 gegenüber IPv4 ist der größere Adressraum. Die Größe einer IPv6 Adresse umfasst 128 Bit, während das IPv4 Adresse nur 32 Bit groß ist.

Bei IPv6 sind es 2^{128} Adressen, d. h. der Adressraum besteht aus.

$$2^{128} = 340.282.366.920.938.463.374.607.431.478.211.456 \ (ca. \ 3,4 \ 10^{38})$$

Adressen. Einige dieser Adressblöcke sind für spezielle Zwecke reserviert.

Der Vorteil dieses großen Adressraumes ermöglicht es die beim IPv4 eingesetzten CIDR-Verfahren (Abschn. 8.2.5) zu vermeiden. Dadurch wird die Routenaggregation erheblich vereinfacht und es sind spezielle Adressierungsfunktionen implementierbar, die bei IPv4 nicht möglich sind. Die Standardgröße eines Subnetzes im IPv6 beträgt 2^{64} (ca. 1,18 10^{19} Adressen) und ist festgeschrieben, das entspricht ungefähr das *Viermilliardenfache* der Größe des IPv4 Adressraumes. Deswegen ist auch die Auslastung des IPv6 Adressraumes bis heute relativ gering.

Headergrößen und Kopfdatenbereiche sind bei IPv6 zur Beschleunigung von Routerzugriffen fast immer auf 64 Bit Größen ausgerichtet. Im Gegensatz dazu ist das bei IPv4 nicht der Fall. Im Gegensatz zu IPv4 werden beim IPv6 über die IP-Kopfdaten keine Prüfsummen mehr berechnet, sondern es wird nur noch die Fehlerkorrektur in den Schichten 2 und 4 des OSI Modells verwendet.

Bei den Paketgrößen ist folgendes zu beachten:

Die Maximum Transmission Unit (MTU) darf in einem IPv6 Netzwerk 1280 Byte nicht unterschreiten. Somit unterschreitet die Path MTU die 1280 Byte nicht und es können Pakete bis 1280 Byte ohne Fragmentierung übertragen werden. Bei minimalen IPv6 Implementierungen ist das der Fall.

Ein Computer, welcher IPv6 nutzt, muss in der Lage sein, die aus Fragmenten zusammengesetzte Information mit einer Größe von mindestens 1500 Byte (Ethernet) zu empfangen. Für IPv4 ist dieser Wert 576 Byte!

Weiterhin darf ein IPv6 Paket auch fragmentiert gemäß des Payload-Length-Feldes im IPv6 Header die Größe von 65.575 Bytes einschließlich den Kopfdaten nicht überschreiten, denn dieses Feld ist 16 Bit lang:

$$(2^{16} - 1) \ \text{Bytes} + 40 \ \text{Bytes Kopfdaten} = (65.536 - 1) \ \text{Bytes} + 40 \ \text{Bytes} = 65.575 \ \text{Bytes}$$

Request for Comments RFC 2675 [167] hat über die Option eines Hop-by-Hop Extension Headers die Möglichkeit definiert, Pakete mit Größen bis zu 4.294.967.335 Bytes zu generieren (JumboTelegrams).

$$(2^{23} - 1) \ \text{Bytes} + 40 \ \text{Kopfdaten} = (4.294.967.296 - 1 + 40) \ \text{Bytes} = 4.294.967.335 \ \text{Bytes}$$

Jumbograms erfordern die Anpassungen der höheren Protokolle, wie z. B. das TCP oder UDP. Beide Protokolle werden wir in den nächsten Abschnitten besprechen. Da TCP und

UDP oftmals nur 16 Bit große Felder definieren, muss bei jedem Paket eines Jumbograms im IPv6 Header die Payload-Length angegeben werden.

Erweiterte Internet Control Message Protocol (ICMP)-Funktionalität

Das ICMP Protokoll dient in Computernetzwerken dem Austausch von Fehler- und Informationsmeldungen. Es ist ein Zusatz zum Internetprotokoll IPv4 und in der Schicht 3 implementiert. Das Pendant zu ICMP im Internetprotokoll IPv6 ist das ICMPv6 (Protokolltyp 58). Es wird heute von jedem Rechner erwartet, dass er ICMP oder ICMPv6 verstehen kann.

Somit wird das Address Resolution Protokoll (ARP) bei IPv4 durch das Neighbor Discovery Protokoll (NDP) bei IPv6 ersetzt. ARP ist in Schicht 2 implementiert (siehe Abschn. 7.2.2.3). Dieses Protokoll der Schicht 2 macht, wie wir bereits erfahren haben, intensiven Gebrauch von Link-Local-Unicast-Adressen und Multicast-Adressen. Jeder Host muss dies gewährleisten.

Im NDP werden auch automatische Vergabe durchgeführt und die automatische Zuordnung von einer bis mehreren Default-Routen im ICMPv6 abgewickelt. Darüber hinaus kann NDP auf die weitere Möglichkeit von Konfigurationen durch DHCPv6 verweisen, das aber UDP als Transport-Schicht 4 benutzt.

Noch einmal zur Erinnerung: Das Dynamic Host Configuration Protocol, Version 6 (DHCPv6) dient in einem Netzwerk dem Konfigurieren von IPv6 Hostsrechnern bezüglich IPv6-Adressen, Standardrouten, MTU für lokale Segmente und anderen Konfigurationsdaten, die für den Betrieb in einem IPv6 Netzwerk erforderlich sind. Es hat mehr Funktionalität als das Dynamic Host Configuration Protocol für IPv4.

Ein weiterer Unterschied des IPv6 gegenüber den IPv4 ist, dass die Fragmentierung von sehr vielen gesendeten IPv6 Paketen nicht mehr durch die Router erfolgt. Stattdessen wird bei Feststellung überlanger Pakete bereits der Sender durch ICMPv6-Nachrichten aufgefordert, kleinere Pakete zu erzeugen (Fragment Extension Header). Im Idealfall sollte der IPv6 Host vor Versenden einer großen Anzahl von IPv6 Paketen eine sogenannte Path-MTU (Discovery Maximum Transmission Unit) Prüfung gemäß RFC 1981 durchführen [168].

Wegen der Länge der IP Adressen bei IPv6, sind die IPv4 Adressen leichter zu merken. Deshalb fordert IPv6 die Transparenz und Funktion eines Domain Name System (DNS) gemäß RFC 3596.

RFC 3596 definiert den Resource Record (RR) Type AAAA (Quad-A), der genau wie ein A Resource Record bei IPv4 einen Namen in IPv6 Adressen auflöst [169].

Die Auflösung einer IP-Adresse in einen Namen (Reverse Lookup), funktioniert nach wie vor über den RR-Typ PTR, nur für IPv6 ist die *Reverse Domain* nicht mehr IN-ADDR.ARPA wie für IPv4, sondern IP6.ARPA und die Delegation von Subdomains darin geschieht wiederum nicht mehr an 8 Bit-, sondern an 4 Bit-Grenzen.

Ein IPv6-fähiger Rechner sucht in der Regel mittels Domain Name System zu einem Namen zunächst nach dem RR-Typ AAAA, dann nach dem RR-Typ A. Gemäß der *Default Policy Table* in RFC 3484 [170] wird die Kommunikation über IPv6 gegenüber

IPv4 bevorzugt, d.h wenn festgestellt wird, dass für eine Verbindung IPv4 und IPv6 vorhanden sind, wird i. d. R. IPv6 gewählt. Die Anwendungsreihenfolge der Protokolle ist meistens auch im Betriebssystem und auf der Anwendungsebene (Schicht 7 des OSI Modells) im Browser, einstellbar.

Für IPv6 sind die gesamten dreizehn Root-Nameserver und mindestens zwei Nameserver der Top-Level-Domains adressierbar. Das übertragende Protokoll ist unabhängig von den übertragenen Informationen. Über IPv4 ist ein Nameserver nach AAAA-RRs erreichbar. Die Anbieter großer Portalseiten denken jedoch darüber nach, nur DNS-Anfragen, die über IPv6 gestellt werden, auch mit AAAA Resource Records zu beantworten, um Probleme mit fehlerhaft programmierter Software zu vermeiden [171].

Infrastruktur für IPv4 und IPv6

IPv6 und IPv4 können dieselbe Infrastruktur nutzen und somit parallel betrieben werden. Es wird keine neue Hardware benötigt. Voraussetzung für das Nutzen von identischen Infrastrukturen sind die richtigen Betriebssysteme. Derzeit gibt es *keine* Betriebssysteme, die IPv4 und IPv6 beherrschen. Es gibt aber Übersetzungsroutinen, die es ermöglichen Geräte mit IPv6 auch über IPv4 zu betreiben. Eine dieser Routinen schaltet IPv6 hinzu ohne IPv4 auszuschalten.

Es werden generell 3 Mechanismen verwendet:

- Parallelbetrieb
- Tunnelmechanismen
- Übersetzungsverfahren

Es ist wichtig zu wissen, dass einige Bereiche vorhanden sind, die heute nur noch über IPv6 erreichbar sind.

Im Parallelbetrieb (Dual Stack) werden alle beteiligten Schnittstellen neben der IPv4 Adresse und zusätzlich mindestens eine IPv6 Adresse den Computern die entsprechenden Routingadressen zugewiesen. Damit können die beiden Protokolle unabhängig voneinander kommunizieren. Dabei kommt es immer noch häufig vor, dass viele Router (z. B. Heimrouter) noch keine IPv6 Weiterleitung implementiert haben.

Zur Benutzung beider Protokolle gibt es gemäß RFC 6333 den Dual Stack Lite [172]. Dabei werden dem Kunden gegenüber dem Dual Stack Verfahren (IPv4 und IPv6 werden zur Verfügung gestellt) nur noch IPv6 routbare IP- Adressen bereitgestellt.

Allerdings führt das Dual Stack Lite Verfahren oft zu erheblichen Problemen. Eines der Probleme ist, dass Dienste, die einem DS Lite- Anschluss angeboten werden, von Geräten, die keine IPv6-Verbindung aufbauen können, nicht erreicht werden, Genaueres zu diesem Verfahren und seine Probleme sind unter [172] beschrieben.

Ein weiterer Unterschied zwischen IPv6 und IPv4 sind die Tunnelmechanismen für Router, die IPv6 nicht weiterleiten: In diesem Fall werden die IPv6 Pakete in der Regel in den Nutzdaten von IPv4 oder anderen Protokollen eingebunden und zu einer Tunnelgegenstelle übertragen. Diese Gegenstelle befindet sich innerhalb des IPv6-Internet.

An der Tunnelgegenstelle werden die IPv6 Pakete herausgelöst. Es sei gesagt, dass das Tunnelverfahren stark von der Qualität des Tunnel-Protokolls abhängig ist und nicht immer zu den gewünschten Ergebnissen führt. Hier gibt es sehr große Unterschiede, denn schon der Weg der Pakete zum Ziel ist wegen der notwendigen Umwege nicht optimal. Generell nimmt dadurch die mögliche Nutzlast ab.

Im privaten Bereich gibt es den sogenannten Tunnelbroker. Dieser Tunnelbroker ist im Bereich der Computernetzwerke ein Dienst, der Tunnel bereitstellt, die zum Beispiel dazu genutzt werden können, Verkehr gesichert (Virtual Private Network) oder verkapselt über IPv6 und IPv4 zu transportieren (RFC 3035) [173].

Normalerweise ist ein Tunnelbroker gebührenfrei zu beantragen. Diese Gegenstelle bleibt somit fest und bekommt über den Tunnel immer dieselbe IPv6 Adresse zugewiesen. Ein typischer Übertragungsmechanismus hierfür ist z. B. 6in4 (Protokolltyp 41), um IPv6 in IPv4 zu kapseln. Für LINUX gibt es z. B. hierfür spezielle Interface Konfigurationswerkzeuge. Seit 2018 sind jedoch solche Kapselungen bei WINDOWS nicht mehr möglich!

8.3.9.1 Betriebssysteme für IPv6 und Routing [174–178]

Die meisten Betriebssystem unterstützen bereits IPv4. Tab. 8.13 gibt einen Überblick hierfür. Entscheidend für eine tunnelfreie Anbindung ist auch die Firmware bzw. die auf den DSL-Routern vorhandenen Betriebssysteme beim Anwender.

Zum Routing gibt es ebenfalls Unterschiede zwischen IPv4 und IPv6

Das sogenannte statische Routing für IPv6 kann entsprechend zu IPv4 eingerichtet werden. Änderungen ergeben sich für die dynamischen Routingprotokolle. Dabei wird bei autonomen Systemen das Border Gateway Protocol (OSPF) mit den Multiprotocol Extensions, welches in RFC 4760 [179] definiert ist, verwendet. Als Interior Gateway Protocol stehen OSPF in der Version 3, IS-IS stehen mit Unterstützung von IPv6-TLVs und RIPng als offene Standards zur Verfügung.

Falls sich IPv4 Netz und IPv6 Netz nicht genau überlappen unterstützen viele Hersteller IS-IS Multi-Topology Routing, welches für beide Protokolle das Routing bedeutet. OSPFv3 realisiert dieses Routing in einem neuen Standard (RFC 5838 [180] über verschiedene Instanzen für die verschiedenen Protokolle, war ursprünglich aber nur für IPv6 vorgesehen.

Eine andere Möglichkeit ist es, unterschiedliche Routingprotokolle für die beiden Topologien zu verwenden, also etwa OSPFv2 für IPv4 und IS-IS für IPv6. Open Shortest Path First (OSPF) bezeichnet ein von der IETF entwickeltes Link-State-Routing-Protokoll. Es ist im RFC 2328 [181] festgelegt. OSPF ist meines Erachtens das am häufigsten verwendete Interior Gateway Protocol (IGP) in großen Unternehmensnetzen.

An Endsysteme können eine oder mehrere Default-Routen durch Autokonfiguration oder auch durch DHCPv6 übergeben werden. Mit DHCPv6-PD (Prefix Delegation) können Präfixe für weitere Routings wie zum Beispiel an Kundenrouter verteilt werden.

Tab. 8.13 Betriebssysteme und Internetprotokolle IPv4 und IPv6

Betriebssystem	Erklärungen
AIX	IPv6 ist seit der Version AIX 4.3 implementiert, Seit der Version AIX 5L ist auch Mobile IPv6 Implementiert
Android	IPv6 wird seit Version 2.1 unterstützt. Die 3GPP- Schnitstelle wird nicht unterstützt [177]; es fehlt jedoch in den meisten Geräten die UMTS Unterstützung
IOS (Apple iPhone, iPad, iPad Touch, Apple Tv	Apple-Geräte mit iOS ab Version 4 unterstützen IPv6 im Dual-Stack-Modus.[178] Privacy Extensions werden jedoch erst ab Version 4.3 unterstützt.[179]
BSD-Varianten	IPv6 wird schon sehr lange unterstützt(z.B OpenbBSD seit Mitte 2000. ES gibt seit 1998 einen Protokollstapel für IPv6 und Ipsec für BSD- Betriebssysteme
Cisco	IPv6 wird ab IOS Version , ab den Versionen 12.3 und 12.4 produktiv unterstützt. Auf älteren Geräten und Karten ist das IPv6- jedoch nur in Software lauffähig, also mit Hilfe des Hauptprozessors möglich, was die Leistung gegenüber IPv4 deutlich vermindert.
HP-UX	Seit der Version 11iv2 ist IPv6 Bestandteil des Basissystems, frühere 11.x-Versionen können mit TOUR (Transport Optional Upgrade Release) IPv6-fähig gemacht werden.
Juniper	unterstützt IPv6 auf seinen Routern im Betriebssystem JunOS ab Version 5.1. Das IPv6-Forwarding geschah schon früh in Hardware, ohne die Routing Engine (den Hauptprozessor) zu belasten. Für Firewall-Systeme, sowohl auf der ScreenOS Serie(ScreenOS <6.x), als auch auf der SRX Serie(JunOS <10.x) ist IPv6 unterstützt.
Linux	Der Kernel hat seit Version 2.6 eine produktiv einsetzbare IPv6-Unterstützung (Niveau ähnlich wie die BSD-Derivate). Der Kernel 2.4 bietet eine als experimentell ausgewiesene Unterstützung für IPv6, der jedoch noch wichtige Eigenschaften wie IPSec und Datenschutzerweiterungen fehlen. Die meisten Linux-Distributionen haben im Auslieferungszustand mit Kerneln ab Version 3.x die Privacy Extensions eingeschaltet, diese können jedoch manuell deaktiviert werden.
Mac OS	Seit Version 10.2 hat unterstützt Mac OS X IPv6 .Seit Version 10.3 lässt sich IPv6 auch über die GUI konfigurieren. IPv6 ist standardmäßig aktiviert und unterstützt DNS-AAAA-Records. Die zur Apple-Produktfamilie gehörenden Airport-Extreme-Consumer-Router richten standardmäßig einen 6to4-Tunnel ein und sind IPv6-Router. Die Privacy Extensions sind seit 10.7 (Lion) per Default aktiviert.
OpenVMS	Mit HP TCP/IP Services for OpenVMS Version 5.5 unterstützt HP OpenVMS (ab Version 8.2) IPv6
Solaris	Seit Version 8 ist die Unterstützung von IPv6 in dem Betriebssystem der Firma Sun Microsystems in begrenzter Form enthalten (die Implementierung von Anwendungen erfordert in den meisten Fällen immer noch IPv4). IPv4 ist für SPARC- und i386-Rechnerarchitekturen verfügbar. Die Konfiguration erfolgt analog zu den Linux- und xBSD-Systemen.
Windows	Seit Windows XP Service Pack 1 bringt Windows einen Protokollstapel für IPv6 mit. Die Unterstützung für IPv6 ist seither durch Microsoft stetig ausgebaut und aktuellen Entwicklungen angepasst worden. Seit Windows 8 wird IPv6 als bevorzugtes Protokoll verwendet, falls der Host an ein Dual-Stack-Netzwerk angeschlossen ist [180]
Windows Server	Seit Windows Server 2003 enthält Windows Server einen „Production-Quality"-Protokollstapel. Die Unterstützung für IPv6 wurde seither kontinuierlich von Microsoft ausgebaut
Windws Phone	Windows Phone 7 und 7.5 unterstützen IPv6 nicht. Erst ab Version 8 ist ein IPv6-Stack integriert.[181]
z/OS	BM z/OS unterstützt IPv6 seit September 2002 vollständig.

Multiprotocol Label Switching (MPLS)

MPLS ermöglicht die verbindungsorientierte Übertragung von Datenpaketen (siehe auch Abschn. 8.4-Ethernet TCP/IP) in einem verbindungslosen Netz entlang eines zuvor aufgebauten („signalisierten") Pfads. Große MPLS-Netze sind weiterhin auf die Signalisierung mittels IPv4 angewiesen, können aber je nach Implementierung auch IPv6 Datenverkehr transportieren.

8.3.10 Sicherheitssoftware

8.3.10.1 Paketfilter und Firewalls

Wichtig ist es wissen, dass durch die Inkompatibilität zwischen IPv4 und IPv6, für IPMv6 alle Filterregeln in Firewalls und Paketfiltern neu erstellt werden müssen, was ein relativ großer Aufwand ist. Je nachdem, ob der filternde Prozess den IPv6 Datenverkehr überhaupt verarbeitet, kann eine Firewall IPv6 ungehindert durchlassen. Auch einige Antivirenprogramme haben Zusätze, welche den Verkehr auf bestimmten TCP-Ports nach Signaturen durchsuchen. Für Linux kann die Filterung von IPv6 mit dem Programm ip6tables (seit Version 3.13 des Linux-Kernels auch nft/nftables) konfiguriert werden.

Gravierende Veränderungen in der Struktur der Filter gegenüber IPv4 können sich ergeben, sofern sie ICMP bzw. ICMPv6 benutzen, da sich dessen Protokollnummer, Type- und Code-Zuordnungen sowie die Funktionalität verändern [182, 183].

Die Felder ‚Next Header‘ im IPv6 und IPv4 sind unterschiedlich, d. h. für die Identification von Protokollen von höheren Schichten ist das Feld Next Header im IPv6 nicht in derselben Weise geeignet wie das ‚Protocol-Feld‘ des IPv4-Protokolls. Im Falle von Extension Headers verändern sich die Werte, z. B. bei der Fragmentierung.

Sicherheit

In einigen Fällen wird das Neighbor Discovery Protocols (NDP) als Sicherheitsfunktion verstanden. Ebenfalls als Sicherheitsfunktion wird das Network Address Translation (NAT)-Protokoll verstanden. NAT ist dabei ein Verfahren, dass in IP-Routern eingesetzt wird, die lokale Netzwerke mit dem Internet verbinden. Weil Internet-Zugänge in der Regel nur über eine einzige öffentliche und damit routbare IPv4-Adresse verfügen, müssen sich alle anderen Hosts im lokalen Netzwerk mit privaten IPv4-Adressen begnügen. Das RFC 4864 [184] beschreibt u. a. Vorgehensweisen, wie NAT im Zusammenhang von IPv6 zu benutzen ist, und welche Paketfilterungen im Router eingesetzt und welche nicht benutzt werden können.

8.3.10.2 IPSec Sicherheitssoftware

Das am meisten im IPv6 Internet Protocol verwendete Protokoll für ist Sicherheit IPsec. IPsec ist im Layer 3 angesiedelt. IPsec ist eine Protokoll-Suite, die eine weitestgehende gesicherte Kommunikation über unsichere IP-Netze ermöglicht. IPsec ist eine Weiterentwicklung der IP-Protokolle und wird im Wesentlichen in Verbindung TCP/IP angewendet. Das Ziel von IPsec ist es, eine verschlüsselungsbasierte Sicherheit auf Netzwerkebene bereitzustellen. Zudem wird durch IPsec die Vertraulichkeit sowie Authentizität der Paketreihenfolge durch Verschlüsselung gewährleistet.

Für Applikationen im Layer 7 des OSI Modells z. B. Webbrowser oder E-Mail-Programme müssen, damit sie mit IPv6 funktionieren, Änderungen in den Programmen stattfinden. Dies ist für die wichtigsten Programme, die mit aktuellen Betriebssystemen ausgeliefert werden, bereits geschehen. Häufig funktioniert es aber in seltenen Anwendungen nicht [185].

Da die Applikationen auf höheren Schichten aufsetzten, welche sich kaum ändern, sind oftmals nur sehr kleinere Änderungen notwendig. In vielen Betriebssystemen mussten die Programmierschnittstellen jedoch von der Anwendung sogenannte, Sockets' explizit zur IPv4 Kommunikation anzufordern. Neuere Schnittstellen sind in der Regel so gestaltet, dass IPv6-unterstützende Anwendungen automatisch auch IPv4 unterstützen.

Verarbeiten die Anwendungen Inhalte mit URLs (Unified Resource Locater), wie z. B. in HTTP/HTTPS oder im Session Initiation Protocol (SIP) vorkommen, so müssen sie die URI-Notation [186] von IPv6-Adressen unterstützen. Das *Session Initiation Protocol (SIP)* ist ein Signalisierungsprotokoll, das zum Initiieren, Verwalten und Beenden von Kommunikationssitzungen verwendet wird, die Sprach-, Video- und Messaginganwendungen umfassen [187].

Um die Leistung der Anwendung nicht zu verringern sind Änderungen im Programm notwendig,: d. h. eine eventuell ermittelte, verminderte Path MTU RFC 1191 [188] durch Fragmentierung zu vermeiden muss dies pogrammtechnisch geändert werden. Ein weiteres Beispiel ist die Maximum Segment Size (MSS) [189] im TCP-Header, welche bei IPv6 gegenüber IPv4 verringert werden muss. Bei vielen Programmiersprachen stehen für diese Änderungen spezielle Bibliotheken zur Verfügung, um den Umgang mit dem IPv6 Protokoll zu vereinfachen.

Für alle diese Veränderungen zwischen IPv4 und IPV6 müssen in der Administration und Support intensive Schulungen durchgeführt. Schulungsthemen sind dabei Dokumentationen, Konfigurationen, Routing, Firewalls, Netzwerküberwachung, Domain Name System und DHCP. Diese Themen müssen während der Übergangsphase für beide Protokolle erstellt und gepflegt werden. Dabei muss in vielen Dokumentationen oder Fehlermeldungen zwischen IPv4 und IPv6 unterschieden werden. Der Aufwand hat sich quasi verdoppelt.

Im Folgenden Abschnitt besprechen wir das Transmission Control Protocol (TCP) welches zusammen mit dem Internetprotokoll IPv4 und IPv6 in Form mit der TCP/IP Protokollsuite die wichtigste Rolle in der Internetkommunikation, basierend auf Paketvermittlungen, hat.

8.4   Ethernet TCP/IP – Protokollsuite

Der bekannteste Vertreter des Ethernet ist das Ethernet TCP/IP (Transmission Control Protocol/Internet Protocol).

Abb. 8.8 und 8.10 zeigen das TCP Protokoll in der Schicht 4 in Verbindung mit dem OSI Modell und im Zusammenhang mit IPv4. Der wohl am geläufigste Vertreter des Ethernet ist das Ethernet TCP/IP (Transmission Control Protocol/Internet Protocol). Der Transportation Header wird im Ethernet-Nutzdatenfeld an den IP-Header mit oder ohne Erweiterung angehängt.

Beim TCP–Protokoll handelt es sich um eine Protokollfamilie für die Vermittlung und Transport von Datenpaketen in einem dezentral organisierten Netzwerk. Es wird im LAN und WLAN verwendet.

8.4.1   Geschichte von TCP/IP und Generelles

Die Erfolgsstory von Internet basiert zum großen Teil auf den Protokollen rund um TCP/IP. Das Internetprotokoll (IP) ist auf der Vermittlungsschicht des OSI- Schichtenmodell (Schicht 3), das Transmission Control Protocol (TCP) auf der Transportschicht (Schicht 4) angesiedelt. TCP/IP ist das Rückgrat des DoD- Schichtenmodells (Department of Defense) [190].

Mit der grundlegenden Idee, den physikalischen Layer extrem zu minimieren, konnten später viele Netzwerke zusammengeschlossen werden.

Das Transmission Control Protocol („Übertragungssteuerungsprotokoll") ist ein Netzwerkprotokoll in der 4. Schicht des OSI Modells, welches definiert, auf welche Art und Weise Daten zwischen Netzwerkkomponenten ausgetauscht werden. TCP ist prinzipiell einen Ende-zu-Ende-Verbindung, die im Vollduplex und im Halbduplex arbeiten kann.

Fast alle aktuellen Betriebssysteme der heutigen Computergeneration haben TCP implementiert und nutzen es für den Datenaustausch mit anderen Rechnern. Das TCP-Protokoll ist ein sehr zuverlässiges, verbindungsorientiertes und paketvermittelndes Transportprotokoll [191, 192] in Computernetzwerken. Es ist Teil der Internetprotokollsuite als Grundlage des Internets.

Die Entwicklung von TCP geht auf Robert E. Kahn [193] und Vinton G. Cerf [194] zurück. Ihre Forschungsarbeit, die sie im Jahr 1973 begannen, dauerte mehrere Jahre. Die erste Standardisierung von TCP erfolgte deshalb erst im Jahr 1981 als RFC 793 [192]. Alle weiteren Erweiterungen, die bis heute in neuen RFCs, einer Reihe von technischen und organisatorischen Dokumenten zum Internet, spezifiziert werden sind in dem RFC 9293 [195] zusammengefasst.

Neben dem paketvermittelnden Dienst TCP gibt es in der 4. Schicht des OSI Modell noch das verbindungslose User Datagram Protocol (UDP) [196]. Der Unterschied ist, dass TCP eine Verbindung zwischen zwei Endpunkten einer Netzverbindung (Sockets) herstellt. Auf dieser Verbindung können in beide Richtungen Daten übertragen werden. TCP setzt in den meisten Fällen auf das IP (Internet-Protokoll) auf, weshalb auch oft vom ‚TCP/IP-Protokoll' die Rede ist. Dies ist nur teilweise richtig, denn im den Protokollstapel des OSI Modells sind TCP in der Schicht 4 und IP in der Schicht 3 angesiedelt.

Aufgrund seiner vielen positiven Eigenschaften -Datenverluste werden erkannt und automatisch behoben, Datenübertragung ist in beiden Richtungen möglich, Netzüberlastung wird verhindert, usw. TCP ist ein sehr weit verbreitetes Protokoll zur Datenübertragung. Beispielsweise wurde TCP lange Zeit als fast ausschließliches Transportprotokoll für das WWW, die E-Mail und viele andere Netzdienste verwendet. Im WWW bekommt TCP Konkurrenz durch das verschlüsselte Transportprotokoll **Quick UDP Internet Connections** (QUIC) [197], das im Jahr 2021 standardisiert wurde.

8.4.2 Aufbau des TCP Headers

Wie aus Abb. 8.8 und 8.10 ersichtlich hat der TCP Header 20 Bytes. Dieser TSP-Header ist in Abb. 8.13 detailliert ausgeführt.

Das TCP Protokoll besteht aus zwei Teilen: dem Header und der Payload. Die Payload oder Nutzlast enthält die zu übertragenden Daten. Diese können z. B. Daten der Anwendungsschicht HTTP und FTP sein. Der Header enthält alle Informationen, die für die Kommunikation erforderlich sind, z. B. Dateiformate. Das in Abb. 8.13 gezeigte Optionsfeld wird normalerweise nicht genutzt, sodass der TCP Header 20 Byte umfasst.

Beschreibung des TCP-Headers RFC 9293 [198]:

Source Port oder Quellport (2 Byte)
Der Quellport gibt die Portnummer auf der Senderseite an.

Destination Port oder Zielport (2 Byte)
Gibt die Portnummer auf der Empfängerseite an.

Sequence Number oder Laufende Nummer (4 Byte)
Die Sequenznummer des ersten Daten- Byte dieses TCP-Pakets oder die Initialisierungs-Sequenznummer falls das SYN-Flag gesetzt ist. Nach der Datenübertragung dient sie zur Sortierung der TCP-Segmente, da diese in unterschiedlicher Reihenfolge beim Empfänger ankommen können.

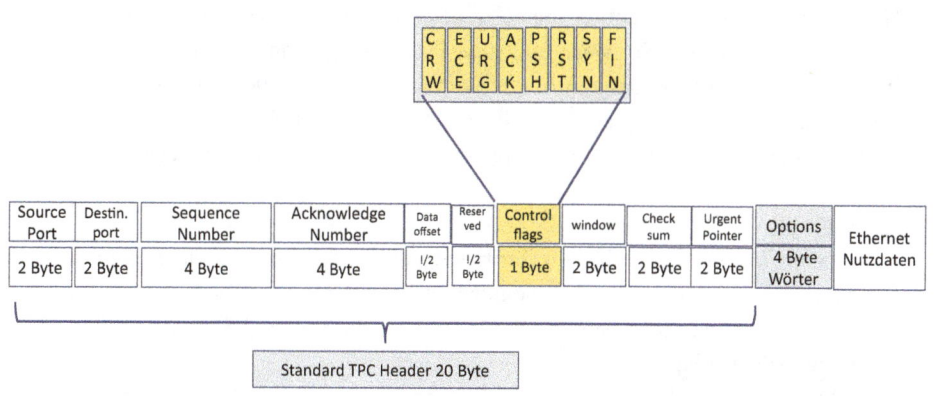

Abb. 8.13 TCP-Header

Acknowledement Number oder Quittierungsnummer (4 Byte)

Sie gibt die *Sequenznummer* an, die der Absender dieses TCP-Segmentes als nächstes erwartet. *Sie ist nur gültig, falls das ACK-Flag gesetzt ist.*

Data Offset (1/2 Byte, 4 Bit)

Länge des TCP-Headers in 32-Bit-Blöcken – ohne die Nutzdaten (Payload). Hiermit wird die Startadresse der Nutzdaten angezeigt.

Reserved-Field (1/2 Byte, 4 Bit)

Das *Reserved*-Feld ist für zukünftige Verwendungen reserviert. Alle Bits müssen null sein.

Control-Flags (1 Byte, 8 Bit)

Die Controlflags sind zweiwertige Variablen mit den möglichen Zuständen ‚*gesetzt*' und ‚*nicht gesetzt*', die zur Kennzeichnung bestimmter für die Kommunikation und Weiterverarbeitung der Daten wichtiger Zustände benötigt werden. Im Folgenden werden die Flags des TCP-Headers und die von ihrem Zustand abhängigen, auszuführenden Aktionen beschrieben.

1. **CWR- und 2. ECE-Flag**

   sind zwei Flags, die für Explicit Congestion Notification (ECN) benötigt werden. Mit gesetztem ECE-Bit (ECN-Echo) teilt der Empfänger dem Sender mit, dass das Netzwerk überlastet ist und die Senderate reduziert werden muss. Hat der Sender das getan, teilt er dies dem Empfänger durch Setzen des CWR-Bit (*Congestion Window Reduced*) mit.

3. **URG-Flag**

   Ist das Urgent-Flag (Dringlichkeits-Flag) gesetzt, so werden die Daten nach dem Header sofort von der Anwendung bearbeitet. Dabei unterbricht die Anwendung die Verarbeitung der Daten des aktuellen TCP-Segments und liest alle Bytes nach dem Header bis zu dem Byte, auf das das *Urgent-Pointer*-Feld zeigt, aus. Dieses Verfahren ist verwandt mit einem Software-Interrupt. Dieses Flag kann zum Beispiel verwendet werden, um eine Anwendung auf dem Empfänger abzubrechen. Das Verfahren wird sehr selten benutzt: Beispiele sind die bevorzugte Behandlung von CTRL-C (Abbruch) bei einer Terminalverbindung über rlogin oder telnet. In der Regel wird dieses Flag nicht ausgewertet.

4. **ACK-Flag**

   Das *Acknowledgment*-Flag hat in Verbindung mit der *Acknowledgment*-Nummer die Aufgabe, den Empfang von TCP-Segmenten beim Datentransfer zu bestätigen. Die *Acknowledgment*-Nummer ist nur gültig, wenn das ACK-Flag gesetzt ist.

5. **PSH-Flag (Push Flag)**

   RFC 1122 [198, 199] und RFC 793 [192] spezifizieren das *Push*-Flag so, dass bei gesetztem Flag sowohl der ausgehende, als auch der eingehende Puffer übergangen wird. Da man bei TCP keine Datagramme versendet, sondern einen Datenstrom hat, hilft das PSH-Flag, den Strom effizienter zu verarbeiten, da die empfangende Applikation so gezielter aufgeweckt werden kann und nicht bei jedem eintreffenden Datensegment feststellen muss, dass Teile der Daten noch nicht empfangen wurden, die aber nötig wären, um überhaupt weitermachen zu können.

Hilfreich ist dies, wenn man zum Beispiel bei einer Telnet-Sitzung einen Befehl an den Empfänger senden will. Würde dieser Befehl erst im Puffer zwischengespeichert werden, so würde dieser z.T. stark verzögert abgearbeitet werden.

Das PSH-Flag kann, abhängig von der TCP-Implementation im Verhalten zu obiger Erklärung abweichen.

6. **RST-Flag (Reset-Flag)**

Das *Reset*-Flag wird verwendet, wenn eine Verbindung abgebrochen werden soll. Dies geschieht zum Beispiel bei technischen Problemen oder zur Abweisung unerwünschter Verbindungen (wie z.B. nicht geöffneten Ports, hier wird – anders als bei UDP – kein ICMP-Paket mit „Port Unreachable" verschickt).

7. **SYN-Flag**

Pakete mit gesetztem SYN-Flag initiieren eine Verbindung. Der Server antwortet normalerweise entweder mit SYN+ACK, wenn er bereit ist, die Verbindung anzunehmen, andernfalls mit RST. Das Flag dient der Synchronisation von *Sequenznummern* beim Verbindungsaufbau.

8. **FIN-Flag (Schluss-Flag)**

Dieses Schlussflag *(finish)* dient zur Freigabe der Verbindung und zeigt an, dass keine weiteren Daten mehr vom Sender kommen. Die FIN- und SYN-Flags haben Sequenznummern, damit diese in der richtigen Reihenfolge abgearbeitet werden.

(Receive) Window (2 Byte)

Das Window Ist – nach Multiplikation mit dem Fensterskalierungsfaktor (Window Scale) – die Anzahl der Daten-*Bytes*, beginnend bei dem durch das *Acknowledgementfeld* indizierten Daten-Byte, die der Sender dieses TCP-Pakets bereit ist zu empfangen.

RFC 1323 [200] beschreibt eine *TCP Window Scale Option* („Fensterskalierung") genannte Erweiterung des TCP-Headers, die es erlaubt, den *RWin*-Wert mit einem Faktor von bis zu 2^{14} zu multiplizieren und damit auf maximal 1 Gigabyte zu erhöhen. Sie bemisst den freien Speicher im Empfangspuffer eines Computers, und damit die maximale Datenmenge, die empfangen werden kann und verhindert somit einen Pufferüberlauf. Somit müssen keine weiteren eingehenden Pakete verworfen werden.

Checksum (2 Byte)

Die Prüfsumme dient zur Erkennung von Übertragungsfehlern. Sie wird über den TCP-Header, die Daten und einen Pseudo-Header berechnet. Der Header besteht dabei aus der Ziel-IP, der Quell-IP, der TCP Protokollkennung (0×0006) sowie der Länge des TCP-Headers inkl. Nutzdaten (in Bytes).

Urgent Pointer (2 Byte)

Zusammen mit der Sequenz-Nummer gibt dieser Wert die Position des ersten Bytes nach den Urgent-Daten im Datenstrom an. Die Urgent-Daten beginnen sofort nach dem Header. Der Wert ist nur gültig, wenn das URG-Flag (3. Bit im Controlflag) auch ‚=1' gesetzt ist (siehe Abb. 8.13).

Options (n * 4 Byte)

Das Options-Feld ist unterschiedlich groß und enthält Zusatzinformationen. Die Optionen müssen ein Vielfaches von 32 Bit (4 Byte) lang sein. Sind sie das nicht, muss das Feld mit entsprechenden Nullbits aufgefüllt werden (Padding). Dieses Feld ermöglicht, Verbindungsdaten auszuhandeln, die nicht im TCP-Header enthalten sind, wie zum Beispiel die Maximalgröße des Nutzdatenfeldes.

Im weiteren Verlauf werden wir immer wieder auf diesen Header und seine Details zu sprechen kommen.

8.4.3   Datenübertragung

Ein Server, der seine Dienste anbietet, erzeugt einen Endpunkt (Socket) mit seiner spezifischen IP-Nummer und der Portnummer. Dieser Vorgang heißt gemäß RFC 793 [192] ‚listen' oder ‚Open'.

Ein Port sind 16 Bit Adressen und reichen somit von 0 bis 65.535; dabei sind die Ports 0 bis 1023 reserviert [201] und werden von der IANA vergeben. Beispielsweise ist Prot 80 für das im WWW verwendete http reserviert. IANA (Internet Assigned Numbers Authority) ist Behörde für die Zuweisung von Internet Nummern und Adressbereiche. Die Organisation ist eine Abteilung der ICANN (Internet Corporation for Assigned Names and Numbers).

Will ein Client eine Verbindung aufbauen, erzeugt er einen eigenen Socket aus seiner Rechneradresse und einer eigenen, noch freien Portnummer. Mithilfe eines ihm bekannten Ports und der Adresse des Servers kann eine Verbindung aufgebaut werden. Eine TCP-Verbindung ist durch folgende 4 Werte eindeutig identifiziert:

- Quell-IP-Adresse
- Quell-Port
- Ziel-IP-Adresse
- Ziel-Port

Während der Datenübertragungsphase *(active open)* sind die Rollen von Client und Server (aus TCP-Sicht) vollkommen symmetrisch. Insbesondere kann jeder der beiden beteiligten Rechner einen Verbindungsabbau einleiten. Der Verbindungsabbau kann dabei auf zwei Arten erfolgen: Beidseitig oder schrittweise einseitig. Halb geschlossene Verbindungen stammen vom Betriebssystem Unix, in dessen Umfeld TCP entstanden ist. Man unterscheidet dort halb geschlossene und halb offene Verbindungen [202]. Bei einer geschlossenen Verbindung wird der Hin- und Rückkanal der TCP-Verbindung mit Standard-eingaben und Standardausgaben repräsentiert (Datei), d. h. bei einer geschlossene Ver-bindung wird dem Prozess, der liest, das Ende signalisiert. Daraufhin antwortet der Adressat mit einer eigenen Datei, die wiederum der andere Empfänger weiter verarbeitet usw.

Eine Verbindung ist halb offen, wenn die eine Seite abstürzt, ohne dass es die andere Seite erkennt. Näheres dazu ist in [202] beschrieben.

Wichtig beim TCP ist die Verwendung von 2 Puffern, wie wir noch sehen werden. Senderseitig übermittelt die Applikation die zu sendenden Daten an das TCP und dieses puffert die Daten, um mehrere kleine Übertragungen effizienter anstelle einer einzigen großen Übertragung zu senden. Nachdem die Daten an den Empfänger übermittelt wur-den, landen sie im empfängerseitigen Puffer. Dieser verfolgt ähnliche Ziele. Wenn vom TCP mehrere einzelne Pakete empfangen wurden, ist es besser, diese zusammengefügt an die Applikation weiterzugeben.

8.4.3.1 Verbindungsaufbau

Der Verbindungsaufbau im TCP erfolgt folgendermaßen:

Ein Client, der eine Verbindung gemäß Abb. 8.14 aufbauen will, sendet zum Server ein SYN-Paket mit einer Sequenznummer y.

Die Sequenznummer y dient dabei der Sicherstellung der vollständigen Datenüber-tragung in der richtigen Reihenfolge und ohne Duplikate. Dads bedeutet, im TCP-Header ist das SYN-Bit zu 1 gesetzt. Die Start-Sequenznummer ist aus Sicherheits-gründen eine beliebige zufällige Zahl, deren Generierung von der jeweiligen Implemen-tierung abhängig ist.

Der Server empfängt das Paket. Ist der Port geschlossen, so antwortet er mit TCP-RST. Ist der Port geöffnet, bestätigt er den Empfang des ersten SYN-Pakets und akzep-tiert den Verbindungsaufbau. In diesem Fall sendet der Server SYN-ACK zum Sender zurück.

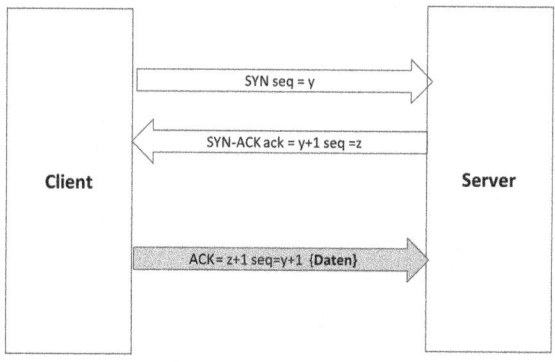

Abb. 8.14 Verbindungsaufbau zwischen Client und Server im TCP

Das gesetzte ACK-Flag im TCP-Header kennzeichnet diese Pakete, welche die Sequenznummer $y+1$ des SYN-Pakets im Header enthalten. Zusätzlich sendet er im Gegenzug seine Start-Sequenznummer z, die ebenfalls beliebig und unabhängig von der Start-Sequenznummer des Clients ist.

Der Client bestätigt zuletzt den Erhalt des SYN-ACK-Pakets durch das Senden eines eigenen ACK-Pakets mit der Sequenznummer $z+1$. Dieser Vorgang wird auch als „Forward Acknowledgement" bezeichnet. Aus Sicherheitsgründen sendet der Client den Wert $y+1$ (die Sequenznummer des Servers + 1) im ACK-Segment zurück.

Die Verbindung ist damit aufgebaut. Ist die Verbindung aufgebaut, so sind beide Kommunikationspartner gleichberechtigt, d. h. man kann in der TPC Schicht nicht erkennen, wer der Server und wer der Client ist.

Daher hat eine Unterscheidung dieser beiden Rollen in der weiteren Betrachtung keine Bedeutung mehr.

8.4.3.2 Verbindungsabbau

Nach Ablauf der Kommunikation wird die Verbindung abgebaut. Der Verbindungsabbau im TCP erfolgt gemäß Abb. 8.15 ähnlich.

Der geregelte Verbindungsabbau erfolgt ähnlich. Statt des SYN-Bits kommt das FIN-Bit zum Einsatz, welches anzeigt, dass keine Daten mehr vom Sender kommen werden. Der Erhalt des Pakets wird wiederum mittels ACK bestätigt. Der Empfänger des FIN-Pakets sendet zuletzt seinerseits ein FIN-Paket, das ihm ebenfalls bestätigt wird.

FIN und ACK können genau wie beim Verbindungsaufbau im selben Paket untergebracht werden. Die *Maximum Segment Lifetime* (MSL) ist die maximale Zeit, die ein Segment im Netzwerk verbringen kann, bevor es verworfen wird. Nach dem Senden des letzten ACKs wechselt der Client in einen zwei MSL andauernden Wartezustand. *Diese Wartezeit hat den Sinn, dass keine* verspäteten Segmente verworfen werden. Dadurch wird sichergestellt, dass keine verspäteten Segmente fehlinterpretiert werden können als Teil einer neuen Verbindung, die zufällig den gleichen Port benutzt. Außerdem wird eine

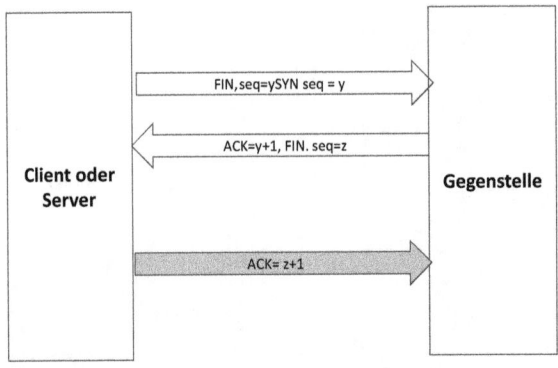

Abb. 8.15 **Verbindungsabbau** im TCP

korrekte Verbindungsterminierung sichergestellt. Es kann passieren, dass ACK $z + 1$ verloren geht, dann greift der Timer und sendet nach dessen Ablauf das LAST_ACK-Segment noch einmal.

Sind der SYN-ACK und FIN-ACK beim Verbindungsaufbau und beim Verbindungsabbau in einem Paket untergebracht (es wäre auch das Versenden von 2 Paketen möglich), so spricht man vom Drei-Wege-Handschlag, da nur noch drei Pakete versendet werden müssen. Weitere Einzelheiten sind in [203] nachzulesen.

8.4.3.3 TCP/IP-Segment-Größe

Wie bereits in Abb. 8.8 (IPv4) bzw. Abb. 8.10 (IPv6) hat ein TCP/IP-Segment von maximal 1500 Byte. Dabei muss TCP immer in die darunterliegende Schicht passen, in diesen Fall das Interprotokoll. IP Pakete sind theoretisch bis $2^{16} - 1 = 65.535$ Bytes spezifiziert. Diese IP Pakete werden meistens über den Ethernet II Frame übertragen, bei dem die Nutzdaten auf 64 (inkl. Padding) bis 1500 Bytes festgelegt sind (siehe Abschn. 8.1.4). Im Regelfall definieren IPv4 Header und TCP-Header ohne Zusatzoptionen je 20 Bytes, IPv6- und TCP-Header umfassen 60 Bytes, wodurch sich die Nutzdaten auf 1440 Bytes reduzieren. Da die meisten Internetanschlüsse Digital Subscriber-Line (DSL) (z. B. die von Telekom benutzte Übertragung auf der Bitübertragungsschicht mit üblich 100 Mbit/s [204] verwenden, kommt dort zusätzlich noch das Point-to-Point Protokoll hinzu, was zusätzliche 8 Byte für den PPP-Header benötigt [205]. DSL bezeichnet eine Reihe von Übertragungsstandards der Bitübertragungsschicht, bei der Daten mit hohen Übertragungsraten (bis zu 1000 Mbit/s) über einfache Kupferleitungen wie die Teilnehmeranschlussleitung gesendet werden.

Abb. 8.16 zeigt die Implementierung des PPP-Protokolls im Ethernet II Frame 2 mit Internet Protokoll IPv6 und TCP Header. Das PPP selbst zählt zur Sicherungsschicht. Es stehen nur noch 1432 Bytes zur Verfügung. Dies entspricht einer Nutzdatenrate von 95,5 %.

8.4.3.4 Aufteilung der Anwendungsdaten auf TCP/IP

Abb. 8.17 veranschaulicht die Prozedur und Funktionsweise der Aufteilung und Funktionsweise.

Der Sender und Empfänger einigen sich vor dem Datenaustausch über das Options-Feld auf die Größe die maximale Segmentgröße (MSS). Der Sender (Anwendung), im IPv4 Netz, der die Daten versenden möchte, ein Webserver, legt beispielsweise einen 6 KByte großen Datenblock im Puffer ab. Um mit einem 1460 Byte großen Nutzdatenfeld 6 KByte Daten zu versenden, teilt die TCP-Software die Daten auf 4 Pakete auf, fügt einen TCP-Header hinzu und versendet die 4 TCP-Segmente. Dieser Vorgang wird Segmentierung genannt. Der Datenblock im Puffer wird in Segmente aufgeteilt. Jedes Segment erhält durch die TCP-Software einen TCP-Header. Die TCP-Segmente werden nacheinander abgeschickt. Diese kommen beim Empfänger nicht notwendigerweise in derselben Reihenfolge an, in der sie versendet wurden, da im Internet unter Umständen jedes TCP-Segment einen anderen Weg nimmt. Damit die TCP-Software im Empfänger die Segmente wieder sortieren kann, ist jedes Segment nummeriert. Bei der Zuordnung der Segmente im Empfänger wird die Sequenznummer herangezogen.

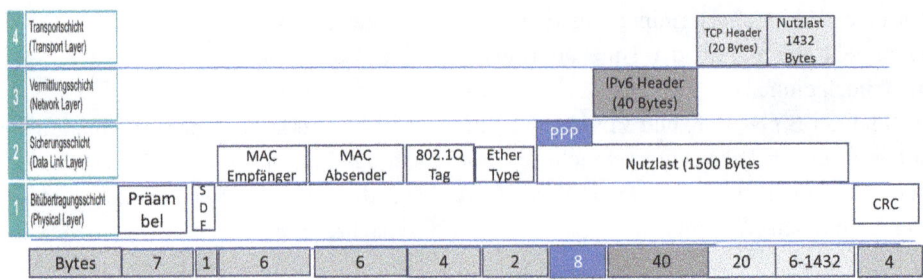

Abb. 8.16 Ethernet II Frame-, PPP-, Internet- Protocol, TCP-Stack

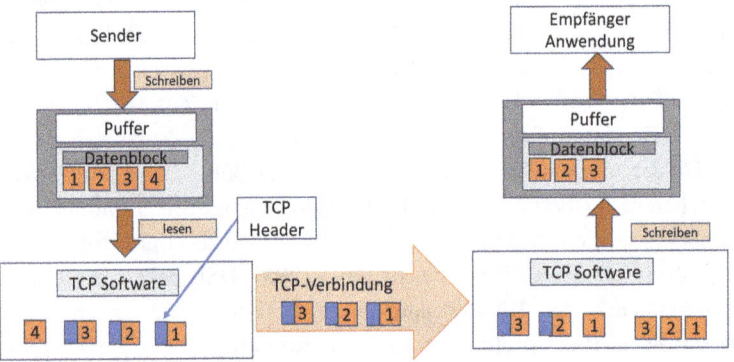

Abb. 8.17 Segmentierung der Nutzdaten

Die TCP-Software des Empfängers bestätigt diejenigen TCP-Segmente, die sie einwandfrei empfangen hat, d. h. die Prüfsumme muss korrekt sein.

Abb. 8.18 verdeutlicht das Senden und Empfangen mit den entsprechenden Statuskennzeichen.

1. *Schritt:* Der Sender schickt sein erstes TCP-Segment mit einer Sequenznummer SEQ = 1 (variiert) und einer Nutzdatenlänge von 1460 Bytes an den Empfänger.
2. *Schritt:* Der Empfänger bestätigt es mit einem TCP-Header ohne Daten (Daten = 0) mit ACK = 1461 und fordert somit das zweite TCP-Segment ab der Byte Nummer 1461 beim Sender an.
3. *Schritt:* Der Sender schickt das zweite Segment mit einem TCP-Segment 2 und SEQ = 1461, Daten = 1460 Byte an den Empfänger.
4. *Schritt:* Der Empfänger bestätigt es wieder mit einem ACK = 2921 und so weiter. Die Bestätigung des zweiten Segments kann entfallen, solange die Segmente zusammenhängend sind. Sendet er ACK = 2921, so wartet er auf das 3. Segment, beginnend mit dem Byte 2921.

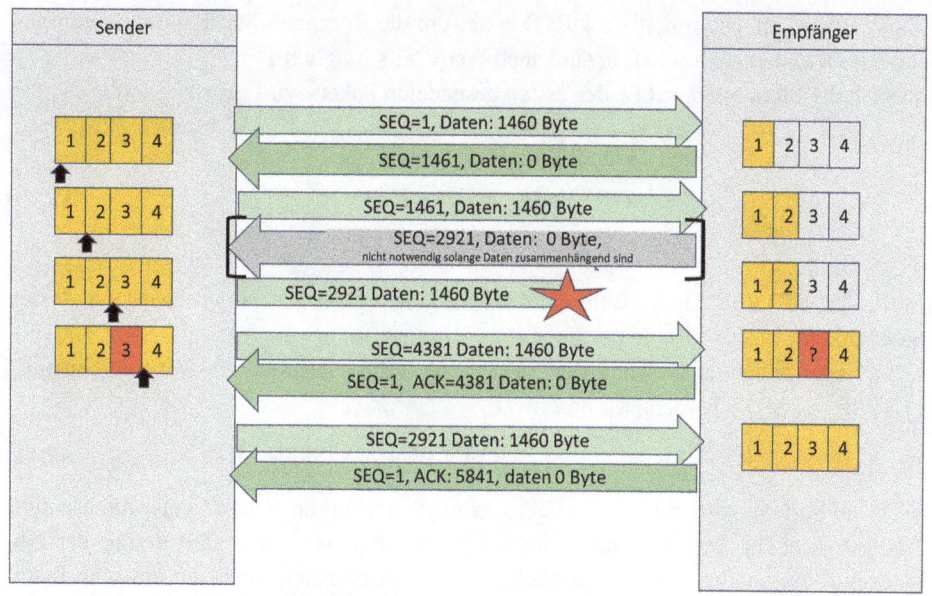

Abb. 8.18 Datentransfer in einem IPv4 Netz

5. *Schritt:* Der Sender verschickt nun beispielsweise Segment 3, das beim Empfänger nicht ankommt, weil es verloren gegangen ist.

6. *Schritt:* Da der Sender keine Bestätigung für die Segment 3 bekommt, läuft sein Timer ab und er verschickt das Segment 4 mit dem Byte 4381 beginnend einmal.

7. *Schritt: Nach Verschicken aller im Puffer* befindlichen Segmente 1–4 sendet der Sender das Segment 3 noch einmal (das mit dem Byte 2921 beginnt). Kommt das Segment 3 beim Empfänger an, so bestätigt er alle vier TCP-Segmente, sofern beide Seiten die TCP-Option SACK (Selective ACK) unterstützen. Der Sender startet für jedes TCP-Segment, welches er auf die Reise schickt, einen Retransmission Timer.

8.4.3.5 Retransmission Timer

Der Retransmission Timer dient der Feststellung, wann ein Paket im Netzwerk verloren gegangen ist. Hierzu darf für das Eintreffen einer Bestätigung (ACK) des Empfängers eine maximale Zeit nicht überschritten werden. Ein zu niedriger Timeout bewirkt, dass Pakete, die eigentlich korrekt angekommen sind, wiederholt werden; ein zu hoher Timeout bewirkt, dass bei tatsächlichen Verlusten das zu wiederholende Paket unnötig spät gesendet wird. Aufgrund unterschiedlicher Laufzeiten der zugrunde liegenden IP Pakete ist nur ein dynamisch an die Verbindung angepasster Timer sinnvoll. Die Details werden in RFC 6298 [206] wie folgt festgelegt:

Der Timeout (RTO = Retransmission Timeout) berechnet sich aus zwei beim Sender mitgeführten Statusvariablen [206], der geschätzten Round Trip Time (SRTT = Smoothed RTT) sowie deren Varianz (RTTVAR).

Initial wird angenommen, dass RTO = 1 s (um die Kompatibilität mit der älteren Version des Dokuments zu schaffen sind auch Werte >1 s möglich).

Nach der Messung der RTT des ersten gesendeten Pakets wird gesetzt:

- $SRTT := RTT$
- $RTTVAR := 0,5 * RTT$ (8.10)
- $RTO := RTT + 4 * RTTVAR$

(Sollte 4 * RTTVAR kleiner sein als die Messgenauigkeit des Timers, wird stattdessen diese addiert.)

Bei jeder weiteren Messung der RTT' werden die Werte aktualisiert (hierbei muss RTTVAR vor SRTT berechnet werden):

$$RTTVAR := (1 - \alpha) * RTTVAR + \alpha * \left| SRTT - RTT' \right| \qquad (8.11)$$

Auch die Varianz wird mit einem Faktor α geglättet; da die Varianz eine durchschnittliche Abweichung angibt (welche immer positiv ist), wird hier der Betrag der Abweichung von geschätzter und tatsächlicher RTT' verwendet, nicht die einfache Differenz. Es wird empfohlen, $\alpha = 1/4$ zu wählen.

$$SRTT := (1 - \beta) * SRTT + \beta * RTT' \qquad (8.12)$$

Es wird somit nicht einfach die neue RTT' gesetzt, sondern diese mit einem Faktor β geglättet. Es wird empfohlen, $\beta = 1/8$ zu wählen.

$$RTO := SRTT + 4 * RTTVAR \qquad (8.13)$$

Sollte 4*RTTVAR kleiner sein als die Messgenauigkeit des Timers, wird stattdessen diese addiert. Für den RTO gilt – unabhängig von der Berechnung – ein Minimalwert von 1 s; es darf auch ein Maximalwert vergeben werden, sofern dieser mindestens 60 s beträgt.

Durch die Wahl von 2er-Potenzen (4 bzw. 1/2, 1/4 etc.) als Faktoren, können die Berechnungen in der Implementierung durch einfache Shift-Operationen realisiert werden.

Zur Messung der RTT *muss* der Karn-Algorithmus [207] von Phil Karn verwendet werden. Das bedeutet, es werden nur diejenigen Pakete zur Messung verwendet, deren Bestätigung eintrifft, ohne dass das Paket zwischendurch erneut gesendet wurde. Der Grund dafür ist, dass bei einer erneuten Übertragung nicht klar wäre, welches der wiederholt gesendeten Pakete tatsächlich bestätigt wurde, sodass eine Aussage über die RTT eigentlich nicht möglich ist.

Wurde ein Paket nicht innerhalb des Timeouts bestätigt, so wird der RTO verdoppelt (sofern er noch nicht die optionale obere Schranke erreicht hat). In diesem Fall dürfen (ebenfalls optional) die für SRTT und RTTVAR gefundenen Werte auf ihren Anfangswert zurückgesetzt werden, da sie möglicherweise die Neuberechnung der RTO stören könnten.

8.4.4 Flusssteuerung und Staukontrolle

Nachdem wir in den letzten Abschnitten den Verbindungsaufbau und die Datenübertragung besprochen haben, kommen wir in diesem Abschnitt zur Flusskontrolle und
Staukontrolle bei TCP, die für eine reibungslose Funktion eine hohe Bedeutung haben.

Dabei werden das Sliding Window und das Congestion Window eingeführt. Der Sender wählt als tatsächliche Sendefenstergröße das Minimum aus beiden Fenstern [208].

Um eine zuverlässige Datenübertragung durch Sendewiederholungen zu gewährleisten, werden sogenannte ARQ-Protokolle (*Automatic Repeat reQuest* oder Automatische Wiederholungsanfrage) eingesetzt.

Die Flusssteuerung gemäß Abb. 8.19

Der Füllungsgrad des Puffers ändert sich laufend, da die Daten aus dem Puffer gelesen werden. Aus diesem Grund ist es notwendig, den Datenfluss dem Füllstand des
Puffers entsprechend zu steuern. Dies geschieht mit dem *Sliding Window* und dessen
Größe. Den Puffer des Senders erweitern wir, wie in der nebenstehenden Abbildung zu
sehen, auf 8 Segmente. Im Abb. 8.19 werden im Schritt 1 gerade die Segmente 1–4 im
IPv4-Protokoll (Payload 1460 Bytes) übertragen. Die Übertragung ist vergleichbar mit
dem Beispiel „Datentransfer". Obwohl der Puffer des Empfängers am Ende voll ist, fordert er mit ACK = 5841 die nächsten Daten ab dem Byte 5841 beim Sender an. Dies hat
zur Folge, dass das nächste TCP-Segment vom Empfänger nicht mehr verarbeitet werden kann (Ausnahme sind TCP-Segmente mit gesetztem URG-Flag). Mit dem ,Window-
Feld' (2 Byte) (siehe Abb. 8.13 – TCP Header) kann der Empfänger dem Sender mit-
teilen, dass er keine Daten mehr verschicken soll. Dies geschieht, indem er im Window-
Feld den Wert Null einträgt (Zero window). Der Wert Null entspricht dem freien
Speicherplatz im Puffer. Die Anwendung des Empfängers liest nun die Segmente 1–4
aus dem Puffer, womit wieder ein Speicherplatz von 5840 Byte frei ist. Damit kann er
im Schritt 2 die restlichen Segmente 5–8 mit einem TCP-Header, der die Werte SEQ = 1,
ACK = 5841 und Window = 5840 enthält, beim Sender anfordern. Der Sender weiß nun,
dass er maximal vier weitere TCP-Segmente an den Empfänger schicken kann, und ver-
schiebt das Window um vier Segmente nach rechts.

Abb. 8.19 Gleitendes Fenster
(Sliding Window)

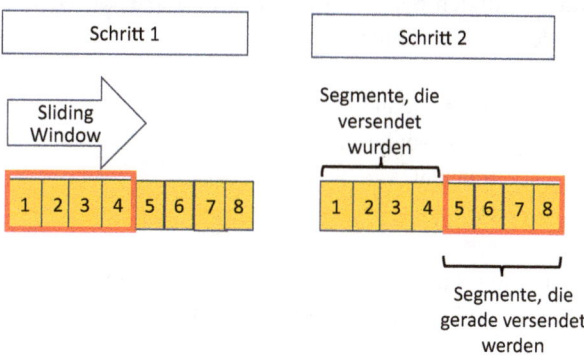

Die Segmente 5–8 werden nun alle zusammen als *Burst* verschickt. Kommen alle TCP-Segmente beim Empfänger an, so quittiert er sie mit SEQ = 1 und ACK = 11.681 (2* 5840+1= 11.682) und fordert die nächsten Daten an. Bei der Übertragung können Probleme auftreten, sodass weniger als der maximale mögliche Byte Wert erreicht wird, indem der Empfänger zu wenig Daten aus dem Puffer liest. Auch der Sender kann zu kleine Pakete absenden und dadurch Bandbreite verschwenden.

Dies nennt man Silly-Window-Syndrom (SWS) und ist ein typisches Problem in Computernetzwerken, das durch eine schlecht implementierte TCP-Flusssteuerung verursacht wird [209, 210].

Ein wichtiges Verfahren für die paketgesteuerte Übertragung mit TCP ist die Überlastungskontrolle. Diese spielt im Internet eine wichtige Rolle, da im Internet viele Netze unterschiedlicher Leistungsfähigkeiten zusammengeschaltet sind. Dadurch ist der Verlust von Datenpaketen weitaus häufiger als angenommen.

Wird beispielsweise eine Verbindung stark belastet, werden immer mehr Pakete verworfen, die entsprechend wiederholt werden müssen. Durch die Wiederholung steigt wiederum die Belastung, ohne geeignete Maßnahmen kommt es unvermeidlich zu einem Datenstau.

Deswegen wird von einem IP-Netz die Verlustrate permanent beobachtet. Abhängig von der Verlustrate wird die Senderate durch geeignete Algorithmen kontinuierlich beeinflusst [211]: Im Normalfall wird eine TCP/IP-Verbindung langsam gestartet (Slow-Start) und die Senderate schrittweise erhöht, bis es zum Datenverlust kommt. Ein Datenverlust verringert die Senderate, ohne Verlust wird sie wiederum erhöht. Insgesamt nähert sich die Datenrate so zunächst dem jeweiligen zur Verfügung stehenden Maximum und bleibt dann ungefähr dort. Somit wird eine Überbelastung vermieden.

Es gibt mehrere Algorithmen zur Überlastungssteuerung. Einen davon besprechen wir im Folgenden: Abb. 8.20 zeigt den Algorithmus in grafischer Form.

Gehen bei einer bestimmten Fenstergröße Pakete verloren, kann das festgestellt werden, wenn der Sender innerhalb einer bestimmten Zeit (Timeout) keine Bestätigung (ACK) erhält. Dann muss davon ausgegangen werden, dass das Paket aufgrund zu hoher Netzlast von einem Router im Netz verworfen wurde. D. h., der Puffer eines Routers ist vollgelaufen und es ist ein Stau im Netz aufgetreten. Um den Stau aufzulösen, müssen *alle* beteiligten Sender ihre Netzlast reduzieren. Dazu werden im RFC 2581 [212] folgende vier Algorithmen definiert:

- slow start avoidance
- congestion avoidance
- fast retransmit
- fast recovery

wobei slow start und congestion avoidance ebenso gemeinsam verwendet werden wie die zwei Algorithmen fast retransmit und fast recovery.

Abb. 8.20 Grafische Darstellung des Slow-Start-Algoritmus zur Stauvermeidung

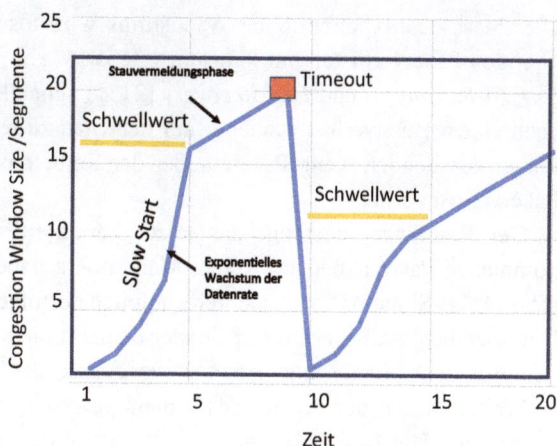

Abb. 8.20 zeigt einen typischen Verlauf zwischen der Stau-Fenster-Größe in Abhängigkeit der Zeit (Slowstart-Algorithmus).

Zu Beginn einer Datenübertragung dient der Slow-Start-Algorithmus zur Bestimmung des *Congestion Window (Überlastfenster)*, um einer möglichen Überlastsituation vorzubeugen. Staus sollen vermieden werden, da aber die momentane Auslastung des Netzes nicht bekannt ist, wird mit kleinen Datenmengen begonnen. Der Algorithmus startet mit einem kleinen Fenster von einer MSS (Maximum Segment Size), in dem Datenpakete vom Sender zum Empfänger übertragen werden.

Der Empfänger sendet anschließend eine Bestätigung (ACK) an den Sender zurück. Für jedes empfangene ACK wird die Größe des *Congestion Window* um eine MSS erhöht. Da für jedes versandte Paket bei erfolgreicher Übertragung ein ACK geschickt wird, führt dies innerhalb einer Roundtrip-Zeit zu einer Verdopplung des Congestion Windows. In dieser Phase gibt es also ein exponentielles Wachstum der Datenübertragung.

Wenn das Fenster beispielsweise das Versenden von zwei Paketen gestattet, so erhält der Sender auch zwei ACKs und erhöht das Fenster daher um 2 auf 4. Dieses exponentielle Wachstum wird so lange fortgesetzt, bis der sogenannte Slow-Start Threshold (Schwellwert für den langsamen Start) erreicht wird. Die Phase des exponentiellen Wachstums wird auch Slow Start Phase genannt.

Danach wird das Congestion Window nur noch um ein Segment erhöht, wenn alle Pakete aus dem Fenster erfolgreich übertragen wurden. Es wächst also pro Roundtrip-Zeit nur noch um ein Segment, also nur noch linear. Diese Phase wird als *Congestion Avoidance Phase*. Das Wachstum wird beendet, wenn das vom Empfänger festgelegte Empfangsfenster erreicht worden ist (siehe auch Fluss-Steuerung).

Bei einem Timeout, wird das *Congestion Window* wieder auf 1 zurückgesetzt und der *Slow-Start Threshold* wird auf die Hälfte der *Flight Size* (Flight Size ist die Anzahl an Paketen, die verschickt, aber noch nicht quittiert wurden) [213] heruntergesetzt.

Die Phase des exponentiellen Wachstums wird also verkürzt, sodass das Fenster bei häufigen Paketverlusten nur langsam wächst.

Fast-Retransmit und *Fast-Recovery* [213] („schnelles Erholen') werden eingesetzt, um nach einem Paketverlust schneller auf den Stau zu reagieren. Dazu informiert ein Empfänger den Sender, wenn Pakete außer der Reihe ankommen und somit dazwischen ein Paketverlust vorliegt.

Der Empfänger bestätigt das letzte korrekte Paket erneut für jedes weitere ankommende Paket außer der Reihe. Man spricht dabei von *Duplicate Acknowledgments (Dup-Acks)*-Situation, also mehrere aufeinanderfolgende Nachrichten, welche dasselbe Datensegment ACK haben. Der Sender bemerkt die duplizierten Bestätigungen und nach dem dritten Duplikat sendet er sofort, vor Ablauf des Timers, das verlorene Paket erneut.

Weil nicht auf den Ablauf des Timers gewartet werden muss, heißt das Prinzip Fast Retransmit. Die *Dup-Acks* sind auch Hinweise darauf, dass zwar ein Paketverlust stattfand, aber doch die folgenden Pakete angekommen sind.

Das Sendefenster wird nach dem Fehler nur halbiert und nicht wie beim Timeout wieder mit Slow-Start begonnen. Zusätzlich kann das Sendefenster noch um die Anzahl der *Dup-Acks* erhöht werden, denn jedes steht für ein weiteres Paket, welches den Empfänger erreicht hat, wenn auch außer der Reihe. Da dadurch nach dem Fehler schneller wieder die volle Sendeleistung erreicht wird, nennt man das Prinzip Fast-Recovery [213].

Staukontrolle ist ein großes Forschungsfeld und es gibt noch viele weitere Algorithmen. Beispielhaft seien TCP Tahoe,TCP-Reno, TCP Cubic, TCP Vegas, fuzzy XCP genannt [214].

Zum Abschluss dieses Abschnittes noch ein Beispiel bei dem im TCP-Header das Optionsfeld genutzt wird: Es handelt sich um das Selective ACK (SACK). Dieses Flag dient dazu, um noch mehr Kontrollfunktionen über die Datenübertragung vom Empfänger an den Sender zu versenden. In diesem Optionsfeld kann der Sender genau erkennen, welche Pakete bereits vollständig angekommen sind und welche nicht. Als bestätigt gelten diese jedoch erst, wenn der Empfänger das ACK-Flag gesetzt hat.

Tab. 8.14 zeigt zusammenfassend im Vergleich die Ablaufsteuerung zur Staukontrolle [214].

8.4.5   TCP Prüfsumme und TCP Pseudoheader

Der Pseudo-Header ist eine Zusammenstellung von Teilen des TCP-Headers und Teilen des Headers des einkapselnden IP Paketes. Der TCP Pseudoheader dient der Berechnung der TCP-Checksum.

Falls IP mit TCP eingesetzt wird, ist es empfehlenswert, den Header des IP Paketes mit in die Sicherung von TCP aufzunehmen. Dies gilt für IPv4 gleichermaßen wie für IPv6. Dadurch ist die Zuverlässigkeit seiner Übertragung garantiert. Deswegen bildet man den IP-Pseudo-Header. Er besteht aus IP-Absender- und Empfängeradresse, einem

Tab. 8.14 Vergleich von Ablaufsteuerung und Staukontrolle

Grundlage für den Vergleich	Ablaufsteuerung	Staukontrolle
Hauptaufgabe	Es steuert den Verkehr von einem bestimmten Sender zu einem bestimmiten Empfänger	Sie steuert den Datenverkehr. Der in das Netzwerk gelangt
Zweck	Sie verhindert, dass der Empfänger von den Daten überfordert wird	Sie verhindert, das das Netzwerk überlastet wird
Verantwortung	Die Flusskontrolle liegt in der Datenverbindungschicht und der Transportschicht	Die Überlastungskontrolle liegt in der Verantwortung der Netzwerk- und Transportschicht
Verantwortlich für	die Übertragung von zusätzlichen Verkehr auf der Empfängerseite	zusätzlichen Verkehr in das Netzwerk einzuphasen
Vorsichtsmaßnahmen	Langsamere Übertragung der Daten an den Empfänger	Die Transportschicht überträgt die Daten langsam in das Netzwerk
Methoden	Rückkopplungsbasierte und ratenbasierte Flusssteuerung	verkehrsorientiertes Routing und Zugangskontrolle

Null-Byte, einem Byte, das angibt, zu welchem Protokoll die Nutzdaten des IP Pakets gehören und der Länge des TCP-Segments mit TCP-Header.

Die Berechnung der Prüfsumme für IPv4 ist in RFC 793 definiert [192]. Die Prüfsummenberechnung für IPv6 ist im RFC 2460 angegeben [215].

Da es sich im Fall des Pseudo-Headers immer um IP Pakete handelt, die TCP-Segmente transportieren, ist dieses Byte auf den Wert 6 gesetzt. Der Pseudo-Header wird für die Berechnung der Prüfsumme vor den TCP-Header gelegt. Anschließend berechnet man die Prüfsumme. Die Summe wird im Feld „checksum" abgelegt und das Fragment versendet. Der Pseudo-Header wird prinzipiell nie versendet. Details hierzu sind in [192, 215] nachzuvollziehen. Stattdessen erstellt der Empfänger ebenfalls den Pseudo-Header und führt anschließend dieselbe Berechnung aus. Das Checksumfeld wird dabei nicht auf 0 gesetzt. Dadurch müsste das Ergebnis FFFF (Hexadezimal) sein. Ist dies nicht der Fall, so wird das TCP-Segment ohne Nachricht verworfen. Die Folge ist dass der RTT-Timer beim Absender abläuft und das TCP-Segment noch einmal abgeschickt wird.

8.5   UDP Datagram Protocol

Neben dem TCP Protokoll gibt es noch das häufig in Echtzeitanwendungen verwendete *UDP Datagram Protocol* [216]. UDP ist ein minimales verbindungsloses Netzwerkprotokoll, das zu der Transportschicht (OSI Modell) der Internetprotokollfamilie gehört und in Anwendungen z. B. mit PROFINET oder OPC UA verwendet wird UDP ermöglicht somit den Versand von sogenannten Datagrams in IP-Computernetzwerken. Begonnen wurde die Entwicklung bereits 1977 als man für die Echtzeitübertragung von Sprache ein einfacheres Protokoll als das TCP Protokoll benötigte.

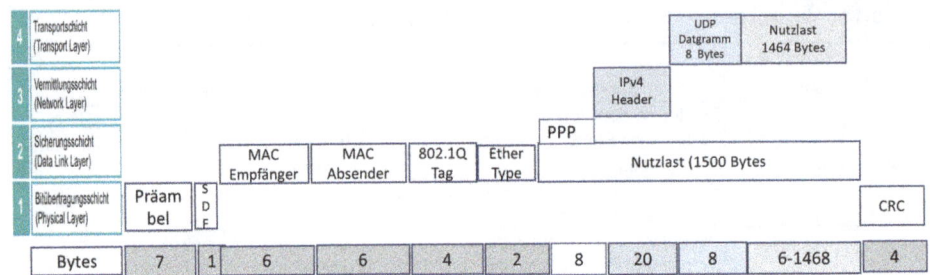

Abb. 8.21   UDP im OSI Modell mit Point to Point Protocol (PPP) und IPv4 im Zusammenhang

8.5.1   UDP Datagram Protocol und OSI Modell

Das UDP Datagram umfasst 12 Byte (96 Bit) und ist wie in Abb. 8.21 gezeigt im OSI Modell in Schicht 4 anstelle des TCP Protocolls angesiedelt, zusammen mit IPv4 dargestellt.

Der UDP Header besteht aus vier Datenfeldern, die jeweils 2 Byte (16 Bit) groß sind. Abb. 8.22 zeigt den UDP- Header im Detail.

Beschreibung des Protokolls [216]

Quellport
Der Quellport gibt die Port-Nummer des Senders an. Diese Information wird benötigt, damit der Empfänger auf das Paket antworten kann. Da UDP verbindungslos ist, ist der Quell-Port optional und kann auf den Wert „0" gesetzt werden. Dies gilt jedoch nur für den Fall, dass keine Antwortpakete erwartet werden und nur Pakete zum Empfänger gesendet werden sollen.

Zielport
Der Zielport gibt an, welcher Prozess das Paket empfangen soll.

Länge
Das Längenfeld gibt die Länge des Datagrams, bestehend aus den Daten und dem Header, in Bytes an. Der kleinstmögliche Wert ist 8 Bytes. Das Längenfeld legt eine theoretische Obergrenze von $2^{16} - 1 = 65.535$ Bytes: 8 Byte Header $+ 65.527$ Bytes Nutzdaten fest. Die tatsächlich verfügbare Länge der Nutzdaten ist bedingt durch das zu-

Abb. 8.22   UDP Datagram

Quellport	Zielport	Länge	Prüfsumme
2 Byte	2 Byte	2 Byte	2 Byte

grunde liegende IP-Protokoll jedoch auf 65.507 Bytes (65.535–8 Byte UDP Header –
20 Byte IP Header) bei Verwendung von IPv4 und 65.487 Bytes (65.535–8 Bytes UDP
Header – 40 Bytes IPv6 Header) bei Nutzung von IPv6 beschränkt [217].

Prüfsumme

Im Prüfsummenfeld kann eine 16 Bit große Prüfsumme mitgesendet werden. Die Prüfsumme wird über den sogenannten Pseudo-Header, den UDP Header und die Daten gebildet. Die Prüfsumme ist optional, wird aber in der Praxis fast immer benutzt.

Wird die Prüfsumme nicht genutzt, wird diese auf „0" gesetzt [216].

Datenfeld

Das Datenfeld enthält die eigentlichen Nutzdaten (Payload). Das Feld ist optional und
kann theoretisch auch komplett fehlen, was in der Praxis aber nie vorkommt. Das Datenfeld besteht immer aus einer geraden Anzahl von Bytes. Am Ende freibleibende Oktette
werden mit Nullen aufgefüllt.

Für die Übertragung des UDP Paketes ist das Internetprotokoll IPv4 bzw. IPv6 vorgesehen. Dies setzt vor das UDP Paket seinen IP relevanten Header. Für das Berechnen
der Prüfsumme werden Teile in einen sogenannten Pseudo-Header übernommen. Der
Pseudo-Header wird nicht übertragen, sondern lediglich für die Berechnung der Check-
Summe verwendet. Dieser Pseudo-Header existiert auch bei TCP, jedoch ist er ungleich
aufwendiger.

Abb. 8.23 zeigt die Pseudo Header für die Internetprotokolle IPv4 und IPv6.

Die Berechnung der Checksum ist in RFC 6935 [218] eingehend beschrieben.

Nur wenn das Prüfsummenfeld des empfangenen Paketes aus Nullen besteht, ist das
Datensegment in Ordnung, ansonsten muss er den Prüfalgorithmus aus [216] anwenden.

8.5.2   Funktionsweise des UDP

Das UDP Protokoll hat folgende Charakteristika:
Das UDP hat folgende Eigenschaften:

- verbindungslos,
- nicht-zuverlässig
- ungesichertes Übertragungsprotokoll
- ungeschütztes Übertragungsprotokoll

Es ist aus Geschwindigkeitsgründen gegenüber dem TCP soweit reduziert, dass es in
Echtzeit arbeiten kann. Das bedeutet, es gibt keine Garantie, dass ein einmal gesendetes
Paket auch ankommt. Auch die Reihenfolge der Pakete ist nicht gegeben. Auch kann
es vorkommen, dass ein gesendetes Datenpaket mehrmals beim Empfänger ankommen
kann.

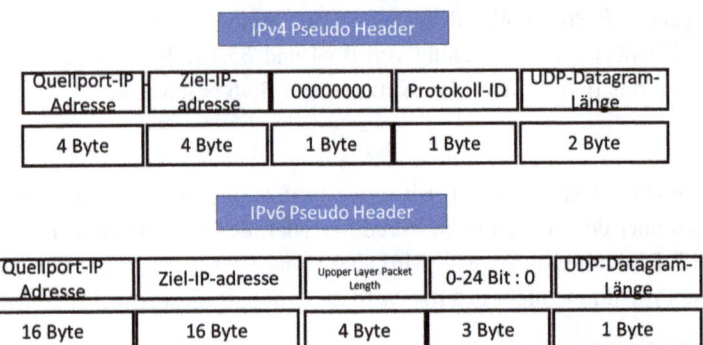

Abb. 8.23 Pseudo Header für Ipv4 und IPv6

Es gibt auch keine Gewähr dafür, dass die Daten unverfälscht beim Empfänger eintreffen oder für Dritte zugänglich sind.

Eine Anwendung, die UDP nutzt, muss daher gegenüber verlorengegangenen und unsortierten Paketen unempfindlich sein oder selbst entsprechende Korrekturmaßnahmen und ggf. auch Sicherungsmaßnahmen vorsehen.

Da vor Übertragungsbeginn keine Verbindung aufgebaut werden muss, können beide Kommunikationsteilnehmer schneller mit dem Datenaustausch beginnen. Das fällt vor allem bei Anwendungen ins Gewicht, bei denen nur kleine Datenmengen ausgetauscht werden müssen. Einfache Frage-Antwort-Protokolle wie DNS (Domain Name System) verwenden zur Namensauflösung hauptsächlich UDP, um die Netzwerkbelastung gering zu halten und damit den Datendurchsatz zu erhöhen. Ein Drei-Wege-Handschlag wie bei TCP für den Aufbau der Verbindung würde in diesem Fall ein viel zu großen Overhead zur Folge haben.

Die ungesicherte Übertragung bietet aber den Vorteil von geringen Übertragungsverzögerungsschwankungen: Geht bei einer TCP-Verbindung ein Paket verloren, wird es automatisch neu angefordert. Das braucht Zeit, die Übertragungsdauer kann daher schwanken, was für Multimediaanwendungen schlecht ist. Bei der Telefonie (VoIP: Voice over IP) käme es zu plötzlichen Aussetzern, bzw. die Wiedergabepuffer müssten größer angelegt werden. Bei verbindungslosen Kommunikationsdiensten bringen verlorengegangene Pakete dagegen nicht die gesamte Übertragung in Verzug, sondern vermindern lediglich die Qualität, d. h. bei Telefonie versteht man zum Teil nur schlechter.

IP löscht Pakete etwa bei Übertragungsfehlern oder bei Überlast. Datagrams können daher fehlen. UDP bietet hierfür keine Erkennungs- oder Korrekturmechanismen, wie etwa TCP. Im Falle von mehreren möglichen Routen zum Ziel kann UDP bei Bedarf neue Wege wählen. Beim TCP ist es in seltenen Fällen möglich, dass später gesendete Daten früher gesendete überholen.

Außerdem kann bei UDP ein einmal abgesendetes Datenpaket mehrmals beim Empfänger eintreffen.

UDP verwendet Ports, um versendete Daten dem richtigen Programm auf dem Zielrechner zukommen zu lassen. Dazu enthält jedes Datagramm die Portnummer des Dienstes, der die Daten erhalten soll. Diese Erweiterung der Host-zu-Host-Übertragung des Internet Protokoll auf eine Prozess-zu-Prozess-Übertragung wird als Anwendungsmultiplexen und -demultiplexen bezeichnet.

Zusätzlich bietet UDP die Möglichkeit einer Integritätsüberprüfung an, indem eine Prüfsumme mitgesendet wird. Durch dies Maßnahme können fehlerhaft übertragene Datagramme erkannt und verworfen werden.

Neben UDP gibt es für noch schnelleren Datenverkehr *UDP Light*, das in der RFC 3828 spezifiziert ist [219]. UDP Lite ist kompatibel zu UDP [219], das bedeutet ein reguläres UDP-Paket entspricht immer auch UDP-Lite. Dies ist umgekehrt nicht immer der Fall, da UDP-Lite einen höheren Freiheitsgrad im Sinne der Übertragungsgeschwindigkeit und eine geringere Verzögerung hat.

Kleinere Fehler bei UDP-Lite werden akzeptiert. Das trifft zu für Livevideo- und Audioübertragungen, die aus gesagten Gründen oft UDP als Transportprotokoll benutzen. Ist ein Bit im UDP-Datenpaket fehlerhaft, so werden alle Daten des Pakets verworfen. Dies können mehrere tausend Bits sein. Würde das Paket jedoch mit dem fehlerhaften Bit verwendet, wäre der Fehler womöglich je nach Codierung unhörbar oder unsichtbar.

8.6   TCP/IP Protokollsuite

Zum Abschluss des Abschnittes über TCP/IP (Transmission Control Protocol/Internet Protocol behandeln wir noch die TCP/IP-Protokollsuite.

TCP/IP ist eine Reihe von Kommunikationsprotokollen, die zur Verbindung von Netzwerkgeräten im Internet in unterschiedlichster Art und Weise verwendet werden. TCP/IP wird auch neben dem industriellen Einsatz auch in einem privaten Computernetz (Internet oder Extranet) eingesetzt. Die gesamte TCP/IP-Suite, die eine Reihe von Regeln und Verfahren beinhaltet wird kurz auch TCP/IP genannt. TCP und IP sind die beiden wichtigsten Protokolle, obwohl die Suite auch noch andere Protokolle enthält. Die TCP/IP Protokollsuite fungiert als Abstraktionsschicht zwischen Internetanwendungen und den Routing- und Switching-Vorgängen.

Das TCP/IP-Suite ist eine Protokollfamilie für die Vermittlung und Transport von Datenpaketen in einem dezentral organisierten Netzwerk. Es wird im LAN und WLAN verwendet. Die Erfolgsstory von Internet basiert zum großen Teil auf den Protokollen rund um TCP/IP. Das Internetprotokoll (IP) ist auf der Vermittlungsschicht des OSI-Schichtenmodell (Schicht 3), das Transmission Control Protocol (TCP) auf der Transportschicht (Schicht 4) angesiedelt. TCP/IP ist das Rückgrat des DoD- Schichtenmodells (Department of Defense) [220].

Mit der grundlegenden Idee, den physikalischen Layer extrem zu minimieren, konnten später viele Netzwerke zusammengeschlossen werden.

Funktionsmäßig sieht es heute so aus, immer wenn wir uns mit dem Internet verbinden, stellen wir mit wenigen Anweisungen eine Verbindung zwischen Router und Computer (drahtgebunden) oder Handy (drahtlos) her. Die Anmeldung im Netzwerk funktioniert ebenso automatisch wie der Bezug einer individuellen Internetadresse, die für das Empfangen und Senden von Daten benötigt wird. Ermöglicht wird das durch die Zusammenfassung von verschiedenen Internet-Protokollen in der **TCP/IP Suite** [221]. Im Folgenden werden noch einmal die in der Protokoll Suite wichtigsten Protokolle und Programme in ihrer Funktionalität Kurzform dargestellt.

Die TCP/IP Suite enthält u. a. folgende wichtige Protokolle für die Automatisierung:

- **IP** (Internet Protokoll) IPv4 und IPv6. Beide Protokolle liefern Datenpakete vom Sender (Source Host) zum Empfänger (Destination Host).
- **HTPPS** (Hypertext Transfer Protocol) (HTPPS) [222]; Einführung 1991; aktuelle Version 2(2015); HTTP ist in der Anwendungsschicht des OSI Modells angesiedelt.
- **FTP** (File Transfer Protocol) [223] ist in der Anwendungsschicht angesiedelt und führt den Filetransfer zwischen verschiedenen Host Computern durch
- **UDP** (User Datagram Protocol) [224, 225] ist ein verbindungsloses ungesichertes Protocol für Datentransfer und Multiplexen von Verbindungen.
- **TCP** (Transmission Control Program) ist ein verbindungsorientiertes Protokoll mit kontrollierten Datenaustausch zwischen zwei Computern [226]. TCP befindet sich im OSI Modell in der Transportschicht und legt fest, wie die im Netzwerk befindlichen Geräte Daten auszutauschen haben.
- **ICPM** (Internet Control Message Protocol) dient zur Detektion und Meldungen von Netzwerkfehlern und legt Funktionalitäten fest. Es befindet sich in der der Internetschicht des OSI Modells. Es ist sowohl für IPv4 (Internetschicht) als auch für IPv6 (Internetschicht) verfügbar. Über den ICMP-Header werden die Pakettypen definiert [227].
- **ARP** (Address Resolution Protocol) verbindet Internetadressen mit MAC Adressen und arbeitet auf der Sicherungsschicht (Schicht 2 des OSI Modells) [228].
- **DNS** (Domain Name System) unterstützt den direkten Datenverkehr im Internet, indem es Domainnamen mit tatsächlichen Webservern verbindet. Es arbeitet auf der Anwendungsschicht [229]. DNS wird üblicherweise vom Internet Service Provider zur Verfügung gestellt.
- **Telnet (Telekommunikationsnetzwerk)**– wird verwendet, um eine Verbindung herzustellen und Befehle auf einem Remote-Computer auszugeben [230].
- **SNMP** (Simple Network Management Protocol), neueste Version SNMPv3 (Netzwerkverwaltungsprotokoll) ist ein Netzwerkprotokoll, das von der IETF entwickelt wurde, um Netzwerkelemente (z. B. Router, Server, Switches, Drucker, Computer, usw.) von einer zentralen Station aus überwachen und steuern zu können. Das Protokoll regelt dabei die Kommunikation zwischen den überwachten Geräten und der Überwachungsstation [231].
- **NDP** (Neighbor Discovery Protocol) ist ein IPv6-Protokoll zum Austausch link-lokaler Nachrichten wie Router Discovery und Neighbor Discovery. NDP-Nachrichten

sind Bestandteil von ICMPv6 und dürfen nicht in andere Netze gelangen. NDP vereint die Funktionen von ARP, RARP und IGMP bei IPv4, und erfüllt noch weitere Aufgaben., das mit Internet Protocol Version 6 (IPv6) verwendet wird [232].

- **ECN** (Explizite Überlastungsbenachrichtigung oder Explicit Congestion Notification) ist eine Erweiterung des Internetprotokolls und des Übertragungssteuerungsprotokolls und wird in RFC 3168 (2001) definiert. ECN ermöglicht eine Ende-zu-Ende-Benachrichtigung über Netzwerküberlastungen, ohne Pakete zu verwerfen [233].
- **IGMP** (Internet Group Management Protocol) ist ein Netzwerkprotokoll der Internetprotokollfamilie und dient zur Organisation von Multicast-Gruppen. IGMP benutzt wie ICMP das Internet Protocol (IP) und ist Bestandteil von IP auf allen Hosts, die den Empfang von IP-Multicasts unterstützen [234].
- **IPsec** Internet Protocol Security ist eine Protokoll-Suite, die eine gesicherte Kommunikation über potenziell unsichere IP-Netze wie das Internet ermöglichen soll. IPsec arbeitet direkt auf der Vermittlungsschicht (Internet Layer, entspricht OSI Layer 3) [235].
- **DCCP** (Datagram Congestion Control Protocol) DCCP ist ein Netzwerkprotokoll der Transportschicht. Es wird etwa zur Übertragung von Medienströmen in IP-Netzen verwendet, wenn ein Staukontrollmechanismus (zur dynamischen Anpassung der Senderate an die tatsächlich verfügbare Datenübertragungsrate) eingesetzt werden soll. Denn das Protokoll TCP bringt nämlich durch seine erzwungenen Bestätigungen Nachteile bei der rechtzeitigen Zustellung von „Echtzeitdaten" mit sich [236].
- **SCTP** (Stream Control Transmission Protocol) ist ein zuverlässiges, verbindungsorientiertes Netzwerkprotokoll. Es gehört zur Transportschicht und setzt auf einem in der Regel unzuverlässigen, verbindungslosen Paketdienst [237].
- **RSVP** (Resource Reservation Protocol) Das RSVP ist ein Signalisierungsprotokoll im Internet-Protocol-Stapel. Es erlaubt Empfängern außerhalb einer Multicast-Gruppe, deren Dienstanforderungen festzulegen [238]
- **QUIC** (Schnelles Transportprotokoll) ist ein universelles Transportschicht Netzwerkprotokoll, das ursprünglich von Jim Roskind bei Google entworfen wurde, implementiert und 2012 eingesetzt wurde. 2013 wurde das Protokoll öffentlich angekündigt wurde und auf einer IETF beschrieben. QUIC findet Anwendung in mehr als der Hälfte aller Verbindungen vom Chrome-Webbrowser zu den Servern von Google [239, 240].
- **DHCP** (Dynamic Host Configuration Protocol für IPv6) ist ein Kommunikationsprotokoll in der Anwendungsschicht und ermöglicht die Zuweisung der Netzwerkkonfiguration an Clients durch einen Server. DHCP wurde im RFC 2131 bzw. RFC3315 definiert und bekam von der Internet Assigned Numbers Authority die UDP-Ports 67 und 68 zugewiesen [241].
- **HTTPS** (Hypertext Transfer Protocol Secure) ist ein „Sicheres Hypertext-Übertragungsprotokoll" in der Anwendungsschicht. Es ist uns vom WWW sehr gut vertraut. Das Übertragungsprotokoll ist sozusagen die Sprache, in der sich der

Webclient, in der Regel der Webbrowser, und der Webserver miteinander verständigen. HTTPS ist diejenige Version des Übertragungsprotokolls, die mit einer verschlüsselten Kommunikation operiert [242].

- **BGP** (Border Gateway Protocol) ist das im Internet eingesetzte Routingprotokoll und verbindet autonome Systeme (AS) miteinander. Diese autonomen Systeme werden in der Regel von Internetdienstanbietern gebildet [243].
- **IMAP** (Internet Message Access Protocol) ist ein Netzwerkprotokoll, das ein Netzwerkdateisystem für E-Mails bereitstellt. Das Protokoll wurde in den 1980er Jahren mit dem Aufkommen von Personal Computern entworfen, um bei der E-Mail-Kommunikation Abhängigkeiten von einzelnen Client-Rechnern zu eliminieren [244].
- **IRC** (Internet Relay Chat) (RF1459) bezeichnet ein textbasiertes Chat-System. Es ermöglicht Gesprächsrunden mit einer beliebigen Anzahl von Teilnehmern in sogenannten Gesprächskanälen („Channels"), aber auch Gespräche mit nur zwei Partnern (Query) [245].
- **LDAP** (Lightweight Directory Access Protocol) ist ein Netzwerkprotokoll zur Abfrage und Änderung von Informationen verteilter Verzeichnisdienste. Seine aktuelle und dritte Version ist in RFC 4510 bis RFC 4532 spezifiziert, das eigentliche Protokoll in RFC 4511 [246].
- **TLS/SSL** (Transport Layer Security) auch bekannt unter der Vorgängerbezeichnung Secure Sockets Layer (SSL), ist ein Verschlüsselungsprotokoll zur sicheren Datenübertragung im Internet und ist im OSI Modell in der Darstellungsschicht 6, unterhalb der Anwendungsschicht angesiedelt TLS besteht aus den beiden Hauptkomponenten TLS Handshake und TLS Record [247].
- **XMPP** (Extensible Messaging and Presence Protocol oder erweiterbares Nachrichten- und Anwesenheitsprotokoll) ist ein offener Standard eines Kommunikations-Protokolles, welches von der Internet Engineering Task Force (IETF) als RFC 6120, RFC 6121 und RFC 6122 veröffentlicht wurde. XMPP basiert auf dem XML-Standard und ermöglicht den Austausch von Daten. Es wird auch für Instant Messaging eingesetzt [248, 249].
- **STMP** (Simple Mail Transfer Protocol) ist ein Protokoll der Internetprotokollfamilie, das zum Austausch von E-Mails in Computernetzen dient. Es wird dabei vorrangig zum Einspeisen und zum Weiterleiten von E-Mails verwendet [250].
- **MGCP** (Gateway Control Protocol) steuert als Netzwerkprotokoll VoIP-Gateways. MGCP ist in RFC 2705 beschrieben und ist ein Master/Slave-Protokoll, welches die Steuerinformationen in Klartext überträgt. Das VoIP-Gateway arbeitet als Slave und wird von einer Vermittlungseinrichtung (z. B. VoIP-Telefonanlage) gesteuert [251].
- **MQTT** (MQ Telemetry Transport) ist ein offenes Netzwerkprotokoll für Machine-to-Machine-Kommunikation (M2M), das die Übertragung von Telemetriedaten in Form von Nachrichten zwischen Geräten ermöglicht. Dabei kann es aber zu hohen Verzögerungen oder zur Beschränkung der Netzwerke kommen. Entsprechende Geräte reichen von Sensoren und Aktoren, Mobiltelefonen, Eingebetteten Systemen in Fahrzeugen oder Laptops bis zu voll entwickelten Rechnern [252].

- **NNTP** (Network News Transfer Protocol) ist ein Übertragungsprotokoll für Nachrichten in Newsgroups. Es wird im Usenet verwendet. Seine Spezifikationen wurden im RFC 977 (1986) festgelegt [253].
- **NTP** (Network Time Protocol) ist ein Standard, um intelligente Endgeräte über das Internet mit einer Uhrzeit zu versorgen (Industrie 4.0). Die Synchronisierung von Echtzeituhren in Computersystemen wird mit paketbasierten Kommunikationsnetzen umgesetzt. NTP kann mit beiden Verbindungsprotokollen TCP und UDP der vierten Schicht des OSI Modells arbeiten [254].
- **OSPF** Open Shortest Path First bezeichnet ein von der IETF entwickeltes Link-State-Routing-Protokoll. Es ist im RFC 2328 bzw. RCF 5187 festgelegt und basiert auf dem von Edsger W. Dijkstra entwickelten „shortest-path"-Algorithmus, OSPF ist m. E. das am häufigsten verwendete Interior Gateway Protocol (IGP) in großen Unternehmensnetzen [255].
- **PTP** (Precision Time Protocol) ist ein Netzwerkprotokoll, das die Synchronität der Uhrzeiteinstellungen mehrerer Geräte in einem Computernetzwerk bewirkt. PTP kann in Hardware-Ausführung eine Genauigkeit im Bereich von Nanosekunden und in Software-Ausführung im Bereich weniger Mikrosekunden erzielen [256].
- **POP** (Post Office Protocol) ist ein Netzwerkprotokoll in der Anwendungsschicht, über das ein E-Mail-Programm E-Mails von einem E-Mail-Server abholen kann. POP wurde1984 erstmals beschrieben. Version 3 (POP3) von 1988 wird im RFC 1939 beschrieben. POP3 ist in der Funktionalität sehr beschränkt und erlaubt nur das Auflisten, Abholen und Löschen von E-Mails am E-Mail-Server [257].
- **ONC/RPC** Open Network Computing (ONC) Remote Procedure Call (RPC), allgemein bekannt als Sun RPC (RFC 5531), ist ein Remote-Prozeduraufrufsystem. ONC wurde ursprünglich von Sun Microsystems in den 1980er Jahren im Rahmen des Network File System-Projekts entwickelt. ONC basiert auf Aufrufkonventionen, die in Unix und der Programmiersprache C verwendet werden [258].
- **RTP** (Real-Time Transport Protocol) ist ein Echtzeit Protokoll zur kontinuierlichen Übertragung von audiovisuellen Daten (Video- und Audio-Streams) über IP-basierte Netzwerke. Das Protokoll wurde erstmals 1996 im RFC 1889 standardisiert. 2003 wurde es durch RFC 3550 abgelöst [259]
- **RTPS** (Real-Time Streaming Protocol) ist ein Netzwerkprotokoll zur Steuerung der kontinuierlichen Übertragung von audiovisuellen Daten (Streams) oder Software über IP-basierte Netzwerke. Mit ihm wird die Session zwischen Empfänger und Server gesteuert. RTSP ist ein textbasiertes Protokoll und ist ähnlich wie http [260].
- **RIP** (Routing Information Protocol) ist ein Routing-Protokoll auf Basis des Distanzvektoralgorithmus, das innerhalb eines LAN eingesetzt wird, um die Routingtabellen von Routern automatisch zu erstellen. Es gehört zur Klasse der Interior Gateway Protocols (IGP). RIP wurde zuerst in RFC 1058 (1988) definiert. Das Protokoll wurde seitdem mehrfach erweitert und liegt nun als RIP Version 2 (RFC 2453) vor [261].
- **SIP** (Sitzungs-Initiierungs-Protokoll wird auch Einleitungs-Protokoll genannt. Es handelt sich um ein Netzprotokoll zum Aufbau, zur Steuerung und zum Abbau einer

Kommunikationssitzung zwischen zwei und mehr Teilnehmern. Das Protokoll wird im RFC 3261 spezifiziert. Das Protokoll wird häufig in der IP-Telefonie verwendet [262].

- **SSH** (Secure Shell oder SSH) bezeichnet ein kryptographisches Netzwerkprotokoll für den sicheren Betrieb von Netzwerkdiensten über ungesicherte Netzwerke. Es wird häufig angewendet, um lokal eine entfernte Kommandozeile verfügbar zu machen, d. h., auf einer lokalen Konsole werden die Ausgaben der entfernten Konsole ausgegeben, und die lokalen Tastatureingaben werden an den entfernten Rechner gesendet. Genutzt werden kann dies z. B. zur Fernwartung eines in einem entfernten Rechenzentrum stehenden Servers (RCF 4256) [263].

Soweit zu den wichtigsten Protokollen in der TCP/IP Suite. Es gibt noch weitere Protokolle in der Suite, die aber den Umfang dieses Lehrbuchs sprengen würden!

Über die erste TCP-Entwicklung (1973–74) gelangte man schließlich 1978 zum leistungsstarken und stabilen TCP/IPv4, das heute noch im Internet eingesetzt wird.

Es zeigt sich, wie lange schon an diesen Technologien gearbeitet wurde. Ein erster TCP/IP Dreiländertest (USA, GB, Norwegen) erfolgte bereits im Jahr 1977.

Im März 1982 erklärte das Verteidigungsministerium von USA das TCP/IP-Protokoll als Standard für die militärische Rechnervernetzung, was ich bei meinem ersten Arbeitgeber 1983–1993 während eines USA-Aufenthaltes 1985 miterlebte.

Ab 1985 verbreitete sich das TCP/IP rasant in der Computerindustrie basierend auf einem Workshop mit etwa 250 Anwendern aus der Industrie.

Spätestens jedoch mit dem Interneteinzug ab 1990, das IP-Adressen verlangt, konnte sich das flexible TCP/IP weltweit durchsetzen.

TCP/IP verdrängte parallel mit der Internetverbreitung die Apple- und Windows-Netzwerkprotokolle. Dieser Umstand führte bis hin zur notwendigen manuellen Nachinstallation für ‚Windows for Workgroups‘ [264].

Mit den Betriebssystemen Linux [265] oder ab Windows 2000 und dem Einsatz mit Netzwerkservern wurde die Konfiguration der Protokolle für den Anwender überflüssig, was entscheidend zum Erfolg von TCP/IP beigetragen hat.

Ethernet TCP/IP zählt in der Regel zu den nicht-echtzeitfähigen Protokollen wie in Abschn. 5.1 definiert. Hingegen ist UDP/IP echtzeitfähig.

Abb. 8.24 zeigt noch einmal in einer Zusammenfassung die wesentlichen Protokolle und ihre Layer im OSI Modell

8.7   Zusammenfassung Ethernet und Internet

An dieser Stelle seien noch einmal Ethernet und Internet gegenübergestellt.

Ethernet ist weniger bekannt als das Internet. Nur wenige wissen, was Ethernet genau ist und wozu es dient. Auch wird Internet (WAN) und Ethernet (LAN) oft verwechselt.

Abb. 8.24 Protokolle der
Protokollsuite TCP/IP und
zugehörige OSI-Schichten

Schicht	Protokoll
Application	HTTP,NFS, DNS, Telnet, FTP, SNMP, SNMPv3, DHCPv6; HTTPS, BGP-4, IRC, LDAP, TLS/SSL, XMPP, STMP, MGCP, MQTT; NNTP, NTP, OSPFv3, PTP, POP, ONC/RCP, RTP, RTSP, RIP, SIP,SSH
Transport	TCP, UDP, DCCP, SCTP, QUIC, RSVP
Internet	IPv4, IPv6, ARP, ICMP, IPsec, NDP,ECN, IGMP
Link	ARP-Tunnel, PPP, MAC, Ethernet (IEEE 802.3), Token Ring, FDDI

Das Internet ist ein globales Netzwerk mit unterschiedlichsten miteinander verbundenen Geräten, Maschinen und Computer.

Ethernet ist gleichzeitig eine Local Area Network Technologie (LAN) die für meistens kabelgebundene Verbindungen innerhalb Netzwerkes. Dies kann innerhalb eines Gebäudes, Fabrik oder Netzwerkverbundes sein.

Ethernet ist ein Netzwerk, das explizit für lokale Bereiche entwickelt wurde zur Verbindung mehrere Computer. Es ist ein sicherer Weg des Netzwerkes, da keine Dritter Zugriff auf Informationen haben kann.

Fast Ethernet ist ein Hochgeschwindigkeitsnetzwerk, das bis zu 100 Mbit/s oder größer Datenübertragung mit CAT 5-Kabeln oder Twisted Pair-Kabeln ermöglicht. Die echtzeitfähigen Ethernet-Feldbusse EtherNet/IP, EtherCAT und PROFINET basieren auf dieser Technologie. Die Entwicklungen für das Giga-Ethernet mit 1000 Mbit/s Übertragungsraten sind in vollem Gange. Diese Technologie wird von CAT 7-Kabeln sowie Twisted Pair-Kabeln unterstützt. Für die Echtzeitsysteme werden Switches für eine kollisionsfreie Übertragung verwendet. Ethernet ist generell sicherer wie das Internet. Ferner kann Ethernet zur Konvertierung von IP-Adressen verwendet werden. Ethernet hat gegenüber dem Internet noch die Beschränkung, dass es nur für relative kleine Bereiche eingesetzt werden kann.

Das Internet verwendet verschiedenste Technologien, einschließlich Ethernet, um Geräte, Computer, Maschinen und verschiedenste LANs weltweit zu verbinden. Auf das Internet kann von überall zugegriffen werden. Während Ethernet auf eine spezielle Umgebung oder Bereich beschränkt ist.

Das Internet ist ein globales Netzwerk von unterschiedlichsten Computern, die miteinander kommunizieren können, während Ethernet ursprünglich eine kabelgebundene Netzwerktechnologie war, mit dem Geräte und Computer mit einem lokalen Netzwerk verbundenen sind. Mittlerweile ist WLAN auch ein Bestandteil des Ethernet. Das Internet hingegen ist ein Netzwerk, das es sowohl intern wie extern Menschen ermöglicht mit jedem auf der Welt zu kommunizieren. D. h. jede einzelne Information ist im Internet für Jedermann zugänglich. Häufig ist das Internet ein Wide Area Network (WAN) gegenüber dem Ethernet als Local Area Network (LAN).

Ethernet bietet als in der Regel kabelgebundene Technologie verschiedene Datenübertragungsdienste an, wie z. B. Computer, Drucker, Scanner, Kameras etc.

Parameter	Ethernet	Internet
Lokales Netzwerk	LAN Local Area Network	WAN Wide Area Network; Webserververbindung
Technik	Physikalischer Raum der mit einem	Verbund von Computernetzwerken
Sicherheit	seh sicher	weniger sicher
Abdeckung	Weniger Flächenabdeckung	Breite Flächenabeckung
Kommunikationsart	Punkt zu Punkt Verbindung für paketvermittelnde Übertragung	Broadcast-Netzwerk für viele Empfänger

Abb. 8.25   Unterschiede zwischen Ethernet und Internet

Das Internet oder Netz ist das vernetzte Netzwerksystem, das weltweite Webserver verbindet. Es überträgt Daten und Informationen global von Geräten zu Geräten. Das Internet wird meistens im Zusammenhang mit dem Ethernet II Frame Paketübermittlungsdienste wie das TCP oder UDP verwendet. Internet hat die Übertragung von Daten und Informationen wesentlich vereinfacht, das Daten länderübergreifend in Bruchteilen von Sekunden übermittelt. Die Kommunikation ist meistens störungsfrei und lokal unabhängig. Emails, Videoanrufe, Telefonie sind heute gängige Mittel der Kommunikation über Internet. Weiterhin ist Ethernet ein Broadcast-Netzwerk, während Internet eine Punkt-zu-Punkt-Netzwerk ist.

Das Internet ist innerhalb eines Computers verbunden und weltweit über das TCP/IP Protokoll kommuniziert. Ethernet hingegen ist nicht innerhalb eines Computers verbunden, sondern ein ist ein physischer Raum, der mit einem Computer verbunden ist. Deshalb gilt das Ethernet auch als sicherere Verbindung als das Internet.

Im Kommunikationsprozess ist bei Ethernet die Beschränkung auf jeweils nur eine Kommunikation zulässig, während das Internet auf verschiedenen Wegen mehrere Kommunikationen gleichzeitig durchführen kann.

Internet ist meistens ein Bestandteil des Ethernet-Protokolls und der Internet-Header ist im Protokollstapel im Nutzdatenfeld des Ethernet II Frames angehängt.

Eindeutiger Nachteil des Internets gegenüber dem Ethernet-Protokoll ist, dass es kein absolut sicheres Netzwerk ist und viel zur Cyberkriminalität beiträgt, was noch immer viele Menschen unterschätzen.

Abb. 8.25 veranschaulicht noch einmal die wesentlichen Unterschiede zwischen Ethernet und Internet. Dabei wird Internet häufig im Zusammenhang mit dem Ethernet II Frame genutzt.

Literatur

1. Brooks, Paul (Oktober 2001). „EtherNet/IP: Whitepaper zu Industrieprotokollen" (PDF); Letzter Zugriff am 24.10.2023
2. SIEMENS: Was ist PROFINET RT und IRT; Erstellt von: Fachberatung Deutschland am: 26.11.2021 13:06; Was ist PROFINET RT und IRT – 272352 – Industry Support Siemens; Letzter Zugriff am 28.8.2023

3. EtherCAT Technology Group; Letzter Zugriff am 29.8.2023. Open Source EtherCAT Master/ Slave Library für Linux, PREEMPT_RT oder Xenomai; Letzter Zugriff am 29.8.2023

4. PI: PROFINET System Description-Technology and Application; https://www.profibus.com/ index.php?eID=dumpFile&t=f&f=51714&token=4ea5554cbb80a066e805a879116ea- d2a759c23c3/; Letzter Zugriff am 24.10.2023

5. Dr. Leonhard Stiegler Automation: Industrielle Bussysteme: EtherNet /IP; DHBW Stuttgart; http://wwwlehre.dhbw-stuttgart.de/~srupp/IBS/07_EtherNet-IP.pdf; Letzter Zugriff am 29.8.2023

6. „Identitätsrichtlinien".Odva.org. p. Abschn. 2.b.viii. Archiviert vom Original am 2011-05-22. Abgerufen am 2011.03.13; Letzter Zugriff am 25.10.2023

7. ODVA bildet Gruppe für das DeviceNet der Dinge; Letzter Zugriff am 25-10-2023

8. Industrial Ethernet Facts; Systemvergleich: Die 5 wesentlichen Systeme 3rd Edition, Ausgabe 2, Februar 2013; https://www.ethernet-powerlink.org/fileadmin/user_upload/Dokumente/ Downloads/Industrial_Ethernet_Facts/EPSG_IEF2ndEdition_de_WEB__2_.pdf; Letzter Zugriff am 25.10.2023

9. PARC homepage, a Xerox Company: https://www.parc.com/; Letzter Zugriff am 25.10.2023

10. Michael A. Hiltzik Dealers of Lightning: Xerox PARC and the Dawn of the Computer Age (HarperCollins, New York, 1999) ISBN 0-88730-989-5

11. ITWISSEN.info: Alohanet, 20.7.2011; https://www.itwissen.info/Alohanet-Alohanet.html/; Letzter Zugriff am 25.10.2023

12. Hans-Georg Göhring, Franz-Joachim Kauffels: Token Ring: Grundlagen, Strategien, Perspektiven. Datacom 1990, ISBN 3-89238-026-0

13. Hans-Peter Messmer, Klaus Dembowski: PC-Hardwarebuch. Aufbau – Funktionsweise – Programmierung. 7. Auflage. Pearson Education, München 2003, ISBN 3-8273-2014-3

14. CSMA/CD (803.3) Hans-Peter Messmer, Klaus Dembowski: PC-Hardwarebuch. Aufbau – Funktionsweise – Programmierung. 7. Auflage. Pearson Education, München 2003, ISBN 3-8273-2014-3

15. IPINSIDER: Was sind 10Base-T und 100Base-T? https://www.ip-insider.de/was-sind-10base- t-und-100base-t-a-868671/; Letzter Zugriff am 25.10.2023

16. ITWISSEN.info: Was sind 10Base-F; https://www.itwissen.info/10Base-F-IEEE-802DOT- 3-10Base-F.html/; Letzter Zugriff am 25.10.2023

17. Elektronik Kompendium: Fast-Ethernet/IEEE 802.3u. https://www.elektronik-kompendium. de/sites/net/1404191.htm/; Letzter Zugriff am 25.10.2023

18. tutorialspoint: Wireless LAN and IEEE 802.11. Wireless-LAN 802.11; https://www.tutorial- spoint.com/Wireless-LAN-and-IEEE-802-11/; Letzter Zugriff am 25.10.2023

19. Beuth publishing DIN: ISO/IEC/IEEE 8802-3:2017-03; Informationstechnik- Telekommunikation und Informationsaustausch zwischen Systemen- Lokale und regionale Netze – Spezifische Anforderungen – Teil 3: Standard für Ethernet. Englischer Titel: Information technology – Telecommunications and information exchange between systems – Local and metropolitan area networks – Specific requirements – Part 3: Standard for Ethernet. Ausgabedatum 2017-03; https://www.beuth.de/de/norm/iso-iec-ieee-8802-3/272586715/; Letzter Zugriff am 25.10.2023

20. DE-CIX Homepage; https://www.de-cix.net/; Letzter Zugriff am 25.10.2023

21. DELL Technologies: Macwelt; Moderne IT- Der Schlüssel zur digitalen Transformation: https://www.macwelt.de/news/Glossar-Appletalk-Appletalk-3139860.html/; Letzter Zugriff am 25.10.2023

22. Gursharan S. Sidhu, Richard F. Andrews, Alan B. Oppenheimer: *Inside AppleTalk, Second Edition*. Hrsg.: Apple Computer, Inc. 2. Auflage. Addison-Wesley Publishing Company, Inc., 1990, ISBN 0-201-55021-0 (englisch)

23. Carl Malamud, Analyzing DECnet/OSI Phase V. Van Nostrand Reinhold, 1991. ISBN 0-442-00375-7

24. Elektronik Kompendium: IPX/SPX – Internetworking Packet Exchange/Sequence Packet Exchange. http://www.elektronik-kompendium.de/sites/net/0907231. htm#:~:text=IPX%2FSPX%20-%20Internetworking%20Packet%20Exchange%2FSequence%20Packet%20Exchange%201,der%20Netzwerktechnik%2C%20%C3%9Cbertragungstechnik%2C%20TCP%2FIP%2C%20Dienste%2C%20Anwendungen%20und%20 Netzwerk-Sicherheit; Letzter Zugriff am 25.10.2023

25. Elektronik Kompendium: NetBEUI – NetBIOS Extended User Interface. https://www.elektronik-kompendium.de/sites/net/0907211.htm/; Letzter Zugriff am 25.10.2023

26. CHIP: Microsoft Windows 2000: https://www.chip.de/downloads/Microsoft-Windows-2000_12996785.html/; Letzter Zugriff am 25.10.2023

27. Elektronik Kompendium: Ethernet-Frame (Rahmenformat); http://www.elektronik-kompendium.de/sites/net/1406191.htm/; Letzter Zugriff am 25.10.2023

28. ITWissen.info Big-Endian-Format, Veröffentlicht: 10.07.2019. https://www.itwissen.info/Big-Endian-Format-big-endian.html/; Letzter Zugriff am 25.10.2023

29. *3.1.1 Paketformat' 802.3-2018 – IEEE-Standard für Ethernet.IEEE. 14. Juni 2018.* https://doi.org/10.1109/IEEESTD.2018.8457469. *ISBN 978-1-5044-5090-4; Letzter Zugriff am 25-10.2023*

30. IEEE SA: IEEE 802.3.1-2013 – IEEE Standard for Management Information Base (MIB) Definitions for Ethernet. https://standards.ieee.org/standard/802_3_1-2013.html/; Letzter Zugriff am 25.10.2023

31. *IEEE Std. 802.1Q-2014, IEEE Standard for Local and metropolitan area networks--Bridges and Bridged Networks* ISBN 978-0-7381-9434-9 (ieee.org [PDF]). (Seite nicht mehr abrufbar, festgestellt im Januar 2019.Suche in Webarchiven.). Inter-Switch Link and IEEE 802.1Q Frame Format; Lletzter Zugriff 29.8.2023

32. Elektronik Kompendium: VLAN – Virtual Local Area Network/IEEE 802.1q. https://www.elektronik-kompendium.de/sites/net/0906221.htm/; Letzter Zugriff am 25.10.2023

33. Cisco: Inter-Switch-Verbindung und IEEE 802.1Q-Frame-FormatIEEE 802.1Q .4 Datenverkehrstypen und Prioritätswerte: https://www.cisco.com/c/en/us/support/docs/lan-switching/8021q/17056-741-4.html; Letzter Zugriff am 25.10.2023

34. IEEEE:SA (Standard Association): n IEEE 802.1Q-2005; IEEE-Standard für lokale und großstädtische Netzwerke---Virtual Bridged Local Area NetworksInformationen zur IEEE 802.1Q-2005, 9.6 VLAN-Tag-Steuerung; https://standards.ieee.org/ieee/802.1Q/3495/; Letzter Zugriff am 25.10.2023

35. 3.2.6 Feld Länge/Typ. 802.3-2018 – IEEE-Standard für Ethernet. 14. Juni 2018. https://doi.org/10.1109/IEEESTD.2018.8457469. ISBN 978-1-5044-5090-4; Letzter Zugriff am 25.10.2023

36. *Don Provan (17. September 1993).* „Ethernet-Framing". Newsgroup*: comp.sys.novell.Usenet: 1993Sep17.190654.13335@novell.com. (HTML-formatierte Version, archiviert am 18. April 2015 bei der Wayback Machine) – eine klassische Serie von Usenet-Postings von Novells Don Provan, die ihren Weg in zahlreiche FAQs gefunden haben und weithin als die endgültige Antwort auf die Verwendung von Novell Frame Type

37. CISCO Grundlegendes zur Unterstützung von Baby Giant/Jumbo-Frames auf Catalyst 4000/4500 mit Supervisor III/IV (PDF), archiviert vom Original (PDF) am 2015-04-02; Aktualisiert:19. Juli 2022; Dokument-ID:24048 https://www.cisco.com/c/de_de/support/docs/switches/catalyst-6000-series-switches/24048-148.html; Letzter Zugriff am 26.10.2023

38. Online CRC Rechner für die gängigsten CRCs mit CRC Berechnungsroutinen in C++ und ANSI C zum Download engl; https://www.patrick-saar.de/programme/crc-online-rechner; Letzter Zugriff am 26.10.2023

39. A Painless Guide to CRC Error Detection Algorithms (Memento vom 19. Mai 2019 im Internet Archive) engl. https://faculty.uml.edu/jweitzen/16.548/ClassNotes/A%20PAINLESS%20 GUIDE%20TO%20CRC%20ERROR%20DETECTION%20ALGORITHMS.pdf;   Letzter Zugriff am 26.10.2023

40. The CRC++ Project engl Eine Implementierung von CRC in C++ mit Template-Klassen; https://aweiler.com/crc/; Letzter Zugriff am 28.10.2023

41. Zyklische Redundanzprüfung – Wikipedia; Letzter Zugriff am 26,10,2023

42. Elektronik   KompendiumEthernet-Frame   (Rahmenformat);   https://www.elektronik-kompendium.de/sites/net/1406191.htm; Letzter Zugriff am 26.10.2023

43. https://de.wikipedia.org/wiki/Logical_Link_Control; Letzter Zugriff am 29.8.2023

44. Techopedia, TechDictionary: Margaret Rouse: Protokoll für den Zugriff auf Teilnetze; Letzte Aktualisierung am 23. Oktober 2012; https://www.techopedia.com/definition/24878/ subnetwork-access-protocol-snap#:~:text=SubNetwork%20Access%20Protocol%20 %28SNAP%29%20refers%20to%20a%20standard,802.5%2C%20physical%20network%20-layers%2C%20and%20the%20802.2%20LLC; Letzter Zugriff am 26.10.2023

45. A Standard for the Transmission of IP Datagrams over IEEE 802 Networks. *Network Working Group of the IETF. February 1988.* https://doi.org/10.17487/RFC1042. RFC 1042. RFC 1042 – Standard für die Übertragung von IP-Datagrammen über IEEE 802-Netzwerke (ietf.org); Letzter Zugriff 27.10.2023

46. Computer Society, IEEE (2016). IEEE Std 802.11-2016: Teil 11: Wireless LAN Medium Access Control IEEE (MAC) und Physical Layer (PHY) Spezifikationen. New York, NY: IEEE. S. 249

47. IEEE 802 Overview and Architecture, IEEE, IEEE SA – IEEE GET Programm™; Letzter Zugriff am 30.8.2023

48. *Das Institute of Electrical and Electronics Engineers, Incorporated (IEEE) (1. Januar 1963).* Registrierungsstelle

49. Groth, David; Toby Skandier (2005). Network+ Studienführer, vierte Auflage. Sybex, Inc. ISBN 0-7821-4406-3

50. *IEEE.* „Richtlinien für die Verwendung des Organizationally Unique Identifier (OUI) in Fibre Channels" (PDF); Letzter Zugriff am 27.10.2023

51. Charles Hornig; Network Working Group: Request für Comments RFC 894 Symbolics Cambridge Resaerch Center, April 1984: A Standard for the Transmission of IP Datagrams over Ethernet Networks https://www.rfc-editor.org/rfc/rfc894; Letzter Zugriff am 27.10.2023

52. Gerhard Schnell und Bernhard Wiedemann: Bussysteme in der Automatisierungs- und Prozesstechnik. Vieweg + Teubner Verlag, Wiesbaden 2008, ISBN 978-3-8348-0425-9

53. IEEE 802.3-2018 – IEEE Standard for Ethernet. S. Abbildung 3-1; Letzter Zugrff am 27.10.2023

54. IEEE SA – IEEE 802.3-2018; Letzter Zugriff am 27.10.2023

55. Ian   Colvin:CSMA   with   collision   avoidance.1983.   https://doi.org/10.1016/0140-3664(83)90084-1; Letzter Zugriff am 28.10.2023

56. Digital Guide IONOS: CSMA/CD Erklärung des Verfahrens; https://www.ionos.de/digital-guide/server/knowhow/csmacd-carrier-sense-multiple-access-collision-detection/; Letzter Zugriff am 27.10.2023

57. Elektronik Kompendium: Ethernet-Frame (Rahmenformat); http://www.elektronik-kompendium.de/sites/net/1406191.htm/; Letzter Zugriff am 27.10.2023

58. Herbert Bernstein: *Informations- und Kommunikationselektronik*. Walter de Gruyter GmbH, Oldenbourg 2015, ISBN 978-3-11-036029-5

59. Kabel- und Steckertechnik – Ethernet 10Base2; Letzter Zugriff am 28.10.2023

60. Thin Ethernet: 10BASE2,; Letzter Zugriff am 28.10.2023

61. What is 10BASE2 Standard; Letzter Zugriff am 28.10.2023 (abgerufen am 27. Juli 2017)

62. Das Backoff-Verfahren bei Ethernet; https://itwissen.info/BEB-Verfahren-binary-exponential-backoff-Ethernet-BEB.html; Letzter Zugriff am 28.10.2023

63. Ibrahim Sayed Ahmad American University of Culture and Education, Lebanon E-Mail: ibrahimsayedahmad@gmail.com. Ali Kalakech Lebanese University, Lebanon E-Mail: ali-kalakech@hotmail.com. Seifedine Kadry American University of the Middle East, Kuwait E-Mail: skadry@gmail.com. I.J. Information Technology and Computer Science, 2014, 03, 20–29 Published Online February 2014 in MECS (http://www.mecs-press.org/)https://doi.org/10.5815/ijitcs.2014.03.03 Copyright © 2014 MECS I.J. Information Technology and Computer Science, 2014, 03, 20–29: *Modified Binary Exponential Backoff Algorithm to Minimize Mobiles Communication Time* https://devopedia.org/binary-exponential-backoff; Letzter Zugriff am 28.10.2023

64. *Wheen, Andrew (2011).Punkt-Strich zu Dot.Com: Wie sich die moderne Telekommunikation vom Telegrafen zum Internet entwickelte. Springer. S. 132.* ISBN 9781441967596

65. *Meinel, Christoph; Sack, Harald (2013).Internetworking: Technologische Grundlagen und Anwendungen. X.media.publishing. S. 57.*ISBN 978-3642353918

66. Daniel J. Barrett, Richard E. Silverman, Robert G. Byrnes: *SSH, the Secure Shell – The Definitive Guide*. 2. Ausgabe. O'Reilly, Sebastopol CA 2005, ISBN 0-596-00895-3

67. XMPP erste Schritte: https://xmpp.org/getting-started/ XMPP|Erste Schritte; Letzter Zugriff 2.9.2023

68. RFC 6120: XMPP (Extensible Messaging and Presence Protocol): Kern (rfc-editor.org); Letzter Zugriff am 2.9.2023

69. RFC 6121 – Extensible Messaging and Presence Protocol (XMPP): Instant Messaging and Presence. 2011 (englisch); Letzter Zugriff am 2.9.2023

70. RFC 6122 – Extensible Messaging and Presence Protocol (XMPP): Address Format. 2011 (aktualisiert durch RFC 7622, englisch); Letzter Zugriff am 2.9.2023

71. *MQTT v3.1 and MQTT v3.1.1 Differences WD-01.* 12. Februar 2015, abgerufen am 31 August 2022 (englisch): „The term MQTT in [MQTTV31] was an acronym for MQ Telemetry Transport. However [mqtt-v3.1.1] strictly renamed the protocol as MQTT and it does not have any acronym." https://www.oasis-open.org/committees/document.php?document_id=55095; Letzter Zugriff am 28.10.2023

72. *MQTT V3.1 Protocol Specification; Letzter Zugriff* am 27.10.2023; Abgerufen am 31. August 2022

73. *RFC 959 – File Transfer Protocol.* Oktober 1985 (löst *RFC 765* ab, englisch); Letzter Zugriff am 28.10.2023

74. Request for Comments: https://de.wikipedia.org/wiki/Request_for_Comments; Letzter Zugriff am 28.10.2023

75. https://www.heise.de/news/Happy-Birthday-IETF-3072838.html;   Letzter   Zugriff   am 28.10.2023

76. Digital Guide: Eas ist5 das Internetprotokoll? (https://www.ionos.de/digitalguide); 23.5.2018; Letzter Zugriff am 2.9.2023

77. Point-to-Point (PPP) Protocol Field Assignments; Letzter Zugriff am 28.10.2023

78. slip protokoll – Suchen (bing.com); Letzter Zugriff am 28.10.2023

79. Michael Aaron Dennis: Vinton Cerf US-amerikanischer Informatiker; Herausgeber der Encyclopaedia Britannica; Vinton Cerf | Internet-Pionier, Robert E. Kahn [82] Informatiker|Britannica; Letzter Zugriff am 28.10.2023

80. Robert E. Kahn, Robert Wilensky: Band 6, Nummer 2, April 2006, S. 115–123, Robert Kahn, TCP/IP-Co-Designer|LivingInternet; Letzter Zugriff am 28.10.2023

81. Artikel 4 Nr. 14 der Richtlinie (EU) 2016/1148; EUR-Lex – 32016L1148 – EN – EUR-Lex (europa.eu); Letzter Zugriff am 28.10.2023

82. Elmar K. Bins, Boris-A. Piwinger: Newsgroups: Weltweit diskutieren. Zugang zum Usenet, Überblick der Hierarchien, effektive Nutzung der Diskussionsforen 1. Auflage. International Thomson Publishing, Albany 1997, ISBN 3-8266-0297-8

83. Siehe Leipziger Wortschatz zu den Häufigkeitsklassen von Internet (HK 7, Anzahl: 76.969), Weltnetz (HK 19, Anzahl: 21), Internetz (HK 19, Anzahl: 19) und Zwischennetz (HK 23, Anzahl: 2); bei Weltnetz ein Verhältnis von 3665:1; Wortschatz – deu_newscrawl_2011 – Internet (uni-leipzig.de); Letzter Zugriff am 28.10.2023

84. Zeit Online: 25 Jahre World Wide Web. Du bist aber groß geworden!; Tim Berners-Lee's proposal. info.cern.ch, 2008; Tim Berners-Lee: Information Management: A Proposal März 1989, html-Version auf w3.org; 30 Jahre World Wide Web: Du bist aber groß geworden!|ZEIT ONLINE; Letzter Zugriff am 28.10.2023

85. Stewart, William. „Mosaic – der erste globale Webbrowser". Archiviert vom Original am 2. Juli 2007. Abgerufen am 22. Februar 2011. Mosaic Webbrowser-Geschichte – NCSA, Marc Andreessen, Eric Bina (archive.org); Letzter Zugriff am 28.10.2023

86. Tätigkeitsbericht Telekommunikation 2016/2017. (PDF) Bundesnetzagentur, Bonn, Dezember 2017, S. 17; Letzter Zugriff am 28.10.2023

87. S. Deering, R. Hinden: RFC 1883 – Internet Protocol, Version 6 (IPv6) Specification. Dezember 1995 (englisch)

88. Silvia Hagen: IPv6. Grundlagen – Funktionalität – Integration. Sunny Edition, Maur 2009, ISBN 978-3-9522942-2-2

89. 6bone Legacy-IPv6-Testumgebung (archive.org); Letzter Zugriff am 8.9.2023

90. https://de.wikipedia.org/wiki/6Bone; Letzter Zugriff am 28.10.2023

91. Rob Malan Welt-IPv6-Tag: Letzter Blick und „Wagon's Ho!" Veröffentlicht am Donnerstag, 9. Juni 2011|Lesezeichen auf del.icio.us; http://asert.arbornetworks.com/2011/06/world-ipv6-day-final-look-and-wagons-ho/; Letzter Zugriff am 28.10.2023

92. http://asert.arbornetworks.com/2011/06/world-ipv6-day-final-look-and-wagons-ho/ Veröffentlicht am Donnerstag, 9. Juni 2011|Lesezeichen auf del.icio.us; Letzter Zugriff am 28.10.2023

93. Ingo Pakalski: ICANN: US-Regierung will Internetverwaltung weiterhin kontrollieren, golem.de, Artikel vom 18. August 2015. https://www.golem.de/sonstiges/zustimmung/auswahl.html?from=https%3A%2F%2Fwww.golem.de%2Fnews%2Ficann-us-regierung-will-internetverwaltung-weiterhin-kontrollieren-1508-115824.html; Letzter Zugriff am 28.10.2023

94. FDE-CIX Frankfurt: https://de-cix.net/de/standorte/frankfurt; Letzter Zugriff am 28.10.2023

95. Telekom : Letzte Meile; https://www.moneyland.ch/de/letzte-meile-definition#:~:text=Der%20Begriff%20der%20letzten%20Meile%20bezeichnet%20den%20letzten,unter%20anderem%20f%C3%BCr%20Strom-%2C%20Gas-%20und%20Telekom-Leitungen%20verwendet; Letzter Zugriff am 28.10.2023

96. Thorsten Benkner, Christoph Stepping: UMTS. J. Schlembach Fachverlag, Weil der Stadt 2002, ISBN 3-935340-07-9

97. Elektronik Kompendium: HSPA+/HSPA Evolution. Abgerufen am 13. August 2021;HSPA+/HSPA Evolution (elektronik-kompendium.de); Letzter Zugriff am 28.10.2023

98. Old PC Gaming: So spielen Sie IPX/SPX-Spiele über LAN (WinXP) FREITAG, 12. APRIL 2013; https://oldpcgaming.net/how-to-play-ipx-spx-games-over-lan/; Letzter Zugriff am 29.10.2023

99. Digital Equipment Corporation; Die DECnet Phase IV Spezifikationen; https://linux-decnet. sourceforge.net/docs/doc_index.html; Letzter Zugriff am 29.10.2023

100. NetBIOS – Network Basic Input/Output System.; Letzter Zugriff am 29.10.2023

101. End of Support for NetWare (Memento vom 28. August 2010 im Internet Archive); Letzter Zugriff am 29.10.2023

102. INTERNET PROTOCOL: DARPA INTERNET PROGRAM; PROTOCOL SPECIFICA-TION; September 1981; https://www.rfc-editor.org/rfc/rfc791; Letzter Zugriff am 29.10.2023

103. keycdn: Was ist CIDR (Classless Inter-Domain Routing)?; Aktualisiert am 4. Oktober 2018; https://www.keycdn.com/support/what-is-cidr#:~:text=CIDR%2C%20which%20stands%20 for%20Classless%20Inter-Domain%20Routing%2C%20is,well%20as%20slow%20the%20 growth%20of%20routing%20tables; Letzter Zugriff am 29.10.2023

104. Handbuch für Netzwerkprotokolle *(2. Aufl.)*. *Javvin Technologies Inc. 2005. S. 27*. ISBN 9780974094526; Letzter Zugriff am 29.10.2023

105. TP/IX;   https://www.bing.com/search?pglt=41&q=TP%2FIX%3A&cvid=8000b7ab-0d87471c81294ecce4e330c9&aqs=edge..69i57j46j0l6j69i58.4095j0j1&FORM=ANN-TA1&PC=SCOOBE; Letzter Zugriff am 29.10.2023

106. Ionos: Digital guide: Was ist das Internet Protocol? 23.05.2018/KnowHow; https://www.ionos.de/digitalguide/server/knowhow/was-ist-das-internet-protocol-definition-von-ip-co/#:~:text=Internet%20Protocol%3A%20Definition%20und%20Geschichte.%20Das%20 Internet%20Protocol,Fragmentierung%20von%20Datenpaketen%20in%20digitalen%20Netz-werken%20verantwortlich%20ist. Letzter Zugriff am 9.9.2023

107. Ionos: Digital guide: Was ist das Internet Protocol? 23.05.2018/KnowHow; https://www.ionos.de/digitalguide/server/knowhow/was-ist-das-internet-protocol-definition-von-ip-co/#:~:text=Internet%20Protocol%3A%20Definition%20und%20Geschichte.%20Das%20 Internet%20Protocol,Fragmentierung%20von%20Datenpaketen%20in%20digitalen%20Netz-werken%20verantwortlich%20ist; Letzter Zugriff am 30.10.2023

108. IANA-Funktionen: Die Grundlagen; 12. August 2014; https://www.internetsociety.org/re-sources/doc/2014/iana-functions-the-basics/#:~:text=IANA%2C%20the%20Internet%20 Assigned%20Numbers%20Authority%2C%20is%20an,parameter%20identifiers%20that%20 are%20used%20by%20Internet%20standards; Letzter Zugriff am 30.10.2023

109. CHIP: Katharina Krug: Was ist ein Host? Einfach erklärt. 09.09.2018 07:30; https://praxis-tipps.chip.de/was-ist-ein-host-einfach-erklaert_41614; Letzter Zugriff am 30.10.2023

110. Y. Rekhter, T.J. Watson Research Center, IBM Corp; Request for Comments: 1518; Net-work Working Group; Cisco Systems; September 1993; https://datatracker.ietf.org/doc/html/ rfc1518; Letzter Zugriff am 30.10.2023

111. V. Fuller, T.Li, J.Yu, K. Varadhan: Request for Comments: 1519; Network Working Group; September 1993; Classless Inter-Domain Routing (CIDR). An Address Assignment and Aggregation Strategy; https://datatracker.ietf.org/doc/html/rfc1519/; Letzter Zugriff am 19.9.2023

112. V.Fuller, T.Li, Network Working Group; Request for Comments: 4632; Cisco Systems; https://datatracker.ietf.org/doc/html/rfc4632; Letzter Zugriff am 19.9.2023

113. Digital Guide IONOS: CIDR: Was ist Classless Inter-Domain Routing? KnowHow 04.04.2019;   https://www.ionos.de/digitalguide/server/knowhow/classless-inter-domain-rou-ting/; Letzter Zugriff am 30.10.2023

114. S. Deering: R. Hinden (Juli 2017) ‚Internet Protocol, Version 6 (IPv6) Specification', lETF, Request for comments (RFC) pages, Internet Engineering Task Force (IETF) https://www.

worldcat.org (issn/2027-1721), RFC 8200 (http://toolsietf.tools.irtf.org/html/rfc8200); Letzter Zugriff am 20.10.2023

115. Digital IONOS; Sichere Netzwerkverbindungen mit IPsec; 16.6.2016; IPsec: Sicherheits-architektur für IPv4 und IPv6 – IONOS; Letzter Zugriff am 30.10.2023

116. K. Ramakrishnan, TeraOptic Networks; S. Flyd, ACIRI; D. Black, EMC, September 2001; Network Working Group; Request for Comments:3168, Updates: 2474, 2401, 793; Obsoletes: 2481; Category Standards Track: The Addition of Explicit Congestion Notification (ECN) to IP; https://www.rfc-editor.org/rfc/rfc3168; Letzter Aufruf am 30.10.2023

117. R.HindenNokia, S.Deering, Cisco Systems; Networking Group: Request for Comments: 4291; Obsoletes: 3513; Category Standard Tracks: IP Version 6 Aressing Architecture; RFC 4291: IP-Adressierungsarchitektur der Version 6 (rfc-editor.org); Letzter Zugriff am 30.10.2023

118. Binär-Dezimal-Hexadezimal Umrechner: https://bin-dez-hex-umrechner.de; Letzter Zugriff am 30.10.2023

119. Microsoft: DHCP (Dynamic Host Configuration Protocol) – Grundlagen. 14.04.2023;3 Mit-wirkende; https://learn.microsoft.com/de-DE/windows-server/troubleshoot/dynamic-host-configuration-protocol-basics; Letzter Zugriff am 30.10.2023

120. R.Drooms, Bucknell University März, 1997: Request for Comments: 2131; Obsoletes: 1541: Standards Track,: Dynamic Host Configuration Protocol; RFC 2131 – Protokoll für die dyna-mische Hostkonfiguration (ietf.org); Letzter Zugriff am 30.10.2023

121. Autorität für zugewiesene Internetnummern (iana.org); Letzter Zugriff am 30.10.2023

122. ICMPv6-Parameter (Internet Control Message Protocol, Version 6) Zuletzt aktualisiert: 2023-04-28; Verfügbare Formate: XML, HTML. Klartext; https://www.iana.org/assignments/icmpv6-parameters/icmpv6-parameters.xhtml; Letzter Zugriff am 30.10.2023

123. Elektronik Kompendium IPv6 Adressen: IPv6-Adressen (elektronik-kompendium.de); Letzter Zugriff am 30.10.2023

124. RFC 4941–Privacy Extensions for Stateless Address Autoconfiguration in IPv6. September 2007 (englisch). RFC 4941 – Datenschutzerweiterungen für die automatische Konfiguration zustandsloser Adressen in IPv6 (ietf.org); Letzter Zugriff am 30.10.2023

125. Leitlinien IPv6 und Datenschutz. (Memento vom 7. Dezember 2012 im Internet Archive) German IPv6 Council. https://web.archive.org/web/20121207001716/http://www.ipv6council.de/documents/leitlinien_ipv6_und_datenschutz.html; Letzter Zugriff am 30.10.2023

126. R.Hinden, Nokia, S.Deering, Cisco Systems, Feruary 2006; Network Grouping; Request for Comments 491; Obsoletes 3513, Category Standards Track: IP Version 6 Addressing Ar-chitecture: RFC 4291 – IP Version 6 Adressierungsarchitektur (ietf.org); Letzter Zugriff am 30.10.2023

127. RFC 5952 – Eine Empfehlung für die Darstellung von IPv6-Adresstexten (ietf.org); Letzter Zugriff am 30.10.2023

128. T.Berners-Lee, W3C/MIT,R. Fielding, Day Software, L. Masinter, Adobe Systems, Januar 2005; Network Grouping; request for Comments: 3986 STD:66, Updates:1738; Obsoletes 2732,2396,1808, Category Standards Track 66: Uniform Ressource Identifier (URI) Generic Syntax; https://datatracker.ietf.org/doc/html/rfc3986; Letzter Zugriff am 23.10.2023

129. IPv6 Address Allocation and Assignment Policy von APNIC, ARIN, RIPE NCC, Abschnitt 4.3. Richtlinie zur Zuweisung und Zuweisung von IPv6-Adressen – RIPE Network Co-ordination Centre; https://www.ripe.net/publications/docs/ripe-512#minimum_allocation; Letzter Zugriff am 30.10.2023

130. IAB, IESG, September 2001; Net Working Group, Request for Comments:3177 (RFC 3177)– IAB/IESG Recommendations on IPv6 Address Allocations to Sites. September 2001; Cate-

gory: Informational (englisch). RFC 3177 – IAB/IESG-Empfehlungen zur IPv6-Adresszuweisung an Standorte (ietf.org); Letzter Zugriff am 30.10.2023

131. WHOIS-Domain-Suche;   https://www.godaddy.com/en-uk/offers/whois-b?isc=dedombin1&countryview=1&currencyType=EUR&swp_countrycode=DE&cdtl=c_698033297.g_1258941453957167.k_kwd-78684199562591:loc-72.a_.d_c.ctv_o&bnb=nb&msclkid=61f7aae9a80a197afcc9cfe59e14f7c4&utm_source=bing&utm_medium=cpc&utm_campaign=en-de_dom-reg_sem_ni_nb_whois_aware-consider_x_pros_intl_exact-stag_001&utm_term=whois%20domains&utm_content=%5Bdom-whois%5D; Letzter Zugriff am 30.10.2023

132. RIPE NCC Startseite Verwalten von IPs und ASNs RIPE-Datenbank: RPSLSpezifikationssprache für Routingrichtlinien: https://www.ripe.net/manage-ips-and-asns/db/rpsl/rpsl; Letzter Zugriff am 30.10.2023

133. M.Blanchet, Viagenie, April 2008; Network Working Group, Request for Comments: 5156; category International; Special Use IPv6 Address; https://datatracker.ietf.org/doc/html/rfc5156; Letzter Zugriff am 30.10.2023

134. Normenentwurf: RFC 4291 – IP Version 6 Adressierungsarchitektur (ietf.org); Letzter Zugriff am 22.9.2023

135. https://de.wikipedia.org/wiki/Request_for_Comments; Letzter Zugriff 21.9.2023

136. Heise-Online: https://www.heise.de/IPv6-Adressen-3484199.html;   Letzter   Zugriff   am 30.10.2023

137. Adressraum des Internetprotokolls Version 6; zuletzt aktualisiert: 2019-09-13: Internet Protocol Version 6 Address Space; https://www.iana.org/assignments/ipv6-address-space/ipv6-address-space.xhtml; Letzter Zugriff am 30.10.2023

138. geeksforgeeks: Was ist APIPA (Automatic Private IP Addressing)? https://www.geeksforgeeks.org/what-is-apipa-automatic-private-ip-addressing/; Letzter Zugriff am 21.9.2023

139. R.Hinden, Nokia, B. Habermann, JHU-APL, October 2005; Network Working Group, Category: Standard Track: Unique Local IPv6 Unicast Adresses; https://datatracker.ietf.org/doc/html/rfc4193; Letzter Zugriff am 21.9.2023

140. Skript auf kame.net (Memento vom 1. Juni 2009 im Internet Archive) (Online-Version: sixxs.net).   https://web.archive.org/web/20090601163048/http://www.kame.net/~suz/gen-ula.sh; Letzter Zugriff am 21.9.2023; https://www.sixxs.net/tools/grh/ula/; Letzter Zugriff am 22.9.2023

141. R.Hinden, Nokia; G. Huston, APNIC, T. Narten, IBM: Internet Draft June, 15, 2007; Intended status: proposed Standard; Uniqu Local IPv6 Unicast addresses; https://datatracker.ietf.org/doc/html/draft-ietf-ipv6-ula-central-02; Letzter Zugriff am 22.9.2023

142. R.Hinden, Nokia; S.Deering, Cisco Systems, July 1998; Network Working Group; Request for Comments 2373,; Obsoletes 1884; Category Standard Tracks: IP Version 6 Addressing Architecture: https://datatracker.ietf.org/doc/html/rfc2373#section-2.7; Letzter Zugriff am 22.9.2023

143. R.Hinden, Nokia; S.Deering, Cisco Systems, July 1998; Network Working Group; Request for Comments 2373, Obsoletes 1884; Category Standard Tracks: IP Version 6 Addressing Architecture; https://datatracker.ietf.org/doc/html/rfc3307#section-4.1; Letzter Zugriff am 22.9.2023

144. B. Habermann, Consultant, D. Taler, Microsoft, August 2002; Network Working Group, Request for Comments; Category: standard Track; UNicast-Prefix.based IPv6 Multicast Addresses; https://datatracker.ietf.org/doc/html/rfc3306; Letzter Zugriff am 22.9.2023

145. P.Savola, CSC/FUNET; B. Habermann, JHU APL; November 2004; Network Working Group, Request for Comment: 3956, Updates: 3306; Category : Standard Track: Embedding teh Redevouz Point (RP) Address in an IPv6 Multicast Address; https://datatracker.ietf.org/doc/html/rfc3956; Letzter Zugriff am 23.9.2023

146. Stig Venaas IPv6-Multicast-Adressraumregistrierung; Zuletzt aktualisiert am 2023-08-21; Sachverständige, iana: https://www.iana.org/assignments/ipv6-multicast-addresses/ipv6-multicast-addresses.xhtml; Letzter Zugriff am 22.9.2023

147. iana: Globale IPv6-Unicast-Adresszuweisungen; Zuletzt aktualisiert 2019-11-06; Anmelde-verfahren(e); https://www.iana.org/assignments/ipv6-unicast-address-assignments/ipv6-unicast-address-assignments.xhtml; Letzter Zugriff am 22.9. 2023

148. R.Fink; R.Hinden, March 2004; Network Working Group; Request for Comments: 3701, Obsoletes:2471; Category International: 6bone (IPv6 Testing Address Allocation) Phaseout; https://datatracker.ietf.org/doc/html/rfc3701; Letzter Zugriff am 22.9.2023

149. S.Thomson,Cisco; T.Narten, IBM; T. Jinmei, Toshiba; September 2007; Network Working Group, Request for Comments: 4862; Obsoletes 2462; Category: Standards Track: IPv6 Stateless Address Autoconfiguration; https://datatracker.ietf.org/doc/html/rfc4862; Letzter Zugriff am 1.11.2023

150. Teredo. In: Joseph Davies:Understanding IPv6. 2. Auflage. Microsoft Press, Redmond 2008, S. 317–354 (englisch)

151. O.Troan, Cisco; B. Carpenter. Ed, Univ. of Auckland, May 2015; internet Engineering Task, Request for Comments: 7526; BCP: 196; Obsoletes 3068,6732; Category: best Current Prractice; ISSN: 2070-1721: Deprecating the Anycast Prefix for 6to4 relay Routers; https://datatracker.ietf.org/doc/html/rfc7526; Letzter Zugriff am 22.9.2023

152. Cisco CCNA 200-301 Vollständiger Zertifizierungs-Lernpfad; IPv6-Grundlagen für CCNA-Studenten; Automatische Konfiguration von IPv6-Adressen ohne Zustand (SLAAC): https://www.networkacademy.io/ccna/ipv6/stateless-address-autoconfiguration-slaac#:~:text=SLAAC%20stands%20for%20Stateless%20Address%20Autoconfiguration%20and%20the,of%20which%20address%20is%20assigned%20to%20which%20node; Letzter Zugriff am 1.11.2023

153. S. Thomson, Cisco; T.Narten, IBM; T. Jinmri, Toshiba, September 2007; Network Working Group; Request for Comments: 4862, Obsoletes: 2462; Category: Standards Track: IPv6 Stateless Address Autoconfiguration; https://www.rfc-editor.org/rfc/rfc4862; Letzter Zugriff am 1.11.2023

154. IEEE Standard Association: Guidelines for Use of Extended Unique Identifier (EUI), Organizationally Unique Identifier (OUI), and Company ID(CID); http://web.archive.org/web/20220604214451/https://standards.ieee.org/wp-content/uploads/import/documents/tutorials/eui.pdf; Letzter Zugriff am 1.11.2023

155. Medium: IPv6 – Erkennung doppelter Adressen (DAD); 18. Juli 2021 https://medium.com/networks-security/ipv6-duplicate-address-detection-dad-f83b20cb89aa; Letzter Zugriff am 1.11.2023

156. A. Conta, Transwitch;S. Deering; Cisco Systems; M. Gupta Ed, Tropos Networks; March 2006; Network Working Group; Request for Comments: 4443; Updates: 2463: Category: Standard Track: Internet Control Message Protocol (ICMPv6) fort eh Internet Protocol Version 6 (IPv6) Specification; https://datatracker.ietf.org/doc/html/rfc4443; Letzter Zugriff am 22.9.2023

157. T.Narten, IBM; E.Nordmark, Sun Microsystems; W. Simpson, Daydreamer, December 1998; Network Working Group; Requets for Comments:2461; Obsoletes: 1970 Category: Standards Track; Neighbor Discovery for IP Version 6 (IPv6); https://datatracker.ietf.org/doc/html/rfc2461#section-4.6.2; Letzter Zugriff am 23.9.2023. T.Narten,IBM,E. Nordmark, Sun Microsystems, W. Simpson, Daydreamer; H.Soliman, Elevate Technologies; September 2007; Network Working Group: Request for Comments: 4861: Obsoletes 2461; Category: Standard Track: Neighbor Discovery for IP version 6 (IPv6); https://datatracker.ietf.org/doc/html/rfc4861; Letzter Zugriff 22.9.2023

158. Elektronik Kompendium; ICMPv6-Internet Control Message Protocol Version 6; https://www.elektronik-kompendium.de/sites/net/1902271.htm; Letzter Zugriff am 1.11.2023

159. R.Droms Ed, Cisco; J.Bound, Hewlett Packard; B.Volz, Ericsson, T. Lemon, Nominum; C.Perkins, Nokia Research Center; M. Carney, Sun Microsystems; July 2003; Network Working Group; Request for Comments: 3315; Category: Standard Track: Dynamic Host Configuration Protocol for IPv6 (DHCPv6); https://datatracker.ietf.org/doc/html/rfc3315; Letzter Zugriff am 1.11.2023

160. R.Droms, Cisco Systems, April 2004; Network Working Group; Request for Comments: 3736; Category: Standard Track: Stateless Dynamic Host Configuration Protocol (DHCP) Service for IPv6; https://datatracker.ietf.org/doc/html/rfc3736; Letzter Zugriff am 1.11.2023

161. T.Chown, University of Southhamton; S. Venaas, UNINETT; A. Vijayabhaskar, Cisco systems (India) Private Limited; May 2005: Network Working Group; Request for Comment: 4076; Category: Infomational: Renumbering Requirements for Stateless

162. R.Draves, Microsoft Research, February 2003; Network Working Group; Request for Comments: 3484: Category Standard Track: Default Address Sewlection for Internet Protocol version 6 (IPv6); https://datatracker.ietf.org/doc/html/rfc3484; Letzter Zugriff 22.9.2023

163. C.Perkins, Tellabs,Inc; D.Johnson, Rice University; J.Arkko, Ericsson; July 2011; Internet Engineering Task Force (IETF); Request for Comments: 6275; Obsoletes 3775; category: Standards Track: ISSN: 2070-1721: Mobility Support IPv6; https://datatracker.ietf.org/doc/html/rfc6275; Letzter Zugriff am 1.11.2023

164. Herbert Wiese: *Das neue Internetprotokoll IPv6*. Hanser Verlag, München 2002, ISBN 3-446-21685-5, S. 197

165. Cisco IOS IPv6 Command Referenceipv6 mobile home-agent (global configuration); https://www.cisco.com/c/en/us/td/docs/ios/ipv6/command/reference/ipv6_book/ipv6_07.pdf; Letzter Zugriff am 1.11.2023

166. S.Deering, Cisco, R. Hinden, Nokia; Network Working Group: Request for Comments: December 1998 Obsoletes 1883 Internetprotocol Version 6 (IPv6) Specification https://datatracker.ietf.org/doc/html/rfc2460; Letzter Zugriff am 2.11.2023

167. D.Borman, Berkeley Software Design; D. Deering, Cisco; R. Hinden, Nokia; August 1990; Network Working Group; Request for Comments: 2675; Obsoletes: 2147; Category: Standards track: IPv6 Jumbograms; https://datatracker.ietf.org/doc/html/rfc2675; Letzter Zugriff am 23.9.2023

168. J.McCann, Digital Equipment Corporation; s. Deering, Xerox PARC; J. Mogul, Digital Equipment Corporation; August 1996; Network Working Group; Request for Comments: 1981; Category: Standard Track: Path MTU Discovery for IP version 6; https://datatracker.ietf.org/doc/html/rfc1981; Letzter Zugriff am 2.11.2023

169. S. Thomson, Cisco; C. Huitema, Microsoft; V.Ksinant, 6WIND; M.Souissi, AFNIC; October 2003; Network Working Group; Request for Comments: 3596, Obsoletes: 3152,1886; Category: Track: DNS Extensions to Support IP Version 6; https://datatracker.ietf.org/doc/html/rfc3596; Letzter Zugriff am 2.11.2023

170. R.Draves, Microsoft Research; February 2003; Network Working Group; Request for Comments: 3484; Category: Standards Track: Defafault Adress Selection for Internet Protocol version 6; https://datatracker.ietf.org/doc/html/rfc3484; Letzter Zugriff am 23.9.2023

171. Heise online: Monika Ermert: 26.3.2010; Weiterer „Hack" für IPv6-Erreichbarkeit großer Content-Anbieter [Update]; https://www.heise.de/news/Weiterer-Hack-fuer-IPv6-E; Letzter Zugriff am 23.9.2023

172. A. Durand, Juniper Networks; R. Droms, Cisco; J.Woodyatt, Apple; Y.Lee, Comcast; August 2011; Internet Engineering Task Force (IETF); Request for Comments: 6333; Gategory: Standard Track; ISSN: 270-1721: Dual-Stack Lite Broadband Deployments Following IPv4 Exhaustion https://datatracker.ietf.org/doc/html/rfc6333; Letzter Zugriff am 2.11.2023

173. A. Durand, SUN Microsystems; P.Fasano; I. Guardiani, CSELT S.p.A; D.Lento,TIM; January 2001; Network Working Group; Request for Comments: 3035; Category: Informational; IPv6 Tunnel Broker:, https://datatracker.ietf.org/doc/html/rfc3053; Letzter Zugriff am 2.11.20

174. Android Public Tracker; Netzwerk36908577 https://issuetracker.google.com/issues/36908577; Letzter Zugriff am 2.11.2023

175. Iljitsch van Beijnum: iOS 4 IPv6; Dienstag 22 Jun 2010, 22:46:59 Uhr: Apple Mailing List; Lieferort email@hidden; https://web.archive.org/web/20120514102150/http://lists.apple.com/archives/ipv6-dev/2010/Jun/msg00036.html; Letzter Zugriff am 2.11.2023

176. Johannes Endres; 11.03.2011; heise online; https://www.heise.de/news/iOS-4-3-Apple-bessert-beim-Datenschutz-nach-1206770.html; Letzter Zugriff am 2.11.2023

177. v-rtc: Windows Server und IPv6; 16. Juni 2021 in Windows Server Forum; https://www.mcseboard.de/topic/220209-windows-server-und-ipv6-gr%C3%BCnde/#:~:text=Internet%20Protocol%20version%206%20%28IPv6%29%20is%20a%20mandatory,IPv6%20in%20prefix%20policies%20instead%20of%20disabling%20IPV6; Letzter Zugriff am 2.11.2023

178. IPv6-Unterstützung in Microsoft-Produkten und -Diensten; Letzte Aktualisierung: 19. Januar 2015: https://web.archive.org/web/20160422223236/https://technet.microsoft.com/en-us/network/hh994905.aspx; Letzter Zugriff am 2.11.2023

179. T.Bates, Cisco systems, R. Chandra, Sonoa systems; D.Katz,Y. Rekhter, Juniper Networks; January 2007; Network Working Group; Request for Comments; 4760; Obsoletes 2858; category: Standards Track: Multiprotocol extensions for BGP-4; https://datatracker.ietf.org/doc/html/rfc4760; Letzter Zugriff am 2.11.2023

180. A. Lindem, Ed., Ericsson; S.Mirtorabi,A.Roy, M.Barnes, Cisco systems, R. Aggarwal, Juniper <networks; April 2010; Internet Engineering Task Force (IETF); Request for Comments: 5838; Category: Standards track; ISSN: 2070-1721; Support of Address Families in OSPFv3; https://datatracker.ietf.org/doc/html/rfc5838; Letzter Zugriff am 2.11.2023

181. J. Moy, Ascend Communications, Inc., April 1998; Network Working Group: Request for Comments: 2328; STD: 54; Obsoletes:2178; Catgory: Standards Track: OSPF Version 2 https://datatracker.ietf.org/doc/html/rfc2328; Letzter Zugriff am 2.11.2023

182. A.Adams, NextHop Technologies,; J. Nicholas, ITT A/CD; W. Siadak, NextHop Technologies; January 2005; Network Working Group; Request for Comments: 3973, Category: Experimental: Protocol Independant Multicast- Dense Mode (PIM-DM) Protocol Specification (Revised) https://datatracker.ietf.org/doc/html/rfc3973; Letzter Zugriff am 2.11.2023

183. E. Davis, consultant; J. Mohacsi, NIIF/HUNGARNET; May 2007; Network Working Group; Request for Comments: 4890; Category: informational; Recommendations for Filtering ICMPv6 Messages in Firewalls: https://datatracker.ietf.org/doc/html/rfc4890; Letzter Zugriff am 2.11.2023

184. G. Yan de Velde;, T,Hain, R.Droms, Cisco Systems; B. Carpenter, IBM; E. Klein, Tel Aviv University; Nay 2007; Network Working Group; request for Comments: 4864; Category Informational: Local Network Protection for IPv6; https://datatracker.ietf.org/doc/html/rfc4864; Letzter Zugriff am 2.11.2023

185. Benn Schwan; heise-online: Apple erzwingt IPv6-Kompatibilität bei iOS-Apps; 6.5.2016; 10:19 Uhr; https://www.heise.de/news/Apple-erzwingt-IPv6-Kompatibilitaet-bei-iOS-Apps-3197620.html; Letzter Zugriff am 1.11.2023

186. Uniform Ressource Identifier; https://en.wikipedia.org/wiki/Uniform_Resource_Identifier#:~:text=A%20non-empty%20scheme%20component%20followed%20by%20a%20colon,digits%2C%20plus%20%28%2B%29%2C%20period%20%28.%29%2C%20or%20hyphen%20%28-%29; Letzter Zugriff am 24.9.2023

187. Netzwerk-Welt: Was ist SIP? | 11. MAI 2004 12:00 Ein Whitepaper von InteropNet Labs. PST; https://www.networkworld.com/article/2332980/lan-wan-what-is-sip.html; Letzter Zugriff am 1.11.2023

188. J. Mogul, DECWRL; S.Deering, Stanford University, November 1990; Netwotk Working Group; Request for Comments: 1191; Obsoltes: RFC 1063; Path MTU Discovery; https://datatracker.ietf.org/doc/html/rfc1191; Letzter Zugriff am 1.11.2023

189. Was ist die maximale Segmentgröße (MSS)? https://www.cloudflare.com/learning/network-layer/what-is-mss/#:~:text=MSS%20%28maximum%20segment%20size%29%20limits%20the%20size%20of,that%20contain%20information%20about%20their%20contents%20and%20destination; Letzter Zugriff am 1.11.2023

190. TCP/IP Suite. https://study-ccna.com/tcpip-suite-of-protocols/; Letzter Zugriff am 1.11.2023

191. A Protocol for Packet Network Intercommunication. VINTON G. CERF AND ROBERT E. KAHN, MEMBER, IEEE; http://www-net.cs.umass.edu/653-04/documents/cerfkahn.pdf; Letzter Zugriff am 2.11.2023

192. RFC 793: DARPA INTERNET PROGRAM ; TRANSMISSION CONTROL PROTOCOL; PROTOCOL SPECIFICATION; September 1981; https://datatracker.ietf.org/doc/html/rfc793; Letzter Zugriff am 24.9.2023

193. Corporation for National Research Initiatives: Robert E. Kahn; http://www.cnri.reston.va.us/bios/kahn.html; Letzter Zugriff am 24.9.2023

194. Vinton G. Cerf and Robert E. Kahn, Member of IEEE: A Protocol for Packet Network Intercommunication; IEEE Transactions on Communications, Vol. , Com-22, No.5., May 1974COMMUNIC~LTIOKS, VOL. COM-22, NO. 5, MAY 1974; http://www-net.cs.umass.edu/653-04/documents/cerfkahn.pdf; Letzter Zugriff am 24.9.2023

195. W. Eddy, Hrsg. MIT-Systeme; Internet Engineering Task Force; SDT:7; Request for Comments: 9293; Obsoletes: 793, 879, 2873, 6093, 6429, 6528, 6691; Updates: 1011, 1122, 5961; Category: Normen-Schiene (IETF): Puplished: 2022; ISSN: 2070-1721: Transmission Control Protocol (TCP (Übertragungssteuerungsprotokoll); https://datatracker.ietf.org/doc/html/rfc9293; Letzter Zugriff am 24.9.2023

196. J.Postel, ISI, 28.August 1980; RFC 768: User DATAGRAM Protocol; https://datatracker.ietf.org/doc/html/rfc768; Letzter Zugriff am 2.11.2023

197. M.Thomson, Hrsg; Mozilla; S.Turner, Htsg., SN3: Internet Engineering Task Force (IETF); Request for Comments: 9001; Category: Normen-Schiene; Published: Ma0 2021, ISSN: 2070-1721;: Verwenden von TLS zum Sichern von QUIC; https://datatracker.ietf.org/doc/html/rfc9001; Letzter Zugriff am 2.11.2023

198. W.Eddy, Hrgs., MIT Systeme; Internet Engineering Task Force (IETF (englisch); SDT: 7; Request for Comments: 9293; Obsoletes: 793,879,2873,6093,6429,6528,6691; Updates: 1011, 1122, 5961; Category: Normen-Schiene; Published: August 2022; ISSN: 20701721: Transmission Control Protocol (TCP) (Übertragungssteuerungsprotokoll); https://datatracker.ietf.org/doc/html/rfc9293; Letzter Zugriff am 2.11.2023

199. Internet Engineering Task ForceR.Braden, Editor, October 1989; Network Working Group; Request for Comments: 1122; Requirements for Internet Hosts- Communication Layer: https://datatracker.ietf.org/doc/html/rfc1122; Letzter Zugriff am 3.11.2023

200. V. Jacobson. LBL, R.Braden, ISI; D. Borman, Cray Research; ;May 1992; Network Working Group, Request for Comments: 1323; Obsoletes RFC 1072, RFC 1185: TCP Extensions for High Perfomance; https://datatracker.ietf.org/doc/html/rfc1323; Letzter Zugriff am 3.11.2023

201. Sachverständige(r): TCP/UDP: Joe Touch; Eliot Lear, Kumiko Ono, Wes Eddy, Brian Trammell, Jana Iyengar, and Michael Scharf; SCTP: Michael Tuexen; DCCP: Eddie Kohler and Yoshifumi Nishida; Zuletzt aktualisiert: 2023-09-12; Registrierung für Dienstnamen und Portnummer des Transportprotokolls. Referenz: [RFC6335]; https://www.iana.org/assi-

gnments/service-names-port-numbers/service-names-port-numbers.xhtml; Letzter Zugriff am 3.11.2023

202. Qexe.de: Was ist TCP Half Open Connection und TCP Half Closed Verbindung; https://qexe.de/question/was-ist-tcp-half-open-connection-und-tcp-half-closed-verbindung#:~:text=Laut%20den%20RFCs%20ist%20eine%20halboffene%20TCP-Verbindung%20offiziell%2C,beziehen%20kann%2C%20die%20eine%20Verbindung%20im%20Aufbau%20ist; Letzter Zugriff am 3.11.2023

203. Andrew S. Tanenbaum/David J. Wetherall, Computernetzwerke, 5. Auflage, 2012, ISBN 978-3-86894-137-1, Kapitel 6.2.3., „Freigabe von Verbindungen"

204. Oliver Komor, Mathias Hein: xDSL & T-DSL. Das Praxisbuch. Franzis, Poing 2002, ISBN 3-7723-7134-5

205. W. Simpson, Daydreamer; July 1994; Network Working Group; Request for Comments: 1661; SDT: 51; Obsoletes: 1548; Category: Standards Track: The Point-to-Point Protocol (PPP); https://datatracker.ietf.org/doc/html/rfc1661; Letzter Zugriff am 3.11.2023

206. V.Paxson, ICSI/UC Berkeley; M. Allman, ICSI; J.Chu, Google; M. Sargent, CWRU, June 2011; Internet Engineering Task Force (IETF); Request for Comments: 6298; Obsoletes: 2988; Updates: 1112; Category: Standards Track; ISSN 2070-1721: Computing TCP's Retransmission Timer https://datatracker.ietf.org/doc/html/rfc6298; Letzter Zugriff am 3.11.2023

207. Chris Abella: was ist Karns Algorithmus; Optimierung von TCP mit einem oft übersehenen Algorithmus zur Verbesserung der Round-Trip-Zeitschätzung; 7. September 2016; https://web.archive.org/web/20161114045448/https://www.extrahop.com/community/blog/2016/karns-algorithm/; Letzter Zugriff am 24.9.2023

208. Die Transportprotokolle: Transmission Control Protocol (TCP) User;Datagram Protocol (UDP); Die Socket-Schnittstelle https://pps.tik.ee.ethz.ch/internet_praktikum/WS01_02/Handouts_pdf/Transportprotokolle.pdf; Letzter Zugriff am 3.11.2023

209. J.Postel, ISI; November 1981; Network Working Group, Request for Comments: 801: NCP/TCP Transition Plan; https://datatracker.ietf.org/doc/html/rfc801#page-6; Letzter Zugriff am 3.11.2023

210. TCP „Silly-Window-Syndrom" und Änderungen am Schiebefenstersystem zur Vermeidung von Problemen: http://www.tcpipguide.com/free/t_TCPSillyWindowSyndromeandChangesTotheSlidingWindow.htm; Letzter Zugriff am 3.11.2023

211. Lefteris Mamatas, Tobias Harks, and Vassilis Tsaoussidis: Approaches to Congestion Control in Packets Networks: JOURNAL OF INTERNET ENGINEERING, VOL. 1, NO. 1, JANUARY 2007; https://web.archive.org/web/20140221123729/http://utopia.duth.gr/~emamatas/jie2007.pdf; Letzter Zugriff am 3.11.2023

212. M.Allman, NASA Glenn/Sterlin Software; V. Paxson, ACIRI; W. Stevens, Consultant; April 1999; Network Working Group; Request for Comments: 2581; Obsoletes: 2001; Category: Satndards Track: TCP Congestion Control; https://datatracker.ietf.org/doc/html/rfc2581; Letzter Zugriff am 3.11.2023

213. TCP-Überlastungskontrolle; https://en.wikipedia.org/wiki/TCP_congestion_control; Letzter Zugriff am 3.11.2023

214. Differkinome: Unterschied zwischen Flusskontrolle und Staukontrolle; Vernetzung Share; https://www.differkinome.com/articles/networking/difference-between-flow-control-and-congestion-control.html; Letzter Zugriff am 3.11.2023

215. S.Deering, Cisco; R.Hinden, Nokia; December 1998; Network Working Group; Requesr for Comments: 2460; Obsoletes 1883; Category; Standards Track: Internet Protocol, Version 6 (IPv6) Specification; https://datatracker.ietf.org/doc/html/rfc2460; Letzter Zugriff am 3.11.2023

216. J.Postel, ISI, 28. August 1980: User Datagram Protocol; https://datatracker.ietf.org/doc/html/rfc768; Letzter Zugriff am 3.11.2023

217. L. Eggert, Nokia, G. Fairhurst, University of Aberdeen: November 2008; Network Working Group; Request for Comments: 5404; BCP: 145; Category: Best Current Practice: Unicast UDP Usage Guidelines for Application Designers; https://datatracker.ietf.org/doc/html/rfc5405; Letzter Zugriff am 26.9.2023

218. M. Eubanks,AmericaFree.TV LLC; R. Chimento, John Hopkis University Applied Physics Laboratory; M.Westerland, Ericsson, April 2013; Internet Engineering Task Force (IETF); Request for Comments: 6935; Updates: 2460; Category: Standards Track; ISSN: 2070-1721: Ipv6 und UDP Checksums for Tunneled Packets; https://datatracker.ietf.org/doc/html/rfc6935; Letzter Zugriff am 2.11.2023

219. L-A. Larzon, Lulea Universität of Technology; M. Degermark, S. Pink, University of Arizona; L-E. Jonsson, Ed. Ericsson, G. Fairhurst, Ed., University of Aberdeen, July 2004; network Working Group; Request for Comments: 3828; Category: Standars track: The Lightweight User Datagram Protocol (UDP-Lite); https://datatracker.ietf.org/doc/html/rfc3828; Letzter Zugriff am 2.11.2023

220. Elektronik Kompendium: DoD-Schichtenmodell; http://www.elektronik-kompendium.de/sites/net/0907011.htm#:~:text=DoD-Schichtenmodell%201%20Anwendungsschicht%20Application%20Layer.%20In%20der%20Anwendungsschicht,an%20das%20%C3%9Cbertragungssystem%20angepasst%20%28Fragmentierung%29.%20More%20items...%20; Letzter Zugriff am 3.11.2023

221. TCP/IPSuite: https://study-ccna.com/tcpip-suite-of-protocols/; Letzter Zugriff am 3.11.2023

222. Elektronik Kompendium: HTTP – Hypertext Transfer Protokoll; https://www.elektronik-kompendium.de/sites/net/0902231.htm/; Letzter Zugriff am 3.11.2023

223. Digital Guide IONOS: FTP: Das File Transfer Protocol erklärt; https://www.ionos.de/digitalguide/server/knowhow/ftp-file-transfer-protocol; Letzter Zugriff am 3.11.2023

224. Stefan Luber: Was ist UDP (User Datagram Protocol)? IPINSIDER; https://www.ip-insider.de/was-ist-udp-user-datagram-protocol-a-789006/; Letzter Zugriff am 3.11.2023

225. Elektronik Kompendium: UDP – User Data Protocol; https://www.elektronik-kompendium.de/sites/net/0812281.htm/; Letzter Zugriff am 3.11.2023

226. Digital Guide IONOS: TCP (Transmission Control Protocol) – das Transportprotokoll im Porträt; https://www.ionos.de/digitalguide/server/knowhow/tcp-vorgestellt/; Letzter Zugriff am 3.11.2023

227. Stefan Luber; IPINSIDER; Was ist ICMP (Internet Control Message Protocol)? https://www.ip-insider.de/was-ist-icmp-internet-control-message-protocol-a-808956/; Letzter Zugriff am 3.11.2023

228. Elektronik Kompendium: ARP – Address Resolution Protocol. https://www.elektronik-kompendium.de/sites/net/0901061.htm; Letzter Zugriff am 3.11.2023

229. Kinsta: Was ist DNS? Domain Name System erklärt. https://kinsta.com/de/wissensdatenbank/was-ist-dns/; Letzter Zugriff am 3.11.2023

230. Telnet: Was es ist, was es kann und wie man es anwendet. Von Penny|Folgen|Letzte Änderung März 15, 2022; https://de.minitool.com/bib/was-ist-telnet.html; Letzter Zugriff am 3.11.2023

231. J.Case, SNMP Research; M. Fedor, Performance Systems International; M.Schoffstall, Performance Systems International; J. Davin, MIT Laboratory for Computer Science; May 1990; Network Working Group; Request for Comments: 1157; Obsoletes 1098: A Simple Network Management Protocol (SNMP); https://datatracker.ietf.org/doc/html/rfc1157; Letzter Zugriff am 3.11.2023

232. Elektronik Kompendium:NDP – Neighbour Discovery Protocol; https://www.elektronik-kompendium.de/sites/net/1902261.htm#:~:text=NDP%20-%20Neighbour%20Discovery%20Protocol%20Das%20Neighbor%20Discovery,ICMPv6%20und%20d%C3%BCrfen%20nicht%20in%20andere%20Netze%20gelangen; Letzter Zugriff am 3.11.2023

233. J. Hadi Salim, Nortel Networks: U. Ahmed, Carleton University; July 2000; Network Working Group: Request for Comments: 2884; Category : informational: performance Evaluation of Explicit Congestion Notification (ECN) in IP networks; https://datatracker.ietf.org/doc/html/rfc2884; Letzter Zugriff am 3.11.2023

234. B. Cain, Cereva Networks; S. Deering, I.Kouvelas, Cisco Systems, B. Ferner, AT&T Labs-Research; A. THyagarajan, Ericsson; October 2002; Network Working Group; request for Comments; 3376; Obsoletes: 2236; Category Standards Track: Internet Group Management Protocol, Version 3; https://datatracker.ietf.org/doc/html/rfc3376; Letzter Zugriff am 3.11.2023

235. S. Kent, K.SCO, BBN Technologies; December 2015; Network Working Group; Request for Comments: 4301; Obsoletes:2401; Category: Standards Track: Security Architecture for Internet Protocol (IPsec); https://datatracker.ietf.org/doc/html/rfc4301; Letzter Zugriff am 3.11.2023

236. M. Amend, Ed., DT; A. Brunstrom, A. Kassler, Karlstad University; V. Rakocevic, City University of London; S. Johnson, BT; 26 July 2023; Transport Aerea Working Group; Internet-Draft; Intended Status: Standards tracks; Expires: 27 January 2024: DCCP Extensions for Multipath Operations with Multiple Addresses Draft-ietf-tsvwg-multipath-dccp-10; https://datatracker.ietf.org/doc/draft-ietf-tsvwg-multipath-dccp/; Letzter Zugriff am 27.9.2023

237. R. Stewart; Netflix Inc; M. Tüxen, Westfälische Wilhelms Universität Münster; K. Nielsen, Kamstrup, A/S;Interbet Engineering Task Force (IETF); Request for Comments: 9260; Obsoletes: 4460,4960,6096,7053,8540; Category: Normen-Schiene, Published: Juni 2022; ISSN: 2070-1721: Stream Control-Übertragungsprotokoll; https://datatracker.ietf.org/doc/html/rfc9260; Letzter Zugriff am 3.11.2023

238. R.Braden, Ed. ISI; L. Zhang, UCLA; S. Berson ISI; S. Herzog, IBM Research; s. Jamin, Univ. of Michiga; September 1997; Network Working Group; Request for Comments: 2205; Category: standards Track: Resource reSerVation Protocol (RSVP); https://datatracker.ietf.org/doc/html/rfc2205; Letzter Zugriff am 3.11.2023

239. Quick UDP Internet Connections Multiplexed Stream Transport over UDP; https://www.ietf.org/proceedings/88/slides/slides-88-tsvarea-10.pdf; Letzter Zugriff am 4.11.2023

240. Digital Guide IONOS: https://www.ionos.de/digitalguide/hosting/hosting-technik/quic-das-internet-transportprotokoll-auf-udp-basis/; Letzter Zugriff am 4.11.2023

241. R. Droms, Ed. Cisco, J. Bound, Hewlett Packard; B.Volz, T. Lemon, Nominum; C. Perkins, Nokia Research Center; M. Carney, Sun Microsystems; July 2003; Network Working Group; Request for Comments:3315; Category: Standards track: Dynamic Host Configuration Protocol for IPv6 (DHCPv6); https://datatracker.ietf.org/doc/html/rfc3315; Letzter Zugriff am 27.9.2023

242. Digital Guide Ionos: HTTPS: Was es bedeutet und warum es wichtig ist; 20.7.2020; Hosting Technic; https://www.ionos.de/digitalguide/hosting/hosting-technik/was-ist-https/; Letzter Zugriff am 4.11.2023

243. E.Chen; Redback Networks; September 2000; Network Working Group; Request for Comments: 2918; Category Standards Track: Route Refresh Capability for BGP-4; https://datatracker.ietf.org/doc/html/rfc2918; Letzter Zugriff an 27.9.2023

244. P.Resnick; QUALCOMM Incorporated; April 2006: Network Working Group; Request for Comments: 4469; Updates: 3501, 3502; Category: Standards Track: Internet Message Access Protocol (IMAP) CATENATE Extension; https://datatracker.ietf.org/doc/html/rfc4469; Letzter Zugriff am 4.11.2023

245. J. Oikarinen, R.Deed; May 1993; Network Working Group; request for Comments: 1459; Internet Relay Chat Protocol; https://datatracker.ietf.org/doc/html/rfc1459; Letzter Zugriff am 27.9.2023

246. J. Sermersheim, Ed, Novell, Inc; June 2006; Network Working Group; Request for Comments: 4511; Obsoletes; 2251, 2830, 3771; Category: standards Track; Lightweight Directory Access Protocol (LDAP): The Protocol; https://www.rfc-editor.org/rfc/rfc4511; Letzter Zugriff am 4.11.2023

247. IETF:Protokollaktion: "Das TLS-Protokoll (Transport Layer Security) Version 1.3" zum vorgeschlagenen Standard (draft-ietf-tls-tls13-28.txt); https://de.wikipedia.org/wiki/Transport_Layer_Security#cite_note-26; Letzter Zugriff am 4.11.2023

248. P. Saint-Andre, Cisco; March 2011; Internet Engineering Task (IETF); Request for Comments: 6122; Updates: 3920; Category Standars Track; ISSN 2070-1721: Extensible Messaging and Presence Protocol (XMPP): Adress Format https://datatracker.ietf.org/doc/html/rfc6122; Letzter Zugriff am 4.11.2023

249. P. Saint-Andre, Cisco; March 2023; Internet Engineering Task Force (IETF); Request for Comments: 6121; Obsolets 3921; Category: Standards track; ISSN: 2070-1721; https://datatracker.ietf.org/doc/html/rfc612; Letzter Zugriff am 4.11.2023

250. J. Klensin; October 2008; Network Working Group; Request for Comments: 5321; Obsoletes: 2821; Updates: 1123; Category Standards Track: Simple Mail Transfer Protocol; https://datatracker.ietf.org/doc/html/rfc5321; Letzter Zugriff am 4.11.2023

251. M. Arango, RSL COM, A. Dugan, I. Elliott, Level3 Communications; C. Huitema, Telcordia, S. Pickett, Vertical Networks; October 1999; Network Working Group; Request for Comments: 2705; category Informational: Media Gateway Control Protocil (MGCP) Version1; https://datatracker.ietf.org/doc/html/rfc2705; Letzter Zugriff am 4.11.2023

252. Autoren: International Business Machines Corporation (IBM). Eurotech: MQTT V3.1 Protokollspezifikation; https://public.dhe.ibm.com/software/dw/webservices/ws-mqtt/mqtt-v3r1.html; Letzter Zugriff am 4.11.2023

253. Brian Kantor (U.C. San Diego); Phil Lapsley (U.C. Berkeley); February 1986; Network Working Group; Requestv for Comments: 977: Network News Transfer Protocol; https://datatracker.ietf.org/doc/html/rfc977; Letzter Zugriff am 4.11.2023

254. D. Mills, U. Delaware; J. Martins, Ed., ISC; J. Burbank, W. Cash, JHU/APL, June 2010; Internet Engineering Task Force (IETF); request for Comments: 5905; Obsoletes: 1305, 4330; Category: standards Track; ISSN 2070-1721: Network Time Protocol Version 4: Protocol and Algortihms Specification; https://datatracker.ietf.org/doc/html/rfc5905; Letzter Zugriff am 4.11.2023

255. P. Pillay-Esnault, Cisco Systems; A. Lindern, Redback Networks; June 2008; Network Workimg Group; request for Comments: 5187; Category Standards Track: OSPFv3 Graceful Restart; https://datatracker.ietf.org/doc/html/rfc5187; Letzter Zugriff am 4.11.2023

256. Das Linux-PTP-Projekt: https://linuxptp.sourceforge.net/; Letzter Zugriff am 4.11.2023

257. J. Myers, Carnegie Mellon; M.Rose, Dover Beach Consulting, Inc; May 1996; Network Working Group; Request for Comments: 1939; SDT: 53; Obsoletes: 1725; Category: Standards Track: Post Office Prtocol- Version 3 https://datatracker.ietf.org/doc/html/rfc1939; Letzter Zugriff am 27.9.2023

258. R. Thurlow, Sun Microsystems; May 2009; Network Working Group; Request for Comments: 5531; Obsoletes: 1831; Category Standards Track; RPC: Remote Procedure Call Specification Version 2; https://datatracker.ietf.org/doc/html/rfc5531; Letzter Zugriff am 4.11.2023

259. H. Schulzrinne, Columbia University; S. Casner, Packet Design; R. frederick, Blue Coat Systems Inc. V. Jacobson, Packet Design, July 2003; Network Working Group; Request for Comments: 3550; Obsoletes: 1889; Category: stabdards Track: RTP: A Transport Protocol for Realtime Applications; https://datatracker.ietf.org/doc/html/rfc3550; Letzter Zugriff am 4.11.2023

260. H. Schulzrinne, Columbia U; A. Rao, Netscape; R. Lanphier, RealNetworks; April 1998; Network Working Group; request for Comments: Standards Track: Real Time Streaming Protocol(RTSP); https://datatracker.ietf.org/doc/html/rfc2326; Letzter Zugriff am 4.11.2023

261. G. Malkin; Bay Networks; November 1998; Network Working Group; Request for Comments: 2453; Obsoletes: 1723, 1388; SDT: 56; Category: Standards Track: RIP Version 2; https://datatracker.ietf.org/doc/html/rfc2453; Letzter Zugriff am 4.11.2023

262. J. Rosenberg, dynamicsoft; H. Schulzrinne, Columbia U; G. Camarillo, Ericsson; A. Johnston, WorldCom, P. Peterson, Neustar, R. Sparks, dynymicsoft; M. Handley, ICIR, E. Schooler, AT&T, June 2002; Network Working Group; Request for Comments: 3261; Obsoletes:2543; Category: Standards Track: SIP: Session Initiation Protocol, https://datatracker.ietf.org/doc/html/rfc3261; Letzter Zugriff am 4.11.2023

263. F. Cusack, savecor.net, M. Forssen, AppGate Network Security AB, January 2006; Network Working Group; Request for Comments: 4256; Category: Standards Track: Generic Message Exchange Authentication fort eh Secure Shell Protocol (SSH); https://datatracker.ietf.org/doc/html/rfc4256; Letzter Zugriff am 27.9.2023

264. Winhistory.de: Windows for Workgroups 3.1 und 3.11; https://www.winhistory.de/more/win311.htm; Letzter Zugriff am 4.11.2023

265. LINUX Community: LINUX 2000; https://www.linux-community.de/magazine/linuxuser/2000/10/; Letzter Zugriff am 4.11.2023

Hardware Ethernet

9.1 Bussysteme

Übertragen werden die Daten zwischen Teilnehmern über einen gemeinsamen Übertragungsweg, dem Bus oder dem Bussystem. Findet eine Kommunikation zwischen zwei Teilnehmern statt so müssen die anderen Teilnehmer schweigen [1]. Die Sprechzeit der Teilnehmer folgt strengen Regeln. Bussysteme haben Netzwerktopologien, die mit einander definiert kommunizieren. Der Begriff Bus stammt aus der in Schaltplänen verwendeten Abkürzung BU für (Back (mounted) Panel Unit, die 19-Zoll Racks die Komponente ist, die an der Rückwand eines Einschubs montiert ist. Der BUS bezeichnet dann entsprechend Back Panel Unit Sockets für die an der Rückwand montierten Steckplätze.

Frühere Busse waren nur parallele Stromschienen mit vielen Anschlüssen. Seit 1898 wurden die englischen Bezeichnungen Omnibus bar (Bus bar) für diese Stromschienen eingeführt. Diese Bezeichnung ist bis heute erhalten und wird in der Analgentechnik in allen Industrien verwendet.

9.1.1 Paralleler Bus, serieller Bus, Master/Slave, Initiator, Target

Bei einem seriellen Bus wird die Information in kleinen Einheiten (Bits und Pakete bei TCP, UDP) aufgeteilt und über die Signalleitung nacheinander verschickt. Bei parallelen Bussen gibt es mehrere Signalleitungen, z. B. 8 oder 16 Leitungen, sodass 1 Byte oder 2

Nachdem wir im letzten Kapitel das Ethernet TCP/IP bezüglich Protokollstack und Software ausführlich besprochen haben gehen wir in diesem Kapitel auf die Ethernet Hardware bezüglich Systemdaten, Buskabel sowie Stecker ein.

© Der/die Autor(en), exklusiv lizenziert an Springer Fachmedien Wiesbaden GmbH, ein Teil von Springer Nature 2024
W. Babel, *Systemintegration in Industrie 4.0 und IoT,*
https://doi.org/10.1007/978-3-658-42987-4_9

Byte synchronisiert gleichzeitig versendet werden können. Diese Mehrfachkabel können an mehrere Komponenten angeschlossen werden.

Als Master oder auch als aktiven Knoten bezeichnet man Netzwerkknoten, die einen Kommunikationsablauf auf einem Bus initiieren dürfen. Alle anderen (passiven) Knoten sind Slaves, die nur zuhören dürfen und auf Anfragen antworten dürfen oder müssen.

Ein Bus wird Multimaster-Bus genannt, wenn er mehrere Master erlaubt. Jedoch ist in Ablauf darauf zu achten, dass zu jedem Zeitpunkt nur e i n Master die Bus-Hoheit besitzt. Dies Maßnahme ist notwendig, dass keine Daten verloren gehen und die Hardware nich beschädigt werden kann.

Ein Bus Arbiter [2] steuert bei einer zentralen Busvermittlung den jeweiligen Buszugriff.

Initiator wird derjenige Knoten im Netzwerk genannt, der einen Zugriff auf den Bus initiiert. Das Ziel eines lesenden oder schreibenden Zugriffs wird Target genannt.

9.1.2   Generelle Bus-Technologie

Auf Bussystemen werden sind in der Regel sehr hochfrequente Signale übertragen (Mbit/s oder Gbit/s), die an Verzweigungen und an den Enden des Übertragungsmedium Reflexionen erzeugen können, die nicht zu vernachlässigen sind. Diese Reflexionen können z. T. Signalauslöschung durch Interferenzen sorgen und somit das System empfindlich stören.

Aus diesem Grund ist ein eindimensionaler elektrischer Leiter (z. B. Kupferkabel beim Ethernet) signaltechnisch von Vorteil, siehe SCSI. Das sogenannte Small Computer System Interface (SCSI) ist eine Familie von standardisierten Protokollen und Schnittstellen für die Verbindung und Datenübertragung zwischen Peripheriegeräten und Computern [3].

Hierdurch lassen sich Reflexionen an den Leitungsenden durch Abschluss, wie beispielsweise beim Koaxkabel mit einen 50 Ω Widerstand, einfach verhindern.

Der Leitungsabschluss durch einen einfachen Abschlusswiderstandes verursacht jedoch eine hohe Verlustleistung, und ein RC-Glied verursacht einen schwankenden Ruhesignalpegel. Es gibt auch die aktive Terminierung [4], die den Ruhepegel durch einen Spannungsregler vorgibt.

Da auf Leiterplatten die Adress- und Datenbusse eine große Anzahl von gleichartigen Leiterbahnen benötigen, werden viel Platz und viel Pins für die Bauteile benötigt. Außerdem ist das Übersprechphänomen ein Problem jeder Leiterplattenentwicklung. Deshalb gibt es als Lösung den Ansatz, die Anzahl zu halbieren indem man die Information aufteilt in höherwertige und niederwertige Bit (siehe Ethernet II Frame). Diese beiden Gruppen werden in zwei Busphasen gesendet. Dabei wendet man das Multiplexbusverfahren an [5].

Ein zusätzlicher Steuerpin muss diese Busphasen kennzeichnen. Es handelt sich um ein Zeitmultiplexverfahren [5].

In der Computerarchitektur ist ein Bus ein Subsystem, das Daten und Energie zwischen zwei Komponenten des Computers oder zwischen unterschiedlichen Computern überträgt. Im Gegensatz zur Point-to-Point Verbindung kann ein Bus mehrere Geräte über den gleichen Satz von Leitungen adressieren oder verbinden.

‚State oft the Art'-Computersysteme können sowohl bit-parallel als auch bit-seriell arbeiten.

Während bei der Netz-Topologie der Bus-Leitung alle Teilnehmer nebeneinander am Bus hängen, können Knoten auch durch geeignete Kontaktierung kettenförmig nacheinander geschaltet werden (siehe Abschn. 10.3, EtherCAT).

Neben der Netzwerktopologie auf der Physikalischen Ebene (OSI-Schicht 1), kann man aber auch ein busähnliches Verhalten softwaremäßig realisieren und entsprechende Implementierungen nachgebildet werden (Abschn. 8.4, höhere Übertragungsschichten im OSI Modell, Ethernet TCP/IP).

Bus beim Computer

Sehr viel Computersysteme haben interne und externe Busse. Ein interner Bus schließt interne Komponenten eines Computers an die Leiterplatte an, wie z. B. zwischen der CPU und dem Arbeitsspeicher. Der interne Bus wird auch lokaler Bus genannt. Ein externer Bus schließt hingegen externe Geräte an die Masterplatine mit der CPU an.

Historisch werden heute noch interne oder lokale Verbindungssysteme als ‚Bussystem' bezeichnet, obwohl sie keinen topologischen Aufbau besitzen. Beispielsweise wird der PCI-Bus (Peripheral Component Interconnect) als ein Bus-Standard zur Verbindung von Peripheriegeräten mit dem Chipsatz eines Prozessors oftmals als Bussystem bezeichnet, obwohl er topologische eine Point-to Point Verbindung ist [6]. Es gibt zahlreiche Varianten und Einsatzgebiete des PCI-Standards (PC, Industrie, Telekommunikation). Die bekannteste Variante kommt hauptsächlich im PC-Umfeld zum Einsatz und heißt PCI Conventional. Praktisch jeder seit ca. 1994 gebaute IBM-PC-kompatible Computer ist mit meist zwei bis sieben Steckplätzen für PCI-Karten ausgerüstet.

9.1.3 Adressierungsverfahren

Adressierung in seriellen Bussystemen

Die auf seriellen Bussen übertragenen Daten lassen sich als Datenpakete oder Datagrams betrachten, die in mehrere Felder unterteilt sind (Siehe TCP/IP, Abschn. 8.4 oder UDP/IP, Abschn. 8.5). Ein Datenpaket enthält gemäß Ethernet mindestens die Sender- und die Empfänger-Adresse und die zu übertragenden Daten.

Adressierung in Parallelbussystemen

Eine einfache Adressierungsroutine sieht vor, dass nur eine einzige Komponente ein Busmaster ist. Dies ist in der Regel der Prozessor (CPU), alle anderen Komponenten sind passiv. Für jeden angebundenen Slave gibt es eine Select-Leitung, über die ein Master seinen Slave zu seinem Kommunikationspartner erklärt. Die eigentlichen Daten werden anschließend über einen separaten Datenbus gesendet. Dieses Verfahren wird beispielsweise bei Serial Peripheral Interface (SPI) angewendet [7]. Das Serial Peripheral Interface wurde im Jahr 1987 von Susan C. Hill und Mitarbeiter beim Halbleiterhersteller Motorola (heute zu Teilen NXP Semiconductors und ON Semiconductor entwickelt. Es stellt einen einfachen Standard für einen synchronen seriellen Datenbus (Synchronous Serial Port) dar, mit dem digitale Schaltungen nach dem Master–Slave-Prinzip miteinander verbunden werden können.

Wenn jede angeschlossene Komponente über einen eigenen Adressdekoder verfügt, kann anstelle von separaten Select-Leitungen eine „Slave-Gerätenummer" übertragen werden, wofür für n vernetzte Geräte $\log_2(n)$ Leitungen notwendig sind [8, 9].

Die einzelnen Adressdekoder entscheiden dann anhand der angelegten Gerätenummer unabhängig voneinander, ob ihre Komponente die indizierte ist oder nicht.

Dieses Verfahren wird beispielsweise bei dem ISA (Industry Standard Architecture) [8]- oder XT-Bus [9] angewendet. ISA ist ein Computerbus-Standard für IBM-kompatible PCs, der die XT-Bus-Architektur von 8 auf 16 Bit erweitert.

Die XT-Bus-Architektur ist eine 8-Bit-Bus-Architektur, die beim Intel 8086 und beim Intel 8088 in IBM PCs und IBM PC XTs in den 1980er Jahren verwendet wurden. Das Slot-Konzept war im Wesentlichen vom Apple II kopiert.

Beispiel: Für $n = 64$ mögliche Geräte wären anstatt 64 Select-Leitungen nur 6 Adressleitungen notwendig, weil $2^6 = 64$.

Ein weiteres Prinzip arbeitet ohne eigene Adressleitungen. Entsprechend dem Multiplexing-Verfahren wird zunächst die Adresse über die Leitungen übertragen. Dadurch kann beispielsweise per Adressdecoder eine Adressierung stattfinden. Entscheidend ist, dass sich die beteiligten Partner merken müssen, ob sie angesprochen sind, da die Leitungen erst nach dem Ende der Adress-Phase zur Datenübertragung verwendet werden und die Adressen nicht mehr verfügbar sind. Normalerweise gibt es aber eine gesonderte Steuerleitung, die anzeigt, ob gerade eine Adresse oder ein Datenwort auf den Signalleitungen anliegt. (siehe PCI-Bus I2C [10]- oder PCI-Bus [6] angewendet.

I^2C (Inter-Integrated Circuit) ist ein 1982 von Philips Semiconductors (heute NXP Semiconductors) entwickelter serieller Datenbus, der sich mittlerweile zu einem akzeptierten Industriestandard entwickelt hat. Er wird hauptsächlich geräteintern für die Kommunikation zwischen verschiedenen Schaltungsteilen benutzt, z. B. zwischen einem Controller und Peripherie-ICs (Industrie 4.0).

Eine Abwandlung vom I^2C-Bus ist das Small Computer System Interface (SCSI)-Bus [11]. SCSI ist eine Familie von standardisierten Protokollen und Schnittstellen für die Verbindung und Datenübertragung zwischen Peripheriegeräten und Computern. Beim SCSI hat das Gerät mit der höchsten Adresse die höchste Priorität und ist der Busmaster.

Busmastering

Das Busmastering heißt, dass der Prozessor eines Computersystems für bestimmte Zeiten die Kontrolle über den Bus an eine Adapterkarte, den sogenannten *Busmaster* abgibt. Dieser Busmaster adressiert in der Folge selbständig alle Komponenten in der Kommunikation für die Datenübertragung. Der Busmaster agiert wie eine eigenständige CPU. Während solch ein sekundärer Prozessor den peripheren Bus beherrscht, führt die CPU in der Lage, andere Arbeiten im System im Timesharing aus. Dies macht sich bei modernen Multitasking-Betriebssystemen positiv in der Reaktionsfähigkeit bemerkbar, wobei die Busmaster-Aktivität oftmals über ein Interrupt-Signal mit dem Betriebssystem verkoppelt ist. Die Adapterkarte hat dabei den Sinn, bestimmte Aufgaben asynchron zu anderen Tasks zu bedienen.

Es gibt im Bereich der Netzwerkarchitekturen noch weitere Möglichkeiten zur Busarbitrierung;

Beim Toking- Passing (Ethernet 802.3) erhält der aktive Busmaster einen sogenannten Token [12], was eine Flag ist, das er sendet. Hat er seine Sendung abgeschlossen, gibt er den Token weiter an einen bestimmten anderen Knoten im Netzwerk, der nun die Kommunikation übernimmt. Dieses Verfahren wird primär in Ringbussen angewendet. Neben den hardwaremäßigen Ringbusverfahren kann man das Vorgehen auch softwaremäßig lösen. Das Toking Verfahren ist ein prinzipielles Vorgehen in der Profibuskommunikation mit mehreren Mastern [12].

Busse wie beispielsweise Ethernet oder CAN [12] sind von Anfang an darauf ausgelegt, dass es zu Kollisionen zwischen Teilnehmern kommen kann, die gleichzeitig zu senden versuchen. Die Bussystem erkennen diese Kollisionen (Collision detection) und reagieren mit den entsprechenden Algorithmen darauf (Abschn. 8.1.5 CSMA/CD Carrier Sense Multiple Access/Collision Detection). Alle Verfahren zur Kollisionsverhinderung sind auch für WLAN und andere Funkverbindungen anwendbar.

Bezogen auf die Historie der Busentwicklungen spricht man von 3 Generation, die in engem Zusammenhang mit der µ-Controler und DSP, FPGA und ASIC- Entwicklungen stehen [12]; Kap. 7 und 8].

9.1.4 Bussystem Zusammenfassung

Hier erfolgt noch einmal eine Zusammenfassung der 3 Busgenerationen.

1. *Bus Generation: 80er*

Speicher und Peripherie werden an dieselben Pins und Adressen in Paralleltechnik angebracht, welche die CPU selbst benutzt. Die Kommunikation wurde durch die CPU ausgeführt. Die Daten wurden normalerweise aus externen Speichern gelesen. Ferner gab es einen zentralen Zeitgeber, der auch die Geschwindigkeit der CPU kontrollierte. Es wurde die Interrupt-Technik angewendet. Diese Verfahren waren in den 80er aktuell. Nachteil war, dass auf dem gesamten System mit derselben Geschwindigkeit gearbeitet wurde, da es nur einen Taktgeber gab. Dies führte auch dazu, dass leistungsfähige CPUs eingeschränkt werden mussten.

2. *Busgeneration 90er*

Der *NuBus* [13] beschäftigte sich mit den Problemen der ersten Generation. Dabei ist der NuBus ist ein paralleler 32-Bit-Bus, der ursprünglich am MIT als Teil des NuMachine Workstation-Projekts entwickelt und zeitweise von Apple Computer, NeXT Computer und Texas Instruments genutzt wurde. Er wird aber heutzutage nicht mehr eingesetzt.

Beim NuBus wurden Speicher und CPU in zwei Teile aufgeteilt. Zwischen CPU und Speicher war ein Bus-Controller. Dadurch konnte die CPU-Leistung und CPU-Geschwindigkeit erhöht werden. 8 Bit-Busse wurden auf 16-Bit und 32- Bit erweitert, was zusätzliche Verarbeitungsgeschwindigkeiten zur Folge hatte, Die Anzahl der Jumper wurde drastisch reduziert,. Der Nachteil jedoch war, dass alles was am Bus angeschlossen war mit derselben Geschwindigkeit arbeiten musste.

3. *Bus-Generation ab 2000*

HyperTransport (HT) [14] und *InfiniBand* [15] hielten Einzug in der Technik.

HT ist eine Technologie zur Vernetzung von Computerprozessoren. Es handelt sich um eine bidirektionale serielle/parallele Punkt-zu-Punkt-Verbindung mit hoher Bandbreite und geringer Latenz. Latenzzeit ist dabei die Zeit, ab dem Beginn des Sendens bis wirklichen Beginn des Empfangens. HT wurde am 2. April 2001 eingeführt.

InfiniBand ist eine Spezifikation einer Hardwareschnittstelle zur seriellen Hochgeschwindigkeitsübertragung auf kurzen Distanzen mit geringen Latenzzeiten. Sie wird speziell in Rechenzentren verwendet, beispielsweise für die Verbindungen der Server in Computerclustern untereinander und zur Verbindung zwischen Servern und benachbarten Massenspeichersystemen wie Storage Area Networks (SAN).

9.2   Ethernet Verbindungen und Vernetzungen, ASIC's

Zu Beginn des Ethernets wurden für die gesamte Kommunikation Koaxkabel verwendet. Alle Computer wurden per T-Stück oder Invasivstecker (Vampirklemme) angeschlossen. Jede ausgesendete Information konnte somit von jedem empfangen werden. Dies hat oftmals zu einem Sicherheitsproblem geführt. Deswegen wurde z. B. die Verschlüsselung (Kryptographie) in der Sitzungsschicht (Session Layer 5) eingeführt, um Missbräuchen vorzubeugen.

Mit zunehmender Verbreitung des Ethernets wurden und werden bis heute in modernen Kommunikationsnetzwerken vermehrt Switches (Kommunikationsweichen) eingesetzt. Der erste Switch kam 1990 durch die Firma Kalpana [16] auf den Markt. State oft he Art-Switches sind in Abb. 7.4 zu sehen.

Um Staus zu vermeiden, setzt man teilweise Ethernet flow-control ein; d. h. eine Station kann angeschlossene Gegenstellen auffordern Sendepausen einzulegen. Diese

Art der Kommunikation wird insbesondere bei Vollduplex angewendet, bei der auf das CSMA/CD-Verfahren verzichtet werden kann. Zur weiteren Vertiefung dieser Varianten verweise ich auf die entsprechende Literatur. Es sei aber noch einmal hervorgehoben, dass mit Switches verschaltete Netzwerke kein CSMA/CD-Verfahren mehr benötigt!

9.2.1   Verbindungsmöglichkeiten des Ethernets in der Bitübertragungsschicht (Physikalischer Layer)

Vorweggenommen sei, dass die frühere Nomenklatur IEEE 802.3'ay' bis IEEE 802.3'z' etc. mittlerweile teilweise schon in der neuen Nomenklatur durchnummeriert wurden (IEEE 802.3 Clause$_{xyz}$, xyz = 1...43 usw.) [18, 19].

Die verschiedenen Ethernet-Varianten [17] unterscheiden sich in der Übertragungsrate und in der Verbindungstechnologie. Zunächst wurde Ethernet generell nur für kabelgebundene Systeme definiert. Dies waren zunächst Kupferkabel, später ab den frühen 90er Jahren Lichtwellenleiter (Glasfasern). Heute ist auch WLAN durch die Arbeitsgruppe IEEE 802.11 definiert.

Da die Verbindungen von Ethernet sehr vielfältig sind, ist in Tab. 9.1 eine Übersicht der Verbindungen zu sehen, auf die im Folgenden teilweise näher eingegangen wird [20].

Der 64b/66b-Code [21] ist ein verwendetes Codierungsverfahren, der ein 64-Bitwort in ein 66-Bitwort wandelt. Er kommt beim Ethernet 10-Gbit/s-, 40-Gbit/s- und 100-Gi-Bit/s zum Einsatz.

Weiter wird der 8b/10b-Code [22] für das Vollduplex-Verfahren angewendet. Er ist jedoch völlig anders aufgebaut und hat andere spektrale und statistische Eigenschaften wie der 64b/66b-Code.

Es gibt eine große Vielzahl von Kupferkabeln und Lichtwellenleitern für Ethernet. Um den Überblick zu wahren, sind in diesem Buch nur die allerwichtigsten Kabel und Stecker und primär diejenigen Verbindungen angegeben, die in der Automatisierungspyramide für die vertikale und horizontale Kommunikation zwischen den Ebenen und innerhalb der Ebenen eine wichtige Rolle spielen.

Tab. 9.1 Ethernetverbindungen: Kupferkabel und Lichtwellenleiter in der Übersicht [20]

Ethernet Standard	Bezeichnung	seit	Datenrate	Kabeltyp	Kabellänge	Spez.
802.3	10BASE5	1983	10 Mbit/s	Koaxialkabel	500 m	
802.3a	10BASE2	1988	10 Mbit/s	Koaxialkabel (BNC)	185m	
802.3i	10BASE-T	1990	10 Mbit/s	Twisted Pair mit RJ45 Stecker	100m	
802.3j	10BASE-FL	1992	10 Mbit/s	Glasfaser	850nm Multimode 2000m	
802.3u	1000BASE-TX	1995	100 Mbit/s	Twisted Pair mit RJ45 Stecker	100m	
802.3u	100BASE-FX	1995	100 Mbit/s	Glasfaser	100m	
802.3z	1000BASE-SX	1998	1000 Mbit/s	Glasfaser	100m	
802.3ab	1000BADSE-T	1999	1000 Mbit/s	Twisted Pair mit RJ45 Stecker	100m	
802.3ae	10GBASE-SR	2002	10 Gbit/s	Glasfaser	850nm bis 65m, Multimode	64b/66b
	10GBASE-SW	2002	10 Gbit/s	Glasfaser	850nm bis 65m, Multimode	64b/66b
	10GBASE-LR	2002	10 Gbit/s	Glasfaser	1310 nm bis 5000 m	64b/66b
	10GBASE-LW	2002	10 Gbit/s	Glasfaser	1310 nm bis 5000 m	64b/66b
	10GBASE-ER	2002	10 Gbit/s	Glasfaser	1550 nm, bis 40km Monomode	64b/66b
	10GBASE-EW	2002	10 Gbit/s	Glasfaser	1550 nm, bis 40km Monomode	64b/66b
	10GBASE-LX4	2002	10 Gbit/s	Glasfaser	1350nm	8b/10b

9.2.2   10 Mbit/s-Ethernet mit Kupferkabel

Das am häufigsten verwendete 10 Mbit/s-Ethernet arbeitet mit Manchestercodierung [23], die je Datenbit zwei Leitungsbits überträgt. Mit dieser Art der Übertragung wird die Gleichspannung unterdrückt und gleichzeitig die Taktrückgewinnung im Empfänger nachgeführt.

Es gibt für das 10 Mbit/s-Ethernet drei Arten von Verbindungen (siehe hierzu auch Tab. 9.1) [24].

- Dünnes Koaxkabel (RG58): 10BASE2, IEEE 802.3 Clause 10 mit 50 Ω Wellenwiderstand-Abschluss, Anbindung mittels BNC-T Stückes, maximale Länge für maximal 30 Teilnehmer sind 185 m (1 Segment). Über Repeater sind maximal 5 weitere Segmente anschließbar, was eine maximale Ausbreitung von 925 m heißt. Das Problem ist: Wenn ein Teilnehmer ausfällt oder der 50 Ω Widerstand fehlt, fällt das ganze Netzwerk aus
- 10 mm Koaxkabel (RG8): 10BASE5, IEEE 802.3 Clause 8 mit 50 Ω Wellenwiderstand-Abschluss
- Die Verbindung erfolgt mit der sogenannten Vampirklemme, was die Bohrung eines Loches in das Kabel erfordert. Jedes Segment hat eine maximale Kabellänge von 500 m und ermöglicht maximal 100 Teilnehmer. Über Repeater kann der Bus bis maximal 2500 m erweitert werden
- Twistes Pair Kabel, 10BASE-T, IEEE 802.3i (jetzt anstatt ‚i' ‚Clause 14') [25] mit je zwei verdrillten Adernpaare (4 Leitungen). Verwendet werden CAT 3 und CAT 5 Kabel. Zur Kopplung der im Duplex-Verfahren angewendeten Kommunikation werden Switches verwendet und jeder Teilnehmer ist über einen Port angeschlossen (Keine Kollisionen!). Die maximale Länge eines Segmentes ist 100 m. Es werden 8P8C-Stecker verwendet, die weithin als RJ45 Stecker/Buchsen bekannt sind
- In der Prozessautomation kommen oft 2 Drahtleitungen nach IEC 61158-2 Kabeltyp A [25] zum Einsatz. Die Bezeichnung ist 10BASE-T1L IEEE P802.3cg [26]. Die Datenübertragungsrate ist 10 Mbit/s und es wird Vollduplex übertragen. Über das 2-adrige Kabel können die Teilnehmer bis maximal 60 W versorgt werden. Die maximale Länge beträgt 1000 m zwischen den Hauptversorgungskabeln (Trunk-Cable) und den Switches sowie maximal 200 m zwischen Switche und Feldgeräten

9.2.3   Mbit/s-Ethernet mit Lichtwellenleiter (Glasfaser) [27]

Gebräuchliche Komponenten für das 10 Mbit/s Ethernet mit Glasfaser sind:

- Der Fiber-Optic-Inter-Repeater-Link (FOIRL) [28], der dem ursprünglichen Ethernet über Glasfaser entspricht
- 10BASE-FL (IEEE 802.3 Clause 18) [29], der eine revidierte Version des FOIRL Standards ist

Der Vorteil des Glasfaserkabels ist insbesondere die hohe Resistenz gegen EMV-Störungen (siehe Abschn. 6.3.4).

FOIRL wurde von 10BASE-FL abgelöst. Die Übertragungsgeschwindigkeit ist 10 Mbit/s für eine sternförmige Verkabelung mit zentralem Switch (siehe Abb. 7.4). Die maximale Länge beträgt bei der Multimode-Glasfaser bei einer Wellenlänge von 850 nm bis zu 2 km, bei einer Wellenlänge von 1300 nm bis zu 5 km. Bei Mono-Glasfaser sind bei einer Wellenlänge von 1300 nm bis zu 20 km Reichweite möglich.

9.2.4   100 Mbit/s-Ethernet mit Kupferkabel

Das Fast Ethernet wird nach IEEE 802.3u [30] mit 100 Mbit/s als 100BASE-T bezeichnet. Die Stationen sind über ‚Twisted-Pair'-Kabel an einen zentralen Switch angeschlossen. Die maximale Entfernung beträgt 100 m (Kabellänge + Patchkabel oder Rangierkabel; früher ca. 0,5 m bis 1,5 m; heute auch 20 m).

Durchgesetzt hat sich über viele Jahre hinweg im 100 Mbit/s-Bereich letztlich der 100BASE-TX, IEEE 802.3u Standard. Er benötigt ein CAT 5 Kabel. Und arbeitet mit je 2 verdrillten Aderpaaren im Vollduplex.

Er verwendet anstatt der bei der 10 Mbit/s-Ethernet-Version üblichen Manchester-Codierung den 4B5B Leitungscode [31]

Der 4B5B-Code ist ein Begriff aus der Telekommunikation, der einen Leitungscode bezeichnet, der eindeutig umkehrbar vier Nutzdatenbits auf fünf Codierbits abbildet. Der Einsatzbereich dieses Codes liegt bei Fast Ethernet 100BASE-TX in Kombination mit einer MLT-3 Leitungscodierung [32] bei Kupferkabeln und einer NRZI Leitungscodierung (Non Return to Zero Inverted) bei dem Fiber Distributed Data Interface (FDDI).

Beim *‚Non Return to Zero Inverted' (NRZI)* Codierverfahren [33] wird 1 Bit nicht als High-Signal sondern als Signalwechsel dargestellt. Bei einem 0 Bit erfolgt kein Wechsel.

Der erwähnte *MTL-3 Code* (Multilevel Transmission Encoding-3 Levels) ist ein Leitungscode, der in der Nachrichtenübertragung verwendet wird. Der Code arbeitet mit drei Spannungspegeln, welche mit den Symbolen (+, 0, −) bezeichnet werden.

Durch Einsatz dieser Codierung wird der Gleichspannungsanteil unterdrückt. In der Regel ist eine Punkt-zu-Punkt-Verbindung realisiert. Die Übertragungslänge beträgt 100 m. Die Bandbreite des übertragenen Signals beträgt 31,25 MHz. Das Ethernet-Netzwerk ist sternförmig zusammengeschlossen (siehe Abb. 7.4).

100BASE-T4 ist das Ethernet mit 1100 Mbit/s über UTP-Kabel. Bei UTP-Kabel handelt es sich um vieradrige ungeschirmte und verdrillte Twisted-Pair Kabel. Es werden alle 4 Adernpaare benutzt.

9.2.5   100 Mbit/s-Ethernet mit Lichtwellenleiter (Glasfaser)

Das 100BASE-FX und 100BASE-SX/IEEE 802.u [34] sind die Ethernetvariante für Multimode- oder Monomode-Glasfaserkabel. Das 100BASE-SX entspricht dem 100BASE-FX mit einer Wellenlänge von 850 nm. Die 100BASE-SX Komponenten sind billiger als die von 100BASE-FX. Die Kabellänge beträgt maximal 300 m.

9.2.6   Mbit/s-Ethernet oder 1 Gbit/s Ethernet mit Kupferkabel

Aktuell gibt es auch das Gigabit Ethernet 1000BASE-T/IEEE 802.3ab [35] mit 1000 Mbit/s (1 Gbit/s) über Twisted-Pair Kabel und einer maximalen Kabellänge von 100 m (Sterntopologie). Das 1000BASE-T setzt auf 1000BASE-T4 auf. Dabei werden die 1000 Mbit/s auf die 4 Adernpaare zu je 250 Mbit/s aufgeteilt. Dies entspricht heute der typischen ,Arbeitsplatzverkabelung' in der Industrie.

9.2.7   1000 Mbit/s-Ethernet oder 1 Gbit/s Ethernet mit Lichtwellenleiter (Glasfaser)

Das 1000BASE-SX und 1000BASE-LX/IEEE 802.3z [35] mit 1000 Mbit/s und einer Wellenlänge von 850 nm erlaubt über Multimode- und Monomode-Glasfaser Kabellängen von 220 m bis 500 m zwischen Switch und Endgerät.

Das Ethernet mit 1000 Mbit/s und einer Wellenlänge von 1300 nm erlaubt über Multimode und Monomode-Glasfaser Kabellängen von 500 m bis 5000 m zwischen Switch und Endgerät.

9.2.8   Kupferkabel CAT x

Auch die Ethernet-Kupferkabel sind genau kategorisiert und lassen sich sehr übersichtlich in Tab. 9.2 darstellen. Fast Jeder hat sicherlich schon einmal mit einem CAT 3, CAT 5 oder CAT 7 Kabel zu tun gehabt, sei es im privaten Umfeld, in der Arbeit oder eben auch in der Automatisierung.

Mittlerweile gibt es auch das CAT 8.1 (Übertagungsklasse 1) und CAT 8.2 (Übertragungsklasse 2) für das für 40GBASE-T. Die Entfernung kann 30 m betragen und die Übertragungsfrequenz bis zu1600 MHz.

9.2.9   Lichtwellenleiter

Wie bereits inden vorherigen Abschnitten angesprochen gibt es mittlerweile auch eine Vielzahl von Glasfaserkabeln [28] oder Lichtwellenleitern, die den Vorteil gegenüber den

Tab. 9.2 Übersicht Ethernetkupferkabel CAT x [36]

Kabelkategorie	Übertragungs-klasse (nach ISO/EN)	Standard	Länge	Übertragungs-frequenz	Normiert nach TIA/EIA 568 /EN50288
CAT 3	Class C	10BASE-T,100BASE-VG	100 m	2x10 MHz	16 MHz
CAT 5		100BASE-TX	100 m	2x31,25 MHz	100 MHz
CAT 5		1000BASDE-T	100 m	4x62,5 MHz	100 MHz
CAT 5e		1000BASDE-T	100 m	4x62,5 MHz	100 MHz
CAT 5e ungeschirmt	Class D		45 m		100 MHz
CAT 5e geschirmt			>45 m		100 MHz
CAT 6e ungeschirmt	Class E		55..100 m		250 MHz
CAT 6e geschirmt		10GBASE-T	100 m	4x417 MHz	250 MHz
CAT 6A	Class E_A		100 m		500 MHz
CAT 7	Class F		100 m		600 MHz

Kupferkabeln haben, dass kein Übersprechen mehr stattfindet und diese eine hohe EMV Resistenz aufweisen.

Ebenso ist der Vorteil von Glasfaserkabeln, dass höhere Übertragungsraten (bis Tera-Bit/s) und größere Entfernungen möglich sind. Die Übertragung kann bis mehrere hundert Kilometer ohne Zwischenverstärker erfolgen. Außerdem sind sie gewichtsmäßig leichter und benötigen weniger Platz. Zusammengefasst bedeutet dies weniger Installations- und Wartungskosten.

Entscheidende *Vorteile von Glasfaserkabeln* gegenüber Kupferkabeln sind weiter [28]:

- Hohe Bandbreiten
- Hohe Störsicherheit
- Keine EMV Probleme, deswegen sind Glasfaser auch zusammen mit Hochspannungs-Gleichstrom-Übertragungskomponenten kombinierbar
- Keine Signalstreuungen und kein Übersprechen
- Verwendung in explosionsgefährdeten Umgebungen. Dies ist ein hoher Anspruch in der Prozessindustrie
- Keine Erdung und galvanische Trennung zwischen den verbundenen Netzwerk-komponenten
- Keine Blitzeinwirkung (siehe Maßnahmen zum Blitzschutz in vielen industriell eingesetzten Messwertumformern)
- Geringe Abhörmöglichkeit

Nachteile von Glasfaserkabeln sind [28]:

- Hoher Konfektionieraufwand durch Spleißen
- Hohe Präzision bei der Verlegung und Installation
- Hohe Kosten für die Messgeräte
- Geringere mechanische Belastung
- *Power of Ethernet ist nicht möglich*

Tab. 9.3 Übersicht von Ethernet: Lichtwellenleiter und ihre Übertragungsreichweiten [28]

Übertragungsrate	Ethernet -Typ	Wellenlänge	Reichweite
100 Mbit/s	100BASE-SX	850 nm	300 m
	100BASE-FX	1310 nm	2000 m
1 Gbit/s	1000BASE-SX	850 nm	500 m
	1000BASE-SX	850 nm	1000 m
	1000BASE-LX	1310 nm	550 m
	1000BASE-EX	1310 nm	40 km
	1000BASE-ZX	1550 nm	80k m
10 Gbit/s	10GBASE-SR	850 nm	500 m
	10GBASE-LR	1310 nm	10 km
	10GBASE-ER	1550 nm	40 km
	10GBASE-ZR	1550 nm	80 km
40 Gbit/s	40GBASE-SR4	850 nm	125 m
	40GBASE-LR4	1310 nm	10 km
	40GBASE-ER4	1550 nm	40 km
100 Gbit/s	100GBASE-SR2	850 nm	100 m
	100GBASE-SR4	850 nm	100 m

Es gibt beliebig viel zur Glasfaser, seit ihrer Einführung im Jahr 1992, zu berichten. Ich möchte jedoch dabei auf die entsprechende Literatur verweisen. Im Kontext mit diesem Buch möchte ich hier lediglich noch einmal einige Multimode-Glasfaser-Kabel im Zusammenhang mit den entsprechenden Ethernet-Protokollen und insbesondere ihre möglichen Entfernungen in Tab. 9.3 darstellen. LWL werden eingeteilt nach Kategorien OM1-OM4, die sich durch Farbgebung und Klassifizierung der Glasfasereigenschaften unterscheiden. Typischerweise werden bei der Übertragung mit Glasfaser je nach LED die 3 Wellenlängen 850 nm, 1310 nm und 1550 nm eingesetzt.

Neben dem Ethernet gibt es weitere standardisierte Schnittstellen für die Übertragung von Höchstraten wie das *Fibre Channel Protocol (FC-P)* aus dem Bereich der Speichernetzwerke. Ein weiteres Beispiel ist das InfiniBand, eine Spezifikation einer Hardwareschnittstelle zur seriellen Hochgeschwindigkeitsübertragung auf kurzen Distanzen mit geringer Latenzzeit (z. B. LINUX). Diese Verbindungen werden bevorzugt in Rechenzentren oder im Kontrollraum (SCADA/MES/ERP) angewendet.

9.2.10 8P8C-Stecker und RJ45-Stecker

Abb. 9.1 zeigt zunächst einmal einige der gebräuchlichsten Stecker für die 10 Mbit/s-Übertragungen für Kupferkabel und Lichtwellenleiter [37]

Die am häufigsten verbreitete Ethernet-Steckverbindung ist jedoch der legendäre 8P8C-Stecker oder RJ45-Stecker.

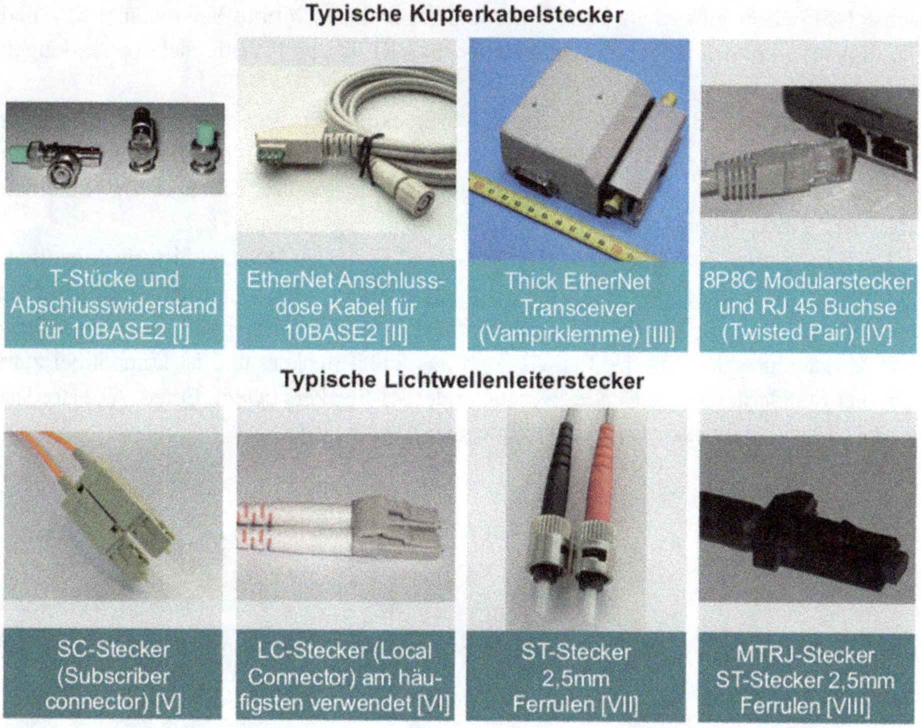

Typische Kupferkabelstecker

| T-Stücke und Abschlusswiderstand für 10BASE2 [I] | EtherNet Anschlussdose Kabel für 10BASE2 [II] | Thick EtherNet Transceiver (Vampirklemme) [III] | 8P8C Modularstecker und RJ 45 Buchse (Twisted Pair) [IV] |

Typische Lichtwellenleiterstecker

| SC-Stecker (Subscriber connector) [V] | LC-Stecker (Local Connector) am häufigsten verwendet [VI] | ST-Stecker 2,5mm Ferrulen [VII] | MTRJ-Stecker ST-Stecker 2,5mm Ferrulen [VIII] |

Abb. 9.1 [37] Anschlussverbindungen von Kupferkabeln [I]–[IV] und Lichtwellenleiter [V]–[VIII]; (*Quellen* [37] [I]–[VIII] – Abb. 9.1 [I]–[VIII] zeigen Ausschnitte der unveränderten Originale)

Die RJ-Steckerverbindungen wurden bereits in den 1970er Jahren von den Bell Laboratories in den USA eingeführt und wenige Jahre später von der FCC (Federal Communications Commission) standardisiert.

Die Stecker sind normiert. Zum Beispiel: Es gibt maximal 8 Positionen (P), davon sind 6 (C) bestückt: hierfür ist die Nomenklatur 8P6C. Heute gibt es bereits für Netzwerk-Topologien die Steckerversion10P10C.

Die Versionen 4P4C, 6P2C, 6P4C, 6P6C werden meistens in der Telefonie, Faxgeräten und Modems eingesetzt. Beispielsweise benutzen vorwiegend amerikanische Unternehmen aus dem Telefon- und Telekommunikationssektor, wie zum Beispiel Western Electric, die RJ-Steckerverbindungen.

RJ ('Registered Jack')-Steckerverbindungen sind im *USA-Code of Federal Regulations (CFR)* für Telekommunikationskabel genormt.

Der in der Automatisierungstechnik am meisten eingesetzte Stecker für Ethernet-Netzwerkverbindungen ist der RJ45- oder 8P8C-Stecker. Er wird mit der Belegung 8P8C für Vollduplex-Übertragung und mit verdrillten Adern-Paaren (Twisted-Pair) verwendet.

Den RJ45-Stecker gibt es als geschirmte und als nichtgeschirmte Versionen (EMV und Dichtigkeit!). Er wird von der Feldebene bis zur ERP-Ebene für Ethernet-Anwendungen verwendet.

Aus Abb. 9.2 ist die Belegung des RJ45-Stecker (8P8C-Stecker) in Abhängigkeit der unterschiedlichen Kabelstandards [38] aufgezeigt, die sich in den Farben der Adern unterscheiden. Ebenso sind die wichtigsten Belegungen der Kontakte für Ethernet, GIGABIT Ethernet und Token Ring gezeigt.

Der Unterschied zwischen EIA/TIA 568 A und EIA/TIA 568B ist historisch bedingt. Die physikalische Belegung spielt übrigens keine Rolle, solange auf der Anschlussdose und dem Patchfeld die gleiche Belegung vorhanden ist. Zum Beispiel benutzt die Ether-CAT Verkabelung die Pins 1+2 sowie 3+6 des RJ45-Steckers und ist kompatibel zum Ethernet-Standard, obwohl es nur 4 Kontakte des RJ-Steckers belegt. EtherCAT erfordert nach EN 50173 mindestens Kabel der Kategorie CAT 5 [39].

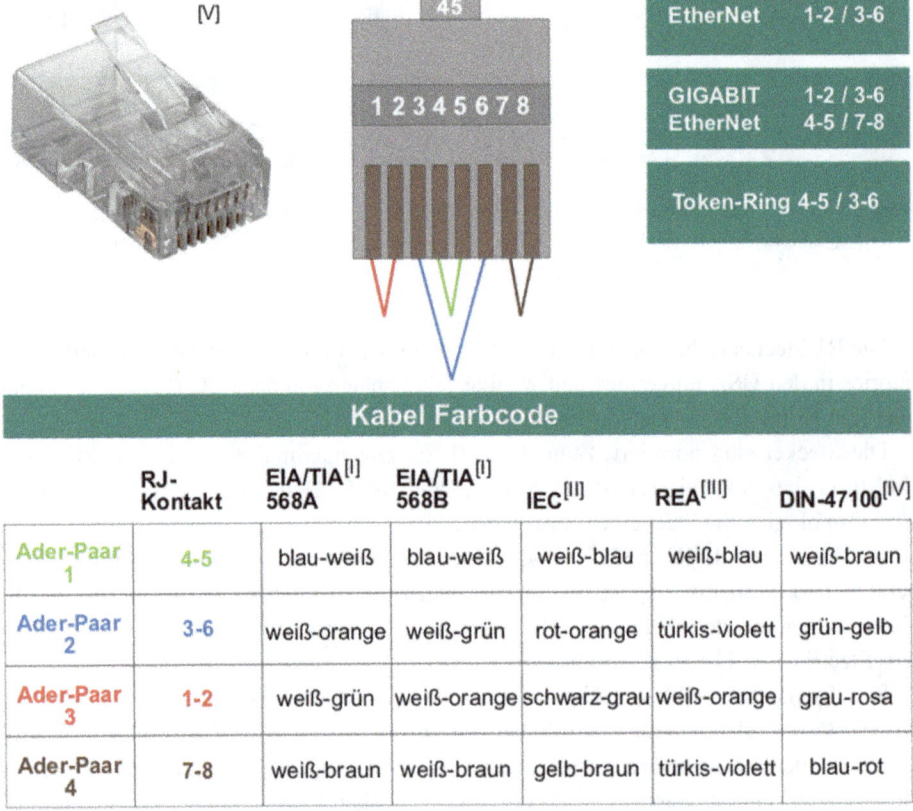

RJ-Kontakt		EIA/TIA[I] 568A	EIA/TIA[I] 568B	IEC[II]	REA[III]	DIN-47100[IV]
Ader-Paar 1	4-5	blau-weiß	blau-weiß	weiß-blau	weiß-blau	weiß-braun
Ader-Paar 2	3-6	weiß-orange	weiß-grün	rot-orange	türkis-violett	grün-gelb
Ader-Paar 3	1-2	weiß-grün	weiß-orange	schwarz-grau	weiß-orange	grau-rosa
Ader-Paar 4	7-8	weiß-braun	weiß-braun	gelb-braun	türkis-violett	blau-rot

Abb. 9.2 Belegung des RJ-45 Steckers (8P8C) [38]. Abb. 9.2 [V] zeigt den Ausschnitt des unveränderten Originals

9.2.11 ASICs für die Bitübertragungsschicht von Ethernet

Die ASIC-Entwicklungen für die Feldbusautomatisierungen begannen ab ca. 2000–2010. Sie fanden schwerpunktmäßig parallel zu den Entwicklungen der Feldgeräte mit HART, PROFIBUS und PROFINET, EtherCAT, EtherNet/IP, Modbus TCP, CC-Link, OPC UA und Ethernet TCP/IP vom Feld bis zum SCADA-System und von da bis zum ERP-System statt. Viele der ASIC-Entwicklungen wurden nicht zuletzt deswegen für die Feldgeräte (Slaves) durchgeführt,, weil hier eine hohe Anzahl von Geräten vorhanden sind. Ein weiterer Grund für die Entwicklung von ASIC's war, dass man durch die Miniaturisierungen Platz einsparte und die funktionale Sicherheit erhöht wurde. Die ASIC's für die Feldbusprotokolle verwendeten z. B. ARM-Prozessoren.

Für die Bitübertragungsschicht (Physical Layer) von Ethernet gibt es heute eine ganze Reihe von Herstellern. Abb. 9.3 gibt einen groben Überblick von namhaften IC-Herstellern auf diesem Gebiet, von denen im Folgenden 4 namhafte Hersteller näher aufgeführt sind.

Abb. 9.3 [I]–[IV] zeigen Ausschnitte der unveränderten Originale

9.2.11.1 ANALOG DEVICES: ADIN1300 10/100/1000-Mbit- Ethernet – PHY Gigabit-Ethernet Transceiver [40]

Dieser ASIC ist aufgrund seiner Robustheit besonders gut geeignet für Industrieautomatisierung, Prozesssteuerung, Fabrikautomatisierung, Robotik sowie Gebäudeautomatisierung und Prüf- und Messgeräte für die Automatisierung im Zusammenhang mit IoT.

Aufgrund seines großen Einsatzgebietes sei der Chip etwas detaillierter beschrieben:

Der Chip ist ein stromsparender Gigabit-Ethernet-Transceiver (Sender/Empfänger Chip) mit einem Einfachanschluss, der für Industrieapplikationen ausgelegt ist. Das Design integriert einen energiesparenden Ethernet-PHY-Core sowie alle damit verbundenen analogen Schaltungen, Eingangs- und Ausgangstaktgeber-Puffer, die Verwaltungsschnittstelle und die Systemregister. Ebenfalls integriert ist die MAC-Schnittstelle und die Steuerlogikschaltung von RESET- und Taktsteuerung sowie der Pin-Konfiguration.

Typische Leistungsmerkmale des ASIC's ADIN1300 sind [40]:

- 10BASE-Te/100BASE TX/1000BASE-T IEEE 802.3TM-konforme MII, RMII und RGMII MAC-Schnittstellen; RMII (Reduced Media-Independent Interface) RGMII (Reduced Gigabit Media Independent Interface)
- 1000 BASE-T RGMII Latentzeit <68 ns, RX <248 ns
- Kleines Gehäuse 6 mm × 6 mm; LFCSP (leadframe chip scale package)
- Großer Temperaturbereich −40 °C bis 105 °C
- Geringer Stromverbrauch: 330 mW 1000BASE-T
                                             140 mW 100BASE-TX
- 3,3 V/2,5 V/1,8 V MAC Schnittstelle
- Integrierte Stromversorgungsüberwachung
- Unterstützung der Start Frame Erkennung für IEEE1588 Zeitstempel
- Konfigurierbare LED

Physical Layer EtherNet ASICs

6 mm

6 mm

15 mm

15 mm

[I] Analog Device: ADIN 1300,
Gigabit-EtherNet-Transceiver

[II] 2 Kommunikationskanäle
für Real-Time-EtherNet mit
PHY/Feldbus mit ARM Prozessor

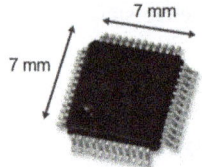

7 mm

7 mm

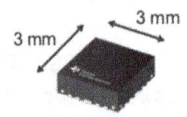

3 mm

3 mm

[III] Mikrochip: KSZ8851-16MLL
Low Power 10/100Mbps

[IV] DP83825I Low Power
10/100Mbps

Abb. 9.3 Einige Hersteller von Ethernet-ASICs. [I] MOUSER Electronics: Analog Devices Inc. ADIN1300 10/100/1000 Gigabit Ethernet PHY; Veröffentlicht: 2019-10-04|Aktualisiert: 2020-08-27 https://www.mouser.de/new/analog-devices/adi-adin1300/ letzter Zugriff 3.10.2023. [II] Hilscher Gesellschaft für Systemautomation mbH: NETX 52, 2021: Netzwerk-Controller für Feldbus und Real-Time-Ethernet-Slaves; https://www.hilscher.com/de/produkte/produktgruppen/netzwerk-controller/asics/netx-52/ letzter Zugriff 3.10.2023. [III] Micrel Semiconductor: KSZ8851-16MLL Datasheet https://www.digchip.com/datasheets/parts/datasheet/291/KSZ8851-16MLL.php/ letzter Zugriff 3-10.2023. [IV] Texas Instruments: DP83825I Kleinster Formfaktor (3 mm × 3 mm), Stromarme 10/100-Mbit/s Ethernet PHY-Transceiver mit 50-MHz; DP83825I data sheet, product information and support|TI.com letzter Zugriff 3.10.2023

- Quarzoszillator 25 MHz Taktgebereingang (50 MHz für RMII)
- 25 MHz/125 MHz synchroner Taktgeberausgang

Insbesondere bezüglich der EMV-Festigkeit (siehe auch Abschn. 6.3.4) ist der Chip hervorzuheben.

Er erfüllt folgende EMV-Prüfstandards (siehe Abschn. 6.3.4):

- Überspannungsschutz gemäß IEC 61000-4-5 (±4 kV)
- Schnelle elektrische Transienten (EFT) gemäß IEC 61000-4-4

- IEC 61000-4-2 (±6 kV) Kontaktentladung
- Leitungsgebundene Störfestigkeit (10 V) gemäß IEC 61000-4-6
- EN 55022 ausgestrahlte Emissionen (Klasse A)
- EN 55022 leitungsgebundene Emissionen (Klasse B)

Dieses Beispiel zeigt deutlich welche Anforderungen heute an eine Chip–Entwicklung gestellt werden, um den hohen Standard der Automatisierung zu erfüllen.

9.2.11.2 ARM/Hilscher: NETX 52 [41]

Bei diesem ASIC handelt es sich um einen flexiblen high-end Netzwerk Controller mit Host-Interface oder Stand-Alone-Lösung für digitale I/O's für Real-Time-Ethernet. Erweiterte Kommunikationsfunktionen unterstützen auch PROFINET V2.3-Dynamic Frame Packing and IO-Link V1.1.

Weiterhin besitzt der Chip eine zweite RISC-CPU für zeitkritische I/O-Aufgaben (Bewegungssteuerungen).

Einsatzbereich: 2 × 10BASE-T/100BASE TX/Halbduplex-Verfahren und Vollduplex-Verfahren.

Der ASIC besitzt eine hohe Flexibilität und unterstützt die Real-Time Ethernet-Feldbusse:

- EtherCAT
- EtherNet/IP
- PROFINET
- POWERLINK
- Modbus TCP
- SERCOS III
- IO-Link

Weiterhin unterstützt der Chip die Feldbusse

- CC-Link (Slave only)
- DeviceNet (Slave only)
- CANopen (Master and Slave)
- PROFIBUS (Slave only)

Somit ist der Chip sehr universell einsetzbar. Allerdings ist er von seinen Dimensionen 15 mm × 15 mm im BGA-Gehäuse (Ball Grid Array) mit 244 Pins auch dementsprechend größer.

Der Leistungsverbrauch beträgt 1,5 W!

Der Einsatzbereich geht von −40 °C bis 85 °C.

Weitere Einzelheiten sind den umfangreichen Datenblättern zu entnehmen.

9.2.11.3 MICROCHIPTechnology/Micrel: KSZ8851-16 MLL [42]

Ein weiteres Beispiel für einen Ethernet PHY Chip für die Bitübertragungsschicht sei der KSZ8851-16 MLL genannt, der ebenfalls in der Automatisierung eingesetzt wird.

Der Tranceiver ist ebenfalls für das 10BASE-T und 100BASE-TX Ethernet in Anwendung. Er ist für den Voll- und Halbduplex Betrieb geeignet.

Er hat ein LQFP-Gehäuse (Low-profile Quad Flat Package-Gehäuse) mit 48 Pins. Seine Größe beträgt 7 mm × 7 mm.

Seine Betriebsversorgungsspannung liegt bei 1,8 V/2,5 V oder 3,3 V. Der Versorgungsstrom liegt bei 85 mA.

Die maximale Betriebstemperatur beträgt 70 °C.

Die Liste für Ethernet PHY ASIC'S und Chips ist sehr lang. Technisch gesehen können nahezu alle Wünsche bezüglich Größe, Gehäuse und elektrischen Anschlussdaten sowie Umweltbedingungen erfüllt werden.

9.2.11.4 Texas Instruments: ASIC DP83825I Low Power [43]

Der Chip hat mit 3 mm × 3 mm im QFN-Gehäuse (Quad Flat No Leads Package-Gehäuse) und 26 Pins den kleinsten Formfaktor.

Er arbeitet mit 3,3 V Spannungsversorgung.

Sein Energieverbrauch ist kleiner/gleich 127 mW. Damit ist er ein extrem stromsparender Prozessor für die Bitübertragungsschicht.

Er kann als Slave und als Master eingesetzt werden. Er besitzt ein MAC-Interface und hat sehr viele gute Diagnosefunktionen. Der Chip unterstützt CAT 5 Kabel bis zu 150 m Länge.

Der Chip verbindet sich automatisch mit Twisted-Pair Kabel und Medien. Er ist einsetzbar für das 10 Mbit/s/100-Mbit/s-Ethernet gemäß der Spezifikation IEEE 802.3 100BASE-TX.

Der Temperaturbereich geht von −40 °C bis 85 °C.

Der Chip wird vorwiegend in der Gebäude- und Fabrikautomation sowie in der Consumer-Elektronik eingesetzt.

9.3 Weiterentwicklungen für Ethernet

Ethernet ist zweifelsohne das heute bereits am wichtigsten Bussystem für Echtzeit und Nicht-Echtzeit.

Ethernet blickt seit 1973 nunmehr auf 50 Jahre zurück und ist eine der wenigen Entwicklungen die zu jeder Zeit als modern gegolten haben. Was die Zukunft anbelangt, so sehe ich technologisch drei Punkte:

- Power over Ethernet (PoE)
- Tera Gbit/s Übertragungsgeschwindigkeit
- APL -Advanced Physical Layer für explosionsgefährdete und nicht explosionsgefährdete Umgebungen und SPE (Single Pair of Ethernet)

Geschwindigkeit, Sicherheit, geringer Platzbedarf, Flexibilität, Einsatz in explosions-gefährdeten Umgebungen sind die Paradigmen dieser Zeit, denen Ethernet immer mehr gerecht wird.

9.3.1 Power over Ethernet (PoE) Technologie für die Zukunft

Power over Ethernet (PoE) bezeichnet ein Verfahren mit dem netzwerkfähige Geräte über das achtadrige Ethernet-Kabel mit Strom versorgt werden können.

Diese zukunftsweisende Technik hat den Vorteil, dass ein Stromversorgungskabel nicht mehr notwendig ist. Dadurch kommt es zu erheblichen Platzeinsparungen bei der Instrumentierung. Parallel zu den Arbeiten zum PoE werden immer höhere Über-tragungsraten realisiert. Die Tbit/s-Technologie ist hier das angestrebte Ziel. Beide Technologien sind absolut zukunftsweisend.

Die Weiterentwicklung des Ethernets bietet noch viel Potenzial. Während meiner ers-ten Berufstätigkeit war in der Automatisierung noch das 4…20 mA Signal mit Energie und analoger Informationsübertragung das Thema.

Kurz danach folgte der 4…20 mA HART Feldbus, welcher nach wie vor einer der am meisten eingesetzten Feldbusse ist. Niemand dachte um die Jahrtausendwende an Power over Ethernet.

Im Gegensatz zu den Zweidrahtgeräten mit PROFIBUS PA oder HART wird bei PoE das achtadrige Kabel zur Daten- und Energieübertragung für netzwerkfähige Geräte ver-wendet. Ich beschäftigte mich mit diesem Thema insbesondere bei meinem amerika-nischen Arbeitgeber von 2007–2009, bei welchem Power over Ethernet (PoE) [44, 45] ein großes Entwicklungsthema war. PoE ist definiert unter dem Ethernet-Standard IEEE 802.3af [46].

Das Verfahren beschreibt, wie sich ethernetfähige Geräte über das Kupfer Twisted-Pair Kabel mit Energie versorgen lassen.

Es gibt dabei 2 Methoden: Die erste Möglichkeit ist, dass man die ungenutzten Adern der Leitung verwendet. Die zweite Möglichkeit ist, dass man gleichzeitig zum Daten-signal über die 4 Adern einen Gleichstromanteil überträgt. Ein Schwerpunkt der Ent-wicklung war folgender: Es musste eine Logik entwickelt werden, die sicherstellte, dass nur PoE-fähige Geräte mit Energie versorgt werden. Dies bedeutet, dass auch in den Empfangsgeräten ein entsprechender Entwicklungsaufwand betrieben werden musste, um diese Forderung sicherzustellen. Es ist im Übrigen ein ähnlicher Sachverhalt wie bei jedem busfähigen Gerät: Jedes Modul, Feldgerät oder Komponente, die einen be-stimmten Feldbus oder Bussystem verwenden, müssen sowohl Hardware-, Software- und Systemtechnisch dafür ausgelegt und dementsprechend entwickelt und zertifiziert wer-den.

Besonderes Entwicklungsthema war die begrenzt zur Verfügung stehende Energie über das Kabel zu transportieren und den Netzwerkgeräten zur Verfügung zu stellen.

Tab. 9.4 PoE Standards im Vergleich [46–48]

Technische Beschreibung	PoE IEEE 802.3af-2003	PoE Plus IEEE 802.3at-2009	4-Paar PoE IEEE 802.3bt-2018
Ausgangsspannung in DC V	36-57	42,5-57	42.5-57
Ausgangsstrom Betrieb in DC mA	350	600	2x 960
Ausgangsstrom Startmodus in DC mA	400	400	
Leistung der Versorgung (PSE) in W	max. 15,4	max. 30	45,60,75,90
Leistung am Feldgerät (bzw. DP) in W	max. 12.95	max. 25.5	40,51,75,90
benutzte Adernpaare	2	2	2 und 4
Status	eingeführt	eingeführt	In Arbeit

PSE: Power source Equipment

DP: VoIP-Telefone, WLAN-Access-Points und IP-Kameras.06.

Gemäß der IEEE 802.3af_2003 (Spezifikation von 2003), IEEE 802.at_2009 [47] und IEEE 802.3bt_2018 [48] waren die PoE-Entwicklungen für Geräte und Energieversorgung sehr dynamisch bezüglich ihrer Leistungsfähigkeiten.

Tab. 9.4 stellt die unterschiedlichen Standards von PoE in ihren wesentlichen Punkten gegenüber.

Mittlerweile hat die PoE Technologie zwischen Aktoren und Sensoren in der Fabrikautomation Einzug gehalten. Auf der Messe Light + Building 2018 stellte die euromicron Tochter MICROSENS erstmals den neuen Smart IO-Controller, basierend auf PoE, vor. Ebenso wie die Technik von PoE dynamisch weiterentwickelt wird, verhält es sich bei den Glasfasern ähnlich. Diese werden zunehmend eine immer wichtigere Rolle spielen.

9.3.2 Tbit/s-Ethernet und seine Zukunft

Heute finden bereits verstärkte Entwicklungsarbeiten für Tbit/s Ethernet statt. Tbit/s Ethernet-Technologie hatte vor ca. 15–20 Jahren Niemand im Fokus, einfach weil die technischen Voraussetzungen damals noch nicht vorhanden waren.

Definition Terabit Ethernet
Als Terabit/s Ethernet (TbE) werden Standards bezeichnet, die schneller als *100 Gbit/s* arbeiten.

Im März 2013 begann die IEEE-Arbeitsgruppe IEEE 802.3cu 400 Gbit/s [49] mit der Generation ‚400 Gbit/s'. Ein Jahr später, im März 2014, wurde die IEEE 802.3bs [50] 400 Gbit/s-Ethernet Task Force gebildet. Im Januar 2016 wurde als Entwicklungsziel 200 Gbit/s hinzugenommen. Im Dezember 2017 wurden die neuen Standards veröffentlicht. Folgende Standards wurden definiert [51]:

- 200 Gbit/s-Ethernet 200GBASE-DR4: 500 m über je vier Monomode-Adern
- 200 Gbit/s-Ethernet 200GBASE- FR4: 2 km über Monomodefasern, je 4 Wellenlängen
- 200 Gbit/s-Ethernet 200GBASE- FL4: 10 km über Monomodefasern, je 4 Wellenlängen

- 400 Gbit/s-Ethernet 400GBASE FR8: 2 km über Monomodefasern, 8 Wellenlängen
- 400 Gbit/s-Ethernet 400GBASE LR8: 10 km über Monomodefasern, 8 Wellenlängen
- 400 Gbit/s-Ethernet 400GBASE DR4: 500 m (OM3), jeweils 100 Gbit/s über je 4 Monofaser

Das Ziel der Einführung dieser Ethernet-Standards ist bis 2025(!) geplant.

Es ist ersichtlich, wie rasant die Entwicklungen auf diesem Gebiet fortschreiten. Immer größer ist die Datenmenge, die pro Zeiteinheit übertragen wird. Immer mehr Vernetzungsmöglichkeiten und Echtzeitanforderungen auf allen Ebenen bis hin zu prädiktiver Wartung (Predictive Maintenance) können somit realisiert werden. Dabei ist zu berücksichtigen, dass immer höhere Rechenleistungen erforderlich werden, um die Datenflut zu bewältigen. Unter diesem Aspekt leistete die rasante Entwicklung der Multi-Core-Prozessoren einen relevanten Beitrag.

Die Datenflut muss erst einmal verarbeitet, verdichtet und in den SCADA/HM/MES/ERP-Systemen visualisiert werden. Hierzu werden sowohl in der KI als auch in der Software immer schnellere und intelligentere Algorithmen benötigt. Dieses Thema wird heute unter dem Fokus Industrie 4.0 gehandhabt.

Die Roadmap der Ethernet Alliance von 2019 [52] erwartet eine Realisierung von 800 Gbit/s bis 1600 Gbit/s. Der IEEE Standard soll im Jahr 2025 erfolgen, nachdem *SerDes (Serialisierer/Deserialisierer)* [53] verfügbar ist. SerDes ist dabei ein Paar aus einem Multiplexer und einem Demultiplexer, der zur seriellen Datenübertragung zwischen zwei parallelen Endpunkten genutzt wird. Erwartet wird, dass das 800 Gbit/s- Ethernet in relativ kurzer Zeit realisierbar ist, sobald die 112 Gbit/s verfügbar sind. Das Forum OIF (Optical Internetworking Forum) hat bereits 5 Projekte mit 112 Gbit/s angekündigt, welche die 4. Generation des 100 Gbit/s-Ethernet einläutet.

9.3.3   Ethernet APL (Advanced Physical Layer)

Hatten HART, PROFIBUS PA (Process Automation, Fieldbus Foundation FF HS1 (31,25 kHz)) bis heute ihre Daseinsberechtigung, da sie als einzige eigensichere Feldbusvarianten in explosionsgefährdeten Umgebungen eingesetzt werden konnten, so wendet sich seit 2019 die Welt der Automatisierung durch den neuen Advanced Physical Layer (APL) komplett zugunsten des Ethernets.

Die Ethernet-APL-Technologie ist der letzte Schritt in der Prozessindustrie, der zum ersten Mal mit einer Geschwindigkeit von bis zu 10 Mbit/s und homogenem Protokoll direkt in die Feldebene kommunizieren kann.

Darüber hinaus ermöglicht erstmalig die physikalische Ebene des Ethernets die Energieversorgung parallel zur Kommunikation über eine herkömmliche Zweileiter-Anschlusstechnik und ist dabei für den Einsatz im eigensicheren Ex-Bereich geeignet.

Ethernet Advanced Physical Layer (Ethernet APL) basiert teilweise auf Single-Pair-Ethernet (SPE)-Technologie, die speziell für die Anforderungen der Prozessindustrie weiter entwickelt wurde. Grund für die Entwicklung von Ethernet APL war die Notwendigkeit einer Kommunikation mit hoher Geschwindigkeit über große Entfernungen, die Bereitstellung von Strom- und Kommunikationssignalen über ein einziges 2-adriges Kabel sowie Schutzmaßnahmen für den sicheren Betrieb innerhalb explosionsgefährdeter Bereiche zu realisieren.

9.3.3.1 Geschichte des Kommunikationsstandard Ethernet APL

Im Jahr 2018 wurde das APL- Konsortium gegründet, an dem sich zum ersten Mal in der Geschichte der Prozessindustrie alle großen Organisationen und Gremien, die sich mit Standardisierung beschäftigen, einbrachten: FieldComm Group [54], OPC Foundation [55], ODVA [56] und PI (PROFIBUS & PROFINET International) [57]. Daneben unterstützen 12 namenhafte Hersteller von Leitsystemen, Feldgeräten und Speicherprogrammierbaren Steuerungen die Entwicklung von APL. Darunter befinden sich u. a. Pepperl & Fuchs [58] und Samson [59].

Bereits 2016 hat Samson einen APL-Demonstrator auf der Valve World präsentiert, der heute im DIGITAL LAB des Rolf Sandvoss Innovation Center [60] in Frankfurt für Testzwecke eingesetzt wird.

Zusammenfassend sind die wesentlichen Meilensteine der APL-Entwicklung:

- 2016: Technologievorstellung des ersten APL-Demonstrators auf der Valve World
- 2018: Gründung des APL-Konsortiums
- 2019: Offizielle Veröffentlichung der APL-Spezifikation
- 2020: Verfügbarkeit der ersten APL-Komponenten
- 2021: Launch der APL-Technologie auf der virtuellen Achema Pulse

Somit kann die Ethernet-Technologie künftig die Industrielle Automatisierung auf allen Ebenen der Kommunikationspyramide sämtliche Geräte und Systeme horizontal und vertikal vernetzen.

Ethernet-APL bietet als Teil des weit verbreiteten Ethernet-Standards, der speziell für anspruchsvolle industrielle Anwendungen entwickelt wurde, ein hohes Maß an Robustheit für einen äußerst zuverlässigen Betrieb.

Im Bereich der Informationstechnologie ist Ethernet längst zur Standard-Kommunikationslösung geworden. Ethernet APL wurde innerhalb von Industrial Ethernet als die bisher fehlende Verbindung im Feld als Zweileiter Technologie für explosionsgefährdete Umgebungen entwickelt und erweitert die vereinheitlichte Ethernet-Kommunikation bis hin zur Feldinstrumentierung. APL wird Feldbusse wie z. B.: HART, PROFIBUS PA, Foundation Fieldbus, zunehmend ablösen. Das trifft insbesondere bei Instrumentierungen von Neuanlagen zu.

9.3.3.2 OSI Modell und Ethernet-APL

Abb. 9.4 zeigt die Verbindung von Ethernet APL zum OSI Modell.

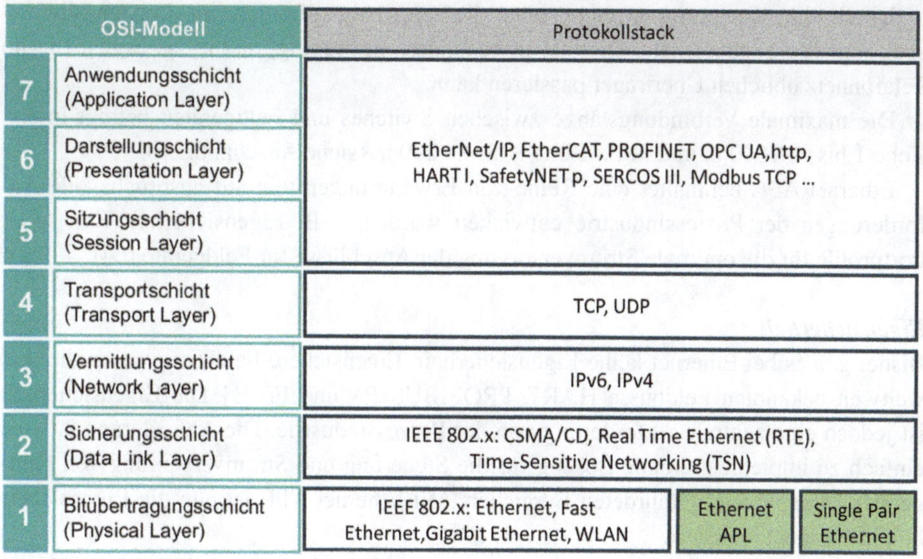

OSI-Modell		Protokollstack		
7	Anwendungsschicht (Application Layer)	EtherNet/IP, EtherCAT, PROFINET, OPC UA,http, HART I, SafetyNET p, SERCOS III, Modbus TCP ...		
6	Darstellungschicht (Presentation Layer)			
5	Sitzungsschicht (Session Layer)			
4	Transportschicht (Transport Layer)	TCP, UDP		
3	Vermittlungsschicht (Network Layer)	IPv6, IPv4		
2	Sicherungsschicht (Data Link Layer)	IEEE 802.x: CSMA/CD, Real Time Ethernet (RTE), Time-Sensitive Networking (TSN)		
1	Bitübertragungsschicht (Physical Layer)	IEEE 802.x: Ethernet, Fast Ethernet,Gigabit Ethernet, WLAN	Ethernet APL	Single Pair Ethernet

Abb. 9.4 OSI Modell mit Ethernet APL

Ethernet APL ist in der physikalischen Schicht des OSI Modells Implementiert und komplettiert somit die Prozessautomatisierung mit hoher Übertragungsgeschwindigkeit bis 10 Mbit/s bei Eigensicherheit Ex(i) für explosionsgefährdete Umgebungen.

9.3.3.3 Technik von Ethernet-APL

APL – ermöglicht eine schleifengespeiste Kommunikation mit zweiadrigen geschirmten Kabeln, passt voll in die Ethernet-Welt und unterstützt somit EtherNet/IP, EtherCAT, PROFINET, Modbus TCP, CC-Link, OPC UA und HART-IP. Ethernet APL ist Vollduplex mit Kabellängen bis zu 1000 m bei 10 Mbit/s.

Ethernet APL ist ein Zweidraht-Ethernet auf Basis von 10BASE-T1L gemäß IEEE 802.3cg [61].

Zusätzliche Definitionen wie Zweidraht-Versorgung und Datenübertragung sind in diese Norm eingeschlossen. Somit ist Ethernet APL vollständig kompatibel mit der IEEE 802.3.

Die Datenübertragungsrate beträgt 10 Mbit/s. Die Daten sind 4B3T (oder MMS43 Codierung) [62] codiert und als PAM-3 [63] moduliert. Die Übertragung geschieht im Vollduplex mit 7.5 MBaud.

Die 4B3T-Codierung oder der sogenannte MMS43-Code (Modified Monitored Sum 43 – Code) ist ein Leitungscode aus der Telekommunikation. Beim 4B3T Code werden aus vier binären Werten (Bits) drei dreiwertige Werte mit den drei Stufen −, 0, + gebildet. Er wird deshalb 4 Binär 3 Ternär (4B3T) genannt.

Durch die Kodierung erreicht man die Gleichsignalfreiheit im Leistungsdichtespektrum des Sendesignals. Dies ist insbesondere notwendig, damit das Signal die im Telefonnetz üblichen Übertrager passieren kann.

Die maximale Verbindungslänge zwischen Switches und Feldgeräten beträgt in Ex-Zone 1 bis zu 1000 m und in Ex-Zone 0 bis zu 200 m (siehe Abschn. 6.3.6).

Ethernet APL beinhaltet eine Reihe von Erweiterungen, die auf anspruchsvolle Anforderungen der Prozessindustrie entwickelt wurden, z. B. Eigensicherheit Ex(i) oder Portprofile für die optimale Stromversorgung der Anschlüsse für Feldgeräte [64].

Eigensicherheit

Bisher gab es bei Ethernet keine Eigensicherheit. Eigensichere Feldbusse waren die drei weltweit bekannten Feldbusse HART, PROFIBUS PA und FF H1 Die Eigensicherheit ist jedoch eine zentrale Anforderung von der Prozessindustrie. Die Anforderung ist eine einfach zu implementierende Lösung für die Steuerung und Stromversorgung von Feldgeräten in explosionsgefährdeten Bereichen. Mit Ethernet APL ist nun die Eigensicherheit in Ethernet realisiert.

Die technische Spezifikation für eigensicheres Zweidraht-Ethernet ist 2-WISE (2-Wire Intrinsically Safe Ethernet) [65].

Die Barriere für Eigensicherheit ist dabei eine elektronische Schaltung an jedem Ausgang oder Eingang eines Switches oder Feldgerätes. Diese verhindert, dass zündfähige elektrische Energie in den Anschluss gelangt. Die Eigensicherheits-Barriere ist vom Kommunikationskreis (PHY) getrennt, welcher ein einfacher, aber wichtiger Bestandteil des Ethernet-APL-Designs ist.

Damit ist sichergestellt, dass Chiphersteller PHY-Chips (Physical Layer) in großen Stückzahlen herstellen können.

Wichtig ist zu wissen, dass PHY-Chips auch in Nicht-Ex- Anwendungen eingesetzt werden können.

Die Gerätehersteller können somit auf einfache Weise eigensichere Geräte bauen.

Ethernet APL unterstützt die einfache Planung, Validierung, Installation, Dokumentation und Implementierung des eigensicheren Betriebs von Feldgeräten in explosionsgefährdeten Bereichen. Dies beinhaltet unter anderem Arbeiten an Kabeln und Instrumenten ohne Berechtigungsschein [66]. Alle geeigneten Produkte müssen von einer benannten Stelle zugelassen werden.

Durch die Verwendung von zweiadrigen Kabeln, die durch die alten Zweidraht Feldbusse oftmals in einer Anlage bereits installiert sind, kann Ethernet-APL ein einfacher Technologie-Upgrade sein.

Portprofile

Ein Standard von Ethernet APL ist die Definition von Portprofilen der Anschlüsse für die Interoperabilität in verschiedenen Anwendungen. Dies umfasst Aspekte wie den Segment-

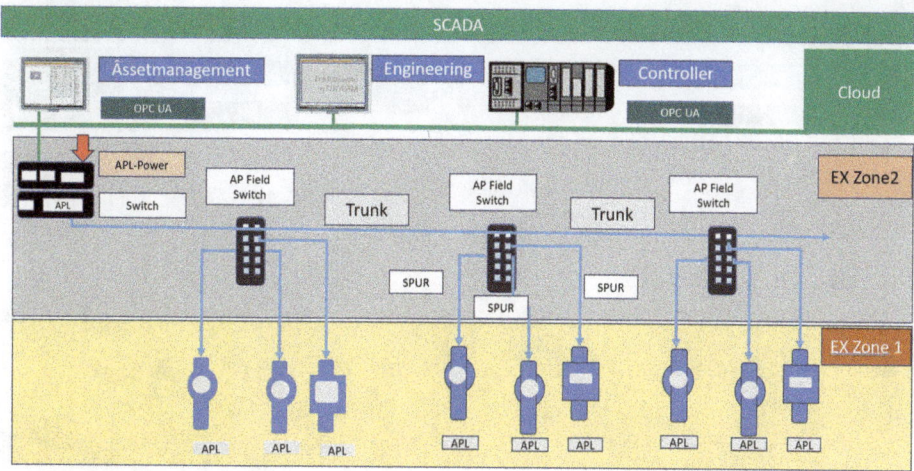

Abb. 9.5 Netzwerktopologie als sogenannte Trunk-and-Spur- Ex-Bereich [67]

typ, bei dem ein Trunk-to-Trunk-Port von einem Spur-to-Spur-Port unterschieden wird. Weitere Merkmale sowie Spezifikationen beziehen sich auf die Stromversorgung.

Diese unterscheiden Verbindungen zwischen Stromquelle und Senke- und/oder Verbindungen ohne Energieversorgung. Weiterhin enthält die Definition Leistungsklassen der Energieversorgung. Dies beinhaltet für eine eigensichere Stromversorgung die Begrenzung der maximalen Versorgungsspannung und des Versorgungsstroms.

Weitere Definitionen der Portprofil-Spezifikationen sind

- Verdrahtungsregeln
- Pinbelegungen für Klemmen
- Steckverbinder
- Schirmauflage- und Erdungsregeln.

Abb. 9.5 zeigt eine typische Netzwerktopologie für den Ex-Bereich als Trunk-and Spur-Variante [66]. In dieser Variante wird das Netzwerk über Power-Switches versorgt, welche die Energie und die Kommunikation über verschiedene ‚Trunks' einspeist, von denen dann die Feldgeräte per ‚Spurs' versorgt werden.

Abb. 9.6 zeigt die Vernetzungsvariante ‚sternförmig'; d. h. die Verkabelung erfolgt über Feldswitches, welche die Feldgeräte extern über Ports versorgen.

Diese Variante ist sternförmig über Feld-Switches verkabelt und speist die Feldgeräte jeweils über die Ports via ‚Spurs'. Die Energieversorgung erfolgt extern.

Tab. 9.5 zeigt die technischen Parameter für Ethernet die APL.

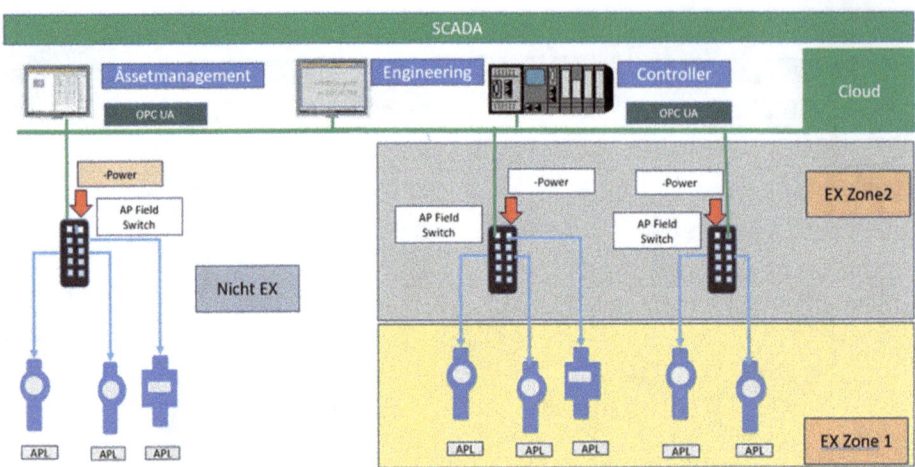

Abb. 9.6 Netzwerktopologie als Stern-Topologie für Ex- und Nicht-Ex Bereich [68] Abb. 6.24

Tab. 9.5 Technische Parameter von Ethernet APL

Parameter	Spezifikation
Standards	IEEE 802.3cg-2019 (10BASE-T1L, IEC 60079, IEC 61158
Energieversorgung	bis zu 60 W vom ALP Trunk
Switcch Netzwerke	Sternförmig
Referenz-Kabel Type	IEC-61158-2, Type A (100 Ohm Widerstand, +/- 20 Ohm Toleranz
Kabelquerschnitt	0,324…2,5 mm²/AW 26-14
Maximale Trunk Länge	1000m in Zone 1, Div. 2
Maimale Spur Länge	200m in Zone 0,Div. 1
Übertragungsgeschwindikeit	10 Mbit/s
Übertragungsart	Voll Duplex
Explosionsschutz	Für alle Zonen und Umgebungen, Intrinsical Safety

Zusammenfassend noch einmal die Vorteile von Ethernet APL
- Geringer Aufwand bei Netzwerkkonfigurationen durch stringente Ethernetvernetzung
- Gleiche Servicetools von der Feldebene bis zur ERP-Ebene
- Minimale Installationszeit und Kosten
- Verwendung von 2-adrigen Feldbuskabeln
- Verwendung von herkömmlichen Feldbuskabeln
- Datenrate 10 Mbit/s (auch im Ex-Bereich)
- Maximale Entfernungen bis zu 1000 m
- Stromversorgung und Kommunikation wie bei HART, PROFIBUS PA und FF H1 über dasselbe Kabel (Zweileiter-Knofiguration)
- Zertifizierungen für explosionsgefährdete Bereiche der Zone 2 und Zone 1
- Auch für Nicht-Ex einsetzbar
- Schutz gegen gefährliche Überspannungen in elektrischen Leitungen und Geräten (Surge)

9.3.3.4 Single Pair of Ethernet

Die Single Pair Ethernet-Technologie umfasst verschiedene Standards, die unterschiedliche Datenraten und Kabellängen unterstützen und somit für verschiedene Anwendungen geeignet sind. Man unterscheidet zwischen den Standards 10BASE-T1S, 10BASE-T1L, 100BASE-T1 und 1000BASE-T1 (siehe hierzu Tab. 9.6).

APL basiert beispielsweise auf Single Pair of Ethernet. Siehe hierzu auch Abschn. 9.3.3.2 und ist Grundbaustein für die IP-basierte Kommunikation von Sensor und Aktor bis zur Cloud. Dabei ist der vereinheitlichte Protokollstandard für IoT konzipiert. Grundlage für die Entwicklung war, dass aufgrund von gestiegenen Platzanforderungen in Feldgeräten immer mehr miniaturisiert werden musste. Die Anforderungen waren, dass im Gegensatz zur herkömmlichen Ethernet-Verkabelung CAT5 sowohl Energie als auch die Daten nur über 2 Leitungen erfolgen sollte (siehe HART, PROFIBUS PA und FF H1). Ziel war es auch den CAN-Bus und PROFIBUS zu ersetzen und somit die Ethernet Technologie vom Feld bis zur Cloud zu durchgängig zu komplettieren.

Der Vorteil ist, dass dann die Gateways für die Protokolltransformationen entfallen können, da es nur noch den Ethernet-Protokoll-Stack gibt. Ethernet TCP/IP oder UDP/IP und TSN ermöglichen somit eine echtzeitfähige Datenübertragung mit deutlich höheren Datenübertragungsraten (bis zu 100 Mbit/s) und bei APL bis zu 10 Mbit/s. Im Vergleich hierzu hat PROFIBUS PA und FF H1 nur 31,25 kbit/s Datenübertragungsrate.

Für die SPE-Technologie gelten die Standards von IEEE 802.3, wie in Tab 9.6 gezeigt. Im Rahmen der Entwicklung von Single-Pair Ethernet (SPE) gibt es Bestrebungen, die derzeit standardisierten Übertragungsraten von 1 Gbit/s, die von der Arbeitsgruppe IEEE 802.3bp bearbeitet wird, auf mehrere Gigabit pro Sekunde zu erhöhen. Diese Aktivitäten laufen unter der Bezeichnung MultiGigBase-T1 [70].

Die Versionen 802.3cy, 802.3da und 802.3dg sind noch in der Entwicklung und sollen in 2023 bzw. 2024 in den Markt eingeführt werden.

Tab. 9.6 IEEE 802.3 SPE Standards [67, 69]

IEEE 802.3 Standard	Einführung	Topologie	Bezeichnung	Übertragungsart	Übertragungsrate	Reichweite	Leitungscode	Modulation
802.3bp	2016	Punkt zu Punkt	1000BASE-T1	vollduplex	1000 Mbit/s	Typ A 15m Typ B 40m	80B/81B	PAM-3
802.3bw	2015	Punkt zu Punkt	100BASE-T1	vollduplex	100 Mbit/s	Typ A 15m Typ B 40m	3B2T. 4B3B	PAM-3
802.3cg	2019	Multidrop Bus, Punkt-zuPunkt	10BASE-T1S	halbduplex,(volld uplex)	10 Mbit/s	25m, 15m	4B5B	DME
802.3cg	2019	Punkt-zu Punkt, PoDL	10BASE-T1L Ethernet APL	vollduplex	10 Mbit/s SPE	1000m geschirmt	4B3T	PAM-3
802.3ch	2020	Punkt-zu Punkt, PoDL	MultiGigBASE T1	vollduplex	2.5, 5. 10 Gbit/s	15m (geschirmt)		
802.3cy	in 2023	Punkt-zu-Punkt,	MultiGigBASE T1	vollduplex	25,50,100 Gbit/s	<15m		
802.3da	in 2024	Multidrop Bus, Punkt-zu-Punkt	10BASE--T1M	halbduplex,(volld uplex)	10 Mbit/s	50m	4B5B	DME
802.3dg	in 2024	Punkt-zu-Punkt	100BASE-T1, 1000BASE-T1	vollduplex	100 Mbit/s	500m		PAM-3
802.3bu IEEE 802.3 Stabdard	2016	Power over Datalines (DL)	SPE Energieversorgung von 0,5-50 Watt in 10 Stufen					

Tab. 9.7 Ethernet-APL Stecker

Pin	Symbol	Farbe	Signal
1	+	rot	APL Signal +
2	-	grün	APL Signal -
3	S	not appl.	

Der Ethernet APL Stecker besteht aus einem rechteckigen Schraub-Feder Klemmblock-Gehäuse mit 3 Verbindungsanschlüssen, die deutlich gemäß Tab. 9.7 gekennzeichnet sind.

Für die Einsatzbedingungen gibt es 3 Klassen [71, 72]:
MICE1: Büroumgebung −1
MICE2: Industrie und Fabrikhallen EN 50173-3
MICE3; Industrie und Produktionsmaschinen EN 50173-3

Steckverbindungssysteme für SPE
Für die SPE-Steckverbindungssysteme gibt es 3 Gruppen:

- SPE Alliance
- SPE Industrial Partner Network
- TIA Single Pair Ethernet Consortium (SPEC)

Folgende Spezifikationen sind in Tab. 9.8 gemäß IEC 63171 für die Steckerverbindungssysteme in der Prozessindustrie gegeben [73].

9.3.3.5 Zusammenfassung von Ethernet APL und Ethernet SPE

Ethernet APL ist konform zum Standard IEEE 802.3 und IEC-Standard. Es ist das erste Zweidraht-Ethernet für die Prozessautomatisierung und explosionsgefährdete Umgebungen. Es steigert die Wertschöfungskette im Sinne der Systemintegration in Industrie 4.0 und IoT.

Ethernet APL unterstützt mit 10 Mbit/s Hochgeschwindigkeitskommunikation und vereinfacht die Installation, Konfiguration und Wartung/Fernwartung (z.B Predicitve Maintenance) wesentlich. Ethernet APL erfordert geschultes IP-Personal.

Tab. 9.8 IEC 63171 für Steckersysteme SPE in der Prozessindustrie [73]

IEC63171 Standards	Beschreibung	Steckerformat	Schutzart	Allianz
IEC 62171-5	SPE Stecker von PHOENIX Contac,t entwickel, basierend aud dem Standard IEC 63171-2 für MICE2 und MICE3 Anwendunegn	Rechteck, M8,M12	IP67	SPE Alliance
IEC 62171-6	SPE-Stecker von Harting, Hirosa und TE Connectivity entwickelt für MICE2 und MICE3	M8,M12	IP20, IP67	SPE Industrial Partner Network
IEC 62171-7	M12 Power.Hybrid SPE-Stecker für kombinierte Daten und Energieversorgung von PHOENIx Contact, Harting, und TE-Connectivity entwickelt für MICE2 und MICE3-Applikationen. Leistungsklassen von 8A bis 16A und von 50V bis 600V	M12	IP67	SPE System Alliance. SPEE Industrial Partner Network

Die ersten Feldgeräte und Switches mit Ethernet APL und IP67 sind auf dem Markt. Beispiele:

- Beckhoff: Die *EtherCAT-Klemme ELX6233* von dem Unternehmen Beckhoff aus Abb. 10.5. Die ELX6233 erlaubt den direkten Anschluss Ethernet-APL-fähiger Feldgeräte aus den explosionsgefährdeten Bereichen der Zonen 0/20 und 1/21. Die Sensoren werden gemäß des Port-Profils SPAA (TS10186) versorgt und über PROFINET eingebunden. oder einfache digitale Signale in demselben Klemmenstrang eingebunden werden (siehe auch Abschn. 9.3.3). Der *Ethernet APL* ist eine speziell für die Anforderungen der Prozessindustrie entwickelte Kommunikationstechnologie. Ethernet-APL beschreibt ausschließlich die physische Übertragungsschicht, basierend auf dem Single-Pair-Ethernet-Standard 10BASE-T1L, und ist dadurch protokollunabhängig. Für den Einsatz in explosionsgefährdeten Bereichen definiert die IEC Grenzwerte für die Energieversorgung der Feldgeräte. Auf Basis der IEC-Grenzwerte schreibt die technische Spezifikation TS10186 Richtwerte vor und unterteilt diese für eine vereinfachte Verbindung in Port-Profile. Je nach Port-Profil ist die Anbindung von Feldgeräten aus den Zonen des explosionsgefährdeten Bereichs möglich. Die Versorgung der Klemme erfolgt über PROFINET
- Beckhoff: EPX1058-0022, eine EtherCAT Box, 8-Kanal-Digital-Eingang, Namur M12, Ex i; 8 Kanäle, Wertebereich (digital Encoder): NAMUR IEC 60947-5-6, Anschlusstechnologie (Signale): M12
- Samson: TROVIS 3797; Stellungsregler mit APL Unterstützung, basieren audf der Plattform 379X

Die Normungsgremien von Ethernet APL sind [74]:

- FieldCOMM Group
- ODVA
- OPC Foundation
- PI

Wichtige Partner aus der Industrie sind:

- ABB
- Beckhoff
- Emerson
- Endress + Hauser
- KROHNE
- Pepperl + Fuchs
- PHOENIX CONTACT
- Rockwell Automation
- Samson

- SIEMENS
- STAHL
- VEGA
- YOKOGAWA

Die Normungsgremien und Industriepartner definieren und entwickeln gemeinsam alle APL-Technologien, Richtlinien und Best Practices für die Bereitstellung einer einwandfreien, robusten und sicheren Ethernet-Technologie.

Ethernet APL wird zunehmend HART, PROFIBUS und FF H1 ablösen.

Literatur

1. IEC; IEV ref 351-56-10: Bus; https://www.electropedia.org/iev/iev.nsf/display?openform&ievref=351-56-10EC 60050 – International Electrotechnical Vocabulary; Letzter Zugriff am 5.11.2023
2. D.J.Kinniment, M.Sc., Ph.D., C.Eng, M.I.E.E., and J.V. Woods, M.Sc., Ph.D.: Synchronisation ans arbitration ciecuits in digital systems; http://async.org.uk/David.Kinniment/Research/papers/IEE1976.pdf; Letzter Zugriff am 5.11.2023
3. ncits, Technical Committe T10: SCSI-Speicherschnittstellen; https://www.t10.org/; Letzter Zugriff am 5.11.2023
4. Mikrocontroller.net: Verständnis aktive Terminierung; https://www.mikrocontroller.net/topic/236095; Letzter Zugriff am 5.11.2023
5. Jens R. Ohm, Hans D. Lüke: Signalübertragung: Grundlagen der digitalen und analogen Nachrichtenübertragungssysteme. 8. Auflage. Springer Berlin, Berlin 2002, ISBN 3-540-67768-2
6. Don Anderson, Tom Shanley: PCI System Architecture. 4th Edition. Addison-Wesley, Reading MA u. a. 1999, ISBN 0-201-30974-2
7. SPI – Serial Peripheral Interface; https://web.archive.org/web/20190116220910/http://www.mct.de/faq/spi.html; Letzter Zugriff am 5.11.2023
8. Elektronik Kompendium; ISA – Industrial Standard Architecture; https://www.elektronik-kompendium.de/sites/com/0310071.htm; Letzter Zugriff am 5.11.2023
9. WINHISTORY-Forum: XT-Bus/8bit ISA Netzwerkkarte; https://www.winhistory-forum.net/showthread.php?tid=14655; Letzter Zugriff am 25.11.2023
10. M10204: I2C-bus specification and user manual; Rev. 7.0 — 1 October 2021 User manual; https://web.archive.org/web/20221006073143if_/http://www.nxp.com/docs/en/user-guide/UM10204.pdf; Letzter Zugriff am 5.11.2023
11. SCSI Bus: https://de.wikipedia.org/wiki/Small_Computer_System_Interface; Letzter Zugriff am 5.11.2023
12. Wolfgang Babel: Industrie 4.0, China 2025, IoT, ‚Der Hype um die Welt der Automatisierung', Springer Vieweg; ISBN 978-3-658-34717-8; ISBN 978-3-658-34718-5 (eBook); 2021. https://doi.org/10.1007/978-3-658-34718-5; Letzter Zugriff am 5.11.2023
13. NuBus Specification; https://web.archive.org/web/20120720151643/http://www.bitsavers.org/pdf/ti/2242825-0001_NuBus_Spec1983.pdf; Letzter Zugriff am 5.11.2023
14. HyperTransport Konsortium: Kontakt des Herausgebers:Joel Slatis,PMC-Sierra, Inc. für HyperTransport Consortium;408 288-9599; API NetWorks beschleunigt den Einsatz der Hyper-

Transport-Technologie mit der Einführung des branchenweit ersten HyperTransport-Technology e-zu-PCI-Bridge-Chips™; https://web.archive.org/web/20061010070210/http://www.hypertransport.org/consortium/cons_pressrelease.cfm?RecordID=62; Letzter Zugriff am 5.11.2023

15. Frank Kyne, Hua Bin Chu, George Handera, Marek Liedel, Masaya Nakagawa, Iain Neville, Christian Zass, IBM Redbooks: Implementing and Managing InfiniBand Coupling Links on IBM System z. Fourth Edition, IBM Redbooks Edition, 2014

16. Kalpana (Firma) Hersteller von Computernetzwerkgeräten im Silicon Valley; https://de.qaz.wiki/wiki/Kalpana_(company); Letzter Zugriff am 5.11.2023

17. Hannes Rügheimer: Ethernet: Alles, was Sie über die Netzwerk-Technik wissen müssen, 8.10, 2018; https://www.connect.de/ratgeber/ethernet-vernetzung-netzwerk-technik-tipps-geraete-praxis-3198923.html/; Letzter Zugriff am 5.11.2023

18. IEEE 802.3: Clause Status; http://grouper.ieee.org/groups/802/3/status/1100_clause_status.pdf; Letzter Zugriff am 5.11.2023

19. ITWissen.info: IEEE 802.3/Ethernet Grundlagen; https://www.itwissen.info/IEEE-802DOT-3-802DOT-3.html; Letzter Zugriff am 5.11.2023

20. Kompendium: KUPFER UND LICHTWELLENLEITER – ÜBERTRAGUNGS MEDIEN; https://kompendium.infotip.de/uebertragungsmedien-kupfer-und-lichtwellenleiter.html; Letzter Zugriff am 5.11.2023

21. 64b/66b encoding; https://wikimili.com/en/64b%2F66b_encoding; Letzter Zugriff am 5.11.2023

22. E4.5 Vollduplex Übertragung 4.4 8B/10B-Code; http://www.informatik.uni-hamburg.de/TKRN/world/abro/LFF/gigether08.pdf; Letzter am Zugriff am 5.11.2023

23. ITWissen.info: Manchester-Codierung: https://www.itwissen.info/Manchester-Codierung-Manchester-encoding.html; Letzter Zugriff am 5.11.2023

24. ITWissen.info: 10Base T; https://www.itwissen.info/10Base-T-IEEE-802DOT-3-10Base-T.html; Letzter Zugriff am 5.11.2023

25. IEEE SA: 802 3i-1990-IEEE Standard for Local and Metropolitan Area Network system Consideration for Multisegment 10Mb/s Baseband Networks (Section 13) and Twisted-Pair Medium Attachment Unit (MAU) and Baseband Medieum, Type 10BASE-T (Section 14); https://standards.ieee.org/standard/802_3i-1990.html; Letzter Zugriff am 5.11.2023

26. George Zimmerman (Chair)/CME Consulting Peter Jones (Ad Hoc Chair)/Cisco Systems Jon Lewis (Recording Secretary)/Dell EMC Piergiorgio Beruto/CanovaTech Steffen Graber/Pepperl+Fuchs Heath Stewart/Analog Devices Long Beach, CA, USA January 16th 2019: IEEE P802.3cg 10Mb/s Single Pair Ethernet: A guide; IEEE P802.3cg 10Mb/s Single Pair Ethernet: A guide

27. Schäfter+Kirchhoff: Fibre Cable BASIC's; https://www.sukhamburg.com/support/technotes/fiberoptics/cablebasics.html; Letzter Zugriff am 5.11.2023

28. ITWissen.info: FOIRL (fiber optic inter repeater link), 22.07.2003; https://www.itwissen.info/FOIRL-fiber-optic-inter-repeater-link.html; Letzter Zugriff am 5.11.2023

29. ITWissen.info: 10Base-FL; https://www.itwissen.info/10Base-FL-IEEE-802DOT-3-10Base-FL.html; Letzter Zugriff am 5.11.2023

30. Elektronik Kompendium: Fast Ethernet/IEEE 802.3u; https://www.elektronik-kompendium.de/sites/net/1404191.htm; Letzter Zugriff am 5.11.2023

31. netzikon: Code 4B5B; https://netzikon.net/lexikon/c/4b5b.html; Letzter Zugriff am 5.11.2023

32. LinkFang:MLT-3-Code; https://de.linkfang.org/wiki/MLT-3-Code; Letzter Zugriff am 5.11.2023

33. Univie.ac.at/video: NRZI-Codierung; https://www.univie.ac.at/video/grundlagen/signalcodierung.htm; Letzter Zugriff am 5.11.2023

34. Elektronik Kompendium: Fast Ethernet/IEEE 803.3u; https://www.elektronik-kompendium.de/sites/net/1404191.htm; Letzter Zugriff am 5.11.2023

35. Elektronik Kompendium/Gigabit-Ethernet/1GBase-T/1000Base-T/IEEE 802.3z/IEEE 802.3ab; https://www.elektronik-kompendium.de/sites/net/1404201.htm; Letzter Zugriff am 5.11.2023

36. Felix: Übersicht von Netzwerkkabeln: Cat5, Cat5e, Cat6, Cat6a, Cat7 und Cat8; Aktualisierung: 7.Juni 2022; FS community; https://community.fs.com/de/blog/overview-of-network-cables-cat5-cat5e-cat6-cat6a-cat7-and-cat8.html; Letzter Zugriff am 5.11.2023

37. Abb. 9.1:.Quellen. [I]: Foto: Romantiker (Wikipedia User); Titel: T-Stücke und Abschlusswiderstände für 10BASE2. URL: https://de.wikipedia.org/wiki/Ethernet#/media/Datei/; Letzter Zugriff am 5.11.2023. BNC-Technik.jpg. Lizenzvermerk: CC BY-SA 3.0. https://creativecommons.org/licenses/by-sa/3.0//; Letzter Zugriff 5.11.2023. [II]: Foto: Rainer Knäpper. Titel: EAD-Kabel für 10BASE2. URL: https://de.wikipedia.org/wiki/Ethernet#/media/Datei:EAD_cable.jpg/; Letzter Zugriff am 10.11.2023. Lizenzvermerk: CC BY-SA 2.0 DE. https://creativecommons.org/licenses/by-sa/2.0/de/deed.en; Letzter Zugriff am 10.11.2023. [III]: Foto: Alistair1978, Ali@gwc.org.uk. Titel: Thick Ethernet Transceiver. URL: https://de.wikipedia.org/wiki/Ethernet#/media/Datei;ThicknetTransceiver.jpg/; Letzter Zugriff am 20.11.2023. Lizenzvermerk: CC BY-SA 2.5. https://creativecommons.org/licenses/by-sa/2.5; Letzter Zugriff 20.12.20. [IV]: Foto: Clemens Pfeiffer, Wien. [V]: Foto: Adamantios (Wikipedia-User); Titel: SC optical fiber connector. URL: https://de.wikipedia.org/wiki/Datei:SC-optical-fiber-connector-hdr-0a.jpg; Letzter Zugriff am 20.11.2023. Lizenzvermerk: CC BY-SA 3.0, https://creativecommons.org/licenses/by-sa/3.0/; Letzter Zugriff am 20.11.2023. https://de.wikipedia.org/wiki/Datei:SC-optical-fiber-connector-hdr-0a.jpg/; Letzter Zugriff am 20.12.2023. [VI]: Foto: Marco Götze. Titel: LWL LC Stecker10. URL: https://de.wikipedia.org/wiki/Datei:LWLLCSTECKER.jpg; Letzter Zugriff am 20.1.2023. Lizenzvermerk: CC BY-SA 3.0, https://creativecommons.org/licenses/by-sa/3.0/; Letzter Zugriff am 20.11.2023. [VII]: Foto: Adamantios (Wikipedia-User); Titel: ST optical fiber connector. URL: https://de.wikipedia.org/wiki/Datei:ST-optical-fiber-connector-hdr-0a.jpg; Letzter Zugriff am 20.11.2023. Lizenzvermerk: CC BY-SA 3.0, https://creativecommons.org/licenses/by-sa/3.0/; Letzter Zugriff am 20.11.2023. [VIII]: Foto: Shh (Wikipedia-User); Titel: MTRJ-Stecker für Glasfaserkabel: URL: https://de.wikipedia.org/wiki/Datei:Lwl_mtrj.jpg; Letzter Zugriff am 20.11.2023. Lizenzvermerk: CC BY-SA 3.0, https://creativecommons.org/licenses/by-sa/3.0/; Letzter Zugriff am 20.11.2023

38. Abb. 9.2: Elektronik Kompendium: Belegung RJ45-Stecker für Ethernet (Netzwerkkabel EIA/TIA 568A/568B). https://www.elektronik-kompendium.de/sites/net/0510151.htm; Letzter Zugriff am 20.11.2023. [I] ITWissen.info: EIA/TIA 568. https://www.itwissen.info/EIA-TIA-568-568.html/; Letzter Zugriff am 20.11.2023. [II] ITWissen.info: EN 50173 oder ISO/IEC 11801. https://www.itwissen.info/50173-EN-50173.html; Letzter Zugriff am 20.11.2023. [III] ELDIREKT.se: REA Kabel; https://www.eldirekt.se/elmaterial/kabel/rea-kabel/; Letzter Zugriff am 20.11.2023. [IV] Beuth publishing DIN: DIN 47100:1979-11; Fernmeldeschnüre – Kennzeichnung der Adern, Farben der Außenhüllen; Englischer Titel: Cords for telecommunication – Code of insulated conductors, colour of sheath; Ausgabedatum 1979–11; https://www.beuth.de/de/norm/din-47100/1648128/; Letzter Zugriff am 20.11.2023. [V] CONRAD: Modularstecker Stecker, gerade RJ45 Pole: 8P8C P 129 Transparent Lumberg P 129 1 St. https://www.conrad.de/de/p/modularstecker-stecker-gerade-rj45-pole-8p8c-p-129-transparent-lumberg-p-129-1-st-738610.html?ref=list/; Letzter Zugriff am 20.11.2023. Bestell-Nr.:738610 – YS Hst.-Teile-Nr.:P 129 EAN: 205000041380. ITWissen. Info: RJ-45 Stecker,Deutsch: RJ45-Stecker, Englisch: RJ45 male connector – RJ45, Veröffentlicht: 08.11.2016; https://www.itwissen.info/RJ45-Stecker-RJ45-male-connector-RJ45.html; Letzter Zugriff am 20.11.2023

39. Beckhoff-EtherCAT-Verkabelung; https://infosys.beckhoff.com/index.php?content=../content/1031/ax2000-b110/html/bt_ec_wiring.htm&id=/; Letzter Zugriff am 6.11.2023
40. ANALOG DEVICES: ADIN1300 10/100/1000-Gigabit-Ethernet-PHY; https://www.mouser.de/new/analog-devices/adi-adin1300/?gclid=EAIaIQobChMI_PHvrsaD6gIV24BQBh3ozwJ9EAAYASAAEgIz_PD_BwE; Letzter Zugriff am 6.11.2023
41. Hilscher: NEXT 52 Datenblatt; https://www.hilscher.com/fileadmin/cms_upload/en-US/Resources/pdf/netX_52_Datasheet_2014-11_EN.pdf; Letzter Zugriff am 6.11.2023
42. MICROCHIPTechnology/Micrel: KSZ8851-16MLL; https://www.mouser.de/Product-Detail/Microchip-Technology-Micrel/KSZ8851-16MLL?qs=kh6iOki%2FeLF1HaNUS-BRheA==&vip=1&gclid=EAIaIQobChMI2MChyOGD6gIVS7DtCh32xQ6rEAQYAiABEgKemfD_BwE; Letzter Zugriff am 6.11.2023
43. Texas Instrumentss: DP83825I Low power 10/100 Mbps Ethernet Physical Layer Transceiver (Rev A); https://www.ti.com/document-viewer/DP83825I/datasheet/features-x7011#x7011; Letzter Zugriff am 6.11.2023
44. ITWissen.info: Power over Ethernet; https://www.itwissen.info/PoE-power-over-Ethernet-PoE-Architektur.html/; Letzter Zugriff am 6.11.2023
45. Alois Huser:*Effiziente Stromversorgung mittels Power over Ethernet (PoE)*. März 2005; https://nanopdf.com/downloadFile/poe-bundesamt-fr-energie-bfe_pdfnanopdf.com; Letzter Zugriff am 6.11.2023
46. Stefan Luber: Was ist 802.3af (PoE)? IPINSIDER; https://www.ip-insider.de/was-ist-8023af-poe-a-884455/; Letzter Zugriff am 6.11.2023
47. IEEE SA: IEEE 802.3at-2009-IEEE Standard for Information technology—Local and metropolitan area networks—Part 3:CSMA/CD Access Method and Physical Layer Specification Amendment 3:Data Terminal Equipment (DTE) Power via the Media Dependent Interface (MDI); https://standards.ieee.org/standard/802_3at-2009.html; Letzter Zugriff am 6.11.2023
48. IEEE SA: IEEE 802.3bt:IEEE 802.3bt-2018-IEEE Standard for Ethernet Amendment 2: Physical Layer and Management Parameters for Power over Ethernet over 4 pairs; https://standards.ieee.org/standard/802_3bt-2018.html; Letzter am Zugriff am 6.11.2021
49. IEEE 802.3cu 100Gb/s and 400 Gb/s over SMF at 100 Gb/s per Wavelength Task Force; https://grouper.ieee.org/groups/802/3/cu/index.html; Letzter Zugriff am 6.11.2023
50. IEEE SA: IEEE 802.3bs-2017 – IEEE Standard für Ethernet-Änderung 10: Medienzugriffssteuerungsparameter, physikalische Schichten und Verwaltungsparameter für 200 Gb/s und 400 Gb/s Betrieb; https://standards.ieee.org/standard/802_3bs-2017.html; Letzter Zugriff am 6.11.2023
51. ITWissen.info: 400-Gigabit-Ethernet; Veröffentlicht: 21.07.2017; https://www.itwissen.info/400-Gigabit-Ethernet-400-gigabit-Ethernet-400GbE.html; Letzter Zugriff am 6.11.2023
52. Ethernet Alliance Hompage; https://ethernetalliance.org/; Letzter Zugriff am 6.11.2023
53. ITWissen.infoSerDes (serializer/deserializer); https://www.itwissen.info/SerDes-serializer-deserializer.html; Letzter Zugriff am 6.11.2023
54. Homepage FieldComm Group: DIGITALE TRANSFORMATION IN DER PROZESSAUTOMATISIERUNG VORANTREIBEN; https://www.fieldcommgroup.org/; Letzter Zugriff am 6.11.2023
55. Homepage OPC Foundation; Der Industrial Interoperability Standard™; https://opcfoundation.org/; Letzter Zugriff am 6.11.2023
56. Homepage ODVA: Die Zukunft der industriellen Automatisierung; https://www.odva.org/; Letzter Zugriff am 6.11.2023
57. Homepage PI: About PI; https://www.profibus.com/pi-organization/about-pi/; Letzter Zugriff am 4.11.2023

58. PEPPERL + FUCHS; https://www.pepperl-fuchs.com/germany/de/index.htm; Letzter Zugriff am 6.11.2023

59. Samson: Advanced Physical Layer (APL): Ethernet bis ins Feld; 19.8.2022; https://www.samsongroup.com/de/service/seminare-fachwissen/fachwissen/detail/news/fachwissen/apl/; Letzter Zugriff am 6.11.2023

60. Samson: Smart in Flow Control; https://www.samsongroup.com/de/rsic/rolf-sandvoss-innovation-center; Letzter Zugriff am 6.11.2023

61. IEEE Standards Association: IEEE 802.3cg-2019: IEEE Standard for Ethernet – Amendment 5: Physical Layer Specifications and Management Parameters for 10 Mb/s Operation and Associated Power Delivery over a Single Balanced Pair of Conductors; https://standards.ieee.org/ieee/802.3cg/7308/; Letzter Zugriff am 6.11.2023

62. MMS43-Code (Modified Monitored Sum 43 – Code); https://de.wikipedia.org/wiki/MMS43-Code; Letzter Zugriff am 6.11.2023

63. Teledyne LeCroy; What is PAM3 Signaling? YouTube; 23. Sept. 2020;Teledyne LeCroy;; https://www.bing.com/videos/riverview/relatedvideo?q=PAM-3&mid=7810616D6036944ED-5247810616D6036944ED524; Letzter Zugriff am 4.10.2023

64. PI: Ethernet-APL White Paper Description; https://www.profibus.com/download/apl-white-paper/; Letzter Zugriff am 6.11.2023

65. 2-WISE is a concept for an advanced physical layer (APL), designed o simplify the examination process for intrinsic safety parameters of components and cabling within APL segments; https://www.bing.com/search?pglt=41&q=2-WISE&cvid=21c38eccefd54ca3abdf4f-58907fa061&gs_lcrp=EgZjaHJvbWUyBggAEEUYOTIECA; Letzter Zugriff am 6.11.2023

66. Ethernet-APL ist da! Spezifikationen international standardisiert, Konformitätstestpläne implementiert, erste Produkte freigegeben; https://www.ethernet-apl.org/; Letzter Zugriff am 6.11.2023

67. Pepperl + Fuchs :Topologie und Komponenten – Einfachheit für Engineering und Handhabung; https://www.pepperl-fuchs.com/global/en/12717.htm#:~:text=The%20typical%20topology%20for%20a%20segment%20is%20the,are%20easily%20accessible%20provides%20connections%20for%20field%20devices; Letzter Zugriff am 6.11.2023

68. Pepperl + Fuchs : Ethernet-APL einfach erklärt – so geht parallele Kommunikation; https://blog.pepperl-fuchs.com/de/2021/ethernet-apl-einfach-erklaert-so-geht-parallele-kommunikation/; Letzter Zugriff am 6.11.2023

69. IEEE Standards Association; IEEE 802.3cg-2019: IEEE-Standard für Ethernet – Amendment 5: Spezifikationen der Bitübertragungsschicht und Managementparameter für den Betrieb mit 10 Mbit/s und die damit verbundene Stromversorgung über ein einzelnes symmetrisches Adernpaar; https://standards.ieee.org/ieee/802.3cg/7308/; Letzter Zugriff am 8.11.2023

70. Single Pair Ethernet (SPE); https://spe-wissen.org/; Letzter Zugriff am 8.11.2023

71. Y. Engels, K. Hüdepohl, A. Oehler, R. Schmidt, D. Wilhelm: Anwendungsneutrale Kommunikationskabelanlagen nach EN 50173 und EN 50174. VDE Verlag, 2019, ISBN 978-3-8007-4517-3

72. DKE: Normen machen Zukunft; https://web.archive.org/web/20220120210818/https://www.dke.de/de/arbeitsfelder/home-building/normenhinweise/normen-anwendungsneutrale-kommunikationskabelanlagen-erneuert; Letzter Zugriff am 8.11.2023

73. Harting: Be smart. Enable IIoT; Single Pair Ethernet Standard; Der Single Pair Ethernet Standard gibt Anwendern Investitionssicherheit. Lernen Sie die wichtigen Standards für Single Pair Ethernet kennen; https://www.harting.com/DE/de/single-pair-ethernet-standard; Letzter Zugriff am 8.11.2023

74. Ethernet-APL ist da! Spezifikationen international standardisiert, Konformitätstestpläne implementiert, erste Produkte freigegeben; https://www.ethernet-apl.org; Letzter Zugriff am 8.11.2023

Ethernetbasierte Feldbusse und Bussysteme

10

10.1 EtherNet/IP

Das EtherNet/IP oder EIP [1] ist auch unter dem Namen ‚Ethernet Industrial Protocol' (IP) bekannt.

Das EtherNet/IP Protokoll basiert auf Ethernet, was die Bitübertragungsschicht und die Sicherungsschicht des OSI Modells anbelangt. EtherNet/IP ist ein offener Standard für industrielle Netzwerke. EtherNet/IP ist ein Echtzeit (Real Time) Feldbus und dient zur Übertragung zyklischer E/A-Daten sowie azyklischer Parameterdaten. Im Übrigen war EtherNet/IP das erste Ethernet-basierte Echtzeitprotokoll [2].

10.1.1 EtherNet/IP Geschichte

Ethernet Industrial Protocol (Ethernet/IP) ist ein Echtzeit-Ethernet-Protokoll und in der Anwendungsschicht angesiedelt. Es wird hauptsächlich in der Automatisierungstechnik verwendet.

EtherNet/IP wurde von Allen Bradley entwickelt und der ODVA (Open DeviceNet Vendor Association) übergeben. Weitere relevante ODVA Standards in Verbindung mit EtherNet/IP für die Automatisierungstechnik sind, DeviceNet [3], ControlNet [4] CIP-Motion™ [5], CIPSafety™ [6], CIPSync™ [7].

In den Kapiteln 8 und 9 haben wir uns eingehend mit den Grundlagen des Ethernet mit der Bitübertragungsschicht und der Sicherungsschicht des Ethernet, den beiden Internetprotokollen IPv4 und IPv6, der Transportprotokolle TCP und UDP (Schichten 1 bis 4 des OSI Modell) und mit der Protokollsuite TCP/IP beschäftigt.

© Der/die Autor(en), exklusiv lizenziert an Springer Fachmedien Wiesbaden GmbH, ein Teil von Springer Nature 2024
W. Babel, *Systemintegration in Industrie 4.0 und IoT*,
https://doi.org/10.1007/978-3-658-42987-4_10

435

EtherNet/IP wurde im März 2000 als offener Industriestandard veröffentlicht. Neben der ODVA waren die CI (ControlNet International) und die IEA (Industrial Ethernet Association) beteiligt. Das Protokoll wird durch mehr als 150 Hersteller unterstützt [8].

Seit 2002 bis heute wurden mehr als 35 Mio. Geräte mit EtherNet/IP vermarktet, das sind ca. 17 % aller Feldbusknoten (Abb. 7.1). Laut HMS und meine eigenen Recherchen ist EtherNet/IP (17 %) stückzahlmäßig mit PROFINET (17 %) mittlerweile das am weitesten verbreitete Ethernet-Echtzeitbus-Protokoll, gefolgt von EtherCAT (ca. 11 %) [9].

Von der Funktionalität sind PROFINET (17 %) und Modbus TCP (ca. 3 %) unmittelbar konkurrierende Feldbusse zu EtherNet/IP für die Automatisierung. Modbus TCP ist jedoch von der Verbreitung mit ca. 5 % wesentlich geringer als PROFINET und EtherNet/IP. Mehr als 200 Hersteller unterstützen diese Protokolle. Die Übertragungsmedien sind analog dem Ethernet Twisted- Pair Kabel und Lichtwellenleiter. Die typischen Übertragungsraten für die Automatisierung sind 10 Mbit/s und 100 Mbit/s.

EtherNet/IP Netzwerke nutzen eine Sterntopologie mit einer Punkt-zu-Punkt-Verbindung über Switches. Die Basis für das kollisionsfreie Echtzeitverhalten ist die durchgängige Instrumentierung mit Switches.

10.1.2 OSI Modell und EtherNet/IP, ControlNet und DeviceNet

Abb. 10.1 zeigt die Zusammenhänge der drei genannten Protokolle mit dem OSI Modell.

Ein wesentliches Merkmal ist, dass EtherNet/IP, DeviceNet [3], ControlNet [4] und CompoNet® das Common Industrial Protocol (CIP) [10] implementiert haben und eine *medienunabhängige* Kommunikations-Architektur sowie voll umfassende Dienste für die Automatisierung bereitstellen: Regelung/Steuerung, Sicherheit, Synchronisation und Information. Eine Integration in die MES- und/oder in die ERP-Ebene ist möglich.

CompoNet [11] ermöglicht dabei den Anwendern, den Netzwerkdurchsatz für Anwendungen zu maximieren, die kleine Datenpakete schnell zwischen Steuerungen, Sensoren und Aktoren übertragen müssen. Der einfache Netzwerkanschluss und das einfache Verkabelungsschema reduzieren die Gesamtkosten und den Zeitaufwand des Systems.

DeviceNet [3] ist ein auf CAN basierender Feldbus, der hauptsächlich in der Automatisierungstechnik verwendet wird. DeviceNet wurde von Allen-Bradley (gehört zu Rockwell Automation) entwickelt und später als offener Standard an die ODVA (Open DeviceNet Vendor Association) übergeben (siehe Abschn. 7.4.4).

ControlNet [4] ist ein offenes industrielles Netzwerkprotokoll für industrielle Automatisierungsanwendungen, das auch als Feldbus bezeichnet wird. Für ControlNet wurde im Jahr 2008 der Support und die Verwaltung an die ODVA übertragen, das nun alle Protokolle der Common Industrial Protocol-Familie verwaltet. Zu den Merkmalen, die ControlNet von anderen Feldbussen unterscheiden, gehören die integrierte Unterstützung für vollständig redundante Kabel und die Tatsache, dass die Kommunikation auf ControlNet streng geplant und hochgradig deterministisch erfolgen kann.

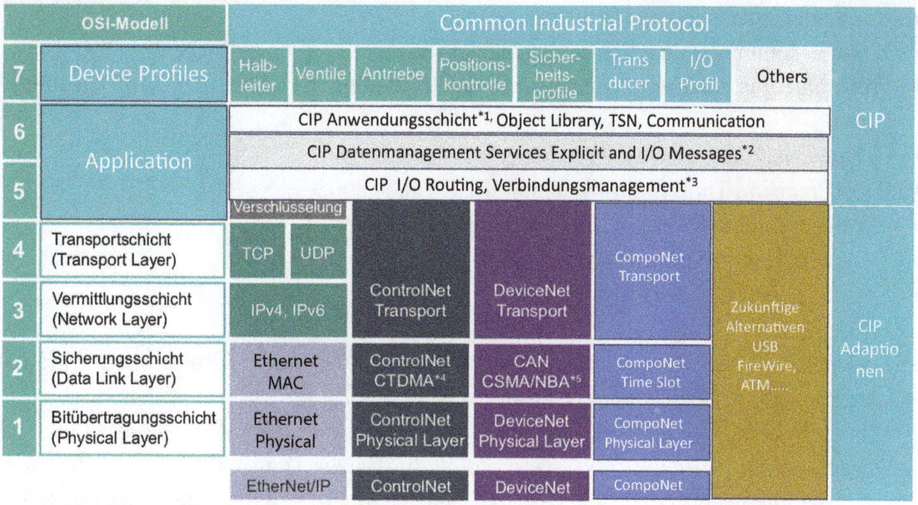

OSI-Modell		Common Industrial Protocol								
7	Device Profiles	Halb-leiter	Ventile	Antriebe	Positions-kontrolle	Sicher-heits-profile	Trans-ducer	I/O Profil	Others	CIP
6	Application	CIP Anwendungsschicht*1, Object Library, TSN, Communication								
		CIP Datenmanagement Services Explicit and I/O Messages*2								
5		CIP I/O Routing, Verbindungsmanagement*3								
4	Transportschicht (Transport Layer)	Verschlüsselung		ControlNet Transport	DeviceNet Transport	CompoNet Transport	Zukünftige Alternativen USB FireWire, ATM.....		CIP Adaptionen	
		TCP	UDP							
3	Vermittlungsschicht (Network Layer)	IPv4, IPv6								
2	Sicherungsschicht (Data Link Layer)	Ethernet MAC		ControlNet CTDMA*4	CAN CSMA/NBA*5	CompoNet Time Slot				
1	Bitübertragungsschicht (Physical Layer)	Ethernet Physical		ControlNet Physical Layer	DeviceNet Physical Layer	CompoNet Physical Layer				
		EtherNet/IP		ControlNet	DeviceNet	CompoNet				

*1 CIP Anwendungsschicht (Application Layer) / (Applications Bibliothek)
*2 CIP Datenmanagement (Data Management Services Explicit Messages, I/O)
*3 CIP Router, Verbindungsmanagement (Messages Routing, Connection Management)
*4 CTDMA (Concurrent Time Domain Multiple Access)-Protocol
*5 CSMA/NBA (Carrier Sense Multiple Access / Non-destructive Bit-wise Arbitration)
   Veröffentlicht am November 26, 2013 von plcTutor;
   http://www.plctutor.com/CSMA_NBA/ letzter Zugriff 3.4.2021

Abb. 10.1 EtherNet/IP, ControlNet, DeviceNet, CompoNet – wichtige Bussystme für die Automatisierung (OVDA)

Der Vollständigkeit wegen sei gesagt, dass DeviceNet, ControlNet und CompoNet eigene physikalische Layer haben, die sich von IEEE 802.3 (Ethernet) unterscheiden. Dennoch gehören sie zu dieser Gruppierung, da sie Common Industrial Protocol (CIP) anwenden.

Das CIP ist speziell für die Automatisierungstechnik aufbereitet. Mit CIPSafety™ (Sicherheitsanforderungen), CIPSync™ (zeitliche Synchronisation) und CIPMotion™ (komplexe Echtzeitsteuerungen für Bewegungsabläufe) erfüllt es nach meinen Erfahrungen viele Anforderungen der Automatisierungstechnik.

10.1.3 Technik von EtherNet/IP und TCP/UDP

Basierend auf TCP und UDP unterstützt EtherNet/IP die Durchgängigkeit von Office-Netzwerken und der zu steuernden Anlagen. Die harten Echtzeitanforderungen werden realisiert durch:
CIPSynch™ zur verbesserten Zeitsynchronisation gemäß Standard IEEE 1588 [12]

- Vor Übertragungsbeginn muss keine Verbindung aufgebaut werden, dadurch schnellerer Datenaustausch
- Einfache Frage-Antwort-Protokolle

- Klein angelegte Wiedergabepuffer
- Keine Erkennungs- und Korrekturmaßnahmen
- Frei wählbares Routing (Später gesendete Daten können früher gesendete Daten überholen)
- Geringe Netzbelastung durch reduzierte Nachrichten
- PTP (Precision Time Control) gemäß IEEE 1588- 2008
- Taktsynchronisation im Sub-Mikrosekunden Bereich
- Taktverteilung in Master-Slave Konfiguration
- Synchronisierung über mehrere Netzwerksegmente

Für zeitkritische Anwendungen verwendet EtherNet/IP das UDP-Protokoll (Implizit Messaging) [13] der OSI Modell Transportschicht 4.

Das User Datagram Protocol (UDP) ist ein minimales, verbindungsloses, *nicht zuverlässiges und ungesichertes* Netzwerkprotokoll, das zur Transportschicht der Internetprotokollfamilie gehört (siehe auch TCP/IP Suite (Abschn. 8.6) und UDP (Abschn. 8.5)).

Ursprünglich wurde das UDP zwecks Echtzeitübertragung bereits 1977 für Sprachübertragung entwickelt (Echtzeit), das einfacher als das TCP sein musste.

Der Nachteil von UDP ist, dass es keine Garantie gibt, ob Datenpakete ankommen, wie oft sie beim Empfänger ankommen, ob sie verfälscht sind, oder ob Dritte nicht auf die Pakete zugreifen können (siehe Abschn. 8.5).

Der azyklische Nachrichtenübertragungsteil nutzt das TCP (explicit Messaging). Beim TCP werden verloren gegangene Pakete erneut angefordert. Somit können Datenpakete praktisch nicht verloren gehen. TCP hat Erkennungskorrekturen und Korrekturmechanismen, was UDP nicht hat. Auch gibt es strenge Vorschriften beim Routen: Später beim TCP gesendete Daten können früher gesendete Daten nicht überholen.

In der Sicherungsschicht 2 verwendet EtherNet/IP ebenso wie Ethernet als Medienzugriff das schon erwähnte Medium Access Control (MAC) [14] oder den Carrier Sense Multiple Access/Collision Detection (CSMA/CD) Algorithmus siehe Abschn. 8.1.5.

Die Sicherungsschicht für EtherNet/IP ist eine Erweiterung von der IEEE des OSI Modells und ist in Media Access Control und Logical Link Control unterteilt.

Die MAC-Schicht Logical Link Control umfasst Netzwerkprotokolle als zweitunterste Schicht und Bauteile für die Regelung – d. h. ein gemeinsames Medium kann nicht gleichzeitig von mehreren Rechnern benutzt werden, sondern es gibt Regeln für die Kommunikation. Somit verhindert man Kollisionen und Datenverlust (siehe CSMA/CD Algorithmus, Abschn. 8.1.5).

10.2 PROFINET

PROFINET ist ebenfalls ein echtzeitfähiger Feldbus, basierend auf Ethernet. Er unterscheidet sich grundsätzlich vom PROFIBUS DP und PROFIBUS PA [15] eingehend wird der PROFIBUS DP, PROFIBUS PA im Buch , Industrie 4.0, China 2025, IoT' Springer Vieweg Verlag, Autor: Wolfgang Babel, ISBN 978-3-658-34717-8 erläutert.

10.2.1 PROFINET Geschichte

Der Feldbus PROFINET (Process Field Network) [16, 17] war ursprünglich der Industrielle Ethernet Standard der PROFIBUS Nutzer Organisation (PNO), die heute die PI PROFIBUS & PROFINET International (2006) ist (siehe Abschn. 7.4.3).

PROFINET ist ein Ethernet-basierter Feldbus und nutzt die TCP/IP-Suite (siehe Abschn. 8.6) für Transport- und Network Layer sowie das Ethernet-Protokoll.

PROFINET selbst ist im CIPStack angesiedelt. PROFINET als ethernetfähiger Echtzeit-Feldbus benutzt die Bitübertragungsschicht (Physical Layer) und die Sicherungsschicht (Data Link Layer) des Ethernets nach IEEE 802.3.

Bereits im Jahr 2000 haben bei der PNO die Diskussionen über den Nachfolger von PROFIBUS DP begonnen. Doch es benötigte einige Zeit, bis man sich auf PROFINET verständigen konnte.

PROFINET gilt heute als der Nachfolger von PROFIBUS DP, basiert auf Ethernet-Technologie und dient zur Anbindung von dezentraler Peripherie an eine Steuerung (SPS) oder an ein SCADA/HMI-System.

PROFINET ist in Verbindung mit UDP aufgrund seines kompakten Protokolls ideal geeignet für zyklischen und echtzeitfähigen I/O-Datenaustausch.

Historisch wurde als Zwischenstufe zum PROFINET in 2002 der PROFIBUS CBA (Component Based Automation) [18] als Teil der Norm IEC 61158/IEC 61784-1 [19] auf der HMI vorgestellt. PROFIBUS CBA wurde allerdings ab 2014 wieder aus der Norm genommen.

Im Jahr 2003 wurde die erste Spezifikation von PROFINET IO (Input/Output) [20] publiziert. Dabei wurde der PROFIBUS DP (Dezentrale Peripherie) übernommen und um die Internet-Protokolle ergänzt.

Die Funktionalität von PROFINET wurde um Motion Control [21] und isochroner Übertragung erweitert; d. h. der zeitliche Abstand zwischen zwei übertragenen Bits ist stets gleich groß. Zeitliche Abweichungen werden als Jitter bezeichnet. PROFIsafe [22] wurde für PROFINET angepasst. PROFIsafe ist dabei ein Sicherheitsprofil zur Übertragung von sicherheitsrelevanten Daten über PROFINET und PROFIBUS. Von der Sicherheit her gesehen erfüllt PROFIsafe mit SIL 3 die höchste Stufe von derzeit angewendeten Automatisierungsprotokollen für Echtzeit (siehe Abb. 8.1).

Mit dem klaren Bekenntnis der ‚Automatisierungsinitiative Deutscher Automobilhersteller' (Aida) zu PROFINET (z. B. Daimler) erfolgte der Durchbruch von PROFINET im Jahr 2004 [23]. Zur Aida gehören Audi, BMW, Volkswagen, Daimler und Porsche.

2006 wurde PROFINET IO Teil der Norm IEC 61158/IEC 61784-2.

Von 2007 bis 2019 wurden ca. 35 Mio. PROFINET-Geräte in den Markt verbracht. Die Zahl nimmt derzeit weiter stark zu. Heute beträgt das jährliche Wachstum etwa 18 %. PROFINET gehört in diesem Zusammenhang zu den am meisten verbreiteten Bussystemen in der industriellen Prozess- und Fabrikautomatisierung (z. B. Automotive).

Im Jahr 2019 wurde PROFINET mit TSN (Time-Sensitive Networking) [24] verabschiedet und in diesem Zusammenhang die Konformitätsklasse CC-D [25] eingeführt. Der TSN-Standard umfasst mehrere Protokolle für die Echtzeit-Übertragung über Ethernet.

PROFINET ist vollkommen modular aufgebaut, ist Echtzeit-Ethernet-fähig und lässt die Integration unterschiedlicher Feldbussysteme zu.

Meines Erachtens ist PROFINET heute neben EtherNet/IP der populärste Echtzeit-Ethernet-Feldbus und ermöglicht die Integration vieler anderer Feldbusse auf einfache Weise.

In der Automatisierungstechnik lösen Ethernet-basierte Echtzeit-Netzwerke immer mehr die Feldbusse PROFIBUS und Fieldbus Foundation (HSE und H1) ab. Dies gilt insbesondere für die neu zu installierenden Anlagen. Dennoch haben, wie bereits erwähnt PROFIBUS PA und FF H1 (Beide Feldbusse haben einen identischen Hardwarelayer) bezüglich ihres Einsatzes in explosionsgefährdeten Umgebungen immer noch ihre Bedeutung, u. a. auch, da die APL-Technologie relativ neu ist! (siehe Abschn. 9.3.3). Meines Erachtens ist es nur eine Frage der Zeit, bis die auf Ethernet basierten Feldbusse sowohl im Ex- wie auch im Nicht Ex-Bereich dominieren werden.

Aufgrund der installierten Basen unterschiedlicher Feldbusse ist daher umso wichtiger, dass Ethernet basierte Netzwerk die Möglichkeiten der flexiblen Integration erlauben.

10.2.2 OSI Modell und PROFINET

In Abb. 10.2 ist der Bezug von PROFINET zum OSI Modell aufgezeigt.

An dieser Stelle sind noch einmal ein paar Erklärungen zu den in Abb. 10.2 verwendeten Abkürzungen aufgeführt. Einige Abkürzungen wurde zwar schon erklärt, dennoch führe ich diese hier noch einmal kompakt im Zusammenhang mit PROFINET auf.

PROFINET verwendet sowohl über Kupferkabel als auch über Lichtwellenleiter eine Übertragungsgeschwindigkeit von *100 Mbit/s*.

Anwendungschicht (Application Layer)

RPC: Remote Procedure Call (Aufruf einer fernen Prozedur") [26] erlaubt die Realisierung von Interprozesskommunikation. Sie ermöglicht den Aufruf von Funktionen in anderen Adressräumen. Im Normalfall werden die aufgerufenen Funktionen auf einem

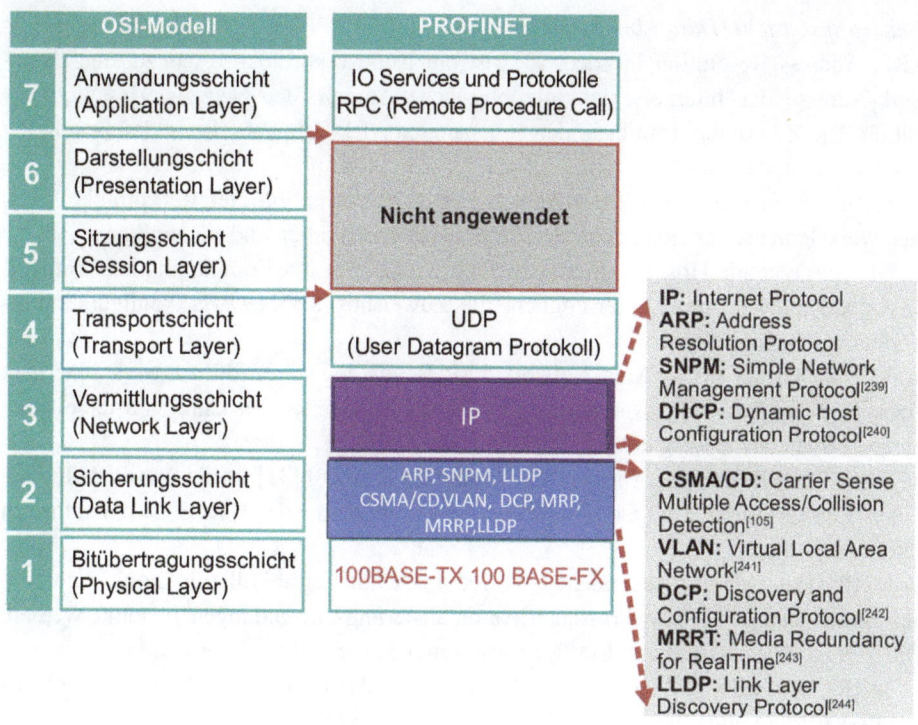

Abb. 10.2 OSI Modell und PROFINET

anderen Computer als das aufrufende Programm ausgeführt. Eine ähnliche Art der Vernetzung und Funktionsweise ist bei FF (Fieldbus Foundation) gegeben.

In den Anfängen konnte sich diese RPC-Technologie aus Komplexitätsgründen nicht im Markt durchsetzen. So wurde deshalb bis 2006 die PROFIBUS Systematik eingehalten wie auch bei FF, obwohl er weitaus mehr Möglichkeiten bot. Diese Technik der dezentralen Computerverteilung wurde bereits 1976 von James E. White publiziert.

Transportschicht (*Transportation Layer*)
UDP: User Datagram Protocol ist ein minimales, verbindungsloses Netzwerkprotokoll, das zur Transportschicht der Internetprotokollfamilie gehört. Siehe auch EtherNet/IP. UDP ermöglicht Echtzeit-Anwendungen für den Versand von Datagrammen in IP-basierten Rechnernetzen (siehe auch Abschn. 8.5).

Vermittlungsschicht: (Network *Layer*)
IPv6 oder IPv4 wird verwendet (siehe Abschn. 8.3 und 8.2).

Sicherungsschicht (Data Link Layer)

ARP: Address Resolution Protocol [27] ist ein Netzwerkprotokoll, das zu einer Netzwerk-Adresse der Internetschicht die physische Adresse der Netzzugangsschicht ermittelt. Die Zuordnung erfolgt in den sogenannten ARP-Tabellen, die in den beteiligten Rechnern hinterlegt sind.

SNMP: Simple Network Management [28] Protocol ist ein Netzwerkprotokoll, das Netzwerkelemente von einer zentralen Station aus überwachen und steuern kann.

DHCP: Dynamic Host Configuration Protocol [29] ist ein Kommunikationsprotokoll in der Computertechnik. Es ermöglicht die Zuweisung der Netzwerkkonfiguration an Clients durch einen Server.

VLAN: Virtual Local Area Network [30] ist ein logisches Teilnetzwerk innerhalb eines Switches bzw. eines gesamten physischen Netzwerks. Es kann sich dabei über mehrere Switches hinweg ausdehnen.

DCP: PROFINET Discovery and Configuration Protocol [31] ist die Schnittstelle zwischen dem PROFINET IO Controller und dem Engineering Tool. DCP ist obligatorisch für jedes Feldgerät.

MRP: Das Media Redundancy Protocol ist ein Protokoll für harte Echtzeitanforderungen, wie sie in kritischen Automatisierungsanwendungen benötigt werden. Die Verfügbarkeit wird durch Einfügen von Redundanz erhöht.

MRRT: PROFINET-Media Redundancy for RealTime benutzt PROFINET/RT als Transport-Protokoll (EtherType Codierung: 0xFF60) [32].

LLDP: Link Layer Discovery Protocol [33] wird an die spezielle MAC Adresse 01-80-C2-00-00-0E mit dem EtherType $= 0 \times 88CC$ gesendet.

Bitübertragungsschicht (Physical Layer)

Auf der Bitübertragungsschicht nutzt PROFINET den Ethernet II Frame von Abb. 8.3!

Für die Transportschicht wird i. d. R. aus Geschwindigkeitsgründen (100 Mbit/s) das Protokoll UDP verwendet. Außerdem kommt UDP aufgrund der kleinen Pakete die für den Echtzeitbetrieb zur Anwendung, da die Verbindungen kurz sind und die Nachteile von UDP deswegen nicht so zum Tragen kommen.

10.2.3 Technik des PROFINET

PROFINET IO (Input/Output) ist speziell für die Verbindung von dezentraler Peripherie an eine Steuerung (SPS) entwickelt worden. Ein PROFINET IO-System setzt sich wie folgt zusammen:

Die Struktur des PROFINET IO umfasst gemäß Abb. 10.3 folgende Geräteklassen:

- *IO-Controller:*
  In der Regel ist dies eine SPS, in der das Automatisierungsprogramm abläuft. (Verglichen mit PROFIBUS ist es ein Klasse-1-Masters).

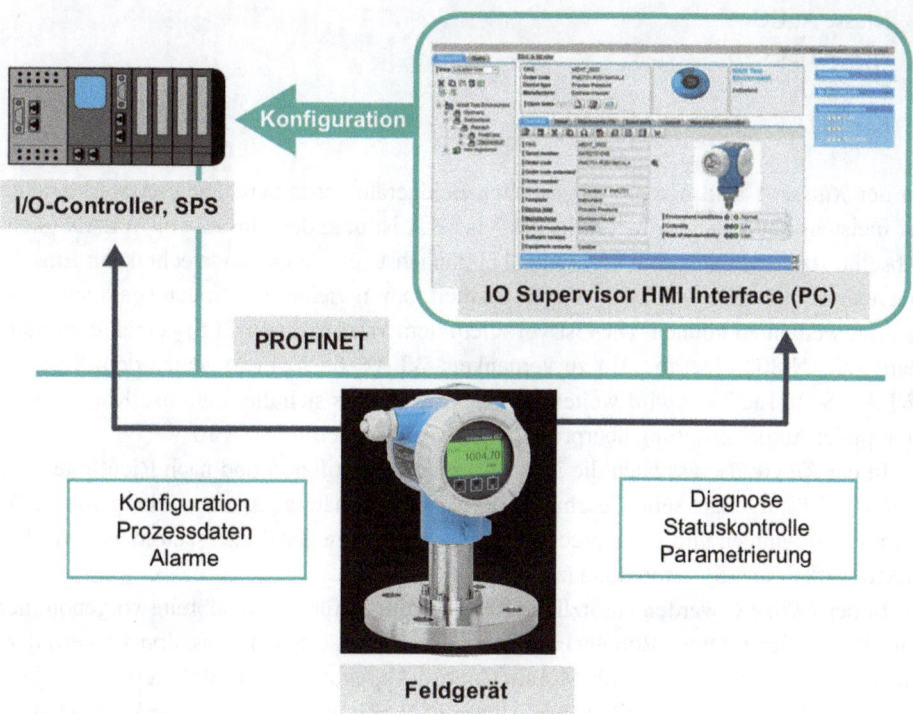

Abb. 10.3 Feldgerät und HMI – Funktion von PROFINET. (*Quelle* Endress+Hauser; Druckmessgerät, DTM für Druck (FDT))

- *IO-Supervisor* (z. B. Engineering Station oder PC):
  Dies ist ein Programmiergerät (PG) oder Human-Machine-Interface-Gerät (PC, HMI) für die Inbetriebsetzung und Diagnose der Feldgeräte.
- *IO-Device*:
  Ein IO-Device ist ein dezentral angeordnetes IO-Gerät, das über PROFINET IO angekoppelt wird. (Verglichen mit PROFIBUS ist das ein Slave)

Für die funktionale Sicherheit und Verfügbarkeit werden die Daten der PROFINET IO Controller und die IO-Devices in regelmäßigen Intervallen über das Hardware-Konfigurationstool im laufenden Betrieb aktualisiert.

Die Länge des Austauschintervalls bestimmt den Prozess. Einfachere Prozesse ermöglichen längere Intervalle als sicherheitsrelevante Anwendungen.

Als Daumenregel gilt, dass das Aktualisierungsintervall der IO Devices mindestens die Hälfte der SPS-Zykluszeit beträgt.

Die Anwendungen mit PROFINET IO sind in vier Konformitäts-Klassen [34] unterteilt:

- Klasse A: CC-A
- Klasse B: CC-B
- Klasse C: CC-C
- Klasse D: CC-D.

In der *Klasse A* sind nur die eingesetzten Feldgeräte zertifiziert. Die Netzwerkstruktur ist meistens herstellerzertifiziert. In der Klasse A ist u. a. der Einsatz von WLAN (siehe Abschn. 10.8) möglich. WLAN war dabei zunächst für die Gebäudetechnik im Einsatz, hat aber mittlerweile (seit 2013) die Robustheit, um in vielen Industrieanwendungen eingesetzt werden zu können. Dies ist vor allem dem WLAN 5 (Wi-Fi 5) gemäß dem Standard WLAN 802.11ac ab 2014 zu verdanken. WLAN 6 (Wi-Fi 6) gemäß dem Standard WLAN 802.11ac 2019 wird weiter dazu beitragen, dass sich die drahtlose Kommunikation in der Automatisierung überproportional verstärkt verbreiten wird.

In der *Klasse B* muss auch die Netzwerkstruktur zertifiziert und nach Richtlinien von PROFINET aufgebaut sein. Geschirmte Kabel werden häufig zur Vermeidung von EMV-Beeinträchtigungen und Übersprechen angewendet, da in der Prozessautomation erhöhte Verfügbarkeit und Systemredundanz gefordert ist.

In der *Klasse C* werden zusätzliche Reservierungen für die Bandbreite vorgenommen und Positioniersysteme (Roboter) realisiert. Eine präzise Synchronisation ist gefordert. Bevorzugt wird diese Klasse für Motion Control Applikationen mit Robotern.

In der *Klasse D* wird PROFINET über TSN (Time Sensitiv Networking) genutzt. Wichtig ist dieser Standard bei z. B. Echtzeitdatenströmen, die in Automobilen, in Flugzeugen oder in Industrieanlagen zur Steuerung verwendet werden.

Prinzipiell können in der Klasse D dieselben Funktionen wie bei Klasse C angewendet werden. Durch die Einführung des Requirement Service Interface (RSI) [35] kann die zyklische und azyklische Kommunikation auf der Ethernet-Sicherungsschicht stattfinden. Somit ist die Klasse D universell einsetzbar. Die Klassen B und D besitzen eine hohe Funktionalität von Systemredundanzen.

Klasse B, Klasse C und Klasse D erfordern die Zertifizierung für Controller, Devices und Netzwerkkomponenten.

Für die Automatisierungstechnik ist die Echtzeit-Kommunikation von besonderer Bedeutung: Zwischen IO Controller und IO Devices gibt es Record Data CR (Communication Relation) für den azyklischen Parametertransfer, IO Data CR für den zyklischen Datenaustausch sowie das ALARM CR für die Anzeige von Alarmen in Echtzeit.

Für den zyklischen Datenaustausch gibt es bei PROFINET ein kaskadierbares Real-Time-Konzept. Der zyklische Datenverkehr zwischen IO Controller, IO Device und Feldgerät benutzt für eine schnelle Verarbeitungszeit nur die MAC-Adressen und *keine* IP-Adressen!

Der azyklische Datenaustausch (Assetmanagement, FDT/DTM™) wird für Parametrierung, Konfiguration sowie der Diagnose verwendet.

Alarme sind azyklische Daten und werden wie die zyklischen Daten direkt über Ethernet übertragen.

10.2.4 Zusammenfassung PROFINET

Zusammenfassend zeigt Abb. 10.4 eine typische Netzwerk-Topologie für EtherNet/IP, PROFINET und PROFIBUS. Dabei besteht ein PROFINET IO System aus mindestens einem Controller mit einem oder mehreren Devices, an dem dann die Feldgeräte angeschlossen werden. Die IO-Supervisoren (Systemüberwachung) können zur Konfiguration und Diagnose temporär zugeschaltet werden. Mehrere Controller mit unterschiedlichen Device-Clustern können in einem IP-Netzwerk vorhanden sein.

PROFINET ist stark im Aufwärtstrend und löst PROFIBUS zunehmend ab. Ein weiterer Trend ist, dass durch Ethernet APL die Gateways entfallen werden und die Feldgeräte direkt an die SPS über APL-Switches angekoppelt werden (siehe Abschn. 9.3.3).

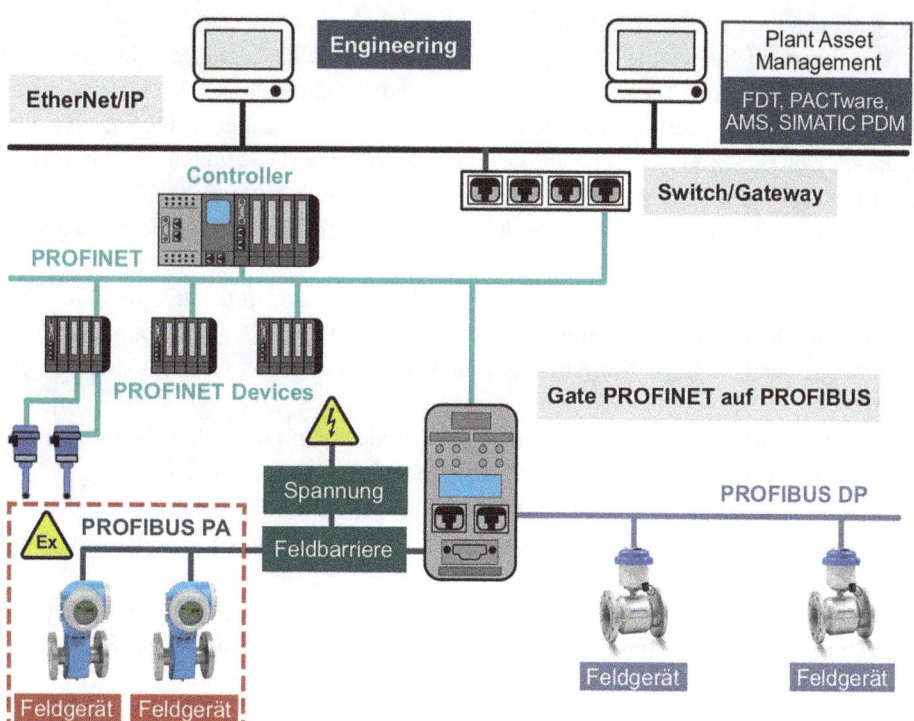

Abb. 10.4 Heute noch typische Vernetzungstopologie mit PROFINET/PROFIBUS Zukünftig kann Ethernet APL direkt mit den Feldgeräten verbunden werden. (*Quellen* der Durchflussgeräte Endress + Hauser (links: 2 × Promag P300 links), KROHNE (rechts: 2 × WATERFUX_3070_C_IP6))

10.3   EtherCAT

EtherCAT ist ebenfalls ein auf Ethernet basierender Echtzeit-Feldbus, der die Fabrik-automatisierung im Fokus hat. EtherCAT zielt hauptsächlich auf Fabrikautomation ab und ist nicht für explosionsgefährdete Umgebungen geeignet! EtherCAT ist in der An-wendungsschicht angesiedelt. Heute liegt der Anteil der EtherCAT Knoten bei ca. 11 %, d. h. es gibt mehr als 25 Mio. Feldbusknoten mit EtherCAT.

10.3.1 Geschichte EtherCAT

EtherCAT (Ethernet for Control Automation) ist ein von der Firma Beckhoff initiierter offener Echtzeit-Ethernet Feldbus und seit 2003 auf dem Markt [36, 37]. EtherCAT ist in der IEC 61158 standardisiert und ist für harte und weiche Echtzeitanforderungen [38, 39] geeignet.

Die EtherCAT Technology Group (ETG) [40] wurde 2003 gegründet. Sie bietet den Kunden Unterstützung bei Implementierungen und Schulungen an. Die ETG ist heute die wohl größte Nutzerorganisation hinsichtlich des industriellen Ethernets. Es sind heute nahezu alle Branchen der Fabrikautomation in der ETG vertreten. Sie optimieren das EtherCAT für anspruchsvolle Echtzeitanforderungen. Das von der ETG entwickelte CIT (Conformance Test Tool) stellt die Interoperabilität und Protokollkonformität der Et-herCAT Geräte sicher.

Seit 2005 ist EtherCAT in der Norm IEC 61158 integriert. In der IEC 61800-7 (An-triebsprofile und Antriebskommunikation) [41] ist EtherCAT als Kommunikations-technologie für CANopen-Antriebsprofile und SERCOS-Motion-Control Aufgaben ge-normt.

Seit 2007 ist EtherCAT SEMI- Standard von Bedeutung: Die E54.20 [37] beschreibt den Einsatz von EtherCAT in Halbleiter- und Flachdisplay-Produktionen.

Speziell Echtzeit-Steuerungen und Echtzeit-Regelungen mit hoher Datengüte und Synchronisation sind typische Applikationen für EtherCAT, sowohl in der Fabrik als auch für die Prozessautomation.

EtherCAT arbeitet nach dem Master Slave Prinzip und ermöglicht eine Vernetzung von der Feldebene bis hin zum MES-System. EtherCAT ist auch für Sicherheits-anwendungen (Safety Applications) entwickelt:

Safety over Ethernet (FSoE: Fail Safe over Ethernet) [42] ist seit 2010 in der IEC 61784-3-12 [43] genormt. EtherCAT erfüllt unter anderem auch SIL 3.

Über Gateways können z. B. DeviceNet, CANopen und PROFIBUS in EtherCAT in-tegriert werden.

2018 wurde auf der SPS IPC Drives Messe in Nürnberg das EtherCAT G (1Gbit/s) und das EtherCAT 10G (10 Gbit/s) vorgestellt.

Die Codierung im Ethernet Protokoll für den EtherType ist aus Tab. 8.1 ersichtlich: $0 \times 88A4$.

Heute ist das EtherCAT Automation Protocol (EAP) in der ETG.1005 genormt. Dadurch bietet EAP Dienste für die Kommunikation in der Leitebene und somit für eine vollständige Fabrikvernetzung, ähnlich wie PROFIBUS PA, PROFIBUS DP und PROFINET an.

Von 2003 bis heute zeigt Abb. 10.5 einige Komponenten und Produkte der echtzeitfähigen EtherCAT-Technologie der Beckhoff Automation GmbH & Co. KG.

Mittlerweile gibt es bei dem Unternehmen Beckhoff auch anreihbare Module im Klemmenformat für Ethernet-APL wie in Abb. 10.5 [III] gezeigt.

10.3.2 OSI Modell und EtherCAT

EtherCAT ist in der Anwendungsschicht 7 angesiedelt.

Der EtherCAT-Master wird als Software auf den Ethernet-MAC's (Media-Access-Control) implementiert. Per Herstellercode kann das Betriebssystem festgelegt werden unter dem der Master lauffähig ist.

Der besondere Unterschied des EtherCAT ist gegenüber dem Ethernet, dass die EtherCAT-Frames von den Slaves im Durchlauf verarbeitet werden; d. h. im Ethernet wird ein Frame sequenziell empfangen, dann ausgewertet und anschließend werden die Daten weiterkopiert. Beim EtherCAT entnehmen die Feldgeräte (Slaves) die für sie bestimmten Daten online und fügen diese auch wieder beim Durchlaufen des Protokolls online ein.

Das EtherCAT unterscheidet:

- Zyklische Übertragung von I/O-Daten
- Azyklische Übertragung von Bedarfsdaten (Parameter, Diagnosen, Geräteidentifikation, etc.)

Auch EtherCAT basiert auf dem OSI-Schichtenmodell, wie in Abb. 10.6 dargestellt.

Beim EtherCAT kommen die Schichten 3–6 des OSI Modells normalerweise nicht zur Anwendung. Der TCP/IP Stack ist für typische Feldgeräte nicht notwendig. Wenn eine Transportschicht notwendig sein sollte, dann kommt wie bei PROFINET das UDP Transportprotokoll zur Anwendung. Die Sicherungsschicht (Layer 2), Ethernet MAC (Medium Access Control) und die Bitübertragungsschicht (Layer 1) werden ohne Veränderungen übernommen. Die Applikationsschicht (Application Layer) ist komplett auf zyklischen Datenaustausch ausgelegt. EtherCAT ist somit für harte Echtzeitanwendungen besonders gut geeignet. EtherCAT hat wie PROFINET eine Übertragungsgeschwindigkeit von 100 Mbit/s, d. h. 100BASE-TX (Kupferkabel) und 100BASE-FX (Lichtwellenleiter):

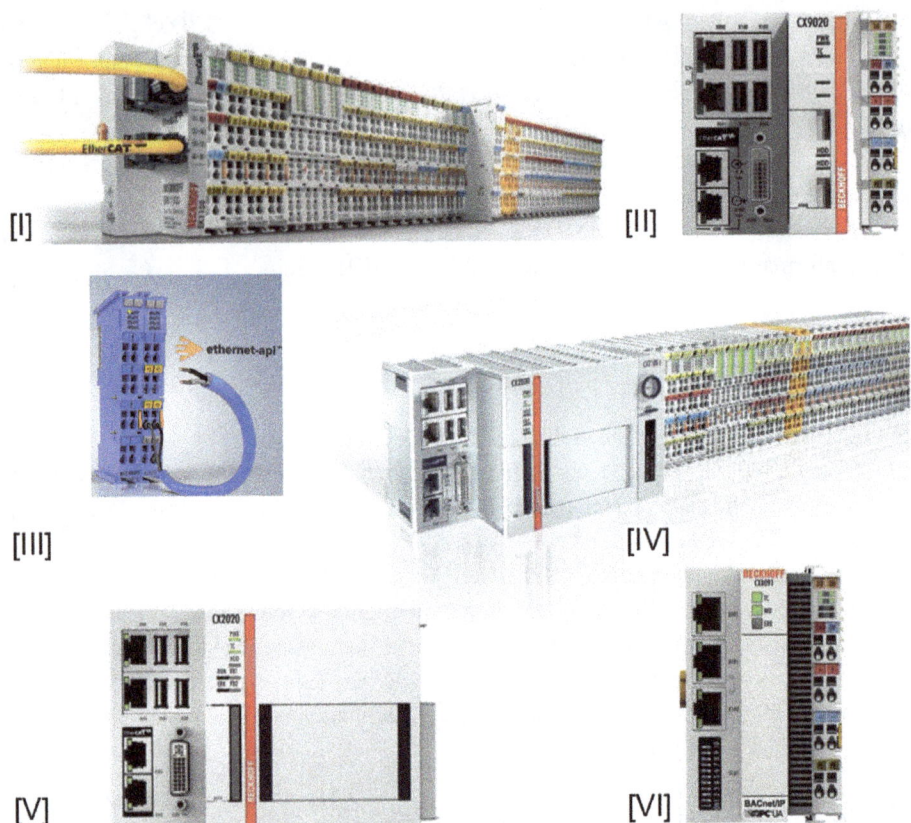

[I]

[II]

[III]

[IV]

[V]

[VI]

Abb. 10.5 Komponenten für die echtzeitfähige EtherCAT-Technologie. (*Quelle:* Beckhoff Automation GmbH & Co. KG). [I] EtherCAT-Koppler EK1100: Bindeglied zwischen dem EtherCAT-Protokoll auf Feldbusebene und den EtherCAT-Klemmen. Der Koppler setzt die Telegramme im Durchlauf von der Ethernet-100BASE-TX auf die E-Bus-Signaldarstellung um. [II] CX9020 ist eine kompakte, hutschienenmontierbare Ethernet-Steuerung mit 1-GHz-ARM-Cortex™-A8-CPU. Der Anschluss für die Beckhoff I/O-Systeme ist direkt im CPU-Modul integriert. [III] Die EtherCAT-Klemme ELX6233 erlaubt den direkten Anschluss Ethernet-APL-fähiger Feldgeräte aus den explosionsgefährdeten Bereichen der Zonen 0/20 und 1/21. Die Sensoren werden gemäß des Port-Profils SPAA (TS10186) versorgt und über PROFINET eingebunden. Durch die flexible EtherCAT-Systemarchitektur und dem ELX-Portfolio können Ethernet-APL-, HART- oder einfache digitale Signale in demselben Klemmenstrang eingebunden werden (siehe auch Abschn. 9.3.3). [IV] Das CX2030-CPU-Grundmodul mit Intel®-Core™-i7-dual-core-CPU 1,5 GHz Taktfrequenz kommt ohne Lüfter und rotierende Bauteile aus und bietet standardmäßig 2 GB (optional 4 GB) Arbeitsspeicher an. [V] Das CX2020-CPU-Grundmodul verfügt über eine Intel®-Celeron®-CPU mit 1,4 GHz Taktfrequenz. [VI] Der CX8091 ist eine Steuerung mit einem geswitchten Ethernet-Port. Es werden entweder das Protokoll BACnet oder das Protokoll OPC UA (siehe Abschn. 5.21) unterstützt.

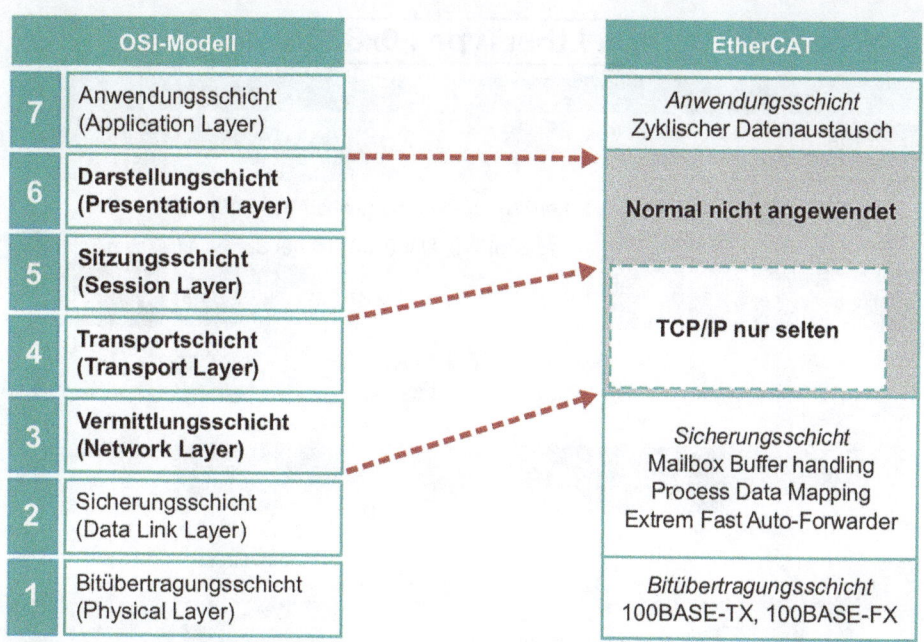

Abb. 10.6 OSI Modell und EtherCAT

10.3.3 EtherCAT-Frame

Der EtherCAT-Frame ist in Abb. 10.7 abgebildet und wird in seinen wesentlichen Merkmalen ausgeführt.

Ethernet Header

Der EtherCAT Frame unterteilt sich in Ziel-Adresse (6 Byte), Ursprungs-Adresse (6 Byte) sowie EtherType (2 Bytes- Codierung für die nächste Kommunikations-Ebene), in Summe 14 Byte.

Der darauffolgende Datenframe ist beim EtherCAT der Daten Header (2 Byte), gefolgt von den n x EtherCAT Datagrams oder Datenpaketen. Im Daten Header steht die Länge der folgenden n Datagrams in 11 Bit codiert, insbesondere der Type ist mit 4 Bit codiert. Dabei bedeutet die Codierung ‚= 1': EtherCAT Device Protokoll.

Jedes *EtherCAT Datagram* (1, 2…n) teilt sich wiederum auf in den Datagram Header (10 Bytes), in dem insbesondere die Slave-Adresse (4 Byte), die Länge der spez. EtherCAT Datagrams (11 Bits) und die Kennung, ob rotierende Daten (1 Bit) folgen und ob weitere Datagrams folgen (1 Bit).

Am Ende jeden Datagrams steht der Working Counter WKC (2 Byte), der die durchlaufenden Slaves zählt und im Master mit dem Sollwert nach jedem Durchlauf vergleicht. Sollten hier Unstimmigkeiten erkannt werden, stoppt die Übertragung.

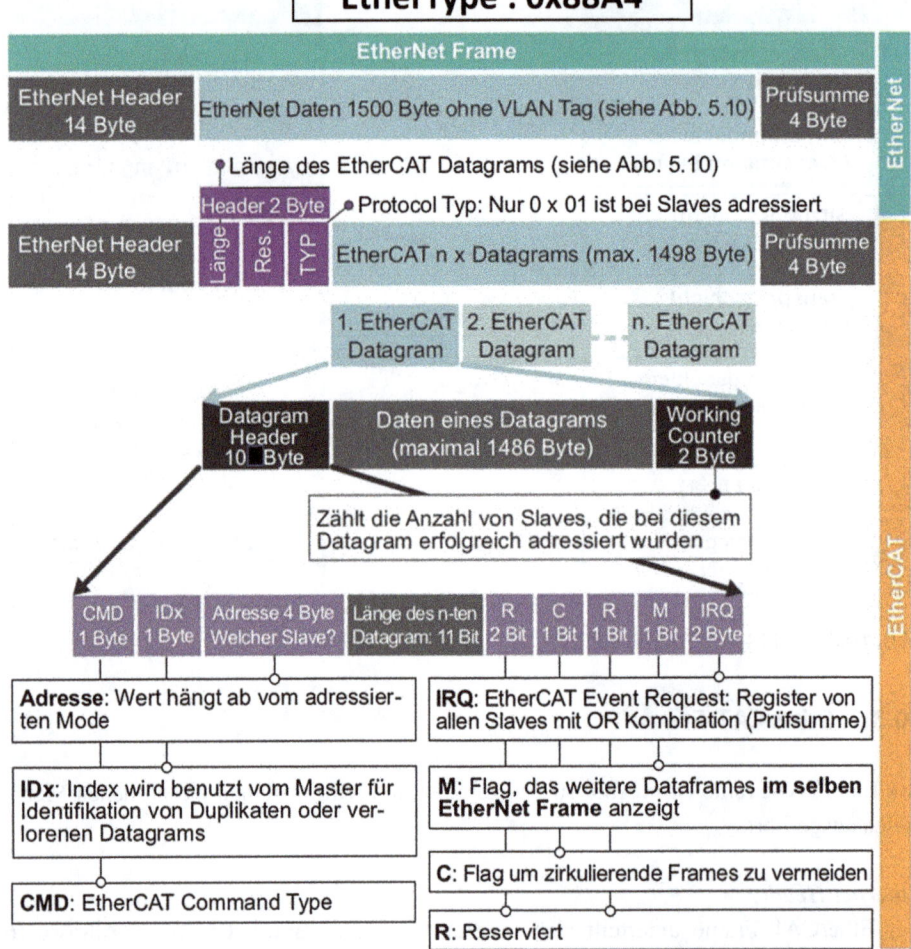

Abb. 10.7 Der EtherCAT-Frame [40]

Maximal stehen somit bei der Übertragung eines Frames 1486 Byte (maximale Anzahl für ein Datagram n = 1!) zur Verfügung. Je nach Anzahl der n übertragenen Datagrams reduziert sich diese Byteanzahl der einzelnen Datagrams entsprechend auf 1486 Byte/n.

10.3.4 Technik des EtherCAT

Die Systematik des EtherCAT's bedingt, dass für einen Slave hardwareintegrierte Ether-CAT-Slave Controller (ESC) notwendig sind. Heute sind die EtherCAT-Slave Controller als ASIC's [44] oder als FGPA's erhältlich. Seit 2012 gibt es Mikroprozessoren mit EtherCAT-Slave-Schnittstelle.

Einfache Geräte benötigen einen μ-Controller. Die Rechenleistung wird von den Slaves erbracht, somit auch das Mapping. Dies hat wiederum zur Folge, dass der CPU-Master nur wenige Anforderungen bezüglich Hardware und Software hat, da er das Prozessabbild bereits fertig sortiert bekommt.

Anwendungen, wie z. B. ‚CAN Applications over EtherCAT' (CoE) [45], benötigen einen Protokollstack, welcher das CoE implementiert hat. Im EtherCAT Product Guide [46] sind diverse EtherCAT-Slave-Stacks von unterschiedlichen Anbietern gelistet.

EtherCAT arbeitet im Vollduplex-Mode und ermöglicht alle Kombinationen der Zusammenschaltung. Die maximale Verbindungslänge beträgt 100 m zwischen zwei Feldgeräten. Lichtwellenleiter-Monofaser-Verbindungen können bis zu einer Länge von 20 km zwischen zwei Slaves eingesetzt werden.

Es können bis zu 65.535 Teilnehmer pro Netzwerksegment angeschlossen werden.

Für die Echtzeitanwendung wird die Synchronisation der verteilten Clocks durch die Master-Clock geregelt. Die Information der Master-Clock wird bei den Neben-Clocks laufzeitkompensiert <1 μs nachgeregelt. Weitere Leistungsdaten des EtherCAT sind Tab. 10.1 zu entnehmen:

Standard ISO 61800-7

EtherCAT ist in der IEC 61800-7 [47] für Antriebsprofile und Motion Control Aufgaben spezifiziert. Tab. 10.2 zeigt die Profileinteilung in grafischer Form.

Die Norm IEC 61800-7 ist die universelle Schnittstelle für Antriebe mit variabler Drehzahl und wird als ‚Generisches Interface und Benutzung von Profilen für Antriebssysteme' (engl.: ‚Generic Interface and use of profiles for power drive systems') definiert. In dieser Norm werden alle echtzeitfähigen Profile von Bussystemen kategorisiert und Netzwerk-Topologien zugewiesen. Tab. 10.2 zeigt in einer Zusammenfassung die generischen Schnittstellen und ihre Anwendungen für Antriebssysteme. Die IEC 61800-7 umfasst im Einzelnen die Profilspezifikationen für CIA 402 [48], CIPMotion [49], PROFIdrive [50, 51] und SERCOS [52].

Tab. 10.1 EtherCAT Leistungsdaten [40]

1 Feldbus Master Gateway je 1486 Byte (1486 Eingangs-/1480 Ausgangsdaten)	Update Zeit 150 μs
256 digitale I/O's	Update Zeit 10 μs
1000 digitale I/O's	Update Zeit 30 μs
200 analoge I/O's	Update Zeit 50 μs bei 20 kHz
100 Servoachsen, je 8 Bit Eingangs- und Ausgangsdaten	Update Zeit alle 100μs

Tab. 10.2 IEC 61800-7: Profileinteilung und Netzwerktechnologien [47]

	Profil Typ 1	Profil Typ 2	Profil Typ 3	Profilt Typ 4
IEC 61800-7-1- Interfaces und IEC 61800-200 Profil Spez.	CIA 402 [222]	CIP Motion [223]	PROFIdrive [224],[225]	SERCOS [226]
IEC 61800-7	CANopen	DeviceNet	PROFIBUS	SERCOS I+II
Zuweisung von Profilen zu Netzwerktechnik	EtherCAT	ControNet	PROFINET	SERRCOS III
	Ethernet POWERLINK	EtherNet/IP		EtherCAT

CIA [48]	CAN in Automation, Gruppe für CAN Feldbus	gegründet: 1992	ca. 700 Mitglieder
CIP motion [49]	Implementierung von CIP Motion on EtherNet/IP	Cisco systmes	76000 Mitarbeit. 51.9 MRD. US$
PROFIdrive [50,51]	PI: Geräteprofil für PROFINET und PROFIBUS /Antrieb (PROFIBUS International)	entwickelt 1990	
SERCOS [52]	Nutzerorganisation SERCOS International e. V.	seit 1990	ca 20 Firmen

Abb. 10.8 EtherCAT-ASIC ET1100 [53]. (*Quelle: Beckhoff Automation GmbH & Co. KG*)

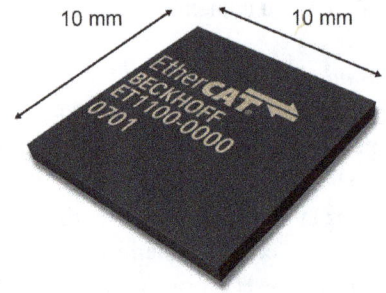

10.3.5 ASIC EtherCAT von Beckhoff

Abb. 10.8 zeigt das EtherCAT-ASIC ET1100 des Unternehmens Beckhoff.

Das ASIC ET1100 [53] ist eine Lösung für einen EtherCAT-Slave. Es ist hochperformant und echtzeitfähig, da es das EtherCAT-Protokoll in der Hardware bearbeitet, unabhängig von etwaigen nachgeschalteten Slave-µ-Controllern.

Der ASIC hat eine Größe von 10 mm × 10 mm und besitzt ein BGA128-Gehäuse (Ball Grid Array-Gehäuse, 128 Anschlüsse). BGA wird auch als Kugelgitteranordnung bezeichnet, bei der die Anschlüsse für die SMD-Bestückung kompakt auf der Unterseite des Bauelements liegen. Durch seine kompakte Bauweise benötigt der EtherCAT Chip nur wenig Platz auf der Platine. Allerdings ist für das BGA-Gehäuse in der Fertigung ein erhöhter Prüfaufwand notwendig.

Der ET1000-0000 besitzt ein 8 kByte DPRAM (Dual-Port-RAM) für den Zugriff auf Prozess- und Parameterdaten. Die Anzahl der Sync-Manager beträgt 8 ebenso wie die Anzahl der FMMUs (Fieldbus Memory Management Unit). Eine *FMMU* gehört zur Sicherungsschicht (Data Link Layer 2) und ist in jeder I/O-Klemme zu finden. Es gibt maximal 4 EtherCAT Ports. Als Prozessdaten-Interfaces stehen ein 32-Bit-Digital-I/O, ein Serielles Peripheres Interface (SPI: Serial Peripheral Interface) und eine 8-Bit-/16-Bit-µC-Schnittstelle zur Verfügung.

Das ASIC verfügt über ‚distributed Clocks' (64 Bit) mit einer hohen präzisen Synchronisation von <100 ns.

Der ASIC kann auch ohne µ-Controller arbeiten. In diesem Fall können bis zu 32 digitale Signale angeschlossen werden.

Die Betriebsspannung beträgt entweder 2,5 V, 3,3 V oder 5,0 V.

10.3.6 Zusammenfassung EtherCAT

Zum Abschluss dieses Abschnitts sei noch einmal in Abb. 10.9 eine typische Vernetzungsstruktur mit EtherCAT Vernetzungstopologie, wie sie heute in der Automatisierungspyramide üblicherweise vorkommt, gezeigt.

Persönlich habe ich mit EtherCAT bei meinem letzten Arbeitgeber Erfahrungen gesammelt: Ein Handling-System wurde mit einem Röntgenfluoreszenzmessgerät (XRAY) zur Schichtdickenmessung für die Halbleiterindustrie entwickelt. Dabei regelte die Beckhoff SPS mit EtherCAT das Datenhandling-System im Zusammenspiel mit dem XRAY-Messgerät (SPS-Feld). Die weiterführende Kommunikation zum MES-System wurde über ein Gateway mit ‚PROFINET' realisiert.

10.4   CC-Link

CC-Link IE TSN, als aktuelle Version von CC-Link [54], kombiniert Time-Sensitive Networking (TSN) mit Gigabit-Bandbreite. Ziel ist es offene, konvergente industrielle Ethernet-Architekturen zu schaffen. Mit der softwarebasierten Implementierung ermöglicht CC-Link IE TSN eine einfache Produktentwicklung und eine schnellere Markteinführung.

Folgende Punkte zeichnen das CC-Link IE TSN aus [54]:

* Einfachere Netzwerkarchitekturen/Maschinendesigns
* Mehr Prozesstransparenz und besseres Management
* Bessere Integration von IT-Systemen
* Schnelle Implementierung in die bestehenden Feld-Geräte

CC-Link IE TSN bietet diese Produktivitätsvorteile bereits, um Hersteller auf dem Weg zur Systemintegration in Industrie 4.0 und IIoT zu unterstützen.

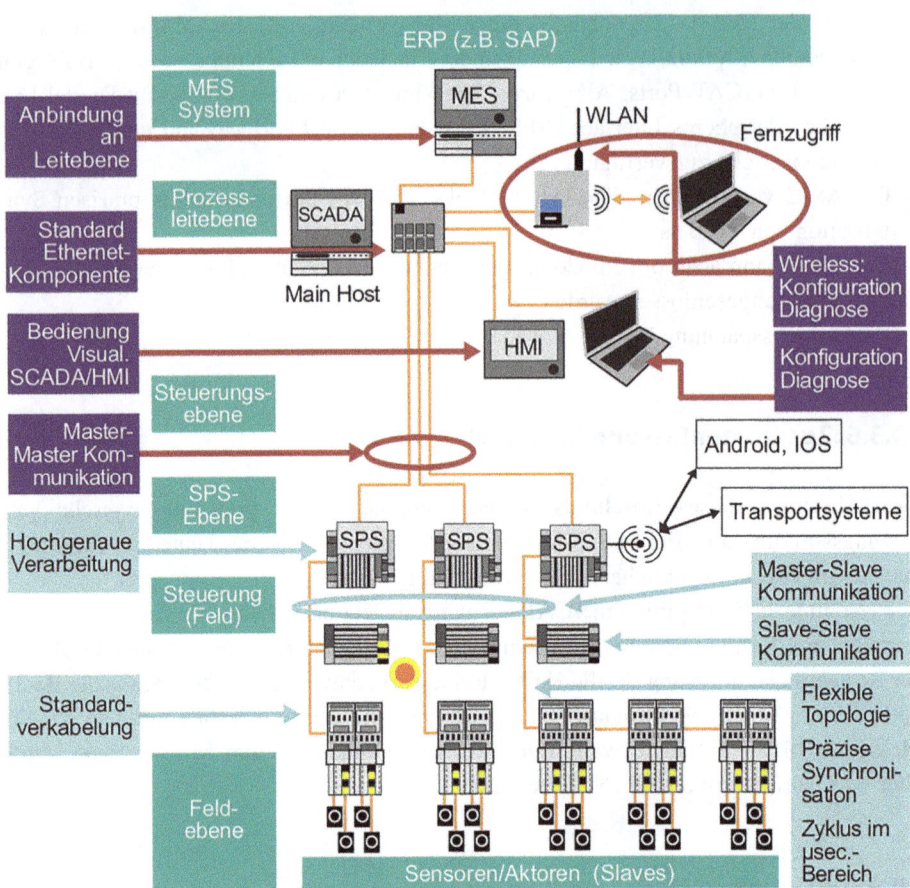

Abb. 10.9 Typische Vernetzungstopologie mit EtherCAT. (*Quelle* Beckhoff Automation GmbH & Co. KG)

CC-Link IE TSN und CC-Link als ursprüngliche Version sind mit 1 Gbit/s Datenübertragungsrate ein Echtzeit-Feldbus und basiert ebenfalls auf der Ethernet Technologie. CC-Link wird hauptsächlich in den fernöstlichen Ländern eingesetzt. Stand 2019 existierten ca. 2–3 % CC-Link Feldbus Knoten (Abb. 7.1).

CC-Link ist stark im asiatischen Raum vertreten.

10.4.1 CC-Link Geschichte

Persönlich bin ich in China 2018 zum ersten Mal dem Feldbus CC-Link begegnet bei einer Anwendung der Kommunikation zwischen Mitsubishi- SPS zu Montagerobotern.

Der CC-Link wurde in 1997 von Mitsubishi Electric Corporation zunächst proprietär entwickelt [55].

Durch massives Drängen der Anwenderfirmen legte Mitsubishi schließlich den Bus im Jahr 2000 als Standard offen. Ebenso wurde im Jahr 2000 die CLPA (CC-Link Partner Association) [56] gegründet, welche den Feldbus betreut und die CC-Link Mitglieder (Tab. 10.3) unterstützt.

Seit dieser Zeit gewann der CC-Link Feldbus hauptsächlich im japanischen und asiatischen Raum sowie Südostasien (SEA-Raum) an Bedeutung.

CC-Link hat die entsprechenden Zertifizierungen für diese Regionen. Er ist in der Norm IEC 61158 und Norm IEC 61784 standardisiert.

Im Jahr 2021 sind mittlerweile mehr als 15 Mio. Knoten [57] weltweit im Einsatz. Ungefähr die Hälfte davon ist CC-Link Industrial Ethernet (CC-Link IE).

In China kommt CC-Link IE sehr oft in der Halbleiterindustrie (normiert im Standard SEMI E54.12 [58]) vor. Hier ist CC-Link als China National Standard Nummer GB/T 1976 und als Information Communication Field Network CC-Link Standard sowie in der Gebäudeautomomatisierung zertifiziert.

In Korea ist er als Standard Korean national Standard KSBISO15745-5 [59] eingeführt und in Taiwan ist CC-Link als Taiwan National Standard CNS 1525X6068 [60] standardisiert. Generell kommt er häufig in Netzwerk-Topologien mit der Mitsubishi PLC (SPS) vor.

Zwar ist er in Europa immer noch nicht so populär wie in China, Japan und SEA, aber immerhin gibt es mittlerweile von europäischen Herstellern mehr als 1200 CC-Link-Komponenten in der Automatisierungstechnik.

10.4.2 OSI Modell und CC-Link

Auch CC-Link wurdet auf Basis des OSI Modells entwickelt. Den Bezug des CC-Link zum OSI Modell zeigt Abb. 10.10.

Für die Bitübertragungsschicht und Sicherungsschicht wird das Ethernet-Protokoll, sowie das TSN (Time Sensitive Networking) verwendet.

Die Schichten 4–7 des OSI Modells sind zusammengefasst für die zyklische Echtzeitübertragung und das Datenmanagement. Bei CC-Link IE TSN wird oftmals kein Internet eingesetzt. Der CC-Link dient lediglich als schneller Realtime-Bus zwischen Controller

Tab. 10.3 Einige bedeutende CC-Link Mitglieder

ANALOG DEVICES	HMS
CKD	MITSUBISHI ELECTRIC
FESTO	molex
hilseher	RENESAS
Hirschmann (Belden)	SECURITY MATTER

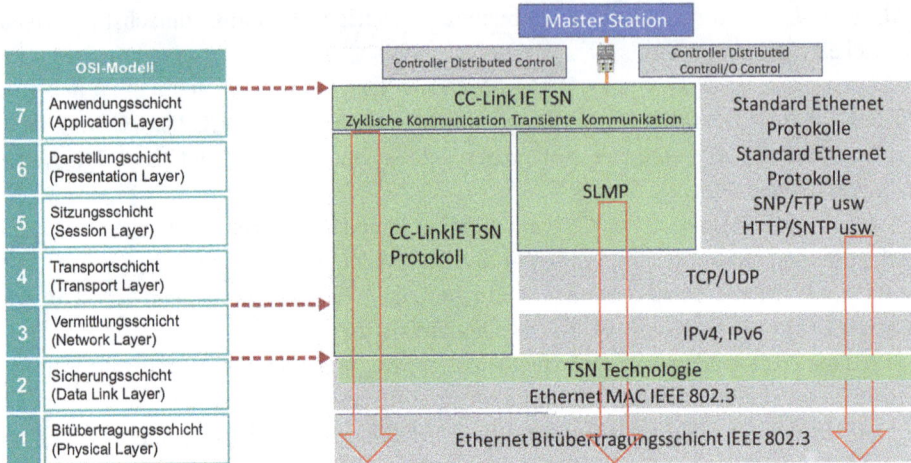

Abb. 10.10   OSI Modell und CC-Link mit Ethernet und gemeinsamer TSN

und Feldkomponenten. Das Seamless Message Protocol (SLMP) ermöglicht eine naht-
lose Datenkommunikation zwischen Ethernet und CC-Link IE. Die SLMP Produktentwicklung benötigt nur Softwareentwicklung, da das SLMP eine einfache Client-Server-
Kommunikation nutzt [61].

Time-Sensitive Networking (TSN) ist eine ethernetbasierte Technik, die aus Audio
Video Bridging (AVB) hervorgegangen ist. TSN weist sich durch eine sehr geringe
Latenzzeit und eine hohe Verfügbarkeit aus. Die Arbeitsgruppe 802.1, die sich mit Time-
Sensitive Networking befasst, hat rund um die TSN-Standards mehrere Protokolle für die
Echtzeit-Übertragung über Ethernet entwickelt, wie das Stream Reservation Protocol (
SRP) oder das Forwarding and Queuing for Time-Sensitive Streams [62].

10.4.3 Der CC-Link Frame

Abb. 10.11 zeigt den Datenframe des CC-Link und erklärt dessen Funktionsweise [63].
Das CC-Link IE (Industrial Ethernet) Field-Netzwerk bietet drei Kommunikationsarten:

- Senden und Empfangen von Datenrahmen für zyklische Übertragung
- Senden und Empfangen von Datenrahmen für transiente Übertragung
- Senden und Empfangen von Datenrahmen, die zur Steuerung der Übertragung ver-
  wendet werden können

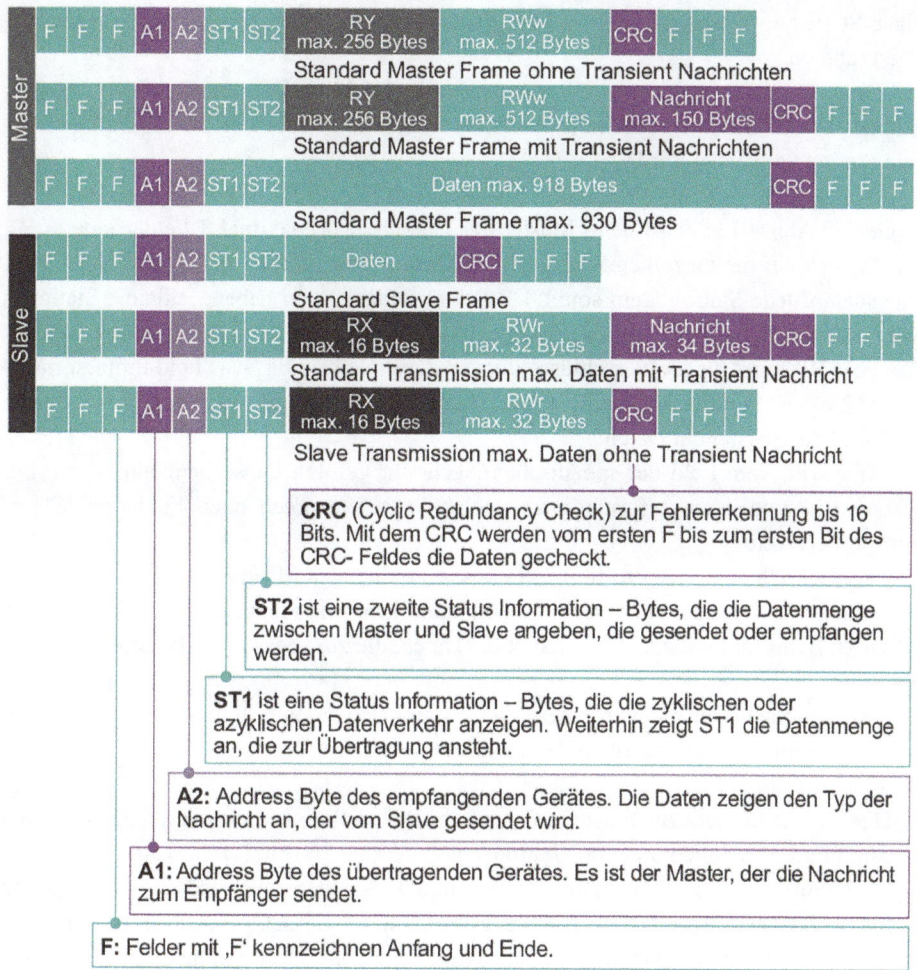

Abb. 10.11 CC-Link Frame [63]

Die zyklische Übertragung ist die periodische Kommunikation zwischen der Master Station und *allen* Slave-Stationen. Die Slaves senden nur zyklische Daten, wenn sie vom Master dazu aufgefordert werden.

Die transiente Übertragung ist eine Funktion, die eine azyklische Kommunikation nur dann ausführt, wenn eine Anforderung zwischen den Stationen besteht.

Es sind die beiden Fälle ‚Nachrichten vom Master an die Slaves' und ‚Nachrichten vom Slave an den Master' zu unterscheiden:

Die Übertragung der Daten findet entsprechend Abb. 10.11 wie folgt statt:

Die Master-Station sendet Wort-Daten (RWw) und Bit-Daten (RY) in zyklischen RWw bzw. RY-Datenrahmen an die Slaves. Zusätzlich empfängt der Master von den

Slave-Stationen Wortdaten (RWr) und Bitdaten (RX) in zyklischen RWr- und RX-Datenrahmen.

Falls eine Slave-Station mit einer anderen Slave-Station Daten austauschen möchte, benutzt die Slave-Station die transiente Kommunikation, wobei in diesem Fall eine lokale Station verwendet wird.

Etwas detaillierter zum Protokoll:

Gemäß Abb. 10.11 wird beim Master das Datenfeld in maximal 3 Felder geteilt: RY bezieht sich auf die einzelnen Stationen des Masters und umfasst bis zu 256 Bytes Ausgangsdaten. Jede Station kann somit 4 Bytes für Nachrichten haben. Falls die Stationen mehr Infos benötigen, können 4 Stationen zu einer Station zusammengefasst werden. Das Feld RWw ist für die Verschlüsselung der Daten zuständig. Das Feld umfasst maximal 512 Bytes. Somit können jedem Gerät bis zu 8 Bytes zugewiesen werden. Das dritte Feld sind die transienten Daten.

RWw wird vom Feld der spezifischen Nachricht gefolgt. Diese beinhaltet die zyklischen und azyklischen Informationen, welche zum entsprechenden Feldgerät (Slave) transportiert werden.

Der Nachrichtenaufbau des Slave-Frames ist ähnlich den Master-Frames.

Anfangs- und Enddaten zwischen Master und Slave sind identisch. Das RX Feld kann bis zu 16 Bytes umfassen und beinhaltet die Daten, die zum Master zurückgemeldet werden.

Falls die Nachricht nur von einem Gerät stammt, werden lediglich 4 Bytes benutzt. Sind wiederum 4 Geräte zu einem Gerät zusammengefasst, so werden die 16 Bytes komplett benutzt.

Das RWr-Feld dient zur Entschlüsselung der Daten. RWr kann maximal 32 Bytes von lesbaren Daten enthalten und eine Station kann maximal 16 Bytes umfassen.

Im Falle des CC-Link ist sehr gut ersichtlich, welchen Aufwand die Entwicklung eines durchdachten Protokolls erfordert. Insbesondere beim CC-Link Protokoll (Frame) zeigt sich, wie ein leistungsfähiges Protokoll, das dennoch gegenüber vielen anderen Protokollen einfacher ist, die Übertragungsgeschwindigkeiten immens steigern kann.

Zusammenfassend ist der CC-Link-Datenrahmen sehr effizient: Die Standarddatenlänge des Frames beträgt 930 Byte. Es können bis zu 918 Bytes der 930 Bytes verwendet werden. Dadurch kann der CC-Link-Datenrahmen ein Effizienzverhältnis von 98 % erreichen!

Weitere detailliertere Informationen sind in der Literatur [64] nachzulesen.

10.4.4 Technik des CC-Link

Mittlerweile gibt es CC-Link in verschiedenen Formaten wie z. B. CC-Link T (**Repeater; passive T-Verzweigung**), CC-Link-Safety und CC-Link IE und CC-Link IE TSN [65], der am häufigsten in Europa in der Automatisierung eingesetzt wird.

Das Netzwerk ist kompatibel mit Robotern, Antrieben, Ventilen, analogen und digitalen I/O-Modulen, Temperatur- und Durchflussmessern sowie Füllstands-Controllern.

Die nach meiner Erfahrung in der Automatisierungstechnik am meisten eingesetzten Protokolle sind CC-Link IE in den Ausprägungen CC-Link IE Control und CC-Link IE Field und jetzt auch CC-Link IE TSN.

CC-Link IE Control ist dabei ein zweifach redundantes 1 Gbit/s Glasfaser (LWL) oder ein Ethernet-basiertes Netzwerk. Dabei kann ein Netzwerk bis zu 120 Geräte (1 Master und 119 Slaves) umfassen. Die Distanz zwischen den Geräten kann bis zu 550 m betragen und das Netzwerk ist komplett deterministisch.

Der CC-Link IE TSN Field ist ein auf 1 Gbit/s basierendes Echtzeit-Ethernet Netzwerk mit der Ethernet Bitübertragungsschicht und mindestens CAT 5-Kabeln sowie doppelt geschirmten Kabeln. Zwischen den Geräten (Master und Slaves) ist eine Entfernung bis zu 100 m möglich.

Kommt CC-Link-Safety hinzu, so ist die maximale Übertragungsgeschwindigkeit auf 10 Mbit/s begrenzt.

CC-Link-Safety [66] ist unter IEC 61508 für SIL 3 ausgelegt (siehe Abschn. 6.3.7) [67]. Eine typische Anwendung von CC-Link-Safety ist die Steuerung von Robotern.

CC-Link kommt in der Automatisierung schwerpunktmäßig in der Fabrikautomation (Automotive, Halbleiter, usw.) zur Anwendung.

Der Vorteil von CC-Link ist mit 1 Gbit/s seine mit TSN hohe synchronierte Informationsübertragungsrate.

10.4.5 Beispiel einer CC-Link-Safety Anwendung

Zum Abschluss sei als Beispiel einer Systemintegration in Abb. 10.12 eine typische CC-Link IE Anwendung einer Roboter-Vernetzung mit CC-Link-Safety gezeigt.

CC-Link ist mit 1 Gbit/s Datenübertragungsrate ein Echtzeit-Feldbus und basiert auf dem Ethernet.

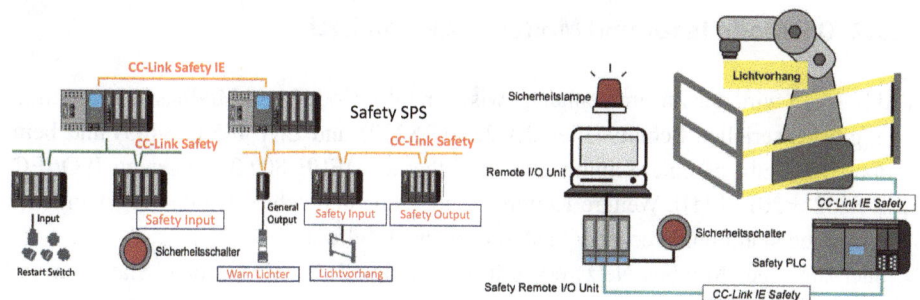

Abb. 10.12 Typische CC-Link-Safety Anwendung [66]

10.5   Modbus TCP

Ein weiterer Feldbus ist der Modbus TCP/RTU, der sich in der Automatisierung etabliert hat. Der Feldbus ist er sehr kostengünstig und leicht zu implementieren [68].

Der Modbus ist durch seine Client–Server-Struktur für seine einfache Kommunikation zwischen Master- und Slave-Geräten bekannt. Der Anteil von Modbus TCP in der Feldbusverteilung beträgt ca. 5 %, von Modbus RTU liegt der Anteil dahingegen bei nur ca.2 %–3 % (Abb. 7.1). Weiterhin gibt es noch den Modbus ASCII, der aber in der Automatisierung eine untergeordnete Rolle hat.

10.5.1 Geschichte Modbus

Ursprünglich begann die Firma Gould-Modicon bereits 1979 (!) [69] mit der Entwicklung des Modbus. Das Ziel war, Verbindungen zwischen Sensoren und mehreren speicherprogrammierbaren Steuerungen (SPS) herzustellen, oder verschiedene SPS miteinander zu verbinden.

Somit zählt der Modbus mit seiner Master-Slave- oder Server-Client-Architektur zu den ältesten Feldbussen in der Automatisierungstechnik.

2007 wurde der Modbus TCP [70] von der ISO standardisiert und Teil der Norm IEC 61158.

In diesem Zeitraum hat sich auch der Modbus RTU [71] in der Automatisierungsindustrie zunehmend verbreitet.

Der wichtigste Punkt und wohl auch der Grund für seine schnelle Ausbreitung war, dass es sich bei Modbus um ein offenes Protokoll mit einfacher Implementierung handelte.

Seit 2018 gibt es auch ein Modbus TCP Security Protocol [72]. Dieses Protokoll benutzt digitale Zertifikate zur Authentifizierung. Das Protokoll wird in der Modbus TCP Security Protocol-Specification beschrieben. Damit wird den immer größeren Anforderungen an die Sicherheit Rechnung getragen.

10.5.2 OSI Modelle für und Modbus TCP und RTU

In Abb. 10.13 wird der Zusammenhang zwischen OSI Modell und Modbus [73] gezeigt.

Es gibt es seriellen Schnittstelle EIA-232 (RS232) und EIA 485 (RS485) und beim Modbus TCP gibt es eine Schnittstelle für Ethernet (IEEE 802.3 oder auch ISO/IEC/IEEE 8802-3:2017 [74]). Weitere Kommunikationsmedien neben den kupfergebundenen Schnittstellen sind Funkstrecken, Glasfasern oder Mobilfunk.

Innerhalb eines Modbus Netzwerkes fragt prinzipiell der Master den ‚Slave' an und dieser gibt eine Antwort.

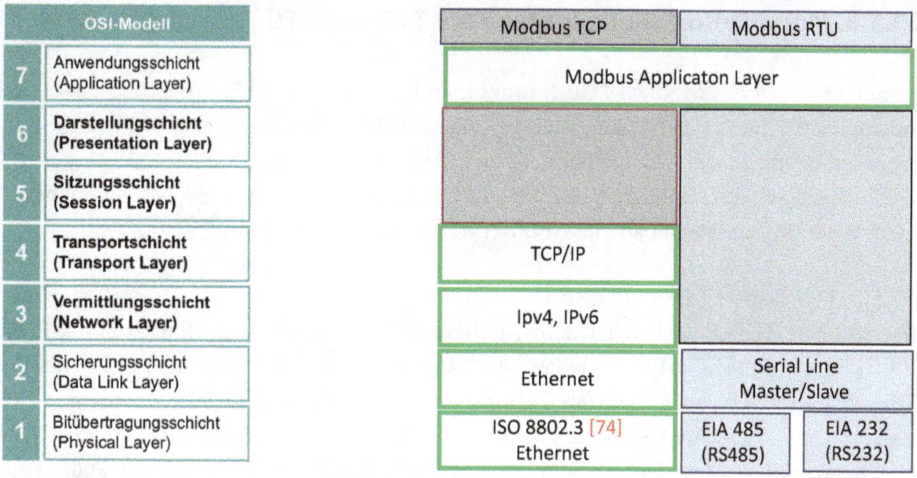

OSI-Modell		Modbus TCP	Modbus RTU
7	Anwendungsschicht (Application Layer)	Modbus Applicaton Layer	
6	Darstellungsschicht (Presentation Layer)		
5	Sitzungsschicht (Session Layer)		
4	Transportschicht (Transport Layer)	TCP/IP	
3	Vermittlungsschicht (Network Layer)	Ipv4, IPv6	
2	Sicherungsschicht (Data Link Layer)	Ethernet	Serial Line Master/Slave
1	Bitübertragungsschicht (Physical Layer)	ISO 8802.3 [74] Ethernet	EIA 485 (RS485) · EIA 232 (RS232)

Abb. 10.13 OSI Modell und Modbus TCP – Modbus RTU

Gemäß ISO/IEC/IEEE 8802-3:2017 [74] wird das Ethernet Local Area, der Access und das Metropolitan Area Network definiert. Das Ethernet hat die üblichen Übertragungsgeschwindigkeiten von 10 Mbit/s und 100 Mbit/s; und verwendet eine gemeinsame MAC-Spezifikation (Media Access Control) sowie eine Verwaltungsinformationsdatenbank (MIB; Management Information Base). Das MAC-Protokoll Carrier Sense Multiple Access with Collision Detection (CSMA/CD) spezifiziert den Betrieb mit gemeinsam genutztem Medium für Halbduplex- sowie den Vollduplexbetrieb. Die geschwindigkeitsspezifischen, medienunabhängigen Schnittstellen bieten eine optionale Implementierungsschnittstelle für ausgewählte Physical Layer Verbindungen (PHY). Die physikalische Schicht kodiert Frames für die Übertragung und dekodiert empfangene Frames mit der Modulation, die für die Betriebsgeschwindigkeit, das Übertragungsmedium und die unterstützte Verbindungslänge spezifiziert ist. Zu den weiteren spezifizierten Funktionen gehören: Steuerungs- und Verwaltungsprotokolle sowie die Bereitstellung von Strom über ausgewählte Twisted-Pair-PHY-Typen.

Das Modbus Protokoll ist in der Anwendungsschicht (Application Layer 7) des OSI Modell implementiert. Es bietet eine Client-/Server-Kommunikation [74] zwischen verschiedenen Geräten, die über verschiedene Busse oder Netzwerke verbunden sind.

Das Modbus TCP. und Modbus RTU-Protokoll definiert ein Verfahren für den Austausch von Nachrichten in Echtzeit und ist unabhängig von den darunter liegenden physikalischen Schichten.

Es gibt zwei Schnittstellenarten in der Bitübertragungsschicht: Beim Modbus RTU.

10.5.3 Modbus-Protokolle für Modbus TCP und RTU

Abb. 10.14 zeigt das Modbus TCP-Protokoll und das Modbus RTU-Protokoll. Diese sind die am häufigsten in der Automatisierung angewendeten Protokolle. Das Modbus ASCII-Protokoll ist mir in der Automatisierung nicht bekannt.

Die Adresse ‚0' (Funktion-Byte) fällt in beiden Systemen einer Broadcast Nachricht zu, d. h. der Master sendet an alle Netzwerkteilnehmer (Feldgeräte).

10.5.3.1 Modbus TCP Protokoll

Das Modbus TCP Protokoll ist dem Modbus RTU Protokoll sehr ähnlich und ist seit 2007 in der Norm IEC 61158 standardisiert. In der IEC 61784-2 ist er als Feldbusfamilie CPF 15/V1 referenziert (siehe Tab. 7.2). Beide sind für Master/Slave Anwendungen entwickelt. Der Unterschied Zwischen TCP und RTU ist, dass TCP/IP Pakete (siehe Ethernet) verwendet werden. Der TCP 502 Port erlaubt den Zugriff von Internet und ist für Modbus reserviert [75].

Die TCP-Nachricht beginnt mit einer 2-Byte großen Transaktionsnummer. Darauf folgt das Protokollzeichen (0×0000) und die Zahl der folgenden Bytes (2 Byte). Danach folgen die Zieladresse und der Funktionscode, je ein Byte. Am Schluss folgen die n Daten. Es erfolgt keine Checksummenberechnung, was die Implementierung einfach macht. Die Daten werden binär übertragen.

Beim Modbus-Protokoll wird ebenfalls die UART-Codierung [77] verwendet, wobei in Abhängigkeit der Stopbits und dem Vorhandensein eines Paritätsbits die Wortlänge 10–12 Bits sein kann.

10.5.3.2 Modbus RTU-Protokoll

In der Automatisierung nimmt mittlerweile das RTU-Protokoll ab [71, 76] und Modbus TCP ist stark zunehmend aufgrund seine Ethernetstruktu

Das Modbus RTU-Protokoll basiert ebenfalls auf einer Master-Slave-Architektur, die als auch als Client-Server-Verbindung bezeichnet wird. RTU steht für ‚Remote Terminal Unit'.

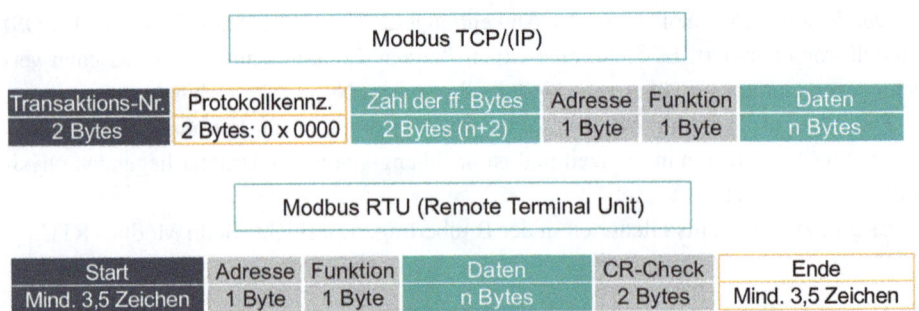

Abb. 10.14 Modbus TCP Protokoll und Modbus RTU Protokoll

Der Master kann z. B. ein PC sein, von dem mehrere Modbus RTU-Slaves bedient werden können.

10.5.4 Zusammenfassung Modbus

Meine Erfahrungen mit Modbus RTU beruhen auf den Entwicklungen von Memosens (2000–2007 bei der Firma Endress+Hauser) sowie auf der Entwicklung eines Membran-Chlorsensors mit Messwertumformer für eine kleines Unternehmen der Messtechnik.

Bei Memosens wurde die Information bidirektional vom Messwertumformer zum Sensor übertragen. Das Messwertumformer-Sensor System war ein Vierleitersystem, 2 Leitungen für die Energieversorgung und 2 Leitungen für das Modbus-Protokoll.

Beide Entwicklungen hatten den Vorteil der Benutzung eines offen Feldbusprotokolls.

Beide Projekte basierten auf dem Modbus RTU-Protokoll mit der EIA 485 Schnittstelle.

Heute ist Modbus TCP der stärker wachsende Modbus gegenüber Modbus RTU. Einer der wesentlichen Gründe ist seine Durchgängigkeit bezüglich des Ethernets.

10.6   IO-Link

Der IO-Link [78] ist ein Kommunikationssystem in der Fabrikautomation für die Feld- und Kontrollebene zur Anbindung intelligenter Sensoren und Aktoren an Automatisierungssysteme [79]. IO-Link ist als offener Standard in der Norm IEC 61131-9 unter SDCI (Single-drop Digital Communication Interface technology for small sensors and actuators) [80] standardisiert. Es ist sowohl die Hardware als auch das Protokoll standardisiert.

10.6.1 Geschichte IO-Link

Entwickelt wurde IO-Link im Jahr 2009. IO-Link ist ein sehr einfacher Feld und hat pro Frame eine übertragbare Nutzinformation von nur 4 Bytes [81].

Populär wurde der IO-Link im November 2014 auf der Messe SPS-IPC in Nürnberg. Zu diesem Zeitpunkt existierten, 5 Jahre nach Erscheinen auf dem Markt, bereits mehr als 2.2 Mio. IO-Link Knoten [82].

Viele Firmen wie beispielsweise ifm, Wago, Turck, Balluff, Pepperl+Fuchs, Sick stellten in 2014 den IO-Link als das neue ‚Non-plus-Ultra' in der Automatisierung vor.

Oftmals wurde zu diesem Zeitpunkt der IO-Link auch als Industrie 4.0 bezeichnet

Ab dieser Messe gelang in Europa der Durchbruch des IO-Links:

2019 waren bereits 11,4 Mio. IO-Link Knoten im Markt [82].

Im Sinne von Industrie 4.0 ist der IO-Link die notwendige Verbesserung der Daten-verbindung zwischen Produktion (Sensoren und SPS) und IT-System (SCADA-/MES-System).

In meinen Augen ist IO-Link die erste weltweite Standardisierung der I/O-Techno-logie, um mit Sensoren und Aktoren einfach zu kommunizieren – eine Evolution, deren Entwicklung vor Industrie 4.0 stattfand.

10.6.2 Technik des IO-Link und Spezifikationen

Sämtliche IO-Link Spezifikationen [78] und technische Randbedingungen stehen auf der Webseite der IO-Link Community im Download-Bereich kostenlos zur Verfügung.

Die Konformität der Implementierung eines Masters oder Devices gemäß IO-Link-bzw. SDCI-Standards (Software-Defined Cloud Interconnect) erklärt der Hersteller durch seine Unterschrift auf einer Herstellererklärung.

Die nötigen Voraussetzungen hierfür hat die IO-Link Community durch eine IO-Link Testspezifikation und durch die Verfügbarkeit von Master- und Device-Testern ge-schaffen.

Es gibt einige Kompetenzzentren zur Entwicklungsunterstützung von IO-Link. Deren Aufgabe ist es, bei der Entwicklung von IO-Link-Geräten beratend als auch entwickelnd tätig zu werden.

Die Herstellererklärung ist seit dem 1. Juli 2011 für alle Geräte verpflichtend, die ab diesem Zeitpunkt in Umlauf gebracht wurden. Bei der Implementierung des IO-Link in Feldgeräte ist die Policy der ‚IO-Link Community' zu beachten.

Ein IO-Link-System besteht gemäß Abb. 10.15 aus einem IO-Link Master und einem oder mehreren IO-Link Geräten, den Sensoren und Aktoren, aber auch weiteren unter-geordneten IO-Link Mastern.

Der IO-Link Master ist die Schnittstelle (Interface) zur SPS [83, 84, 85] (Ebene 2 in der Automatisierungspyramide). Der Master steuert die Kommunikation mit den an-geschlossenen IO-Link Geräten.

Die Punkt-zu-Punkt-Kommunikation des IO-Link ist eine 24 V Technologie zwischen Sensoren zum IO Master. Sie basiert dabei auf dem lange im Einsatz befindlichen 3-Lei-ter Sensor-Aktor-Anschluss ohne zusätzliche Anforderungen an das Kabelmaterial.

Die 24 V IO-Link Technologie basiert auf der IEC 61131-2 [86]:

Die Signalpegel „0" (0 V) bzw. „1" (24 V) zeigen traditionell das Über- oder Unter-schreiten eines Schwellenwertes an. Dieser Betrieb wird als „Schalt-Modus" (SIO) be-zeichnet. Bei IO-Link kann dieses Schalten (0/1) rasch hintereinander und codiert durch-geführt werden. Die Codierung und die daraus folgenden Rahmen und Datenpakete sind im IO-Link Protokoll festgelegt. Das Umschalten vom „Schalt-Modus" (IO-Link SIO) in den „Datenpaket-Modus"" geschieht durch einen vom Master ausgelösten „Wake-up"-Vorgang.

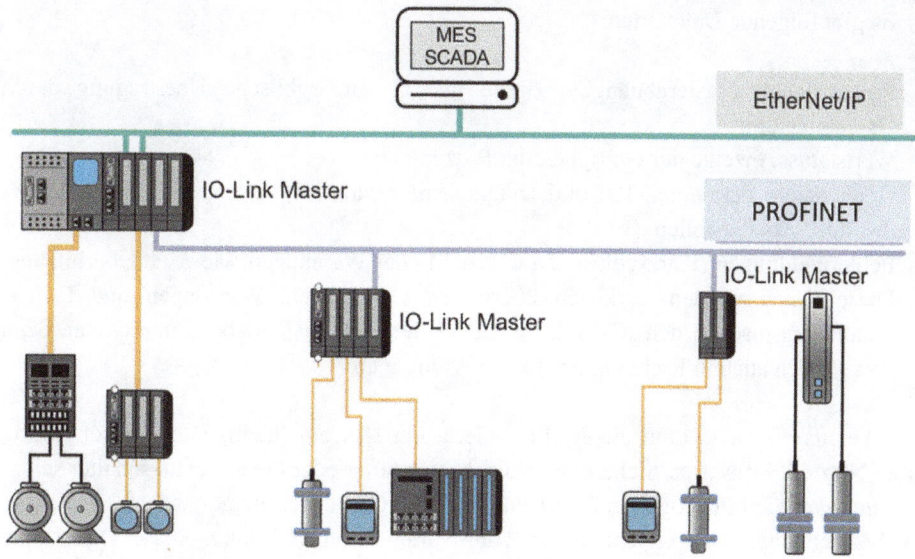

Abb. 10.15 IO-Link System mit typischer Vernetzung

Ein IO-Link Master kann bis zu 8 Geräte steuern (IO-Link-Devices). Es kann sich dabei um Sensoren, Aktoren, Ventile und Antriebe in der Feldebene handeln. Normalerweise werden 3-adrige Kabel verwendet oder auch 5-adrige ungeschirmte Kabel bis maximal 20 m Länge.

Der Kabelquerschnitt muss mindestens 0,34 mm^2 sein. Für das Engineering des IO-Links gibt es ein spezielles IO-Tool.

Bezüglich der Datenübertragung weist der IO-Link die Besonderheit auf, dass eine Datenpaket nach Fehlschlagen der ersten Übertragung noch 2 weitere Male gesendet wird. Erst nach dem Fehlschlagen des zweiten Wiederholversuchs erkennt der IO-Link Master einen Kommunikationsabbruch und meldet diesen an die übergeordnete Steuerung.

Beim IO-Link werden folgende Betriebsarten für die Ports unterschieden:

- IO: IO-Link Kommunikationsmode
- DI: Digitaler Eingang
- DQ: Digitaler Ausgang
- Deaktiviert: Unbenutzte Ports

IO-Link-Modus setzt den Port für die IO-Link-Kommunikation. Der DI-Modus (Digitaler Eingang) setzt den Port ein, um sich als digitaler Input zu verhalten, während DQ-Modus (Digitaler Ausgang) dasselbe als digitale Ausgabe ausführt. Der deaktivierte Modus dient zur Konfiguration von nicht verwendeten Ports.

Es gibt folgende Datenarten:

- Prozessdaten: Masterabhängige Breite bis 32 Bit, zyklische Übertragung durch Datentelegramm
- Wertstatus: Anzeige der Gültigkeit der Prozessdaten
- Gerätedaten: Parameter, ID- und Diagnoseinformationen, welche eine Besonderheit des IO-Links darstellen
- Fehlermeldungen (Kurzschluss, Drahtbruch) oder Warnungen wie z. B. Überhitzung. Diese Daten werden azyklisch übertragen Gerätedaten, Warnungen und Fehlermeldungen machen den IO-Link für die Vernetzung der Feldebene interessant, denn diese zielen auch in Richtung prädiktive Wartung ab.

Wie bereits erwähnt, kann ein IO-Link-Gerät ein I/O, ein intelligenter Sensor, Aktor, Hub, Netzteil, Konverter, Sicherheitsrelais, Motorstarter oder Geräteschutzschalter sein.

Intelligent heißt bezogen auf IO-Link, dass ein Gerät Identifikationsdaten, z. B. eine Typbezeichnung, eine Seriennummer oder Parameterdaten besitzt. Diese Daten sind über das IO-Link-Protokoll lesbar. Zusätzlich kann das IO-Link-Gerät (Device) detaillierte Diagnosedaten liefern, die für vorbeugende Wartung und Instandhaltung verwendet werden können. Das Ändern von Parametern kann damit zum Teil im laufenden Betrieb durch die SPS erfolgen.

Die Baud-Rate (Übertragungsrate) des IO-Link gibt es gemäß Version V1.1 in drei Geschwindigkeiten:

- Übertragungsrate 1: 4,8 kBaud
- Übertragungsrate 2: 38,4 kBaud
- Übertragungsrate 3: 230,4 kBaud

IO-Link-Sensoren und Aktuatoren unterstützen nur eine Baud-Rate. Der Master hingegen unterstützt alle Baud-Raten und passt sich automatisch an die Baud-Rate jedes Gerätes an, falls er gemäß der Spezifikation V1.1 arbeitet.

10.6.2.1 IO-Link Anschlusstechnologie

Die Anschlusstechnologie des IO-Links setzt auf die Standardstecker M12, M8, M5 und dreiadrige Kabel. Die Steckverbinder sind als IP65 oder IP67 ausgeführt und entsprechen diesbezüglich den hohen Anforderungen der Umweltbedingen unter Industriebedingungen.

Die Pin-Belegung der beiden möglichen M12 Stecker ist folgendermaßen:

- Pin 1 = 24 V
- Pin 3 = 0 V
- Pin 4 = Schalt- und Kommunikationsleitung (C/Q)

Bei der ersten Steckerart, dem vierpoligen Port-A-Stecker kann der Pin 2 als ein zusätzlicher Digitalkanal verwendet werden. Bei der zweiten Steckerart, dem fünfpoligen Port-
B-Stecker, werden die galvanisch getrennten Pins 2 und 5 für die Spannungsversorgung
von Geräten verwendet, die einen erhöhten Strombedarf haben.

Über die drei oben genannten Pins wird auch die Energieversorgung des Gerätes mit
mindestens 200 mA realisiert.

Detaillierter kann die in diesem Abschnitt beschriebene Technik in der Systembeschreibung [84, 85, 86] nachvollzogen werden.

10.6.2.2 IO-Link über Single Pair Ethernet (SPE)

Aktuell befasst man sich mit ‚IO-Link over SPE' (Single Pair Ethernet). Dabei wird das
IO-Link Protokoll z. B. gemäß Abb. 10.16 in den Ethernet II Frame eingebettet werden.

Die Daten des IO-Frame werden im UART-Frame (Ein Start-Bit; 5–9 Datenbits; ein
optionales Paritätsbit; ein oder zwei Stop-Bits) codiert. Der Master sendet und das Gerät
(Slave) antwortet.

Die entsprechende Kennung erfolgt im Ethernet Frame im EtherType. Dabei werden
die IO-Link Nachrichten in Ethernet-Frames verpackt und über SPE-Treiber und Twisted-Pair Leitungen ohne TCP/IP übertragen [87–90]. Für die Automatisierungsindustrie
ist mittlerweile primär der 10Base-T1 Standard mit 10 Mbit/s TP gemäß Standard IEEE
802.3cg seit Anfang 2020 von Interesse.

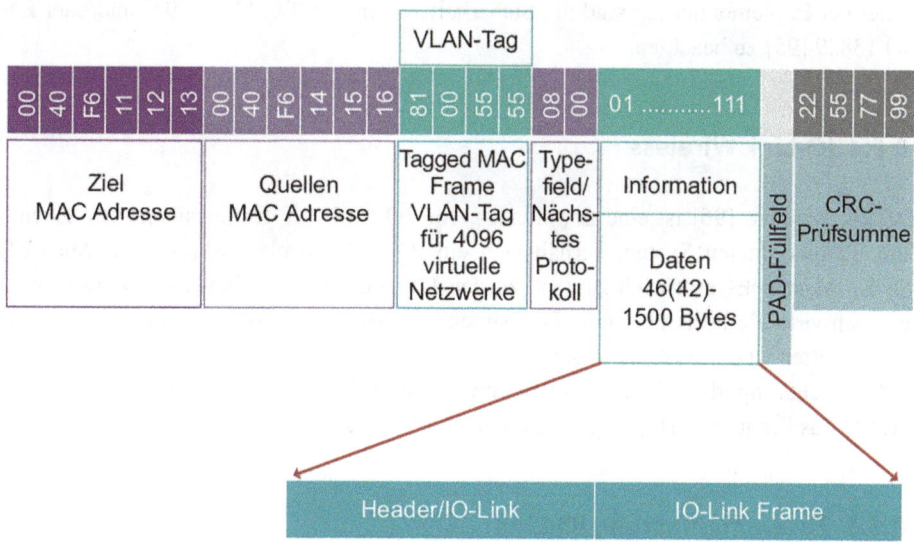

Abb. 10.16 IO-Link via Ethernet (SPE)

IEEE 802.3cg ist ein Single-Pair-Ethernet-Standard, der Datenraten bis zu 10 MBit/s ermöglicht. Zudem erweitert er die Reichweite auf bis zu 1000 m und bietet Multidrop-Funktionen [90].

Die Hauptanwendungen des IO-Links sind in der Fabrikautomation.

10.6.3 IO-Link Software

10.6.3.1 IO-Link Decvice Description

Auch beim IO -Link gibt es für jedes Gerät Parameterinformationen in Form einer IODD (IO Device Description) [92] mit der Beschreibungssprache Extensible Markup Language (XML) [93].

Die IO-Link Community stellt Schnittstellen zu einem „IODD Finder" zur Verfügung, der von Engineering- oder Master-Tools genutzt werden kann, um zu einem Device die passende IODD zu präsentieren.

Ansonsten sind die Merkmale der Device Description ähnlich den DDL (Data Definition Language; deutsch Datendefinitionssprache) anderer Geräte.

10.6.3.2 IO-Link Safety

Genauso wie bei anderen Bussystemen spielt auch bei IO-Link die Sicherheit eine zentrale Rolle. Deswegen wurde der IO-Link Safety entwickelt, der eine zusätzliche Sicherheit-Kommunikationsschicht auf den vorhandenen Master- wie auch auf den Device-Schichten vorsieht.

Bei der Implementierung sind die Sicherheitsregeln der IEC 61508 [94] und/oder EN ISO 13849 [95] zu beachten.

10.6.4 IO-Link Wireless

IO-Link Wireless [96] ist eine Erweiterung von IO-Link auf der physikalischen Ebene. Zum übergeordneten System verhält sich ein IO-Link Wireless Master („W-Master") wie ein Master. Es gibt nach „unten" zu den IO-Link Wireless Devices („W-Devices") nur noch virtuelle Ports über eine Funkstrecke mit Bluetooth. Wegen seiner Blue-tooth-Eigenschaften ist der IO-Link in gewissem Umfang eingeschränkt.

Zur Sicherung der Übertragung kommen beim IO-Link, wie bei Bluetooth und WLAN, das Frequency Hopping-Verfahren zum Einsatz.

10.6.5 Zusammenfassung IO-Link

IO-Link ist eine feldbusneutrale vereinheitlichte Punkt-zu-Punkt-Verbindung. Der Marktdurchbruch gelang 2014 auf der SPS-IPC Drive. Es handelt sich beim IO-Link um eine einfache Master- Slave-Struktur, wobei mit einem Master 8 Slaves vernetzt werden. Es können in einem Telegramm 4 Bytes Daten versendet werden.

IO-Link ist heute als Feldstandard anerkannt und kann über Gateways mit allen namhaften Feldbussen und Bussystemen, wie z. B. Ethernet (SPE), PROFINET, PROFIBUS EtherNet/IP, EtherCAT, ASI, SERCOS POWERLINK, vernetzt werden [97].

Aufgrund seiner Standardisierung schlossen sich sehr viele Firmen mittlerweile dieser Technologie an, wie in Tab. 10.4 [98, 99] zu sehen ist.

Tab. 10.4   IO-Link Konsortium – Beteiligte Firmen

afag	elobau	KUNBUS	OPTEX FA	WANDFLUH	
Mada	EUCHNER	LANBAO	OTT	Weidmüller	
ARGO HYTOS	FAS	LARSYS	Parker	wnglor	
ASA-RT	FESTO	Lenze	PENTRONIC	WIKA	
Anywire	POSITAL FRABA	LINAK	Pepperl+Fuchs	WNK	
ASIX	GEFRAN	LOTZE	PEWATRON	XECro	
ATK	GHMGROUP	MSYSTEM	Piab	YUKEN	
B&PLUS	GIMATC	IPF ELECTRONIC	PNEUMAX	rt:labs	
DANNER	gneuß	ISAC	PRODOC	sttID	
Baumer	halstrup walcher	JRC	PULS	SCHLEGEL	
Beckhoff	HEIDELBERG	JUMO	ROEMHELD	SCHREAPP Electr.	
BERNSTEIN	HMS	K.MECS Co.Ltd.	RAFI SYSTEC	sell	
BLOCK	HOSTA	Kawasaki	REER	SENSE	
Autonics	HTM	KEYENCE	SIGNAL	SENSOPAR	
AVENTICS	HYDAC	KISTLER	SICK	SENSTRONIC	
azbil	IBS japan	KOGAN	Sika	GSEE TECH	
BALLUFF	IDEC Coperation	KROHNE	SITOMATIC	TURCK	
Barksdaler	ifm	LAPP	SPXFLOW	utthunga	
BDSENSORS	evopro	M2M craft	Parker TAIYO	W.E.S.T. Elektr.	
Bihl+Wiedemann	FEIG	MegaChips	TE	WEG	
rexroth	fiatec GmbH	METALWORK	PHOENIX CONTACT	WEISS ROBOTICS	
bürkert	Fraunhofer	MüEps	PILZ	WERMA	
CKD	GEMÜ	M&M	POWERTRONIC	wöhner	
COMTROL	GERMBEDDED	MISUMI	promesstec	Zimmer	
cosys	GICAM	molex	RAFI		
DATALOGIC	GMN	MÜLLER	RECHNER SENSORS		
dialog	HAEHNE	CONVUM	RENESAS		
DUOmetric	KMT	Micro Detectors	Rockwell Automat.		
E-T-A	HOMAG	NAGANO KEIKI	SIEMENS		
ELCO	HSD	NORGREN	SIKC		
elmos	Huba Control	NXP	SMC		
embeX	ASB Hydrotechnik	ONSOON	SONTEC		
Endress+Hauser	IC Haus	Otennlux	SVLEC		
BUXBAUM	IDT	Panasonic	TAKEX		
CAPTRON	IMI NORGREN	PATLITE	TEConcept		
CEC	IMS	MACOME	rrumba		
CloudRAIL	IQ²Development	MRVTEC	SAMSON		
codewerk	Göhringer	meister	SATRON		
CONTRINEX	JSL Technology	MESCO	SCHILDKNECHT		
COYAL	JVL	Metrol	SCHMALZ		
di-soric	Kübler	microsonic	Schneider Electric		
DIANA	KEB	MITSUBISHI Electr.	SCHUNK		
DIMETRIX	KELLER ITS	MTS	SENSIRION		
DUPLOMATIC	Kirchgaesser	MURR Elektr.	TEXAS INSTRUMENTS		
E+E	KITA	NBK	TRsystems		
EGE	KRACHT	Nanotec	UNIVER		
ELGO	KOBOLD	OMRON	VEGA		

Aktuell wird IO-Link von vielen Unternehmen als Tor zur Industrie 4.0 bezeichnet, was nach meinem Empfinden etwas hoch gegriffen klingt. Zweifelsohne gibt es aber, wie in Tab. 10.4 gezeigt, kaum mehr Unternehmen in einem Konsortium als beim IO-Link.

Meiner Meinung nach ist der IO-Link in großem Stil die erste Standardisierung von der Feldebene zur Kontroll-Ebene. Der IO-Link ist die Konsequenz aus der von An-wendern strikt geforderten Weiterentwicklung in Richtung Harmonisierung und Stan-dardisierung, passend zu den Anforderungen in der Automatisierungspyramide.

10.7 OPC UA (Open Platform Communication Unified Architecture)

Wenn man über Systemintegration in Industrie 4.0 und IoT spricht, so gehört natürlich das Thema OPC UA [100] und Cloud Computing als einen der prägenden Technologien unbedingt dazu. OPC UA rundet die beschriebenen Feldbusse und Bussysteme ab und zählt mittlerweile zu den modernsten Protokollstack's in der Automatisierungstechnik. Dabei sei insbesondere die generelle Einsetzbarkeit hinsichtlich des globalen Cloud Computing hervorgehoben.

OPC UA gilt heute als entscheidendes Protokoll für Industrie 4.0 und IoT im Zusammenhang mit Systemintegrationen diverser Art.

10.7.1 Einleitung und Fakten zu OPC UA

Folgende Fakten liegen OPC UA zugrunde und machen es zu einem der wichtigsten Protokolle in der Industrie:

OPC UA hat die folgenden Eigenschaften:

- OPC UA durchdringt seit 2010 die embedded Hardware/Software
- OPC UA ist skalierbar und basiert auf Ethernet TCP/IP
- Datenaustausch ist stringent möglich zwischen den Maschinen in der Feldebene, den SPS, den SCADA Systemen in der Leitebene, den MES-Systemen und den ERP-Systemen (horizontale Kommunikation)
- Datenaustausch vom Feld bis zum ERP-System (vertikale Kommunikation)
- Datenaustausch lokal und global über die Cloud
- Integration von OPC UA Schnittstellen in alte und neue Produkte
- Entwicklungen von embedded Hard- und Software normenkonform zu IoT
- Integration in das Industrielle Internet der Dinge (IIoT)
- Integration von Geräte-Protokollen
- Entwicklung von Gateways
- Integration von Sicherheitssoftware und Web-Funktionalität

10.7.2 Geschichte OPC UA

Die Grundvoraussetzung für OPC UA ist, dass es eine auf dem Internet-Protokoll basierende Architektur hat! Wer also ‚Industrie 4.0 fähig' sein will, muss auch OPC UA fähig und IoT/IIoT fähig sein!

OPC UA der Open Platform Foundation (OPF), siehe Abschn. 7.4.5 [100, 101] wurde als offener Standard für eine plattformunabhängige und serviceorientierte Architektur bereits im Herbst 2006 verabschiedet. Zu diesem Zeitpunkt war bereits mehrere Jahre an diesem Thema entwickelt worden und es gab bereits einen Prototyp.

Eine Revision des Standards erfolgte im Februar 2009. Das Thema von OPC UA lautet einfach ausgedrückt: ‚Vom Feldgerät bis in die Cloud'. Die Vermarktung begann Anfang 2010.

Bei OPC UA handelt es sich einerseits um einen standardisierten Datenaustausch ‚von Maschine-zu-Maschine' (horizontale Kommunikation) und andererseits von ‚ERP/MES/ SCADA/HMI/MES/SPS-zu-Maschine (vertikale Kommunikation) und vice versa'.

Damit ist gemeint, dass OPC UA Maschinendaten (Mess-, Regelgrößen, Parameter usw.) transportieren und auch maschinenlesbar semantisch beschreiben kann.

Mit OPC UA schließt sich der Kreis vom IoT/IIoT und Industrie 4.0, denn der sichere lokale und globale Informationsaustausch zwischen Geräten, Maschinen und Diensten aus unterschiedlichen Industrien auf globaler Basis ist das Thema aller drei Programme.

Es ist anzumerken, dass das ‚Reference Architecture Model for Industrie 4.0' (RAMI 4.0) [102] durch den ZVEI und seine Partner bereits im April 2015 entwickelt worden war und bereits damals zur Norm IEC-62541 [103] wurde. OPC UA war 2015 übrigens die einzige Empfehlung für eine Umsetzung von offenen standardisierten Kommunikationssystemen.

Auf der Messe OPC UA DevCon [104] wurden im Oktober 2005 die ersten Prototypen von OPC UA von der Firma ascolab GmbH [105] präsentiert:

- Unter anderem wurde die Interoperabilität zwischen einem Windows/.NET UA Client und einem Linux UA Server gezeigt
- Die Firma Beckhoff präsentierte OPC UA auf einer Beckhoff SPS, basierend auf Windows XP embedded
- Das Unternehmen EUROS Embedded Systems GmbH zeigte ebenfalls eine OPC UA Server Implementierung auf dem Echtzeitbetriebssystem EUROS

Die im Jahr 2009 veröffentlichte Version OPC UA [106] kompensierte weitestgehend die Nachteile des Vorläufers DCOM (Distributed Component Object Model) [107] oder auch unter dem Namen OLE (Object Linking and Embedding) [108, 109] bekannt. OLE ist ein von Microsoft entwickeltes Protokoll, das die Zusammenarbeit unterschiedlicher Applikationen und damit die Erstellung heterogener Verbunddokumente ermöglicht.

Insbesondere wurden mit dem neuen Kommunikationstack OPC UA in der Version 2009 die Unabhängigkeit vom Betriebssystem Microsoft Windows realisiert sowie gegenüber dem COM/DCOM die Sicherheitsschwächen, die Nachvollziehbarkeit der Fehlerquellen und die bessere Bedienbarkeit erreicht.

Im Einzelnen werden durch OPC UA die AINSI C-, C++– und Java-Implementierungen unterstützt. Weiter kann der Kommunikationsstapel (Stack) für ‚mehrfachbedrohten (multithreaded) und einfach bedrohten (singlethreaded) Betrieb [110] kompiliert werden und er verfügt über eine eigene Sicherheitsimplementierung.

Die Programmiersprache C wurde dabei vom American National Standards Institute (ANSI) und ISO/IEC JTC 1/SC 22/WG 14 der Internationalen Organisation für Normung (ISO) und der Internationalen Elektrotechnischen Kommission (IEC) veröffentlicht.

Weitere Feature von OPC UA sind Redundanz, Verbindungsüberwachung in beiden Richtungen bezüglich ‚Client/Server' und Datenpufferung, sodass es nun nicht mehr wie früher zu Datenverlusten kommt.

OPC UA wurde als Normenreihe IEC 62541 [111, 112] veröffentlicht. Bisher liegen Teil 1, 2, 13 und 100 als Ed. 1.0 und Teil 3 bis 10 als Ed. 2.0 vor. Teil 12 wurde noch nicht in die IEC-Normenreihe aufgenommen. Von 2010 bis 2019 wurden 15 Teile der Norm veröffentlicht. Dabei handelt es sich übersichtsmäßig um [112]:

- Konzepte; IEC/TR 62541-1
- Sicherheitsmodell für IT; IEC/TR 62541-2
- Adressierungsraum-Modell; IEC 62541-3
- Dienste; IEC 62541-4
- Informationsmodell; IEC 64541-5
- Protokollabbildungen; IEC 62541-6
- Profile; IEC 61541-7
- Datenzugriff; IEC 61541-8
- Alarme und Konditionierungen; IEC 61541-9
- Programme; IEC 61541-10
- Historischer Zugriff IEC 61541-11
- Discovery; IEC 61541-12
- Berechnungen; IEC 61541-13
- PubSub: IEC 61541-14
- Geräte; IEC 61541-100

10.7.3 OSI Modell und OPC UA

Auch OPC UA basiert gemäß Abb. 10.17 auf dem bekannten OSI Modell [113]

OPC UA basiert auf der Ethernet-Technologie und dementsprechend liegt der Ethernet II Frame von Abb. 8.3 zugrunde.

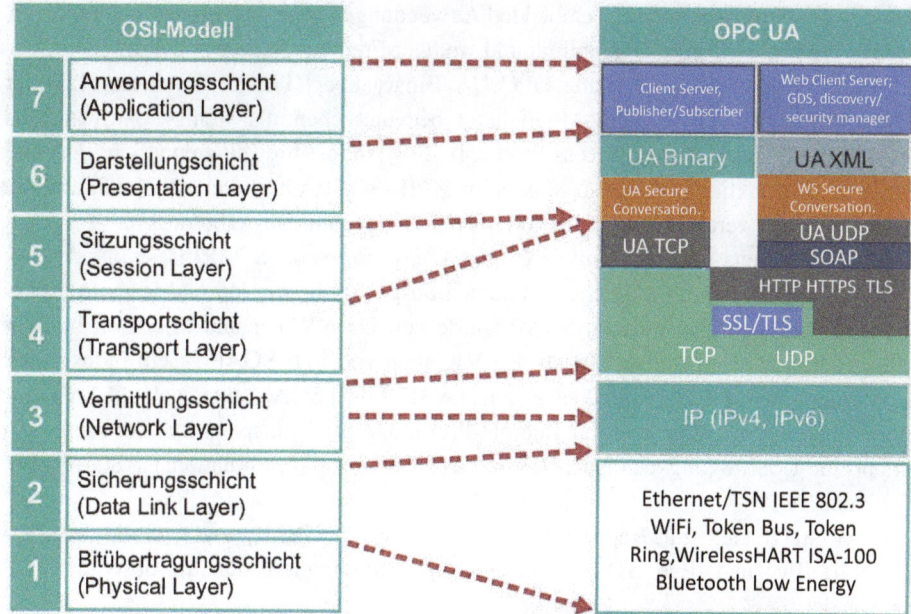

Abb. 10.17   OSI Modell und OPC UA

Der Standard definiert zwei Arten von Codierung: OPC UA Binary and OPC UA XML [112].

Abkürzung in Abb. 10.7:

SSL/TLS: Secure Sockets Layer (SSL) ist ein Sicherheitsprotokoll (Verschlüsselungsprotokoll), das bei der Internetkommunikation Datenschutz, Authentifizierung und Integrität gewährleistet.

SSL entwickelte sich schließlich zu Transport Layer Security (TLS).

Das UA Binary Protokoll ist zwingend vorgeschrieben und hat die beste Leistung sowie fast keinen Overhead. Das Protokoll basiert auf TCP. Es verbraucht die wenigsten Ressourcen, da das Protokoll folgende Merkmale aufweist:

- Kein XML-Parser [114] Ein Parser ist ein Programm, das ein Dokument „durchliest", und die enthaltenen Informationen den darüberliegenden Schichten der Anwendung in irgendeiner Form zur Verfügung stellt
- Kein SOAP (Simple Object Access Protocol) [115]
- Kein http notwendig benötigt

Somit ist das Protokoll auch für embedded Anwendungen sehr gut verwendbar. OPC UA Binary [116] hat eine gute Operabilität und weniger Freiheitsgrade wie UA XML.

Es gibt auch noch die Variante OPC UA Binary über HTTPS (Hypertext Transfer Protokoll Secure) [117]. Diese Möglichkeit bedeutet ebenfalls weniger Aufwand als XML-SOAP (Simple Object Access Protocol) [117] und ist firewall-freundlich: Port 443 (https) [118] funktioniert ebenso wie beim XML-SOAP ohne weitere Konfiguration. Diese Codierung vereinigt somit die Vorteile der erst genannten Codierungen.

Das oben bereits genannte *Simple Object Access Protocol* (SOAP) ist ein Netzwerkprotokoll, mit dem Daten zwischen Systemen ausgetauscht werden und Remote Procedure Calls durchgeführt werden. SOAP wurde von Dave Winer und Microsoft im Jahr 1998 [119] entwickelt und entsprach den Vorgaben von IoT. SOAP ist ein industrieller Standard des World Wide Web Consortiums (W3C) [120] SOAP stützt sich auf XML zur Repräsentation der Daten und auf Internet-Protokolle der Transport- und Anwendungsschicht zur Übertragung der Nachrichten. Die gängigste Kombination ist SOAP über HTTP und TCP.

SOAP stützt sich zur Repräsentation von Daten auf XML und auf die Internetprotokolle IPv4 und IPv6. SOAP wird häufig in Kombination mit http, https und TCP angewendet.

Die XML-SOAP-Variante [121] hat einen größeren Overhead und ist somit in der Codierung wesentlicher langsamer. XML-SOAP kann aus.NET und Java verwendet werden. XML-SOAP ist zwar Firewall freundlich, findet aber bei kleinen Geräten wenig Akzeptanz.

Zwischen UA Binary und UA XML und SOAP liegt gemäß Abb. 10.17 die Verschlüsselung (UA Secure und WS Secure Conversation).

In der Anwendungsschicht sind u. a. die Client Server SW, Web, GDS (GlobalDiscoveryServer). GDS ist ein OPC UA Server, der es Clients ermöglicht, nach Servern innerhalb der administrativen Domäne zu suchen.

10.7.4 Funktionsweise von OPC UA

Die Frage ist, was macht OPC UA und wie arbeitet es genau?

In der Fabrik 4.0 oder Smart Manufacturing liefern Anlagen, Maschinen und Geräte viele Millionen Daten/s.

Jeder Sensor, jeder Aktor, Schütz, jede SPS erzeugt Unmengen an Daten.

Die Herausforderung ist, diese Daten sinnvoll zu nutzen und zu verarbeiten.

Die SPS sammeln die Daten ein, verarbeiten diese und verschicken sie an über- oder ungeordnete Systeme, was leider nicht so einfach ist.

Bevor wir tiefer in die Materie einsteigen ein einführendes Beispiel:

Arbeitet eine Fertigungszelle mit einer SIEMENS S. 7–1500 und eine andere Fertigungszelle mit einer SIEMENS S. 7–xxxx, so ist die horizontale Kommunikation zwischen den Maschinen kein Problem. Es gibt hierfür mehrere Möglichkeiten.

Kommt jetzt ein weiterer Roboter hinzu, bei dem der Anlagenbauer mit einer Beckhoff-Steuerung arbeitet, so ist der Datenaustausch zwischen verschiedenen Herstellern anspruchsvoll.

Abb. 10.18 zeigt die Konfiguration zwischen verschiedenen Maschinen und OPC UA.

Hier hilft OPC UA. Noch anspruchsvoller wird der vertikale Datenaustausch innerhalb der Kommunikationspyramide (Siehe Kap. 6). Da die Fabrik der Zukunft gemäß Industrie 4.0 und IoT/IIoT total vernetzt ist.

Entsprechend der Automatisierungspyramide werden Daten zunächst von Sensor zur SPS weitergereicht oder von der SPS zu den Aktoren.

Von der SPS werden die Daten weiter zum Leitstand (SCADA-System, Kontrollraum) geleitet. Darüber folgt das MES (Produktionsleitsystem) und an der Spitze der Automatisierungspyramide befindet sich das ERP (SAP) System.

Darüber hinaus werden mittlerweile tausende von Daten in die Cloud verschoben.

Alle Ebenen müssen untereinander Daten austauschen, was eine gewisse Komplexität zur Folge hat.

Das Hauptproblem ist, dass wir von der Prozessebene (bis einschließlich MES) auf die IT-Ebene (MES, ERP) stoßen, d. h. der SPS-Programmierer in der Prozessleitebene muss mit dem IT-Mitarbeiter Daten austauschen und kommunizieren. Beide Berufsgruppen sprechen eine komplett andere Sprache.

Ein gemeinsamer Nenner, auf den man sich einigt, ist OPC UA.

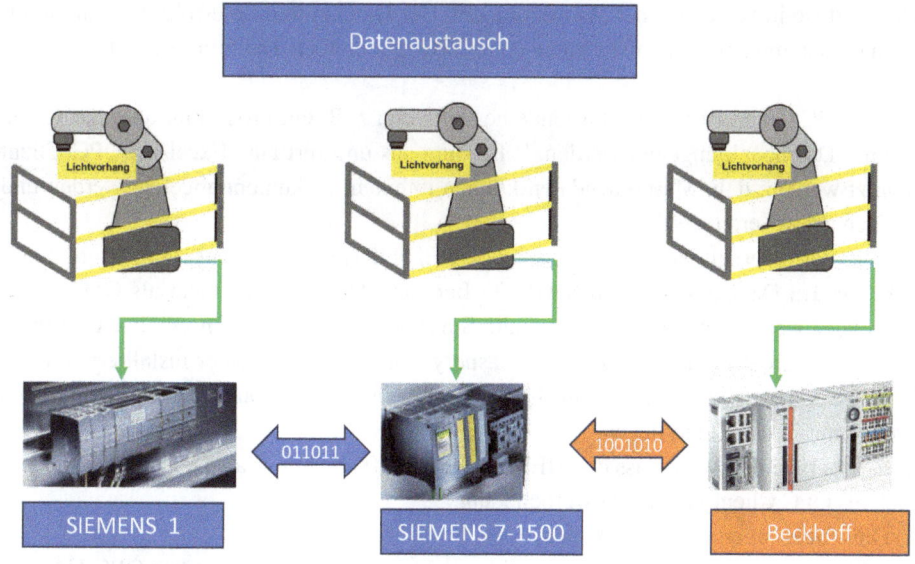

Abb. 10.18 Kommunikation von unterschiedlichen SPS in Fertigungsanlagen

Seit 2010 ist OPC UA ein Standard für den industriellen Datenaustausch. Dabei kann OPC UA, wie bereits ausgeführt, für den horizontalen von Maschine zu Maschine genutzt werden, als auch für die vertikale Kommunikation in übergeordnete Systeme.

OPC UA ist eine offene und unabhängige Plattform in der vertikalen und horizontalen Kommunikation.

Egal welchen Hersteller, welche Anwendung, welche Programmiersprache oder Software, OPC UA managet durch seine standardisierte Schnittstelle den Datenaustausch.

Das Festlegen von Standards ist eine sehr komplexe und aufwendige Arbeit. Deswegen wurde die OPC Foundation mit hunderten von Mitgliedern gegründet, die diesen Standard OPC UA definiert (Abschn. 7.4.5).

OPC ist aber keine neuartige Erfindung. Es gab bereits diverse Vorgängermodelle.

Alle früheren Standards sowie der aktuelle Standard wurden in OPC UA zusammengefasst, was somit der neueste Standard ist.

Sicher werden wir in den Folgejahren weitere Veränderungen und Optimierungen erleben.

Wie funktioniert OPC UA?

Für OPC UA benötigt man einen OPC Server und einen (mehrere) OPC Clients.

Bei SIEMENS sind ab der SPS S. 7–1200, Firmware-Version V4.4 und ab TIA V16 die Funktionalität als Client und als Server integriert. OPC Server verwenden. bestimmte auswählbare Daten, welche die SPS in einer standardisierten Form zur Verfügung stellt.

Das Gegenstück zum OPC Server ist der OPC Client. Dieser sammelt die Daten auf und nutzt sie in verschiedenen Anwendungen. Der Datenaustausch erfolgt aber nicht nur in eine Richtung, sondern man kann vom OPC Client auch Daten an den OPC Server schicken.

Ein OPC Client ist meistens irgendeine Software; z. B. ein Programm über das Daten in einer Datenbank abgelegt werden. Z.B. kann das uns vertraute Excel als OPC Client genutzt werden; d. h. Maschinendaten können in einem Dokument abgelegt werden und grafisch ausgewertet werden.

Eine Besonderheit ist die Software Node-RED [121] Open-RED ist eine offene Plattform für den Datenaustausch in IoT/IIoT (Internet). Die Software kann als OPC Client verwendet werden. Node-RED kann auf Smartphone, auf einem normalen Computer oder eine auch auf einem günstigeren Raspery Pine Mini- Computer installiert werden. Ein OPC Client muss nicht zwangsläufig ein physischer Computer sein. Er kann auch einfach nur in der Cloud liegen.

Es ist erwähnenswert, dass die SIEMENS S. 7/1500 nicht nur als OPC Server sondern auch als OPC Client verwendet werden kann.

Dies funktioniert folgendermaßen:

SPS Steuerungen der neuen Generation verfügen teilweise schon über OPC UA Server und Board. Bei älteren Modellen mit den älteren Steuerungen, wie z. B. S. 7–300, gibt es keinen OPC Server. Die Problemlösung liegt darin, dass der OPC Server als Software, auf demselben Rechner läuft wie der OPC Client. Die Daten werden nun über eine

S. 7 Verbindung von der OPC Server-SW eingesammelt und in einen standardisierte Form für den OPC Client gewandelt, Auf diese Daten kann der OPC Client zugreifen. Das bedeutet, der OPC Server und der OPC Client können durchaus auf demselben SCADA-System implementiert sein.

Für die Funktionalität und Programmierung bieten die Hersteller von SPS, SCADA Systeme Kurse und Trainings an, die folgende Inhalte haben. Beispielsweise beinhalten die Kurse von SIEMENS u. a. folgende Module:

- Aktivierung eines OPC Servers einer SIEMENS S. 7 im TIA Portal
- Parmetrierung der Schnittstelle eines OPC Severs
- Prüfen der Parametrierung mit einem OPC Client
- Checken der Verbindung, ob alle Daten erreichbar sind
- Besprechung von Grundlagen wie Endpoint and Nodes.
- Daten aus SPS auslesen und diese über OPC in Excel einbinden
- Programmierverbindung zwischen eine S. 7–1200 und einer S. 7–1500
- Verwendung von Node-RED als OPC Client. Sind die Daten erst einmal in Node-RED, können diese als Mail oder SMS verschickt, in alle möglichen Clouds exportiert und Dash Boards erstellt werden.
- Es existiert OPC UA Ethernet als ein einfaches Ethernet-basiertes Protokoll mit EtherType 0xB62C, das zum Transport von UADP *NetworkMessages* als Payload des Ethernet II-Frames ohne IP- oder UDP-Header verwendet wird. Für OPC UA Ethernet ist die *MaxNetworkMessageSize* plus zusätzliche Header auf eine Ethernet-Framegröße von 1522 Byte zu begrenzen.

10.7.5 Vernetzungstopologie von OPC UA

Abb. 10.19 vermittelt einen Eindruck, wie OPC UA bezüglich der Automatisierungspyramide in der Kommunikation eingesetzt werden kann. Grundsätzlich sind vom ERP bis zur Steuerungsebene (SPS oder PLC) alle Systeme über OPC UA vernetzbar und können miteinander kommunizieren.

OPC UA ist mittlerweile der internationale Standard für vertikale und horizontale Kommunikation in der Automatisierungspyramide. Dabei ist die OPC UA Architektur insbesondere auch für die globale Kommunikation zwischen Fabriken und Unternehmen via Cloud Computing geeignet.

Der Client befindet sich in der Regel in der SCADA Ebene, während die Server die Sensoren und Aktoren im Feld sowie die SPS darstellen. Es können aber auch Client- und Serversoftware auf demselben Rechner sein, wie wir im Abschn. 10.7.4 gesehen haben.

OPC UA wird häufiger auch als Industrie 4.0 bezeichnet, was den Sachverhalt aber wiederum nur teilweise trifft. Zweifelsohne ist OPC UA einer der bedeutendsten Fortschritte in der Vernetzungstopologie und gewinnt in Verbindung mit Cloud Computing

Abb. 10.19 OPC
UA im Bezug zur
Automatisierungspyramide und
Cloud Computing zwischen
verschiedenen Standorten

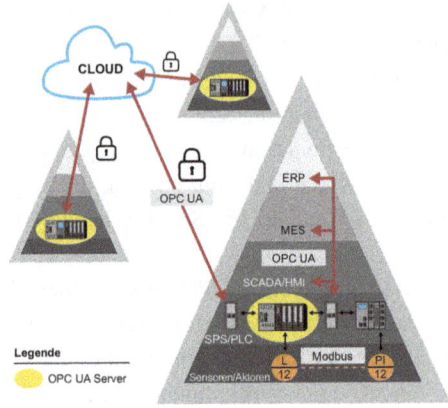

zunehmend an Bedeutung. OPC UA wurde in den 90ern und somit weit vor Industrie 4.0 eingeführt!

10.7.6 Cloud Computing

Cloud Computing [122] ist eine IT-Infrastruktur, die über das Internet verfügbar gemacht wird. D. h. Rechnernetze werden dem Anwender zur Verfügung gestellt ohne dass sie bei ihm auf einem lokalen Computer installiert werden müssen. Angebote und Nutzung erfolgen durch technische Schnittstellen und Protokolle, wie z. B. beim OPC UA, die Webdienste über HTTP/SOAP/UA XML. Die Cloud umfasst dabei Applikationen, Plattformen und Infrastruktur (z. B. Datenbanken und Speichermedien, usw.).

Remote Service und Wartung spielen hier eine wichtige Rolle im Rahmen der prädiktiven Wartung der Anlagen und Maschinen. Mittlerweile überlassen einige Unternehmen aus unterschiedlichen Branchen das Monitoring ihrer Anlagen (Assetmanagement) remote den Herstellern ihrer Messgeräte.

Die Cloud wurde von der *NIST (National Institute for Standards and Technology)* [123] im Jahr 2011 definiert und veröffentlicht. Es ist somit auch nicht die bahnbrechende Erfindung von Industrie 4.0. Das Modell von ,Cloudcomputing' fand hohe Akzeptanz. Doch bereits 1990 gab es die ersten Ansätze für diese Technologien. 1995 stellte das Fraunhofer Institut das BSCW ,Basic Support for Cooperative Work' (deutsch: „grundlegende Unterstützung für Zusammenarbeit) [124] vor, welches man heute als Cloud bezeichnen würde.

Cloud Computing wurde bereits ab 2004 durch die typischen Internetfirmen Amazon, Google und Yahoo vorangetrieben und geprägt. Das Geschäftsmodell von diesen Firmen war Rechenleistungen und Speicher den Anwendern virtuell zur Verfügung zu stellen, um schwankende Spitzenlasten abzufangen.

Mit Zunahme der Übertragungsgeschwindigkeiten wuchs auch das Cloud Computing sehr stark. Heute merkt der Anwender beispielsweise nicht mehr, wo individuelle Anforderungen tatsächlich lokal oder in der Cloud berechnet und gespeichert werden. Die Architektur der Cloud ist ähnlich einem Computer: Es gibt Prozessorkerne, Arbeitsspeicher, eine Festplatte und Programme. Bei der Cloud ist die immense Skalierbarkeit der Unterschied zum lokalen Computer oder Server. Die Kapazitäten sind nahezu unbegrenzt.

Die Vorteile von Cloud Computing sind große Kosteneinsparungen gegenüber den lokalen Systemen (Software und Hardware) und den skalierbaren Anwendungen bei z. B. Spitzenlasten.

Es gibt beim Cloud Computing drei unterschiedliche Servicemodelle:

- Software as a Service (SaaS-Software Sammlungen und Anwenderprogramme)
- Platform as a Service (PaaS-Programmierungs- und Laufzeitumgebungen)
- Infrastructure as a Service (IaaS-Nutzung von Computerhardwareressourcen, Rechner, Speicher) [125, 126]

Man unterscheidet Public Cloud (für die Öffentlichkeit), Private Cloud (für eine Firma) und Hybrid Cloud (kombinierter Zugang zu virtuellen Infrastrukturen). Weitere Unterscheidungen sind gegeben mit Community Cloud, Virtuell private Cloud und Multi Cloud.

Die NIST bietet folgende wesentliche Arten für Cloud Computing:

- On-demand self-service: Leistungen aus der Cloud stehen bedarfsweise zur Verfügung
- Broad network access: Cloudleistungen werden über Standards erreicht
- Ressource pooling: Teilung von Rechenleistung, Speicher und Netzwerk
- Rapid elasticity: Automatisierte Anpassungen an Lastveränderungen
- Measured Service: Überwachte und messbare Ressourcenmessung für z. B. Rechnungen

Cloud Computing in Zusammenhang mit OPC UA wird heute beispielsweise in der Flugzeug-, Schiffsbau-, Automotive-Industrie sowie im Gebäude genutzt. Einzelne Komponenten des Flugzeuges, Schiffes, Fahrzeuges oder Gebäudes werden global an unterschiedlichen Orten entwickelt, produziert aund assembliert. Es kann z. B. der Fall sein, dass der Rumpf eines Flugzeuges von Deutschland, die Flügel aber aus USA oder Frankreich kommen oder dass ein Gebäude in USA geplant, die Komponenten in Israel, China und Indien gefertigt werden sowie über Deutschland logistisch in den USA zusammengeführt und assembliert werden. Bei jeder dieser Anwendungen muss sichergestellt sein, dass die Teile bei der Endmontage zusammenpassen. Mit Cloud Computing kann sichergestellt werden, dass in 3-D Modellen online ein Abgleich mit Konstruktionsplänen global erfolgt. D. h. das dreidimensionale Abbild des Flugzeugs, Schiffs, Fahrzeuges und

Gebäudes muss in allen Einzelteilen jederzeit und an jedem Ort der Welt zugänglich sein. Jeder Standort im Verbund eines einzelnen Projektes dieser Dimension kann die synchronisierten Daten abrufen und weiterverarbeiten. Jede Veränderung der Komponenten am Standort A ist in Echtzeit am Standort B verfügbar und umgekehrt. In diesem Zusammenhang wurde 2018 z. B. das Joint Venture 3D.aero GmbH von Pepperl+Fuchs und Lufthansa gegründet, um solche innovative Automatisierungslösungen für die Flugzeugindustrie voranzutreiben.

So gut wie das Alles klingen mag muss dennoch bedacht werden, dass der größte Nachteil und die höchsten Risiken von Cloud Computing in der Absicherung gegen Zugriffe und Hacking bei der Kommunikation zwischen lokalen Kunden und entfernten Servern liegen. Wir hören fast wöchentlich darüber in den Medien. Zur Absicherung gegen Hacking und Angriffe von Dritten werden aktuell immense Summen für Softwarenentwicklungen investiert.

10.7.7 Beispiel einer OPC UA Struktur in der Solarindustrie

Von der SPS- zum MES-System gibt es viele Kommunikationsmöglichkeiten: EtherNet/IP, PROFINET, EtherCAT, Modbus TCP, CC-Link haben wir bereits kennengelernt, ein weiteres Beispiel eines Protokolls ist SECS/GEM [127], das u. a. bei einigen Firmen in der Halbleiter-, Leiterplatten-, Display- und Solarindustrie häufig verwendet wird.

Im Folgenden wird ein Beispiel in der Solarindustrie gezeigt, welches die Vernetzungstopologie zwischen OPC UA und SECS/SEM vom Feld ins MES zeigt.

10.7.7.1 SECS/GEM und Anwendungen

Das SECS/GEM-Protokoll (SEMI Equipment Communications Standard/Generic Equipment Model) wurde speziell von der Organisation Semiconductor Equipment und Materials International (SEMI) für Kommunikation zwischen SPS und MES-System branchenspezifisch entwickelt. Zusammenfassung folgender Standards verstanden:

- Semi E04: SECS I, Beschreibung der Kommunikation über serielle Anschlüsse
- Semi E05: SECS II, Beschreibung der Nachrichten
- Semi E37: HSMS, Beschreibung der Kommunikation über Ethernet

SECS/GEM berücksichtigt im Speziellen die Besonderheiten in der Halbleiter- und Solarindustrie. Natürlich könnte dieses Protokoll ebenso durch EtherNet/IP, HART IP oder Ethernet TCP/IP oder ein anderes Protokoll ersetzt werden. Gerade dieses Beispiel eines Protokolls zeigt u. a. wiederum, dass es selbst bei allen Harmonisierungsbestrebungen in großen Industrien noch immer zu individuell geprägten Entscheidungen kommt.

Das Protokoll wurde bereits 2008 von der Voltaik-Industrie eingeführt, aber erst im Jahr 2017 als Standard SEMI E30 [128] veröffentlicht. Die Kommunikation über Ethernet ist in der SEMI E37 definiert.

Persönlich habe ich Erfahrungen in China während der letzten Jahre mit dem SEGS/GEM Protokoll in mehreren Applikationen in der Halbleiterindustrie und in der Solarindustrie gesammelt.

Eine Applikation war das Zusammenspiel eines Handling-Systems mit einem Röntgenfluoreszenz-Messsystem mittels Beckhoff SPS. Eine weitere Anwendung war die Einbindung eines Schichtdickenmessgerätes auf Röntgenfluoreszenzbasis in einen CIGS [129] (Kupfer-Indium-Gallium-Diselenid)-Prozess, wobei der Hauptcontroller ein OPC UA Client war. Der OPC UA Server lief ebenfalls auf dem SCADA System.

Es ist erwähnenswert, dass in allen Anwendungen in China die Service-Einsätze, die geleistet werden mussten, um die Kommunikation im laufenden Prozess zu gewährleisten, ein hohes Maß an Management erforderten. Ein Grund war u. a., dass beispielsweise in einem Fall der Service in China von Drittfirmen aus USA in Anspruch genommen werden musste. Kosten und Zeitüberschreitungen explodierten regelrecht durch das permanente Reisen des Fachpersonals zwischen USA und China. Hier sieht man deutlich, wie wichtig bei Automatisierungslösungen die Kundennähe und die unmittelbare Erreichbarkeit ist. Es zeigt weiterhin, wie wichtig die strategische Fokussierung des Themas ist und genau überlegt werden muss, wie man sich im Lösungsgeschäft aufstellt.

Hier sei aus eigener Erfahrung gesagt, dass das Bedientool für SECS/GEM nicht gerade einfach zu erlernen ist. Der Aufwand mit SECS/GEM darf also nicht unterschätzt werden: Sollte man in der Serviceverantwortung für eine mit SECS/GEM inline vernetzten Automatisierungslösung sein, empfiehlt es sich das Knowhow für SECS/GEM im eigenen Hause aufzubauen.

Anstelle SECS/GEM würde ich persönlich PROFINET, EtherNet/IP oder HART-IP einsetzen.

Bevor ich hier auf ein Beispiel für eine SEGS/GEM-Kommunikation vom Feldgerät zum MES-System eingehe, noch ein paar Worte zur CIGS-Herstellung.

10.7.7.2 CIGS-Solarzelle

Die CIGS, $[Cu(In,Ga)Se_2]$-Solarzelle [130, 131] ist ein spezieller Typ einer Solarzelle, deren Absorber aus dem Werkstoff Kupfer-Indium-Gallium-Diselenid (CIGS) besteht. CIGS-Solarzellen besitzen im Gegensatz zu kristallinen Silizium-Solarzellen einen Absorber, der einen höheren Absorptionskoeffizienten hat und Licht wesentlich besser absorbiert.

CIGS-Absorber, die in Dünnschichttechnologie gefertigt werden, sind je nach Hersteller nur 1 μm–2,5 μm dick. In Dickschichttechnologie gefertigt sind die CIGS-Absorber bis ca. 150 μm dick. Dickschicht-Solarzellen auf Siliziumbasis sind mindestens 150 μm dick sind. Die Dünnschichttechnologie ermöglicht, deutlich weniger Halbleitermaterial zu verwenden und somit Kosten einzusparen. Abb. 10.20 zeigt den prinzipiellen Aufbau einer CIGS-Solarzelle mit den entsprechenden Schichtdicken.

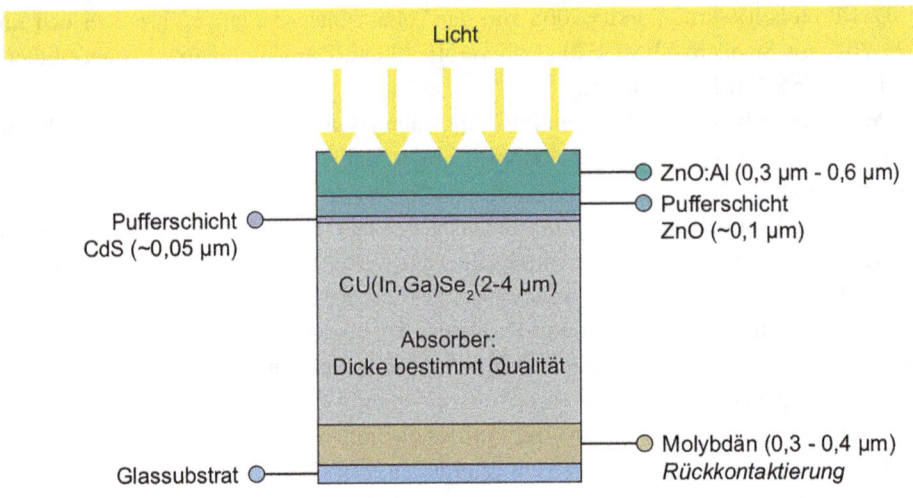

Abb. 10.20 Aufbau einer CIGS-Solarzelle

Die Grafik zeigt einen schematischen Querschnitt einer $Cu(In,Ga)Se_2$-Solarzelle mit den entsprechenden Schichtdicken. Bisher wird meist noch Glas als Substrat verwendet. Das Substrat wird mit Molybdän (Mo) beschichtet, das als Rückkontakt dient. Der namensgebende Halbleiter $Cu(In,Ga)Se_2$ wird auch als Absorber bezeichnet, da hier ein Großteil des eingestrahlten Lichts aufgenommen wird.

Die Wirkungsgrade von CIGS-Zellen sind heute im Bereich 20 % bis 24 %. Das Problem bei der Herstellung ist, dass der Rohstoff Indium relativ knapp ist und auch bei anderen Produkten, z. B. Flachbildschirmen verwendet wird. Außerdem ist die Entsorgung bei CIGS Zellen aufwendiger als bei kristallinen Solarzellen, da das Materialgemisch toxisch ist.

10.7.7.3 Prozess zur Herstellung einer CIGS Solarzelle

Abb. 10.21 zeigt den aufwendigen Herstellungsprozess der CIGS -Solarzelle, den ich China 2018 und 2019 begleitete. In einem Automatisierungsprojekt war ich für Integration des Qualitätskontroll-Moduls zuständig.

Für die Qualitätsprüfung der einzelnen Schichtdicken kam Röntgenfluoreszenzmesstechnik zur Anwendung. Derartige ‚Inline‘-Anlagen zur Messung der Schichtdicken wurden mit zwei renommierten deutschen Anlagenbauern, die mittlerweile von chinesischen Energiekonzernen übernommen wurden, instrumentiert. Beginnend beim Basic Engineering bis hin zum Factory Acceptance Test habe ich beide Projekte sehr intensiv miterlebte (siehe Abschn. 3.5).

Bei der Auslegung der geplanten ‚Inline‘-Messung, war die Bandgeschwindigkeit bezüglich der Messanforderungen des Kunden zu optimieren: Beleuchtungszeit des Prüflings in Bezug zur möglichen Messpunkteanzahl für eine vorgegebene Geometrie

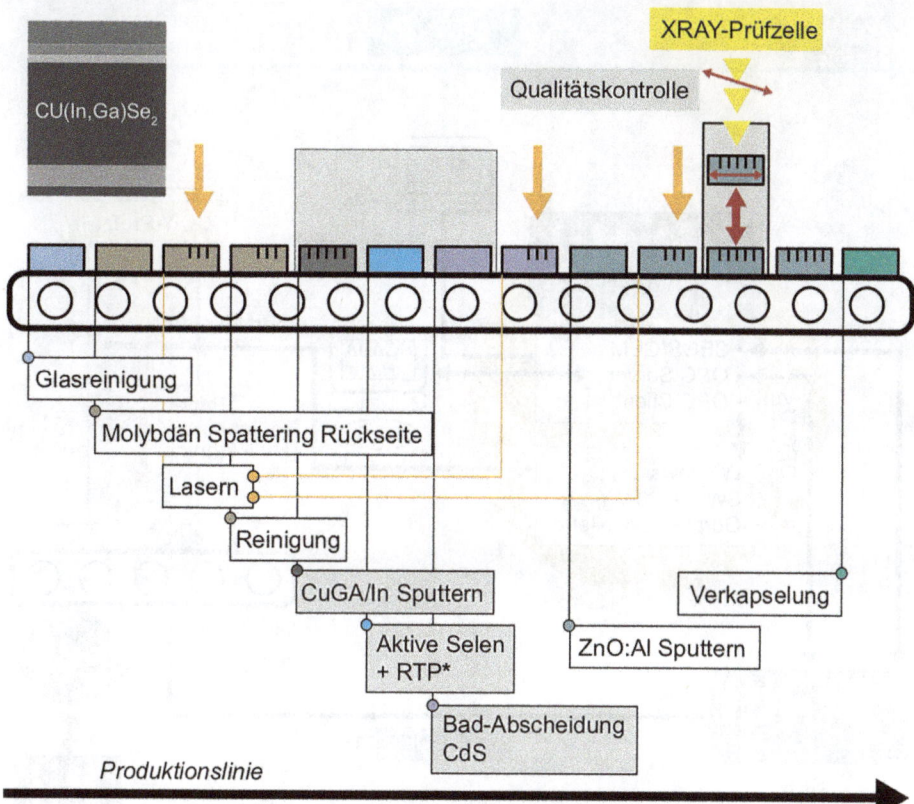

Abb. 10.21   Solarzellenfertigung mit Röntgenfluoreszenz-Qualitätsprüfung

waren mit einer 100 % Kontrolle bei gegebenem Kostenrahmen des Kunden nicht möglich. Der Kompromiss bestand letzten Endes darin, dass nur jedes x-te CIGS Panel automatisch geprüft werden konnte. Dies war jedoch ein wesentlicher Fortschritt gegenüber
der früheren Qualitätsprüfung mittels SPC im Labor!

Sehr interessant war dabei die Vernetzung des Inline-Schichtdickenessgerätes mit
PROFINET, SEGS/GEM und OPC UA. Abb. 10.22 zeigt den prinzipiellen Aufbau dieser
Anwendung:

Der OPC UA Client ist die zentrale Komponente, die mit dem MES- und SCADA-
System verbunden ist und die Kommunikation regelt. Die Auswertung des XRAY's
findet auf dem OPC Server statt. Die Steuerung der kompletten Produktionslinie Band-
anlage erfolgt über den echtzeitfähigen Bus ‚PROFINET'/‚Profidrive'. PROFINET regelt auch das Ausphasen der Panels in das Modul ‚XRAY- Qualitätsprüfung' (XRAY Ka-
binett).

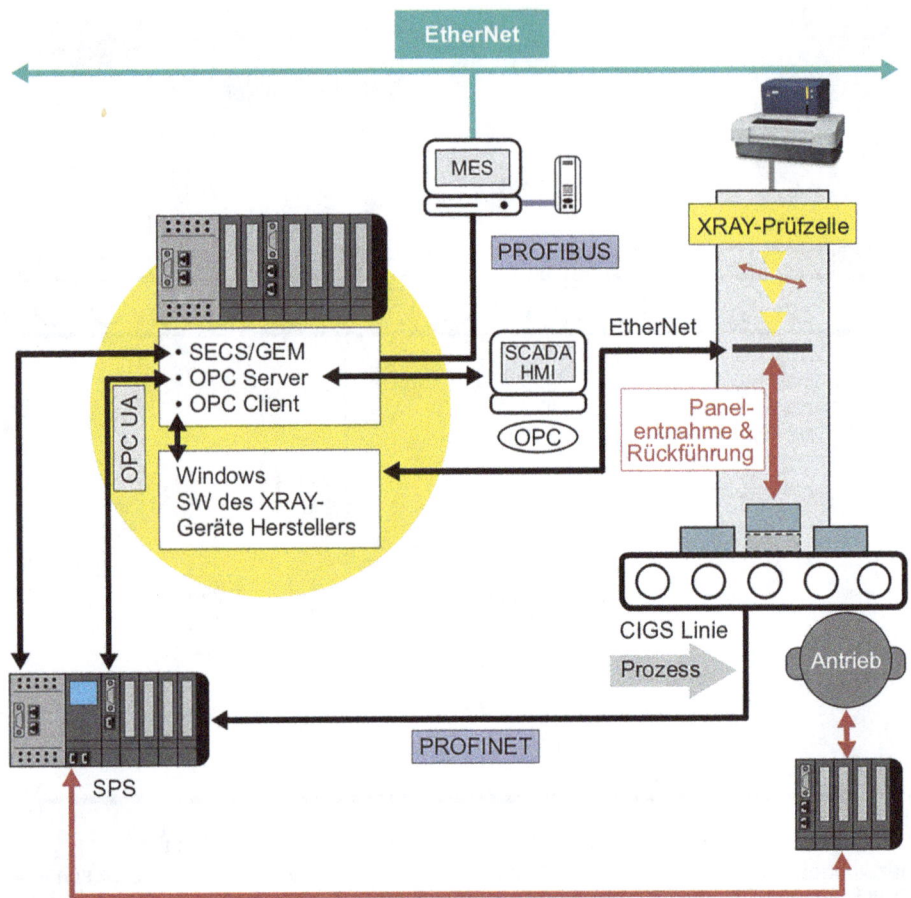

Abb. 10.22 Solarzellenfertigung mit Vernetzungstopologien OPC UA, PROFINET und Röntgen-fluoreszenzgerät XRAY FT 160 (Beispiel). (*Quelle* XRAY © images courtesy of Hitachi High-Tech Corporation)

10.7.8 Zusammenfassung OPC UA

Die wichtigsten Punkte für OPC sind:

- OPC UA ist ein Standard für den industriellen Datenaustausch für horizontale und vertikale Kommunikation
- OPC UA ist die Basis für Industrie 4.0 und IoT im Hinblick auf vereinfachende Systemintegration
- OPC UA ist ein offener Standard und herstellerunabhängig, was der entscheidende Vorteil gegenüber vielen anderen Systemen ist
- Die OPC-Foundation ist ein Zusammenschluss verschiedener Hersteller, welchen den OPC UA Standard gemeinsam definiert haben

- OPC UA beinhaltet viele sehr gute Sicherheitsmechanismen, die insbesondere im Zusammenhang mit Cloud Computing von hoher Bedeutung sind. Es gibt zahlreiche Zertifikate und Verschlüsselungen

OPC UA gilt derzeit als internationaler Standard für vertikale und horizontale Kommunikation und ermöglicht somit semantische Interoperabilität (Fähigkeit von Computersystemen die Daten mit eindeutiger, gemeinsamer Bedeutung auszutauschen) in der Automatisierungspyramide sowohl innerhalb einer Produktionsanlage aber auch im Zusammenspiel globaler Produktionsanlagen [132]. Auf Neudeutsch spricht man auch von ‚Cyber Physical Systems' [133]. Dabei handelt es sich einfach ausgedrückt um die Verbindung von mechanischen Komponenten über Netzwerke und moderne Informationstechnik. Sie ermöglichen die Steuerung und die Kontrolle von komplexen Systemen und Infrastrukturen. Dies ist auch ein grundlegender Aspekt von Industrie 4.0, die sogenannte vierte industrielle Evolution (Revolution).

Im Wesentlichen handelt es sich bei allen OPC Standardisierungen vereinfacht ausgedrückt um standardisierte Kommunikationsprotokolle, die dazu dienen, um Echtzeitdaten von den SPS (PLC)-Einheiten auf SCADA/HMI-Systeme und MES-/ERP-Systemen zu transportieren und darzustellen (OPC DA) [134]. Dies gilt für einzelne Prozesse und Fabriken genauso wie für global verteilte Standorte, die über Cloud Computing verbunden sind.

OPC UA und OPC XLM-DA (eXtensible Markup Language-Data Access) [135] sind heute unabhängig von Betriebssystemen, was der große Fortschritt in der Industrie ist. Obwohl im Bereich SCADA heute noch viele herstellerspezifische und geschlossene Systeme vorhanden sind, ist der Trend zu herstellerunabhängiger Software sehr gut erkennbar. Offenen Protokollen sowie Software- und Systemarchitekturen gehören die Zukunft.

Der Trend der Hersteller, von der Entwicklung von unterschiedlichsten Gateways zur Anpassung der vielen Bussysteme, geht immer mehr in Richtung von herstellerunabhängiger Standardisierung. OPC UA steht stellvertretend als wegweisendes Beispiel für diesen Trend.

Trotz aller Möglichkeiten muss insbesondere beim Cloud Computing das Sicherheitsrisiko durch Hackerangriffe erwähnt werden, die ein zunehmendes Problem darstellen:

Für Verschlüsselungsverfahren werden und müssen immer größere Summen an Geld investiert werden. Zum Teil helfen zwar die zunehmend besser werdenden Codierungs- und Verschlüsselungsverfahren, wie beispielsweise die TLS -Verschlüsselung (Transport Layer Security) [136] im Internet, aber die hundertprozentige Sicherheit gibt es nicht!

Auch die Verschlüsselung in den Datenbanken und die Zugriffsmöglichkeiten der Cloud Anbieter stellen weitere Risiken dar. Heute wird sehr intensiv an diesen Themen gearbeitet. Dennoch wird es auch zukünftig eine große Herausforderung sein, bei immer größeren Datenfluten, Rechner- und Netztopologien, die Sicherheit beherrschbar zu machen oder auf einem hohen Niveau zu garantieren.

Wie gesagt, die Abhängigkeit von den Cloud Anbietern, deren Schnittstellen herstellerspezifisch sind, stellt ein weiteres großes Risiko für die Sicherheit dar. Dazu muss man sich nur eine Frage stellen, was passiert beispielsweise mit den Daten, wenn ein Cloud Anbieter insolvent wird?

Eines ist klar: Je mehr Cloud Computing eingesetzt wird, desto mehr Aufwand ist zukünftig auch in die Sicherheitssoftware zu investieren!

10.8   WLAN/Wi-Fi

Wireless Local Area Network (WLAN) ist ein lokales Funknetz, wobei man damit meistens den Standard der IEEE-802.11-Familie versteht.

Wi-Fi ist gegenüber WLAN unterschiedlich und beschreibt das Funkverfahren, das durch die Wi-Fi Alliance anhand des IEEE-802.11-Standards zertifiziert werden muss.

WLAN/Wi-Fi ist das Funkverfahren, dass in der Industrie bei Systemintegrationen gegenüber allen anderen Kommunikationsarten am stärksten zunimmt. Lag man 2019 noch bei 2 % Anteil von ,Feldbussen', sind es 2022 bereits 6 % mit steigender Tendenz.

Der WLAN/Wi-Fi Technik kommt in der Automatisierung seit Einführung von WLAN 6 immer mehr Bedeutung zu. Man schätzt, dass es allein in der Automatisierungstechnik aktuell ca. 6–7 Mio. WLAN-Feldbusknoten gibt. Allerdings wird durch WLAN 5 und seit 2019 durch WLAN 6 das jährliche Wachstum mittlerweile auf ca. 30 % geschätzt (Abb. 7.1).

10.8.1 WLAN/Wi-Fi Geschichte

Durch die Auslagerung der Messgeräte aus dem Labor kam neben der traditionellen Verkabelungsthematik auch das Thema ,wireless' oder ,drahtlose Datenübertragung' auf. Nachdem WirelessHART im Buch ,Industrie 4.0, China 2025. IoT [15] bereits seit 2007 begann, sich in der Prozessautomatisierung zu etablieren, war man mit WLAN/Wi-Fi und Bluetooth in der Automatisierung noch nicht für den industriellen Einsatz bereit.

Wie bereits oben erwähnt bezeichnet WLAN (Wireless Local Area Network) ein lokales Funknetz, wobei in der Regel der Standard IEEE-802.11 verstanden wird, der in der Automatisierungstechnik und in der Industrie zum Einsatz kommt.

Gemäß diesem Standard wird auch der Begriff Wi-Fi (Wireless Fidelity) benutzt, der in USA, GB, Kanada, Niederlande, Spanien, Frankreich, Italien sowie Deutschland gebräuchlich ist. WLAN oder Wi-Fi ist uns sicher aus der Telekommunikation bestens bekannt. Insbesondere wenn es um Digitalisierung geht, spielt WLAN eine wichtige Rolle.

Wi-Fi bezeichnet die Zertifizierung durch die Wi-Fi Alliance (IEEE-802.11).

WLAN ist ein Funknetzwerk mit hohen Sendeleistungen. Per WLAN kann man die Endgeräte wie Laptops, Smartphones ohne Kabel zum Internet verbinden.

Wi-Fi dagegen ist ein Markenname. Geräte, die mit Wi-Fi gekennzeichnet sind, können WLAN empfangen. In Deutschland sind beide Begriffe gängig. In den meisten anderen Ländern ist nur Wi-Fi bekannt.

Im Gegensatz zum Wireless Personal Area Network (WPAN) [137] haben WLANs größere Sendeleistungen und Reichweiten und bieten im Allgemeinen höhere Datenübertragungsraten. WLAN erfordert Anpassungen der Bitübertragungs- und Sicherungsschicht des OSI Modells.

Der Standard IEEE 802.11 wurde im Jahr 1997 verabschiedet. Seine wesentlichen ursprünglichen Punkte waren:

- Datenrate: 1 oder 2 Mbit/s (für Nutzdaten und Protokoll-Overhead).
- Frequenzband 2,400–2,485 GHz (lizenzfrei)
- Modulationsverfahren: FHSS (Frequency Hopping Spread Spectrum) oder (DSSS Direct Sequence Spread Spectrum); siehe auch wirelessHART [15]

Dieser ursprüngliche Standard ist aber mittlerweile veraltet und durch neuere Standards ersetzt.

Beispielsweise folgte im Jahr 1999 der Standard IEEE 802.11a [138], indem WLAN für das 5 GHz Band mit einer theoretischen Übertragungsgeschwindigkeit von 54 MBit/s definiert ist.

Weitere Normen folgten bis zum Wi-Fi 5 ‚Gigabit-WLAN' mit 433 Mbit/s Datenübertragungsrate, das im Standard IEEE 802.11ac [139] für die Automatisierung definiert ist. Dieser Standard wurde erst im Jahr 2013 eingeführt und war gleichzeitig der Beginn des drahtlosen WLAN in der Automatisierung.

Seit 2019 ist auch WLAN 6 gemäß dem Standard IEEE 802.11.ax, der maximal eine Datenübertragungsrate 1202 Mbit/s erreicht.

Allerdings erfüllte der Standard IEEE 802.11ac nicht zu 100 % die Anforderungen der Industrie [138].

Der erste und hauptsächliche Grund ist, dass beim Einsatz in der Prozessindustrie aber auch in der Fabrikautomation (z. B. galvanische Fabriken und Umwelt) die WLAN-Geräte genau wie die übrigen Sensoren, Messwertumformer und Antriebe zum Teil den sehr rauen Umgebungsbedingungen mit hohen Temperaturschwankungen, unterschiedlichen klimatischen Bedingungen, Staub, Wasser, elektromagnetischen Einflüssen, Schock und Vibrationen standhalten mussten (siehe Abschn. 6.3).

Das bedeutet, es ist eine hohe Schutzart gefragt, da die wireless Komponenten außerhalb des Schaltschrankes funktionieren müssen: IP65 war gefragt! Daher ist nach wie vor ein robustes Gerätedesign für alle Komponenten im WLAN, besonders auch für die Antennen, gefordert.

Als Beispiel für diese Anforderungen möchte ich noch einmal auf Länder wie Indien, China, SEA, Indonesien verweisen, in denen hohe Temperaturschwankungen und große Luftfeuchtigkeit selbst in Werkshallen der Fabrikautomation vorhanden sind, da sie oftmals nicht klimatisiert sind. Mehrere Male habe ich bei unterschiedlichen Kunden in diesen Ländern miterlebt, wie Geräte ihre Funktion verloren haben, weil sie nicht die entsprechenden Schutzarten erfüllten.

Ein zweiter Grund ist die geforderte schnelle Datenübertragung, die WLAN oft an seine Grenzen bringt: Um beispielsweise PROFINET zuverlässig nutzen zu können, müssen die Signale deterministisch und mit Zykluszeiten im Millisekunden-Bereich übertragen werden. Gerade hier liegt aber ein Schwachpunkt von WLAN für viele industrielle Einsätze.

Es ist offenkundig, dass im Wireless LAN, basierend auf dem protokollunabhängigen Standard IEEE 802.11 die Übertragung derselben Information eine wesentlich längere Zeit benötigt als im drahtgebundenen LAN; d. h. wenn im verkabelten LAN die Sendeempfangszeit einer Information unter 1 ms beträgt, kann diese bei der drahtlosen Übertragung mit WLAN bis zu 4 ms oder mehr betragen. Datenverluste und wiederholtes Senden der Informationspakete sind einer der maßgeblichen Gründe. Weiter sind neben dem größeren WLAN-Protokoll die Bitfehlerrate und die größere Verzögerung bei der Übertragung zu nennen. Beides hat auch mit der bereits erwähnten Störanfälligkeit von Funksystemen zu tun.

Ein dritter Grund ist nach wie vor, dass WLAN außerhalb und innerhalb des Schaltschrankes einen immer noch zum Teil erhöhten Platzbedarf hat: Montage und hoher Platzbedarf sowie Ersatzteilhaltung sind unmittelbar mit Kosten verbunden. Genauso wie bei allen anderen Messgeräten, Messwertumformern und Sensoren geht der Trend auch bei WLAN eindeutig zu miniaturisierten Komponenten hin, d. h. bis hin zu Hutschienengeräten.

Bezüglich der genannten Gründe hat sich bis heute der generelle Einsatz von WLAN immer wieder verzögert. WLAN wird heute immer noch am meisten in der industrienahen Umgebung mit gemäßigten Umweltbedingungen eingesetzt. Montagehallen, Besprechungsräume, Labors, Entwicklungen, Kontrollräume sind typische Einsatzorte hierfür.

Erst durch WLAN 6 mit seinem robusten Design (siehe Abb. 10.23) änderten sich seit 2019 die Einsatzmöglichkeiten.

10.8.2 OSI Modell und WLAN/Wi-Fi

Abb. 10.24 referenziert das OSI Modell zum WLAN/Wi-Fi.

Folgende Abkürzungen sind in Abb. 10.24 verwendet:

Gemäß Abschn. 8.1.5 ist *CSMA/CD (Carrier Sense Multiple Access/Collision Detection)* ein spezielles Zugriffsverfahren von Ethernet, bei dem mehrere Netzwerk-Teilnehmer auf das Übertragungsmedium zugreifen können. Das CSMA/CD-Verfahren prüft jede angeschlossene Station, ob das Übertragungsmedium frei ist, da mehrere Stationen dasselbe Übertragungsmedium nutzen, ansonsten kommt es zu Kollisionen. Das CSMA/CD-Verfahren wird mit dem CSMA/CA (Collision Avoidance) hauptsächlich

Abb. 10.23 Leistungsstarkes
WLAN 6-Gerät mit IP65 für
den industriellen Einsatz;
(*Quelle* SIEMENS)

OSI-Modell		WLAN (Wi-Fi)
7	Anwendungsschicht (Application Layer)	Wie gehabt
6	**Darstellungschicht** **(Presentation Layer)**	
5	**Sitzungsschicht** **(Session Layer)**	
4	**Transportschicht** **(Transport Layer)**	**TCP (Transmission Control** **Protocol)**
3	**Vermittlungsschicht** **(Network Layer)**	**IP (Internet Protocol)**
2	Sicherungsschicht (Data Link Layer)	**Logical Link Control: 802.2** **MAC: CSMA**
1	Bitübertragungsschicht (Physical Layer)	**Convergence Protocol PLCP** **DSSS, FHSS, Infrarot**

CSMA/CD: Carrier Sense Multiple Access/Collision Detection
DSSS: Direct Sequence Spread Spectrum ist ein Frequenzspreizverfahren für die Daten-
übertragung über Funk. Die Idee dabei ist, ein Ausgangssignal mittels einer vorgegebenen
Bitfolge zu spreizen. **FHSS:** Frequency Hopping Spread Spectrum

Abb. 10.24 OSI Modell und WLAN/Wi-Fi

bei Funkverfahren eingesetzt, da WLAN nicht notwendigerweise Voll-Duplex-fähig ist (Abschn. 8.1.5).

FHSS (Frequency Hopping Spread Spectrum; deutsch: Frequenzsprungverfahren) ist ein von George Antheil und Hedy Lamarr erfundenes Frequenzspreizverfahren für die drahtlose Datenübertragung, um eine höhere Störsicherheit des Signals zu erreichen [140].

PLCP (Physical Layer Convergence Protocol) ist eine alternative Signalverarbeitung zur Erhöhung der Störsicherheit Methode, um eine Anpassung der Daten an die Übertragungsgeschwindigkeit und die Slots auf der Funkstrecke (Übertragungsmedium) vorzunehmen. PLCP wird die in älteren T-Übertragungseinrichtungen benutzt, um eine Anpassung der Daten an die Übertragungsgeschwindigkeit und die Slots auf dem physikalischen Übertragungsmedium vorzunehmen [141].

DSSS (Direct Sequence Spread Spectrum) ist ein Verfahren für die Datenübertragung über Funk. Die Idee des DSSS ist ein Sendesignal mittels einer vorgegebenen Bitfolge in ein möglichst breites Frequenzspektrum zu spreizen, dass es störresistenter wird. Das Modulationsverfahren basiert auf dem Standard IEEE 802.11b, was identisch mit WirelessHART ist [15, 142].

Der Standard IEEE 802.11ac definiert einen gemeinsamen Media Access Control Layer für drei Bitübertragungsschichten [143]. Zwei Infrarotfrequenzbänder (2 Layer) im Bereich 850 nm bis 950 nm werden aufgrund ihrer Reichweitenbegrenzung <10 m kaum benutzt. Das für die Industrie angewendete Funkverfahren ist das ISM-Band (2,400 GHz–2,4825 GHz), das auch bei ‚WirelessHART' zum Einsatz kommt. Das Frequenzband ist auf 14 Kanäle aufgeteilt, davon sind in Europa 13, in USA 11 und in Japan 14 nutzbar. Industriell wurde bis zum Erscheinen von WLAN 6 hauptsächlich WLAN 4 gemäß Standard IEEE 802.11n [144] oder WLAN 5 gemäß Standard IEEE 802.11ac aus dem Jahre 2013 eingesetzt. Die isotrope Strahlungsleistung ist in Europa für 2,4 GHz auf 100 mW bzw. 200 mW begrenzt.

Der Standard IEEE 802.11 hat als Basistechnik das bekannte Ethernet. Der Ethernet II Frame ist entsprechend Abb. 8.3 in das WLAN-Protokoll integriert. Im Gegensatz zum Ethernet-Frame, der maximal 1518 Byte enthalten kann, ist er bei WLAN auf 2304 Byte erweiterbar. Vorteil von längeren Frames ist die Reduktion der Header und somit die Erhöhung der Datenrate, der Nachteil ist jedoch die längere Übertragungszeit.

10.8.3 WLAN/Wi-Fi Frame

Abb. 10.25 zeigt den Frame für WLAN/Wi-Fi.

Damit die Datenframes über WLAN übertragen werden können, müssen bis zu 64 zusätzliche Bytes an Header und Prüfsummen hinzugefügt werden und eine Präambel von 20 µsec zur Synchronisation. Der *Sequenzzähler ‚IV'* in Abb. 10.25 wird bei verschlüsselten Paketen benötigt.

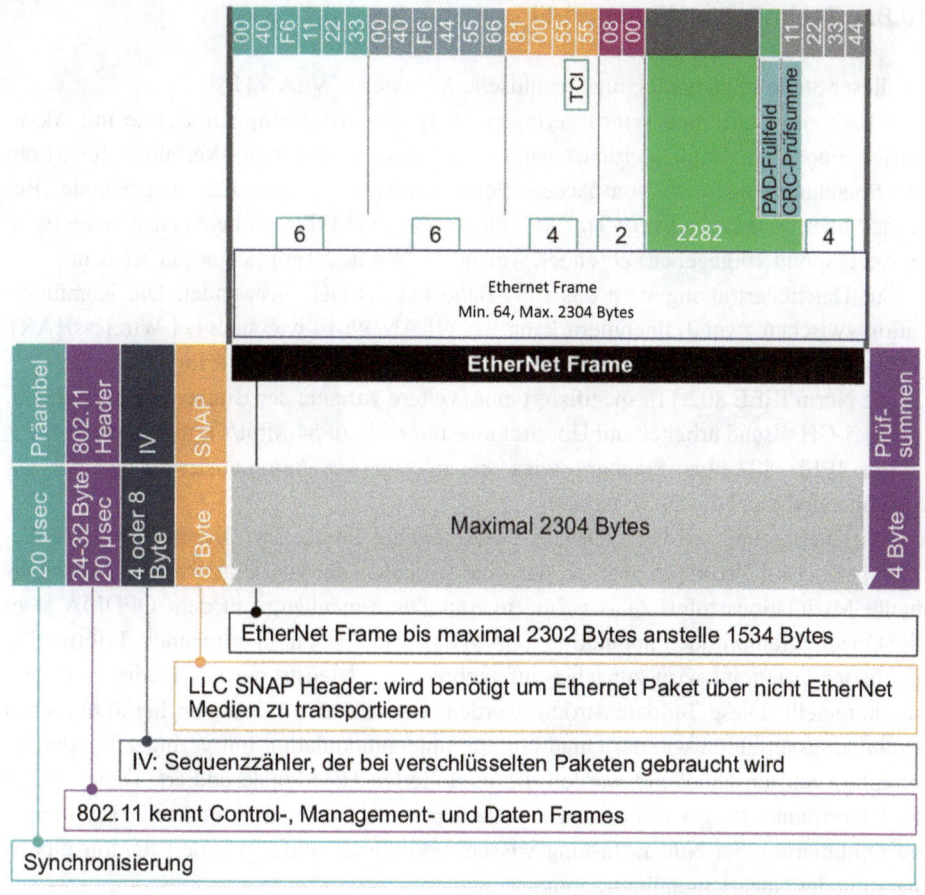

Abb. 10.25 WLAN-Frame [138, 145]

Der *LLC-SNAP -Header* (Logical Link Control-Subnetwork Access Protocol) [146], (siehe Abb. 8.6 und Abschn. 8.1.4.2) ist notwendig, um Ethernet-Frames über nicht Ethernet Medien zu transportieren.

Am Schluss des kompletten Ethernet-Frames ist die Prüfsumme mit der Größe von 4 Byte.

Speziell ist das Subnetwork Access Protocol (SNAP) ist ein Mechanismus zum Multiplexen von mehr Protokollen in Ethernet-Netzwerken, die IEEE 802.2 LLC verwenden, als durch die Acht-Bit-Felder des 802.2 Service Access Point (SAP) unterschieden werden können. SNAP unterstützt die Identifizierung von Protokollen anhand von Ether-Type-Feldwerten [146] (siehe auch Abschn. 8.1.4.2).

10.8.4 Technik des WLAN/Wi-Fi

An dieser Stelle seien noch einige technische Aspekte zu WLAN [15].

WLAN wird aufgrund seines geringen Energiebedarfs häufig für Geräte mit Akku-betrieb eingesetzt. Dafür werden verschiedene Powermanagement-Verfahren für Strom und Spannung eingesetzt. Vom Access Point werden z. B. regelmäßig sogenannte ‚Be-acons' oder DTIMs (Delivery-Traffic-Indicator-Map) [147] in größeren Abständen (wird im Accesspoint vorgegeben) gesendet, welche die Wireless Empfänger ‚aufwecken'.

Zur Datenübertragung wird das ISM-Band bei 2,4 GHz verwendet. Die Kommuni-kation zwischen zwei Teilnehmern kann bei WLAN/Wi-Fi wie auch bei WirelessHART [15] direkt als Basisstation (Access Point) oder als Mesh-Netzwerk erfolgen.

Die Norm IEEE 802.11a spezifiziert eine weitere Variante der Bitübertragungsschicht, die im 5-GHz-Band arbeitet und Übertragungsraten bis zu 54 Mbit/s ermöglicht.

Der IEEE 802.11ac Standard wird speziell für die Automatisierungstechnik an-gewendet und nutzt das 5-GHz-Band.

Als Übertragung wird das OFDMA (Orthogonal Frequency Division Multiple Ac-cess) [148, 149] Verfahren genutzt, das eine variable Zahl von Unterträgern und indivi-duelle Modulationsstufen zulässt. Im engeren Zusammenhang mit dem OFDMA steht die Quadraturamplitudenmodulation (QAM) [150]: Die zu übertragende Information mit hoher Datenrate wird zunächst auf mehrere Teildatenströme mit niedriger Daten-rate aufgeteilt. Diese Teildatenströme werden jeder für sich mit einem herkömmlichen Modulationsverfahren wie der Quadraturamplitudenmodulation mit geringer Bandbreite moduliert und anschließend werden die modulierten HF-Signale addiert. Dabei stehen die Unterfrequenzträger orthogonal zueinander. Diese Information muss der Empfänger zur Optimierung der Nutzauslastung wissen. Vertiefende umfangreiche Literatur gibt es hierzu in der Nachrichtenübertragung.

10.8.5 Zukünftige Entwicklungen

Zukünftige Entwicklungen in der Automatisierungstechnik gehen in die Richtung von

- Höhere Bitraten durch höherstufige Modulationsverfahren
- Breitere Funkkanäle, bis 80 MHz (anstelle 20 MHz)
- Höhere Bitraten durch räumlich getrennte Übertragungswege und gleichzeitigem Sen-den und Empfangen
- Bessere Störresistenz

Ende 2019 wurde der Standard Wi-Fi 6E [151, 152] gemäß IEEE 802.11ax [152] ver-abschiedet, welcher das 6-GHz-Band erschließen soll. Einer der Gründe hierfür ist, dass seit Einführung der Standards IEEE 802.11n (Wi-Fi 4) und IEEE 802.11ac (Wi-Fi 5) viele Millionen Geräte in Betrieb genommen wurden, die auf denselben Kanälen funken und sich immer wieder gegenseitig stören.

Dadurch werden die Übertragungszeiten immer länger, was kritisch für viele Industrieanwendungen ist. Neben dem 6-GHz Band werden aber das 2,4-GHz und 5-GHz Band weiterhin genutzt. WLAN 6-Router unterstützen das gleichzeitige Empfangen und Senden mehrerer Geräte, wodurch der Datendurchsatz enorm gesteigert werden kann.

Eines der leistungsfähigsten in diesem Sinn ist das in Abb. 10.23 gezeigte WLAN 6 Geräte der Firma SIEMENS mit der Schutzart IP65 für harte Umgebungsbedingungen im Industrieeinsatz.

10.8.6 ASIC für WLAN/Wi-Fi

Auch für WLAN gibt es mittlerweile ASIC's, von denen im Folgenden einige aufgezeigt sind.

10.8.6.1 ASIC RN1810/RM1810E

Für WLAN sei als typisches Beispiel in Abb. 10.26 der ASIC RN1810/RM1810E von MICROCHIP Technology [153] gezeigt.

Der Chip erfüllt den Funkstandard IEEE 802.11 b/g/n. Er arbeitet im 2,4-GHz-Band und überträgt mit 54 Mbit/s. Er hat eine UART-Schnittstelle [154, 155].

Technische Daten:

- Spannungsbereich: 3.15 V–3.45 V; (typisch 3,3 V)
- Temperaturbereich: −40°C bis +85°C
- Ausgangsleistung ist 20.7 dBm
- Low-Power Stromverbrauch: RX Mode:64 mA (Typisch)
- TX mode: 246 mA bei 18dBm (Typisch)
- Schlafmodus: 12 µA (Typisch).
- Integrierte Antenne und externe Antenne möglich

Abb. 10.26 Typischer ASIC RN 1810 für WLAN 2.4 GHz IEEE 802.11b/g/n; Wireless Modul [152] [I], [II], Abb. 10.26 [I], [II] zeigt Ausschnitte der unveränderten Originale

[I] [II]

26,7 mm

MODEL RN1810 1708576

17,8 mm   2,2 mm

WLAN-Wifi ASIC RN 1810, RN 1810E
26,7 mm x 17,8 x 2,2 mm

- Frequenzband: 2412 GHz bis 2472 GHz
- 1–13 Kanäle
- Empfindlichkeit -94 dBm

Die Modulationsarten sind:

- WLAN wird gemäß der IEEE 802.11b-Spezifikation eingesetzt.
- 16 QAM, 64 QAM: Quadratur-Amplituden-Modulation.
- BPSK: Binary Phase Shift Keying
- CCK: Complementary Code Keying ist ein Modulationsverfahren, welches in draht- losen Netzwerken wie Wi-Fi verwendet wird. CCK ist eine Verbesserung der ur- sprünglichen DSSS-Modulation (Direct Sequence Spread Spectrum), die im IEEE 802.11b-Standard verwendet wurde. CCK wird verwendet, um höhere Datenraten bereitzustellen und die Zuverlässigkeit der drahtlosen Kommunikation zu verbessern.
- DSSS: Direct Sequence Spread Spectrum
- QPSK: Quadraturphasenumtastung oder Vierphasen-Modulation (Quadrature Phase- Shift Keying)
- Phase-Shift-Keying oder Quaternary-Phase-Shift Keying

Funknetzwerkfähig für

- IPv4/IPv6
- TCP, UDP
- DHCP, DNS, ICPM, ARP http, FTP, SNTP SSl/TLS
- Komplettes On-Board TCP/IP Networking
- Wi-Fi Unterstützung

Zertifizierungen:

- USA (FCC)
- Canada (IC)
- Europa R&RTE Directive Assessed Radio Module
- Australien. Neuseeland Korea, Taiwan, Japan

10.8.6.2 Kombinierte Wi-Fi/Bluetooth-PC-Einsteckkarte mit Intel AX200 [156]

Mittlerweile gibt es auch kombinierte WLAN/Wi-Fi 6-Einsteckkarten für PC's, die in Kombination mit Bluetooth 5.1 (bis 3000 Mbit/s) arbeiten.

Der Hauptchip ist beispielsweise der Intel AX200, der den WLAN- Standard 802.11ax erfüllt.

Diese PCI-E-Karte (Peripheral Component Interconnect Express-Karte), kommt in der Automatisierungstechnik zum Teil im SCADA/HMI/MES-System zum Einsatz.

Der Standard 802.11.ax ist für Geschwindigkeiten bis zu 3000 Mbit/s definiert.

Die Wi-Fi 6 PCI-E-Karte erreicht eine Geschwindigkeit von bis zu 2,4 Gbit/s (2402 Mbit/s bei 5 GHz oder 574 Mbit/s bei 2,4 GHz).

Diese Wi-Fi-Karte unterstützt die Betriebssysteme Windows 10 (64-Bit) und Linux (Kernel 5.1+).

Einige technische Details zu dieser Einsteckkarte sind:

•	Gewicht	120 g
•	Modell	Ubit-AX200
•	Abmessungen	$4,0 \times 12,0 \times 2,2$ cm
•	Wireless	802.11AX Wi-Fi 6 und Bluetooth 5.1
•	Graphic Coprozessor	Intel
•	Interface Grafik.	PCI-E
•	WLAN Typ	802.11a/b/g/n/ac
•	Hardware Plattform	PC
•	Betriebssysteme	Windows 10, Linux, Google Chrome

Es gibt bezüglich dieser Einsteckkarte viele Varianten unterschiedlicher Hersteller.

10.8.7 Zusammenfassung WLAN/Wi-Fi

Seit mehreren Jahren wird in vielen Fachzeitschriften publiziert, dass Maschinen und Daten in Industrieanlagen mit mobilen Tablet-PCs und Smartphones, basierend auf iOS (Betriebssystem von Apple) und/oder Android (Betriebssystem der Open Handset Alliance) bedient und parametriert werden können und dabei die drahtlosen Funkverbindungen wie Bluetooth oder WLAN eine wesentliche Rolle bei Industrie 4.0 spielen [157].

Das industrielle WLAN ist mit WLAN 6 sicher die Basis für eine industrielle wireless Anwendung in der Automatisierung. Dies belegen auch die Wachstumzahlen der vergangenen Jahr.

Aufgrund von Echtzeitverhalten und Umgebungsbedingungen ist jedoch noch viel zu tun.

Noch immer sind m. E. in der Chemie, Petrochemie, Umwelt, Analysenmesstechnik (Schichtdickenmessung, pH, Leitfähigkeit, etc.), Automotive und Energiewirtschaft Smartphone oder Tablets seltener in automatisierten Umgebungen akzeptiert.

Jedoch hat WLAN/Wi-Fi gegenüber Bluetooth als drahtlose Kommunikation in der Prozessautomatisierung die besseren technischen Grundlagen. Bluetooth findet man u. a. in industriellen Applikationen der Fabrikautomatisierung in Verbindung mit IO-Link.

WLAN gibt es heute häufiger in der Fabrikautomatisierung. Und hier wiederum am häufigsten von der SCADA-Ebene in die Betriebs-/ERP-Ebene.

Gegenüber WLAN ist heute auch häufig WirelessHART [15] im Einsatz, wo ich schon mehrere Anwendungen in der Feldebene auch in Zusammenhang mit HART-IP (USA) gesehen habe und dies selbst in konservativen Industrien wie Chemie und Petrochemie.

Eines ist sicher, die Sicherheitsaspekte und Geschwindigkeitsanforderungen in der Übertragung überwiegen in der Industrieautomatisierung nach wie vor in den meisten Applikationen und hier hat das Kabel seine Vorteile gegenüber den Funkverfahren.

Literatur

1. Dr. Leonhard Stiegler Automation: Industrielle Bussysteme: EtherNet/IP; DHBW Stuttgart; http://wwwlehre.dhbw-stuttgart.de/~srupp/IBS/07_EtherNet-IP.pdf; Letzter Zugriff am 8.11.2023
2. Frank Dopatka: Ein Framework für echtzeitfähige Ethernet-Netzwerke in der Automatisierungstechnik mit variabler Kompatibilität zu Standard-Ethernet; Vom Fachbereich Elektrotechnik und Informatik der Universität Siegen zur Er-langung des akademischen Grades Doktor der Naturwissenschaften (Dr. rer. nat.); file:///C:/Users/Wolfgang%20Babel/Downloads/dopatka.pdf; Letzter Zugriff am 8.11.2023
3. Feldbusse.de: DeviceNet – das universelle Netzwerk für die Feldebene; https://www.feldbusse.de/DeviceNet/DeviceNet.shtml/; Letzter Zugriff am 8.11.2023
4. KUNBUS: Das ControlNET; https://www.kunbus.de/controlnet.html/; Letzter Zugriff am 8.11.2023
5. ODVA: CIPMotionTM: https://www.odva.org/technology-standards/distinct-cip-services/cip-motion/; Letzter Zugriff am 8.11.2023
6. ODVA: CIPSafetyTM: https://www.odva.org/technology-standards/distinct-cip-services/cip-safety; Letzter am Zugriff am 8.11.2023
7. CIPSynchTM: https://www.odva.org/technology-standards/distinct-cip-services/cip-sync/; Letzter Zugriff am 8.11.2023
8. OVDA: „List of ODVA members". ODVA. Retrieved 15 December 2015; https://marketplace.odva.org/organizations#?technologies=none&view=members; Letzter Zugriff am 8.11.2023
9. Anybus by HMS NETWORKS: HMS Industrial Networks: https://www.anybus.com/about-us/news/2018/02/16/industrial-ethernet-is-now-bigger-than-fieldbuses; Letzter Zugriff am 8.11.2023
10. PLC-Handbuch: Gemeinsames Industrieprotokoll (CIP); http://www.plcmanual.com/common-industrial-proto-col#:~:text=Common%20Industrial%20Protocol%20%28CIP%29%20Common%20industrial%20protocol%20%28CIP%29,all%20the%20machines%20and%20processes%20through%20the%20computers; Letzter Zugriff am 8.11.2023
11. ODVA: CompoNet; https://www.odva.org/technology-standards/other-technologies/componet/; Letzter Zugriff am 8.11.2023
12. IEEE SA: IEEE 1588-2008 – IEEE Standard für ein Präzisionstaktsynchronisa-tionsprotokoll für vernetzte Mess- und Steuerungssysteme (engl.: 1588-2008 IEEE Standard for a Precision Clock Synchronisation Protocol for Networked Measurement and Control Systems; https://standards.ieee.org/standard/1588-2008.html; Letzter Zugriff am 8.11.2023

13. Elektronik Kompendium: UDP – User Data Protocol; https://www.elektronik-kompendium.de/sites/net/0812281.htm/; Letzter Zugriff am 8.11.2023

14. ScienceDirect: Medium Access Control; https://www.sciencedirect.com/topics/engineering/medium-access-control; Letzter Zugriff am 8.11.2023

15. Wolfgang Babel: ‚Industrie 4.0, China 2025, IoT'; Springer Vieweg Verlag, ISBN 978-3-658-34717-8; ISBN 978-3-658-34718-5 (eBook), (Englisch und Deutsch); https://doi.org/10.1007//978-3-658-34718-5; Letzter Zugriff am 8.11.2023

16. SIEMENS ingenuity for life: PROFINET; https://new.SIEMENS.com/global/de/produkte/automatisierung/industrielle-kommunikation/PROFINET.html; Letzter Zugriff am 8.11.2023

17. SIEMENS ingenuity for life: Industrial Ethernet; https://new.SIEMENS.com/global/de/produkte/automatisierung/industrielle-kommunikation/industrial-ethernet.html; Letzter Zugriff am 8.11.2023

18. KUNBUS gmbH: Funktionsblöcke und ihr Einsatz am Beispiel PROFINET CBA; https://www.kunbus.de/PROFINET-cba.html; Letzter Zugriff am 8.11.2023

19. VDE-Verlag IEC 61784-1:2019: Industrial communication networks – Profiles Part 1: Fieldbus profiles; Ausgabedatum: 2019-04; Edition: 5.0; Sprache: EN-FR – zweisprachig englisch/französisch; Seitenzahl: 716 VDE-Artnr.: 248616; https://www.vde-verlag.de/iec-normen/248616/iec-61784-1-2019.html; Letzter Zugriff am 8.11.2023

20. Feldbusse.de: PROFINET IO- Grundlagen; https://www.feldbusse.de/PROFINET/grundlagen.shtml; Letzter Zugriff am 8.11.2023

21. Fritz Kübler: Industrial-Ethernet-Drehgeber für Echtzeit-Anforderungen; Automatisierung Sensoren,08.11.2020; https://www.all-electronics.de/industrial-ethernet-drehgeber-fuer-echtzeit-anforderungen-von-fritz-kuebler/; Letzter Zugriff am 8.11.2023

22. Bihl+Wiedemannn: PROFIsafe Safety Protokoll; https://www.bihl-wiedemann.de/de/unternehmen/technologische-grundlagen/bussysteme/profisafe; Letzter Zugriff am 26.11.2023

23. openautomation; Fachmagazin für Manager: Aida: viele Projekte mit PROFI-NET; https://www.smart-production.de/open-automation/news-detailansicht/nsctrl/detail/News/aida-viele-projekte-mit-PROFINET-20091034/np/2/; Letzter Zugriff am 8.11.2023

24. ITWissen.info: TSN (time-sensitive networking); https://www.itwissen.info/TSN-time-sensitive-networking-TSN-Netz.html; Letzter Zugriff am 8.11.2023

25. Support: PROFINET Conformance Class; https://www.indu-sol.com/support/glossar/conformance-class/; Letzter Zugriff am 8.11.2023

26. Margaret Rouse: Remote Procedure Call, WhatIs.com/de; https://whatis.techtarget.com/de/definition/Remote-Procedure-Call-RPC; Letzter Zugriff am 8.11.2023

27. Address Resolution Protocol (ARP). https://erg.abdn.ac.uk/users/gorry/course/inet-pa-ges/arp.html#:~:text=Address%20Resolution%20Protocol%20%28arp%29%20The%20address%20resolution%20protocol,between%20the%20OSI%20network%20and%20OSI%20link%20layer/; Letzter Zugriff am 8.11.2023

28. Elektronik Kompendium: SNMP – Simple Network Management Protocol; https://www.elektronik-kompendium.de/sites/net/0902011.htm#:~:text=SNMP%20-%20Simple%20Network%20Management%20Protocol%201%20Netzwerk-Management.,abgelegt%20und%20gespeichert%20werden.%20Dazu%20dient%20die%20MIB; Letzter Zugriff am 8.11.2023

29. Elektronik Kompendium: DHCP – Dynamic Host Configuration Protocol; https://www.elektronik-kompendium.de/sites/net/0812221.htm; Letzter Zugriff am 8.11.2023

30. Digital Guide IONOS: VLAN – Was ist ein Virtual Local Area Network? https://www.ionos.de/digitalguide/server/knowhow/vlan-grundlagen/; Letzter Zugriff am 8.11.2023

31. PROFINET UNIVERSITY: DCP – Discovery and Configuration Protocol; https://PROFINETuniversity.com/naming-addressing/PROFINET-dcp/; Letzter Zugriff am 8.11.2023

32. manualslib: Media Redundancy Protocol Und Isochronous Real-Time Para-metrieren – SIE-MENS KP8 Betriebsanleitung; https://www.manualslib.de/manual/131941/SIEMENS-Kp8.html?page=94; Letzter Zugriff am 8.11.2023

33. Dipl.-Ing. (FH) Stefan Luber/Dipl.-Ing. (FH) Andreas Donner, 13.05.2020Autor/Redakteur, 13.05.2020: Was ist LLDP (Link-Layer Dis-covery Protocol/802.1AB)? IPINSIDER; https://www.ip-insider.de/was-ist-lldp-link-layer-discovery-protocol-8021ab-a-928511/; Letzter Zugriff am 8.11.2023

34. PROFINET Conformance Classes; www.feldbuss.de: Konformitätsklassen; https://www.feldbusse.de/PROFINET/conformance.shtml; Letzter Zugriff am 8.11.2023

35. Abbreviation Finder: RSI: Anforderung-Services-Schnittstelle; https://www.abbreviationfinder.org/de/acronyms/rsi_requirement-services-interface.html; Letzter Zugriff am 8.11.2023

36. Beckhoff: Durchgängiges Highspeed-Ethernet; https://www.beckhoff.de/default.asp?highlights/ethercat/default.htm?pk_campaign=AdWords-AdWordsSearch-EtherCAT_DE&pk_kwd=ethercat; Letzter Zugriff am 8.11.2023

37. Semi: SEMI E54.20 – Spezifikation für Sensor/Aktuator Netzwerkkommunikation für Ether-CAT; https://store-us.semi.org/products/e05420-semi-e54-20-specification-for-sensor-actuator-network-communications-for-ethercat; Letzter Zugriff am 8.11.2023

38. Günter Kerkommer: EtherCAT zielt auf Fabrikvernetzung, 25.November 2009 8:44 Uhr; COMPUTER & AUTOMATION; Industrial Ethernet; https://www.computer-automation.de/feldebene/vernetzung/ethercat-zielt-auf-fabrikvernetzung.71424.html; Letzter Zugriff am 8.11.2023

39. Jürgen Jasperneite: Echtzeit-Ethernet im Überblick. In: Automatisierungstechnische Praxis (atp). Nr. 3, 2005, ISSN 0178-2320, S. 29–34

40. EtherCAT Technology Group; Homepage; EtherCAT Technology Group|HOME; https://www.ethercat.org/default.htm; Letzter Zugriff am 8.11.2023

41. IEC Webstore: IEC 61800-7-201:2015:Adjustable speed electrical power drive systems – Part 7-201: Generic interface and use of profiles for power drive systems – Profile type 1 specification; IEC 61800-7-201:2015|IEC Webstore|pump, motor, water management, smart city https://webstore.iec.ch/publication/23753; Letzter Zugriff am 8.11.2023

42. KEB Technology: What is Safety over EtherCAT, FSoE; What is Safety over EtherCAT, FSoE?|KEB (kebamerica.com); https://www.kebamerica.com/blog/what-is-failsafe-over-ethercat-fsoe/; Letzter Zugriff am 8.11.2023

43. Beuth publishing DIN: DIN EN 61784-3-12:2012-03: Industrielle Kommunikationsnetze – Profile – Teil 3-12: Funktional sichere Übertragung bei Feldbussen – Zusätzliche Festlegungen für die Kommunikationsprofilfamilie 12 (IEC 61784-3-12:2010); Englische Fassung EN 61784-3-12:2010. Englischer Titel:Industrial communication networks – Profiles – Part 3-12: Functional safety fieldbuses – Additional specifications for CPF 12 (IEC 61784-3-12:2010); English version EN 61784-3-12:2010; Ausgabedatum 2012-03; DIN EN 61784-3-12 – 2012-03 – Beuth.de

44. EtherCAT Technology Group: EtherCAT ASIC ET1100; https://www.ethercat.org/de/products/682E293139E94770BC45422386A6C432.htm; Letzter Zugriff am 9.11.2023

45. Beckhoff System Information: CANopen over EtherCAT; https://infosys.beckhoff.com/english.php?content=../content/1033/ax2000-b110/html/ax2000-b110_canopen.htm&id; Letzter Zugriff am 9.11.2023

46. EtherCAT Technology Group: EtherCAT Product Guide; https://www.ethercat.org/en/products.html; Letzter Zugriff am 9.11.2023

47. Beuth publishing DIN: DIN EN 61800-7-301:2016-11: Elektrische Leis-tungsantriebssysteme mit einstellbarer Drehzahl – Teil 7-301: Generisches In-terface und Nutzung von Profilen für Leistungsantriebssysteme (PDS) – Abbil-dung von Profil-Typ 1 auf Netzwerktechno-

logien (IEC 61800-7-301:2015); Englische Fassung EN 61800-7-301:2016. Englischer Titel: Adjustable speed electrical power drive systems – Part 7-301: Generic interface and use of profiles for power drive systems – Mapping of pro-file type 1 to network technologies (IEC 61800-7-301:2015); English version EN 61800-7-301:2016. Ausgabedatum: 2016-11;DIN EN 61800-7-301 – 2016-11 – Beuth.de

48. CAN in Automation; CAN knowledge; CiA 402 series :CANopen device for profile for drives and motion control; https://www.can-cia.org/can-knowledge/canopen/cia402/; Letzter Zugriff am 9.11.2023

49. Cisco: CIPMotion ; Implementierung in EtherNet/IP; https://www.cisco.com/c/en/us/td/docs/solutions/Verticals/CPwE/CPwE_DIG/CPwE_chapter8.html; Letzter Zugriff am 9.11.2023

50. PI international: Systembeschreibung PROFIdrive; https://felser.ch/download/pno/4321_apr07.pdf; Letzter Zugriff am 9.11.2023

51. PI: PROFIdrive Systembeschreibung PROFIdrive & Encoder (profibus.com); https://www.spshaus.ch/files/inc/Downloads/Lernumgebung/Downloads/Kurs-Modelle/PI_PROFIdrive_DE_v_web_02.pdf); Letzter Zugriff am 9.11.2023

52. Nutzerorganisation Sercos International e. V.:SERCOS; https://www.sercos.de/; Letzter Zugriff am 9.11.2023

53. Beckhoff: ASIC ET1100, Hardware Datenblatt; https://www.datasheets360.com/pdf/8599142465919467036; Letzter Zugriff am 9.11.2023

54. IEN europe: CC-Link IE TSN in Aktion: https://www.ien.eu/article/cc-link-ie-tsn-in-action/; Letzter Zugriff am 9.11.2023

55. CLPA (CC-Link Partner Association): CLPA strengthens industry cooperation by signing an MoU with AutomationML e. V.; https://eu.cc-link.org/en/news_events/386/CLPA%20strengthens%20industry%20cooperation%20by%20signing%20an%20MoU%20with%20AutomationML%20e; Letzter Zugriff am 9.11.2023

56. CC_Link Partner Association: CC_Link Partner Association-Global Website; https://www.cc-link.org/; Letzter Zugriff am 9.11.2023

57. Kunbus: CC-Link Protokoll; https://www.kunbus.com/cc-link-data-frame.html; Letzter Zugriff am 9.11.2023

58. semi-dev SEMI E54.12 – Specification for Sensor/Actuator Network Communi-cations for CC-Link; https://semi-dev.myshopify.com/products/e05412-semi-e54-12-specification-for-sensor-actuator-network-communications-for-cc-link; Letzter Zugriff am 9.11.2023

59. CC-Link Industrial Networks: infogalactic; https://infogalactic.com/info/CC-Link_Industrial_Networks; Letzter Zugriff am 6.10.2023

60. MOEA: CNS CATALOG; ISSN:1561-8668, 2017; https://www.bsmi.gov.tw/wSite/public/Data/f1498186033168.pdf; Letzter Zugriff am 9.11.2023

61. CLPA (CC-Link Partner Association) Europa: SLMP (Seamless Message Protocol); https://eu.cc-link.org/de/cclink/slmp; Letzter Zugriff am 9.11.2023

62. ITWissen.info: TSN Netz; https://itwissen.info/TSN-Netz-time-sensitive-networking-802-DOT-1-TSN.html; Letzter Zugriff am 9.11.2023

63. kunbus: The CC-Link Data Frame and its format; https://www.kunbus.com/cc-link-data-frame.html; Letzter Zugriff am 9.11.2023

64. CCLink IE www.feldbusse.de: CC-LINK IE Kommunikation; https://www.feldbusse.de/CCFlink-IE/CClinkIE.shtml; Letzter Zugriff am 9.11.2023

65. Feldbusse.de: CC-Link; https://www.feldbusse.de/CCLink/cclink.shtml#:~:text=CC-Link%2FLT%20basiert%20auf%20der%20Technologie%20von%20CC-Link.%20CC-Link,einem%20erkannten%20Kommunikationsfehler%20schnell%20in%20einen%20sicheren%20Zustand; Letzter Zugriff am 9.11.2023

66. CLPA Home: CC-Link-Safety; https://www.cc-link.org/en/cclink/cclinksafety/index.html; Letzter Zugriff am 9.11.2023

67. Amd athlon k6: https://dokuhl.de/amd-athlon-k6/l; Letzter Zugriff am 9.11.2023

68. kvm-Concepts: Modbus; https://www.kvm-concepts.de/wiki/m/modbus/; Letzter Zugriff am 9.11.2023

69. Schneider Electric: Modicon is now Schneider Electric; https://www.se.com/uk/en/about-us/company-profile/brands/modicon.jsp; Letzter Zugriff am 9.11.2023

70. Feldbusse.de: Modbus TCP; https://www.feldbusse.de/ModbusTCP/modbustcp.shtml/; Letzter Zugriff am 9.11.2023

71. Kunbus: Modbus RTU Grundlagen; https://www.kunbus.de/modbus-rtu-grundlagen.html/; Letzter Zugriff am 9.11.2023

72. perle: Modbus zu Ethernet Konverter und Gateways. Verbinden Modbus RTU- oder ASCII-Geräte mit Modbus/TCP-Netzwerken; https://modbus.org/docs/MB-TCP-Security-v36_2021-07-30.pdf; Letzter Zugriff am 23.6.24

73. Microsoft Bing: modbus tcp OSI Model: https://www.bing.com/images/search?view=detailV2&ccid=NvEbq6OD&id=9A012E09FAAB1078A-F1EDCB2F0C3E1D65A616257&thid=OIP.NvEbq6ODqH32_KLYQ1MeOQ-HaFQ&mediaurl=https%3a%2f%2fc3.chipkin.com%2fassets%2fuploads%2f2019%2fMay%2fmodbusstack_22-12-15-25.png&cdnurl=https%3a%2f%2fth.bing.com%2fth%2fid%2fR.36f11baba383a87df6fca2d843531e39%3frik%3dV2JhWtbhw%252fCy3A%26pid%3dImgRaw%26r%3d0&exph=565&expw=796&q=modbus+t-cp+osi+model&simid=608019442413026276&FORM=IRPRST&ck=6FE7210AD1B4B5946FB54F93F2DF215C&selectedIndex=4&ajaxhist=0&ajaxserp=0; Letzter Zugriff am 9.11.2023

74. ISO/IEC/IEEE 8802-3:2021: Telekommunikation und Austausch zwischen informations-technischen Systemen — Anforderungen an lokale und großstädtische Netze — Teil 3: Norm für Ethernet: https://www.iso.org/standard/78299.html; Letzter Zugriff am 11.9.2023

75. auma: Modbus TCP; https://www.auma.com/de/produkte/kommunikationssysteme/industrial-ethernet/modbus-tcp/; Letzter Zugriff am 9.11.2023

76. SIEMENS: SIMATIC Modbus/TCP redundant communication via the in-tegrated PN inter-face of H-CPUs; https://cache.industry.SIEMENS.com/dl/files/202/103498202/att_111036/v1/ModbusTCP_PN_CPU_Red_Deutsch.pdf; Letzter Zugriff am 69.11.2023

77. mikrocontroller.net: UART; https://www.mikrocontroller.net/articles/UART; Letzter Zugriff am 9.11.2023

78. Fluid Power: IO-Link; https://fluidpowerjournal.com/IO-Link-step-toward-smart-manufactu-ring/; Letzter Zugriff am 9.11.2023

79. Joachim R. Uffelmann, Peter Wienzek, Myriam Jahn: IO-Link. Brückentechnologie für In-dustrie 4.0. 2. Auflage. Deutscher Industrieverlag, Essen 2018, ISBN 978-3-8356-7377-9.

80. Peter Wienzek, Joachim R. Uffelmann: IO-Link. Intelligente Geräte brauchen einfache Schnittstellen. Oldenbourg Industrieverlag, München 2010, ISBN 978-3-8356-3115-1

81. VDE Verlag: IEC 61131-9-2013; https://www.vde-verlag.de/iec-normen/220207/iec-61131-9-2013.html; Letzter Zugriff am 9.11.2023

82. IO-Link: IO-Link Systembeschreibung; https://IO-Link.com/share/Downloads/At-a-glance/IO-Link_Systembeschreibung_dt_2018.pdf/; Letzter Zugriff am 9.11.2023

83. IO-Link: IO-Link Spezifikationen; https://IO-Link.com/de/Download/Download.php; Letzter Zugriff am 6.10.2023

84. IO-Link: Was ist IO-Link; https://IO-Link.com/de/Technologie/Was_ist_IO-Link.php; Letzter Zugriff am 9.11.2023

85. IO-Link: IO-Link Systembeschreibung; https://www.google.com/search?client=firefox-b-d&q=IO+Link+Systembeschreibung; Letzter Zugriff am 9.11.2023

86. VDE Verlag: IEC 61131-2:2017: Industrial-process measurement and control – Programmable controllers – Part 2: Equipment requirements and tests. Ausgabedatum: 2017-08; Edition: 4.0; Sprache: EN-FR – zweisprachig eng-lisch/französisch; Seitenzahl: 227 VDE-Artnr.: 224820; https://www.vde-verlag.de/iec-normen/224820/iec-61131-2-2017.html; Letzter Zugriff am 9.11.2023

87. Hartmut Lindenthal, Dmitry Gringauz, Frank Moritz, Dr. Franz-Otto Witte, Fachartikel all-electronics.de: Warum IO-Link over SPE interessante Poten-ziale bietet, 8.10.2020; https://www.all-electronics.de/warum-IO-Link-over-spe-interessante-potenziale-bietet/; Letzter Zugriff am 9.11.2023

88. ifm: IO-Link Systembeschreibung Technologie und Anwendung Vorteile IO-Link; https://www.ifm.com/download/files/IO-Link%20Handout%20DE_allg%20V1/%24file/IO-Link%20Handout%20DE_allg%20V1.7.pdf/; Letzter Zugriff am 9.11.2023

89. Katharina Juschkat, Redakteur, 6.11.2020; Elektrotechnik Automatisierung: Single Pair Ethernet (SPE) Neuer Arbeitskreis für IO-Link over SPE gegründet; https://www.elektro-technik.vogel.de/neuer-arbeitskreis-fuer-IO-Link-over-spe-gegruendet-a-977756/; Letzter Zugriff am 9:11.2023

90. Wirautomatisierer.de: IO-Link-over-SPE als Konzeptstudie der Profibus-Nutzerorganisation,18.September 2020; https://wirautomatisierer.industrie.de/industrial-ethernet/IO-Link-over-spe-als-konzeptstudie-der-profibus-nutzerorganisation/; Letzter Zugriff am 9.11.2023

91. David Jacobs, ComputerWeekly.de: 802.3cg: Mehr Reichweite und Tempo für Single-Pair Ethernet; 4.8.2020; https://www.computerweekly.com/de/feature/8023cg-Mehr-Reichweite-und-Tempo-fuer-Single-Pair-Ethernet; Letzter Zugriff am 9.11.2023

92. IO-Link Homepage: IODD; https://IO-Link.com/de/index.php/; Letzter Zugriff am 9.11.2023

93. CHIP: XML; https://praxistipps.chip.de/xml-was-ist-das-einfach-erklaert_47836/; Letzter Zugriff am 9.11.2023

94. Pilz: EN 61508: Funktionale Sicherheit von Steuerungssystemen; https://www.pilz.com/de-DE/support/knowhow/law-standards-norms/functional-safety/en-iec-61508 https://www.bing.com/search?q=https%3A%2F%2Fwww.pilz.com%2Fde-DE%2Fsupport%2Fknow-how%2Flaw-standards-norms%2Ffunctional-safety%2Fen-iec-61508&form=ANSPH1&re-fig=466f11982cc34fb9a50268710ac2a77c&pc=SCOOBE; Letzter Zugriff am 9.11.2023

95. Beuth publishing DIN: DIN EN ISO 13849-1:2016-06: Sicherheit von Maschinen – Sicherheitsbezogene Teile von Steuerungen – Teil 1: Allgemeine Gestaltungsleitsätze (ISO 13849-1:2015); Deutsche Fassung EN ISO 13849–1:2015. Englischer Titel: Safety of machinery – Safety-related parts of control systems – Part 1: General principles for design (ISO 13849-1:2015); German version EN ISO 13849-1:2015; Ausgabedatum 2016-06. https://www.beuth.de/de/norm/din-en-iso-13849-1/230387878/; Letzter Zugriff am 9.11.2023

96. KUNBUS: IO-Link Wireless; https://www.kunbus.de/io-link-wireless; Letzter Zugriff am 9.11.2023

97. Bihl+Wiedemann: IO-LINK mit Bihl + Wendermann; https://www.bihl-wiedemann.de/de/applikationen/IO-Link.html?utm_source=bing&utm_medium=cpc&utm_campaign=DE%20-%20SEA%20-%20Generic&utm_term=IO-Link&utm_content=IO-Link/; Letzter Zugriff am 9.11.2023

98. FLUIDPOWER Journal: IO-Link: A Step Toward Smart Manufacturing; https://fluidpower-journal.com/IO-Link-step-toward-smart-manufacturing/; Letzter Zugriff am 9.11.2023

99. IO-Link.com: Herstellerübersicht IO-Link; https://IO-Link.com/de/WirUeberUns/Hersteller.php?thisID=25/; Letzter Zugriff am 9.11.2023

100. Industry of Thinks: Was ist OPC UA? Definition, Architektur und Anwendung; https://www.industry-of-things.de/was-ist-opc-ua-definition-architektur-und-anwendung-a-727188/; Letzter Zugriff am 10.11.2021

101. OPC Foundation Homepage: https://opcfoundation.org/l; Letzter Zugriff 10.11.2023

102. ZVEI: Das Referenzarchitekturmodell RAMI 4.0 und die Industrie 4.0-Komponente, 10.4.2015; https://www.zvei.org/themen/industrie-40/das-referenzarchitekturmodell-rami-40-und-die-industrie-40-komponente/; Letzter Zugriff am 10.11.2023

103. VDE Verlag: IEC-62541-Standard (OPC UA); https://www.vde-verlag.de/iec-normen/221588/iec-62541-5-2015.html/; Letzter Zugriff am 10.11.2023

104. OPCconnect.com: OPC Unified Architecture; https://www.opcconnect.com/ua.php/; Letzter Zugriff am 10.11.2023

105. ascolab Homepage: OPC UA Workshop; https://www.ascolab.com/; Letzter am Zugriff 10.11.2023

106. Wolfgang Mahnke (Autor), Stefan-Helmut Leitner (Autor), Matthias Damm (Autor): OPC Unified Architecture (Englisch) Gebundene Ausgabe – 19. März 2009; 2009 Springer-Verlag Berlin Heidelberg; ISBN 978-3-50-68899-0; https://doi.org/10.1007/978-3-540-68899-0; e-ISBN 978-3-540-68899-0 1 https://www.amazon.de/OPC-Unified-Architecture-Wolfgang-Mahn-ke/dp/3540688986/ref=sr_1_1?ie=UTF8&s=books&qid=1209506074&sr=8-1/; Letzter Zugriff am 10.11.2023

107. VARONIS: Was ist ein DCOM (Distributed Component Object Model)? https://blog.varonis.de/ist-ein-dcom-distributed-component-object-model/l; Letzter Zugriff am 10.11.2023

108. Frank Iwanitz, Jürgen Lange: OPC: Grundlagen, Implementierung und An-wendung. Hüthig Verlag, Heidelberg ISBN 3-7785-2903-X

109. TechTarget: OLE (Objektverknüpfung und Einbettung); https://searchwindowsserver.techtarget.com/definition/OLE-Object-Linking-and-Embed-ding#:~:text=OLE%20%28Object%20Linking%20and%20Embedding%29%20%20,server%20applicati%20...%20%2010%20more%20rows%20/; Letzter Zugriff am 10.11.2023

110. Tutorialspoint: Single-threaded and Multi-threaded Processes; https://www.tutorialspoint.com/single-threaded-and-multi-threaded-processes/; Letzter Zugriff am 10.11.2023

111. IPCOMM, Protokolle: OPC UA; https://www.ipcomm.de/protocol/OPCUA/de/sheet.html/; Letzter Zugriff am 10.11.2023

112. VDE Verlag: IEC 62541-5: OPC Unified Architecture – Part 5:2020 Information Model, Ausgabedatum: 2020-7, Edition: 3.0; Sprache: EN-FR – zweisprachig englisch/französisch Seitenzahl: 371 VDE-Artnr.: 248956; https://www.vde-verlag.de/iec-normen/248956/iec-62541-5-2020.html/; Letzter Zugriff am 10.11.2023

113. OPC UA – Was ist das eigentlich? https://www.extrusion-training.de/opc-ua-was-ist-das-eigentlich/; Letzter Zugriff am 10.11,2023

114. <XML> Extensible Markup Language: XML-Parser; http://www.uzi-web.de/parser/parser_was.html/; Letzter Zugriff am 10.11.2023

115. ITWissen.info: SOAP (simple object access protocol); html https://www.itwissen.info/SOAP-simple-object-access-protocol-SOAP-Protokoll.html/; Letzter Zugriff am 10.11.2023

116. OPC Foundation: OPC UA Binary Schema for Data Types|OPC UA Implementation: Stacks, Tools, and Samples|Forum; https://opcfoundation.org/forum/opc-ua-implementation-stacks-tools-and-samples/opc-ua-binary-schema-for-data-types/; Letzter Zugriff am 10.11.2023

117. ascolab: OPC UA Protokolle; Punkt 3.: Hybrid (UA-Binary über HTTPS); https://www.ascolab.com/unified-architecture/protokolle.html?lang=de/; Letzter Zugriff am 10.11.2023

118. Nicholas Congleton, updated on September 21,2020: What Is Port 443? Life-wire; https://www.lifewire.com/what-is-port-443-4690657/; Letzter Zugriff am 10.11.2023

119. Dave Winer: InfoWorld auf SOAP Sonntag, 14. Juni 1998; http://www.translatetheweb.com/?ref=SERP&br=ro&mkt=de-DE&dl=de&lp=EN_DE&a=http%3a%2f%2fscripting.com%2fdavenet%2f1998%2f06%2f14%2finfoWorldOnSoap.html/; Letzter Zugriff am 10.11.2023

120. World Wide Web Consortium: W3C; https://www.w3.org/; Letzter Zugriff am 10.11.2023

121. Crosser: Hauptunterschiede zwischen Node-RED und Crosser im industriellen IoT; https://crosser.io/blog/posts/2018/august/key-differences-between-node-red-and-crosser-in-industrial-iot/; Letzter Zugriff am 10.11.2023

122. Novadex: Was ist Cloud Computing? https://novadex.com/glossar-artikel/cloud-computing-anbieter/; Letzter Zugriff am 10.11.2023

123. Nist Homepage: National institute of Standards and Technology; https://www.nist.gov/; Letzter Zugriff am 10.11.2023

124. Universität Köln: BSCW – Basic Support for Cooperative Work; https://rrzk.uni-koeln.de/daten-speichern-und-teilen/bscw/; Letzter Zugriff am 10.11.2023

125. Christian Metzger, Juan Villar: Cloud-Computing. Chancen und Risiken aus technischer und unternehmerischer Sicht.Hanser, München 2011, ISBN 978-3-446-42454-8

126. COMPUTERWOCHE: Cloud Computing – SaaS, PaaS, IaaS, Public und Private; https://www.tecchannel.de/a/cloud-computing-saas-paas-iaas-public-und-private,2030180,6/; Letzter Zugriff am 10.11.2023

127. Kontron S&T Group; Roman Olwig: Die universelle SECS/GEM und EDA- Schnittstelle für ihre Maschine; https://store-us.semi.org/products/e03000-semi-e30-specification-for-the-generic-model-for-communications-and-control-of-manufacturing-equipment-gem/; Letzter Zugriff am 10.11.2023

128. PEERGROUP: SECS/GEM; Communications between factory host and pro-duction equipment; https://www.peergroup.com/expertise/resources/semi-standards/secs-gem/l; Letzter Zugriff am 10-11-2023

129. (energie-experten.org) Besonderheiten von CIGS-Zellen & -Modulen; Aktualisierung am 26.11.2020; https://www.energie-experten.org/erneuerbare-energien/photovoltaik/solar-module/cigs; Letzter Zugriff am 10.11.2023

130. ZSW: ZSW stellt Weltrekord-Solarzelle her; https://web.archive.org/web/20140204011735/http://www.zsw-bw.de/infoportal/aktuelles/aktuelles-detail/zsw-stellt-weltrekord-solarzelle-her.html; Letzter Zugriff am 10.11.2023

131. energie-experten.org: Besonderheiten von CIGS-Zellen & -Modulen; Update vom 26.11.2020; https://www.energie-experten.org/erneuerbare-ener-gien/photovoltaik/solar-module/cigs#:~:text=Tabelle%201%3A%2Chronologie%20ausgew%C3%A4hlter%20Wirkungsgrad-Weltrekorde%20von%20CIGS-Solarzellen%20,der%20Puff%20...%20%201%20more%20rows%20/; Letzter Zugriff 10.11.2023

132. Thomas J. Burke,President und Executive Director OPC Foundation; OPC Unified Architecture: Wegbereiter der 4. industriellen (R)Evolution; https://opcfoundation.org/wp-content/uploads/2014/03/OPC_UA_I_4.0_Wegbereiter_DE_v2.pdf/; Letzter Zugriff am 10.11.2023

133. Stefan Luber (Redakteur), Nico Litzel (Autor) : Was ist ein Cyber-physisches System (CPS)? https://www.bigdata-insider.de/was-ist-ein-cyber-physisches-system-cps-a-668494/; Letzter Zugriff am 10.11.2023

134. kepware: OPC DA Client; https://www.kepware.com/de-de/products/kepserverex/drivers/opc-da-client/; Letzter Zugriff am 10.11.2023

135. OPCconnect.com: OPC XML-DA; https://www.translatetheweb.com/?from=en&to=de&ref=SERP&refd=www.bing.com&dl=de&rr=UC&a=https%3a%2f%2fwww.opcconnect.com%2fxml.php/; Letzter Zugriff am 10.11.2023

136. Microsoft: Aktivieren von TLS 1.2, 13.12 2019; https://docs.microsoft.com/de-de/mem/configmgr/core/plan-design/security/enable-tls-1-2/; Letzter Zugriff am 10.11.2023

137. Silke Grasreiner: WPAN (Wireless Personal Area Network), 11.12.2017 CCM; wpan-wireless-personal-area-network; https://de.ccm.net/contents/203-wpan-wireless-personal-area-network; Letzter Zugriff am 10.11.2023

138. Elektronik Kompendium: IEEE 802.11a/IEEE 802.11h/IEEE 802.11j; https://www.itwissen.info/OFDMA-orthogonal-frequency-division-multiple-access.html; Letzter Zugriff am 10.11.2023

139. Elektronik Kompendium: Wi-Fi 5/IEEE 802.11ac/Gigabit-WLAN; https://www.elektronik-kompendium.de/sites/net/1602101.htm#:~:text=Wi-Fi%205%20%2F%20IEEE%20802.11ac%20%2F%20Gigabit-WLAN.%20IEEE,IEEE%20802.11ac%20sieht%20eine%20%C3%9Cbertragungsgeschwindigkeit%20im%20Gigabit-Bereich%20vor; Letzter Zugriff am 10.11.2023

140. TechTarget;Frequence-Hopping-Spread-Spektrum; https://www.translatetheweb.com/?from=en&to=de&ref=SERP&refd=www.bing.com&dl=de&rr=UC&a=https%3a%2f%2fsearch-networking.techtarget.com%2fdefinition%2ffrequency-hopping-spread-spectrum; Letzter Zugriff am 10.11.2023

141. ITWissen.info: physical layer convergence protocol (ATM, 802.11) (PLCP); https://itwissen.info/physical-layer-convergence-protocol-ATM-802-DOT-11-PLCP.html; Letzter Zugriff am 10.11.2023.

142. Marvin Simon: Spread Spectrum Communications Handbook, Electronic Edition. McGraw Hill Professional, 2001, ISBN 9780071395700, S. 44

143. CCM: Einführung in Wi-Fi (802.11); https://de.ccm.net/contents/104-einfuehrung-in-wi-fi-802-11/; Letzter Zugriff am 9.10.2023

144. Elektronik Kompendium: Wi-Fi 4/IEEE 802.11n/WLAN mit 150 MBit/s; https://www.elektronik-kompendium.de/sites/net/1102071.htm/; Letzter Zugriff am 10.11.2023

145. tutorialspoint: Wireless LAN and IEEE 802.11. Wireless-LAN 802.11; https://www.tutorialspoint.com/Wireless-LAN-and-IEEE-802-11/; Letzter Zugriff am 10.11.2023

146. IEEE 802.2; https://www.networxsecurity.org/de/mitgliederbereich/glossary/i/ieee-8022.html; Letzter Zugriff am 10.11.2023

147. ITWissen.info: DTIM (delivery traffic indication message); 05.05.2014; https://www.itwissen.info/DTIM-delivery-traffic-indication-message.html/; Letzter Zugriff am 10.11.2023

148. Laura Fitzgibbons: OFDMA (Orthogonal Frequency-Division Multiple Access); https://www.computerweekly.com/de/definition/OFDMA-Orthogonal-Frequency-Division-Multiple-Access; Letzter Zugriff am 10.11.2023

149. ITWissen.info: OFDMA (orthogonal frequency division multiple access) https://www.itwissen.info/OFDMA-orthogonal-frequency-division-multiple-access.html; Letzter Zugriff am 10.11.2023

150. Elektronik Kompendium: QAM Quadratur Amplituden Modulation; https://www.elektronik-kompendium.de/sites/kom/1304151.htm; Letzter Zugriff am 10.11.2023

151. wirautomatisierer.de; Anreas Gees stv Chefredakteur elektro AUTOMATION: WLAN 6 wir eine entscheidende Rolle spielen; https://wirautomatisierer.industrie.de/wireless/wlan-6-entscheidende-rolle-automatisierung/; Letzter Zugriff am 10.11.2023

152. Patrick Skoruppa, Computerbild, 3.10.2020: Wi-Fi 6 (IEEE 802.11ax): Alle Infos zum neuen WLAN-Standard; https://www.computerbild.de/artikel/cb-News-DSL-WLAN-Wi-Fi-6-IEEE-802.11ax-19690321.html; Letzter Zugriff 7am 10.11.2023

153. Microchip: WLAN ASIC; https://www.microchip.com/design-centers/wireless-connectivity/embedded-wi-fi; Letzter Zugriff am 11.11.2023. [I] Anja Schaal 24. März 2016, Wireless Technologies, WLAN/Wi-FI Technolo gies, IEEE 802.11 bgn, micro-

chip, RN1810, RN1810E, RN1811, RN1811E, Wi-Fi,0 RN1810/RN1810E – Neue Wi-Fi IEEE 802.11 b/g/n Module; https://rutronik-tec.com/rn1810/; Letzter Zugriff am 11.11.2023. https://www.bing.com/images/search?view=detailV2&ccid=aB-5B3iQ8&id=2AEAA0D349EC72BC2185DC41F8CB13AB77EED002&thid=OIP.aB-5B3iQ8FIJKpmmuC_T2XAHaEQ&mediaurl=https%3a%2f%2frutronik-tec.com%2fwp-content%2fuploads%2f2016%2f03%2fRN1810.jpg&exph=294&expw=511&q=RN+1810+&simid=608010010763265027&ck=2F5EC9A076B0F5561CE5E7BF89CF293C&selectedIndex=4&FORM=IRPRST&ajaxhist=0; Letzter Zugriff 11.11.2023. [II] TEM Electromnic Components: RN1810-I/RM110 MICROCHIP TECHNOLOGY; Moduł: Wi-Fi; IEEE 802.11b/g/n; UART; SMD; 27x18mm; 54Mbps; 246/64mA WYPRZEDAŻ Symbol TME: RN1810-I/RM110; Oznaczenie producenta: RN1810-I/RM110; Producent: MICROCHIP TECHNOLOGY; https://www.tme.eu/pl/details/rn1810-i_rm110/moduly-iot-Wi-Fi-bluetooth/microchip-technology/; Letzter Zugriff 13.2.2021

154. Autor: Microchip Technology Inc., 2017. Titel: RN1810/RN1810E 2.4 GHz IEEE 802.11b/g/n Wireless Module Data Sheet. URL: https://www.mouser.de/datasheet/2/268/50002460A-890249.pdf._MICROCHIPTechnology: RN1810/RM110-Wi-Fi Chip 802.11 b/g/n; https://www.amazon.de/Wi-Fi-Karte-Bluetooth; Letzter Zugriff am 11.11.2023

155. MICROCHIPTechnology: RN1810/RM110; https://docs.rs-online.com/28b2/0900766b814df463.pdf; Letzter Zugriff am 9.10.2021

156. Amazon.de: Computer und Zubehör; Wi-Fi 6 Karte für PC/Drahtlose WLAN PCIe Wi-Fi-Karte/bis zu 3000 Mbit/s mit Bluetooth 5.1/Intel AX500 Chip, MUMIMO,OFDMA/IEEE 80211AX Dualband-PCI-E-Karte Adapter; https://www.amazon.de/s?k=wlan+pci+karte&hvadid=79920783823572&hvbmt=bp&hvdev=c&hvqmt=p&tag=hyddemsn-21&ref=pd_sl_9jmtt754l_p; Letzter Zugriff am 11.11.2023

157. Michael Volz Elektronik: Funk statt Kabel, 17.8.2016; https://www.elektroniknet.de/automation/funk-statt-kabel.133195.html; Letzter Zugriff am 11.11.2023

Hardwareentwicklungen – µ-Controller, ASICs, FPGA und Multicore-Prozessoren und Feldbusse

11

11.1 Zeitgeschehen von Hardwareentwicklungen

Das zeitliche Geschehen der Hardwareentwicklungen, angefangen vom µ-Controller, Digitalen Signalprozessoren, FPGAs, ASICs bis hin zu Multicoreprozessoren und von Großrechnern (z. B. IBM oder VAX), Workstations (z. B. Sun) bis hin zum PC (Personal Computer) zeigt Abb. 11.1. Alle Neuerungen in den Hardware- und Softwareentwicklungen waren in jedem Teilgebiet von immensen Leistungssteigerungen geprägt. Einhergehend mit diesen Entwicklungen wurden auch die Feldbusse und Bussysteme immer umfangreicher.

Hardwaremäßig kamen ab den 80ern die ersten Signalprozessoren, leistungsfähige µ-Controller sowie erste FPGA's (Field Programmable Gate Array) und ASIC's (Application-Specific Integrated Circuit) auf den Markt und wurden in das Design der Feldgeräte und Komponenten für die Automatisierung kontinuierlich einbezogen. Viele Firmen entwickelten dabei zunächst proprietäre Messgeräte und Komponenten sowie Bussysteme und verfolgten ihre eigenen Vermarktungsstrategien. Nur langsam öffneten sich die Hersteller von Messtechnik und Feldbusprotokollen unter erheblichem Druck der Anwender und machten ihre Technologie allgemein zugänglich.

Wie gesagt, die µ-Controller läuteten in den frühen 70er Jahren, von ca. 1973 an, das Zeitalter der PC's (ab 1973) und der Workstations (1982: SUN: 1. Workstation) ein, welche zunehmend die Großrechner verdrängten.

Mit den µ-Controllern begann auch die PC-Geschichte. Sie begann hardwaremäßig nach der Einführung der µ-Controller mit Intel bereits 1973, gefolgt von IBM [1] (1975), Apple [2, 3] (1976) sowie Hewlett Packard (1980) [4]. Obwohl 1977 Ken Olson, Präsident und Gründer der DEC noch behauptete ‚Es gibt keinen Grund, warum irgendjemand einen Computer in seinem Haus bräuchte‘ [5], war der PC das Maß aller Dinge und führte mit zunehmender Leistungsfähigkeit der Prozessoren sehr schnell zur Ablösung

507

W. Babel, *Systemintegration in Industrie 4.0 und IoT*,
https://doi.org/10.1007/978-3-658-42987-4_11

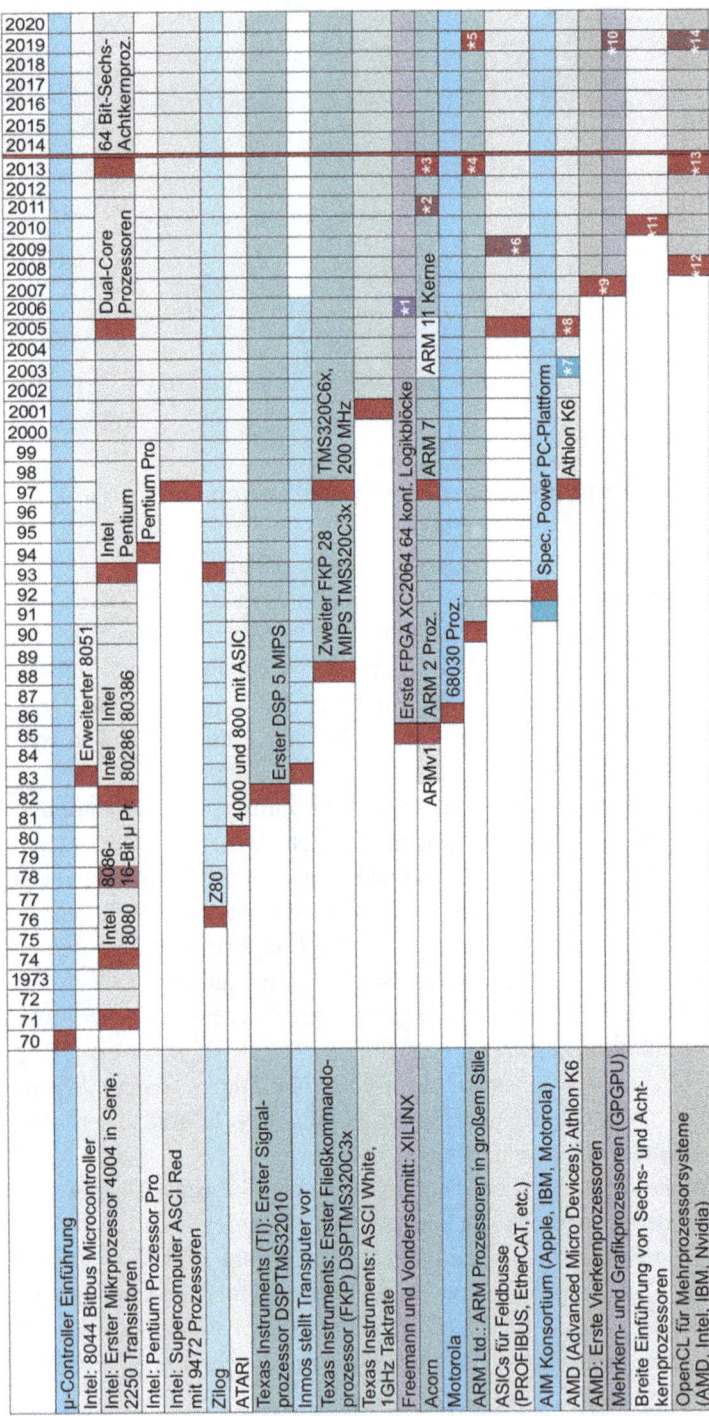

Abb. 11.1 Hardware- und Computerentwicklungen ab 1970

*¹ Virtex2-Familie: Erste partielle Rekonfigurierbarkeit *² Cortex A9 *³ ARMv6/ARMv8 *⁴ ARMv8 Serie 64 Bit Sechs-Achtkernprozessoren *⁵ ARM A76
*⁶ VPC3 PROFIBUS *⁷ Athlon 64 *⁸ Dual-Core Prozessoren *⁹ Vierkernprozessoren *¹⁰ AMD Ryzen 9 *¹¹ Sechs- und Achtkernprozessoren
*¹² OpenCL Version 1.0 *¹³ OpenCL Version 2.0 *¹⁴ OpenCL Version 2.2-Version 3.0 *¹⁵ OpenCL Version 3.0

der Workstations. SUN [6] (seit 2010: ORACLE), ATARI [7] und viele andere Hersteller von Workstations waren davon ab 1995 betroffen.

Im Übrigen wird die Aussage von Ken Olsen immer gern als Paradebeispiel dafür genannt, wie falsch man die Computertechnik in der zweiten Hälfte des 20. Jahrhunderts eingeschätzt hatte. Dazu sollte man auch wissen, dass Olsen selbst zu Hause Rechner hatte. Durch immer besser werdende Workstations und vor allem später PC's entstand eine rasche Stagnation bei den Großrechnern.

Durch den offiziellen Beginn des Internetzeitalters ab 1990 verbreitete sich der PC sehr schnell in Millionen von Haushalten und wurde zur Selbstverständlichkeit, genauso wie das Automobil. Das Internet begann genau genommen aber bereits 1969 als Arpanet. In den Jahren 1973 und 1974 entwickelten Vinton G. Cerf und Robert E. Kahn eine Vorversion des heutigen TCP, um unterschiedliche Netzwerke zu verbinden. In vielen Weiterentwicklungen entstand daraus das heutige Ethernet TCP/IP, wobei das Internetprotokoll IPv4 (seit 1978) nach wie vor gegenüber dem IPv6-Protokoll (definiert im Jahr 1995) dominant ist.

Zunächst verdrängten die Workstations zunehmend die Großrechner (IBM, DEC, Convex), bis sie dann selbst wiederum durch die PC's ersetzt wurden. Die Ablösung der Workstations (z. B. von Sun, Atari usw.) nahm ihren Lauf.

ERP- und MES-Systeme wurden zunehmend von Großrechnern auf Workstations verlagert (SAP ist ein typisches Beispiel), später auf den PC. Dasselbe galt für Designtools CAE (Computer Aided Engineering) [8], CAD (Computer Aided Design) [9], CIM (Computer Integrated Manufacturing) [10].

Entscheidend für diese Trends waren zum damaligen Zeitpunkt die immer leistungsfähigeren Chips. So erschien im Jahr 1982 von Texas Instruments (TI) [11] die erste Serie von 5 MIPS Digitalen Signalprozessoren (DSP). 1985 folgten die ersten FPGA's von XLINX [12].

Weiter folgten dann im Jahr 1982 Intel [13] mit dem Intel 2028 sowie im Jahr 1985 die leistungsstarken ARM-Prozessoren von Arcon [14] (ARMv1, ARM2). 1986, nur ein Jahr danach, folgten die 68030 Motorola 32-Bit Prozessoren [15–17].

Ab 1985 nahm die Zahl der Workstations signifikant ab und der PC begann seinen Siegeszug.

Persönlich arbeitete ich mit ARM- und Motorola-Prozessoren in meiner ersten Arbeitsstelle von 1983–1993 in verschiedenen Projekten der industriellen Bildverarbeitung und Mustererkennung. In dieser Zeit überschlugen sich die Chiphersteller förmlich und überschwemmten den Markt mit ihren Produkten. In 1983, wurde auch der Transputer [18] von der Firma Inmos [19] eingeführt, mit dem ich im Jahr 1990 selbst Untersuchungen bezüglich der Leistungsfähigkeit für den Aufbau von neuronalen Netzwerken durchführte.

Ebenso entwickelten wir in meiner ersten Firma (1983–1993) einen miniaturisierten Hochleistungscomputer, bestehend aus mehr als 20 Transputern in 1,5 l Volumen integriert. Transputer wurden zum damaligen Zeitpunkt in Atari-Workstations, in Parallelrechnern von Parsytech [20, 21] und in Amiga- Workstations [22] integriert.

Abb. 11.1 und 11.2 zeigen in einer Zusammenfassung Meilensteine der µ-Controller-entwicklung in der Automatisierungstechnik.

Bei jeder Prozessorgeneration spielte die Miniaturisierung und die Leistungszunahme der µ-Controller für die Entwicklung von Feldgeräten eine tragende Rolle.

Beispielsweise ist der in Abb. 11.2 aufgeführte STM32L552RC ein Prozessor der Ultra-Low-Power-Mikrocontroller-Familie (STM32L5-Serie), die auf dem leistungsstarken ARM-Cortex-M33 32-Bit-RISgloassarC-Kern basiert. Sie arbeiten mit einer Takt-frequenz von bis zu 110 MHz [24]. Dieser Prozessor spielte beispielsweise eine wesent-liche Rolle für die Integration von miniaturisierten Elektroniken in die Sensoren und Komponenten der Prozessmesstechnik. Besonders attraktiv ist er auch deswegen, da er im Schlafmodus nur ca. 20 nA Strom benötigt. Seine Leistungsdaten sind hier beispiel-haft angegeben [25], da er aufgrund seiner Größe in Sensoren mit einem Durchmesser <1,2 cm integriert werden konnte. Die wesentlichen Leistungsdaten für diesen Prozessor sind:

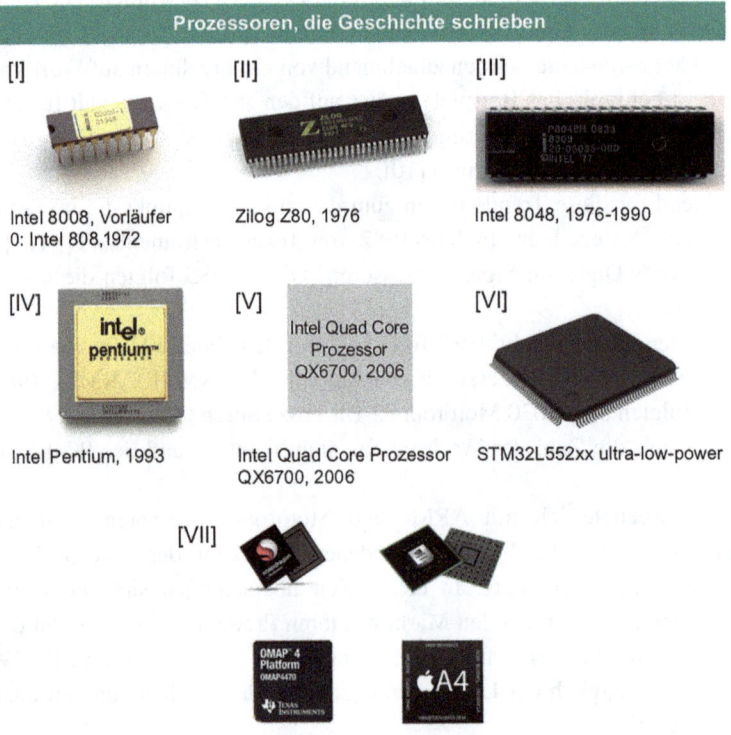

Abb. 11.2 Prozessoren, die Geschichte schrieben. Abb. 11.2 [I]–[VI] zeigen Ausschnitte der un-veränderten Originale. (*Quellen, siehe* [23])

- 165 DMIPS
- bis zu 512 KB Flash Speicher
- 256 KB SRAM, SMPS
- 1,7 V–3,6 V Spannungsversorgung
- 17 nA–22 nA im Shutdown-Mode und
- 106 μA im Running-Mode
- Größe im UFBGA132 (7 mm × 7 mm), LQPF64 (10 mm × 10 mm); Low Profile Quad Flat Package (Gehäuse) mit 64 Pins

In der Fabrik- und insbesondere in der Prozess-Automatisierung waren in der Feldebene bis zum Jahr 1980 kaum Ansätze von digitaler Technologie erkennbar. Immer noch dominierte das 4…20 mA Signal. Rosemount (Emerson) arbeitete ab 1980 bereits intensiv am 4…20 mA HART und war im Begriff den ersten Hybridfeldbus 4…20 mA HART (analoge Messwerte mit FSK modulierten Diagnosefunktionen) einzuführen.

Das OSI Modell wurde als spätere Grundlage aller Bus-Systeme hinsichtlich der Kommunikationsschichten im Jahr 1979 veröffentlicht, aber erst im Jahr 1984 zum Standard erklärt. Ein Jahr später erfolgte 1985 die Definition der heute bekannten Automatisierungspyramide, die auf dem OSI Modell basiert und die Grundlage für die Vernetzungstopologien in der Automatisierungstechnik bildet.

Von den Kommunikationsbussen war zunächst von 1972 bis 1980 Ethernet das große Entwicklungsthema,

1973 begann die Ethernet-Historie mit der Definition von Mr. Metcalfe (Xerox Palo Alto Reserach). Bereits 1976 wurde die Arbeitsgruppe IEEE 802.3 ins Leben gerufen, nach der heute der Ethernet-Layer 1 und Ethernet-Layer 2 (Bitübertragungs- und Sicherungsschicht) gemäß dem OSI Modell [26] standardisiert ist.

Im Jahr 1978 wurde das Internetprotokoll IPv4 [27] mit 32 Bit Adressraum und das TCP für die Transportschicht (Layer 4) sowie für die Netzwerk-Schicht (Layer 3) definiert. Beide Standards sind heute in Anwendung. Das damalige Ethernet TCP/IP war nicht echtzeitfähig und somit noch nicht für die harten Anforderungen der Automatisierungstechnik im Feld geeignet.

Seit 1998 gibt es das Internetprotokoll IPv6 [28] mit 128 Bit Adressraum. Zunächst wurde Ethernet hauptsächlich für die Infrastruktur von Gebäuden eingesetzt, u. a. in der Vernetzung von PC's in den 80er Jahren.

1982 brachte SAP bereits sein ERP-System SAP R2 auf den Markt und eroberte sukzessive die Welt der ERP-Systeme (Enterprise Resource Planning).

Somit hat die Automatisierungspyramide (OSI Modell) [25] in der 5. Kommunikationsebene mit SAP einen namenhaften Hersteller, der seine Marktposition mit SAP R3 (1992), mit Business all-in-One (2002), Business ByDesign (2007) und SAP S/4HANA (2015) nachhaltig ausbauen konnte – und das basierend auf der Idee von 1972, Lochstreifen und Bedienung von Großrechnern durch Visualisierung über Bildschirmterminals abzulösen. 1972 sprach SAP von einem Echtzeitsystem, was aber in Realität kein Echtzeitsystem im Sinne der Automatisierungstechnik der Feldebene war.

Ab 1984 begann dann die eigentliche intensive Automatisierungs- und Digitalisierungs-
phase in den Fabriken und in der Prozessindustrie.

Es war auch der Zeitpunkt, an dem das echtzeitfähige EtherNet/IP (1985), sowie
Ethernet allgemein als internationaler Standard ISO/IEC 8802-3 [29] veröffentlicht
wurde (1985).

Wie bereits erwähnt, brachte im Jahr 1984 die Firma XLINX den ersten FGPA auf
den Markt, Motorola sowie ARCON führten ihre hochleistungsfähigen 68030 bzw.
ARM2x Prozessorfamilien ein und SIEMENS gelang mit der SPS SIMATIC S5 der
Durchbruch auf der Kontrollebene der Automatisierungstechnik. Es war ein sehr be-
wegtes Jahr in der Automatisierungstechnik.

Die Weiterentwicklungen der SPS wurde von vielen Firmen vorangetrieben, allen
voran SIEMENS, die heute mit der speicherprogrammierbaren Steuerung SIMATIC S7
[30] eine der leistungsfähigsten SPS im Markt besitzt und die mit der Software STEP 7
auf dem neuesten Hardware- und Softwarestand ist.

Bereits ab 1984 begann Rosemount vehement die 4…20 mA Basis durch 4…20 mA
HART abzulösen. Das Zeitalter der digitalen Instrumentierung im Feld und in der Fabrik
war eingeläutet. Die Alleinstellungsmerkmale oder USP's (Unique Selling Proposition)
von 4…20 mA HART waren seine einfache Nachrüstung bei der installierten 4…20 mA
Basis sowie sein Einsatz in explosionsgefährdeten Umgebungen.

1986 brachte Bosch den CAN Bus heraus, der ebenfalls teilweise Einzug in der Automatisierung fand, obwohl er primär für Fahrzeuge zur Reduktion der kabelbäume erfunden wurde.

Im selben Zeitraum begannen namhafte Hersteller in der Messtechnik ihre Geräte mit
4…20 mA HART zu entwickeln, allen voran waren die Messgeräte für die physikalischen Parameter Temperatur, Füllstand, Durchfluss und Druck.

1988 kam dann von Texas Instruments der erste Fließkommaprozessor, der
TMS320C3x [31], auf den Markt, den ich persönlich im Zeitraum bis 1993 in einigen
industriellen Projekten der Bildverarbeitung einsetzte.

Der Digitale Signalprozessor (DSP) fand kurz danach in vielen anderen Komponenten
der Automatisierungstechnik Verwendung. Er wurde meistens dort eingesetzt, wo komplexere Algorithmen mit hoher Geschwindigkeit abgearbeitet werden mussten (z. B. bei
Fouriertransformationen, Polynom-Klassifikatoren, Bildverarbeitung). Im Vordergrund
standen dabei die Transmitter oder Messwertumformer der physikalischen und che-
misch-physikalischen Parameter.

Texas Instruments selbst arbeitete mit dem Prozessor TMS320C3x zu diesem Zeitpunkt in der Sprachverarbeitung.

1989 folgte der Modbus, der als offener Standard in der Feldebene in Verbindung von
Sensoren und Aktoren große Akzeptanz erfuhr. Die Modbus-Entwicklung begann bereits
im Jahr 1979! Seit 2007 ist die Version Modbus TCP als Teil der Norm IEC 61158 aufgenommen. Allerdings fehlte dem Feldbus der Einsatz in explosionsgefährdeten Umgebungen.

Ebenfalls im Jahr 1989 wurde HART zum Standard durch die HCF erklärt.

Mit der sich ab den 90er Jahren schnell ausbreitenden Feldbustechnologie in der Automatisierung kamen immer mehr Hersteller von proprietären Automatisierungs-komponenten und Feldbussen auf den Markt. Die Anwender forderten von den Herstellern nachhaltig Vereinheitlichung, Harmonisierungen, Standardisierungen, Normen und Unterstützung in Installation und Service, sowie Pflege der Feldbusversionen.

Unter diesem Druck der Anwender begann die Zeit der Gründung von meist gemeinnützigen Organisationen zur Harmonisierung und Vereinheitlichung der Systeme. 1989 wurde die PNO (PROFIBUS Nutzer Organisation) [32] gegründet, 1993 folgte die HCF (HART Communication Foundation) [33] und 1994 die FF (Fieldbus Foundation). Die beiden Letzteren schlossen sich erst 2014 zur FieldComm Group [34] zusammen.

Immer bessere und leistungsfähigere Hardwareentwicklungen zogen immer komplexere, umfangreichere und schnellere Feldbusse nach sich. Im Ethernet war man bald bei 100 Mbit/s Übertragungsrate angekommen. Echtzeitfähige Feldbusse etablierten sich (EtherNet/IP, EtherCAT, PROFINET).

1995 wurde die ODVA [35] gegründet, die das CIP/Ethernet (Common Industrial Protocol/Ethernet) unterstützte. Ebenfalls wurde die PROFIBUS&PROFINET International (PI) [36] ins Leben gerufen.

1997 brachte der japanische Hersteller Mitsubishi [37] den CC-Link (siehe Abschn. 10.4) – Feldbus auf den Markt, der im Wesentlichen für den asiatischen Raum rasch an Bedeutung gewann, insbesondere für die Kommunikationsverbindung der Sensoren/Aktoren zur Mitsubishi SPS (PLC).

Der CC-Link wurde weniger in Europa eingesetzt, da hier PROFIBUS dominant war. Zu dem Zeitpunkt war immer noch die speicherprogrammierbare Steuerung SIMATIC S5 von SIEMENS die gebräuchlichste SPS in Europa, während sich in den USA die Firma Rockwell (Allen Bradley) [38] und Emerson (Rosemount) bezüglich der SPS-Entwicklung etablierten und die Technologie vorantrieben.

Doch bereits 1998 führte SIEMENS die hochleistungsfähige SPS, SIMATIC S7' ein, die noch heute mit inzwischen stattgefundenen Upgrades ein Maßstab im Markt und in der Automatisierungsbranche ist.

Wie bereits erwähnt wurde beim Internet 1998 das Internetprotokoll IPv6 für Ethernet (Ethernet II Frame) zum neuen Standard im Markt, besonders was die Ethernet-Kommunikation anbelangte. Leider sind die Internetprotokolle IPv4 und IPv6 nicht kompatibel und so werden beide Protokolle noch lange im Markt koexistieren.

Ebenfalls im Jahr 1997/1998 brachte AMD ihren neuen Hochleistungsprozessor Athlon K6 [39] heraus, der eine neue Leistungsklasse in der Automatisierungswelt darstellte.

Historisch gesehen wurde bereits im Jahr 1999 auch IoT oder das ,Allesnetz' proklamiert (Heute auch: IIoT, das ,Industrial Internet of Things' genannt). Es war ein Sammelbegriff für Technologien einer globalen Infrastruktur von Informationsgesellschaften, die es möglich machte, physische und virtuelle Gegenstände zu vernetzen und mit Informations- und Kommunikationsmethoden die Zusammenarbeit ermöglicht. Eine grundlegende Idee wie sie auch u. a. Industrie 4.0 und ,Made in China 2025' zum Inhalt hat.

Als ein weiterer Meilenstein in der Automatisierungsgeschichte war der PROFIBUS PA von 1999 zu sehen, der erstmals zu 4…20 mA HART als eigensicherer Bus mit Zweileiterbetrieb (ATEX, IEC) eine wirkliche Konkurrenz zu HART darstellte. Noch im Jahr 2000 wurde bei allen namhaften Messgeräteherstellern begonnen, den eigensicheren Feldbus für die Prozesstechnik in ihre Messgeräte zu implementieren.

Je mehr die Feldbusaktivitäten in der Fabrikautomation und in der Prozessindustrie zunahmen, desto höhere Anforderungen wurden an die Hersteller der Messtechnik gestellt: Schutzarten, EMV, SIL, Echtzeitanforderungen, Miniaturisierung, Umwelttauglichkeit (Abschn. 6.3). Generell stieg die Verbringung der Messgeräte aus dem Labor ins Feld im Zusammenhang mit den oben genannten technologischen Faktoren exponentiell an.

Fast zeitgleich zum PROFIBUS PA entstand in den USA der FF H1. Beide Feldbusse haben die Bitübertragungs- und Sicherungsschicht gemeinsam.

Zum ersten Mal experimentierte man mit Bluetooth im Jahr 2000 bezüglich kurzer Funkverbindungen zwischen Messwertumformer und Sensoren in der Automatisierung. Es war ein langer Weg in der Geschichte des Funkverfahrens bis heute, wo man Bluetooth in einigen Applikationen der Fabrikautomatisierung in Verbindung mit IO-Link einsetzt.

Intel brachte 1997 den Supercomputer ASCI Red [40] mit 9427 Prozessoren auf den Markt. 3,5 Jahre hielt er sich mit rund 10.000 Pentium-Pro-Overdrives (333 MHz Pentium II Deschutes) an der Spitze der Top500 [41].

Im Jahr 2000 wurde er durch den IBM ASCI White SP Power3 (8192 Power3 Prozessoren mit 375 MHz) deutlich übertroffen. Dieser Computer hatte die doppelte Rechenleistung. Stand 2020 wächst aber die Leistung moderner Supercomputer langsam er als in den vergangenen Jahren zuvor. Das legt die 56. Ausgabe der Top500-Liste nahe.

AMD brachte im Jahr 2000 den Nachfolger der AMD-K6 Prozessorfamilie auf den Markt. Im Jahr 2003 folgte der AMD Athlon 64 als Nachfolger der AMD K8-Generation.

Im Jahr 2000 gab es dann das echtzeitfähige EtherNet/IP und den echtzeitfähigen PROFINET CBA (Component based Automation) als offene Protokolle, die zweifelsohne entscheidende Meilensteine in der Geschichte der Automatisierung waren.

Auf Ethernet basierte Echtzeit-Kommunikation vom Kontrollraum bis hin zum Feld (basierend auf IEEE 802.3) mit dem Feldbus EtherNet/IP war ein Durchbruch in der Historie der Kommunikationstopologien.

Während sich die Messgerätehersteller der physikalischen Parameter (Druck, Durchfluss, Temperatur, Füllstand), Komponentenhersteller von I/Os, Gateways sowie SPS sofort den neuen Themen widmeten und ihre Ressourcen in den Entwicklungen darauf fokussierten, löste die Firma Endress + Hauser in der Analysenmesstechnik von 2001–2005 zunächst das jahrhundertalte Problem der Feuchtigkeitsproblematik bei der pH-Messung mit dem induktiven Sensor ‚Memosens'.

Bei den Messwertumformern für die Analysenparameter kämpfte man zu diesem Zeitpunkt immer noch mit Ex-fähigen 4…20 mA HART Geräten und man begann sich erst langsam mit PROFIBUS PA zu befassen.

Ab 2001 wurde von der PI (PROFIBUS&PROFINET International): Dachverband von 27 regionalen PROFIBUS-Organisationen) begonnen, PROFINET als echtzeitfähigen Ethernet-Feldbus intensiv zu vermarkten.

Ab 2002 kamen die ersten Glasfaserkabel mit größer 10 Mbit/s auf den Markt, gefolgt von 100 Mbit/s ab dem Jahr 2007.

Zu diesem Zeitpunkt wurde die Standardisierung in den Kommunikationsschichten oberhalb der Kontrollebene (SCADA/HMI, MES) immer wichtiger. Vor allem bei der Geräte- und Herstellervielzahl von Feldgeräten, SCADA/HMI- und MES-Systemen wurde seitens der Anwender immer mehr auf einen Standard gedrängt. Dies galt insbesondere in Verbindung mit den aufkommenden Möglichkeiten für das Assetmanagement.

Ich selbst führte damals in den Jahren 2002/2003 bei meinem damaligen Arbeitgeber mittels eines Technologietransfers von einer brasilianischen Firma ein Assetmanagement und Control-System ein und musste mich mit den Gegebenheiten und Anforderungen intensiv befassen. Es war damals ein immenser Definitionsaufwand erforderlich um die gerade entstehenden oder bereits bestandenen Standards salopp ausgedrückt unter einen Hut zu bringen.

Im Jahr 2001 wurde im Rahmen von übergreifenden Bedienphilosophien das PACTware Konsortium [42] gegründet und im Jahr 2003 die FDT JIG [43]. Beide setzten sich zum Ziel einen Industriestandard umzusetzen, der heute hauptsächlich in der Prozessindustrie unter dem Namen FDT/DTM™ bekannt ist. 2005 entstand daraus die FDT Group e.V. [44]. Auch in der Fabrikautomation gewinnt das FDT/DTM™ Konzept zunehmend an Bedeutung.

Im Jahr 2003 wurde die ETG (EtherCAT Technology Group) [45] gegründet, die schwerpunktmäßig die Kommunikation zwischen Feldebene und SCADA/HMI-Ebene mit dem echtzeitfähigen EtherCAT-Protokoll zum Arbeitsinhalt hatte. 2006 wurde EtherCAT zur IEC Norm.

2005 bis 2007 war die Zeit der Dual Core Prozessoren (Intel und AMD). Intel brachte den Core-2-Quad Prozessor (Intel) [46] auf den Markt und AMD konnte im Jahr 2007 mit dem ersten Vierkernprozessor [47] aufwarten. An dieser Stelle seien einmal ein paar Worte zu Technik und Preis gesagt: Die seit Beginn 2008 laufende 45-nm-Fertigung bei AMD verhalf den K10-Vierkernen zu nie zuvor erreichten Taktfrequenzen: Der ab rund 230,00 € erhältliche Prozessorchip Phenom II X4 965 Black Edition läuft nominell mit 3,4 GHz.

Mit den Dual Core Prozessoren und den Vierkernprozessoren begann für mich die dritte Periode der Hardwareentwicklung in der Automatisierungsgeschichte (siehe Tab. 11.1).

Ein wesentlicher Schritt in der Hardwareentwicklung war, dass AMD 2007 den ersten Vierkernprozessor und XLINX den Parallelrechner VIRTEX 2 Familie auf den Markt brachte.

Bis 2010 stellten mehrere Firmen Sechs- und Achtkernprozessoren vor. Beispiel sei wiederum einer der leistungsfähigsten Prozessoren, der AMD Prozessor ‚AMD Ryzen

Tab. 11.1 Multi-Core-Prozessoren: Überblick über Hersteller, Typen und Erscheinungsjahr

	Dual-Core Zweikemprozess.	seit	Tri-Core Dreikernprozess.	seit	Quad-Core Vierkernprozess.	seit	Hexa-Core Sechshemprozess.	seit	Octa-Core Achtkernprozess.	seit	> 8 Quad Mehrkemprozess.	seit
AMD	AMD Athlon 64 X2	1/2005	AMD Phenom X3	4/2008	AMD Opteron (K10)	9/2007	AMD Opteron	6/2009	AMD Ryzen 1700	Q1/2017	AMD Ryzen Threadripper 1920X	8/2017
	AMD Athlon 64 FX	1/2006	AMD Phenom II X3	2/2009	AMD Phenom X4	11/2007	AMD FX-6xxx	Q4/2013	AMD Ryzen 1800X	Q2/2017	AMD Ryzen Threadripper 2920X	10/2018
	AMD Athlon II	6/2009	AMD Athlon II X3	10/2009	AMD Phenom II X4	1/2009	AMD Ryzen 1600	4/2017	AMD Ryzen 7 2700	4/2008	AMD Ryzen 2950X	8/2018
					AMD A6	10/2011	AMD Ryzen 5 2600x	8/2018	AMD Ryzen 7 3700	7/2019	AMD Ryzen 9 3900X	10/2019
					AMD A10	Q4/2012	AMD Ryzen 5 3600x	7/2019			AMD Ryzen 9 3950X	10/2019
					AMD Ryzen 1200	7/2017						
					AMD Ryzen 1400	4/2017						
ARM	ARM-Architektur	2006			Nvidia Tegra 3 ARM-Cortex-A9 MPCore	11/2011			ARMv6 & ARMv8 Serie 64 Bit; angewendet von Appl4, Samsung, Motorola, Quakcomm, Nvidia	2013		
Hewlett Packhard	PA-8900	2005										
IBM	IBM Power 5	9/2004	Espresso	11/2012	IBM Power5+	10/2005			IBM Power 7	1/2010	IBM 64-BitPower-PC-Kern	11/2006
	IBM Power5+	10/2005	Xenon	11/2005	IBM Power 7	6/2007						
Intel	Intel Core Duo	1/2006			Intel Core 2 Extreme	11/2006	XEON Dunnington	9/2008	Intel XEON 6500/7500	1/2010	Intel XEON E7	6/2011
	Intel Pentiu Dual Core	6/2007			Intel Core 2 Quad	1/2007	i-series Gulftown	3/2010			Intel Core i7 5950X	
	Intel-Core-i-Serie	11/2008			Intel Core i7	11/2008						
Sun Microsysteme	Sun Ultrasparc IV+	9/2005			Sun UltraSPARC T1	12/2005			Sun UltraSPARC T2+	4/2008		
Fujitsu	SPARC64 IV	4/2007			Fujitsu SPARC64 VII	8/2008			Fujitsu SPARC64 VIII Exynos 5 Octa-Core-Proz. Mit 2 Quad-Core-Prozessoren	2009		
Samsung Electronics												

7 3700', seit Juli 2019 erhältlich. Andere Hersteller waren beispielsweise IBM mit dem ‚Power 7', Intel mit dem ‚Xeon 6500/7500', Sun mit dem ‚UltraSPARC T1' und ‚Ultra-SPARC T2' und Fujitsu mit dem ‚SPARC 64 VIII' (siehe Tab. 11.1) [48].

Mehrkernprozessoren (Multi Core Processors), Grafikprozessoren und der breite Einsatz von Tablet Computern waren in den letzten Jahren der Trend.

Seit den 80er Jahren bis 2015 stiegen die Taktfrequenzen der Controller von wenigen MHz auf ca. 4 GHz!

In den Letzten Jahren war eine Steigerung der Taktrate kaum noch möglich. Die höhere Rechenleistung wurde stattdessen erreicht, indem man durch Prozessorkerne vergrößerte Busbreiten realisierte. Mittlerweile werden Mehrkernprozessoren in Verbindung mit Grafikkarten zur weiteren Ausreizung der Leistungsfähigkeit in spezifischen Applikationen entwickelt.

11.2 Multicore-Prozessoren

Beim Durchgehen der jeweiligen Firmengeschichten von Prozessorherstellern und den Prozessoren-Datenblätter habe ich einmal versucht, die in diesem Abschnitt gemachten Aussagen bezüglich der Zeittafel Abb. 11.1 und den Mehrkernprozessoren in einer Tab. 11.1 zusammenzufassen. Dabei ist die Leistungsfähigkeit und das entsprechende Erscheinungsjahr der Prozessoren von Zweikernprozessoren aufwärts aufgeführt und da wiederum auch nur eine Untermenge gegenüber der den Markt überflutenden Prozessorvielfalt.

Dies gibt einen relativ guten Überblick über die ganze Vielfalt der Prozessoren, ohne dabei den Anspruch auf Vollständigkeit zu erheben [48].

Zu Tab. 11.1 sei folgendes zusammenfassend gesagt:

- Bei den aufgeführten Prozessoren der Firmen gibt es sehr oft viele Zwischennummern oder Spezialversionen
- AMD ist sicher einer der führenden Hersteller von Multi-Core-Prozessoren, gefolgt von Intel
- IBM war bei Einführung neuer Multi-Core Prozessoren immer mit vorne dabei
- ARM Prozessoren sind wenige gelistet aufgrund des Lizenzmodells

Vielleicht noch ein paar Worte zu ARM- Prozessoren [49], die in Tab. 11.1 nicht besonders auffallen. Laut Angaben zufolge, wurden bis heute ca. 25 Mrd. ARM-Chips hergestellt. ARM produziert seine Chips nicht selbst. Die Firma aus Cambridge in UK macht ausschließlich CPU-Entwicklungen und lizenziert diese ‚Bauanleitungen'. Intel, Apple, Nvidia, Nintendo, Motorola, HP und Samsung (siehe Abb. 11.2) zählen neben vielen anderen zu den Kunden von ARM. Einige von diesen Firmen dürfen die Chips hinsichtlich ihrer eigenen Anforderungen modifizieren. ARM-Chips sind deswegen so gefragt, weil sie gegenüber den meisten Chips einen relativ geringen Energieverbrauch haben und in vielen Anwendungen ohne Lüfter funktionieren.

11.3   Leistungsvergleich- von µ-Controller zu Multicore-Prozessoren

Ergänzend zu Tab. 11.1 und Abb. 11.1 sei auch einmal die Leistungssteigerung der Prozessoren seit 1974 bezüglich MIPS und Taktfrequenzen gezeigt [50].

Abb. 11.3 spiegelt diesen Sachverhalt sehr eindrucksvoll. Zu beachten ist, dass in der oberen Hälfte der Abbildung die Anzahl MIPS durch den Faktor 100 (MIPS/100) geteilt ist!

Eine signifikante Steigerung der Leistungsfähigkeit von µ-Controllern und Prozessoren bezüglich der MIPS (Mega Instructions Per Second) und den zugehörigen Taktraten ist ersichtlich. Auch wenn der Vergleich reiner MIPS Zahlen nicht notwendigerweise aussagekräftig ist, da sie von den unterschiedlichen Rechnerarchitekturen und den zugehörigen Befehlssätzen stark abhängig ist, gibt Abb. 11.3 dennoch ein Gefühl für die rasante Prozessoren-Entwicklung. Vielleicht zur Abrundung noch: Scherzhaft wird MIPS oft als ‚Meaningless Indicator of Processor Speed' bezeichnet (Bedeutungslose Angabe zur Geschwindigkeit eines Mikroprozessors). Hierzu ein Beispiel: Eine Multiplikation des Intel 8080 benötigt eine 8 bit × 8 bit = 16 bit Operation, beim Intel icor xx jedoch eine 64 bit × 64 bit = 128 bit Operation, die wiederum auf einem Intel 8080 über 10.000 Takte dauern würde. Dennoch lassen MIPS für gewisse Funktionen, wie Router, Datenbank, Server und auch Smartphones grobe Näherungen zu.

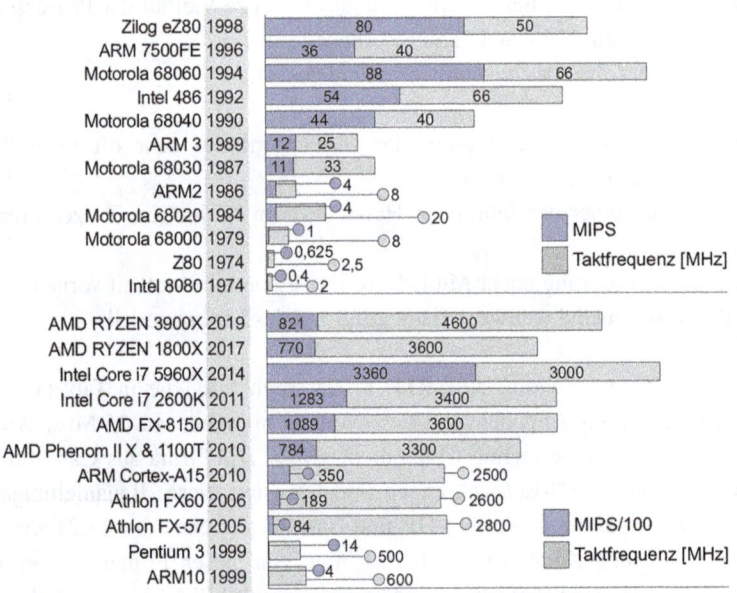

Abb. 11.3 Entwicklung von MIP's und Taktfrequenzen von 1974 an

Hinzukommt, dass es jede Menge von Benchmarks gibt die Prozessoren in gewissen Rahmen vergleichbar machen, z. B. Dhrystone-Test [51]. Wie immer man die Angelegenheit betrachtet, so vermittelt Abb. 11.3, wie ich meine, doch ein Gefühl dafür, wie sich die Rechenleistungen über die Jahre zu immer größeren MIPS und Taktraten weiterentwickelt haben.

Die Software-Schnittstelle für diese Art von Multicore- Rechnern und -Prozessoren ist OpenCL (Open Computing Language) [52]. Es ist eine Schnittstelle insbesondere für uneinheitliche Parallelrechner mit Haupt-, Grafik- und/oder DSP.

Die eigentliche Programmiersprache für OpenCL ist ‚C‘. Die Firmen AMD, IBM, Intel und Nvidia entwickelten OpenCL, das von Apple bei der Khronos Gruppe zur Standardisierung eingereicht wurde. 2008 wurde die Version OpenCL 1.0 und in 2013 als OpenCL 2.0 veröffentlicht. 2015 erschien dann OpenCL 2.1 und in 2016 OpenCL 2.2. Es folgte im Jahr 2019 die aktuelle Version OpenCL 2.2-11.

Am 30. September 2020 erfolgte das Release der finalen Spezifikation der OpenCL 3.0. OpenCL wird mittlerweile von mehr als 100 renommierten Herstellern verwendet! Wesentlich ist, dass OpenCL plattformunabhängig ist und mit C und C++programmiert werden kann. In diesem Beispiel zeigt sich auch sehr gut wiederum die Evolution der Technik bezüglich weiterentwickelter HW- und SW-Versionen, unabhängig von Industrie 4.0.

Nach diesen etwas detaillierten Ausführungen zu Hardware- und Prozessorentwicklungen wieder zurück und zu den Feldbussen und deren Standards:

Erst 2007 wurde HART ein Teil der internationalen Feldbusnorm IEC 61158. Beachtenswert ist dabei, dass HART bereits seit 1982 auf dem Markt war und bereits seit 1989 durch HCF standardisiert war. Das zeigt unter anderem, wie langwierig Standardisierungsverfahren sein können.

SCADA/HMI-Systeme, die seit 2000 auf dem Markt waren, wurden von den Herstellern, wie z. B. SIEMENS, Rockwell, Emerson, Pepperl & Fuchs und vielen anderen Firmen immer weiter verbessert. 2011 erschien das erste SCADA/HMI-System auf OPC DA Basis (Webbasiert) [53].

2009 wurde in der Fabrikautomation der IO-Link (siehe Abschn. 10.6) eingeführt, der seinen Durchbruch in der Automatisierungstechnik 2014 auf der SPS Drive in Nürnberg erfuhr, wo ihn zahlreiche Hersteller als Novum unter Industrie 4.0 proklamierten. Immerhin ist IO-Link ein durchgängiges System in der Feldebene und somit ideal für die Fabrikautomation.

2010 wurde von der OPC Foundation das System OPC UA (siehe Abschn. 10.7) vermarktet, das zum ersten Mal eine vereinheitlichte Systemarchitektur vom ERP-System bis hinunter in die Feldebene repräsentierte. OPC UA (OPC Unified Architecture) ist somit für die horizontale als auch vertikale Integration der Feldgeräte geeignet. Das offene standardisierte Kommunikationsprotokoll OPC UA ist ein Standard für den Datenaustausch und als plattformunabhängige, service-orientierte Architektur realisiert. Bemerkenswert ist, dass OPC UA bereits seit 2006 in der Automatisierungspyramide als plattformunabhängige Architektur verwendet wurde. Mit der Revision im Jahr 2009 war OPC UA insbesondere im Datenaustausch zwischen globalen größeren Unternehmen sehr gut einsetzbar. OPC UA wird heute häufig auch als Kommunikationsmittel für das Cloud Computing eingesetzt.

2010 wurde dann endlich für MES Betriebssysteme die erste Norm ANSI/ISA-95 [54, 55] eingeführt. Somit waren alle Schichten der Automatisierungspyramide vom Feld bis hin zum ERP zum ersten Mal standardisiert. Es sei erwähnt, dass wir uns zu diesem Zeitpunkt immerhin noch 4 Jahre vor der Proklamation von Industrie 4.0 befanden!

Noch in den Jahren 2010/2011 wurde das Cloud Computing durch die NIST (National Institute of Standards and Technology) [56] intensiv promotet, obwohl die Anfänge schon auf die 90er Jahre zurückgingen. Grund für diese lange Entwicklungszeit waren die Rechnerleistungen bezüglich Geschwindigkeit und Speichermöglichkeiten. Nachdem hardwareseitig nun kaum mehr wesentliche Einschränkungen gegeben waren, konnte diese Technologie fokussiert angegangen werden.

Ab 2010 begann in der Automatisierung auch das Zeitalter der Funkkommunikationen.

Als Vorreiter in diesem Thema wurde HART 7/WirelessHART ab 2007 sehr schnell zum Standard in der Automatisierung. Es wurden die ersten Mesh-Netzwerke erprobt, die heute auch für WLAN Anwendung finden.

2013 begann die Einbindung von WLAN in der Automatisierungstechnik, das in vielen Fällen dem Bluetooth vorgezogen wird, der bis heute immer noch nicht entscheidend in der Automatisierungstechnik etabliert ist. Die heute aktuelle Version WLAN 6 besitzt mittlerweile ein hohes Maß an Sicherheit und Robustheit gegenüber Umwelteinflüssen.

Ebenfalls im Jahr 2013 führte Intel wie erwähnt seine ARMv8 Serie mit 64 Bit Sechs-Achtkernprozessoren ein (Tab. 11.1). Zusammen mit ARM Ltd. (früher Arcon) eroberte Intel sehr rasch den Markt. STMicroelectronics kam mit seinen Ultra-Low-Power auf ARM basierten Controllern auf den Markt. Diese Prozessoren eigneten sich hervorragend für noch weitere Miniaturisierungen in den Elektroniken. Ein Beispiel hierfür ist der erste voll integrierte digitale Sensor mit Bluetooth/WLAN in Verbindung in der Materialanalyse und Schichtdickenmessung.

Die Hardwarefunktionalitäten wurden immer mehr zusammengefasst, immer höher integrierte Prozessoren und Funktionalitäten wurden entwickelt; immer mehr Möglichkeiten der Kommunikationsvernetzungen durch Chip-On-Board-Technologie (COB) [57] oder auch ‚Nacktchipmontage' entstanden. COB ist dabei ein Verfahren zur Direktmontage von ungehäusten Halbleiter-Chips auf Leiterplatten zu einer elektronischen Baugruppe.

Diese Entwicklungen werden sich aus heutiger Sicht fortsetzen, ein Ende ist aus meiner Sicht nicht absehbar.

Literatur

1. Autoren: Klaus Philippscheck/Susanne Schmidt (unter Verwendung der Daten der „Kleinen Chronik der IBM Deutschland"): Die Geschichte der IBM im Kreis Böblingen: https://zeit-reise-bb.de/ibm//; Letzter Zugriff am 20.11.2023
2. Jürgen Maurer: Die Geschichte von Apple, 26.9.2015, Profi-IT, PC-Welt; https://www.pcwelt.de/ratgeber/Vom-Apple-I-bis-zum-iPad-Die-Geschichte-von-Apple-6199352.html/; Letzter Zugriff am 20.11.2023
3. Walter Isaacson: Steve Jobs, Die Autobiografie des Apple-Gründers, Verlagsgruppe C.Bertelsmann, München, 2011, 2. Auflage; ISBN 978-3-570-10124-7; www.bertelsmann.de
4. TonerPartner: geschicht der HP; https://www.tonerpartner.de/geschichte-firma-hp/#:~:text=Geschichte%20der%20Firma%20HP.%20Die%20Gr%C3%BCndung%20der%20Firma,den%20Firmennamen%20festzulegen%20%28Hewlett%20Packard%20oder%20Packard%20/; Letzter Zugriff am 21.11.2023
5. Thomas Cloer (Autor): DEC-Grüner Ken Olsen ist tot; Computerwoche, 8.2.2011; https://www.computerwoche.de/a/dec-gruender-ken-olsen-ist-tot,2364154/; Letzter Zugriff am 21.11.2023
6. SUN Microsystems: Company Facts; https://web.archive.org/web/20060828042628/http://sun.com/aboutsun/company/facts.jsp/; Letzter Zugriff am 20.11.2023
7. ATARI Museum: Die Geschichte von ATARI; https://web.archive.org/web/20060828042628/http://sun.com/aboutsun/company/facts.jsp/; Letzter Zugriff am 20.11.2023
8. SIEMENS: Computer Aided Engineering (CAE); https://www.plm.automation.SIEMENS.com/global/de/our-story/glossary/computer-aided-engineering-cae/13112/; Letzter Zugriff am 20.11.2023
9. CAD.DE: Die CAD-CAM-CAE Communitiy; https://ww3.cad.de/; Letzter Zugriff am 20.11.2023
10. INFORMATIK VERSTEHEN: Computer Integrated Manufacturing (CIM); https://www.informatik-verstehen.de/lexikon/computer-integrated-manufacturing/; Letzter Zugriff am 20.11.2023
11. 8-Bit-Museum:Texas Instrumentss: https://8bit-museum.de/heimcomputer/texas-instruments/; Letzter Zugriff am 20.11.2023
12. Stefan Beiersmann, AMD kündigt Übernahme von Xilinx für 35 Milliarden Dollar an 28. Oktober 2020: https://www.zdnet.de/88389183/amd-kuendigt-uebernahme-von-xilinx-fuer-35-milliarden-dollar-an//; Letzter Zugriff am 20.11.2023
13. Bernd Leitenberger: Die Intel Story: https://bernd-leitenberger.de/intelstory.shtml; https://www.bing.com/search?q=https%3A%2F%2Fbernd-leitenberger.de%2Fintelstory.shtml&form=ANSPH1&refig=7214cf63283049ca9567e6eab16449e5&pc=U531&sp=-1&pq=https%3A%2F%2Fbernd-leitenberger.de%2Fintelstory.shtml&sc=0-46&qs=n&sk=&cvid=7214cf63283049ca9567e6eab16449e5/; Letzter Zugriff am 20.11.2023
14. ACORN: ARM; Electronics Weekly in April 1998, https://web.archive.org/web/20080515051755/http://atterer.net/acorn/arm.html/; Letzter Zugriff am 20.11.2023
15. LARS SCHWICHTENBERG: Motorolas Handy-Geschichte, CHIP, 08.08.2006; https://www.chip.de/artikel/Motorolas-Handy-Geschichte_139956754.html/; Letzter Zugriff am 21.11.2023
16. HARALD: Motorola: eine 83 Jahre dauernde (Erfolgs)Geschichte; 22. DEZEMBER 2011; https://androidmag.de/report/motorola-eine-83-jahre-dauernde-erfolgsgeschichte/; Letzter Zugriff am 21.11.2023

17. Werner Hilf, Anton Nausch: M68000 Familie Teil 1 Grundlagen und Architektur, te-wi (1984), ISBN 3-921803-16-0

18. Transputer: https://ww.my-greenday.de/145569/1/transputer.html/; Letzter Zugriff am 20.11.2023

19. Mick McClean und Tom Rowland (1986). Die Inmos Saga. Quorumbücher. ISBN 978-0-89930-165-5

20. Parsytec: https://www.wallstreet-online.de/diskussion/500-beitraege/900572-1-500/parsytec-weltmarktfuehrer-vor-comeback; Letzter Zugriff am 21.11.2023

21. Parsytec Homepage; https://www.isra-parsytec.com (isra-parsytec.com); Letzter Zugriff am 20.11.2023

22. Amiga Land: Amiga-Geschichte; https://amigaland.de/amiga-geschichte/; Letzter Zugriff am 21.11.2023

23. Abb. 11.2 Quellen: [I] Autor: Konstantin Lanzet. Titel: CPU Intel C8008-1. URL: https://en.wikipedia.org/wiki/Intel_8008#/media/File:KL_Intel_C8008-1.jpg/; Letzter Zugriff am 20.11.2023. Lizenzvermerk: CC BY-SA 4.0, https://creativecommons.org/licenses/by-sa/4.0/; Letzter Zugriff am 11.11.2023. [II] Autor: Konstantin Lanzet. Titel: CPU Zilog Z8S180. URL: https://commons.wikimedia.org/wiki/File:KL_Zilog_Z180_DIP.jpg/; Letzter Zugriff am 20.11.2023. Lizenzvermerk: CC BY-SA 3.0, https://creativecommons.org/licenses/by/3.0/deed.en/; Letzter Zugriff am 20.11.2023. [III] Autor: Kazans Arashijin. Land: Zentralafrikanische Republik. Sprache: Englisch (Spanisch). Genre: Video. Veröffentlicht (Zuletzt): 23. September 2017. Seiten: 338. PDF-Dateigröße: 7,48 Mb. ePub-Dateigröße: 11.55 Mb. Isbn: 447-9-84532-517-6. Downloads: 71756. Uploader: Mirisar. INTEL 8048 DATENBLATT PDF, 22. März 2020. https://biz-sugimoto.info/intel-8048-datasheet-55/; Letzter Zugriff am 21.11.2023. [IV] Die verlinkte Website des inceni Blogs führt ihrerseits als Quelle die Wikimedia an, daher: Autor: Konstantin Lanzet. Titel: CPU Intel Pentium A80501 with Gold-Cap, 66 MHz, Vcore = 5V, S X837 = with FDIV-Bug. URL: https://commons.wikimedia.org/wiki/File:KL_Intel_Pentium_A80501.jpg/; Letzter Zugriff am 21.11.2023. Lizenzvermerk: CC BY-SA 3.0, https://creativecommons.org/licenses/by-sa/3.0/deed.en/; Letzter Zugriff am 23.11.2023. [V] Thomas Hübner, Bild erschienen in Computer Base, Intel Core 2 Extreme QX6700 im Test: 1, 2 und 4 Kerne, 2. November 2006. Titel: Intel Core 2 Extreme QX6700 Quad-Core-Prozessor. URL: https://www.computerbase.de/2006-11/test-intel-core-2-extreme-qx6700/18//; Letzter Zugriff am 20.11.2023. [VI] Autor: Digi-Key Corporation, Titel: Digi-Key: STM32L552ZET6Q; URL: https://www.digikey.at/product-detail/de/stmicroelectronics/STM32L552ZET6Q/497-STM32L552ZET6Q-ND/11591222#gallery/; Letzter Zugriff am 23.11.2023. [VII] Steffen, Zellfelder, Bild erschienen in PC Welt, Die wichtigsten ARM-Prozessoren, Titel: Mit der ARM-Lizenz kocht jeder sein eigenes Süppchen: Chips verschiedener Hersteller mit ARM-Kern. URL: https://www.pcwelt.de/ratgeber/Die-wichtigsten-ARM-Prozessoren-4159343.html/; Letzter Zugriff am 20.11.2023

24. STM32L552RC: ACTIVE Education: Ultra-low-power with FPU Arm Cortex-M33 with Trust Zone, MCU 110 MHz with 256 kbytes of Flash memory; https://www.st.com/en/microcontrollers-microprocessors/stm32l552rc.html/; Letzter Zugriff am 20.11.2023

25. Meudt,Tobias; Pohl, Malte; Metternich, Joachim: *Die Automatisierungspyramide – Ein Literaturüberblick*. Hrsg.: TU Prints. (tu-darmstadt.de [PDF]), 7.Juni 2017. http://tuprints.ulb.tu-darmstadt.de/6298/1/2017%20-%20Die%20Automatisierungspyramide%20-%20Ein%20Literatur%C3%BCberblick-2.pdf/; Letzter Zugriff am 23.11.2023

26. Elektronik Kompendium: IEEE 802.3/Ethernet Grundlagen; https://www.elektronik-kompendium.de/sites/net/0603201.htm/; Letzter Zugriff am 23.11.2023

27. tutorialspoint; IPv4-Adressierung; https://www.tutorialspoint.com/de/ipv4/ipv4_addressing.htm#:~:text=IPv4%20-%20Adressierung%201%20Unicast%20Adressierung%20Modus.%20In,alle%20Hosts%20im%20Segment%20bestimmt.%20More%20items...%20/; Letzter Zugriff am 23.11.2023

28. Dipl.-Ing. (FH) Stefan Luber/Dipl.-Ing. (FH) Andreas Donner: Was ist IPv6?; IPINSIDER; 01.08.2018; https://www.ip-insider.de/was-ist-ipv6-a-642703/

29. ICS>35>35.110: ISO/IEC/IEEE 8802-3:2014; Standard for Ethernet—Part 3: https://www.iso.org/standard/64882.html/; Letzter Zugriff am 23.11.2023

30. Hans Berger: Automatisieren mit SIMATIC S7 -1200. 2. überarbeitete und erweiterte Auflage , 2013, ISBN 978-3-89578-384-5

31. Texas Instrumentss – DSP (Digital Signal Processors): TMS320C3x Floating Point; https://www.digikey.com/catalog/en/partgroup/tms320c3x/13899/; Letzter Zugriff am 23.11.2023

32. PROFIBUS Nutzer Organisation: PROFIBUS Nutzerorganisation e. V. (PNO); https://www.md-automation.de/buyers-guide/profibus-nutzerorganisation-ev-pno/; Letzter Zugriff am 23.11.2023

33. automation, HCF erweitert Vorstand; https://www.automationnet.de/hcf-erweitert-vor-stand-54490; Letzter Zugriff am 23.11.2023

34. Electro automation; wirauotmatisierer: FieldComm Group gegründet; https://wirautomatisie-rer.industrie.de/ressort-beitragsart/branchennews/fieldcomm-group-gegruendet/; Letzter Zu-griff am 23.11.2023

35. ODVA: The Common Industrial Protocol (CIP™); https://www.odva.org/Technology-Standards/Common-Industrial-Protocol-CIP/Overview/; Letzter Zugriff am 23.11.2023

36. PI PROFIBUS & PROFINET International seit 1989- PROFIsave: https://www.profibus.com/technology/profisafe/; Letzter Zugriff am 23.11.2023

37. Mitsubishi Electric: Geschichte der Mitsubishi Gruppe; https://de.mitsubishielectric.com/de/about/global/history/overview/group_history/index.html#:~:text=%20Geschichte%20der%20Mitsubishi%20Gruppe%20%201%20Der,Eines%20von%20Iwasakis%20Dampfschif-fen%2C%20der%20Raddampfer...%20More%20/; Letzter Zugriff am 23.11.2023

38. Rockwell Automation: Über uns- Innovation, Produktivität und Nachhaltigkeit beginnen hier https://www.rockwellautomation.com/de-ch/company/about-us.html; Letzter Zugriff am 23.11.2023

39. Amd athlon k6: https://dokuhl.de/amd-athlon-k6/; Letzter Zugriff am 23.11.2023

40. Christian Birkle: Supercomputer: Dauerspitzenreiter ASCI Red verliert Führung (Update); 3.11.2000 13:25 Uhr; https://www.heise.de/newsticker/meldung/Supercomputer-Dauerspitzen-reiter-ASCI-Red-verliert-Fuehrung-Update-35042.html/; Letzter Zugriff am 23.11.2023

41. Stefan Beiersmann, 14:16 UhrTop500-Liste: Rechenleistung von Supercomputern wächst nur langsam; 18. November 2020, 14:16 Uhr; https://www.zdnet.de/88389855/top500-liste-rechenleistung-von-supercomputern-waechst-nur-langsam/; Letzter Zugriff am 23.11.2023

42. PACTware Consortium e. V.: Configure Automation better with PACTware; https://pactware.com/fileadmin/user_upload/Brochures/2019-03-28__PACTware-Brochure-en.PDF/; Letzter Zugriff am 23.11.2023

43. ARC Advisory Group: FDT Joint Interest Group; https://www.arcweb.com/ja/node/3586/; Letzter Zugriff am 23.11.2023

44. PRODUCTS FDT DTM: https://www.fdtgroup.org/products/FDT/DTM/; Letzter Zugriff am 23.11.2023

45. EtherCAT Technology Group Homepage; https://www.ethercat.org/default.htm; Letzter Zu-griff am 23.11.2023

46. RANKO KRVAVAC: Im Test: Intel Core 2 Quad Q6600; 10.01.2007; CHIP; https://www.chip.de/artikel/Im-Test-Intel-Core-2-Quad-Q6600_139975431.html#:~:text=Bild%3A%20intel.%20Mit%20dem%20%22Core%202%20Quad%20Q6600%22,Prozessorkerne%20arbeiten%20%E2%80%93%20genauer%20gesagt%20zwei%20Core-2-Duo-Kerne%20neben-einander/; Letzter Zugriff am 23.11.2023

47. Christof Windeck: AMD-Vierkernprozessor mit 3,4 GHz; 13.08.2009 15:38 Uhr; https://www. heise.de/newsticker/meldung/AMD-Vierkernprozessor-mit-3-4-GHz-751185.html/;   Letzter Zugriff am 23.11.2023

48. Elektronik Kompendium: Multi-Core/Mehrkern-Prozessoren: https://www.elektronik-kom-pendium.de/sites/com/1203171.htm/; Letzter Zugriff am 23.11.2023

49. TechTarget : ARM-Prozessor (Advanced RISC Machines); https://whatis.techtarget.com/ de/definition/ARM-Prozessor#:~:text=%20Die%20Features%20des%20ARM-Prozes-sors%20sind%20unter%20anderem%3A,H%C3%B6chstleistung%3B%206%20Un-terst%C3%BCtzung%20f%C3%BCr%20Hardware-%20Virtualisierung.%20More%20; Letz-ter Zugriff am 23.11.2023

50. https://de.wikipedia.org/wiki/Instruktionen_pro_Sekunde#:~:text=Instruktionen%20 pro%20Sekunde.%20Die%20Instruktionen%20pro%20Sekunde%20%28kurz,die%20 Rechenleistung%20von%20Computern%2C%20dabei%20insbesondere%20die%20Leis-tungsf%C3%A4higkeit/; Letzter Zugriff am 23.11.2023

51. ITWissen.info: DMIPS (Dhrystone MIPS); https://www.itwissen.info/DMIPS-Dhrystone-MIPS.html/; Letzter Zugriff am 23.11.2023

52. KHRONOS GROUP: OpenCL™ OPEN STANDARD FOR PARALLEL PROGRAMMING OF HETEROGENEOUS SYSTEMS https://www.khronos.org/opencl/; Letzter Zugriff am 23.11.2023

53. Matrikon OPC: OPC Data Access (OPC DA) – Versionen und Kompatibilität; Was ist OPC DA? https://www.matrikonopc.de/opc-server/opc-data-access-versions.aspx/; Letzter Zugriff am 23.11.2023

54. weblink: www.isa-95.com (http://isa-95.com/); Letzter Zugriff am 23.11.2023

55. ISA: ISA95, Enterprise-Control System Integration; https://www.isa.org/standards-and-publi-cations/isa-standards/isa-standards-committees/isa95/; Letzter Zugriff am 23.11.2023

56. NIST (National Institute of Standards and Technology); U.S. Department of Commerce), Homepage: https://www.nist.gov/; Letzter Zugriff am 23.11.2023

57. TE connectivity; First sensor: Chip-On-Board-Technologie; https://www.first-sensor.com/de/ kompetenzen/leistungselektronik/chip-on-board-technologie/; Letzter Zugriff am 23.11.2023

Zusammenfassung Des Zeitgeschehens 12

Voran gingen allen technologischen Entwicklungen bezüglich Feldbussystemen, Ethernet und Internet (IoT), jeweils entsprechende Hardwareentwicklungen. Der Fokus lag dabei auf Rechenleistung, Speicher und Low-Power sowie Robustheit.

Gefolgt waren diese Entwicklungen von den Übertragungsmedien hin zu immer schnellerer Übertragungsgeschwindigkeit gepaart mit immer größeren Datenmengen. Kupfer-, Lichtwellenleiter und Funkverfahren waren die dominanten Medien bei Ethernet für die einzelnen Evolutionsstufen der Nachrichten- und Datenübermittlung.

Alle Entwicklungen übten eine gewaltige Sogwirkung auf den Fortschritt der Automatisierungskomponenten aus, insbesondere aber auch auf die Feldgeräte und komplette Automatisierungssysteme. Dabei gibt es aus meiner Sicht gemäß Abb. 12.1 drei signifikante Entwicklungsepochen für die Automatisierung der letzten 50 Jahre hinsichtlich der speicherprogrammierbaren Steuerungen, Gateways und Feldbusse im Zusammenhang mit µ-Controllern, Digitalen Signalprozessoren, FPGA's (Field Programmable Gate Array) und ASIC's (.Application-Specific Integrated Circuit).

Workstations und PC's führten zu erheblichen Fortschritten in der Entwicklung von SCADA/HMI-Systemen und ERP-Systemen sowie der Ethernetvernetzung. In der Feldebene war in den Anfängen der Automatisierung das 4...20 mA-Signal dominant. Ethernet übte, da zunächst nicht echtzeitfähig, noch keinen großen Einfluss in der Automatisierung bezüglich der Feldebenen aus. Deshalb waren Ethernet-Anwendungen fast ausschließlich nur zwischen ERP-, MES- und SCADA-Systemen anzutreffen.

Zunächst war mit der ersten Hardwaregeneration das Thema, die Transmitter und Messwertumformer zu digitalisieren. Erst als ab ca. 1985 die echtzeitfähigen Busse wie 4...20 mA HART [1], PROFIBUS DP [1], PROFINET und EtherNet/IP nach und nach auf den Markt kamen, wurde es in der Automatisierung zwischen SCADA/HMI-, SPS- und Feldebene richtig lebhaft. Offiziell kam im Jahr 1990 die Geburtsstunde des Internets hinzu, wobei das Internet eigentlich schon mit Einführung des Ethernet und AR-

W. Babel, *Systemintegration in Industrie 4.0 und IoT,*
https://doi.org/10.1007/978-3-658-42987-4_12

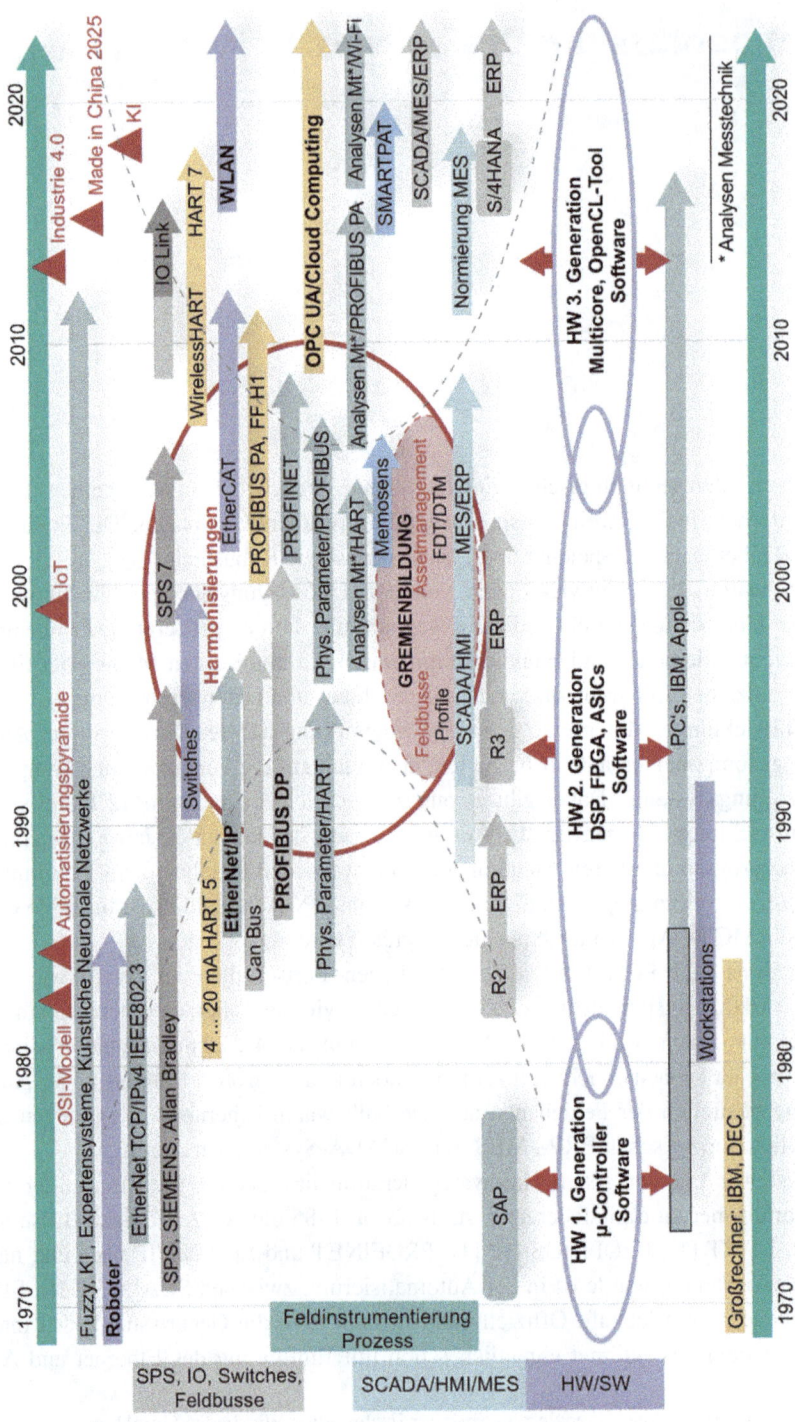

Abb. 12.1   50 Jahre Ethernet, Internet und Automatisierung im Überblick

PANET begann, das u. a. großen Einfluss auf die Globalisierung und Industrie 4.0 hatte. Das Werk IoT von Kevin Ashton 1999 machte das Internet in allen Lebensbereichen populär.

Ab 1995 hielt die Glasfasertechnologie in die Datenübertragung Einzug, wobei die Datenraten und -mengen sowie Übertragungsentfernungen sprunghaft anstiegen. Auch Ethernet nutzte diesen Umstand unmittelbar. Die Datenverdichtung und -darstellung erforderten auf der SCADA/MES-Ebene immer intelligentere Algorithmen und Vorgehensweisen und vor allem global und lokal den Einsatz des Internets. Die zweite Hardwaregeneration verhalf nun zu einem entscheidenden Technologieschub in der Fabrik- aber insbesondere auch in der Prozessautomation. Leistungssteigerungen in den Algorithmen und Echtzeitregelungen in der Online/Inline-Automatisierung nahmen in allen Industrien stark zu. Künstliche Intelligenz, Künstliche Neuronale Netzwerke, Mustererkennung und Regelalgorithmen erfuhren eine gewaltige Leistungssteigerung.

So ab den 90ern begann man schließlich die Messtechniken für Prozessüberprüfungen und Qualitätskontrollen aus dem Labor in die rauen Umweltbedingungen zu überführen.

In diesem Zeitraum bis 2000 entstanden immer bessere Hardware Elektroniken, immer höher integrierte Prozessoren und Funktionalitäten. Immer mehr Möglichkeiten der Kommunikationsvernetzungen durch Chip-On-Board-Technologie (COB) [2] oder auch ,Nacktchipmontage' waren verfügbar. COB ist dabei ein Verfahren zur Direktmontage von ungehäusten Halbleiter-Chips auf Leiterplatten zu einer elektronischen Baugruppe.

Einhergehend mit diesem Trend kamen zunehmend Messtechnikhersteller auf den Markt: Komponenten, Speicherprogrammierbar Steuerungen (SPS), Gateways zwischen Feldbusse jeglicher Art und Feldgeräte boomten. Immer wieder neue proprietäre Systeme erschienen. Die Anwender hatten bald keinen Überblick mehr und drängten massiv auf Konsolidierung, Harmonisierung, Vereinheitlichung in Bedienerführung und Servicekonzepten.

Die Industrie wurde zum globalen Markt für die Hersteller der Automatisierungsprodukte, zunächst aufgeteilt zwischen Europa und den USA. Die Folgen waren zahlreiche Gremienbildungen, die sich im folgenden Jahrzehnt immer weiter konsolidierten. Es sei gesagt, dass der mittlere und ferne Osten stark die Technologien in HW, SW und Kommunikation von den USA und Europa, speziell von Deutschland, übernahm. Auch hinsichtlich aller Normierungen, angefangen vom CE-Zeichen und der damit verbundenen EMV-Konformität, über Schutzarten bis hin zu Regularien für explosionsgefährdete Umgebungen wurden vom fernen Osten geringfügig modifiziert übernommen und daraus eigene Businessmodelle entwickelt.

Aufgrund des technologischen Fortschrittes der Produkte in allen Ebenen der Automatisierungspyramide erfolgt eine Zusammenfassung oder Aufgabenverschiebung bestimmter Funktionalitäten von der Feldebene bis hin zu den oberen Ebenen – ERP/MES/ SCADA/HMI/SPS-Systemen – aber auch in umgekehrter Richtung.

Die Feldgeräte wurden immer intelligenter, ebenso die SPS- und SCADA-Systeme: MES-Funktionalitäten wurden z. T. bis hinunter in die SPS-Ebene verlagert. Die Kommunikation wurde immer stärker durch das Ethernet TCP/IP, Ethernet UDP/IP und OPC UA geprägt. Mit Ethernet APL hat man seit 2019 den fehlenden Standard für Ethernet für explosionsgefährdete Umgebungen realisiert.

Somit schloss man mit Ethernet APL die fehlende Lücke in der Kommunikationspyramide, was die Gesamtstrategie Ethernet anbelangt. Explosionsgefährdete Umgebungen waren bis zu diesem Zeitpunkt nur den Feldbussen PROFIBUS PA, Fieldbus Foundation H1 und dem HART vorbehalten. Mit Ethernet APL wird Ethernet weiter die tradierten oben genannten Feldbusse nach und nach verdrängen.

MES-System (Manufacturing Execution System) und ERP-System (Enterprise Resource Planning) wurden immer mehr zusammengefasst, besonders was die Verwendung *einer* einzigen Datenbank anbelangt.

Übergreifende Profile in der Assetmanagement-Ebene (SCADA/MES oder Kontrollraum), wie z. B. PACTware, FTD/DTM^{TM}, AMS waren gefordert, ebenso wie eine klare Aufgabentrennung zwischen ERP-System und MES-System, wenn nicht ohnehin schon zusammengefasst.

Die offene Plattformarchitektur OPC UA sowie OPC DA (Data Access) wurde um 2010 definiert und veröffentlicht. Diese Plattform wurde im Zusammenhang mit Internet die Basis für das Zeitalter des ‚Cloud Computing‘ wichtig. Mit dem Cloud Computing stiegen die Anforderungen an sicherheitsrelevanter SW enorm an. Das ‚Hacking‘ erfuhr einen negativ zu sehenden Schub.

Die dritte Generation der Hardware war mit den Mehrkernprozessor-Systemen der Garant für alle diese Neuerungen. Schließlich begann ab 2010 das Zeitalter der drahtlosen Übertragung, WirelessHART [1] im Prozess, WLAN generell und z. T. Bluethooth [1]. Bluetooth benutzt man heute besonders für kurze Distanzen in der Fabrik in Verbindung mit dem IO-Link und dessen einfachen Protokoll. Bluetooth wurde jedoch aufgrund seiner Eigenschaften nur sehr begrenzt eingesetzt. WLAN und WirelessHART haben bis zum Mesh-Netzwerk hin viele Gemeinsamkeiten, was die Funkverbindungen anbelangte. Mit WLAN 6 gelang in der drahtlosen Kommunikation in vielen Gebieten der Automatisierung der Durchbruch.

Das Softwaretool OpenCL war das neue standardisierte Hardwarekonfigurationstool für Multicore Prozessoren auf dem neuesten Stand der Technik.

Es ist selbstverständlich, dass auch alle KI-Methoden seit mehr als 50 Jahren ebenso die neuesten Technologiestände der Hardware- und Software-Entwicklungen über der gesamten Zeitschiene nutzten: Wo früher aufgrund begrenzter Rechenleistungen über Merkmalsextraktion zur Datenreduktion gebrütet wurde, gibt man heute 1024×1024 Pixel Bilder auf Klassifikationsnetzwerke und lernt diese einfach ein.

Nach allen diesen Entwicklungen wurde schließlich im Jahr 2014 endlich die Industrie 4.0 mit ‚Cyber Physischen Systeme‘, ‚IoT‘ (mit Industrie 4.0 zu IIoT aufgewertet) und ‚Vernetzte Systeme‘ auf der Messe HMI in Hannover ausgerufen – ein Großereignis für Politik und Wirtschaft. Was immer sich der Einzelne unter ‚Hyper Physics Systems‘ oder ‚Cyber Physics Systems‘ vorstellte, Industrie 4.0, IoT oder IIoT, Digitalisierung und Künstliche Intelligenz wurden ab 2016 ein richtiger Hype.

Man konnte sich alles darunter vorstellen und jeder hatte so seine eigenen Vorstellungen: ‚Alles geht jetzt ohne Menschen‘, ‚Selbstlernende Roboter‘ bis hin zu ‚SAP ist Industrie 4.0‘, alles schwirrte durch den Äther. Selbst zahlreiche ‚einfache‘ und ‚umständliche‘ Servicetools wurden auf Kongressen oftmals als Industrie 4.0 vorgestellt. Vor allem in China habe ich mich bei den Vorträgen zu Industrie 4.0 oftmals gefragt, was denn nun Industrie 4.0 wirklich ist.

Nur die Wenigsten konnten die Begriffe sachlich einordnen. Mystik gepaart von Nichtwissen umgarnt bis heute Industrie 4.0, IoT und KI.

Kaum einer bekam 2015 die Proklamation ‚Made in China 2025‘ so richtig mit: Ein Wirtschaftsprogramm, das zwar Industrie 4.0 als einen Grundgedanken implizierte, aber im Prinzip viel breiter ausgelegt war: Ein Programm, das China bis 2040 zur Nummer 1 in der Weltwirtschaft machen soll. Auch IoT, nunmehr in der Automatisierungstechnik IIoT genannt (Industrial Internet of Things), wurde neu aus der Taufe gehoben, obwohl es bereits auf das Jahr 1999 zurückgeht, aber in Industrie 4.0 erst an Bedeutung gewann.

Aber letztlich hatte die 50-jährige Geschichte der Automatisierung seit der dritten industriellen Revolution einen neuen Namen: Industrie 4.0 – die vierte industrielle Revolution.

Selbst im Jahr 2020 war ich immer wieder auf den Kongressen und Messen in China, USA und Europa erstaunt über die kursierenden Meinungen zu diesen Themenkomplexen. In vielen Podiumsdiskussionen erlebte ich die Unkenntnis, die sich hinter diesen Begriffen verbarg!

Warum Industrie 4.0 proklamiert wurde, darüber kann man spekulieren. Denn was war Ausschlag gebend?

War es das Internet mit seiner weltweiten Vernetzung und Kommunikation? War es die von der Firma Pilz im Jahr 2017 eingeführte SPS mit IP67 oder die mehr als zehn Versionen von der SPS-Programmiersprache STEP 7 oder das TIA Portal (Totally Integrated Automation) von SIEMENS.

Vielleicht war es Bluetooth 5.0 im Jahr 2016 oder WLAN 6 im Jahr 2019, EtherCAT 1G oder EtherCAT 10G? Oder war Industrie 4.0 der Grund, dass PROFINET die 26 Mio.-Gerätegrenze bereits im Jahr 2019 überschritten hat oder der erste Lichtwellenleiter mit 10 Gbit Einzug hielt?

War Industrie 4.0 der Grund, dass man aktuell am 400 Tbit/s Ethernet oder PoE (Power over Ethernet) arbeitet?

Oder vielleicht, dass man jetzt prädiktive Wartung (Predictive Maintenance) als das neue Tool für Assetmanagement proklamiert! Oder sind es gar die Roboter, die immer mehr leisten können aufgrund verbesserter Hardware, Software und Algorithmik, aber schon seit den 70ger Jahren im Einsatz sind?

War es das neueste Release von OPC UA oder OpenCL in der Version 2.2–11 oder der Version 3.0. Oder war es das im Jahr 2014 erschienene 100Gbit/s Ethernet oder sogar das SAP S/4HANA?

Vielleicht war es auch, dass die Systeme ERP/MES/SCADA immer mehr in eine Einheit zusammengefasst wurden aufgrund fortschreitender Rechner- und Speicherver-besserungen und -innovationen.

Oder war es einfach notwendig, einen neue Epoche zu proklamieren, um mehr Fokus auf gewisse technische Dinge zu bekommen, bei denen man nicht voran kam Beispiel-haft: Verlagerungen von Technologien ins Ausland oder wie im Falle der Solarzellen- und Halbleiterabhängigkeiten in den fernen Osten, speziell China und Taiwan oder Te-choogie in Deutsch zu entwickeln und fertigen, um unabhängiger zu werden?

Während ich bis heute über die Einführung von Industrie 4.0 und IoT in vielen Fach-diskussionen involviert war, wurde von Politik und Wirtschaft 2018 auch noch die seit mehr als 50 Jahren bestehende KI (Künstliche Intelligenz- oder engl.: Artificial Intelli-gence) neu erfunden: ‚Künstliche Neuronale Netzwerke können das Gehirn nachbilden‘, Maschinen denken wie Menschen‘, ‚Roboter mit Gefühlen‘ ‚Roboter lösen alles‘, ‚Auto-nomes Fahren – endlich‘ hieß es damals wie heute. Es war sozusagen der ‚hyper-Hype‘ oder Hype^2, wie ich es gerne bezeichne.

Ich frage mich langsam, ob KI die totale Überwachung des Menschen mit womöglich desaströsen Falschentscheidungen bezüglich seines sozialen Verhaltens, seiner Bedürf-nisse ist.

Was ist KI ‚Alexa‘ oder ‚Siris‘? Was heißt denn selbstlernende Algorithmen: Das ‚Matching‘ von abertausenden Informationen von sozialen Plattformen und die daraus resultierenden umfassenden Manipulationen des Menschen in seinem Verhalten durch gezielte Suggestion von Werbung? Ist KI die Überwachung und Manipulation des Men-schen und seiner Emotionen mittels dreidimensionaler Bildverarbeitung? An all diesen Projekten wird heute intensiv gearbeitet, ohne dass es den Meisten von uns bekannt ist!

Oder ist KI das, was man vor 20 Jahren in Unwissenheit belächelte oder als Science Fiction abwertete? Wer mehr in dieser Richtung erfahren will, dem empfehle ich die Bü-cher von Nick Bostrom „Superintelligenz“ [3] oder ‚BIG BROTHER IS WATCHING YOU‘ von George Orwells aus dem Jahr 1984 [4].

Ganz nebenbei möchte ich in diesem Zusammenhang noch einmal an das in der Ein-leitung erwähnte Expertensystem ‚Cybersyn‘ von Salvador Allende von 1970 oder das SafeGuard-Programm der Amerikaner zur Abwehr von Interkontinentalraketen erinnern, ebenfalls von 1970!

Das neue Wundermittel war geboren, um den Menschen dem Anschein nach endlich in Produktion und Arbeit völlig ersetzen zu können. Jetzt hatte man Industrie 4.0, Di-gitalisierung und KI endlich unter einem Dach vereint! Zu denken gibt mir, dass selbst die Politik an oberster Stelle heute im Jahr 2024 bei der Verleihung des deutschen Innovationspreis feststellt, dass es KI ja in 2014 noch gar nicht gab?!

Obwohl nun Alles definiert schien, haben wir bis heute immer noch alle Probleme dieser Welt:

- Umständlichen Bedienerführungen in allen Lebensbereichen
- Nicht standardisierte Netzwerk-Topologien

- Ignoranz der Automatisierungstechnik
- Verpasste Trends im Markt
- Autonomes Fahren, die Never Ending Story
- Eine nur sehr begrenze Spurhaltungskontrolle, Verkehrsschildererkennung
- Fehlerhafte Spracherkennungs-Systeme beim Navi
- Fehlende flächendeckende Kommunikation seit GSM, UMTS, LTE bis G5
- Digitalisierung, wo Viele noch nicht einmal Internetzugang haben
- Softwareprobleme auf allen Ebenen der Kommunikationsebene

Es gibt noch beliebig viele Punkte in diesem Sinn und trotzdem glauben wir, dass wir nahezu alles gut beherrschen und propagieren dies auch noch!

Und nach neuestem Stand in der Wirtschaftskrise steht heute im Jahr 2023 zur Lösung des Problems auf Bundesebene KI an erster Stelle, wobei wir wieder beim Thema wären.

Und wie sieht es heute seitens der Politik mit dem Hype DIGITALISIERUNG aus? Immer noch Eingeschränkte Videokonferenzen mit Sprach- und Bildunterbrechungen, Funklöcher ‚en masse‘ beim mobilen Telefonieren durch ein nicht flächendeckendes Telefonnetz, keine annähernd funktionierende Digitalisierung trotz vieler Bekundungen seitens der Politik.

Jeder kann sich das vor Augen halten und darüber nachdenken, wo wir heute technologisch stehen und was noch getan werden muss um der Idealwelt nahezukommen, falls es diese überhaupt gibt.

Die Liste, die es noch zu bewältigen gibt, im Zeitalter der ‚Hyper Physics Systems‘ ist beliebig erweiterbar.

Was ich persönlich sehe ist, dass die technologischen Evolutionen in der Industrie der Vergangenheit in allen Bereichen seit 2014 kontinuierlich fortgesetzt und weiter ausgebaut wurden. Und was noch erkennbar bleibt und für mich das Wichtigste ist, wie wichtig der Mensch bei allem Fortschritt ist: Der Mensch, der den Fortschritt treibt und ohne den auch heute noch der intelligenteste Roboter nicht weiß, was er tun soll, wenn er nicht vom Menschen selbst die notwendigen Algorithmen eingehaucht bekäme, ist das Maß der Dinge.

Das gilt auch für die ambitionierten KI-Aussagen für die künftigen Weltraummissionen im kommenden Jahrzehnt zum Mars oder dem autonomen Fahren. Auch hier müssen die Aussagen bezüglich eigenständig denkender Computer sehr relativiert werden. Was auch zukünftig geschieht, es obliegt wie seit jeher dem Denkvermögen des Menschen und seinen Fähigkeiten. Ich bin jedenfalls sehr froh darüber!

Mit diesem Sachverhalt gelangen wir notgedrungen zur Erkenntnis, dass die Automatisierung und die Systemintegration in Industrie 4.0 und IoT eine evolutionäre Entwicklung ist.

Ich hoffe, dass ich mit diesem Lehrbuch die Themen

- Systemintegration in Industrie 4.0 und IoT
- Zusammenhänge zwischen den Internetprotokollen IPv4 und IPv6
- IPv4 und IPv6 Integration in das Ethernetprotokoll

- Ethernet TCP/IP, Ethernet UDP/IP, Ethernet II Frame
- Protokollsuite TCP/IP
- die auf Ethernet basierenden Feldbusvarianten EtherNet/IP, PROFINET, EtherCAT, CC-Link und Modbus TCP, WLAN/Wi-Fi sowie OPC UA

sowie die geschichtlichen und technischen Zusammenhänge einprägsam darstellen konnte und es mir gelungen ist, etwas mehr Klarheit in dieses Thema ‚Industrie 4.0', IoT, Ethernet, IPv4 und IPv6, TCP/UDP sowie Künstliche Intelligenz zu bringen umfänglich dargelegt habe.

Insbesondere wichtig war mir dabei aufzuzeigen, wie sich alle Technologien über 50 Jahre evolutionär entwickelten und diese den Fortschritt von der ersten industriellen Revolution bis zur vierten industriellen Revolution systematisch prägten.

Ich bin jedenfalls gespannt, was die Zukunft technologisch gesehen als Nächstes bringt.

Wolfgang Babel

Literatur

1. Wolfgang Babel: ‚Industrie 4.0, China 2025, IoT'; Springer Vieweg Verlag, ISBN 978-3-658-34717-8; ISBN 978-3-658-34718-5 (eBook), (Englisch und Deutsch); https://doi.org/10.1007//978-3-658-34718-5; Letzter Zugriff am 8.11.2023
2. TE connectivity; First sensor: Chip-On-Board-Technologie; https://www.first-sensor.com/de/kompetenzen/leistungselektronik/chip-on-board-technologie/; Letzter Zugriff am 11.11.2023
3. Nick Bostrom (Autor), Jan-Erik Strasser (Übersetzer): Superintelligenz: Szenarien einer kommenden Revolution (Deutsch); 10. November 2014; https://www.amazon.de/Superintelligenz-Szenarien-einer-kommenden-Revolution/dp/3518586122/; Letzter Zugriff am 11.11.2023
4. George Orwell, 1984: BIG BROTHER IS WATCHING YOU; Übersetzung: Walter, Michael; https://www.buecher.de/shop/science-fiction/1984/orwell-george/products_products/detail/prod_id/05292550/; Letzter Zugriff am 11.11.2023

Glossar

ABAP	Advanced Business Application Programming
ADALINE	Adaptive Linear Neuron
20 TQFN-E	20 Pins Thin Quad Flat No-lead Package -Exposed Pad
AES	Advanced Encryption Standard
AI	Artificial Intelligence
AIDA	Automatisierungsinitiative Deutscher Automobilhersteller
AIS	Analysis of Impedance Signature
ANN	Artificial Neural Network
ANSI	American National Standards Institute
API	Application Programming Interface
APIPA	Automatic Private IP Addressing
APL	Advanced Physical Layer
ARP	Address Resolution Protocol
ARPANET	Advanced Research Projects Agency Network
ARQ	Automatic Repeat Request
ASIC	Application Specific Integrated Circuit
ASK	Amplitude Shift Keying
AU	Auftragsabwicklung
AUI	Access Unit Interface
Baan	ERP-System
BDE	Betriebsdatenerfassung
BGP	Border Gateway Protocol
BPSK	Binary Phase Shift Keying
BSCW	Basic Support for Cooperative Work (deutsch: „grundlegende Unterstützung für Zusammenarbeit")
CAD	Computer-Aided Design
CAE	Computer-Aided Engineering
CAN	Controller Area Network

W. Babel, *Systemintegration in Industrie 4.0 und IoT,*
https://doi.org/10.1007/978-3-658-42987-4

CAN FD	CAN Flexible Data rate
CCK	Complementary Code Keying
CDMA	Code Division Multiple Access
CENELEC	Europäisches Komitee für elektrotechnische Normung
CFI	Canonical Format Indicator
CFR	(USA) Code of Federal Regulations
CI	ControlNet International
CiA	CAN in Automation
CIDR	Classless Inter-Domain Routing
CIM	Computer-Integrated Manufacturing
CIP	Common Industrial Protocol
CIT	Conformance Test Tool; von der ETG für EtherCAT entwickelt
CLPA	CC-Link Partner Association
CMMR	Common Mode Rejection Ratio
COB	Chip-on-Board-Technologie
CoE	CAN Applications over EtherCAT' Congestion window size
CPF	Communication Profile Families
CPU	Central Processor Unit
CR	Communication Relation
CRC	Cyclic Redundancy Check
CSMA/CD	Carrier Sense Multiple Access/Collision Detection
CSP	Connection Session Protocol
DAD	Duplicate Address Detection
DARPA	Defense Advanced Research Projects Agency
DCOM	Distributed Component Object Model
DCP	PROFINET Discovery and Configuration Protocol
DCCP	Datagram Congestion Control Protocol
DCS	Digital Control system
DDCMP	Digital Data Communications Message Protocol
DDL	Device Description Language
DDLM	Data Link Layer Mapper
DEC	Digital Equipment Corporation
DE-CIX	Deutsche Commercial Internet Exchange
DEI	Drop Eligible Indikator
DES	Data Encryption Standard
DHCP	Dynamic Host Configuration Protocol
DHCPv6	Dynamic Host Confirguration Protocol Version 6
DIX-Frame	DEC, Intel, Xerox-Frame
DKE	Deutsche Kommission Elektrotechnik Elektronik Informationstechnik

DLLM	Data Link Layer Mapper
DNC	Distributed Numerical Control
DNS	Domain Name System
DoD	Department of Defense
DSL	Digital Subscriber-Line
DSP	Digital Signal Processor
DSSS	Direct Sequence Spread Spectrum
DTIMS	Delivery-Traffic-Indicator Map
E/A (I/O)	Eingang/Ausgang (Input/Output)
EAS	Electronic Article Surveillance
EBT	Earning Before Tax (Gewinn vor Steuer)
ECN	Explicit Congestion Notification
ECT	EDDL Cooperation Team
EDDL	Electronic Device Description Language
EEPROM	Electrically Erasable Programmable Read-Only Memory
mory	
EIA-485	Electronic Industries Alliance-485
ElektroStoffV	Elektro- und Elektronikgeräte-Stoff-Verordnung
EMC	Electro Magnetic Compatibility
EMV	Elektromagnetischer Verträglichkeit
EPC	Electronic Product Code
ERP	Enterpise-Resource-Planning
ESC	EtherCAT- Slave Controller
ETG	EtherCAT Technology Group
EtherCAT	Ethernet for Control Automation
Ethernet	LAN Network
Ethernet TCP/IP	Transportation Control Protocol/ Internet Protocol
EVA	Eingabe-Verarbeitung
ex	explosionsgefährdeter Bereich der Zonen 0.1
FAT	Factory Acceptance Test
FAUF	Fertigungsauftrag
FCC	Federal Communications Commission
FC-P	Fibre Channel Protocol
FCS	Frame Check Sequence
FDI	Field Device Integration
FDL	Fieldbus Data Layer oder Sicherungsschicht
FDMA	Frequency Division Multiple Access
FDT AISBL	Association Internationale Sans But Lucrativ
FDT JIG	FDT Joint Interest Group
FDT/DTM™	Field Device Tool/Device Type Manager
F&E	Forschung und Entwicklung

FF	Foundation Fieldbus
FFT	Final Function Test
FGPA	Field Programmable Gate Array
FHSS	Frequency Hopping Spread Spectrum
FIP	Factory Instrumentation Protocol
FISCO	Fieldbus Intrinsically Safe Concept (Eigensicheres Feldbuskonzept) Flusssteurung
FMMU	Fieldbus Memory Management Unit
FOIRL	Fiber-Optic-Inter-Repeater-Link
FPY	First Pass Yield
FRAM	Ferroelectric Random Access Memory
FSK	Frequence Shift Keying
FSoE	Fail Safe over Ethernet
FTP	File Transfer Protocol
GDS	Global Discovery Server
GUI	Grafical User Interface
GuV	Gewinn und Verlustrechnung
HART	Highway Addressable Remote Transducer
HCF	HART Communication Foundation
HDLC	High-Level Data Link Control
HMI	Human Machine Interface
HSPA+	High Speed Packet Access+
HTTP	Hypertext Transfer Protocol
HTTPS	Hypertext Transfer Protokoll Secure
IANA	Internet Assigned Numbers Authority
IAONA	Industrial Automation Open Networking Alliance
ICANN	Internet Corporation for Assigned Names and Numbers
ICMP	Internet Control Message Protocol
ICMPv6	Internet Control Message Protocol, Version 6
IEA	die Industrial Ethernet Association
IEC	International Electrotechnical Commission oder Internationalen Elektrotechnischen Kommission
IEEE	Institute of Electrical and Electronic Engineers
IETF	Internet Engineering Task Force
IFG	International Fieldbus Group
IGPM	Internet Group Management Protocol
IODD	IO Device Description
IoT	Internet of Things
IIoT	Industrial Internet of Things
IP	Ingress Protection; Schutzarten
IPC	Industrial Personal Computer

IPG	Inter Package Gap
IPnG	Internet Protocol next Generation
IPO	Input-Processing-Output
IPsec	Internet Protocol Security
IPv4	Internetprotokoll Version 4
IPv6	Internetprotokoll Version 6
IPX/SPX	Internetwork Packet Exchange/Sequenced Packet Exchange.
IPxy	Ingression Protection
IRC	Internet Relay Chat
ISA	International Society of Automation
ISM	Industrial, Scientific and Medical Band
ISO	International Organization for Standardization
ISO/TC 184/SC 4	International Standards Organization responsible for industrial data. ISO/TC 184/SC 4 develops and maintains ISO
ISP	Internet Service Provider
ITU	International Telecommunication Union
KAUF	Kundenauftrag
KI	Künstliche Intelligenz
KNN	Künstliches Neuronales Netz
KOP	Kontaktplan
KPI	Key Performance Indicator
L2CAP	Logical Link Control and Adaption Protocol
LAN	Local Area Network
LCC	Logical Link Control
LDAP	Lightweight Directory Access Protocol
LFCSP-24	Lead Frame ChIPScale Package – 24 Pins
LIBS	Laser-Induced Breakdown Spectroscopy oder laser-induzierte Plasmaspektroskopie
LLC-SNAP	Logical Link Control-Subnetwork Access Protocol
LLDP	Link Layer Discovery Protocol
LMP	Link Manager Protocol
LQFP	Low Profile Quad Flat Package
LWL	Lichtwellenleiter
MAC	Media Access Control
MAC-Addr.	Media-Access-Control-Addresse; 48 >Bit Codierung
MAU	Medium Attachment Unit
MBP	Manchester Bus Powered
MBP cable	Manchester Bus Powered; MBP type A cable – not the same as RS-485 type A cable"
MDE	Maschinendatenerfassung

MES	Manufacturing Execution System
MESA	Manufacturing Enterprise Solutions Association
MGCP	Gateway Control Protocol
MIMOSA	Open Standards for Physical Asset Management
MPLS	Multiprotocol Label Switching
MQTT	MQ Telemetry Transport
MRP	Material Request Planning (Materialbedarfsplanung)
MRRT	PROFINET-Media Redundancy for RealTime
MS-DOS	Microsoft Disk Operating System
MSE	Mean Square Error
MSL	Maximum Segment Lifetime
MSS	Maximum Segment Size
MTBF	Mean Time Between Failures
MTU	Maximum Transmission Unit
NAMUR	Internationaler Verband der Anwender von Automatisierungstechnik und Digitalisierung der Prozessindustrie.
NAT	Network Address Translation
NDP	Neighbor Discovery Protocol
nicht-ex	nicht explosionsgefährdeter Bereich (normal Zone 2)
NIST	National Institute for Standards and Technology
NNTP	Network News Transfer Protocol
NOA	NAMUR Open Architecture
Norm IEC 61131-9	‚Single-drop digital communication interface for small sensors and actuators‘
NRZ	Non-Return-to-Zero und Non-Return-to-Zero-Inverted bzw. Wechselschrift
NSC	National Science Foundation
NTP	Network Time Protocol
ODVA	Open DeviceNet Vendor Association
OFDMA	Orthogonal Frequency Division Multiple Access
OIF	Optical Internetworking Forum
OLE	Object Linking and Embedding (entwickelt von Microsoft)
OLED	Organic Light Emitting Diode
OLTP	Online Transaction Processing
ONC/RPC	Open Network Computing (ONC) Remote Procedure Call (RPC)
OPC	Open Platform Communications
OPC DA	OPC Data Access
OPC UA	OPC Unified Architecture
OPC XLM-DA	eXtensible Markup Language-Data Access

OpenCL	Open Computing Language
OPF	Open Platform Foundation
OSI Modell	Open Systems Interconnection Modell
OSPF	Open Shortest Path First
OSPFv3	Open Shortest Path First Version 3
P&ID	Piping and Instrumentation Diagram
PaaS	Platform as a Service
PA-DIM	pezifikation (Process Automation Device Information Model
PAT	Preliminary Acceptance Test
PCB	Printed Circuit Board
PCI-Bus	Peripheral Component Interconnect-Bus
PCI Express oder PCI-E	Peripheral Component Interconnect Express", abgekürzt PCIe oder PCI-E
PCP	Priority Code Point
PDE	Personaldatenerfassungen
PI	PROFIBUS & PROFINET International
PIM	Protocol Independent Multicast
PJM	Phasenjittermodulation
PLC	Programmable Logic Controler
PLS	Physical Layer Signalling
PNO	Profibus Nutzer Organisation
PNOP	PROFIBUS-Nutzerorganisation
PoE	Power over Ethernet
POP	Post Office Protocol
PPI	Process Performance Indicator z. B. Auftragsabwicklungszeit.
PPP	Point-to-Point Protokoll
PPS	Produktionsplanungs- und Systemsteuerungssystem-Gruppe
ProdSG	Produktsicherheitsgesetz
PROFIBUS	PROcess FIeld BUS
PROFIBUS DP	PROFIBUS Decentralized Peripherals
PROFIBUS FMS	PROFIBUS Fieldbus Message Specification
PROFIBUS PA	PROFIBUS Process Automation
PROFINET	PROcess FIeld NETwork
PROFINET IRT	PROFINET Isochronous-Real-Time
PSK	Phase Shift Keying
PTB	Physikalisch Technischen Bundesanstalt
PTP	Precision Time Protocol
QAM	Quadratur-Amplituden-Modulation

QPSK	Quadraturphasenumtastung oder Vierphasen-Modulation
QUIC	Quick UDP Internet Connections
R&I	Rohrleitungs- und Instrumentenfließschema
RAMI 4.0	Reference Architecture Model for Industrie 4.0
RARP	Reverse Address Resolution Protocol
RFC	Request for Comments
RFID	Radio Frequency Identification
RIP	Routing Information Protocol
RIR	Regional Internet Registry
RISC	Reduced Instruction Set Computer
RJ	Registered Jack
ROI	Return on Investment
RPC	Remote Procedure Call (Aufruf einer fernen Prozedur)
RPSL	Routing Policy Specification Language
RSI	Remote Service Interface
RSVP	Resource Reservation Protocol
RTD	Round Trip Delay
RTO	Retransmission Timeout
RTP	Real-Time Transport Protocol
RTPS	Real-Time Streaming Protocol
RTR	Frame Remote Transmission Request
RTU	Remote Terminal Unit (Fernbedienungsterminal)
SAP	Systeme, Anwendungen, Produkte
SAP-CRM	SAP Customer-Relationship-Management
SAP PLM	SAP Product-Lifecycle-Management
SAP SCM	SAP Supply-Chain-Management
SAP/SNAP	Service Access Point/Subnetwork Access Protocol
SCADA	Supervisory Control And Data Acquisition
SCM	Supply Chain Management
SCSI	Small Computer System Interface
SCTP	Stream Control Transmission Protocol
SDCI	Single drop digital communication interface for small sensors and actuators
SDLC	Synchronous Data Link Control oder Synchrone Datenübertragungssteuerung
SDMA	Space Division Multiple Access
SECS/GEM	SEMI Equipment Communications Standard/Generic Equipment Model Segment
SEMI	Organisation: Semiconductor Equipment und Materials International

SFD	**Start Frame Delimiter**
SICARID	**Siemens Car Identification**
SIG	**Bluetooth Special Interest Group**
SIL	**Safety Integrity Level**
SIO	**Schalt-Modus IO Sliding window**
SIP	**Session Initiation Protocol oder Sitzungs-Initiierungs-Protokoll**
SLAAC	**Stateless Address Autoconfiguration Protocol**
SLIP	**Serial Line Internet Protocol**
SLMP	**Seamless Message Protocol**
SNMP	**Simple Network Management**
SOA	**Service-Oriented Architecture**
SOAP	**Simple Object Access Protocol**
SoftPLC	**SPS als Software auf dem PC lauffähig**
SPC	**Statistical Process Control**
SPE	**Single Pair of Ethernet**
SPI	**Serial Peripheral Interface**
SPS	**Speicherprogrammierbare Steuerung**
SQL	**Structured Query Language**
SRAM	**Static Rrandom Access Memory**
SSH	**Secure Shell (kryptographisches Netzwerkprotokoll)**
SSL	**Secure Sockets Layer**
STMP	**Simple Mail Transfer Protocol**
STP	**Spanning Tree Protocol Staukontrolle**
TCI	**Tag Control Information**
TCP/IP	**Transmission Control Protocol/Internet Protocol; TCP/IP Suite Programmsammlung für die Ethernet Kommunikation**
TDMA	**Division Multiple Access**
Telnet	**Telekommunikationsnetzwerk**
TIA	**Totally Integrated Automation**
TLS	**Transport Layer Security**
TPID	**Tag Protocol IDentifier**
TQM	**Total Quality Management**
TSMP	**Time Synchronized Mesh Protocol**
TSN	**Time-Sensitive Networking**
UDP	**User Datagram Protocol**
UIP	**User Interface Plug-in**
ULA	**Unique Local Addresse**
Unimate	**erster Roboterarm**
USP	**Unique Selling Proposition (Herausstellungsmerkmal)**
UUC	**Uniform Code Council**

VDI	Verein Deutscher Ingenieure
VDMA	Verband Deutscher Maschinen- und Anlagenbau e. V.
VID	VLAN Identification
VoIP	Voice-over-IP-Technologie
VLAN	Virtual Local Area Network
VPN	Virtual privat network
VPS	Verbindungsprogrammierte Steuerung
W3C	World Wide Web Consortiums
WAN	Wide Area Network
WCT	Wireless Cooperation Team
Wi-Fi	Wireless Fidelity
WLAN	Wireless Local Area Network (IEEE-802.11)
WPAN	Wireless Personal Area Network (oft auch Bezeichnung für das Internet)
WWW	World Wide Web
X.25	X.25 ist eine von der ITU-T standardisierte Protokollfamilie
XML	Extensible Markup Language
XMPP	Extensible Messaging and Presence Protocol
ZVEI	Zentralverband Elektrotechnik- und Elektronikindustrie e. V.

Personenverzeichnis

© Der/die Herausgeber bzw. der/die Autor(en), exklusiv lizenziert an Springer
Fachmedien Wiesbaden GmbH, ein Teil von Springer Nature 2024
W. Babel, *Systemintegration in Industrie 4.0 und IoT*,
https://doi.org/10.1007/978-3-658-42987-4

Sachverzeichnis

Printed in the USA
CPSIA information can be obtained
at www.ICGtesting.com
CBHW080240080924
14227CB00013BA/739